AF891497

Nr. 51
S. 16211–16526

1959
23. Dezember

Chemisches Zentralblatt

Vollständiges Repertorium für alle Zweige der reinen und angewandten Chemie

1830 gegründet. 1897—1945 von der Deutschen Chemischen Gesellschaft fortgeführt. Im Auftrage der Deutschen Akademie der Wissenschaften zu Berlin, der Chemischen Gesellschaft in der DDR, der Akademie der Wissenschaften zu Göttingen und der Gesellschaft Deutscher Chemiker (in der BRD)

herausgegeben von Prof. Dr. **Heinrich Bertsch** und Prof. Dr. Dr. h. c. **Wilhelm Klemm**

130. Jahrgang

1 9 5 9

Chefredakteure: Dr. Eugen Klever und Dr. Heinz Walter

Akademie-Verlag GmbH., Berlin — Verlag Chemie, GmbH., Weinheim/Bergstr.

Inhalt

Chem. Zbl. 130. Jg. Nr. 51 Seite 16211–16526 Berlin, 23. Dezember 1959

Postverlagsort: Berlin

Ein vollständiger oder gekürzter Abdruck der Referate ist ohne Genehmigung der Redaktion und des Verlages verboten!

Namenregister

Patentregister

Der Fachkatalog

CHEMIE

gibt allen Interessenten einen umfassenden Überblick über unsere

einschlägige Literatur.

Er informiert über Inhalt, Umfang, Ausstattung und Preise der Veröffentlichungen der

Deutschen Akademie der Wissenschaften zu Berlin,
Sächsischen Akademie der Wissenschaften zu Leipzig,
deren Institute und Forschungsstätten.

Angaben über die BEZUGSMÖGLICHKEITEN im In- und Auslande sind gleichzeitig enthalten.

Kostenlose Lieferung auf Anforderung beim Verlag.

Für andere Wissensgebiete stehen ebenfalls Fachkataloge und Einzelprospekte zur Verfügung. Geben Sie uns Ihre Interessengebiete bekannt.

AKADEMIE-VERLAG · GMBH

Berlin W 1, Leipziger Straße 3–4

FRITZ STATHER

Gerbereichemie und Gerbereitechnologie

3., erweiterte und verbesserte Auflage

1957 · XXVI, 948 Seiten · 239 Abbildungen · 9 Tabellen
gr. 8° · Lederin DM 88,—

Das Ende 1948 erstmalig und 1951 in zweiter Auflage erschienene Werk, das in übersichtlicher, systematischer Gliederung das Gesamtgebiet der Gerbereichemie und Gerbereitechnologie einschließlich der Rauchwarenzurichtung behandelt, wurde nach dem Urteil der maßgeblichen Fachleute zum führenden Hand- und Lehrbuch der Gerbereiwissenschaft und -technik. Die neuen Erkenntnisse der Wissenschaft und die rasche Entwicklung der Technik machten bei der dritten Auflage eine erneute eingehende Überarbeitung des gesamten Stoffes notwendig, teilweise sogar eine mehr oder weniger weitgehende Neufassung ganzer Abschnitte.
Neu aufgenommen wurden eine kurze Abhandlung über die Verarbeitung der Leder in der Schuh- und Lederwarenindustrie und als Anhang eine alphabetische Zusammenstellung der wichtigsten in der deutschen Leder- und Pelzindustrie benutzten Hilfsmittel und Spezialprodukte. Besondere Sorgfalt ist der Anfertigung und sachgemäßen Auswahl neuer Abbildungen gewidmet worden.

Bestellungen durch eine Buchhandlung erbeten

AKADEMIE-VERLAG · BERLIN

HERBERT GERSTNER

Die Chemie der Applikation von Komplexfarbstoffen

(Veröffentlichungen auf dem Gebiet der Faserstoff-Forschung und Textiltechnik, Nr. 10)

1959. 202 Seiten — 21 Abbildungen — 26 Tabellen — gr. 8° — DM 25,—

Das Werk gibt einen guten Überblick über die neuen Ergebnisse bezüglich der Konstitution und der Anwendung von Beizenfarbstoffen bei den verschiedensten Textilmaterialien, vor allem bei Wolle, aber auch bei den modernen synthetischen Fasern. Der Verfasser hat besonderen Wert auf die Schilderung der modernen Metallkomplexe gelegt, die zur Zeit im Vordergrund des Interesses der Echtfärberei stehen. Aber auch andere neuere Erkenntnisse, beispielsweise der Türkischrotfärberei und die jüngste Entwicklung auf dem Gebiet der wichtigsten Phthalocyanine werden berücksichtigt.

Da die Arbeiten in sehr vielen Zeitschriften verstreut veröffentlicht worden sind, wird die vom Verfasser geschriebene Zusammenfassung sicher allgemein begrüßt werden.

Bestellungen durch eine Buchhandlung erbeten

AKADEMIE-VERLAG · BERLIN

A. E. MARTELL und M. CALVIN

Die Chemie der Metallchelatverbindungen

Nach der amerikanischen Ausgabe von „Chemistry of the Metal Chelate Compounds“ übersetzt von Hermann Specker

1958. VIII, 576 Seiten mit 140 Abbildungen und 81 Tabellen. Ganzleinen DM 47,—

Aus Besprechungen:

„... Das Buch ist nicht nur für den Chemiker, sondern auch für den Biologen und Pharmakologen äußerst fesselnd und vermittelt einen lebendigen Einblick in die universelle Bedeutung der Chelatbildung in Chemie und Biochemie.“ *(Pharmazeutische Industrie)*

„Die Chemie der Metallchelatverbindungen nahm besonders im letzten Jahrzehnt einen gewaltigen Aufschwung und war durch das Eindringen der auf diesem Gebiet gewonnenen Ergebnisse in die verschiedensten Gebiete der reinen und angewandten Chemie gekennzeichnet. Es gibt kaum eines der folgenden Wissensgebiete, sei es nun analytische, präparative oder technische Chemie, Biochemie, Physiologie, Pharmazie oder Lebensmittelchemie, das die Ergebnisse über die Grundlagen der Chelatverbindungen heute entbehren könnte. Besonders in der deutschen Literatur war ein die gemeinsamen Grundlagen dieses Gebietes zusammenfassendes Werk bisher nicht erhältlich, so daß die Übersetzung der amerikanischen Ausgabe hier eine fühlbare Lücke geschlossen hat. Wie die Autoren bei der Abfassung dieses Werkes bereits betonten, wollten sie besonders die grundlegenden Erkenntnisse auf dem Gebiet der Chelate einem breiten Kreis von Wissenschaftlern aller Arbeitsrichtungen nahebringen und sie damit auch zu weiterer Forschung anregen ...“ *(Österr. Chemiker-Zeitung)*

Prospekt mit ausführlicher Inhaltsangabe erhalten Sie auf Wunsch

VERLAG CHEMIE · GMBH · WEINHEIM/BERGSTRASSE

Chemisches Zentralblatt

1959 Nr. 51 23. Dezember

Geschichte. Unterricht.

J. Wyart, *Charles Mauguin, 1878—1958.* (Vgl. C. **1959.** 9785.) Nachruf auf den bekannten Mineralogen u. Kristallographen. (Bull. Soc. franç. Minéralog. Cristallogr. **81.** 171—72. Juli/Sept. 1958. Paris, Sorbonne, Labor. de Mineral.-Cristallogr.) C. Gottfried. 1

Heinz Walter, *Professor Dr. Maximilian Pflücke 70 Jahre.* Dem am 30./6. 1959 emeritierten, langjährigen Herausgeber u. Chefredakteur des Chemischen Zentralblattes Prof. Dr. Maximilian Pflücke verlieh die Hochschule für Elektrotechnik Ilmenau i. Thür. anläßlich seines 70. Geburtstages (26./7. 1959) die akad. Würde des Dr. Ing. e. h. (Vgl. hierzu u. berichtige Kunstdruckbeilage vor S. 10455. C. **1959.**) Heft 33 vom 19./8. Chemisches Zentralblatt **130.** (1959). Heft 33 Beilage vor Seite 10455. Heinz Walter

B. M. Kedrow, *D. I. Mendelejew und die Chemie der Komplexverbindungen.* Anläßlich des 50. Todestages von Mendelejew werden dessen experimentellen Arbeiten u. theoret. Überlegungen über die Analogie zwischen „Kristallisationsammoniak" u. Kristallisationswasser, die Beziehung zwischen Komplexbildungsvermögen der Elemente u. deren Stellung im Period. Syst., die Natur der Substitution u. der Isomerie bei den anorgan. Verbb. u. über das Zentralatom an Hand der Originalarbeiten behandelt. (Журнал Неорганической Химии [J. anorg. Chem.] **2.** 719—35. April 1957.) O. Lebtag. 1

Ss. A. Schtschukarew, *Die moderne anorganische Chemie im Licht der Ideen von D. I. Mendelejew.* Auf Grund von Originalzitaten wird dargetan, daß Mendelejew bereits die modernen Vorstellungen von den Isotopen der Elemente vorausgesehen hat. (Журнал Неорганической Химии [J. anorg. Chem.] **2.** 713—18. April 1957.) O. Lebtag. 1

Alfred Mosig, *Carl Friedrich Mohr und seine Bedeutung für die Pharmazie.* Lebenslauf u. wissenschaftliche Leistungen von C. F. Mohr (geb. 4/11. 1806 in Koblenz, gest. 28/9. 1879 in Bonn), Dr. phil., Dr. med., Prof. der Pharmazie, auch fachjournalist. äußerst vielseitig u. fruchtbar. (Österr. Apotheker-Ztg. **13.** 333—36. 23/5. 1959.) F. O. W. Meyer. 1

Rafael Casaño Salido, *Beiträge der Apotheker zur Entwicklung der Wissenschaft.* Vorwiegend tabellar. Übersicht über die von Pharmazeuten entdeckten Elemente u. ihren Anteil an der organ., anorgan. u. analyt. Chemie. (Medicamenta [Madrid] **21** (**11**). Nr. 180. 141—44. 5/3. 1959.) Heinrich Hermann. 2

W. Fr. Tschudin, *Älteste Papierbereitungsverfahren im Fernen Osten.* 41 Literaturnachweise. (Textil-Rdsch. [St. Gallen] **13.** 679—89. Dez. 1958. Basel, Schweizer Papiermuseum.) P. Eckert. 2

Jakob Baxa, *Zuckerwaren und Schokolade im 18. Jahrhundert.* Kurzer Überblick. — 18 Literaturhinweise. (Gordian **58.** Nr. 1387. 62—65. 10/9. 1958.) M. Winiker. 2

Kurt Gingold, *Die chemische und verwandte Literatur in Belgien.* Übersicht. (J. chem. Educat. **35.** 619—23. Dez. 1958. Stamford, Conn., American Cyanamid Co.) E. Klever. 4

C. V. Platts, *Gay-Lussacs Gesetz und der Weg zur chemischen Theorie.* Vf. führt aus, wie man aus dem Gesetz der ganzzahligen Volumverhältnisse sich verbindender Gase u. ihren DD. Äquivalentgewichte u. %-Zus. annähernd berechnen kann. — Folgerungen u. Plan für den theoret. Chemieunterricht. (School Sci. Rev. **39.** 492—94. Juni 1958. Grimsby Wintringham Boy's Grammar School.) K. Blumrich. 6

G. N. Copley, *Thermodynamische Themen im fortgeschrittenen Kurs für allgemeine Chemie.* Vf. behandelt eine Auswahl von thermodynam. Themen aus einer für den Unterricht aufgestellten Tabelle: Einstoffsysteme (PVT-van der Waals- u. Phasendiagramme), nicht reagierende bin. Systeme (Henry-, Raoultsches u. Verteilungsgesetz), sehr verd. bin. Lsgg. (van 't Hoffsche Gesetze, osmot. Koeff.), Systeme chem. reagierender

Stoffe (Massenwrkg.; Gleichgewichte vom Reaktionsweg unabhängig, dagegen von der Temp.; Kp.-Erhöhung u. Gefrierpunktserniedrigung usw.), Systeme elektrochem. reagierender Stoffe (schwache Elektrolyte in W., Puffer u. Indicatoren). — Bedeutung dieser von Strukturfragen unabhängigen Lehren für ein sicheres Verständnis der Chemie. (School Sci. Rev. **39.** 387—99. Juni 1958.) K. BLUMRICH. 6

R. Kenwright, *Bau von Molekülmodellen.* Modelle aus Plastikkugeln, die aneinandergereiht in verschied. Größen u. Farben käuflich sind, u. Drahtverbb. u. ihre Handhabung. (School Sci. Rev. **39.** 496—98. Juni 1958. Widnes Coll. of Further Educat.) K. BLUMRICH. 6

John T. Stock und **T. R. Williams,** *Molekulargewichtsbestimmung mit einer Dumas-Methode in kleinem Maßstab.* Übung: 25 ml einer wss. Acetonlsg. bekannten Geh. (ca. 1 g/Liter) wird mit NaOH alkal. gestellt, mit überschüssiger ca. 0,1 n J-Lsg. versetzt, mit H_2SO_4 schwach angesäuert u. mit ca. 0,1 n $Na_2S_2O_3$-Lsg. auf J-Stärkeentfärbung titriert. In gleicher Weise wird die J-Lsg. selbst titriert. — Eine zur Spitze ausgezogene, gewogene 10 ml-Ampulle wird durch Erwärmen u. Einziehenlassen mit ca. 2 ml Aceton beschickt, an einem Halter tief in sd. W. getaucht u. dessen Temp. nebst Barometerstand gemessen. Nach Zuschmelzen u. Abbrechen der Spitze unter W. wird die damit ganz gefüllte Ampulle gewogen u. ihr Inhalt nach Zertrümmern wie oben titriert. — Aus den Meßwerten läßt sich das Mol.-Gew. des Acetons befriedigend genau errechnen. (School Sci. Rev. **39.** 413—15. Juni 1958. Storrs, Conn., Univ. of Connecticut, Dep. of Chem.) K. BLUMRICH. 6

W. Ss. Polossin und **N. K. Nadirow,** *Zersetzung von Ammoniak bei verschiedenem Druck.* Beschreibung eines einfachen Demonstrationsversuches. (Химия в Школе [Chem. in. d. Schule] **13.** Nr. 6. 41—43. Nov./Dez. 1958. Moskau.) E. KLEVER. 6

J. W. Davis, *Hofmanns Voltameter mit besonderem Hinweis auf die Elektrolyse von Chlorwasserstoffsäure. Die Volumzusammensetzung von Chlorwasserstoff.* Für den Unterricht. — Am 2schenkeligen Coulometer für Messung von anod. u. kathod. entwickelten Gasen wird ein unterer Ablauf zum Einstellen auf gleiche Niveaus angebracht. — Elektrolysen von 2 n HCl mit einer diffusionshindernden Abschirmung der Pt-Anode gaben fast gleiche Voll. H_2 u. Cl_2. Von konz. HCl + Cl_2 wird Pt stark angegriffen. An C-Anode entstehen auch CO_2 u. O_2-Verss. mit Auffangen von elektrolyt. Cl-Knallgas in starkwandiger Gaspipette mit u. ohne Lichtabschirmung, Zünden durch elektr. Funken, Einsaugen von Absorptionsfll. usw. werden beschrieben. (School Sci. Rev. **39.** 381—86. Juni 1958. Sittingbourne, Borden Grammar School.) K. BLUMRICH. 6

P. D. Arculus, *Das Frasch-Verfahren für die Gewinnung von Schwefel. Ein statisches Modell.* Durch 3 konzentrierte, verschied. gefärbte Papprohre mit Etiketten wird (von außen nach innen) die Zuführung von überhitztem W., das Aufsteigen des fl. S u. das Eindrücken von heißer Luft veranschaulicht. (School Sci. Rev. **39.** 492. Juni 1958. Sheffield, King Edward VII School.) K. BLUMRICH. 6

I. Ss. Ssoldatenkow, *Betriebsfähiges Modell der Schwefelsäurefabrikation nach dem Kontaktverfahren.* Beschreibung des Demonstrationsmodells. (Химия в Школе [Chem. in. d. Schule] **13.** Nr. 6. 43—47. Nov./Dez. 1958. Minsk.) E. KLEVER. 6

A. Ss. Lenschin, *Apparat zur Herstellung von Ätznatron.* Beschreibung eines App. zur Demonstration der elektrolyt. Herst. von NaOH. (Химия в Школе [Chem. in. d. Schule] **13.** Nr. 6. 47—48. Nov./Dez. 1958. Gorno-Altaisk.) E. KLEVER. 6

J. D. R. Thomas und **J. Crossley,** *Demonstration der Papierelektrophorese durch Trennen eines Farbstoffgemisches.* In einen „Eel"-Elektrophoreseapp. wird ein Papierstreifen eingelegt, mit der Badfl., einem NaOH-KH_2PO_4-Puffer vom p_H 6, getränkt, mit 0,015 ml einer Lsg., die je 5 mg *Erythrosin B, Indigocarmin* u. *Tartrazin* in 25 ml W. enthält, belegt u. nach dem Vers. getrocknet. Bei einem Strom von 2 mA wandern die 3 Farbstoffe mit in obiger Reihe zunehmender Geschwindigkeit (der erste fast nicht; schneller aber diffuser bei niedrigerem p_H). (School Sci. Rev. **139.** 496. Juni 1958. Dagenham, South-East Essex Techn. Coll.) K. BLUMRICH. 6

Gustav Wilhelm Geßmann, Die Geheimsymbole der Alchymie, Arzneikunde und Astrologie des Mittelalters. Eine Zusammenstellg. d. v. d. Mystikern u. Alchymisten gebrauchten geheimen Zeichenschrift, nebst e. kurzgefaßten geheimwissenschaftl. Lexikon. 2. durchges. u. erg. Aufl. Ulm/Donau: Arkana-Verl. 1959. (68 + 35 S. m. CXX Taf. u. 122 lithographierten Taf.) 8°. DM 27,—.

Rudolf Herrmann, Einheitliche Schreibweise in naturwissenschaftlichen Werken. Abkürzungen von Zeitschriftentiteln, besonders in d. Agrikulturwissenschaft. Im Auftr. d. Verbandes Dt. Landwirtschl. Untersuchungs- u. Forschungsanstalten. Radebeul: Neumann. 1958. (101 S.) 8°. DM 9,80.

Hans Wittbrodt u. a., Tätigkeitsbericht der Forschungsgemeinschaft der naturwissenschaftlichen, technischen und medizinischen Institute der Deutschen Akademie der Wissenschaften zu Berlin. Berlin: Akademie-Verl. 1959. (253 S.) 8°. Ohne Preisang.

A. Allgemeine, physikalische und anorganische Chemie.

A_1. Kernphysik und Kernchemie.

R. Arnowitt und **S. Deser**, *Quantentheorie der Gravitation: Allgemeine Formulierung und linearisierte Theorie.* Theoret. Betrachtung der Problems der allg. Relativität unter Verwendung des SCHWINGERschen Wirkungsprinzips. (Physic. Rev. [2] **113.** 745—50. 15/1. 1959. Syracuse, N. Y., Syracuse Univ., Dep. of Phys.; Cambridge, Mass., Harvard Univ., Dep. of Phys.) GERHARD SCHMIDT. 80

L. S. Towle und **J. A. Lockwood**, *Mit Sonnenfackeln gekoppelte Höhenstrahlzunahmen.* Wiedergabe der Ergebnisse der Analyse der Höhenstrahldaten (Neutronenmonitor) vom Mount Washington für mögliche Zunahmen der Höhenstrahlintensität im Zusammenhang mit Sonnenfackeln. (Physic. Rev. [2] **113.** 641—47. 15/1. 1959. Durham, Univ. of New Hampshire.) GERHARD SCHMIDT. 85

J. J. Corrigan, S. F. Singer und **M. J. Swetnick**, *Durch kleine Sonnenfackeln hervorgerufene Erhöhungen der Höhenstrahlintensität.* Mittels eines Zählerteleskops von 1 m^2 Fläche wurden am 9/8. 1957 zwei kurzandauernde Anstiege der Höhenstrahlung um ca. 30% beobachtet. (Physic. Rev. Letters **1.** 104—05. 1/8. 1958. College Park, Md., Univ. of Maryland, Dep. of Phys.) M. WIEDEMANN. 85

J. F. Steljes und **H. Carmichael**, *Schneller Abfall der Höhenstrahlintensität.* Am 11/2. 1958 ca. 5 Minuten vor dem Beginn eines magnet. Sturms wurde eine Abnahme der Intensität um ca. 1% beobachtet. (Nuovo Cimento [10] **10.** 393—94. 16/10. 1958. Ontario, Chalk River Labors.) M. WIEDEMANN. 85

C. B. A. McCusker, D. E. Page und **R. A. Reid**, *Weiterer Beweis für eine Änderung der Rate dichter ausgedehnter Luftschauer mit der Sonnenzeit.* (Vgl. C. **1957.** 5162.) Die l. c. beobachtete Änderung wird andernorts (Mona, Jamaica) mit gleichartiger Meßanordnung bestätigt. Es wird angenommen, daß diese Schwankungen durch eine period. Änderung in der Strukturfunktion der Schauer hervorgerufen werden. (Physic. Rev. [2] **113.** 712—13. 15/1. 1959. Dublin, Dublin Inst. for Advanc. Stud.) GERHARD SCHMIDT. 85

W. Max Woods und **A. T. Bharucha-Reid**, *Altersabhängige stochastische Verzweigungsprozesse in der Kaskadentheorie.* 2. Mitt. (1. vgl. C. **1956.** 4319.) Im Modell der Elektron-Photon-Kaskade werden die Transformationswahrscheinlichkeiten als Funktionen der Absorbertiefe betrachtet. Die mittlere Zahl der Elektronen u. die Schwankung werden in Abhängigkeit von der Absorbertiefe erhalten. (Nuovo Cimento [10] **10.** 569—78. 16/11. 1958. Eugene, Ore., Univ. of Oregon, Dep. of Math.) M. WIEDEMANN. 90

D. Berley, R. L. Garwin, G. Gidal und **L. M. Lederman**, *Elektrisches Dipolmoment des μ-Mesons.* Bei der Suche nach einem elektr. Dipolmoment des μ wird das elektr. Feld im Ruhsyst. des sich im Magnetfeld bewegenden μ erzeugt. Im Falle eines elektr. Moments feh/mc würde eine Rotation des Spinvektors aus der horizontalen Ebene folgen. Ferner würde die Abbremsung eines μ des Impulses p infolge der transversalen Komponente des Dipolmoments zu einer Rotation des Spins um den Impulsvektor führen. Die Polarisation wurde durch die Asymmetrie der Zerfallselektronen analysiert. Es ergab sich $f = 0{,}006 \pm 0{,}005$, was der Einheitsladung im Abstand von $1{,}1 \pm 0{,}9 \cdot 10^{-15}$ cm entspricht. (Physic. Rev. Letters **1.** 144—46. 15/8. Erratum: 263. 1/10. 1958. New York, N. Y., Columbia Univ.) M. WIEDEMANN. 90

N. N. Biswas, M. Ceccarelli und **J. Crussard**, *Winkelverteilung des μ-Zerfalls als Test der Paritätserhaltung.* 1000 μ dicke Emulsionen wurden dem π^+-Bündel des Synchrocyclotrons (Chicago) ausgesetzt, um π-μ-e-Ereignisse zu untersuchen. Die bei 2003 Ereignissen gefundenen Verteilungen von Θ werden am besten durch $1—0{,}095 \cos \Theta$ wiedergegeben; der Rückwärts-Vorwärts-Überschuß beträgt $0{,}044 \pm 0{,}022$. Die Ergebnisse sprechen für die Existenz des LEE-YANG-Asymmetrieeffekts beim π-μ-e-Zerfall. (Nuovo Cimento [10] **5.** 756—57. 1/3. 1957. Göttingen, MPI für Phys.) HERBERT WEBER. 90

L. B. Okun und **V. M. Šehter**, *Über die Polarisation von Elektronen beim Zerfall des μ-Mesons.* (Nuovo Cimento [10] **10.** 359—64. 16/10. 1958. Moskau, Akad. der Wiss. der UdSSR. — C. **1959.** 10783.) M. WIEDEMANN. 90

A. A. Ssokolow und **Ju. M. Losskutow**, *Über die Čerenkov-Strahlung von längspolarisierten Elektronen.* Theoret. Unters. der Polarisationseigg. der von längs polarisierten Elektronen ausgesandten Čerenkov-Strahlung. Zur Berechnung der Matrixelemente wird nicht die CASIMIR-Formel, sondern eine von einem der Vf. abgeleitete (A. A. SSOKOLOW u. D. D. IWANENKO, Quanten-Feldtheorie, Moskau-Leningrad 1952) verwandt. (Журнал Экспериментальной и Теоретической Физики [J. exp. theoret. Physik] **34.** 1022—23. April 1958. Moskau, Univ.) F. Lenz. 90

R. A. Lundy, J. C. Sens, R. A. Swanson, V. L. Telegdi und **D. D. Yovanovitch,** *Experimenteller Beweis für den Einfluß der atomaren Bindung auf die Zerfallsrate negativer μ-Mesonen.* Aus Schichten der Elemente Z_1 u. Z_2 wurden Sandwichtargets aufgebaut (C-Al, C-Fe, C-Zn, Al-Mo, C-Cd, C-W) mit einer Gesamtdicke von 6—8 g/cm², die Rate des Verschwindens der negativen μ-Mesonen Λ_{dis} (Z, A) sowie das Verhältnis der Anzahl der Elektronen je Nμ abgebremster μ werden gemessen. Die Werte von $R = \Lambda_{dec}(Z)/\Lambda_{dec}(O)$ liegen zwischen 0,53 (W) u. 1,21 (Fe). (Physic. Rev. Letters **1.** 102—04. 1/8. 1958. Chicago, Ill., Univ. of Chicago, Enrico Fermi Inst. for Nucl. Stud.) M. Wiedemann. 90

F. P. Dixon und **R. L. Walker,** *Photoerzeugung einzelner positiver Pionen aus Wasserstoff im Bereich von 500—1000 MeV.* Die Rk. $\gamma + R \rightarrow \pi^+ + n$ wurde mittels Bremsstrahlung in fl. H_2 erzeugt. Die Pionen wurden mittels eines magnet. Spektrometers u. Scintillationszähler nachgewiesen. Die Winkelverteilung der Pionen erwies sich als stark abhängig von der Photonenenergie. Im Bereich von 500—900 MeV zeigte der Wirkungsquerschnitt ein Maximum von 8 μbarn/Raumwinkel bei 700 MeV. Dies wird als zweite Resonanz gedeutet, neben dem Maximum bei 300 MeV. (Physic. Rev. Letters **1.** 142—44. 15/8. 1958.) M. Wiedemann. 90

Anand K. Bhatia und **Joseph Sucher,** *Über die Strahlungskorrekturen bei der Streuung von Mesonen in einem äußeren elektromagnetischen Feld.* Nach dem Klein-Gordon-Formalismus wird die Strahlungskorrektur bei der Streuung von Teilchen mit dem Spin 0 in einem äußeren elektromagnet. Feld berechnet. (Progr. theoret. Physics [Kyoto] **20.** 397—98. Sept. 1958. College Park, Md., Univ. of Maryland. [Orig.: engl.]) M. Wiedemann. 90

A. Stanghellini, *Ladungsunabhängigkeit und Pionenstreuung.* Die Übereinstimmung der Amplituden $T_{1/2}$ u. $T_{3/2}$ bei den 3 Rkk. $\pi^+ + p \rightarrow \pi^+ + p$, $\pi^- + p \rightarrow \pi^- + p$ u. $\pi^- + p \rightarrow \pi^0 + n$ ergäbe einen Beweis für die Hypothese der Ladungsunabhängigkeit. Vf. stellt für diesen Fall eine Reihe von Beziehungen zwischen Wirkungsquerschnitten u. Winkelverteilungen für diese Rkk. auf. (Nuovo Cimento [10] **10.** 398—402. 16/10. 1958. Geneva, CERN.) M. Wiedemann. 90

T. Tsuchida und **A. Kanazawa,** *Zur Übereinstimmung von P-Wellen-Dispersionsbeziehung und Experiment.* Die Dispersionsbeziehung für die (3,3)-P-Wellenamplitude bei der π^--p-Streuung wird berechnet, wobei eine gewisse Diskrepanz zum Experiment festgestellt wird. (Progr. theoret. Physics [Kyoto] **20.** 395—97. Sept. 1958. Sapporo, Hokkaido Univ., Dep. of Phys. [Orig.: engl.]) M. Wiedemann. 90

G. Alexander und **R. H. W. Johnston,** *Über das Verhältnis zwischen Klümpchendichte (blob-density) und Geschwindigkeit eines einfach geladenen Teilchens in G5-Emulsion.* Es wird eine Eichkurve aufgestellt, die die Korndichte als Funktion von $p\beta c$ für π- u. μ-Mesonen wiedergibt u. mit der Bethe-Bloch-Formel für „beschränkten Ionisationsverlust" übereinstimmt. Die Zweikörperzerfälle von K-Teilchen wurden als monochromat. Quellen von π- u. μ-Mesonen benutzt. Die Messungen der Klümpchendichte wurden mittels der O'Ceallaigh-Theorie auf die Korndichte zurückgeführt. Eine Anpassung (Meth. der kleinsten Quadrate) der experimentellen Meßpunkte an die Bethe-Bloch-Formel lieferte (zusammen mit dem experimentellen „Plateau"-Punkt) für das mittlere Ionisationspotential in AgBr den Wert (530 ± 100) eV u. für die maximale Energieübertragung den Wert (2,9 ± 0,5) · 10^4 eV. (Nuovo Cimento [10] **5.** 363—79. 1/2. 1957. Dublin, Inst. for Advanc. Stud.) Herbert Weber. 90

W. N. Gribow, *Winkelverteilung bei den Reaktionen $K^+ \rightarrow 2\pi^+ + \pi^-$, $K^+ \rightarrow 2\pi^0 + \pi^+$.* Berechnung der Abhängigkeit der Zerfallswahrscheinlichkeit von dem Winkel zwischen dem Impuls der Relativbewegung der gleich geladenen Mesonen u. dem Impuls des dritten Mesons. (Журнал Экспериментальной и Теоретической Физики [J. exp. theoret. Physik] **34.** 749—51. März 1958. Leningrad, Akad. der Wiss. der UdSSR, Physik.-Techn. Inst.) F. Lenz. 90

D. Evans, F. Hassan, K. K. Nagpaul, Md. Shafi, E. Helmy, J. H. Mulvey, D. J. Prowse und **D. H. Stork,** *Über die Streuung von (200—300) MeV-K^+-Mesonen.* Emulsionen wurden dem 625 MeV/c K^+-Bündel des Bevatrons ausgesetzt. Im Energiebereich von 200-300 MeV wurden 90 m Bahn verfolgt. Die mittlere freie Weglänge in der Emulsion ergab sich zu 53,9 ± 4,2 cm. Der K–p-Wirkungsquerschnitt (5 Fälle) ergab sich zu ca. 13 mbarn. Das Verhältnis Ladungsaustausch zu Gesamtstreuung betrug 0,30 ± 0,05. Die K–Nucleon-Wirkungsquerschnitte wurden bestimmt. Darnach liegt merkliche p-Wellenwechselwirkung mit einem Vorzeichen entgegengesetzt zur s-Welle vor. Das Potential ist bei 250 MeV noch abstoßend. 49 m Bahn wurden auf elast.

Streuung hin untersucht. (Nuovo Cimento [10] **10.** 168—74. 1/10. 1958. Bristol, Univ.; Los Angeles, Calif., Univ. of California.) M. WIEDEMANN. 90

M. Grilli, L. Guerriero, M. Merlin, Z. O'Friel und **G. A. Salandin**, *Vorläufige Ergebnisse über K^+-Wechselwirkung bei hoher Energie (200—350 MeV).* (Vgl. C. **1959.** 14611). Ein Stapel aus 240 ILFORD-Emulsionen von 20 · 17,5 · 14,5 cm wurde dem doppelfokussierten K^+-Bündel mit 625 MeV/c des Bevatrons ausgesetzt. Insgesamt wurden 60,5 m Bahn verfolgt. Die mittlere freie Weglänge für unelast. Streuung betrug 57 ± 6 cm Emulsion, das Verhältnis Ladungsaustausch/Streuung 0,43 ± 0,10. Ein Stern mit einer Zacke, wobei ein π^+ erzeugt wurde ($K^+ + n = K^0 + n + \pi^+$), das zu $\pi^+ \rightarrow \mu^+ \rightarrow e^+$ zerfiel, wurde beobachtet. Zwischen 200—350 MeV wurde $\sigma_{Kp} = 24$ (+8, —7) mbarn ermittelt. Das K–Nucleon-Potential scheint im T = 0-Zustand anziehend u. bei T = 1 abstoßend zu sein. Es dürften die folgenden Elementarreaktionen in Betracht kommen: $K^+ + p = K^+ + p$, $K^+ + n = K^+ + n$ u. $K^+ + n = K^0 + p$. (Nuovo Cimento [10] **10.** 163—67. 1/10. 1958. Padova, Univ., Ist. di Fis., Ist. Naz. di Fis. Nucl.) M. WIEDEMANN. 90

D. H. Wilkinson, *Nucleonenhaufen in der Kernoberfläche.* Bei der Absorption langsamer K^- durch komplexe Kerne werden häufig schnelle $\Sigma^\pm$-Hyperonen emittiert, die nicht von Pionen begleitet sind. Zur Deutung wird angenommen, daß die Absorption an der Oberfläche stattfindet u. sich dort viele Nucleonenhaufen, wahrscheinlich in Form von α-Teilchen, finden. Vorgeschlagen u. diskutiert werden Verss. über die direkte Absorption von K^- in *He*. (Philos. Mag. [8] **4.** 215—18. Febr. 1959. Oxford, Clarendon Labor.) M. WIEDEMANN. 90

M. Gell-Mann, *Änderung des Isotopenspins beim $K_{\pi 2}$-Zerfall.* Theoret. Diskussion des $K \rightarrow 2\pi$-Zerfalls sowie anderer Mesonenzerfälle bzgl. Spin, Isotopenspin u. Parität. (Nuovo Cimento [10] **5.** 758—60. 1/3. 1957. Pasadena, Calif., California Inst. of Technol., Dep. of Phys.) HERBERT WEBER. 90

L. W. Alvarez, H. Bradner, P. Falk-Vairant, J. D. Gow, A. H. Rosenfeld, F. T. Solmitz und **R. D. Tripp**, *K^--Wechselwirkungen im Wasserstoff.* K^--Mesonen aus dem Bevatron wurden in einer 10 in.–H_2-Blasenkammer gebremst. Die Aufnahmen bestätigen die Existenz des $\overline{\Theta}^0$ u. des Σ^0, das um mindestens einige MeV leichter als das Σ^- sein muß. Bei der Absorption von K^- durch Protonen werden mehr Σ als Λ erzeugt. Die beobachteten Erzeugungsverhältnisse sind $\Sigma^-:\Sigma^+:\Sigma^0:\Lambda \approx 4:2:2:1$. Der große Absorptionsquerschnitt von langsamen K^- durch Protonen läßt vermuten, daß die Wechselwirkung sowohl in p- als auch in s-Zuständen stattfindet. Es gibt Beweise für einen Spin > 1/2 des Σ. Die Daten widersprechen der Auswahlregel $\Delta I = \pm 1/2$. Als Lebensdauern werden $\tau(\Sigma^-) = (1{,}83 \pm 0{,}26) \cdot 10^{-10}$ u. $\tau(\Sigma^+) = (0{,}86 \pm 0{,}17) \cdot 10^{-10}$ sec gefunden. (Nuovo Cimento [10] **5.** 1026—46. 1/5. 1957. Berkeley, Calif., Univ. of California, Radiat. Labor.) HERBERT WEBER. 90

W. Alles, N. N. Biswas, M. Ceccarelli, R. Gessaroli, G. Quareni, H. Göing, K. Gottstein, W. Püschel, J. Tietge, G. T. Zorn, J. Crussard, J. Hennessy, G. Dascola und **S. Mora**, *Untersuchung der Winkelkorrelationen beim Zerfall geladener Hyperonen.* An 4 Stapeln wurde die K^--Kernwechselwirkung untersucht u. hieraus die folgenden Winkelkorrelationen berechnet: $\Sigma^+ \rightarrow p + \pi^0$ in Ruhe u. im Flug, α in $1 + \alpha \cos \vartheta$ gleich +0,20 ± 0,15, $\Sigma^+ \rightarrow n + \pi^+$ in Ruhe, α = +0,18 ± 0,15 u. $\Sigma^\pm \rightarrow n + \pi^\pm$ im Flug, α = 0,28 ± 0,26. Falls die Asymmetrien überhaupt existieren, scheinen sie kleiner als früher angenommen zu sein. (Nuovo Cimento [10] **10.** 175—76. 1/10. 1958. Bologna, Univ., Ist. di Fis.; Göttingen, MPI für Phys.; Paris, École Polytechn.; Parma, Univ., Ist. di Fis.) M. WIEDEMANN. 90

Elihu Boldt, David O. Caldwell und **Yash Pal**, *Lebensdauer der Λ^0, Θ_1^0, Θ_2^0 und $\overline{\Theta}^0$.* Mittels einer Mehrplatten-Nebelkammer von 54 · 48 · 20 in. beleuchtetem Vol. wurde an 188 Teilchen die wahrscheinlichste Lebensdauer der Λ^0 zu $(2{,}63 \pm 0{,}21) \cdot 10^{-10}$ sec bestimmt, die der Θ_1^0 an 90 Teilchen zu $(1{,}07 \pm 0{,}13) \cdot 10^{-10}$ sec bzw. $(0{,}99 \pm 0{,}12) \cdot 10^{-10}$ sec. Aus K-Paar-Ereignissen wurde die mittlere Lebensdauer für 2π-Zerfälle von Teilchen, von denen 2/3 ursprünglich $\overline{\Theta}^0$ sein müssen, zu $(0{,}8 \pm 0{,}3) \cdot 10^{-10}$ sec bestimmt. Zwei sichere u. 3 unsichere Fälle ergaben die mittlere Lebensdauer der Θ_2^0 zu 9 (+6, —7) $\cdot 10^{-8}$ sec. (Physic. Rev. Letters **1.** 148—50. 15/8. 1958. Cambridge, Mass., MIT.) M. WIEDEMANN. 90

Elihu Boldt, David O. Caldwell und **Yash Pal**, *Θ_1^0–Θ_2^0-Massendifferenz.* (Vgl. vorst. Ref.) Die Änderung der Natur des neutralen Teilchens, das in Verb. mit dem Λ_0–Hyperon erzeugt wird, mit der Zeit ist ein Beweis für die Teilchenmischungstheorie des Θ^0. In der Mehrplatten-Nebelkammer wurden 12 Ereignisse von Hyperon-Erzeugung durch neutrale Teilchen beobachtet, bei 7 entstand Λ^0 bei 5 Ereignissen $\Sigma^\pm$. 120

Rkk. $\Theta_1^0 \rightarrow \pi^+ + \pi^-$ wurden festgestellt. Hieraus ergibt sich die Massendifferenz $\Theta_1^0 - \Theta_2^0$ zu $\sim \hbar/\tau_1$. (Physic. Rev. Letters **1.** 150—51. 15/8. 1958.) M. WIEDEMANN. 90

Takao Tati, *Über die Nichterhaltung der Parität.* Von der Nichterhaltung der Parität wird angenommen, daß sie ihren Ursprung in der stereograph. Struktur des Formfaktors bei der prim. Wechselwirkung hat, an der 4 Teilchen teilnehmen. (Progr. theoret. Physics [Kyoto] **20.** 398—400. Sept. 1958. Kanazawa, Univ., Dep. of Phys. [Orig.: engl.]) M. WIEDEMANN. 90

P. Debrunner und **W. Kündig,** *Nachweis der Paritätsverletzung durch β-γ-Polarisationskorrelation an ^{60}Co.* Zum Nachw. der zirkularen Polarisation der γ-Quanten wird die COMPTON-Streuung an polarisiertem „Armco"-Eisen verwendet. (Helv. physica Acta **30.** 261—63. 15/8. 1957. Zürich, ETH, Phys. Inst.) HERBERT WEBER. 90

B. V. Geškenbein, *Polarisation der inneren Konversionselektronen nach dem β-Zerfall unter Berücksichtigung des elektrischen Feldes des Kerns.* Die Korrelation zwischen der Polarisation der Konversionselektronen u. der Richtung der Elektronen des vorangehenden β-Zerfalls wird unter Berücksichtigung des elektr. Feldes des Kerns ermittelt. Diese Berechnung liefert eine transversale Komponente in den magnet. Übergängen u. eine Erhöhung der Polarisation in den elektrischen. (Nuovo Cimento [10] **10.** 365—74. 16/10. 1958. Moskau, Akad. der Wiss. der UdSSR.) M. WIEDEMANN. 90

V. B. Beresteckij und **A. P. Rudik,** *Polarisation der inneren Konversionselektronen, die den β-Zerfall begleiten.* (Vgl. vorst. Ref.) Falls der Einfl. des nuclearen COULOMB-Feldes vernachlässigt wird, ist die Polarisation im magnet. Multipolfall longitudinal u. energieunabhängig, im elektr. Multipolfall sowohl longitudinal als auch transversal u. stets energieabhängig. (Nuovo Cimento [10] **10.** 375—82. 16/10. 1958.) M. WIEDEMANN. 90

A. W. Bjalobshesski und **W. D. Walkow,** *Methode zur Bestimmung der Menge gebremster Elektronen und der absorbierten Energie eines monoenergetischen Elektronenbündels.* Messung der Absorption u. des mittleren Energieverlustes von 0,8 MeV-Elektronen beim Durchgang durch 6 hintereinander angeordnete Al-Folien von je 195 μ Dicke, die durch 10 μ dicke Glimmerfolien gegeneinander isoliert waren. (Атомная Энергия [Atomenergie] **5.** 68—69. Juli 1958.) F. LENZ. 90

A. De-Shalit, *Effektive Ladung von Neutronen in Kernen.* Die Polarisation von geschlossenen Protonenschalen durch Neutronen kann als Ursache für die Induktion einer effektiven Ladung am Neutron für einige Multipole angesehen werden. Die annähernde Konstanz der effektiven Neutronenladung, wie sie bei E2-Übergängen u. Quadrupolmomenten in nichtdeformierten Kernen mit ungeradem N u. geradem Z beobachtet wurde, wird diskutiert. Argumente für die Erklärung dieses Phänomens nach dem Schalenmodell werden angegeben. (Physic. Rev. [2] **113.** 547—51. 15/1. 1959. Geneva, CERN.) HERBERT WEBER. 90

E. W. J. Mitchell und **P. T. Wedepohl,** *Die Streuung von langwelligen Neutronen durch bestrahlten und unbestrahlten Quarz.* Messungen der Neutronendurchlässigkeit von unbestrahltem u. von mit Neutronen bestrahltem brasilian. Quarz im Wellenlängenbereich von 5 bis 10 Å ergaben einen totalen Durchlässigkeitsquerschnitt von (0,55 ± 1,63 λ) barn bei unbestrahlten Kristallen sowie eine zusätzliche Streuung von ca. 0,18 barn pro Mol. nach Bestrahlung mit ca. $6,4 \cdot 10^{18}$ n/cm². Die Messungen werden mit opt. Werten verglichen. (Philos. Mag. [8] **3.** 1280—86. Nov. 1958. Reading, Univ., Phys. Res. Labor.) H. C. WOLF. 90

W. Czyż und **J. Sawicki,** *Polarisation von Nucleonen aus der Photozertrümmerung von Deuterium.* Die Polarisation von Nucleonen aus den D(γ,n)-Rkk. wird unter der Annahme von Tensorkopplung im n-p-Wechselwirkungspotential untersucht. Elektr. u. magnet. Dipolübergänge werden berücksichtigt. Die Polarisation für $\hbar\omega = 40$ MeV wird mit Hilfe von p-p-Streuphasenverschiebungen abgeschätzt. Das allg. Schema zur Berechnung der Reaktionsamplitude für Tensorkräfte wird angegeben. E2-Korrekturen zur Polarisation werden diskutiert. (Nuovo Cimento [10] **5.** 45—56. 1/1. 1957. Kraków, Jagellonian Univ., Physic. Inst.; Warsaw, Univ., Inst. of Theor. Phys.) HERBERT WEBER. 90

T. Tamura und **D. C. Choudhury,** *Unelastische Streuung von Protonen an verschiedenen Kernen.* Experimentelle Daten über die unelast. Streuung von 23 MeV-Protonen werden unter Benutzung der Theorie der direkten Wechselwirkung, zusammen mit der Approximation der ebenen Wellen, analysiert. Die eingehendste Analyse wird für Pb-Isotope durchgeführt u. ergibt für die relativen Größen der Anregung von verschied. angeregten Niveaus mindestens bei 90° eine befriedigende Übereinstimmung mit dem Experiment. Argumente für die Stützung der Ansicht, die beobachteten anomalen Spitzen bei ca. 25 MeV für Kerne mit Z = 30—53 den Oktupol-Oberflächenvibrationen zuzuordnen, werden wiedergegeben. (Physic. Rev. [2] **113.** 552—62. 15/1. 1959. Los Alamos, Calif., Univ. of California, Dep. of Phys.) HERBERT WEBER. 90

Bernard L. Cohen und **Allen G. Rubin,** *Unelastische Protonenstreuung an mittelschweren Elementen.* Die Energieverteilung von emittierten Protonen aus durch Protonen von 11 bis 23 MeV induzierten Kernreaktionen in *Ti, V, Fe, Co, Ni, Cu* u. *Zn* wurde gemessen. Bei dazwischenliegenden Energien zeigt das Spektr. 2 Maxima. Es liegen Beweise dafür vor, daß das Maximum bei niedriger Energie entweder auf „zweite Protonen" oder auf gleichzeitige Emission von 2 Teilchen zurückzuführen ist. Messungen der Kerntempp. bei 18 MeV werden durch diese Effekte stark verzerrt. Bei niedrigen Beschußenergien kann der Beitrag niedriger Energie ausgeschaltet werden. Ferner ist die Verzerrung des energiereichen Teils der Spektren durch direkte Ausstoßung nicht so groß, so daß die statist. Theorie der Kernreaktionen untersucht werden kann. Die für den Niveaudichteparameter a erhaltenen Werte sind unabhängig von der Energie der emittierten Teilchen u. der Beschußenergie, variieren langsam mit dem At.-Gew. u. sind mit Werten aus neutroneninduzierten Rkk. in Einklang. Bei der Benutzung dieser Werte zur Berechnung der Querschnitte für (n, p)- u. (p, p')-Rkk. wird gefunden, daß die Protonen bei den letzteren mit Überschußwahrscheinlichkeit emittiert werden. (Physic. Rev. [2] **113.** 579—84. 15/1. 1959. Oak Ridge, Tenn., Oak Ridge Nat. Labor.) HERBERT WEBER. 90

J. Szymański, *Zerfallsenergie und Winkelverteilung bei Hyperfragmenten.* 1. Mitt. Der Zerfall des $^{5}_{\Lambda}$He wird in der Impulsapproximation behandelt. Bei der Best. der Energieverteilung der Pionen wird ihre Wechselwirkung mit dem α-Teilchen vernachlässigt. (Nuovo Cimento [10] **10.** 834—43. 1/12. 1958. Warsaw, Univ., Inst. of Theor. Phys.) M. WIEDEMANN. 90

Y. C. Tang, *Die Wirkung der Endzustandswechselwirkung auf den Zerfall eines Hyper-⁵He.* Beim Zerfall $^{5}_{\Lambda}\text{He} \rightarrow {}^{4}\text{He} + \text{p} + \pi^{-}$ spielt die Wechselwirkung zwischen Proton u. α-Teilchen eine wichtige Rolle. Wird sie, entsprechend den experimentell bestimmten Phasenverschiebungen, berücksichtigt, so erhält man in Übereinstimmung mit den untersuchten 9 Fällen von $^{5}_{\Lambda}$He-Zerfällen eine Energie des Pions von 21—30 MeV in 90% der Fälle sowie eine bevorzugte Rückwärtsstreuung des Protons im p-α-Schwerpunktsystem. (Nuovo Cimento [10] **10.** 780—88. 1/12. 1958. Urbana, Ill., Univ. of Illinois.) M. WIEDEMANN. 90

Shōta Suekane und **Wataro Watari,** *Steife der Oberflächendeformation vom Octopoltyp und Schalenstruktur.* Unter Verwendung der Meth. von MARUMORI u. a. (C. **1959.** 4357) berechneten Vff. unter Berücksichtigung einer Spin-Bahn-Kopplung, jedoch unter Vernachlässigung der COULOMB-Wechselwrkgg. die Oberflächensteife C_3 abgeschlossener Schalen für eine Oberflächendeformation vom Octopoltyp. In der Nachbarschaft der Unterschalen der Nucleonenzahlen 32, 40, 56, 64, 82 u. 90 sind die berechneten C_3-Werte sehr klein. Ein Kern, der einige Nucleonen in der diesen Unterschalen folgenden Unterschalen hat, ist also gegenüber Octopoldeformation leicht deformierbar. Mit Ausnahme für die Nucleonenzahl 32 stimmt diese C_3-Abhängigkeit mit der Schalenstruktur ziemlich gut mit experimentellen Folgerungen überein. (Progr. theoret. Physics [Kyoto] **20.** 108—10. Juli 1958. Osaka, Osaka City Univ., Dep. of Phys. and Res. Inst. for Atom. Energy.) D. JÖRCHEL. 95

Lawrence Dresner, *Abstände von Kernenergieniveaus.* (PORTER u. THOMAS, C. **1957.** 4585.) Annahme eines einfachen statist. Modells, nach dem das allg. Verh. der Verteilung der Niveauabstände erklärt werden kann. Besondere Annahmen mit Ausnahmen der von PORTER u. THOMAS (l. c.) sind nicht erforderlich. (Physic. Rev. [2] **113.** 633—35. 15/1. 1959. Oak Ridge, Tenn., Oak Ridge Nat. Labor.) GERHARD SCHMIDT. 95

Bernard Dreyfus und **Daniel Dautreppe,** *Wirkung der Verunreinigungen bei der Quadrupolresonanz.* (Vgl. C. **1957.** 7266.) Vff. untersuchen einige feste Lsgg. in *p-Dibrombenzol* (p–Br_2-ψ) nach der Quadrupolresonanz der ^{79}Br-Kerne u. leiten den Wirkungsradius der durch die verschied. Verunreinigungen hervorgerufenen inneren Spannungen ab. (C. R. hebd. Séances Acad. Sci. **243.** 1517—20. 12/11. 1956.) GERHARD SCHMIDT. 95

E. Brun, J. Oeser und **H. H. Staub,** *Spin und magnetisches Moment von ⁹¹Zr.* (Vgl. C. **1957.** 11 484.) Inhaltlich ident. mit der l. c. referierten Arbeit. (Helv. physica Acta **30.** 267. 15/8. 1957. Zürich, Univ.) HERBERT WEBER. 95

W. D. Foland und **R. D. Present,** *Hydrodynamische Theorie der spontanen Spaltung.* Vff. berechnen den Durchdringungsfaktor für spontane Spaltung aus dem Modell des fl. Tropfens. Die Transformationen des GAMOW-Integrals über die Nucleonenkoordinaten in ein Integral über die Deformationsparameter werden hydrodynam. unter Annahme irrotationaler Bewegung durchgeführt. Für $Z = 100$ u. $Z^2/A \approx 39$ wird gefunden, daß eine 1 MeV-Zunahme in der Barrierenhöhe der $10^{3,7}$ fachen Zunahme in der Halbwertszeit entsprechen sollte. (Physic. Rev. [2] **113.** 613—21. 15/1. 1959. Knoxville, Tenn., Univ. of Tennessee). GERHARD SCHMIDT. 103

W. O. Lock, P. V. March und **R. McKeague,** *Eine Untersuchung der durch 950 MeV-Protonen erzeugten Kernzertrümmerungen.* Die Ergebnisse der Unters. der durch 950 MeV-Protonen in schweren Kernen, die in Ilford G5-Emulsionen enthalten sind, erzeugten Zerfälle werden mit theoret. Voraussagen verglichen. In einem vereinfachten Modell werden die beobachteten Zerfälle in 3 Gruppen eingeteilt: 1. Zerfälle, bei denen keine Mesonen erzeugt werden (ca. 40%) mit einer Anregungsenergie U $\sim$ 70 MeV, 2. Zerfälle, bei denen Mesonen erzeugt werden u. aus dem Kern entweichen können (ca. 25%) mit U $\sim$ 70 MeV u. 3. Zerfälle, bei denen Mesonen erzeugt u. in demselben Kern wieder absorbiert werden (ca. 35%) mit U $\sim$ 210 MeV. (Proc. Roy. Soc. [London], Ser. A **231.** 368—78. 6/9. 1955. Birmingham, Univ., Dep. of Phys.; Belfast, Queen's Univ., Dep. of Phys.) L. Wiesner. 103

R. Wagner und **P. Huber,** *(n, 2n)-Reaktion an ^{9}Be für eine Neutronenenergie von 3,7 MeV.* Der Mechanismus der ^{9}Be(n, 2n)-Rk bei $E_n = 3{,}7$ MeV wird auf Grund des Spektr. der emittierten Neutronen ermittelt. Als Neutronenquelle dient die d–d-Rk. bei Verwendung eines dicken rotierenden D_2O-Eistargets. Das Spektr. der unter $\varphi = 90^0$ im Labor-Syst. gegen die Einfallsrichtung der d–d-Neutronen emittierten Reaktionsneutronen wurde mit Ilford C_2-Platten aufgenommen. Die Struktur des Spektr. spricht für eine zeitlich getrennte Emission der beiden Neutronen. Auf Grund der Anzahl der Protonen-Rückstoßspuren in den Platten wurde der differentielle Querschnitt der ^{9}Be(n, 2n)-Rk. für $\varphi_{lab} = 90^0$ u. $E_n = 3{,}7$ MeV zu σ_{diff} (n, 2n) = (39 $\pm$ 8) mbarn/sterad ermittelt. (Helv. physica Acta **31.** 89—116. 2/5. 1958. Basel, Univ.)
Herbert Weber. 103

P. Huber und **R. Wagner,** *Reaktionsmechanismus der (n, 2n)-Reaktion an ^{9}Be und differentieller Querschnitt für $\varphi = 90^0$ bei einer Neutronenenergie von 3,7 MeV.* Ausführliche Darst. s. vorst. Ref. (Helv. physica Acta **30.** 257—60. 15/8. 1957.)
Herbert Weber. 103

S. Gorodetzky, A. Gallmann und **M. Croissiaux,** *Die Reaktionen $^{10}B(d, p)^{11}B$ und $^{13}C(p, \gamma)^{14}N$.* Die γ–γ-Winkelbeziehungen durch das 6,23 MeV-Niveau von ^{14}N stimmen mit dem Spin 1 für dieses Niveau überein. Das 2,14 MeV-Niveau von ^{11}B hat wahrscheinlich den Spin 1/2. (J. Physique Radium **17.** 550. Juli 1956. Strasbourg, Inst. de Rech. Nucl.) W. Menz. 103

C. Milone, R. Ricamo und **A. Rubbino,** *Winkel- und Energieverteilung der Photoprotonen aus C und Al.* 66 μ dicke Al- u. 200 μ dicke C-Targets wurden dem 31 MeV-Bremsstrahlungsbündel des Betratons ausgesetzt. Zum Nachw. der Photoprotonen dienten Ilford C_2-Platten. Die Photoprotonen aus C zeigen eine ausgeprägte Vorwärtsasymmetrie mit einer Spitze bei $\vartheta = 60^0$. Die energieschwächere Protonenkomponente hat eine prakt. isotrope Verteilung. Die Anisotropie der Winkelverteilung bei Al kann durch die Kurve $N = a + b \sin^2\vartheta$ wiedergegeben werden, wobei das Verhältnis b/a mit der Energie der Photoprotonen steigt (N = Anzahl der beobachteten Protonen in einem 1 MeV-Intervall). Das Protonenenergiespektr. zeigt in beiden Fällen ein Maximum zwischen 5 u. 6 MeV. (Vgl. nachst. Ref.) (Nuovo Cimento [10] **5.** 528—31. 1/2. 1957. Catania, Univ., Ist. di Fis.; Centro Sicil. di Fis. Nucl.) Herbert Weber. 103

C. Milone, R. Ricamo und **R. Rinszivillo,** *Photoprotonen aus Sauerstoff bis zu 30 MeV.* (Vgl. vorst. Ref.) Mit W. beladene u. trockene 200 μ dicke Ilford C_2-Platten wurden bei Betatron-Maximalenergien von 12, 18, 22, 26 u. 30 MeV exponiert. Ausbeutekurven für Photoprotonen von C, Al, trockner Emulsion (Em) u. wasserbeladener Emulsion (H) sowie von O werden verglichen. Ferner werden (γ, p)- u. (γ, n)-Querschnitte für C, O u. Al im gleichen Energiebereich angegeben. Das Ansteigen der O-Anregungskurve bis zu 30 MeV zeigt einen beträchtlichen Beitrag der energiereichen Photonen zur Protonenausbeute. Die C- u. Al-Kurven stimmen mit den Maxima in den (γ,p)-Querschnitten um 22 MeV überein. Die O-Kurve zeigt ein Maximum für den (γ,p)-Querschnitt oberhalb der Resonanz bei E = 15 MeV. Es wird geschlossen, daß damit Beweise für die Riesenresonanz für die (γ, p)-Rk. über E_1-Absorption im Photonenenergiebereich von 20—25 MeV gegeben sind. (Nuovo Cimento [10] **5.** 532—34. 1/2. 1957.) Herbert Weber. 103

R. E. Azuma, *Obere Grenzen für die Lebensdauer der angeregten Zustände von ^{46}Ti.* Vf. beschreibt γ–γ- u. β–γ-Koinzidenzmessungen an den beim Zerfall von ^{46}Sc emittierten Strahlungen unter Benutzung von ^{60}Co zu Vergleichszwecken, um die Lebensdauer der beiden ersten angeregten Zustände von ^{46}Ti zu bestimmen, die sich in beiden Fällen zu $< 5 \cdot 10^{-11}$ Sek. ergab. (Philos. Mag. [7] **46.** 1031—33. Sept. 1955. Glasgow, Univ., Dep. of Natural. Philos.) L. Wiesner. 103

R. E. Azuma und **G. M. Lewis,** *Die Lebensdauer des ersten angeregten Zustandes von ^{203}Tl.* (Vgl. vorst. Ref.) Die Lebensdauer des 1. angeregten Zustandes von ^{203}Tl bei 280 keV, der beim β-Zerfall von ^{203}Hg entsteht, wurde zu $(3 \pm 1) \cdot 10^{-10}$ Sek. bestimmt.

Der Vgl. mit der in der Formel von Weisskopf vorausgesagten Lebensdauer zeigt, daß dieser Übergang eine erhebliche elektr. Quadrupolkomponente enthält. (Philos. Mag. [7] **46.** 1034—36. Sept. 1955.) L. Wiesner. 103

Mitsuo Sakai, *Winkelkorrelation der γ-Strahlen von $^{56}Fe^*$.* γ-γ-Koinzidenzmessungen bewiesen die Ggw. der 2,03 MeV-Linie, die zum 2. angeregten Zustand des Tochterkerns ^{56}Fe führt. Dem 1. und 2. angeregten Niveau in ^{56}Fe werden die Spins 2^+ u. 4^+ zugeordnet. Die möglichen Spinzuordnungen für die anderen angeregten Zustände werden diskutiert. (J. physic. Soc. Japan. **10.** 729—35. Sept. 1955. Columbus, O., Ohio State Univ., Dep. of Phys. and Astron. [Orig.: engl.]) L. Wiesner. 103

André Moussa und **Andrée Juillard,** *Der Einfang von L-Elektronen beim Zerfall von ^{57}Co.* Vff. führen einen direkten magnetspektrometr. Vgl. der Anzahl der K–Auger-Elektronen zur Anzahl der Konversionselektronen eines stark konvertierten Quants schwacher Energie durch. Unter Annahme des Zerfallsschemas von ^{57}Co leitet Vf. eine Schätzung des Verhältnisses von L-Einfängen $\lambda_L : \lambda_K = 0{,}20 \pm 0{,}13$ ab. (C. R. hebd. Séances Acad. Sci. **243.** 1515—17. 12/11. 1956.) Gerhard Schmidt. 103

W. Beusch, P. Erdös, D. Maeder und **P. Stoll,** *Über den Zerfall von ^{67}Cu.* Für ^{67}Cu u. ^{64}Cu wurden durch γ-Messung Halbwertszeiten von 59 bzw. 12,8 Std. nachgewiesen. ^{67}Cu wurde aus der ^{68}Zn(γ,γ)-Rk. erhalten. Für den Zerfall ^{67}Cu(59 Std.) $\rightarrow$ ^{67}Zn wurde ein Zerfallsschema aufgestellt. Für den β-Zerfall auf das 388 keV-Niveau von ^{67}Zn wird ein Verzweigungsverhältnis von (0,64 $\pm$ 0,2)% gefunden (log $ft = 6{,}2$). (Helv. physica Acta **30.** 268—69. 15/8. 1957. Zürich, ETH.) Herbert Weber. 103

A. El Sioufi, P. Erdös und **P. Stoll,** *(γ, np)-Prozesse am ^{92}Mo und ^{66}Zn.* Chem. reines Zn- bzw. Mo-Pulver wurde zusammen mit Cu-Monitorfolien bestrahlt. Die auf Rückstreuung u. Absorption korr. Ausbeuten werden mit denen von ^{65}Cu(γ,n)^{66}Cu verglichen. Für die Rk. ^{66}Zn(γ,np)^{64}Cu wird ein maximaler Querschnitt von 5,3 mbarn bei $E_\gamma = 27 \pm 0{,}5$ MeV ($\Gamma = 3{,}7$ MeV) erhalten. Das Verhältnis der Wirkungsquerschnitte σ[^{98}Mo(γ,p)]/σ[^{92}Mo(γ,np)] beträgt 4,5. Die Ergebnisse werden mit der statist. Theorie verglichen. (Helv. physica Acta **30.** 264—65. 15/8. 1957. Zürich, ETH.) Herbert Weber. 103

A. El Sioufi, P. Erdös und **P. Stoll,** *Der (γ, α)-Prozeß an Thallium.* (Vgl. vorst. Ref.) Mit dem 32 MeV-Betatron wurden die Anregungskurven der Rkk. ^{205}Tl(γ,α)^{201}Au u. ^{205}Tl(γ,nα)^{200}Au untersucht. Für die (γ,α)-Rk. betragen die Einsatzenergie $E_0 = 20$ MeV u. der maximale Querschnitt 100 μbarn (bei $E_{max} = 26$ MeV). (Helv. physica Acta **30.** 266. 15/8. 1957.) Herbert Weber. 103

S. Jannelli und **F. Mezzanares,** *Charakteristika der durch 140 $\pm$ 6 MeV-Protonen erzeugten Kernzertrümmerungen.* 2. Mitt. *Schwere Kerne.* (1. vgl. Suppl. del nuovo Cimento **4.** [1956.] 939.) Die durch 140 MeV-Protonen in den schweren Kernen (Ag u. Br) von 600 μm dicken Ilford G5-Emulsionen erzeugten Kernzertrümmerungen (634 Sterne) wurden untersucht. Die Ergebnisse der Analyse stimmen mit der Beschreibung der Erzeugung von Sternen gemäß dem Modell der Kernkaskade mit anschließender Kernverdampfung überein. Die Existenz von Protonen niedriger Energie, die zuweilen von den Kernen beim Abklingprozeß emittiert werden, wird bestätigt. Aus diesen u. früheren Daten werden die besten Werte einiger Parameter, die beim Prozeß der Sternerzeugung vom Bedeutung sind, abgeleitet. (Nuovo Cimento [10] **5.** 380—92. 1/2. 1957. Messina, Univ., Ist. di Fis.) Herbert Weber. 103

S. Jannelli und **F. Mezzanares,** *Charakteristika der durch 140 $\pm$ 6 MeV-Protonen erzeugten Kernzertrümmerungen.* 3. Mitt. *Leichte Kerne.* (2. vgl. vorst. Ref.) 220 Sterne aus der Zertrümmerung leichter Kerne (C, N, O) von Ilford G5-Emulsionen durch 140 MeV-Protonen wurden untersucht. Die in den verschied. Elementen erzeugten Zertrümmerungen sind mit dem α-Teilchen-Modell der leichten Kerne u. mit den vorgeschlagenen Schemata der Zertrümmerungen in Einklang. Diese Schemata erklären ca. 45% der aufgetretenen Zertrümmerungen, bei den restlichen Fällen tritt Emission einiger Teilchen (z.B. durch lokale Verdampfung) u. eines Fragmentes ($Z \geq 3$) auf. Die Frequenz der Zertrümmerungen in den verschied. Elementen scheint wesentlich von ihrer Häufigkeit in der Emulsion abzuhängen. (Nuovo Cimento [10] **5.** 1047—56. 1/5. 1957.) Herbert Weber. 103

Hamlet Vartapetian, *Niveauschema von ^{131}Cs.* Nach der γ–γ-Koinzidenzmeth. mit NaJ(Tl)-Scintillatoren untersucht Vf. die γ-Übergänge in ^{131}Cs. Die verwendete ^{131}Ba-Quelle besitzt eine spezif. Aktivität in der Größenordnung von 0,3 μc/mg. Es werden die Koinzidenzen zwischen den Strahlungen von 915 u. 122 keV, 820 u. 214 keV sowie die Existenz des 245 keV-Photons in Koinzidenz mit dem von 370 keV nachgewiesen. Der zu 0,39 $\pm$ 0,04 bestimmte Konversionskoeff. α_K des 122 keV-Photons ist mit demjenigen einer reinen Ml-Strahlung verträglich. (C. R. hebd. Séances Acad. Sci. **243.** 1512—14. 12/11. 1956.) Gerhard Schmidt. 103

W. E. Stephens und **H. H. Staub,** *Paarerzeugung durch schnelle Protonen.* Dicke *Ta*-Targets wurden mit Protonen bis zu 1,5 MeV beschossen. Nach Korrektur für die β^+-Aktivität [bes. ^{13}N aus ^{12}C(p,γ) u. ^{17}F aus ^{16}O(p,γ) sowie ^{19}F(p,α)^{16}O*(β^+)] ergibt sich für die Paarerzeugung an Ta bei $E_p = 1{,}5$ MeV ein Wirkungsquerschnitt von $< 2 \cdot 10^{-32}$ cm². (Helv. physica Acta **30.** 260—61. 15/8. 1957. Zürich, Univ.) Herbert Weber. 103

J. Brunner, J. Halter und **Ch. Perdrisat,** *Die Zerfallsschemata von ^{195}Hg–Au und ^{193}Hg–Au.* (Vgl. C. **1958.** 912.) Zur Einordnung weiterer γ-Linien in die Zerfallsschemata wurden mit einem Linsenspektrometer β–β- u. β–γ-Koinzidenzmessungen ausgeführt. Als Ergebnis werden die Niveauschemata von ^{195}Au u. ^{193}Au aufgestellt. Ein 3-faches Positronenspektr. mit den Grenzenergien 2,22 ± 0,05, 1,17 ± 0,03 u. ca. 0,42 MeV wurde gemessen. Die Halbwertszeiten lassen darauf schließen, daß das oberste Spektr. zum Übergang ^{192}Au → ^{192}Pt gehört, das mittlere ist dem Übergang ^{193m}Hg → ^{193m}Au zuzuordnen. Das unterste Spektr. läßt sich als Überlagerung der Übergänge vom Isomer in ^{193}Hg zu den verschied. höher angeregten Niveaus in ^{193}Au erklären. (Helv. physica Acta **30.** 269—71. 15/8. 1957. Zürich, ETH.) Herbert Weber. 103

R. Wolfgang, E. W. Baker, A. A. Caretto, J. B. Cumming, G. Friedlander und **J. Hudis,** *Radiochemische Untersuchung der Wechselwirkung zwischen Blei und Protonen im Energiebereich von 0,6 bis 3,0 GeV.* Pb-Targets wurden im Cosmotron mit Protonen zwischen 0,6 u. 3,0 GeV beschossen, die Erzeugungsquerschnitte für ca. 30 Nuclide mit $A \leq 140$, die beim Beschuß entstehen, werden bestimmt. Die Anregungsfunktionen für die leichtesten Nuclide ($A < 35$) u. die Ba-Isotope mit Neutronenunterschuß steigen mit zunehmender Energie steil an. Für Nuclide mittlerer Massenzahl ($A = 50 - 120$) sind die Änderungen der Querschnitte mit steigender Energie viel geringer u. können größtenteils als eine Verschiebung nach Nucliden mit größerem Neutronenunterschuß u. als eine Verbreiterung der Ausbeute-Massenverteilung gedeutet werden. Bei 3 GeV verschmelzen die Bereiche der Kernsplitterungs- u. Spaltprodd. miteinander u. die Querschnitte für die Bldg. aller Massenzahlen < Targetmasse werden innerhalb einer Größenordnung gleich. Die Änderungen im Ausbeuteschema > ca. 0,4 GeV sind verbunden mit der zunehmenden Wahrscheinlichkeit sehr großer Energieübergänge in der Größenordnung von 1 GeV vom einfallenden Proton auf den getroffenen Kern. Neben den bekannten Arten des Abklingprozesses wird eine neue Art („Fragmentation") postuliert, um die Bldg. einiger beobachteter Nuclide, bes. der leichten Fragmente, zu erklären. Es wird angenommen, daß die Fragmentation mit den kurzen mittleren freien Weglängen der Pionen in der Kernmaterie in Verb. steht, wobei die entstehende lokale Erhitzung zu einer Dissoziation des Kerns in Fragmente in einer Zeit führen kann, die im Vgl. zu der Zeit, die für eine gleichmäßige Verteilung der Energie erforderlich ist, kurz ist. Die chem. Trennungsverff. für *F, Na, Mg, P, Mn, Fe, Cu, Zn, Ga, Mo, Cd* u. *Ba* werden beschrieben. (Physic. Rev. [2] **103.** 394—403. 15/7. 1956. Upton, N.Y., Brookhaven Nat. Labor., Chem. Dep.) W. Karcher. 103

F. Ferrero, L. Gonella, R. Malvano, C. Tribuno und **A. O. Hanson,** *Schnelle Neutronenkomponente bei Kernphotoreaktionen.* Mitt. von vorläufigen Ergebnissen über die Komponente schneller Photoneutronen in vielen Elementen unter besonderer Berücksichtigung von *Al, Cu, Ag, Ba, Au* u. *Bi.* Die Bestrahlungen wurden mit dem Röntgenstrahlbündel eines 31 MeV-Betatrons durchgeführt. Zum Neutronennachweis diente die Rk. ^{28}Si(n,p)^{28}Al. (Nuovo Cimento [10] **5.** 242—48. 1/1. 1957. Torino, Univ., Ist. di Fis.; Ist. Naz. di Fis. Nucl.) Herbert Weber. 103

H. Paul und **H. Warhanek,** *Zum Zerfallsschema des AcX (^{223}Ra).* Mit einem Koinzidenz-Scintillationsspektrometer wurden die Strahlungen von AcX untersucht. γ-Intensitäten pro Zerfall im γ-Einzelspektr. u. im α–γ-Koinzidenzspektr. wurden aufgenommen. Es ergibt sich, daß die 268 keV-γ-Linie von AcX einer α-Strahlung von 5,60 ± 0,02 MeV folgt. Das Zerfallsschema AcX(^{223}Ra) → An(^{219}Em) wird wiedergegeben. (Helv. physica Acta **30.** 272—74. 15/8. 1957. Wien, Inst. für Radiumforsch. u. Kernphys.) Herbert Weber. 103

D. H. Peirson, *Das γ-Spektrum der Spaltprodukte aus dem Beschuß von ^{235}U mit langsamen Neutronen.* Das γ-Spektr. der Spaltprodd. aus der Spaltung des ^{235}U mit langsamen Neutronen wurde ohne vorherige chem. Trennungen mit einem Zweikristall-Scintillationsspektrometer (NaJ u. Anthracen) von 17 Std. bis zu 70 Tagen nach der Bestrahlung untersucht. Für die 20 Min. dauernden Bestrahlungen im Reaktor bei einem Neutronenfluß von 10^{12} Neutronen/cm² · sec wurden U-Proben eingesetzt, in denen das ^{235}U um den Faktor 50 angereichert ist. Das γ-Spektr. zeigt bes. hohe Aktivitäten in der Umgebung von 0,2 u. 0,7 MeV. Oberhalb 1 MeV ist die einzige wichtige Linie die des ^{140}*La* bei 1,58 MeV, die nach 6 Tagen ihre größte Intensität erreicht. Die Aktivitäten in der Umgebung von 0,2 u. 0,7 MeV sind bis 50 Tage nach der Bestrahlung etwa gleich stark. Danach wird das Spektr. hauptsächlich durch die Aktivität des ^{95}Zr (0,77 MeV-Linie) bestimmt. (Brit. J. appl. Physics **6.** 444—49. Dez. 1955. Nukleonika [Warszawa] **2.** 57—72. 1957. Harwell, Berks., A.E.R.E.) L. WIESNER. 103

I. L. Gray, R. L. Neal und **B. G. Voorhees,** *Kontrolle des Sauerstoffgehaltes in Natrium-Wärmeübertragungssystemen.* Inhaltlich ident. mit der C. **1957.** 8123 referierten Arbeit. (Chem. Engng. Progr., Syposium Ser. **53.** Nr. 20. 11—18. 1957. San José, Calif., Gen. Electr. Co.; Schenectady, N.Y., Knolls Atomic Power Labor.) H.-G. MOSLÉ. 110

P. J. Grouse und **H. D. Rathgeber,** *Modell eines Geiger-Zählers mit einer bestimmten Zähllänge.* Beschreibung eines einfachen GEIGER-Zählers, dessen effektive Länge direkt aus seiner Geometrie u. Betriebsspannung erhalten wird. Die Betriebsspannung wird so gewählt, daß Änderungen der effektiven Länge infolge von Spannungsschwankungen minimal bleiben. (Nuovo Cimento [10] **5.** 707—16. 1/3. 1957. Sydney, N.S.W., Univ. of Sydney, School of Phys., F.B.S. Falkiner Nucl. Res. and Adolph Basser Comput. Labors.) HERBERT WEBER. 112

F. G. Houtermans und **H. Oeschger,** *Proportionalzählrohr zur Messung schwacher Aktivitäten weicher β-Strahlung.* Beschreibung einer App., die bisher für Altersbestimmungen nach der ^{14}C-Meth. u. auch zur Messung von ^{3}H benutzt wurde. Bei ^{14}C-Messungen wird das Zählrohr mit Acethylen bei 710 mm Hg gefüllt. Die Herst. des Acethylens aus den zu untersuchenden Proben erfolgt nach dem Verf. von SUESS. Das Verhältnis des Zähleffekts von neuem C zum Nulleffekt beträgt bei der beschriebenen Anordnung (Abschirmung u. Elektronik) 19. (Helv. physica Acta **31.** 117—26. 2/5. 1958. Bern Univ., Phys. Inst.) HERBERT WEBER. 112

N. A. Porter, *Der Einfluß von Ultraviolett-Konvertern auf den Wirkungsgrad von Flüssigkeits-Čerenkov-Zählern.* Da bei Höhenstrahlmessungen mit großen Fl.-ČERENKOV-Zählern die meiste Energie im ČERENKOV-Spektr. im UV liegt, wurde die Wirksamkeit von gelösten UV-Konvertern in einem wassergefüllten ČERENKOV-Zähler untersucht. Mit *Fluorescein* oder *Uvitex* als Fluorescenzstoffe wurde kein Ansteigen der Impulshöhe gefunden. Ein Zuwachs der mittleren Impulshöhe von ca. 100% wurde mit leicht alkal. Lsgg. (z.B. ammoniakal. Lsg. bei p_H9) von *β-Methylumbelliferon* gefunden. Der Effekt war nahezu unabhängig von der Konz. zwischen 0,005 u. 0,1 g/l. (Nuovo Cimento [10] **5.** 526—27. 1/2. 1957. Harwell, Berks., A.E.R.E.) HERBERT WEBER. 112

Josef Kajfosz und **Jiří Kopecký,** *Ein Zweikristall-Scintillationsspektrometer mit Impulssummierung.* Vff. beschreiben ein Spektrometer, dessen Kristalle in einem Winkel von 90° zueinander angeordnet sind. Dadurch werden auch die Photonen gezählt, deren Streuwinkel fast 180° ist. Durch die Zweikristallmeth. wird der Untergrundpegel stark unterdrückt, so daß die Spektren sehr sauber erfaßt werden können. Als Eichsubstanzen dienten ^{137}Cs u. ^{60}Co. Zwischen der Amplitude der Summenimpulse u. der Energie besteht ein strenger linearer Zusammenhang. (Československ. Časopis Fysiku **8.** 582—88. Ročník **8.** 1958. Praha, Ústav jaderné fysiky ČSAV.) G. KURDAL. 112

P. E. Argan, A. Gigli und **N. D'Angelo,** *Bemerkungen über den Betrieb einer Diffusions-Nebelkammer.* 2. Mitt. (1. vgl. C. **1959.** 5690.) Vff. stellen eine Bedingung für die Parameter der Kammer (Art u. Druck des Gases sowie Ionenladung) für den Fall auf, daß die Höhe der empfindlichen Schicht ungeändert bleibt. Eine weitere Bedingung für die variable Dicke dieser Schicht wird als Funktion der gleichen Parameter dargestellt. Beide Bedingungen werden für H_2, D_2, He, CO_2, Ar u. Luft für den Druckbereich zwischen 0,5 u. 20 at für einfach geladene Ionen berechnet. (Nuovo Cimento [10] **3.** 1337—59. 1/6. 1956. Genova, Univ., Ist. di Fis.; Roma, Ist. Superiore di Sanità, Labor. di Fis.) G. KURDAL. 112

G. A. Asskarjan, *Über die Bestimmung der Geschwindigkeit ionisierender Teilchen aus der Markierung ihrer Bahnen durch ein hochfrequentes elektrisches Feld.* Theoret. Diskussion des von GABOR u. HAMPTON (C. **1959.** 6023) vorgeschlagenen Verf., die Geschwindigkeit von Nebelkammerspuren direkt mit Hilfe eines hochfrequenten elektr. Wechselfeldes ablesbar zu machen. Vorschläge zur Erhöhung der Leistungsfähigkeit dieses Verfahrens. (Журнал Экспериментальной и Теоретической Физики [J. exp. theoret. Physik] **34.** 1005—07. April 1958. Akad. der Wiss. der UdSSR, Physik. Lebedew-Inst.) F. LENZ. 112

Ladislav Drška, Ivo Chudáček und **František Štěrba,** *Die Messung verschiedener Neutronenspektren mittels Kernemulsionen.* Für die Messungen wurden zwei Quellen schneller Neutronen benutzt: 1) Ra-Be u. 2) die Rk. Li(d,n). Die Ergebnisse für die erste Quelle stimmen mit den Messungen anderer Autoren überein. Die Messungen an der Li-Rk. stimmen in den Grundzügen ebenfalls mit denen anderer Autoren überein. Aus der Analyse dieses Spektr. konnte das Energieschema für ^{8}Be aufgestellt werden. (Českoslov. Časopis Fysiku **8.** 589—97. Ročník **8.** 1958. Praha, Karlová univ., Fak. techn. a jadernéfysiky.) G. Kurdal. 112

M. Debeauvais, E. Picciotto und **S. Wilgain,** *Begrenzung der Diffusion von Radioelementen in Kernemulsionen durch Exposition bei niedriger Temperatur.* Vf. zeigt, daß die Diffusion von Radioelementen in die Kernemulsionen durch Arbeiten bei niedriger Temp. verhindert werden kann. Der Effekt der Diffusion von *Rn* wird bei —85° u. der von *Tn* bei —36° nicht mehr beobachtet. Bei diesen Tempp. entspricht die beobachtete Verteilung zwischen den Sternen u. einfachen Bahnen der theoret. Verteilung. Die Meth. erlaubt die Messung sehr kleiner Mengen von Radioelementen. (Nuovo Cimento [10] **5.** 260—65. 1/1. 1957. Bruxelles, Univ. Libre, Labor. de Phys. Nucl.) Herbert Weber. 112

Josef Kubal, Jaroslav Beneš und **Zbyněk Hrkal,** *Der Einfluß von Cadmiumionen auf die Eigenschaften von Kernemulsionen.* Um feinkörnige Emulsionen zu erhalten, wurde der Schwächungs- u. Sensibilisierungseinfluß von Cd-Ionen auf Kernemulsionen untersucht. Ihr Einfl. war eine sensitometr. Empfindlichkeitszunahme gegenüber sichtbarem Licht, Elektronen u. α-Teilchen. Die Cd-Ionen wurden in einer Konz. zwischen 0,7 bis 5,0 Mol-% angewendet. (Československ. Časopis Fysiku **8.** 608—13. Ročník **8.** 1958. Praha, CSAV u. Karlová univ., Ústav jaderné fysiky u. Fysikalní ústav.) G. Kurdal. 112

L. L. Goldin und **D. G. Koškarev,** *Eine lineare Theorie der Synchrotronoscillationen* 2. Mitt. *Teilchenverluste während der Beschleunigung und Theorie der Toleranzen.* (1. vgl. C. **1957.** 4878.) Vff. untersuchen verschied. Arten von Synchrotronoscillationsstörungen, die durch die beschleunigten Teilchen bzw. deren Verluste verursacht werden. Es wird ein Gleichungssyst. aufgestellt, das für vorgegebene Teilchenverluste die erforderlichen Toleranzen zu bestimmen gestattet. Die Ursachen für die Störschwingungen werden diskutiert. (Nuovo Cimento [10] **6.** 286—98. Aug. 1957. Moskau, Akad. der Wiss. der UdSSR.) G. Kurdal. 112

L. M. Kowrishnych und **A. N. Lebedew,** *Berechnung der kollektiven Wechselwirkung von Elektronen in cyclischen Beschleunigern.* Theoret. Unters. der kollektiven Wechselwrkgg. in Beschleunigern, bes. im Betatron. Darunter wird verstanden: 1) Die Coulomb-Wechselwrkg., die in erster Näherung zu einer Änderung der Frequenz der Betatronschwingungen u. zum Auftreten azimutaler Inhomogenitäten führt. Die Coulomb-Wechselwrkg. spielt beim Elektroneneinfang im Betatron eine wesentliche Rolle, die in der vorliegenden Arbeit ausführlich untersucht wird. 2) Die magnet. Wechselwrkg., die bei relativist. Geschwindigkeiten der Coulomb-Wechselwrkg. entgegenwirkt u. im übrigen keine wichtige Rolle spielt. Zweierstöße der Elektronen untereinander können bei den prakt. verwandten geringen Stromdichten vernachlässigt werden. Die Folgerungen der Theorie werden von den experimentellen Erfahrungen gut bestätigt. (Журнал Экспериментальной и Теоретической Физики [J. exp. theoret. Physik] **34.** 984 bis 992. April 1958. Akad. der Wiss. der UdSSR, Physik. Lebedew-Inst.) F. Lenz. 112

Ju. F. Orlow und **Je. K. Tarassow,** *Oscillationsdämpfung im cyclischen Elektronenbeschleuniger.* Theoret. Unters. der Dämpfung von radialen u. Phasenschwingungen unter Berücksichtigung der Änderung des Magnetfeldes längs der Bahn. Im Beschleuniger mit starker Fokussierung hängt im Gegensatz zu dem mit schwacher Fokussierung die Dämpfung nicht vom Gang des Feldgradienten $\delta H_z/\delta r$ längs der Bahn ab, wenn H_z in allen Magneten denselben Wert hat. (Журнал Экспериментальной и Теоретической Физики [J. exp. theoret. Physik] **34.** 651—57. März 1958.) F. Lenz. 112

I. A. Kalinin und **P. Ja. Wertebny,** *Berechnung der physikalischen Dosis der γ-Strahlung.* 2. Mitt. *Stärke der Dosis von flachen und dreidimensionalen Quellen.* (1. vgl. C. **1959.** 7363.) Formeln u. Nomogramme zur Berechnung der γ-Dosis werden angeführt. Die Brauchbarkeit der Nomogramme für die Strahlungsintensität in 1 m Entfernung vom Zentrum eines ebenen runden Strahlers bzw. am Rande des Strahlers in 1 m Höhe sowie die Dosis für einen Zylinder u. für eine Kugel wird an prakt. Beispielen demonstriert. (Журнал Физической Химии [J. physik. Chem.] **32.** 2192—98. Sept. 1958.) O. Lebtag. 112

G. E. Koch, H. L. Gottfried, W. R. Lamb, F. A. Rhoads und **J. Valdivia,** *Photozellen-Nachweisinstrument für hohe γ-Intensitäten.* Das Gerät besteht aus einer Photozelle mit einer Cs-Sb-Oberfläche u. einem NaJ(Tl)-Phosphor als Detektor, einer umgekehrten Triode als Stromverstärker u. einem Anzeigeinstrument. Die Photozelle erreicht Sättigung bei 4,5 V Anodenspannung. Für die γ-Strahlung von ^{60}Co u. Ra ist die Anzeige im Bereich von 5 mr/Std. — 500 r/Std. eine lineare Funktion der Strahlungsintensität. (Rev. sci. Instruments **26.** 499—501. Mai 1955. San Francisco, Calif., US. Naval Radiol. Defense Labor.) L. Wiesner

---

R. A. Allen, R. J. Millet and **D. B. Smith,** Radioisotope data. London: H. M. S. O. 1959. (276 S. m. Tab. u. Diagr.) = A. E. R. E. reports-no. R 2938. 8s.

D. E. Glanville, The thermal stability of plutonyl nitrate solutions with reference to their use in a homogeneous aqueous reactor. London: H. M. S. O. 1959. (14 S. m. Tab. u. Diagr.) = A. E. R. E. reports-no. C/R 2698. 2s. 6d.

Douglas E. Smith, ed., Proceedings of the International Congress of Radiation research, Burlington, Vermont, USA, August 11—15, 1958. New York, London: Academic P. 1959. (XVI + 582 S. m. Abb., Tab. u. Diagr.) = Radiation Research. Supplements-no. 1. 52s.

A_2. Optisches Verhalten der Materie.

Lajos Jánossy, Tamás Sándor und **Antal Somogyi**, *Experimentelle Untersuchung der ausgebreiteten atmosphärischen Stürme.* Bekanntgebung der Ergebnisse der Untersuchungen, durchgeführt an 4 verschiedenen (320 cm^2, 640 cm^2, 1600 cm^2, 3200 cm^2) Oberflächen mit ausgebreiteten atmosphärischen Stürmen. Es wurden die Dichtespektrumexponenten ($\gamma = 1{,}42 \pm 0{,}01$), die barometr. Koeffizienten ($B_p = -10{,}9 + 0{,}3\text{‰}$ mmHg) u. Temp.-Koeffizienten ($B_T = -2{,}33 \pm 0{,}24$ ‰/Grad) bestimmt. (Magyar Fizikai Folyóirat [Ung. Z. Physik] **6.** 307—14. Központi Fiz. Kutató Intézet, Kozmikus Sugárzási Osztály.) G. HALMI. 113

A. A. Nikitin, *Über Technetiumlinien im Sonnenspektrum.* 2. Mitt. (1. vgl. C. **1958.** 13687.) Verschied. Zuordnungsverss. für die bisher nicht identifizierten Linien des Sonnenspektr. werden erörtert. Die Linie 5620,421 (Å) kann nicht dem Mol. C_2 zugeordnet werden; die Linie 5589,011 gehört nicht zu einer der Linien des SWANschen Bandensyst., die Linie 4238,24 nicht zu den Linien von CH oder zu einer O_2-Bande des SCHUMANN-RUNGE-Syst.; in der Nähe der Linie 3636,05 finden sich keine Molekülbanden, sie ist auch nicht dem Mol. CN zuzuordnen; auch der Linie 3195,23 entspricht keine der Moleküllinien. Für alle genannten Linien ist ein Vgl. mit den entsprechenden Tc-Linien von Interesse. (Астрономический Журнал [Astronom. J.] **35.** 366—71. Mai/Juni 1958. Leningrad, Univ., Astronom. Observ.) R. K. MÜLLER. 113

Ju. I. Galperin, *Über die Profile der Wasserstofflinien im Spektrum des Nordlichtes.* (Vgl. C. **1958.** 4681.) Für die Funktion $I_0(v)$, die die relative Zahl der ausgesandten H_α-Quanten je Einheitsintervall der Geschwindigkeitsänderung eines einfliegenden Protons ausdrückt, ist eine Geschwindigkeit v_{max} von der Größenordnung 1500—2300 km/sec zu erwarten. Die Unters. der Profile der H_α-Linie läßt das Eindringen einer größeren Menge von Protonen mit Eintrittsgeschwindigkeiten von der Größenordnung 1000—2000 km/sec erkennen. Vermutlich verursachen diese Teilchen das Leuchten des Nordlichtes in großer Höhe. (Астрономический Журнал [Astronom. J.] **35.** 382—89. Mai/Juni 1958. Akad. der Wiss. der UdSSR., Inst. für Phys. der Atmosphäre.) R. K. MÜLLER. 113

J. Plíva, *Anharmonische Potentialfunktionen mehratomiger Moleküle.* Zur Darst. der Potentialenergie eines mehratomigen Mol. wird eine auf dem allg. Valenzkraftfeld begründete empir. Potentialfunktion vorgeschlagen, Für das Potential der Valenzschwingungen wird eine Modifizierung der von LIPPINCOTT für zweiatomige Moleküle eingeführten Funktion angewendet, u. eine andere einfache Funktion wird für das Potential der Valenzwinkeldeformation vorgeschlagen. Die Funktion enthält Parameter, welche die Wechselwirkungen der durch alle Valenz- u. Deformationskoordinaten beschriebenen Bewegungen berücksichtigen. Neben den quadrat. Potentialkonstanten enthält die Funktion für jede Bindung nur drei weitere Parameter, von denen zwei aus Angaben für entsprechende zweiatomige Moll. annähernd bekannt sind, u. für jeden Valenzwinkel zwei weitere Parameter. Die Eigg. der allg. Valenzkraftkoordinaten, die zu der Aufstellung der Funktion verwendet werden, u. deren Transformation in den üblichen Valenzkoordinaten werden kurz besprochen. Die Anwendung der Funktion auf $^{12}Co_2$, $^{13}CO_2$, H_2O, D_2O, *HCN* u. *DCN* zeigt, daß sie die Schwingungskonstanten sehr gut wiedergibt u. zur Voraussage der Konstanten der Rotationsschwingungswechselwirkung dienen kann. In dem benutzten allg. Valenzkraftkoordinatensyst. wurde das Potential in zweiter Näherung als invariant gegen Isotopensubstitution gefunden, u. die Funktion konnte deshalb zur Voraussage der anharmon. Konstanten sowie der Konstanten der Rotationsschwingungswechselwirkung bei isotopen Moll. angewendet werden. (Collect. czechoslov. chem. Commun. **23.** 777—90. Mai 1958. Prague, Czechoslov. Acad. of Sci., Inst. of Chem., Dep. of Phys. Chem. [Orig.: engl.]) O. KNESSL/Prag. 114

J. Plíva, *Anharmonische Potentialfunktionen mehratomiger Moleküle.* 2. Mitt. *Modell des nichtlinearen Moleküls XY_2.* (1. vgl. vorst. Ref.) Die allg. Valenzkoordinaten der Bindungskräfte (welche in jedem Augenblick genau längs der Valenzrichtung der schwingenden Kerne gerichtet sind), die im ersten Teile dieser Arbeit zur Aufstellung der gegen die isotope Substitution invarianten Potentialfunktion vorgeschlagen wurden, werden in der vorliegenden Mitteilung für den Sonderfall des nichtlinearen dreiatomigen Moleküls vom Typ XY_2 eingeführt. Es werden allg. Formeln für die nichtlineare Transformation dieser Koordinaten in kartes. Koordinaten, die üblichen linearisierten

Valenzkoordinaten, sowie Koordinaten der Symmetrie für dieses Molekularmodell abgeleitet; der Einfluß der Transformationen auf die Gestalt der Formeln für den quadrat., kub. sowie biquadrat. Anteil der Potentialenergie wird untersucht. (Collect. czechoslov. chem. Commun. **23.** 1839—45. Okt. 1958. [Orig.: engl.]) O. Knessl/Prag. 114

J. Plíva, *Anharmonische Potentialfunktionen mehratomiger Moleküle.* 3. Mitt. *Modell des linearen Moleküls XYZ.* (2. vgl. vorst. Ref.) Die Transformationen der allg. Valenzkoordinaten, welche in der vorstehenden Arbeit eingeführt worden sind, werden für den Fall des linearen dreiatomigen Mol. XYZ untersucht. Für dieses Molekularmodell werden allg. Formeln abgeleitet, welche die Konstanten der in den allg. Valenzkoordinaten u. in linearisierten Valenzkoordinaten ausgedrückten Potentialenergieentwicklung in Beziehung setzen. Das lineare symm. Mol. XY_2 wird als Sonderfall behandelt. (Collect. czechoslov. chem. Commun. **23.** 1846—51. Okt. 1958. [Orig.: engl.]) O. Knessl/Prag. 114

J. Plíva, *Anharmonische Potentialfunktionen mehratomiger Moleküle.* 4. Mitt. *Formeln für die Frequenzen nullter Ordnung.* (3. vgl. vorst. Ref.) Der quantenmechan. Hamiltonsche Operator für ein schwingendes u. rotierendes mehratomiges Mol. wurde in Symmetriekoordinaten ausgedrückt. Diese Formulierung macht die Anwendung der nichtspezifizierten Normalkoordinatentransformation, welche in Nielsens Theorie der Rotationsschwingungsenergie eines allg. mehratomigen Moleküls angewendet wird, überflüssig. Mittels einer Kontakttransformation des Schwingungsanteiles des Hamiltonschen Operators wurden Näherungsformeln, welche bis zum vierten Annäherungsgrade genau sind, für Frequenzen nullter Ordnung abgeleitet. Diese Formeln, welche allg. Näherungslösungen der säkularen Schwingungsgleichung darstellen, wurden zur Anwendung bei Berechnungen der quadrat. Potentialkonstanten aufgestellt. (Collect. czechoslov. chem. Commun. **23.** 1852—63. Okt. 1958. [Orig.: engl.]) O. Knessl/Prag. 114

Je. G. Nessterenko, *Zur Arbeit von D. M. Wassiljew „Zur Methodik der Trennung des K_α-Dubletts von Röntgenlinien".* Einige Ungenauigkeiten in den Ausführungen von Wassiljew, C. **1957.** 9273, werden korrigiert. (Журнал Технической Физики [J. techn. Physik] **27.** 2183. Sept. 1957. Kiew, Inst. für Metallphysik der Akad. der Wiss. der UkrainSSR.) K.-E. Seyb. 116

D. M. Wassiljew, *Erwiderung auf die Bemerkung von Je. G. Nessterenko zur Arbeit von D. M. Wassiljew „Zur Methodik der Trennung des K_α-Dubletts von Röntgenlinien."* (Vgl. vorst. Ref.) Vf. gibt Begründung für seine Methode. (Журнал Технической Физики [J. techn. Physik] **28.** 1849. Aug. 1958.) K.-E. Seyb. 116

W. L. Winetzki, *Optische Eigenschaften der F^--Zentren.* (Vgl. C. **1958.** 2036.) Ein Syst. aus einem Kristall mit 2 Fehlstellen im Abstand einer halben Gitterperiode u. einem mit den opt. Schwingungen des Kristalls in der Nähe dieses Fehlstellenpaares stellt einen Kristall mit F^--Zentrum dar. Die Quantenzustände eines solchen Syst. werden in makroskop. Annäherung behandelt. Die Frequenzen u. Lichtabsorptionskoeffizienten für die Photonübergänge in die niedrigsten angeregten Zustände werden in Franck-Condon-Annäherung berechnet. Ferner wird die azimutale Abhängigkeit des Polarisationsgrades der durch die Bestrahlung mit polarisiertem Licht in den F^--Banden der Lichtabsorption verursachten Luminescenz berechnet, womit die F^--Zentren identifiziert werden können. Ein Berechnungsbeispiel wird für einen KCl-Kristall durchgeführt. (Журнал Экспериментальной и Теоретической Физики [J. exp. theoret. Physik] **33.** 780—87. Sept. 1957.) R. K. Müller. 119

N. Norman, *Interferenzerscheinungen mit Compton-Streuung.* Zur Unters. der seit langer Zeit bekannten Tatsache, daß einige Diamanten auch bei Bestrahlung mit parallelen Röntgenstrahlen neben den Laue-Interferenzen Interferenzlinien liefern, machte der Vf. an einigen Diamanten Aufnahmen mit u. ohne Zr-Filter u. MoK_α-Strahlung. Aus diesen Aufnahmen ergab sich, daß die Ursache der Entstehung der Interferenzringe von den Atomen im Kristall emittierte Compton-Strahlung ist. Nur Diamanten vom Mosaiktyp geben solche Interferenzlinien. Es wird angenommen, daß die Linien hauptsächlich sekundärer Extinktion zuzuschreiben sind, wobei die Compton-Strahlung durch Reflexion von den Gitterebenen geschwächt u. gestärkt wird. (Acta crystallogr. [Copenhagen] **11.** 1—4. 10/1. 1958. Brooklyn, N. Y., Polytechnic Inst.) C. Gottfried. 119

David Garvin, *Chemisch induzierte Schwingungsanregung. Eine Arbeit über Hydroxylradikale, die in der atomaren $H + O_3$-Flamme gebildet werden.* Vf. bestimmt das Rotations-Schwingungsspektrum der durch die Rk. $H + O_3 \rightarrow OH^* + O_2$ gebildeten Hydroxylradikale in ihrem elektronischen Grundzustand für den sichtbaren Bereich u. das nahe IR. In 26 Schwingungsbanden werden Liniensysteme identifiziert. Vf. berichtet über Linienintensitäten in 21 Banden. Es läßt sich keine Übereinstimmung mit der Boltzmann-Verteilung in der Rotationsenergie dieser chem. erzeugten Radikale feststellen. Die Intensitäten der Schwingungsbanden zeigen eine Beziehung untereinander, die nicht mit den Berechnungen aus den Werten der Übergangsmomente des MORSE-Oscillators vereinbar ist. Zur Interpretation der Intensitäten von Schwingungsbanden 2-atomiger Moleküle sind weitere Entwicklungen der theoret. Ansätze notwendig. (J. Amer. chem. Soc. **81.** 3173—79. 5/7. 1959. Princeton, N. J., Princeton Univ., Frick Chem. Labor.) GERHARD SCHULZE. 120

D. C. Cronemeyer, *Die Infrarotabsorption reduzierter Rutil–TiO_2-Einkristalle.* Rutil–TiO_2-Einkristalle wurden durch Red. in H_2 bei 700° halbleitend gemacht. Die Konz. von Sauerstofflücken wurde durch Variation der Red.-Temp. u. -Zeit kontrolliert. Es wurde die IR-Absorption einer Anzahl planparalleler Platten mit spezif. Widerständen von 3—0,01 $\Omega \cdot$ m untersucht. Vorausgesetzt wurde, daß die elektr. Leitfähigkeit entweder von einem oder von beiden Elektronen der Sauerstofflücke herrührt. Bei Proben mit einem spezif. Widerstand (⊥ zur c-Achse) von mehr als 0,04 $\Omega \cdot$ m hat die opt. Absorption bei Zimmertemp. ein Maximum bei 0,75 eV. Bei solchen mit $\varrho < 0{,}03 \Omega \cdot$m hat die Absorption ein neues Maximum bei 1,18 eV. Es wird angenommen, daß die Abnahme der therm. Aktivierungsenergie mit wachsender Sauerstoffkonz. den „opt. Übergang" von 0,75 nach 1,18 eV erklären kann. Die Ionisierungsenergien sind in vernünftiger Übereinstimmung mit denen, die für das He-Atommodell eines doppelt ionisierbaren Donators gelten, der in ein Dielektrikum ($\varepsilon = n^2 = 2{,}40^2$) eingebettet ist; diese sind 0,73 eV u. 1,41 eV. Es wird eine Abänderung der Theorie angegeben, die eine zweite Ionisierungsenergie von 1,41 eV ergibt, die in besserer Übereinstimmung mit dem experimentellen Wert von 1,18 eV ist. (Physic. Rev. [2] **113.** 1222—26. 1/3. 1959. Detroit, Mich., Bendix-Aviat. Corp., Res. Labor.) W. KERNCHEN. 120

Heinz P. Fritz, *Über Aromatenkomplexe von Metallen.* 26. Mitt. *IR-Untersuchungen an Cyclopentadienyl-Metall-Komplexen.* (25. vgl. C. **1959.** 15934.) Die von $Fe(C_5H_5)_2$, $Ru(C_5H_5)_2$ u. $Ni(C_5H_5)_2$ bekannte Frequenzzuordnung wird auf folgende Cyclopentadienyl-Metall-Verbb. ausgedehnt: *Di-cyclopentadienyl-Komplexe* von *Os, Co, Mn, Cr, V, Sn, Pb, Be, Mg, Hg, Re, Rh. Tri-cyclopentadienyl-Komplexe* von *Bi* u. *La. Monocyclopentadienyl-Komplexe* von *Tl* u. *K.* Außer $Bi(C_5H_5)_3$ (in Bzl.) wurden sämtliche Verbb. in KBr-Preßlingen vermessen. Es werden 5 Frequenzbereiche zur Charakterisierung der C_5H_5-Liganden angegeben u. Abweichungen von der D_{5h}-Symmetrie diskutiert. In Verb. mit dem Gang der CH-Deformationsschwingungen ergab sich die Unterteilungsmöglichkeit in 1. vorwiegend ionogene Verbb., 2. Übergangstypen u. 3. vorwiegend kovalente Verbindungen. Ein aromat. Charakter des nicht π-gebundenen $C_5H_5^-$-Ions ist auf Grund der IR-Spektren in Frage gestellt. (Chem. Ber. **92.** 780—91. 1959. München, Univ., Anorg.-Chem. Inst.; TU, Anorg.-Chem. Inst.) H.-G. HENKEL. 120

W. A. Thornton, *Wechsel- und Gleichfeld-Elektroluminescenz.* Es wurde eine Verstärkung der Elektroluminescenz (EL) bei Überlagerung von Wechsel- u. Gleichspannungen an gewissen pulverförmigen *ZnS-Phosphoren* beobachtet. Die Hinzufügung einer Gleichspannung zu einer Wechselspannung, die eine sichtbare EL erregt, vergrößert die Emission bis auf das 250fache u. zwar unter Bedingungen, bei denen die Gleichfeld-EL allein etwa gleich der ursprünglichen Wechselfeld-EL ist. Messungen der Leuchtwellenform, des Stromdurchgangs u. des Spektr. zeigen, daß es sich bei der verstärkten Emission um eine Rekombination der durch das Gleichfeld ionisierten Luminescenzzentren handelt, die durch das Wechselfeld vergrößert wird. (Physic. Rev. [2] **113.** 1187—91. 1/3. 1959. Bloomfield, N. J., Westinghouse Electric Corp., Res. Dep.) W. KERNCHEN. 125

R. Frerichs und **R. Handy,** *Elektroluminescenz an Kupfer(I)-Oxyd.* (Vgl. C. **1959.** 2691.) Es wird über die Beobachtung einer mit IR-Emission verbundenen Elektroluminescenz (EL) an Cu_2O berichtet. Veränderungen der „Helligkeit" als Funktion von Anregungsfrequenz, Wellenform, Spannung, Strom u. Leistung sowie der Einfl. der Umgebungstemp. wurden gemessen u. graph. dargestellt. Es zeigt sich, daß Cu_2O in keine der beiden Klassen elektroluminescierender Stoffe ganz hineinpaßt, sondern neue u. ungewöhnliche Eigg. besitzt. Die EL kann an Cu_2O-Plattengleichrichtern u. an Spitzenkontaktanordnungen beobachtet werden. An ersteren treten Veränderungen der elektr. Eigg. während der Anregung auf, die als Stromkriechen (current creep) bekannt sind u. die Lichtemission beeinflussen. Dieser Effekt wurde im Detail untersucht. Ein neues theoret. Modell wird angegeben, das die beobachteten Veränderungen der elektr. Eigg. sowie die veröffentlichten Ergebnisse an kommerziellen Cu_2O-Gleichrichtern befriedigend erklärt. Ungewöhnliche Gedächtniseigg., die es gestatten, eine ursprünglich vorhandene EL-Emission durch Gleichströme zu verstärken, wurden beobachtet. Diese Erscheinung wird auf einen Materietransport innerhalb der Substanz während des

Gleichstromflußintervalls zurückgeführt. (Physic. Rev. [2] **113.** 1191—98. 1/3. 1959. Evanston, Ill., Northwestern Univ.) W. Kernchen. 125

Seymour P. Keller, *Änderung des Valenzzustandes des Eu in SrS-Phosphoren.* (Vgl. C. **1959.** 14624.) Durch inniges Vermischen von SrS mit 6% $SrSO_4$, 6% NaCl u. 0,04% Eu u. Erhitzen dieses Gemisches auf 1100° in verschied. mehr oder weniger stark oxydierenden bzw. red. Atmosphären stellt Vf. Phosphore dar u. untersucht den Valenzzustand des darin enthaltenen *Eu.* Das Fluorescenzspektr. (Anregungslinie 280 mμ) red. behandelter Phosphore zeigt ein einziges Maximum bei 592 mμ, das dem Übergang von einem angeregten in den Grundzustand des zweiwertigen Eu zugeschrieben wird. Das Fluorescenzspektr. von in oxydierender Atmosphäre erhitzten Proben zeigt ein Maximum bei 380 mμ, das durch den Übergang von einem angeregten in den Grundzustand des dreiwertigen Eu zustande kommt. Abhängig vom oxydierenden Charakter der Atmosphäre beim Erhitzen konnten auch Proben erhalten werden, deren Spektren beide Maxima aufweisen, in denen also Eu^{2+} u. Eu^{3+} nebeneinander vorliegen. Durch Aufnahme der paramagnet. Resonanzabsorptionsspektren der verschied.behandelten Proben werden die vorst. Ergebnisse bestätigt. Es zeigt sich, daß der opt. Nachweis des Eu^{2+} 100 mal empfindlicher als der durch die paramagnet. Resonanzabsorption ist. (J. chem. Physics **30.** 556—60. Febr. 1959. Poughkeepsie, N. Y., Int. Business Machines Corp.) K. Frenkler. 125

A_3. Elektrizität. Magnetismus. Elektrochemie.

György Gergely und **István Hangos,** *Energieverluste der Kathodenstrahlen an Silicatfilmen.* Beschreibung der Verss. zur Unters. der Energieverluste von Kathodenstrahlungen beim Durchgang durch Silicatfilme. Beschreibung der Herst. u. einiger Eigg. der Silicatfilme. (Magyar Fizikai Folyóirat [Ung. Z. Physik] **6.** 339—52. 1958. Budapest, Távközlési Kutató Intezet.) G. Halmi. 131

R. W. Polowin und **N. L. Zinzadse,** *Umlaufende Wellen in Elektronen-Ionenbündeln.* Theoret. Unters. zirkularer Wellen in einem nicht kompensierten Elektronen–Ionen-Bündel, das in einen zylindr. Wellenleiter mit ideal leitenden Wänden eingeschlossen ist. Dabei wird angenommen, daß das vom Bündelstrom verursachte Magnetfeld sehr stark ist. Die Unters. wird qualitativ ohne exakte Lsg. der Differentialgleichungen durchgeführt. Es wird gezeigt, daß das Bündel bzgl. der betrachteten Schwingungen stabil ist u. es werden Intervalle angegeben, innerhalb deren die Eigenfrequenzen liegen. Die Topographie des elektromagnet. Feldes wird bestimmt. (Журнал Экспериментальной и Теоретической Физики [J. exp. theoret. Physik] **34.** 637—42. März 1958.) F. Lenz. 131

Károly Nagy und **István Farkas,** *Elektron–Elektron-Streuung mit Hilfe von longitudinal polarisierten Elektronen.* Es wurde an Hand der Quantenelektrodynamik der differentiale Wirkungsquerschnitt der Elektron–Elektron-Streuung im Falle von longitudinal polarisierten Elektronen bestimmt. (Magyar Fizikai Folyóirat [Ung. Z. Physik] **6.** 353—67. 1958. Budapest, Eötvös Loránd Tudományegyetem Elméleti Fizikai Intézet.) G. Halmi. 131

Ja. M. Fogel, R. W. Mitin und **W. F. Koslow,** *Über die Methodik der Messung von Wirkungsquerschnitten für die Bildungsprozesse negativer Ionen bei Atomzusammenstößen.* Beschreibung eines neuen Verf. zur Messung der Wirkungsquerschnitte für die Bildung negativer Ionen. Nach diesem Verfahren werden die Querschnitte für doppelte Umladung von H^+-Ionen in H_2 und Kr sowie von C^+, O^+ und Cl^+ in Kr gemessen und mit Daten verglichen, die für dieselben Querschnitte nach der massenspektroskop. Meth. gewonnen worden sind. Die Meßergebnisse zeigen, daß für die untersuchten Ion–Molekül-Paare die sich bei der doppelten Umladung bildenden negativen Ionen um sehr kleine Winkel gestreut werden. (Журнал Технической Физики [J. techn. Physik] **28.** 1526—37. Juli 1958. Charkow, Akad. der Wiss. der UkrainSSR, Physik.-Techn. Inst.) F. Lenz. 131

W. I. Chwosstenko und **W. M. Dukelski,** *Das negative H_2^--Ion.* Bei Umladungsverss. der früher beschriebenen Art (vgl. C. **1957.** 1345) wurden in eine Elektronenstoß-Ionenquelle gleichzeitig H_2O^- u. *Sb*-Dampf eingelassen. Dabei werden in einem Massenspektrometer (vgl. C. **1959.** 4692) negative Ionen der Massenzahl 2 beobachtet, die als H_2^--Ionen angesehen werden. Die Intensität ist nämlich um mehr als zwei Zehnerpotenzen höher, als sie von D^--Ionen zu erwarten wäre. (Журнал Экспериментальной и Теоретической Физики [J. exp. theoret. Physik] **34.** 1026—27. April 1958. Akad. der Wiss. der UdSSR, Physik.-Techn. Inst.) F. Lenz. 131

M. W. Konjukow, *Konzentration von negativen Ionen im Plasma der positiven Säule.* Theoret. Unters. des Einfl. der Volumenrekombination der positiven u. negativen Ionen auf die Konz. der negativen Ionen in der Nähe der Achse der Entladung. (Журнал

Экспериментальной и Теоретической Физики [J. exp. theoret. Physik] **34.** 908—11. April 1958. Tula, Pädagog. Inst.) F. LENZ. 131

H. Schnitger, *Gasentladungs-Rauschquellen vom Wendeltyp bei niedrigen Plasmadichten.* Durch Verwendung einer Wendelleitung lassen sich die Anwendungsmöglichkeiten von Gasentladungs-Rauschquellen erheblich erweitern. Für den Fall niedriger Plasmadichte, in dem das hochfrequente Feld im Entladungsbereich prakt. unverändert bleibt, werden auf Grund der ambipolaren Diffusionstheorie Formeln für die optimale Dimensionierung abgeleitet. Die gemessenen Abhängigkeiten der Dämpfung von Entladungsstrom und Druck sind in guter Übereinstimmung mit den theoret. abgeleiteten Formeln. (J. Electronics [1] **2.** 368—77. Jan. 1957. Fernmeldetechn. Zentralamt der Deutschen Bundespost.) F. LENZ. 131

A. W. Gaponow und **M. A. Miller,** *Über die Ausnutzung von sich bewegenden Hochfrequenz-Potentiallöchern zur Beschleunigung geladener Teilchen.* Theoret. Unters. der Möglichkeit, beschleunigte Potentialmulden mit darin lokalisierten geladenen Teilchen zu erzeugen. Mögliche Vorteile dieses Beschleunigungsprinzipes sind: Transversale magnet. (TM-)Wellen können dreidimensionale Potentialmulden bilden, wodurch die Notwendigkeit einer zusätzlichen Teilchenfokussierung im Querschnitt entfällt. Da ferner der Einfang- u. Beschleunigungsprozeß vom Vorzeichen der Ladung nicht abhängen, ist grundsätzlich eine Beschleunigung quasineutraler Plasmabatzen möglich. (Журнал Экспериментальной и Теоретической Физики [J. exp. theoret. Physik] **34.** 751—52. März 1958. Gorki, Univ.) F. LENZ. 131

Ss. E. Frisch und **N. A. Matwejewa,** *Untersuchung des Mechanismus der Trennung inerter Gase in einer Gleichstromentladung.* Experimentelle Unters. der Entmischung in binären Gemischen von *He, Ne* u. *Ar.* Der relative Konzentrationsunterschied $\Delta C/C$ an beiden Enden des Entladungsrohrs wächst linear mit der Rohrlänge. Bei niedrigen Drucken (0,5—1,5 Torr) nimmt die Entmischung mit dem Gasdruck zu. $\Delta C/C$ nimmt mit dem Entladungsstrom zunächst linear, später schwächer zu. Die Entmischung ist um so stärker, je mehr sich die beiden Komponenten der Gasmischung in ihren Ionisierungspotentialen voneinander unterscheiden. Als entscheidende Ursache für die Entmischung wird die Transportbewegung der positiven Ionen in Richtung auf die Kathode angesehen, während die Transportbewegung neutraler Atome in Richtung auf die Anode infolge von Elektronenstößen nur eine geringe Rolle spielen dürfte. (Доклады Академии Наук СССР [Ber. Akad. Wiss. UdSSR] **122.** 375—77. 21/9. 1958. Leningrad, Shdanow-Univ., Naturwiss.-Physikal. Inst.) F. LENZ. 131

I. G. Kessajew, *Über die innere Instabilität des Bogens mit kalter Kathode.* (Vgl. C. **1958.** 1762.) Experimentelle Unters. der Spannungs- u. Helligkeitsschwankungen eines kurzen Quecksilberbogens. Die heftigen, sehr kurzzeitigen Schwankungen sind nach ihrer Amplitude und Form nicht durch die in jeder Entladung vorkommenden statist. Stromschwankungen zu erklären, sondern als Folge der inneren Instabilität des Bogens. (Доклады Академии Наук СССР [Ber. Akad. Wiss. UdSSR] **122.** 371—74. 21/9. 1958. Elektrotechn. Allunions-Lenin-Inst.) F. LENZ. 131

L. I. Piwowar und **W. M. Tubajew,** *Untersuchung der elektrischen Festigkeit einiger komprimierter Gase und gasförmiger Gemische mit Hilfe eines elektrostatischen Generators.* Experimentelle Untersuchung der Abhängigkeit der Überschlagsspannung vom Gasdruck in CO_2, N_2, H_2 u. Mischungen von techn. Stickstoff mit CO_2 u. mit SF_6 sowie von CO_2 mit SF_6 im Druckbereich von 1—14 at bei Spannungen bis 2600 kV. Als geeignetstes Gasgemisch zur Isolierung des elektrostat. Generators erweist sich eine Mischung aus N_2 mit SF_6 bei Drucken bis 8 at oder aus CO_2 mit SF_6 bei noch höheren Drucken. Dabei reicht ein SF_6-Zusatz von 2 bis 10 Vol.-% völlig aus. Gemische aus CO_2 u. N_2 besitzen bei Drucken über 7—8 at eine höhere elektr. Durchschlagsfestigkeit als jede der Komponenten einzeln. Der CO_2-Geh. im Gemisch darf dabei nicht unter 20—25% liegen. N_2 kommt als isolierendes Gas für elektrostat. Generatoren weniger in Frage, dagegen ist in manchen Fällen die Verwendung von reinem H_2 möglich u. zweckmäßig. (Журнал Технической Физики [J. techn. Physik] **28.** 1538—48. Juli 1958. Charkow, Akad. der Wiss. der UkrainSSR, Physik.-Techn. Inst.) F. LENZ. 132

I. Je. Balygin und **K. Ss. Porowski,** *Einfluß von Metallelektroden bei der Alterung der Isolation keramischer Dielektrika.* (Vgl. C. **1959.** 10130 u. **1958.** 13601.) Auf eine keram. M. *KM-1* (I) aus $Al_2O_3 + SiO_2$ mit kleinen Zusätzen von BaO, CaO, SrO u.a. u. eine Steatitmasse *SZ-4* (II) aus $SiO_2 + MgO$ mit kleinen Zusätzen von BaO, Al_2O_3, ZnO u.a. mit einer bei 1 MHz bestimmten dielektr. Permeabilität 7,2 (I) bzw. 6,7 (II) wird als Elektrode Ag bei 800° oder Pt bei 900° aufgebrannt. Bei der durch Erhitzen auf 390—400° intensivierten Alterung dringt Metall tiefer in die M. ein u. nach einer bestimmten Zeit erfolgt Durchschlag, bei I mit Ag als Anode u. Ag, Pt oder Al als Kathode nach 3—380 Std., mit Pt oder Al als Anode nach 707 Std. noch nicht. Ähnliche Ergebnisse werden mit II erhalten. Ag zeigt bei einigen Keramiken offenbar höheres Diffusionsvermögen als Pt u. Al. (Журнал Технической Физики [J. techn. Physik] **27.** 513—15. März 1957.) R. K. Müller. 132

Je. K. Dobrer und **K. N. Karmen,** *Einige Besonderheiten des Piezoeffektes von Bariumtitanat unter statischen Bedingungen.* Wenn $BaTiO_3$ (I) in polykrist. Form oder in fester Lsg. nach Polarisation einer mechan. Beanspruchung unterworfen wird, tritt in einer zur Richtung der vorausgehenden Polarisation senkrechten Ebene eine „piezoelektr. Polarisation" (PP) auf, die nur bis zu einem bestimmten Druck linear zunimmt; dann tritt eine Sättigung der PP ein, bei weiterer Druckerhöhung nimmt die PP wieder ab, dann ändert sie ihr Vorzeichen. Es handelt sich um eine Kombination eines direkten u. eines umgekehrten Effekts. Bei einigen der untersuchten festen Lsgg. von I in Oxyden von Pb, Ca, Sn u. Mg hängt die PP wenig von der Temp. ab u. kann sogar oberhalb des Curie-Punktes fortbestehen, bes. bei Lsgg. in Sn-Oxyden. (Журнал Технической Физики [J. techn. Physik] **27.** 508—12. März 1957.)
R. K. Müller. 133

A. Lempicki, *Anomaler Photoeffekt in ZnS-Einkristallen.* An kub. u. hexagonalen ZnS-Kristallen mit Strukturfehlern wurden Photospannungen (P) beobachtet, die größer waren, als es der verbotenen Zone entspricht. Bei monochromat. Anregung zeigte die parallel zur c-Achse gemessene P 2 Vorzeichenwechsel bei ca. 3300 Å u. 3500 Å, sowie Maxima bei ca. 3250 Å u. 3400 Å. Die Lage des Maximums bei ca. 3400 Å schwankte um $\sim$ 70 Å, je nach Kristallstruktur. In Richtung senkrecht zur c-Achse wechselte die P nicht ihr Vorzeichen u. blieb auch kleiner als die verbotene Zone. Hexagonale Kristalle ohne Strukturfehler zeigten keine anomalen Photospannungen; beide Erscheinungen konnten jedoch durch Wärmebehandlung erzeugt werden. Es wurde festgestellt, daß eine pyroelektr. Polarisation mit dem Vorzeichen der P verknüpft ist. (Physic. Rev. [2] **113.** 1204—09. 1/3. 1959. Bayside, N. Y., Sylvania Electric Prod., Inc., Res. Labors.) W. Kernchen. 134

A. C. McLaren und **G. T. Rogers,** *Die optischen und elektrischen Eigenschaften von Silberazid und ihre Beziehung zu seiner Zersetzung.* Kurze Wiedergabe der C. **1958.** 5870 referierten Arbeit. (Proc. Roy. Soc. [London], Ser. A **246.** 250—53. 29/7. 1958. Cambridge, Univ., Dep. of Phys., Res. Labor. for the Phys. and Chem. of Solids.)
C. Gottfried. 134

W. Baumgartner, *Photohalbleiter.* Zusammenfassender Bericht über physikal. Grundlagen der Anwendung von Photohalbleitern. (Chimia [Zürich] **11.** 88—91. 18/4. 1957. Zürich ETH, Inst. für techn. Physik.) K. Zückler. 135

Emil Antončík, *Über die Theorie der spektralen Abhängigkeit der Quantenausbeute in homöopolaren Kristallen.* Auf der Grundlage der Theorie von Franz-Tewordt für die Elektronenstoßionisation in Isolatoren wird die spektrale Abhängigkeit der Quantenausbeute (Zahl der erzeugten Elektron–Löcherpaare pro Photon oder Teilchen) für homöopolare Kristalle berechnet u. auf Si- u. Ge-Kristalle angewandt. (Czechoslov. J. Physics **7.** 674—89. 1957. Prague, Czechosl. Acad. Sci., Inst. of Techn. Phys.)
K. Zückler. 135

O. Benedikt und **L. Vitályos,** *Einige Bemerkungen zu einem Kapitel der Theorie der gittergesteuerten Gleichrichter.* Nach einer Kritik der Methoden, die im allg. zur Ableitung der Formeln für den Strom eines gittergesteuerten Gleichrichters verwendet werden, wenn der Verbraucher nicht rein ohmisch ist, sondern eine Induktivität u. eine EMK enthält (getrennte Behandlung der Betriebszustände der „lückenden" u. der „nichtlückenden Leitung") wird ein Verfahren angegeben, das einen engen u. physikal. durchsichtigen Zusammenhang zwischen den die beiden Betriebszustände kennzeichnenden mathemat. Ausdrücken herstellt. (Periodica polytechn. [Budapest], Elektrotechn. **2.** 285—97. 1958. Budapest, TU, Lehrstuhl für elektr. Spezialmaschinen.)
K. Zückler. 135

Heinz Bilz, *Über Elektronenzustände von Hartstoffen mit Natriumchloridstruktur.* Da die zur Erklärung der Eigg. der Hartstoffe (Verbb. von Übergangsmetallen der 4. bis 6. Gruppe des period. Syst. mit B, C, N u. Si) bisher benutzten Modellvorstellungen (Molekülmodell) nicht ausreichen, werden in einem Bändermodell mit Hilfe der Bloch-schen Näherung die Elektronenzustände als Funktion der Wellenzahl berechnet. Das erhaltene Bänderschema erklärt, wie der Vgl. mit dem Experiment zeigt, die Halbleitereigenschaften. (Z. Physik **158.** 338—58. 5/12. 1958. Frankfurt/M., Univ., Inst. für theoret. Phys.) K. Zückler. 135

L. J. Neuringer, *Der Einfluß des Druckes auf die Infrarotabsorption von Halbleitern.* An *Ge*, *Si* u. *Te* wurden Messungen der IR-Eigenabsorption als Funktion des Druckes im Bereich 1—2000 at durchgeführt. Bei Ge beträgt die Änderung des tiefstliegenden (111)-Leitfähigkeitsbandminimums $(7{,}3 \pm 1{,}5) \cdot 10^{-6}$ eV/at. Für die nächst höhere Leitbandkante (000) wird der Wert $(11 \pm 3) \cdot 10^{-6}$ eV/at angenommen. Die Druckverschiebung der IR-Absorption in Si ist klein u. erfolgt in Richtung geringerer Energie; sie beträgt $-2 \cdot 10^{-6}$ eV/at zwischen 1 u. 2020 at. Vorzeichen u. Größe des Druckkoeff. dieses Stoffes sind in Übereinstimmung mit den Ergebnissen von WARSCHAUER, PAUL u. BROOKS. Bei Te nimmt der Bandabstand sowohl für senkrecht zur c-Achse des Kristalls polarisiertes Licht ($E_{g\perp}$) als auch für solches, das zur c-Achse parallel polarisiert ist ($E_{g\parallel}$), mit steigendem Druck ab. Es scheint, als ob $E_{g\perp}$ stärker mit dem Druck abnimmt als $E_{g\parallel}$. Der mittlere Druckkoeff. beträgt $-(2,2 \pm 0,4) \cdot 10^{-5}$ eV/at für $E_{g\perp}$ u. $-(1,8 \pm 0,3) \cdot 10^{-5}$ eV/at für $E_{g\parallel}$. Die gemessenen Druckkoeffizienten wurden zur Berechnung des Wärmeausdehnungsterms in der Gleichung für die Änderung des Bandabstands mit der Temp. benutzt. Dann wurde der in dieser Gleichung auftretende Term für die Elektronen-Gitter-Wechselwrkg. abgeleitet. Für Si haben beide Terme verschied. Vorzeichen, wobei der Elektronen-Gitter-Term überwiegt. Beim Ge beträgt der Einfl. der Elektronen-Gitter-Wechselwrkg. 75% des Temp.-Einfl. auf den Bandabstand. Bei Te sind beide Effekte etwa gleich groß, haben aber ein verschied. Vorzeichen. (Physic. Rev. [2] **113.** 1495—1503. 15/3. 1959. Philadelphia, Pa., Univ. of Pennsylvania, Dep. of Phys.) W. KERNCHEN. 135

F. Stöckmann, E. E. Klontz, J. MacKay, H. Y. Fan und **K. Lark-Horovitz,** *Zur Photoleitung von Germanium nach Bestrahlung mit schnellen Elektronen.* Die spektrale Verteilung der Photoleitung u. ihre Abhängigkeit von der Bestrahlung mit schnellen Elektronen wurden an Ge-Einkristallen untersucht (Eigg. der Störstellen, Ausheilvorgänge bei Wärmebehandlung.) (Z. Physik **153.** 331—337. 5/12. 1958. Lafayette, Ind., Purdue Univ., Phys. Dep.) K. ZÜCKLER. 135

E. G. S. Paige, *Die isothermen Gegenspannung–Strom-Charakteristiken von kleinflächigen Legierungskontakten auf Germanium.* Messung der Charakteristiken von p–n-(*In*) und n–n^+-(15% *Sb* in *Sn*) Übergängen auf *n-Ge.* Bei hohen Strömen werden die Charakteristiken unabhängig von der Art des Übergangs und in ihrer Gestalt ähnlich denen von Spitzenkontakten. Die Ergebnisse bestätigen die Theorie von GUNN (C. **1955.** 11506) für den Widerstand kleinflächiger Kontakte u. liefern einen Wert von ca. $6 \cdot 10^4$ V cm^{-1} für die Feldstärke, bei welcher Lawinenvervielfachung eintritt. Diskussion der Beziehungen zwischen diesen Ergebnissen u. Beobachtungen an Spitzenkontakten. (J. Electronics [1] **2.** 378—86. Jan. 1957. Gt. Malvern, Worcs., Radar Res. Establishment.) F. LENZ. 135

W. Noddack und **H. Walch,** *Über die elektrische Leitfähigkeit von Oxyden.* Zur Klärung des Stromleitungsmechanismus d wurden Preßlinge folgender Oxyde untersucht: Sc_2O_3, Y_2O_3, La_2O_3, CeO_2, Pr_6O_{11}, Nd_2O_3, Sm_2O_3, Eu_2O_3, Gd_2O_3, Tb_4O_7, Dy_2O_3, Er_2O_3, Yb_2O_3. Beimengungen an anderen Erden 0,01—0,08%, andere Verunreinigungen $< 10^{-4}$%. Messungen in Luft u. Vakuum. Aus den Strom-Spannungs-Kurven ist zu entnehmen, daß elektron. u. nicht ionale Leitung erfolgt. O_2 als Zersetzungsprod. war nicht nachzuweisen; ionale Leitung, falls doch vorhanden, muß < 1%, meist < 0,1% ausmachen. Die Leitfähigkeit der Erdoxyde steigt mit der Temp. stark an u. ist für alle Oxyde sehr verschieden. Die für Halbleiter gültige Formel der Temp.-Abhängigkeit der Leitfähigkeit ist anwendbar. Zusammenhänge zwischen Austrittsarbeit u. Selektivstrahlung werden diskutiert. (Z. Elektrochem., Ber. Bunsenges. physik. Chem. **63.** 269 bis 274. 1959. Bamberg, Staatl. Forschungsinst. für Geochem.) FRIEDRICH WOLF/Berlin. 135

Miroslav Trlifaj, *Theorie der nichtstrahlenden Rekombinationen von Elektronen an Störzentren in polaren Kristallen.* Die nichtstrahlende Rekombination eines Elektrons mit einer Störstelle wird untersucht (Phononenübergang, nichtadiabat. Näherung). Rekombinationskoeff. u. effektiver Wirkungsquerschnitt werden für eine Störstelle von COULOMBschem Typ berechnet u. auf die Berechnung der Temperaturabhängigkeit des Rekombinationskoeff. u. des effektiven Querschnitts bei Störstellen in *ZnS*-Kristallen angewandt. (Czechoslov. J. Physics **7.** 657—73. 1957. Prague, Czechosl. Acad. Sci., Inst. of Phys.) K. ZÜCKLER. 135

I. Broser, *Optische und elektrische Eigenschaften von Cadmiumsulfid und Zinksulfid-Einkristallen und Anwendungen.* Neue experimentelle Ergebnisse und daraus entwickelte Vorstellungen über die opt. u. elektr. Eigg. von CdS-Kristallen (Erklärung der Bandenmaxima durch ein wasserstoffähnliches Störstellenmodell) gestatten die Anwendung von CdS-Kristallen zur Messung von Farbtemperaturen und zur Messung der Intensität energiereicher Strahlen (Dosimeter). (Abh. Fritz-Haber-Inst. Max-Planck-Ges. Berlin-Dahlem **34.** 67—78. 1957, ausg. 1958.) K. ZÜCKLER. 135

Ju. K. Delimarski und **A. A. Welikanow,** *Die elektrische Leitfähigkeit von geschmolzenem Zinn-, Antimon-, Wismut- und Nickelsulfid.* 1. Mitt. Die Unters. der elektr. Leitfähigkeit von *SnS*, Bi_2S_3, *NiS* (durch Fällung mit H_2S hergestellt), u. Sb_2S_3 (Handelspräp.) im geschmolzenen Zustand in Abhängigkeit von der Temp. wird beschrieben. Die

Leitfähigkeit von Bi_2S_3 u. NiS liegt wesentlich oberhalb der von Salzschmelzen u. nahe bei der einiger Metalle, während Sb_2S_3 eine der der Salzschmelzen vergleichbare Leitfähigkeit aufweist u. die von SnS eine Mittelstellung einnimmt. Folgende Temp.-Koeffizienten der Leitfähigkeit werden best. (absol. u. relativer Koeff.): Sb_2S_3 (700°) $4,6 \cdot 10^{-3}$, $6,6 \cdot 10^{-3}$; SnS (950°) $3,3 \cdot 10^{-1}$, $3,8 \cdot 10^{-3}$; Bi_2S_3 (800°) $-6,2 \cdot 10^{-1}$, $-1,9 \cdot 10^{-4}$; NiS (900°) —2,2, $-4,9 \cdot 10^{-4}$. Die Temp.-Abhängigkeit läßt sich in allen Fällen durch die Gleichung von FRENKEL gut wiedergeben. Wahrscheinlich besitzt die Leitfähigkeit von Bi_2S_3 u. NiS einen elektron. Charakter, während die von Sb_2S_3 u. SnS vorwiegend elektrolyt. best. ist. Extrapoliert man die Leitfähigkeit des Sb_2S_3 auf 900° u. vergleicht man sie mit denen von SnS, NiS u. Bi_2S_3 bei dieser Temp., so zeigt sich, daß sowohl die Leitfähigkeiten als auch deren relative Temperatur-Koeffizienten sich in der gleichen Reihenfolge (Sb_2S_3—SnS—Bi_2S_3—NiS) ändern, in der auch die chem. Eigg. der entsprechenden Oxyde einen Gang aufweisen. (Журнал Неорганической Химии [J. anorg. Chem.] **3.** 1075—78. Mai 1958.) H.-J. OSTMANN. 135

Hans Meissner und **Richard Zdanis,** *Ein Dünnschichtversuch mit massiven Supraleitern.* Hohle zylindr. Körper aus In, die mittels eines Ziehprozesses hergestellt worden waren, wurden innen mit einer Drahtseele u. außen mit einem konzentr. Rohr versehen. Es wurde der krit. Strom für den Fall bestimmt, bei dem der Strom die Probe durchfließt u. durch das konzentr. Rohr zurückgeleitet wird. Dieser ergab sich als ident. mit dem massiver Proben. Dieselbe Best. wurde für den Fall der Rückkehr des Stromes durch die Drahtseele durchgeführt. Dabei betrug der krit. Strom 80—90% des Wertes für massive Proben. Wenn der jeweilige Strom durch das konzentr. Rohr zurückkehrte, wurde durch den Draht ein magnet. Feld erzeugt. Der Widerstand der Probe als Funktion des von der Drahtseele erzeugten Feldes wurde mit einem geringen Meßstrom, der ebenfalls durch das konzentr. Rohr zurückgeleitet wurde, gemessen. Das so erhaltene krit. Feld hing vom Wert des Meßstroms ab. Diese Ergebnisse können auf folgende Weise erklärt werden: Wenn das Magnetfeld des Stromes durch die Drahtseele überwiegt, fließt der Strom in einer sehr dünnen Schicht an der äußeren Oberfläche der Probe. Es liegt also ein „Dünnschichtvers." vor, der keine dünne Metallschicht erfordert. Die Widerstandsmessungen wurden durch Messungen des magnet. Flusses an einer Probe größerer Abmessungen ergänzt. (Physic. Rev. [2] **113.** 1435—45. 15/3. 1959. Baltimore, Md., Johns Hopkins Univ.) W. KERNCHEN. 136

M. Spiewak, *Die Abhängigkeit der Oberflächenimpedanz vom Magnetfeld beim supraleitenden Zinn.* Die Oberflächenimpedanz bei 1 GHz wurde an supraleitendem Sn in Abhängigkeit von der Temp. T u. einem stat. Magnetfeld H (longitudinal u. transversal zum HF-Strom) gemessen. Es wurden folgende unerwartete Erscheinungen beobachtet: Der HF-Widerstand R u. die Reaktanz X können mit wachsendem H abnehmen. Abnahme von X u. Zunahme von R kann zugleich auftreten. Sowohl Änderungen der Orientierung des Kristalls als auch solche des stat. Feldes in Bezug auf das magnet. HF-Feld können das Vorzeichen von R(H)—R(O) u. von X(H)—X(O) ändern. Für $T < 2,0^0$ K sind R u. X monoton wachsende Funktionen von H. In diesem Temp.-Bereich wird die Näherung einer quadrat. Abhängigkeit von R vom longitudinalen oder transversalen H mit abnehmendem T immer ungenauer. Der quadrat. Koeff. der Änderung von X mit longitudinalem H nimmt ebenfalls mit abnehmendem T ab, jedoch wächst der entsprechende Koeff. für transversales H im Bereich $1,2^0$ K $< T < 2,0^0$ K. Die Beziehung dieses unerwarteten Verh. zu früheren experimentellen u. theoret. Unterss. wird diskutiert. (Physic. Rev. [2] **113.** 1479—94. 15/3. 1959. Chicago, Ill., Univ. of Chicago, Dep. of Phys. and Inst. for the Study of Metals.) W. KERNCHEN. 136

Charles M. Carmichael, *Der remanente Magnetismus der Ilmenite des Allard-See-Gebietes.* Die Ilmenite des Allard-See-Gebietes sind nicht rein, sondern bestehen aus 70% Ilmenit ($FeTiO_3$), 25% Hämatit (Fe_2O_3) u. 5% anderem Gestein. Eine mkr. Betrachtung zeigt, daß die Gesteinsproben aus zwei Phasen, einer Ilmenit-reichen u. einer Hämatit-reichen, bestehen. Die Hämatit-reiche Phase tritt in Lamellenform auf. Es wird gezeigt, daß letztere Phase die Richtung und die Intensität der remanenten Magnetisierung bestimmt. Die Magnetisierungsrichtung stimmt mit der Lamellenrichtung überein, was mit der mit der Lamellenform verbundenen Formanisotropie gut verständlich ist. Durch Herauslösen der Hämatitlamellen wird die remanente Magnetisierung zum Verschwinden gebracht. Die Meßdaten über die Größe u. die Richtung der remanenten Magnetisierung lassen keinen eindeutigen Schluß über das bei der Entstehung des Ilmenit-haltigen Gesteins vorhandene Erdfeld zu, da etwaige spätere Spannungseinflüsse nicht zu übersehen sind. (Nature [London] **183.** 1239—41. 2/5. 1959. Western Ontario, Univ., Univ. Coll., Dep. of Geophys.) H. FAHLENBRACH. 137

V. Gutmann und **R. Himml,** *Das Solvosystem Phosphoroxychlorid.* 7. Mitt. *Überführungsmessungen.* (6. vgl. C. **1957.** 5468; 8. vgl. C. **1958.** 926.) Aus elektrolyt. Verss.,

Leitfähigkeitsmessungen u. Best. von Überführungszahlen an Lsgg. von *$AlCl_3$* bzw. *$SbCl_5$* in $POCl_3$ werden folgende Dissoziationsgleichgewichte gefolgert: $POCl_3 + AlCl_3 \rightleftharpoons POCl_2^+ + AlCl_4^-$, $POCl_3 + SbCl_5 \rightleftharpoons POCl_2^+ + SbCl_6^-$. Die aus der Messung der Überführungszahlen sich ergebende hohe Wanderungsgeschwindigkeit der $POCl_2^+$-Ionen wird durch die Annahme eines Chloridionenüberganges zwischen $POCl_3$ u. $POCl_2^+$-Ionen erklärt. (Z. physik. Chem., Frankf. Ausg. [N. F.] **4.** 157—64. Juni 1955. Wien, TH, Inst. für allg. Chem.) K. Friedrich. 138

I. A. Scheka und **B. A. Woitowitsch,** *Einige elektrochemische Eigenschaften der Systeme $ZrCl_4$–CH_3OH und $HfCl_4$–CH_3OH.* Vff. best. die spezif. u. mol. elektr. Leitfähigkeit von $ZrCl_4$ u. $HfCl_4$ in absol. CH_3OH bei 20, 30, 40 u. 50°. In konz. Lsgg. ist die spezif. Leitfähigkeit von $ZrCl_4$ etwas höher als die von $HfCl_4$. Mit steigender Konz. wächst sie stark an u. fällt nach einem bei 0,8—1 Mol/Liter erreichten Maximum wieder ab. Die mol. Leitfähigkeit beider Salze in CH_3OH steigt mit der Verd. an u. zeigt eine n. Konz.-Abhängigkeit. Bei Konzz. von 2—0,01 Mol/Liter liegt die des $ZrCl_4$ etwa über der des $HfCl_4$, bei noch geringeren Konzz. kehrt sich das Verhältnis um. Die Leitfähigkeit beider Chloride wird in erster Linie von dem durch teilweise Solvolyse der Salze gebildeten Chlorwasserstoff bedingt. In Abhängigkeit von der Konz. bilden sich in der Lsg. Methoxychloride *$ZrCl_3 \cdot OCH_3$* bzw. *$ZrCl_2 \cdot (OCH_3)_2$*. Weitergehende Solvolyse kann nach den Ergebnissen der Leitfähigkeitsmessungen (nach Vertreibung des entstandenen HCl) nicht stattgefunden haben. Aus Überführungsverss. im Syst. $ZrCl_4$–CH_3OH geht hervor, daß bei der Elektrolyse eine H_2-Abscheidung an der Kathode u. eine Cl_2-Entladung an der Anode stattfindet; außerdem vergrößert sich die Zr- u. die Cl-Konz. im Anodenraum. Es wird angenommen, daß als Anionen *$ZrCl_5^-$*, *$ZrCl_6^{2-}$* u. *$ZrCl_5CH_3O^{2-}$*, als Kationen in verd. Lsg. *H^+*, in konz. Lsgg. kompliziertere Ionen, z. B. *$ZrCl_3^+ \cdot nCH_3OH$*, *$ZrCl_2^{2+} \cdot mCH_3OH$* usw., auftreten. (Журнал Неорганической Химии [J. anorg. Chem.] **2.** 676—84. März 1957. Inst. für allg. u. anorg. Chem. der Akad. der Wiss. der UdSSR.) H.-J. Ostmann. 138

A. F. Alabyschew und **A. G. Moratschewski,** *Elektrochemische Untersuchung des ternären Systems Cd–Na–Pb im flüssigen Zustand.* Der Aktivitätskoeff. γ_{Na} von Na im tern. fl. Syst. Na–Cd–Pb wird durch Messung der EMK von Ketten des Typs Na | Elektrolyt mit Na^+ | Cd, Na, Pb unter Ar bei 425° bestimmt. Als Elektrolyt dient Na_2O-haltiges Glas. Es werden Versuchsreihen mit steigender Na-Konz. bei Cd/Pb-Verhältnissen von 4:1, 2:1, 1:2, 1:4 sowie in reinem Cd u. reinem Pb, außerdem mit steigender Cd-Konz. bei Na/Pb = 5:2 u. 1:1 ausgeführt. Mit Hilfe der Meth. von Darken werden aus den experimentell bestimmten partiellen mol. Größen des Na die überschüssige integrale freie Energie für das tern. Syst. u. die Aktivitätskoeffizienten für Cd u. Pb berechnet. Die tabellar. u. in Diagrammen wiedergegebenen Ergebnisse zeigen, daß bei Vergrößerung des Pb/Cd-Verhältnisses bei konstantem mol. Anteil des Na γ_{Na} stark abnimmt u. γ_{Cd} anwächst. Durch Zusatz von Cd zu Pb–Na-Gemischen mit konstantem Pb/Na-Verhältnis wird γ_{Na} nicht wesentlich geändert. Vff. führen dies darauf zurück, daß Pb mit Na stabilere Verbb. bildet als Cd mit Na u. daß durch Zusatz von Pb zu Cd—Na Bindungen zwischen Cd u. Na zerstört u. durch solche zwischen Pb u. Na ersetzt werden. (Журнал Неорганической Химии [J. anorg. Chem.] **2.** 669—75. März 1957. Leningrad, Polytechn. Kalinin-Inst.) H.-J. Ostmann. 140

Ju. M. Polukarow und **K. M. Gorbunowa,** *Einige Probleme der Theorie der Elektrofällung von Legierungen. 6. Mitt. Über den Mechanismus der Bildung übersättigter Lösungen und von Zweiphasensystemen bei der Elektrokristallisation von Legierungen.* (5. vgl. C. **1959.** 382.) Aus Lsgg. von $Cu(NO_3)_2$ u. $Pb(NO_3)_2$, $Cu(NO_3)_2$ u. $AgNO_3$ sowie $CuSO_4$ u. $NiSO_4$ mit Zusatz von H_3BO_3 wurden Legierungen Cu/Pb, Cu/Ag u. Cu/Ni elektrolyt. niedergeschlagen u. röntgenograph. untersucht. Die Rk. wurde elektrochem. u. oscillograph. verfolgt. Bei niederer Polarisation entstanden Gleichgewichts- oder übersättigte feste Lsgg., auch wenn die Komponenten nicht vollkommen löslich sind. Bei hoher Polarisation bildeten sich Zweiphasensysteme, auch wenn die Legierung eine kontinuierliche Reihe fester Lsgg. liefert. (Журнал Физической Химии [J. physik. Chem.] **32.** 762—68. April 1958. Moskau, Inst. für physik. Chem. der Akad. der Wiss. der UdSSR.) M. Wiedemann. 141

Hartmut Seiter und **Hellmuth Fischer,** *Über den Zusammenhang zwischen Abscheidungsbedingungen und Wachstumsform bei der Elektrokristallisation von Kupfer.* (Vgl. C. **1958.** 12313.) Auf einer Cu-Blechelektrode mit Würfeltextur wird Cu in schwefelsaurer Lsg. abgeschieden; kein Schutzgas; Elektrolysierzelle aus Hostaflon (Polytrifluorchloräthylen). Abscheidung bei stationärer Elektrolyse u. bei pulsierendem Gleichstrom. Im letzteren Fall tritt Spiralenwachstum auf; aus den geometr. Abmessungen der Spiralen ist die Austauschstromdichte zu berechnen, die mit der an der gleichen Oberfläche elektrochem. gemessenen Austauschstromdichte größenordnungsmäßig gut übereinstimmt. Als Kenngröße für die Wachstumsform wird die Übergangsstromdichte definiert, die den Übergang zwischen Pyramiden- u. kub. Schichtwachstum angibt. Bei der Übergangsstromdichte herrscht immer gleiche Übersättigung. 7 elektronenmkr. Aufnahmen. (Z. Elektrochem., Ber. Bunsenges. physik. Chem. **63.** 249—57. 1959. Karlsruhe, TH, Inst. für Physikal. u. Elektrochem.) FRIEDRICH WOLF/Berlin. 141

Ss. G. Filimonowa, *Untersuchung des Verhaltens von Antimon bei der elektrolytischen Raffination von Kupfer mit Hilfe radioaktiver Isotopen.* Bei den Unterss. über die Vorgänge bei der Elektrolyse von Lsgg., die neben $CuSO_4$ ^{124}Sb enthalten, wurden variiert: Stromdichte 100—500 A/m², Temp. 25—60°, H_2SO_4-Konz., 5—100 g/Liter, Gelatinezusatz 0—0,2 g/Liter, die Cl^--Konz. 0—300 mg/Liter. Der Geh. an Cu^{2+} betrug 32 g/Liter $CuSO_4$-Lösung. Es wurden Anoden aus Elektrolytkupfer mit 0,5—0,1; 0,05 u. 0,005% ^{124}Sb benutzt. Bei einzelnen Verss. wurde die Anode durch ein Diaphragma abgeschirmt. Nach einer Vers.-Dauer von 0,5—72 Std. wurde der Sb-Geh. der Kathode in Abhängigkeit von obigen Variablen durch Messung der β- u. γ-Strahlung des in das Kathoden-Cu übergegangenen ^{124}Sb ermittelt. Die Empfindlichkeit der Meth. betrug $1 \cdot 10^{-9}$% Sb. (Цветные Металлы [Nichteisenmetalle] **30.** Nr. 4. 37—44. April 1957.) H. LINNÉ. 141

H. Brodowsky und **H. Strehlow,** *Zur Struktur der elektrochemischen Doppelschicht.* Vff. erweitern die GOUYsche Theorie der elektrochem. Doppelschicht, indem das endliche Ionenvol., die Veränderung der DK durch das elektr. Feld u. die Ionenkonz. in der Doppelschicht berücksichtigt werden. Anwendung erfolgt auf Best.von Elektrodenkapazitäten. Die abgeleiteten Beziehungen haben Bedeutung für elektrokinet. Phänomene, Stabilität von Kolloiden, Elektrodenkinetik u. Theorie der Elektrolytlösungen. (Z. Elektrochem., Ber. Bunsenges. physik. Chem. **63.** 262—69. 1959. Göttingen, Max-Planck-Inst. für Phys. Chem.) FRIEDRICH WOLF/Berlin. 142

Hiroaki Matsuda, *Zur Theorie der Wechselspannungspolarographie.* Vf. gibt eine theoret. Analyse der Wechselspannungspolarographie. Die Theorie unterliegt folgenden Voraussetzungen: 1. Der Elektrodenvorgang enthält nur einen einzigen potentialbestimmenden Schritt, u. der Transport der am Elektrodenvorgang beteiligten Stoffe erfolgt ausschließlich durch Diffusion unter Mitwrkg. der durch Tropfenwachstum verursachten Konvektion. 2. Die Amplitude der überlagerten Wechselspannung ist so klein, daß die Nichtlinearität der Elektrodencharakteristik für den Wechselspannungsbereich vernachlässigbar ist. Unter diesen Voraussetzungen werden die allg. Formeln für den augenblicklichen u. den über die Tropfenzeit gemittelten Wert der Wechselstromkomponente abgeleitet. Die so erhaltenen Formeln werden dann auf zwei Fälle der Überlagerung durch rechteck- u. sinusförmige Wechselspannung angewandt. In jedem Falle wird für eine Reihe von Geschwindigkeitskonstanten u. Durchtrittsfaktoren der betreffenden Entladungsrk. der Verlauf der gemittelten Wechselstromkomponente in Abhängigkeit von der angelegten Gleichspannung numer. ausgerechnet u. graph. dargestellt. Weiterhin werden zwei Grenzfälle der reversiblen u. irreversiblen Entladungs-Rk. genauer behandelt u. dabei ergeben sich die expliziten Ausdrücke für die Spitzenstromstärke, das Spitzenpotential u. die Halbwertsbreite. Schließlich wird der Kapazitätsstrom berechnet, wobei sich ergibt, daß dieser unter normalen polarograph. Bedingungen klein ist im Vgl. zu dem Durchtrittsstrom einer reversiblen Elektrodenreaktion. Bei sinusförmiger Wechselspannung läßt sich durch phasenabhängige Gleichrichtung der Kapazitätsstrom vollständig eliminieren. (Z. Elektrochem., Ber. Bunsenges. physik. Chem. **62.** 977—89. Nov. 1958. Tokyo, Government Chem. Ind. Res. Inst.) D. ERTEL. 142

Josef Vodehnal und **Milan Marhol,** *Verfolgung der Geschwindigkeit der Gleichgewichtsstabilisierung bei Austauschreaktionen an stark sauren Kationenaustauschern mittels der polarographischen Methode.* Zur Verfolgung sehr schneller Austauschreaktionen an stark sauren Kationenaustauschern wurde eine polarograph. Meth. ausgearbeitet, welche auf der Best. des nichtreagierten Ions in einem heterogenen Syst. beruht. Die Meth. wurde zur Beurteilung verschied. Ionenaustauscher angewendet. (Chem. Listy **52.** 1882—87. Okt. 1958. [Orig.: tschech.]; Collect. czechoslov. chem. Commun. **24.** 1281—86. April 1959. [Orig.: engl.]. Praha, Českoslov. akad. věd, Ústav jaderné fys.) O. KNESSL. 142

R. K. Ognew, *Polarographische Bestimmung der Adsorptionsfähigkeit von Kohlen und Halbkoks.* Es wurde eine Meth. zur polarograph. Best. der Adsorptionsfähigkeit von Kohleprodd. für Pyridin u. Acridinsulfat aus wss. Lsgg. ausgearbeitet. Für die Adsorptionsfähigkeit ergeben sich beim Koks statist. Gesetzmäßigkeiten bezüglich der Verkokungstemperatur. (Заводская Лаборатория [Betriebs-Lab.] **24.** 815—16. 1958. Kohleforschungsinst. Ost.) G. PRETZSCHNER. 142

G. Schöber und **V. Gutmann,** *Über polarographische Untersuchungen in nichtwäßrigen Lösungsmitteln.* Als Lösungsmittel für polarograph. Unterss. wurden *Äthylendiamin, Benzoylchlorid, Essigsäureanhydrid, Morpholin* u. *$POCl_3$* benutzt. Die verwendete Versuchsanordnung, welche Messungen gegen eine wss. Normalkalomelektrode gestattet, wird beschrieben. Die Elektrodenräume sind durch eine mit Wasserglas gedichtete G_4-Sinterplatte getrennt. Gegenüber wss. Lsg. treten große Unterschiede in der Reihenfolge der Halbwellenpotentiale auf. In W. schwer bestimmbare Ionen, wie *Ca, Mg, Nb, Li, Rb* u. *Cs* geben gut auswertbare Kurven. (Z. Elektrochem., Ber. Bunsenges. physik. Chem. **63.** 274—77. 1959. Wien, TH, Inst. für anorg. u. allg. Chem.)
Friedrich Wolf/Berlin. 142

Jiří Koryta, *Kinetik der Elektrodenvorgänge der Komplexverbindungen in der Polarographie.* 2. Mitt. *Bestimmung der Komplexitätskonstanten mit Hilfe der Halbstufenpotentiale der kinetischen Ströme.* (1. vgl. C. **1958.** 8257.) Vf. leitete eine Gleichung für die Verschiebungen der Halbstufenpotentiale jener kinet. Ströme ab, welche durch die Geschwindigkeit einer chem. Rk. begrenzt sind u. einem reversiblen Elektrodenvorgang entsprechen. Falls $(E_{1/2})_{Metall}$ das Halbstufenpotential eines kinet. Stromes $\bar{i}$ des freien Metallions M^{z+} ist, welches durch Dissoziation des Komplexes MX_j mit dem Halbstufenpotential $(E_{1/2})_{Kompl}$ gebildet wurde, lautet die Gleichung $(E_{1/2})_{Kompl} = (E_{1/2})_{Metall} + RT/zF \ln \bar{i}_d/\bar{i} - RT/zF \ln \sum_{j=0}^{n} k_0 \ldots k_j X^j$, wo $\bar{i}_d$ der Diffusionsstrom des Komplexes MX_j, k_j die konsekutiven Komplexitätskonstanten u. X den Liganden bedeuten. Die Anwendungsmöglichkeit dieser Gleichung wurde am Beispiel des Komplexes von *Cd* mit *Nitrilotriessigsäure* (**I**) demonstriert. In Acetatpuffern werden in der Anwesenheit des **I** eine positivere kinet. reversible Stufe, welche der Abscheidung des Cd^{2+} bzw. der Red. eines Cd–Acetat-Komplexes entspricht u. eine negativere, welche der direkten Red. der Komplexverb. entspricht, beobachtet. Aus der Verschiebung der Halbstufenpotentiale der positiveren Stufe wurde mit Hilfe der angegebenen Gleichung bei der Ionenstärke $\mu = 0{,}1$ u. 25° für die Komplexitätskonstante der Wert $\log K_{CdX} = 10{,}14$ gefunden. Es wird nur das Komplexteilchen CdX gebildet, u. an seiner Bldg. nimmt nur das dreiwertige Anion des **I** (X^{3-}) teil. In ammoniakal. Pufferlsgg. ist die Höhe der positiveren Stufe auch von der NH_3-Konz. abhängig. Bei niedrigeren NH_3-Konzz. bildet sich CdX_2^{4-}, bei höheren NH_3-Konzz. nimmt NH_3 an der Komplexbldg. teil, so daß $Cd(NH_3)_jX^-$ mit j = 1 bis 3 entsteht. Bldg. der Hydroxokomplexe sowie der zweikernigen Komplexe wurde ausgeschlossen. Für die Komplexitätskonstanten wurden folgende Werte berechnet: $\log K_{CdX_2} = 4{,}4$; $\log k_1 = 1{,}9$; $\log k_1k_2 = 2{,}2$; $\log k_1k_2k_3 = 2{,}8$ wo $k_j = [Cd(NH_3)_jX]/[Cd(NH_3)_{j-1}X][NH_3]$ bedeutet. (Chem. Listy **52.** 2253—66. Dez. 1958. Praha, Československ. akad. věd, Polarograf. ústav.) P. Zuman. 142

Zdeněk Zábranský, *Einfluß des p_H-Wertes auf das polarographische Verhalten des Cadmiumamalgams.* In ungepufferten Lsgg. bei $p_H < 9$ ist die anod. Stufe des Cd-Amalgams p_H-unabhängig. Im alkal. Gebiet bei $p_H > 11$ verschiebt sich die Stufe mit steigendem p_H-Wert zu negativeren Potentialen. Die Verschiebung ist durch das Löslichkeitsprod. ($S = 1{,}6 \cdot 10^{-13}$ aus polarograph. Messungen) des $Cd(OH)_2$ bedingt. In Übereinstimmung mit dieser Annahme stehen der Richtungskoeff. der $E_{1/2}$-p_H-Abhängigkeit u. der Verlauf der logarithm. Analyse der Stufe. In Pufferlsg. ist die p_H-Abhängigkeit der Halbstufenpotentiale infolge der Komplexbldg. komplizierter. (Chem. Listy **52.** 2175—77. Nov. 1958. [Orig.: tschech.]; Collect. czechoslov. chem. Commun. **24.** 2426—28. Juli 1959. [Orig.: deutsch.] Praha, Československ. akad. věd, Hutnický ústav.)
P. Zuman. 142

I. M. Kolthoff und **Y. Okinaka,** *Einflüsse von oberflächenaktiven Substanzen auf polarographische Stufen des Kupfer(II)-Ions.* Vff. untersuchen den Einfl. von anion. (*Na-Dodecylsulfat*), nichtion. (*Triton X-100, Triton X-305*) u. kation. (*Dodecylaminperchlorat*) oberflächenakt. Verbb. auf die polarograph. Stufen von Cu(II)-Ionen in $NaClO_2$- bzw. $HClO_4$-haltiger Lösung. In 0,1 n $HClO_4$ wird die Red. des Cu(II)-Ions in Ggw. von anion. Verbb. reversibler. Kation. u. nichtion. Verbb. stören die Stufe. Es entsteht dann teilweise eine zusätzliche kinet. Stufe. Die Geschwindigkeit, mit der das Aquo-Cu(II)-ion den adsorbierten Film durchdringt, bestimmt in saurer Lsg. den Diffusionsstrom (penetration current). Die Ergebnisse stimmen mit der Frumkinschen Theorie überein. In neutraler Lsg. u. in Fluoridpuffern (p_H 4,5—5) in Ggw. von Triton X-100 ist der kinet. Strom wesentlich größer. Seine Größe ist eine Funktion der Quadratwurzel der Cu-Konzentration. Er setzt sich zusammen aus dem „penetration current" des Aquo-Cu(II)-ions u. einem kinet. Strom, der von der Red. des $CuOH^+$-Ions herrührt. Die Bildungsgeschwindigkeit dieses Ions wird durch die Rk. $Cu^{2+} + H_2O \rightarrow CuOH^+ + H^+$ bestimmt. Unterss. mit verschied. Tritons zeigen, daß die Bildungsgeschwindigkeit mit steigendem

Mol.-Gew. der oberflächenakt. Verbindung sinkt. (J. Amer. chem. Soc. **81**. 2296—2302. 20/5. 1959. Minneapolis, Minn., Univ. of Minnesota, School of Chem.)

M. LASER. 142

Masao Maeda, *Einfluß der Temperatur auf die anodische Passivierung von Blei.* (Vgl. C. **1958**. 13165.) Vf. untersuchte den Einfl. der Temp. auf die anod. Passivierung durch Messen der Änderungen des Anodenpotentials bei konstantem Anodenstrom in verd. Na_2SO_4-Lsg. als Funktion der Zeit. Es wurde gefunden, daß PbO_2, welches den passiven Film auf Pb bildet, sehr schnell durch lokale Einw. reduziert wird, bevor die Oberfläche vollständig mit dem passiven Film bedeckt ist; das Anodenpotential fällt dann zu dem niedrigen Wert ab, der dem aktiven Zustand des Pb entspricht. Da angenommen wurde, daß der $PbSO_4$-Film, der vor der Bldg. des passiven PbO_2-Films entsteht, einen beträchtlichen Einfl. auf die Bldg. des PbO_2 ausübt, wurde der Zustand dieses Films durch Berechnung der Ionenleitfähigkeit σ aus der Potential-Zeit-Kurve sowie röntgenograph. u. elektronenmkr. untersucht. Trägt man log σ gegen 1/T graph. auf, dann erhält man 2 lineare Teile, die verschied. Aktivierungsenergie entsprechen. Bei dem Vgl. dieser Ergebnisse mit den elektronenmkr. Beobachtungen zeigte sich, daß der $PbSO_4$-Film infolge Rekristallisation bei höheren Tempp. porös wird. Infolge dieser Porosität kann das Elektrodenpotential der Pb-Anode nicht den hohen Potentialwert erreichen, bei dem die Passivierung vollendet würde. (Nippon Kinzoku Gakkai-Si [J. Japan Inst. Metals] **22**. 375—79. Juli 1958. [Orig.: japan.; Auszug: engl.])

C. GOTTFRIED. 143

H. Pfisterer, A. Polityckl und **E. Fuchs**, *Zur Natur von Passivschichten auf dünnen Nickelfilmen.* Auf Walzkupfer, welches elektrolyt. mit einer 5 μ starken Cu-Schicht versehen war, wurde durch galvanostat. Abscheidung ein Ni-Film erzeugt, der zur Oxydierung u. Ablösung von der Unterlage mit Chromschwefelsäure behandelt wurde. Die Ni-Filme wurden im Elektronenmikroskop untersucht. Die mittlere Dicke der Oxydschicht betrug ca. 12 Å; die Schicht hatte eine poren- u. rißfreie Oberfläche aus miteinander verwachsenen Oxydteilchen. Die Ni-Filme sind nicht bis zu kleinsten Dimensionen ausgebildet; auch Filme der Stärke 20 Å sind noch nicht völlig durchoxydiert. Eine Ablösung der Filme ohne Passivierungsmittel ist noch nicht bekannt. Ob Passierung durch NiO oder Ni_2O_3 erfolgt, ist nicht zu entscheiden. (Z. Elektrochem., Ber. Bunsenges. physik. Chem. **63**. 257—61. 1959. Karlsruhe, Werkstoffhauptlabor. der Siemens u. Halske AG.)

FRIEDRICH WOLF/Berlin. 143

Ladislav Červený, *Korrosionsuntersuchungen.* 21. Mitt. *Passivierung von Zink mit chromsaurem tert.-Butanol in der Gasphase.* (20. vgl. C. **1959**. 12373.) Es wird die Passivierung von Zink mit Hilfe der Dämpfe von Di-tert.-butylchromat (I) beschrieben. Die erzielten Ergebnisse sind bessere als bei Anwendung von Chromsäurelösung. Die Geschwindigkeit der Passivierung bei konstantem I-Dampfdruck wurde durch den Luftpartialdruck geregelt. Es wurde die Geschwindigkeit der Verdampfung von I gemessen ($2{,}4 \cdot 10^{-8}$ g/sec/cm² bei 20° und 760 mm Hg). Die Diffusion von I in der Luft, die Adsorption von I auf Zn u. der Verlauf der Hydrolyse von I werden diskutiert. (Chem. Listy **52**. 2205—11. Dez. 1958. [Orig.: tschech.]; Collect. czechoslov. chem. Commun. **24**. 1400—08. Mai 1959. [Orig.: deutsch.] Praha, Výzk. ústav ochrany materiálu.)

K. SETÍNEK/Prag. 143

Karel Smrček, Ivan Sekerka und **Jan Vorlíček**, *Korrosionsuntersuchungen.* 22. Mitt. *Aktivierungsenergie der Passivierung von Eisen in Schwefelsäure.* (21. vgl. vorst. Ref.) Für das Auflösen von Eisen in Schwefelsäure werden die Abhängigkeit der Geschwindigkeit von der Temp. u. der Säurekonz. u. die Abhängigkeit der Aktivierungsenergie von der Säurekonz. beschrieben. Bei 0—10%iger H_2SO_4 richtet sich die Geschwindigkeit des Auflösens nach der Geschwindigkeit der chem. Rk., bei 70—100%iger H_2SO_4 wird das Auflösen nur durch Diffusion bewirkt. Im Falle der Zwischenkonzz. betätigen sich beide Einflüsse. Fe bildet eine Ausnahme unter den Metallen. Dieses Verh. wurde mit Hilfe der Überspannung von Wasserstoff auf Fe u. der abweichenden Umtauschstromdichte von Fe erklärt. (Chem. Listy **52**. 2212—15. Dez. 1958.)

K. SETÍNEK/Prag. 143

N. N. Gratzianski und **I. A. Gutzew**, *Untersuchung der Korrosionsfestigkeit fester Lösungen von Metallen.* 5. Mitt. *System Cu—Ni.* (4. vgl. C. **1959**. 10478.) An durch Schmelzen der reinen Komponenten im Hochfrequenzvakuumofen u. 48-std. Erhitzen auf 900—950° erhaltenen Cu-Ni-Legierungen mit 25—80% Cu wird die Korrosionsfestigkeit in 10%ig. H_2SO_4 u. NH_4OH (D. 0,95) bei gewöhnlicher Temp. durch Messen der Potentiale der aufgelockerten Oberflächenschicht (Dicke nach Mikrohärtebest. 2—3 μ) nach der Korrosion im Vgl. mit den Werten vorher bestimmt. In H_2SO_4 sind in Ggw. von Luft die Korrosionsverluste gering u. wenig von der Zus. abhängig (keine Korrosionsgrenzen); die gelöste Metallmenge entspricht der Konz. in der Legierung, die

Auflsg. erfolgt unter Zerstörung des Kristallgitters. Bei bestimmten Zuss. können Korrosionsgrenzen durch Ausbldg. innerer Passivität oder Bldg. einer aus mehreren Schichten der stabileren Komponente bestehenden Schwelle an der Grenze Legierung–Lsg. oder durch Bldg. einer stabileren Legierung infolge Lsg. der reaktionsfähigen Komponente auftreten. In NH_4OH nehmen die Korrosionsverluste bei > 50% Ni sprunghaft ab. (Журнал Физической Химии [J. physik. Chem.] **31.** 1740—44. Aug. 1957. Kiew, Akad. der Wiss. der UkrainSSR, Inst. für allg. u. anorg. Chem.) R. K. MÜLLER. 143

N. N. Gratzianski und **P. F. Kaljushnaja,** *Untersuchung der Korrosionsfestigkeit fester Lösungen von Metallen.* 6. Mitt. *System Ag–Cd.* (5. vgl. vorst. Ref.) An im Vakuum erschmolzenen, 32 Std. auf 280—870° erhitzten Ag-Cd-Legierungen (mit 40—75% Ag rosa bis himbeerrot, > 75% Ag goldfarben) wird das Korrosionsverh. in 5%ig. HCl u. 3%ig. NaCl-Lsg. untersucht. Die Stärke der lockeren Oberflächenschicht vor u. nach der Korrosion wird aus der Mikrohärte bestimmt. In beiden Lsgg. nehmen die Korrosionsverluste beim Überschreiten eines Ag-Geh. von 40% sprunghaft ab, auch das Potential ändert sich sprunghaft. Die festen Lsgg. werden bei dieser Zus. korrosionsbeständiger, vermutlich durch Bldg. einer Oberflächenschicht aus der stabilen Verb. Ag_2Cd_3, die anscheinend das Eindringen von Cl^- in das Innere der Legierung verhindert u. damit der weiteren Korrosion entgegenwirkt. (Журнал Физической Химии [J. physik. Chem.] **31.** 2458—63. Nov. 1957.) R. K. MÜLLER. 143

A_4. Thermodynamik. Thermochemie.

Joseph S. Rosen, *Lösungen unter Druck.* Es wird eine Gleichung abgeleitet, die es gestattet, die bei hohen Drucken eingenommenen Voll. wss. Salzlsgg. aus den Voll. dieser Lsgg. bei Atmosphärendruck u. den Kompressibilitätswerten der entspr. reinen Substanzen zu berechnen. Die im Falle von *NaCl*, NH_4NO_3 u. K_2SO_4 bis zu 10000 bar berechneten Voll. stimmen mit den empir. bestimmten Werten innerhalb eines Bruchteiles von 1% überein. Die aus der TAMMANNschen Annahme einer Kompression der Wassermoll. unter dem Einfl. der zu lösenden, in ionisierter Form vorliegenden Substanz heraus abgeleiteten Interpolationsformeln scheinen auch im Falle nichtwss. Salzlsgg. anwendbar zu sein. Eine der gefundenen analoge Gleichung stellt die Druckabhängigkeit des Brechungsindex sowie der DK von Fll. u. Gasen dar. (J. chem. Physics **30.** 547—55. Febr. 1959. Marietta, Ga., Lockheed Aircraft Corp., Lockheed Nuclear Prod.) D. FORST. 148

C. R. Barber und **Anne Horsford,** *Der Gefrierpunkt von Zink als ein Primärpunkt der Internationalen Temperaturskala.* Vff. beschreiben ausführlich Arbeitstechniken zur Messung des F. von *Zn* u. des Kp. von *S* mit Pt-Widerstandsthermometern höchster Präzision. Auf Grund zahlreicher Vergleichsmessungen der beiden Punkte konnte die schon von anderen Autoren angegebene, um den Faktor 3—4 bessere Reproduzierbarkeit des Zn-Punktes bestätigt werden. In der Internationalen Temperatur-Skala ist diesem Punkt der Wert 419,5055 ± 0,002° C zuzuordnen. Die Ergebnisse der experimentellen Unterss. zeigen, daß ein Ersatz des S- durch den Zn-Punkt als prim. Festpunkt der Internationalen Skala zu einer Erhöhung der Präzision in der Definition dieser Skala führen würde. (Proc. Roy. Soc. [London], Ser. A **247.** 214—24. 16/9. 1958. Teddington, Middlesex, Nat. Phys. Labor., Stand. Div.) W. WAGNER. 150

N. M. Žavoronkov, S. I. Babkov und **O. V. Uvarov,** *Die Konzentrierung stabiler Isotope durch Rektifikation und Isotopenaustauschreaktionen.* Es wurden techn. Apparaturen zur Anreicherung der stabilen Isotope ^{15}N u. ^{18}O in großem Maßstabe konstruiert. Sie bestehen im Prinzip aus Kolonnen mit einer großen Anzahl theoret. Böden (Füllung: flache Drahtspiralen) sowie waagrechten Apparaturen mit rotierenden vertikalen Scheiben. Das Konstruktionsprinzip sowie die Arbeitsscharakteristik der Geräte werden besprochen. Beide vorgeschlagenen Lösungen entsprechen sich bzgl. ihrer Kapazität, des hydraul. Widerstands, der Rücklaufmengen sowie der Baudimensionen. Die Kinetik des Trennprozesses wurde untersucht. Dabei wurde festgestellt, daß die bisherigen Vorstellungen, wonach die Konzentrationsverschiebung auf den einzelnen Böden beinahe in dem Augenblick beginnt, in dem auf dem niedriger liegenden Boden ein stationärer Zustand erzielt wird, korrigiert werden müssen. Den experimentellen Ergebnissen gemäß stellt sich der stationäre Zustand auf allen Kolonnenböden mit der gleichen Geschwindigkeit ein. Eine Beziehung für die Konzentrationsverteilung innerhalb der Kolonne wurde abgeleitet, welche im Falle der Gültigkeit des HENRYschen u. RAOULTschen Gesetzes die Berechnung der elementaren Stoffbilanz gestattet. Die im Laufe der Konzentrierung von ^{15}N u. ^{18}O in großem Maßstabe ermittelte Kinetik entspricht eigenen Messungen u. Literaturangaben über die Anreicherung von ^{34}S. (Collect.

czechoslov. chem. Commun. **23.** 1727—34. Sept. 1958. Moskva, Fiziko-chim. inst. imeni L. J. Karpova. [Orig.: russ.]) O. KNESSL/Prag. 150

J. Holló und **T. Lengyel,** *Einige Fragen des Dampf–Flüssigkeits-Gleichgewichtes von quaternären Systemen.* Die Best. u. Korrelation der Gleichgewichtsveränderlichen in begrenzt mischbaren Vierstoffgemischen in flüssiger Phase wird behandelt. Die experimentellen Angaben wurden in einer modifizierten Umlaufapp. nach OTHMER gemessen. Das Zustandsverh. der Systeme wird graph. dargestellt u. die auf folgenden Gedanken begründete algebraische Charakterisierung vorgeschlagen: Die Aktivitätskoeffizienten der Systeme werden mittels der MARGULESschen Gleichung dritter Ordnung ausgedrückt. Anstatt der Konstanten A_{ij} werden in Einzelfällen Korrekturfunktionen eingeführt, deren Form aus den experimentellen binären Angaben ermittelt wird. Diese werden in die Beziehungen für Drei- u. Vierkomponentensysteme eingesetzt. (Collect. czechoslov. chem. Commun. **23.** 1735—43. Sept. 1958. Budapest, TU, Inst. für landwirtschaftl. chem. Technol. [Orig.: deutsch.]) O. KNESSL/Prag. 150

C. V. Raman, *Die spezifischen Wärmen von Kristallen und der Irrtum der Theorien von Debye und Born.* Vf. zeigt, daß man die Hypothese in den Theorien von DEBYE u. BORN, wonach die therm. Energie eines Festkörpers der Energie der Wellenfortpflanzungen in dem Körper gleichzusetzen ist, nicht als Grundlage für eine Theorie der spezif. Wärmen von Festkörpern verwenden darf (vgl. C. **1958. 933**). (Proc. Indian Acad. Sci., Sect. A **45.** 273—80. Mai 1957. Bangalore, Raman Research Inst.) G. GATTOW. 151

Jiří Klikorka, Jaromír Horák und **Alex Čelikovský,** *Thermische Dissoziation des Zinkoxyds.* Die durch Dehydratisierung von sehr reinem Zinkhydroxyd dargestellten Präpp. des *Zinkoxyds* (I) wurden bei 400°—1400° einerseits an Luft bei n. Druck, andererseits bei 10^{-2} mm Hg getempert. Nach Art der Luminescenz wurde auf die Vorgänge, die bei der therm. Dissoziation von I ablaufen, geschlossen. Bei diesen Vorgängen im Temperaturbereich zwischen 800°—1400° handelt es sich um Abspaltung von elementarem Sauerstoff, wobei die Zn^{2+}-Ionen in n. Gitterpunkten verbleiben u. deren Ladungen durch die von Sauerstoff übrigbleibenden Elektronen kompensiert werden. Auf Grund des festgestellten Mechanismus der therm. Dissoziation des I werden die Vorgänge der therm. Zers. von schweren Zinkchalkogeniden besprochen. (Chem. Listy **52.** 2226—29. Dez. 1958. [Orig.: tschech.]; Collect. czechoslov. chem. Commun. **24.** 2160—65. Juli 1959. [Orig.: deutsch.]. Pardubice, Vysoká škola chem. technol., Kat. anorg. chem.) V. RŮŽIČKA. 156

A_5. Kolloidchemie. Grenzschichtforschung.

G. Metzger, *Oberflächenspannungsmessungen.* 7. Mitt. *Über die Temperaturabhängigkeit der Oberflächenspannung von Kupfer und die Oberflächenspannung von schmelzflüssigen Silber–Blei-, Silber–Wismut- und Kupfer–Blei-Legierungen.* (6. vgl. C. **1951.** I. 972; vgl. auch C. **1955.** 1451.) Mittels der Blasendruckmeth. wurde die Temperaturabhängigkeit der Oberflächenspannung σ von reinem fl. Cu sowie die Temp.- u. Konz.-Abhängigkeit von σ der schmelzfl. bin. Legierungen Ag–Pb, Ag–Bi u. Cu–Pb untersucht. Der im Gegensatz zu früheren Messungen für reines Cu festgestellte Temperaturkoeff. von σ besaß ein negatives Vorzeichen, was auf die Verwendung reinster Substanzen zurückgeführt wird. Die genannten Legierungen zeigten sämtlich Neigung zur Entmischung, eine starke Oberflächenheterogenität sowie in bestimmten Konzentrationsbereichen positive Temperaturkoeffizienten von σ. Die erzielten Ergebnisse lassen vermuten, daß es sich bei den untersuchten Systemen um eine besondere Gruppe von metall. Mischphasen handelt, die auch in bezug auf die homogenen Bereiche besondere Eigg. aufweist. (Z. physik. Chem. **211.** 1—25. 1959. Halle-Wittenberg, Univ., Inst. für Physikal. Chem. mit Metall- u. Werkstofflabor.) D. FORST. 166

E. Angelescu und **Y. Davidescu,** *Beiträge zur Kenntnis der Kolloidchemie der Systeme: Seifen–Kresol–Wasser.* 8. Mitt. *Oberflächenspannung der kresolierten Seifenlösungen.* (7. vgl. C. **1942.** I. 172.) Es werden die Oberflächenspannungen von reinen Seifenlsgg. (*Na-Stearat,* **I,** *K-Stearat,* **II,** *Na-Palmitat,* **III,** *K-Palmitat,* **IV,** *Na-Oleat,* **V**) bei 40°, 50° u. 60° in Konzz. von 0,10—0,20 n untersucht. Es folgen Unterss. über die Oberflächenspannungen von 0,1 n **I**-Lsg., 0,1 n **II**-Lsg. u. 0,2 n **II**-Lsg. mit verschied. Mengen von o-, m- u. p-Kresol bei 50° u. 60°, weiter von 0,1 n, 0,15 n u. 0,2 n **III**-Lsgg. mit verschied. Kresolmengen bei 40°, 50° u. 60°, dann von 0,1 n u. 0,2 n **IV**-Lsgg. mit verschied. Kresolzusätzen bei 40°, 50° u. 60°, sowie von 0,2 n **V**-Lsgg. mit verschied. o-Kresolmengen bei 40°, 50° u. 60°. Die Ergebnisse werden besprochen. (Kolloid-Z. **158.** 135—44. Juni 1958. Bukarest, Rumän. Akad., Chem. Inst., Labor. für Kolloidchem.) E. BOYE. 166

Bohuslav Dobiáš und **Jiří Spurný,** *Ein Gerät zur Untersuchung der ζ-Potentiale an Phasengrenzflächen Mineral/Lösung mittels Messung der elektroosmotischen Über-*

führung an Mineraldiaphragmen für Zwecke der Flotationsforschung. Gerät u. Meth. zur Best. der Beschwindigkeit der Elektroosmose an Mineraldiaphragmen werden beschrieben. (Chem. Listy **53.** 274—77. März 1959. Praha, Českoslov. akad. věd., Ústav anorg. chem.) M. RYBA. 168

Herbert S. Harned und **Joseph A. Shropshire,** *Der Diffusionskoeffizient bei 25° von Kaliumchlorid bei niederen Konzentrationen in 0,25 molaren wäßrigen Saccharoselösungen.* Vff. best. durch Leitfähigkeitsmessungen den Diffusionskoeff. (D) von KCl bei Konzz. zwischen 0,004 u. 0,025 mol. in 0,25 mol. Saccharose-Lsgg. bei 25°: $c = 0{,}00473$, $D = 1{,}617 \cdot 10^{-5}$; $c = 0{,}02380$, $D = 1{,}572 \cdot 10^{-5}$ (insgesamt 7 Meßwerte). Die Meßwerte werden mit theoret. berechneten Werten verglichen, die Abweichung beträgt ca. 1%. Aus D berechnen Vff. die mol. Aktivitätskoeffizienten des KCl in der Saccharose-Lsg.: c = 0,001, 0,010, 0,025; Aktivitätskoeff.: 0,963, 0,894 bzw. 0,858 (insgesamt 8 Werte angegeben). Die Grenzleitfähigkeit des KCl in der Saccharose-Lsg. wird best. zu $\lambda_\infty = 126{,}00$. (J. Amer. chem. Soc. **80.** 5652—53. 5/11. 1958. New Haven, Conn., Yale Univ., Dep. of Chem.) L. SCHWIEGK. 171

Leendert de Witte, *Analyse des Gibbsschen Adsorptionstheorems.* Vf. setzt sich krit. mit der GIBBSschen Adsorptionstheorie auseinander. Bes. wird die von GIBBS eingeführte Anfangsbeziehung $dE = T \cdot dS - p dV + \gamma dA + \Sigma_i \mu_i dm_i$ auf ihre Anwendbarkeit hin untersucht. Vf. zeigt, daß die Einführung von Austauschpotentialen in die GIBBSsche Theorie direkt zu der Gleichung von THOMSON u. damit zu einer allg. kinet. Adsorptionstheorie führt. (Helv. chim. Acta **42.** 583—89. 16/3. Erratum: **42.** 1750. 3/8. 1959. Laguna Beach, Calif., Temple Hills Drive.) L. SCHWIEGK. 176

R. M. Barrer und **L. V. C. Rees,** *Zustandsgleichung für in porösen Kristallen sorbierte Flüssigkeiten.* Die Zustandsgleichung $[P + n/12 (a/V^2 + a'/V^3)] [V - b + b'/V] = RT$ (n = Koordinationszahl eines sorbierten Atoms in Bezug auf seine Nachbarn) beschreibt gut die Sorption von Ar an Na- u. Ba-Faujasit u. die Sorption von N_2 an K-Faujasit. Außerdem wird eine Entropiekorrektur eingeführt, die vor allem die Beschränkung der Beweglichkeit der sorbierten Moll. in den engen Poren berücksichtigt. (Trans. Faraday. Soc. **55.** 992—98. Juni 1959. London, Imp. Coll., Chem. Dep., Phys. Chem. Labors.) M. LASER. 176

Roger Parsons, *Die Beziehung zwischen der Kapazität der Elektrodendoppelschicht und der Adsorption von oberflächenaktivem Material.* Vf. untersucht die Möglichkeit, für die Adsorption von oberflächenakt. Substanzen an der Grenzfläche Metall/Lsg. Adsorptionsisothermen auf Grund von Kapazitätsmessungen abzuleiten. Sie besteht in begrenztem Maße, wenn die Adsorption durch das HENRYsche Gesetz oder die FREUNDLICH-Gleichung beschrieben wird. Es gilt dann $C = C^b (1 - \Theta) + C^s \Theta$ (Θ = Bedeckungsgrad, C^b u. C^s = Kapazität bei unbedeckter bzw. bedeckter Elektrode). Hält man bei der Betrachtung statt der EMK die Ladung der Elektrode konstant, ergeben sich ähnliche Beziehungen. Die spezif. Adsorption von J^- an Hg ergibt sich nur in 1. Näherung aus Kapazitätsmessungen. Wird der elektrostat. Effekt auf die Adsorption vollständig als Änderung der freien Adsorptionsenergie ausgedrückt, können brauchbare Aussagen erhalten werden. Für komplexere Systeme ist numer. Integration notwendig. (Trans. Faraday Soc. **55.** 999—1006. Juni 1959. Bristol, Univ., Dep. of Phys. and Inorg. Chem.) M. LASER. 176

R. J. Tykodi, *Adsorption bei niederer Bedeckung.* Es wird nach einer thermodynam. Erklärungsmöglichkeit für die in Zusammenhang mit der physikal. Adsorption von Gasen an Festkörper auf experimentellem Wege gefundene Erscheinung gesucht, wonach der calorimetr. bestimmte integrale molare Entropieüberschuß des Adsorptivs bei gegen Null gehender Bedeckung einem Grenzwert zustrebt. Ferner wird die aus der Annahme einer Änderung des Adsorbentenvol. infolge des Adsorptionsvorganges entwickelte Theorie zu den einander entsprechenden Zuständen bei der getrennten Adsorption verschied. Gase an einem einzigen Adsorbenten diskutiert. (Trans. Faraday Soc. **54.** 918—21. Juni 1958. Chicago, Ill., Illinois Inst. of Technol., Dep. of Chem.) D. FORST. 176

G. Kämpf und **H. W. Kohlschütter,** *Zur Bestimmung der spezifischen Oberfläche und des Porenvolumens poröser Stoffe.* An *Silicagel*-Standardpräparaten definierter Sinterungsstufen (100, 400, 700, 1000°) bestimmten Vff. die jeweilige spezif. Oberfläche unter Anwendung folgender Methoden: BET-Auswertung mit N_2 u. H_2O als Adsorbat, Oberflächenberechnung aus dem Porenvol. u. dem mittleren Porenradius, sowie Oberflächenberechnung durch Best. der freien Enthalpie der Oberfläche. Die Ergebnisse der verschied. Methoden werden miteinander verglichen u. diskutiert. Sie können in befriedigende Übereinstimmung gebracht werden, wenn als Flächenäquivalent eines H_2O-Mol. in der ersten Adsorptionsschicht der Wert 20,5 Å² eingesetzt wird. Die Wahl dieses Wertes wird durch Hinweise auf kristallograph. abgeschätzte Daten u. auf therm. Abbaukurven begründet. Es wird gezeigt, daß das aus dem Endwert der Adsorptionsisotherme (Typ IV der BET-Klassifikation) für das Syst. Silicagel/H_2O errechnete Porenvol. nicht unmittelbar dem wirklichen Vol. entspricht, da vor allem die Vol.-Beanspruchung des H_2O in der ersten Adsorptionsschicht mitberücksichtigt werden muß. — 36 Literaturangaben. (Z. Elektrochem., Ber. Bunsenges. physik. Chem. **62.** 958—65. Nov. 1958. Darmstadt, TH, Eduard-Zintl-Inst. für anorg. u. physikal. Chem.) D. ERTEL. 176

P. Caldirola und **G. Rossi**, *Isotopeneffekte bei der Adsorption von Gas auf Festkörpern.* Die Isotopeneffekte, die bei der Adsorption von Gasmischungen auf einer festen Oberfläche auftreten, werden auf der Basis der Theorie von LENNARD-JONES über die Wechselwrkg. von Atomen u. Moll. mit Festkörperoberflächen untersucht. Die allg. Eigg. dieser Theorie werden mitgeteilt u. an die untersuchten Probleme angepaßt. Die für eine Mischung von 2 allg. Isotopenarten abgeleiteten Formeln werden auf den speziellen Fall der Adsorption von He (^3He u. ^4He) auf LiF angewendet. Vff. fanden, daß auf der adsorbierenden Oberfläche die Isotopenanreicherung δ_{ads} bei stationären Bedingungen immer niedriger als die Anreicherung δ_k von KNUDSEN ist, die für Diffusionsphänomene charakterist. ist. Eine Annäherung findet bei steigender Temp. statt. (Nuovo Cimento [10] **5.** 1316—32. 1/5. 1957. Milano, Univ., Ist. di Sci. Fis.; Ist. Naz. di Fis. Nucl., Sez. di Milano.) HERBERT WEBER. 176

P. Caldirola und **G. Rossi**, *Einfluß der Adsorption und der Oberflächenwanderung auf die Isotopentrennung bei der Diffusion eines Gases durch eine poröse Wand.* (Vgl. vorst. Ref.) Unters. über Prozesse, die in einer aus zusammengepreßten (gesinterten) Körnern bestehenden porösen Wand beim Kontakt mit Gas stattfinden: 1. Adsorption von Gasatomen auf den Kornoberflächen, 2. Verdampfung dieser adsorbierten Atome, 3. Wanderung der adsorbierten Atome längs der Oberflächen der Capillaren. Unter der Annahme, daß die Adsorption in einer monomolekularen Schicht stattfindet, lassen sich nach der l. c. beschriebenen Theorie die Flüsse der Adsorption u. der Verdampfung berechnen. Die Temp.-Abhängigkeit der Isotopenanreicherung der adsorbierten Phase mit Oberflächenwanderung (δ_{migr}) u. der totalen Anreicherung (δ_{tot}) wird abgeleitet. (Nuovo Cimento [10] **5.** 1374—76. Mai 1957.) HERBERT WEBER. 176

Akiya Matsuda, *Sorption von Wasserstoff durch Nickeldraht.* Die Unters. der kinet. Verhältnisse bei der Chemisorption (ChA) bzw. physikal. Adsorption (PhA) von H_2 an Ni-Draht ergab, daß unterhalb 250° die exotherme ChA u. oberhalb dieser Temp. die endotherme PhA vorherrscht. Die Adsorptionsgeschwindigkeit entsprach im Falle der ChA der Gleichung $\dot{n} = k_a \sqrt{p}\, e^{-bn/RT}$, im Falle der PhA der Gleichung $\dot{n} = k_s (\sqrt{p} - n/n_e \sqrt{p_e})$ (n = Menge des adsorbierten H_2, p = Druck des adsorbierten H_2, Index e = entsprechender Wert für Adsorptionsgleichgewicht, k_a bzw. k_s = nur von der Temp. abhängige Konstanten, b = innerhalb des Temperaturbereiches von —195 bis 250° unveränderliche Konstante). Die Aktivierungsenergie RT^2 (d ln k_a/dT) der ChA ergab sich zu 0,37 bzw. 5,5 kcal/Mol entsprechend den Tempp. unter- bzw. oberhalb von 120°. (J. Res. Inst. Catalysis, Hokkaido Univ. **5.** 71—86. Nov. 1957. Hokkaido, Univ., Res. Inst. for Catalysis.) D. FORST. 176

R. Suhrmann, **G. Wedler** und **H. Gentsch**, *Über die Chemisorption von Wasserstoff an dünnen aufgedampften Platinfilmen.* Es werden die infolge der Chemisorption von H_2 an im Höchstvakuum aufgedampften Pt-Filme bedingten Änderungen des elektr. Widerstandes u. der Photoelektronenemission sowie die Menge des adsorbierten H_2 bei Besetzungsdichten von 0,1 mol. bis über monomol. u. Tempp. von 77, 90, 195 u. 295° K bestimmt. Aus den erhaltenen Ergebnissen wird gefolgert, daß ein Teil des adsorbierten H_2 zu H_2^+ polarisiert wird, ein anderer in Atome zerfällt, wobei die Atome dann in Protonen u. Elektronen dissoziieren bzw. in Richtung H^- polarisiert werden. Mit steigender Temp. tritt eine Diffusion der Protonen u. Elektronen in den Film ein u. eine Verschiebung des Dissoziationsgleichgewichtes nach der Seite der Protonen u. Elektronen. (Z. physik. Chem., Frankf. Ausg. [N. F.] **17.** 350—67. Sept. 1958. Hannover, TH, Inst. für Physikal. Chem. u. Elektrochem.) D. FORST. 176

T. H. George, **H. E. Farnsworth** und **R. E. Schlier**, *Einige Messungen der Adsorption von Stickstoff und Sauerstoff an einer (0001)-Titanoberfläche unter Verwendung der Beugung von Elektronen niedriger Energie.* (Vgl. FARNSWORTH u. Mitarbeiter, C. **1959.** 10819.) Die gereinigten Ti-Oberflächen wurden 10 Min. bei Zimmertemp. dem jeweiligen Gas bei einem zur Ausbldg. der 1. Monoschicht hinreichenden Druck ausgesetzt. Die Elektronenbeugungsunterss. zeigen, daß Stickstoff u. Sauerstoff auf der hexagonalen Ti-Oberfläche in kristallinen Monoschichten chemisorbieren, die die gleiche hexagonale Symmetrie u. Gitterkonstante wie die Ti-(0001)-Fläche haben. Es wird angenommen, daß die chemisorbierten Atome angenähert die Plätze der O- bzw. N-Atome in den (111)-Flächen der kub. TiO- bzw. TiN-Kristalle einnehmen. Der mittlere Haftkoeff.

für N bei Zimmertemp. wird zu ca. 1,8 · 10^{-5} bestimmt. (J. chem. Physics **31.** 89—90. Juli 1959. Providence, Rhode Island, Brown Univ., Barus Res. Labor.)
H. Liepack. 176

C. B. Amphlett, *Die Adsorption von Wasserdampf durch Calciumfluorid.* Es wurde die an frisch aufgedampften Schichten von CaF_2 bei 25° reversibel verlaufende Wasserdampfadsorption in Abhängigkeit von der Ausheiztemp. (25—300°) untersucht u. die vom Wasserdampf bedeckte spezif. Oberfläche nach der BET-Meth. sowie nach Hüttig u. Harkins-Jura bestimmt. Wiederholte Adsorptions-Desorptionsfolgen bei gleichzeitiger Ausheizung auf mindestens 100° führten nach anfänglicher Verminderung zu konstanten Adsorptionswerten u. zu einer Verringerung der für die monomol. Schicht festgestellten Werte. Die beobachteten Erscheinungen werden einer Inaktivierung akt. Zentren infolge des Sinterungsprozesses u. einer teilweisen Reaktivierung infolge der Rekristallisation in Ggw. des adsorbierten Wasserdampfes zugeschrieben. (Trans. Faraday Soc. **54.** 1206—13. Aug. 1958. Harwell, Berks., AERE.) D. Forst. 176

I. Je. Starik und **N. G. Rosowskaja,** *Sorption von Tellur-127-Isomeren an Glas.* Bei Messungen der Te-Sorption durch Glas wurde ^{127}Te verwendet, dessen Halbwertszeit 115 Tage beträgt u. das sich durch innere Konversion in ein Isomeres mit 9,3 Std. Halbwertzeit umwandelt. Die Aktivitätsmessung ergab jedoch nicht die erwartete Gesamtlebensdauer von 115 Tagen, die nur in der Lsg. beobachtet wurde: das am Glas absorbierte Te wies die Halbwertzeit von 0,3 Std. auf. Demnach wird nur das kurzlebige Isomere vom Glas absorbiert. Es könnte daher das Sorptionsverf. an Glas zur Trennung auch von anderen radioakt. Isotopen verwendet werden, wie hiermit vorgeschlagen wird. (Известия Академии Наук СССР, Отделение Химических Наук [Nachr. Akad. Wiss. UdSSR, Abt. chem. Wiss.] **1958.** 252. Febr. Chlopin-Radiuminst.)
A. v. Wilpert. 176

K. L. Wolf, Physik und Chemie der Grenzflächen. In drei Bänden. Zweiter Band: Die Phänomene im Besonderen. Berlin, Göttingen, Heidelberg: Springer. 1959. (IV + 360 S. m. 180 Abb.) 8°. DM 58,—.

A$_6$. Strukturforschung.

Dan McLachlan jr., *Kristallstruktur und Informationstheorie.* Theoret. Überlegungen. Wegen Informationstheorie siehe z. B. Shannon u. Weaver, The Mathematical Theory of Communication (Urbana, Ill., Univ. of Illinois Press, 1949) sowie Brillouin, Science and Information Theory (New York, Academic Press, Inc. 1956). (Proc. nat. Acad. Sci. USA **44.** 948—56. Sept. 1958. Menlo Park, Calif., Stanford Res. Inst.) C. Gottfried. 181

Imre Tarján, *Einige Probleme der Einkristallherstellung.* Krit. Vgl. der verschied. Verff. u. Beschreibung der prakt. Erfahrungen, gewonnen bei dem Kyropoulus-Verfahren. (Magyar Fizikai Folyóirat [Ung. Z. Physik] **6.** 383—99. 1958. Budapest, Orvosi Fizikai Intézet.) G. Halmi. 181

Imre Tarján, György Turchányi und **Rudolf Voszka,** *Einige Erfahrungen hinsichtlich der Bearbeitung und des Polierens von einigen Alkalihalogenidkristallen.* (Vgl. vorst. Ref.) Bekanntgabe einiger prakt. Erfahrungen bei der Bearbeitung u. dem Polieren von Kristallen. (Magyar Fizikai Folyóirat [Ung. Z. Physik] **6.** 379—80. 1958.)
G. Halmi. 181

Jaroslav Trnka, *Apparatur zur Laboratoriumsherstellung von Einkristallen aus der Schmelze.* Die beschriebene App. unterscheidet sich von den üblichen Konstruktionen dadurch, daß der Ofen mit dem Tiegel, der das geschmolzene Salz enthält, von einer sich regelmäßig drehenden u. gleichzeitig langsam sinkenden Platte getragen wird, während der Kühler u. der Stab mit dem wachsenden Kristall stationär sind. (Chem. Listy **53.** 33—34. Jan. 1959. Praha, Čs. akad. věd, Ústav techn. fys.) M. Ryba/Prag. 181

F. Sebilleau, *Bestimmung der Orientierung von kubischen Kristallen durch die Spur der {111}-Ebenen auf der Oberfläche.* Kristallograph. Untersuchung. (Bull. Soc. franç. Minéralog. Cristallogr. **81.** 241—42. Juli/Sept. 1958. Chatillon-sous-Bagneux, O.N.E.R.A.) C. Gottfried. 181

R. Neider, *Elektronenmikroskopische Abbildung von Kristallgitterstrukturen.* Mit Hilfe des Elmiskops I konnten Netzebenen von *Ni-* u. *Cu-Phthalocyanin* abgebildet werden (elektronenmkr. Vergrößerung 150000fach). Die Bilder stimmen mit den theoret. berechneten Intensitätsverteilungen grundsätzlich überein. (Abh. Fritz-Haber-Inst. Max-Planck-Ges. Berlin-Dahlem **34.** 509—14. 1957, ausgeg. 1958.)
K. Zückler. 181

W. D. Riecke, *Untersuchung von hoch aufgelösten Elektronenbeugungsfiguren einzelner Mikrokristalle mit Hilfe eines 3-Stufen-Elektronenmikroskops.* Vf. beschreibt die experimentelle Anordnung bei Verwendung eines Elmiskops I, Entfernung der den Beugungsstrahl begrenzenden Elemente, Erzeugung der Zwischenbilder, Aperturblende in der Ebene des 1. Zwischenbildes, nach einer von BOERSCH (Ann. Physik [5] **27.** [1936.] 75) angegebenen Meth.; Beugungsfiguren von ZnO- u. MgO-Kristallen werden abgebildet (z. B. Feinstruktur von Beugungsfiguren eines MgO-Kristalls von 500 Å Kantenlänge). (Abh. Fritz-Haber-Inst. Max-Planck-Ges. Berlin-Dahlem **34.** 520—23. 1957, ausgeg. 1958.) K. ZÜCKLER. 181

H. Niehrs, *Der Durchgang von Elektronenstrahlen durch das Kristallgitter und seine Folgen für das elektronenmikroskopische Bild.* Der Durchgang von Elektronenstrahlen (Elektronenverteilung in der Strahlaustrittsfläche, Abhängigkeit von der Bestrahlung und Kristalldicke) durch Kristallgitter wird mit Hilfe der dynam. Theorie der Elektroneninterferenzen untersucht. (Abh. Fritz-Haber-Inst. Max-Planck-Ges. Berlin-Dahlem **34.** 516—18. 1957, ausgeg. 1958.) K. ZÜCKLER. 181

D. H. Page, *Reflexions-Elektronenmikroskopie unter großem Winkel mit einem handelsüblichen Gerät.* (Vgl. C. **1959.** 2719.) Vorl. Mitt. über das l. c. ausführlicher beschriebene Rückstrahl-Elektronenmikroskop (METROPOLITAN-VICKERS EM-3). (Research **10.** 120—21. März 1957. Kenley, Surrey, Brit. Paper and Board Ind. Res. Assoc.) F. LENZ. 181

M. I. Korssunski und **W. A. Basakutza,** *Untersuchung der ionenoptischen Eigenschaften eines elektrostatischen Sektorfeldes vom Differenztyp.* Theoret. u. experimentelle Unters. der Fokussierungs-, Dispersions- u. Aberrationseigg. eines rotationssymm. elektrostat. Sektorfeldes mit der Feldverteilung $E_r = E_1 r^{-1} + E_2 r$; $E_z = 2E_2 z$, das sich durch Anlegen geeigneter Potentiale an geeignet geformte Elektroden leicht erzeugen läßt. Ein solches Feld kann ebenso wie das Feld des Zylinderkondensators als ionenopt. Äquivalent einer dicken Linse in Verb. mit einem Prisma angesehen werden, hat aber eine erheblich (im untersuchten Beispiel um den Faktor 12) größere Dispersion als das Feld des Zylinderkondensators. Die experimentell bestimmten Aberrationskoeffizienten sind in guter Übereinstimmung mit den berechneten Werten. Die Felder des untersuchten Typs kommen für die Verwendung in Geschwindigkeits- und Massenspektrometern in Frage. (Журнал Технической Физики [J. techn. Physik] **28.** 1510 bis 25. Juli 1958. Charkow, Polytechn. Lenin-Inst.) F. LENZ. 181

V. Vand und **R. Pepinsky,** *Änderungen des von Sayre für die Rechenmaschine IBM 704 entwickelten Programms NYXR1 für Verfeinerung der Kristallstrukturen mittels kleinster Quadrate und einige zusätzliche Rechenverfahren.* (Z. Kristallogr., Kristallgeometrie, Kristallphysik, Kristallchem. **111.** 46—52. Dez. 1958. University Park, Pa., Pennsylvania State Univ., X-Ray and Crystal Analysis Labor.) C. GOTTFRIED. 181

Fritz Ebert, *Graphische Auswertung von Debye-Scherrer-Diagrammen rhomboedrischer Symmetrie.* Beschreibung des Verf., bei dem im Gegensatz zu den HULLschen Auswertungskurven ausschließlich gerade Linien verwendet werden. Am Fe_2O_3 als Beispiel wird eine graph. Auswertung eingehend beschrieben. (Z. Kristallogr., Kristallgeometrie, Kristallphysik, Kristallchem. **111.** 15—23. Dez. 1958. Hamburg.) C. GOTTFRIED. 181

John Verhoogen, *Physikalische Eigenschaften und Bindungstyp in Mg–Al-Oxyden und -Silicaten.* Hauptsächlich an Hand von Daten aus der Literatur über physikal. Eigg. von Oxyden u. Silicaten von Mg u. Al, die empfindlich gegenüber der Elektronenverteilung sind, diskutiert Vf. den Bindungstyp in diesen Verbindungen. Er kommt zu dem Ergebnis, daß diese Verbb. in den meisten Fällen als reine Ionenverbb. anzusehen sind. Die Abweichungen von dem ion. Verh. sind so gering, daß man nicht von kovalenter Bindung sprechen kann. (Amer. Mineralogist **43.** 552—79. Mai/Juni 1958. Berkeley, Calif., Univ.) C. GOTTFRIED. 182

L. G. Katschurin, *Berechnung der Verfestigung einer Kugel unter Berücksichtigung der Änderung der Temperatur der Kristallisationsfront beim Verfestigungsprozeß.* Die Berechnung der zur vollständigen Erstarrung einer Kugel vom Radius R erforderlichen Zeit τ erfolgt nach $\tau = \varrho L R^2 / 6\lambda (T_0 - T_1)$ (ϱ = D. der festen Phase, L = latente spezif. Schmelzwärme, λ = Wärmeleitfähigkeitskoeff. der Fl., T_1 = Temp. der Kugeloberfläche, T_0 = Temp. des stabilen Gleichgewichts zwischen fl. u. fester Phase). Es wird gezeigt, daß diese Gleichung noch durch Berücksichtigung einer Änderung der Temp. T_f der Kristallisationsfront zu ergänzen ist, um Übereinstimmung mit dem Vers. zu erzielen. Die Abweichungen sind bes. groß bei kleinen Geschwindigkeiten der linearen Kristallisation u. intensiver Wärmeabfuhr, wenn T_f prakt. nahezu gleich T_1 ist. Auch bei anders geformten Körpern sind ähnliche Überlegungen anzustellen. (Журнал Технической Физики [J. techn. Physik] **27.** 543—47. März 1957.) R. K. MÜLLER. 190

A. E. De Vries, *Fraktionierung von Lithiumisotopen durch Kristallisation.* Vf. erhielt folgende Trennfaktoren $\alpha = [(^6Li/^7Li)_{fest}/(^6Li/^7Li)_{Lsg.}]$ durch gewöhnliche Kristallisation aus Lsgg. von Li-Verbb.: *LiCl* in H_2O (130 → 95°) 1,006; LiCl in H_2O (80 → 20°) 1,013; LiCl in H_2O (0 → —70°) 1,018; *LiBr* in H_2O (130 → 100°) 1,007; LiBr in H_2O (30 → 0°) 1,015; *$LiNO_3$* in H_2O (22 → 18°) 1,012; *Li_2SO_4* in H_2O (0 → 95°) 0,999; LiCl in Äthanol (70 → 20°) 1,015; *$LiNO_3$* in Pyridin (110 → 20°) 0,997 ± 0,002. (Z. Naturforsch. **14a.** 764. Aug. 1959. Amsterdam, F.O.M.-Labor. voor Massaspectrografie.) H. LIEPACK. 190

Ernest Pischinger und **Jerzy Tomaszewski,** *Natriumsesquicarbonat.* 3. Mitt. *Faktoren, die die Kristallgröße und die Kristallisationsausbeute beeinflussen.* (2. vgl. C. **1959.** 15933.) Große Kristalle von Na-Sesquicarbonat werden durch langsames Kühlen der Lsg. (< 6°/Min.) erzielt. Während $Al_2(SO_4)_3$, $Fe_2(SO_4)_3$ u. Na_2SO_4 die Kristallisation nicht beeinflussen, erhöht ein Zusatz von 40—50 g NaCl/Liter die Ausbeute um 140% u. die Kristallgröße um das Doppelte. (Przemysł chem. **37.** 468—69. Juli 1958.) F. URBAN. 190

O. Hering, *Die elektrostatischen Oberflächenpotentiale von einigen ausgewählten Calcitflächen und ihre möglichen Beziehungen zur Morphologie dieses Minerals.* Vf. versucht, die Oberflächenpotentiale von Ionengitterkristallen am Beispiel von 26 ausgewählten Calcitflächen nach der von MADELUNG angegebenen Meth. zu berechnen. Die erhaltene Potentialrangfolge wird mit Häufigkeitsrangfolgen natürlicher Calcite verglichen. (Z. Kristallogr., Kristallgeometrie, Kristallphysik, Kristallchem. **110.** 145—64. Mai 1958. Frankfurt/M., Univ., Mineralog. Inst.) D. FORST. 190

Mats Hellert und **Nils Lange,** *Die Struktur von Graphitfäden.* Vff. untersuchten 100 Å bis 0,2 mm dicke Graphitfäden mkr. im polarisierten Licht, elektronenmkr. sowie mittels Röntgenstrahlen u. Elektronenbeugung. Zur Darst. der Fäden wurde bei Zimmertemp. mit n-Heptan gesättigter N_2 durch eine Quarzröhre geleitet, deren Mittelteil in einem Ofen auf 1000° erhitzt wurde u. die einige Fe-Stückchen sowie eine keram. Thermoelementröhre enthielt. Es wurde gefunden, daß die dünnen Fäden meist röhrenförmig sind, wobei bisweilen etwa 20 Å starke Brücken den Hohlraum durchqueren. Manche Fäden tragen an den Enden dichte, kugelförmige Teilchen, die wahrscheinlich als Katalysatoren wirken. Mit dieser Annahme ist jedoch das Auftreten von verzweigten Fäden nicht in Einklang zu bringen. Häufig haben Fäden einen dreieckigen Querschnitt, oder sie treten zu dreien parallel liegend oder verdrillt auf. Die dicken Fäden bilden sich aus den dünnen durch Radialwachstum. Alle Fäden haben jedoch, ungeachtet des verschiedenen Wachstumsmechanismus, die gleiche Textur. (Z. Kristallogr., Kristallgeometrie, Kristallphysik, Kristallchem. **111.** 24—34. Dez. 1958. Stockholm, Swedish Inst. for Metal Res.) C. GOTTFRIED. 190

S. B. Holmquist, *Eine Bemerkung über die trägen Kieselsäureumwandlungen.* Vf. diskutiert, hauptsächlich an Hand neuerer Literaturdaten, die thermodynam. möglichen Umwandlungen von SiO_2 u. kommt hierbei zu dem Ergebnis, daß *Tridymit* keine stabile Phase des reinen SiO_2 bei n. Druck ist. (Z. Kristallogr., Kristallgeometrie, Kristallphysik, Kristallchem. **111.** 71—76. Dez. 1958. Monroeville, Pa., U.S. Steel Corp., Res. Center, Edgar C. Bain Labor. for Fundamental Res.) C. GOTTFRIED. 190

R. Bullough und **R. C. Newman,** *Das Fließen von Verunreinigungen zu einer Kantenversetzung.* Verss. von anderer Seite (vgl. z. B. AMELINCKX, C. **1959.** 8063) hatten eindeutig gezeigt, daß die Ausscheidung von Verunreinigungsatomen an Kantenversetzungen erfolgt. Vff. berechnen die Anzahl von Verunreinigungsatomen, die an einer Kantenversetzung ankommen, in Abhängigkeit von der Zeit; berücksichtigt bei den Rechnungen wurde die Kernsättigung infolge Rückdiffusion u. das Verschwinden von Verunreinigungen aus dem Gesamtkristall infolge erhöhter Konz. an den Versetzungen. Anfänglich ist die Anzahl von Verunreinigungsatomen, die den Versetzungskern erreichen, proportional $t^{2/3}$ (t = Zeit); bei längeren Zeiten wird jedoch ein Gleichgewichtszustand erreicht. Ein Vgl. mit experimentellen Ergebnissen über die Verformungsalterung von Stählen mit niedrigem C-Geh. von DAVENPORT u. BAIN (Trans. Amer. Soc. Metals **23.** [1935.] 1047) ergab gute Übereinstimmung mit den theoret. Berechnungen. (Proc. Roy. Soc. [London], Ser. A **249.** 427—40. 13/1. 1959. Aldermaston, Berks., Assoc. Electr. Ind. Ltd., Res. Labor.) C. GOTTFRIED. 190

J. Wyart und **G. Sabatier,** *Beweglichkeit der Silicium- und Aluminiumionen in den Feldspatkristallen.* In einem ersten Vers. wurde ein *Plagioklas* aus Labrador mit der chem. Zus. $K_{0,02}Na_{0,39}Ca_{0,59}$ (Al, Si)$_4O_8$ in fein gepulvertem Zustand 10—100 Std. bei 900° mit geschmolzenem KCl behandelt. Der K-reichste Feldspat hatte die Zus. $K_{0,28}Na_{0,13}$ $Ca_{0,59}$(Al, Si)$_4O_8$. Röntgenograph. war an diesem Feldspat keine Interferenz von Orthoklas oder Mikroklin nachzuweisen. In einem zweiten Vers. wurde der Ausgangsfeldspat in Pulverform 24 Std. bei 500° u. einem Druck von 600 bar mit einer wss. Lsg. von 20 g KCl pro 1 behandelt. In diesem Fall wurde das gesamte Na durch K ersetzt; das Reaktionsprod. hatte die Zus. $K_{0,41}Ca_{0,59}$(Al, Si)$_4O_8$. Röntgenograph. wurden in diesem Fall neben den Interferenzen eines Plagioklases, der nahe Anorthit liegt, die Interferenzen eines *Orthoklases* nachgewiesen. Hierfür gibt es 2 Erklärungen: Die kleinen Kristalle haben sich in der Lsg. aufgelöst u. sind hierauf als Orthoklas u. Anorthit wieder auskristallisiert, oder aber in jedem Kristallkorn fand Ausscheidung von Ca- u. K-Ionen statt unter gleichzeitiger Wanderung von Al- u. Si-Ionen unter Bldg. von Al Si_3O_8 um K u. von $Al_2Si_2O_8$ um Ca. Weitere Verss. bestätigten die zweite Erklärung. In einem weiteren Vers. wurden kleine Kriställchen, die noch Einkristallaufnahmen ermöglichten, mit KCl-Lsg. unter Druck bei 500° behandelt. Auch unter diesen Bedingungen wurde Na vollkommen durch K ersetzt. Die Kristalle hatten ihre alte Kristallform beibehalten. Drehkristallaufnahmen um [100] ergaben eine Identitätsperiode von 8,20 kX, entsprechend dem a-Parameter des Anorthits, u. eine Periode von 8,61 kX, entsprechend dem a-Parameter des Adulars. Die gleichzeitige Beweglichkeit der Ca-, K-, Si- u. Al-Ionen wird hierdurch bestätigt. In einem letzten Vers. schließlich wurde der Feldspat mit der Zus. $K_{0,28}Na_{0,13}Ca_{0,59}(Al, Si)_4O_8$ 24 Std. unter einem Druck von 600 bar mit reinem W. erhitzt. In diesem Fall treten auf den Röntgenaufnahmen, außer den Interferenzen des Ausgangsmaterials, die eines Orthoklases auf. Demnach findet auch bei Einw. von reinem W. Wanderung von Si- u. Al-Ionen statt. (Bull. Soc. franç. Minéralog. Cristallogr. **81.** 223—26. Juli/Sept. 1958. Paris, Sorbonne, Labor. de Minéral.-Cristallogr.)

C. Gottfried. 190

Mario Nardelli und **Giovanna Fava**, *Die Struktur von Dithioharnstoffblei(II)-chlorid.* 1. Mitt. In Ergänzung der von Nardelli u. Mitarbeitern (vgl. C. **1958.** 1792) durchgeführten Unterss. berichten Vff. über die Strukturaufklärung von Dithioharnstoffblei(II)-chlorid, $Pb[SC(NH_2)_2]_2Cl_2$, mittels Patterson-Projektionen. Die rhomb. Elementarzelle hat die Abmessungen a = 21,20 ± 0,04 Å; b = 4,06 ± 0,01 Å; c = 12,02 ± 0,02 Å. Raumgruppe ist C_{2v}^9—Pna 2_1; Z = 4. Die mittels der Projektionen erhaltenen Parameter sind: Pb(x=) 0,104; (y=) 0,228; (z=) 0,250; $Cl_{(1)}$: 0,15; 0,728; 0,08: $Cl_{(2)}$: 0,10; —0,272; 0,45; $S_{(1)}$: 0,24; 0,228; 0,27: $S_{(2)}$: —0,01; 0,228; 0,25. Die Koordination um das Pb-Atom ist nicht eben, wie Cox u. Mitarbeiter (vgl. Nature [London] **139.** [1937.] 71) angenommen hatten, jedes Pb-Atom ist vielmehr wahrscheinlich oktaedr. von 2S- u. 4Cl-Atomen umgeben. Jedes Cl-Atom hat 2 nächste Pb-Nachbarn längs der b-Achse, in welcher Richtung die Koordinationspolyeder Ketten bilden. Der Abstand Pb–$S_{(1)}$ beträgt 2,9 Å, der Abstand Pb–$S_{(2)}$2,4 Å. (Gazz. chim. ital. **88.** 536—40. Juni/Juli 1958. Parma, Univ., Ist. di Chim. generale ed inorgan.) C. Gottfried. 195

P. Herpin, *Kristallstruktur komplexer Kaliumtrioxalate.* 1. Mitt. *Struktur von aktivem Kaliumtrioxalatoiridat und Kaliumtrioxolatorhodat.* Vf. bestimmte die Kristallstruktur der beiden opt. aktiven Verbb. $K_3[Ir(C_2O_4)_3] \cdot 2H_2O$ (**I**) u. $K_3[Rh(C_2O_4)_3] \cdot 2H_2O$ (**II**). **I** kristallisiert hexagonal mit den Zelldimensionen a = 10,98 ± 0,02 Å; c = 10,38 ± 0,02 Å. Raumgruppe ist D_3^4—$P3_121$; Z = 3. Die Struktur wurde mit Hilfe von Patterson- u. Fourier-Projektionen aufgeklärt. In dem Gitter liegen die Ir-Atome u. 3 der 9 K-Atome in dreizähligen Lagen mit einem Parameter, die restlichen Atome alle in der sechszähligen allg. Lage. Folgende Parameter wurden festgelegt: Ir(x=) 0,513; (y=) 0; (z=) 0,667; K_1: 0,908; 0; 0,667; K_2: 0,448; 0,568; 0,333; O_1: 0,362; 0,388; 0,152; O_2: 0,565; 0,362; 0,020; O_3: 0,275; 0,190; 0,230; O_4: 0,478; 0,168; 0,094; O_5: 0,592; 0,680; 0,095; O_6: 0,792; 0,882; 0,098; C_1: 0,365; 0,284; 0,165; C_2: 0,472; 0,272; 0,087; C_3: 0,710; 0,272; 0,087; O_{H_2O}: 0,220; 0,630; 0,092. In dem Gitter ist jedes Ir-Atom von 6 O-Atomen umgeben, die die Ecken eines leicht verzerrten Oktaeders besetzen mit den Ir–O-Abständen 1,96; 1,94 u. 2,00 Å. Die 3 Oxalatgruppen sind eben wie in der kristallisierten Oxalsäure. Die komplexen $Ir(C_2O_4)_3$-Ionen sind unter sich durch die K-Atome verbunden. Jedes K_1 ist an 8, jedes K_2 an 6 O-Atome gebunden. Anderseits ist jedes O-Atom entweder an 2 K-Atome oder an 1 Ir- u. 1 K-Atom gebunden. Von den H_2O-Moll. geht eine H-Bindung an ein O_2'-Atom u. an ein O_4'-Atom mit den Abständen 2,45 bzw. 2,58 Å. — **II** kristallisiert ebenfalls hexagonal mit der Zelle a = 11,26 ± 0,03 Å u. c = 20,06 ± 0,02 Å; Raumgruppe D_3^4—$P3_121$; Z = 6. Die Struktur wurde ebenfalls durch Patterson- u. Fourier-Projektionen aufgeklärt. Folgende Parameter wurden gefunden: Rh(x=) 0,517; (y=) 0; (z=)0,940; K_1: 0,907; 0; 0,667; K_1': 0,844; 0; 0,167; K_2: 0,330; 0,490; 0,427; K_2': 0,460; 0,520; —0,909; O_1: 0,370; 0,365; 0,332; O_2: 0,360; 0,535; 0,275; O_3: 0,155; 0,340; 0,371; O_4: 0,140; 0,430; 0,335; O_5: 0,595; 0,670; 0,325; O_6: 0,740; 0,840; 0,290; O_1': 0,350; 0,370; 0,205; O_2': 0,565; 0,360; 0,265; O_3': 0,290; 0,220; 0,125; O_4': 0,495; 0,200; 0,172; O_5': 0,670; 0,605; 0,210; O_6': 0,830; 0,765; 0,180; C_1: 0,261; 0,345; 0,342; C_2: 0,253; 0,451; 0,315; C_1': 0,360; 0,292; 174; C_2': 0,482; 0,282; 0,206; $(H_2O)_1$: 0,320; 0,560; 0,150; $(H_2O)_2$: 0,250; 0,585; —0,050. Die Strukturen von **I** u. **II** sind nicht gleich u. unterscheiden sich durch die Form des komplexen Ions, was dadurch zustandekommt, daß in **II** die zweizählige Achse nicht mehr als Symmetrieelement für die Oxalatgruppen in Frage kommt. Um festzustellen, ob dieser Strukturunterschied auch bei den racem. Verbb. vorhanden ist, wurden die beiden racem. Oxalate $K_3[Ir(C_2O_4)_3] \cdot 4{,}5H_2O$ u. $K_3[Rh(C_2O_4)_3] \cdot 4{,}5H_2O$ untersucht.

Beide Verbb. kristallisieren triklin u. erwiesen sich als isomorph. Die Elementarzelle der Ir-Verb. hat die Abmessungen a = 12,5 Å; b = 6,75 Å; c = 10,46 Å; α = 93°36′; β = 102°57′; γ = 84°53′ u. Z = 2. (Bull. Soc. franç. Minéralog. Cristallogr. **81.** 201—19. Juli/Sept. 1958. Paris, Sorbonne, Labor. de Minéral.-Cristallogr.) C. GOTTFRIED. 195

Francis Galasso, Lewis Katz und **Roland Ward,** *Substitution der oktaedrisch koordinierten Kationenplätze in Verbindungen vom Perowskit-Typ.* Vff. stellen verschied. Phasen mit der Struktur des Perowskit-Typs der allg. Formel $A(II)[B(II)_xB(III)_yB(V)_z]O_3$ dar, wo A(III) = *Ba, Sr*; B(II) = *Sr, Ca, Zn, Fe, Co, Ni*; B(III) = *Co, Fe* u. B(V) = *Ta, Nb* sind. Weiterhin wurde eine Reihe ähnlicher Phasen $A(II)[Fe(III)_{1-x}B(V)_x]O_{2,5+x}$ dargestellt, wo x zwischen 0 u. 0,5 liegt, u. andere O–Unterschuß-Phasen des Typs $A(II)[B(II)_{0,5}B(V)_{0,5}]O_{2,75}$, wo A(II) u. B(II) Erdalkali-Ionen sind. Nach Röntgenpulverdiagrammen scheinen die folgenden Phasen die kub. Perowskitstruktur mit einer Kantenlänge der Elementarzelle von ca. 4 Å zu besitzen: $Ba(Fe_{0,5}Ta_{0.5})O_3$, $Ba(Fe_{0,5}Nb_{0,5})O_3$, $Sr[Co(II)_{1/7}Co(III)_{2/7}Ta_{4/7}]O_3$, $Ba(Zn_{1/3}Nb_{2/3})O_3$, $Ba[Zn_{1/5}Fe(III)_{1/5}Nb_{3/5}]O_3$, $Sr(Zn_{1/3}Ta_{2/3})O_3$, $Ba(Co_{1/3}Nb_{2/3})O_3$. $Ba(Ba_{1/2}Nb_{1/2})O_{2,75}$ u. $Sr(Sr_{1/2}Nb_{1/2})O_{2,75}$ sind typ. geordnete O-Unterschußphasen, die eine Verdopplung der Kantenlänge der Einheitszelle von 4 Å erfordern, jedoch die Gestalt der kub. Zelle behalten. Für einige Verbb., wie $Sr(B_{1/3}Ta_{2/3})O_3$, scheinen die Pulverdiagramme eine Verdreifachung der 4 Å-Elementarzellenkantenlänge zu erfordern. Eine Reihe von anderen Perowskit ähnlichen Phasen wurde dargestellt, diese ergeben aber stärker komplexe Pulverdiagramme, sie können zu Vgl.-Zwecken auf eine kleine kub. Pseudozelle bezogen werden. (J. Amer. chem. Soc. **81.** 820—23. 20/2. 1959. Storrs, Conn., Univ. of Connecticut, Dep. of Chem.) L. SCHWIEGK. 195

Robert M. Douglass, *Die Kristallstruktur von Sanbornit, $BaSi_2O_5$.* Röntgenograph. Unterss. an Sanbornit ergaben zunächst, daß das Mineral nicht triklin kristallisiert, wie ROGERS (vgl. Amer. Mineralogist **17.** [1932.] 161) angenommen hatte, sondern rhombisch. Die Elementarzelle hat die Abmessungen a = **4,63** ± 0,01 Å; b = 7,69 ± 0,02 Å; c = 13,53 ± 0,02 Å; Raumgruppe O_{2h}^{16}–Pcmn; Z = **4.** Die Struktur wurde mit Hilfe von PATTERSON-Projektionen u. FOURIER-Synthesen aufgeklärt. In dem Gitter liegen 4Ba u. $4O_1$ in 4(c), je 8 Si, O_2 u. O_3 in 8(d). Folgende Parameter wurden gefunden: Ba(x=) 0,287; (y=) $^1/_4$; (z=) 0,045; Si: 0,363; 0,050; 0,317; O_1: 0,480; 1/4; 0,348; O_2: 0,146; 0,060; 0,220; O_3: 0,228; 0,970; 0,416. In dem Gitter liegen die O_1-Atome in den Spiegelebenen, die parallel (010) verlaufen. Jedes dieser O-Atome gehört zu 2 SiO_4-Tetraedern, die damit spiegelbildlich zueinander liegen. Jedes Tetraeder eines solchen spiegelbildlich gleichen Paares hat $2O_2$-Atome mit 2 anderen SiO_4-Tetraedern gemeinsam. Das O_3-Atom schließlich gehört stets nur einem Tetraeder an; dadurch wird auch der kürzeste Abstand Si—O (1,60 Å) bestimmt. Infolge der Symmetrieoperationen entstehen in dem Gitter kontinuierlich verknüpfte, verzerrte sechsgliedrige Ringe von Tetraedern, die wellenförmige Schichten mit unendlicher Ausdehnung parallel (001) bilden. Die 4 Ba-Ionen liegen in gleicher Anzahl angenähert halbwegs zwischen je 2 Paaren von Schichten. Jedes Ba-Ion ist von 7 O-Ionen umgeben, von denen die 4 nächsten O_3-Ionen sind. Es werden verwandte Strukturen kurz besprochen. (Amer. Mineralogist **43.** 517—36. Mai/Juni 1958. Berkeley, Calif., Univ., Dep. of Geol. Sci.) C. GOTTFRIED. 195

Duncan McConnell und **Joseph Murdoch,** *Die Kristallchemie von Scawtit.* Vff. diskutieren die Kristallchemie des Scawtits an Hand einer neuen chem. Analyse zusammen mit physikal. u. kristallograph. Messungen an einem Mineral von Crestmore. Die chem. Analyse ergab die Werte CaO 46,93(%); SiO_2 41,95; CO_2 5,6; H_2O 4,96; andere Elemente 0,39. Es läßt sich nicht entscheiden, ob das Verhältnis von Ca zu den Anionengruppen 7:8 oder 1:1 beträgt. Es besteht jedoch kein Zweifel, daß CO_2 in die Struktur als dreieckige Gruppen derart eintritt, daß die Menge variabel ist u. daß als Folge hiervon Si-Atome eliminiert werden. Außerdem enthält die Struktur sehr wahrscheinlich OH-Ionen in festen Gitterplätzen, ferner sind Gruppen von tetraedrischen OH-Ionen im Gitter vorhanden. (Amer. Mineralogist **43.** 498—502. Mai/Juni 1958. Los Angeles, Calif., Univ.; Columbus, O., State Univ.) C. GOTTFRIED. 195

R. S. Mitchell, N. Barakat und **E. M. El Shazly,** *Untersuchung eines einen neuen Polytyp 27H enthaltenden Siliciumcarbidkristalls.* Röntgenograph. Unters. eines SiC-Kristalls aus dem geolog. Museum in Kairo mit einer Wachstumsspirale mittels WEISSENBERG- u. Präzessionsaufnahmen ergaben den neuen Typ 27H, der von RAMSDELL u. KOHN (vgl. C. **1955.** 5492) bereits vorhergesagt worden war. Aus den beobachteten *10•l*-Intensitäten ergaben sich die folgenden Koordinaten: 27 Si in 000; 0,0,2Z; 0,0,6Z; 0,0,9Z; 0,0,12Z; 0,0,15Z; 0,0,18Z; 0,0,21Z; 0,0,25Z; 2/3, 1/3, 3Z; 2/3, 1/3, 5Z; 2/3, 1/3, 7Z; 2/3, 1/3, 11Z; 2/3, 1/3, 13Z; 2/3, 1/3, 17Z; 2/3, 1/3, 19Z; 2/3, 1/3, 23Z; 2/3, 1/3, 26Z; 1/3, 2/3, Z; 1/3, 2/3, 4Z; 1/3, 2/3, 8Z; 1/3, 2/3, 10Z; 1/3, 2/3, 14Z; 1/3, 2/3,

16Z; 1/3, 2/3, 20Z; 1/3, 2/3, 22Z u. 1/3, 2/3, 24Z mit Z = 1/27; 27C in 00p + jede der obigen Koordinaten mit p = 3/4 · 1/27. Die Raumgruppe für diese Anordnung ist P3m1, die Elementarzelle hat die Abmessungen a = 3,079 Å; c = $67{,}99_6$ Å. Die Zick-Zackfolge ist (2323233333) u. zeigt, daß sie strukturelle Einheiten von 15R mit einer Zick-Zackfolge von (232323) u. von 6H mit der Zick-Zackfolge (33) enthält. Weiter wurde beobachtet, daß auf einigen Filmen außer den gut aufgelösten Interferenzen für 20H schlecht aufgelöste Reflexionen überlagert sind, u. zwar liegen 13 Reflexionen zwischen jeder 27H-Interferenz. Diese Riesenpolytyp ist angenähert als 351H oder rhomboedr. als ca. 1053R anzusehen. Um einen solchen Typ zu erzeugen, ist eine Schraubenversetzung von etwa 883,9 Å notwendig. Interferometr. wurde für die Stufenhöhe der Wachstumsspirale ein Wert von 890 ± 3 Å gefunden. Auf Grund dieser Messung kann man annehmen, daß die Wachstumsspirale von einer Schraubenversetzung mit einem BURGERS-Vektor von etwa 890 ± 13 Å herrührt. (Z. Kristallogr., Kristallgeometrie, Kristallphysik, Kristallchem. **111.** 63—70. Dez. 1958. Charlottesville, Va., Univ., Dep. of Geol.; Cairo, Ain Shams Univ., Dep. of Phys. and Geol. Survey.) C. GOTTFRIED. 195

P. Charsley und **N. Thompson,** *Die Orientierungsabhängigkeit von periodisch kaltverfestigten Aluminiumkristallen.* (Vgl. C. **1959.** 7046.) Al-Kristalle werden zahlreichen Dehnungswechseln unterworfen, die Breitenabnahme der Hysteresisschleife wird als Maß der Kaltverfestigung genommen. Für die Perioden zwischen 10 und 1000 wurde eine empir. Beziehung gefunden: $W = A \cdot n^{-q}$, wobei W die Schleifenweite, n die Anzahl der Perioden u. q eine Konstante sind. Q ist vergleichbar abhängig von der Orientierung u., wenn diese verschieden ist, von der Dehnungsamplitude. Die Vers.-Bedingungen wurden auf Messungen zwischen 10 u. 400 Perioden eingeengt u. q als Maß für die period. Kaltverfestigung betrachtet. Ein großer positiver Wert von q zeigt eine rasche Abnahme der Schleifenbreite mit der Anzahl der Dehnungen an. Die mkr. Prüfung der Probenoberfläche zeigte sowohl gleitfreie Ebenen als auch durchgehende Gleitung an. Soweit die differenzierten Vers.-Bedingungen einen Vgl. erlauben, stimmen die Resultate an Al mit PATERSONS Ergebnissen an Cu (C. **1957.** 620) überein. Die Art der Verfestigung ist abhängig von der Orientierung des Kristalls. Es wird angenommen, daß die Kaltverfestigung ein Resultat der Bldg. von festen LOMER-COTTRELL-Versetzungen in Rk. mit Versetzungen auf sek. Gleitebenen ist. Die festen Versetzungen red. die Schleifenbreite. Die Rk.-Weise wird diskutiert. (Philos. Mag. [8] **34.** 1098—1104. Okt. 1958. Bristol, Univ., H. H. Wills Phys. Labor.) J. UHLMANN. 197

N. Mandin, *Bestimmung der Orientierung von Einkristallen von α-Uran und der β-Uran–Chrom-Legierung und ihre Anwendungen.* An Hand von Laue-Rückstrahlaufnahmen u. mit Hilfe stereographischer Projektionen berechnete Vf. für α-U die verschiedenen Winkelbeziehungen des rhomb. U. Um auch für *β-U* (tetragonal), das nur zwischen 668 u. 774° stabil ist, die gleichen Berechnungen durchführen zu können, wurden die Aufnahmen an der *β*-Form der U–Cr-Legierung mit 1,4 Atom-% Cr durchgeführt, die man durch Abschrecken stabil bei Zimmertemp. erhält. Mit Hilfe der erhaltenen Daten wurde die plast. Verformung von α-U kristallograph. untersucht. (Bull. Soc. franç. Minéralog. Cristallogr. **81.** 176—82. Juli/Sept. 1958. Paris, École des Mines, Centre de Rech. Métallurgiques.) C. GOTTFRIED. 197

A. A. Pressnjakow, *Über den Einfluß der plastischen Verformung auf die Diffusionsgeschwindigkeit.* Durch Walzen um 2,5, 5, 10, 25, 50 u. 70% verformte Ni-Proben werden 15, 30 u. 60 Min. mit S auf 700° erhitzt. Die Eindringtiefe des S nimmt bei geringer Verformung u. 15 Min. Erhitzen etwas zu, bei allen übrigen Verss. mit steigendem Verformungsgrad ab, bei 50% Verformung (15 Min. Erhitzen) erreicht sie den Nullwert. Die Diffusion des S in Ni wird also durch vorausgehende Kaltverformung unterdrückt. Es wird angenommen, daß die Gitterverzerrungen erheblichen Einfl. auf die Diffusionsgeschwindigkeit haben. (Журнал Технической Физики [J. techn. Physik] **27.** 575—76. März 1957. Alma-Ata, Akad. der Wiss. der KasachSSR, Physik.-techn. Inst.)

R. K. MÜLLER. 197

W. I. Pssarjow, *Berechnung der Aktivierungsenergie beim Koagulationsprozeß der Carbide in Stählen.* Die Aktivierungsenergie der Koagulation der Carbide in Stählen kann aus deren linearen Wachstumsgeschwindigkeiten v_1 u. v_2 bei den Tempp. T_1 u. T_2 u. der Gaskonstante R berechnet werden: $Q = [R \ln(v_1/v_2)]/[(1/T_1) - (1/T_2)]$. Diese Gleichung gilt oberhalb A_1 bei gleichbleibender Teilchengröße u. bei Vgl. von 5—6 Tempp. unter Anwendung der Meth. der kleinsten Quadrate. Die so berechneten Werte von Q liegen für verschied. Stähle in der Größenordnung von 30000—40000 cal/g-Atom, also in derselben Größenordnung wie die Diffusionswärme des C in Austenit. (Доповіді Академії Наук Української РСР [Ber. Akad. Wiss. UkrainSSR] **1958.** 386—89. Dnepropetrowsk, Univ.) R. K. MÜLLER. 197

F. K. Aleinikow, *Einfluß der Mikrohärte eines Schleifpulvers auf den Wert der Volumen-Schleifkoeffizienten, bestimmt nach der Methode des gegenseitigen Schleifens.* Der Volumenschleifkoeff. N spröder Stoffe wird aus dem Verhältnis der Mikrohärte H_x des untersuchten Materials zur Mikrohärte H_{st} eines Standardstoffes, hier Quarzglas, berechnet: $N = (H_{st}/H_x)^2$. N zeigt sich konstant u. unabhängig von der Korngröße der Schleifpulver (Quarzsand, SiC), wenn deren H etwa 2—3mal größer als H_x ist. Die berechneten u. experimentellen Werte von N sind bei *Marmor* berechnet 79,21 (experimentell 8,0), *Glas S* (80 PbO + 20 SiO_2) 7,60 (7,36), opt. Gläser TF-4 4,0 (5,00), F-2 3,16 (3,20), BK-6 2,56 (2,62), K-8 2,01 (2,10), *Bergkristall* 0,57 (0,622), *Rubin* 0,144 (0,199). Konstante Werte von N werden nur erhalten, wenn dem Vers. eine längere Behandlung der Oberfläche mit dem gleichen Schleifmittel vorausgeht. Die starke Abweichung der Werte bei Marmor wird darauf zurückgeführt, daß Marmor polykrist. ist.(Журнал Технической Физики [J. techn. Physik] **27.** 567—74. März 1957. Leningrad, Inst. für Silicatchemie.) R. K. MÜLLER. 200

Max v. Laue, Röntgenwellenfelder in Kristallen. Berlin: Akademie-Verl. 1959. (25 S. m. 22 Abb.) 8° = Sitzungsberichte d. Deutschen Akademie der Wissenschaften zu Berlin. Klasse für Mathematik, Physik u. Technik. Jg. 1959. Nr. 1. DM 3.20.

D. D. Saratovkin, Dendritic crystallization. 2nd ed. revised and enlarged. New York: Consultants Bureau; London: Chapman & Hall. 1959. (126 S. m. Abb., Taf., Tab. u. Diagr.) 50s.

A₇. Gleichgewichte. Kinetik.

C. F. Richard, R. L. Gustafson und **A. E. Martell,** *Stabilität der Metallchelate von 8-Hydroxychinolin-5-sulfonat.* Durch potentiometr. u. spektrophotometr. Messungen untersuchen Vff. die Wechselwrkgg. von *8-Hydroxychinolin-5-sulfonat* (I) mit *Mn(II)*-, *Co(II)*-, *Ni(II)*-, *Cu(II)*-, *Zn(II)*-, *Mg(II)*-, *Fe(III)*-, $UO_2(IV)$- u. *Th(IV)*-Ionen. Für die Chelatkomplexe, die 1:1-, 2:1- u. in einigen Fällen 3:1- u. 4:1-Verhältnisse von I zu Metallion aufweisen, wurden die Bldg.-Konstanten bei 25° u. einer Ionenstärke $\mu = 0,10$ berechnet u. tabellar. mitgeteilt. Aus einem Vgl. dieser Werte mit den Stabilitätskonstanten der entsprechenden *8-Hydroxychinolin*(II)-Komplexe ergaben sich Unterschiede, die Vff. auf die im Vgl. zu II geringere Basizität von I zurückführen. Bei Unterss. der Wechselwirkgg. zwischen den Metallionen u. I in Fällen, bei denen die maximale Koordinationszahl der Metallionen nicht erreicht wird (2 unbesetzte Koordinationsstellen), stellten Vff. fest, daß entweder Disproportionierungsrkk. auftreten oder eine Bldg. von Hydroxokomplexen stattfindet, wobei sich letztere im Gleichgewicht mit mehrkernigen Komplexverbb. befinden. Die Hydrolysen- bzw. Verolungstendenz nimmt in der Reihenfolge Fe(III) > Th(IV) > UO_2(IV) ab. Vff. bemerken, daß die beobachteten Hydrolyserkk. der I-Chelatkomplexe kein Gegenstück in den Rkk. der II-Chelatkomplexe haben, da letztere in W. unlösl. sind u. deshalb keine Hydrolyserkk. eingehen können. (J. Amer. chem. Soc. **81.** 1033—40. 5/3. 1959. Worcester, Mass., Clark Univ., Dep. of Chem.) D. ERTEL. 223

W. N. Tolmatschew und **G. G. Lomakina,** *Spektrophotometrische Untersuchung der Umsetzung von Natrium-1.8-dihydroxy-2-[2'-hydroxybenzolazo]-naphthalin-3.6-disulfonat mit Magnesiumionen.* (Vgl. C. **1958.** 13461.) Dissoziation von Na-1.8-Dihydroxy-2-[2'-hydroxybenzolazo]-naphthalin-3.6-disulfonat (Dunkelchromsäureblau, I) kann an allen 3 OH-Gruppen eintreten. Bei der Umsetzung von $5 \cdot 10^{-5}$ mol. Lsg. von I mit 2, $5 \cdot 10^{-5}$ mol. Lsg. von Mg-Salz bildet sich aus Mg^{2+} u. einem der Anionen (R) bei $p_H > 10$ ein Komplex MgR_2, der 2 Absorptionsmaxima bei 550 u. (schwächer) 510 mμ zeigt. Seine Instabilitätskonstante wird zu $3,1 \cdot 10^{-9}$ bestimmt. Es wird angenommen, daß Mg mit den der Azogruppe am nächsten liegenden OH-Gruppen (bei Dissoziation der beiden anderen OH-Gruppen) u. lockerer mit den den Naphthalinresten am nächsten liegenden N-Atomen der Azogruppen verbunden ist. Für das Vorliegen eines Komplexes MgR liegt kein direkter Beweis vor. (Журнал Физической Химии [J. physik. Chem.] **31.** 1600—05. Juli 1957. Charkow, Gorki-Univ. u. Inst. für Sowjethandel.) R. K. MÜLLER. 223

W. I. Kumow, S. A. Bitowt und **A. Ss. Pessiss,** *Komplexverbindungen einiger zweiwertiger Metalle mit β-Hydroxy-α-naphthaldehyd. β-Hydroxy-α-naphthaldehyd* (I) bildet in alkoh.-alkal. Lsg. sowohl in der Hitze als auch in der Kälte innerkomplexe Salze der Zus. $(C_{11}H_7O_2)_2Me$ bzw. $(C_{11}H_7O_2)_2Me \cdot xH_2O$ (Me = *Cu, Mg, Be, Ca, Sr, Ba, Zn, Mn, Ni, Co, Pd* u.a.). Vff. stellen eine Reihe dieser Verbb. in reiner Form dar u. bestätigen durch Elementaranalyse die angenommene Zusammensetzung. Die meisten Salze fallen als Hydrate an, die sich bei erhöhter Temp. ohne Zers. entwässern lassen. Bei der Zers. der Salze mittels Mineralsäuren wird der ursprüngliche Aldehyd zurückerhalten. Die

Verbb. sind schwer- bzw. unlöslich in W., etwas besser löslich in A. u. besitzen charakterist. Kristallformen, die sie für die qualitative Mikroanalyse brauchbar erscheinen lassen.

Versuche: Allg. Darstellungsweise: Zur alkoh. Lsg. von $MeCl_2$ ($\cdot xH_2O$) wird eine 2%ig. alkoh. Lsg. von I gegeben u. dann mit 2 n NaOH bzw. NH_4OH versetzt; der Nd. wird mit 50%ig. A. gewaschen u. über H_2SO_4 getrocknet. *Cu-Salz* $C_{22}H_{14}O_4Cu \cdot H_2O$, Zers. 248°, grüne Nadeln. — $C_{22}H_{14}O_4Cu$ aus vorst. Verb. durch Trocknung bei 104°. — *Mg-Salz* $C_{22}H_{14}O_4Mg \cdot 2\ H_2O$, Zers. 220°, hellgelb. — $C_{22}H_{14}O_4Mg$, aus vorst. Verb. durch Trocknung bei 130—35°. — *Calciumsalz* $C_{22}H_{14}O_4\ Ca \cdot 2\ H_2O$, Zers. 270°, hellgelb. — $C_{22}H_{14}O_4Ca$, aus vorst. Verb. durch Trocknung bei 104°. — *Sr-Salz* $C_{22}H_{14}O_4Sr \cdot 2\ H_2O$, Zers. 270°, gelbgrün. — $C_{22}H_{14}O_4Sr$, aus vorst. Verb. durch Trocknung bei 160°. — *Ba-Salz* $C_{22}H_{14}O_4Ba \cdot H_2O$, Zers. 270°, graugrün. — $C_{22}H_{14}O_4Ba$ aus vorst. Verb. durch Trocknung bei 104°. — *Zn-Salz* $C_{22}H_{14}O_4Zn$, F. 248° (teilweise Zers.), hellgrün. — *Be-Salz* $C_{22}H_{14}O_4Be \cdot 3\ H_2O$, Zers. 262°, blaßgrün. — $C_{22}H_{14}O_4Be$, aus vorst. Verb. durch Trocknung bei 104°. — *Mn-Salz* $C_{22}H_{14}O_4Mn \cdot 4\ H_2O$, Zers. 250°, orange. — $C_{22}H_{14}O_4Mn$ aus vorst. Verb. durch Trocknung bei 110°. — *Ni-Salz* $C_{22}H_{14}O_4Ni \cdot 2\ H_2O$, Zers. 215°, hellgrün. — *Co-Salz* $C_{22}H_{14}O_4Co \cdot 2\ H_2O$, Zers. > 200°, dunkelgelb. — $C_{22}H_{14}O_4Co$, aus vorst. Verb. durch Trocknung bei 104°. — *Pd-Salz* $C_{22}H_{14}O_4Pd$, Zers. 180°, durch Umsetzung von $Pd(NO_3)_2$ u. alkoh. I-Lsg. ohne Alkali oder NH_3, Trocknun g bei 104°, gelb. (Журнал Неорганической Химии [J. anorg. Chem.] **3.** 1181—84. Mai 1958.) H.-J. OSTMANN. 223

John A. Dean und **H. Alden Bryan,** *Eine polarographische Untersuchung der Komplexe von Pontachromviolett SW.* Der 2.2'-Dihydroxyazofarbstoff *Pontachromviolett W* (**I**) ist zur Komplexbldg. mit Kationen befähigt, wie aus dem Auftreten einer der po-*S*arograph. Reduktionsstufe des Farbstoffes nachfolgenden, also bei negativeren Potentiallen der Red. des Komplexes entsprechenden weiteren Stufe hervorgeht. Während frühere Unterss. die Bldg. des Al-I-Komplexes nachwiesen, wird nunmehr die Existenz weiterer Komplexe in alkal. Lsgg. mit Fe^{2+} (maximale Zahl der I-Liganden im Komplex: 1), Co^{2+} (3), Ni^{2+} (je nach Puffer 2—3), Zn^{2+} (2), Cd^{2+} (1), Mn^{2+} (3) u. Mg^{2+} (3) im p_H-Bereich 7,85—11,65 festgestellt. Die beobachteten Stufenhöhen waren der Kationenkonz. proportional, daher ist eine analyt. Best. der Metalle in I-haltiger Grundlsg. möglich. (Analytica chim. Acta [Amsterdam] **16.** 87—93. Jan. 1957. Knoxville, Tenn., Univ., Dep. of Chem.) E. MOISAR. 223

John A. Dean und **H. Alden Bryan,** *Die Beschaffenheit der Komplexe der 2.2'-Dihydroxyazoverbindungen.* (Vgl. vorst. Ref.) Die Komplexbldg. zwischen *Pontachromviolett SW* u. verschied. Kationen wird näher untersucht. Als Grund für die sich aus der Differenz der Halbstufenpotentiale ergebende unterschiedliche Red. von ungebundenem Farbstoff u. Komplex dürften Stabilisierung der cis-Konfiguration bei Komplexbldg., Stabilisierung eines komplexen Farbstoffanions u. eine Beteiligung der Azogruppe bei der Bindung an das Zentralatom ausscheiden. Vermutlich ist als Ursache der erschwerten Red. des Komplexes eine Behinderung der Flexibilität des Mol. anzusehen. Die Red. des Komplexes führt wie die des freien Farbstoffes mit n = 2 zur entsprechenden Hydrazoverbindung. (Analytica chim. Acta [Amsterdam] **16.** 94—100. Jan. 1957.) E. MOISAR. 223

I. M. Korenman, W. G. Ganina und **N. P. Lebedewa,** *Die Löslichkeit von Thalliumchromat.* Vff. best. die Löslichkeit von Tl_2CrO_4 in W., KNO_3-, K_2SO_4-, NH_4NO_3-, $(NH_4)_2SO_4$- u. Trilon B-Lsgg. bei 20°. Der Geh. der Lsg. an Tl_2CrO_4 wird durch jodometr. Titration des Chromats bestimmt. Die Ergebnisse werden tabellar. wiedergegeben. Das Löslichkeitsprod. des Tl_2CrO_4 ergibt sich zu $2{,}0 \cdot 10^{-12}$; die Löslichkeit beträgt bei 20° (0,042 ± 0,001) g/Liter u. ist damit geringer als die des häufig zur Tl-Best. herangezogenen TlJ. Durch Zusatz von Fremdelektrolyten wird die Löslichkeit des Tl_2CrO_4 merklich erhöht, wobei K_2SO_4 u. $(NH_4)_2SO_4$ größeren Einfl. besitzen als KNO_3 u. NH_4NO_3. Zusatz von Trilon B erhöht sowohl in ungepufferten als auch in auf p_H 9,6 gepufferten Lsgg. die Löslichkeit des Tl_2CrO_4 viel stärker als die übrigen Salzzusätze; z.B. enthält eine gesätt. Tl_2CrO_4-Lsg. in 0,1 n Trilon B (ungepuffert) 0,214 g/Liter (in 0,1 n K_2SO_4 0,06 g/Liter). Wahrscheinlich tritt hier eine Komplexbldg. des Tl^+ mit dem Trilon B ein. (Журнал Неорганической Химии [J. anorg. Chem.] **3.** 1265—67. Mai 1958. Gorki, Lobatschewski-Univ.) H.-J. OSTMANN. 224

I. M. Korenman, F. R. Schejanowa, T. N. Wischnewskaja und **B. I. Bratanow,** *Löslichkeit von Thallium- und Cäsiumnitrocobaltaten.* (Vgl. vorst. Ref.) Die Löslichkeiten von *Thalliumhexanitrocobaltat(III)* $Tl_3[Co(NO_2)_6]$ (**I**) in W. bei 10—30° u. in NaCl-, $NaNO_3$-, Na_2SO_4- sowie $TlNO_3$-Lsg. bei 20° u. von *Caesiumhexanitrocobaltat*(III) $Cs[Co(NO_2)_6]$ (**II**) in W., $NaNO_3$-, Na_2SO_4- sowie $Mg(NO_3)_2$-Lsgg. bei 20° werden unter Anwendung von ^{60}Co untersucht. Die Ergebnisse werden in Tabellenform mitgeteilt, das Löslichkeitsprod. von **I** beträgt bei 20° 1,4 · 10^{-15}, das von **II** bei der gleichen Temp. 3,5 · 10^{-16}. (Журнал Неорганической Химии [J. anorg. Chem.] **3.** 1188—91. Mai 1958.) H.-J. OSTMANN. 224

P. N. Kowalenko, *Polarographische Bestimmung des Fällungsbeginns von Zinn(II)-oxydhydrat aus salzsaurer Lösung und Berechnung seines Löslichkeitsproduktes.* Vf. untersucht auf polarograph. Wege das Syst. *$SnCl_2$–HCl* in wss. Lsg. u. best. die HCl-Konz., bei der die Fällung von $Sn(OH)_2$ beginnt, in Abhängigkeit von der Sn^{2+}-Konz. bei 22°. Es werden eine Hg-Tropfkathode u. eine gesätt. Kalomelelektrode als Anode verwendet. Die beginnende Fällung bei systemat. herabgesetzter HCl-Konz. gibt sich durch eine starke Abnahme des vom Sn^{2+} herrührenden Diffusionsstromes zu erkennen. Es wird gezeigt, daß der Fällungsbeginn des $Sn(OH)_2$ von der Ausgangskonz. des Sn^{2+} abhängt u. daß mit steigender Sn-Konz. der Fällungsbeginn nach höheren HCl-Konzz. verschoben wird. Das Löslichkeitsprod. des $Sn(OH)_2$ hängt (bei konstanter HCl-Konz., z. B, 0,6 n) linear von der Ausgangskonz. des $SnCl_2$ ab. Durch Extrapolation der unter dem Einfl. der Erhöhung des p_H-Wertes sich für verschied. Sn-Konzz. ergebenden geringen Sn-Gleichgewichtskonzz. auf $c = 0$ wird das Löslichkeitsprod. bei 22° zu 0,8 · 10^{-28} bestimmt. (Журнал Неорганической Химии [J. anorg. Chem.] **3.** 1065—70. Mai 1958. Rostow, Univ.) H.-J. OSTMANN. 224

F. Vester und **M. Unger,** *Exakte Gegenstromverteilung mit einfachsten Mitteln.* Die App. besteht aus 20 Reagenzgläsern, die unten zu Capillaren ausgezogen u. rechtwinklig abgebogen sind, sowie einem geeignetem Gestell. Die Durchmischung der beiden Phasen erfolgt durch kurzfristiges Gaseinleiten von der Capillare her. Der dadurch auftretende Verlust an flüchtiger Phase ist meist vernachlässigbar, kann aber durch Vorschalten einer Waschflasche verhindert werden. Zur Phasentrennung wird die untere Phase durch die Capillare abgelassen, wobei die Ausflußgeschwindigkeit mit dem Daumen reguliert werden kann. Hierdurch werden eine hohe Trenngenauigkeit erreicht, ein Verschmieren der Verteilung verhindert u. nahezu theoret. Verteilungskurven erhalten. Für eine komplette Verteilung von *Benzamid* u. *Nicotinamid* zwischen Essigester u. W. wurden insgesamt $2^1/_2$—3 Std. gebraucht. (Chemie-Ing.-Techn. **31.** 351—52. Mai 1959. Saarbrücken, Univ. des Saarlandes, Inst. für organ. Chem.) M. LASER. 224

Rudolf Zahradník, *Kinetische Gleichungen homogener Reaktionen.* Sammelreferat. Vf. befaßt sich mit Rk.-Schemen kinet. Prozesse, welche in isochoren u. isothermen Systemen homogen, größtenteils in Lsgg., vor sich gehen. Die Arbeit liefert eine Übersicht über die Klassifizierungen u. Einreihung der Rk.-Schemen für Rkk. erster, zweiter u. dritter Ordnung. Insgesamt werden 29 Schemen von Rkk. erster Ordnung, 31 derjenigen zweiter u. 4 Reaktionsschemen dritter Ordnung behandelt. Die Klassifizierung der Rkk. wird neben der Ordnung gemäß der Anzahl der Komponenten sowie der Vollständigkeit der Rk. ausgeführt. Bei den meisten Rkk. wird die Abhängigkeit der Konzz. der Komponenten von der Zeit sowie die Berechnungsweise der Geschwindigkeitskonstanten diskutiert. — 227 Literaturhinweise. (Chem. Listy **53.** 56—103. Jan. 1959. Praha, Ústav hygieny práce a chorob z povolání.) O. KNESSL/Prag. 225

S. Bretsznajder, *Einige Probleme der Untersuchung von Prozessen, die unter Beteiligung chemischer Reaktionen vor sich gehen, an Modellen.* Die Ähnlichkeitstheorie kann bei der Lsg. reaktionskinet. Probleme angewendet werden. Lokale Wärme- bzw. Stoffübergangszahlen können an modellartigen Reaktoren auch komplizierter Form auf einfache Weise experimentell ermittelt werden, u. aus deren Werten kann auf die Strömungsverhältnisse geschlossen werden. Im Zusammenhang mit dem Problem der Übertragbarkeit von Laborergebnissen in den Betriebsmaßstab wird an einem Beispiel gezeigt, wie diesbezügliche theoret. Überlegungen experimentell bestätigt werden. Die Versuchsangaben über die therm. Zers. von Carbonaten stehen in guter Übereinstimmung mit einer Beziehung zwischen dimensionslosen Größen. (Collect. czechoslov. chem. Commun. **23.** 1744—50. Sept. 1958. Warszawa, Poln. Akad. der Wiss. [Orig.: deutsch.]) O. KNESSL/Prag. 225

Ferenc Nagy und **Dezsö Móger,** *Kinetische Untersuchung von Reaktionen in Flüssigkeitsphase mit gasförmiger Komponente.* 1. Mitt. Zusammenfassung der Theorie im Zusammenhang mit Kinetik u. Mechanismus von Rkk., die mit gasförmiger Komponente in Fl.-Phase vor sich gehen, mit deren Hilfe die Abhängigkeit der Gasaufnahmegeschwindigkeit von Parametern, die bei homogenen Rkk. keine Rolle spielen gedeutet werden kann. Auf Grund der Theorie vermag man den Wert der Gasaufnahmegeschwindigkeit aus der Geschwindigkeitskonstanten von derartigen Rkk. berechnen, die zwar in Fl.-Phase verlaufen, deren eine Rk.-Komponente jedoch auch gleichzeitig in der Gasphase vorhanden ist. Diese Theorie wurde in Fällen von durch Ag^+-Ionen katalysierten Reduktionen wss. *Dichromat*-Lsgg. mit gasförmigem H_2 experimentell nachgeprüft u. bestätigt. (Magyar Kémiai Folyóirat [Ung. Z. Chem.] **64.** 484—89. Dez. 1958. Budapest, M. Tud. Akad. Központi Kémiai Kutató Intézete.) G. HALMI. 225

Ralph Klein und **Milton D. Scheer,** *Reaktion von Wasserstoffatomen mit festem Sauerstoff bei 20° K.* (Vgl. C. **1959.** 3765.) Vff. ließen Sauerstoff an den Wänden eines in fl. Wasserstoff befindlichen Gefäßes kondensieren. Durch Zufuhr durch ein Pd-Röhrchen wurde ein H_2-Druck von ca. 40 μ erzeugt u. dann mittels Druckmessung die Rk. der an einem glühenden W-Band gebildeten H-Atome mit dem Sauerstoffilm untersucht. Es wurde innerhalb 30 Sek. eine Druckabnahme auf ca. 1 μ beobachtet. In einem typ. Vers. reagierten 25 μMol gasförmigen Wasserstoffs mit 100 μMol kondensierten Sauerstoffs. Als wahrscheinliche prim. Rk. wird $H + O_2 \rightarrow HO_2$ mit einer Aktivierungsenergie von weniger als 1 kcal/Mol angenommen. Die Menge des aufgenommenen H läßt eine Diffusion der H-Atome in den Festkörper vermuten. (J. chem. Physics **31.** 278—79. Juli 1959. Washington, D. C., Nat. Bur. of Stand.) H. LIEPACK. 225

Otto Schmitz-DuMont und **Götz Woitas,** *Zur Kinetik der Reduktion von höheren zu niedrigen Metalloxyden.* 1. Mitt. *Die Reduktion von Vanadin(IV)-oxyd zu Vanadin(III)-oxyd mit Wasserstoff.* Die Red. von VO_2 zu V_2O_3 mit trockenem u. feuchtem H_2 zwischen 650 u. 790° wird reaktionskinet. untersucht u. der Einfl. von Fremdoxydzusätzen festgestellt. Die Rk. zeigt eine Induktionsperiode mit Geschwindigkeitsmaximum, woraus auf Keim-Bldg. u. -wachstum als geschwindigkeitsbestimmende Vorgänge geschlossen wird, die im einzelnen diskutiert werden. Zumischungen von W.-Dampf zum H_2 wirken in gewissen Temp.-Bereichen (700—750°) geschwindigkeitserhöhend. Zusatz von WO_3 u. TiO_2 erzeugen eine Inkubationsperiode, die durch Zumischung von W.-Dampf zum H_2 unterdrückt wird. Von der Inkubationsperiode abgesehen verläuft die Rk. mit WO_3- bzw. TiO_2-Zusatz schneller als ohne diese Fremdoxyde. Bei Cr_2O_3-Zusatz tritt keine Inkubationsperiode in Erscheinung. Die Rk. wird durch Cr_2O_3 bis zu einem Umsatz von ca. 80% beschleunigt, dann aber gehemmt. Die beschleunigende Wrkg. von Fremdoxydzusätzen wird auf eine Erhöhung der Keimbildungswahrscheinlichkeit zurückgeführt. Durch Schliff-Unterss. von partiell red. VO_2-Proben konnte nur eine zwischen VO_2 u. V_2O_3 liegende Phase, röntgenograph. konnten dagegen drei Zwischenphasen gefunden werden. (Z. Elektrochem., Ber. Bunsenges. physik. Chem. **63.** 122—29. Febr. 1959. Bonn, Univ., Chem. Inst., Anorgan. Abt.) L. SCHWIEGK. 225

J. Bednář, *Reaktionen von Radikalen in Gegenwart von Thallium(I)-Ionen.* 1. Mitt. *Reaktion von Eisen(II)-Ionen in Gegenwart von Wasserstoffperoxyd.* (Vgl. C. **1959.** 2384.) Die Oxydation von Fe^{2+} aus $FeSO_4$ mit H_2O_2 in Ggw. von Tl^+-Ionen wurde unter Anwendung der Technik von KOLTHOFF u. MEDALIA (J. Amer. chem. Soc. **71.** [1949.] 3777) untersucht. Alle Verss. wurden unter Luftzutritt in saurem Medium (0,8 n H_2SO_4) in speziellen Reaktionsgefäßen durchgeführt, welche getrenntes Pipettieren der einzelnen Komponenten ermöglichten. Zur analyt. Auswertung wurden colometr. oder Titrationsmethoden verwendet. In einer Reihe von Vorverss. überprüfte Vf. die Möglichkeiten verschied. Nebenrkk. zwischen den einzelnen Reaktionskomponenten. Es wurde festgestellt, daß unter den gegebenen Bedingungen keine Rk. zwischen Tl^+ u. H_2O_2 verläuft. Im Syst. Fe^{3+}–Tl^+–H_2O_2 tritt bei beliebigem Verhältnis aller drei Komponenten kein Peroxydzerfall ein. Ebenso wird die Oxydation von Fe^{2+} mit H_2O_2 in 0,8 n H_2SO_4 u. in Abwesenheit von Tl^+ nicht einmal durch hundertfachen Überschuß an Fe^{3+} beeinflußt. Die Gesamtmenge des gebildeten Fe^{3+} in Gemischen von Fe^{2+} im Überschuß, H_2O_2 u. Tl^+ hängt von der absol. Menge des anwesenden Tl^+ nicht ab. In anderen Verss. wurde der Einfl. von Tl^{3+}-Ionen, welche während der Oxydation gebildet werden, auf die im Syst. verlaufenden Rkk. verfolgt. Fe^{2+} wird durch Tl^{3+} nur verhältnismäßig langsam oxydiert, u. zwar auch bei so hohen Tl^{3+}-Konzz., wie sie im Laufe der Rk. überhaupt nicht entstehen können. Weiterhin wurde die gegenseitige Wrkg. zwischen H_2O_2 u. Tl^{3+} untersucht u. auch bei hohen Konzz. von Tl^{3+} kein H_2O_2-Zerfall beobachtet. Aus allen Verss. folgt, daß im Syst. Fe^{3+}–Tl^+–H_2O_2 die Hauptrk. zwischen Fe^{2+} u. H_2O_2 verläuft, wobei die Geschwindigkeiten der möglichen Nebenrkk. vernachlässigt werden können. Aus der Unters. der Hauptrk. stellte Vf. fest, daß in Gemischen, die außer H_2O_2 u. einem Überschuß an Fe^{2+} u. Tl^+ im Augenblick des Vermischens auch eine gewisse Menge an Fe^{3+} enthalten, die Ausbeute im Vgl. mit anderen Lsgg., welche keine Fe^{3+} enthalten, herabgesetzt wird. Diese Tatsache kann dadurch erklärt werden, daß sich durch den Einfl. des anwesenden Tl^+ eine gewisse Peroxydfraktion an der Oxydation nicht beteiligt. Diese Fraktion kann als $A = (2a—b)/2a$ charakterisiert werden, wo a die Peroxydmenge u. b die sich bildende Menge von Fe^{3+} (bei der gegebenen Konz. von Tl^+) bedeuten. Der Wert von b hängt von der Konz. der vorübergehend gebildeten Tl^{2+}-Ionen ab. Diese reagieren mit H_2O_2 wie folgt: $Tl^{2+} + H_2O_2 \rightarrow Tl^+ + H^+ + HO_2$. Die Anwesenheit von Fe^{3+} im Augenblick des Vermischens führt also zur Konkurrenz

zwischen Fe^{2+} u. Fe^{3+} u. des H_2O_2 in der Rk. mit Tl^{2+}, wodurch der Mechanismus kompliziert u. die Ausbeute an Fe^{3+} herabgesetzt wird. Die erzielte Grenzausbeute von Fe^{3+} ist offensichtlich eine Funktion der Konz. von H_2O_2 u. Fe^{3+}. Möglichkeiten des Reaktionsmechanismus u. ein analoges Verh. der Lsgg. bei der Radiolyse von Fe(II)-Salzen in Ggw. von Tl^+ werden diskutiert. (Collect. czechoslov. chem. Commun. **24.** 1240—49. April 1959. Brno, Militärtechn. Akad. „Antonin Zápotocký". [Orig.: deutsch.])
V. KOSTKA/Prag. 225

N. I. Gran und **A. A. Zeidler,** *Die Reaktion zwischen Schmelze und Schlacke in den Systemen Fe-CO-O und Fe-Ni-O.* Unterss. des Gleichgewichtes bei den Rkk. Fe + CoO ⇌ Co + FeO (1) u. Fe + NiO ⇌ Ni + FeO (2) ergaben, daß bei konstanter Temp. der Co- oder Ni-Geh. der Schlacke vom Geh. in der Schmelze abhängig ist. Bei sonst gleichen Bedingungen wächst der Co- oder Ni-Geh. der Schlacke mit steigender Temperatur. Es besteht folgende Funktion zwischen der Gleichgewichtskonstanten K u. der Temp. T für die Rk. (1): $\lg K = (4220/T) - 0{,}886$ u. für die Rk. (2): $\lg K = (6535{,}6/T) - 1{,}687$. Die Veränderung des isobaren Potentials wird bestimmt durch: $\Delta Z = -19311 + 4{,}054\,T$ für Rk. (1) u. $\Delta Z = -29900 + 7{,}718\,T$ für die Rk. (2). (Цветные Металлы [Nichteisenmetalle] **30.** Nr. 4. 44—49. April 1957.)
H. LINNÉ. 225

M. A. Prosskurnin, *Perspektiven der Verwirklichung von strahlungschemischen Prozessen in der chemischen Industrie.* (Vgl. C. **1956.** 7166.) Übersicht über die bisherige Entw. der strahlungschem. Rkk. u. ihre techn. Zukunftsaussichten: strahlungschem. Rkk. an reinen Stoffen u. in gemischten Systemen; Quellen der Kernenergie. — 30 Literaturhinweise. (Химическая Промышленность [Chem. Ind.] **1959.** 99—106. März.)
R. K. MÜLLER. 226

Richard M. Noyes, *Kinetische Komplikationen bei der photochemischen Speicherung von Energie.* Vf. betrachtet die Kinetik der sek. Vorgänge, die einem prim. Absorptionsakt folgen müssen, wenn Energie photochem. gespeichert werden soll. Es werden Prozesse behandelt, bei denen eine Dissoziation des ursprünglichen Absorbers erfolgt, bei denen er erhalten bleibt u. solche, bei denen ein mehr oder weniger großer Bruchteil der einfallenden Quantenenergie auf andere Moll.-Arten übertragen wird. Es zeigt sich, daß die Aussichten für eine längere Energiespeicherung gering sind, wenn durch die Sekundärprozesse angeregte Elektronenzustände oder metastabile isomere Formen des prim. Absorbers oder anderer Moll.-Arten gebildet werden. Günstiger ist es, wenn die Quantenabsorption eine Dissoziation bewirkt u. die Bruckstücke nur Kombinationsrkk. eingehen. Als beste Lösung erscheint nach den Ergebnissen des Vf. eine chem. Rk. der angeregten Absorbermoll. oder eines seiner Bruchstücke mit anderen Moll.-Arten. Als Prod. dieser Rkk. sollen metastabile Formen gebildet werden. Die Folgeprozesse müssen in $< 10^{-8}$ Sek. nach dem prim. Absorptionsakt ablaufen. Die durch diese Forderung bedingten kinet. Probleme werden erläutert. (J. physic. Chem. **63.** 19—22. Jan. 1959. New York, N. Y., Columbia Univ., Chandler Labor.) H.-U. WOELK. 226

Csaba Ujhelyi, *Erfahrungen, gesammelt bei Öffnung einer längere Zeit unter Ampullenverschluß aufbewahrten* ^{90}Sr*-Lösung (0,1 Curie/2,7 ml.)* Die Öffnung des abgeschmolzenen Reagenzglases mit ^{90}Sr-Lsg. wurde in einer Manipulationsbox aus Plexiglas vorgenommen. Das bei dem Stehen entstandene Knallgas riß den oberen, eingeritzten Teil des Reagenzglases ab u. verursachte das Zerspritzen von 10 mc $^{90}SrCl_2$-Lösung. Die verseuchten Gegenstände wurden in einem mit festem Paraffin bzw. Bitumen gefüllten Metallbehälter verschlossen. (Magyar Fizikai Folyóirat [Ung. Z. Physik] **6.** 381—82. 1958. Debrecen, MTA Atommag Kutató Intézet.) G. HALMI. 226

Georg-Maria Schwab und **Herbert Goetzeler,** *Über den magnetokatalytischen Effekt.* 2. Mitt. (I. vgl. Z. physik. Chem., Frankf. Ausg. [N. F.] **2.** [1954.] 1.) Es werden die Knallgas-Rk., die Red. des Distickstoffmonoxyds mit Wasserstoff u. die Äthylenhydrierung an den Katalysatoren *Ni, NiCr, NiCu* innerhalb u. beiderseits ihres CURIE-Intervalles untersucht. Eine Änderung der Aktivierungsenergie oberhalb u. unterhalb des CURIE-Punktes (HEDVALL-Effekt II. Art) konnte nicht beobachtet werden, was darauf hindeutet, daß der magnet. Zustand keinen Einfl. auf die Katalyse hat. Dagegen läßt sich während der magnet. Umwandlung eine Anomalie der Rk.-Geschwindigkeit (HEDVALL-Effekt I. Art) feststellen. Letzterer bleibt beim Zerfall von N_2O an $CuFe_2O_4$ u. $PbFe_2O_4$ aus. (Z. physik. Chem., Frankf. Ausg. [N. F.] **4.** 148—56. Juni 1955. München, Univ., Inst. für phys. Chem.) K. FRIEDRICH. 227

R. N. Tucker und **P. Gibbs,** *Abhängigkeit der katalytischen Zersetzung von* H_2O_2 *an* Al_2O_3 *von Baufehlern.* Die katalyt. Zers. von H_2O_2 an deformierten, durch Kochen mit $Mg(NO_3)_2$ verunreinigten Al_2O_3-Kristallen erfolgt fast ausschließlich an der Krümmungsinnenseite der Kristalle an Stellen erhöhter Spannung. Die Aktivität eines Kristalls kann durch Erhitzen auf 1000° zerstört werden. Die Verss. zeigen, daß für die katalyt.

Aktivität des Al_2O_3 bei der Zers. von H_2O_2 das Vorhandensein von Unreinheiten u. Verzerrungen im Kristall erforderlich ist. (J. appl. Physics **29.** 1374—75. Sept. 1958. Salt Lake City, Utah, Univ.) P. SCHARNER. 227

G. Trümpler und **H. E. Klauser,** *Katalytische und elektrolytische Reduktion von Cyanamid an feinverteiltem Nickel. Cyanamid* (I) wird katalyt. an RANEY-Ni sowie an elektrolyt. hergestelltem feinem Ni-Pulver mit mol. H_2 von Atmosphärendruck in nahezu neutraler Phosphatpuffer-Lsg. (0,2 mol. an KH_2PO_4 u. 0,1 mol. an Na_2HPO_4) bei Zimmer-Temp. mit guter Ausbeute zum *Formamidin* (II) (best. als Ameisensäure) reduziert. Bei der elektrolyt. Red. von I an einer elektrolyt. formierten Ni-Schwamm-Kathode in gleicher Puffer-Lsg. bei Tempp. um 13° bildet sich ebenfalls **II**; die Stromausbeute beträgt bei optimalen Vers.-Bedingungen 80—90%. Weder bei der katalyt. noch bei der elektrolyt. Red. von **I** wurde eine Red. über die Formiatstufe (Formamidin) hinaus beobachtet. Die bereits bekannte Tatsache, daß **I** an einer Hg-Kathode nur sehr schwer reduzierbar ist u. dementsprechend keine polarograph. Stufe gibt, wird von den Vff. diskutiert u. durch Vgl. mit den in vorliegender Arbeit erhaltenen Ergebnissen zu deuten versucht. (Helv. chim. Acta **42.** 407—16. 16/3. 1959. Zürich, ETH, Labor. für physikal. Chem. u. Elektrochem.) L. SCHWIEGK. 227

E. Tanner, W. Schuler und **R. Meier,** *Prooxydative Wirkung von Äthylendiamintetraessigsäure und anderen Chelatbildnern auf metallkatalysierte Oxydationen.* Die Wrkg. verschied. Chelatbildner, die meist als Hemmstoffe metallkatalysierter Oxydationen bekannt sind, wird bei einer Reihe metallkatalysierter Oxydationssysteme in Phosphatpuffer (p_H 7) an Hand des O_2-Verbrauches nach WARBURG untersucht. Bei bestimmten Chelatbildnern wurde außer der üblichen Hemmwrkg. auf die meisten der untersuchten Systeme eine Förderung einzelner Oxydationssysteme festgestellt. Äthylendiamintetraessigsäure, Citronensäure u. Phenanthrolin (I) fördern die Fe(II)-katalysierte Ascorbinsäureoxydation, Thioharnstoff (II) fördert die Adrenalin/Cu(II)- sowie die Hydrochinon/Mn(II)-Oxydation, letztere wird auch durch n-Propylgallat (III) (Tenox P.G.) u. 1.3-Bis-[3'.4'-dihydroxyphenyl]-2-methylbutan gefördert. Einige dieser Chelatbildner **I, II** u. **III** sowie außerdem 1.4-Dihydrazinophthalazinmonohydrochlorid (Nepresol) u. Cystein katalysieren auch die Autoxydation bestimmter Substrate in Puffer-Lsg. ohne Metallzusatz. Ihre autoxydationskatalyt. Wrkg. erstreckt sich dabei nicht immer nur auf solche Substrate, bei denen sie bei Anwesenheit eines bestimmten Metalles eine Oxydationssteigerung hervorrufen, u. ist nicht die Voraussetzung für eine Verstärkung der metallkatalysierten Oxydation. Die Oxydationssteigerung durch Chelatbildner ist deshalb an ganz bestimmte Situationen gebunden u. muß als spezif., von der Hemm-Wrkg. der Chelatbildner abtrennbarer Vorgang angesehen werden. (Helv. chim. Acta **42.** 445—52. 16/3. 1959. Basel, Ciba A.G., Forschungs-Labor., Pharmazeut. Abt.) L. SCHWIEGK. 227

[A_8. Präparative anorganische Chemie. Komplexverbindungen. Metallorganische Verbindungen.

L. M. Lapina und **W. W. Illarionow,** *Über die Bildung von Schwefel–Selen-Mischmolekülen.* Vff. untersuchen mittels einer statist. Meth. das Verh. des Gemischs ungesätt. Dämpfe von S u. Se im Bereich von 500—900°. Der Dampfdruck ist über dem gesamten Bereich geringer als die additiven Partialdrucke beider Komponenten, woraus auf die Bldg. von S u. Se enthaltenden Mischmoll. geschlossen wird. Mit steigender Temp. wird infolge zunehmender Dissoziation der Mischmoll. u. Verschiebung des Gleichgewichtes nach der Seite der reinen Komponenten die Differenz zwischen dem errechneten additiven u. dem experimentell best. Druck geringer. Es wird angenommen, daß Se u. S gemischte Kettenmoll. bilden können, in denen nicht 2-atomige Gruppen, sondern einzelne Atome durch die des anderen Elementes ersetzt werden. (Журнал Неорганической Химии [J. anorg. Chem.] **3.** 1210—13. Mai 1958. Wiss. Ssamoilow-Inst. für Düngemittel u. Insekticide.) H.-J. OSTMANN. 254

M. Frederick Hawthorne und **Anthony R. Pitochelli,** *Austauschreaktionen an Verbindungen mit der $B_{10}H_{12}$-Einheit.* Bei der Behandlung von $B_{10}H_{14}$ mit $(C_2H_5)_2NCN$ in Ae. bei Raum-Temp. bildet sich in äquimol. Mengen H_2 u. krist. $B_{10}H_{12} \cdot 2\,(C_2H_5)_2NCN$ (I), F. 145° (Zers.); **I** ist an der Luft beständig, aus dem IR-Spektr. ergibt sich, daß die Bindung zwischen der $B_{10}H_{12}$-Einheit u. den Liganden über die Amino-N-Atome erfolgt. **I** wird auch aus $B_{10}H_{12} \cdot 2\,CH_3CN$ (II) durch Kochen am Rückfluß mit $(C_2H_5)_2NCN$ erhalten. $B_{10}H_{14}$ reagiert in Ae. bei der Siede-Temp. mit $(C_6H_5)_3P$ zu H_2 u. $B_{10}H_{12} \cdot 2\,(C_6H_5)_3P$ (III), bis über 300° ohne Schmelzen beständig; **I** u. **III** lassen sich aus CH_2Cl_2 umkristallisieren. **III** entsteht auch beim Behandeln von **I** oder **II** mit $(C_6H_5)_3P$ in heißem CH_3CN oder Bzl.; jedoch war es nicht möglich, in analoger Weise **III** in **I** oder **I**

in II überzuführen. I reagiert bei Raum-Temp. mit fl. HCN langsam zu $B_{10}H_{12} \cdot 2\,(C_2H_5)_2NCN \cdot 2\,HCN$ (**IV**), glänzend rote Kristalle. **IV** ist sehr beständig gegen W. u. milde Oxydationsmittel. Nach den IR- u. UV-Spektren nehmen Vff. nebenst. Teilstruktur für **IV** an. Der Bindungsmechanismus der $B_{10}H_{12}$-Einheit an die Liganden wird diskutiert. (J. Amer. chem. Soc. **80**. 6685. 20/12. 1958. Huntsville, Ala., Rohm & Haas Comp., Redstone Arsenal Res. Div.) L. Schwiegk. 258

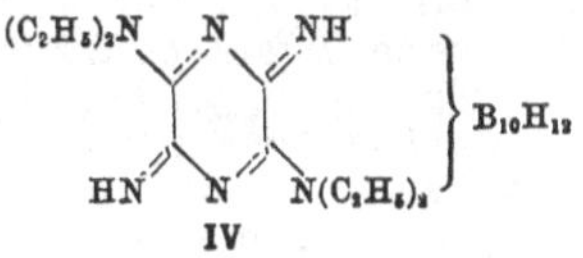

IV

J. F. Ditter und **I. Shapiro**, *Identifizierung einer bei der teilweisen Oxydation von Pentaboran-9 intermediär entstehenden Verbindung.* Eine bei der teilweisen Oxydation von *Pentaboran-9* (^{9}B) entstehende Zwischenverb. (I), die kein reines Borhydrid ist, wurde isoliert u. durch isotop. Substitution (^{10}B-Anreicherung) in Verbindung mit massenspektrometr., IR-spektroskop. u. kernmagnet. Resonanzmessungen identifiziert. I hat die Formel $B_2H_2O_3$. In I ist jedes H direkt an ein B gebunden u. jedes der beiden B-Atome ist konfigurativ gleichwertig. Die möglichen Strukturen von I werden diskutiert, wobei Vff. zu der Auffassung gelangen, daß eine trigonale Bipyramide mit der Raumgruppe D_{3h} vorliegt. (J. Amer. chem. Soc. **81**. 1022—26. 5/3. 1959. Pasadena, Calif., Olin Mathieson Chem. Corp., Res. Labor.) D. Ertel. 258

Richard Neu, *Direkte Darstellung von Diphenylborsäurekomplexen.* (Vorl. Mitt.) Durch Umsetzen der Hydrochloride von z.B. 8-Hydroxychinolin, 1-Aminoäthanol, Pyridincarbinol-(2) u.a. mit Na-Tetraphenyloborat u. Erwärmen der Tetraphenyloborate in A.-W., Aceton oder W. können die entspr. Komplexe der Diphenylborsäure (I) in teilweise quantitativer Ausbeute entstehen. Es wird auf die Möglichkeit hingewiesen, ein geeignetes prim. oder sek. *Amin* durch 3 Derivv. eindeutig zu identifizieren, u. zwar durch seine Abscheidung als Tetraphenyloborat oder durch Fällung des mit Glykolchlorhydrin umgesetzten Amins als Tetraphenyloborat u. Umwandlung in Abhängigkeit von den anderen vorhandenen Resten in den Aminoäthylester von I. (Naturwissenschaften **46**. 262—63. 2. April-H. 1959. Karlsruhe-Durlach, Firma Dr. Schwabe G.m.b.H., Chem. Forschungslabor.) G. Marquard. 258

G. W. Ssamssonow, *Der heutige Stand der Untersuchung des Diagramms des Systems Bor–Kohlenstoff.* Unter Verwendung der Literaturdaten über die Eigg. von B-Kohlenstofflegierungen wird ein Diagramm des Syst. im Gebiet von 0—80% C aufgestellt. C löst sich in B unter Bldg. einer festen Lsg. (α-Phase), deren Eutektikum bei der Zus. $B_{13}C_2$ (β-Phase) oberhalb 1900° schmilzt. Ferner existiert im Syst. eine inkongruente β'-Phase ($B_{12}C_3$) u. eine γ-Phase (B_nC_m) mit 68—69% C. Zwei weitere γ-Phasen bilden bei 30—31% C Eutektika. Die Unters. der Beziehungen zwischen der β- u. β'-Phase zeigte, daß bei der Umwandlung in die β-Phase die C-Atome die Leerstellen des Gitters ersetzen, bei Umwandlung in die β'-Phase ersetzen B-Atome die Leerstellen. (Журнал Физической Химии [J. physik. Chem.] **32**. 2424—29. Okt. 1958. Kiew, Inst. für Metall-Keram. u. Speziallegierungen der Akad. der Wiss. der UkrainSSR.) G. Pretzschner. 258

Fritz Seel und **Kurt Ballreich**, *Über Cyanurfluorid.* Durch Rk. von Cyanurchlorid mit Kaliumfluorsulfinat, KSO_2F, in m-Dichlorbenzol bei 130° erhalten Vff. eine farblose Fl., die auf Grund ihrer Zus., ihres Mol.-Gew. u. ihres IR-Spektr. als *Cyanurfluorid* (I), $C_3F_3N_3$, anzusprechen ist. I erwies sich als ident. mit einem von Kwasnik (Naturforsch. Med. Dtschl. 1939—1946. **23**. [1949.] 243) dargestellten Produkt. Im Temp.-Bereich 0—70° wird der I-Dampfdruck durch $\log p = 8{,}442 - 1940/T \pm 0{,}0085$ wiedergegeben; F. — 38° (I neigt zur Unterkühlung), $Kp._{760}$ 72,45°, mol. Verdampfungswärme 8,85 kcal/Mol, mol. Verdampfungsentropie 25,6 cal/Grad. UV-Spektr. von I in CCl_4: $\lambda_{max.}$ 289 mμ, $\log \varepsilon_{max.} = 0{,}727$; das IR-Spektr. im Bereich 800—2000 cm^{-1} ist tabellar. mitgeteilt u. mit dem von 1.3.5-Trifluorbenzol verglichen. I wird durch W. erst nach einigen Min. mit rasch ansteigender Geschwindigkeit zersetzt. Alkalihydroxyd- u. Säurelsgg. hydrolysieren I wesentlich rascher als H_2O; bei der sauren Hydrolyse scheidet sich schwerlösl. Cyanursäure ab. (Chem. Ber. **92**. 344—46. 14/2. 1959. Stuttgart, TH, Anorg.-Chem. Labor.) D. Ertel. 260

Evan H. Street jr., **David M. Gardner** und **E. Charles Evers**, *Die niederen Hydride des Phosphors.* 2. Mitt. *Die Zersetzung von Diphosphin in flüssigem Ammoniak.* (1. vgl. C. **1957**. 11524.) P_2H_4 ist nur wenig lösl. u. spezif. schwerer als fl. NH_3. Bei der Einw. von überschüssigem fl. NH_3 auf P_2H_4 beim Kp. des NH_3 verfärbte sich die NH_3-Phase über Gelb u. Rotorange nach Tiefviolett; nach 24 Std. wurde das Gemisch homogen. Die Rk. verlief unter PH_3-Entw.; Abdampfen des NH_3 führte zu schwarzen Prodd.; die aus P, H u. NH_3 bestehen u. lösl. in NH_3 sind. Bei Behandlung mit Mineralsäuren trat Farbänderung nach Rot auf, die durch Laugen rückgängig gemacht werden konnte.

Nach verschied. Methoden wurde P/H zu 3,05—4,81 entsprechend der mittleren Zus. $P_9H_{2,50}$, u. NH_3/H je nach Versuchsbedingungen zu 0,09—0,92 ermittelt. Durch mehrstd. Erhitzen auf 130° entstand ein fast NH_3-freies dunkelrotes $P_{3,67}H \cdot (NH_3)_{0,008}$. Die therm. Zers. (vgl. 1. Mitt.) des schwarzen Prod. verlief unter NH_3- u. PH_3-Entw. u. Bldg. von $P_{4,81-4}H \cdot (NH_3)_{0,10-2}$. — Monatelange Einw. von überschüssigem Äthylamin auf weißen P lieferte aus P, H u. Amin bestehende schwarze Prodd., die sich gegenüber Säuren u. Basen wie vorstehend verhielten. Das Amin konnte durch Abpumpen weitgehend entfernt werden; nach 72std. Pumpen wurde $P_{5,81}H(C_2H_5NH_2)_{0,26}$ erhalten. — Die Struktur der Prodd. wird mit Bezug auf die durch therm. u. hydrolyt. Zers. von P_2H_4 erhaltenen Hydride diskutiert. (J. Amer. chem. Soc. **80.** 1819—22. 20/4. 1958. Philadelphia, Pa., Univ., John Harrison Labor. of Chem.) A. BLASCHETTE. 264

George J. Beichl und **E. Charles Evers,** *Die niederen Hydride des Phosphors. 3. Mitt. Die Wechselwirkung zwischen Diphosphin und Diboran.* (2. vgl. vorst. Ref.) Bei der Einw. von überschüssigem, aus BF_3-Di-[n-butyl]-ätherat u. $LiAlH_4$ in absol. Di-[n-butyl]-äther hergestelltem B_2H_6 auf P_2H_4 wurde bei tiefen Tempp. (—118 bis —35°) u. Rk.-Zeiten bis zu 96 Std. festes, weißes, bei —78° beständiges u. dampfdruckloses $P_2H_4 \cdot B_2H_6$ (I) gewonnen. P_2D_4 zeigte keine Abweichungen in der Reaktivität. I zerfällt bei —40° langsam unter PH_3- u. B_2H_6-Entw., bei schnellem Erwärmen auf 0° unter Dissoziation u. Zers. in PH_3, B_2H_6, H_2 u. einen gelben Rückstand der Zus. $P_{1,00}B_{0,32}H_{1,09}$. HCl reagiert bei —78° nicht mit I, bei —40° tritt in ungeklärter Rk. H_2-Entw. ein. Bei B_2H_6-Überdruck im Einschlußrohr bildet sich I auch bei Zimmertemp.; Entfernung des überschüssigen B_2H_6 bewirkte Zers. in B_2H_6, PH_3, H_2 u. einen festen, P–B–H-haltigen Stoff, der nach 22 Tagen die Zus. $B_{1,00}P_{0,98}H_{3,49}$ besaß. — $P_2H_4 \cdot 2\,BF_3$ (II), bei —118° aus P_2H_4 u. überschüssigem BF_3, zersetzt sich bei höheren Tempp. rasch unter BF_3- u. PH_3-Entw. u. Bldg. eines tiefgelben Rückstandes. — Die Stabilitätsunterschiede in der Reihe I > P_2H_4 > II führen Vff. darauf zurück, daß die P–P-Bindung in I durch Aufnahme von Elektronen aus der B–H-Bindung in freie d-orbitals des P verstärkt, in II durch die elektronegativen F-Atome geschwächt wird. (J. Amer. chem. Soc. **80.** 5344—45. 20/10. 1958.) A. BLASCHETTE. 264

T. J. Mao, R. D. Dresdner und **J. A. Young,** *Die neue Synthese von $(PNF_2)_3$ und $(PNF_2)_4$ aus P_3N_5.* Die Darst. von $(PNF_2)_3$ u. $(PNF_2)_4$ aus P_3N_5 u. fluorabgebenden Verbb. wird beschrieben, ihre Eigg. werden untersucht. Vff. bestätigen die Angaben von SEEL u. LANGER (C. **1957.** 53.). Die Resultate IR-spektroskop. Unterss. beider Phosphornitrilfluoride sind mitgeteilt.

Versuche: CF_3SF_5 (elektrochem. aus Methylsulfid in absol. HF) wurde gasförmig über auf 710° erhitztes überschüssiges P_3N_5 geleitet (Kontaktzeit 15—30 Sek.), das Abgas mit fl. Luft kondensiert u. fraktioniert destilliert. Neben C_2F_6, SF_4 u. PF_3 wurde eine oberhalb Raumtemp. siedende Fraktion erhalten, die beide Phosphornitrilfluoride enthielt. NF_3 wirkte in gleicher Weise fluorierend wie CF_3SF_5, doch stellten Vff. fest, daß sich bei 710° nicht alles NF_3 zersetzte u. daß wahrscheinlich deshalb die Ausbeute an $(PNF_2)_3$ u. $(PNF_2)_4$ relativ gering blieb; andere Polymere entstanden nicht. — $(PNF_2)_3$, F. 26,0 ± 1,0°, Kp. 50—50,8°, D. ca. 1,7 g/cm³, n_D^{20} 1,3178; IR-Spektr. im Gaszustand (p = 20 mm): 7,66 (vs), 10,25 (vs), 11,23 (m), 11,60 (vs), 13,00 (w) μ. $(PNF_2)_4$, F. 28,0—29,0°, Kp. 88,8—89,2°, D. ca. 1,7, n_D^{20} 1,3345; IR-Spektr. im Gaszustand (p = 20 mm): 6,92 (vs), 10,25 (vs), 13,00 (vs) μ. Beide Verbb. sind in C_6H_6, C_7H_{16} u. C_6H_{14} u. in Fluor-KW-stoffen gut löslich. (J. Amer. chem. Soc. **81.** 1020—21. 5/3. 1959. Gainesville, Fla., Univ. of Florida, Dep. of Chem. and Chem. Engng.) D. ERTEL. 264

F. Seel, R. Schmutzler und **K. Wasem,** *Nitrosyl-Verbindungen kondensierter Metaphosphorsäuren.* Flüchtiges Diphosphorpentoxyd P_4O_{10} reagiert mit NO_2 nach $2\,NO_2 + 4\,P_2O_5 \rightarrow (NO)_2P_8O_{21} + 1/2\,O_2$. Die Verb. ist löslich in syrupöser H_3PO_4. Auf Zusatz von Methanol u.a. Reduktionsmitteln entsteht eine blaue Lösung. Die Verb. ist im Vakuum oberhalb 300° zersetzlich. Sie ist offensichtlich eine mindestens vierfach kondensierte Tetrametaphosphorsäure. Bei der Hydrolyse entsteht HNO_2 u. N_2O_3. Aus Ag-Phosphaten u. Nitrosylchlorid entstehen neben N_2O_3 u. AgCl $(NO)_2P_4O_{11}$ (aus Ag_3PO_4), $(NO)_4P_6O_{17}$ (aus $Ag_4P_2O_7$), $(NO)P_3O_8$ (aus $Ag_3P_3O_9$) u. $(NO)_2P_4O_{11}$ (aus $Ag_4P_4O_{12}$). Letztere Verb. geht bei 250° in $(NO)_2P_8O_{21}$ über. Bei der Hydrolyse entstehen wieder die ursprünglichen Bausteine. (Angew. Chem. **71.** 340. 21/5. 1959. Stuttgart, TH, Labor. für anorg. Chem.) M. LASER. 264

Grihapati Mitra, *Arsenylfluorid.* Vf. stellt Arsenylfluorid, $AsOF_3$, durch Fluorierung eines äquimol. Gemisches von $AsCl_3$ u. glasigem As_2O_3 dar. Verss. zur Darst. aus anderen As-Verbb. scheiterten, so ergaben bei der Fluorierung: $As_2O_5 \rightarrow AsF_5$, $As_2O_3 \rightarrow$ je nach Temp. AsF_3 oder AsF_5, glasiges $As_2O_3 \rightarrow$ bei 80° u. Überschuß F_2AsF_3 u. daneben

Spuren einer Oxy-Verb., vermutlich *Tetrafluorarsenhypofluorit*, AsF_4OF, das jedoch nicht isoliert werden konnte.

Versuche: *$AsOF_3$* F. —68,3°, Kp. —25,6° (aus Messungen des Dampfdrucks zwischen 210 u. 228° K extrapoliert. Darst.: 8 g glasiges As_2O_3 u. 32 g $AsCl_3$ werden bei Raum-Temp. mit F_2 (verd. mit N_2) behandelt; nachdem die Hauptmenge Cl_2 abgegeben wurde, wird auf 180° aufgeheizt, es werden 8—10 Liter F_2 u. 3 Liter N_2/Stunde durchgeleitet. Die in die Kühlfalle (—183°) übergegangenen Prodd. werden durch fraktionierte Dest. getrennt, $AsOF_3$ dest. bei ca. —27°. Eigg.: sehr aktive Substanz, raucht an der Luft, reagiert mit W. in exothermer Rk. zu *$HAsO_2F_2$* u. *H_2AsO_3F*, setzt aus KJ-Lsg. 2 Äquivalente J_2/Mol. frei. Das IR-Spektr. wird für einen Druck von 15 u. 25 Torr angegeben, weiterhin wird die Verb. massenspektrograph. untersucht. (J. Amer. chem. Soc. **80.** 5639—40. 5/11. 1958. Seattle, Wash., Univ. of Washington, Dep. of Chem.)
L. SCHWIEGK. 265

Man Haran Nath Srivastava und **Satyeshwar Ghosh,** *Untersuchungen über Thioarsenite.* 1. Mitt. *Fällung und Auflösung von Arsen(III)-sulfid.* Die Bldg. von Thioarseniten u. ihre Zers. durch Säuren wird untersucht. Bei fortschreitender Zugabe einer NaHS- zu einer Arsenit-Lsg. erfolgt die Bldg. des Endprod. Na_5AsS_4 über eine Reihe miteinander im Gleichgewicht stehender Thiooxyarsenite, $Na_3H_2AsSO_3$, $Na_4HAsS_2O_2$, Na_5AsS_3O. Beim Ansäuern werden die entsprechenden Thiosäuren gebildet. As_2S_3 wird dabei vollständig nur aus der Thioverb. mit As:S = 1:4, nicht jedoch aus den Thiooxyverbb. gefällt; letztere bleiben teilweise in Lsg. u. können durch Luft-O_2 zu Thiooxyarsenaten u. S oxydiert werden. As_2S_3 fällt aus arseniger Säure mit H_2S-W. bereits bei einem Verhältnis As:S = 1:3 vollständig aus, was auf einen mol. Mechanismus schließen läßt, während Na-Arsenit mit NaHS eine Ionenrk. eingeht. Die Zers. der Thiosäure ist stark p_H-abhängig, da die Bldg. von As_2S_3 u. H_2S aus der undissoziierten Form erfolgt. Die Säurestärke der Thiooxysäuren steigt mit dem S-Gehalt. Die Auflsg. des As_2S_3 in NaHS-Lsg. wird durch HS^--Ionen bewirkt: $As_2S_3 + 5\,HS^- \rightarrow 2\,AsS_4^{3-} + 5\,H^+$; sie verläuft nur bei einem Verhältnis von wenigstens 4 NaHS:1 S schnell u. vollständig. (J. Indian chem. Soc. **35.** 165—69. März 1958. Allahabad, Univ., Chem. Labor.)
A. BLASCHETTE. 265

John E. Gordon und **George C. Turrell,** *Beobachtungen an N-Methylacetonitrilium- und N-Phenylbenzonitriliumhexachloroantimonaten.* Bei Behandlung des Acetonitril (I)–$SbCl_5$-Komplexes mit CH_3Cl entstand *N-Methylacetonitriliumhexachloroantimonat* (II). **II** ergab mit Anilin *N-Methyl-N'-phenylacetamidin.* Die Darst. von **II** gelang nur in Ggw. von überschüssigem CH_3Cl, andernfalls trat Polymerisation ein. Die IR- u. RAMAN-Spektren von **II** wurden mit denen von Dimethylacetylen u. N-Phenylbenzonitriliumhexachloroantimonat (**III**, vgl. MEERWEIN u. Mitarbeiter, C. **1956.** 11692) verglichen u. zeigten starke Übereinstimmung. **III** ergab mit Anilin *N.N'-Diphenylbenzamidin* u. mit Phenol *Phenyl-N-phenylbenzimidat.*

Versuche: *N-Methylacetonitriliumhexachloroantimonat* (**II**), $C_3H_6Cl_6NSb$, F. 178—181° (Zers.), durch Mischen von **I** u. $SbCl_5$ in einer Ampulle, Abdest. des überschüssigen **I** im Vakuum, Hineinleiten von CH_3Cl unter Trockeneiskühlung. Abschmelzen, 5 Wochen Stehenlassen bei Zimmertemp. unter öfterem Schütteln; 49% (Ausbeute). —*N-Phenyl-N'-methylacetamidin,* $C_9H_{12}N_2$, F. 71—72,5° (Hexan), durch 12std. Rk; von **II** mit Anilin in absol. Bzl. bei Zimmertemp., Gießen in 3 n NaOH, Ausschütteln mit Bzl., Abdest., Chromatographieren an Al_2O_3 mit Bzl.-Hexan (2:1), Verb. sublimiert bei 60°/0,1mm 33%. — *N.N'-Diphenylbenzamidin,* $C_{19}H_{16}N_2$, F. 145,7—147° (Isopropanol), durch Rk. zwischen **III** u. Anilin wie oben, chromatograph. Elution mit CH_2Cl_2-Hexan (1:1), Sublimation bei 135°/0,001 mm; 59%. *Pikrat,* F. 218—219° (Bzl.). — *Phenyl-N-phenylbenzimidat,* $C_{19}H_{15}NO$, F. 104,5—106° (Hexan), durch Stehenlassen von Phenol u. **III** in absol. Bzl. über Nacht, 15 Min. Kochen, Versetzen mit Alkali bis p_H 10, Ausschütteln, Abdest., Chromatographieren mit Bzl.-Hexan (3:1), Sublimieren bei 92°/0,001 mm; 51%. (J. org. Chemistry **24.** 269—71. Febr. 1959. Providence, R. I., Brown Univ., Metcalf Labor.; Pittsburgh, Pa., Mellon Inst.)
E. DEHMLOW. 266

William L. Jolly, *Die Alkalimetallsalze von Arsin und ihre Ammoniakate. Die Reaktion von Arsin mit Alkalimetallen und Alkalimetallamiden.* Bei Einw. von *AsH_3* auf Alkalimetallfilme oder auf Alkaliamide bei Raumtemp. entstehen *Monohydrogenarsenide, Me_2AsH* (Me = *Li, Na, K*). Der Verlauf der Rk. zwischen AsH_3 u. $LiNH_2$ hängt vom Molverhältnis der Reaktanten ab; bei Temp.-Steigerung von —60 auf +90° treten verschied. Rk.-Stufen in Erscheinung. *Li_2AsH* allein entwickelt bei Raumtemp. H_2 u. geht in „*Li_2As*“ über. Mit überschüssigem $LiNH_2$ dagegen reagiert Li_2AsH als Protonensäure gemäß $Li_2AsH + LiNH_2 \rightarrow Li_3As + NH_3$ (1). Verss. mit *AsD_3* u. $LiNH_2$ zeigten, daß der sich entwickelnde Wasserstoff größere Mengen Deuterium enthielt. Vf. nimmt deshalb an, daß Rk. (1) reversibel ist, u. daß ein H–D-Austausch nach

folgendem Schema stattfinden kann: $Li_2AsD + LiNH_2 \rightleftharpoons Li_3As + NH_2D \rightleftharpoons Li_2AsH + LiNHD$. Zwischen *$Na_2AsH$* u. $NaNH_2$ findet bei Raumtemp. keine Rk. statt. — Bei Einw. von AsH_3 auf Alkalimetalle in fl. NH_3 bilden sich *Dihydrogenarsenide $MeAsH_2$* (Me = *Li, Na, K*), die als Ammoniakate vorliegen. Die Gleichgewichtsdrucke von NH_3 über den Systemen *$LiAsH_2 \cdot 2\,NH_3$ — $LiAsH_2 \cdot 4\,NH_3$* (I), *$NaAsH_2$ — $NaAsH_2 \cdot 2\,NH_3$* (II) u. *$NaAsH_2 \cdot 2\,NH_3$ — $NaAsH_2 \cdot 4\,NH_3$* (III) wurden bestimmt. Ihre Temp.-Abhängigkeit wird durch folgende Dampfdruckgleichungen wiedergegeben: I (— 30 bis + 20°): $\log p_{mm} = 22{,}661 - 2815/T - 4{,}530 \cdot \log T$; $\Delta H^0_{298} = 20{,}4$ kcal/Mol, $\Delta S^0_{298} = 60$ Entropieeinheiten für die Rk. $LiAsH_2 \cdot 4\,NH_3$ (s) → $LiAsH_2 \cdot 2\,NH_3$ (s) + $2\,NH_3$ (g). — II (— 45 bis — 23°): $\log p_{mm} = 9{,}90 - 2120/T$; $\Delta H^0 = 19{,}4$ kcal/Mol, $\Delta S^0 = 64$ Entropieeinheiten für $NaAsH_2 \cdot 2\,NH_3$ (s) → $NaAsH_2$ (s) + $2\,NH_3$ (g). — III (— 67 bis — 36°): $\log p_{mm} = 22{,}193 - 2330/T - 4{,}524 \cdot \log T$; $\Delta H^0_{220} = 17{,}4$ kcal/Mol, $\Delta S^0_{220} = 62$ Entropieeinheiten für $NaAsH_2 \cdot 4\,NH_3$ (s) → $NaAsH_2 \cdot 2\,NH_3$ (s) + $2\,NH_3$ (g). Bei der therm. Zers. von *$NaAsH_2$* entstehen AsH_3, H_2 u. ein Rückstand der Zus. *$NaAs_{0,60-0,70}$*. *$KAsH_2$* ist bis ca. 80° beständig, darüberhinaus tritt Zers. unter H_2-Entw. ein; AsH_3 entsteht nicht. Die von $LiAsH_2$ zu $KAsH_2$ zunehmende Beständigkeit u. die Zers.-Rkk. der Alkalidihydrogenarsenide erklärt Vf. durch die unterschiedliche Kationengröße u. den verschied. proton. Charakter der H-Atome in diesen Verbindungen. (J. Amer. chem. Soc. **81.** 1029—33. 5/3. 1959. Berkeley, Calif., Univ. of California, Dep. of Chem.; Livermore, Calif., Univ. of California, Radiat. Labor.)
D. ERTEL. 272

J. Novotný, M. Novotná und **V. Liška,** *Darstellung und Eigenschaften des Lithiumnitrids.* Vff. haben ein Lithiumamalgam mit einem Li-Geh. von 0,05% (vgl. SMITH u. BENNETT, J. Amer. chem. Soc. **31.** [1909.] 799) in einem Eisengefäß unter N_2 bei Tempp. von 400—700° bis zur Einstellung des konstanten N_2-Druckes (ca. 4 bis 6 Std.) erhitzt. Die Hg-Dämpfe aus dem Amalgam wurden mit Hilfe eines CO_2–A.-Gemisches ausgefroren. Durch Analyse des Restes im Eisengefäß wurde festgestellt, daß Lithiumnitrid erst bei Tempp. über 600° darstellbar ist (vgl. URFER, E. P. 199027. Bei niedrigeren Tempp. ist das Gleichgewicht zwischen Li, Hg, Li_3N u. N_2 stark zugunsten des Amalgams verschoben. Es wurde auch die Rk. in der anderen Richtung durchgeführt: Li wurde in N_2-Atmosphäre erhitzt; zum entstandenen Li_3N wurde Hg zugegeben u. bei 400° wurde eine Menge N_2 frei, die dem Li_3N entspricht. Diese Rk. ist also jener von Lithiumhydrid (vgl. MOERS, Z. anorg. allg. Chem. **113.** [1920.] 179) analog. (Collect. czechoslov. chem. Commun. **24.** 1256—59. April 1959. Praha, Karlova univ., Ústav anorg. chem. [Orig.: deutsch.]) V. HOLEYŠOVSKY/Prag. 273

Miroslav Podlaha, *Eine neue Darstellungsweise von Kaliumlösungen in flüssigem Ammoniak zur Untersuchung der paramagnetischen Resonanz.* Kaliumstandardlsgg. in fl. NH_3 für Arbeiten auf dem Gebiete der paramagnet. Elektronenresonanz werden durch Vakuumdestillation von K, Einschmelzen in Glasröhrchen u. Zerbrechen dieser in fl. NH_3 dargestellt. Die erzielten Lsgg. sind frei von Kaliumamid u. im Dunkeln beständig. (Chem. Listy **52.** 1998—2000. Okt. 1958. [Orig.: tschech.] Collect. czechoslov. chem. Commun. **24.** 2043—45. Juni 1959. [Orig.: deutsch.] Praha, Českoslov., akad. věd., Fys. ústav.) O. KNESSL/Prag. 275

Walter Rüdorff, *Einlagerungsverbindungen mit Alkali- und Erdalkalimetallen.* Vf. gibt eine Übersicht über den neuesten Stand der Chemie von Einlagerungsverbb. mit Alkali- u. Erdalkalimetallen. K, Rb u. Cs können stufenweise zwischen die C-Schichten des *Graphit*gitters eingelagert werden. Zus. u. Farbe von K-Graphitverbb. in den verschied. Stufen: 1. Stufe, C_8K, bronzefarben; 2. Stufe, $C_{24}K$, blau; 3. Stufe, $C_{36}K$, schwarzblau; 4. Stufe, $C_{48}K$, schwarz; 5. Stufe, $C_{60}K$, schwarz. Diese Formeln sind Idealformeln, jedoch stellt Vf. fest, daß trotz der Existenz einer gewissen Homogenitätsbreite die einzelnen Stufen diskontinuierlich ineinander übergehen. Durch die Einlagerung von K vergrößert sich der senkrechte C-Ebenenabstand von 3,35 Å auf 5,41 Å, außerdem tritt eine basis-parallele Verschiebung der C-Ebenen ein. Dagegen ließ sich Na in größerer Konz. bisher nicht in Graphit einlagern. Durch Erhitzen von Flockengraphit mit aus NaN_3 durch therm. Zers. erhaltenem fein verteiltem Na erhielt Vf. eine Na-Graphitverb. der 6. Stufe mit einer Identitätsperiode $I_c = 21{,}25$ Å. – Li, Ca, Ba u. Sr reagieren bei höheren Tempp. mit Graphit unter Carbidbildung. Aus Lsgg. der Alkali- u. höheren Erdalkalimetalle in fl. NH_3 oder in organ. Aminen (Methylamin, Äthylendiamin, Pyridin) bilden sich Ammoniakate oder Amine von Alkali- bzw. Erdalkaligraphitverbindungen. An die Stelle des Alkalimetalls können auch Tetramethyl- oder Tetraäthylammonium, in gewissem Umfang auch Tetraäthylphosphonium treten. – Eine erst in neuerer Zeit aufgefundene Gruppe von Alkali- u. Erdalkali-Einlagerungsverbb. bilden einige in Schichtengittern kristallisierende *Metalldisulfide* vom MoS_2-Typ, wie z. B. MoS_2 selbst, ferner WS_2, ReS_2, TaS_2 u. in gewissem Umfang auch TiS_2; entspr. Metalldiselenide wie z. B. WSe_2

sind ebenfalls zur Einlagerung von Alkalimetallen befähigt. In den metall. Einlagerungsverbb. wirken die Graphit- bzw. Metalldisulfidschichten als Elektronenacceptoren gegenüber den elektropositiven Alkali- u. Erdalkalimetallen. Die zwischen den Eigg. der Graphit- u. Metalldisulfid-Einlagerungsverbb. vorhandenen Parallelen u. Unterschiede werden aufgezeigt u. diskutiert. - 27 Literaturangaben. (Angew. Chem. **71.** 487—91. 21/8. 1959. Tübingen, Univ., Chem. Inst.) D. ERTEL. 285

L. L. Ames und **L. B. Sand,** *Hydrothermale Synthese von Wairakit und Calciummordenit.* Vff. berichten über die hydrothermale Synthese von Wairakit, $CaO \cdot Al_2O_3 \cdot 4\,SiO_2 \cdot 2\,H_2O$, u. Calciummordenit, $CaO \cdot Al_2O_3 \cdot 10\,SiO_2 \cdot 7\,H_2O$. Die Verss. wurden bei einem Wasserdampfdruck von 1000 at u. Tempp. von 200—560° durchgeführt, die Versuchsdauer lag zwischen 1 Tag u. 1 Monat. Die erhaltenen Reaktionsprodd. wurden röntgenograph. identifiziert. Die Ausgangsgemische wurden durch Zusammenausfällen von Gelen unter Verwendung der Nitrate u. SiO_2 u. anschließendes Erhitzen auf 600° erhalten. Auffallend war, daß der Wairakit nicht erhalten wurde, wenn das Verhältnis der Ausgangsmischung der Zus. des Minerals $CaO \cdot Al_2O_3 \cdot 4\,SiO_2$ entsprach. Er bildete sich nur bei dem Verhältnis $CaO \cdot Al_2O_3 \cdot 5\,SiO_2$. Der Calciummordenit dagegen entstand bei dem theoret. Verhältnis $CaO \cdot Al_2O_3 \cdot 10\,SiO_2$. Bei diesen letzteren Verss. bildete sich in einigen Fällen auch Wairakit durch Zers. des Calciummordenits. (Amer. Mineralogist **43.** 476—80. Mai/Juni 1958. Salt Lake City, Utah, Univ.) C. GOTTFRIED. 294

Artur Sonesson, *Über die Komplexchemie der dreiwertigen Ionen der Seltenen Erden.* 2. Mitt. *Die Acetatsysteme von Praseodym, Samarium, Dysprosium, Holmium, Erbium und Ytterbium.* (1. vgl. C. **1959.** 6734.) Durch potentiometr. Messungen an den Acetatsystemen von Pr^{3+}, Sm^{3+}, Dy^{3+}, Ho^{3+}, Er^{3+} u. Yb^{3+} in Perchloratmedium der Ionenstärke 2 mol. bei 20° werden die Komplex- u. Stabilitätskonstanten bestimmt. (Durchführung der Messungen wie l.c.) Extinktionsmessungen am Acetatsystem von Er zeigt die Bldg. der Acetatkomplexe durch das Auftreten neuer Maxima an, die gegenüber den ursprünglichen bei 380 u. 525 mμ nach kürzeren Wellenlängen verschoben sind. Die Übereinstimmung zwischen den potentiometr. u. absorptiometr. Messungen ist gut. Die Stabilitätskonstante b_1 steigt von La bis Sm an, fällt dann bis Dy stark ab u. bleibt von Dy bis Yb konstant. Die Stabilitätskonstanten b_2 u. b_3 des 2. u. 3. Komplexes steigen von La bis Dy bzw. Ho an u. fallen dann bis Yb langsam ab. (Acta chem. scand. **12.** 1937—54. 1958. Lund, Univ. of Lund, Chem. Inst., Dep. of Inorg. and Phys. Chem.) K. FRIEDRICH. 303

André Benacerraf, Louis Domange und **Jean Flahaut,** *Über die Polyselenide der Lanthanide von Lanthan bis Gadolinium.* Durch Rk. von H_2 mit *Se* bei 450° u. dann mit den Oxyden von *La, Ce, Pr, Nd, Sm* u. *Gd* bei 450–1250° sind von Vff. Polyselenide der Zus. Me_2Se_4 - $Me_2Se_{3,6}$ dargestellt worden; lediglich von *Eu* wurde kein Polyselenid erhalten. Das Metall ist nach Messungen der magnet. Susceptibilität in den Polyseleniden wie in den einfachen Seleniden dreiwertig. Aus Röntgenaufnahmen folgt für die Struktur von La_2Se_4 c = 8,54 u. a = 8,47 kX (D. = 6,33), Ce_2Se_4 c = 8,49 u. a = 8,43 kX (D. = 6,45), Pr_2Se_4 c = 8,44 u. a = 8,37 kX (D. = 6,68), Nd_2Se_4 c = 8,41 u. a = 8,33 kX (D. = 6,83), $Sm_2Se_{3,6}$ c = 8,36 u. a = 8,16 kX (D. = 6,94), $Gd_2Se_{3,63}$ c = 8,34 u. a = 8,13 kX (D. = 7,25 g · cm^{-3}). Beim Erwärmen im Vakuum dissoziieren die Polyselenide unter Abgabe von Se unter Bldg. eines Selenids großen Homogenitätsbereiches, während sie bei n. Temp. an der Luft unverändert bleiben. Die Thermolyse bei 900° führt nur beim Ce zum Oxyd, während bei den anderen Lanthaniden eine Mischung aus Selenit u. Selenat erhalten wird. C. R. hebd. Séances Acad. Sci. **248.** 1672–75. 16/3. 1959. HERBERT MÜLLER 310

Jiří Klikorka und **Ivan Pavlík,** *Untersuchung von anionotropen Solvosystemen.* 1. Mitt. *Chloridotropes Solvosystem Titan(IV)-chlorid–Selenylchlorid.* Das chloridotrope Solvosystem *Titan(IV)-chlorid* (I)-*Selenylchlorid* (II) wurde konduktometr. u. kryoskop. untersucht. I liegt in diesem Syst. als Solvosäure vor; als Solvobase wurde *Pyridin* (III) verwendet. Aus dem Knick der Leitfähigkeitskurve u. der kryoskop. Kurve wurde die Existenz folgender komplexer Chlorotitanatanionen bewiesen: $TiCl_5^-$, $TiCl_6^{2-}$, $TiCl_7^{3-}$ u. $TiCl_8^{4-}$. Die erwähnten Kurvenknicke wurden durch die Bldg. von verschied. Verbb. zwischen I u. II u. III bedingt. Es werden die Reaktionsmechanismen der acidobas. Rkk., die zur Entstehung der erwähnten komplexen Ionen führen, beschrieben. (Chem. Listy **52.** 2222—25. Dez. 1958. [Orig.: tschech.] Collect. czechoslov. chem. Commun. **24.** 2516—20. Aug. 1959. [Orig.: deutsch.] Pardubice, Vysoká škola chem. technol., Kat. anorg. chem.) V. RŮŽIČKA/Prag. 321

A. Ss. Ssolowkin, *Bestimmung der Hydrolysekonstanten und Komplexbildungskonstanten von Zr^{4+} mit Nitrat- und Chlorionen mit Extraktionsmethoden.* Die Komplexbldg. von Zr^{4+} mit NO_3^- u. Cl^- wird durch Extraktion mit *Tributylphosphat* (I) aus salpetersauren Lsgg. der Ionenstärke 4 bzw- salzsauren Lsgg. bei (20 ± 2)° untersucht. Als

Indicator wird ^{95}Zr verwendet. Die Gleichgewichtseinstellung in den salpetersauren Lsgg. beansprucht 3—4 Std., während das Gleichgewicht bei der Extraktion mit I (gelöst in einem KW-stoff-Gemisch mit D. = 0,743 u. Kp. = 182—222°) nach 60 bis 90 Min. erreicht wird. Zr wird mit I in Form des Komplexes $Zr(NO_3)_4 \cdot (C_4H_9O)_3PO$ extrahiert, dessen Zus. auf graph. u. analyt. Wege ermittelt wird. Die Komplexbldg.-Konstanten von $Zr(NO_3)_4$ u. $ZrCl_4$ mit I betragen 0,65 ± 0,1 bzw. (2 ± 0,2) · 10^4, diejenige für die Komplexbldg. mit *Thenoyltrifluoraceton* (1,2 ± 0,2) · 10^9. Die Komplexbildungskonstanten des Zr betragen für die Nitratokomplexe: $Zr(NO_3)^{3+}$ 2,2 ± 0,05, $Zr(NO_3)_2^{2+}$ 1,3 ± 0,05, $Zr(NO_3)_3^+$ 0,55 ± 0,03 u. $Zr(NO_3)_4$ 0,15 ± 0,02, für die Chlorokomplexe (Ionenstärke 6,54): $ZrCl^{3+}$ 8,4 ± 0,5, $ZrCl_2^{2+}$ 21 ± 1, $ZrCl_3^+$ 32 ± 2 u. $ZrCl_4$ 15 ± 2. Die Hydrolysekonstanten der 4 Hydrolysestufen des Zr^{4+} werden (für Ionenstärke 2) mit 0,6 ± 0,05, 0,24 ± 0,03, 0,09 ± 0,01 u. 0,068 ± 0,006 angegeben. (Журнал Неорганической Химии [J. anorg. Chem.] **2.** 611—22. März 1957.) H.-J. OSTMANN. 322

W. I. Shelankin, W. Ss. Kutzew und **B. F. Ormont,** *Untersuchung des Gleichgewichtes bei der Reduktion von ZrO_2 und V_2O_3 mit Kohlenstoff bei hohen Temperaturen.* Die invarianten Gleichgewichte ZrC_xO_y—C—CO u. VC_xO_y—C—CO bei einem konstanten CO-Druck von 760 mm werden im Bereich von 1900—2500° untersucht, um die Abhängigkeit der Zus. der Oxycarbide von der Temp. festzustellen. Als Ausgangsoxyde dienen ZrO_2 u. V_2O_3, als Red.-Mittel 99,9%ig. Graphit. Zur Erreichung des Gleichgewichtes waren bei 1900—2100° ca. 8—6 Std., bei 2450—2530° ca. 80—30 Min. erforderlich. Die entstandenen festen Prodd. werden chem. u. röntgenograph. untersucht. Aus den tabellar. wiedergegebenen Ergebnissen geht hervor, daß mit steigender Temp. die Zus. von $ZrC_{0,64}O_{0,06}$ (1930°) über $ZrC_{0,72}O_{0,00}$ (2300°) nach $ZrC_{0,77}$ (2530°) bzw. von $VC_{0,94}O_{0,06}$ (1900°) nach $VC_{0,97}O_{0,00}$ (2280°) bzw. $VC_{0,96}O_{0,00}$ (2300°) geändert u. im Einzelfalle durch Druck u. Temp. völlig best. wird, wie an Hand von Parallelverss. gezeigt wird. Die Gitterperiode steigt beim Zr-Carbid mit zunehmendem C-Geh. von 4,682 auf 4,689 kX an, während sie beim V-Carbid konstant (4,158 kX) bleibt. Wird ein auf die beschriebene Weise hergestelltes Carbid gemahlen u. der gleichen Rk. unter den gleichen Bedingungen nochmals unterworfen, so ändert sich seine Zus. nicht mehr; das Gleichgewicht wird bei einmaliger Rk. erreicht. (Журнал Неорганической Химии [J. anorg. Chem.] **3.** 1237—40. Mai 1958. Phys.-chem. Karpow-Inst., Wiss. Allunions-Forsch.-Inst. für feste Legierungen.) H.-J. OSTMANN. 330

O. W. Altschuler, Je. A. Ssubbotina und **A. F. Afanassjewa,** *Trennung von Niob und Titan durch die Ionenaustauschmethode.* Vff. beschreiben die Trennung von *Nb* u. *Ti* mittels Anionenaustauscher (Typ EDE-10) in Form ihrer mit Cl^- oder F^- gebildeten Anionenkomplexe. Außerdem wird das Verh. der das Nb begleitenden Elemente *Ta* u. *Fe* bei dessen Reinigung vom Ti untersucht. Die Verss. werden in Säulen mit 0,5—10 cm^2 Querschnitt u. 20—70 cm Höhe mit von oben aufgegebenen Lsgg. ausgeführt. Die Best. der Elemente erfolgt mit Hilfe der Isotopen ^{95}Nb, ^{182}Ta, ^{59}Fe u. beim Ti colorimetr. mit H_2O_2. Die Best. der Adsorptionsisothermen u. der Verteilungskoeffizienten in salzsauren Lsgg. ergibt, daß beide Elemente bei [HCl] $>$ 9 n festgehalten werden; Ad- u. Desorptionsprozeß sind beim Ti voll umkehrbar; beim Nb findet dagegen bei [HCl] = 6 — 8 n u. $<$ 2 n keine Desorption statt. u. der bei der Desorption gemessene Verteilungskoeff. erreicht im gesamten Gebiet der HCl-Konz. nirgends den Wert 0. Die Desorption des Nb wird durch Zusatz von *NaF* zur HCl wesentlich verbessert. Jedoch erschwert gleichzeitig anwesendes Nb die Elution des Ti, u. Nb wird in Ggw. von Ti leichter von der Säule entfernt als bei Verss. mit reinen Nb- bzw. Ti-Lösungen. Kinet. Unterss. zeigen, daß die Hauptmengen beider Elemente rasch vom Austauscher gebunden werden; zur völligen Gleichgewichtseinstellung sind jedoch 1,5—2 Tage erforderlich. Die Austauschgeschwindigkeit wird durch die Geschwindigkeit der Diffusion ins Innere der Harzkörner best.; diese beträgt für Nb 2,5 · 10^{-11} u. für Ti 5 · 10^{-11} cm^2/sec. Die Desorptionsgeschwindigkeiten beider Elemente bei der Elution mit verd. HCl sind wesentlich größer. Vff. glauben, daß in den salzsauren Lsgg. in Abhängigkeit von der HCl-Konz. verschied. Typen von Anionenkomplexen des Nb u. Ti vorliegen u. daß in Lsgg., die beide Elemente enthalten, Nb- u. Ti-haltige Mischkomplexe auftreten müssen. Diese erschweren die Trennung beider Elemente; jedoch gelingt es, bei Wahl entspr. Eluierungsfll. den Geh. eines 1:1-Nb-Ti-Prod. auf ca. 0,15% Ti herabzusetzen, wobei jedoch die Nb-Ausbeute nur ca. 60% beträgt. Fe verhält sich bei der Reinigung des Nb vom Ti analog dem Ti, während Ta, dessen teilweise Adsorption durch das Harz wahrscheinlich keinen Ionenaustauschcharakter trägt, sich zwischen beiden Phasen verteilt. (Журнал Неорганической Химии [J. anorg. Chem.] **3.** 1192—99. Mai 1958.) H.-J. OSTMANN. 332

A. G. Bergman und **O. R. Wartbaronow,** *Schmelzdiagramm von ternären Systemen aus Kaliumchromat, -meta- und -tetraborat.* Vff. untersuchen mittels der visualpolytherm. Meth. die bin. Systeme *K_2CrO_4—$K_2(BO_2)_2$* (A), K_2CrO_4—*$K_2B_4O_7$* (B), $K_2B_4O_7$—$K_2(BO_2)_2$ (C) u. das tern. Syst. K_2CrO_4—$K_2(BO_2)_2$—$K_2B_4O_7$. Im Syst. A besteht ein Eutektikum bei 830° u. 37% $K_2(BO_2)_2$, im Syst. B bei 756° u. 8% K_2CrO_4; im Syst. C wird eine inkongruente, innerhalb des Syst. kongruent schm., als Zwischentyp zwischen Meta- u. Tetraborat aufgefaßte Verb. der wahrscheinlichen Zus. *$2\,K_2O \cdot 3\,B_2O_3$* (I) gefunden; zwischen ihr u. den Komponenten liegen eutekt. Punkte: 49% $K_2(BO_2)_2$ bei 834° u. 32% $K_2(BO_2)_2$ bei 778°. Die Fläche des tern. Schmelzdiagramms besteht aus 4 Kristallisationsfeldern: denen der Komponenten u. dem von **I**, außerdem enthält es ein Entmischungsgebiet innerhalb des K_2CrO_4-Feldes. Bei hohen $K_2B_4O_7$-Konzz. findet Glasbldg. statt. Die beiden tern. eutekt. Punkte liegen bei 748° (52,5% $K_2B_4O_7$, 30,9% $K_2(BO_2)_2$, 16,6% K_2CrO_4) u. 794° (27,5% $K_2B_4O_7$, 45% $K_2(BO_2)_2$, 27,5% K_2CrO_4). Auf im bin. Syst. B auftretende Anzeichen für gegenseitige Löslichkeit von K_2CrO_4 u. $K_2B_4O_7$ oberhalb 890° wird bes. hingewiesen. (Журнал Неорганической Химии [J. anorg. Chem.] **2.** 642—47. März 1957. Rostow, Inst. für Eisenbahntransport-Ingenieurwesen.) H.-J. OSTMANN. 335

A. G. Bergman und **O. R. Wartbaronow,** *Schmelzdiagramm des Systems aus Chromaten und Tetraboraten von Natrium und Kalium.* (Vgl. vorst. Ref.; vgl. auch C. **1959.** 2387.) Vff. untersuchen die bin. Systeme *Na_2CrO_4—K_2CrO_4* (A), *$Na_2B_4O_7$—$K_2B_4O_7$* (B), Na_2CrO_4—$Na_2B_4O_7$ (C) u. K_2CrO_4—$K_2B_4O_7$ (D) sowie das Syst. K_2CrO_4—Na_2CrO_4—$K_2B_4O_7$—$Na_2B_4O_7$ mit Hilfe der visualpolytherm. Methode. Die bin. Systeme werden folgendermaßen charakterisiert: A — lückenlose Reihe fester Lsgg. mit Minimum bei 752° u. 30% K_2CrO_4; B — lückenlose Reihe fester Lsgg. mit Minimum bei 668° u. 35% $K_2B_4O_7$; C — Trennung der fl. Phase in 2 Schichten zwischen 32,5 u. 90% Na_2CrO_4, Eutektikum bei 715° u. 25% Na_2CrO_4; D — Eutektikum bei 756° u. 92% $K_2B_4O_7$, Anzeichen für gegenseitige Löslichkeit der Komponenten bei hohem K_2CrO_4-Gehalt. Das untersuchte quaternäre Syst. ist ein erstmals aufgefundener Vertreter eines umkehrbar-reziproken Syst. mit 2 Entmischungsbereichen. Das Schmelzdiagramm besteht aus 2 Kristallisationsfeldern lückenloser Reihen fester Lsgg. der Chromate (89,1% der Fläche) u. der Borate (10,9%) von K u. Na. Die Kurve der gemeinsamen Kristallisation der festen Lsgg. besitzt ein Minimum bei 664° (54% $Na_2B_4O_7$, 10% K_2CrO_4, 36% $K_2B_4O_7$). Im Bereich der festen Lsgg. der Chromate befinden sich 2 isolierte Entmischungsbereiche, die 25,2 bzw. 17,6% der Quadratfläche einnehmen. (Журнал Неорганической Химии [J. anorg. Chem.] **2.** 648—54. März 1957.) H.-J. OSTMANN. 335

E. Kurras, *Über ein Tetrahydrofuranat des Vanadin(III)-chlorids.* Arbeitsvorschrift zur Herst. von Tetrahydrofuranaten des VCl_3 u. $CrCl_3$.

Versuche: *$VCl_3 \cdot 3\,THF$* (THF = Tetrahydrofuran) aus VCl_3 (hergestellt aus V_2O_5 u. S_2Cl_2) u. THF nach 8std. Kochen in Ggw. von wenig Mg (GRIGNARD-Späne), Filtration, Extraktion des Rückstandes u. Einengen des Filtrats u. Extraktes. Kristallisation bei —10°. Umkristallisation aus sd. THF. *$CrCl_3 \cdot 3\,THF$* als Nebenprod. bei der Darst. von $(C_6H_5)CrCl_2 \cdot 3$ THF aus $Al(C_6H_5)_3$ u. $CrCl_3$ oder durch Kochen von $CrCl_3$ in absol. THF in Ggw. von Mg. (Naturwissenschaften **46.** 171. 1. März-H. 1959. Jena, Dtsch. Akad. der Wiss. zu Berlin, Arbeitsstelle für Komplexchem. Jena.) M. LASER. 335

Guido Sartori und **Giacomo Costa,** *Über die Reaktion von Aluminiumtriäthyl oder -triphenyl mit Chromacetylacetonat.* Vff. untersuchen die Rkk. zwischen *$Al(C_2H_5)_3$* (I) oder *$Al(C_6H_5)_3$* (II) u. *Cr-Acetylacetonat* (III) durch Best. der gasförmigen Rk.-Prodd., des nicht umgesetzten Teils der Komponenten, konduktometr. Titrationen, magnet. Messungen u. Aufnahme der UV- u. IR-Spektren. Rk. zwischen **I** u. **III**: **I** u. **III** reagieren unter Bldg. einer braunschwarz gefärbten Mischung, die in Bzl. löslich ist, aus der jedoch durch n-Heptan ein schwarzer Stoff ausgeflockt wird, in dem Al/Cr = 3 ist. Bei großem Überschuß an **I** scheinen 6 Mol **I** mit einem Mol **III** reagieren zu können, als untere Rk.-Grenze finden Vff. 3 Mol **I**/Mol **III**, diese Stöchiometrie liegt auch bei einem Al-Unterschuß vor. Bei dieser Rk. entstehen 3 Mole eines Gasgemisches von Äthan u. Äthylen. Bei der Rk. wird Cr(III) zu Cr der Oxydationszahl Null red., die charakterist. Struktur des Acetylaceton-Chelatringes scheint erhalten zu bleiben, in dem Rk.-Prod. sind noch 2 C_2H_5-Gruppen/Al vorhanden. Vff. nehmen an, daß sich an je 1 O-Atom in jedem Chelatring in **III** 1 Mol **I** anlagert, sodann wird in jedem Mol **I** eine C_2H_5-Gruppe durch das Cr(III) zu dem entsprechenden Radikal oxydiert, wobei gleichzeitig drei C–O–Al-Bindungen geschlossen werden. — Rk. zwischen **II** u. **III**: Wie bei der obigen Rk. wird auch hier unter völligem O_2- u. W.-Ausschluß in einer N_2-Atmosphäre gearbeitet. Bei der Rk. von **II** mit **III** in Bzl. bildet sich eine dunkelbraune Lsg., bei dieser Rk. tritt keine Gasentwicklung auf. Auf Grund der verschied. Unters.-Methoden ergibt sich folgendes: es erfolgt eine Rk. von 3 Mol **II**/Mol **III**, bei der Rk. erfolgen keine grundlegenden Veränderungen in der Struktur des Chelatringes u. in der Phenylgruppe, aus dem IR-Spektr. muß auf eine Donator-Acceptor-Bindung zwischen einem O-Atom des Chelatringes u.

dem Al geschlossen werden, die gebildeten Rk.-Prodd. sind Kryptoionen, magnet. Messungen zeigen keine Red. des Cr(III) an. Vff. nehmen als ersten Rk.-Schritt die Koordination von einem Mol **II** an je ein O-Atom in jedem Chelatring an. (Z. Elektrochem., Ber. Bunsenges. physik. Chem. **63.** 105—11. Febr. 1959. Trieste, Univ., Dep. of Chem.) L. Schwiegk. 335

Ivan E. Lichtenstein und **Thomas L. Allen,** *Das Wesen der Chrom(VI)-1.5-Diphenylcarbazid-Reaktion.* 1. Mitt. *Extraktionsuntersuchungen.* Das bei Einw. von *Diphenylcarbazid* (I) auf eine angesäuerte Cr(VI)-Lsg. entstehende rotviolette Rk.-Prod. wurde mit Isoamylalkohol extrahiert; analyt. Unterss. dieses Extrakts ergaben Ggw. von Cr. Die Intensität der in der wss. Phase verbliebenen Farbe entsprach nahezu dem darin analyt. ermittelten Cr-Gehalt. Auf Grund der Ergebnisse dieser Extraktionsverss. stellen Vff. fest, daß das gefärbte Rk.-Prod. der Cr(VI)-I-Rk. ein organometall. Cr(VI)-Komplex ist. Die Möglichkeit, daß das Cr nach der Rk. als Cr^{2+}-, Cr^{3+}- oder als $HCrO_4^-$-Ion vorliegt, wird ausgeschlossen. (J. Amer. chem. Soc. **81.** 1040—42. 5/3. 1959. Davis, Calif., Univ. of California, Dep. of Chem.) D. Ertel. 335

Meyer L. Freedman, *Die Wolframsäuren.* Die aus Na_2WO_4-Lsgg. auf Zusatz starker Säuren (HCl, HNO_3) ausfallenden festen Phasen werden analyt., potentiometr. u. röntgenograph. untersucht. Die Wolframsäurefällungen wurden bei 25, 50 u. 100° durch Eingießen ca. 1 mol. Na_2WO_4-Lsgg. in einen großen Säureüberschuß hergestellt; dadurch konnte eine wesentliche Änderung der Acidität der Lsgg. während der Fällung vermieden werden. Die Homogenitätsbereiche der Phasen wurden bestimmt u. ihre chem. Rkk. untersucht. Von den durch eine direkte Fällung unter verschied. Vers.-Bedingungen erhaltenen 4 einheitlichen Wolframsäuren wurden die Phasen $WO_3 \cdot 2\,H_2O$ u. $WO_3 \cdot H_2O$ durch einen Vergleich ihrer Eigg. mit den entspr. isomorphen Mo-Verbb. als Hydrate identifiziert. Bei der Unters. der Rkk. dieser W-Oxydhydrate mit Na_2WO_4-Lsgg. erhielt Vf. eine neue Phase mit der Zus. $Na_2O \cdot (WO_3 \cdot H_2O)\,n$, wobei n Werte zwischen 4 u. 10 annehmen kann; die neue Phase besitzt die Eigg. eines Kationenaustauschers. Bei der Rk. von $WO_3 \cdot H_2O$ mit Na_2WO_4-Lsgg. bildet sich in Abhängigkeit vom relativen Konz.-Verhältnis der Reaktanten entweder Na-Metawolframat oder Na-Parawolframat; letzteres entsteht dagegen ausschließlich bei Verwendung von $WO_3 \cdot 2\,H_2O$. Die bei diesen Rkk. erhaltenen krist. Verbb. $Na_{10}W_{12}O_{41} \cdot 28\,H_2O$ u. $Na_6H_2W_{12}O_{40} \cdot 29\,H_2O$ besitzen Homogenitätsbereiche. - Die einheitlichen $WO_3 \cdot$ aq-Phasen wurden zur Best. der Säureeigg. potentiometr. mit NaOH- u. Na_2WO_4-Lsgg. in Ggw. von 3 mol. $NaNO_3$-Lsg. titriert. Die Strukturen der W-Oxydhydrate werden mit denen der lösl. Isopolywolframate verglichen u. in Beziehung gesetzt. Die chem. Eigg. der Wolframsäuren diskutiert Vf. im Zusammenhang mit der Chemie von W (VI)-Verbb. in wss. Lsgg.u. im Vergleich zu der Chemie von Cr (VI)-, Mo (VI)- u. U (VI)-Verbindungen. (J. Amer. chem. Soc. **81.** 3834—39. 5/8. 1959. Cleveland, O., General Electric Co., Refractory Metals Labor.) D. Ertel. 337

Nihar Kumar Dutt und **Nityananda Goswami,** *Untersuchungen über die Salicylatkomplexe des Uran(VI).* (Vgl. C. **1959.** 15934.) U (VI) bildet mit Salicylsäure einen roten löslichen Komplex, der zur quantitativen Best. des U verwendet wird. Vff. untersuchen die wss. Lsg. des Syst. U(VI)–Na-Salicylat nach der Meth. von Job colorimetrisch. Es ergibt sich, daß zwischen beiden Substanzen nur ein Komplex der Zus. $[UO_2(O \cdot C_6H_4 \cdot COO)_2]^{2-}$ gebildet wird. Durch Variation der Konz. in Lsg. wird die Dissoziationskonstante des Komplexes zu $K = 1{,}24 \cdot 10^{-5}$ bestimmt. (Z. anorg. allg. Chem. **298.** 265—69. Jan. 1959. Calcutta, Univ., Coll. of Sci., Inorg. Chem. Labor.) L. Schwiegk. 339

J. L. Drummond und **G. A. Welch,** *Die Darstellung und Eigenschaften einiger Plutoniumverbindungen.* 8. Mitt. *Plutonium(IV)-sulfat.* (7. vgl. C. **1958.** 10879.) Vff. stellen wasserfreies $Pu(SO_4)_2$ aus $Pu(NO_3)_4$-Lsg. (0,2—0,5 g Pu) u. 0,5—1 ml 18 n H_2SO_4 durch Eindampfen u. Erhitzen auf 450—570° dar. Das Verhältnis $Pu(SO_4)_2 : PuO_2$ schwankt bei diesen Tempp. um 1,582, wie auch thermogravimetr. bestätigt wurde. $Pu(SO_4)_2$ ist zur gravimetr. Best. von Pu nicht geeignet, da es hygroskop. ist. In wss. Lsg. neigt $Pu(SO_4)_2$ zur Hydrolyse. (J. chem. Soc. [London] **1958.** 3218—19. Sept. Caithness, Dounreay, U. K. Atomic Energy Authority, Dounreay Exper. Reactor Establ.) G. Krien. 343

Je. Ss. Makarow, *Über die Zwiespältigkeit der chemischen Natur der Actiniden.* Vf. beschreibt an Hand einer Übersicht über Elektronenkonfigurationen, Valenzverhältnisse, Elementarzellen, Ionen-, kovalente u. metall. Atomradien, Strukturen vieler Verbb., Bildungsmöglichkeiten fester Lsgg. sowie eutekt. u. peritekt. Systeme die chem. Ähnlichkeit der Actiniden (*Ac, Th, Pa, U, Np, Pu, Am, Cm, Bk* u. *Cf*) sowohl mit den Seltenen Erden als auch mit den Elementen der 4., 5. u. 6. Nebengruppe des Periodensystems. 14 Literaturzitate. (Журнал Неорганической Химии [J. anorg. Chem.] **3.** 1079—88. Mai 1958. Vernadsky-Inst. für Geochem. u. analyt. Chem. der Akad. der Wiss. der UdSSR.) H.-J. Ostmann. 348

I. G. Ryss und **B. Ss. Wituchnowskaja,** *Caesium- und Chromfluoromanganate (III).* Vff. beschreiben die Darst. zweier neuer Fluoromanganate(III). Durch Auflösen eines geringen Unterschusses eines äquimol. Gemisches von $MnCO_3$ u. MnO_2 in 40%ig. HF wird eine Lsg. von MnF_3 in HF hergestellt; auf Zusatz einer CsF-Lsg. (durch Auflösen von CsF_3 in 10%ig. HF erhalten) fällt *Caesiumfluoromanganat(III)-monohydrat* $Cs_2MnF_5 \cdot H_2O$ als rosafarbener Nd. aus, der mit 5%ig. HF, A. u. Ae. gewaschen, bei 80° getrocknet u. mit 83% Ausbeute erhalten wird. Seine Eigg. ähneln weitgehend denen des analogen Kaliumsalzes; bes. wird seine Empfindlichkeit gegen W. hervorgehoben. — Durch Vermischen einer MnF_3/HF-Lsg. u. einer wss. $CrCl_3$- oder $Cr(NO_3)_3$-Lsg. wird ein violetter, äußerst schwerlösl. Nd. erhalten, dessen Zus. zu $MnF_3 \cdot CrF_3 \cdot 6\,H_2O$ ermittelt wird. Die Substanz besteht aus sehr kleinen, 6-eckigen Prismen mit stark ausgeprägter Doppelbrechung. Auf Grund eines Vgl. der Gleichgewichtskonstanten der Rkk. $MeF^{2+} \rightarrow Me^{3+} + F^-$ (Me = Cr, Mn) u. der Tatsache, daß Fe^{3+} mit MnF_3 keinen derartigen Komplex bildet, sowie aus der Farbe u. relativen Beständigkeit gegen W. schließen Vff., daß die Verb. als *Chromfluoromanganat(III)* anzusprechen u. als $[CrF_2(H_2O)_4][MnF_4(H_2O)_2]$ bzw. $[CrF(H_2O)_5][MnF_5(H_2O)]$ zu formulieren ist. (Журнал Неорганической Химии [J. anorg. Chem.] **3.** 1185—87. Mai 1958.)
H.-J. OSTMANN. 350

Arnošt Bergstein, Miroslav Rozsíval und **Miroslav Mikuláš,** *Zur Herstellung der Manganferrite.* (Vgl. C. **1959.** 6707.) Bei der Darst. der Manganferrite aus Gemischen von $MnCO_3$ u. FeO(OH) (Eisengelb) mit Fe:Mn-Verhältnissen von 2:0,94 u. 2:1,537 wurden Phasenzus., Sauerstoffgeh., Kristallform, ferromagnet. Eigg. u. CURIE-Temp. in Abhängigkeit von der Glühtemp. an der Luft untersucht. Vff. schlagen als Mechanismus die Manganspinellbldg. durch Rk. in fester Phase vor. Es wird angenommen, daß es sich um eine Folgereaktion in zwei bzw. drei Stufen handelt. (Chem. Listy **52.** 1856—65. Okt. 1958. [Orig.: tschech.]; Collect. czechoslov. chem. Commun. **24.** 885—95. März 1959. [Orig.: deutsch.] Praha, Československ. akad. věd, Ústav techn. fys.) V. RUŽIČKA/Prag. 354

Hans H. Lau und **Harold Hart,** *Darstellung und Hydrolyse von kristallinem Ferrocenoylchlorid. Ferrocenoylchlorid* (**I**) entsteht bei der Umsetzung der Ferrocensäure (**II**, F. 208—210°) mit PCl_5. **I** gibt mit NH_3 *Ferrocenamid* (F. 168—169°) u. mit Na_2O_2 statt des erwarteten Peroxyds wahrscheinlich *Ferrocensäureanhydrid* (**III**). Der Vers., **III** aus **II** u. Dicyclohexylcarbodiimid darzustellen mißlang; es entstand *N.N'-Dicyclohexyl-N-ferrocenylharnstoff.* Weitere Verss. zur Darst. des Ferrocenoylperoxyds führten zur Oxydation des Fe. Bei der Solvolyse von **I** in 95% Aceton-5% W. bei 25° war die Geschwindigkeitskonstante der Pseudo-1. Ordnung $8{,}81 \pm 0{,}22 \cdot 10^{-5}$ sec^{-1} (Konzentrationsbereich 0,025 — 0,005 n), was dem Wert für Benzoylchlorid unter gleichen Bedingungen ziemlich genau entspricht.

V e r s u c h e: *Ferrocenoylchlorid* (**I**), $C_{11}H_9ClFeO$, F. 49° (Pentan), durch Rk. von 2,3 g **II** u. 2,5 g PCl_5 in Bzl. unter N_2, Dest. von Lösungsm. u. $POCl_3$, Lösen in Pentan, Waschen mit verd. Alkali u. W., rote Kristalle; 1,2 g (Ausbeute). — *Ferrocensäureanhydrid* (?, **III**), $C_{22}H_{18}Fe_2O_3$, F. 141—142° (Pentan), durch 5std. Kochen von 0,8 g **I** mit 0,5 g Na_2O_2 in absol. Ae., Zersetzen des Na_2O_2 mit Eisw., Ausäthern, gelbe Substanz; 0,5 g. — *N.N'-Dicyclohexyl-N-ferrocenoylharnstoff,* $C_{24}H_{32}FeN_2O_2$, F. 161° (Hexan), durch 15std. Stehenlassen von **II** mit N.N'-Dicyclohexylcarbodiimid in Tetrahydrofuran unter N_2. (J. org. Chemistry **24.** 280—81. Febr. 1959. East Lansing, Mich., Michigan State Univ., Kedzie Chem. Labor.) E. DEHMLOW. 354

T. A. Manuel und **F. G. S. Stone,** *Cyclooctatetraen-Eisenkomplexe.* Vff. beschreiben Verss. zur Darst. eines zweikernigen Übergangsmetallkomplexes, in dem die beiden Metallatome durch ein C_nH_n-konjugiertes Ringsyst. symm. voneinander getrennt vorliegen. Aus theoret. Erwägungen schließen sie, daß bei einer Rk. zwischen *Cyclooctatetraen* (**I**) u. $Fe(CO)_5$ u. a. die Verb. $(CO)_3FeC_8H_8Fe(CO)_3$ (**II**) gebildet werden müßte. **II** konnte als Rk.-Prod. tatsächlich isoliert werden, allerdings nur in sehr geringer Ausbeute. Es ist eine gelbe luftbeständige Substanz (Zers. ca. 185°), die im Vakuum sublimiert u. in organ. Lösungsmitteln nur mäßig lösl. ist; IR-spektroskop. Unterss. ergaben zwei intensive CO-Valenzschwingungen bei 2041 u. 1984 cm^{-1}. — Das Hauptprod. der **I**-$Fe(CO)_5$-Rk. ist eine Verb. der Zus. $C_8H_8Fe(CO)_3$ (**III**), tiefrote, gegen Luft u. Feuchtigkeit beständige Kristalle, F. 92°, Zers. ca. 155°, Ausbeute 60—70%; **III** sublimiert im Hochvakuum, ist in organ. Lösungsmitteln gut lösl. u. liefert zwei intensive CO-Valenzschwingungen bei 2058 u. 1992 cm^{-1}. Messungen der kernmagnet. Resonanz von **III** ergaben Diamagnetismus u. zeigten eine einzige Protonenresonanz bei 152 Hz. — Als weiteres Rk.-Prod. konnten Vff. kleinere Mengen einer schwarzen luftbeständigen Verb. der Zus. $C_8H_8Fe_2(CO)_7$ (**IV**) isolieren. **IV** zersetzt sich bei 220° u. liefert 4 CO-Valenzschwingungen bei 2026, 1992, 1953 u. 1783 cm^{-1}. Die Bande bei 1783 cm^{-1} weist auf Ggw. von CO-Brücken hin; Vff. sehen daher **IV** als Deriv. von

$Fe_2(CO)_9$ an, in welchem 2 CO durch eine I-Gruppe substituiert sind. (Proc. chem. Soc. [London] **1959.** 90. März. Cambridge, Mass., Harvard Univ., Mallinckrodt Chem. Labor.) D. ERTEL. 354

R. Pettit, *Metallkomplexe mit [2.2.1]-Bicycloheptadien.* Durch Rk. von $Fe(CO)_5$ u. $Mo(CO)_6$ mit *[2.2.1]-Bicycloheptadien* (I) stellt Vf. *Bicycloheptadieneisentricarbonyl* (II) u. *Bicycloheptadienmolybdäntetracarbonyl* (III) her u. untersucht deren Eigenschaften. Hinsichtlich ihrer Konfiguration werden Vergleiche zu Butadieneisentricarbonylkomplexen gezogen. Eine Strukturformel, die **II** als „sandwich"-Verb. charakterisiert, wird vorgeschlagen u. mitgeteilt:

Versuche: **II,** $Kp._{0,2}$ 60,5°, durch 15std. Kochen von $Fe(CO)_5$ mit überschüssigem **I** unter Rückfluß u. fraktionierter Dest.; bei Raumtemp. rote Fl., die bei < 10° zu einer gelben krist. Masse erstarrt, Ausbeute 30%. An Luft langsame Oxydation von **II** unter Fe-Oxyd-Abscheidung. Leicht lösl. in kalter konz. H_2SO_4, beim Erhitzen SO_2-Entwicklung. Oxydation von **II** mit $FeCl_3$ setzt **I** in Freiheit. Ein Nebenprod. bei der **II**-Darst. ist ein höhersiedendes, nicht identifiziertes *Keton* (**IV**), weiße Nadeln aus A., F. 82°; **IV**-2.4-Dinitrophenylhydrazon, orangefarbene Nadeln aus A., F. 186—187°. 5std. Sonnenbestrahlung von $Fe(CO)_5$ in **I** lieferte neben **II** u. **IV** einen festen KW-stoff (**V**), F. 67—68°, der ein Dimeres von **I** zu sein scheint; eine analoge Behandlung von **I** bei Abwesenheit von $Fe(CO)_5$ ergab kein **V**. — **III,** F. 76—77°, Darst. analog zu **II,** fahlgelbe Blättchen aus PAe., luftbeständig. Das IR-Spektr. von **III** zeigt 3 ausgeprägte CO-„peaks" bei 4,93, 5,05—5,2 u. 5,35 μ; **II** u. **III** liefern mittlere Absorptionsmaxima im Bereich 7,0, 7,75 u. 8,5 μ. (J. Amer. chem. Soc. **81.** 1266. 5/3. 1959. Austin, Tex., Univ. of Texas, Dep. of Chem.) D. ERTEL. 354

Theodor Bersin und Heinrich Schwarz, *Über Eisen(III)-hydroxyd-Komplexe.* 2. Mitt. (1. vgl. C. **1953.** 729.) Bei Unterss. über $Fe(OH)_3$-Komplexe mit Kohlenhydraten fanden Vff. im Komplex von $Fe(OH)_3$ mit *Polyisomaltose* (I) (erhalten durch Hydrolyse von Dextran) einen leicht wasserlösl., gegen Alkalisierung u. Ansäuern in der Kälte sowie gegen Erhitzen stabilen Komplex, der bei Papierelektrophorese bei p_H 8,6 einheitlich kathod. wandert. Durch Erhitzen nach Ansäuern tritt Abbau zu ionisiertem Fe u. *Glucose* (**II**) ein. Mit **II** u. *Fructose* (**III**) wurden ebenfalls $Fe(OH)_3$-Komplexe, jedoch von geringerer Stabilität, erhalten. Die $Fe(OH)_3$-Komplexe mit **II** u. *Saccharose* besitzen als echte Kolloide bei bestimmtem p_H-Wert einen isoelektr. Punkt, diejenigen mit **I, III** u. *Pyrodextrin* sind dagegen makromol. Natur u. zeigen keine Trübungen beim Ansäuern. Die Komplexe besitzen charakterist. Hydrolysegeschwindigkeiten. (Liebigs Ann. Chem. **623.** 138—41. 20/5. 1959. St. Gallen, Labor. Hausmann AG.) F. KRUSEN. 354

P. Spacu und Florica Popea, *Beitrag zur Untersuchung der Chlorojodate. Zwei neue Verbindungsklassen: Die Dichlorojodatometallammine und die Tetrachlorojodatometallammine.* Durch Rk. von NH_4JCl_4 mit den entspr. Amminkomplexen in wss. Lsg. werden unabhängig von den Bedingungen (Zusatz von Cl_2, HCl, NH_4Cl) nachst. krist. Verbb. erhalten (DH = Anion des Diacetyldioxims): *trans*-$[CoCl_2(NH_3)_4]JCl_2$, *trans*-$[CoCl_2en_2]JCl_2$, *cis*-$[CoCl_2en_2]JCl_2$, $[Co(DH)_2(NH_3)_2]JCl_2$, $[Co(DH)_2(C_2H_5NH_2)_2]JCl_2$, $[Co(DH)_2Py_2]JCl_2$, $[CoCl_2Py_4]JCl_2$. Sie sind weit beständiger als die Alkalimetall-Verbb. $MeJCl_2$. Bei der Rk. von festem NH_4JCl_4 mit wss. Lsgg. der Metallammine entstehen infolge Hydrolyse von JCl_4^- ($5\,JCl_4^- + 9\,H_2O \rightarrow J_2 + 3\,JO_3^- + 20\,Cl^- + 18\,H^+$) u. Bldg. unlösl. Metallamminjodate gelbe, sehr beständige Verbb. der Zus. $[Me(NH_3)_6][(JO_3)_2(JCl_2)] \cdot [Me(NH_3)_6][(JO_3)Cl_2] \cdot 4\,H_2O$, $Me = Co$ oder *Cr*. Die vorst. Rkk. sprechen für den komplexen Charakter des JCl_4^- u. seine Dissoziation gemäß $JCl_4^- \rightleftharpoons JCl_2^- + Cl_2$. Durch einen Cl_2-Strom wird das Gleichgewicht zurückgedrängt u. es bilden sich bei der Rk. des NH_4JCl_4 mit Metallamminen die verhältnismäßig beständigen Verbb. *trans*-$[CoCl_2en_2]JCl_4$, *cis*-$[CoCl_2en_2]JCl_4$, $[CoCl_2Py_4]JCl_4$, $[Co(DH)_2(NH_3)_2]JCl_4 \cdot 4\,H_2O$, $[Co(DH)_2(NH_3)_3]_2JCl_4$, $[Co(DH)_2(C_2H_5NH_2)_2]JCl_4$, $[Co(DH)_2Py_2]JCl_4$, $[Co\,en_3][Cl(JCl_4)_2]$, $[Cr\,en_3][Cl(JCl_4)_2]$. Die Existenz der Säure $HJCl_4$ in wss. Lsg. wird durch die Darst. (Cl_2-Strom, Eiskühlung) ihrer wenig beständigen Salze mit Äthylendiamin, $[C_2H_9N_2]JCl_4$, u. 2-Aminopyridin, $[C_5H_7N_2]JCl_4$, wahrscheinlich gemacht. Die Existenz von $HJCl_2$ ist nicht bewiesen. (Rev. Chim. [Bucarest] **1.** 127—32. 1956. Bucarest, Univ. „C. I. Parhon", Fac. de Chim., Labor. de Chim. inorgan. et analyt.) A. BLASCHETTE. 355

Raymond Markby, Irving Wender, R. A. Friedel, F. A. Cotton und Heinz W. Sternberg, *Die Komplexbildung von einem Acetylen mit drei Metallatomen; ein neuer dreikerniger Kobaltkomplex.* Der aus $Co_2(CO)_8$ u. Pentin-(1) (I) gebildete Komplex $Co(CO)_6C_3H_7C \equiv CH$ (**II**) reagiert mit alkoh. HCl in zwei Rk.-Wegen zu einem Gemisch gesätt. u. ungesätt. C_6-Säuren u. zu einem dreikernigen Co-Komplex $HCo_3(CO)_9C_3H_7C \equiv CH$ (**III**). **III** bildet mit alkoh. HCl keine C_6-Säuren. Zur Unters. des neuen Komplextypus stellen Vff. den entspr. C_2H_2-Komplex dar: $HCo_3(CO)_9HC \equiv CH$ (**IV**). Auf Grund physikal. Unterss. kommen Vff. zu der Überzeugung, daß in diesem Komplex ein Co-Dreierring vorliegt u. daß jedes Co-Atom von drei CO-Gruppen umgeben ist. Der Bindungsmechanismus des C_2H_2 u. des H-Atoms werden eingehend diskutiert.

Versuche: *$Co_2(CO)_6C_3H_7C \equiv CH$* **II**, aus 20,4 g $Co_2(CO)_8$ u. 10 ml **I**; nach Stehen über Nacht wird das überschüssige **I** bei 40—50° im N_2-Strom entfernt. — Rk. von **II** mit wss. HCl in Methanol: das nach oben erhaltene **II** wurde mit 200 ml Methanol u. 40 ml konz. HCl 5 Std. am Rückfluß gekocht. Bei der Aufarbeitung wurde in 15%ig. Ausbeute ein Gemisch gesätt. u. ungesätt. C_6-Säuren (u.a. *n-Hexansäure* u. *2-Methylpentansäure*) erhalten, daneben wurde in ca. 10% Ausbeute **III** erhalten. In besserer Ausbeute erhält man **III** jedoch wie folgt. — *$HCo_3(CO)_9C_3H_7C \equiv CH$* **III**, dunkelrote Kristalle, Sublimations-Temp. 60° (2 Torr), beständig an der Luft, zeigt keine sauren oder bes. Eigg., zers. sich mit alkoh. Alkali unter Bldg. von $[Co(CO)_4]^-$. Darst.: die wie oben dargestellte Menge **II** wird in 360 ml Methanol gelöst u. mit einer Lsg. von 13 ml konz. H_2SO_4 in 30 ml W. versetzt. 2,5 Std. am Rückfluß gekocht, nach Abkühlen u. Verdünnen mit der doppelten Menge W. mit PAe. (Kp. 40—50°) extrahiert, Rückstand der eingedampften PAe-Phase wird aus Methanol bei der Temp. von Trockeneis umkrist., dunkelrote Kristalle, die bei 40° im Vakuum getrocknet wurden (Ausbeute 34%). — Rk. von **III** mit wss. HCl in A.: es wurden Stoffe mit mittleren Mol.-Gewichten von 250—300 erhalten, eine Identifizierung erfolgte nicht; C_6-Säuren wurden auch nicht in Spuren erhalten. — Verss. zur Darst. von *$HCo_3(CO)_9C_2H_5C \equiv CC_2H_5$* in analoger Weise aus $Co_2(CO)_6C_2H_5C \equiv CC_2H_5$ führten zu keinem Ergebnis. — *$HCo_3(CO)_9HC \equiv CH$* **IV**, dunkelrote Kristalle, sintert u. zers. sich bei ca. 185° ohne Schmelzen, sublimiert bei ca. 60° (2 Torr), an Luft beständig, zeigt keine sauren oder bas. Eigg.; Darst.: aus $Co_2(CO)_6HC \equiv CH$ [Kp.$_{3-4}$ 64—66°, F. 13—14°, aus $Co_2(CO)_8$ u. C_2H_2] durch Rk. mit H_2SO_4 in Methanol in analoger Weise wie bei Darst. von **III**; Ausbeute 49%. **IV**: UV-Spektr. in A. 2320 Å (Extinktions-Koeff. $2,8 \cdot 10^4$ Liter/Mol · cm), 2970 s ($1,4 \cdot 10^4$), ca. 3700 s ($3,7 \cdot 10^3$), 5000 ($2,5 \cdot 10^3$). IR-Spektr. in geeigneten Lösungsmitteln: C–H-Schwingungsbanden 2925, 2880 u. 2840 cm^{-1} (alle $\pm$ 10 cm^{-1}), CO-Schwingungsgebiet: 2116 (relative Intensität 1), 2061 (10), 2048 (9), 2027 (2), eventuell liegt zwischen 2061 u. 2048 noch eine weitere Bande, weiterhin liegen schwache Banden bei ca. 1425, ca. 1360, ca. 1162 u. eine mittlere Bande bei ca. 1007, bei ca. 2500 tritt ein schwaches Doublett auf, im nahen IR treten nur die drei CO-Oberschwingungen bei 4130, 4040, 4000 (alle $\pm$ 20 cm^{-1}) auf. Protonen-Resonanzmessungen: zur Unters. wurden gesätt. Lsg. von **IV** in CCl_4 verwendet, es ergaben sich 2 Resonanzen bei 33,8 Hz. (Intensität 79) u. bei 110,8 Hz (37); daraus ergibt sich, daß 2 Protonen gleichartig gebunden sind, während das dritte andersartig gebunden ist, keins der Protonen hat eine Bindungsart, die der Bindung in den Metallcarbonylhydriden entspricht. Das Dipolmoment in Bzl. ergibt sich zu $\mu \simeq 1,6$ D. Jedoch nehmen Vff. an, daß der gefundene Wert zu hoch ist u. daß das Dipolmoment möglicherweise Null ist. (J. Amer. chem. Soc. **80**. 6529—33. 20/12. 1958. Pittsburgh, Pa., U. S. Dep. of the Interior, Bureau of Mines, Central Exp. Stat.; Cambridge, Mass., MIT.) L. SCHWIEGK. 355

Arnošt Okáč und **Miroslav Šimek,** *Über die Reaktion von Nickel(II)-dimethylglyoxim mit Oxydationsmitteln.* An Hand von spektralphotometr. Lichtabsorptionsmessungen u. der Papierelektrophorese sowie auf präparativem Wege wurden die Verhältnisse bei der Oxydation des Ni(II)-Salzes von *Dimethylglyoxim* (DH_2) in alkal. Lsgg. u. die Zus. der hierbei gebildeten roten Komplexverb. untersucht. Durch die Wrkg. von Br_2 auf *Ni(II)-Dimethylglyoxim* $[Ni(DH)_2]$ in CCl_4 bildet sich die wenig beständige Additionsverb. $Ni(DH)_2Br_2$, welche in Alkalien lösl. ist, unter gleichzeitiger Oxydation von $Ni(DH)_2$ durch das bei der Rk. zwischen Br_2 u. OH^- gebildete BrO^-. Das Endprod. dieser sek. Oxydation ist dasselbe wie bei der direkten Oxydation von $Ni(DH)_2$ durch andere Oxydationsmittel (J_2, H_2O_2, PbO_2, $Fe(CN)_6^{3-}$, $S_2O_8^{2-}$, O_2 u.a.). Die JOBschen Kurven sowie photometr. Titrationen der oxydierten alkal. $Ni(DH)_2$-Lsgg. deuten auf die Bldg. eines roten komplexen Anions mit dem Verhältnis Ni : DH_2 = 1 : 3 hin; die Oxydation verläuft unter Austausch von 2 Elektronen, u. das Anion trägt 2 negative Ladungen. Mit Rücksicht darauf ist diesem Anion die Formel $[Ni(IV)D_3]^{2-}$ zuzuschreiben. Bei der Oxydation sind folgende Phasen anzunehmen: die alkal. Lsg. von $Ni(DH)_2$ enthält das dimere bas. Salz, dessen gelbes Anion
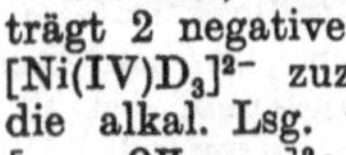

durch die Rk. mit überschüssigem D^{2-} in $2\,[Ni(II)D_3]^{4-} + 2\,OH^-$ übergeht. Die Eigenoxydation verläuft nach dem einfachen Schema: $[Ni(II)D_3]^{4-} - 2e = [Ni(IV)D_3]^{2-}$. Im Hinblick auf die OH^--Bldg. bei der Summenrk. läßt die Oxydation mit zunehmender OH^--Konz. nach, u. in > 8 n KOH-Lsgg. findet sie prakt. nicht mehr statt. Die Oxydation von $Ni(DH)_2$ durch elementaren O_2 verläuft langsam u. wird durch die gleichzeitige DH_2-Oxydation kompliziert; die entsprechenden Gleichgewichte sind

kompliziert u. stellen sich nur langsam ein. In der Nichtberücksichtigung der Luftoxydation alkal. DH_2-Lsgg. ist der Hauptgrund der bisherigen Unstimmigkeiten in den Angaben betreffend die $Ni(DH)_2$-Oxydation zu sehen. (Chem. Listy **52.** 1903—11. Okt. 1958. [Orig.: tschech.]; Collect. czechoslov. chem. Commun. **24.** 2699—2708. Aug. 1959. [Orig.: deutsch.] Brno, Masaryk. univ., přírodověd. fak., kat. analyt. chem.)
K. KÁMEN/Prag. 356

R. A. Brooks, J. G. Burt, B. F. Skiles und **M. S. Whelen,** *Chemie eines Kupferphthalocyanin-Vorprodukts.* Darst. u. Eigg. einer Verb. der Zus. $C_{48}H_{25}CuN_{13}$ (I) werden beschrieben; bei Red. geht **I** in *Kupferphthalocyanin* (II) über. **I** entsteht bei der Rk. zwischen Phthalonitril, NH_3 u. einem Cu(II)-Salz unter oxydierenden Versuchsbedingungen in *Dimethylformamid* (**IV**) bei ca. 90° oder durch Rk. von *1-Amino-3-iminoisoindol* (**III**) u. einem Cu(II)-Salz unter ähnlichen Bedingungen; die Ausbeute bei der Phthalonitril-Rk. kann durch Zusatz von wenig N-Methylglucosamin erhöht werden (vgl. BARNHART, SKILES u. STEVENSON, E. P. 745359. **I** ist ein gelblichbraunes Pulver, welches sich bei > 100° langsam grün färbt; es läßt sich aus Bzl. umkrist., besitzt aber keinen definierten Schmelzpunkt. In **IV** u. Äthylenglykolmonoäthyläther ist **I** sehr gut, in Bzl. mäßig löslich. Die **I**-Lsgg. zersetzen sich, bes. bei Sonnenbestrahlung, innerhalb einiger Tage unter Bldg. von **II** u. a. Prodd. mit niederen Mol.-Gewichten. Eine Röntgenaufnahme sowie das UV- u. IR-Spektr. von **I** ist graph. mitgeteilt. Red. von **I** durch Hydrierung in Methanol bei Ggw. von Pd sowie durch heiße alkal. Glucose liefert **II**; auch durch **I**-Pyrolyse bei 180° entsteht **II** mit 65% Ausbeute. Vff. nehmen an, daß **I** ein Kondensationspolymeres von **III** ist, das außerdem noch Cu enthält. Eine auf Grund der Farbe, Löslichkeit u. Rkk. von **I** aufgestellte triplanare Struktur wird mitgeteilt u. diskutiert. (J. org. Chemistry **24.** 383—85. März 1959. Wilmington, Del., E. I. du Pont de Nemours and Co., Inc., Jackson Labor., Org. Chem. Dep.) D. ERTEL. 358

G. B. Hargreaves und **R. D. Peacock,** *Das höchste Fluorid von Osmium.* Durch Elementarsynth. bei 300° dargestelltes, flüchtiges *Osmiumfluorid* (I) wurde im Temp.-Bereich 80—297° K magnetochem. untersucht. Aus der Temp.-Abhängigkeit dieser Messungen schließen Vff. auf das Vorliegen einer Verb. von 6wertigem Os mit zwei unpaarigen Spinmomenten. Weiter wurde festgestellt, daß für **I** die Beziehung von CURIE-WEISS gültig ist; die CURIE-Temp. Θ beträgt ca. 66°. Auf Grund dieser Ergebnisse ist die Ggw. von 8wertigem Os in **I** ausgeschlossen. Eine **I**-Analyse ergab: Os:F = 1:6,1, entsprechend einem Hexafluorid. Die Exaktheit der Angaben von RUFF u. TSCHIRCH (Chem. Ber. **46.** [1913.] 929) über andere Os-Fluoride bedarf nach Ansicht der Vff. einer Überprüfung. (Proc. chem. Soc. [London] **1959.** 85. März. Birmingham, Univ.)
D. ERTEL. 366

Stanley Chaberek and Arthur Earl Martell, Organic sequestering agents; a discussion of the chemical behavior and applications of metal chelate compounds in aqueous systems. New York: Wiley. 1959. (631 S. m. Abb. u. Diagr.) 8°. $ 25.—.

Hermann Lux, Anorganisch-chemische Experimentierkunst. 2. erw. Aufl. Leipzig: Barth. 1959. (XVII + 679 S. m. 358 Abb.) 8°. DM 31,—.

A₉. Mineralogische und geologische Chemie.

M. G. Bown und **P. Gay,** *Die reziproke Gittergeometrie der Plagioklasfeldspatstrukturen.* Vff. beschreiben die Eigg. der verschied. bekannten Strukturphasen der Plagioklasreihe u. geben eine Übersicht über die wahrscheinlichen Zustandsbereiche u. über die Art der Strukturumwandlungen. Zeichnerisch wird das für jeden Strukturtyp charakterist. Gitter gebracht. Es wird festgestellt, daß das Silicatgerüst der Plagioklase über alle Übergänge zwischen mehr oder weniger gut definierten Strukturformen hinweg im wesentlichen unverändert bleibt. (Z. Kristallogr., Kristallgeometrie, Kristallphysik, Kristallchem. **111.** 1—14. Dez. 1958. Cambridge, Univ., Dep. of Mineral. and Petrol.)
C. GOTTFRIED. 372

R. Coulomb, *Radioaktivität des Batholiten von Elbema (Hoggar). Statistische Wechselbeziehungen zwischen den Strahlungen und der chemischen Zusammensetzung der Granite.* Vf. untersuchte die Verteilungen des U, K sowie der α- u. γ-Radioaktivitäten des Granitmassivs von Elbema. Die γ-Aktivität wurde vom Flugzeug aus gemessen. Die gemessene γ-Aktivität kann von kosm. Strahlen, von im Gestein vorhandenem U u. Th sowie von ^{40}K herrühren. Untersucht wurden von dem Granit der K_2O-Geh., der U-Geh. sowie die α-Strahlung. Bestimmt wurden hierauf die Wechselbeziehungen zwischen γ u. U-Geh., γ u. K_2O-Geh. sowie γ–α. Hierbei ergeben sich für γ/U, γ/α u. γ/K_2O die Wechselbeziehungskoeffizienten 0,6; 0,7 u. 0,2, d. h. daß man bei den Unterss. auf γ-Strahlung den Einfl. des ^{40}K bei Graniten nur gering zu beachten braucht. In einem Anhang wird über die petrograph. Unters. des Granits berichtet. (Bull. Soc. franç. Minéralog. Cristallogr. **81.** 227. Juli/Sept. 1958. Fontenay-aux-Roses, Commissariat à l'Énergie Atom., Service de Minéral.) C. GOTTFRIED. 378

C. Granier, *Sekundäre Streuung von Wolfram und Arsen im Restboden. Spezieller Fall des Erzganges bei Bertrande-Limousin.* Vf. berichtet über geochem. Unterss. eines Wolfram, Scheelit u. Arsenkies enthaltenden Erzganges, aus denen hervorging, daß man in gewissen Fällen durch Analysieren der Böden auf As auf das Vork. von W schließen kann. (Bull. Soc. franç. Minéralog. Cristallogr. **81.** 194—200. Juli/Sept. 1958. Paris, B. R. G. G. M.) C. Gottfried. 378

Richard S. Mitchell und **W. Cullen Sherwood,** *Dahllitpseudomorphosen nach Pyritkonkretionen vom Big Horn Basin, Wyoming.* (Amer. Mineralogist **43.** 600—03. Mai/Juni 1958. Charlottesville, Va., Univ.) C. Gottfried. 380

Horace Winchell, *Die Zusammensetzung und physikalischen Eigenschaften von Granaten.* Vf. hat Diagramme entworfen, aus denen man, wenn für einen Granat D., Brechungsindex u. Gitterparameter bekannt sind, die chem. Zus. ablesen kann. (Amer. Mineralogist **43.** 595—600. Mai/Juni 1958. New Haven, Conn., Yale Univ., Geol. Dep.) C. Gottfried. 380

M. G. Djadtschenko, *Zur Charakteristik des Ilmenits aus den alluvialen Ablagerungen des Flusses Ssob, eines linken Nebenflusses des Südlichen Bug.* Ilmenit findet sich in den alluvialen Ablagerungen des Ssobflusses in Mengen von einigen g bis zu 50 kg je m^3 Gestein. Sein TiO_2-Geh. beträgt 52,77—62,25%, der FeO-Geh. 29,45—36,68%, der Fe_2O_3-Geh. 1,41—12,73%. (Доповіді Академії Наук Української РСР [Ber. Akad. Wiss. UkrSSR] **1958.** 445—47. Akad. der Wiss. der UkrainSSR, Inst. für geol. Wiss.) R. K. Müller. 380

D. Jerome Fisher und **J. J. Runner,** *Morinit von den Black Hills.* Röntgenograph. u. opt. untersuchten Vff. Morinit von der Hugo Mine, Keystone, S. Dakota. Weissenberg-Aufnahmen ergeben monokline Symmetrie mit a = 9,456 Å; b = 10,690 Å; c = 5,445 Å; $\beta = 105^0\,27{,}5'$. Raumgruppe ist wahrscheinlich $P\,2_1/m$. Die Kristalle sind farblos bis hellrosa, haben prismat. Habitus; die Härte ist $4^1/_2$, die D. 2,962. Die Brechungsindices wurden gemessen zu $\alpha = 1{,}551$; $\beta = 1{,}563 +$; $\gamma = 1{,}565$; $2\,V = 43^0$. Die Dispersion ist schwach mit $r < v$. Auf Grund einer Analyse von finn. Morinit von Volborth (vgl. C. **1956.** 4372) ergibt sich, daß in der Elementarzelle 1 Formelgewicht $Ca_4Na_2Al_4(F_1OH)_{10}P_4O_{16} \cdot 3\,H_2O$ enthalten ist. (Amer. Mineralogist **43.** 585—94. Mai/Juni 1958. Chicago, Ill., Univ.; Iowa City Univ.) C. Gottfried. 380

Salama Tosson, *Kristalle von Cassiterit und Scheelit von Ägypten.* Kurze Beschreibung der Kristallformen von Cassiterit u. Scheelit aus dem W-Vork. von Zarquat Na'am in Oberägypten. (Bull. Soc. franç. Minéralog. Cristallogr. **81.** 243. Juli/Sept. 1958. Alexandrie, Fac. des Sci.) C. Gottfried. 380

J. Orcel, S. Hénin und **S. Caillère,** *Eigenschaften des Stainierits.* Vff. untersuchten chem., röntgenograph., mittels der Thermowaage u. DTA Stainierit aus der Grube von Bon Azzer (Marokko), dem die angenäherte Formel $Co_2O_3 \cdot H_2O$ zugeschrieben wird. Aus den Unterss. ergab sich, daß als Formel $Co(OH)_2$ anzunehmen ist. (Bull. Soc. franç. Minéralog. Cristallogr. **81.** 189—94. Juli/Sept. 1958. Paris, Labor. de Minéral. du Muséum.) C. Gottfried. 380

M. J. Glaçon, *Die Nickel-, Kobalt- und Wismutmineralien in den Mineralbildungen Nordalgeriens.* Als akzessor. Ni-, Co- u. Bi-Mineralien konnten bisher *Cobaltin, Gersdorffit, Nickelin, Skutterudit, Bravoit, Wismutglanz* u. *Klaprothit* nachgewiesen werden. Die einzelnen Vorkk. u. die paragenet. Verhältnisse werden kurz beschrieben. (Bull. Soc. franç. Minéralog. Cristallogr. **81.** 173—75. Juli/Sept. 1958. Alger, Serv. de la Carte Géol.) C. Gottfried. 380

V. Gabis, *Vorläufige Untersuchung der oligozänen Tone des Puy-en-Velay (Haute-Loire).* Geolog. Unters. der obigen Tonvorkk. ergab, daß 2 deutlich getrennte Serien auftreten, die chem., röntgenograph. u. mittels DTA untersucht wurden. Die tiefer liegenden roten u. blauen Tone sind trotz der verschied. Farbe, deren Ursprung nicht bekannt ist, mineralog. u. chem. ident. u. bestehen aus 63 (Gew.-%) *Illit,* 26 *Kaolinit* u. 11 *Quarz.* Die höher liegenden grauen Tone dagegen bestehen aus prakt. reinem Illit. 3 chem. Analysen sind angegeben. (Bull. Soc. franç. Minéralog. Cristallogr. **81.** 183—85. Juli/Sept. 1958. Paris, Sorbonne, Labor. de Minéral.-Cristallogr.) C. Gottfried. 385

A. Oberlin und **J.-M. Freulon,** *Mineralogische Untersuchung einiger Tone der primären Serien von Tassili N'Ajjer und Fezzan (Zentralsahara).* Kurzer Bericht über eine elektronenmkr. Unters. von Tonen verschied. Vorkk., bei denen es sich in der Hauptsache um *Kaolinit* u. *Illit* handelt. (Bull. Soc. franç. Minéralog. Cristallogr. **81.** 186—89. Juli/Sept. 1958. Paris, Sorbonne, Labor. de Minéral.-Cristallogr.; Centre de Recherches sahariennes.) C. Gottfried. 385

Clarence S. Ross, *Verzementierter Tuff aus Tiefbohrkernen von Clinch County, Georgia.* Geolog. Untersuchung. (Amer. Mineralogist **43.** 537—45. Mai/Juni 1958. Washington, D. C.) C. Gottfried. 385

B. Allgemeine und theoretische organische Chemie.

Jan Jurkiewicz, *Die Grundsätze einer Systematik organischer Verbindungen auf der Basis eines regelmäßigen Systems der Kohlenwasserstoffe.* (Vgl. C. **1957.** 2151.) Vf. gibt eine neue Art der Systematik organ. Verbb., die auf der Aufstellung eines regelmäßigen Syst. für die KW-stoffe beruht. Der Parameter N = 4 n/m (bei Annahme der allg. Formel C_nH_m), der jeden beliebigen KW-stoff in bezug auf seinen Sättigungsgrad u. seine Struktur zu charakterisieren gestattet, bildet die Basis dieser Systematik. Dieses Syst. erlaubt u. a. die mathemat. Erfassung der Anzahl der Ringe in aromat. u. alicycl. Verbindungen. (Koks-Smoła-Gaz **1.** 143—52. Okt./Dez. 1956.) A. BABCZYŃSKI. 400

Hans Kuhn, *Neuere Untersuchungen über das Elektronengasmodell organischer Farbstoffe.* Vf. gibt einen Überblick über die mit Hilfe des Elektronengasmodells erhaltenen Ergebnisse bei der Beschreibung der Eigg. von Farbstoffmolekülen. Am Beispiel der *Cyanine, Polyene, Polyacetylene, Acridine, Xanthene, Oxazine, Azine,* des *Bacteriochlorophylls, Phthalocyanins* u. *Azulens* wird gezeigt, daß sich die Lage, Form u. Stärke der Absorptionsbanden in überraschend guter Übereinstimmung mit den experimentellen Ergebnissen berechnen lassen. Mit Hilfe des vorst. Modells läßt sich z. B. eine physikal. Begründung der Mesomerievorstellung geben. Für die langkettigen Polyene ergibt sich im Gegensatz zur MO-Theorie, daß ein ebenso ausgeprägter Unterschied zwischen alternierend auftretenden langen u. kurzen Bindungen vorhanden ist wie im Butadien. Für seine verfeinerte Form als zweidimensionales Modell läßt sich die Theorie auf beliebig komplizierte Mol.-Gerüste übertragen u. bei Kenntnis der Atomabstände zur Beschreibung der genauen Form des Potentialfeldes u. somit zur Vorausberechnung der Lichtabsorption verwenden. (Angew. Chem. **71.** 93—101. 7/2. 1959. Marburg/L., Univ., Physikal.-Chem. Inst.) K. FRENKLER. B 114

Josette Kahane-Paillous, *Elektronenspektren von monosubstituierten Benzolderivaten.* 2. Mitt. *Das Emissionsspektrum des Fluorbenzols.* (1. vgl. C. **1959.** 14667.) Vf. untersuchte das Emissionsspektr. des *Fluorbenzols* (Übergang $^1B_1$ — $^1A_1$) im Gaszustand. Durch die Analyse der 200 Banden werden die genauen Werte der in der Emission akt. Schwingungsfrequenzen u. die entsprechenden Schwingungsarten bestimmt. Die Resultate werden den entsprechenden Ergebnissen im Fall des Bzl. u. Toluols gegenübergestellt u. die Strukturen der drei Emissionsspektren verglichen. (J. Chim. physique Physico-Chim. biol. **55.** 815—17. Okt. 1958. Paris, Labor. de Chimie physique.) M.-L. KLAAR. B 118

Alexander I. Popov und **Ray E. Humphrey,** *Eine Untersuchung der Absorptionsspektren von Ionenpaaren.* Vff. untersuchen die Leitfähigkeit u. die UV-Spektren von *Tetraphenylarsoniumchlorid* (**I**, F. 261—263°), *-tetraphenylborat* (**VI**, F. 293—295°), *-pikrat* (**VII**, F. 203—204°) u. *Na-Tetraphenylborat* (**V**) in W. (DK. 78,5), Acetonitril (**II**; 36,5), 70%ig. (19) u. 95%ig. Dioxan (**III**; 4) u. Äthylendichlorid (**IV**; 10,36) bei 25°. Aus dem Leitfähigkeitsverh. geht hervor, daß **I** in W. u. **II** vollständig dissoziiert ist, während in **III** u. **IV** zu einem gewissen Grade Ionenpaarassoziation vorliegt. Im Absorptionsspektr. des **I** finden sich Maxima bei 258, 264 u. 271 mμ, deren Lagen durch die verschied. Lösungsmittel nicht beeinflußt werden. Das Spektr. des **V** zeigt Banden bei 266 u. 275 mμ (in **II**). Die mol. Absorption des **VI** entspricht genau der Summe der mol. Absorptionen des Tetraphenylarsonium- u. Tetraphenylborations. Auf Grund der Ergebnisse kommen Vff. zu dem Schluß, daß eine Ionenpaardissoziation oder -assoziation auf die Absorptionsspektren von Lsgg. keinen Einfl. ausübt, vorausgesetzt, daß zwischen den Ionen nur elektrostat. Kräfte wirksam sind. In den Fällen, in denen Änderungen der Spektren beobachtet werden, muß entweder eine Komplexbldg. oder das Vorliegen einer Wechselwrkg. zwischen dem Kation u. einem im Anion induzierten Dipol angenommen werden. (J. Amer. chem. Soc. **81.** 2043—47. 5/5. 1959. Iowa City, Io., Iowa State Univ., Dep. of Chem.) K. FRENKLER. B 118

Otto Neunhoeffer, Gerd Alsdorf und **Henri Ulrich,** *Hyperkonjugation und Fluorescenzverhalten. 3-Methyl-* u. *3-Trifluormethyl-1.5-diphenyl-Δ^2-pyrazolin* zeigen ein Fluorescenzverh., aus dem sich einwandfrei Hyperkonjugation ergibt. Solvatochromieerscheinungen lassen auf ein Nebeneinanderwirken von Polarisierung u. echter Hyperkonjugation schließen.

Versuche: *Trichlormethylstyrylketon,* $C_{10}H_7Cl_3O$, F. 66°, sublimiert bei $70°_{0,02}$, aus Distyryl-Cd u. Trichloracetylchlorid in geringer Ausbeute. — *Trifluormethylstyrylketon* (**I**), $C_{10}H_7F_3O$, F. 16°, $Kp._{20}$ 104°, $Kp._{0,3}$ 57°, n_D^{29} 1,5390, aus 93 g GRIGNARD-Verb. aus ω-Bromstyrol u. 12,5 g Trifluoressigsäure, bei 12—15°, 8,5 g (Ausbeute) neben Diphenylbutadien u. 1,5 g *Trifluormethyldistyrylcarbinol,* $C_{18}H_{15}F_3O$, F. 33°. — *3-Trifluormethyl-1.5-diphenyl-Δ^2-pyrazolin,* $C_{16}H_{13}F_3N_2$, F. 112,5° (A.), aus **I** u. Phenylhydrazin in Eisessig (**II**), 1 Std. am Rückfluß, 67%. — *3-Trifluormethyl-1.5-diphenylpyrazol,*

$C_{16}H_{11}F_3N_2$, F. 57° (A.), aus vorst. Verb. mit Bleitetraacetat in Chlf., 47%. — *3-Trifluormethyl-1-[4-bromphenyl]-5-phenyl-Δ^2-pyrazolin*, $C_{16}H_{12}BrF_3N_2$, F. 144° (A.), aus p-Bromphenylhydrazin u. I in II, 2 Std. am Rückfluß, 59%. — *Trifluormethylstyrylketon-4-nitrophenylhydrazon*, $C_{16}H_{12}F_3N_3O_2$, F. 204°, bronzefarbener Nd. aus A., aus I u. 4-Nitrophenylhydrazin in II, 2 Tage bei 25°, 14%. (Chem. Ber. **92**. 252—55. 1959.)
U. Kretzschmar. B 118

Noboru Mataga und **Shizuyo Tsuno**, *Die Elektronenspektren des Pyridiniumions: Berechnung mit elektrostatischem Potential des Protons.* Die theoret. Berechnung der Anregungsenergien u. der Oscillatorenstärken nach der halbempir. SCFMO–LCAO-Meth. von Hartree-Fock für das Pyridiniumion nach zwei verschied. Modellen zeigte, daß die Werte mit den experimentellen übereinstimmen, die bei Berücksichtigung des elektrostat. Potentials des Protons erhalten werden. (Naturwissenschaften **45**. 333. 2. Juli-H. 1958.)
G. Schoffa. B 118

Valentin Zanker, Horst Rammensee und **Tino Haibach**, *Relative Luminescenzquantenausbeutemessungen an Acridin- und Fluoresceinfarbstoffen.* Mit Hilfe einer Meßanordnung, die die Messung der spektralen Luminescenzintensität im Vgl. mit der spektralen Intensität einer geeichten W-Lampe gestattet, wird die relative Quantenausbeute η_r durch graph. Integration der Luminescenzspektren als Funktion der Konz. (ca. 10^{-4} bis 10^{-2}mol.) in wss. u. alkoh. Lsg. bei 20 u. —180° gemessen für die Farbstoffe *Fluorescein* (I; 1- u. 2wertiges Anion), *3.6-Diaminoacridin* (*Proflavin*, 1wertiges Kation) u. *Acridinorange* (1wertiges Kation). Die höchsten η-Werte, die stets mit zunehmender Konz. abnehmen, liegen im Vgl. zur relativen Ausbeute des 2wertigen I-Anions in A. ($c = 5 \cdot 10^{-4}$; $\eta_r = 1$ bei —180°) zwischen den Werten 0,34 u. 0,85. Die Meßmeth. ist bei Verwendung von I als Standardsubstanz auch zur Best. von absol. Fluorescenzausbeuten brauchbar. (Z. angew. Physik **10**. 357—61. Aug. 1958. München, TH, Phys.-Chem. Inst.)
J. Rudolph. B 118

J. Schulze und **E. Heilbronner**, *Zur Kenntnis der Sesquiterpene und Azulene. 124. Mitt. Basizität und Absorptionsspektren des 1-Aminoazulens.* (123. vgl. C. **1959**. 16336.) Durch Kupplung von Azulen (II) mit diazotierter Sulfanilsäure u. Red. des *1-[p-Sulfophenylazo]-azulens* (III) mit $NaHSO_3$/Alkali wird *1-Aminoazulen* (I) neben *Sulfanilsäure* erhalten. I ist in polaren Lösungsmitteln extrem unstabil. In der Reihenfolge α-Naphthylamin < β-Naphthylamin < Anilin < I nimmt die Basizität zu, sie ist angenähert proportional den nach der isokonjugierten Näherung der LCAO–MO-Theorie berechneten Verlusten an Delokalisierungsenergie, die die π-Elektronensysteme bei Überführung der Aminogruppe in die Ammoniumgruppe durch Addition eines Protons erleiden. Die Spektren von I im Sichtbaren u. nahen UV in Cyclohexan u. HCOOH sind graph. u. tabellar. angegeben. Die Maxima von I, bes. die längstwellige Bande bei 719 mμ, zeigen infolge der Konjugation der NH_2-Gruppe mit dem Azulenkern gegenüber den Banden von II bathochrome Verschiebungen. Die UV-Banden sind stark verbreitert. Das Azulyl-(1)-ammoniumkation zeigt gegenüber II eine hypsochrome Verschiebung der langwelligen Bande nach 564 mμ neben einer bedeutenden Intensitätssteigerung, die UV-Absorption dagegen entspricht der von II. Die 719 mμ-Bande von I zeigt in Butanol infolge Ausbldg. starker H-Brückenbindungen eine hypsochrome Verschiebung um 44 mμ. Die langwelligen Banden des Acetylderiv. von I, von *2-Methylazulen* bzw. *3-Acetylaminoguajazulen* sind gegenüber denen der KW-stoffe bathochrom verschoben, aber in den beiden letzten Fällen infolge ster. Hinderung beträchtlich weniger als im ersten Fall. Die entgegen der Regel beobachtete Extinktionszunahme bei den ster. gehinderten Verbb. wird damit erklärt, daß die ster. bedingte Unterbindung der Konjugation zwischen Acetylaminogruppe u. Azulenkern eine verstärkte Mesomerie in der Acetylaminogruppe bedingt.

V e r s u c h e: *1-Aminoazulen* (I), $C_{10}H_9N$, F. 94—95° (PAe.), durch 12std. Schütteln von 960 mg III mit $NaHSO_3$ in A. u. 5%ig. NaOH, dunkelgrüne Blättchen; 32 mg (Ausbeute). *Acetylverb.*, $C_{12}H_{11}NO$, F. 153—154° (A.). (Helv. chim. Acta **41**. 1492—1500. 15/10. 1958. Zürich, ETH, Organ.-chem. Labor.)
R. Pasedag. B 118

Bernard Chollot und **Guy Morlot**, *Bestimmung des Rayleigh-Faktors von Benzol.* Neubest. der Rayleigh-Streufaktoren von Bzl. bei 20° durch direkten Vgl. des einfallenden u. gestreuten Lichtes ergab für $\lambda = 4358$, 5460 u. 5780 Å $R_B = (47 \pm 5)$; $(14{,}9 \pm 1{,}5)$; $(11{,}8 \pm 1{,}2) \cdot 10^{-6}$. (J. Chim. physique Physico-Chim. biol. **55**. 515—19. Juli/Aug. 1958. Nancy, Fac. des Sci.)
H. C. Wolf. B 119

G. Karagounis und **G. Lippold**, *Gaschromatographische Spaltung racemischer Verbindungen.* Am Beispiel von *dl-sek.-Butanol, dl-2-Brombutan, dl-α-Brombuttersäureäthylester* u. *dl-α-Brompropionsäureäthylester* wird gezeigt, daß bei Verwendung opt.-akt. stationärer Phasen (Stärke, d-Weinsäureäthylester) eine gaschromatograph. Spaltung des Racemats in die Antipoden erfolgen kann, wie aus dem Auftreten von Banden, aufspaltungen geschlossen wurde. (Naturwissenschaften **46.** 145. 2. Febr.-H. 1959. Freiburg/Br., Univ., Phys.-Chem. u. Chem. Labor.) E. MOISAR. B 119

F. W. Heineken und **H. W. De Wijn,** *Einfluß des Druckes auf den komplexen Brechungsindex des Ammoniaks und einiger Amine bei einer Wellenlänge von 6 mm.* Messungen des Brechungsindexes u. des Absorptionskoeff. des NH_3 u. einiger (nichtgenannter) Amine bei einer Wellenlänge von 6 mm ergaben eine Bestätigung der Theorie von VAN VLECK u. WEISSKOPF (vgl. Rev. mod. Physics **17.** [1945.] 227). (Arch. des Sci. **11.** 102—03. 10—11—12./7. 1958. Amsterdam, Univ., Zeeman Labor.)
C. GOTTFRIED. B 119

W. F. Mironow und **G. I. Nikischin,** *Beziehung zwischen der Struktur einiger siliciumorganischer Verbindungen und ihren Molekularrefraktionen.* Alkylsiliciumverbb., die in β-Stellung zum Si eine CH-Gruppe mit einer von dieser ausgehenden olefin. Doppelbindung tragen, zeigen allg. eine Exaltation der Mol.-Refr. von +0,18 gegenüber dem berechneten z. B. nach WARRICK [1946]; bei mehreren solchen Gruppen im Mol. addieren sich die Exaltationen. Bei Substitution des β-ständigen C erniedrigt sich die Exaltation stark. Ist das Si direkt mit einer Benzylgruppe verbunden, so liegt der Mol.-Refr.-Wert um ca. 0,5 höher als der berechnete. In den Alkylsiliciumverbb., die eine derartige Exaltation zeigen, sind allg. auch andere physikal. Besonderheiten sowie eine gesteigerte Reaktionsfähigkeit zu beobachten. Eine zweite Gruppe von Verbb., deren Mol.-Refrr. Exaltationen zeigen, sind solche, die in α-Stellung zum Si eine Doppelbindung tragen. Für zahlreiche an Si gebundene Gruppen werden die Inkremente berechnet. Die Refraktionen einer großen Zahl von Organosiliciumverbb. werden zusammengestellt u. mit den berechneten Werten verglichen. (Известия Академии Наук СССР, Отделение Химических Наук [Nachr. Akad. Wiss. UdSSR, Abt. chem. Wiss.] **1958.** 1080—87. Sept. Zelinsky-Inst. für org. Chem. der Akad. der Wiss. der UdSSR.)
H.-E. TOUSSAINT. B 119

Bawa Kartar Singh und **Shiva Mohan Verma,** *Untersuchungen über die Abhängigkeit der optischen Aktivität von der chemischen Konstitution.* 47. Mitt. *Die Rotationsdispersion von (o-, m- und p-) d-Campher-β-sulfonmethoxyphenylamiden und (m- und p-) d-Campher-β-sulfonäthoxyphenylamiden.* (46. vgl. C. **1959.** 13738.) Die Rotationsdispersion von *d-Campher-β-sulfon-o-, -m-* u. *-p-methoxyphenylamid* u. *d-Campher-β-sulfon-m-* u. *-p-äthoxyphenylamid* wurde in sieben Lösungsmitteln im sichtbaren Spektralbereich bestimmt. Im allg. nimmt die spezif. Drehung $[\alpha]^{35^0}_{5461}$ mit fallender DK. des Lösungsm. zu. Die Methoxyderivv. zeigen in allen Lösungsmitteln zunehmende spezif. Drehung in der Reihenfolge o < m < p. Die Äthoxyderivv. folgen in Methanol, A., Aceton, Pyridin u. Äthylacetat der Reihe m < p, in Chlf. u. Bzl. m < p. Die Dispersion folgt in allen Lösungsmitteln der einfachen DRUDEschen Gleichung. Die charakterist. Wellenlängen bewegen sich in Lösungsmitteln hoher u. mittlerer DK. zwischen 3228 u. 2674 Å, in solchen niedriger DK. zwischen 2584 u. 2272 Å. Sie werden meist von einer niedrigen Frequenz der Ketogruppe, in einigen Fällen auch von einer höheren für das gesätt. Mol. charakterist. Frequenz bestimmt. In Lösungsmitteln niedriger DK. wirkt die höhere Frequenz allein bestimmend.

Versuche: Campher-β-sulfonalkoxyphenylamide durch Kondensation von Campher-β-sulfonylchlorid mit den entsprechenden Anisidinen bzw. Phenetidinen: *-o-methoxy-*, $C_{17}H_{23}NO_4S$, *d-Verb.*, F. 123,0°; *dl-Verb.*, F. 111,0°. — *-m-methoxy-*, *d-Verb.*, F. 109,5°; *dl-Verb.* (α-Form) F. 82,0°; (β-Form) F. 93,5°. — *-p-methoxy-*, *d-Verb.*, F. 133,0°, *dl-Verb.*, F. 145,4°. — *-o-äthoxy-*, $C_{18}H_{25}NO_4S$, *d-Verb.*, harzartig, *dl-Verb.*, F. 90,0°. — *-m-äthoxy-*, *d-Verb.*, F. 106,0°; *dl-Verb.*, F. 98,0°. — *-p-äthoxy-*, *d-Verb.*, F. 133,0°; *dl-Verb.*, F. 117,0°. (J. sci. ind. Res. [New Delhi], Sect. B **16.** 493—96. Nov. 1957. Banaras, Hindu Univ., Org. Chem. Res. Sect.)
N. SEILER. B 119

Bawa Kartar Singh und **Bhupendra Sahai Saxena,** *Untersuchungen über die Abhängigkeit der optischen Aktivität von der chemischen Konstitution.* 49. Mitt. *Die Rotationsdispersion von o-, m-, p-Methoxy- und -Äthoxyphenylimino-d-campher und p-Sulfonamido-, o- und p-Methoxyphenylamino-d-campher.* (48. vgl. C. **1959.** 9841; 47. vgl. vorst. Ref.) Vff. bestimmen die Rotationsdispersion von α-o- (F. 120°), -m- (F. 78,5°) u. *-p-Methoxy-* (I; *α-Form,* F. 114,5°; *β-Form,* F. 120°), -o- (F. 53°), -m- (F. 82,5°) u. *-p-Äthoxyphenylimino-d-campher* (F. 112°) sowie von *α-p-Sulfonamido-* (F. 181,5°), -o- (F. 148°) u. *-p-Methoxyphenylamino-d-campher* (F. 101°) in sieben Lösungsmitteln. Sie ist einfach u. folgt der eingliedrigen DRUDEschen Gleichung. Für die Aryliminoverbb. (**A**) liegt die charakterist. Wellenlänge im Bereich von 3510—4240 Å, für die entsprechenden Arylaminoverbb. (**B**) bei 1850 bis 3100 Å. Der starke Abfall der Mol.-Drehung beim Übergang von **A** nach **B** wird mit der Aufhebung der CO—C=N-Phenyl-Konjugation erklärt. Die Methoxyverbb. drehen im allg. stärker als die korrespondierenden Äthoxyverbb. in der Reihenfolge o < m < p. Der Drehwert nimmt mit fallender DK. des Lösungsm. zu. Die beiden dimorphen Formen von I haben gleiche Rotationsdispersion. (J. Indian chem. Soc. **35**. 213—26. April 1958.) N. SEILER. B 119

J. Fernández Biarge, J. Herranz und **J. Morcillo,** *Potentialfunktion und Normalkoordinaten des Fluoroforms.* Literaturwerte der RAMAN- u. IR-Spektren für CF_3H (I) werden mit eigenen Werten für I u. CF_3D krit. verglichen; in Tabellen werden die abgeleiteten Kraftkonstanten u. Normalkoordinaten mitgeteilt. (An. Real Soc. españ. Física Quím., Ser. A **53**. 235—48. Nov./Dez. 1957. Madrid, Inst. de Quím. fís. Rocasolano.) R. K. MÜLLER. B 120

Lester P. Kuhn, *Die Wasserstoffbindung.* 3. Mitt. *Der Einfluß der Größe von Substituenten auf die Länge der Wasserstoffbindung in verschiedenen substituierten 1.2-Diolen.* (2. vgl. C. **1955**. 9987.) Vf. bestimmt die IR-Absorptionsfrequenzen für die freie u. die gebundene OH-Gruppe von verschied. substituierten Äthylenglykolen der allg. Struktur $R_2COH-CH_2OH$, meso- u. rac.-$(RCHOH)_2$ u. $(R_2COH)_2$ mit R = *Methyl, Äthyl, Isopropyl* bzw. *tert.-Butyl.* Aus dem Abstand $\Delta\nu$ der beiden Frequenzen lassen sich Rückschlüsse auf die Struktur der untersuchten Verbb. sowie auf die Stärke der bei ihnen vorliegenden Wasserstoffbrückenbindung ziehen. Es zeigt sich, daß in der Reihe der racem. 1.2-disubstituierten Äthylenglykole bei allen Verbb. die OH-Gruppen in cis-Stellung zueinander stehen. In der meso-Reihe stehen die OH-Gruppen gleichfalls in cis-Stellung zueinander, wenn R ein n-Alkylrest ist. Ist R = Isopropyl, dann ist die trans-Stellung der OH-Gruppen vorherrschend, bei R = tert.-Butyl existiert sie ausschließlich. In jeder der untersuchten Verbindungsreihen nimmt mit zunehmender Raumbeanspruchung durch die Alkylgruppen der Abstand zwischen den OH-Gruppen ab; $\Delta\nu$ nimmt dementsprechend zu. Beim *Tetrakis-tert.-butyläthylenglykol* beträgt $\Delta\nu$ 170 cm; die Verb. besitzt damit die stärkste H-Brückenbindung, die bisher bei Diolen beobachtet wurde. Vf. deutet die Ergebnisse durch die Annahme, daß die Abstoßung zwischen den an benachbarten C-Atomen gebundenen Alkylgruppen eine Deformation des Mol. hervorruft, die diese weiter voneinander entfernt u. zur gleichen Zeit die OH-Gruppen einander nähert. Diese Deformation kann entweder durch Abnahme des O—C—C-Winkels oder durch eine Knickung der zentralen C—C-Bindung zustande kommen.

Versuche: *1.1-Diisopropyläthylenglykol* [*2-Isopropyl-3-methylbutandiol-(1.2)*], $C_8H_{18}O_2$, $Kp._3$ 74—77°, durch Zugabe einer äther. Lsg. von Isopropyl-Li (0,5 Mol) zu einer äther. Lsg. von Glykolsäureäthylester (I; 0,17 Mol) bei —30° unter N_2, dann innerhalb 1 Std. auf Zimmertemp. kommen lassen; n_D^{20} 1,4608; 32% (Ausbeute). — *1.1-Di-tert.-butyläthylenglykol* [*2-tert.-Butyl-3.3-dimethylbutandiol-(1.2)*], $C_{10}H_{22}O_2$, $Kp._4$ 92—94°, aus tert.-Butyl-Li u. I wie vorst.; n_D^{20} 1,4698; 17%. — *1.2-Diisopropyläthylenglykol* [*2.5-Dimethylhexandiol-(3.4)*], $C_8H_{18}O_2$, durch Red. von 5 g Isobutyroin mit $LiAlH_4$ in CCl_4. Aus der in CCl_4 lösl. Fraktion wurde das *Racemat*, F. 81—82°, aus dem unlösl. Anteil das *meso-Diol*, F. 175°, erhalten. — *meso* (?)-*1.2-Di-tert.-butyläthylenglykol* [*2.2.5.5-Tetramethylhexandiol-(3.4)*], $C_{10}H_{22}O_2$, F. 123°, durch Red. von Pivaloin mit Aluminiumisopropylat, H_2 + RANEY-Ni bzw. $LiAlH_4$ in sd. Ae. oder mit $NaBH_4$ in A., die rac. Verb. konnte nicht rein erhalten werden. — Ferner wurden untersucht: *2-Methylpropandiol-(1.2)*, $Kp._{18}$ 90°; *2-Äthylbutandiol-(1.2)*, F. 46°; *meso-*, F. 135°; *rac.-Dodecandiol-(6.7)*, F. 56°; *3.4-Diäthylhexandiol-(3.4)*, $Kp._{17}$ 117°; *Tetraisopropyl-*, F. 90—91°, u. *-tert.-butyläthylenglykol*, F. 85°; *meso-* u. *rac. Butan-* u. *2.3-Dimethylbutandiol-(2.3)*. (J. Amer. chem. Soc. **80**. 5950—54. 20/11. 1958. Aberdeen Proving Ground, Md., Ballistic Res. Labors.) K. FRENKLER. B 120

Kunio Fukushima, *Schwingungsspektren des Isobuttersäureions.* Das IR-Absorptions- sowie RAMAN-Spektr. des Na-Salzes der Isobuttersäure werden gemessen u. zugeordnet. Die Normalschwingungen des Isobuttersäureions, in dem der Winkel Θ zwischen der C_α—C—O-Fläche u. der H—C_α—C (Carbonyl)-Fläche 0° ist, werden theoret. berechnet, die L- sowie L'-Matrizen sind für diese Molekülform angegeben. Normalschwingungen der Molekülformen mit Θ = 30, 45, 60 u. 90° werden durch Störungsfunktionen angenähert berechnet, Θ des wirklichen Isobuttersäureions muß nach Vgl. des gemessenen Absorptionsspektr. mit den berechneten Daten ca. 30—45° betragen. Die Grundkoordinaten des β-Alanins (vgl. C. **1959**. 3078) sind also denen des Isobuttersäureions sehr ähnlich. (J. chem. Soc. Japan, pure Chem. Sect. [Nippon Kagaku Zassi] **79**. 1557—61. Dez. 1958. Tokyo, Univ., Naturwiss. Fak. [Orig.: japan.]) E. MAEKAWA. B 120

G. S. Kastha, *Raman-Spektren von gefrorenen Lösungen einiger monosubstituierter Benzolverbindungen in Äthylalkohol.* Untersucht werden die RAMAN-Spektren von *Äthylbenzol* (I), *Chlorbenzol* (II) u. *Brombenzol* (III) im festen Zustand bei —180° sowie in alkoh. Lsg. im gefrorenen Zustand ebenfalls bei —180°. Das RAMAN-Spektr. von I in festem Zustand hat 5 Linien im Niedrigfrequenzgebiet bei 48, 63, 81, 100 u.

130 cm^{-1}, die in dem Spektr. der Lsg. durch eine kontinuierliche Bande ersetzt sind, die sich bis 93 cm^{-1} von der Rayleigh-Linie erstreckt, mit einem Maximum bei ca. 88 cm^{-1}. Diese Bande tritt in der 35%ig. alkoh. Lsg. extrem schwach auf u. entsteht durch Schwingungen der zwischen mehreren I- u. A.-Moll. gebildeten Gruppen, die bei weiterer Verdünnung z. T. zerfallen u. die Schwächung der Bande verursachen. Bei **II** wird bei Erhöhung der Konz. der alkoh. Lsg. von 25 auf 40% die gefrorene M. undurchsichtig, es erscheinen die bei den reinen Kristallen bei —180° beobachteten Linien im Niedrigfrequenzgebiet. Diese Linien werden durch kleine Gruppen aus **II** Moll. hervorgerufen u. nicht durch Kristallite. Bei **III** sind die bei der reinen festen Substanz beobachteten Linien im Niedrigfrequenzgebiet in dem Spektr. der 10%ig. gefrorenen alkoh. Lsg. nicht mehr vorhanden. (Indian J. Physics Proc. Indian Assoc. Cultivat. Sci. **31** (**40**). 635—38. Dez. 1957. Calcutta, Ind. Assoc. for the Cultivat. of Sci., Opt. Dep.)
C. Gottfried. B 120

Seiichi Inayama, *Die Beziehungen zwischen den Spektren und Strukturen bei Cyclohexanonderivaten.* 1. Mitt. *Effekt von α-Bromierung und Konjugation auf die Infrarot- und Ultraviolettabsorptionsspektren der Carbonylgruppe.* Die IR- u. UV-Absorptionsspektren von α-Bromketonen sowie α,β- u. α',β'-ungesätt. Derivv. von Cyclohexanon (I) u. Dekalon-(2) werden untersucht u. bes. die Carbonylbande λ(C=O) bzw. ν(C=O) u. ihre Verschiebung im Spektr. durch α-ständige Substituenten u. konjugierte Doppelbindungen bestimmt. Während die ν(C=O) durch Einführung von Doppelbindungen im IR-Spektr. um 35—50 cm^{-1} nach kleineren Frequenzen verschoben wird, liegt $\lambda_{C=O}$ im UV-Spektr. um 35—50 mμ bei längeren Wellenlängen. Entsprechend den von Jones u. Mitarbeitern (C. **1956.** 10488) bei Steroiden gemachten Beobachtungen wird ν(C=O) durch ein äquatoriales Br-Atom um 15—20 cm^{-1} erhöht u. durch ein axiales Br-Atom prakt. nicht verändert; eine Erhöhung von ν(C=O) um 36 cm^{-1} beim *cis-2.6-Dibromcyclohexanon* läßt auf eine äquatoriale Stellung beider Br-Atome schließen.

Versuche: *2-Bromcyclohexanon* (**II**), $Kp._4$ 80—93°, aus **I** mit 1 Mol Br_2 in CCl_4 oder Eisessig in Ggw. von HBr. — *cis-2.6-Dibromcyclohexanon* (**III**), F. 108—110°, aus **I** mit 2 Mol Br_2. — *2-Brom-2-methylcyclohexanon* (**IV**), $Kp._{3,5}$ 62—66°, wie **II** aus 2-Methylcyclohexanon. — *trans-2.6-Dibrom-2-methylcyclohexanon*, F. 43—45°, analog **III**. — *6-Brom-2-methylcyclohexanon-2-carbonsäureäthylester* (**V**), $Kp._4$ 123—124°, wie **II** aus 2-Äthoxycarbonyl-2-methylcyclohexanon. — *4-Dichlormethyl-4-methylcyclohexadien-(2.5)-on* (**VI**), F. 53—55°, aus p-Kresol nach Reimer-Tiemann. — *4-Dichlormethyl-4-methylcyclohexanon*, F. 51—52°, aus **VI** durch katalyt. Hydrierung. — *4.4-Dimethylcyclohexanon*, $Kp._7$ 55—56°, aus Vorst. nach v. Auwers [1913]. — *2-Brom-4.4-dimethylcyclohexanon* (**VII**), F. 58—60°, aus Vorst. mit N-Bromsuccinimid oder wie **II**. — *cis-2.6-Dibrom-4.4-dimethylcyclohexanon*, F. 95—97°, aus Vorvorst. wie **III**. — *2.4.4-Trimethylcyclohexen-(2)-on* (**VIII**), $Kp._{20}$ 80—85°, aus Vinyläthylketon u. Isobutyraldehyd; λ_{max} 235 mμ (ε = 12030; A.). — *2.4.4-Trimethylcyclohexanon*, $Kp._{30}$ 81—83°, aus **VIII** durch Hydrieren. — *2-Brom-2.4.4-trimethylcyclohexanon*, aus Vorst. wie **II**; liefert bei der HBr-Abspaltung **VIII**. — *trans-2.6-Dibrom-2.4.4-trimethylcyclohexanon* (**IX**), $C_9H_{14}\cdot Br_2O$, $Kp._4$ 115—125°, F. 62—64° (PAe.), wie **III**; 72% (Ausbeute). — *6-Äthoxy-2.4.4-trimethylcyclohexen-(2)-on-2.4-dinitrophenylhydrazon*, $C_{17}H_{22}N_4O_5$, F. 171—173° (Essigester), aus **IX** mit 1 Mol 2.4-Dinitrophenylhydrazin in Brady-Reagens. — *2.4.4-Trimethylcyclohexadien-(2.5)-on*, $Kp._{15}$ 87—89°, aus **IX** mit γ-Kollidin; λ_{max} 237 mμ (ε = 12633); 32%. *2.4-Dinitrophenylhydrazon*, F. 178—180°. — *2-Methylcyclohexen-(2)-on*, $Kp._7$ 75—78°, aus **IV** durch HBr-Abspaltung u. Reinigen über das Semicarbazon; λ_{max} 235 mμ (log ε = 4,03). — *6-Methylcyclohexen-(2)-on-6-carbonsäureäthylester*, $Kp._7$ 95 bis 97°, aus **V** durch HBr-Abspaltung; λ_{max} 225 mμ (log ε = 3,95). — *6-Methylcyclohexen-(2)-on*, $Kp._9$ 46—49°, aus Vorst. durch Decarboxylieren; λ_{max} 225 mμ (log ε = 4,01). — *4-Dichlormethyl-2.4-dimethylcyclohexadien-(2.5)-on*, F. 54—56°, aus asymm.-m-Xylenol nach v. Auwers; λ_{max} 235 mμ (ε = 25625). — *trans-4-Dichlormethyl-2.4-dimethylcyclohexanon*, F. 51—53°, aus Vorst. durch katalyt. Hydrierung. — *trans-10-Methyldekalon-(2)*, $Kp._{21}$ 130—133°, über trans-1.4-Dioxo-2-methoxy-10-methyl-1.4.5.8.9.10-hexahydronaphthalin nach Hossey u. Mitarbeitern (C. **1954.** 1473). — *trans-3-Brom-10-methyldekalon-(2)*, F. 98—100°, aus Vorst. wie **II**. — *2-Oxo-1.10-dimethyl-2.3.4.5.-6.7.8.10-oktahydronaphthalin*, $Kp._3$ 108—110°, aus 2-Methylcyclohexanon u. 1-Diäthylaminopentanon-(3)-methojodid nach Gunstone (C. **1953.** 1183) u. Reinigen über das Semicarbazon; λ_{max} 250 mμ (ε = 16550). — *trans-1.10-Dimethyldekalon-(2)*, $Kp._6$ 104 bis 106°, aus Vorst. durch katalyt. Hydrierung u. Reinigen über das 2.4-Dinitrophenylhydrazon. — *trans-1-Brom-1.10-dimethyldekalon-(2)*, $Kp._3$ ca. 130°, aus Vorst. wie **II**.— *2-Oxo-10-methyl-2.3.4.5.6.7.8.10-oktahydronaphthalin*, $Kp._{15}$ 139—141°, aus 2-Methylcyclohexanon u. 1-Diäthylaminobutanon-(3)-methojodid; λ_{max} 240 mμ (ε = 12350). — *2-Oxo-*

10-methyl-2.5.6.7.8.10-hexahydronaphthalin, Kp.$_{3}$ 112—113°, aus 2-Formyl-2-methylcyclohexanon u. Aceton; λ_{max} 240 mμ (ε = 12650). Von allen angegebenen Cyclohexan- bzw. Hydronaphthalinderiv. ist die C=O-Bande registriert. (Pharmac. Bull. [Tokyo] **4.** 198—208. Juni 1956. Tokyo, Keio-Gijuku Univ., Med. School, Pharmaceut. Res. Inst. [Orig.: engl.]) H. GOLD. B 120

Antonio Hidalgo, *Infrarotabsorptionsspektrum der γ-[2.5-Dimethylthienyl-(3)]-buttersäure.* Das IR-Absorptionsspektr. der Säure zwischen 2,0 u. 25,0 μ ist angegeben. Unter Verwendung der früher (vgl. u. a. C. **1958.** 5908) erhaltenen Ergebnisse an Thiophen u. mono- u. disubstituierten Derivv. konnte eine Zuordnung der Banden durchgeführt werden; dem Thiophenkern entsprechen danach die Banden bei 454 (ν_{11}, ϱ); 505 (ν_8, δ); 670 (ν_{18}, δ); 688 (ν_3, ν) 780 (ν_{17}, δ); 1035 (ν_6, ν); 1237 (ν_4, ν) u. 1362 (ν_{14}, ν)/cm. (An. Real Soc. españ. Física Quím., Ser. B **54.** 259—62. April 1958. Madrid, Inst. de Optica „Daza de Valdés".) C. GOTTFRIED. B 120

C. Brot und **A. Soulard,** *Verbesserter metrischer Hohlraumresonator für dielektrische Messungen. Einige Ergebnisse.* Beschreibung des App., der für Messungen zwischen 50 u. 550 MHz geeignet ist. Gemessen wurden ε' u. ε'' von *Decanol* bei den Frequenzen 103, 163, 290, 318 u. 540 MHz bei 22° sowie die von *Heptanol, Octanol, Nonanol, Bzl., Äthylbromid, A., Methylalkohol, W.* u. *Formamid* bei 20° u. der Frequenz 318 MHz. Die Meßergebnisse stimmten mit denen aus der Literatur gut überein. (Arch. des Sci. **11.** 22—25. 10—11—12/7. 1958.) C. GOTTFRIED. B 132

Claude Moriamez, *Beitrag zur Untersuchung der Änderungen des Hertzschen Spektrums einiger Glykole in Abhängigkeit von der Temperatur.* In Fortsetzung früherer Unterss. (vgl. C. R. hebd. Séances Acad. Sci. **246.** [1958.] 2364) an Äthylenglykol, Propandiol-(1.2) u. Pentandiol-(1.5) bestimmte Vf. das dielektr. Verh. von *Butandiol-(1.3)* im Frequenzbereich 0,1—25000 MHz u. bei den Tempp. —20°, 0° u. +25°. Es wurden 3 Dispersionsbereiche gefunden, von denen der erste, aber nicht der zweite Dispersionsbereich durch DEBYEsche Gleichungen beschrieben werden kann. Die Aktivierungsenergie für den ersten Bereich ist 11,2 ± 0,5 kcal/Mol., die für den zweiten Bereich 9,4 ± 0,7 kcal/Mol. Vergleicht man die für die 4 Glykole erhaltenen Meßwerte mit denen der entsprechenden einwertigen Alkohole, dann ergibt sich, daß die stat. DK. der Glykole beträchtlich größer ist als die der entsprechenden einwertigen Alkohole. Mit Ausnahme von Propandiol-(1.2) ist für jedes Glykol die krit. Frequenz viel kleiner als für den entsprechenden einwertigen Alkohol. (Arch. des Sci. **11.** 77—81. 10—11—12/7. 1958. Lille, Fac. des Sci., Labor. de Radioeléctricité et Electronique.) C. GOTTFRIED. B 132

H. Mayer, *Untersuchung der Änderungen des Hertzschen Spektrums der Orientierung von Monochlorbenzol in Lösung.* Vf. untersucht den Einfl. der Viscosität auf die krit. Frequenz von 20, 50 u. 80%ig. Lsgg. von *Monochlorbenzol* (I) in Paraffinöl, Nujol, Bzl. u. Toluol (II) bei 0° u. 25° (Meßfrequenzen 0,7; 3000; 10000 u. 24000 MHz). Für die beiden ersten Lsgg. ist kein Einfl. des Lösungsm. festzustellen. Weniger deutlich ist das Ergebnis bei Bzl. als Lösungsmittel. Bei **II** wurde ein Einfl. auf die krit. Frequenz festgestellt. Diese Änderung läßt sich durch die Wechselwrkg. zwischen den Dipolen des **I** u. des **II** erklären. (Arch. des Sci. **11.** 85—89. 10—11—12/7. 1958. Lille, Fac. des Sci., Labor. de Radioeléctricité et Electronique.) C. GOTTFRIED. B 132

M. Moriamez, *Einige Ergebnisse über die verschiedenen Absorptionsbereiche des Cyclohexanols in Cyclohexan- und Paraffinöllösung.* Zwischen 1 u. 10000 MHz u. bei 25° untersuchte Vf. das HERTZsche Absorptionsspektr. von Lsgg. von *Cyclohexanol* in Cyclohexan u. Paraffinöl. Ganz allg. wurde hierbei beobachtet, daß der Einfl. eines nicht polaren Lösungsm. auf die Änderungen des HERTZschen Spektr. des Alkohols sehr komplex, aber quantitativ kontrollierbar ist. Speziell wurde festgestellt, daß die dem ersten Absorptionsbereich entsprechende Relaxationszeit unabhängig von der Konz. der Lsg. ist. Für den zweiten Absorptionsbereich wurde für jede gemessene Lsg. eine Verteilung der Relaxationszeiten gefunden, der die Verteilung charakterisierende Faktor α scheint gegenüber der Temp. u. der Konz. wenig empfindlich zu sein, wenigstens für die Lsgg. in Paraffinöl. Der Beitrag schließlich des dritten Bereiches ist schwach u. liegt bei sehr hoher Frequenz. Die Versuchsergebnisse sind graph. wiedergegeben. (Arch. des Sci. **11.** 90 bis 95. 10—11—12/7. 1958. Lille, Fac. des Sci., Labor. de Radioeléctricité et Electronique.) C. GOTTFRIED. B 132

R. Arndt, Hs. H. Günthard und **T. Gäumann,** *Dielektrische Messungen an Cyclanonen.* 4. Mitt. *Cyclobutanon.* (3. vgl. C. **1957.** 8169.) Vff. untersuchten das dielektr. Verh. des *Cyclobutanons* (I) im Temperaturbereich von —75° bis +50° im Frequenzbereich 40—400 MHz. I zeigt sowohl im festen Zustand als auch als Fl. das dielektr. Verh. eines n. Ketons. Der gesätt. Vierring scheint auf das Dipolmoment keinen wesentlichen Einfl. auszuüben. Festes I zeigt keinerlei Anzeichen freier Orientierbarkeit. — Einzelergebnisse für I, F. —52°, $D._t$ = 0,95200—1,036 · 10^{-3} t (im Bereich 5—50°); Mol.-Refr. 19,11 ml/Mol;

Mol.-Vol. 75,67 ml/Mol; n_D^{25} 1,4149; μ 2,76 D (in Bzl.); dielektr. Relaxationszeit bei 25° 12 μsec. (Helv. chim. Acta **41.** 2213—16. 1/12. 1958. Zürich, ETH, Organ.-chem. Labor.) K. Frenkler. B 132

Marie Freymann und **M. R. Freymann,** *Vergleich der Daten der Kernresonanz- und Infrarotspektren für die zwischenmolekularen Bindungen $C_2H_5OH + C_6H_6$.* Vff. untersuchten das kernmagnet. Resonanzspektr. von Gemischen von *A.* u. *Benzol.* Während sich die charakterist. Linien von C_6H_6, den CH_3- u. CH_2-Gruppen kaum ändern, wenn dem A. steigende Mengen Bzl. zugesetzt wurden, verschiebt sich die charakterist. Linie des OH beträchtlich von einer Benzolkonz. von 70—80% an. Sie überlagert sich schließlich den CH_2-Linien, außerdem treten neue Linien auf. Vff. verglichen diese Ergebnisse mit denen von Freymann [1933] über die IR-Absorption, der 3ν (OH), der gleichen Gemische. Aus diesem Vgl. ergibt sich eindeutig das Auftreten von zwischenmol. Bindungen vom Typ der H-Bindung. (Arch. des Sci. **11.** 233—34. 10—11—12/7. 1958. Paris, Fac. des Sci.) C. Gottfried. B 137

G. A. Williams und **H. S. Gutowsky,** *Elektronenkopplung von Kernspins.* 2. Mitt. *Molekülzustandsdeutung der bei Fluorbenzolen beobachteten Kopplungskonstanten.* (1. vgl. C. **1958.** 7072.) Vff. diskutieren im Rahmen der MO-Theorie die relativen Vorzeichen der H—H-, H—F- u. F—F-Spinkopplungskonstanten in den Fluorbenzolen. (J. chem. Physics **30.** 717—23. März 1959. Urbana, Ill., Univ., Noyes Chem. Labor.) K. Frenkler. B 137

Otto Neunhoeffer und **Peter Heitmann,** *Das Tris-[p-dimethylaminophenyl]-ammeniumkation, ein durch Mesomerie stabilisiertes, beständiges, freies Stickstoffradikal.* Vff. konnten durch Messungen des Paramagnetismus zeigen, daß das dem Bindschedlerschen Grün (**I**) entsprechende Radikalion (**II**) u. auch das *Tris-[p-dimethylaminophenyl]-ammeniumkation* darstellbar sind. Das Absorptionsspektr. von **I** ähnelt weitgehend dem von **II.** Die Stabilität des *Methyl-bis-[p-dimethylaminophenyl]-ammeniumkations* ist geringer.

Versuche: *4.4'.4''-Trinitrotriphenylamin,* F. 349—350° (Dimethylformamid), abweichend von der Literatur (Heydrich 1885 u. Herz 1886). — *4.4'.4''-Triaminotriphenylamintrihydrochlorid,* aus vorst. Verb. mit $SnCl_2$ in konz. HCl, 3 Std. bei 100°, 95% (Ausbeute). — *Tris-[p-dimethylaminophenyl]-amin,* $C_{24}H_{30}N_4$, grüne Kristalle aus Benzin, F. 152—154°, aus vorst. Verb. u. Methanol (**III**), 5 Std. bei 170°, 48%. — *Methyl-bis-[p-dimethylaminophenyl]-amin,* $C_{17}H_{23}N_3$, farblose Blättchen aus Benzin u. **III,** F. 112 bis 113°, aus Bis-[p-dimethylaminophenyl]-amin mit Methyljodid in **III,** 5 Std. bei 140°. — *Bis-[p-dimethylaminophenyl]-ammeniumperchlorat* (**IV**), $C_{16}H_{21}N_3ClO_4$, bronzefarbene Kristalle, F. 157—159°, aus dem Amin u. $AgClO_4$ in Aceton u. Fällen mit Ae., 49%. — *Bis-[p-dimethylaminophenyl]-ammeniumjodid,* $C_{16}H_{21}N_3J$, grauschwarz, F. 159—161° (Zers.), aus dem Amin in **III** u. J_2 in $CHCl_3$. — *Tris-[p-dimethylaminophenyl]-ammeniumperchlorat,* $C_{24}H_{30}N_4ClO_4$, grüne Kristalle, analog **IV,** 51%. — *N.N-Dimethyl-N'.N'-bis-[p-dimethylaminophenyl]-p-benzochinondiimmoniumdiperchlorat* (**V**), $C_{24}H_{30}N_4 \cdot 2\,ClO_4$, kupferglänzende Kristalle, analog vorst. Verb. mit 2 Mol $AgClO_4$, 82%. — *Methyl-bis-[p-dimethylaminophenyl]-ammeniumperchlorat,* $C_{17}H_{23}N_3ClO_4$, zersetzlich, analog **IV.** — *N-Methyl-N-[p-dimethylaminophenyl]-N'.N'-dimethyl-p-benzochinondiimmoniumdiperchlorat,* $C_{17}H_{23}N_3 \cdot 2\,ClO_4$, kupferglänzende Kristalle, analog **V.** (Chem. Ber. **92.** 245 bis 251. 1959.) U. Kretzschmar. B 137

B. Elschner und **S. Herzog,** *Paramagnetische Elektronenresonanz einiger metallorganischer Komplexe.* Vff. untersuchten die paramagnet. Resonanz von *Me·α.α'-Dipyridyl* (Me = *Li* u. *Na*) in Pulverform u. in Dioxanlsg. sowie um *Me(Dipyridyl)$_3$* (Me = *Cr, V, Ti*) in Pulverform in N_2-Atmosphäre, Versuchstemp. war in allen Fällen 293°K. Für die beiden ersten Komplexe wurde bei den Pulvern eine Halbwertsbreite von 2,0 ± 0,2 Oe. u. ein g-Wert von 2,0126 ± 0,0003 beobachtet. Die Dioxan-Lsgg. zeigten eine Resonanzkurve, deren Breite sich gleichförmig in Abhängigkeit von der Verdünnung erhöht. Die Hyperfeinstruktur der Komplexe mit den dreiwertigen Metallen sind zeichner. wiedergegeben. Bei der Cr-Verb. wurden die Linien von ^{52}Cr u. ^{53}Cr, bei der V-Verb. nur die von ^{51}V beobachtet. (Arch. des Sci. **11.** 160—64. 10—11—12/7. 1958. Jena, Univ., Physikal. Inst. u. Inst. für Anorg. Chem.) C. Gottfried. B 137

H. J. Eméleus und **G. S. Harris,** *Die elektrolytische Leitfähigkeit der Lösungen von Halogentrifluormethylphosphoranen.* Die elektrolyt. Leitfähigkeit von *Dichlor-tris-[trifluormethyl]-phosphoran* [I, F. 24,0—25,5°, extrapolierter Kp. 107°, aus Cl_2 u. $(CF_3)_3P$] in Acetonitril ($\varkappa = 10^{-7}$ $Ohm^{-1}cm^{-1}$ bei 25°) wird bei 15° gemessen. Bei unendlicher Verdünnung ist $\Lambda_{m\infty} = 66$ $Ohm^{-1}cm^2Mol^{-1}$. Diese hohe Leitfähigkeit wird auf das Ionisationsgleichgewicht $2\,I \rightleftharpoons P(CF_3)_3Cl^+ + P(CF_3)_3Cl_3^-$ zurückgeführt. Sie kann nicht durch eine Hydrolyse von I infolge der Ggw. von Spuren W. bedingt sein, da bei Wasserzusatz anfangs ein Abfall der Leitfähigkeit, dann erst wieder ein Anstieg infolge der Rk.

I + H_2O → $P(CF_3)_3O$ + 2 HCl zu beobachten ist. Die Leitfähigkeit erreicht erst nach ca. 48 Std. einen konstanten Wert, was auf den langsamen Zerfall des solvatisierten Mol. in ein solvatisiertes Ionenpaar zurückgeführt wird. *Trichlor-bis-[trifluormethyl]-phophoran* [II, F. — 26 bis — 25°, aus $(CF_3)_2PCl$ u. Cl_2] zeigt keine elektrolyt. Leitfähigkeit ($\Lambda_{m\infty} < 1$). Das IR-Spektr. 4000—400 cm^{-1} zeigt eine symm. trigonale bipyramidale Struktur für II an, die keine Ionisation zuläßt. I hat dagegen möglicherweise mehrere Konfigurationen, von denen eine apicale P—Cl-Bindung besitzt, die die Leitfähigkeit bedingt. — Verss. zur Darst. von Dibrom-tris-[trifluormethyl]-phosphoran (III) waren erfolglos; jedoch muß aus der Zunahme der Leitfähigkeit einer Lsg. von $P(CF_3)_3$ in Acetonitril bei Br_2-Zusatz bis zum Verhältnis 1:1 auf das Vorhandensein einer ion.Verb. mit der Zus. von III geschlossen werden. (J. chem. Soc. [London] **1959.** 1494—97. April. Cambridge, Univ., Chem. Labor.) R. LACMANN. B 138

G. Kortüm und **M. Buck,** *Die thermodynamische Dissoziationskonstante schwacher Säuren in Alkohol-Wasser-Mischungen.* Vff. bestimmten die thermodynam. Dissoziationskonstanten K von *2.6-Dinitrophenol* in W. (I), Methanol (II), A. u. I/II u. I/A.-Gemischen über den ganzen Molenbruch (x) des Alkohols nach der Leitfähigkeitsmethode. Bis x = 0,94 wurde nach FUOSS-KRAUS, darüber nach dem KOHLRAUSCH-Additivitätsgesetz ausgewertet. Die Grenzleitfähigkeiten gehen als f(x) durch ein Minimum, K fällt monoton, bei höheren Alkoholkonzz. stark mit x ab. K ist bei x > 0,94 merklich konzentrationsabhängig. Die Abweichungen von der Theorie werden dahingehend gedeutet, daß bei höheren Alkoholkonzz. nicht mehr mit einer makroskop. DK. gerechnet werden kann. Thermodynam. K bei 25° in W. $1{,}952 \cdot 10^{-1}$; in II $1{,}80 \cdot 10^{-8}$; in A. $3{,}93 \cdot 10^{-9}$. Die Leitfähigkeiten des K-Salzes werden gemessen. (Z. Elektrochem., Ber. Bunsenges. physik. Chem. **62.** 1083—89. Dez. 1958. Tübingen, Univ., Inst. für Physikal. Chem.) W. SCHRAMM. B 139

Eugene Lieber, C. N. R. Rao, T. S. Chao und **J. Ramachandran,** *Relative Acidität von 5-(substituierten Phenyl)-amino-4-phenyl-1.2.3-triazolen.* Die Acidität wurde durch UV-Spektrophotometrie u. elektrometr. Titrationen der Verbb. im Dimethylformamid bestimmt. Untersucht wurden folgende 5-(substituierte Phenyl)-amino-4-phenyl-1.2.3-triazole (pK_a-Werte): *5-p-Methoxyphenyl-*, ($8{,}2_0$); *5-p-Tolyl-*, ($7{,}9_4$); *5-m-Tolyl-*, ($7{,}8_8$); *5-p-Chlorphenyl-*, ($7{,}8_0$); *5-m-Chlorphenyl-*, ($7{,}5_5$); *5-m-Nitrophenyl-*, ($6{,}8_0$); *5-p-Nitrophenyl-*, ($6{,}7_0$) u. *5-Phenyl-*, (7,58). Die pK_a-Werte sind ebenso wie die der 5-(substituierten Phenyl)-aminotetrazole u. der monosubstituierten Aniline (vgl. HENRY, FINNEGAN u. LIEBER, C. **1954.** 10205) linear von den HAMMETTschen σ-Werten abhängig. Bei steigender Elektronegativität der Substituenten fällt der pK_a-Wert. (J. org. Chemistry **23.** 1916—18. Dez. 1958. Chicago, Ill., De Paul Univ., Dep. of Chem.) R. UNGER. B 139

A. Neckel und **H. Volk,** *Zur Thermodynamik binärer Mischungen.* 1. Mitt. *Freie Zusatzenthalpie und Volumeffekt beim Mischen des Systems β.β'-Dichlordiäthyläther-n-Hexan.* Mit Hilfe einer verbesserten Meth. zur stat. Dampfdruckmessung wurden die Totaldampfdrucke des Syst. *β.β'-Dichlordiäthyläther* (I, *Chlorex*, $Kp._{11}$ 64,9—65,2°, n_D^{20} 1,45724, $D.^{20}_4$ 1,21928)-*n-Hexan* (II, $Kp._{760}$ 68,7°, n_D^{20} 1,37498, $D.^{20}_4$ 0,65937) bei 11,58, 20 u. 30° bestimmt. Ferner wurden die DD. dieses Syst. bei 12 u. 20° gemessen. Aus den Totaldrucken wurden mit Hilfe einer Näherungsmeth. die Partialdrucke der flüchtigen Komponente u. aus diesen die Aktivitätskoeff. des II berechnet. Durch numer. Integration der DUHEM-MARGULES-Gleichung mit Hilfe der SIMPSONschen Regel wurden die Aktivitätskoeff. von I gewonnen. Aus den Aktivitätskoeff. bzw. deren Temperaturabhängigkeit wurden die freie Zusatzenthalpie ΔG_z, die Mischungsenthalpie ΔH u. die Zusatzentropie $\Delta S_{p,z}$, aus den Dichten die Volumänderung ΔV bei Herst. von 1 Mol Mischung berechnet. — Die thermodynam. Funktionen des Syst. werden diskutiert. Die Durchkrümmung der Funktion $\Delta G_x/x_1x_2$ kann durch eine Verminderung der Zahl der A—B-Nachbarpaare im Sinne der Theorie der streng regulären Lsg. gedeutet werden. Eine Abnahme des Anstiegs der Aktivitätskoeff. der flüchtigen Komponente im Bereich geringer Konzz. konnte bis zu einem Molenbruch von 0,02 nicht festgestellt werden. Dagegen scheinen die Aktivitätskoeffizienten der flüchtigen Komponente im Grenzbereich linear zu verlaufen. Dieser Effekt führt auch zu dem theoret. bisher nicht erklärten Abfall der Funktion $\Delta G_x/x_1x_2$ im Grenzbereich der flüchtigen Komponente. I-reiche Mischungen führen zu einer Kontraktion, während II-reiche Mischungen Dilatation zeigen. Ferner wurden die Ergebnisse mit der Theorie des freien Vol. (vgl. PRIGOGINE u. BELLEMANS, C. **1950/54.** 2271 S) verglichen. Um die Theorie auch auf Systeme anwenden zu können, die Komponenten mit einem schwachen Dipolmoment besitzen, wurden die gesamten Wechselwirkungskräfte eines Mol.-Paares in drei Anteile (Dispersions-, Orientierungs- u. Induktionskräfte) aufgeteilt, wobei die Orientierungskräfte im Gegensatz zu Dispersions- u. Induktionskräften temperaturabhängig sind. Auf diese Weise konnte gute Übereinstimmung zwischen Theorie u. Experiment erreicht werden. (Mh. Chem. **88.** 925—47. 12/12. 1957. Wien, Univ., I. Chem. Inst.) M. SCHENK. B 150

A. Neckel und **H. Volk,** *Zur Thermodynamik binärer Mischungen. 2. Mitt. Freie Zusatzenthalpie und Volumeffekt beim Mischen von 1.2-Dibromäthan und Benzol.* (1. vgl. vorst. Ref.) Die Mischungseigg. des Syst. *1.2-Dibromäthan* (I, $Kp._{65}$ 60°, $Kp._{760}$ 131,7°, $D.^{20}_{4}$ 2,18006, n_D^{20} 1,53880, F. 9,95 ± 0,05°)—*Bzl.* ($Kp._{760}$ 80,1°, $D.^{20}_{4}$ 0,87889, n_D^{20} 1,50114, F. 5,53°) werden durch das trans-gauche-Gleichgewicht von I u. durch eine spezif. Wechselwrkg. zwischen Bzl. u. der gauche-Form des I-Mol. beeinflußt. Um Abschätzungen der bei diesem Syst. auftretenden Wechselwirkungsenergien zu überprüfen, werden die thermodynam. Zusatzfunktionen (ΔG_z, ΔH, $\Delta S_{p,z}$) auf Grund von Totaldruckmessungen an I–Bzl.-Mischungen bei 10, 20 u. 30° bestimmt (vgl. vorst. Ref.) u. die Volumenänderung bei Herst. von 1 Mol. Mischung aus den Dichten berechnet. Das Syst. I–Bzl. zeigt — bedingt durch teilweise Kompensation verschied. Effekte — nur geringe Abweichungen vom idealen Verhalten. (Mh. Chem. **89.** 754—66. 29/12. 1958.) M. SCHENK. B 150

Th. Holleman, *Thermodynamische Eigenschaften des Systems Benzol–Diphenyl.* Vf. mißt die bei Mischung auftretenden Volumenänderungen für das Syst. *Bzl.–Diphenyl* mittels eines Direktverfahrens. Die experimentellen Ergebnisse für die Volumenänderung beim Mischen werden durch die empir. Beziehung $V_p^e = [(-10\,x_1\,x_2)/(6\,x_1 + 13\,x_2 - 1{,}7)]\,[1 - 0{,}016\,(71{,}6 - t)]$ für Tempp. t zwischen 25 u. 71° beschrieben (x_1 = Molenbrüche). Die von KORTÜM und Mitarbeitern (C. **1954.** 8772) bestimmten Mischungswärmen sowie die von ADCOCK u. MACGLASHAN (C. **1950/ 54.** 3441 S) bestimmten Verdünnungswärmen werden mit Hilfe der gefundenen V_p-Werte in die entsprechenden Energien bei konstantem Vol. umgerechnet u. mit den theoret. Voraussagen der GUGGENHEIMschen Theorie verglichen. Die gefundene Übereinstimmung ist befriedigend. Schließlich werden die vorst. bestimmten thermodynam. Größen mit denjenigen, die mittels des Durchschnittspotentialmodells von PRIGOGINE erhalten wurden, verglichen. Für dieses Modell ist die Übereinstimmung zwischen den theoret. u. den experimentellen Werten unbefriedigend. (Z. Elektrochem., Ber. Bunsenges. physik. Chem. **62.** 1119—24. Dez. 1958. Amsterdam, N. V. de Bataafsche Petroleums Mij., Koninglijke/Shell Labor.) K. FRENKLER. B 150

G. Raupp, *Gaschromatographische Trennung niederer Fettsäuren.* Die bei der gaschromatograph. Trennung niedriger Fettsäuren infolge Dimerisierung in der fl. Phase sowie durch Adsorption am Trägermaterial meist stark unsymm. ausgebildeten Banden können durch Anwendung einer Mischung von 15% Sebacinsäure in Dioctylsebacinat als stationäre Phase (1:3 auf Celite 545) vermieden werden. Man erhält fast vollkommen symm. Banden. Bei 150°, 50 ml He/Min. wurden folgende relative Retentionsvoll. v (*n-Pentan*, Kp. 36,2°, v = 1) ermittelt: *W.* (0,20), *Ameisensäure* (Kp. 100,5°, 0,81), *Essigsäure* (Kp. 118,1°, 1,30), *Propionsäure* (Kp. 140,7°, 1,87), *Acrylsäure* (Kp. 141°, 2,25), *Isobuttersäure* (Kp. 154,4°, 2,65), *n-Buttersäure* (Kp. 162,5°, 3,27), *Crotonsäure* (Kp. 189°, 5,16) u. *n-Valeriansäure* (Kp. 187,0°, 5,95). (Angew. Chem. **71.** 284—85. 21/4. 1959. Überlingen, Bodenseewerk Perkin-Elmer Co.) E. MOISAR. B 177

S. R. Lipsky, J. E. Lovelock und **R. A. Landowne,** *Die Verwendung hochwirksamer Capillarkolonnen zur gaschromatographischen Trennung von bestimmten cis–trans-Isomeren von langkettigen Fettsäureestern.* Hohe gaschromatograph. Trennschärfen, entsprechend einer theoret. Bodenzahl von 200000 konnten an einer füllkörperlosen Capillarkolonne (Länge 200′, Weite 0,01″, 240°, 0,5 ml Ar/Min.), die an der Innenwandung einen dünnen Film aus Apiezonfett L als stationäre Phase enthielt, erzielt werden. So gelang die Trennung der cis–trans-Isomeren *Elaidinsäure-* (I) u. *Ölsäuremethylester* (II). Im einzelnen wurden folgende Methylester getrennt, wobei die relativen Retentionszeiten auf *Palmitinsäuremethylester* (III) bezogen sind: *Caprylsäure-* (0,04), *Pelargonsäure-* (0,07), *Caprinsäure-* (0,10), *Undecansäure-* (0,15), *Laurinsäure-* (0,21), *Tridecansäure-* (0,31), *Myristinsäure-* (0,47), *Pentadecansäure-* (0,68), *Palmitölsäure-* (0,89), III (1,00), *Margarinsäure-* (1,45), *Linolensäure-* (IV; 1,80), *Linolsäure-* (konnte von IV nicht getrennt werden), I (1,89), II (1,91), *Stearinsäure-* (2,12), *Arachidonsäure-* (3,11) u. *Arachinsäuremethylester* (4,52). (J. Amer. chem. Soc. **81.** 1010. 20/2. 1959. New Haven, Conn., Yale Univ., Dep. of Med.) E. MOISAR. B 177

Enzo Ferroni und **Marco Cocchi,** *Epitaxie von Einschlußverbindungen.* Vff. untersuchten die orientierten Aufwachsungen der folgenden Clathratverbb. auf die (0 0 1)-Fläche des Muskovits: *Chinon–H_2S* (*3:1*; I), *Chinon–SO_2* (3:1; II), *Chinon–Methylalkohol* (*3:1*; III) u. *Chinon–Ameisensäure* (*3:1*; IV). Die 4 Verbb. krist. rhomboedrisch; die hexagonalen Zellen haben die Abmessungen: a = 22,06 Å; c = 5,62 Å für I, a = 16,29 Å; c = 5,81 Å für II, a = 16,56 Å; c = 5,55 Å für III u. a = 16,42 Å; c = 5,65 Å für IV. Raumgruppe ist in allen Fällen $C_{3i}^2 - R\,\overline{3}$; Z = 3. Aufwachsebene ist bei allen Einschlußverbb. ($\bar{1}$ 0 1 0). Für I wurde beobachtet, daß [0 0 0 1] parallel zu [0 1 0] des Muskovits liegt u. ferner mit [0 1 0] einen Winkel von 30° bildet. Ebenfalls 2 Orientierungen wurden bei II gefunden; die Orientierungsrichtungen sind dieselben wie bei I. Bei III ergaben sich 3 Orientierungsrichtungen, u. zwar liegt [0 0 0 1] parallel [0 1 0] u. [1 0 0] des Glimmers u. ferner bildet [0 0 0 1] mit [0 1 0] des Muskovits einen Winkel von $\pm 60°$. Ebenfalls 3 Orientierungsrichtungen wurden für IV beobachtet: [0 0 0 1] liegt parallel mit [1 0 0] u. [0 1 0] des Glimmers u. bildet mit [0 1 0] einen Winkel von 30° (Ann. Chimica **48**. 630—36. Aug./Sept. 1958. Firenze, Univ., Ist. di Chim. fis.) C. Gottfried. B 190

A. I. Kitaigorodski, *Ideen einer organischen Kristallchemie.* Ausgehend von der Struktur eines aus Moll. gebauten Kristalls, wie er in der organ. Chemie die Regel ist, wird das Prinzip der dichten Packung als Grundlage für organ. Kristalle aufgestellt. Der Zusammenhang zwischen Packungsdichte u. Symmetrie wird am Beispiel der festen Lsgg. erläutert. Aus der Form der Moll. kann die Kristallstruktur geometr. entwickelt werden. Als Beispiel wird die Packung unendlicher aliphat. Ketten mit 3 Typen der dichten Packung der Querschnitte (hexagonale, schief- u. geradwinkelige Zelle) u. verschied. Lage eines Kettenpaares besprochen, wobei sich verschied. Translationen (t, t_1, t_2, t_k) mit den Winkeln 40, nahe 0, 110 u. 100° u. den Längen 5,00, 4,32, 4,19 u. 4,17 Å ergeben. (Кристаллография [Kristallographie] **2**. 456—65. 1957. Inst. für elementorg. Verbb.) R. K. Müller. B 195

R. F. Bryan und **J. C. Speakman,** *Die Kristallstrukturen einiger saurer Salze.* Vff. berichten zusammenfassend über röntgenograph. Unterss. an einer Reihe von sauren Salzen (KHA_2) einbasiger Carbonsäuren (HA), wobei speziell auf die in fast allen Strukturen beobachtete H-Bindung eingegangen wird, die kristallograph. symm. ist. (Acta crystallogr. [Copenhagen] **10**. 795. 10/12. 1957.) C. Gottfried. B 195

A. Skoulios und **V. Luzzati,** *Struktur von wasserfreien Natriumseifen bei hohen Temperaturen.* Vff. untersuchten röntgenograph. zwischen 100 u. 350° *Na-Laurat* (I), *Na-Myristat* (II), *Na-Palmitat* (III) u. *Na-Stearat* (IV). Beobachtet wurden die folgenden, bereits von Vold, Macomber u. Vold (vgl. J. Amer. chem. Soc. **63**. [1941.] 168) gefundenen Phasen: Wachsartig (A), überwachsartig (superwaxy, B); subneat (C) u. neat (D). Bei I wurde außerdem eine neue Phase gefunden. Für die Phasen A, B u. C lassen sich die gefundenen Netzebenenabstände durch ein zweidimensionales, zentriertes, rechteckiges Gitter mit der Raumgruppe C 2 mm erklären; das Diagramm der Phase D ist für eine lamellare Struktur charakterist., d. h. einem eindimensionalen Gitter. Die neue Phase schließlich besitzt eine dreidimensionale rhomb. Struktur. In der folgenden Zusammenstellung bedeuten die angegebenen Tempp. die Übergangstempp.: Phase A: I 166°, a = 75,2 (Å); b = 30,9; II 155°, 80,0; 34,5; III 152°, 86,6; 38,3; IV 140°, 80,0; 40,3; Phase B: I 195°, 68,5; 30,3; II 193°, 69,0; 33,6; III 195°, 74,2; 36,0; IV 198°, 72,5; 37,9; Phase C: I 234° 49,8; 27,0; II 233°, 53,8; 29,1; III 236°, 56,2; 30,6; IV 238°, 62,4; 34,4; Phase D: I 290°, d = 25,3; II 271°, d = 27,5; III 278°, d = 29,1; IV 285°, d = 30,6. Die neue Phase von I: 205°, a = 55,5; b = 28,3; c = 32,7. (Nature [London] **183**. 1310—12. 9/5. 1959. Strasbourg, Centre de Recherches sur les Macromol.) C. Gottfried. B 195

E. von Sydow, S. Abrahamsson und **S. Aleby,** *Die Kristallstruktur einiger langkettiger Verbindungen.* Während in den n-KW-stoffen u. den n-Fettsäuren die Ketten entweder in rhomb. oder trikliner dichtester Packung angeordnet sind, versuchen die methylsubstituierten Fettsäuren ihre Ketten triklin anzuordnen, was möglich ist, wenn die Ketten relativ zu der Ebene der Carboxylgruppen so gedreht sind, daß sich die substituierten Methylgruppen in den Raum zwischen den Kettenenden einpassen können. Eine Bestätigung dieser Vorstellung ergaben die Kristallstrukturen von *9-DL-Methyl-* u. *16-DL-Methyloctadecansäure.* Befindet sich der Substituent nahe der Carboxylgruppe, wie in der *3-DL-Methyloctadecansäure* (I), dann liegen die Ketten ungestört in der gewöhnlichen triklinen Packung. Die Kristallstruktur von (—)-*2-Methyl-2-äthyleikosansäure* ist ziemlich ähnlich der von I. Die Ketten sind jedoch anders als bei I in einer bisher nicht gefundenen Packung angeordnet u. die H-Bindungen binden die Moll. nicht mehr 2 zu 2, sondern in ein Kettensyst. entlang der kürzesten Achse. Die Ketten sind orthorhomb. gepackt mit allen Kettenebenen parallel zueinander. Die Raumgruppe ist P $2_1 2_1 2$. Kurz wird noch über die Struktur von *Methylstearat* berichtet, die in mancher Hinsicht ähnlich ist der Struktur der B-Form der Stearinsäure. (Acta crystallogr. [Copenhagen] **10**. 801—02. 10/12. 1957.) C. Gottfried. B 195

Y. C. Leung und **R. E. Marsh,** *Die Kristallstruktur von L-Leucyl-L-prolylglycin.* Die Struktur von *L-Leucyl-L-prolylglycinmonohydrat* wurde mittels Fourier-Synthesen u. der Meth. der kleinsten Quadrate aufgeklärt. Das Tripeptid krist. monoklin u. hat die Zellendimensionen a = 9,44 (Å); b = 6,72; c = 12,10; β = 100,2°. Raumgruppe ist

P 2_1. Parameter sind nicht angegeben. Mit Ausnahme einer Verdrehung, die durch den Prolinrest bedingt ist, hat die Peptidkette eine stark ausgdehnte Konfiguration. Das Mol. tritt als Zwitterion auf, die maximale Anzahl von H-Bindungen wird gebildet. Überraschend an der Struktur ist, daß nur ca. 80% eines Mol. Kristallwasser pro Mol. Tripeptid auftritt. Die interatomaren Abstände u. Valenzwinkel sind tabellar. angegeben. (Acta crystallogr. [Copenhagen] **10.** 815. 10/12. 1957.) C. GOTTFRIED. B 195

G. M. Brown, H. G. Norment jr. und **H. A. Levy,** *Die Kristallstruktur von 2.6-Dimethyl-γ-pyron.* Die Elementarkörperdimensionen von *2.6-Dimethyl-γ-pyron* waren bereits früher (vgl. C. **1956.** 7757) bestimmt worden. Zur Angleichung an das Achsenverhältnis u. die Parameter von TOUSSAINT (vgl. C. **1957.** 4349) wurde der Strukturbest. die Raumgruppe P 2_1/n zugrunde gelegt. Die auf Grund von Differenzsynthesen u. dreidimensionalen FOURIER-Analysen gefundenen Parameter sind: $O_{(1)}$: (x =) 0,1780; (y =) 0,4688; (z =) 0,4254; $C_{(2)}$: 0,2557; 0,4441; 0,5374; $C_{(3)}$: 0,3707; 0,5732; 0,6132; $C_{(4)}$: 0,4227; 0,7447; 0,5792; $C_{(5)}$: 0,3332; 0,7641; 0,4589; $C_{(6)}$: 0,2187; 0,6298; 0,3888; $C_{(7)}$: 0,1198; 0,6306; 0,2638; $C_{(8)}$: 0,1994; 0,2594; 0,5616; $O_{(9)}$: 0,5367; 0,8636; 0,6472. Die Bindungslängen u. Valenzwinkel sind tabellar. zusammengestellt. Das C—O-Skelett des Mol. ist im wesentlichen eben. Aus den Bindungslängen wird gefolgert, daß die wichtigste Resonanzstruktur die n., kovalente, keton. Struktur ist. (Acta crystallogr. [Copenhagen] **10.** 806—07. 10/12. 1957.) C. GOTTFRIED. B 195

St. Taussig und **F. Petreanu,** *Beiträge zur Untersuchung chemischer Gleichgewichte bei Veresterungsreaktionen zur Darstellung technisch wichtiger Ester.* 1. Mitt. *Das System Butanol–Essigsäure–Butylacetat–Wasser.* Bei Veresterung von 1 Mol Butanol mit 1 Mol Essigsäure (I) in Ggw. von 0,05—4% H_2SO_4 wird nach 1 Std. Kochen ein Gleichgewichtszustand erreicht. Vff. arbeiten auf Grund analyt. Ergebnisse Diagramme zur Wiedergabe des Veresterungsgrades als Funktion der angewendeten H_2SO_4-Menge u. des etwa anfangs im Syst. vorhandenen W. aus. Der Veresterungsgrad hängt von der H_2SO_4-Menge ab. Die Rk. verläuft anfangs nur in homogenen Medium, später tritt Trennung in eine wss. u. eine organ. Schicht ein. Vff. geben die Verteilung der I zwischen beiden Schichten als Funktion von der H_2SO_4-Menge an. Zwischen dem Mol-Verhältnis I/H_2SO_4 im Gemisch vor Beginn der Rk. u. in der wss. Phase wird eine logarithm. Beziehung festgestellt. (Studii Cercetări ştiinţ. [Timişoara] **1.** 83—98. 1953. Timişoara, Inst. de Agronomie.) W. SCHMIDT/Timişoara. B 221

St. Taussig und **F. Petreanu,** *Beiträge zur Untersuchung chemischer Gleichgewichte bei Versterungsreaktionen zur Darstellung technisch wichtiger Ester.* 2. Mitt. *Das System Methanol (Äthanol)–Essigsäure–Methyl(Äthyl)acetat–Wasser.* (1. vgl. vorst. Ref.) Vff. berechnen aus analyt. Ergebnissen die Gleichgewichtskonstanten bei Kp. unter Atmosphärendruck für die Systeme *Methanol–Essigsäure* (I)*–Methylacetat–W.* (5,75) u. **I**–*Äthylacetat–W.* (3,87) bei Veresterung in Ggw. von H_2SO_4 (Konz. von 0,5—30%). Es wird festgestellt, daß das Gleichgewicht in allen Fällen nach 30 Min. (beim Kp.) erreicht ist. Das Gleichgewicht ist hier von der H_2SO_4-Konz. unabhängig. (Studii Cercetări ştiinţ. [Timişoara], Ser. Ştiinţe chim. **3.** Nr. 1/2. 103—11. Jan./Juni 1956.) W. SCHMIDT/Timişoara. B 221

Fritz Kröhnke und **Karl-Friedrich Gross,** *Bathochromie bei Anilen durch Komplexbildung und Adsorption.* Vff. untersuchten Bathochromieeffekte an p-dimethylamino-substituierten Anilen von α-Dicarbonylverbindungen. Die im Kristall roten Verbb. werden im polaren Lösungsm. durch LEWIS-Säuren, wie $HgCl_2$, $ZnCl_2$ u. $AlCl_3$ violett gefärbt, mit gleicher Farbe werden sie durch Silicagel aus der Lsg. adsorbiert. Dieser Effekt wird durch Überwiegen der mesomeren Betaingrenzstruktur **A** erklärt. Die mit $HgCl_2$ krist. erhaltenen blauschwarzen Salze werden als **B** formuliert. Die zur Anilgruppierung α-ständige Carbonylgruppe kann auch durch C=N-Doppelbindungen vertreten werden, so zeigt z. B. Chinolyl-(2)-glyoxylsäurenitril-[p-dimethylaminoanil] mit $HgCl_2$ den gleichen Effekt (vgl. C. **1959.** 14409).

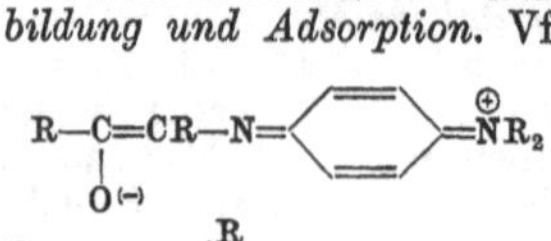
A

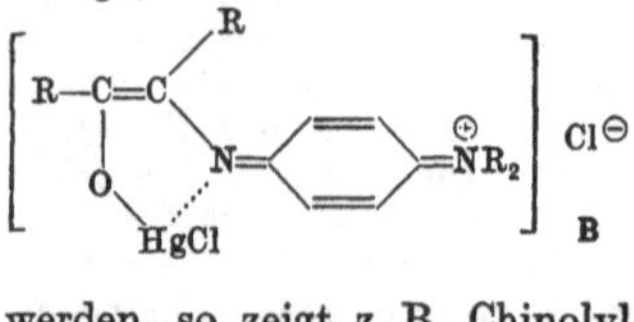
B

V e r s u c h e : Die krist. Chelatkomplexe mit $HgCl_2$ werden durch Mischen der Komponenten in mol. Mengen in Acetonitrillsg. quantitativ erhalten. *Phenylglyoxal-[p-dimethylaminoanil]-$HgCl_2$-chelat,* $C_{16}H_{16}N_2O \cdot HgCl_2$, blauschwarze Prismen, Zers. bei 145—146°. — *Chinolyl-(2)-glyoxylsäurenitril-[p-dimethylaminoanil]-$HgCl_2$-chelat,* $C_{19}H_{16}N_4 \cdot HgCl_2$, blauschwarze Prismen, Zers. bei 202—204°. (Chem. Ber. **92.** 36—39. 1959.) U. KRETZSCHMAR. B 223

H. Wolff und **K. Bernstorff,** *Mischungslücken von Gemischen aus Aceton und n-Paraffinen und ihre Berechnung aus Aktivitätskoeffizienten.* Flüssige Gemische aus

Aceton (I) u. den n-Paraffinen von *Äthan* (II) bis *n-Nonan* (III) zeigen bei tiefen Tempp. Mischungslücken. Vff. bestimmen die krit. Lösungstempp. u. Zuss. der Systeme I-II ($-48,7_8^0$; 58,5 Gew.-% n-Paraffin), I-*Propan* (IV, $-50,3_7^0$; 59,8%), I-*n-Butan* ($-50,3_1^0$, 60,6%), I-*n-Pentan* ($-42,7_1^0$; 60,0%), I-*n-Hexan* ($-34,5_5^0$; 58,2%), I-*n-Heptan* ($-27,6_0^0$; 59,3%), I-*n-Octan* ($-17,7_4^0$; 57,3%) u. I-III ($-10,4_4^0$; 57,3%). Die krit. Zuss. liegen für sämtliche Systeme zwischen 57,3 u. 60,6 Gew.-% bzw. 37,8 u. 73 Mol-% n-Paraffin. Sie liegen bei KW-stoffen mit kurzer Kette auf der Seite kleiner Molenbrüche für I u. verschieben sich mit wachsender Kettenlänge zur Seite großer Molenbrüche für I. Die krit. Lösungstemp. liegt um so niedriger, je kleiner die Kettenlänge der KW-stoffkomponente ist. Sie unterscheidet sich bei zwei in der homologen Reihe benachbarten Paraffinen im Durchschnitt um ca. 8°. Ausnahmen bilden die Systeme I-II u. I-IV. Aus dem Verh. des Syst. I-II kann unter der Voraussetzung, daß keine sprunghaften Änderungen auftreten, geschlossen werden, daß auch in Ampullen mit I-*Methan*-Gemischen noch eine Mischungslücke angedeutet ist. Die bei den Gemischen des I mit höheren Paraffinen beobachteten Regelmäßigkeiten erlauben den Verlauf der Entmischungskurven auch für noch höhere Paraffine als die untersuchten zu extrapolieren. Soweit bei höheren Tempp. gemessene Aktivitätskoeffizienten vorliegen, berechnen Vff. aus diesen die Mischungslücken für die untersuchten Systeme, wobei vorausgesetzt wird, daß bei koexistenten Phasen die Aktivität jeder Komponente in beiden Phasen dieselbe ist u. die Summe der Molenbrüche der Komponenten jeder Phase gleich 1 ist. Die Berechnungen werden a) unter Vorgabe der Zus. u. b) unter Vorgabe der Temp. durchgeführt. Die Übereinstimmung mit den experimentellen Werten ist befriedigend. (Z. Elektrochem., Ber. Bunsenges. physik. Chem. **62**. 1093—1102. Dez. 1958. Heidelberg, Univ., Physikal.-chem. Inst.) K. FRENKLER. B 224

N. P. Markusin und **A. W. Storonkin,** *Untersuchung ternärer, sich entmischender Lösungen, Triäthylamin–Phenol–Wasser.* (Vgl. C. **1955**. 11528.) Für das Syst. *Triäthylamin* (I, Kp. 89,45°; $D.^{20}{}_4$ 0,7276; n_D^{20} 1,4010)-*Phenol* (II)-*W.* wird die Zus. der koexistenten fl. Phasen, der Gesamtdampfdruck u. der Partialdruck der Komponenten bei 15 u. 35° untersucht u. in Tabellen u. Diagrammen mitgeteilt. Im Dreieckdiagramm I-II-W. stellt die Entmischungsisotherme bei 15° eine geschlossene Kurve dar, die von der Ecke des W. bis oberalb 40% I u. bis nahe 60% II reicht, bei 35° ist die Kurve nicht mehr geschlossen u. endet auf der II—W.-Linie bei 30% II, auf der I—W.-Linie bei ca. 75% I. Die Form der Binodalkurven bei 15° ist aus der Phaseneffekttheorie zu erklären. Die S-Form wird nicht durch Verunreinigungen verursacht. Die gefundenen Werte entsprechen den theoret. Voraussagen. (Вестник Ленинградского Университета, Серия Физики и Химии [Nachr. Leningrader Univ.] **12**. Nr. 10. [Ser. Physik Chem.] Nr. 2. 123—47. 1957.) R. K. MÜLLER. B 224

N. B. Slater, *Zur Theorie der unimolekularen Gasreaktionen. Der Einfluß der Anharmonizität auf die Geschwindigkeit bei hohen Drucken.* Vf. modifiziert seine eigene Theorie [1948 u. 1953] für unimol. Gas-Rkk., nach der das Mol. bis zum Zerfall harmon. Schwingungen ausführt, durch Einführen „anharmon." Glieder u. diskutiert Möglichkeiten zur Abschätzung der Größenordnung dieser Glieder. (Proc. Leeds philos. lit. Soc., sci. Sect. **6**. 268—74. Dez. 1955. Leeds, Univ.) HUBERTUS ZIMMER. B 225

N. B. Slater, *Die Bedeutung der Dissoziationswahrscheinlichkeit für die Theorie von Gasreaktionsgeschwindigkeiten.* Vf. diskutiert die Rolle der spezif. Dissoziationswahrscheinlichkeit, das ist die Wahrscheinlichkeit pro Sek., mit der ein isoliertes Mol. in einem gegebenen Zustand dissoziiert, für die Gasreaktionskinetik. (Proc. Leeds philos. lit. Soc., sci. Sect. **6**. 259—67. Dez. 1955. Leeds, Univ.) HUBERTUS ZIMMER. B 225

W. B. Falkowski, Ju. I. Melnikow und **A. W. Wetrowa,** *Dynamik der Chemisorption in Wirbelschichtkolonnen.* Untersucht wurde der Einfl. der Kolonnenausmaße u. der Gasgeschwindigkeit auf die Sorption der Olefine bei der Alkylierung von Bzl. durch *Äthylen* (I) u. *Propylen* (II) in Ggw. von 5% $AlCl_3$ bei 80° u. n. Druck sowie bei der Polymerisation von *Isobutylen* (III), das durch eine Schicht von 87%ig. H_2SO_4 bei 100° u. n. Druck gewirbelt wurde, ferner die Kinetik der Aufnahme von O_2 durch n-Butyraldehyd (IV) beim Durchleiten von Luft in Ggw. von 0,1% Mn-Acetat bei 13° u. n. Druck. Bei der Alkylierung nahm in Abhängigkeit von der Höhe der Schicht u. der Olefingeschwindigkeit das Vol. von I um das 1,8—6,0fache ab, das von II um das 7—130fache, das von III bei der Polymerisation um das 4,3—49fache. Die Geschwindigkeit der irreversiblen Chemisorption ist gegeben durch die Gleichung: $H/s = \omega_a/k$, wenn H = Höhe der durchlaufenen Schicht, ω_a = Anfangsgeschwindigkeit des Gases, bezogen auf den Querschnitt der Kolonne, $s = \log (y_a/y_e)$ (y_a u. y_e bedeuten die Volumenkonz. der reagierenden Komponente im Gas beim Eintritt bzw. Austritt aus der Kolonne). Es wurden folgende Werte von H/s gefunden: 20—40 mm bei der Alkylierung von Bzl. durch II bei $\omega_a = 23-240$ ($cm^3/cm^2 \cdot$ Std.); 200—249 mm für die Benzolalkylierung mit I bei $\omega_a = 43-480$; 80—110 mm bei der III-Polymerisation bei $\omega_a = 50-240$. Eine Verdünnung des III mit Methan war ohne wesentlichen Einfl. auf den Wert von H/s. Bei der IV-Oxydation durch Luft-O_2 nahm der Wert von H/s bei Zunahme der Luftgeschwindigkeit von 140 auf 340 $cm^3/cm^2 \cdot$ Std. von 700 auf 100 mm zu. (Журнал Прикладной Химии [J. angew. Chem.] **30.** 1760—63. Dez. 1957. Moskau, Lomonossow-Inst. für chem. Feintechnol.) O. Lebtag. B 225

B. I. Ardaschew und **W. I. Minkin,** *Umlagerungen und Wanderungen von Acylresten bei aromatischen Aminen.* Allg. Überblick über die Umlagerungen von N-Acyl-, N-Alkyl-N-acyl-, N.N-Diacylanilinen u. N-Acyldiarylaminen u. deren Reaktionsmechanismus. — 117 Literaturangaben. (Успехи Химии [Fortschr. Chem.] **28.** 218—34. Febr. 1959.) G. Froelich. B 225

Tsuneichi Takeshita und **Masayoshi Kitajima,** *Epimerisierung von Borneol.* 1. Mitt. *Epimerisierung im heterogenen System.* Die Red. von Campher (I) mit H_2 unter Druck in Ggw. von Cu-Chromit gibt bei niedrigeren Tempp. (über 100°) *Isoborneol* (exo-Verb., II) als Hauptprod. u. daneben geringe Menge *Borneol* (endo-Verb., III), wobei wenig I nicht umgesetzt wird. Bei höheren Tempp. (über 150°) wird andererseits III als Hauptprod., II als Nebenprod. u. auch daneben nicht umgesetztes I erhalten. Ausgehend von II werden ähnliche Ergebnisse erreicht, wobei als erste Stufe die katalyt. Dehydrierung von II zu I am Cu-Chromitkatalysator stattfindet. Bei ca. 200° wird aus II unter H_2 (75—80 atü) in Ggw. von Cu-Chromit ein Gleichgewichtsgemisch (I-II-III [ca. 4 : 55 : 39]-H_2) erhalten. III gibt unter denselben Bedingungen ein Gemisch gleicher Zus., wobei die Epimerisierung viel langsamer verläuft. Dieses Gleichgewicht wird durch Zusatz von Lösungsmitteln, wie Methanol, Bzl. u. Cyclohexan, kaum beeinflußt. Bei Zusatz von Aceton als Elektronenacceptor wurden jedoch II sowie III zu I oxydiert. Der Mechanismus der Epimerisierung wird theoret. diskutiert. (J. chem. Soc. Japan, pure Chem. Sect. [Nippon Kagaku Zassi] **79.** 1468—72. Dez. 1958. Tokyo-Sinagawa, Senbai-Kôsya. [Orig.: japan.]) E. Maekawa. B 225

Tsuneichi Takeshita und **Masayoshi Kitajima,** *Epimerisierung von Borneol.* 2. Mitt. *Epimerisierung im homogenen System durch Aluminiumisopropylat.* (1. vgl. vorst. Ref.) Die Red. von Campher (I) mit Al-Isopropylat nach Meerwein-Pondorf (bei 88°, 9 Std.) gibt 48% *Isoborneol* (II) u. 52% *Borneol* (III), wobei eine kleine Menge I nicht umgesetzt wird. II sowie III werden durch langes Erhitzen mit Al-Isopropylat in Isopropylalkohol epimerisiert, das Gleichgewichtsgemisch enthält 27% II, 73% III u. daneben wenig I. Die Epimerisierung verläuft in Ggw. von Aceton schneller. Aus Isobornylacetat oder -formiat wird in Ggw. von Al-Isopropylat durch Umesterung ein Borneolgemisch gebildet, das ebenfalls aus 27% II u. 73% III besteht. (J. chem. Soc. Japan, pure Chem. Sect. [Nippon Kagaku Zassi] **79.** 1472—76. Dez. 1958. [Orig.: japan.]) E. Maekawa. B 225

Tsuneichi Takeshita und **Masayoshi Kitajima,** *Epimerisierung von Borneol.* 3. Mitt. *Epimerisierung im homogenen System durch Natriumalkoholate.* (2. vgl. vorst. Ref.) *Borenol* (I) wird durch langes Erhitzen auf 200° in verschied. Alkoholen in Ggw. von gelöstem Na im Autoklaven unter H_2 (65 atü) zu *Isoborenol* (II) epimerisiert, II geht unter denselben Bedingungen in I über. Das Gleichgewichtsgemisch besteht aus ca. 65% I, 35% II u. daneben wenig Campher. (J. chem. Soc. Japan, pure Chem. Sect. [Nippon Kagaku Zassi] **79.** 1476—78. Dez. 1958. [Orig.: japan.]) E. Maekawa. B 225

M. J. Ridge, *Langsame Oxydation von gasförmigen Kohlenwasserstoffen.* Vf. gibt einen Überblick über Unterss. über die langsame Oxydation gasförmiger KW-stoffe an Hand früherer eigener Arbeiten u. solcher anderer Autoren. Einige Mechanismen werden diskutiert. — 113 Literaturangaben. (Rev. pure appl. Chem. **6.** 121—52. Sept. 1956. Melbourne, C.S.I.R.O., Div. of Tribophys.) Hubertus Zimmer. B 225

K. U. Ingold, *Der Einfluß von Alkali auf die Oxydation von Tetralin.* Vf. untersucht die Oxydation von *Tetralin* (I; n_D^{25} 1,538$_8$) bei 119,0° an Hand der O_2-Aufnahme (in [ ] jeweils Maximalgeschwindigkeit v_{max} in ml O_2 [bei NTP]/Liter I · Sek. nach Reaktionszeit t) in Abwesenheit von Zusätzen [Reaktionstyp a)], in Ggw. von starkem Alkali [NaOH, Reaktionstyp b)] u. in Ggw. anderer Zusätze. Die Reaktionsprodd. werden IR-spektroskop. untersucht. — Bei a) tritt eine Farbänderung von Hellgelb (10% Oxydation) → Kanariengelb (35%) ein u. führt zu einem viscosen, rotorange gefärbten Öl. Die Reaktionsgeschwindigkeit v steigt mit der Reaktionszeit langsam bis zu einem Maximalwert an [12,9, 2550 Sek.], um dann wieder abzufallen. Das IR-Spektr. der Fl. zeigt eine zusätzliche (im Vgl. zu I) starke Bande bei 3470 [jeweils in cm^{-1}] (O—H-Schwingung in Hydroperoxyden), die mit fortschreitender Oxydation breiter wird, bei gleichzeitiger Verschiebung von λ_{max} nach niedrigeren Wellenzahlen. Ferner treten neue, schwächere Banden bei 830, 800 u. 912 auf. — Bei b) wird eine feine Suspension erhalten. Die Farbänderung während der Rk. verläuft über Gelb (5%) → Braun (7%) → Grünbraun (9%) → Schmutziggrün → Gelb → Rotorange (10—12%) [20,0, 275 Sek.]. Nach Entfernen des Feststoffes [*2-Hydroxynaphthochinon-(1.4)*, F. 189° (Zers.)] bleibt die Fl. farblos bis zu 10% Oxydation u. ist dann schwach rötlichgelb gefärbt [10,2, 2300 Sek.]. Alkali beschleunigt die Oxydation zunächst stark, hemmt aber nach kurzer Zeit sehr stark. Im IR-Spektr. treten neben mehreren schwachen Banden eine starke bei 1683 (C=O) u. eine schwache bei 3550 [naphthol. OH-Gruppe (?)], aber keine Hydroperoxydbanden auf. Reines *Tetralon-(1)* (II) zeigt eine starke Bande bei 1683. Die Intensität der 1683-Bande ist bis zu einer Reaktionszeit von 6000 Sek. (8% Oxydation) weitgehend proportional dem Grad der Oxydation, fällt dann aber stark ab; nach 23000 Sek. (12% Oxydation) entspricht die Intensität dieser Banden nur noch einer 2%ig. Oxydation, neue Banden treten nicht auf, d. h. das Reaktionsprod. ist in Tetralin sehr wenig löslich. Beim Ansäuern der Reaktions-Fl. wird eine schwache Bande bei 1560 durch zwei neue bei 1728 u. 1715 ersetzt, was dem Übergang einer ionisierten in eine nichtionisierte Carbonsäure entspricht; *β-[2-Carboxyphenyl]-propionsäure* (III) [F. 164° (W.)] zeigt bei 1728 eine starke Bande. Das Entgegengesetzte tritt ein, wenn die Reaktions-Fl. nach Oxydation im Neutralen alkalisiert wird. Das grüne Reaktionsprod. wird nicht direkt aus der Rk. nach b) gewonnen, sondern durch Zusatz von festem NaOH zur Reaktions-Fl. nach a) nach 12%ig. Oxydation. Extraktion mit W. u. Ansäuern liefert *1-[3.4-Dihydroxynaphthyl-(1)]-naphthochinon-(3.4)*, sintert bei 245°, bei 255° Zersetzung. Nach a) wurde außerdem durch Extraktion mit W. nach 7%ig. Rk. III erhalten. — Zusatz von schwachem Alkali — wasserfreiem Na_3PO_4 (0,5 g) — ergibt bzgl. v eine Überlagerung der Rk. nach a) u. b). Es werden 2 Maxima in v beobachtet, eins bei Reaktionsbeginn u. ein zweites bei ca. 12% Oxydation [9,9, 75 Sek. bzw. 9,8, 1700 Sek.]; die Reaktions-Fl. u. schwach rötlichgelb gefärbt (bei 30%ig. Rk.). Geringe Mengen (0,1 g) Na_3PO_4 oder größere Mengen (1,0 g) sehr schwachen Alkalis, Di-Na-Phthalat, erniedrigen lediglich die v_{max} der sonst nach a) verlaufenden Rk. [12,4, 2500 v_{max} bzw. 10,9, 2100 Sek.]; die Fl. ist kanariengelb gefärbt (25%). — Die Weiteroxydation einer unter Alkalizusatz bis zu 5% oxydierten Probe, nachdem der gesamte bis dahin ausgeschiedene Feststoff abzentrifugiert wurde, verläuft dann nach Typ b) mit nur geringer Inhibierung. Die Farbe wird hellgelb. v der Oxydation von I, zu dem vorst. Nd. nach Waschen mit I u. Trocknen zugesetzt wurde, bleibt klein u. konstant, die Reaktions-Fl. ist farblos. Zusatz von NaOH während der Oxydation ändert den Reaktionstyp von a) in b), die blaßgelbe Farbe geht in eine blaßrote über. Gleiche Wrkg. auf die Farbänderung hat Na_3PO_4. IR-spektroskop. wird dann nur II gefunden, wenn der NaOH-Zusatz bei 6%ig. Rk. erfolgte. Erfolgt dieser Zusatz aber erst bei 12%ig. Rk., dann tritt bei 1670 eine neue, stärker werdende Bande auf, die in der Reaktions-Fl. nach b) nicht beobachtet wird u. möglicherweise von einem Naphthochinon herrührt. Zusatz von II (0,2 ml) zeigt nur geringen Einfl. auf die Rk. [12,2, 2600 Sek.], eine stärker Inhibierung tritt ein, wenn II erst zu 3% anoxydiert wurde u. dann zugesetzt wird [10,1, 3900 Sek.]. Reines II wird sehr langsam im Vgl. zu I autoxydiert, in Ggw. von Alkali führt die dann extrem schnelle Autoxydation [78,0, 300 Sek.] zu einem dunklen, viscosen Öl, W. wird gebildet u. die Farben Blaugrün, Braungrün, Braun, Purpur, Kirschrot u. Schwarz werden durchlaufen. Dagegen ist v_{max} der Autoxydation eines Gemisches aus I, II u. Alkali sehr klein [4,6, 2250 Sek.], die Fl. wird kirschrot. Acetophenon (0,1 ml) ruft eine wenig niedrigere v_{max} hervor als bei Rk. a), die gleiche Menge hat jedoch keinen Einfl. auf die Rk. nach b). n-Valerophenon (IV) (0,2 ml) katalysiert die I-Oxydation stark, während der ersten 200 Sek. erreicht v_{max} den Wert der nach a) verlaufenden Rk. [12,6, 150 Sek.], fällt dann bis zu 20% Rk. nach einer Rk. 1. Ordnung, danach schneller ab. IV selbst wird bei 119° nur sehr langsam u. unbeeinflußt von Alkali autoxydiert. Zusatz von IV u. Alkali zum Oxydationsgemisch von I geben einen Reaktionstyp nach b) mit einer Abhängigkeit der v_{max} von der zugesetzten Menge an Alkali, in geringerem Maße von IV. Zusatz eines anoxydierten Gemisches von IV (0,2% oxydiert) u. NaOH (0,2 g) ergibt eine stark inhibierte Rk. nach b) [1,6, 500 Sek.]. Benzaldehyd (0,1 ml) steigert v der Rk. nach a), verringert aber v nach b), Benzylalkohol erniedrigt v beider Reaktionstypen. Zugabe von phenol. Verbb., wie β-Naphthol, Na-Salicylat, γ-[Hydroxyphenyl]-buttersäure u. deren Na-Salz, inhibieren die Oxydation von I vollständig. Ihr Zusatz während der Rk. ruft eine merkliche Verringerung der v hervor [0,1 g V nach a), v_{max} von 8,8 → 1,1]. $CuSO_4$, P_2O_5 u. konz. H_2SO_4 verhindern die Oxydation ebenfalls bis zu 5000 Sek. völlig. Nach den Ergebnissen wird die Inhibierung der I-Oxydation, die in mehreren aufeinanderfolgenden autokatalysierten Schritten erfolgt, durch die basenkatalysierte Enolisierung u. Oxydation des Primärprod. II hervorgerufen. (Canad. J. Chem. **34**. 600—08. Mai 1956. Ottawa, Nat. Res. Council, Div. of Appl. Chem.)

HUBERTUS ZIMMER. B 225

G. Aksnes und **J. E. Prue,** *Kinetische Salzeffekte und der Mechanismus der Hydrolyse positiv geladener Ester.* Vff. untersuchten die Kinetik der sauren bzw. alkal. Hydrolyse von *2-Acetoxyäthyltrimethylammoniumbromid* (I, *Acetylcholinbromid*), *3-Acetoxypropyltrimethylammoniumbromid* (II), *2-Methoxycarbonyläthyltrimethylammoniumbromid* (III) u. *3-Methoxycarbonylpropyltrimethylammoniumbromid* (IV) bei 25° in verschied. Lsgg. von HCl u. NaOH. Folgende (Anfangs- u. End-)Werte des untersuchten Konzentrationsbereiches wurden erhalten (Konz. in Mol/Liter, k in Liter·sec^{-1}·Mol^{-1}): I: (Anfang) konz. HCl 96,71·10^{-3}, I-Konz. 33,79·10^{-3}, k_H 2,82·10^{-5}; (Ende) 25,80·10^{-3}, 28,94·10^{-3}, 2,47·10^{-5}. II: 78,54·10^{-3}, 25,06·10^{-3}, 5,10·10^{-5}; 27,45·10^{-3}, 23,55·10^{-3}, 4,83·10^{-5}. III: 74,76·10^{-3}, 33,04·10^{-3}, 7,33·10^{-6}; 27,45·10^{-3}, 27,15·10^{-3}, 6,65·10^{-6}. IV: 78,54·10^{-3}, 28,56·10^{-3}, 2,08·10^{-5}; 46,37·10^{-3}, 26,23·10^{-3}, 1,95·10^{-5}. II (als Jodid): konz. NaOH 34,68·10^{-3} = II-Konz., k_{OH} 4,35·10^{-1}; (Ende) 11,56·10^{-3}, 5,05·10^{-1}. IV: 34,68·10^{-3}, 4,90·10^{-1}; 11,56·10^{-3}, 5,7·10^{-1}. Die alkal. Hydrolyse von I ist zu schnell zur genauen Messung; die von III ist keine einfache Rk., der Verlauf wird skizziert. Zur Best. der Salzeffekte werden die lg k_0- u. B-Werte der Gleichung von HOPPE u. PRUE (C. **1957.** 10973) errechnet, wonach die spezif. Salzeffekte negativ für die saure u. positiv für die alkal. Hydrolyse sind u. mit der Entfernung der positiven Ladung vom Reaktionszentrum ansteigen. Weiterhin werden durch Vgl. mit den k-Werten der entsprechenden Verbb. ohne positive Ladung, Propionsäure- u. Buttersäuremethylester sowie Äthyl- u. Propylacetat, die Abstände vom quaternären N-Atom zum Reaktionszentrum errechnet. Diese Daten erlauben den Schluß, daß bei der sauren Hydrolyse das Proton am Carbonylsauerstoff angreift.

Versuche: *β-Brompropionsäuremethylester,* Kp.$_{12}$ 62°, durch Veresterung der Säure (Darst. aus Äthylenchlorhydrin, NaCN u. HBr); 70% (Ausbeute). — *2-Methoxycarbonyläthyltrimethylammoniumbromid* (III), $C_7H_{16}BrNO_2$, F. 182° (A.), durch Zugabe von Trimethylamin (V) zu einer Lsg. vorst. Verb. in A. bei 0° u. Stehen über Nacht; fast quantitativ. — *3-Cyanpropanol-(1),* Kp.$_{15}$ 122°, durch Zugabe von KCN zu einer Lsg. von 40 g 3-Chlorpropanol-(1) [aus Propandiol-(1.3) u. HCl] in A.-W. (3 : 1) u. 1½ std. Kochen; 30 g. — *γ-Brombuttersäure,* F. 32°, aus vorst. Verb. mit HBr. *Methylester,* Kp.$_{20}$ 79°. — *3-Methoxycarbonylpropyltrimethylammoniumbromid* (IV), C_8H_{18}·$BrNO_2$, F. 82° (Aceton), durch 20 std. Erhitzen von vorst. Verb. mit V bei 70° im Rohr; 20%. — *2-Acetoxyäthyltrimethylammoniumbromid* (I, *Acetylcholinbromid*), $C_7H_{16}BrNO_2$, F. 146° (A.). — *3-Acetoxypropyltrimethylammoniumjodid,* $C_8H_{18}JNO_2$, F. 80° (A./Ae.), durch 16 std. Erhitzen von V u. 3-Chlorpropylacetat im Rohr auf 110° u. Umwandlung des gebildeten, stark hygroskop. Chlorids mit NaJ in das Jodid. (J. chem. Soc. [London] **1959.** 103—07. Jan. Reading, Univ.) W. SCHRAMM. B 225

Donald C. Dittmer, Walter R. Hertler und **Herbert Winicov,** *Mechanismus der Trimethylenoxydbildung aus 3-Chlorpropylacetat.* Vff. untersuchen die Gründe für die höhere Ausbeute an *Trimethylenoxyd* (I) aus 3-Chlorpropylacetat (II) u. Alkali gegenüber 3-Chlorpropanol-(1) (III) (vgl. DERRICK u. BISSEL [1916]). Da bei der Rk. von $^{18}O_{(C=O)}$-II kein ^{18}O-I entsteht, wird ein möglicher Mechanismus der Rk. über die konjugierte Base von II + I → 1.3-Dioxanderiv. (D) als Zwischenprod. ausgeschlossen. Da mit 3-Chlorpropyltrimethylsilyläther (IV) etwa die gleiche Ausbeute an I wie mit II erzielt wird, muß der Effekt auf dem Schutz der C—O—C-Bindung gegen intramol. Rkk. beruhren. Es wird angenommen, daß die Bldg. des Chlorhydrinanions aus II bzw. IV langsam gegenüber der aus III u. die Ringschluß-Rk. (R) schnell erfolgt, so daß ein Verdünnungseffekt wie bei anderen Cyclisierungen vorliegt, oder aber daß der Angriff von $OH^{(-)}$ u. R gleichzeitig erfolgen, d. h. ohne Bldg. von Zwischenprodukten. 3-Hydroxypropylacetat, -chloracetat, -trichloracetat bzw. -p-toluolsulfonat, 3-Chlorpropyltrichlor- bzw. -trifluoracetat liefern kein I. 3-Chlorpropylchloracetat gibt mit KOH I, aus 3-Chlorpropylthiolacetat entsteht *Trimethylensulfid.*

Versuche: *3-Chlorpropyliminoacetat, Hydrochlorid,* $C_5H_{11}Cl_2NO$, F. 75—77° (Zers.), aus III u. Acetonitril in absol. Ae. in Ggw. von Chlf. durch Einleiten von trocknem HCl-Gas, 12 std. Stehen im Kühlschrank, Zugabe von absol. Ae. u. 2 tägiges Stehen im Kühlschrank; 90% (Ausbeute). — *$^{18}C_{(C=O)}$-3-Chlorpropylacetat* (II), aus vorst. Verb. in W. mit >1,4% ^{18}O unter Kühlen bis zum Abklingen der Wärmeentw., 20 Min. auf dem Wasserbad u. 4 Std. bei Zimmertemp.; 88%. — *Trimethylenoxyd* (I), Kp. 47,0 bis 47,2°, aus II bzw. IV u. heißer wss. KOH; n_D^{25} 1,3896; 38%. — *3-Chlorpropylchloracetat,* $C_5H_8Cl_2O_2$, Kp. 222—223°, Kp.$_{142-147}$ 166—169°, aus III u. Chloressigsäure in Bzl. in Ggw. von p-Toluolsulfonsäure mit einem Wasserabscheider am Rückfluß; $n_D^{25,4}$ 1,4595; 69%. — *3-Chlorpropyltrichloracetat,* Kp.$_{0,9}$ 69—70°, analog Vorst.; $n_D^{22,5}$ 1,4773; n_D^{20} 1,4784; gibt mit KOH *Chloroform.* — *3-Chlorpropyltrifluoracetat,* $C_5H_6ClF_3O_2$, Kp. 143,5—144,2°, aus III u. Trifluoressigsäure in Chlf. durch Dest.,

Trennung von Chlf. u. W. im Destillat u. Rückgabe der Chloroformlsg. in den Destillationskolben; n_D^{25} 1,3698; n_D^{20} 1,3700; $D.^{20}_4$ 1,349; 62%. — *3-Chlorpropyltrimethylsilyläther* (IV), $C_6H_{15}ClOSi$, Kp. 141—146,5°, $Kp._{17-20}$ 53°, aus III in absol. Pyridin bei 10° durch Zutropfen von Trimethylchlorsilan, 15 Min. Sieden, Zugabe von verd. HCl u. Extraktion mit Ae.; $n_D^{28,1}$ 1,4148; $D.^{28,7}_4$ 0,931; 56%. — *3-Hydroxypropylacetat* (V), Kp. 206—209°, $Kp._3$ 105—115°, $Kp._{25}$ 110—115°, a) aus Trimethylenglykol (VI) u. Acetylchlorid (VII) nach BOGERT u. SLOCUM [1924]; b) aus 95 g Eisessig u. 114 g VI in Chlf. u. 1 ml H_2SO_4 am Rückfluß u. am Wasserabscheider; 72,8 g; c) aus VI in Dioxan im Eisbad durch Zutropfen von VII unter Rühren u. 2std. Kochen; n_D^{25} 1,4191; $D.^{25}_4$ 1,026; 54%. — *3-Hydroxypropylchloracetat*, $Kp._{1,3-1,7}$ 95—112°, aus VI in Dioxan im Eisbad durch Zugabe von Chloracetylchlorid in Dioxan u. 3std. Kochen; n_D^{23} 1,4591; 33,5%. — *3-Hydroxypropyltrichloracetat*, $Kp._{0,9-1,5}$ 98—115°, aus VI u. Trichloracetylchlorid analog V nach b); $n_D^{25,5}$ 1,4680. — *3-Hydroxypropyl-p-toluolsulfonat*, F. 92—93°, aus p-Toluolsulfonylchlorid in Pyridin im Trockeneis-Aceton-Bad durch Zugabe von VI unter Rühren u. langsames Erwärmen auf Zimmertemp.; 32%. — *3-Chlorpropylthiolacetat*, $Kp._{20}$ 93—96°, aus Allylchlorid u. Thioessigsäure nach SJÖBERG [1941]; n_D^{27} 1,4910; 71%. — *Trimethylensulfid*, Kp. 94—94,5°, aus vorst. Verb. u. wss. KOH bei 150—170°; n_D^{25} 1,5027; 23,8%. (J. Amer. chem. Soc. **79**. 4431—35. 20/8. 1957. Philadelphia, Pa., Univ., Dep. of Chem.) KURT BECKER. B 225

Eero A. Halonen, *Die Kinetik der Decarboxylierung von tert.-Butylpropiolsäure und ihrem Natriumsalz in Wasser.* (Vgl. C. **1956**. 4968.) Vf. untersuchte die Kinetik der Decarboxylierung von *Tetrolsäure* (I), *tert.-Butylpropiolsäure* (II) u. deren Na-Salze (Na-I bzw. Na-II) in wss. Lsg. bei Tempp. von 106—152° mittels der l. c. angegebenen Meth. bei Anfangskonzz. an I u. II von 0,01 mol. bzw. Na-I u. Na-II von 0,02 molar. Die Decarboxylierung ist in allen Fällen eine Rk. 1. Ordnung; für Na-I ($k \cdot 10^7 = 903$ [sec^{-1}] für 137,32°) u. Na-II (747; 137,32°) zeigen die k-Werte über einen Bereich von 20—70% Umsatz gute Konstanz, log k gegen 1/T aufgetragen ergibt gute Geraden mit einer maximalen Abweichung von der ausgeglichenen Geraden von 1%. Bei I u. II sind die k-Werte ($k \cdot 10^7 = 270$ für II u. 137,33°) während des Reaktionsverlaufs nur im Bereich von 130—152° konstant, unterhalb 130° steigt der k-Wert gegen Ende der Rk. an. Log k gegen 1/T weicht im unteren Temperaturbereich ebenfalls von der Linearität ab. Im Vgl. zur Decarboxylierung von Na-Propiolat (III) verläuft die Rk. bei Na-I u. Na-II ca. 25 mal langsamer, was bei Na-I auf die Differenz in der Aktivierungsenergie (E) u. die Hyperkonjugation in Na-I u. bei Na-II auf die Unterschiede im Frequenzfaktor (A) zurückgeführt wird. Für die Decarboxylierung der freien Säuren gelten ähnliche Verhältnisse. Einzelergebnisse: II: $A = 2{,}12 \cdot 10^{11}$ [sec^{-1}], $E = 29850$ [cal], ΔS $-9{,}1$ cal/Mol·Grad; Na-II: $8{,}03 \cdot 10^{13}$, 33870, +2,7; Na-I: $3{,}51 \cdot 10^{14}$, 34920, +5,6. — *tert.-Butylacetylen*, Kp. 37,5—38,5°, aus 140 g Pinakolin mit PCl_5 u. Behandeln des Chlorierungsprod. mit KOH; 55 g (Ausbeute). — *tert.-Butylpropiolsäure*, F. 47,9—48,0°, $Kp._{14}$ 112,5—113,0°, aus der Na-Verb. 55 g vorst. Verb. in Ae. mit trockenem CO_2 im Verlauf von 26 Std.; bei Zimmertemp. u. danach 6 Std. kochen; sehr hygroskop.; 42,7 g. (Acta chem. scand. **9**. 631—35. 1955. Helsinki, Univ., Inst. of Chem.)
HUBERTUS ZIMMER. B 225

Eero A. Halonen, *Die Energie der Methyl-Dreifachbindungshyperkonjugation.* (Vgl. vorst. Ref.) Vf. untersucht die Decarboxylierung von *Na-Propiolat* [I, in A.-Dioxan (IV)], *Na-Tetrolat* (II, in absol. A., A.-Bzl. bzw. IV-W.) u. *Na-tert.-Butylpropiolat* (III, in IV-W.) im Temperaturbereich von 73—107° unter N_2-Atmosphäre bei Anfangskonzz. an I, II bzw. III von 0,02 molar. Die Rk. verläuft in allen Fällen nach der 1. Ordnung. Mit steigendem Geh. an nichtpolarer Komponente im Lösungsmittelgemisch nimmt die Aktivierungsenergie (E) für I zunächst zu u. fällt dann wieder ab, bei II bleibt E annähernd konstant u. scheint bei III eine für alle Lösungsmittelgemische gleichen Grenzwert zu erreichen, wenn die Löslichkeitsgrenze des III durch Erhöhung des Geh. an nichtpolarer Komponente erreicht wird. Aus der Differenz der E-Werte für I u. II errechnet Vf. nach Addition von 1100 cal (vgl. MULLIKEN u. Mitarbeiter, J. Amer. chem. Soc. **63**. [1941.] 41) für die Hyperkonjugation zwischen der Methylgruppe u. der C—C-Dreifachbindung einen Wert von 4540 (±200) cal in guter Übereinstimmung mit dem nach der MO-Theorie (vgl. MULLIKEN, l. c.) u. aus Verdampfungsdaten berechneten Wert. Einzelergebnisse: I, $k \cdot 10^6$ [sec^{-1}] für 106,78°, in IV + 28,77% A.: 167, Frequenzfaktor [sec^{-1}] $3{,}59 \cdot 10^{14}$, E [cal] 31860, ΔS^* [$cal \cdot Mol^{-1} \cdot Grad^{-1}$] +5,6. II, 122,39°, IV + 80,59% W.: 29,1; $7{,}06 \cdot 10^{14}$, 35080, +7,0; 122,39°, A.: 33,0; $3{,}57 \cdot 10^{14}$, 34460, +5,6; 122,39°, Bzl. + 52,59% A.: 30,9; $7{,}59 \cdot 10^{14}$, 35100, +7,1; III, 122,39°, IV + 61,32% W.: 19,1, $5{,}96 \cdot 10^{13}$, 33490, +2,1. (Acta chem. scand. **9**. 636—40. 1955.)
HUBERTUS ZIMMER. B 225

C. Steel und **A. F. Trotman-Dickenson,** *Kinetik der thermischen Zersetzung von Azomethan.* Vff. untersuchen die therm. Zers. von *Azomethan* (I) in einem stat. Syst. bei 229—321° u. I-Drucken von 0,2—800 mm Hg. Die gefundene Abhängigkeit der Geschwindigkeitskonstanten k für die Zersetzungs-Rk. vom Druck bestätigt die Ergebnisse anderer Autoren. In weiteren Verss. wurde der Einfl. von zugesetzten Fremdgasen [CO_2, n-Pentan, Cyclopentan, trans-Buten-(2), Toluol u. Propen (II)] auf die I-Zers. geprüft. Die Ergebnisse lassen den Schluß zu, daß die Zers. des I auch bei niedrigen Drucken über kurze freie-Radikalketten verläuft, deren Anteil am Zersetzungsmechanismus mit steigendem Druck zunimmt. Für die durch II völlig inhibierte I-Zers. gilt $\log k_1$ (sec^{-1}) = (15,7 ± 0,15) — (51200 ± 250/2,303 RT). Die Zers. des reinen I ist von der Größe der Oberfläche des Reaktionsgefäßes abhängig; man muß also annehmen, daß ein Reaktionskettenabbruch auch an den Gefäßwänden stattfindet. (J. chem. Soc. [London] **1959.** 975—79. März. Edinburgh, Univ., Chem. Dep.) K. Frenkler. B 225

M. Imoto und **K. Takemoto,** *Zersetzung von Benzoylperoxyd in Gegenwart von Di-n-alkylanilin.* Für die Zersetzungsgeschwindigkeit V_0 von *Benzoylperoxyd* (I) in Ggw. von *Dimethylanilin* (II) gilt die Beziehung $V_0 = k_2 [I]_0 [II]_0$, wobei sich der Index 0 auf den Anfangszustand bezieht. k_2 ist in Ggw. von N_2 am größten, kleiner in Luft u. noch etwas kleiner in O_2. Ferner wurde k_2 in O_2-freier Atmosphäre für mehrere Amine bestimmt. k_2 fällt für verschied. Amine in der Reihenfolge *Diäthyl-*, *Dipropylanilin,* II, *Anilin, Dibutyl-, Didecyl-, Didodecyl-, Dioctylanilin* ab. Die gleiche Reihenfolge zeigt auch die Basizität (pK_a-Wert) dieser Amine. Dieses Ergebnis steht im Einklang mit der von Imoto u. Choe (vgl. C. **1957.** 12773) gegebenen Deutung der I-Zersetzung. Auf die unterschiedliche Auffassung von Horner (vgl. C. **1956.** 4098) wird hingewiesen. (J. Polymer Sci. **19.** 579—82. März 1956. Osaka, Japan, Osaka City Univ., Inst. of Polytechn.) O. Fuchs. B 225

C. Sivertz, W. Andrews, W. Elsdon und **K. Graham,** *Mechanismus des Angriffs von freien Radikalen an Doppelbindungen.* Für die photochem. Anlagerung von *Methylmercaptan* an die Doppelbindung einer ungesätt. Verb. in der Gasphase werden folgende Aktivierungsenergien gefunden: *Isobuten* —8900 (cal), *Propylen* (I) —8800, *Äthylen* —7900 u. *Butadien* +2800. Die Geschwindigkeit v ist linear von der Quadratwurzel der Lichtintensität abhängig. Für alle Verbb. ist die Geschwindigkeit des Kettenabbruchs ca. $3 \cdot 10^{12}$ (Liter·Mol^{-1}·sec^{-1}). Ähnliche Werte gelten für die Rk. von HBr mit I. Deshalb wird folgender Mechanismus angenommen: $RS \cdot + M \rightleftharpoons C \cdot$ u. $C \cdot + RSH \rightarrow RSMH + RS$, worin M die ungesätt. Verb. ist. Die letzte Rk. ist geschwindigkeitsbestimmend. Dieses auch für die Anlagerung anderer Radikale an Doppelbindungen geltende Schema steht in Übereinstimmung mit experimentellen Daten. (J. Polymer Sci. **19.** 587—88. März 1956. London, Canada, Univ. of Western Ontario.) O. Fuchs. B 226

Carl A. Heller und **Alvin S. Gordon,** *Isopropylradikalreaktionen.* 2. Mitt. *Photolyse des D_2-Diisopropylketons.* (1. vgl. C. **1957.** 2967.) Vff. untersuchen die Photolyse des *2.4-Dimethyl-2.4-dideuteropentanons-(3)* (I) im Temperaturbereich 25—500°. Start-Rk. der Photolyse ist die Aufspaltung des I in ein Isobutyrylradikal (II) u. ein Isopropylradikal (III). Während II sich weiter zers., disproportionieren bzw. kombinieren die III miteinander. H- bzw. D-Abspaltungen aus I durch III finden in größerem Umfange erst oberhalb 100° statt. Die dabei gebildeten Ketonylradikale zers. sich entweder oder kombinieren mit III. Die Aktivierungsenergie für die Abspaltung des D in der α-Stellung beträgt 9,3, für die Abspaltung des H in β-Stellung 11,7 kcal. Im Temperaturbereich von 400—500° kommt als weitere Rk. durch Zers. der III die Bldg. von H-Atomen u. Methylradikalen hinzu, die in den Reaktionsmechanismus eintreten. Die Aktivierungsenergien für diese beiden Prozesse betragen 35 ± 1 bzw. 32,5 ± 2 kcal. Der Reaktions-Mechanismus, der zu den beobachteten Prodd. führt — die wesentlichsten sind 2.3-Dimethylbutan, Propan, CO u. Propylen bei Tempp. bis 100°; oberhalb 400° kommen Äthylen u. Methan hinzu — wird eingehend diskutiert. (J. physic. Chem. **62.** 709—13. Juni 1958. China Lake, Calif., US Naval Ordnance Test Stat., Michelson Labor.) K. Frenkler. B 226

P. Smith und **A. M. Rosenberg,** *Die Kinetik der Photolyse des 2.2'-Azo-bis-isobutyronitrils.* Vff. untersuchen spektrophotometr. (290—400 mμ) die Kinetik der Photolyse (Anregung mit 366 mμ) von *2.2'-Azo-bis-isobutyronitril* (I, F. 101°, Zers.) bei 25,00 ± 0,2° in Benzol. Die Konz. des I wurde zwischen 0,0144 u. 0,0699 mol. variiert, die Zers. des I teilweise bis zu einem Umsatz von 80% verfolgt. Die Ergebnisse zeigen, daß das einzige Reaktionsprod., das im Bereich 290—400 mμ absorbiert, N-[2-Cyan-propyl-(2)]-dimethylketenimin (II, F. 13,1°; n_D^{30} $1{,}444_9$) ist, wobei die Konzentrationsabnahme an I u. die Konzentrationszunahme an II einem einfachen Zeitgesetz folgen. Eine Fluorescenz im sichtbaren Gebiet wird nicht beobachtet. Der Mechanismus der

Rk. wird diskutiert. (J. Amer. chem. Soc. **81.** 2037—43. 5/5. 1959. Lafayette, Ind., Purdue Univ., Dep. of Chem.) K. FRENKLER. B 226

G. A. Korssunowski, *Nachweis von freiem Hydroxyl aus den Absorptionsspektren der Sekundärprodukte photochemischer Reaktionen in wässerigen Lösungen.* Die spektroskop. Meth. wird zur Best. des Hydroxylierungsprodd. des *Bzl.* bei photochem. Rk. in wss. Lsg. von $FeCl_3$ (10^{-2}mol.) oder wss. Suspension von ZnO (5 mg/ml) angewandt. Die wss. Lsg. bzw. Suspension wird mit Bzl. geschüttelt, bis eine (10^{-2}mol.) Lsg. entsteht, dann 1 Std. mit UV-Licht (366 mμ) bestrahlt; nach Filtrieren u. Verdampfen des überschüssigen Bzl. werden die Absorptionsspektren aufgenommen. Die Quantenausbeute an Phenol ist von der Größenordnung 0,05. Auch die Bldg. höherer Phenole (nicht identifiziert) ist in den Spektren erkennbar. Auch in alkal. Medium (KOH) wird die Bldg. von K-Phenolat bei Bestrahlung in Ggw. von ZnO nachgewiesen. (Журнал Физической Химии [J. physik. Chem.] **31.** 2351—56. Okt. 1957. Leningrad.) R. K. MÜLLER. B 226

E. Collinson und **A. J. Swallow,** *Die Strahlungschemie von organischen Substanzen.* (Vgl. C. **1956.** 11676.) Vff. geben einen breiten Überblick über Unterss. über die Einw. von Strahlungen auf aliphat. KW-stoffe, Alkylhalogenide, Alkohole, Hydroxysäuren, Kohlenhydrate, Aldehyde, Ketone, Carbonsäuren u. deren Ester, aromat. KW-stoffe, Polymere, organ. Redoxsysteme u. Farbstoffe, Steroide, Aminosäuren, Mercaptane, Disulfide, Proteine, Vitamine, Polysaccharide u. Nucleinsäuren. — 637 Literaturhinweise. (Chem. Reviews **56.** 471—568. Juni 1956. Leeds, Univ., School of Chem.; Cambridge, Univ., Dep. of Radiotherapeutics.) HUBERTUS ZIMMER. B 226

Warren M. Garrison, Herman R. Haymond, Winifred Bennett und **Sibyl Cole,** *Strahleninduzierte Oxydation von wässerigen Essigsäure–Sauerstoff-Lösungen.* 0,25mol. wss. O_2-gesätt. *Essigsäure* (I)-Lsgg. wurden mit ^{60}Co-γ-, -α-, Protonen- u. Neutronenstrahlen (Dosis $4,31 \cdot 10^{19}$ bis $4,31 \cdot 10^{20}$ eV/ml) bestrahlt. Nach der Bestrahlung wurden *Wasserstoffperoxyd, Glyoxylsäure* (**II**), *Glykolsäure* (**III**), *Oxalsäure* (**IV**), *Formaldehyd* (**V**) u. *Kohlendioxyd* bestimmt. Nach diesen Unterss. ist keine Ketten-Rk. anzunehmen. Wahrscheinlich wurden **II, III, IV** u. **V** aus dem Peroxyradikal O_2CH_2COOH (**VI**) gebildet, das in Ggw. von O_2 direkt in **II** u. **III** disproportioniert oder sich mit W. in **III** u. HO_2 umwandelt. Die **IV**-Bldg. aus **VI** kann durch Spaltung von **VI** in **IV** u. HO_2CH_2COOH erklärt werden. Die Reaktionsmechanismen werden unter Berücksichtigung der Ausbeuten an Oxydationsprodd. diskutiert. (Radiation Res. **10.** 273—82. März 1959. Berkeley, Calif., Univ. of California, Radiation Labor., Crocker Labor.) G. FAUST. B 226

Toshihiko Kanamori, *Katalytische Kondensation von Isopropylalkohol und Aceton unter hohem Druck.* Isopropylalkohol (I) oder ein Gemisch aus I u. Aceton wird bei 270 bis 310° u. mit H_2 vom Druck 15—30 kg/cm² über Al_2O_3–ThO_2–$BaCO_3$–CuO (60 : 5 zu 25 : 10) geleitet, wobei ein Gemisch aus *Methylisobutylketon, Methylisobutylcarbinol, Diisobutylketon* u. *Diisobutylcarbinol* in Ausbeuten von 25—30% (Umsatz 70—75%) erhalten wurde. (J. chem. Soc. Japan, ind. Chem. Sect. [Kōgyō Kagaku Zassi] **61.** 1576—78. Dez. 1958. Sakai, Kyôwa-Hakkô. [Orig.: japan.]) E. MAEKAWA. B 227

Toshihiko Kanamori, Noboru Tôsaka, Tatsuhito Seki, Seiichi Hirai, Ryôken Fujii und **Iwao Matsuda,** *Halbtechnische Darstellung von höheren Ketonen und Alkoholen aus Isopropylalkohol und Aceton.* (Vgl. vorst. Ref.) Die im vorst. Ref. angegebene Darst. höherer Ketone u. Alkohole aus Gemischen aus Isopropylalkohol u. Aceton wurde im halbtechn. Maßstab durchgeführt, wobei die Dauerhaftigkeit des Katalysators sowie auch die Zurückgewinnung des entwickelten H_2 untersucht wurden. (J. chem. Soc. Japan, ind. Chem. Sect. [Kōgyō Kagaku Zassi] **61.** 1578—80. Dez. 1958. [Orig.: japan.]) E. MAEKAWA. B 227

Robert E. Frost und **Eugene G. Rochow,** *Reaktionen von Chlorsilanen mit Formaldehyd.* 2. Mitt. *Reaktion von $SiCl_4$ mit Formaldehyd an Aluminiumoxyd.* (1. vgl. C. **1959.** 16288.) Im Gegensatz zu GLENSER u. LOHMANN (C. **1954.** 11141) wird bei der Rk. von *$SiCl_4$* mit *Formaldehyd* an Al_2O_3 kein Mono- u. Dichlorsilan gefunden. Es werden Al_2O_3-Kontakte verschied. Herkunft bei Tempp. zwischen 325 u. 425° verwendet. Als Reaktionsprodd. werden HCl, CH_3Cl, Chlorsiloxane u. SiO_2 neben geringen Mengen CH_2Cl_2 u. gelegentlich Bis-[chlormethyl]-äther gefunden. Die Zers. von *Chlormethoxytrichlorsilan* an Al_2O_3 bei 400° führt zu $SiCl_4$, HCl, CH_3Cl, CH_2Cl_2 u. Chlorsiloxanen. (J. inorg. Nuclear Chem. **5.** 207—12. 1958. Harvard Univ., Mallinckrodt Labor. of Chem.) K. RÜHLMANN. B 227

N. I. Schuikin, Ch. M. Minatschew, W. L. Winogradow und **Ju. P. Jegorow,** *Umwandlungen von Äthylcyclohexan am Pd–Tonerde-Kontakt im kontinuierlichen System bei erhöhter Temperatur und erhöhtem Wasserstoffdruck.* (Vgl. C. **1957.** 4360.) Äthylcyclohexan (I) wird bei 460° unter 35, 50 u. 65 at H_2-Druck mit einer Geschwindigkeit von 1 Liter/Liter Katalysator·Std. u. dem mol. Verhältnis I : H_2 = 1 : 5 über Pd–Al_2O_3 (II) mit 0,5% Pd geleitet. Dabei entstehen durch Dehydrierung *Äthylbenzol* (daraus *m*-, *o*- u. *p-Xylol* sowie *Toluol*), durch Abspaltung der Seitenkette *Cyclohexan*, durch Isomerisierung unter Ringverengung *Äthyl-* u. *Methylcyclopentan* (daraus durch Ringaufspaltung *2-Methylpentan*, durch Abspaltung der Seitenkette *Cyclopentan* u. CH_4), ferner *1.2.4-Trimethyl-trans-*, *1.2-Dimethyl-* u. *1-Methyl-1-äthylcyclopentan*. Mit steigendem Druck nimmt der Umwandlungsgrad von I von 61,4 auf 84,8% zu. Vorbehandlung von II mit HF bewirkt Abnahme der Dehydrier- u. Zunahme der Isomerisierwirkung. (Известия Академии Наук СССР, Отделение Химических Наук [Nachr. Akad. Wiss. UdSSR, Abt. chem. Wiss.] **1957**. 598—603. Mai. Zelinsky-Inst. für organ. Chem. der Akad. der Wiss. der UdSSR.) R. K. MÜLLER. B 227

Ss. Ss. Nowikow, Ss. I. Chromow und **T. Ss. Nasarowa,** *Synthese und katalytische Umwandlungen gem.-substituierter Cyclane.* 1.1-Dialkylcyclopentane werden bei 290 u. 320° über Pt-Kohle (10% Pt) geleitet. Dabei wird in der Hauptsache der Fünfring aufgespalten, die erhaltenen Paraffin-KW-stoffe schließen sich teilweise zum Sechsring, wodurch erhebliche Mengen aromat. KW-stoffe entstehen. Der Vgl. mit 1-Methyl-1-cyclohexylcyclohexan zeigt, daß die Bindung zwischen Fünfring u. Seitenketten fester ist als beim Sechsring.

Versuche: *1-Methyl-1-äthylcyclopentan*, Kp. 121—122°, aus Cyclopentanon durch Rk. mit CH_3MgJ zu *1-Methylcyclopentanol-(1)*, dessen Umwandlung mit HCl in *1-Methyl-1-chlorcyclopentan* u. Rk. mit $Zn(C_2H_5)_2$; $D.^{20}_4$ 0,7824; n_D^{20} 1,4272. — *1-Methyl-1-allylcyclopentan* (I), $Kp._{36}$ 53°, aus 1-Methylcyclopentyl-MgCl u. Allylchlorid; $D.^{20}_4$ 0,8093, n_D^{20} 1,4445. — *1-Methyl-1-propylcyclopentan*, $Kp._{741}$ 143,9°, aus I durch Hydrierung über Pt; $D.^{20}_4$ 0,7851, n_D^{20} 1,4373. — *1-Methyl-1-cyclohexylcyclohexan*, $Kp._9$ 104,5—105°, aus 1-Methylcyclohexanol-(1) u. Bzl. in Ggw. von $AlCl_3$ u. Hydrierung des erhaltenen 1-Methyl-1-phenylcyclohexans über Pt-Kohle; $D.^{20}_4$ 0,8857, n_D^{20} 1,4824. — Zus. der Prodd. nach Überleiten über Pt-Kohle: Aus 1-Methyl-1-äthylcyclopentan: 24% *Aromaten* (16,8% *Äthylbenzol*, 7,2% *Xylole*), 76% *Paraffin-* u. *Naphthen-KW-stoffe*, hauptsächlich *3-Methyl-3-äthylpentan* u. *3-Methylheptan*. Aus 1-Methyl-1-propylcyclopentan: 16,3% *Aromaten* [ca. 50% *Propylbenzol*, ca. 30% *o-* u. 15% *p-* u. *m-Benzolhomologe*], 81,9% *Paraffin-* u. *Naphthen-KW-stoffe*, darunter *3-Methyl-3-propylpentan* u. andere Isononane sowie *1.1.3-Trimethylcyclohexan* (Kp. 135—139°, $D.^{20}_4$ 0,7741, n_D^{20} 1,4282). Aus 1-Methyl-1-cyclohexylcyclohexan 58% *Diphenyl*, 38% *Methyldiphenyle*, 4% *1-Methyl-1-phenylcyclohexan* u. ca. 1% *Fluoren*. (Известия Академии Наук СССР, Отделение Химических Наук [Nachr. Akad. Wiss. UdSSR, Abt. chem. Wiss.] **1957**. 604—10. Mai. Zelinsky-Inst. für organ. Chem. der Akad. der Wiss. der UdSSR.) R. K. MÜLLER. B 227

N. I. Schuikin, M. I. Tscherkaschin und **G. K. Gaiworonskaja,** *Katalytische Isomerisierung von Dicyclopentyl unter Wasserstoffdruck.* Dicyclopentyl (I) wird an einem Pt-Al_2O_3- oder an einem Pt-ZrO_2-Kontakt bei 450° u. 20 at in Ggw. von H_2 zu einem Gemisch von *cis-* u. *trans-Dekalin* isomerisiert, das weiter zu *Tetralin* u. *Naphthalin* dehydriert wird. Mit Al_2O_3 oder ZrO_2 allein erfolgt keine Isomerisierung von I.

Versuche: *Dicyclopentyl* (I), $Kp._{753}$ 189°, $Kp._{22}$ 55,5°, aus Cyclopentadien über Cyclopenten-(1)-yl-(3)-chlorid u. Dicyclopenten-(1)-yl-(3); $D.^{20}_4$ 0,8650; n_D^{20} 1,4642. — Die Isomerisierung wird im strömenden Syst. (Volumengeschwindigkeit 0,5 Std.$^{-1}$) mit einem Mol-Verhältnis H_2 : I = 4 : 1 durchgeführt. Naphthalin wird ausgefroren, die anderen Isomerisierungsprodd. werden durch fraktionierte Dest. getrennt. (Известия Академии Наук СССР, Отделение Химических Наук [Nachr. Akad. Wiss. UdSSR, Abt. chem. Wiss.] **1958**. 626—28. Mai. Zelinsky-Inst. für organ. Chem. der Akad. der Wiss. der UdSSR.) U. WÖRFFEL. B 227

C. Präparative organische Chemie. Naturstoffe.

V. Th. Cerchez, *Gewinnung einiger individueller aromatischer Kohlenwasserstoffe und ihre Trennung aus dem Gemisch.* Überblick über die Methoden der katalyt. Aromatisierung von Paraffin-KW-stoffen bei mittleren Drucken (10—20 at) u. 540—580° oder bei höheren Drucken (25—60 at) u. 430—480° (unter gleichzeitiger Bldg. verzweigter Paraffin-KW-stoffe) sowie über die Abtrennung von Aromaten mit 6—8 C-Atomen aus einem KW-stoffgemisch durch azeotrope Dest. mit Methyläthylketon + 10% W., extraktive Dest. mit Phenol, mit selektiven Lösungsmitteln (fl. SO_2, Diäthylenglykol oder 2 Lösungsmitteln wie SO_2 u. Propan) oder durch Adsorption an Silicagel. (Petrol şi Gaze **6**. 167—73. April. 210—21. Mai 1955. Inst. de cerc. petrolif.) R. K. MÜLLER. 460

Yasunobu Satô, Jun'ichi Nakazawa, Hideo Nakao und **Yasuhiro Matsumoto,** *Untersuchungen über das mit ^{32}P markierte p-Phenylen-bis-[diaziridinophosphinat].* Das aus $H_3^{32}PO_4$ durch Behandeln ihres Fe-Salzes mit Phosgen bzw. durch Versetzen ihrer eingeengten wss. Lsg. mit PCl_5 hergestellte $^{32}POCl_3$ (Ausbeute 40,6 bzw. 95,8%) gibt bei 6½ std. Kochen mit Hydrochinon u. KCl *^{32}P-p-Phenylentetrachlordiphosphat* in einer Ausbeute von 23,7%, das in Bzl. durch Zutropfen zu Äthylenimin u. Triäthylamin in Bzl. bei 0—5° *^{32}P-p-Phenylen-bis-[diaziridinophosphinat]* (I; F. 106—108°) ergibt. Lsgg. von I in W., künstlichem Magensaft u. künstlichem Darmsaft werden mit Isopropanol-28%ig. NH_4OH-W. (4 : 1 : 2) aufsteigend an Papier chromatographiert. Der R_F-Wert beträgt kurz nach dem Lösen in W. 0,89 ± 0,02, längere Zeit stehende Lsgg. zeigen mehrere andere Flecken. Die Änderung des Chromatogramms ist bes. bei den mit künstlichem Magensaft behandelten Proben bemerkenswert. (Annu. Rep. Takamine Lab. **10.** 34—39. Dez. 1958. Tokyo-Sinagawa, Takamine-Kenkyûzyo. [Orig.: japan.; Auszug: engl.]) E. MAEKAWA. 480

L. M. Kogan, *Chlorkohlenwasserstoffe.* Überblick über Darst., Eigg. u. Rkk. von *Chlor-KW-stoffen* der aliphat., aromat. u. alicycl. Reihe. —, 176 Literaturangaben. (Успехи Химии [Fortschr. Chem.] **28.** 133—67. Febr. 1959.) G. FROELICH. 510

B. C. Easton, M. K. Hargreaves und **R. K. Mitchell,** *Die Isolierung von (—)-sek.-Butylcarbinol aus Fuselöl.* Vff. isolierten opt. reines *(—)-sek.-Butylcarbinol* [(—)-I, Kp. 128°, $D.^{20}_4$ 0,8207, n_D^{20} 1,4111, $[\alpha]^{25}_{5461}$ —6,91°] aus Fuselöl vom $[\alpha]^{17}_{5461}$ —1,69° (l = 1 dm) durch Kolonnendest. u. ferner aus 46,6 g vordest. Fuselöl ($[\alpha]^{17}_{5461}$ —5,50°, 96%ig. an I), durch 2std. Erwärmen mit 3-Nitrophthalsäureanhydrid in absol. Dioxan, mehrtägiges Stehen u. Dampfdest. des erhaltenen *(+)-3-Nitrophthalsäure-2-sek.-butylcarbinylesters* [F. 158,5—159° (Bzl./Aceton), $[\alpha]^{20}_{5461}$ +3,3° (c = 10 in Aceton); 12,3 g (Ausbeute)] mit 2n NaOH in 54%ig. Ausbeute, sowie aus vordest. Fuselöl ($[\alpha]^{20}_{5461}$ —5,16°) durch Erwärmen mit Phthalsäureanhydrid u. Dioxan über Nacht auf dem Wasserbad, mehrtägiges Stehen u. Dampfdest. des erhaltenen *(+)-Phthalsäuremono-sek.-butylcarbinylesters* [F. 43—43,5° (PAe.), $[\alpha]^{20}_{5461}$ +4,00° (c = 10 in Aceton); *p-Aminophenolsalz,* F. 141 bis 142° (Bzl.); 72%] mit 2n NaOH in 57%ig. Ausbeute. Die Abhängigkeit des Dampfdruckes von (—)-I von der Temp. u. die Rotationsdispersion (4358—6708 Å, 25—80°) sind tabellar. angegeben. (J. appl. Chem. **7.** 198—204. April 1957. London, Univ., Queen Elizabeth Coll. u. Bedford Coll.) H.-J. KÖTZSCH. 560

M. Lederer, *Über ein Peroxyd des Vinylchlorids.* Durch UV-Bestrahlung bei —15 bis —20° bildet *Vinylchlorid* (I) mit O_2 ein *Peroxyd* $(\cdot OCH_2—CHCl—O\cdot)_n$ (wobei vermutlich n = 2 ist), ein farbloses sirupöses Prod., dessen Cl-Atome leicht hydrolysieren; 80% (Ausbeute). Der therm. Zerfall im CO_2-Strom führt zu *CO* u. *HCl.* Das Peroxyd initiiert die Blockpolymerisation von I oberhalb 35° (geringe Ausbeute). Ähnlich verhält sich *2-Chlorpropylen* gegenüber O_2; 23%. (Angew. Chem. **71.** 162. 21/2. 1959. Farbwerke Hoechst Akt.-Ges., Kunststofflabor.) O. KRAMM. 570

T. Urbański und **W. Tarantowicz,** *Über die Darstellung und einige Eigenschaften des Butin-(2)-diol-(1.4)-dinitrats.* Das aus Butin-(2)-diol-(1.4) (I) erhältliche *Butin-(2)-diol-(1.4)-dinitrat* ist ein explosives Öl mit extremer Stoßempfindlichkeit u. löst Nitrocellulose. Die Red. mit Zn-Staub u. HCl in Acetanhydrid (II) führt zu *Butin-(2)-diol-(1.4)-diacetat.*

Versuche: *Butin-(2)-diol-(1.4)-dinitrat,* $C_4H_4N_2O_6$, durch 20 Min. Stehen von I mit HNO_3 (D. 1,50) u. H_2SO_4 (D. 1,84) (4 : 6) bei 18—22°; orangegelbes Öl, $D.^{20}$ 1,408, n_D^{19} 1,4759, n_D^{25} 1,4732, η^{20} 0,0511 P; 70—75% (Ausbeute). — *Butin-(2)-diol-(1.4)-diacetat,* F. 30° (Ae.), durch ³/₄—1std. Behandeln vorst. Verb. mit Zn-Staub u. HCl-Gas in II bei 20—25°, Gießen auf Eiswasser u. Ausäthern. (Bull. Acad. polon. Sci., Ser. Sci. chim. géol., géogr. **6.** 289—92. 1958. Warsaw, TU, Dep. of Organ. Technol.) H. PAGEL. 590

Lester P. Kuhn und **Alan C. Duckworth,** *Die Darstellung von 2.2-Bis-[hydroxymethyl]-buten-(3)-ol-(1) und 2-[Hydroxymethyl]-2-methylbuten-(3)-ol-(1) und ihre Acetate und Nitrate.* Durch Pyrolyse von Butandiol-(1.4)-dinitrit (I) zu *γ-Hydroxybutyraldehyd* (II), Kondensation mit CH_2O zu *2.2-Bis-[hydroxymethyl]-4-hydroxybutyraldehyd* (III), katalyt. Hydrierung zu *2.2-Bis-[hydroxymethyl]-butandiol-(1.4)* (IV), Acetylierung zu *2.2-Bis-[acetoxymethyl]-1.4-diacetoxybutan* (V), Pyrolyse zu *4-Acetoxy-3.3-bis-[acetoxymethyl]-buten-(1)* (VI) u. Entacetylierung mit Ba-Methylat wurde *2.2-Bis-[hydroxymethyl]-buten-(3)-ol-(1)* (VII) erhalten. Verss., IV durch Kondensation von II mit CH_2O u. gekreuzte CANNIZZARO-Rk. darzustellen, ergaben undefinierte Gemische. IV wurde auch durch katalyt. Entacetylierung von V dargestellt. Aus 4-Hydroxy-3-[hydroxymethyl]-3-methylbutanon-(2) wurde durch analoge Reaktionsfolge *2-[Hydroxymethyl]-2-methylbuten-(3)-ol-(1)* (VIII) erhalten. VII u. VIII wurden mit HNO_3 verestert; um die Bldg.

von Nitroverbb. zu vermeiden, muß die Reaktionszeit möglichst kurz gehalten werden u. die HNO_3 stark mit Eisessig verd. werden.

Versuche: *γ-Hydroxybutyraldehyd* (II), $Kp._9$ 55—60°, durch Zutropfen von I zu einer auf 340° erhitzten Glasfüllkörperkolonne bei 10—20 Torr im N_2-Strom u. Aufnehmen des Pyrolyseprod. in A.; 43% (Ausbeute). — *2.2-Bis-[hydroxymethyl]-4-hydroxybutyraldehyd* (III), durch portionsweise Zugabe von Na_2CO_3 zu 119 g II, CH_2O u. W. bei 15° unter Rühren innerhalb 35 Min., langsames Erwärmen auf Raumtemp., 1 std. Rühren, Rühren über Nacht bei 45° unter N_2, Kühlen, Zugabe von 6n HCl bis p_H 8, Abdest. des W. im Vakuum, Behandeln des Rückstandes mit Aceton, Filtrieren, Einengen, Behandeln mit Aceton, Stehen über Nacht in der Kälte, Filtrieren u. Eindampfen; 179 g Rohprodukt. — *2.2-Bis-[acetoxymethyl]-1.4-diacetoxybutan* (V), $C_{14}H_{22}O_8$, $Kp._{0,07}$ 153 bis 156°, durch 3 std. Hydrieren von III in absol. A. an RANEY-Ni bei 150°/1000 lbs./sq.in., Filtrieren, Abdest. des A. im Vakuum, 2 std. Kochen des Rückstandes mit Acetanhydrid u. Na-Acetat, Kühlen, Gießen in Eiswasser, 2 std. Stehen der wss. Phase, Neutralisieren mit Na_2CO_3, Ae.-Extraktion u. Dest. der organ. Phase u. des Ae.-Extrakts; $n_D^{19,5}$ 1,4501, $D.^{19,5}$ 1,164; 29%. — *2.2-Bis-[hydroxymethyl]-butandiol-(1.4)* (IV), $C_6H_{14}O_4$, F. 87—88° (Aceton), durch 15 Min. Kochen von V mit Ba-Methylat in CH_3OH, Kühlen, Neutralisieren mit Trockeneis, Abdampfen des CH_3OH, Wiederholung obiger Behandlung, Lösen des Rückstandes in Aceton, Zentrifugieren u. Eindampfen der Lsg.; 82%. — *4-Acetoxy-3.3-bis-[acetoxymethyl]-buten-(1)* (VI), $C_{12}H_{18}O_6$, $Kp._{0,1}$ 99—103°, durch Zutropfen von V zu einer auf 500° erhitzten Glasfüllkörperkolonne im N_2-Strom, Aufnehmen des Pyrolyseprod. in Ae. u. Extraktion mit 10%ig. Na_2CO_3-Lsg.; n_D^{20} 14504, $D.^{20}$ 1,119; 53%. — *2.2-Bis-[hydroxymethyl]-buten-(3)-ol-(1)* (VII), $C_6H_{12}O_3$, F. 16—19°, analog IV durch Entacetylierung von VI, Lösen des Acetonrückstandes in heißem Chlf. u. Stehen über Nacht im Eisschrank; n_D^{20} 1,4980; 72%. — *1.1.1-Trimethylolpropan*, F. 54—58° (Aceton–Ae.), durch 3 std. Hydrieren von 1 g VII in absol. A. an Pd-Kohle bei 40 lbs./sq.in., Filtrieren u. Eindampfen; 1 g. — *4-Nitrato-3.3-bis-[nitratomethyl]-buten-(1)* (IX), $C_6H_9 \cdot N_3O_9$, Fl., durch langsame Zugabe von 100%ig. HNO_3 zu Acetanhydrid–Essigsäure unterhalb 10°, Zugabe von VII in Essigsäure innerhalb 5 Min. unter Rühren bei —5 bis —10°, 10 Min. Rühren bei —5 bis —10°, Gießen in Eiswasser, Ae.-Extraktion u. Eindampfen des Extrakts; n_D^{21} 1,4876; 91%. — *4-Hydroxy-3-[hydroxymethyl]-3-methylbutanon-(2)*, $Kp._{16}$ 138—140°, durch gleichzeitige Zugabe von 30%ig. CH_2O u. Methyläthylketon zu $Ca(OH)_2$ in W. innerhalb 5 Min., 12 std. Rühren bei 10—15°, gegebenenfalls Zugabe von weiterem $Ca(OH)_2$ während dieser Zeit, Neutralisieren mit Trockeneis, Filtrieren u. Einengen im Vakuum; 57%. — *2-[Hydroxymethyl]-2-methylbutandiol-(1.3)*, durch 2 std. Hydrieren vorst. Verb. in absol. A. an Cu-Chromit bei 150°/1300 lbs./sq.in., Filtrieren u. Eindampfen im Vakuum. — *2-Acetoxymethyl-2-methyl-1.3-diacetoxybutan*, $C_{12}H_{20}O_6$, $Kp._{0,1}$ 108°, analog der Acetylierung von IV; n_D^{20} 1,4382, $D.^{20}$ 1,097; 57% (bezogen auf vorvorst. Verb.). — *4-Acetoxy-3-[acetoxymethyl]-3-methylbuten-(1)*, $C_{10}H_{16}O_4$, $Kp._{0,6}$ 64—66°, analog VI; n_D^{21} 1,4378, $D.^{21}$ 1,026; 76%. — *2-Hydroxymethyl-2-methylbuten-(3)-ol-(1)* (VIII), $C_6H_{12}O_2$, F. 24—26°, analog der Entacetylierung von V aus vorst. Verb.; $Kp._{2,4}$ 88—90°; 69%. — *3-Methyl-4-nitrato-3-[nitratomethyl]-buten-(1)*, $C_6H_{10}N_2O_6$, $Kp._{0,05}$ 75°, analog IX; n_D^{22} 1,4648, $D.^{22}$ 1,285; 100%. (J. org. Chemistry 24. 1005—06. Juli 1959. Aberdeen Proving Ground, Md., Ballistic Res. Labors.) H. BERTSCH. 590

Irwin B. Douglass und **Basil Said Farah**, *Chlorierung von Alkyldisulfiden und die Darstellung von Thiolsulfonsäureestern.* Durch Zugabe von W. zu einem äquimol. Gemisch von Alkansulfenylchlorid u. -sulfinylchlorid wurden *Alkanthiolsulfonsäurealkylester* erhalten. Durch Einleiten von 2 Mol Cl_2 in ein kaltes Gemisch von 1 Mol Disulfid u. 1 Mol Eisessig entstehen über Alkansulfenylchlorid u. -sulfinylchlorid ebenfalls die entsprechenden *Alkanthiolsulfonsäurealkylester*; die Rohprodd. sind verunreinigt, können aber durch Dest. gereinigt werden. *Alkanthiolsulfonsäurealkylester* mit verschied. Alkylresten wurden durch Einleiten von 3 Mol Cl_2 in ein Gemisch von 1 Mol Disulfid u. Eisessig, Zugabe von 1 Mol eines anderen Disulfides zum entstandenen Sulfinylchlorid, Chlorierung des Disulfides mit 1 Mol Cl_2 zum Sulfenylchlorid, Zugabe von W. u. Rk. der entstehenden Sulfinsäure mit dem Sulfenylchlorid erhalten. Die dargestellten *Thiolsulfonsäureester* ergaben durch Chlorierung in einem inerten Lösungsm. *Sulfonylchlorid* u. *Alkylschwefeltrichlorid*; durch Rk. des Ersteren mit p-Toluidin u. Hydrolyse des Letzteren zu Na-Alkansulfinat u. Rk. mit Benzylchlorid zu einem *Alkylbenzylsulfon* erfolgte die Charakterisierung der ursprünglichen Verbindungen.

Versuche: *Methanthiolsulfonsäure, Methylester*, $C_2H_6O_2S_2$, $Kp._{13}$ 114°, durch Einleiten von 1 Mol Cl_2 in ein Gemisch von 0,5 Mol Dimethyldisulfid u. 0,5 Mol Eisessig bei —10° unter Rühren, Zugabe von 19 cm³ W. bei —10° unter Rühren u. Erwärmen auf Raumtemp. unter Rühren; n_D^{25} 1,5112, $D.^{25}{}_4$ 1,3311, $D.^0{}_4$ 1,3567; 87% (Ausbeute). *Äthylester* (I), $C_3H_8O_2S_2$, $Kp._{11}$ 115°, durch Einleiten von 0,75 Mol Cl_2 in ein Gemisch von 0,25 Mol Dimethyldisulfid u. 0,5 Mol Eisessig bei —10° unter Rühren, Zugabe von 0,25 Mol Diäthyldisulfid, Einleiten von 0,25 Mol Cl_2, langsame Zugabe von 19 cm³ W. u. Erwärmen auf Raumtemp. unter Rühren; n_D^{25} 1,5018, $D.^{25}_4$ 1,2469, $D.^0_4$ 1,2721; 82%. — *Äthylbenzylsulfon*, F. 83—84°, durch rasche Zugabe von Cl_2 in CH_2Cl_2 bei Trockeneistemp. zu I in CH_2Cl_2 unter Kühlung mit Trockeneis, 20 Min. Rk., Filtrieren, Lösen in Eisessig, Neutralisieren mit wss. $NaHCO_3$-Lsg., mehrstd. Kochen mit Benzylchlorid u. Kühlen. — *Methansulfonsäure-p-toluidid*, F. 103—104°, durch Zugabe von Ae. zu obigem CH_2Cl_2-Filtrat, Rk. mit p-Toluidin in Ggw. von $NaHCO_3$-Lsg., alkal. Extraktion u. Ansäuern des Extrakts. — *Äthanthiolsulfonsäuremethylester*, $C_3H_8O_2S_2$, Kp.$_{13}$ 119°, a) analog I durch Chlorierung von 0,25 Mol Diäthyldisulfid, Zugabe von 0,25 Mol Dimethyldisulfid, Chlorierung, Hydrolyse u. Aufarbeitung wie bei I; n_D^{25} 1,5054, $D.^{25}_4$ 1,2593, $D.^0_4$ 1,2840; 84%; b) durch Zutropfen von 0,2 Mol W. zu 0,2 Mol Methansulfenylchlorid u. 0,2 Mol Äthansulfinylchlorid bei —10°, Erwärmen auf Raumtemp. unter Rühren u. Dest.; 76,4%; c) analog b) durch Hydrolyse von Äthansulfinylchlorid u. Zutropfen von Methansulfenylchlorid oder umgekehrtes Zusammenbringen der Reaktionspartner. — *Methylbenzylsulfon*, F. 125—126°, u. *Äthansulfonsäure-p-toluidid*, F. 80 bis 81°, aus den Chlorolyseprodd. vorst. Verb. wie oben. — *Methansulfonylchlorid*, durch Einleiten von 0,6 Mol Cl_2 in 0,6 Mol Dimethyldisulfid unter Rühren unterhalb —20° u. Schütteln bis zum Verschwinden fester Anteile; ca. 100%. (J. org. Chemistry **24**. 973—75. Juli 1959. Orono, Me., Univ., Dep. of Chem.) H. BERTSCH. 600

Kent C. Brannock, *Darstellung substituierter Penten-(4)-ale.* Diallyl- bzw. Dimethallylacetale von in α-Stellung verzweigten gesätt. aliphat. Aldehyden geben in Ggw. von H^+ die meist nicht isolierten *Allyl-* bzw. *Methallylenoläther*, die zu den entsprechenden *Penten-(4)-alen* bzw. *4-Methylpenten-(4)-alen* umgelagert werden. Aus Acetaldehyddiallylacetal (I) bildet sich bei der Dest. mit H_3PO_4 *Allylvinyläther*, Butyraldehyd (II)-Diallylacetal liefert dabei ein Gemisch von *Allylbuten-(1)-yläther* u. dessen Umlagerungsprod., *2-Äthylpenten-(4)-al.* Die Pentenale lassen sich auch direkt aus den entsprechenden Aldehyden u. Allylalkohol (III) durch Kochen mit p-Toluolsulfonsäure in p-Cymol unter azeotrop. Entfernen von W. erhalten. Anwendung von 2 Mol III auf 1 Mol II liefert dabei *2-Allyl-2-äthylpenten-(4)-al.* Nach diesem Verf. lassen sich auch höher sd. Aldehyde mit einem α-ständigen H-Atom, z. B. Cyclohexanaldehyd (IV), zu den entsprechenden *α-Allylcycloalkanalen* umsetzen. Diese Rk. gelingt nicht mit Methallylalkohol (V) wegen dessen Säureempfindlichkeit. Die Hydrierung der Prodd. über RANEY-Ni führt zu den entsprechenden *Neoalkylalkoholen*, über Pd/Al_2O_3 zu den *gesätt. Aldehyden. 2.2-Dimethylpenten-(4)-al* (VI) läßt sich nach CANNIZZARO zu *2.2-Dimethylpenten-(4)-ol-(1)* u. *2.2-Dimethylpenten-(4)-säure* disproportionieren. Das aus VI erhaltene *2.2-Dimethylvaleraldehyddimethylacetal* wird durch kalte konz. H_2SO_4 zu *3-Methylhexanon-(2)* u. *2-Methylhexanon-(3)* umgelagert, während der aus IV gewonnene *1-Propylcyclohexanaldehyd* nur *1-Cyclohexylbutanon-(1)* liefert.

Versuche: Diallylacetale, aus den entsprechenden Aldehyden u. III mit $CaCl_2$: *Butyraldehyd-*, Kp.$_{150}$ 129°, n_D^{20} 1,4300; 66% (Ausbeute). — *Isobutyraldehyd-*, Kp.$_{730}$ 174—176°, n_D^{20} 1,4278; 72%. — *2-Methylbutyraldehyd-*, Kp.$_{155}$ 138—139°, n_D^{20} 1,4328; 56%. — *2-Äthylhexanal-*, Kp.$_5$ 88—90°, n_D^{20} 1,4413; 45%. — Dimethallylacetale, mit V analog vorst. Verbb.: *Butyraldehyd-*, Kp.$_{16}$ 97°, n_D^{20} 1,4371; 39%. — *Isobutyraldehyd-*, Kp.$_{18}$ 93°, n_D^{20} 1,4370; 42%. — *2-Methylbutyraldehyd-*, Kp.$_{1,5}$ 58°, n_D^{20} 1,4400; 43%. — 2.2-Dialkylpenten-(4)-ale, a) aus den Diallyl- bzw. Dimethallylacetalen der entsprechenden Aldehyde durch langsame Dest. mit 85%ig. H_3PO_4; b) aus den entsprechenden Aldehyden u. III durch 32std. Kochen mit p-Toluolsulfonsäure in p-Cymol unter azeotrop. Entfernen von W.: *2.2-Dimethyl-* (VI), Kp.$_{760}$ 124—126°, n_D^{20} 1,4200—1,4203; nach a) 77%, nach b) 89%. *2.4-Dinitrophenylhydrazon*, F. 117—118°. — *2-Äthyl-4-methyl-*, Kp.$_{760}$ 158,5—159°, n_D^{20} 1,4340; nach a) 63%, daneben wahrscheinlich etwas *Buten-(1)-ylmethallyläther*. *2.4-Dinitrophenylhydrazon*, F. 91,5—92,5°. — *2-Äthyl-*, Kp.$_{760}$ 137—138°, n_D^{20} 1,4262; nach a) 37%, daneben 21% *Allylbuten-(1)-yläther*, $C_7H_{12}O$, Kp.$_{760}$ 115—120°, n_D^{20} 1,4281. *2.4-Dinitrophenylhydrazon*, F. 110—111°. — *2-Äthyl-2-butyl-*, Kp.$_{760}$ 209—212°, n_D^{20} 1,4447; nach a) 73%. *2.4-Dinitrophenylhydrazon*, F. 136—136,5°. — *2.2.4-Trimethyl-*, Kp.$_{760}$ 147,5—148°, n_D^{20} 1,4321; nach a) 73%. *2.4-Dinitrophenylhydrazon*, F. 131—132°. — *2.4-Dimethyl-2-äthyl-*, Kp.$_{760}$ 172—173°, n_D^{20} 1,4415; nach a) 87%. *2.4-Dinitrophenylhydrazon*, F. 94 bis 95°. — *2-Äthyl-2-methyl-*, Kp.$_{760}$ 149—151°, n_D^{20} 1,4312—1,4313; nach a) 82%, nach b) 78%. *2.4-Dinitrophenylhydrazon*, F. 114—115°. — *2-Allyl-2-äthyl-*, Kp.$_{4,7-5}$ 49,2 bis 53,2°, durch 24std. Kochen von II u. 2 Mol III mit Bzl. in Ggw. von p-Toluolsulfonsäure unter azeotrop. Entfernung von W., Zusatz von Diphenyläther u. 6tägiges Erhitzen, n_D^{20} 1,4563; 36%. — *1-Allylcyclohexanaldehyd* (VII), Kp.$_{32}$ 105—107°, durch

22std. Kochen von III u. IV mit Bzl. in Ggw. von p-Toluolsulfonsäure unter azeotrop. Entfernung von W.; n_D^{20} 1,4701; 84%. *2.4-Dinitrophenylhydrazon*, F. 156—157°. — *2-Allylnorcamphan-2-aldehyd*, $Kp._{26}$ 120°, aus Norcamphan-2-aldehyd analog vorst. Verb., n_D^{20} 1,4894; 91%. *2.4-Dinitrophenylhydrazon*, F. 146—148°. — *1-Allylcyclopentanaldehyd*, $Kp._{760}$ 137—140°, analog vorvorst. Verb. aus Cyclopentanaldehyd; n_D^{20} 1,4622; 72%. *2.4-Dinitrophenylhydrazon*, F. 124,5—125°. — *trans-2.2-Dimethylhepten-(4)-al-(1)*, $Kp._{760}$ 168°, analog drittvorst. Verb. aus Isobutyraldehyd u. Penten-(1)-ol-(3); n_D^{20} 1,4326; 89%. *2.4-Dinitrophenylhydrazon*, F. 121—122°. — *Allylvinyläther*, als azeotrop. Gemisch mit III vom $Kp._{760}$ 64—66°, durch Dest. von I mit H_3PO_4; n_D^{20} 1,4115. — *1-Propylcyclohexanaldehyd*, $C_{10}H_{18}O$, $Kp._{20}$ 94—95,5°, aus VII in Bzl. mit H_2 über 5%ig. Pd/Al_2O_3 (18 Std. bei 3 at u. Zimmertemp.), n_D^{20} 1,4559; 86%. *2.4-Dinitrophenylhydrazon*, F. 182—182,5°. Gibt in Bzl. mit konz. H_2SO_4 (30 Min. bei 5—6°) 57% *1-Cyclohexylbutanon-(1)*, $Kp._{13,5}$ 92,5—93,5°, n_D^{20} 1,4532 (*2.4-Dinitrophenylhydrazon*, F. 114,5—115,5°; *Semicarbazon*, F. 154—155°). — *2.2-Dimethylvaleraldehyd*, $Kp._{760}$ 126 bis 127°, aus VI in Bzl. mit H_2 über 5%ig. Pd/Al_2O_3 (12 Std. bei 2 at u. Zimmertemp.); n_D^{20} 1,4060; 88,5%. *2.4-Dinitrophenylhydrazon*, $C_{13}H_{18}N_4O_4$, F. 117—117,5°. — 2. 2 - D i a l k y l p e n t a n o l e, aus den entsprechenden Penten-(4)-alen mit H_2 über Raney-Ni in CH_3OH bei 125—150° u. 100—170 at: *2.2-Dimethyl-*, $Kp._{760}$ 152,5—153°, n_D^{20} 1,4251; 94%. — *2-Äthyl-2-methyl-*, $Kp._{760}$ 174—175°, n_D^{20} 1,4358; 92%. — *2.2.4-Trimethyl-*, $Kp._{760}$ 166—166,5°, n_D^{20} 1,4300; 88%. — *2.4-Dimethyl-2-äthyl-*, $Kp._{760}$ 186—188°, n_D^{20} 1,4396; 86%. — *1-Propyl-1-[hydroxymethyl]-cyclohexan*, $Kp._{\sim 1}$ 64—66°, n_D^{20} 1,4732; 88%. — *1-Propyl-1-[hydroxymethyl]-cyclopentan*, $Kp._7$ 80°, n_D^{20} 1,4632; 90%. — *2-Propyl-2-[hydroxymethyl]-norcamphan*, $Kp._{2,5}$ 88—92°, n_D^{20} 1,4909; 91%. — *2.2-Dimethylheptanol-(1)*, $Kp._{760}$ 191,5—192°, n_D^{20} 1,4336; 93%. — *2.2-Dimethylpenten-(4)-ol-(1)*, $C_7H_{14}O$, $Kp._{760}$ 151—152°, durch Cannizzaro-Rk. aus VI; n_D^{20} 1,4380; 60%, daneben 41% *2.2-Dimethylpenten-(4)-säure-(1)*, $C_7H_{12}O_2$, $Kp._{8,5}$ 92—93°, n_D^{20} 1,4338. — *2.2-Dimethylpenten-(4)-aldimethylacetal*, $C_9H_{18}O_2$, $Kp._{760}$ 162—163,5°, aus VI u. CH_3OH mit $CaCl_2$; n_D^{20} 1,4259; 58%. — *2.2-Dimethylvaleraldehyddimethylacetal*, $C_9H_{20}O_2$, $Kp._{760}$ 163,5—164,5°, aus vorst. Verb. mit H_2 über Raney-Ni bei 70 at u. 75°; n_D^{20} 1,4165; 92%. — *Gemisch von 3-Methylhexanon-(2) mit 2-Methylhexanon-(3)* (ca. 3 : 2, ermittelt durch Gaschromatographie), $C_7H_{14}O$, Kp. 136—137°, aus vorst. Verb. mit Bzl.-konz. H_2SO_4 bei 5° (30 Min.); n_D^{20} 1,4060; 64%. (J. Amer. chem. Soc. **81.** 3379—83. 5/7. 1959. Kingsport, Tenn., Tennessee Eastman Co., Res. Labors.) E. Schikora. 670

Mortimer J. Kamlet, *2-Nitro-3-äthoxyacrylsäuremethylester und verwandte Verbindungen.* Nitroessigsäuremethylester läßt sich mit Orthoameisensäuretriäthylester (**III**) in Ggw. von Acetanhydrid (**IV**) zu *2-Nitro-3-äthoxyacrylsäuremethylester* (**V**) kondensieren, der bei nucleophiler Rk. mit NH_3 in die *3-Aminoverb.* (**VI**) übergeführt wird. Bei analogem Austausch liefert Äthoxymethylenmalonitril (I) mit Semicarbazidhydrochlorid (II) *Semicarbazidomethylenmalonitril.* Die Konstitutionszuordnung wird durch die UV-Spektren bestätigt. **VI** gibt einen *Phenylharnstoff* u. **V** mit $N_2H_4 \cdot H_2O$ wahrscheinlich *2-Nitro-3-hydrazinoacrylsäurehydrazid.*

V e r s u c h e (FF. korr.): *Aminomethylenmalonitril*, F. 143—145°, aus I mit wss. NH_4OH. — *Nitroessigsäuremethylester*, $Kp._{18}$ 95—96°, aus Nitromethan; 32% (Ausbeute). — *2-Nitro-3-äthoxyacrylsäuremethylester* (**V**), $C_6H_9NO_5$, $Kp._{1,0}$ 119—121°, aus vorst. Verb., **III** u. **IV** durch Erhitzen über Nacht auf dem Wasserbad; gelbe Fl.; 66%. — *2-Nitro-3-aminoacrylsäuremethylester* (VI), $C_4H_6N_2O_4$, F. 163,2—163,6° (Essigester), aus **V** u. 28%ig. NH_4OH; cremefarbene Nadeln; 66%. *Phenylharnstoffderiv.*, $C_{11}H_{11}N_3O_5$, F. 180,2—182,2° (Ae.-Chlf.); chartreusefarbene Kristalle; 28%. — *2-Nitro-3-hydrazinoacrylsäurehydrazid*, $C_3H_7N_5O_3$, F. 235—236° (Zers.; CH_3OH), aus **V** u. 85% $N_2H_4 \cdot H_2O$ in CH_3OH; 88%. — *Semicarbazidomethylenmalonitril*, $C_5H_5N_5O$, F. > 360° (A.), aus **I**, II u. Na-Acetat in 50%ig. A. über Nacht bei Raumtemp.; Nadeln; 56%. (J. org. Chemistry **24.** 714—15. Mai 1959. White Oak, Silver Spring, Md., U. S. Naval Ordnance Labor.) P. Rögner. 810

James Cason, Kenneth W. Kraus und **Wm. D. MacLeod jr.**, *Die Grignardreaktion mit 2-[β-Cyanäthyl]-2-äthylhexanal und weitere Umsetzungen der Reaktionsprodukte. Grenzen für Anisol als Lösungsmittel für die Grignardreaktion.* Beim Eintragen von a) 2-[β-Cyanäthyl]-2-äthylhexanal (**I**) in mol. Mengen n-Butyl-MgBr (**IV**) oder b) umgekehrt in Ae. bei 0° entstehen etwa gleiche Molmengen *2-[β-Cyanäthyl]-2-äthylhexanol-(1)* (**II**) u. *6-[β-Cyanäthyl]-6-äthyldecanol-(5)* (**III**). In Anisol bildet sich nach a) etwas weniger **III** sowie zwei unidentifizierte Nebenprodd. u. nach b) viel mehr **II** als in Äther. **III** wird zu *γ-Äthyl-γ.δ-dibutyl-δ-valerolacton* verseift, das mit CH_3OH/HCl *ungesätt. Ester* gibt, deren Bldg. u. Konst. erörtert wird.

V e r s u c h e (FF. korr.): *6-[β-Cyanäthyl]-6-äthyldecanol-(5)* (**III**), $C_{15}H_{29}NO$, $Kp._4$ 171,5°, a) durch Eintragen von I in Bzl. in eine Lsg. von **IV** in Ae. bei 0°, ³/₄ bis

$1^1/_2$std. Stehen, Zers. mit Eis/H_2SO_4 u. Gaschromatographie (He, SiO_2, ca. 200°); n_D^{28} 1,4648; 33% (Ausbeute) [daneben *2-[β-Cyanäthyl]-2-äthylhexanol-(1)* (II), $C_{11}H_{21}NO$, Kp.$_3$ 143,7°, n_D^{28} 1,4608; 30%]; b) wie vorst. durch Zugabe von IV zu I; 33% (neben 26% II); c) wie a) in Anisol durch 3std. Grignardieren bei 75—80°; 25% (daneben ca. 20% *Nebenprodd.* u. 21% II); d) wie b) in Anisol; 23% (daneben 13% *Nebenprodd.* u. 42% II). — *γ-Butyl-γ-äthyl-δ-valerolacton*, Kp.$_7$ 145—147°, aus II durch 5std. Kochen in verd. KOH; n_D^{26} 1,4634; 73,5%. — *α-Butyl-α-äthylglutarsäure*, F. 78—80°, durch Oxydation vorst. Verb. mit $KMnO_4$ in KOH; 80,5%. — *γ-Äthyl-γ.δ-dibutyl-δ-valerolacton*, $C_{15}H_{28}O_2$, Kp.$_{1,5}$ 142,7°, aus III wie vorst. Lacton; n_D^{26} 1,4681; 83,5%. — *Gemisch ungesätt. Methylester*, $C_{16}H_{30}O_2$, Kp.$_4$ 130°, durch 5std. Kochen vorst. Verb. in CH_3OH/HCl; n_D^{25} 1,4508; 55% (daneben ein *γ-Lacton*); nimmt in CH_3COOH in Ggw. von PtO_2 1 Mol H_2 auf; Ozonolyse s. Original. — *Säuregemische*, aus 2 g des vorst. Methylestergemisches durch $2^1/_2$std. Kochen in alkoh. KOH, a) Kp.$_4$ 156—161,5°; n_D^{25} 1,4591; 0,3 g; u. b) Kp.$_4$ 161,5—163,5°; n_D^{25} 1,4592; 0,9 g; addieren beide Br_2. (J. org. Chemistry **24**. 392—97. März 1959. Berkeley, Calif., Univ. of California, Chem. Labors.) K. Lehmstedt. 850

Anthony E. Lanzilotti und **Martin J. Weiss,** *Nitrosierung von α-Aceto-γ-butyrolacton. Isolierung eines O-Acetyloximino-Zwischenproduktes.* Bei der Darst. von *α-Hydroximino-γ-butyrolacton* (I) durch Rk. von α-Aceto-γ-butyrolacton mit HNO_2 konnte als Zwischenprod. *α-Acetoxyimino-γ-butyrolacton* (II) isoliert werden. II geht durch Hydrolyse leicht in I über. II konnte auch durch Acetylierung von I dargestellt werden. Die UV- u. IR-Spektren von II stützen die Strukturzuordnung. Es wird angenommen, daß bei der Nitrosierung prim. *α-Aceto-α-nitroso-γ-butyrolacton* entsteht, das durch intramol. 1.3-Umlagerung in II übergeht.

V e r s u c h e: *α-Acetoxyimino-γ-butyrolacton* (II), $C_6H_7NO_4$, F. 89—90° (Isopropanol), a) durch Zugabe von 6n HCl zu α-Aceto-γ-butyrolacton u. $NaNO_2$ in W. bei 5° innerhalb 1 Std. u. 3std. Stehen bei 5°; 29% (Ausbeute); b) durch 15 Min. Erhitzen von I mit Acetanhydrid auf 90°, Kühlen auf Raumtemp. innerhalb 1 Std., Einengen bei 50° im Vakuum, Gießen in Ae. u. Filtrieren; 95°. — *α-Hydroximino-γ-butyrolacton* (I), F. 180—183°, durch 30 Min. Erwärmen von II in 2n HCl auf 50°, Kühlen auf 10°, u. Filtrieren; 68%. (J. org. Chemistry **24**. 1003—04. Juli 1959. Pearl River, N. Y., Amer. Cyanamid Co., Lederle Labors. Div., Organ. Chem. Res. Sect.) H. Bertsch. 870

G. F. Hennion, P. A. McCusker und **J. V. Marra,** *Organoborverbindungen.* 11. Mitt. *Trialkylborane mit 2 tertiären Butylgruppen am Bor.* (10. vgl. J. Amer. chem. Soc. **80**. [1958.] 3481.) *Di-tert.-butyl-n-butylboran* u. *Di-tert.-butyl-n-amylboran* werden synthetisiert. — *Di-tert.-butyl-n-butylboran*, Kp.$_{1,7}$ 47,7°, aus BF_3, tert.-Butyl-MgCl u. viel Buten-(1) in Ae.; D.^{25} 0,7608, n_D^{25} 1,4373; 41% (Ausbeute); gibt mit alkal. H_2O_2 tert.- u. n-Butanol (2 : 1). — *Di-tert.-butyl-n-amylboran*, Kp.$_{0,5}$ 42,5—42,7°, analog vorst. Verb. mit Penten-(1); D.^{25} 0,7668, n_D^{25} 1,4397; 32—39%; gibt mit alkal. H_2O_2 ein Gemisch (2 : 1) aus *tert.-Butanol* u. *n-Amylalkohol*, bei 205° unter N_2 in 15 Min. *Triisobutylboran* u. *Tri-n-amylboran* (2 : 1). (J. Amer. chem. Soc. **81**. 1768. 5/4. 1959. Notre Dame, Ind., Univ., Dep. of Chem.) K. Lehmstedt. 980

Thomas Wartik und **Richard K. Pearson,** *Die Reaktion von Natriumborhydrid mit Halogenolefinen in Polyäther-Lösung.* Es wird eine Rk. zur Darst. von *Alkyldiboranen* u. möglicherweise *Bortrialkylen* aus Halogenolefinen u. $NaBH_4$ beschrieben. Bei der analogen Verwendung von Vinyltrichlorsilan wird unter Spaltung der Si–C-Bindung *SiH_4* gebildet.

V e r s u c h e: *Diäthyldiboran*, $C_4H_{14}B_2$, Kp.$_{10,4}$ — 23,2°, bei 12std. Einw. von 38,2 mMol $NaBH_4$ auf 35,4 mMol Vinylbromid in 15 ml Tetraäthylenglykoldimethyläther bei Zimmertemp.; 72% (Ausbeute). — *Dipropyldiboran*, $C_6H_{18}B_2$, Kp.$_{3,7}$ 0°, analog vorst. Verb. aus Allylbromid u. $NaBH_4$; 80%. (J. inorg. Nuclear Chem. **5**. 250—51. 1958. University Park, Pa., State Univ., Coll. of Chemistry and Physics.)
K. Rühlmann. 980

L. L. Schtschukowskaja und **A. D. Petrow,** *Synthese siliciumhaltiger Acetylenalkohole.* Durch Rk. der Grignard-Verb. von *[Triäthylsilyl]-acetylen* (I) mit einigen Ketonen u. Aldehyden werden einige siliciumhaltige *Acetylenalkohole* synthetisiert.

V e r s u c h e: *[Triäthylsilyl]-acetylen* (I), Kp.$_{771}$ 138,0—138,5°, durch 6std. Rühren von Äthinyl-MgBr mit Triäthylbromsilan bei Zimmertemp. u. Zers. mit gesätt. NH_4Cl-Lsg.; n_D^{20} 1,4302; D.$^{20}_4$ 0,7862; 85% (Ausbeute). — *1-[Triäthylsilyl]-pentin-(1)-en-(4)-ol-(3)*, $C_{11}H_{20}OSi$, Kp.$_{15}$ 129,8—130°, zu Äthyl-MgBr (12 g Äthylbromid, 2 g Mg) in Ae. läßt man 12 g I zutropfen, kocht 3 Std., kühlt, gibt 6 g Acrolein zu, läßt über Nacht stehen u. zers. mit angesäuertem W.; n_D^{20} 1,4708; D.$^{20}_4$ 0,8858; 60%. — *1-[Triäthylsilyl]-3-chlormethylbutin-(1)-ol-(3)*, $C_{11}H_{21}ClOSi$, Kp.$_5$ 122°, analog vorst. aus Äthyl-

MgBr, I u. Chloraceton; n_D^{20} 1,4725; $D.^{20}_4$ 0,9663; 60%. — *1-[Triäthylsilyl]-3.4-oxido-3-methylbutin-(1)*, $C_{11}H_{20}OSi$, Kp.$_8$ 99,5—100,5°, durch Schütteln vorst. Verb. in absol. Ae. mit KOH-Pulver; n_D^{20} 1,4580; $D.^{20}_4$ 0,8775; 82%. — *2-[Triäthylsilyl]-3-trifluormethylbuten-(1)-ol-(3)*, $C_{11}H_{21}F_3OSi$, Kp.$_{22}$ 114—115°, durch Einleiten von Trifluoraceton in Äthinyl-MgBr, Zers., fraktionierte Dest. u. Umsetzung des erhaltenen *2-Trifluormethylbuten-(3)-ol-(2)* [Kp. 101—102,5°; n_D^{20} 1,3720; $D.^{20}_4$ 1,1277] in Isopropanol mit Triäthylsilan in Ggw. von H_2PtCl_6; n_D^{20} 1,4291; $D.^{20}_4$ 1,0342. — *1-[Triäthylsilyl]-1.2-dibromäthylen*, $C_8H_{16}Br_2Si$, Kp.$_{10}$ 126,5°, durch Bromieren von I unter Erhitzen; n_D^{20} 1,5180; $D.^{20}_4$ 1,4249. — Ein Tetrabromderiv. von I konnte auch bei längerem Erhitzen nicht erhalten werden. — *Triäthylsilylpropiolsäure*, aus Triäthylsilylacetylenyl-MgBr u. CO_2; zers. sich beim Erhitzen. (Известия Академии Наук СССР, Отделение Химических Наук [Nachr. Akad. Wiss. UdSSR, Abt. chem. Wiss.] **1958**. 1011—14. Aug. Inst. für Silikatchem. der Akad. der Wiss. der UdSSR.)

E. FÖRSTER. 980

Robert E. Frost und **Eugene G. Rochow**, *Reaktionen von Chlorsilanen mit Formaldehyd.* 1. Mitt. *Chlormethoxytrichlorsilan und seine Zersetzung.* (2. vgl. C. **1959.** 16281.) Durch Rk. von Formaldehyd mit Chlorsilan, Dichlorsilan, Trichlorsilan u. $SiCl_4$ werden *Chlormethoxysilan* (I), *Chlormethoxychlorsilan*, *Chlormethoxydichlorsilan* (II) u. *Chlormethoxytrichlorsilan* (III) gewonnen. III läßt sich auch durch Chlorierung von Methoxytrichlorsilan gewinnen. I zerfällt bei Zimmertemp. rasch in *Monochlorsilan* u. *Formaldehyd.* III zerfällt bei Zimmertemp. langsam in $SiCl_4$ u. wahrscheinlich *Bis-[chlormethoxy]-dichlorsilan*, II unter gleichen Bedingungen in *Trichlorsilan* u. *Bis-[chlormethoxy]-chlorsilan.* Bei 400° im Einschlußrohr zers. sich III unter Bldg. von *HCl*, CO_2, CH_3Cl, $SiCl_4$, *Methoxytrichlorsilan*, *Hexachlordisiloxan*, *CO* u. H_2. Mit $AlCl_3$ reagiert III bei 150° unter Bldg. von *Dichlormethan*, *Methylchlorid*, $SiCl_4$, *Hexachlordisiloxan*, *HCl* u. einem Al-Chlorsilicate enthaltenden Festprodukt.

V e r s u c h e: *Chlormethoxytrichlorilan* (III), CH_2OCl_4Si, F. — 147 bis —145°, Kp. 123,5° a) aus Methoxytrichlorsilan u. Chlor bei 81—123° u. UV-Bestrahlung; n_D^{20} 1,4333; 70,4% (Ausbeute); b) aus Formaldehyd u. $SiCl_4$ bei 200° im Einschlußrohr; 10%. — *Chlormethoxydichlorsilan* (II), aus Trichlorsilan u. Formaldehyd bei 200° im Einschlußrohr; 16%. — *Chlormethoxychlorsilan* u. *Chlormethoxysilan* (I) wurden analog gewonnen, konnten aber nur IR-spektroskop. nachgewiesen werden. (J. inorg. Nuclear Chem. **5**. 201—06. 1958. Harvard Univ., Mallinckrodt Labor. of Chemistry.)

K. RÜHLMANN. 980

M. B. Turowa-Poljak und **M. A. Masslowa**, *Katalytische Reaktionen in Gegenwart von metallischem Aluminium.* 3. Mitt. *Alkylierung von Chlorbenzol mit Äthylbromid, n-Propylbromid und n-Butylbromid.* (2. vgl. C. **1958.** 996.) Chlorbenzol wird in Ggw. von Al durch Äthyl-, n-Propyl- u. n-Butylbromid alkyliert. Die Ausbeuten der erhaltenen *Äthyl-*, *Propyl-* u. *Butylchlorbenzole* (46,6%, 59,2% u. 69,1%) steigen mit dem Mol.-Gew. des Alkylhalogenids, wobei diese Werte der jeweils günstigsten Zers. der Reaktionsgemische entsprechen. 3 : 1 (Mol) für Chlorbenzol: Äthylbromid, 5 : 1 für Chlorbenzol: n-Propyl- bzw. n-Butylbromid. Polyalkylbenzole werden nicht erhalten. Die Alkylchlorbenzole bestehen hauptsächlich aus den p-Isomeren.

V e r s u c h e: Die Ausgangsprodd. wurden mit Al (0,01 g-Atom je Mol Alkylhalogenid) erhitzt; nach Beendigung der Rk. wurde noch 30—40 Min. erhitzt u. das Reaktionsprod. mit angesäuertem W. zersetzt: *Äthylchlorbenzol-Gemisch*, Kp$_{760}$ 176,5 bis 184,5°. — *Propylchlorbenzol-Gemisch* (enthält Isopropylchlorbenzole), Kp.$_{760}$ 190 bis 198°. — *Butylchlorbenzol-Gemisch* (enthält sek.- u. tert.-Butylchlorbenzole), Kp.$_{760}$ 210,0—218,0°. — Die fraktionierte Dest. der Gemische lieferte keine individuellen Verbindungen. (Журнал Общей Химии [J. allg. Chem.] **27** (**89**). 897—99. April 1957. Moskau, Univ.)

W. KURTZMANN. 1010

Giovanna Fenech und **Alessandro Tommasini**, *Einwirkung von Ammoniak auf Resorcin in Gegenwart von Sauerstoff.* Die Einw. von NH_3-Gas auf festes, auf 100° erhitztes Resorcin in Ggw. von O_2 gibt eine rote (R_F = 0,83), eine violette (R_F = 0,81) u. eine blaue (R_F = 0,92) Verb., die auf chromatograph. Wege an Cellulose isoliert u. durch verschied. chem. u. physikal. Eigg. (Red., Farbumschlag, Löslichkeit, R_F-Werte u. Absorption im UV) gekennzeichnet werden. Unterss. über die Konst. sind im Gange. (Atti Soc. Peloritana Sci. fisiche mat. natur. **3**. 267—78. 1956/57. Messina, Univ., Ist. di Chim. Farmac. e Tossicol.)

G. PLATZER. 1060

A. D. Petrow, **G. I. Nikischin**, **W. N. Gramenitzkaja** und **W. D. Worobjew**, *Reaktion von β-[Chlormagnesium]-tert.-butylbenzol mit Carbonylverbindungen.* β-Phenylisobutyl-MgCl (I; β-[Chlormagnesium]-tert.-butylbenzol] reagiert mit Acetaldehyd u. Homologen zu den entsprechenden substituierten sek. Alkoholen. Analog liefern Aceton u. Homologe mit I die entsprechenden tert. Alkohole, die jedoch in erheblich geringerer

Ausbeute erhalten werden als die sek. Alkohole. Z. T. erfolgt während der Rk. eine Red. der Ketone zu sek. Alkoholen. Methylformiat (II) gibt mit I zunächst β-Phenyl-β-methylbutyraldehyd, der teilweise zum entsprechenden Alkohol red. wird, hauptsächlich aber mit I unter Bldg. von *2.6-Diphenyl-2.6-dimethylheptanol-(4)* weiterreagiert. Dieser wird weiter zum *Formiat* verestert. Die Umsetzung von I mit Äthylacetat (III) führt nicht zum tert. Alkohol, sondern zu dem entsprechenden Keton, das weiter vollständig zu *2-Phenyl-2-methylpentanol-(4)* red. wird. Analog bildet sich aus β-Phenylisovaleroylchlorid u. $(CH_3)_3CMgCl$ *2.5.5-Trimethyl-2-phenylhexanol-(4)*.

Versuche: *2.6-Dimethyl-2-phenylheptanol-(4)*, $C_{15}H_{24}O$, Kp.$_2$ 117°, man rührt die äther. I-Lsg. (48,6 g Mg, 200 g β-Chlor-tert.-butylbenzol in 500 ml Ae.) 1 Std., fügt 130 g Isovaleraldehyd hinzu u. rührt 12 Std.; D.$^{20}_4$ 0,9366; n_D^{20} 1,5021; 61% (Ausbeute). — *2-Methyl-2-phenylpentanol-(4)*, Kp.$_{13}$ 148—149°, analog Vorst. aus I u. Acetaldehyd; D.$^{20}_4$ 0,9697; n_D^{20} 1,5130; 72,5%. — *2-Methyl-2-phenylhexanol-(4)*, $C_{13}H_{20}O$, Kp.$_4$ 112 bis 113°; D.$^{20}_4$ 0,9592; n_D^{20} 1,5100; 72,7%. — *2-Methyl-2-phenylheptanol-(4)*, $C_{14}H_{22}O$, Kp.$_2$ 128°; D.$^{20}_4$ 0,9470; n_D^{20} 1,5030; 53,5%. — *2-Methyl-2-phenyl-4-bromheptan*, $C_{14}H_{21}Br$, Kp.$_2$ 121—125°, man leitet 16 Std. HBr bei 100° durch 87,5 g vorst. Alkohols, wäscht mit 90%ig. H_2SO_4 u. dest.; D.$^{20}_4$ 1,1455; n_D^{20} 1,5170; 61%. — *2.5-Dimethyl-2-phenylhexanol-(4)*, $C_{14}H_{22}O$, Kp.$_{2,5}$ 95,5°; D.$^{20}_4$ 0,9516; n_D^{20} 1,5072; 56%. — *2.4-Dimethyl-2-phenylpentanol-(4)*, $C_{13}H_{20}O$, Kp.$_4$ 108,5—109°, analog Vorst. aus I u. Aceton; D.$^{20}_4$ 0,9629; n_D^{20} 1,5130; 22,6%. — *2.4-Dimethyl-2-phenylhexanol-(4)*, Kp.$_{1,5}$ 101 bis 101,5°; D.$^{20}_4$ 0,9565; n_D^{20} 1,5094; 37%. — *2.6-Dimethyl-2.6-diphenylhepten-(4)*, $C_{21}H_{26}$, Kp.$_2$ 140—141°, man erhitzt 25 g nachst. Alkohols 1 Std. in Ggw. von 8 g Oxalsäure auf 100° u. dest.; D.$^{20}_4$ 0,9578; n_D^{20} 1,5445; 94,5%. — *2.6-Diphenyl-2.6-dimethylheptanol-(4)*, $C_{21}H_{28}O$, Kp.$_1$ 167—168°, aus nachst. Formiat, durch Erhitzen in alkoh. 10%ig. NaOH; D.$^{20}_4$ 1,008; n_D^{20} 1,5428; 55%. *Formiat*, $C_{22}H_{28}O_2$, Kp.$_2$ 164,5°, man läßt 180 g II in der doppelten Menge Ae. in 2 Std. bei 5° zu einer äther. I-Lsg. (60 g Mg u. 253 g β-Chlor-tert.-butylbenzol) zutropfen; D.$^{20}_4$ 1,0279; n_D^{20} 1,5350; 68%. Daneben *2-Methyl-2-phenylbutanol-(4)-formiat*, $C_{12}H_{16}O_2$, Kp.$_2$ 81°; D.$^{20}_4$ 1,0204; n_D^{20} 1,5070; 7,3%. — *2-Methyl-2-phenylbutanol-(4)* (IV), $C_{11}H_{16}O$, aus dem Formiat durch Verseifung mit wss. 10%ig. NaOH. — *2-Methyl-2-phenylpentanol-(4)-acetat*, $C_{14}H_{20}O_2$, Kp.$_3$ 101 bis 102°, analog IV-Formiat unter Verwendung von III statt II; D.$^{20}_4$ 0,9966; n_D^{20} 1,4980; 17,6%. — *β-Phenylisovaleroylchlorid*, Kp.$_2$ 97°, man gibt 150 g β-Phenylisovaleriansäure in 250 ml Chlf. zu 430 g PCl_5, rührt 6 Std. u. erhitzt 6 Std. auf 50°; 94%. — *2.5.5-Trimethyl-2-phenylhexanol-(4)*, $C_{15}H_{24}O$, F. 45,5°, Kp.$_3$ 113—114°, man fügt $(CH_3)_3CMgCl$ (48 g Mg u. 139 g tert.-Butylchlorid) bei 3° während 1 Std. zu der äther. Lsg. von 142 g vorst. Säurechlorids u. rührt 2 Std.; 58,5%. (Журнал Общей Химии [J. allg. Chem.] 28 (90). 2315—19. Sept. 1958. Inst. für organ. Chem. der Akad. der Wiss. der UdSSR.) H. KÜHNE. 1070

V. Baliah und **M. Seshapathirao**, *Darstellung α,β-ungesättigter Sulfone.* Durch Kondensation von Aryl- oder Alkylsulfonylessigsäure mit aromat. Aldehyden in Ggw. von Benzylamin in sd. Eisessig entstehen in guter Ausbeute *α,β-ungesätt. Sulfone*; in Ggw. von NH_3 an Stelle von Benzylamin tritt weitgehend Bldg. von *β-Aminosulfonen* ein.

Versuche: [β-Arylvinyl]-methylsulfone, durch 50 Min. Kochen von 0,1 Mol Sulfonylessigsäure, 0,1 Mol Aldehyd, 0,1—0,2 g Benzylamin u. Eisessig, Kühlen, Zugabe von Ae., 1 std. Stehen, Filtrieren, Einleiten von HCl, Filtrieren, Eindampfen, Behandeln des Rückstandes mit wenig CH_3OH oder Isopropanol u. Filtrieren oder Isolieren des Aldehyds als $NaHSO_3$-Addukt u. folgendes Isolieren des Sulfons: *m-Nitrophenyl-*, F. 130—132°; 49% (Ausbeute). — *p-Chlorphenyl-*, $C_9H_9ClO_2S$, F. 125—126° (CH_3OH); 32%. — *2.4-Dichlorphenyl-*, $C_9H_8Cl_2O_2S$, F. 72—73° (CH_3OH); 62%. — [β-Arylvinyl]-phenylsulfone: *Phenyl-*, F. 74—74,5°; 39%. — *o-Nitrophenyl-*, F. 131—132°; 44%. — *m-Nitrophenyl-*, F. 142—143°; 64%. — *p-Nitrophenyl-*, $C_{14}H_{11}NO_4S$, F. 169—170° (A.); 52%. — *o-Chlorphenyl-*, $C_{14}H_{11}ClO_2S$, F. 105—106° (CH_3OH); 35%. — *p-Chlorphenyl-*, F. 129—130°; 63%. — *2.4-Dichlorphenyl-*, $C_{14}H_{10}\cdot Cl_2O_2S$, F. 132—133° (A.); 48%. — *3.4-Dichlorphenyl-*, F. 156—156,5° (A.); 44%. — *p-Methoxyphenyl-*, $C_{15}H_{14}O_3S$, F. 117—118° (A.); 19%. — *p-Hydroxyphenyl-*, $C_{14}H_{12}\cdot O_3S$, F. 109—110° (Isopropanol); 10%. — *p-Tolyl-*, F. 135,5—136,5°; 28%. — *Pyridyl-(3)-*, $C_{13}H_{11}NO_2S \cdot 2\,H_2O$, F. 85—86° (Cyclohexan); 13%. — *Pyridyl-(4)-*, $C_{13}H_{11}NO_2S\cdot H_2O$, F. 190—191° ($CH_3OH$); 5%. — *Thienyl-(2)-*, $C_{12}H_{10}O_2S_2$, F. 86—87° (CH_3OH); 40%. — [β-Arylvinyl]-p-tolylsulfone: *Phenyl-*, F. 120—121°; 40%. — *o-Nitrophenyl-*, F. 159—160°; 71%. — *m-Nitrophenyl-*, F. 146—147°; 75%. — *p-Chlorphenyl-*, F. 151—152°; 68%. — *2.4-Dichlorphenyl-*, $C_{15}H_{12}Cl_2O_2S$, F. 129—129,5° (A.); 64%. — *3.4-Dichlorphenyl-*, F. 163—163,5° (A.); 67%. — *p-Methoxyphenyl-*, F. 100—101°; 54%. — *p-Tolyl-*, F. 154—155°; 35%. — *Thienyl-(2)-*, F. 133—134°; 31%. —

Pyridyl-(3), $C_{14}H_{13}NO_2S \cdot 2\,H_2O$, F. 84—85° (Hexan); 20%. — *Pyridyl-(4)-*, $C_{14}H_{13}NO_2S \cdot H_2O$, F. 215—216° (A.); 29%. — *Naphthyl-(1)-*, $C_{19}H_{16}O_2S$, F. 111—112° (A.); 14%. — *p-Dimethylaminophenyl-*, $C_{17}H_{19}NO_2S$, F. 204—205° (wss. Aceton), wie oben durch 90 Min. Kochen; 23%. (J. org. Chemistry **24**. 867—68. Juni 1959. Annamalainagar, India, Annamalai Univ.) H. BERTSCH. 1090

Giovanna Fenech und **Alessandro Tommasini**, *Isostere Substitution des Furanringes mit dem Benzolkern. Derivate von m- und p-Nitrobenzaldehyd.* Zur Unters. auf bakteriol. Wirksamkeit wird dem 5-Nitrofurfurol isosterer 3- bzw. 4-Nitrobenzaldehyd mit aromat. Aminoverbb. durch Lösen der Letzteren in A. u. Zufügen dieser Lsg. zu der des Aldehyds kondensiert: *N-[3-Nitrobenzyliden]-anilin*, $C_{13}H_{10}N_2O_2$, F. 63—63,5°; aus Ligroin gelbe Nadeln. — *N-[3-Nitrobenzyliden]-p-toluidin*, $C_{14}H_{12}N_2O_2$, F. 93—94°; aus Ligroin hellgelbe Tafeln. *N-[3-Nitrobenzyliden]-o-toluidin*, F. 77—77,5°; aus Ligroin citronengelbe Blättchen. — *N.N'-Bis-[3-nitrobenzyliden]-benzidin*, $C_{26}H_{18}N_4O_4$, F. 238 bis 239° aus Bzl. orangerote Schuppen. — *N.N'-Bis-[3-nitrobenzyliden]-o-tolidin*, $C_{28}H_{22} \cdot N_4O_4$, F. 195—196°; aus Amylalkohol gelbe Prismen. — *3-Nitrobenzaldehydisonicotinylhydrazon*, $C_{13}H_{10}N_4O_3$, F. 220—222°; aus Amylalkohol gelbe Nadeln, die beim Stehen an der Luft rot werden. — *N-[3-Nitrobenzyliden]-anthranilsäure*, $C_{14}H_{10}N_2O_4$, F. 199—201°; aus W.-A. (2:3) citronengelbe Nadeln. *Methylester*, $C_{15}H_{12}N_2O_4$, F. 103—104°; aus W.-A. citronengelbe Nadeln. — *N-[3-Nitrobenzyliden]-p-aminobenzoesäureäthylester*, $C_{16}H_{14}N_2O_4$, F. 157—158°; aus A. hellgelbe Nadeln. — *N-[3-Nitrobenzyliden]-äthylurethan*, $C_{10}H_{10}N_2O_4$, F. 54—55°; aus Ae. Blättchen. — *N-[3-Nitrobenzyliden]-4-amino-2-hydroxybenzoesäure*, $C_{14}H_{10}N_2O_5$; mikrokrist., ockergelbes, nicht schm. Pulver. — *N-[3-Nitrobenzyliden]-4-aminoacetophenon*, $C_{15}H_{12}N_2O_3$, F. 116,5—117°; aus A. gelbe Nadeln. — *N-[3-Nitrobenzyliden]-4-aminoazobenzol*, $C_{19}H_{14}N_4O_2$, F. 146,5—147,5°; aus CH_3OH orangefarbene Nadeln. — *N-[3-Nitrobenzyliden]-4-nitroanilin*, $C_{13}H_9N_3O_4$, F. 128—129°; aus A. Prismen. — *N-[3-Nitrobenzyliden]-2-nitroanilin*, F. 24—25°; aus W. gelbe Nadeln. — *N-[3-Nitrobenzyliden]-2-chloranilin*, $C_{13}H_9ClN_2O_2$, F. 102—103°, aus CH_3OH citronengelbe Nadeln. — *N-[4-Nitrobenzyliden]-anilin*, $C_{13}H_{10}N_2O_2$, F. 91 bis 92°; aus Ligroin gelbe Tafeln. — *N-[4-Nitrobenzyliden]-p-toluidin*, $C_{14}H_{12}N_2O_2$, F. 122 bis 123°; aus Ligroin gelbe Tafeln. — *N-[4-Nitrobenzyliden]-o-toluidin*, F. 95—96°; aus Amylalkohol gelbe Prismen. — *N-[4-Nitrobenzyliden]-benzidin*, $C_{19}H_{15}N_3O_2$, F. 206—209°; aus Bzl. rotglänzende Blättchen. — *N.N'-Bis-[4-nitrobenzyliden]-benzidin*, $C_{26}H_{18}N_4O_4$, F. 242—244°; aus Glykolmonomethyläther goldgelbe, perlmutterglänzende Blättchen. — *N-[4-Nitrobenzyliden]-o-tolidin*, $C_{21}H_{19}N_3O_2$, F. 184—186°; aus Bzl. zinnoberrote Blättchen. — *N.N-'Bis-[4-nitrobenzyliden]-o-tolidin*, $C_{19}H_{22}N_4O_4$, F. 242—245°; aus Glykolmonomethyläther orangegelbe Nadeln. — *4-Nitrobenzaldehydisonicotinylhydrazon*, $C_{13} \cdot H_{10}N_4O_3$, F. 273—274°; aus A. Prismen. — *N-[4-[Nitrobenzyliden]-anthranilsäure*, $C_{14}H_{10}N_2O_4$, F. 161—163° aus W.-A. (2:1) gelbe Tafeln. *Äthylester*, $C_{16}H_{14}N_2O_4$, F. 74 bis 76°; hellgelbe Nadeln. — *N-[4-Nitrobenzyliden]-4-aminobenzoesäureäthylester*, F. 179,5 bis 180,5°; aus Amylalkohol gelbe Tafeln. — *N-[4-Nitrobenzyliden]-äthylurethan*, $C_{10}H_{10} \cdot N_2O_4$, F. 103—104°; aus Ligroin Nadeln. — *N-[4-Nitrobenzyliden]-4 amino-2-hydroxybenzoesäure*, $C_{14}H_{10}N_2O_5$, mikrokrist., orangegelbes, nichtschm. Pulver. — *N-[4-Nitrobenzyliden]-4-aminoacetophenon*, $C_{15}H_{12}N_2O_3$, F. 143—144°; aus A. goldgelbe Prismen. — *N-[4-Nitrobenzyliden]-4-aminoazobenzol*, F. 179—180°; aus Bzl. orangefarbene Tafeln. — *N-[4-Nitrobenzyliden]-4-nitroanilin*, F. 199—200°; aus Amylalkohol Nadeln. — *N.N'-[4-Nitrobenzyliden]-bis-[2-nitroanilin]*, $C_{19}H_{15}N_5O_6$, F. 42—44°; aus W. gelbe Kristalle.— *N-[4-Nitrobenzyliden]-2-chloranilin*, F. 122—123°; aus Ligroin citronengelbe Tafeln. (Atti Soc. Peloritana Sci. fisiche mat. natur. **3**. 279—302. 1956/57. Messina, Univ., Ist. di Chim. Farmac. e Tossicol.) G. PLATZER. 1120

A. Siegel und **H. Bröll-Keckeis**, *Über die katalytische Hydrierung von Chinolen.* Aus freien o- u. p-Chinolen werden bei der katalyt. Hydrierung an $Pd/BaSO_4$ oder PtO_2 *hydroaromat. Verbb.* gebildet, während bei anderen Reduktionsmethoden sowie bei der katalyt. Hydrierung von Chinolacetaten *aromat. Verbb.* entstehen.

Versuche: *4-Carbäthoxymethylcyclohexanol-(4)-on-(1)* (I), $C_{10}H_{16}O_4$, Kp.$_{0,01}$ 90 bis 110°, durch 1std. Hydrieren von 0,9 g 4-Carbäthoxymethyl-p-chinol (II) in A. bei n. Druck u. Zimmertemp. in Ggw. von $Pd/BaSO_4$ u. Fraktionieren; 0,5 g (Ausbeute). — *4-Carboxymethylcyclohexanol-(4)-on-(1)*, $C_8H_{12}O_4$ F. 122°, Kp.$_{0,01}$ 100—120°, a) durch Verseifen von 0,5 g I mit wss.-alkoh. NaOH während 1 Std., Ansäuern, Eindampfen im Vakuum, Extrahieren mit Methanol/Ae. u. Fraktionieren; 0,3 g; b) durch 2std. Kochen von 1,4 g Cyclohexandion-(1.4) (III), 2,9 g Bromessigsäureäthylester u. 2,4 g Zn-Späne in absol. Ae. in Ggw. von Methyl-MgJ unter Rühren, Hydrolysieren mit verd. HCl, Ausäthern u. Fraktionieren; 0,5 g. — *4-Carbäthoxymethylcyclohexandiol-(1.4)*, $C_{10}H_{18}O_4$, Kp.$_{0,01}$ 140°, durch 2std. Hydrieren von II in A. an PtO_2 u. Fraktionieren. — *4-Carboxy-*

methylcyclohexandiol-(1.4), $C_8H_{14}O_4$, $Kp._{0,01}$ 140—150°, a) durch 1std. Erwärmen vorst. Verb. mit wss.-alkoh. NaOH auf 100°; b) durch Hydrieren von I in Ggw. von PtO_2. — *4-Methylcyclohexanol-(4)-on-(1)*, $C_7H_{12}O_2$, F. 36—38°, $Kp._{12}$ 130—150°, durch Hydrieren von 4-Methyl-p-chinol durch Umlagerung von p-Tolylhydroxylamin mit verd. H_2SO_4 nach BAMBERGER [1900] in Methanol (A., W., Eisessig oder Tetrahydrofuran) an Pd-Tierkohle, Pd/$BaSO_4$ oder Pd-Mohr, Eindampfen, Aufnehmen in Ae., Ausschütteln mit 10%ig. NaOH u. Fraktionieren; eisartige Kristalle neben *p-Kresol*. *2.4-Dinitrophenylhydrazon*, $C_{13}H_{16}N_4O_5$, F. 127—129°. — *1.4-Dimethylcyclohexandiol-(1.4)*, $C_8H_{16}O_2$, F. 194° (PAe.), a) durch Versetzen vorst. Verb. mit überschüssigem Methyl–MgJ in Ae., 1std. Kochen, Hydrolysieren mit NH_4Cl-Lsg. u. Extrahieren mit Ae.; b) durch 2std. Kochen von 2 g III mit der berechneten Menge Methyl–MgJ in Ae.; 0,8 g. — *2.4.6-Trimethylcyclohexanol-(4)-on-(1)*, $Kp._{Wasserstrahlvakuum}$ 80—90°, durch Hydrieren von 2,3 g 2.4.6-Trimethyl-p-chinol wie oben, $^1/_2$std. Kochen mit 1,6 cm³ Eisessig u. 4,5 g GIRARD-P-Reagens, Gießen auf Eis, Neutralisieren mit $NaHCO_3$, Ausäthern des *Mesitols*, Ansäuern der wss. Lsg. mit verd. H_2SO_4 u. Ausäthern nach 2std. Stehen; 1,5 g. *2.4-Dinitrophenylhydrazon*, $C_{15}H_{20}N_4O_5$, F. 155—160° (Methanol), durch Umsetzen mit BRADYS-Reagens. — *2.4.6-Trimethylcyclohexanol-(2)-on-(1)*, $C_9H_{16}O_2$, $Kp._{0,02}$ 60—70°, durch 1std. Hydrieren von 2 g 2.4.6-Trimethyl-o-chinol (durch Verseifen des entsprechenden Chinolacetats) in Ggw. von Pd-Tierkohle; 1,5 g. *Semicarbazon*, F. 230° (Zers.; Methanol), durch Umsetzen mit Semicarbazidhydrochlorid u. mehrtägiges Stehen des öligen Prod. bei 0°. — *4-Hydroxy-4-carbäthoxymethyltetralon-(1)*, $C_{14}H_{16}O_4$, $Kp._{0,01}$ 110—140°, F. 75° (Ae./PAe.), durch Hydrieren von 0,9 g 4-Carbäthoxymethyl-2.3-benzo-p-chinol (IV) in A. an Pd/$BaSO_4$; 0,6 g. — *4-Hydroxy-4-carboxymethyltetralon-(1)*, $C_{12}H_{12}O_4$, F. 182—184° (Ae./PAe.), $Kp._{0,01}$ 110°, durch Verseifen vorst. Verb. mit alkoh. NaOH. — *4-Carbäthoxymethyl-p-chinolacetat*, $C_{12}H_{14}O_5$, F. 38° (Sublimation), $Kp._{0,01}$ 100—120°, durch 12std. Stehen von II mit Acetanhydrid–Pyridin. — *p-Hydroxyphenylessigsäure*, F. 148°, $Kp._{0,01}$ 120—130°, a) durch Hydrieren vorst. Verb. in Ggw. von Pd/$BaSO_4$ u. Erwärmen mit alkoh. NaOH; b) nach KRATZL u. BILLEK (Mh. Chem. **83.** [1952.] 1053). — *4-Carbäthoxymethyl-2.3-benzo-p-chinolacetat*, $C_{16}H_{16}O_5$, $Kp._{0,01}$ 120—140°, durch Acetylieren von IV; zähes gelbes Öl. — *4-Hydroxynaphthylessigsäureäthylester*, $Kp._{0,01}$ 110—140°, durch Hydrieren von 0,6 g vorst. Verb. in A. an Pd/$BaSO_4$; 0,5 g. *Freie Säure*, $C_{12}H_{10}O_3$, Zers. bei 200° (Sublimation bei 170—180°/0,01 mm), durch Verseifen des Esters. — *4-Methoxynaphthylessigsäure*, F. 144—145°, durch Methylieren vorst. Säure mit Dimethylsulfat in alkal. Lösung. (Mh. Chem. **88.** 910—18. 12/12. 1957. Wien, Univ., II. Chem. Inst.) W. LIEBSCHER. 1190

Louis A. Carpino, *Eine neue Synthese von Säurechloriden.* Vorl. Mitt. zu der C. **1957.** 5536 referierten Arbeit. (Chem. and Ind. **1956.** 123—24. 11/2.) I. SPAETH. 1210

W. R. Sorenson, *Reaktion eines Isocyanats und einer Carbonsäure in Dimethylsulfoxyd.* Durch Rk. von 2 Mol Phenylisocyanat mit 1 Mol Benzoesäure (I) u. 1 Mol Dimethylsulfoxyd (DMS) in Bzl. wurden *symm.-Diphenylharnstoff, Benzoesäuremethylmercaptomethylester* (II) u. CO_2 gebildet. II wurde durch Oxydation zu *Benzoesäuremethylsulfonylmethylester* identifiziert. Die Rk. von 1 Mol Methylen-bis-[4-phenylisocyanat] mit 1 Mol I u. DMS unter Wasserausschluß verläuft bei Raumtemp. exotherm unter CO_2-Entw. u. Bldg. eines *Poly-bis-[4-aminophenyl]-methancarbonamids*; dasselbe hochpolymere, filmbildende Prod. konnte durch Rk. des Diisocyanats mit Bis-[4-aminophenyl]-methan in Dimethylformamid dargestellt werden. Die obigen Rkk. von Isocyanaten mit I u. DMS verlaufen stöchiometr. (2:1:1). Der Reaktionsmechanismus wird diskutiert.

Versuche: *Benzoesäuremethylmercaptomethylester* (II), $C_9H_{10}O_2S$, $Kp._{0,1}$ 85 bis 86°, durch Kochen von 0,2 Mol I, 0,4 Mol Phenylisocyanat u. 15,6 g DMS in Bzl. über Nacht, Kühlen, Filtrieren, Extraktion des Filtrates mit 10%ig. $NaHCO_3$-Lsg. u. Dest. der Benzolphase; 50% (Ausbeute). — *symm.-Diphenylharnstoff*, F. 240—241° (Bzl.–Ae.), neben II als Nd.; 70%. — *Benzoesäuremethylsulfonylmethylester*, $C_9H_{10}O_4S$, F. 105—106° (absol. A.), durch Zugabe von 30%ig. H_2O_2 zu II in tert.-Butanol bei 85—90°, $1^1/_4$std. Erwärmen auf 85—90° u. Abdest. des Alkohols im Vakuum; 43%. — *Poly-bis-[4-aminophenyl]-methancarbonamid*, durch Lösen von 0,02 Mol I in DMS, Zugabe von 0,02 Mol Methylen-bis-[4-phenylisocyanat] u. 3—4std. Stehen unter Feuchtigkeitsausschluß als viscose, gelbe Lsg. oder Gießen in W. u. Filtrieren; 100%. (J. org. Chemistry **24.** 978—80. Juli 1959. Wilmington, Del., E. I. du Pont de Nemours & Co., Inc., Textile Fibers Dep., Pioneer. Res. Div.) H. BERTSCH. 1280

Ryszard Gryglewski, *Die Synthese von p-Aminobenzolsulfonylbutylharnstoff, p-Tolylsulfonylbutylharnstoff und anderen Verbindungen mit hypoglykämischer Wirkung.* Durch 4—12std. Erhitzen der Na-Salze von Arylsulfonamiden mit 10%ig. Überschuß an Butyl- (I) oder Isopropylcarbamylchlorid (II) in absol. Bzl. am Rückfluß werden nachstehende Harnstoffe erhalten: *N-[p-Tolylsulfonyl]-N'-butyl-*, F. 128—129,5° (A.); 70,5% (Ausbeute). — *N-[o-Tolylsulfonyl]-N'-butyl-*, F. 165,5° (A.; Nadeln); 25%. — *N-[p-Nitrobenzolsulfonyl]-N'-butyl-*, F. 170° (gelbbraune Kristalle); 19,4%. — *N-[p-Aminobenzolsulfonyl]-N'-butyl-*, F. 142° (wss. A.), durch Hydrieren vorst. Verb. an Pd/Kohle in A. bei n. Temp.; 94,4%. — *N-[p-Tolylsulfonyl]-N'-isopropyl-*, F. 146° (A.); 61,2%. — *N-[o-Tolylsulfonyl]-N'-isopropyl-*, F. 173,5° (wss. A.); 18,1%. — *N-Butylharnstoff*, F. 96° (Bzl.), durch 1/2std. Erhitzen von 38,5 g KCNO u. 50 g n-Butylaminhydrochlorid in 50 ml W. u. Kühlen der Mischung; 67,7%. — *Isopropylcarbamylchlorid*, Kp. 85°, durch Umsetzung von 180,5 g Isopropylamin mit 500 ml 15%ig. Phosgenlsg. in Toluol bei 0—5°, Entfernen des Isopropylaminhydrochlorids durch Auswaschen des Nd. mit W. u. Behandeln des gebildeten *Diisopropylharnstoffs* mit trockenem HCl; 64,5%. *Butylcarbamylchlorid*, Kp. 114—116°, analog; 66,9%. (Dissertat. pharmac. [Warszawa] 9. 205—11. 1957. Kraków, PAN, Zakł. Farmakol.) F. Urban. 1280

L. N. Nikolenko und **K. K. Babijewski,** *Untersuchung auf dem Gebiet aromatischer Verbindungen mit einer langen Seitenkette. 2. Mitt. Darstellung von Dodecylanilin durch Ammonolyse von p-Chlordodecylbenzol.* (1. vgl. C. **1956.** 10919.) Zur Darst. von *p-n-Dodecylanilin* ist der Reaktionsweg von p-Chlorlaurophenon (I) über *n-Undecyl-p-chlorphenylcarbinol, p-Chlordodecen-(1)-ylbenzol* u. *p-Chlordodecylbenzol* (II) geeigneter als die direkte Kishner-Red. von I zu II.

Versuche: *n-Undecyl-p-chlorphenylcarbinol*, $C_{18}H_{29}ClO$, Kp.$_5$ 207,5°, E. 22,5°, durch Red. von I mit Al-Isopropylat; n_D^{25} 1,5042; 94% (Ausbeute). — *p-Chlordodecen-(1)-ylbenzol*, $C_{18}H_{27}Cl$, Kp.$_{10}$ 214°, E. 25°, durch 20 Min. langes Erhitzen vorst. Verb. mit $KHSO_4$ auf 200°/10 Min.; $n_D^{25,5}$ 1,5200; 86,5%. — *p-Chlordodecylbenzol* (II), $C_{18}H_{29}Cl$, Kp.$_5$ 196,5°, E. 9,5°, n_D^{20} 1,4920, $D.^{20}_4$ 0,9361, a) durch Hydrieren vorst. Verb. über Skelett-Ni in absol. A.; 91,2%; b) durch 24std. Rühren von I mit Diäthylenglykol, Na u. Hydrazinhydrat auf dem Wasserbad, 8std. Erhitzen auf 185°, Gießen in W. u. Ausäthern; 67,5%. — *p-n-Dodecylanilin*, F. 40,5—41°, durch 6std. Erhitzen von II mit 30%ig. NH_4OH in Ggw. von $CuCl_2$ im Autoklaven auf 250°; 80,2%. (Журнал Общей Химии [J. allg. Chem.] **28 (90).** 238—40. Jan. 1958. Moskau, Chem.-Technol. Mendelejew-Inst.) H.-E. Toussaint. 1310

Jaakko Hukki und **Erkki Honkanen,** *Synthese phenolischer Alkylaminoäther des Adrenalins und einiger verwandter Verbindungen.* Durch Rk. von N-Benzyladrenalon (I) mit einem Mol β-Dimethylaminoäthylchloridhydrochlorid (II) in trockenem Aceton in Ggw. von wasserfreiem K_2CO_3 werden die entsprechenden *4-[β-Dimethylaminoäthyl]-äther* erhalten. Einw. von H_2 in Ggw. von Pd-Kohle führt zur Abspaltung des Benzylrestes u. Hydrierung der Carbonylgruppe. Dagegen gelang die Darst. des isomeren *Adrenalin-3-[β-dimethylaminoäthyl]-äthers* nur auf folgendem Wege: Umsetzung von 3.4-Dihydroxyacetophenon (IV) mit einem Mol Benzylchlorid (V) zum *4-Benzyläther* (VI), dessen ω-Bromierung u. anschließende Rk. mit Methylbenzylamin (VII) zu *3-Hydroxy-4-benzyloxy-ω-[N-methylbenzylamino]-acetophenon* (III), Behandlung von III mit II u. nachfolgende Hydrierung. Beide Reaktionsfolgen lassen sich auch mit m- u. p-Hydroxy-ω-[N-methylbenzylamino]-acetophenon durchführen. Die *Salze* der *β-Dimethylaminoäthyläther* des *Adrenalins* sowie des *m-* u. *p-Synephrins* sind stabile, farblose, krist., in W. leichtlösl. Verbindungen.

Versuche: *3-Hydroxy-4-[β-dimethylaminoäthoxy]-ω-[N-methylbenzylamino]-acetophenondihydrochlorid*, $C_{20}H_{26}N_2O_3 \cdot 2\,HCl$, F. 235—236° (Zers.; wss. A.), aus dem I-Monoäthanolat, II u. K_2CO_3 in absol. Aceton unter Rückfluß (24 Std.) u. Sättigen der äther. Lsg. mit HCl; 24% (Ausbeute). — *α-[3-Hydroxy-4-(β-dimethylamino)-äthoxyphenyl]-β-methylaminoäthanoldihydrochlorid*, $C_{13}H_{22}N_2O_3 \cdot 2\,HCl$, F. 225—226° (Aceton/Methanol), durch Hydrierung vorst. Salzes in wss. Lsg. in Ggw. von Pd-Kohle bei Raumtemp. (2 Std.). — *3-Hydroxy-4-benzyloxyacetophenon* (VI), $C_{15}H_{14}O_3$, F. 119—120° (A.), durch Zugabe einer Na-Äthylatlsg. zur sd. Lsg. von 15,2 g IV u. V in absol. A., 4std. Kochen, Lösen des Rückstandes in 2n NaOH, Extrahieren mit Chlf. u. Neutralisieren mit CO_2; 52,5% neben 7,5 g *Dibenzyläther*. *Benzoat*, $C_{22}H_{18}O_4$, F. 76—77°. *Methyläther*, $C_{16}H_{16}O_3$, F. 83—84° (Methanol), a) aus VI u. CH_2N_2; b) aus Acetovanillon u. V. — *3-Hydroxy-4-benzyloxy-ω-bromacetophenon* (VIII), $C_{15}H_{13}BrO_3$, F. 143—144° (Methanol), durch Zugabe von Br_2/Eisessig zu VI in Eisessig unterhalb 10° unter Rühren in 1/2 Std.; 50%. *Benzoat*, F. 104—106°. — *3-Hydroxy-4-benzyloxy-ω-[N-methylbenzylamino]-acetophenon* (III), durch 4std. Schütteln von 0,01 Mol VIII u. 0,02 Mol VII in Bzl. bei Raumtemp. u. Stehen über Nacht; rotbraunes, nicht kristallisierendes Öl. — *3-[β-Dimethylaminoäthoxy]-4-benzyloxy-ω-[N-methylbenzylamino]-acetophenondihydrochlorid*, $C_{27}H_{32}N_2O_3 \cdot 2\,HCl$, F. 202—204° (Aceton–Methanol), aus III, II u. K_2CO_3 in absol. Aceton unter Rückfluß (48 Std.) u. Sättigen des in A./Ae. gelösten Rückstandes mit HCl; 40% (bezogen auf **VIII**). — *α-[3-(β-Dimethylamino)-äthoxy-4-hydroxyphenyl]-β-methylaminoäthanoldihydrochlorid*, $C_{13}H_{22}N_2O_3 \cdot 2\ HCl$, F. 248—249° (Zers.), durch Hydrierung vorst. Verb. in wss. Lsg. an Pd-Kohle bei Raumtemp. (2 Std.). — *3-Hydroxy-ω-[N-methylbenzylamino]-acetophenonhydrochlorid*, F. 202—203°, aus 3-Hydroxyacetophenon durch Benzoylieren, Bromieren, anschließende Rk. mit **VII** u. Debenzoylieren; 46% (bezogen auf Ausgangsprod.). — *3-[β-Dimethylaminoäthoxy]-ω-[N-methylbenzylamino]-acetophenonhydrochlorid*, $C_{20}H_{26}N_2O_2 \cdot 2\ HCl$, F. 198—200° (Aceton–Methanol), aus vorst. Verb., **II** u. K_2CO_3 in absol. Aceton unter Rückfluß (48 Std.); 88%. — *α-[3-(β-Dimethylamino)-äthoxyphenyl]-β-methylaminoäthanoldioxalat*, $C_{13}H_{22}N_2O_2 \cdot 2\ (COOH)_2$, F. 156—158°, durch Hydrierung vorst. Verb. wie oben u. Erhitzen des Rückstandes in Methanol mit wasserfreier Oxalsäure. — *4-Hydroxy-ω-[N-methylbenzylamino]-acetophenonmonohydrat*, F. 106—109° (wss. A.), aus 4-Hydroxy-ω-chloracetophenon analog **III**; 95%. — *4-[β-Dimethylaminoäthoxy]-ω-[N-methylbenzylamino]-acetophenondioxalat*, $C_{20}H_{26}O_2N_2 \cdot 2\ (CO \cdot OH)_2$, F. 148—150° (A.), aus vorst. Verb. u. **II** (48 Std.); 52%. — *α-[4-β-Dimethylamino)-äthoxy]-β-methylaminoäthanoldihydrochlorid*, $C_{13}H_{22}N_2O_2 \cdot 2\ HCl$, F. 200—201° (Aceton–Methanol), durch Hydrierung vorst. Verb. wie oben (2 Std.) u. Behandeln des *Dioxalats* (F. 153—154°) mit HCl-gesätt. Äther. (Acta chem. scand. **13**. 329—33. 1959. Helsinki, Lääketehdas Orion Oy.) D. HOLZNER. 1320

M. Khalifa (unter Mitarbeit von **W. H. Linnell**), *Die drei symmetrischen Hydrazophenole.* p-Hydrazophenol konnte nicht nach der von SEN u. SADASIVAM (J. Indian chem. Soc. **9**. [1932.] 405) für das o-Isomere angegebenen Meth. dargestellt werden. *Acylderivv.* der drei Hydrazophenole konnten durch Red. der entsprechenden Azo- bzw. Azoxyverbb. erhalten werden. Substituenten, die die Elektronendichte der Azogruppe vergrößern, begünstigen die reduktive Spaltung. Die benötigten Azo- u. Azoxyphenole wurden aus den entsprechenden Nitrophenolen nach WILLSTÄTTER u. BENZ [1906] dargestellt; der Mechanismus dieser Rk. wird diskutiert; die Bldg. von *Triphenodioxazin* aus o-Nitrophenol als Nebenprod. wird auf eine Selbstkondensation von intermediär entstehendem o-Aminophenol unter NH_3-Abspaltung zu einem Oxazin, folgende Kondensation mit o-Nitrophenol u. oxydativen Ringschluß zurückgeführt.

Versuche: *2.2'-Dihydroxyazobenzol, Diacetat*, $C_{16}H_{14}N_2O_4$, F. 154—155° (orangefarbene Kristalle aus Bzl.), durch Acetylierung der nach WILLSTÄTTER u. BENZ (l. c.) erhaltenen Dihydroxyverb. mit Acetylchlorid in Eisessig. *Dibenzoat*, $C_{26}H_{18}N_2O_4$, F. 172 bis 173° (orangefarbene Kristalle aus Bzl.), analog Benzoylierung nach SCHOTTEN-BAUMANN. — *3.3'-Dihydroxyazoxybenzol, Diacetat*, $C_{16}H_{14}N_2O_5$, F. 102—103° (rotbraune Kristalle aus A.), analog vorst. Verbindung. *Dibenzoat*, $C_{26}H_{18}N_2O_5$, F. 174—175° (gelbbraune Kristalle aus A.). — *4.4'-Dihydroxyazobenzol, Diacetat*, $C_{16}H_{14}N_2O_4$, F. 198—199° (goldgelbe Kristalle aus Eisessig), analog. *Dibenzoat*, $C_{26}H_{18}N_2O_4$, F. 210—211 bzw. 249 bis 251° (rotgelbe Kristalle aus Bzl.). — *o-Hydrazophenol, Diacetat*, $C_{16}H_{16}N_2O_4$, F. 146 bis 147° (wss. A.), durch Red. der Azoverb. nach JACOBSON u. STEINBRENK [1898]. *Dibenzoat*, $C_{26}H_{20}N_2O_4$, F. 169—170° (A.). — *m-Hydrazophenol, Diacetat*, F. 136° (wss. A.). *Dibenzoat*, F. 146—147° (wss. A.). — *p-Hydrazophenol, Diacetat*, F. 138—140° (Bzl.–PAe.). *Dibenzoat*, F. 188—190° (A.) (J. org. Chemistry **24**. 853—54. Juni 1959. Cairo, Univ., Fac. of Pharm., Chem. Dep.) H. BERTSCH. 1320

Henriette Rivière-Larramona, *Untersuchung über das Verhalten von ω-Diäthylaminoisobutyrophenon gegenüber Grignard-Verbindungen und Lithiumaluminiumhydrid.* Die Einw. von GRIGNARD-Verbb. u. von $LiAlH_4$ (**I**) auf ω-Diäthylaminoisobutyrophenon (**II**) wird untersucht. Phenyl-MgBr (**III**) u. Cyclohexyl-MgCl (**IV**) führen dabei zum tert. Alkohol, **I** zum sek. Alkohol. Die Einw. auf die CO-Gruppe ist dabei immer begleitet von einer Eliminierung der substituierten NH_2-Gruppe (20—25%). Bei der Einw. von tert.-Butyl-MgCl (**V**) auf **II** wird der entsprechende sek. Alkohol (50%) u. *ω-tert.-Butylisobutyrophenon* (45%) erhalten.

Versuche: 2-Methyl-3-diäthylaminopropanole, durch tropfenweise Zugabe der Lsg. von **II** in Ae. zu überschüssiger GRIGNARD-Verb., Zers. mit NH_4Cl, Ansäuern, Abtrennen der neutralen Fraktion, Sättigen der wss. Lsg. mit Na_2CO_3 u. Extrahieren der Aminfraktion mit Ae.: *1.1-Diphenyl-* (**VI**), F. 65°, bei Einw. von **III**; 70% (Ausbeute). *Hydrochlorid*, $C_{20}H_{28}ClNO$, F. 186—188°. — *1-Phenyl-1-cyclohexyl-* (**VII**), bei Einw. von **IV**; 60%. *Hydrochlorid*, $C_{20}H_{34}ClNO$, F. 188—190°. — *1-Phenyl-* (**VIII**), Kp.$_{0,8}$ 120—122°, a) bei Einw. eines großen Überschusses an **V**; 50%; b) bei Einw. von **I**; 70%. *Hydrochlorid*, F. 173°. — *α-Methylacrylophenon*, Kp.$_4$ 65°, als Nebenprod. bei der Darst. von **VI** u. **VII**; n_D^{25} 1,5358; 20%. — *ω-tert.-Butylisobutyrophenon*, $C_{14}H_{20}O$, Kp.$_{0,5}$ 80—82°, als Nebenprod. bei der Darst. von **VIII** nach a); 45% neben *Diäthylamin* (*Pikrat*, $C_4H_{11}N \cdot C_6H_3N_3O_7$). — *1-Phenyl-2-methylpropanol*, Kp.$_{10}$ 110 bis 111°, als Nebenprod. bei der Darst. von VIII nach b); 25%. *Phenylurethan*, F. 80°. (C. R. hebd. Séances Acad. Sci. **244**. 1653—55. 18/3. 1957.) R. BOLLINGER. 1340

Gustav Ehrhart, *Synthesen von β-Lactamen.* Verschied. Verff., nach denen der β-Lactamring dargestellt werden kann, werden diskutiert. Eigene Verss. zur Synth. von Verbb., die den β-Lactamring enthalten (vgl. Chemiker-Ztg. **74**. [1950.] 331), werden beschrieben. — 15 Literaturhinweise. (Arzneimittel-Forsch. **7**. 397—99. Juli 1957. Höchst/M., Farbwerke Hoechst AG., Pharmazeut.-wiss. Labors.) B. FRANKE. 1350

G. I. Derkatsch, *C-Chlor-P.P-dimethoxy- und C-Chlor-P.P-diaryloxyisophosphazoacyle.* Acylamidophosphorsäuredimethylester (I) reagieren mit der äquimol. Menge PCl_5 bereits bei Zimmertemp. unter Bldg. von *α-Chloralkylidenamidophosphorsäuredimethylestern* („*C-Chlor-P.P-dimethoxyisophosphazoacylen*"): $RCONHPO(OCH_3)_2 + PCl_5 \rightarrow RCCl{=}NPO(OCH_3)_2 + HCl + POCl_3$. Analog verläuft die Rk. von Acylamidophosphorsäurediarylestern mit PCl_5, doch muß hierbei erhitzt werden. Als Lösungsmittel eignen sich bei den Rkk. der I Bzl. oder Chlorbenzol, bei den Diarylestern nur Chlorbenzol. Ohne Lösungsm. werden geringere Ausbeuten erzielt. Die erhaltenen α-Chloralkylidenamidophosphorsäuredimethyl- oder -diarylester sind ölige Fll. oder niedrigschm. feste Stoffe, die an der Luft leicht hydrolysiert werden. Sie sind sehr reaktionsfähig u. reagieren leicht mit Alkoholaten, Phenolaten u. Aminen. Beim Erhitzen auf 250—300° werden sie unter Bldg. von *Nitrilen* u. den entsprechenden *Phosphorsäureesterchloriden* gespalten: $RCCl{=}NPO(OR')_2 \rightarrow RCN + ClPO(OR')_2$.

Versuche: α-Chloralkylidenamidophosphorsäuredimethylester: *α-Chlorbenzyliden-*, $C_9H_{11}ClNO_3P$, man vermischt je 0,01 Mol Benzoylamidophosphorsäuredimethylester in 10—15 ml Bzl. oder Chlorbenzol u. PCl_5 (exotherme Rk.), erhitzt nach Beendigung der HCl-Entw. 5—10 Min. auf 60—70° u. dampft das Lösungsm. u. $POCl_3$ ab; ölige Fl.; 100% (Ausbeute). — *α-Chlor-p-nitrobenzyliden-*, $C_9H_{10}ClN_2O_5P$, F. 107—110°, zerfließliche Prismen; 100%. — *α-Chlor-m-nitrobenzyliden-*, $C_9H_{10}ClN_2O_5P$, F. 20—25°, zerfließliche, lange Prismen; 89,6%. — *α-Chlor-3.5-dinitrobenzyliden-*, $C_9H_9ClN_3O_7P$, F. 125—127°, Prismen; 95,5%. — *α.p-Dichlorbenzyliden-*, $C_9H_{10}Cl_2NO_3P$, Fl.; 99,5%. — α-Chloralkylidenamidophosphorsäurediphenylester: *α-Chlorbenzyliden-* (II), $C_{19}H_{15}ClNO_3P$, F. 75—76° (PAe.), analog Vorst. durch 10—15 Min. Erhitzen auf 100—105° in Chlorbenzol; Prismen; 42,5%. — *α-Chlor-p-nitrobenzyliden-*, $C_{19}H_{14}ClN_2O_5P$, F. 87—89° (PAe.); Prismen; 83,5%. — *α-Chlor-m-nitrobenzyliden-* (III), $C_{19}H_{14}ClN_2O_5P$, F. 127—129° (Bzl.-PAe.-Gemisch), rhomb. Plättchen; 81,7%. — *α-Chlor-3.5-dinitrobenzyliden-*, $C_{19}H_{13}ClN_3O_7P$, F. 115—118° (Bzl.-PAe.-Gemisch); Prismen; 61,6%. — *α.p-Dichlorbenzyliden-*, $C_{19}H_{14}Cl_2NO_3P$, F. 55—57° (PAe.); Prismen; 100%. — α-Chloralkylidenphosphorsäure-bis-p-chlorphenylester: *α-Chlorbenzyliden-*, $C_{19}H_{13}Cl_3NO_3P$, F. 69—71° (Bzl.), analog durch 20—25std. Erhitzen auf 110—115°, Einengen, Abkühlen, Zugabe von 5—6 ml PAe. u. Stehenlassen; Prismen; 35,4%. — *α-Chlor-p-nitrobenzyliden-*, $C_{19}H_{12}Cl_3N_2O_5P$, F. 150—152° (Bzl.); Prismenbüschel; 92,3%. — *α.p-Dichlorbenzyliden-*, $C_{19}H_{12}Cl_4NO_3P$, F. 109—111° (Bzl.); Prismen; 69,7%. — α-Chloralkylidenamidophosphorsäure-bis-p-nitrophenylester: *α-Chlorbenzyliden-* (IV), $C_{19}H_{13}ClN_3O_7P$, F. 157—160° (Chlorbenzol), analog Vorst. (30—40 Min. bei 110—120°); Prismen; 95,7%. — *α-Chlor-p-nitrobenzyliden-*, $C_{19}H_{12}ClN_4O_9P$, F. 161—163° (Chlorbenzol); Prismen; 80%. — *α.p-Dichlorbenzyliden-*, $C_{19}H_{12}Cl_2N_3O_7P$, F. 137—139° (Bzl.); Nadelbüschel; 89%. — *Phosphorsäurediphenylesteramid*, F. 144—146° (A.), durch langsames Erhitzen von II auf 230—240°/20 mm u. Behandeln des Reaktionsprod. mit NH_4OH; 96,6%. Daneben *Benzonitril*; 90%. — *Phosphorsäurediphenylesterchlorid*, durch therm. Zerlegung von III; 95,2%. Daneben *m-Nitrobenzonitril*; 91,3%. — *Phosphorsäure-bis-p-nitrophenylester*, F. 174 bis 176°, durch therm. Zerlegung von IV bei 250—260°/21 mm, Behandeln des Reaktionsprod. mit 2n NaOH u. Fällen mit HCl; 96,4%. Daneben *Benzonitril*; 97,4%. (Журнал Общей Химии [J. allg. Chem.] **29** (91). 241—45. Jan. 1959. Inst. für organ. Chem. der Akad. der Wiss. der UkrainSSR.) G. FROELICH. 1380

Takeshi Kanehori, *Reduktion der Phenylarsonsäuren mit schwefliger Säure.* Phenylarsonsäure gibt in W. bei 80° durch Zusatz von KJ u. anschließenden langsamen Zusatz von H_2SO_3 *Phenylarsinoxyd* in einer Ausbeute von 95%. Eine maximale Ausbeute (97%) wird bei der Red. von p-Carbamidophenylarsonsäure zu *p-Carbamidophenylarsinoxyd* in W. unter Zusatz von KOH u. KJ mit H_2SO_4 bei 55° erreicht. (Annu. Rep. Takamine Lab. **10**. 39—41. Dez. 1958. Tôkyô-Sinagawa, Sankyô-K.K. [Orig.: japan.; Auszug: engl.]) E. MAEKAWA. 1380

Randolph Riemschneider, *Zur Unterscheidung von stereoisomeren Cyclohexansubstitutionsprodukten durch Zusatz griechischer Buchstaben.* (Vgl. C. **1953**. 2751.) Für

Stereoisomere sollten griech. Buchstaben erst eingeführt werden, nachdem Konst. u. Konfiguration sichergestellt sind; bis dahin genügt es, Isomere durch Summen- oder Konstitutionsformel u. Angabe des F. zu unterscheiden. Für η-$C_6H_5Cl_7$ (vgl. C. **1956.** 8885) wird nachträglich F. 101° angegeben. (Z. Naturforsch. **10b.** 177. März 1955. Berlin-Dahlem, FU.) W. SCHICKE. 1810

Shlomo Bien und **David Ginsburg,** *Die Struktur von Bornesit.* Vff. beweisen die Konst. für aus *Lithospermum ruderale* L. isolierten (—)-*Bornesit* (I). I wurde mit HJ entmethyliert zu *Myoinosit* u. reagierte mit Aceton in Ggw. von $ZnCl_2$ in Eisessig zu dimorphem *1-O-Methyl-2.3-O-isopropyliden-myoinosit* (II) neben einem *Diisopropylidenderiv.* (III). Rk. von II u. III mit BF_3-Ätherat ergab wieder I. II wurde durch Pb(IV)-Acetatoxydation in *Ribo-2.3-O-isopropyliden-4-O-methylglutarsäure-dialdehyd* (IV) übergeführt. IV wurde mit $NaBH_4$ reduziert. Das Reduktionsprod. lieferte mit Tritylchlorid/Pyridin *2-O-Methyl-3.4-O-isopropyliden-1.5-di-O-tritylribit* u. daneben durch Methylierung *2.3.4-Tri-O-methyl-* u. *2.4-Di-O-methyl-1.5-di-O-tritylribit* (V), die auch durch Methylierung von *1.5-Di-O-tritylribit* u. durch Tritylierung von *2.3.4-Tri-O-methylribit* hergestellt wurden. V wurde nach Abspaltung der Tritylgruppen von $NaJO_4$ nicht angegriffen. Der von VALENTIN (vgl. Collect. czechoslov. chem. Commun. 3. [1931.] 489) beschriebene Ditrityladonit ist ein Gemisch aus *1.5-Di-O-tritylribit* u. einem *Mono-O-tritylribit vom F. 141,5°.*

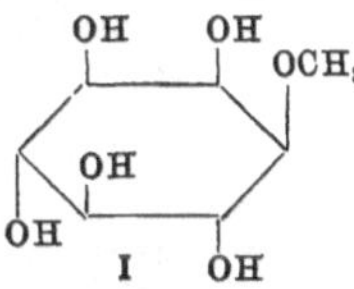

I

Versuche: (—)-*Bornesit* (I), $C_7H_{14}O_6$, F. 205—206° (CH_3OH), a) aus mit PAe. entfettetem *Lithospermum ruderale* L. durch Extraktion mit sd. CH_3OH; $[\alpha]_D^{18}$ —32,05° (c = 3,5 in W.); b) aus 40 mg III in CH_3OH durch Stehen über Nacht mit BF_3-Ätherat; 23 mg (Ausbeute). *Pentaacetat,* $C_{17}H_{24}O_{11}$, F. 142—143° u. 157° (CH_3OH), durch 5std. Erwärmen mit Acetanhydrid/Pyridin; 43%. — *Myoinosit,* F. 225—227° (wss. Isopropanol), aus I durch 5 Min. Kochen mit 47%ig. HJ u. Zusatz von n-Propanol; 95%. *Hexaacetat,* F. 213° (CH_3OH). — *4.5.6-Tri-O-acetyl-1-O-methyl-2.3-O-isopropyliden-myoinosit,* $C_{16}H_{24}O_9$, F. 158—159° (Essigester), a) durch Acetylierung von II; b) durch 6—8std. Erhitzen von 1,25 g I, $ZnCl_2$, absol. Aceton u. Eisessig unter Pyridinzusatz, Abtrennen des beim Kühlen u. Einengen ausgefallenen $ZnCl_2$–Pyridin-Komplexes u. Stehen in Pyridin/Acetanhydrid über Nacht; $[\alpha]_D^{18}$ +9,0° (c = 1,4 in Chlf.); 0,85 g. — *1-O-Methyl-2.3-O-isopropylidenmyoinosit* (II), $C_{10}H_{18}O_6$, F. 60—62° u. 112—114° (Essigester), a) durch Verseifung vorst. Verb. mit CH_3ONa/CH_3OH; b) aus vorst. Verb. durch Sättigen der methanol. Lsg. bei —10° mit NH_3 u. 24std. Stehen bei 0°; c) aus dem Rückstand der Mutterlaugen vorst. Verb. durch Behandlung mit CH_3ONa/CH_3OH u. Chromatographie an Cellulosepulver; daneben ein I-*Diisopropylidenderiv.* [(III), $C_{13}H_{22}O_6$, F. 138—139° (Methylcyclohexan); *Monoacetat,* $C_{15}H_{24}O_6$, F. 174° (Methylcyclohexan)]. — *Ribo-2.3-O-isopropyliden-4-O-methylglutarsäuredialdehyd* (IV), aus 300 mg II in absol. Chlf. u. K_2CO_3 durch portionsweise Zugabe von 1,32 g Pb(IV)-Acetat unter Rühren innerhalb 2 Std.; Sirup; 240 mg. — *Ribit,* F. 100—101° (CH_3OH), aus 0,5 g D(—)-Ribose durch Zusatz von $NaBH_4$ in W., Stehen über Nacht, Ansäuern mit CH_3COOH, Eindampfen u. Chromatographie der wss. Lsg. an Amberlite IR-120 (H^+-Form) oder 1std. Erwärmen auf 50—60° mit CH_3COOH/Acetanhydrid/$HClO_4$ u. Verseifung des erhaltenen Sirups mit CH_3ONa/CH_3OH bei n. Temp.; 0,4 g. — *1.5-Di-O-tritylribit,* $C_{43}H_{40}O_5$, F. 156° (Bzl./PAe.), aus vorst. Verb. u. Tritylchlorid in absol. Pyridin durch 4tägiges Stehen; daneben ein *Mono-O-tritylribit vom F. 141,5°* (Bzl.), $C_{24}H_{26}O_5$. *Triacetat,* $C_{49}H_{46}O_8$, F. 161° (CH_3OH). — *1.5-Di-O-trityl-2.3.4-tri-O-methylribit,* $C_{46}H_{46}O_5$, F. 155,5° (Isopropanol/CH_3OH), a) aus 240 mg IV in CH_3OH durch Zusatz von $NaBH_4$ unter Eiskühlung u. Stehen über Nacht, 3tägiges Stehen von 0,2 g des Reduktionsprod. (220 mg) mit Tritylchlorid in absol. Pyridin, Chromatographie an Al_2O_3, mehrmalige Behandlung der isolierten Öle mit 30%ig. NaOH/Dimethylsulfat in Aceton bei 45°, 2std. Rühren bei 60°, 1std. Rühren bei 85° u. Chloroformextraktion; 5 mg; daneben aus dem Chromatogramm *2.3-O-Isopropyliden-4-O-methyl-1.5-di-O-tritylribit* [?, F. 181° (Isopropanol); 60 mg] u. *Triphenylcarbinol* (350 mg) u. aus dem Chloroformextrakt *2.4-Di-O-methyl-1.5-di-O-tritylribit* [V, $C_{45}H_{44}O_5$, F. 184° (Methylcyclohexan); 30 mg]; b) aus 3 g 1.5-Di-O-tritylribit durch Methylierung mit Dimethylsulfat/NaOH analog a); 0,5 g; daneben V (1 g) u. *Methyltritylläther* [$C_{20}H_{18}O$, F. 81° (n-Propanol/CH_3OH); 0,2 g]; c) aus 220 mg 2.3.4-Tri-O-methylribose durch Red. mit $NaBH_4$ in CH_3OH, 4tägiges Stehen mit Tritylchlorid in Pyridin u. Chromatographie; 0,75 g. (J. chem. Soc. [London] **1958.** 3189—94. Sept. Haifa, Israel, Inst. of Technol., Dep. of Chem.) H.-J. KÖTZSCH. 1860

Sidney Cohen, John R. Lacher und **Joseph D. Park,** *Diketocyclobutendiol.* Wss. Hydrolyse von 1.3.3-Triäthoxy-2-chlor-4.4-difluorcyclobuten oder wss. bzw. saure Hydrolyse von 1.2-Diäthoxy-3.3.4.4-tetrafluorcyclobuten liefert *Diketocyclobutendiol,* $C_4H_2O_4$, Zers. bei ca. 293° (W.), p_K ca. 1, p_{K_2} 2,2, λ_{max} 4,3, 5,5 u. 6,1 μ bzw. 269,5 mμ

(ε = 37000 in W.), gibt mit wss. $FeCl_3$ Purpurfärbung, entfärbt Br_2-Wasser, $Ce(NO_3)_4$- u. $KMnO_4$-Lsg. u. gibt mit HJO_4 eine stark positive, mit Phenylhydrazin keine Rk.; *K-Salz*, λ_{max} 6,5—6,75 μ. (J. Amer. chem. Soc. **81.** 3480. 5/7. 1959. Boulder, Colo., Univ., Chem. Dep.) E. SCHIKORA. 1980

Klaus Hofmann, Salvador F. Orochena, Sylvan M. Say und (teilweise) **George A. Jeffrey,** *Eine Synthese von Cyclopropan-cis-1.2-diessigsäure.* (Vorl. Mitt. vgl. C. **1958.** 1563.) Die Rk. von Cyclohexadien-(1.4) (I) mit Diazoessigester führt in Ggw. eines Cu-Katalysators zu einem *Gemisch* von *Norcaren-(3)-carbonsäure-(7)-ester,* einem *Cyclohexadien-* bzw. *Cyclohexenylidenessigester* (II) u. einem *Cycloheptadiencarbonsäureester,* während ohne Katalysator nur II entsteht, wie die Verseifung u. Hydrierung zu den entsprechenden *gesätt. Säuren* zeigt. Dagegen reagiert I mit $CHBr_3$ in Ggw. von K-tert.-Butylat zu *7.7-Dibromnorcaren-(3)* (III), dessen IR-Spektr. u. Kristallstruktur erörtert wird, u. wahrscheinlich *4.4.8.8-Tetrabromtricyclo-*[*5.1.0.0*^{3,5}]*-octan* als Nebenprodukt. III wird durch $KMnO_4$ zu *3.3-Dibromcyclopropan-cis-1.2-diessigsäure* oxydiert, die mit Zn-Staub in Eisessig oder durch Hydrierung an Pt in *3-Bromcyclopropan-cis-1.2-diessigsäure* u. durch Hydrierung an RANEY-Ni in *Cyclopropan-cis-1.2-diessigsäure* übergeht. Diese liefert bei energ. Oxydation eine geringe Menge an *Cyclopropan-cis-1.2-dicarbonsäure.*

Versuche: *Cyclohexadien (Cyclohexenyliden)-essigsäure vom F. 91—93°,* $C_8H_{10}O_2$, durch Zugabe von Diazoessigsäureäthylester zu 8 g I in Di-n-butyläther in Ggw. eines Cu-Katalysators bei 90—95°, Dest. des *Esters* (II) bei 71—72°/0,2 mm u. 16std. Stehen mit alkoh. KOH; 4,5 g (Ausbeute). — *Cyclohexanessigsäure,* a) durch Hydrieren vorst. Verb. an Pd-Kohle in A. u. Dest. bei 91—93°/0,1 mm; b) durch 2½std. Erhitzen von I u. Diazoessigsäuremethylester bis auf 105° bei 26—39 at, Dest. bei 60,5—63°/0,1 mm, Hydrieren an Pd-Kohle in Essigester, fraktionierte Dest. bei 3 mm u. Verseifung der Fraktion vom $Kp._3$ 55,5°. *Amid,* F. 169—170°. *p-Bromphenacylester,* F. 91—91,5°. — *Cycloheptancarbonsäure,* neben vorst. Säure nach b) durch Verseifung der Fraktion vom $Kp._3$ 60—61°. *p-Bromphenacylester,* F. 95,5—97,5°. — *Norcarancarbonsäure-(7),* F. 95—96,5°, neben vorst. Verb. durch Verseifung der Fraktion vom $Kp._2$ 69—70°. — *7.7-Dibromnorcaren-(3)* (III), $C_7H_8Br_2$, F. 36,8—37° (n-Pentan), durch 1½std. Zugabe von $CHBr_3$ zu I u. K-tert.-Butylat in n-Pentan bei 0—5°, Zugabe von W. u. Dest. des Pentanextrakts bei 84,5—93°/8 mm; 70%. Daneben aus dem Destillationsrückstand *4.4.8.8-Tetrabromtricyclo-*[*5.1.0.0*^{3,5}]*-octan* (?), $C_8H_8Br_4$, F. 205,2—207° (CH_2Cl_2). — *3.3-Dibromcyclopropan-cis-1.2-diessigsäure,* $C_7H_8Br_2O_4$, F. 179,4—181,2°, durch 24std. Zugabe von $KMnO_4$ zu III u. $NaHCO_3$ in Aceton bei 0°, 72std. Rühren bei 0°, Zugabe von Eis, Filtrieren u. Ansäuern; 32%. — *3-Bromcyclopropan-cis-1.2-diessigsäure,* $C_7H_9BrO_4$, F. 149,5—150,5° (Bzl.–Essigester), aus vorst. Verb. a) durch 42std. Rühren mit Zn-Staub in Eisessig bei 50°; 50%; b) durch 24std. Hydrieren an PtO_2 in Methanol in Ggw. von KOH; 51%. — *Cyclopropan-cis-1.2-diessigsäure,* $C_7H_{10}O_4$, F. 131—133°, a) durch 24std. Schütteln vorvorst. Verb. mit RANEY-Ni in Methanol in Ggw. von KOH unter H_2; monokline Prismen aus Essigester; 84%; b) aus vorst. Verb. nach a); 85%. Daneben nach a) u. b) *Pimelinsäure,* F. 103—104°. — *Cyclopropan-cis-1.2-dicarbonsäure,* F. 138—139°, durch 1std. Erhitzen von 0,953 g vorst. Verb. mit wss. $KMnO_4$ auf 80°; 40 mg. (J. Amer. chem. Soc. **81.** 992—97. 20/2. 1959. Pittsburgh, Pa., Univ., School of Med., Biochem. Dep.) H. KAMPFER. 2020

A. F. McKay und **P. R. Steyermark,** *1.1-Disubstituierte 2-Nitroguanidine.* Durch Rk. von 1-Methyl-1-nitroso-2-nitroguanidin (I) mit Dicyclohexylamin bzw. Pyrrolidin u. Extraktion mit einem geeigneten Lösungsm. aus den öligen Reaktionsprodd. werden *1.1-Dicyclohexyl-2-nitroguanidin* u. *1.1-Tetramethylen-2-nitroguanidin* erhalten (vgl. HENRY, C. **1951.** I. 2867).

Versuche: *1.1-Dicyclohexyl-2-nitroguanidin,* $C_{13}H_{24}N_4O_2$, F. 152° (Zers.), durch Zugabe von Dicyclohexylamin in 50%ig. A. zu einer Suspension von I in A., 6std. Rühren u. 72std. Stehen bei n. Temp., Abgießen des Öls u. Extrahieren des Rückstandes mit Bzl. u. Essigester; aus Aceton–PAe. große, rhomb. Kristalle; 68% (Ausbeute). — *1.1-Tetramethylen-2-nitroguanidin* (im Original irrtümlich 1-Pyrrolidyl-), F. 189—190° (Aceton–PAe.), durch 1std. Rühren von I u. Pyrrolidin in W. bei n. Temp. u. Extrahieren mit Nitromethan; 23%. (Canad. J. Chem. **35.** 1375—76. Nov. 1957. Ville La Salle, Quebec, L. G. Ryan Res. Labors., Monsanto Canada Ltd.) W. LIEBSCHER. 2080

Maurice Lamant, *Verwendung von 2-Iminocyancyclopentan zur Darstellung von 1.3-Diaminen und verschiedenen Heterocyclen.* 2-Iminocyancyclopentan (I) läßt sich zu *2-Cyancyclopentanon* (II) hydrolysieren u. zu *trans-2-Aminomethyl-1-aminocyclopentan* (III) hydrieren. Die Kondensation von I mit Aminen bei 150° führt zu *N-substituierten 2-Iminocyancyclopentanen.* Bessere Ausbeuten werden bei Verwendung von II erhalten.

Aromat. Amine, bes. o-substituierte, reagieren erst bei 150—200°. Die Verbb. lassen sich leicht sauer zu II verseifen u. liefern bei der Hydrierung mit A./Na die entsprechenden prim.-sek. *2-Aminomethylcyclopentylamine*, die als *Dipikrate* charakterisiert werden konnten. Die Addition aliphat., alicycl. oder araliphat. Amine an II in der Kälte führt zu *N.N-disubstituierten 2-Amino-2-hydroxycyclopentancarbonitrilen*, die beim Erwärmen zu den entsprechenden *2-Aminocyclopenten-(1)-carbonitrilen* (**A**) dehydratisieren. Sek. Arylamine reagierten nicht. *2-Diisopropylamino-* u. *2-Dicyclohexylamino-2-hydroxycyclopentancarbonitril* sind stabil u. konnten nicht dehydratisiert werden. Ersteres zers. sich zu II u. *Diisopropylamin* (V). Die **A** liefern bei der Hydrierung mit A./Na die *prim.-tert.-1.3-Diamine*. III wird mit Aldehyden u. Ketonen zu den entsprechenden *Diiminen* kondensiert, die wenig stabil sind u. sich mit A./Na zu den *bis-sek.-1.3-Diaminen* reduzieren lassen. Acetaldehyd (VIII) gibt mit III (nur in der Kälte ausführbar) nur *2-Äthylidenaminomethylaminocyclopentan*, das zur *2-Äthylaminomethylverb.* red. wird. Analog reagiert Propanal (IX). Die Umsetzung von *2-Phenylimino-1-cyancyclopentan* (X) mit $AlCl_3$ führt zu *12-Amino-2.3-dihydro-β-chininden*. Letzteres kann durch Diazotierung in die *12-Hydroxyverb.* übergeführt werden. II wird mit Resorcin (XI) oder Phloroglucin in Essigsäure in Ggw. von konz. H_2SO_4 zu *7-Hydroxy-* bzw. *5.7-Dihydroxy-2-imino-3.4-trimethylencumarin* kondensiert. III gibt mit Carbonsäuren, besser aber mit deren Äthylestern, die *5.6-Trimethylen-3.4.5.6-tetrahydropyrimidine*. Diese werden als *Pikrate* charakterisiert u. werden mit H_2SO_4 zu den Ausgangsverbb. hydrolysiert.

Versuche: *2-Iminocyancyclopentan* (I), F. 149° (Toluol u. A.; sublimiert). — *2-Cyancyclopentanon* (II), Kp.$_{15}$ 135°, durch ½ std. Kochen von I mit 4n H_2SO_4 u. Extrahieren mit Bzl.; D.$^{14}_4$ 1,089, n_D^{14} 1,4702; 95% (Ausbeute). — *trans-2-Aminomethyl-1-aminocyclopentan* (III), Kp.$_{18}$ 87—88°, a) durch 1½ std. Kochen von I mit Na in absol. A., Zers. mit W. u. Ausäthern; D.$^{17}_4$ 0,961, n_D^{17} 1,4896; 65%; b) durch katalyt. Hydrierung; 60%. — 1-Cyancyclopentane: *2-Äthylimino-* (IV), $C_8H_{12}N_2$, F. 56°, durch 15 Min. Zugeben von 10,9 g II in absol. Bzl. zu Äthylamin in absol. Bzl. unter Eiskühlung, 1 std. Kochen u. Einengen; 13 g. — *2-Isopropylimino-*, $C_9H_{14}N_2$, F. 62°; 98%. — *2-n-Hexylimino-*, $C_{12}H_{20}N_2$, F. 39°; 98%. — *2-Cyclohexylimino-*, $C_{12}H_{18}N_2$, F. 108°; 100%. — *2-Phenylimino-* (X), $C_{12}H_{12}N_2$, F. 107°, a) durch Erhitzen von I u. Anilin auf 150° im N_2-Strom bis zur Beendigung der NH_3-Entw.; 45%; b) analog mit II in 1 Std. bei 150°; hellgelbe Kristalle; 95%. — *2-[o-Tolylimino]-*, $C_{13}H_{14}N_2$, F. 102°; 94%. — *2-[m-Tolylimino]-*, F. 117°; 96%. — *2-[p-Tolylimino]-*, F. 119,5°; 98%. — *2-[α-Naphthylimino]-*, $C_{16}H_{14}N_2$, F. 121°; 96%. — *2-[β-Naphthylimino]-*, F. 191°; 90%. — *2-[o-Methoxyphenylimino]-*, $C_{13}H_{14}N_2O$, F. 48°; 100%. — *2-[m-Methoxyphenylimino]-*, F. 100°; 78%. — *2-[p-Methoxyphenylimino]-*, F. 122,5°; 100%. — *2-[m-Bromphenylimino]-*, $C_{12}H_{11}BrN_2$, F. 119,5°; 100%. — *2-[p-Bromphenylimino]-*, F. 141°; 100%. — *2-[o-Carboxyphenylimino]-*, $C_{13}H_{12}N_2O_2$, F. 172°; 100%. *Methylester*, $C_{14}H_{14}N_2O_2$, F. 89°; 98%. — *2-[p-Carboxyphenylimino]-*, F. 235°; 100%. *Äthylester*, $C_{15}H_{16}N_2O_2$, F. 128°; 99%. — *2-[p-Dimethylaminophenylimino]-*, $C_{14}H_{17}N_3$, F. 180°; 100%. — *2-Äthylamino-1-aminomethylcyclopentan*, $C_8H_{18}N_2$, Kp.$_{12}$ 92—93°, aus IV mit Na in sd. A. in 1 Std.; D.$^{12}_4$ 0,929, n_D^{12} 1,4788; 65%. — *2-Anilino-1-aminomethylcyclopentan*, $C_{12}H_{18}N_2$, Kp.$_{13}$ 178—180°, D.$^{13}_4$ 1,053, n_D^{13} 1,5785; 58%. *Benzylidenderiv.*, $C_{19}H_{22}N_2$, Kp.$_{11}$ 243 bis 245°, D.$^{13}_4$ 1,062, n_D^{13} 1,5995; 84,3%. *Dipikrat*, $C_{24}H_{24}N_8O_{14}$, F. 172—173°. — *2-[o-Tolylamino]-1-aminomethylcyclopentan*, $C_{13}H_{20}N_2$, Kp.$_{16}$ 189—191°, D.$^{13}_4$ 1,030, n_D^{13} 1,5693; 80%. — *2-[p-Tolylamino]-1-aminomethylcyclopentan*, $C_{13}H_{20}N_2$, Kp.$_{13}$ 187 bis 188°, D.$^{14}_4$ 1,027, n_D^{14} 1,5669; 78%. *Dipikrat*, $C_{25}H_{26}N_8O_{14}$, F. 124°. — *2-Dimethylaminocyclopenten-(1)-carbonitril* (VI), $C_8H_{12}N_2$, F. 31°, Kp.$_{18}$ 153—154°, durch Zutropfen von absol. $(CH_3)_2NH$ in Bzl. zu II in absol. Bzl. < 15°, 2 std. Stehen der krist. *Hydroxyverb.* (F. 56°) bei Raumtemp. u. ½ std. Erhitzen auf dem Wasserbad; 90%. — *2-Diäthylaminocyclopenten-(1)-carbonitril*, $C_{10}H_{16}N_2$, Kp.$_{15}$ 161°, mit Diäthylamin über die *Hydroxyverb.* [F. 88° (Zers.)]; D.$^{14}_4$ 0,985, n_D^{14} 1,5330. — *2-Morpholinocyclopenten-(1)-carbonitril*, $C_{10}H_{14}N_2O$, F. 36°, Kp.$_{19}$ 202—203°, mit Morpholin; n_D^{23} 1,5525; 96,5%. — *2-Piperidinocyclopenten-(1)-carbonitril*, $C_{11}H_{16}N_2$, Kp.$_{14}$ 188°, mit Piperidin; D.$^{17}_4$ 1,043, n_D^{17} 1,5583; 85%. — *2-[N-Äthylanilino]-cyclopenten-(1)-carbonitril*, $C_{14}H_{16}N_2$, F. 35,5°, Kp.$_{23}$ 215°, mit N-Äthylanilin; D.$^{21,54}_4$ 1,058, $n_D^{21,5}$ 1,5873; 45%. — *2-Dicyclohexylamino-2-hydroxycyclopentancarbonitril*, $C_{18}H_{30}N_2O$, F. 118° (Zers.; Bzl.), mit Dicyclohexylamin; 11,5 g aus 4,4 g. — *2-Diisopropylamino-2-hydroxycyclopentancarbonitril*, F. 68°, mit V. — *2-Dimethylamino-1-aminomethylcyclopentan*, $C_8H_{18}N_2$, Kp. 198—200°, durch 15 Min. Zugeben von Na zu VI in A. bei 50°, Kochen, Zugeben von W. u. Ausäthern; D.$^{17}_4$ 0,922, n_D^{17} 1,4782; 58%. — *2-Diäthylamino-1-aminomethylcyclopentan*, $C_{10}H_{22}N_2$, Kp.$_{760}$ 221°, Kp.$_{21}$ 113—118°, D.$^{23}_4$ 0,890, n_D^{23} 1,4721; 62%. — *2-Morpholino-1-aminomethylcyclopentan*, $C_{10}H_{20}N_2O$, Kp.$_{22}$ 158°, D.$^{20}_4$ 1,031, n_D^{20} 1,5020; 76,3%. — *2-[N-Äthylanilino]-1-aminomethylcyclopentan*, $C_{14}H_{22}N_2$, Kp.$_{18}$ 188—190°, D.$^{19}_4$ 1,023

n_D^{19} 1,5652; 27,5%. — *1.7-Diphenyl-3.4-trimethylen-2.6-diazaheptadien-(1.6)*, $C_{20}H_{22}N_2$, Kp.$_{17}$ 256—258°, a) durch 2std. Kochen von III mit Benzaldehyd (VII) in Bzl. unter Entfernung des W.; D.$^{13}_4$ 1,057, n_D^{13} 1,5930; 88%; b) durch 8tägiges Stehen von II, VII u. KOH in Bzl. bei Raumtemp.; 89,7%. — *1.7-Difuryl-3.4-trimethylen-2.6-diazaheptadien-(1.6)*, $C_{16}H_{18}N_2O_2$, Kp.$_{22}$ 230—232°, nach b); 91%. — *3.9-Dimethyl-5.6-trimethylen-4.8-diazaundecadien-(3.8)*, $C_{14}H_{26}N_2$, Kp.$_{12}$ 138—139°, durch 17std. Kochen von 22,8 g III u. Methyläthylketon; D.$^{16}_4$ 0,910, n_D^{16} 1,4829; 13,5 g. — *4.10-Dimethyl-6.7-trimethylen-5.9-diazatridecadien-(4.9)*, $C_{16}H_{30}N_2$, Kp.$_{19}$ 166—169°, Kp.$_{17}$ 163—164°, a) aus III u. Methylpropylketon unter azeotroper Entfernung des W.; D.$^{15,5}_4$ 0,906, $n_D^{15,5}$ 1,4840; 65%; b) mit K_2CO_3 in Bzl.; 50%. — *2.4.10.12-Tetramethyl-6.7-trimethylen-5.9-diazatridecadien-(4.9)*, $C_{18}H_{34}N_2$, Kp. 178—182°, Kp.$_{18}$ 87—88°, durch 15std. Kochen von III u. Methylisobutylketon in Bzl. unter Entfernen des W.; D.$^{21}_4$ 0,875, n_D^{21} 1,4728; 92%. — *2.8-Diphenyl-4.5-trimethylen-3.7-diazanonadien-(2.7)*, $C_{22}H_{26}N_2$, Kp.$_{15}$ 235 bis 245°, durch 12std. Kochen von III mit Acetophenon; gelb, n_D^{18} 1,5884; 85%. — *1.1;7.7-Bis-[pentamethylen]-3.4-trimethylen-2.6-diazaheptadien-(1.6)*, $C_{18}H_{30}N_2$, Kp.$_{19}$ 213—216°, durch 3tägiges Stehen von III mit Cyclohexanon in Bzl. u. 8tägiges Stehen mit KOH; D.$^{23}_4$ 0,997, n_D^{23} 1,5230; 77%. — *2-Benzylaminomethyl-1-benzylaminocyclopentan (1.7-Diphenyl-3.4-trimethylen-2.6-diazaheptan)*, $C_{20}H_{26}N_2$, Kp.$_{19}$ 253—256°, mit Na/absol. A. u. Reinigung durch Kochen mit 25%ig. H_2SO_4; D.$^{20}_4$ 1,038, n_D^{20} 1,5613; 6 g aus 22,2 g. — *2-[1-Isobutyläthylamino]-1-[1-isobutyläthylamino]-cyclopentan (2.4.10.12-Tetramethyl-6.7-trimethylen-5.9-diazatridecan)*, $C_{18}H_{38}N_2$, Kp.$_{20}$ 179—182°, D.$^{16}_4$ 0,873, n_D^{16} 1,4680; 72%. — *2-Äthylidenaminomethyl-1-aminocyclopentan*, $C_8H_{16}N_2$, Kp.$_{16}$ 96 bis 97°, durch Zutropfen von VIII zu III in Bzl. bei 0°, 15 Min. Rühren u. 6tägiges Stehen mit KOH; D.$^{20}_4$ 1,001, n_D^{20} 1,5062; 84%. — *2-Äthylaminomethyl-1-aminocyclopentan*, $C_8H_{18}N_2$, Kp.$_{30}$ 103—105°, aus vorst. Verb. mit Na/absol. A.; D.$^{20}_4$ 0,987, n_D^{20} 1,4939; 28%. *Dipikrat*, F. 262° (Zers.), goldgelbe Nadeln. — *2-Propylidenaminomethyl-1-aminocyclopentan*, $C_9H_{18}N_2$, Kp.$_{14}$ 103—106°, aus 7 g III u. IX; D.$^{15}_4$ 0,962, n_D^{15} 1,4940; 5 g. — 2.3-Dihydro-β-chinindene: *12-Amino-*, $C_{12}H_{12}N_2$, F. 181°, (sublimiert im Vakuum). *Monohydrat*, F. 176° (Bzl.), durch 15 Min. Rühren von X mit $AlCl_3$, 30 Sek. Erhitzen auf 120°, 1½ Min. auf 150°, Gießen in W., 1 Min. Kochen, Aufnehmen in 50%ig. NaOH u. Neutralisieren mit HCl; 84%. *Pikrat*, $C_{18}H_{15}N_5O_7$, F. 220°, gelbe Kristalle. — *12-Hydroxy-*, $C_{12}H_{11}NO$, F. 327° (Aceton), durch Behandeln vorst. Verb. in 25%ig. H_2SO_4 mit $NaNO_2$, ½std. Erhitzen auf dem Wasserbad u. Neutralisieren mit NH_4OH. — *7-Methyl-12-amino-*, $C_{13}H_{14}N_2$, F. 204,5° (Aceton–W. u. Cyclohexan); 87%. *Pikrat*, $C_{19}H_{17}N_5O_7$, F. 255°, gelbe Kristalle. — *9-Methyl-12-amino-*, $C_{13}H_{14}N_2$, F. 223° (Bzl. oder W.–Aceton), gelbe Kristalle; 75%. *Pikrat*, $C_{19}H_{17}N_5O_7$, F. 245°, gelbe Kristalle. — *7.8-Benzo-12-amino-*, $C_{16}H_{14}N_2$, F. 202° (A.–W. 4:1 u. Aceton–W. 1:1), filzige Nadeln; 78%. *Pikrat*, $C_{22}H_{17}N_5O_7$, F. 241°, goldgelbe Kristalle. — *9.10-Benzo-12-amino-*, $C_{16}H_{14}N_2$, *Monohydrat*, F. 80° (A.–W. 1:1 oder Aceton); 2,2 g aus 2,34 g. *Pikrat*, $C_{22}H_{17}N_5O_7$, F. 266°, gelbe Kristalle. — *2-Imino-3.4-trimethylen-7-hydroxycumarin*, $C_{12}H_{11}NO_2$, F. 268° (Pyridin), durch Erwärmen von II, XI, Eisessig u. konz. H_2SO_4 auf 70°, 5 Min. Kochen des Nd. in W. u. Neutralisieren mit verd. NH_4OH; gelbe Kristalle; 75%. — *3.4-Trimethylen-7-hydroxycumarin*, F. 247°, durch Kochen vorst. Verb. mit 50%ig. H_2SO_4 oder 10n HCl. — *2-Imino-3.4-trimethylen-5.7-dihydroxycumarin*, $C_{12}H_{11}NO_3$, *Monohydrat*, F. >300°, gelb; 7 g aus 2,72 g. — *3.4-Trimethylen-5.7-dihydroxycumarin*, F. 273°. — 3.4.5.6-Tetrahydropyrimidine: *5.6-Trimethylen-*, $C_7H_{12}N_2$, F. 49—50°, Kp.$_{21}$ 164—165°, Kp.$_{16}$ 158—160°, a) durch Zutropfen von HCOOH zu 28 g III unter Kühlung, Stehen über Nacht bei Raumtemp., 15 std. Kochen u. Einengen; Nadeln; 16 g; b) durch 1std. Kochen von III mit Ameisensäureäthylester in Cyclohexan; 88%; c) durch 15std. Kochen von Orthoameisensäuretriäthylester mit III in Ggw. von konz. HCl; 58%. *Pikrat*, $C_{13}H_{15}N_5O_7$, F. 100,5° (25%ig. wss. A.), gelbe Nadeln. — *2-Methyl-5.6-trimethylen-*, $C_8H_{14}N_2$, F. 38—39°, Kp. 245—260°, Kp.$_{13}$ 168—170°, a) durch 15std. Kochen von III mit Eisessig, Einengen u. 1std. Erhitzen auf dem Wasserbad; 88%; b) mit Essigsäureäthylester aus 28 g III in 15 Std.; 20 g. *Pikrat*, $C_{14}H_{17}N_5O_7$, F. 157—158° (absol. A.). — *2-Phenyl-5.6-trimethylen-*, $C_{13}H_{16}N_2$, F. 47—48°, Kp.$_{16}$ 225—230°, aus 11,2 g III u. Benzoesäureäthylester in 15 Std.; 16 g. *Pikrat*, $C_{19}H_{19}N_5O_7$, F. 177° (absol. A.), gelbe Nadeln. — *2-Benzyl-5.6-trimethylen-*, $C_{14}H_{18}N_2$, Kp.$_{13}$ 247—250°, aus 5,6 g III u. Phenylessigsäureäthylester in 15 Std. bei 150°; 13 g. *Pikrat*, $C_{20}H_{21}N_5O_7$, F. 153°, gelbe Nadeln. (Ann. Chimie **13**. 87—143. Jan./Febr. 1959. Paris, Univ., Fac. des Sci.) R. Pasedag. 2100

Jitsuo Tsurugi und **Takeshige Nakabayashi**, *Synthese von Dibenzhydryl- und Dibenzylpenta- und -hexasulfid. Dibenzhydrylpenta-* (I) u. *-hexasulfid* (II) sowie *Dibenzylpenta-* (III) u. *-hexasulfid* (IV) wurden durch Kondensation der entsprechenden Alkylhydrodisulfide mit SCl_2 bzw. S_2Cl_2 dargestellt. Die UV-Spektren von I u. II bzw. III

u. IV wurden mit denen der entsprechenden Mono-, Di-, Tri- u. Tetrasulfide verglichen; die UV-Spektren sind angegeben. Die Spektren einer Verbindungsreihe sind sehr ähnlich; die Erhöhung der Anzahl an S-Atomen bedingt eine Verstärkung der Absorption u. eine Verschiebung gegen längere Wellen. Die Spektren lassen den Schluß zu, daß die höheren Polysulfide lineare Struktur besitzen. Die Aralkylreste beeinflussen die Absorption wenig, die Spektren höherer Polysulfide ähneln dem Spektr. der S-Molekel. Die für das Spektr. wesentlichen kanon. Strukturen werden diskutiert. Die Mol.-Refrr. der beiden obigen Polysulfidreihen sind angegeben; unabhängig von der Länge der S-Kette oder den Aralkylgruppen ergibt sich für die Atomrefraktion von S in allen Fällen ein nahezu gleicher Wert.

Versuche: *Dibenzylsulfid*, Mol.-Refr. (MR_D) 70,5. — *Dibenzyldisulfid*, MR_D 81,3. — *Dibenzyltrisulfid*, MR_D 91,7. — *Dibenzhydrylsulfid*, MR_D 120,8. — *Dibenzhydryldisulfid*, MR_D 131,0. — *Dibenzhydryltrisulfid*, $C_{26}H_{22}S_3$, aus Benzhydrylmercaptan u. SCl_2; MR_D 141,2. — *Dibenzhydryltetrasulfid*, F. 82—83°, durch Oxydation von Benzhydrylhydrodisulfid in A. mit J_2; MR_D 151,0. — *Acetylbenzhydryldisulfid*, $C_{15}H_{14}OS_2$, F. 43,5—45° (PAe.), durch Zutropfen von 9,2 g Benzhydrylmercaptan in Ae. zu 6 g Acetylsulfenylchlorid in Ae. unter Rühren im CO_2-Strom bei 5°, 1std. Stehen u. Eindampfen; 8,6 g (Ausbeute). — *Benzhydrylhydrodisulfid*, F. 32,5—34°, durch Zugabe von 5n alkoh. HCl zu 10 g vorst. Verb. in absol. A. im CO_2-Strom, 4std. Stehen, Abdestillieren von A. u. Äthylacetat im Vakuum bei Raumtemp., Kühlen, Zugabe von PAe.-Ae. u. Kühlen; 8,3 g. — *Dibenzhydrylpentasulfid* (I), $C_{26}H_{22}S_5$, F. 80—81,5° (Ae.-PAe.), durch Zutropfen von SCl_2 in Ae. zu 2 g vorst. Verb. in Ae. unter Rühren im CO_2-Strom u. Eindampfen bei Raumtemp.; MR_D 160,3; 2 g. — *Dibenzhydrylhexasulfid* (II), $C_{26}H_{22}S_6$, Fl., analog I, durch Zugabe von S_2Cl_2 zu 2 g vorvorst. Verb., Eindampfen u. Auswaschen des Hydrodisulfids mit PAe.; MR_D 170,1; 1,5 g. — *Acetylbenzyldisulfid*, F. 54—55° (PAe.), aus 8,15 g Benzylmercaptan u. 14,5 g Acetylsulfenylchlorid. — *Benzylhydrodisulfid*, Kp.$_{0,01}$ 65—70°, durch Behandeln von 10 g vorst. Verb. mit 5n alkoh. HCl wie oben; 5,6 g. — *Dibenzyltetrasulfid*, F. 53,5—54°, durch Oxydation vorst. Verb. mit J_2; MR_D 100,2. — *Dibenzylpentasulfid* (III), $C_{14}H_{14}S_5$, F. 57,5—58,5° (Ae.), aus 1,5 g vorst. Verb. u. SCl_2; MR_D 109,3; 1,5 g. — *Dibenzylhexasulfid* (IV), $C_{14}H_{14}S_6$, Fl., analog II; MR_D 118,2. (J. org. Chemistry **24**. 807—10. Juni 1959. Sakai City, Osaka, Univ. of Osaka Préfecture, Coll. of Engng., Dep. of Appl. Chem.)

H. BERTSCH. 2290

Allen S. Hussey und **Ross R. Herr**, *Grignard-Reagentien mit cyclischen α-Chlorketonen.* Die Addition von Aryl-GRIGNARD-Reagentien an cycl. α-Chlorketone führt zu *cis-Chlorhydrinverbb.*, die zu den entsprechenden *α-Arylketonen* (**A**) umgelagert werden. Die **A** können auch direkt mit 50—70% Ausbeute durch Zugabe der GRIGNARD-Verb. zu der gekühlten Lsg. des α-Halogenketons in Ae.-Bzl. u. anschließendes Erhitzen erhalten werden. Wird die Reaktionslsg. nicht erhitzt, so werden die *Chlorhydrine* in 60 bis 80%ig. Ausbeute isoliert, die mit 80—90%ig. Ausbeute zu den **A** isomerisiert werden.

Versuche: *2-Chlor-1-phenylcyclohexanol* (**IV**), $C_{12}H_{15}ClO$, F. 37—38° (Pentan), durch Zugabe von Phenyl-MgBr in absol. Ae. zu 2-Chlorcyclohexanon (I) in absol. Bzl. in $^3/_4$ Std. im Eisbad; 83% (Ausbeute). Wird durch 4std. Kochen mit KOH in Ae. nicht verändert. — *2-Phenylcyclohexanon* (II), F. 59—60°, aus **IV** in absol. Bzl. durch schnelle Zugabe von C_6H_5MgBr in absol. Ae. unter Eiskühlung u. 6std. Kochen unter N_2; 86%. *2.4-Dinitrophenylhydrazon*, F. 137—138° (CH_3OH-Pyridin), aus 1 g **II**; 1,96 g. — *2-[p-Tolyl]-cyclohexanon* (III), $C_{13}H_{16}O$, F. 49—50° (Ae.-A.), Kp.$_{0,7}$ 121—125°, durch Zugabe von p-Tolyl-MgBr in Ae. zu I in absol. Bzl. unter Eiskühlung u. 2std. Kochen; 68%. *2.4-Dinitrophenylhydrazon*, $C_{19}H_{20}N_4O_4$, F. 156—157°. — *1-[m-Methoxyphenyl]-2-chlorcyclohexanol*, $C_{13}H_{17}ClO_2$, Kp.$_{0,3}$ 147—148°, aus m-Methoxyphenyl-MgBr u. I analog **IV**; 67%. — *2-[m-Methoxyphenyl]-cyclohexanon*, $C_{13}H_{16}O_2$, Kp.$_{0,2}$ 124—127°, aus vorst. Verb. u. C_6H_5MgBr analog II in 22 Std.; 90%. *2.4-Dinitrophenylhydrazon*, F. 124 bis 125°. — *2-[Naphthyl-(1)]-cyclohexanon*, $C_{16}H_{16}O$, F. 86—87°, aus α-Naphthyl-MgBr u. I analog **III**; 48%. *2.4-Dinitrophenylhydrazon*, F. 144—145°. — *2-Chlortetralon-(1)* (**V**), F. 40—42°, Kp.$_1$ 123—126°, aus Tetralon-(1) durch Chlorierung in Eisessig; n_D^{25} 1,590; 50%. — *2-Phenyltetralon-(1)*, $C_{16}H_{14}O$, F. 76—77° (A.), a) aus **V** u. C_6H_5MgBr in Ae. analog **III**; 43%; b) aus 2-Bromtetralon-(1) u. C_6H_5MgBr in Ae. analog **III** durch 1std. Kochen; 24%; c) aus 2-Chlor-1-phenyl-1.2.3.4-tetrahydronaphthol-(1) u. C_6H_5MgBr in Ae. analog **II**; 81%. *2.4-Dinitrophenylhydrazon*, F. 197—198°. — *2-Chlor-1-phenyl-1.2.3.4-tetrahydronaphthol-(1)*, $C_{16}H_{15}ClO$, F. 98—99° (Ligroin), Kp.$_{0,5}$ 140—160°, aus **V** u. C_6H_5MgBr analog **IV**; 60%; reagiert mit NaH bei 3std. Kochen nicht. — *2-Chlorindanon* (**VI**), F. 34—38° (Heptan), aus Indanon-(1) analog **V**; 55%. — *2-Chlor-1-phenylindanol-(1)*, $C_{15}H_{13}ClO$, F. 87—88°, aus **VI** u. C_6H_5MgBr in Ae. analog **IV**; 69%. — *2-Phenylindanon*, F. 73—75°, aus **VI** u. C_6H_5MgBr in Ae. analog **III**; 60%. *2.4-Dinitro-*

phenylhydrazon, $C_{21}H_{18}N_4O_4$, F. 226—227°. — *1-Oxo-1.2.3.4.5.6.7.8-oktahydroanthracen*, F. 41—44°, nach KROLLPFEIFFER u. SCHÄFER [1932]; 75%; liefert durch Chlorierung analog V *2-Chlor-1-oxo-1.2.3.4.5.6.7.8-oktahydroanthracen*, $C_{14}H_{15}ClO$, F. 66—67° (A.); 66%. — *2-Phenyl-1-oxo-1.2.3.4.5.6.7.8-oktahydroanthracen*, $C_{20}H_{20}O$, F. 144—145°, aus vorst. Verb. u. C_6H_5MgBr in Ae. analog III; 52%. *2.4-Dinitrophenylhydrazon*, $C_{26}H_{24}N_4O_4$, F. 209—210°. (J. org. Chemistry 24. 843—45. Juni 1959. Evanston, Ill., Northwestern Univ., Chem. Labor.) D. KIRSTEIN. 2360

Marlyse Kristensen-Reh, *Reaktivität von Phenylbrenztraubensäure gegenüber Benzylidenaceton und Anisylidenaceton. Vergleichende Untersuchung mit den entsprechenden gesättigten Ketonen.* Die alkal. Kondensation von Phenylbrenztraubensäure (I) mit äquimol. Mengen Benzylidenaceton (II) liefert *5.6-Diphenylcyclohexanol-(1)-on-(3)-carbonsäure-(1)* (III), $C_{19}H_{18}O_4$, F. 220° (vgl. CORDIER u. HAKIM, C. R. hebd. Séances Acad. Sci. **227.** [1948.] 347). Die Rk. führt wahrscheinlich zunächst über eine MICHAEL-Addition zu *2.3-Diphenylhexandion-(1.5)-carbonsäure-(1)*, die sich zu III cyclisiert. III gibt mit $Na_2 \cdot CO_3$ unter Wasserabspaltung *5.6-Diphenylcyclohexen-(1)-* oder *-(6)-on-(3)-carbonsäure-(1)*. Hydrierung von III über RANEY-Ni führt zu *5.6-Diphenylcyclohexandiol-(1.3)-carbonsäure-(1)*, F. 216° (*Diacetat*, F. 218°), daneben wurde in einem Fall ein *Lacton vom F. 175°* isoliert. Kondensation von I mit Benzylaceton in wss.-alkoh. Alkali (4—5 Tage bei 0°) gibt *2-Benzyl-6-phenyl-2-hydroxyhexanon-(4)-säure* (IV), $C_{19}H_{20}O_4$, F. 112°; *Semicarbazon*, F. 150°. IV zerfällt in alkal. Medium wieder in die Ausgangsverbb., bei Einw. von konz. H_2SO_4 in *1.6-Diphenylhexandion-(2.4)*, *CO* u. *H_2O*. IV gibt mit HCl in Essigsäure bei 100° ein Gemisch von *2-Benzyliden-6-phenylhexanon-(4)-säure* (V), $C_{19}H_{18}O_3$, F. 75° u. *2-Benzyl-4-[phenyläthyliden]-buten-(2)-olid* (VI), $C_{19}H_{16}O_2$, F. 95°. Alkal. Hydrolyse von VI führt zu V u. *2-Benzyl-6-phenylhexen-(2)-on-(4)-säure*, F. 116—117°. Katalyt. Hydrierung von IV über RANEY-Ni liefert *2-Benzyl-6-phenyl-2.4-dihydroxyhexansäure*, F. 68°, die leicht in *2-Benzyl-4-[phenyläthyl]-2-hydroxybutanolid*, F. 60°, übergeht. — Kondensation von I mit p-Methoxybenzylidenaceton liefert analog der Bldg. von III *5-[p-Methoxyphenyl-]-6-phenylcyclohexanol-(1)-on-(3)-carbonsäure-(1)* (VII), $C_{20}H_{20}O_5$, F. 208°. Die Dehydratisierung von VII mit Na_2CO_3 gibt *5-[p-Methoxyphenyl]-6-phenylcyclohexen-(1)* oder *-(6)-on-(3)-carbonsäure-(1)*, $C_{20}H_{18}O_4$, F. 122°, die auch bei der Einw. von H_2SO_4 in Essigsäure entsteht. Mit HCl in Essigsäure wird VII zu einer isomeren Säure vom *F. 178°* dehydratisiert. Hydrierung von VII über RANEY-Ni führt zu *5-[p-Methoxyphenyl]-6-phenylcyclohexandiol-(1.3)-carbonsäure-(1)*, F. 192° (*Diacetat*, F. 164°), daneben entsteht in einigen Fällen ein *Lacton vom F. 170°*. Kondensation von I mit p-Methoxybenzylaceton bei 0° ergibt in 8—10 Tagen *2-Benzyl-6-[p-methoxyphenyl]-2-hydroxyhexanon-(4)-säure* (VIII), $C_{20}H_{22}O_5$, F. 112°, die in alkal. Medium in die Ausgangsverbb. zerfällt. VIII ergibt mit konz. oder verd. H_2SO_4 unter CO- u. Wasserabspaltung ein nicht isoliertes Diketon, wahrscheinlich *1-Phenyl-6-[p-methoxyphenyl]-hexandion-(2.4)*, das unter den Reaktionsbedingungen sulfoniert wird, bzw. mit H_2SO_4 oder HCl in Essigsäure *2-Benzyliden-6-[p-methoxyphenyl]-hexanon-(4)-säure* (IX), $C_{20}H_{20}O_4$, F. 123—124°, u. *2-Benzyl-4-[p-methoxyphenyläthyliden]-buten-(2)-olid*, $C_{20}H_{18}O_3$, dessen Verseifung zu einer isomeren *Säure vom F. 113°* führt. Durch $KMnO_4$ wird IX zu *Benzaldehyd* u. *6-[p-Methoxyphenyl]-hexandion-(2.4)-säure* oxydiert. Bei der Hydrierung von VIII über RANEY-Ni entsteht *2-Benzyl-6-p-methoxyhenyl]-2.4-dihydroxyhexansäure*, die sofort zu *2-Benzyl-4-[p-methoxyphenyläthyl]-2-hydroxybutanolid*, $C_{20}H_{22}O_4$, F. 106°, lactonisiert wird. (Bull. Soc. chim. France [5] **1956.** 882—87. Juni. Strasbourg, Fac. de Pharm., Labor. de Pharm. Chim.) H. GLEINIG. 2470

O. Ja. Fedotowa, M. A. Asskarow und **A. B. Kutschkarew,** *Kondensation von aromatischen Aminen mit Formaldehyd im sauren Medium und Synthese von symmetrischen Diaminodiarylmethanen.* (Vgl. C. **1958.** 4458.) Durch Kondensation von 2 Mol o-Toluidin mit 1 Mol Formaldehyd in saurem Medium wird *4.4'-Diamino-3.3'-dimethyldiphenylmethan* (I) erhalten. Die Umlagerung des intermediär gebildeten *Bis-[o-toluidino]-methans* zu I wird an einem Reaktionsschema ausführlich diskutiert. Sie erfolgt intermolekular.

Versuche: *4.4'-Diamino-3.3'-dimethyldiphenylmethan* (I), F. 155° (Aceton), zu 115 g o-Toluidin in 90 ml konz. HCl + 200 ml W. tropft man bei 13—15° 40,5 ml 37%ig. Formalin zu, rührt 1 Std. bei der sich einstellenden Temp. von 44° u. rührt noch 4 Std. bei 50°; gelbe Kristalle; 85% (Ausbeute). (Доклады Академии Наук УзССР [Ber. Akad. Wiss. UsbekSSR] **1958.** Nr. 6. 31—35. Mittelasiat. Polytechn. Inst.)
HELMUT SCHÄFER. 2510

C. B. C. Boyce und **J. S. Whitehurst,** *5.6.7.8-Tetrahydro-8-methylindandion-(1.5)*. 2-Methylcyclopentantrion-(1.3.4) liefert durch sauer katalysierte Hydrierung oder WOLFF-KISHNER-Red. des Semicarbazons *2-Methylcyclopentandion-(1.3)* (I), das durch Addition von Methylvinylketon in alkal. Medium *2-Methyl-2-[3-oxobutyl]-cyclopentan-*

dion-(1.3) (II) ergibt. Aus II wird mit Oxalsäure, Borsäure oder besser p-Toluolsulfonsäure *5.6.7.8-Tetrahydro-8-methylindandion-(1.5)* (III) erhalten. *2-Methyl-2-[3-oxobutyl]-cyclohexandion-(1.3)* konnte dagegen mit p-Toluolsulfonsäure nicht cyclisiert werden. I bildet mit 4-Diäthylaminobutanon-(2) in geringer Menge III. Beim Vers. der Cyclisierung von II mit Diäthylamin–Pyridin entstand I.

Versuche: *2-Methylcyclopentantrion-(1.3.4)*, F. 77—79°, aus 4-Methyl-2.3.5-trioxocyclopentylglyoxylsäureäthylester u. 2n HCl. — *2-Methylcyclopentandion-(1.3)* (I), F. 208—209°, a) durch ½std. Zugabe einer Lsg. von Semicarbazidhydrochlorid u. Na-Acetat zum Monohydrat vorst. Trions in wss. A., Zugabe des Semicarbazons [97% (Ausbeute)] zu KOH in Äthylenglykol bei 130°, ½std. Erhitzen auf 150° u. 1 Std. auf 180°; 51%; b) aus dem Monohydrat vorst. Trions durch 6std. Hydrieren an red. ADAMS-Katalysator in Eisessig in Ggw. von $HClO_4$; 31%. — *2-Methyl-2-[3-oxobutyl]-cyclopentandion-(1.3)* (II), $C_{10}H_{14}O_3$, F. 117—118°, durch 5std. Kochen von I mit Methylvinylketon u. KOH in absol. Methanol u. Dest. des Reaktionsprod. bei 108—112°/0,1 mm; 83%. — *5.6.7.8-Tetrahydro-8-methylindandion-(1.5)* (III), F. 73°, a) aus II durch 5 std. Kochen mit p-Toluolsulfonsäure in Bzl. am Wasserabscheider; 83%; b) durch 18std. Kochen von I mit 4-Diäthylaminobutanon-(2) u. Pyridin in Bzl.; 17%. — *2-Methyl-2-[3-oxobutyl]-cyclohexandion-(1.3)*, Kp.$_{0,01}$ 114—118°, analog II; 85%. (J. chem. Soc. [London] **1959.** 2022—24. Juni. Exeter, Washington Singer Labors.) H. KAMPFER. 2650

James S. Franzen und **Stephen B. Binkley,** *Die Synthese von 7-Halogen-1-hydroxynaphthoesäuren-(2).* Durch Cyclisierung p-substituierter Phenylbuttersäuren zu *7-substituierten Tetralonen-(1)*, Bromierung, HBr-Abspaltung mit Dimethylformamid (DMF) u. LiCl zu *Naphtholen,* Carboxylierung nach KOLBE u. gegebenenfalls Halogenierung in 4-Stellung wurden *7-Halogen-1-hydroxynaphthoesäuren-(2)* dargestellt. Die physiol. Unters. dieser Verbb. u. ihrer Derivv. zeigte, daß zur Inhibierung der oxydativen Phosphorylierung in den Mitochondrien des Rattengehirns eine freie Hydroxyl- u. eine freie Carboxylgruppe notwendig sind.

Versuche: *7-Chlornaphthol-(1)*, F. 120—122° (Bzl.), durch Lösen von LiCl in DMF bei 70—80°, Zugabe von 7-Chlor-2-brom-tetralon-(1) in DMF, 3½std. Erwärmen auf dem Wasserbad, Kühlen, Zugabe von Ae., Extraktion mit W. u. Eindampfen der Ae.-Phase; 56% (Ausbeute). *Pikrat,* F. 139—140°. — *7-Bromnaphthol-(1)*, F. 101—105° (rosafarbene Kristalle aus Bzl.-PAe.), durch Zugabe von LiCl zu 2.7-Dibromtetralon-(1), 120std. Kochen u. Aufarbeitung wie oben; 76%. — *7-Chlor-1-hydroxynaphthalin-2-carbonsäure* (I), $C_{11}H_7ClO_3$, F. 212—213,5° (Zers.; durch Fällen mit W. aus alkoh. Lsg.), durch 4std. Erhitzen vorvorst. Verb. mit K_2CO_3 auf 150° unter 1500 lbs./sq.in. CO_2-Druck, Kühlen, Lösen in heißem W., sofortige Filtration u. Ansäuern mit 6nHCl; 65—70%. *Methylester,* $C_{12}H_9ClO_3$, F. 107° (A.), mit Diazomethan in Äther. — *7-Brom-1-hydroxynaphthalin-2-carbonsäure* (II), $C_{11}H_7BrO_3$, F. 214,5—215° (wss. A.), analog I; 65—70%. *Methylester,* $C_{12}H_9BrO_3$, F. 115—117°; *Acetat,* F. 136—137° (absol. A.), durch Kochen des Methylesters mit Isopropenylacetat in Ggw. von H_2SO_4. — *4.7-Dichlor-1-hydroxynaphthalin-2-carbonsäure,* $C_{11}H_6Cl_2O_3$, Zers. bei 242° (A.), durch 20 Min. Überleiten von Cl_2 über I in sd. Eisessig unter Rühren, Eindampfen, Lösen in K_2CO_3-Lsg., Filtrieren, Extraktion des Rückstandes mit wss. NaOH, Filtrieren, Behandeln der alkal. Filtrate mit Kohle u. Ansäuern mit 6nHCl; 25%. *Methylester,* $C_{12}H_8Cl_2O_3$, F. 155°. — *4-Chlor-7-brom-1-hydroxynaphthalin-2-carbonsäure,* $C_{11}H_6BrClO_3$, Zers. bei 249—250° (wss. A.), analog vorst. Verb. aus II; 81%. *Methylester,* $C_{12}H_8BrClO_3$, F. 147—148°. *Acetat,* F. 184,5°. (J. org. Chemistry **24.** 992—93. Juli 1959. Chicago, Ill., Univ., Coll. of Med., Dep. of Biochem.) H. BERTSCH. 2700

N. G. Ssidorowa und **G. Ch. Tyschtschuk,** *Cycloalkylierung aromatischer Verbindungen.* 15. Mitt. *Kondensation von Fluoren mit Cyclohexanol in Gegenwart von Aluminiumchlorid.* (14. vgl. C. **1959.** 7446.) Bei der FRIEDEL-CRAFTS-Rk. von Fluoren (I) mit Cyclohexanol (II) entsteht *2-Cyclohexylfluoren* (III). Seine Oxydation mit verd. HNO_3 führt zu *Fluorenon-2-carbonsäure,* die katalyt. Dehydrierung zu *2-Phenylfluoren* (IV), die Nitrierung zu *2-Cyclohexyl-7-nitrofluoren.* Die höchste Ausbeute an III wird aus äquimol. Gemischen von I u. II bei Verwendung von 0,85 Mol $AlCl_3$ erhalten. III u. IV bilden instabile *Pikrate,* die sich nicht rein darstellen ließen.

Versuche: *2-Cyclohexylfluoren* (III), F. 133° (A.), durch 6std. Erhitzen von I, II u. $AlCl_3$ (1:1:0,85 Mol) auf 65—80° u. 12 Std. auf 95—100°; 32,9% Ausbeute. — *Fluorenon-2-carbonsäure,* F. 330—335° (Zers.; A.), durch 7std. Erhitzen von III mit verd. HNO_3 (D. 1,1) im geschlossenen Rohr auf 140—150°. *Methylester,* F. 181°, gelbe Nadeln. — *2-Phenylfluoren* (IV), $C_{19}H_{14}$, F. 193—194°, durch Erhitzen von III mit Pt-Kohle auf 300—330° bis zum Aufhören der H_2-Entw.; aus A. Blättchen. — *2-Cyclohexyl-7-nitrofluoren,* $C_{19}H_{19}NO_2$, F. 150—150,5°, durch Zutropfen von HNO_3 (D. 1,42) zu III in Eisessig, 5 Min. langes Erhitzen auf 80° u. Gießen auf Eis; aus A. gelbe Nadeln. (Журнал Общей Химии [J. allg. Chem.] **28** (**90**). 2030—32. Aug. 1958. Mittelasiat. Univ.)

H.-E. TOUSSAINT. 2750

Erwin Klingsberg, *Einige Sulfone der Anthrachinonreihe.* 1-Chloranthrachinon (**II**) wurde in guter Ausbeute mit Na-p-Toluolsulfinat (I) zu *1-[p-Toluolsulfonyl]-anthrachinon* umgesetzt; analog ergab 5-Benzamido-1-chloranthrachinon *5-Benzamido-1-[p-toluolsulfonyl]-anthrachinon.* 4-Benzamido-1-chloranthrachinon lieferte durch Rk. mit I in geringer Ausbeute *1-Amino-4-[p-toluolsulfonyl]-anthrachinon,* das benzoyliert werden konnte. Die Sulfongruppe ist mit sirupöser H_3PO_4 abspaltbar. 2-Chloranthrachinon (**IV**) u. 2-Chloranthrachinoncarbonsäure-(3) (**III**) reagierten mit I zu *2-[p-Toluolsulfonyl]-anthrachinon.* Die Absorptionen der dargestellten Verbb. im UV u. im Sichtbaren sind angegeben. Die Lage der Absorptionsmaxima wird mit der nach LABHART (C. **1958.** 2969) berechneten Lage verglichen.

Versuche (FF. korr.): Anthrachinone: *1-[p-Toluolsulfonyl]-*, $C_{21}H_{14}O_4S$, F. 257—258° (gelbe Kristalle aus Essigsäure oder Xylol), durch 5std. Erhitzen von 0,01Mol **II** mit 0,011 Mol **I** in Diäthylenglykolmonoäthyläther (DAG) auf 180—190° unter Rühren, Kühlen u. Verdünnen mit W.; 78% (Ausbeute). — *5-Benzamido-1-[p-toluolsulfonyl]-*, $C_{28}H_{19}NO_5S$, F. 259—260° (orangegelbe Kristalle aus Essigsäure oder Xylol), durch 7std. Erhitzen von 5-Benzamido-1-chloranthrachinon [$C_{21}H_{12}ClNO_3$, F. 221,5—222,5° (orangegelbe Nadeln aus Essigsäure)] mit I in DAG auf 195—200° unter Rühren, Kühlen, Zugabe von W., Kühlen auf Raumtemp. u. Filtrieren; 58%. — *4-Amino-1-[p-toluolsulfonyl]-*, $C_{21}H_{15}NO_4S$, F. 260—261° (orangefarbene Kristalle aus Essigsäure), durch 16std. Kochen von 4-Benzamido-1-chloranthrachinon [$C_{21}H_{12}ClNO_3$, F. 234,5—236° (gelbe Nadeln aus Essigsäure)] mit I in DAG unter Rühren ,Kühlen, Zugabe von wenig W., Kühlen auf Raumtemp., u. Filtrieren; 50%. *Benzoylderiv.*, $C_{28}H_{19}NO_5S$, F. 273—275° (gelbe Nadeln aus Essigsäure), durch 3std. Kochen mit Benzoylchlorid in o-Dichlorbenzol. — *1-Amino-*, durch 5std. Kochen vorst. Verb. mit sirupöser H_3PO_4. — *2-[p-Toluolsulfonyl]-*, $C_{21}H_{14}O_4S$, F. 211,5—212,5° (Essigsäure, Amylalkohol), a) durch 24std. Erhitzen von **III** mit **I** in DAG auf 190—195°, Kühlen, Verdünnen mit W. u. Filtration; 17%; b) durch 5—24std. Erhitzen von **IV** mit **I** in DAG auf 185—195° unter Rühren; mit **IV** verunreinigt. (J. org. Chemistry **24.** 1001—03. Juli 1959. Bound Brook Labors.)

H. BERTSCH. 2800

Shlomo Bien und **Miriam Boazi,** *Synthese von 3-substituierten Phenanthrenen. Der Verlauf der intramolekularen Cyclisierung von 2-[m-substituierten Phenyl]-cyclohexylessigsäuren.* Vff. erhalten aus 2-m-Tolyl- u. 2-m-Methoxyphenylcyclohexen-(2)-on durch MICHAEL-Addition von Malonsäuredi-tert.-butylester, Hydrolyse u. Decarboxylierung *2-m-Tolyl-* (I) bzw. *2-m-Methoxyphenyl-3-oxocyclohexylessigsäure* (**III**), die durch HUANG-MINLON-Red. *2-m-Tolyl-* bzw. *2-m-Methoxyphenylcyclohexylessigsäure* (**IV**) ergeben. Diese Essigsäuren werden mit wasserfreier HF zu *6-Methyl-* bzw. *6-Methoxy-1.2.3.4.4a.-9.10.10a-oktahydro-9-oxophenanthren* cyclisiert, die in *3-Methyl-* bzw. *3-Methoxyphenanthren* übergeführt werden. Die Cyclisierung erfolgt in allen Fällen ausschließlich in p-Stellung zur Methyl- bzw. Methoxygruppe.

Versuche: *1-m-Tolylcyclohexen*, $Kp._{0,07}$ 76—78°, durch 1std. Erhitzen von m-Tolyl-MgBr u. Cyclohexanon in absol. Ae. u. Kochen des Reaktionsprod. mit wasserfreier Oxalsäure in Toluol; 80% (Ausbeute). — *2-m-Tolylcyclohexen-(2)-onoxim*, $C_{13}H_{15}\cdot NO$, F. 107°, aus vorst. Verb. mit n-Pentylnitrit in Eisessig durch Zugabe von konz. HCl, 2std. Rühren bei —15° u. Erwärmen des erhaltenen *Nitrosochlorids* [F. 118—121° (Zers.)] in Pyridin auf 75°; 77%. — *2-m-Tolylcyclohexen-(2)-on*, $Kp._{0,5}$ 123—125°, durch 3std. Kochen vorst. Oxims mit HCl; 55%. *2.4-Dinitrophenylhydrazon*, $C_{19}H_{18}N_4O_4$, F. 163°. *Semicarbazon*, $C_{14}H_{17}N_3O$, F. 203,5—204°. — *3-Oxo-2-m-tolylcyclohexylessigsäure* (I), $C_{15}H_{18}O_3$, F. 114,5—115,5°, durch 3std. Erwärmen vorst. Ketons mit Malonsäuredi-tert.-butylester u. K-Butylat auf 60°, Stehen über Nacht, Ansäuern mit Eisessig, Kochen des Benzolextrakts mit β-Naphthalinsulfonsäure u. Erhitzen des Reaktionsprod. auf 180°; 53%. — *2-m-Tolylcyclohexylessigsäure*, $C_{15}H_{20}O_2$, F. 122—122,5°, durch 2std. Kochen von I mit KOH, Hydrazinhydrat u. Diäthylenglykol u. 12std. Erhitzen auf 200°; 71%. — *1.2.3.4.4a.9.10.10a-Oktahydro-6-methyl-9-oxophenanthren*, $C_{15}H_{18}O$, F. 103°, durch 4std. Einw. von wasserfreier HF auf vorst. Verb.; 85%. *2.4-Dinitrophenylhydrazon*, $C_{21}H_{22}N_4O_4$, F. 239—240°. — *1.2.3.4.4a.9.10.10a-Oktahydro-9-hydroxy-6-methylphenanthren* (**II**), $C_{15}H_{20}O$, F. 129—130°, aus vorst. Keton mit $NaBH_4$ in Methanol über Nacht; 100%. — *1.2.3.4.4a.9.10.10a-Oktahydro-6-methyl-4.9-dioxophenanthren*, $C_{15}H_{16}O_2$, F. 109°, durch 4std. Einw. von wasserfreier HF auf **I**; 89%. *Bis-[2.4-dinitrophenylhydrazon]*, $C_{27}H_{24}N_8O_8$, F. 209°. — *1.2.3.4.4a.9.10.10a-Oktahydro-6-methyl-4-oxophenanthren*, durch Hydrieren vorst. Diketons über Pd-Kohle in Eisessig bei 60 lbs./sq.in.; *2.4-Dinitrophenylhydrazon*, $C_{21}H_{22}N_4O_4$, F. 193—194°. — *1.2.3.4.4a.9.-*

10.10a-Oktahydro-6-methylphenanthren, durch HUANG-MINLON-Red. vorst. Ketons u. Chromatographie an Al_2O_3; Öl; 64%. — *3-Methylphenanthren*, F. 65°, a) durch $^3/_4$std. Erhitzen vorst. Verb. mit Pd-Kohle auf 300°; b) durch 1std. Kochen von **II** mit β-Naphthalinsulfonsäure in Bzl. u. Dehydrieren des Eindampfrückstandes nach a). — *3-Methylphenanthrenchinon*, F. 206°. *Chinoxalinderiv.*, F. 210°. — *1-m-Methoxyphenylcyclohexen*, $C_{13}H_{16}O$, Kp.$_{0,02}$ 106—108°, durch GRIGNARD-Rk. von m-Bromanisol u. Cyclohexanon u. Dehydratisierung des Carbinols; 70%. — *2-m-Methoxyphenylcyclohexen-(2)-onoxim*, $C_{13}H_{15}NO_2$, F. 158,5—159,5°, aus vorst. Verb. mit n-Pentylnitrit–HCl über das Nitrosochlorid; 90%. — *2-m-Methoxyphenylcyclohexen-(2)-on*, Kp.$_{0,1}$ 140—142°, durch 3std. Erhitzen vorst. Verb. mit verd. HCl; 50%. *2.4-Dinitrophenylhydrazon*, $C_{19}H_{18}N_4O_5$, F. 170,5—171°. — *3-Oxo-2-m-methoxyphenylcyclohexylessigsäure* (**III**), $C_{15}H_{18}O_4$, F. 107 bis 108°, aus vorst. Keton mit Malonsäuredi-tert.-butylester; 85%. *2.4-Dinitrophenylhydrazon*, $C_{21}H_{22}N_4O_7$, F. 201°. — *2-m-Methoxyphenylcyclohexylessigsäure* (**IV**), durch HUANG-MINLON-Red. von 15 g **III**, Zugabe von Dimethylsulfat u. wss. KOH zum Reduktionsprod. in Aceton bei 50°, 1std. Rühren bei 60° u. 1std. bei 95°; Sirup; 3,9 g. *S-Benzylisothiuroniumsalz*, $C_{23}H_{30}N_2O_3S$, F. 169°. — *1.2.3.4.4a.9.10.10a-Oktahydro-6-hydroxy-9-oxophenanthren*, $C_{14}H_{16}O_2$, F. 254°, durch HUANG-MINLON-Red. von **III** u. Ringschluß mit HF. — *1.2.3.4.4a.9.10.10a-Oktahydro-6-methoxy-9-oxophenanthren*, $C_{15}H_{18}O_2$, F. 82,5 bis 83°, a) aus vorst. Verb. mit Dimethylsulfat u. NaOH; b) durch 4std. Einw. von wasserfreier HF auf **IV**; 87%; c) neben vorst. Verb.; *2.4-Dinitrophenylhydrazon*, $C_{21}H_{22}N_4O_5$, F. 244—245°. — *1.2.3.4.4a.9.10.10a-Oktahydro-6-methoxyphenanthren*, $C_{15}H_{20}O$, Kp.$_{0,1}$ 128—130°, durch Hydrieren vorst. Ketons an Pd-Kohle in Eisessig bei 60 lbs./sq.in.; 80%. — *3-Methoxyphenanthren*, F. 61°, durch $^3/_4$std. Erhitzen vorst. Verb. mit Pd-Kohle auf 300°. *Pikrat*, F. 124°. (J. chem. Soc. [London] **1959**. 1727—30. Mai. Haifa, Israel, Inst. of Technol., Dep. of Chem.) H. KAMPFER. 2850

Hans Brockmann und **Werner Müller**, *Hydroxytetracenchinone. 1.6.11-Trihydroxy-* (**I**), *1.4.6-Trihydroxy-* (**II**) u. *1.4.6.11-Tetrahydroxytetracenchinon-(5.12)* (**III**) werden hergestellt. Die UV-Absorptionskurven von **I** u. **II** in Cyclohexan u. konz. H_2SO_4, von **III** sowie von *1.4.5-Trihydroxy-* u. *1.4.5.8-Tetrahydroxyanthrachinon*, *1.4-Dihydroxynaphthochinon-(5.8)*, *1.4-Dihydroxyanthrachinon* u. *6.11-Dihydroxytetracenchinon* in Cyclohexan u. von *Tetracenchinon* (**V**), *Anthrachinon*, *1.4.5.8-Tetraacetoxyanthrachinon*, *1.4.6.11-Tetraacetoxy-* (**VI**), *1.4.6-Triacetoxy-* (**VII**) u. *1.6.11-Triacetoxytetracenchinon-(5.12)* (**IV**) in Methanol werden aufgenommen. Die Kurven von **IV**, **V**, **VI** u. **VII** ähneln einander weitgehend.

V e r s u c h e : T e t r a c e n c h i n o n e - (5. 12) : *1.6.11-Trihydroxy-* (**I**), $C_{18}H_{10}O_5$, F. >300°, durch 1std. FRIEDEL-CRAFTS-Rk. von 1,5 g 1.4-Dihydroxynaphthalin (**VIII**) u. 1,4 g 3-Hydroxyphthalsäureanhydrid in Ggw. von 11,8 g $AlCl_3$ u. 2,4 g NaCl bei 240° u. Reinigung an Kieselgelsäure; aus Chlf. rotbraune, grünlichglänzende Nadeln; sublimiert im Hochvakuum bei 180—200°; 200 mg (Ausbeute). *Triacetylderiv.* (**IV**), $C_{24}H_{16}O_8$, Zers. bei 280°, durch Acetylierung von **I** in Pyridin; aus Chlf. durch Zugabe von Methanol hellgelbe Nadeln. — *1.4.6-Trihydroxy-* (**II**), $C_{18}H_{10}O_5$, F. 294°, aus 1 g α-Naphthol u. 1 g 3.6-Dihydroxyphthalsäureanhydrid (**IX**) in Ggw. von $AlCl_3$ u. NaCl analog **I** bei 180°; aus Bzl. nach Zugabe von Ligroin kupferrote Schuppen; sublimiert im Hochvakuum bei 180°; 140 mg. *Triacetylderiv.* (**VII**), $C_{24}H_{16}O_8$, Zers. bei 270°, durch Acetylierung von **II** analog der von **I**; hellgelbe Prismen. — *1.4.6.11-Tetrahydroxy-* (**III**), $C_{18}H_{10}O_6$, F. >300°, aus 0,8 g **VIII** u. 0,8 g **IX** in Ggw. von 12,5 g $AlCl_3$ u. 2,5 g NaCl bei 170 bis 230°; aus Xylol dunkelbraune Nadeln; sublimiert im Hochvakuum bei 200°; 90 mg. *Tetraacetylderiv.* (**VI**), $C_{26}H_{18}O_{10}$, Zers. bei 290°, analog der Acetylierung von **I**; hellgelbe Nadeln. — *3.6-Dihydroxyphthalsäureanhydrid* (**IX**), durch ½std. Kochen der nachst. Säure in der 50fachen Menge Xylol u. Abkühlen. — *3.6-Dihydroxyphthalsäure*, durch Verseifen von 3.6-Dihydroxyphthalodinitril u. Reinigung des Reaktionsprod. mit saurem Amberlite IR 120; hellgelbe Nadeln. (Chem. Ber. **92**. 1164—70. 2/5. 1959. Göttingen, Univ., Org.-Chem. Inst.) S. DITTMANN-MITZSCHERLICH. 2950

S. Horwood Tucker, *Synthese von Fluoranthenen.* 13. Mitt. *Synthese von Benzo-[1.2:a;3.4:a']- und von Benzo-[1.2:a;4.5:a']-diacenaphthylen.* (12. vgl. J. chem. Soc. [London] **1954**. 227; 11. vgl. C. **1950/54**. 3152 S.) Thieno-[a;a']-diacenaphthylen kondensiert sich mit Maleinsäureanhydrid zum *Anhydrid* der *Benzo-[1.2:a;3.4:a']-diacenaphthylendicarbonsäure-(7.8)* (**I**), deren *Ba-Salz* beim Erhitzen in Ggw. von Cu *Benzo-[1.2:a; 3.4:a']-diacenaphthylen* liefert. *Benzo-[1.2:a;4.5:a']-diacenaphthylen* wird entweder durch Kondensation von Acenaphthenchinon (**II**) mit Acetondicarbonsäurediätylester (**III**) zu *8-Oxocyclopent-[a]-acenaphthylendicarbonsäure-(7.9)-diäthylester*, dessen DIELS-ALDER-Rk. mit Acenaphthylen (**IV**) bei 250° unter CO- u. H_2-Abspaltung zu *Benzo-[1.2:a;4.5:a']-diacenaphthylendicarbonsäure-(7.14)-diäthylester* (**V**), Verseifung u. Decarboxylierung oder in sehr geringer Ausbeute durch Rk. von 1-Jodnaphthalin (VII) mit 1.5-Dibrom-2.4-dinitrobenzol (VIII) u. Cu, Red. des *1.5-Bis-[naphthyl-(1)]-2.4-dinitrobenzols* zum *Diamin* u. dessen Diazotierung dargestellt. *cis-* bzw. *trans-1.2-Dimethylacenaphthendiol-(1.2)* reagieren nicht mit **IV** in Acetanhydrid, Phthalsäureanhydrid in Ggw. von p-Toluolsulfonsäure oder in H_3PO_4. In Ggw. von Chloranil (**VI**) u. J_2 entsteht bei 190° eine rote *Verb. vom F. 180 bis 220°.*

Versuche: *Benzo-[1.2:a;3.4:a']-diacenaphthylen*, $C_{26}H_{14}$, F. 232—233° (Bzl.-A. u. Essigester; erweicht bei 227°), durch Erhitzen von Ba-I mit Cu u. Reinigung über das *Pikrat* [$C_{26}H_{14}\cdot C_6H_3N_3O_7$, F. 239—240° (sintert bei 120°), rechteckige rote Stäbe]; UV-Spektr., kanariengelbe Nadeln. — *8-Oxocyclopent-[a]-acenaphthylendicarbonsäure-(7.9)-diäthylester*, F. 189—191° (Acetanhydrid), durch ½std. Rk. von **II** [F. 252° (Dioxan)] u. **III** in CH_3OH in Ggw. von $(C_2H_5)_3N$ bei Raumtemp.; violette Nadeln; 50% (Ausbeute). — *Benzo-[1.2:a;4.5:a']-diacenaphthylendicarbonsäure-(7.14), Essigsäuresolvat*, $C_{28}H_{14}O_4\cdot C_2H_4O_2$, F. >350° (Acetanhydrid; sintert bei 300°), durch 4std. Kochen von **V** mit 50%ig. KOH in 2-Methoxy- oder 2-Äthoxyäthanol; hellgelbe Blättchen. *Dipyridiniumsalz*, $C_{28}H_{14}O_4\cdot 2\ C_5H_5N$, F. >350° (Pyridin), orangefarbene Prismen. *Diäthylester* (**V**), $C_{32}H_{22}O_4$, F. 310—312° (Dioxan oder Nitromethan; erweicht bei 307°), a) durch 1 Min. Erhitzen vorst. Verb. mit **IV** auf 125°, 5 Min. in Ggw. von **VI** auf 125°, Lösen in Xylol u. Kochen des Nd. mit Bzl.; orangegelbe, dicke, quadrat. Tafeln; 93%; b) bei 230—250° in 4 Std. ohne **VI**. — *6b.14a-Dihydrobenzo-[1.2:a;4.5:a']-diacenaphthylendicarbonsäure-(7.14)-diäthylester*, $C_{32}H_{24}O_4$, F. 210—212° (Aceton), durch 2std. Kochen vorvorst. Verb. mit **IV** in Bzl.; hellgrüne, sechseckige, dicke Tafeln; 68%. — *1.5-Bis-[naphthyl-(1)]-2.4-dinitrobenzol*, $C_{26}H_{16}N_2O_4$, F. 212—213° (CCl_4), durch 2½std. Erhitzen von **VII**, **VIII** u. Cu-Bronze auf 244°, Extrahieren mit Bzl. u. Chromatographie an Al_2O_3; orangefarbene Kristalle; 40%. — *1.5-Bis-[naphthyl-(1)]-2.4-diaminobenzol*, aus vorst. Verb. mit $SnCl_2$ in Eisessig/HCl; Öl. *Dipikratdibenzolsolvat*, $C_{26}H_{20}N_2\cdot 2\ C_6H_3N_3O_7\cdot 2\ C_6H_6$ (aus Bzl.), grüngelbe Kristalle. — *Benzo-[1.2:a;4.5:a']-diacenaphthylen*, $C_{26}H_{14}$, F. 315° (Bzl. oder Dioxan), a) durch 1std. Erhitzen von **V** mit 100%ig. H_3PO_4 auf 275°; goldgelbe Nadeln; b) aus vorst. Verb. (ohne Isolierung) durch Diazotierung u. Erhitzen auf 100°. — *cis-1.2-Dimethylacenaphthendiol-(1.2)*, F. 187—189° (Aceton), durch Rk. von **II** mit CH_3MgJ in Ae. u. Zers. mit wss. NH_4Cl; dicke, quadrat. Platten; 24%; daneben die *trans-Verb.*, F. 182—183° (Chlf.), Nadeln; 35%. (J. chem. Soc. [London] **1958**. 1462—65. April. Glasgow, Univ.) H. PAGEL. 2950

F. C. Leavitt, T. A. Manuel und **F. Johnson**, *Neue heterocyclische Pentadiene.* Durch Zugabe der 1.4-Di-Li-Verb. (**II**) von 1.2.3.4-Tetraphenylbutadien, die durch Dimerisierung von Diphenylacetylen mit Li in Ae. erhalten wurde, zu aktivierten Dihalogeniden von S, Sn, Ge, P, As u. Sb, z. B. SCl_2, in Ae. in äquimol. Mengen entstehen *Tetraphenylthiophen* bzw. *Heterocyclen* der allg. Formel I mit M = P, Sn, As, Sb u. Ge u. R = R_1 = C_6H_5, wobei je nach Zentralatom ein oder beide R_1 fehlen können, z. B. *Pentaphenylphosphol* (F. 261—262°). Beide R_1 können in entsprechenden *Spiroverbb.* (M = Sn oder Ge) auch einen 2. Ring bilden. Letztere entstehen bei Verwendung der Tetrahalogenide von Sn u. Ge u. von 2 Mol **II**. Alle Verbb. sind krist. u. schm. >160°. (J. Amer. chem. Soc. **81**. 3163—64. 20/6. 1959. Framingham, Mass., Dow Chem. Co., Eastern Res. Labor.) H. PAGEL. 3051

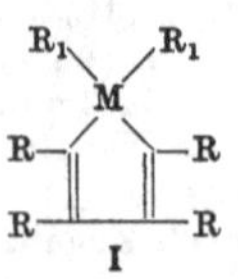

I

Richard Rips und **N. P. Buu-Hoï**, *Von 1.2.5-trisubstituierten Pyrrolen abgeleitete Aldehyde.* Die Formylierung von 1-Phenyl-2.5-dimethylpyrrol (**VII**) u. 1.2-Diphenyl-5-methylpyrrol mit Dimethylformamid (**VIII**) u. $POCl_3$ in Toluol führt zu *1-Phenyl-2.5-dimethylpyrrol-3-aldehyd* (**II**) u. wenig *-3.4-dialdehyd* (**I**) bzw. zu *1.2-Diphenyl-5-methylpyrrol-4-aldehyd* (**III**). **II** u. **III** lassen sich nach HUANG-MINLON zu *1-Phenyl-2.3.5-trimethyl-* bzw. *1.2-Diphenyl-4.5-dimethylpyrrol* red., von denen sich ersteres leicht zu *1-Phenyl-2.3.5-trimethylpyrrol-4-aldehyd* (**IV**), letzteres nur unter schärferen Bedingungen zu *1.2-Diphenyl-4.5-dimethylpyrrol-3-aldehyd* (**V**) formylieren ließ. Durch Red. werden *1-Phenyl-2.3.4.5-tetramethylpyrrol*, das auch aus **I** entsteht, bzw. *1.2-Diphenyl-3.4.5-trimethylpyrrol* erhalten. **II** u. **III** liefern mit Benzylcyanid (**VI**) in Ggw. von NaOH *β-[1-Phenyl-2.5-dimethylpyrryl-(3)]-* bzw. *β-[1.2-Diphenyl-5-methylpyrryl-(4)]-α-phenylacrylnitril*, **IV** u. **V** dagegen reagieren nicht mit **VI**. **I** gibt mit 2 Mol **VI** *1-Phenyl-2.5-dimethyl-3.4-bis-[β-phenyl-β-cyanvinyl]-pyrrol* u. mit $N_2H_4\cdot H_2O$ *1.3-Dimethyl-2-phenyl-5.6-diazaisoindol.*

Versuche: *1-Phenyl-2.5-dimethylpyrrol-3-aldehyd* (**II**), F. 92° (wss. CH_3OH), $Kp._{12}$ 190°, durch 6std. Erhitzen von **VII** mit **VIII** u. $POCl_3$ in absol. Toluol auf dem Wasserbad, 20 Min. Schütteln mit wss. Na-Acetat u. Aufnehmen in Toluol; Platten; 73%. *Semicarbazon*, $C_{14}H_{16}N_4O$, F. 294° (A.), Nadeln. *Oxim*, $C_{13}H_{14}N_2O$, F. 210° (A.),

Prismen. — *1-Phenyl-2.5-dimethylpyrrol-3.4-dialdehyd* (**I**), $C_{14}H_{13}NO_2$, F. 203°, neben **II**, bes. bei Verwendung von überschüssigem **VIII**; Nadeln; 13%. — *1.3-Dimethyl-2-phenyl-5.6-diazaisoindol*, $C_{14}H_{13}N_3$, F. 288° (wss. CH_3OH), durch 2std. Kochen von 1 g **I** mit $N_2H_4 \cdot H_2O$ in A.; glänzende Prismen; 0,9 g. — *1-Phenyl-2.3.5-trimethylpyrrol*, $C_{13}H_{15}N$, F. 39° (wss. CH_3OH), Kp.$_{18}$ 140°, durch 10 Min. Erhitzen von **II** mit 95%ig. $N_2H_4 \cdot H_2O$ u. Diäthylenglykol auf 100°, 90 Min. Kochen mit KOH unter Entfernung des W., Ansäuern mit verd. HCl u. Extrahieren mit Bzl.; Blättchen; 86,6%. — *1-Phenyl-2.3.5-trimethylpyrrol-4-aldehyd* (**IV**), $C_{14}H_{15}NO$, F. 134° (CH_3OH), aus vorst. Verb.; lange Nadeln; 83,3%. *Semicarbazon*, $C_{15}H_{18}N_4O$, F. 273° (A.), Prismen. — *1-Phenyl-2.3.4.5-tetramethylpyrrol*, $C_{14}H_{17}N$, Kp.$_{12}$ 142°, a) aus **IV**; 70%; b) aus **I**. — *1.2-Diphenyl-5-methylpyrrol-4-aldehyd* (**III**), $C_{18}H_{15}NO$, F. 115—116° (A.), Kp.$_{13}$ 241—242°, Prismen; 98%. *Oxim*, $C_{18}H_{16}N_2O$, F. 198° (A.), Prismen. *Phenylhydrazon*, $C_{24}H_{21}N_3$, F. 180° (A.), seidige Nadeln. — *1.2-Diphenyl-4.5-dimethylpyrrol*, $C_{18}H_{17}N$, F. 79° (A.), Kp.$_{12}$ 195°, aus **III**; Prismen; 87%. — *1.2-Diphenyl-4.5-dimethylpyrrol-3-aldehyd* (**V**), $C_{19}H_{17}NO$, F. 200° (Cyclohexan), Kp.$_{17}$ 254°, durch 10std. Erhitzen vorst. Verb. mit **VIII** u. $POCl_3$ auf dem Wasserbad u. Zugeben von 15%ig. NaOH; rhomboedr. Prismen; 77%. *Oxim*, $C_{19}H_{18}N_2O$, F. 238—239° (A.), glänzende Prismen. — *1.2-Diphenyl-3.4.5-trimethylpyrrol*, $C_{19}H_{19}N$, F. 121° (Cyclohexan oder Essigsäure), aus **V**; glänzende Nadeln; 70%. — *α-Phenyl-β-[1-phenyl-2.5-dimethylpyrryl-(3)]-acrylnitril*, $C_{21}H_{18}N_2$, F. 139° (A.), durch 5 Min. Kochen von **II** u. **VI** in A. in Ggw. von 5n wss. NaOH u. Verdünnen mit W.; gelbliche, seidige Nadeln; 70%. — *α-Phenyl-β-[1.2-diphenyl-5-methylpyrryl-(4)]-acrylnitril*, $C_{26}H_{20}N_2$, F. 145° (A.), aus **III** u. **VI**; gelbliche, seidige Nadeln. — *1-Phenyl-2.5-dimethyl-3.4-bis-[β-phenyl-β-cyanvinyl]-pyrrol*, $C_{30}H_{23}N_3$, F. 171° (A.), aus **I** u. **VI**; hellgelbe Nadeln. (J. org. Chemistry **24**. 372—74. März 1959. Paris, Univ., Radium Inst.)

R. PASEDAG. 3081

Pelham Wilder jr. und **Chicita F. Culberson**, *Cyclisierung von 2-Aza-1.2-dihydro-endo-dicyclopentadien.* Im Gegensatz zu 1.2-Dihydroendodicyclopentadien (**I**; R = CH_2) läßt sich 2-Oxa-1.2-dihydroendodicyclopentadien (**I**; R = O) nicht zur entsprechenden exo-Verb. isomerisieren. Das durch $LiAlH_4$-Red. von endo-Bicyclo-[2.2.1]-hepten-(5)-dicarbonsäure-(2.3)-imid erhältliche *2-Aza-1.2-dihydro-endo-dicyclopentadien* [**I**; R = NH; $C_9H_{13}N$, F. 117 bis 119° (sublimiert ab 55°); *N-Benzolsulfonylderiv.* (**Ia**), $C_{15}H_{17}NO_2S$, F. 107 bis 108°] gibt bei der katalyt. Hydrierung *2-Azatetrahydro-endo-dicyclopentadien* (*N-Benzolsulfonylderiv.*, $C_{15}H_{19}NO_2S$, F. 168 bis 168,5°) u. bei 5std. Kochen in wss. HBr u. Alkalisieren das *tert. Amin* **II** [ident. mit **IIa**; $C_9H_{13}N$, F. 126—128° (sublimiert ab 70°); IR-Spektr.], welches mit Benzolsulfonylchlorid *N-Benzolsulfonyl-9-chlor-2-azatetrahydro-endo-dicyclopentadien* ($C_{15}H_{18}ClNO_2S$, F. 176—177,5°) liefert, das auch durch Addition von HCl an **Ia** gebildet wird. Durch HOFMANN-Rk. wird aus **II** *N-Methyl-2-aza-1.2-dihydro-endo-dicyclopentadien* (**I**; R = NCH_3; $C_{10}H_{15}N$, Kp.$_{15}$ 80—81°) erhalten, welches auch durch Methylierung von **I** (R = NH) oder durch $LiAlH_4$-Red. von endo-Bicyclo-[2.2.1]-hepten-(5)-dicarbonsäure-(2.3)-methylimid entsteht. exo-Bicyclo-[2.2.1]-hepten-(5)-dicarbonsäure-(2.3)-imid ($C_9H_9 \cdot NO_2$, F. 163,5—164°) wird mit $LiAlH_4$ red. zu *2-Aza-1.2-dihydro-exo-dicyclopentadien* ($C_9H_{13}N$, Kp.$_{7,5}$ 73—74°; *N-Benzolsulfonylderiv.*, $C_{15}H_{17}NO_2S$, F. 112—113°), welches mit 48%ig. HBr *9-Brom-2-azatetrahydro-exo-dicyclopentadien* ($C_9H_{14}BrN$, Kp.$_{0,2}$ 94 bis 95°) ergibt u. aus diesem mit alkoh. KOH zurückgewonnen wird. (J. Amer. chem. Soc. **81**. 2027—28. 20/4. 1959. Durham, N. C., Duke Univ., Dep. of Chem.)

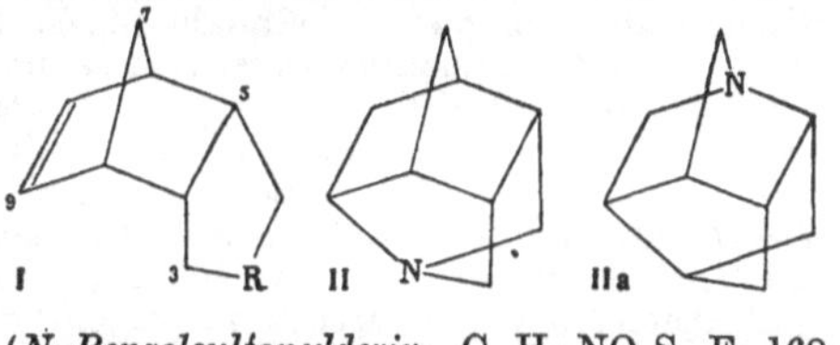

I II IIa

W. HOFFMANN. 3081

Tadashi Sato, *Reaktion von Hydrazinhydrat und Phenylhydrazin mit Malonitril.* Durch Rk. von 1 Mol Hydrazinhydrat mit 1 Mol Malonsäuredinitril (**I**) wurden *3-Amino-4-cyan-5-[cyanmethyl]-pyrazol* (**II**) u. eine fl. Verb. (**III**) erhalten, die aus 2 Moll. Hydrazin u. 1 Mol. **I** entstand. **III** ergab ein krist. *Dihydrochlorid* u. *Dihydrobromid* u. wurde nicht weiter untersucht. Durch Umsetzung von 2 Mol **I** mit 1 Mol Hydrazinhydrat entstand nur **II**, während durch Umsetzung von 1 Mol **I** mit 2 Mol Hydrazinhydrat nur **III** erhalten wurde. Die Rk. von **I** mit Phenylhydrazin ergab in jedem Fall nur *3-Amino-4-cyan-5-[cyanmethyl]-2(1)-phenylpyrazol* (**IV**). Durch saure Hydrolyse von **II** bzw. **IV** entstand *3-Amino-4-carboxy-5-[carboxymethyl]-pyrazolimid* (**V**) bzw. das *2-Phenylderiv.* (**VI**). **II** oder **V** lieferten durch alkal. Hydrolyse *3-Amino-5-[carboxymethyl]-pyrazol-4-carbonamid* (**VII**). **VII** wird durch Behandlung mit HCl in **V** übergeführt. Der pK_a-Wert von **VII** beträgt 3,5. Durch alkal. Hydrolyse von **VI** entstand eine Säure, die auf Grund ihres Spektr. als das *2-Phenylderiv.* von **VII** aufzufassen ist; die Analyse stimmt jedoch nicht mit dieser Annahme überein. III-Dihydrochlorid bzw. III-Dihydrobromid ergaben nach Schotten-Baumann ein *Tribenzoylderiv.*, Aceton reagierte jedoch weder mit III noch mit dessen Salzen; auf Grund des IR-Spektr. kann es sich um Dihydrotriazin- oder Pyrazolderivv. handeln.

Versuche: *3-Amino-4-cyan-5-[cyanmethyl]-pyrazol* (II), $C_6H_5N_5$, F. 197° (W.), durch Zugabe von 6,6 g I in A. zu 5 cm³ 80%ig. Hydrazinhydrat, 3std. Stehen unterhalb 40°, Abdest. des A. im Vakuum u. Waschen mit Alkohol. *Acetylderiv.*, $C_8H_7N_5O$, F. 276° (Essigsäure), durch Rk. von II mit Acetanhydrid in Ggw. von H_2SO_4. — *4.6-Diamino-2.5-dihydro-1.2.3-triazin* (III), *Dihydrochlorid*, $C_3H_9Cl_2N_5$, F. 205° (Zers.; 18%ig. HCl), durch Eindampfen des alkoh. Filtrates von II im Vakuum u. Zugabe von konz. HCl unter Kühlen. *Dihydrobromid*, $C_3H_9Br_2N_5$, F. 205° (Zers.), analog mit HBr. *Tribenzoylderiv.*, $C_{24}H_{19}N_5O_3$, F. 239° (wss. A.), durch Rk. von III-Hydrochlorid in W. mit Benzoylchlorid u. NaOH u. chromatograph. Reinigung. — *3-Amino-4-cyan-5-[cyanmethyl]-2(1)-phenyl-pyrazol* (IV), $C_{12}H_9N_5$, F. 169° (A.), durch 3std. Kochen von 26 g I mit 22 g Phenylhydrazin in A., Einengen im Vakuum u. Zugabe von Wasser. *Acetylderiv.*, $C_{14}H_{11}N_5O$, F. 168°, durch 30 Min. Rk. von IV mit Acetanhydrid in Ggw. von H_2SO_4. *Benzalderiv.*, $C_{19}H_{13}N_5$, F. 117° (A.), durch Erhitzen mit Benzaldehyd in Eisessig. — *3-Amino-4-carboxy-5-[carboxymethyl]-pyrazolimid* (V), *Hydrochlorid*, $C_6H_7ClN_4O_2$, F. > 360° (18%ig. HCl), durch 3std. Kochen von II oder VII mit konz. HCl. V, $C_6H_6N_4O_2$, F. > 360° (W.). — *3-Amino-2-phenyl-4-carboxy-5-[carboxymethyl]-pyrazolimid* (VI), $C_{12}H_{10}N_4O_2$, F. 258° (wss. Essigsäure), durch 2std. Kochen von IV mit konz. HCl u. Neutralisieren mit 10%ig. NaOH. — *3-Amino-5-[carboxymethyl]-pyrazol-4-carbonamid* (VII), $C_6H_8N_4O_3$, F. 208° (Zers.; W.), durch 3std. Kochen von II oder V mit 10%ig. NaOH, Neutralisieren mit 10%ig. HCl u. Einengen im Vakuum. (J. org. Chemistry **24**. 963—66. Juli 1959. Shinjiku-ku, Tokyo, Waseda Univ., School of Sci. and Engng., Dep. of Appl. Chem.)

H. Bertsch. 3122

William S. Gump und **Edward J. Nikawitz**, *Potentielle Carcinostatica. Benzimidazolderivate.* Während die Kondensation von o-Phenylendiamin (I) weder mit Hippursäure noch mit Phthalimidoessigsäure gelingt, entstehen aus I, 4-Chlor-, 4.5-Dichlor- bzw. 4.5-Dimethyl-o-phenylendiamin mit *N.N-Bis-[2-hydroxyäthyl]-glycin* (II) in sd. 4n HCl *2-[Bis-(2-hydroxyäthyl)-aminomethyl]-benzimidazoldihydrochlorid* (V) bzw. die entsprechenden *substituierten Derivv.*, die mit $SOCl_2$ in die *Bis-[2-chloräthyl]-derivv.* übergeführt werden. *1-Methyl-2-[bis-(2-hydroxyäthyl)-aminomethyl]-benzimidazoldihydrochlorid* wird aus 1-Methyl-2-chlormethylbenzimidazolhydrochlorid (IV) u. Diäthanolamin (III) dargestellt, über das *Pikrat* gereinigt u. mit $SOCl_2$ in „*1-Methylbenzimidazollost*" übergeführt. Die carcinostat. Eigg. der Verbb. sind gering.

Versuche: *N.N-Bis-[2-hydroxyäthyl]-glycin* (II), in 24 Std. aus III u. Chloressigsäure. — *2-[Bis-(2-hydroxyäthyl)-aminomethyl]-benzimidazoldihydrochlorid* (V), F. 194 bis 195° (90%ig. A.), durch 10std. Kochen von 280 g I u. 400 g II in 4n HCl unter N_2; hellorangefarbene Kristalle; 356 g (Ausbeute). — *2-[Bis-(2-hydroxyäthyl)-aminomethyl]-5(oder 6)-chlorbenzimidazoldihydrochlorid*, $C_{12}H_{18}Cl_3N_3O_2$, F. 171—172° (A.), aus 82 g II in 6 Std.; rosa Kristalle; 38 g. — *2-[Bis-(2-hydroxyäthyl)-aminomethyl]-5.6-dichlorbenzimidazoldihydrochlorid*, $C_{12}H_{17}Cl_4N_3O_2$, F. 160—163° (A.), aus 62 g II in 10 Std., aber Kochen mit wss. HCl; 34,7 g. — *2-[Bis-(2-hydroxyäthyl)-aminomethyl]-5.6-dimethylbenzimidazoldihydrochlorid*, $C_{14}H_{23}Cl_2N_3O_2$, F. 190—192° (A.), aus 48 g II in 10 Std.; 17 g. — *1-Methyl-2-[bis-(2-hydroxyäthyl)-aminomethyl]-benzimidazol*, *Pikrat*, F. 142—143° (W.), durch 2std. Kochen von 44 g III u. 90 g IV mit Na-Acetat in Aceton, 3std. Kochen mit Na_2CO_3, 2std. Kochen mit $NaHCO_3$ u. Filtrieren; 65 g. *Dihydrochlorid*, $C_{13}H_{21}Cl_2N_3O_2$, F. 172—174° (A.), aus dem Pikrat mit konz. HCl; 31,7 g. — *2-[Bis-(2-chloräthyl)-aminomethyl]-benzimidazoldihydrochlorid* („*Benzimidazollost*"), $C_{12}H_{17}Cl_4N_3$, F. 142—143° (A.), aus V u. $SOCl_2$. — 2-[Bis-(2-chloräthyl)-aminomethyl]-benzimidazolhydrochloride: *5*(oder *6*)-*Chlor-*, F. 146—147° (absol. A.); 45%. — *5.6-Dichlor-*, F. 171—173° (absol. A.); 49%. — *5.6-Dimethyl-*, F. 180—182° (absol. A.); 70%. — *1-Methyl-*, F. 137—138,5 (absol. A.); 61%. (J. org. Chemistry **24**. 712—14. Mai 1959. Delawanna, N. J., Givaudan Corp., Res. Dep.) P. Rögner. 3122

E. Baltazzi, *Die Chemie von Oxazolonen-(5).* Übersicht über die Darst., Eigg., chem. Verh., Bedeutung als Ausgangsverbb. für Synthesen, physiol. Wrkg., IR- u. UV-Absorption von gesätt. u. ungesätt. *Azlactonen.* — 97 Literaturangaben. (Quart. Rev. (chem. Soc., London) **9**. 150—73. 1955. Paris, Inst. Pasteur, Chargé de Rech. au C.N.R.S.)

W. Liebscher. 3132

Ju. K. Jurjew und **Ss. W. Djatlowitzkaja**, *Äthylensulfid in der Synthese heterocyclischer Verbindungen mit zwei Heteroatomen.* 8. Mitt. *Synthese von 2-[Furyl-(2)]-, 2-[Thienyl-(2)]- und 2-[Selenienyl-(2)]-3-arylthiazolidinen.* (7. vgl. C. **1959**. 10897.) Durch Kondensation von N-[β-Mercaptoäthyl]-arylaminen mit Furfurol (I), Thiophen-2-aldehyd

(II) u. Selenophen-2-aldehyd (III) wurden *2-[Furyl-(2)]-*, *2-[Thienyl-(2)]-* bzw. *2-[Selenienyl-(2)]-3-arylthiazolidine* dargestellt.

Versuche: 2-[Furyl-(2)]-thiazolidine: *3-Phenyl-*, $C_{13}H_{13}NOS$, $Kp._3$ 175—176°, man kocht 4,8 g I u. 7,65 g N-[β-Mercaptoäthyl]-anilin in 30 ml Bzl. bis kein W. mehr abdest., dampft das Bzl. ab, schüttelt den Rückstand mit 5 ml A. u. 25 ml gesätt. $NaHSO_3$-Lsg., filtriert, extrahiert das Filtrat mit Ae. u. dest. unter N_2; $D.^{20}_4$ 1,2167; n_D^{20} 1,6280; 69% (Ausbeute). — *3-p-Tolyl-*, $C_{14}H_{15}NOS$, F. 56,5—57,5° (A.), man läßt 4,8 g I u. 8,35 g N-[β-Mercaptoäthyl]-p-toluidin 4 Std. bei Zimmertemp. stehen; 76,5%. — *3-p-Anisyl-*, $C_{14}H_{15}NO_2S$, F. 75,5—76° (A.), aus 4,8 g I u. 9,15 g N-[β-Mercaptoäthyl]-p-anisidin; 86,5%. — *3-o-Tolyl-*, $C_{14}H_{15}NOS$, $Kp._4$ 180—182°, aus 4,8 g I u. 8,35 g N-[β-Mercaptoäthyl]-o-toluidin; $D.^{20}_4$ 1,1800; n_D^{20} 1,6032; 41%. — 2-[Thienyl-(2)]-thiazolidine: Man läßt äquimol. Mengen II u. des entsprechenden aromat. Amins 20 (40) Std. bei Zimmertemp. stehen u. krist. aus 80%ig. A. um: *3-Phenyl-*, $C_{13}H_{13}NS_2$, F. 70,5—71°; 80%. — *3-o-Tolyl-*, $C_{14}H_{15}NS_2$, F. 34,5—35°; 40 Std.; 20%. — *3-p-Tolyl-*, $C_{14}H_{15}NS_2$, F. 72,5—73°; 100%. — *3-o-Anisyl-*, $C_{14}H_{15}NOS_2$, F. 74,5—75°, aus II u. N-[β-Mercaptoäthyl]-o-anisidin; 61,5%. — *3-p-Anisyl-*, $C_{14}H_{15}$·NOS_2, F. 77—77,5°; 100%. — *3-[p-Carbäthoxyphenyl]-*, $C_{16}H_{17}NO_2S_2$, F. 105,5—106°, aus II u. N-[β-Mercaptoäthyl]-p-carbäthoxyanilin (40 Std.); 48%. — Analog folgende 2-[Selenienyl-(2)]-thiazolidine: *3-Phenyl-*, $C_{13}H_{13}NSSe$, F. 65,5—66°; 52,5%. — *3-o-Tolyl-*, $C_{14}H_{15}NSSe$, F. 56—56,5°; 54%. — *3-p-Tolyl-*, $C_{14}H_{15}NSSe$, 48 Std.; 52,5%. — *3-o-Anisyl-*, $C_{14}H_{15}NOSSe$, F. 96,5—97°; 48 Std.; 52,5%. — *3-p-Anisyl-*, $C_{14}H_{15}NOSSe$, F. 81—81,5°; 91%. (Журнал Общей Химии [J. allg. Chem.] **28** (90). 2377—80. Sept. 1958. Moskau, Univ.) Helmut Schäfer. 3142

B. K. Patnaik und **M. K. Rout**, *Merocyanine*. 1. Mitt. Durch Kondensation von verschied. 2-Methyl-4-phenylthiazolmethojodiden mit Acetylchlorid (III) wurden die entsprechenden *2-Acetylmethylenderivv.* erhalten, die durch erneute Kondensation mit Rhodanin (IV) bzw. Äthylrhodanin (V) in der Dimethinbrücke substituierte *Dimethinmerocyanine* ergeben.

Versuche: *2-Methyl-4-phenylthiazolmethojodid*, $C_{11}H_{12}JNS$, F. 202° (A.), durch 24std. Erhitzen von 2-Methyl-4-phenylthiazol u. Methyljodid (I) im Carius-Rohr; 68% (Ausbeute). — *2-Acetylmethylen-3-methyl-4-phenylthiazolin* (II), $C_{13}H_{13}NOS$, F. 55° (Zers.), durch Zugabe von III zu vorst. Verb. in Pyridin bei 0° unter Rühren, 20 Min. Rühren, 10 Min. Erwärmen auf 100° u. Einengen im Vakuum; aus Methanol rotviolette Kristalle; 58%. — *5-{1-[3'-Methyl-4'-phenylthiazolinyliden-(2')]-isopropyliden}-rhodanin*, $C_{16}H_{14}N_2OS_3$, F. 145° (Zers.), durch 2std. Kochen von II u. IV in Acetanhydrid, Einengen im Vakuum, Anreiben mit Ae., Methanol u. Aceton; aus Essigsäure blauviolette Kristalle; 50%. — *5-{1-[3'-Methyl-4'-phenylthiazolinyliden-(2')]-isopropyliden}-3-äthylrhodanin*, $C_{18}H_{18}N_2OS_3$, F. 262—263° (Zers.), durch 3std. Kochen von II u. V in Acetanhydrid, Einengen im Vakuum u. Anreiben mit Ae. u. Aceton; aus Essigsäure rotviolette Nadeln; 48%. — *2-Methyl-4-[p-methoxyphenyl]-thiazolmethojodid*, $C_{12}H_{14}JNOS$, F. 197°, durch Erhitzen von 2-Methyl-4-[p-methoxyphenyl]-thiazol u. I im Carius-Rohr; 63%. — *2-Acetylmethylen-3-methyl-4-[p-methoxyphenyl]-thiazolin*, $C_{14}H_{15}NO_2S$, F. 190° (Zers.), durch Zugabe von III zu vorst. Verb. in Pyridin bei 0° analog II; aus Essigsäure orangebraune Kristalle; 50%. — *5-{1-[3'-Methyl-4'-(p-methoxyphenyl)-thiazolinyliden-(2')]-isopropyliden}-rhodanin*, $C_{17}H_{16}N_2O_2S_3$, F. 152—155° (Zers.), durch 3std. Kochen vorst. Verb. u. IV in Acetanhydrid; aus Essigsäure dunkelrotbraune Nadeln; 40%. — *2-Methyl-4-[p-äthoxyphenyl]-thiazolmethojodid*, $C_{13}H_{16}JNOS$, F. 204°, durch 30std. Erhitzen von 2-Methyl-4-[p-äthoxyphenyl]-thiazol mit I im Carius-Rohr; 60%. — *2-Acetylmethylen-3-methyl-4-[p-äthoxyphenyl]-thiazolin* (VI), $C_{15}H_{17}NO_2S$, F. > 300°, aus vorst. Verb. u. III in Pyridin analog II; aus A. braune Kristalle; 52%. — *5-{1-[3'-Methyl-4'-(p-äthoxyphenyl)-thiazolinyliden-(2')]-isopropyliden}-rhodanin*, $C_{18}H_{18}N_2O_2S_3$, F. 150—152° (Zers.), durch 2½std. Kochen von VI u. IV in Acetanhydrid; aus Essigsäure tiefrotviolette Kristalle; 42%. — *5-{1-[3'-Methyl-4'-(p-äthoxyphenyl)-thiazolinyliden-(2')]-isopropyliden}-3-äthylrhodanin*, $C_{20}H_{22}N_2O_2S_3$, F. 207—208° (Zers.), aus VI u. V in Acetanhydrid; aus Essigsäure orangebraune Kristalle; 42%. — *2-Methyl-4-[p-nitrophenyl]-thiazolmethojodid*, $C_{11}H_{11}JN_2O_2S$, F. 196°, durch 30std. Erhitzen von 2-Methyl-4-[p-nitrophenyl]-thiazol u. I im Carius-Rohr; 65%. — *2-Acetylmethylen-3-methyl-4-[p-nitrophenyl]-thiazolin* (VII), $C_{13}H_{12}N_2O_3S$, F. 220° (Zers.), aus vorst. Verb. u. III in Pyridin analog II; aus A. braune Kristalle; 55%. — *5-{1-[3'-Methyl-4'-(p-nitrophenyl)-thiazolinyliden-(2')]-isopropyliden}-rhodanin*, $C_{16}H_{13}N_3O_3S_3$, F. 109—110° (Zers.), durch 2½std. Kochen von VII u. IV in Acetanhydrid; aus Methanol dunkelrote Nadeln; 45%. — *5-{1-[3'-Methyl-4'-(p-nitrophenyl)-thiazolinyliden-(2')]-isopropyliden}-3-[p-tolyl]-rhodanin*, $C_{23}H_{19}N_3O_3S_3$, F. 102° (Zers.), durch 3std. Kochen von VII u. 3-[p-Tolyl]-rhodanin in Acetanhydrid; aus

Essigsäure tiefblauviolette Kristalle; 45%. — *2-Methyl-4-[p-bromphenyl]-thiazolmethojodid*, $C_{11}H_{11}BrJNS$, F. 251°, durch 48std. Erhitzen von 2-Methyl-4-[p-bromphenyl]-thiazol u. I im Carius-Rohr; 70%. — *2-Acetylmethylen-3-methyl-4-[p-bromphenyl]-thiazolin* (**VIII**), $C_{13}H_{12}BrNOS$, F. 126° (Zers.), aus vorst. Verb. u. **III** analog **II**; aus Essigsäure rotbraune Kristalle; 60%. — *5-{1-[3'-Methyl-4'-(p-bromphenyl)-thiazolinyliden-(2')]-isopropyliden}-rhodanin*, $C_{16}H_{13}BrN_2OS_3$, F. 117° (Zers.), durch 2std. Kochen von **VIII** u. **IV** in Acetanhydrid; aus Methanol dunkle indigoviolette Kristalle; 52%. — *5-{1-[3'-Methyl-4'-(p-bromphenyl)-thiazolinyliden-(2')]-isopropyliden}-3-äthylrhodanin*, $C_{18}H_{17}BrN_2 \cdot OS_3$, F. 160° (Zers.), durch 3std. Kochen von **VIII** u. **V** in Acetanhydrid; aus Essigsäure dunkelrote, blau schimmernde Nadeln; 45%. (J. sci. ind. Res. [New Delhi], Sect. B **16**. 253—56. Juni 1957. Cuttack, Ravenshaw Coll.) W. Liebscher. 3142

B. K. Patnaik und **M. K. Rout**, *Photographische Sensibilisatoren*. 1. Mitt. *Merocarbocyanine*. Aus den Methojodiden von 4-Phenyl-, 4-[p-Methoxyphenyl]-, 4-[p-Äthoxyphenyl]-, 4-[p-Bromphenyl]-2-methylthiazol u. 2-Methylbenzothiazol werden die *2-Acetanilidovinylverbb.* dargestellt, die durch Kondensation mit 3-Äthylrhodanin (I) die entsprechenden *Merocarbocyanine* ergeben.

Versuche: *2-Methyl-4-[p-bromphenyl]-thiazol*, $C_{10}H_8BrNS$, F. 127°, durch Kondensation von ω-Brom-p-bromacetophenon mit Thioacetamid (II) nach Wetherill u. Hann (J. Amer. chem. Soc. **56**. [1934.] 970); 78% (Ausbeute). *Methojodid*, $C_{11}H_{11} \cdot BrJNS$, F. 251° (A.), durch 48std. Erhitzen mit Methyljodid (III) im Carius-Rohr nach Mills u. Smith (J. chem. Soc. [London] **121**. [1922.] 2735); 70%. — *2-[2-Acetanilidovinyl]-4-[p-bromphenyl]-thiazolmethojodid*, $C_{20}H_{18}BrJN_2OS$, F. 174—175° (Zers.), durch 1std. Kochen vorst. Methojodids u. N.N'-Diphenylformamidin (**IV**) in Acetanhydrid; aus Essigsäure orangebraune Kristalle; 56%. — *2-Thioketo-3-äthyl-5-{β-[3'-methyl-4'-(p-bromphenyl)-thiazolinyliden-(2')]-äthyliden}-thiazolidon-(4)*, $C_{17}H_{15}BrN_2OS_3$, F. 218—220° (Zers.), durch 2std. Kochen vorst. Verb. u. **I** in Acetanhydrid u. Na-Acetat; aus Essigsäure rotbraune Platten; 48%. — *2-Methyl-4-[p-äthoxyphenyl]-thiazol*, $C_{12}H_{13} \cdot NOS$, F. 58°, aus p-Äthoxyphenacylbromid u. **II**; 65%. *Methojodid*, $C_{13}H_{16}JNOS$, F. 204° (Methanol), durch 30std. Erhitzen mit **III** im Carius-Rohr; 60%. — *2-[2-Acetanilidovinyl]-4-[p-äthoxyphenyl]-thiazolmethojodid*, $C_{22}H_{23}JN_2O_2S$, F. 188° (Zers.; Essigsäure), aus vorst. Verb. u. **IV**; 48%. — *2-Thioketo-3-äthyl-5-{β-[3'-methyl-4'-(p-äthoxyphenyl)-thiazolinyliden-(2')]-äthyliden}-thiazolidon-(4)*, $C_{19}H_{20}N_2O_2S_3$, F. 167° (Zers.), durch 3std. Kochen vorst. Verb. u. **I** in Acetanhydrid u. Na-Acetat; aus Essigsäure tief rotviolette Nadeln; 42%. — *2-Methylbenzothiazolmethojodid*, $C_9H_{10}JNS$, F. 217° (W.); 75%. — *2-[2-Acetanilidovinyl]-benzothiazolmethojodid*, $C_{18}H_{17}JN_2OS$, F. 178° (Zers.; Methanol), durch 70 Min. langes Kochen vorst. Methojodids u. **IV** in Acetanhydrid; 58%. — *2-Thioketo-3-äthyl-5-{β-[3'-methylbenzothiazolinyliden-(2')]-äthyliden}-thiazolidon-(4)*, $C_{15}H_{14}N_2OS_3$, F. 148—149° (Zers.), durch 3std. Kochen vorst. Verb. u. **I** in Acetanhydrid u. Na-Acetat; aus Essigsäure dunkelrote Kristalle; 50%. — *2-[2-Acetanilidovinyl]-4-phenylthiazolmethojodid*, $C_{20}H_{19}JN_2OS$, F. 162—163° (Zers.; Methanol), durch 1std. Kochen von 2-Methyl-4-phenylthiazolmethojodid u. **IV** in Acetanhydrid; 55%. — *2-Thioketo-3-äthyl-5-{β-[3'-methyl-4'-phenylthiazolinyliden-(2')]-äthyliden}-thiazolidon-(4)*, $C_{17} \cdot H_{16}N_2OS_3$, F. 176—177° (Zers.), durch 2std. Kochen vorst. Verb. u. **I** in Acetanhydrid u. Na-Acetat; aus A. glänzende rote Platten; 45%. — *2-[2-Acetanilidovinyl]-4-[p-methoxyphenyl]-thiazolmethojodid*, $C_{21}H_{21}JN_2O_2S$, F. 178° (Zers.; Methanol), durch 70 Min. langes Kochen von 2-Methyl-4-[p-methoxyphenyl]-thiazolmethojodid u. **IV** in Acetanhydrid; 52%. — *2-Thioketo-3-äthyl-5-{β-[3'-methyl-4'-(p-methoxyphenyl)-thiazolinyliden-(2')]-äthyliden}-thiazolidon-(4)*, $C_{18}H_{18}N_2O_2S_3$, F. 173° (Zers.), aus vorst. Verb. u. **I**; aus Essigsäure glänzende rotbraune Nadeln; 40%. (J. Indian chem. Soc. **34**. 543—47. Juli 1957. Cuttack, Ravenshaw Coll., Mayurbhanj Chem. Labor.) W. Liebscher. 3142

Edgar Howard jr. und **William F. Olszewski**, *Die Reaktion von Triphenylphosphin mit einigen aromatischen Aminoxyden*. Pyridin-N-oxyd, 2-Methyl-, 4-Methyl-, 4-Methoxypyridin-N-oxyd sowie Chinolin-N-oxyd werden durch Triphenylphosphin (I) bei 250 bis 280° mit u. ohne Triäthylenglykol als Lösungsm. unter Bldg. der *freien Amine* in Ausbeuten bis zu 93% u. *Triphenylphosphinoxyd* reduziert. Bei Einw. von I auf 4-Nitropyridin-N-oxyd entstehen in exothermer Rk. nitrose Gase; hier konnte nur Triphenylphosphinoxyd isoliert werden. (J. Amer. chem. Soc. **81**. 1483—84. 20/3. 1959. Philadelphia, Pa., Temple Univ., Dep. of Chem.) L. Lamza. 3231

Yoshinobu Satô und **Takuzô Nishimura**, *Darstellung von 2-Methyl-3-cyanpyridin*. Das aus Acetonitril (I) hergestellte *β-Aminocrotononitril* gibt mit Acrolein *2-Methyl-3-cyandihydropyridin*, das durch Oxydation mit H_2SO_4 u. $NaNO_2$ in *2-Methyl-3-cyanpyridin* übergeht. Das letzte Prod. gibt durch Grignard-Rk. mit Methyl-MgJ *2-Methyl-3-acetylpyridin*.

V e r s u c h e: *β-Aminocrotononitril*, Kp.$_2$ 83°, F. 52°, aus 80 g I in PAe. durch Zusatz von 20 g Na unter Eiskühlung u. 3std. Kochen des Gemischs; 26,8 g (Ausbeute). — *2-Methyl-3-cyandihydropyridin*, Kp.$_2$ 170°, aus vorst. Verb. u. wenig Piperidin durch Zutropfen zu Acrolein in A. bei 40—50° u. 3std. Kochen des Gemischs; 51,8%. — *2-Methyl-3-cyanpyridin*, $C_7H_6N_2$, F. 55—57° (Bzn.), Kp.$_{13}$ 95—105°, durch Zusatz von 30%ig. wss. $NaNO_2$ zu vorst. Verb. in Ae. u. langsamem Zusatz von 20%ig. H_2SO_4 bei n. Temp.; 33%. *Pikrat*, $C_{13}H_9N_5O_7$, F. 168°. — *2-Methyl-3-acetylpyridin*, Kp.$_2$ 80—85°, aus vorst. Verb. durch Versetzen mit Methyl-MgJ in Ae. u. Zers. mit kalter wss. NH_4Cl-Lösung. *Pikrat*, $C_{14}H_{12}N_4O_8$, F. 167—171°. (Annu. Rep. Takamine Lab. **10**. 27—29. Dez. 1958. Tôkyô-Sinagawa, Takamine-Kenkyûzyo. [Orig.: japan.; Auszug: engl.])

E. MAEKAWA. 3231

D. G. Coe, *Vom Pyridin abgeleitete quaternäre Hydroxamsäuren.* Durch Rk. von Pyridinbasen mit aliphat. α- oder β-Chlorcarbonsäureestern wurden *substituierte Carbäthoxyalkylpyridiniumchloride* erhalten, die extrem hygroskop. u. schwer rein darstellbar sind. Durch Rk. mit Hydroxylamin in CH_3OH wurden daraus die entsprechenden *Hydroxamsäuren* dargestellt, die gegen Cholinesterasehemmung wirksam sind. Die meisten Carbäthoxyalkylpyridiniumchloride wurden roh weiterverarbeitet, da ihre $HgCl_2$-Addukte fl. anfielen.

V e r s u c h e: *N-Carbäthoxymethylpyridiniumchlorid, $HgCl_2$-Addukt*, F. 124—125°, durch Mischen äquivalenter Mengen Pyridin u. Chloressigsäureäthylester, Zugabe von Ae., 2tägiges Stehen, Filtrieren u. Rk. mit $HgCl_2$. — *N-Carbäthoxymethyl-3-picoliniumchlorid, $HgCl_2$-Addukt*, F. 149—151°, analog. — *N-Carbäthoxymethyl-4-picoliniumchlorid, $HgCl_2$-Addukt*, F. 104°, analog. — *N-Carbäthoxymethyl-2.3-lutidiniumchlorid, $HgCl_2$-Addukt*, F. 95—98°, analog durch mehrtägiges Kochen. — N - C a r b o h y d r o x a m i d o m e t h y l p y r i d i n i u m c h l o r i d e, durch Mischen heißer methanol. Lsgg. von 0,15 Mol Hydroxylaminhydrochlorid u. Na-Methylat, Filtrieren, Zugabe zu 0,1 Mol substituiertem Carbäthoxyalkylpyridiniumchlorid in CH_3OH, 4tägiges Stehen bei 0°, Dekantieren, Einengen im Vakuum, Fällen mit Ae. u. Kristallisieren aus CH_3OH: *2-Methyl-*, $C_8H_{11}ClN_2O_2$, F. 170°; 66% (Ausbeute). — *3-Methyl-*, F. 190°; 64%. — *4-Methyl-*, F. 188°; 70%. — *2.3-Dimethyl-*, $C_9H_{13}ClN_2O_2$, F. 205°; 84%. — *2.4-Dimethyl-*, F. 188°; 76%. — *3.5-Dimethyl-*, F. 191°; 81%. — *3-Äthyl-4-methyl-*, $C_{10}H_{15}ClN_2O_2$, F. 147°; 63%. — *4-[3-Hydroxypropyl]-*, $C_{10}H_{15}ClN_2O_3$, F. 153°; 79%. — *N-Carbohydroxamidomethylpyridiniumchlorid*, $C_7H_9ClN_2O_2$, F. 186°; 58%. — *N-[2-Carbohydroxamidoäthyl]-pyridiniumchlorid*, $C_8H_{11}ClN_2O_2$, F. 151°; 25%. — *N-[1-Carbohydroxamidoäthyl]-pyridiniumchlorid*, F. 158°; 84%. — *N-[1-Carbohydroxamidoäthyl]-4-methylpyridiniumchlorid*, $C_9H_{13}ClN_2O_2$, F. 206°; 91%. — *N-[1-Carbohydroxamidoäthyl]-3.5-dimethylpyridiniumchlorid*, $C_{10}H_{15}ClN_2O_2$, F. 218°; 51%. (J. org. Chemistry **24**. 882—84. Juni 1959. Ralston, Alberta, Defence Res. Board of Canada, Suffield Exp. Stat.)

H. BERTSCH. 3231

Marian Eckstein, Maria Gorczyca, Aleksander Kocwa und **Alfred Zejc,** *Aminoxyde von physiologisch aktiven Verbindungen.* 3. Mitt. *Aminoxyde von Nicotinsäurederivaten.* (2. vgl. C. **1959.** 11233.) Zur Unters. ihrer etwaigen tuberkulostat. Wirksamkeit wurden verschied. *Derivv.* des *Nicotinsäure-N-oxyds* dargestellt: *Nicotinsäureamid-N-oxyd* (I), $C_6H_6N_2O_2$, F. 282° (Nadeln aus Methanol), durch Schütteln des Äthylesters mit konz. NH_4OH (90% Ausbeute) oder aus der freien Säure u. alkoh. NH_3-Lsg.; 70%. *Hydrazid* (II), $C_6H_7N_3O_2$, F. 230° (A.), aus I oder dem Äthylester mit Hydrazinhydrat durch Erwärmen; 95%. — Die N i c o t i n o y l h y d r a z o n - N - o x y d e nachst. A l d e h y d e wurden durch 2std. Erhitzen von 2 mMol II u. 2 mMol Aldehyd am Rückfluß in 70—90%ig. Ausbeute dargestellt: *Benzaldehyd-*, $C_{13}H_{11}N_3O_2$, F. 233—234° (cremefarbige Nadeln aus A.). — *Salicylaldehyd-*, $C_{13}H_{11}N_3O_3$, F. 270° (gelbe Nadeln aus A.). — *p-Dimethylaminobenzaldehyd-*, $C_{15}H_{16}N_4O_2$, F. 251—252° (gelbe Säulen aus A.). — *Furfurol-*, $C_{11}H_9N_3O_3$, F. 229° (Blättchen aus A.). — *5-Nitrofurfurol-*, $C_{11}H_8N_4O_5$, F. 199—200° (gelbe Blättchen aus A.). — *2-[N'-Oxopyridyl-(3')]-1.3.4-oxdiazolon-(5)*, $C_7H_5N_3O_3$, F. 282° (Blättchen aus A.), aus 4 mMol II in 6 ml W. u. 2 ml 20%ig. Lsg. von Phosgen in Toluol bei 0°; 50%. — 1 - N i c o t i n o y l t h i o s e m i c a r b a z i d - N - o x y d e, durch Erhitzen von 4 mMol II u. 4 mMol Allyl- oder Arylisothiocyanat in alkoh. Lsg. in 70—90%ig. Ausbeute: *4-Allyl-*, $C_{10}H_{12}N_4O_2S$, F. 190—191° (Säulen aus 70%ig. A.). — *4-Phenyl-*, $C_{13}H_{12}N_4O_2S$, F. 181° (Säulen aus A.). — *4-[p-Tolyl]-* (III), $C_{14}H_{14}N_4O_2S$, F. 199° (Blättchen aus Methanol). — *4-[m-Nitrophenyl]-* (IV), $C_{13}H_{11}N_5O_4S$, F. 219° (gelbe Säulen aus A.). — *4-Benzyl-*, $C_{14}H_{14}N_4O_2S$, F. 199° (Nadeln aus Methanol). — 1 - A r y l - 2 - [N' - o x o p y r i d y l - (3')] - 1. 3. 4 - t r i a z o l t h i o n e -(5): *1-[p-Tolyl]-*, $C_{14}H_{12}N_4OS$, F. 265° (A.), durch $^1/_4$std. Kochen von **III** mit 2n NaOH. — *1-[m-Nitrophenyl]-*, $C_{13}H_9N_5O_3S$, F. 260—261°, analog aus **IV**. — Durch Umsetzung von **III** bzw. **IV** mit eisgekühlter konz. H_2SO_4 (15 Min.), Gießen der Reaktionsmischung auf Eis

u. Neutralisieren mit NH_4OH wurden folgende *2-[N'-Oxopyridyl-(3')]-5-arylamino 1.3.4-thiodiazole* erhalten: *-p-tolyl-*, $C_{14}H_{12}N_4OS$, F. 259,5° (gelbe Blättchen aus A.). — *-m-nitrophenyl-*, $C_{13}H_9N_5O_3S$, F. 280° (Zers.; aus A. Nadeln). (Dissertat. pharmac. [Warszawa] **9.** 197—204. 1957.) F. Urban. 3231

E. E. Glover und Gurnos Jones, *Chinolizine.* 2. Mitt. *Eine Synthese von Alkyl- und Arylchinoliziniumsalzen.* (1. vgl. C. **1958.** 12973.) Durch Behandlung von 1.2.3.4-Tetrahydro-1-oxochinoliziniumbromid (**III**) mit sd. Acetanhydrid (**I**) allein wird *Chinoliziniumbromid* in 96%ig. Ausbeute erhalten. Die Meth. konnte auf 2-, 3- u. 4-substituierte Verbb. angewendet werden. Es wird ein Reaktionsmechanismus diskutiert. 3-Äthoxypropionaldehyd liefert mit CH_3MgJ bzw. Phenyl-MgBr *4-Äthoxybutanol-(2)* bzw. *3-Äthoxy-1-phenylpropanol-(1)*, die mit PBr_3 in die entsprechenden *Bromide* übergeführt werden. Die Grignard-*Verbb.* der letzteren setzen sich mit 2-Cyanpyridin (**II**) zu *2-[γ-Äthoxy-α-methyl-* bzw. *-α-phenylbutyryl]-pyridin* um. Die mit sd. HBr zugänglichen *Bromketonhydrobromide* werden nicht isoliert. Die mit Na_2CO_3 erhaltenen *freien Basen* cyclisieren sich in sd. Chlf. zu *1.2.3.4-Tetrahydro-2-methyl-* bzw. *-2-phenyl-1-oxochinoliziniumbromid*, die mit sd. **I** in *2-Methyl-* u. *2-Phenylchinoliziniumpikrat* übergeführt werden. Durch Addition von CH_3OH an Methacrylsäuremethylester (**IV**), Red. des *β-Methoxyisobuttersäuremethylesters* mit $LiAlH_4$, Überführung des *3-Methoxy-2-methylpropanols-(1)* in das entsprechende *Chlorid* (das *Bromid* entsteht nur in geringer Ausbeute), Rk. der Grignard-*Verb.* mit **II**, Cyclisierung des Pyridylketons u. Behandlung der Oxochinoliziniumverb. mit **I** wird *3-Methylchinoliziniumbromid* synthetisiert. Die Addition von A. an Crotonsäureäthylester in Ggw. von $NaOC_2H_5$, $LiAlH_4$-Red. von *β-Äthoxybuttersäureäthylester* (**V**), Rk. von *3-Äthoxybutanol* mit PBr_3 u. weitere analoge Reaktionsfolge führt zu *4-Methylchinoliziniumpikrat.* 2-Cyanchinolin (**VII**), 1-Cyanisochinolin (**VIII**) bzw. 3-Cyanisochinolin liefern mit 3-Äthoxypropyl-MgBr (**VI**) *2-[γ-Äthoxybutyryl]-chinolin, 1-* bzw. *3-[γ-Äthoxybutyryl]-isochinolin,* die schließlich in *Benzo-[c]-, [a]-* bzw. *-[b]-chinoliziniumpikrat* übergeführt werden. Nur im letzteren Fall enthielt das **I** eine Spur H_2SO_4. Die UV-Spektren der beiden ersten Verbb. sind graph. angegeben.

Versuche: *Chinoliziniumbromid,* F. 260—261° (absol. A.–absol. Ae. bzw. Essigester–A.), durch 1½ std. Kochen von **III** mit **I**, Hydrolyse mit W. u. Einengen; Prismen; 96% (Ausbeute). *Pikrat,* $C_{15}H_{10}N_4O_7$, F. 179° (absol. A.), gelbe Nadeln. *Perchlorat,* F. 287°, durch Ionenaustausch aus dem Pikrat mit Amberlite IRA-400. — *3-Äthoxypropionaldehyd,* Kp.$_{16}$ 40°, durch Rühren des Diäthylacetals mit 3%ig. wss. HCl bei Raumtemp.; 58%. — *4-Äthoxybutanol-(2),* Kp.$_{24}$ 69°, durch Zutropfen vorst. Verb. zu CH_3MgJ in absol. Ae. u. 1std. Rühren; n_D^{25} 1,4125; 66%. — *3-Brom-1-äthoxybutan,* Kp.$_{744}$ 160°, durch Zutropfen von PBr_3 zu vorst. Verb. $<60°$, 1std. Erwärmen auf 60° u. Gießen auf Eis; n_D^{25} 1,4475; 68%. — *2-[γ-Äthoxy-α-methylbutyryl]-pyridin,* Kp.$_{13}$ 146—148°, durch Rühren von **II** mit der Grignard-Verb. aus vorst. Verb. in absol. Ae. über Nacht bei Raumtemp., Zugeben von 5n HCl, Alkalisieren mit wss. NH_4OH (D. 0,88) u. Ausäthern; 54%. *2.4-Dinitrophenylhydrazon,* $C_{18}H_{21}N_5O_5$, F. 141° (wss. A.), gelbe Prismen. — *1.2.3.4-Tetrahydro-2-methyl-1-oxochinoliziniumbromid,* durch 20 Min. Kochen vorst. Verb. mit 35%ig. HBr, Einengen, Lösen in W., Zugeben von Na_2CO_3, Extrahieren mit Chlf., Kochen u. Einengen. *2.4-Dinitrophenylhydrazonmonohydrat,* $C_{16}H_{16}BrN_5O_4 \cdot H_2O$, F. 182° (Zers.; wss. A.), gelbe Nadeln. — *2-Methylchinoliziniumpikrat,* $C_{16}H_{12}N_4O_7$, F. 162° (absol. A.), in 1 Std.; gelbe Nadeln; 65%. *Perchlorat,* $C_{10}H_{10} \cdot ClNO_4$, F. 110,5° (absol. A.), braune Nadeln. — *3-Äthoxy-1-phenylpropanol-(1),* $C_{11}H_{16}O_2$, Kp.$_{15}$ 147°, n_D^{25} 1,5075; 79,5%. — *1-Brom-3-äthoxy-1-phenylpropan,* Kp.$_{0,15}$ 81—83°; 57%. — *2-[γ-Äthoxy-α-phenylbutyryl]-pyridin,* $C_{17}H_{19}NO_2$, Kp.$_{0,5}$ 152°; 63,5%. — *1.2.3.4-Tetrahydro-1-oxo-2-phenylchinoliziniumbromid,* F. 196°, hellgrüne Prismen; 72%. *Pikrat,* $C_{21}H_{16}N_4O_8$, F. 152° (wss. A.), gelbe Nadeln. — *2-Phenylchinoliziniumpikrat,* $C_{21}H_{14}N_4O_7$, F. 168° (absol. A.), gelbe Nadeln; 88,4%. *Perchlorat,* $C_{15}H_{12}ClNO_4$, F. 168° (absol. A.); Nadeln. — *β-Methoxyisobuttersäuremethylester,* Kp.$_{746}$ 147°, durch 30 Min. Kochen von **IV** mit Na in absol. CH_3OH, Einengen u. Zugeben von Ae.; 30% (bei längerem Erhitzen starke Abnahme). — *3-Methoxy-2-methylpropanol-(1),* Kp.$_{733}$ 154—155°, durch 1std. Kochen vorst. Verb. mit $LiAlH_4$ in Ae. u. Stehen über Nacht; 95%. — *1-Chlor-3-methoxy-2-methylpropan,* aus vorst. Verbindung. — *2-[γ-Methoxy-β-methylbutyryl]-pyridin,* $C_{11}H_{15}NO_2$, Kp.$_{13}$ 140—142°; 64,6%. *2.4-Dinitrophenylhydrazon,* $C_{17}H_{19}N_5O_5$, F. 125° (A.), gelbe Nadeln. — *1.2.3.4-Tetrahydro-3-methyl-1-oxochinoliziniumbromidmonohydrat,* $C_{10}H_{12}BrNO \cdot H_2O$, F. 205° (Zers.; Essigester–A.), Prismen; 73,5%. *Pikrat,* $C_{16}H_{14}N_4O_8$, F. 157° (absol. A.); gelbe Nadeln. — *3-Methylchinoliziniumbromidmonohydrat,* $C_{10}H_{10}BrN \cdot H_2O$, F. 189° (Essigester–A.), Prismen. *Pikrat,* $C_{16}H_{12} \cdot N_4O_7$, F. 182° (absol. A.), gelbe Nadeln. — *3-Äthoxybutanol-(1),* Kp.$_{748}$ 163—166°, durch Stehen von **V** mit $LiAlH_4$ in Ae. über Nacht; n_D^{25} 1,4155; 92%. — *1-Brom-3-äthoxy-*

butan, Kp.$_{747}$ 159°, n_D^{25} 1,4450; 75%. — *2-[γ-Äthoxyvaleryl]-pyridin*, Kp.$_{16}$ 156—158°; 55%. *2.4-Dinitrophenylhydrazon*, $C_{18}H_{21}N_5O_5$, F. 137° (95%ig. A.), gelbe Prismen. — *1.2.3.4-Tetrahydro-4-methyl-1-oxochinoliziniumbromid*, F. 170—171° (A.–Ae.); 47%. *Pikrat*, $C_{16}H_{14}N_4O_8$, F. 146° (absol. A.), gelbe Blättchen. — *4-Methylchinoliziniumpikrat*, F. 135°; 65%. — *2-[γ-Äthoxybutyryl]-chinolin*, Kp.$_{0,05}$ 144—146°, durch Zugeben von **VI** in Ae. zu **VII** (aus 1-Benzoyl-2-cyan-1.2-dihydrochinolin; 30%) in Ae. u. Stehen über Nacht bei Raumtemp.; 86%. *2.4-Dinitrophenylhydrazon*, $C_{21}H_{21}N_5O_5$, F. 137° (A.), orangegelbe Prismen. — *1.2.3.4-Tetrahydro-4-oxobenzo-[c]-chinoliziniumbromid*, F. 188 bis 189°; 75%. *Pikrat*, F. 151° (absol. A.), gelbe Prismen. *Phenylhydrazonjodid*, $C_{19}H_{18}\cdot JN_3$, F. 264° (absol. A.), rote Nadeln. — *Benzo-[c]-chinoliziniumpikrat*, $C_{19}H_{12}N_4O_7$, F. 188—189° (absol. A.), gelbe Nadeln; 63%. *Perchlorat*, $C_{13}H_{10}ClNO_4$, F. 188—189° (absol. A.), braune Nadeln. — *1-[γ-Äthoxybutyryl]-isochinolin*, Kp.$_{0,1}$ 137—139°, aus **VIII** (aus 2-Benzoyl-1-cyan-1.2-dihydroisochinolin) u. **VI**; 60,5%. *2.4-Dinitrophenylhydrazon*, $C_{21}H_{21}N_5O_5$, F. 139° (A.), gelbe Prismen. — *1.2.3.4-Tetrahydro-1-oxobenzo-[a]-chinoliziniumbromid*, F. 210° (Zers.), gelbe Prismen; 79,6%. *Pikrat*, $C_{19}H_{14}N_4O_8$, F. 146° (W.), gelbe Prismen. *Phenylhydrazonjodid*, $C_{19}H_{18}JN_3$, F. 258—259° (absol. A.), orangerote Prismen. — *Benzo-[a]-chinoliziniumpikrat*, $C_{19}H_{12}N_4O_7$, F. 178° (absol. A.), gelbe Nadeln; 66,4%. *Perchlorat*, $C_{13}H_{10}ClNO_4$, F. 197° (absol. A.), Nadeln. — *Benzo-[b]-chinoliziniumpikrat*, F. 215° (Zers.; A.), durch 3std. Kochen von 1.2.3.4-Tetrahydro-1-oxobenzo-[b]-chinoliziniumbromid mit **I** in Ggw. von konz. H_2SO_4; gelbe Prismen; 62%. — Die UV-Absorptionsmaxima der meisten Verbb. sind angegeben. (J. chem. Soc. [London] **1958**. 3021—28. Sept. Keele, Staffordshire, Univ. Coll., Dep. of Chem.)

R. PASEDAG. 3231

E. E. Glover und **Gurnos Jones**, *Chinolizine*. 3. Mitt. *Die Synthese von 1-Alkyl- und 1-Arylchinoliziniumsalzen*. (2. vgl. vorst. Ref.) γ-[Pyridyl-(2)]-butyraldehyddiäthylacetal (**VIII**) wird bei längerer Einw. von sd. konz. HBr nur in geringer Ausbeute zu *1.2-Dihydrochinoliziniumpikrat* cyclisiert. Die Umsetzung von β-Brompropionaldehyddiäthylacetal (**I**) mit Li in Ae. u. Pyridin-2-aldehyd (**IX**) führt zu *γ-Hydroxy-γ-[pyridyl-(2)]-butyraldehyddiäthylacetal*, das sich nicht zu 1.2-Dihydro-1-hydroxychinoliziniumsalzen cyclisieren ließ u. mit sd. Acetanhydrid (**IV**) *4-Acetoxy-4-[pyridyl-(2)]-butyraldehydpikrat* liefert. Aus 3.3-Diäthoxypropyl-Li (**Ia**) u. 2-Benzoylpyridin (**VI**) entsteht *γ-Hydroxy-γ-phenyl-γ-[pyridyl-(2)]-butyraldehyddiäthylacetal*, das sich mit sd. HBr zu *1-Phenylchinoliziniumpikrat* cyclisieren läßt. Als Nebenprodd. entstehen *α-[Pyridyl-(2)]-naphthalinpikrat* u. wenig *γ-Hydroxy-γ-phenyl-γ-[pyridyl-(2)]-butyraldehydpikrat* (?), letzteres bes. bei verkürzter Reaktionszeit. 2-Acetylpyridin (**III**) reagiert nicht mit **Ia**, wohl aber mit 3-Äthoxypropyl-MgBr (**VII**) oder -MgCl unter Bldg. von *5-Äthoxy-2-[pyridyl-(2)]-pentanol-(2)*. Dieses wird mit HBr u. anschließendem Kochen in Chlf. zu *1.2.3.4-Tetrahydro-1-hydroxy-1-methylchinoliziniumbromid* cyclisiert, welches zu *3.4-Dihydro-1-methylchinoliziniumpikrat* dehydratisiert wird. Mit Pd-Kohle in sd. Butanol erfolgt Dehydrierung zu *1-Methylchinoliziniumpikrat* (**V**). **I** bzw. 3-Chlorpropionaldehyddiäthylacetal (**II**) reagieren nicht mit Mg in Ae., **II** liefert aber in Tetrahydrofuran die GRIGNARD-Verbindung. Diese gibt mit **III** *γ-Hydroxy-γ-[pyridyl-(2)]-valeraldehyddiäthylacetal*, das mit HBr zu *1.2-Dihydro-1-hydroxy-1-methylchinoliziniumpikrat* cyclisiert wird. Beim Kochen mit **IV** in Ggw. von H_2SO_4 entsteht **V**. Aus **VI** u. **VII** wird *4-Äthoxy-1-phenyl-1-[pyridyl-(2)]-butanol-(1)* dargestellt, das sich aber nicht zur Chinoliziniumverb. cyclisieren ließ.

Versuche: *1.2-Dihydrochinoliziniumpikrat*, $C_{15}H_{12}N_4O_7$, F. 183° (W.), durch 18std. Kochen von 2 g **VIII** in 48%ig. HBr u. Einengen; gelbe Prismen; 140 mg (Ausbeute). — *γ-Hydroxy-γ-[pyridyl-(2)]-butyraldehyddiäthylacetal*, $C_{13}H_{21}NO_3$, Kp.$_{12}$ 173 bis 176°, Kp.$_{0,1}$ 113°, durch Zugeben von **Ia** in absol. Ae. zu **IX** in Ae., Stehen über Nacht u. Zers. mit W.; 61%. *Pikrat*, $C_{19}H_{24}N_4O_{10}$, F. 116—117° (absol. A.). — *γ-Acetoxy-γ-[pyridyl-(2)]-butyraldehydpikrat*, $C_{17}H_{16}N_4O_{10}$, F. 130—131° (W.), durch 10 Min. Kochen vorst. Verb. mit **IV**, Zugeben von W., Einengen u. Lösen in 2n HCl; Prismen; 58%. — *2-Benzoylpyridin* (**VI**), Kp.$_{0,1}$ 107°, durch Zutropfen von Phenyl-MgBr zu 2-Cyanpyridin in absol. Ae. unter N_2, Stehen über Nacht, Hydrolyse mit 5n HCl, Alkalisieren u. Ausäthern; 85%. — *2-Acetylpyridin* (**III**), Kp.$_{16}$ 84—86°, analog mit $CH_3\cdot MgJ$; 77%. — *γ-Hydroxy-γ-phenyl-γ-[pyridyl-(2)]-butyraldehyddiäthylacetal*, $C_{19}H_{25}NO_3$, Kp.$_{0,1}$ 160°, durch Zutropfen von **Ia** zu **VI** in absol. Ae.; 66%. — *Phenylpyridyl-(2)-methanol*, F. 74° (PAe.), Kp.$_{0,1}$ 130—134°, bei schneller Zugabe von **Ia** zu **VI**; Prismen; 80%. *Pikrat*, F. 169° (absol. A.). — *1-Phenylchinoliziniumpikrat*, $C_{21}H_{14}N_4O_7$, F. 128° (absol. A.), durch 5std. Kochen von 3 g vorvorst. Verb. mit 48%ig. HBr, Einengen u. Lösen in W.; Nadeln; 0,21 g. *Perchlorat*, $C_{15}H_{12}ClNO_4$, F. 150—151° (absol. A.–Essigester), Nadeln. — *α-[Pyridyl-(2)]-naphthalinpikrat*, $C_{21}H_{14}N_4O_7$, F. 194—195° (W. u. absol. A.), neben vorst. Pikrat; gelbe Nadeln; 0,32 g. — *Pikrat* $C_{21}H_{18}N_4O_9$, F. 168°

(absol. A.), analog vorvorst. Pikrat bei nur 1½ std. Kochen; Prismen. — *5-Äthoxy-2-[pyridyl-(2)]-pentanol-(2)*, $C_{12}H_{19}NO_2$, Kp.$_{17}$ 160—162°, a) durch Zugeben von III zu VII in absol. Ae. unter N_2 u. Stehen über Nacht; 59%; b) mit dem entsprechenden Chlorid; ca. 60%. — *1.2.3.4-Tetrahydro-1-hydroxy-1-methylchinoliziniumbromid*, $C_{10}H_{14}$·BrNO, F. 156° (absol. A.-Essigester), durch ½ std. Kochen vorst. Verb. mit 48%ig. HBr, Einengen, Lösen in wss. Na_2CO_3 u. Extrahieren mit Bzl.; Prismen; 30%. *Pikrat*, $C_{16}H_{16}N_4O_8$, F. 128° (absol. A.), Prismen. — *1-Acetoxy-1.2.3.4-tetrahydro-1-methylchinoliziniumbromid*, $C_{12}H_{16}BrNO_2$, F. 212° (Essigester-A.), durch 10 Min. Kochen vorst. Bromids mit IV in Ggw. von konz. H_2SO_4; Prismen; 68%. *Pikrat*, $C_{18}H_{18}N_4O_9$, F. 142° (absol. A.), Prismen. — *3.4-Dihydro-1-methylchinoliziniumpikrat*, $C_{16}H_{14}N_4O_7$, F. 114 bis 115° (absol. A.), durch ½ std. Kochen vorvorst. Bromids mit IV in Ggw. von konz. H_2SO_4, Zugeben von W. u. Einengen; Prismen; 53%. — *1-Methylchinoliziniumpikrat* (V), $C_{16}H_{12}N_4O_7$, F. 149° (absol. A.), durch 3 std. Kochen vorst. Verb. in Butanol mit Pd-Kohle u. Heißfiltration; Nadeln; 27%. *Perchlorat*, $C_{10}H_{10}ClNO_4$, F. 168—169° (absol. A.-Essigester), Nadeln. — *γ-Hydroxy-γ-[pyridyl-(2)]-valeraldehyddiäthylacetal*, $C_{14}H_{23}$·NO_3, Kp.$_{0,4}$ 116°, durch 1 std. Rühren von II u. Mg in Tetrahydrofuran unter N_2, Zugeben von III in Tetrahydrofuran, 15 Min. Kochen, Rühren, Hydrolyse mit wss. NH_4OH–NH_4Cl u. Ausäthern; 48%. — *1.2-Dihydro-1-hydroxy-1-methylchinoliziniumpikrat*, $C_{16}H_{14}N_4O_8$, F. 152—153° (absol. A.), durch 3 std. Kochen vorst. Verb. mit 48%ig. HBr; Prismen. ½ std. Kochen mit IV in Ggw. von H_2SO_4 → 54% V. — *4-Äthoxy-1-phenyl-1-[pyridyl-(2)]-butanol-(1)*, $C_{17}H_{21}NO_2$, Kp.$_{0,05}$ 140°, durch Zutropfen von VI in absol. Ae. zu VII in Ae. unter N_2; 74%. — Die UV-Maxima der meisten Verbb. sind angegeben. (J. chem. Soc. [London] **1959**. 1686—91. Mai.) R. Pasedag. 3231

R. Gall und **H. Erlenmeyer**, *Über einige Derivate heterocyclischer Carbonsäuren. 4. Mitt. Metallionen und biologische Wirkung.* 36. Mitt. (3. vgl. C. **1956**. 10948; 35. vgl. Helv. chim. Acta **38**. [1955.] 1342.) Dargestellt werden *Methylester, Methylamid* u. *Hydrazid* von Chinolyl-(8)-essigsäure (I), ferner durch Kondensation von Chinolin-(8)-aldehyd (II) mit Malodinitril (III) *Chinolyl-(8)-methylenmalodinitril*, durch Kondensation von II mit Malonsäure (IV) nach Doebner *β-[Chinolyl-(8)]-acrylsäure* u. endlich das *Dichlor-* (V) u. *Trichloracetylderiv.* (VI) von 8-Aminochinolin (VII). V u. VI bilden Oxin-ähnliche Metallkomplexe (A) u. geben mit Cu-II-Salz sofort schwerlösl., violett gefärbte Niederschläge.

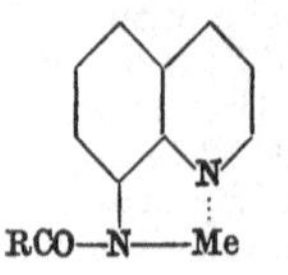

A

Versuche (FF. korr.): *Chinolyl-(8)-essigsäure* (I): *Methylester*, $C_{12}H_{11}NO_2$, Kp.$_{13}$ 176—179°, aus I mit Methanol/HCl; 79% (Ausbeute). *Methylamid*, $C_{12}H_{12}N_2O$, F. 146—149°, durch mehrstd. Schütteln vorst. Methylesters mit wss. 40%ig. Methylaminlsg.; aus PAe. Prismen; 80%. *Hydrazid*, $C_{11}H_{11}N_3O$, F. 156—158° (A.), sublimiert bei 135° zu Nadeln, durch kurzes Erhitzen von vorst. Methylester mit Hydrazinhydrat, 2 std. Kochen mit wenig absol. A. u. Eindampfen im Vakuum; 80%. — *Chinolyl-(8)-methylenmalodinitril*, $C_{13}H_7N_3$, F. 167—174°, durch Zugabe von 1 g III zu 2,2 g II in A. u. Erwärmen auf 100° für wenige Min.; aus Ligroin rote Kristalle; 2,05 g. — *β-[Chinolyl-(8)]-acrylsäure*, $C_{12}H_9NO_2$, F. 186—188°, durch 2 std. Erwärmen von II u. IV in Pyridin u. Ggw. von wenig Piperidin auf 100°; aus verd. A. Prismen; 83%. — *8-Dichloracetylaminochinolin* (V), $C_{11}H_8Cl_2N_2O$, F. 99 bis 101°, durch Zugabe von Dichloracetylchlorid zu VII in Aceton bei 0° unter Rühren; aus A. Kristalle. — *8-Trichloracetylaminochinolin* (VI), $C_{11}H_7Cl_3N_2O$, F. 85°, aus Trichloracetylchlorid u. VII analog vorst. Verf.; aus A. Kristalle. (Helv. chim. Acta **38**. 1421—24. 15/10. 1955. Basel, Univ., Anst. für Anorgan. Chem.) W. Liebscher. 3231

René Dabard, *Untersuchungen über die Kondensationsprodukte von Homophthalimiden mit aromatischen und heterocyclischen Aldehyden.* Eine Reihe von *Benzyliden-, Thenyliden-, Furfuryliden-* u. *Cinnamylidenhomophthalimiden*, die teilweise am N substituiert sind, werden hergestellt. — Polarograph. Unterss. vgl. Original.

Versuche: Homophthalimide, durch Kondensation von *Homophthalimid* (I) bzw. dessen N-Derivv. mit den entsprechenden Aldehyden in sd. A. in Ggw. von Piperidin: *4-Aminobenzyliden-*, F. 195°; rot. — *4-Chlorbenzyliden-*, F. 210°; gelb. — *4-Cyanbenzyliden-*, F. 252°; gelb. — *4-Nitrobenzyliden-N-methyl-*, F. 191°; gelb. — *4-Aminobenzyliden-N-methyl-*, F. 215°; rot. — *4-Chlorbenzyliden-N-methyl-*, F. 120°; gelb. — *4-Chlorbenzyliden-N-äthyl-*, F. 128—129°; gelb. — *4-Cyanbenzyliden-N-äthyl-*, F. 184°; gelb. — *4-Nitrobenzyliden-N-phenyl-*, F. 262°; gelb. — *4-Chlorbenzyliden-N-phenyl-*, F. 198°; gelb. — *4-Cyanbenzyliden-N-phenyl-*, F. 201°; gelb. — *Thenyliden-(2)-*, F. 204—205°. — *5-Nitrothenyliden-(2)-*, F. 341°. — *5-Chlorthenyliden-(2)-*, F. 226°. — *Thenyliden-(2)-N-methyl-*, F. 148—149°. — *5-Nitrothenyliden-(2)-N-methyl-*, F. 238—239°. — *5-Chlorthenyliden-(2)-N-methyl-*, F. 226°. — *Thenyliden-(2)-N-äthyl-*, F. 144—145°. — *5-Nitrothenyliden-(2)-N-äthyl-*, F. 238—239°. — *5-Chlor-*

thenyliden-(2)-N-äthyl-, F. 226°. — *Thenyliden-(2)-N-phenyl-*, F. 245°. — *5-Nitrothenyliden-(2)-N-phenyl-*, F. 290°. — *5-Chlorthenyliden-(2)-N-phenyl-*, F. 259°. — *Benzyliden-N-methyl-*, $C_{17}H_{13}NO_2$, F. 96°. — *Furfuryliden-(2)-N-methyl-*, $C_{15}H_{11}NO_3$, F. 125°. — *Furfuryliden-(2)-N-phenyl-*, $C_{20}H_{13}NO_3$, F. 260°; grünlichgelb. — *Cinnamyliden-N-methyl-*, $C_{19}H_{15}NO_2$, F. 156°. — *Cinnamyliden-N-äthyl-*, $C_{20}H_{17}NO_2$, F. 154°. — *Cinnamyliden-N-phenyl-*, $C_{24}H_{17}NO_2$, F. 226°. — *5-Nitro(?)-phthalonimid*, beim Vers., I zu nitrieren. — *5(?)-Aminophthalonimid*, $C_9H_6N_2O_3$, F. 355° (sublimiert); rot. *N-Acetylderiv.*, $C_{11}H_8N_2O_4$, F. 360°, bei Einw. von Acetanhydrid; orangegelb. (C. R. hebd. Séances Acad. Sci. **244.** 1651—53. 18/3. 1957.) R. BOLLINGER. 3231

Jan Thesing und **Friedrich Heinrich Funk,** *Beiträge zur Chemie des Indols.* 11. Mitt. *Umwandlung von Heteroauxin-[β-phenyläthylamid] in ein Pyrrocolinderivat mit Polyphosphorsäure.* (10. vgl. C. **1959.** 12537.) Die bei der Einw. von Polyphosphorsäure (**IV**) auf Heteroauxin-β-phenyläthylamid (**I**; Indolyl-(3)-acet-[β-phenyläthylamid]) (vgl. 8. Mitt. C. **1959.** 9215) entstandene Base $C_{18}H_{16}N_2$ vom F. 149—150° wird als *2-[o-Aminophenyl]-benzo-[g]-5.6-dihydropyrrocolin* (**II**) erkannt, das eine positive EHRLICH- u. Fichtenspan-Rk. gibt, ein *Monohydrochlorid* u. *Monopikrat* bildet, nach Diazotierung mit β-Naphthol zu einem *roten Azofarbstoff* kuppelt, bei der Zn-Staubdest. wenig *1-Methylisochinolin* liefert u. unter Aufnahme von 3 Mol CH_3J auch am C methyliert wird. In CH_3OH-Lsg. nimmt **II** bei Raumtemp. in Ggw. von PtO_2 keinen H_2 auf. Zum Konstitutionsbeweis wird **II** durch Umsetzung von o-Aminophenacylbromid (**III**) mit *1-Methyl-3.4-dihydroisochinolin* zu *N-[o-Aminophenacyl]-1-methyl-3.4-dihydroisochinoliniumbromid* u. dessen Cyclisierung mit Na_2CO_3 unter intramol. Aldolkondensation synthetisiert. Zur Bldg. von **II** aus **I** wird ein Reaktionsmechanismus diskutiert.

Versuche: *1-Methyl-3.4-dihydroisochinolin*, Kp.$_{12}$ 112—116°, durch 30 Min. Zugabe von N-Acetyl-β-phenyläthylamin zu **IV** bei 130°, 3 std. Rk. bei 200°, Zugabe von W. bei 140°, Alkalisieren mit NH_4OH u. verd. NaOH u. Ausäthern; 79,6% (Ausbeute). — *N-[o-Aminophenacyl]-1-methyl-3.4-dihydroisochinoliniumbromid*, $C_{18}H_{19}BrN_2O$, F. 206 bis 207° (absol. A.), a) durch Zugabe vorst. Verb. zu **III** in absol. A., 5 Min. Erwärmen auf 60° u. Stehen über Nacht; hellgelbe, derbe Säulen; 51%; b) durch Vermischen vorst. Verb. mit **III** ohne Lösungsm.; 46%. — *2-[o-Aminophenyl]-benzo-[g]-5.6-dihydropyrrocolin* (**II**), $C_{18}H_{16}N_2$, F. 149—150° (A. oder CH_3OH), a) durch 30 Min. Erwärmen vorst. Verb. mit 0,6n Na_2CO_3-Lsg. auf 70°; lange, schwachgelbliche Nadeln; 100%; b) durch Zugabe von **I** zu **IV** bei 95°, Zugabe von weiterem $POCl_3$ nach 20 Min., 35 Min. Rühren, 5½ std. Rk. bei 135—138°, Zugabe von W. u. Ausäthern; 15,2%. *Hydrochlorid*, $C_{18}H_{16}N_2 \cdot HCl$, F. 226—228° (A.); lange Nadeln. *Monopikrat*, $C_{18}H_{16}N_2 \cdot C_6H_3N_3O_7$, F. 179° (Zers.; A.), rote Säulen. *Acetylderiv.*, $C_{20}H_{18}N_2O$, F. 171—172° (Bzl.), Nadeln. *Trimethylderiv.*, $C_{21}H_{22}N_2$, F. 65,5—67° (wss. A.), Blättchen; 69,5%. — *1-Methylisochinolin, Pikrat*, $C_{10}H_9N \cdot C_6H_3N_3O_7$, F. 226—227° (A.), durch Zn-Staubdest. von 1,05 g **II** bei 400—550°, Lösen des Destillats in Ae. u. Extraktion mit 2n CH_3COOH; 50 mg. (Chem. Ber. **91.** 1546—51. 31/7. 1958. Darmstadt, TH, Inst. für Organ. Chem.) H. PAGEL. 3231

W. C. Austin, L. H. C. Lunts, M. D. Potter und **E. P. Taylor,** *Chemotherapeutische Eigenschaften einiger neuer quaternärer Ammoniumsalze.* 1. Mitt. *Chemie.* Zur Prüfung verschied. chemotherapeut. Eigg. wurden quaternäre *Polymethylen-bis-[chinoliniumjodide]* (BQn), *-bis-[isochinoliniumjodide]* (BIQn), *-bis-[7-aminoisochinoliniumjodide]* (BAIQn), *-bis-[4-aminocinnoliniumjodide]* (BACn) u. *-bis-[melaminjodide]* (BMn; n = Anzahl der Methylengruppen) dargestellt. Die Verbb. wurden durch Kochen der überschüssigen Base mit Polymethylendihalogeniden oder durch Acetylieren der freien prim. Aminogruppen mit Acetanhydrid/Essigsäure, Quaternisieren der acetylierten Basen u. anschließende Hydrolyse erhalten. 2-Aminochinolin, 8-Acetamidochinolin, 5.6- u. 6.8-Diacetamidochinolin, 4-Amino-6-acetamidochinaldin u. 3-Acetamidoisochinolin ließen sich wahrscheinlich aus ster. Gründen nicht quaternisieren. Bei der Rk. von 5.7-Diacetamidoisochinolin mit Dekamethylendijodid in A. entsteht das *Hydrojodid* des Amids. Die Nitrierung von 2-Äthylchinolin-N-oxyd gibt wahrscheinlich *4-Nitro-2-äthylchinolin-N-oxyd.* Bei der Acetylierung von 4-Amino-2-phenylchinolin mit Acetanhydrid nach JOHN (Ber. dtsch. chem. Ges. **59.** [1926.] 1447) wird *4-Diacetylamino-2-phenylchinolin* erhalten, mit Acetanhydrid/Essigsäure dagegen *4-Acetylamino-2-phenylchinolin.* Die Konst. der *Polymethylen-[bis-4-aminocinnoliniumjodide]* wurde nicht untersucht, da die Salzbldg., wie SIMPSON [1947] sowie ATKINSON u. TAYLOR (C. **1956.** 8353) nachgewiesen haben, nicht am $N_{(2)}$, sondern am $N_{(1)}$ erfolgt. Die Melaminverbb., die durch Einw. von N.N'-Dialkylpolymethylendiaminen auf 2-Chlor-4.6-diamino-1.3.5-triazin (**II**) u. Quaternisierung mit Alkyljodiden erhalten wurden, werden als *2.2'-[N.N'-Dialkylpolymethylendiamino]-bis-[4.6-diamino-1.3.5-triazin]-N.N'-bis-methojodide* angesehen. BAIQ4 besitzt amöbicide, alle BIQ-Derivv. besitzen antibakterielle, BIQ20 u. BAC20 antifilare u. BM trypanocide Eigenschaften.

Versuche: *1.23-Dijodtrikosan*, $C_{23}H_{46}J_2$, F. 71,5—72^0, aus Aceton Plättchen. — *1.26-Dijodhexakosan*, $C_{26}H_{52}J_2$, F. 77,5—78^0, aus Aceton/A. Plättchen. — *1.36-Dijodhexatriakontan*, $C_{36}H_{72}J_2$, F. 89—91^0, aus Aceton/Bzl. Plättchen. — *1.23-Dihydroxytrikosan*, $C_{23}H_{48}O_2$, F. 106—106,5^0, aus Bzl. Plättchen. — *Hexatriakontan-1.36-bis-[p-methoxyphenyläther]*, $C_{50}H_{86}O_4$, F. 122^0, aus Bzl. Plättchen. — *Heneikosadien-(1.20)*, $C_{21}H_{40}$, Kp.$_{0,5}$ 166^0, durch Red. von Heneikosadien-(1.20)-on-(11) nach HUANG-MINLON. — *1.21-Dibromheneikosan* (I), durch Zugabe von HBr zu vorst. Verb. in Ggw. von Luft. — *3-Acetamidoisochinolin*, $C_{11}H_{10}N_2O$, F. 122—123^0, aus W. Nadeln. — *7-Benzamidoisochinolin*, $C_{16}H_{12}N_2O$, F. 177—179^0, aus Bzl. Nadeln. — *5.8-Diacetamidoisochinolin*, $C_{13}H_{13}N_3O_2$, F. 295—296^0, aus W. Nadeln. — *4-Jodchinaldin*, $C_{10}H_8JN$, F. 109—110,5^0, aus wss. A. Nadeln. — *4-Acetamidochinaldinhydrochlorid*, $C_{12}H_{13}ClN_2O$, F. 280—282^0 (Zers.), aus A. Nadeln. — *4-Acetamido-6-methylchinaldin*, $C_{13}H_{14}N_2O$, F. 191—192^0, aus wss. A. Nadeln. — *4-Acetamido-5-methylchinaldin*, $C_{13}H_{14}N_2O$, F. 173—174^0, aus Bzl. Nadeln. — *2-Äthylchinolin-N-oxyd*, $C_{11}H_{11}NO$, Kp.$_{14}$ 192—194^0, gelbes Öl. *4-Nitroderiv.*, $C_{11}H_{10}N_2O_3$, F. 123—124^0, aus A. gelbe Nadeln. — *2-Äthyl-4-aminochinolin*, $C_{11}H_{12}N_2$, F. 153—155^0, aus Bzl./PAe. Nadeln. *4-Hydroxyverb.*, $C_{11}H_{11}NO$, F. 180—181^0, aus W. Nadeln. — *2-n-Propylcinchoninsäureamid*, $C_{13}H_{14}N_2O$, F. 193—194^0, aus Bzl. Nadeln. — *4-Amino-2-n-propylchinolin*, $C_{12}H_{14}N_2$, F. 141—142^0, aus Bzl. cremefarbene Nadeln. *N-Acetylderiv.*, $C_{14}H_{16}N_2O$, F. 135—137^0, aus Bzl./PAe. Nadeln. — *4-Chlor-2-n-propylchinolin*, $C_{12}H_{12}ClN$, Kp.$_{0,1}$ 88—90^0. — *4-Amino-2-phenylchinolinhydrojodid*, $C_{15}H_{13}JN_2$, F. 249—250^0 (Zers.), aus A. Nadeln. — *4-Diacetylamino-2-phenylchinolin*, $C_{19}H_{16}N_2O_2$, F. 108—110^0, aus A. Nadeln. — *4-Acetamido-2-phenylchinolin*, $C_{17}H_{14}N_2O$, F. 193—194^0, aus A. Nadeln. *Hydrojodid*, $C_{17}H_{15}JN_2O$, F. 279—281^0 (Zers.), aus A. Nadeln. — *5-Acetamido-6-methylchinaldin*, $C_{13}H_{14}N_2O$, F. 206— 207^0, aus Bzl. Nadeln. — *5.6-Diacetamidochinolin*, $C_{13}H_{13}N_3O_2$, F. 257—258^0, aus wss. A. cremefarbene Nadeln. — *5.7-Diacetamidochinolin*, $C_{13}H_{13}N_3O_2$, F. 283^0, aus wss. A. Nadeln. — *6.8-Diacetamidochinolin*, $C_{13}H_{13}N_3O_2$, F. 243—244^0, aus wss. A. Nadeln. — *Chinolin-7-carbonsäureamid*, $C_{10}H_8N_2O$, F. 178—179^0, aus $CHCl_3$/PAe. cremefarbene Nadeln. — *7-Acetamido-4-aminochinolin*, $C_{11}H_{11}N_3O$, F. 287—288^0, aus W. Nadeln. — *4-Aminocinnolin*, durch Einleiten von NH_3 in eine phenol. Lsg. von 4-Chlorcinnolin; 70,5%. *Acetylderiv.*, $C_{10}H_9N_3O$, F. 272—273^0, aus W. cremefarbene Nadeln. *Benzoylderiv.*, $C_{15}H_{11}N_3O$, F. 222—224^0, aus A. cremefarbene Nadeln. — *2.2'-Heneikosylen-bis-[isochinoliniumbromid]*, $C_{39}H_{56}Br_2N_2$, F. 147—148^0, durch 90std. Kochen von **I** u. Isochinolin in Äthylmethylketon; aus Methanol/Aceton cremefarbene Kriställchen. — 2.2'-Alkylen-bis-[isochinoliniumjodide]: *2.2'-Dokosylen-*, $C_{40}H_{58}J_2N_2$, F. 144^0, durch 120std. Rk. in A.; aus A. gelbe Körnchen oder Plättchen. — *2.2'-Trikosylen-*, $C_{41}H_{60}J_2N_2$, F. 144—146^0, 150 Std. in Äthylmethylketon; aus A. gelbe Kriställchen. — *2.2'-Tetrakosylen-*, $C_{42}H_{62}\cdot J_2N_2$, F. 152—154^0, 110 Std. in Äthylmethylketon; aus A. gelbe Plättchen. — *2.2'-Hexakosylen-*, $C_{44}H_{66}J_2N_2$, F. 114—117^0, 100 Std. in Äthylmethylketon; aus A. gelbe Plättchen. — *2.2'-Triakontylen-*, $C_{48}H_{74}J_2N_2$, F. 120—124^0, 150 Std. in Äthylmethylketon; aus A. gelbe Plättchen. — *2.2'-Dotriakontylen-*, $C_{50}H_{78}J_2N_2$, F. 144—146^0, 120 Std. in Äthylmethylketon; aus Methanol Plättchen. — *Hexatriakontylen-*, $C_{54}H_{86}J_2N_2$, F. 126 bis 128^0, 90 Std. in Äthylmethylketon; aus Methanol gelbe Plättchen. — *2.2'-Tetrakontylen-*, $C_{58}H_{94}J_2N_2$, F. 128—130^0, 90 Std. in Äthylmethylketon; aus Methanol gelbe Plättchen. — 1.1'-Alkylen-bis-[chinoliniumjodide]: *1.1'-Hexamethylen-*, $C_{24}H_{26}J_2N_2$, F. 228—229^0, durch 140std. Rk. in Äthylmethylketon; aus A. orangegelbe Nadeln. — *1.1'-Dokosylen-*, $C_{40}H_{58}J_2N_2$, F. 166—168^0, 100 Std. in A.; aus Methanol/Ae. gelbe Plättchen. — *1.1'-Tetrakosylen-*, $C_{42}H_{62}J_2N_2$, F. 166—168^0, 210 Std. in Äthylmethylketon; aus A. orangegelbe Kriställchen. — *1.1'-Dotriakontylen-*, $C_{50}H_{78}\cdot J_2N_2$, F. 165—166^0, 210 Std. in Äthylmethylketon; aus Methanol gelbe Plättchen. — *2.2'-Dotriakontylen-bis-[isochinoliniumsalze]*: *Diperchlorat*, $C_{50}H_{78}Cl_2N_2O_8$, F. 124^0 (A.). *Dimethosulfat*, $C_{52}H_{84}N_2O_8S_2$, F. 96—120^0, aus A./Aceton nadlige Klumpen. *Dinitrat*, $C_{50}H_{78}N_4O_6$, F. 138—140^0, aus A. blaßrosa Kristalle. — *2.2'-Eikosylen-bis-[isochinoliniumsuraminsalz]*, $C_{165}H_{196}N_{12}O_{23}S_6$, F. 168—170^0. — *2.2'-Dokosylen-bis-[isochinoliniumsuraminsalz]*, $C_{171}H_{208}N_{12}O_{23}S_6$, F. 173—175^0. — *Tetramethylen-bis-[7-acetamidoisochinoliniumjodid]*, $C_{26}H_{28}J_2N_4O_2$, F. 309—310^0, durch 40std. Kochen von 7-Acetamidoisochinolin u. Tetramethylendijodid in Äthylmethylketon; aus W. schwachgelbe Kriställchen. — *Tetramethylen-bis-[7-aminoisochinoliniumsalze]*: *Dijodid*, $C_{22}H_{24}J_2N_4$, F. 300 bis 301^0, durch 10 Min. langes Erwärmen vorst. Verb. mit HCl bei 100^0, Verdünnen mit W., Alkalisieren mit NH_4OH, Kochen u. Zugabe von KJ; aus wss. Aceton gelbe Kriställchen. *Dichlorid*, $C_{22}H_{24}Cl_2N_4$, F. 306—307^0 (Zers.), aus Methanol/A. gelbe Kriställchen. *Dinitrat*, $C_{22}H_{24}N_6O_6$, F. 289—290^0, aus wss. Aceton Nadeln. *Diperchlorat*, $C_{22}H_{24}\cdot Cl_2N_4O_8$, F. 271—272^0, aus wss. Aceton gelbe Nadeln. — 2.2'-Alkylen-bis-[7-acetamidoisochinoliniumjodide]: *2.2'-Trimethylen-*, $C_{25}H_{26}J_2N_4O_2$,

F. 321—323°, durch 24std. Rk.; aus A./W. gelbe Kriställchen. — *2.2'-Pentamethylen-*, $C_{27}H_{30}J_2N_4O_2$, F. 313—314°, 24 Std.; aus Methanol/A. gelbe Kriställchen. — *2.2'-Hexamethylen-*, $C_{28}H_{32}J_2N_4O_2$, F. 320—321°, 24 Std.; aus Methanol/A. gelbe Kriställchen. — *2.2'-Octylen-*, $C_{30}H_{36}J_2N_4O_2$, F. 278—279°, 24 Std.; aus Methanol/Ae. gelbe Knötchen. — *2.2'-Decylen-*, $C_{32}H_{40}J_2N_4O_2$, F. 206—208° (Zers.; *Monohydrat*), 24 Std.; aus Methanol/A./Ae. blaßrosafarbene Kriställchen. — *2.2'-Dodecylen-*, $C_{34}H_{44}J_2N_4O_2$, F. 204—206°, 24 Std.; aus Methanol/Ae. gelbe Kriställchen. — *2.2'-Hexadecylen-*, $C_{38}H_{52}J_2N_4O_2$, F. 199—201°, aus A. gelbe Nadeln. — *2.2'-Buten-(2'')-ylen-bis-[7-acetamidoisochinolinium-bromid]*, $C_{26}H_{26}Br_2N_4O_2$, F. 289—290°, 18 Std.; aus A./W. rosafarbene Kriställchen. — *2.2'-Tetramethylen-bis-[7-benzoylaminoisochinoliniumjodid]*, $C_{36}H_{32}J_2N_4O_2$, F. 335—337°, 40 Std.; aus A./W. gelbe Kriställchen. — 2.2'-Alkylen-bis-[7-aminoisochinoliniumjodide]: *2.2'-Trimethylen-*, $C_{21}H_{22}J_2N_4$, F. 290—292°, aus Methanol/Ae. gelbe Nadeln. — *2.2'-Pentamethylen-*, $C_{23}H_{26}J_2N_4 \cdot 1\frac{1}{2}\, H_2O$, F. 192—194°, aus Methanol/A. gelbe Nadeln. — *2.2'-Hexamethylen-*, $C_{24}H_{28}J_2N_4 \cdot 2\, H_2O$, F. 224—226°, aus A./Ae. gelbe Nädelchen. — *2.2'-Octylen-*, $C_{26}H_{32}J_2N_4$, F. 226—228°, aus Methanol/Ae. beigefarbene Plättchen. — *2.2'-Nonylen-*, $C_{27}H_{34}J_2N_4$, F. 226—228°, direkt über das *Diacetylderiv.* in 24 Std.; aus Methanol/Ae. gelbe Körnchen. — *2.2'-Decylen-*, $C_{28}H_{36} \cdot J_2N_4$, F. 239—240°, aus Methanol/Ae. gelbe Kriställchen. — *2.2'-Dodecylen-*, $C_{30}H_{40} \cdot J_2N_4$, F. 267—268°, Methanol/Ae. gelbe Kriställchen. — *2.2'-Hexadecylen-*, $C_{34}H_{48}J_2N_4$, F. 230—232°, aus A./Ae. gelbe Kriställchen. — *2.2'-Nonadecylen-*, $C_{37}H_{54}J_2N_4$, F. 225 bis 227°, direkt über das *Diacetylderiv.* in 43 Std.; aus A./Ae. gelbe Kriställchen. — *2.2'-Buten-(2'')-ylen-*, $C_{22}H_{22}J_2N_4$, F. 249—250°, aus Methanol/W./Ae. gelbe Kriställchen. — 1.1'-Alkylen-bis-[4-acetamidocinnoliniumjodide]: *1.1'-Tetramethylen-*, $C_{24}H_{26}J_2N_6O_2$, F. 262—263°, durch 75std. Rk.; aus Methanol/A. orangefarbene Kriställchen. — *1.1'-Hexamethylen-*, $C_{26}H_{30}J_2N_6O_2$, F. 223°, 205 Std.; aus Methanol/A. orangerote Kriställchen. — *1.1'-Heptylen-*, $C_{27}H_{32}J_2N_6O_2$, F. 236—238°, 204 Std.; aus Methanol/A. orangerote Prismen. — *1.1'-Octylen-*, $C_{28}H_{34}J_2N_6O_2$, F. 223—224°, 232 Std.; aus Methanol/A. orangefarbene Körnchen. — *1.1'-Hexadecylen-*, $C_{36}H_{50}J_2N_6O_2$, F. 156 bis 158°, 210 Std.; aus A./Ae. rötlichgelbe Plättchen. — *1.1'-Dokosylen-*, $C_{42}H_{62}J_2N_6O_2$, F. 171°, 158 Std.; aus A. rote Plättchen. — *1.1'-Decylen-bis-[4-benzoylaminocinnolinium-jodid]*, $C_{40}H_{42}J_2N_6O_2$, F. 160—162°, 53 Std.; aus A. orangefarbene Plättchen. — 1.1'-Alkylen-bis-[4-aminocinnoliniumjodide]: *1.1'-Tetramethylen-*, $C_{20}H_{22}J_2N_6$, F. 277—279°, aus Methanol/A. gelbe Kriställchen. — *1.1'-Hexamethylen-*, $C_{22}H_{26}J_2N_6$, F. 281—282°, aus A./W. gelbe Prismen. — *1.1'-Heptylen-*, $C_{23}H_{28}J_2N_6$, F. 222 bis 224°, aus A. gelbe Körnchen. — *1.1'-Octylen-*, $C_{24}H_{30}J_2N_6$, F. 252°, aus Methanol/A. dunkelgelbe Rosetten. — *1.1'-Decylen-*, $C_{26}H_{34}J_2N_6$, F. 209—210°, aus A./Ae. gelbe Plättchen. — *1.1'-Hexadecylen-*, $C_{32}H_{46}J_2N_6$, F. 181—183° (*Monohydrat*), aus A. gelbbraune Knötchen. — *1.1'-Octadecylen-*, $C_{34}H_{50}J_2N_6$, F. 164—166°, in 280 Std. unter Hydrolyse des *Diacetylderiv.*; aus A. gelbe Nadeln. — *1.1'-Eikosylen-*, $C_{36}H_{54}J_2N_6$, F. 186—188°, in 286 Std. unter Hydrolyse des *Diacetylderiv.*; aus A./Ae. gelbe Körnchen. — *1.1'-Dokosylen-*, $C_{38}H_{58}J_2N_6$, F. 162—163°, aus A. gelbe Nadeln. — *1.1'-Tetramethylen-bis-[4-aminocinnoliniumperchlorat]*, $C_{20}H_{22}Cl_2N_6O_8$, F. 253—254° (Methanol/A.). — *1.1'-Decylen-bis-[4-aminocinnoliniumnitrat]*, $C_{26}H_{34}N_8O_6$, F. 195—197°, aus A. cremefarbene Nadeln. — *1.1'-Eikosylen-bis-[4-aminocinnoliniumchlorid]*, $C_{36}H_{54}Cl_2N_6$, F. 198 bis 199°, aus A./Ae. cremefarbene Kriställchen. — 1.1'-Decylen-bis-[chinoliniumjodide]: -[*3-acetamido-*, $C_{32}H_{40}J_2N_4O_2$, F. 206—207°, 580 Std.; aus Methanol/A. gelbe Knötchen. — -[*3-amino-*, $C_{28}H_{36}J_2N_4$, F. 159—161°, aus A. gelbe Kriställchen. — -[*4-amino-*, $C_{28}H_{36}J_2N_4$, F. 238—239°, 40 Std.; aus A. cremefarbene Kriställchen. — -[*4-acetamido-6-methoxy-*, $C_{34}H_{44}J_2N_4O_4$, F. 215—216°, 600 Std.; aus A. gelbe Nadeln. — -[*4-amino-6-methoxy-*, $C_{30}H_{40}J_2N_4O_2$, F. 253—254°, aus A./Ae. gelbe Nadeln. — -[*5-amino-*, $C_{28}H_{36}J_2N_4$, F. 281°, in 400 Std. unter Hydrolyse der *Diacetylverb.*; aus Methanol/A. rote Kriställchen. — -[*5-chlor-*, $C_{28}H_{32}Cl_2J_2N_2$, F. 218—220°, 400 Std.; aus Methanol/Ae. orangerote Nadeln. — -[*6-acetamido-*, $C_{32}H_{40}J_2N_4O_2$, F. 238 bis 240°, durch 980std. Rk. in Bzl.; aus Methanol gelbe Nadeln oder Knötchen. — -[*6-amino-*, $C_{28}H_{36}J_2N_4$, F. 242—243°, aus Methanol/A. orangefarbene Prismen. — -[*7-acetamido-*, $C_{32}H_{40}J_2N_4O_2$, F. 216—218° (*Dihydrat*), durch 135std. Rk.; aus Methanol/A. orangefarbene Knötchen. — -[*7-amino-*, $C_{28}H_{36}J_2N_4$, F. 249—251°, aus Methanol/A. orangefarbene Nadeln. — 2.2'-Decylen-bis-[isochinoliniumjodide]: -[*4-acetamido-*, $C_{32}H_{40}J_2N_4O_2$, F. 214—215°, 125 Std.; aus A./Ae. gelbe Nadeln. — -[*4-amino-*, $C_{28}H_{36}J_2N_4$, F. 194—195°, aus A./PAe. gelbe Nadeln. — -[*5-acetamido-*, $C_{32}H_{40}J_2N_4O_2$, F. 186—188°, 440 Std.; aus A. gelbe Körnchen. — -[*5-amino-*, $C_{28}H_{36}J_2N_4$, F. 208°, aus Methanol/A. gelbe Kriställchen. — -[*5.8-diamino-*, $C_{28}H_{38}J_2N_6$, F. 155—156°, in 300 Std. unter Hydrolyse der *Tetraacetylverb.*; aus A./Ae. rote Nadeln. — *1.1'-Decylen-bis-[4.6-diacetamidocinnoliniumiodid]*, $C_{34}H_{44}J_2N_8O_4$, F. 223—225°, durch

130std. Rk.; aus Methanol/A. orangefarbene Körnchen. — *1.1'-Decylen-bis-[4.6-diaminocinnoliniumjodid]*, $C_{26}H_{36}J_2N_8$, F. 209—211°, aus Methanol/A. gelbe Kriställchen. — 1.1'-Decylen-bis-[pyridiniumjodide]: -*[3-acetamido-*, $C_{24}H_{36}J_2N_4O_2$, nach Sintern bei 95—97° (*Dihydrat*), F. 177—178°, durch 96std. Rk. in Bzl.; aus A. cremefarbene Körnchen. — -*[3-amino-*, $C_{20}H_{32}J_2N_4$, F. 177—178°, aus A. cremefarbene Kriställchen. — -*[4-acetamido-*, $C_{24}H_{36}J_2N_4O_2$, F. 173—174°, 115 Std.; aus A. cremefarbene Knötchen. — -*[4-amino-*, $C_{20}H_{32}J_2N_4$, F. 243—244°, aus A. Nadeln. — -*[4-N-acetylhydrazinocarbonyl-*, $C_{26}H_{38}J_2N_6O_4$, F. 179—181°, 340 Std.; aus A. gelbe Körnchen. — -*[3-carbamoylpyridiniumbromid]*, $C_{22}H_{32}Br_2N_4O_2$, F. 206—208° (A.), durch 70std. Reaktion. — 1.1'-Tetramethylen-bis-[chinoliniumjodide]: -*[5-acetamido-*, $C_{26}H_{28}J_2N_4O_2$, F. 290—291°, 250 Std.; aus W./A./Ae. gelbe Kriställchen. — -*[5-amino-*, $C_{22}H_{24}J_2N_4$, F. 287—288°, aus Methanol/A. rote Nadeln. — -*[7-acetamido-*, $C_{26}H_{28}J_2N_4O_2$, F. 303 bis 304°, 100 Std.; aus Methanol/A. orangegelbe Nadeln. — -*[7-amino-*, $C_{22}H_{24}J_2N_4$, F. 321—322°, aus Methanol/A. gelbe Kriställchen. — 2.2'-Tetramethylen-bis-[isochinoliniumjodide]: -*[5-acetamido-*, $C_{26}H_{28}J_2N_4O_2$, F. 285°, 40 Std.; aus Methanol/A. gelbe Kriställchen. — -*[5-amino-*, $C_{22}H_{24}J_2N_4$, F. 290—291°, aus Methanol/A. gelbe Kriställchen. — -*[7-chlor-*, $C_{22}H_{20}Cl_2J_2N_2$, F. 242—243°, 24 Std.; aus Methanol/Ae. gelbe Nadeln. — 1.1'-Alkylen-bis-[3-brompyridiniumjodide]: *1.1'-Tetramethylen-*, $C_{14}H_{16}Br_2J_2N_2$, F. 247° (*Monohydrat*), durch 24std. Rk. in Bzl.; aus W./Methanol gelbe Nadeln. — *1.1'-Pentamethylen-*, $C_{15}H_{18}Br_2J_2N_2$, F. 243°, 24 Std.; aus W./Methanol gelbe Nadeln. — *1.1'-Hexamethylen-*, $C_{16}H_{20}Br_2J_2N_2$, F. 218°, 24 Std.; aus Methanol gelbe Rosetten. — 1.1'-Hexamethylen-bis-[chinoliniumjodide]: -*[4-acetamido-*, $C_{28}H_{32}J_2N_4O_2$, F. 249—250°, 400 Std.; aus Methanol/A. gelbe Kriställchen. — -*[4-amino-*, $C_{24}H_{28}J_2N_4$, F. 274—275°, durch 50std. saure Hydrolyse vorst. Verb.; aus A. cremefarbene Kriställchen. — -*[4-propylamino-2-methyl-*, $C_{32}H_{44}J_2N_4$, F. 281—282°, 380 Std.; aus Methanol/A. beigefarbene Prismen. — -*[4-n-heptylamino-2-methyl-*, $C_{40}H_{60}J_2N_4$, F. 208—209°, 336 Std.; aus Methanol/Ae. rosa Prismen. — -*[4-acetamido-2.6-dimethyl-*, $C_{32}H_{40}J_2N_4O_2$, F. 275°, 1030 Std. Rk.; aus A./Methanol cremefarbene Kriställchen. — -*[4-amino-2.6-dimethyl-*, $C_{28}H_{36}J_2N_4$, F. 332°, 260 Std.; aus Methanol/A. cremefarbene Körnchen. — -*[5-acetamido-*, $C_{28}H_{32}\cdot J_2N_4O_2$, F. 334—336°, 350 Std.; aus Methanol/Ae. orangefarbene Nadeln. — -*[5-amino-*, $C_{24}H_{28}J_2N_4$, F. 298—299°, aus W./Methanol rote Nadeln. — -*[5-acetamido-6-methyl-*, $C_{30}H_{36}J_2N_4O_2$, F. 256°, 260 Std.; aus A. orangerote Kriställchen. — -*[5-amino-6-methyl-*, $C_{26}H_{32}J_2N_4$, F. 288°, aus Methanol/A. rote Kriställchen. — -*[7-acetamido-*, $C_{28}H_{32}J_2N_4O_2$, F. 283—284°, 96 Std.; aus Methanol/A. gelbe Kriställchen. — -*[7-amino-*, $C_{24}H_{28}J_2N_4$, F. 257—259°, aus Methanol/A. gelbe Nadeln. — *1.1'-Hexamethylen-bis-[4.6-diaminocinnoliniumjodid]*, $C_{22}H_{28}J_2N_8$, F. 291°, in 260 Std. unter Hydrolyse der *Tetraacetylverb.*; aus Methanol/A. gelbe Körnchen. — 1.1'-Octylenverbb.: -*bis-[4.6-diacetamidocinnoliniumjodid]*, $C_{32}H_{40}J_2N_8O_4$, F. 267—269° (Monohydrat), 280 Std.; aus Methanol/A. gelbe Körnchen. — -*bis-[4.6-diaminocinnoliniumjodid]*, $C_{24}H_{32}J_2N_8$, F. 205—207° (*Trihydrat*), aus Methanol/A. gelbe Körnchen. — -*bis-[5-acetamidochinoliniumjodid]*, $C_{30}H_{36}\cdot J_2N_4O_2$, F. 231—233°, 200 Std.; aus Methanol/Ae. orangefarbene Kriställchen. — -*bis-[5-aminochinoliniumjodid]*, $C_{26}H_{32}J_2N_4$, F. 290—292°, aus Methanol/A. rote Kriställchen. — -*bis-[7-acetamidochinoliniumjodid]*, $C_{30}H_{36}J_2N_4O_2$, F. 277°, 100 Std.; aus Methanol/A. orangefarbene Nadeln. — -*bis-[7-aminochinoliniumjodid]*, $C_{26}H_{32}J_2N_4$, F. 215—216°, A./Ae. orangefarbene Nadeln. — p-Xylylenverbb.: -*bis-[5.7-diaminochinoliniumjodid]*, $C_{26}H_{26}J_2N_6$, F. >320°, in 250 Std. unter Hydrolyse der *Tetraacetylverb.*; aus A./W. orangerote Kriställchen. — -*bis-[7-acetamidoisochinoliniumjodid]*, $C_{30}H_{28}J_2N_4O_2$, F. 327—328°, 20 Std.; aus Methanol/W./Ae. gelbe Kriställchen. — -*bis-[7-aminoisochinoliniumjodid]*, $C_{26}H_{24}J_2N_4$, F. 278—279°, aus Methanol/W./Ae. gelbe Kriställchen. — -*bis-[4-acetamidocinnoliniumjodid]*, durch 24std. Reaktion. — -*bis-[4-aminocinnoliniumjodid]*, $C_{24}H_{22}J_2N_6$, F. 278—279°, aus Methanol/A. gelbe Knötchen. — 2.2'-[N.N'-Dimethylpolymethylendiamino]-bis-[4.6-diamino-symm.-triazine]: -*dekamethylen-*, $C_{18}H_{34}N_{12}$, F. 232—234° [Dimethylformamid; krist. mit *2 HCON(CH₃)₂*], durch 36std. Kochen von 1,455 g 2-Chlor-4.6-diamino-symm.-triazin (**II**), 1,0 g N.N'-Dimethyldekamethylendiamin u. 0,69 g K_2CO_3 in Dimethylformamid; 2,05 g (Ausbeute). *Bis-methojodid*, $C_{20}H_{40}J_2N_{12}$, F. 252 bis 253°, durch 4 Wochen langes Stehen in Dimethylformamid mit Methyljodid bei n. Temp.; aus A./Ae. Körnchen. *Bis-methoperchlorat*, $C_{20}H_{40}Cl_2N_{12}O_8$, F. 226—228°, aus A./Ae. Körnchen. — -*oktamethylen-*, $C_{16}H_{30}N_{12}$, F. 216—218° [krist. mit *2 HCON·(CH₃)₂*]; aus Dimethylformamid Körnchen. *Bis-methojodid*, $C_{18}H_{36}J_2N_{12}$, F. 252 bis 254°, aus A./Ae. cremefarbene Körnchen. *Bis-methoperchlorat*, $C_{18}H_{36}Cl_2N_{12}O_8$, F. 202 bis 204° (A./Ae.). — -*hexamethylen-*, $C_{14}H_{26}N_{12}\cdot 2\,HCON(CH_3)_2$, F. 124—126°, aus Dimethylformamid/Ae. cremefarbene Kriställchen. *Bis-methojodid*, $C_{16}H_{32}J_2N_{12}$, F. 272°, aus A./Ae. cremefarbene Kriställchen. — *Verb. vom F. 305—307°*, durch 260std. Kochen von 1,5 g **II** u. 1,46 g N.N.N'.N'-Tetraäthyldekamethylendiamin in Dimethylformamid, Einengen im Vakuum u. mehrstd. Stehen mit Ae.; aus A. Nadeln oder Oktaeder; 0,4 g. (J. Pharmacy Pharmacol. **11**. 80—93. Febr. 1959. Ware, Herts., Allen and Hanburys Ltd., Res. Div.) W. Liebscher. 3231

J. N. Chatterjea und **K. Prasad**, *Synthese in der 4-Azafluorengruppe*. 2. Mitt. *Synthese von 4-Azafluorenen und 7-Azafluoranthenen.* (1. vgl. J. Indian chem. Soc. **32**. [1955.] 371.) Es werden *4-Azafluorene* aus Indanon-(1)-derivv. durch Kondensation mit 3-Aminocrotonsäurenitril (I) synthetisiert. Die Darst. aus 1-Oxoindanyl-(2)-glyoxylsäureäthylester (**II**) gibt die besten Ausbeuten. *7-Azafluoranthene* entstehen analog aus den entsprechenden Acenaphthenonen über die Glyoxylsäureester u. **I**. Aus 2-Hydroxymethylenindanon-(1) (**III**) u. überschüssigem 3-Aminocrotonsäureäthylester (**IV**) unter Feuchtigkeitsausschluß entsteht die *Verb.* $C_{20}H_{22}N_2O_2$, die beim Erwärmen mit Alkali NH_3 abspaltet u. **III** zurückliefert u. beim Behandeln mit verd. Mineralsäuren oder Erhitzen über den F. in die *Verb.* $C_{19}H_{19}NO_3$ übergeht, die auch aus **III** u. **IV** an der Luft entsteht u. mit alkoh. NaOH das Na-Salz von [1-Oxoindanyl-(2)]-[1-oxoindanyliden-(2)]-methin bildet. Aus äquimol. Mengen **III** u. **IV** in absol. A. entsteht eine *Verb. vom F. 214°*. Die Kondensation von Benzylidenacenaphthenon (**V**) u. Cyanacetamid (**XII**) ist vom Kondensationsmittel abhängig u. ergibt in Ggw. von Na-Äthylat *8-Hydroxy-9-cyan-10-phenyl-7-azafluoranthen*, in Ggw. von Diäthylamin *6b-Hydroxy-8-keto-9-cyan-10-phenyl-6b.7.8.9.10.10a-hexahydro-7-azafluoranthen.*

Versuche: *2-Cyan-3-methyl-4a-hydroxy-4.4a-dihydro-4-azafluoren* (**VI**), $C_{14}H_{12}$·N_2O, F. 232°, durch 3tägiges Stehen äquimol. Mengen **III** u. **I** in absol. A. bei n. Temp.; aus A. gelbe Nadeln; 30% (Ausbeute). — *2-Cyan-3-methyl-4a-hydroxy-6.7-dimethoxy-4.4a-dihydro-4-azafluoren*, $C_{16}H_{16}N_2O_3$, F. 300—302°, aus 2-Hydroxymethylen-5.6-dimethoxyindanon-(1) u. **I**; aus A. gelbe Kristalle. — *2-Cyan-3-methyl-4-azafluoren* (**VII**), $C_{14}H_{10}N_2$, F. 183—184°, a) durch $^1/_4$std. Erhitzen von **VI** im Vakuum auf 280°; aus A. Nadeln; 40—50%; b) durch therm. Decarboxylierung von nachst. **VIII** bei 290°. — *1-Carbäthoxy-2-cyan-3-methyl-4-azafluoren* (**IX**), $C_{17}H_{14}N_2O_2$, F. 174—175°, durch 14tägiges Stehen von 3 g **II** u. 1 g **I** in absol. A. bei n. Temp.; aus A. glänzende Nadeln; 0,95 g. — Durch 4tägiges Stehen von **II** u. **I** in trockenem Bzl., Kochen einer *Verb. F. 128—132°* (gelbe Nadeln) mit verd. Alkali u. Ansäuern nur *1-Oxoindanyl-(2)-glyoxylsäure*, $C_{11}H_8O_4$, F. 218°. *Chinoxalinderiv.*, $C_{17}H_{12}N_2O_2$, F. 325°, durch Kondensation mit o-Phenylendiamin; glänzende orangefarbene Plättchen. — *3-Methyl-4-azafluorendicarbonsäure-(1.2)*, $C_{15}H_{11}NO_4$, F. 269—271° (Isobutanol), durch 18std. Kochen von 0,4 g **IX** mit wss. alkoh. NaOH; 0,2 g. — *3-Methyl-4-azafluoren*, durch trockene Dest. vorst. Verb. mit Kalk; rotes Öl. *Pikrat*, F. 212°. — *2-Cyan-3-methyl-4-azafluorencarbonsäure-(1)* (**VIII**), $C_{15}H_{10}N_2O_2$, F. 274—275°, durch 2 Min. langes Erhitzen von 0,2 g **IX** u. alkoh. NaOH, Abfiltrieren des Na-Salzes u. Ansäuern; aus Isobutanol prismat. Nadeln; 0,15 g. — *1-Oxoacenaphthenyl-(2)-glyoxylsäureäthylester*, $C_{16}H_{12}O_4$, F. 100 bis 101°, durch Zugabe von 0,98 g Acenaphthenon (**X**) u. Oxalsäurediäthylester in absol. A. zu alkoh. Na-Äthylat u. mehrstd. Stehen in der Kälte; aus A. feine gelbe Kristalle; 0,95 g. — *8-Methyl-9-cyan-10-carbäthoxy-7-azafluoranthen*, $C_{20}H_{14}N_2O_2$, F. 144°, durch 14tägiges Stehen von 0,4 g vorst. Verb. u. 0,15 g **I** in absol. A. bei n. Temp.; aus verd. A. kurze prismat. Nadeln; 0,05 g. — *Verb.* $C_{20}H_{22}N_2O_2$, F. 166°, durch Lösen von 9,5 g **III** in 25 g **IV** bei 100° unter Feuchtigkeitsausschluß u. 4tägiges Stehen bei n. Temp.; aus Bzl. hellgelbe Prismen; 2,7 g. — *Verb.* $C_{19}H_{19}NO_3$, F. 268°, a) durch Lösen von 3,2 g **III** u. 2,6 g **IV** bei 100° u. 7tägiges Stehen bei n. Temp., aus n-Butanol glänzende gelbe Nadeln; 0,4 g; b) aus vorst. Verb. durch Behandeln mit verd. HCl oder Erhitzen auf 200° neben NH_3. — *[1-Oxoindanyl-(2)]-[1-oxoindanyliden-(2)]-methin*, $C_{19}H_{14}O_2$, F. 233° (Xylol), durch Kochen vorst. Verb. mit alkoh. NaOH u. Ansäuern des *Na-Salzes* (stahlblaue Platten). — *Verb. vom F. 214°*, durch 15tägiges Stehen äquimol. Mengen **III** u. **IV** in absol. A. bei n. Temp.; aus wss. Pyridin hellgelbe Prismen. — *1-Naphthylidenacenaphthenon*, $C_{23}H_{14}O$, F. 152—153°, durch $^1/_4$std. Erwärmen von 0,5 g **X** u. 1-Naphthylaldehyd in A. u. wenig NaOH auf 100° u. mehrstd. Stehen bei n. Temp.; aus wss. A. Prismen; 0,25 g. — *p-Tolylidenacenaphthenon*, $C_{20}H_{14}O$, F. 129 bis 130°; aus wss. A. gelbe Prismen; 75—85%. — *2.2'-Benzyliden-bis-[indanon-(1)]* (**XI**), $C_{25}H_{20}O_2$, F. 238—240°, durch Zugabe von wenig alkoh. K_2CO_3 zu 3,2 g Benzaldehyd u. 4 g Indanon-(1); aus Essigsäure Prismen; 4,8 g. *Monoxim*, $C_{25}H_{21}NO_2$, F. 284°, durch Kochen mit überschüssigem Hydroxylaminhydrochlorid; aus Essigsäure rechtwinklige Platten. — *1-Phenyl-2-cyan-3-methyl-4-azafluoren*, $C_{20}H_{14}N_2$, F. 199°, durch ½std. Kochen von 0,55 g **XI**, 0,2 g **I** u. alkoh. Na-Äthylat, aus A. Nadeln; 0,1 g. — *8-Methyl-9-cyan-10-phenyl-7-azafluoranthen*, $C_{23}H_{14}N_2$, F. 209—210°, durch ½std. Kochen von

1,25 g **V**, 0,4 g **I** u. alkoh. Na-Äthylat; aus Essigsäure gelbe Nadeln; 0,75 g. — *8-Methyl-9-cyan-10-[p-tolyl]-7-azafluoranthen*, $C_{24}H_{16}N_2$, F. 251—252°; aus Essigsäure gelbe prismat. Nadeln. — *8-Methyl-9-cyan-10-[α-naphthyl]-7-azafluoranthen*, $C_{27}H_{16}N_2$, F. 263 bis 265°; aus Essigsäure gelbe prismat. Nadeln. — *8-Hydroxy-9-cyan-10-phenyl-7-azafluoranthen*, $C_{22}H_{12}N_2O$, F. >320°, durch $^1/_4$std. Erwärmen von 0,5 g **V**, 0,16 g Cyanacetamid (**XII**) u. alkoh. Na-Äthylat auf 100° u. 3tägiges Stehen bei n. Temp.; aus Essigsäure hell orangefarbene Prismen; 0,25 g. — *6b-Hydroxy-8-keto-9-cyan-10-phenyl-6b.7.8.9.10.10a-hexahydro-7-azafluoranthen*, $C_{22}H_{16}N_2O_2$, F. >320°, aus **V**, **XII** u. Diäthylamin durch 5tägiges Stehen bei 40°; aus A. Platten. (J. Indian chem. Soc. **34**. 375—80. Mai 1957. Patna, Sci. Coll., Chem. Labor.) W. LIEBSCHER. 3231

Anthony T. Coscia und **S. Carlton Dickerman**, *Synthese von Pyrido-[4.3:b]-chinolin (2.10-Diazaanthracen) und verwandten Verbindungen.* Das aus 1-Acetyl-3-carbäthoxy-piperidon-(4) (**I**) mit Anilin (**II**) erhältliche *1-Acetyl-3-carbäthoxy-4-phenyliminopiperidin* bzw. das mit p-Bromanilin (**III**) oder p-Anisidin dargestellte *p-Brom-* bzw. *p-Methoxyderiv.* werden therm. zu *2-Acetyl-1.2.3.4-tetrahydropyrido-[4.3:b]-5H-chinolinon-(10)* (**V**) bzw. der entsprechenden *8-Brom-* (**VI**) u. *8-Methoxyverb.* cyclisiert. Die Dehydrierung der aus **V** u. **VI** durch Verseifung erhaltenen *freien Basen* (**VII** bzw. **VIII**) mit Pd-Kohle führt zu *Pyrido-[4.3:b]-5H-chinolinon-(10)* (**IV**). Das aus **IV** mit Zn/NaOH gewonnene *5.10-Dihydropyrido-[4.3:b]-chinolin* läßt sich mit Pd-Kohle zu *Pyrido-[4.3:b]-chinolin* dehydrieren, das UV-spektroskop. charakterisiert wird. **IV** liefert mit P_2S_5 in sehr geringer Ausbeute *Pyrido-[4.3:b]-5H-chinolinthion-(10)*. Die Desulfurierung des letzteren mit RANEY-Ni ist wie beim Thioacridon von weitgehender Hydrierung begleitet. **IV** reagiert nicht mit $POCl_3$ oder PCl_5.

V e r s u c h e: *1-Acetyl-3-carbäthoxy-4-phenyliminopiperidin*, durch 6std. Kochen von **I** u. **II** in absol. A. in Ggw. von Drierite u. Eisessig; Öl. — *2-Acetyl-1.2.3.4-tetrahydropyrido-[4.3:b]-5H-chinolinon-(10)* (**V**), $C_{14}H_{14}N_2O_2$, F. 279—280° (Dioxan), durch 40 Min. Erhitzen vorst. Verb. unter N_2 in Diphenyläther auf 245°; 55% (Ausbeute). — *1.2.3.4-Tetrahydropyrido-[4.3:b]-5H-chinolinon-(10)* (**VII**), $C_{12}H_{12}N_2O$, F. 255° (W.), durch 7std. Kochen von **V** in 20%ig. HCl, Lösen des Hydrochlorids in 10%ig. NaOH–Na_2CO_3, Einengen u. Extraktion mit heißem absol. A.; 83%. — *1-Acetyl-3-äthoxycarbonyl-4-[p-bromphenylimino]-piperidin*, $C_{16}H_{19}BrN_2O_3$, F. 149—150° (60%ig. wss. A.), aus **I** u. **III**; Nadeln; 63%. — *2-Acetyl-1.2.3.4-tetrahydro-8-brompyrido-[4.3:b]-5H-chinolinon-(10)* (**VI**), $C_{14}H_{13}BrN_2O_2$, F. 326—328° (CH_3OH), analog **V** bei 275°; 83%. — *1.2.3.4-Tetrahydro-8-brompyrido-[4.3:b]-5H-chinolinon:(10)* (**VIII**), $C_{12}H_{11}BrN_2O$, F. 300 bis 303° (Zers.; 10%ig. wss. A.), in 72 Std.; Nadeln; 95%. — *1-Acetyl-3-äthoxycarbonyl-4-[p-methoxyphenylimino]-piperidin*, $C_{17}H_{22}N_2O_4$, F. 126—127° (wss. A.); 55%. — *2-Acetyl-1.2.3.4-tetrahydro-8-methoxypyrido-[4.3:b]-5H-chinolinon-(10)*, $C_{15}H_{16}N_2O_3$, F. 320 bis 321° (verd. NaOH); 82%. — *Pyrido-[4.3:b]-5H-chinolinon-(10)* (**IV**), $C_{12}H_8N_2O$, F. 338—339° (Zers.; 50%ig. A. oder 50%ig. CH_3OH), a) durch 3std. Erhitzen von **VII** mit Pd-Kohle in Diphenyläther auf 235—245° unter vermindertem Druck; 70%; b) analog aus **VIII**. — *5.10-Dihydropyrido-[4.3:b]-chinolin*, $C_{12}H_{10}N_2$, F. 219° (60%ig. A.), durch 3½std. Erhitzen von **IV** in A./Toluol mit Zn-Staub in NaOH auf 125°; 34%. — *Pyrido-[4.3:b]-chinolin*, $C_{12}H_8N_2$, F. 138—139° (W.), durch 9std. Kochen vorst. Verb. in Toluol mit Pd-Kohle; Nadeln; 57%. — *Pyrido-[4.3:b]-5H-chinolinthion-(10)*, $C_{12}H_8N_2S$, F. 298—301° (CS_2, $NaHCO_3$, A. u. CH_3OH), durch 5std. Kochen von **IV** mit P_2S_5 in absol. Pyridin, Einengen, Extrahieren mit heißer verd. NaOH u. Ansäuern; rote Nadeln; 4%. (J. Amer. chem. Soc. **81**. 3098—3100. 20/6. 1959. New York, N. Y., Univ., Wm. H. Nichols Chem. Labor.) H. PAGEL. 3231

William L. Mosby und **Richard J. Boyle**, *Reaktionen von 2.3-Dichlor-1.4-naphthochinon mit 2-Aminopyridin und verwandten Aminen.* Durch Rk. eines äquimol. Gemisches von 2.3-Dichlor-1.4-naphthochinon (**IV**) mit 2-Aminopyridin (**III**) in A. wird *5.6-Dihydro-5.6-dioxobenzo-[e]-pyrido-[a]-benzimidazol* (**I**) unter intermediärer Bldg. von *5.6-Dihydro-5-oxo-6-[pyridyl-(2)-imino]-benzo-[e]-pyrido-[a]-benzimidazol* (**II**), das beim Abbruch nach kurzer Reaktionszeit isoliert werden kann, erhalten. **I** gibt mit o-Phenylendiamin (**X**) das *Phenazinderiv.* u. entsteht auch aus 2-Acetamido-3-chlornaphthochinon (**VII**) u. **III**. Die von TRUITT u. Mitarbeitern (C. **1958**. 3013) als Benzo-[f]-pyrido-[a]-benzimidazolchinon-(4.9) beschriebene Verb. wird als **I** erkannt. **I** bildet sich auch bei der Umsetzung von 2-Acetamidopyridin (**IX**) mit **IV** in Methylcellosolve, während in Chlorbenzol keine Rk. erfolgt. Ferner entsteht **I** aus **III** u. 3.4-Dichlor-1.2-naphthochinon (**VIII**). Einen weiteren Konstitutionsbeweis für **I** brachte die Hydrierung zu *5.6.8.9.10.11-Hexahydrobenzo-[e]-pyrido-[a]-benzimidazolidon-(5.6)*, das unabhängig aus Benzo-[e]-pyrido-[a]-benzimidazol (**V**) durch Hydrierung zur *8.9.10.11-Tetrahydroverb.* u. deren Oxydation mit CrO_3 dargestellt wurde. Die CrO_3-Oxydation von **V** liefert unreines **I**, die Oxydation von 5-Aminobenzo-[e]-pyrido-[a]-benzimidazol (**XI**) mit CrO_3 oder Pb-Tetraacetat nur *Dibenzo-[c;j]-dipyrimidazo-[3.2:a;3'.2':h]-phenazin.* Das durch reduktive Acetylierung von I erhaltene *Diacetat* gibt bei der Zn-Staubdest. V. Die Oxydation von I mit Peressigsäure führt in jedem Falle zu III, wobei unter milderen Bedingungen *2-Phenylimidazo-[1.2:a]-2H-pyridinon-(3)* (?), unter schärferen *N-[Pyridyl-(2)]-phthalimid* u. eine *Verb. vom F. 185,2—186,0°*, als Nebenprodd. entstehen. II wird als Hauptprod. bei der Umsetzung von IV mit 4 Mol III erhalten, gibt bei saurer Hydrolyse I u. III, läßt sich reduktiv acetylieren, konnte aber nicht aus I u. III in A. oder Essigsäure dargestellt werden. VII liefert mit 2 Mol III in OH-haltigen Lösungsmitteln nur I, in Chlorbenzollsg. aber *6-Acetimido-5.6-dihydro-5-oxobenzo-[e]-pyrido-[a]-benzimidazol.* Analog I werden aus 5-Nitro-2.3-dichlor-1.4-naphthochinon (VI) u. III die *1-* u. *4-Nitroderivv.* von I gewonnen. Die *3-Nitroverb.* entsteht durch direkte Nitrierung von I. Mit 2.3.5.8-Tetrachlor-1.4-naphthochinon (F. 251—252°) entsteht das *1.4-Dichlorderiv.* von I, mit 2-Amino-6-methylpyridin das *8-Methylderivat.* Aus IV u. 2-Aminopyrimidin (XII) kann *5.6-Dihydro-5.6-dioxobenzo-[e]-pyrimido-[1.2:a]-benzamidazol* dargestellt werden. Mit 2-Aminochinolin, -thiazol, -benzthiazol u. -benzimidazol werden *12.13-Dihydro-12.13-dioxobenzo-[e]-chinolo-[1.2:a]-*, *5.6-Dihydro-5.6-dioxobenzo-[e]-tiazolo-[3.2:a]-benzimidazol*, *2-[Benzthiazolyl-(2)-amino]-3-hydroxy-* u. *2-[Benzimidazolyl-(2)-amino]-3-chlor-1.4-naphthochinon* erhalten. Zur Bldg. von II bzw. I wird ein Reaktionsmechanismus unter Zugrundelegung einer prim. 1.4-Addition von III an IV diskutiert.

Versuche: *5.6-Dihydro-5.6-dioxobenzo-[e]-pyrido-[a]-benzimidazol* (I), $C_{15}H_8N_2O_2$, F. 301—302,2° (o-Dichlorbenzol, Chlorbenzol bzw. Essigsäure; sublimiert im Vakuum), a) durch 8 std. Rühren u. Kochen von IV mit 2 Mol III in A.; orangefarben; 47,4% (Ausbeute); b) analog aus IV mit 1 Mol II u. 1 Mol Na_2CO_3; 46%; c) aus VII u. III; 67,3%; d) aus VIII u. III in A.; e) durch 24 std. Rühren u. Kochen von IV u. IX in Methylcellosolve. *Phenazinderiv.*, $C_{21}H_{12}N_4$, F. 294,1 bis 295,0° (Chlorbenzol u. Methylcellosolve), durch 2 std. Erhitzen von I mit X in Essigsäure; hellgelbe Kristalle; 50%. — *Benzo-[e]-pyrido-[a]-benzimidazoldiol-(5.6)-diacetat*, $C_{19}H_{14}$·N_2O_4, F. 233—234° (Bzl.), durch reduktive Acetylierung von I. — *Benzo-[e]-pyrido-[a]-benzimidazol* (V), F. 195,2—196,2, hellgelbe Platten. *Pikrat*, $C_{21}H_{13}N_5O_7$, F. 258—261° (Zers.; Methylcellosolve), gelbe Kristalle. — *8.9.10.11-Tetrahydrobenzo-[e]-pyrido-[a]-benzimidazol*, $C_{15}H_{14}N_2$, F. 161,5—162,5° (Cyclohexan u. Bzl.), durch 3 std. Hydrieren von V in A. über Adams-Katalysator bei 30 lbs./sq.in.; *Pikrat*, $C_{21}H_{17}N_5O_7$, F. 233,5—235,2° (Methylcellosolve). — *5.6.8.9.10.11-Hexahydrobenzo-[e]-pyrido-[a]-benzimidazoldion-(5.6)*, $C_{15}H_{12}N_2O_2$, F. 233,3—234,7° (Bzl.), a) durch Zutropfen von wss. CrO_3 zu einer sd. Lsg. von 0,60 g vorst. Verb. in Eisessig u. Verdünnen mit W.; orangefarbene Nadeln; 0,50 g; b) durch mehrstd. Hydrieren von 0,10 g I in A. über Adams-PtO_2 bei 50° u. 30 lbs./sq.in. u. Chromatographie an Al_2O_3 aus Bzl.; 0,11 g. — *Dibenzo-[c; j]-dipyrimidazo-[3.2:a; 3'.2':h]-phenazin*, $C_{30}H_{16}N_6$, F. >360° (1-Chlornaphthalin), aus XI mit CrO_3 oder Pb-Tetraacetat in sd. Essigsäure. —*2-Phenylimidazo-[1.2:a]-2H-pyridinon-(3)* (?), $C_{13}H_{10}N_2O$, F. 141,5—144,5° (wss. A. u. Essigester–Methylcyclohexan), durch 4½ std. Kochen von 10,0 g I mit Essigsäure/6%ig. H_2O_2 u. Neutralisation mit Na_2CO_3; hellgelb; 0,75 g *Pikrat*, $C_{19}H_{13}N_5O_8$, F. 162,5—167,5° (wss. CH_3OH). — *N-[Pyridyl-(2)]-phthalimid*, F. 226,0—228,0° (CH_3OH u. Acetonitril), durch Rk. von I mit 40%ig. Peressigsäure, Verdünnen mit W. u. Stehen über Nacht. — *2-Aminopyridin* (III), *Pikrat*, F. 224—225°, neben vorst. Verbindungen. — *3-Phenylimidazo-[1.2 : a]-3H-pyridinon-(2)*, $C_{13}H_{10}N_2O$, F. 246—248° (Zers.; Glykoldiacetat), durch Rk. von 2,15 g α-Bromphenylessigsäure in Chlf. mit $SOCl_2$, Umsetzung mit III in Chlf., Einengen, Lösen in W. u. Alkalisieren mit NH_4OH; strohgelbe Nadeln; 0,18 g. — Benzo-[e]-pyrido-[a]-benzimidazole: *5.6-Dihydro-5-oxo-6-[pyridyl-(2)-imino]-* (II), $C_{20}H_{12}N_4O$, F. 245,0 bis 245,5° (Chlorbenzol u. Acetonitril), a) durch 4 std. Rühren u. Kochen von IV mit 4 Mol III in A.; braunrote Rhomben; 68,5%; b) analog in Chlorbenzol; 72%. Hydrolyse mit verd. H_2SO_4 → I. — *5-Acetoxy-6-[N-pyridyl-(2)-acetamido]-*, $C_{24}H_{18}N_4O_3$, F. 280° (Zers.; Bzl.), durch reduktive Acetylierung von II. — *6-Acetimido-5.6-dihydro-5-oxo-*, $C_{17}H_{11}N_3O_2$, F. 271,5—272,5° (Glykoldiacetat), durch 1 std. Rühren u. Kochen von VII mit 2 Mol III; orangefarbene Nadeln; 70%. Hydrolyse mit verd. HCl → I. — *5.6-Dihydro-3-nitro-5.6-dioxo-*, $C_{15}H_7N_3O_4$, F. >360° (Zers.; o-Dichlorbenzol), durch 105 Min. Erhitzen von I mit konz. H_2SO_4 u. konz. HNO_3 auf 125°; orangefarbene Kristalle; 78,5%. — *5.6-Dihydro-1-nitro-5.6-dioxo-*, $C_{15}H_7N_3O_4$, F. 292,5—293,5° (o-Dichlorbenzol), durch 4 std. Rühren u. Kochen von 5,98 g VI u. III in A.; orangerote Kristalle; 60,5%. — *5.6-Dihydro-4-nitro-5.6-dioxo-*, F. 322—324° (Zers.; Nitrobenzol), neben vorst. Verb.; orangefarben; 0,80 g. — *5.6-Dihydro-8-methyl-5.6-dioxo-*, $C_{16}H_{10}N_2O_2$, F. 280,8—283,0° (Toluol), mit Na_2CO_3; gelbe Nadeln; 20%. — *1.4-Dichlor-5.6-dihydro-5.6-dioxo-*, $C_{15}H_6$·$Cl_2N_2O_2$, F. 319,0—320,7° (o-Dichlorbenzol), in 4 Std. in A.; orangefarben; 50,1%. *Phenazinderiv.*, $C_{21}H_{10}Cl_2N_4$, F. 313—314,2° (Methylcellosolve u. Chlorbenzol), goldgelbe Kristalle. — *5.6-Dihydro-5.6-dioxobenzo-[e]-pyrimido-[1.2:a]-benzimidazol*, $C_{14}H_7N_3O_2$, F. 343, bis 345,0° (Zers.; Glykoldiacetat u. o-Dichlorbenzol), durch 2std. Rühren u. Kochen von **IV** u. **XII** in Methylcellosolve; goldgelbe Nadeln; 51,3%. *Phenazinderiv.*, $C_{20}H_{11}N_5$, F. 343,5—346,5° (Chlorbenzol). — *5.6-Dihydroxybenzo-[e]-pyrimido-[1.2:a]-benzimidazol-diacetat*, $C_{18}H_{13}N_3O_4$, F. 270° (Zers.; Chlorbenzol), hellgelbe Kristalle. — *12.13-Dihydro-12.13-dioxobenzo-[e]-chinolino-[1.2:a]-benzimidazol*, $C_{19}H_{10}N_2O_2$, F. 327,5—328,5° (Chlorbenzol), mit Na_2CO_3; orangefarbene Nadeln; 39,3%. — *12.13-Diacetoxybenzo-[e]-chinolino-[1.2:a]-benzimidazol*, $C_{23}H_{16}N_2O_4$, F. 217,5—218,5° (Acetanhydrid), grüngelbe Kristalle. — *5.6-Dihydro-5.6-dioxobenzo-[e]-thiazolo-[3.2:a]-benzimidazol*, $C_{13}H_6N_2O_2S$, Zers. bei 273 bis 275° (o-Dichlorbenzol–Methylcyclohexan), in Methylcellosolve; 33%. — *2-[Benzthiazolyl-(2)-amino]-3-hydroxy-1.4-naphthochinon*, $C_{17}H_{10}N_2O_3S$, F. 231,5—233,5° (Chlorbenzol–Methylcyclohexan), mit Na_2CO_3 in A. in 16 Std.; violett. — *2-[Benzimidazolyl-(2)-amino]-3-chlor-1.4-naphthochinon*, $C_{17}H_{10}ClN_3O_2$, F. 266,3—266,7° (o-Dichlorbenzol), analog vorst. Verb.; violette Kristalle; 29,4%. — Die UV-Spektren der meisten Verbb. sind angegeben. (J. org. Chemistry **24**. 374—80. März 1959. Bound Brook, N. J., Amer. Cyanamid Co., Res. Div., Bound Brook Labors.) R. Pasedag. 3231

M. G. J. Beets und **H. van Essen**, *Die Reaktion von α-Methylstyrol mit Formaldehyd.* Durch Rk. von α-Methylstyrol (**I**) mit Formyldehyd (**II**) in Ggw. katalyt. Mengen H_2SO_4 entsteht *4-Methyl-4-phenyl-m-dioxan* (**IV**) in guter Ausbeute. Bei hohen Säurekonzz. reagiert **I** mit einem großen Überschuß an **II** durch elektrophilen Angriff des hydratisierten **II**-Protons **A** auf das endständige C-Atom des konjugierten Syst. unter Bldg. des Carbeniumions **B** oder dessen Hydratform **C**, weitere Rk. der durch Abspaltung des $C_{(1)}$- oder mit größerer Wahrscheinlichkeit des $C_{(3)}$-Protons in bzw. durch Dehydratisierung von **C** gebildeten Doppelbindung mit **II**, Cyclisierung u. Dehydratisierung. Die zu den Sekundärprodd. führenden Reaktionsschritte werden durch Hydrieren oder Hydrogenolyse dieser Verbb. bzw. durch Rk. mit **II** aufgeklärt. Mit Styrol findet ebenfalls eine extrem langsame Sekundär-Rk. statt.

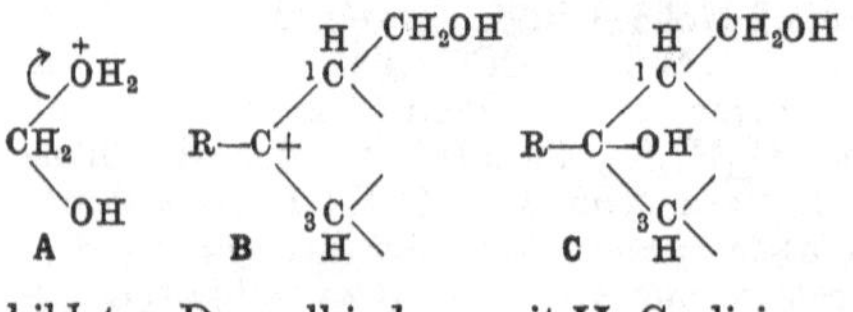

Versuche: Durch 3std. Rühren von 2 Mol **I** mit einer Mischung aus 6 Mol 35%ig. **II**-Lsg., 6 Mol Paraformaldehyd (**III**) u. 120 g H_2SO_4 bei 90°, Aufnehmen in Bzl., Eingen u. Fraktionieren im Vakuum werden neben nicht umgesetztem **I** u. nicht unter suchten fl. Prodd. isoliert: *4-Methyl-4-phenyl-m-dioxan* (**IV**), F. 39° (PAe. bei —5°), $Kp._3$ 88—93°; 6,7% (Ausbeute). — *9-Phenyl-1.3.6-trioxadekahydronaphthalin* (**V**), $C_{13}H_{16}O_3$, F. 125,3—125,7° (A.), $Kp._3$ 125—150°; 13,8%. — *4-Phenyl-4-[m-dioxanyl-(5')]-m-dioxan* (**VI**), $C_{14}H_{18}O_4$, F. 87,5—87,7° (A.), $Kp._3$ 158—181°; 11,4%. — *2-[4'-Phenyldioxanyl-(4')]-äthanol* (**VII**), $C_{12}H_{16}O_3$, $Kp._{2,5}$ 155°, durch Isolierung mit Borsäure aus den Mutterlaugen u. Zwischenfraktionen u. Hydrolyse mit 10%ig. Na_2CO_3-Lsg. bei 100°; n_D^{20} 1,5417, $D.^{02}_4$ 1,1676; 14,6%. *3.5-Dinitrobenzoat*, $C_{19}H_{18}N_2O_8$, F. 120,0—121,0° (A.). Durch ½std. Kochen von 2,46 g **VII** mit Methanol u. HCl → 0,6 g nachst. **VIII**. — Durch 3½std. Rühren von 4 Mol **I** mit 8 Mol 35%ig. **II**-Lsg., 2,7 Mol **III** u. 160 g H_2SO_4 bei 90° (vgl. C. **1957**. **6444**.) werden neben nicht umgesetztem **I** u. nicht destillierbarem Material isoliert: *4-Phenyl-2.3-dihydro-6H-pyran* (**VIII**), $C_{11}H_{12}O$, F. 62,0—62,5° (A.-PAe.), $Kp._3$ 99—115°; 8,4% neben 10,1% **IV**, 5,8% **V**, sehr wenig **VI** u. 8,0% **VII**. Durch 4std. Rühren von 0,07 Mol **VIII**, 0,6 Mol 35%ig. **II**-Lsg. u. 12 g H_2SO_4 bei 90° → 46% **V**. — *4-Phenyltetrahydropyran*, $C_{11}H_{14}O$, F. 46,0—47,0° (PAe.), durch 10std. Hydrieren von **VIII** in A. in Ggw. von PtO_2 bei n. Temp.; fast quantitativ. — *cis- u. trans-3-Hydroxymethyl-4-phenyltetrahydropyran*, $C_{12}H_{16}O_2$, durch 6½std. Kochen von **V** in Toluol mit Na u. Diisobutylcarbinol (vgl. Beets, C. **1952**. 513); die Trennung der Isomeren durch Umkristallisieren gelang nicht; 98,7%. *Benzoat*, $C_{19}H_{20}O_3$, F. 99,5—99,9° (A.) u. F. 87,4—88,1° (A.; wahrscheinlich die cis-Verb.). *3.5-Dinitrobenzoat*, $C_{19}H_{18}N_2O_7$, F. 108,7—109,3° (A.). — *3-Phenyl-3-[m-dioxanyl-(5')]-propanol-(1)*, $C_{13}H_{18}O_3$, $Kp._3$ 175—176°, durch 10std. Kochen von **VI** in Toluol mit Na u. Diisobutylcarbinol. Isolieren als *Borat* u. Hydrolyse; n_D^{20} 1,5320; 58,2%. *Benzoat*, $C_{20}H_{22}O_4$, F. 80,1—80,6° (A.). Durch 1½std. Erwärmen mit 8n H_2SO_4 auf 95—100° → **II** (Dimedonderiv., F. 187—187,5°). — *4-Phenyl-m-dioxan*, durch 30std. Rühren von 3 Mol Styrol, 6 Mol 35%ig. **II**-Lsg., 12 Mol **III** u. 180 g H_2SO_4 bei 90°; 60,3%; daneben über das *Borat 4-Phenyl-5-hydroxymethyl-m-dioxan* [*Benzoat*, $C_{18}H_{18}O_4$, F. 91,6—92,0° (A.)], eine nicht alkoh. Fraktion, einen nicht destillierbaren Rückstand u. wahrscheinlich *Ameisensäure*. (Recueil Trav. chim. Pays-Bas **76**. 1009—20. Nov. 1957. Polak & Schwarz, Holland, Res. Dep.) W. Liebscher. 3252

H. L. Bami und **M. S. Dhatt,** *Chinazolon-(4)-derivate als potentielle Antimalariae.* 1. Mitt. *Einige 2-Alkyl-3-substituierte-phenyl-6-alkyl- (oder halogen-) chinazolone-(4).* Durch Kondensation äquimol. Mengen 5-substituierter N-Acetyl- (bzw. Propionyl-) anthranilsäuren mit substituierten Arylaminen, Sulfanilamid oder 6-Methoxy-8-aminochinolin in Toluol in Ggw. von PCl_3 oder durch Kochen in wenig Phenol werden die entsprechenden *2-Alkyl-3-phenyl-6-alkyl-* (oder *-halogen-*) *chinazolone-(4)* dargestellt. Alle Verbb. sind in W. unlösl. u. werden in wss. Suspension einer geeigneten Base auf ihre antimalar. Wirksamkeit gegen *P. gallinaceum* an Kücken getestet. Außer *2-Äthyl-6-methyl-3-[o-methoxyphenyl]-chinazolon-(4)* sind sie inakt. u. teilweise toxisch.

Versuche: *2.6-Dimethyl-3-[p-bromphenyl]-chinazolon-(4)*, $C_{16}H_{13}BrN_2O$, F. 170 bis 171°, a) durch Zutropfen von PCl_3 in Toluol zu p-Bromanilin (I) u. 5-Methyl-N-acetyl-anthranilsäure (II) in Toluol unter Rühren, 4std. Kochen unter Feuchtigkeitsausschluß, Einengen im Vakuum u. Zugabe von 20%ig. NaOH; aus 50%ig. A. Nadeln; 79% (Ausbeute); b) durch 3std. Kochen von I u. II in Phenol u. Aufarbeitung wie oben; 80%. — Weitere 6-Methylchinazolone-(4): *2-Methyl-3-[p-Äthoxyphenyl]-*, $C_{18}H_{18}N_2O_2$, F. 175°, aus 60%ig. Methanol Nädelchen; 68%. — *2-Methyl-3-[p-nitrophenyl]-*, $C_{16}H_{13}\cdot N_3O_3$, F. 249—250°, aus 60%ig. Methanol glänzende gelbe Nadeln; 75%. — *2-Methyl-3-[2'.4'-dichlorphenyl]-*, $C_{16}H_{12}Cl_2N_2O$, F. 152°, aus 60%ig. Methanol Nädelchen; 70%. — *2-Methyl-3-[p-jodphenyl]-*, $C_{16}H_{13}JN_2O$, F. 190°, aus 60%ig. Methanol Nädelchen; 75%. — *2-Äthyl-3-phenyl-*, $C_{17}H_{16}N_2O$, F. 152°, aus 60%ig. Methanol glänzende Nadeln; 63%. — *2-Äthyl-3-[p-tolyl]-*, $C_{18}H_{18}N_2O$, F. 179—180°, aus 60%ig. Methanol glänzende Nadeln; 86%. — *2-Äthyl-3-[o-methoxyphenyl]-*, $C_{18}H_{18}N_2O_2$, F. 178°, aus 60%ig. Methanol Nädelchen; 80%. — *2-Äthyl-3-[p-methoxyphenyl]-*, $C_{18}H_{18}N_2O_2$, F. 145°, aus 60%ig. Methanol Nädelchen; 82%. — *2-Äthyl-3-[o-äthoxyphenyl]-*, $C_{19}H_{20}N_2O_2$, F. 97°, aus 60%ig. Methanol Nädelchen; 82%. — *2-Äthyl-3-[p-äthoxyphenyl]-*, $C_{19}H_{20}N_2O_2$, F. 170°, aus 60%ig. Methanol Nädelchen; 78%. — *2-Äthyl-3-[p-nitrophenyl]-*, $C_{17}H_{15}N_3O_3$, F. 238 bis 240°, aus 60%ig. Methanol gelbe Nadeln; 71%. — *2-Äthyl-3-[o-chlorphenyl]-*, $C_{17}H_{15}\cdot ClN_2O$, F. 88—90°, aus 60%ig. Methanol Nädelchen; 70%. — *2-Äthyl-3-[p-chlorphenyl]-*, $C_{17}H_{15}ClN_2O$, F. 178°, aus 60%ig. Methanol Nädelchen; 70%. — *2-Äthyl-3-[2'.4'-dichlorphenyl]-*, $C_{17}H_{14}Cl_2N_2O$, F. 135°, aus 60%ig. Methanol Nädelchen; 88%. — *2-Äthyl-3-[p-bromphenyl]-*, $C_{17}H_{15}BrN_2O$, F. 174°, aus 60%ig. Methanol Nädelchen; 60%. — *2-Äthyl-3-[p-jodphenyl]-*, $C_{17}H_{15}JN_2O$, F. 204°, aus 60%ig. Methanol Nädelchen; 70%. — 6-Chlorchinazolone-(4): *2-Methyl-3-[o-methoxyphenyl]-*, $C_{16}H_{13}ClN_2O_2$, F. 147°, aus 60%ig. A. hellgelbe Nadeln; 76%. — *2-Methyl-3-[p-äthoxyphenyl]-*, $C_{17}H_{15}ClN_2O_2$, F. 149°, aus 60%ig. A. Nädelchen; 73%. — *2-Methyl-3-[p-chlorphenyl]-*, $C_{15}H_{10}Cl_2N_2O$, F. 152°, aus 60%ig. A. hellgelbe Körnchen; 81%. — *2-Methyl-3-[p-bromphenyl]-*, $C_{15}H_{10}\cdot BrClN_2O$, F. 174°, aus 60%ig. A. Körnchen; 86%. — *2-Methyl-3-[p-jodphenyl]-*, $C_{15}H_{10}\cdot ClJN_2O$, F. 204°, aus 60%ig. A. Nädelchen; 75%. — *2-Äthyl-3-phenyl-*, $C_{16}H_{13}ClN_2O$, F. 145°, aus 60%ig. Methanol Nädelchen; 74%. — *2-Äthyl-3-[p-tolyl]-*, $C_{17}H_{15}ClN_2O$, F. 191°, aus 80%ig. A. hellgelbe Nadeln; 71%. — *2-Äthyl-3-[o-methoxyphenyl]-*, $C_{17}H_{15}\cdot ClN_2O_2$, F. 135°, aus 70%ig. A. Nädelchen; 84%. — *2-Äthyl-3-[p-methoxyphenyl]-*, $C_{17}H_{15}ClN_2O_2$, F. 128°, aus 70%ig. Methanol hellgelbe Nadeln; 72%. — *2-Äthyl-3-[p-äthoxyphenyl]-*, $C_{18}H_{17}ClN_2O_2$, F. 168°, aus 60%ig. Methanol hellgelbe Platten; 70%. — *2-Äthyl-3-[o-chlorphenyl]-*, $C_{16}H_{12}Cl_2N_2O$, F. 115°, aus 60%ig. A. Körnchen; 82%. — *2-Äthyl-3-[p-chlorphenyl]-*, $C_{16}H_{12}Cl_2N_2O$, F. 185°, aus 60%ig. A. hellgelbe Nadeln; 78%. — *2-Äthyl-3-[2'.4'-dichlorphenyl]-*, $C_{16}H_{11}Cl_3N_2O$, F. 122°, aus 50%ig. Methanol feine Kriställchen; 77%. — *2-Äthyl-3-[p-bromphenyl]-*, $C_{16}H_{12}BrClN_2O$, F. 192°, aus 80%ig. Methanol hellgelbe Körnchen; 76%. — 6-Bromchinazolone-(4): *2-Methyl-3-[o-methoxyphenyl]-*, $C_{16}H_{13}BrN_2O_2$, F. 176°, aus 60%ig. Methanol Nadeln; 87%. — *2-Methyl-3-[o-äthoxyphenyl]-*, $C_{17}H_{15}BrN_2O_2$, F. 135°, aus 60%ig. Methanol Nadeln; 83%. — *2-Methyl-3-[p-äthoxyphenyl]-*, $C_{17}H_{15}BrN_2O_2$, F. 150°, aus 60%ig. Methanol hellbraune Nadeln; 80%. — *2-Methyl-3-[p-chlorphenyl]-*, $C_{15}H_{10}BrClN_2O$, F. 145°, aus 60%ig. Methanol Nadeln; 85%. — *2-Methyl-3-[p-bromphenyl]-*, $C_{15}H_{10}\cdot Br_2N_2O$, F. 165°, aus 60%ig. Methanol Nadeln; 80%. — *2-Methyl-3-[p-jodphenyl]-*, $C_{15}H_{10}BrJN_2O$, F. 204°, aus 60%ig. Methanol hellgelbe Nadeln; 75%. — *2-Äthyl-3-[p-methoxyphenyl]-*, $C_{17}H_{15}BrN_2O_2$, F. 154°, aus 60%ig. A. glänzende Nadeln; 72%. — *2-Äthyl-3-[p-chlorphenyl]-*, $C_{16}H_{12}BrClN_2O$, F. 171°, aus 60%ig. A. hellgelbe Nädelchen; 62%. — *2-Äthyl-3-[2'.4'-dichlorphenyl]-*, $C_{16}H_{11}BrCl_2N_2O$, F. 134°, aus 70%ig. A. Nädelchen; 80%. — *2-Äthyl-3-[p-bromphenyl]-*, $C_{16}H_{12}Br_2N_2O$, F. 177°, aus 60%ig. A. Nädelchen; 73%. — *2-Äthyl-3-[p-jodphenyl]-*, $C_{16}H_{12}BrJN_2O$, F. 188°, aus 60%ig. A. Nädelchen; 85%. — *2-Äthyl-3-[6'-methoxychinolyl-(8')]-chinazolon-(4)*, $C_{20}H_{17}N_3O_2$, F. 196—198°, aus 50%ig. Methanol hellgelbe Nädelchen; 56%. — *2-Äthyl-3-[p-amidosulfonylphenyl]-chinazolon-(4)*, $C_{16}H_{15}N_3O_3S$, F. 235—236°, durch 4std. Kochen von N-Propionylanthranilsäure u. Sulfanilamid in Phenol, Waschen mit W. u. Anreiben mit

Methanol; aus 50%ig. Methanol hellbraune Kristalle; 52%. — *2-Methyl-3-[p-amidosulfonylphenyl]-chinazolon-(4)*, $C_{15}H_{13}N_3O_3S$, F. 240°, analog vorst. Verb.; aus 50%ig. Methanol hellgelbe Kristalle; 48%. (J. sci. ind. Res. [New Delhi], Sect. B **16**. 558—62. Dez. 1957. Delhi, Malaria Inst. of India.) W. Liebscher. 3272

M. A. Matzkanowa und **G. Ja. Wanag,** *1-Aminomethylphthalazon-(4).* 1-Nitromethylphthalazon-(4) (I) läßt sich mit HJ u. rotem P zu *1-Aminomethylphthalazon-(4)* (II), das als *Hydrojodid* anfällt, reduzieren. II bildet ferner eine *Additionsverb. mit 2-Nitroindandion-(1.3)* u. ein *Hydrochlorid.* Mit Phthalsäureanhydrid liefert II *1-[Phthalimidomethyl]-phthalazon-(4)* (III). II gibt mit Benzoylchlorid eine *Monobenzoyl-* u. mit Acetanhydrid eine *Diacetylverb.*, die wahrscheinlich die Struktur eines *1-[Acetylaminomethyl]-3-acetylphthalazon-(4)* besitzt. III reagiert mit Acetanhydrid zu *1-[Phthalimidomethyl]-3-acetylphthalazon-(4).* In reinem Zustand läßt sich II aus seinen Salzen nicht isolieren. Aus II-Hydrochlorid u. Harnstoff erhält man *N.N'-Bis-[phthalazon-(4)-yl-(1)-methyl]-harnstoff.* Die entsprechende Rk. mit Phenylharnstoff liefert *N-Phenyl-N'-[phthalazon-(4)-yl-(1)-methyl]-harnstoff.* N.N-Diphenylharnstoff reagiert mit II nicht. Beim Erhitzen von I mit Zn im H_2-Strom entsteht *Indazol.*

Versuche: *1-Aminomethylphthalazon-(4)* (II), *Hydrojodid*, $C_9H_9N_3O \cdot HJ$, F. 266 bis 267° (Zers.), durch 1std. Kochen von 1 g 1-Nitromethylphthalazon-(4) (I), 20 ml HJ (Kp. 124°) u. 1 g roten P; durch Umfällen aus A./Ae. Kristalle; 1 g (Ausbeute). Additionsverb. mit *2-Nitroindandion-(1.3)*, $C_{18}H_{14}N_4O_5$, F. 233—235° (Zers.); man gibt zu einer gesätt. wss. Lsg. vorst. Verb. eine gesätt. wss. Lsg. von 2-Nitroindandion-(1.3); gelbe Kristalle. *Hydrochlorid*, $C_9H_9N_3O \cdot HCl$, F. 308°, aus einer wss. Lsg. von II-Hydrojod durch Zugabe von konz. HCl; aus absol. A. Kristalle. — *1-[Benzoylaminomethyl]-phthalazon-(4)*, $C_{16}H_{13}N_3O_2$, F. 257—258°, durch Zugabe von Benzoylchlorid zu einer Lsg. von II-Hydrojodid in verd. KOH; aus absol. A. Kristalle. — *1-[Phthalimidomethyl]-phthalazon-(4)* (III), $C_{17}H_{11}N_3O_3$, F. 353°, durch 1½std. Kochen von 1 g II-Hydrojodid mit 2,5 g Phthalsäureanhydrid u. 0,5 g Na-Acetat in 25 ml Eisessig, verd. mit 250 ml W., Aufkochen u. Stehenlassen über Nacht; aus Eisessig Kristalle. — *1-[Acetylaminomethyl]-3-acetylphthalazon-(4)*, $C_{13}H_{13}N_3O_3$, F. 226—227°, durch 10std. Kochen von 1 g II-Hydrochlorid mit 25 ml Acetanhydrid in Ggw. von 2,5 g Na-Acetat; aus wss. A. Nadeln. — *1-[Phthalimidomethyl]-3-acetylphthalazon-(4)*, $C_{19}H_{13}N_3O_4$, F. 207°, durch 10std. Kochen von III mit Acetanhydrid; Kristalle. — *N.N'-Bis-[phthalazon-(4)-yl-(1)-methyl]-harnstoff*, $C_{19}H_{16}N_6O_3$, F. 320—325°, durch 4std. Kochen von 1 g II-Hydrochlorid mit 0,6 g Harnstoff in 100 ml W.; aus W. Kristalle. — *N-Phenyl-N'-[phthalazon-(4)-yl-(1)-methyl]-harnstoff*, $C_{16}H_{14}N_4O_2$, F. 300—301°, durch 2std. Kochen von 1 g II-Hydrochlorid mit 0,8 g Phenylharnstoff in 60 ml W.; 2 g. — *Indazol*, $C_7H_6N_2$, F. 140 bis 143°, durch Erhitzen eines Gemisches von 1 g I u. 30 g Zinkstaub im H_2-Strom; aus W. Kristalle von charakterist., süßem Geruch; 0,05 g. (Журнал Общей Химии [J. allg. Chem.] **28** (**90**). 2798—2801. Okt. 1958. Riga, Lett. Univ., Med. Inst.)
U. Wörffel. 3272

Glenn S. Skinner, James S. Elmslie und **James D. Gabbert,** *Einige Derivate von 2.3-Dihydro-4H-1.4-thiazinon-(3) und 1.4-Thiazan.* Durch Rk. der entsprechenden α-Bromacetylbromide mit Thioharnstoff in Essigsäure wurden *5.5-disubstituierte 2-Iminothiazolidone-(4)* dargestellt; durch längere Rk. bei 90° wurden bessere Ausbeuten erzielt als in sd. Essigsäure. Durch 8—30std. Hydrolyse obiger Verbb. mit 5%ig. NaOH wurde ein Gemisch von *Dialkyl-α-mercaptoessigsäuren* erhalten, aus dem die substituierten Acetamide isoliert wurden; wurde die Hydrolyse von *5.5-Diäthyl-2-iminothiazolidon-(4)* (**IV**) vorzeitig abgebrochen, so konnte *5.5-Diäthylthiazolidindion-(2.4)* (**V**) isoliert werden. Durch Kondensation der *Dialkyl-α-mercaptoacetamide* mit α-Halogenaldehyden u. -ketonen entstanden *cycl. Ketoalkohole*, die durch Dehydratisierung *2.2-Dialkyl-2.3-dihydro-4H-1.4-thiazinone-(3)* ergaben. Die cycl. Ketoalkohole spalten bei der Dest. W. ab; *2.2-Diäthyl-1.4-thiazanon-(3)-ol-(5)* (**II**) u. das *5-Methylderiv.* (**III**) spalten bereits bei Raumtemp. W. ab, *2.2-Diäthyl-5-phenyl-1.4-thiazanon-(3)-ol-(5)* (**I**) durch Kochen in Alkohol. Beim Behandeln von I mit p-Nitrobenzoylchlorid trat ebenfalls Dehydratisierung ein. II reagiert weder mit Tollens-Reagens noch mit Phenylhydrazin. Das III entsprechende Dehydratationsprod. (**IX**) wurde in *2.2-Diäthyl-4.5-dimethyl-2.3-dihydro-4H-1.4-thiazinon-(3)* übergeführt. Die IR-Spektren der dargestellten Verbb. werden diskutiert. **IX** u. *2.2-Diäthyl-5-phenyl-2.3-dihydro-4H-1.4-thiazinon-(3)* ergaben durch Oxydation mit Peressigsäure die entsprechenden *Sulfone, 2.2-Diäthyl-2.3-dihydro-4H-1.4-thiazinon-(3)* (**VIII**) lieferte *2.2-Diäthyl-5.6-epoxy-2.3.5.6-tetrahydro-4H-1.4-thiazinon-(3)-1.1-dioxyd.*

Versuche: *5.5-Diäthyl-2-iminothiazolidon-(4)* (**IV**), F. 232—233°, a) durch 3std. Kochen des α-Bromacetylbromids mit Thioharnstoff in Essigsäure; 77% (Ausbeute); b) analog a) in 7 Std. bei 90°; 84%. — *α-Mercapto-α-äthylbuttersäureamid* (**VI**), $Kp._{1,05}$ 109°, a) durch 30std. Kochen von **IV** mit 5%ig. NaOH, Ansäuern, Rühren mit überschüssigem $NaHCO_3$ bis zur Beendigung der Rk. u. kontinuierliche Extraktion mit Ae.; 58%; b) durch 16std. Kochen von **V** mit 5%ig. NaOH u. Aufarbeitung analog **VII**; 34%. *Freie Säure*, F. 37—37,5°, neben dem Amid nach a) oder b) durch Ansäuern der wss. Phase, Ae.-Extraktion u. Dest.; 39 bzw. 38%. — *α-Mercapto-α-äthylcapronsäureamid* (**VII**), $Kp._{0,4}$ 103°, durch 24std. Kochen von 5-Butyl-5-äthyl-2-iminothiazolidon-(4) (F. 203°) mit 10%ig. NaOH, Ansäuern mit konz. HCl unter Eiskühlung, Ae.-Extraktion, Reextraktion mit wss. HCl, Extraktion der Ae.-Phase mit gesätt. $NaHCO_3$-Lsg. u. Dest. der Ae.-Phase; 41%. *Freie Säure*, $Kp._{0,5}$ 103°, neben dem Amid, durch Ansäuern der $NaHCO_3$-Lsg. mit konz. HCl unter Eiskühlung u. Ae.-Extraktion; 17%. — *α-Mercapto-α-phenylbuttersäureamid*, F. 72°, durch 8std. Kochen von 5-Phenyl-5-äthyl-2-iminothiazolidon-(4) (F. 211—213°) mit 5%ig. NaOH, Ansäuern mit konz. HCl unter Eiskühlung, Ae.-Extraktion, Reextraktion mit wss. HCl, Extraktion der Ae.-Phase mit gesätt. $NaHCO_3$-Lsg., Einengen der Ae.-Lsg. u. Filtration; 46%. *Freie Säure*, wie oben; 43%. — *5.5-Diäthylthiazolidindion-(2.4)* (**V**), F. 77,5—78°, a) neben **VI**; b) durch saure Hydrolyse von **IV**. — *Bis-[α-äthyl-α-carbamoylpropyl]-disulfid*, $C_{12}H_{24}N_2O_2S_2$, F. 159—160° (wss. CH_3OH), durch Einleiten von Luft in eine wss. Lsg. von **VI**. — 2.3-Dihydro-4H-1.4-thiazinone-(3): *2.2-Diäthyl-* (**VIII**), 52,5—53°, durch Zugabe von **VI** zu eiskalter 10%ig. NaOH, Zutropfen einer 40%ig. Lsg. von Chloracetaldehyd innerhalb 20 Min. unter Rühren, 2std. Rühren, Filtrieren, Lösen des Nd. in kaltem CH_3OH, Fällen mit W. u. Stehen des erhaltenen *2.2-Diäthyl-1.4-thiazanon-(3)-ol-(5)* (**II**, F. 77—78°) im Vakuum über $CaCl_2$; 64%. — *2.2-Diäthyl-5-methyl-* (**IX**), F. 65 bis 66° (wss. CH_3OH), analog **VIII** über *2.2-Diäthyl-5-methyl-1.4-thiazanon-(3)-ol-(5)* [**III**, F. 76,5—77,5° (Chlf.–PAe.)] u. Stehen von **III** bei Raumtemp.; 88%, — *2.2-Diäthyl-5-phenyl-*, F. 153,5—154°, analog **VIII** unter Erwärmen auf Raumtemp., Filtrieren u. 2tägiges Kochen des erhaltenen Gemisches mit *2.2-Diäthyl-5-phenyl-1.4-thiazanon-(3)-ol-(5)* [**I**, $C_{14}H_{19}NO_2S$, F. 105—106° (Chlf.–PAe.)] in absol. A.; ca. 60%. — *2-Äthyl-2-butyl-5-methyl-*, $Kp._{3,5}$ 130°, durch Zugabe von Chloraceton innerhalb 10 Min. zu α-Butyl-α-mercaptobuttersäureamid in halber 10%ig. NaOH unter Rühren, 1std. Rühren u. Ae.-Extraktion; n_D^{25} 1,5219, $D.^{25}_4$ 1,0517; 98,3%. — *2-Äthyl-2-butyl-*, $Kp._{3,0}$ 118°, analog vorst. Verb.; n_D^{21} 1,5297, $D.^{21}_4$ 1,0793; 42,8%. — *2-Äthyl-2-butyl-5-phenyl-*, F. 71—72°, analog; 63,6%. — *2-Äthyl-2-phenyl-*, F. 145°, analog; 67,9%. — *2-Äthyl-2-phenyl-5-methyl-*, F. 118°; 80%. — *2-Äthyl-2.5-diphenyl-*, F. 137°; 91,5%. — *2.2-Diäthyl-4.5-dimethyl-*, $C_{10}H_{17}NOS$, $Kp._{0,22}$ 105°, durch rasche Zugabe von CH_3J zu KOH u. **IX** in sd. Aceton, 20 Min. kochen, kühlen, dekantieren, waschen mit Aceton u. Eindampfen der Acetonlsg. im Vakuum; n_D^{25} 1,5265, $D.^{25}_4$ 1,0723; 83%. — *2.2-Diäthyl-5-methyl-2.3-dihydro-4H-1.4-thiazinon-(3)-1.1-dioxyd*, F. 128—128,5° (A.), durch Zutropfen von 30%ig. H_2O_2 zu **IX** in Essigsäure–Acetanhydrid unter Eis–NaCl-Kühlung, langsames Erwärmen auf Raumtemp., 5tägiges Stehen, Zugabe von MnO_2 bis zur Beendigung der Rk., Filtrieren, Eindampfen bei 50°/25 Torr, Extraktion mit heißem W., Kühlen u. Filtrieren; 78%. — *2.2-Diäthyl-5-phenyl-2.3-dihydro-4H-1.4-thiazinon-(3)-1.1-dioxyd*, F. 189—189,5° (Isopropanol), analog vorst. Verb.; 89%. — *2.2-Diäthyl-5.6-epoxy-2.3.5.6-tetrahydro-4H-1.4-thiazinon-(3)-1.1-dioxyd*, F. 143,5—144° (Isopropanol), analog vorst. Verb. aus **VIII**; 38%. (J. Amer. chem. Soc. **81**. 3756—59. 20/7. 1959. Newark, Del., Univ., Chem. Dep.) H. BERTSCH. 3292

Pankaja K. Kadaba und **Samuel P. Massie**, *Ringderivate des Phenothiazins. 4. Mitt. Weitere Untersuchungen über die Schwefelungsreaktion und die Synthese von Phenothiazinolen.* (3. vgl. C. **1959**. 10242.) Die Darst. von *2-, 3-* u. *4-substituierten Phenothiazinen* durch Schwefelung von Diphenylaminen wurde untersucht; die Verwendung eines Lösungsm. erleichtert die Aufarbeitung u. Reinigung. Die Schwefelung von 3-Methoxydiphenylamin im Lösungsm. ergab wie die Rk. ohne Lösungsm. nur *2-Methoxyphenothiazin*, aber kein 4-Isomeres. Die Schwefelung von Diphenylaminen mit Substituenten in beiden Ringen gelang im Lösungsm. ebenfalls. *Phenothiazinol-(1)*, *-(2)* u. *-(3)* wurden durch Entmethylierung der entsprechenden Methoxyderivv. mit Pyridinhydrochlorid erhalten; diese ergaben *Diacetylderivate*. Xanthydrol reagiert mit Phenothiazin in Eisessig zum *10-[Xanthenyl-(9)]-deriv.*, das hitzeempfindlich ist. 1-substituierte Phenothiazine konnten durch Einw. von Isopropenylacetat u. BF_3 besser acetyliert werden als durch Rk. mit Acetanhydrid u. Pyridin.

Versuche: Phenothiazine, durch 1std. Kochen von 0,1 Mol Diphenylamin (durch 1—2std. Decarboxylierung der entsprechenden Anthranilsäuren bei 210 bis 260°), 0,2 Mol S u. 0,7 g J_2 in o-Dichlorbenzol, Kühlen u. Filtrieren: *2-Methyl-*, F. 190 bis 191°, Isolierung durch Verdünnen des Reaktionsgemisches mit PAe. u. Filtrieren;

38% (Ausbeute). — *4-Methyl-*, F. 129—132°, neben vorst. Verb. aus dem Filtrat; 3%. — *2-Chlor-*, F. 197—199°; 26%. — *4-Chlor-*, neben vorst. Verb.; unrein. — *2-Methoxy-*, F. 185—188°; 16%. — *3-Methyl-*, F. 166—167°; 47%. — *3-Methoxy-*, F. 155—157°; 48%. — *2-Chlor-7-methoxy-*, F. 173—174°; 35%. — *1-Hydroxy-*, $C_{12}H_9$·NOS, F. 136—137° (Bzl.), durch 5std. Erhitzen des 1-Methoxyderiv. mit Pyridinhydrochlorid auf 200°, Kühlen, Gießen in kaltes W., Ae.-Extraktion u. Behandeln mit Kohle; 95%. — *1-Acetoxy-10-acetyl-*, $C_{16}H_{13}NO_3S$, F. 208—209°, (Bzl.), durch 4std. Kochen vorst. Verb. mit Acetanhydrid u. wenig Pyridin u. Kühlen; 60%. — *1-Äthoxy-*, $C_{14}H_{13}NOS$, F. 81—82° (A.), durch 24std. Kochen vorvorst. Verb. mit Äthylbromid u. K_2CO_3 in Aceton, Filtrieren u. Eindampfen; 62%. — *2-Acetoxy-10-acetyl-*, $C_{16}H_{13}$·NO_3S, F. 138—140° (Bzl.–PAe.), durch 5std. Erhitzen von 2-Methoxyphenothiazin mit Pyridinhydrochlorid auf 200°, Kühlen, Gießen in kaltes W., Ae.-Extraktion u. Rk. des Extrakts mit sd. Acetanhydrid u. wenig Pyridin; 35%. — *3-Hydroxy-*, F. 187—188° (Bzl.–Aceton), durch Behandlung des 3-Methoxyderiv. mit Pyridinhydrochlorid wie oben; 76%. — *3-Acetoxy-10-acetyl-*, $C_{16}H_{13}NO_3S$, F. 111—116° (Bzl.–PAe.), aus vorst. Verb. mit Acetanhydrid–Pyridin. — *2-Chlor-7-hydroxy-*, $C_{12}H_8ClNOS$, F. 224—226° (purpurfarbene Kristalle aus Bzl.), analog vorvorst. Verb.; 52%. — *10-[Xanthenyl-(9)]-*, $C_{25}H_{17}NOS$, F. 205—212° (Sintern bei 195°; A.–Aceton), durch Kochen von Phenothiazin, Xanthydrol u. Eisessig, Kühlen u. Filtrieren. — *1-Chlor-10-acetyl-*, F. 135—136° (Äthylacetat), durch kurzes Erhitzen von 1 g 1-Chlorphenothiazin mit Isopropenylacetat u. BF_3-Ätherat unter Rühren im Wasserbad, Kühlen, Behandeln mit A. u. Filtrieren; 1,3 g. (J. org. Chemistry **24**. 986—87. Juli 1959. Nashville, Tenn., Fish Univ., Chem. Dep.)

H. Bertsch. 3292

G. I. Bras, W. K. Antonow und **K. N. Kurdjumowa,** *Über einige Äthylenimino-1.3.5-triazine.* Durch Kondensation von 2.4-Bis-[äthylenimino]-6-chlor-1.3.5-triazin mit Aminen oder Na-Alkoholaten bzw. -Mercaptiden wurden *2-Alkylamino-*, *2-Alkoxy-* u. *2-Alkylmercapto-4.6-bis-[äthylenimino]-1.3.5-triazine* dargestellt, die bei niedrigen Tempp. ohne Zers. als farblose krist. Stoffe haltbar sind. Weitere *2-Amino-4.6-bis-[äthylenimino]-1.3.5-triazine* wurden außerdem durch Kondensation der entsprechenden Aminodichlor-1.3.5-triazine mit Äthylenimin erhalten.

V e r s u c h e: 4.6-B i s-[ä t h y l e n i m i n o]-1.3.5-t r i a z i n e: *2-Methylamino-*, $C_8H_{12}N_6$, F. 123—124° (Bzl./PAe. 1 : 2), man rührt 2-Methylamino-4.6-dichlor-1.3.5-triazin (I) u. Äthylenimin in Chlf. bei 20—25° 4 Std., läßt über Nacht stehen, dekantiert ab, dampft das Lösungsm. ab u. verreibt mit PAe. (Kp. 40—60°); 12% (Ausbeute). — *2-Benzylamino-* (II), $C_{14}H_{16}N_6$, F. ca. 130° (Zers.), a) aus 2-Chlor-4.6-bis-[äthylenimino]-1.3.5-triazin (III) u. Benzylamin in Chlf. (4 Std. bei 5—7°); 73%; b) aus 2-Benzylamino-4.6-dichlor-1.3.5-triazin u. Äthylenimin in Bzl. bei 20°; 23%. — *2-Piperidino-*, $C_{12}H_{18}N_6$, F. 130—131° (Zers.), a) aus III u. Piperidin in Chlf. analog II nach a); 70%; b) aus 2-Piperidino-4.6-dichlor-1.3.5-triazin u. Äthylenimin in Bzl. bei 3—5°; 34%. — *2-Morpholino-*, $C_{11}H_{16}N_6O$, F. 132—133,2° (Zers.), a) aus III u. Morpholin analog II nach a); 51%; b) aus 2-Morpholino-4.6-dichlor-1.3.5-triazin u. Äthylenimin; 43%. — *2-[β-Piperidinoäthylamino]-*, $C_{14}H_{23}N_7$, F. 83,8—85,3° (Cyclohexan), aus N-[β-Aminoäthyl]-piperidin u. III in Bzl. (2½ Std. bei 10—15°); 55,9%. — *2-[β-Morpholinoäthylamino]-*, $C_{13}H_{21}N_7O$, F. 82,1—83,4° (Cyclohexan), aus III u. N-[β-Aminoäthyl]-morpholin; 34%. — *2-[β-Diäthylaminoäthoxy]-*, $C_{13}H_{22}N_6O$, F. 61,5—62,5° (PAe.), aus β-Diäthylaminoäthanol u. III in Xylol in Ggw. von Na (2 Std. bei 70—75°); 65%. — *2-[β-Piperidinoäthoxy]-*, $C_{14}H_{22}N_6O$, F. 111—112°, analog Vorst. aus N-[β-Hydroxyäthyl]-piperidin u. III in Ggw. von Na; 39%. — *2-[β-Morpholinoäthoxy]-*, $C_{13}H_{20}N_6O_2$, F. 143—145° (Bzl.), aus N-[β-Hydroxyäthyl]-morpholin in Xylol u. III in Bzl. in Ggw. von Na bei 50°; 47,4%. — *2-Benzylmercapto-*, $C_{14}H_{15}N_5S$, F. 114—115° (Aceton), aus III u. Na-Benzylmercaptid (aus Benzylmercaptan u. Na in Xylol unter N_2); 54%. — *2-Methylamino-4-äthylenimino-6-chlor-1.3.5-triazin*, $C_6H_8ClN_5$, Zers. bei 151° (Toluol), aus 0,36 g I u. 0,42 g Äthylenimin in Bzl. bei 7—10°, dann 2 Std. bei 25—30°; 0,25 g. — 4.6-D i c h l o r-1.3.5-t r i a z i n e: *2-Benzylamino-*, $C_{10}H_8Cl_2N_4$, F. 116,3—117,8° (PAe.), durch Zugabe von Benzylamin in NaOH zu Cyanurchlorid in Dioxan bei 0—5° u. 1½ Std. Rühren; 80,2%. — *2-Piperidino-*, $C_8H_{10}Cl_2N_4$, F. 90—90,5° (PAe.), aus Cyanurchlorid in Ae. u. Piperidin (1½ Std. bei —8 bis —13°); 61%. — *2-Morpholino-*, $C_7H_8Cl_2N_4O$, F. 157,5—158,5° (Bzl./PAe. 1 : 1), aus Cyanurchlorid u. Morpholin in Ae. (½ Std. bei —15°); 40%. (Журнал Общей Химии [J. allg. Chem.] **28** (**90**). 2972—77. Nov. 1958. Inst. für exp. Pathol. u. Krebstherap. der Akad. der med. Wiss. der UdSSR.)

Ulrich Schulze. 3313

Kjell Olsson, *Über verschiedene Methylderivate von Hexathiaadamanthan.* Bei der Rk. von Thiolessigsäure (I) mit Ameisensäure in Ggw. von wasserfreiem $ZnCl_2$ wird unter

H_2S-Entw. ein Gemisch von *Hexathiaadamantan* (II) u. *Mono-*, *Di-*, *Tri-* u. *Tetramethylhexathiaadamantan* erhalten. Die Menge der einzelnen Komponenten ist abhängig vom Verhältnis I: HCOOH. Löslichkeit u. Flüchtigkeit nehmen mit steigender Substitution zu. Sämtliche Verbb. sind im Hochvakuum sublimierbar u. wurden mit Ausnahme von II bei höherer Temp. zersetzt. — *Dimethylhexathiaadamantan*, $C_6H_8S_6$, F. 224—225°, aus $ZnCl_2$, 6,9 g I u. 0,8 ml wasserfreier HCOOH in mehreren Std. bei Zimmertemp.; 0,7 g (Ausbeute). Daneben 200 mg *Mono-* u. *Trimethylhexathiaadamantan*. (Acta chem. scand. **12**. 366—67. 1958. Uppsala, Univ., Chem. Inst.) W. KUCHEN. 3354

W. von E. Doering und **M. J. Goldstein,** *Eine unübliche Umlagerung eines Acylazids.* *Benzonorcaradien* wurde zu *2-[o-Carboxyphenyl]-cyclopropancarbonsäure* oxydiert. Aus *Benzonorcaradiencarbonylazid* wurde durch Erhitzen mit Benzylalkohol ohne CURTIUSschen Abbau *2-Benzyloxy-6.7-benzo-3-azabicyclo-[3.2.2]-nonadien-(6.8)-on-(4)* (II) dargestellt u. dessen Struktur bewiesen. Bei milder alkal. Behandlung erlitt II reversibel Hydrolyse zu *Benzylalkohol* u. *2-Hydroxy-6.7-benzo-3-azabicyclo-[3.2.2]-nonadien-(6.8)-on-(4)* (III), das durch CrO_3-Oxydation in *cis-1.4-Dihydronaphthalin-1.4-dicarbonsäureimid* (IV) u. anschließende Hydrierung in *1.2.3.4-Tetrahydronaphthalin-1.4-dicarbonsäureimid* umgewandelt wurde. Letztere Verb. wurde auch aus 1.4-Dihydronaphthalin-1.4-dicarbonsäure [V, F. 200—210°] durch Hydrierung u. Behandlung des *1.2.3.4-Tetrahydronaphthalin-1.4-dicarbonsäureanhydrids* mit konz. NH_4OH gewonnen. Energ. Behandlung von II mit Alkali lieferte *4-Hydroxymethylnaphthoesäure-(1)-amid* (VII), dessen Synth. auch aus *Naphthalin-1.4-dicarbonsäuredimethylester* (VI) durch Teilverseifung zum *Monomethylester*, Überführung in das *Monoestersäurechlorid*, Red. zur *4-Hydroxymethylverb.* u. Rk. der Estergruppe mit NH_3 gelang. $KMnO_4$-Oxydation von VII führte zu *Naphthalin-1.4-dicarbonsäure* u. *Benzol-1.2.3.4-tetracarbonsäure*.

Versuche: *Benzonorcaradien*, $C_{11}H_{10}$, Kp.$_{6,5}$ 96—97°, durch Zugeben von 291 g N-Nitroso-N-methylharnstoff zu einem Gemisch aus 2,38 kg Naphthalin u. 40%ig. wss. KOH in Bzl. bei —5° innerhalb von 2½ Std. unter Rühren, Trocknen der Lsg. bei 0°, UV-Bestrahlung bis zur Beendigung der N_2-Entw. (18—36 Std.), Einengen, Entfernen des Naphthalins bei 0°, Wasserdampfdest., Extraktion des Filtrats mit Pentan, Bromierung des Rohprod. [35 g] in CCl_4 bei —25°, Eindampfen im Vakuum bei n. Temp., Hexanextraktion, Zutropfen des erhaltenen *Dibromids* [$C_{11}H_{10}Br_2$, F. 85,8 bis 86,8° (Zers.); 1,5—2,5% (Ausbeute)] in Ae. zu einer Suspension von Zn-Staub in absol. Ae. u. 12 std. Rühren; 75%. — *2-[o-Carboxyphenyl]-cyclopropancarbonsäure*, $C_{11}H_{10}O_4$, F. 192—200°, aus vorst. Verb. in wss. Dioxan durch 28 std. Rühren mit $K_2CO_3/KMnO_4/KJO_4$, Filtrieren, Ansäuern, Ae.-Extraktion u. Sublimation des Eindampfrückstands bei 120°/0,003 mm; 29%. — *Benzonorcaradien-1-carbonsäure* (I), *Methylester*, Kp.$_{0,6}$ 109°, a) durch 8 std. Zutropfen von Diazoessigsäuremethylester zu Naphthalin bei 150°, weitere 2 Std. Erhitzen auf 150° u. Fraktionierung; n_D^{25} 1,5882; 45%; b) durch 12 std. Kochen des I-Chlorids in CH_3OH. — *2-Benzyloxy-6.7-benzo-3-azabicyclo-[3.2.2]-nonadien-(6.8)-on-(4)* (II), $C_{19}H_{17}NO_2$, F. 183—187° (Acetonitril oder Aceton), a) aus vorst. Verb. in CH_3OH durch 36 std. Kochen mit 85%ig. Hydrazinhydrat, Fällen von I-*Hydrazid* [$C_{12}H_{12}N_2O_2$, F. 211—211,5° (Essigester)] mit W., Lösen in einer Mischung von Essigsäure, Bzl. u. W., Zusatz einer konz. wss. Lsg. von $NaNO_2$ bei 0°, Gießen in W., Verdünnen der Benzolphase mit Bzl. u. 7 std. Kochen mit Benzylalkohol; 61%; b) aus vorst. Ester durch 3 std. Kochen mit wss.-alkoh. KOH unter N_2, Gießen in Eiswasser, Ansäuern, Ae.-Extraktion von I [F. 168—168,2° (A.); 88% (roh)], 16 std. Kochen mit $SOCl_2$ in absol. Bzl., Lösen des I-*Chlorids* [$C_{12}H_9ClO$, Kp.$_{0,05}$ 98—100°, F. 70—70,5° (Pentan); 85%] in Aceton, Zusatz von NaN_3 in W. $<20°$ innerhalb von 45 Min., Gießen des Filtrats in Bzl. u. 24 std. Kochen des I-*Azids* mit Benzylalkohol; 69% (roh); c) aus III durch 12 std. Kochen mit Benzylalkohol in absol. Bzl. unter Abdest. des Reaktionswassers u. unter N_2; 60% (roh). Durch 24 std. Rk. von II mit $LiAlH_4$ in absol. Tetrahydrofuran unter N_2 bei n. Temp., 1 std. Kochen, Wasserzusatz, Zentrifugieren u. Chloroformextraktion entsteht ein *Amin* [34%; *N-Phenylthioharnstoffderiv.*, $C_{19}H_{18}N_2S$ (wss. A.); *N.N-Dimethylammoniumjodid*, $C_{14}H_{18}JN$, F. 201—202° (Zers.; Chlf.), aus 1 g Amin mit K_2CO_3 u. CH_3J in Chlf. durch 24 std. Stehen; 1,3 g]. — *2-Hydroxy-6.7-benzo-3-azabicyclo-[3.2.2]-nonadien-(6.8)-on-(4)* (III), $C_{12}H_{11}NO_2$, F. 183 bis 191,5° (Zers.; Toluol), durch 12 std. Rühren von II in alkoh. KOH unter N_2, Gießen des Filtrats in gesätt. NaCl-Lsg., Ae.-Extraktion, Eindampfen u. Toluolextraktion; 90%. — *Verb.* $C_{12}H_{13}NO_2$, F. 129—133° (Cyclohexan), aus 201 mg III durch Hydrierung in Ggw. von 5%ig. Pd-Kohle in Essigester; 199 mg. — *2-Benzyloxy-6.7-benzo-3-azabicyclo-[3.2.2]-nonen-(6)-on-(4)*, $C_{19}H_{19}NO_2$, F. 145—146,5° (Cyclohexan), aus II analog vorst. Verb.; 78%. — *cis-1.4-Dihydronaphthalin-1.4-dicarbonsäureimid* (IV), $C_{12}H_9NO_2$, F. 240—240,5° (in geschlossener Capillare; Toluol), durch 5 Min. CrO_3-Oxydation von III in Aceton, Zusatz einer Lsg. von SO_2 in Aceton, Konz. u. Behandeln des Filtrats mit

Essigester; 71% (roh). — *1.2.3.4-Tetrahydronaphthalin-1.4-dicarbonsäure*, aus 10 g **V** [F. 200—210°] in Essigsäure durch Hydrierung in Ggw. von PtO_2 bei 40 lbs./sq.in.; 8,6 g. *Anhydrid*, $C_{12}H_{10}O_3$, F. 107,5—112° [nach Wiedererstarren F. 154,5—162,5°], durch 1std. Erhitzen der Säure in Acetanhydrid auf 100°, Konz. u. Sublimation des Öls bei 130°/0,05 mm Hg; 65%. *Imid*, $C_{12}H_{11}NO_2$, F. 206,5—207° (in geschlossener Capillare; Bzl.), a) durch Hydrierung von **IV** in Ggw. von 5%ig. Pd-Kohle in Essigester; b) durch Lösen vorst. Anhydrids in konz. NH_4OH, Abdest. von W. u. NH_3, 1std. Erhitzen auf 300° u. Extraktion mit sd. Bzl.; 94% (roh). — *4-Hydroxymethylnaphthoesäure-(1)-amid* (**VII**), $C_{12}H_{11}NO_2$, F. 152—153,5° (Aceton, nach Sublimation bei 120°/0,02 mm Hg; bei 143,5° Phasenübergang von Prismen zu Nadeln), a) durch 1std. Kochen von **II** u. KOH in A. unter N_2, Gießen in gesätt. NaCl-Lsg. u. Ae.-Extraktion; 70%; b) aus **VI** durch 1std. Kochen mit KOH in CH_3OH, Gießen in Eiswasser, Ae.-Extraktion, Ansäuern der wss. Phase, 1std. Kochen des erhaltenen *Monomethylesters* [64%] mit $SOCl_2$, Lösen des *4-Chlorcarbonylnaphthoesäure-(1)-methylesters* in Dioxan, 3std. Kochen mit KBH_4, Wasserzusatz u. CH_2Cl_2-Extraktion, Lösen des *4-Hydroxymethylnaphthoesäure-(1)-methylesters* [71%] in CH_3OH, Sättigen mit NH_3 bei 0° u. 24std. Erhitzen auf 131° im Rohr. *Acetat*, $C_{14}H_{13}NO_3$, F. 198,5—200° (Essigester), durch 24std. Rk. mit Acetanhydrid in Pyridin. — *Naphthalin-1.4-dicarbonsäure*, F. 309—327,5° (in geschlossener Capillare; nach Sublimation bei 150°/0,005 mm Hg; Essigsäure), a) aus **V** nach WALKER u. SCOTT (J. Amer. chem. Soc. **60.** [1938.] 951); b) aus **VII** in wss. $KMnO_4$-Lsg. durch 1std. Rühren bei n. Temp. u. 2 Std. bei 80°, Konz. des Filtrats, 48std. Kochen mit NaOH u. Ansäuern; 58%. *Dimethylester* (**VI**), F. 68—68,5° (Pentan). — *Benzol-1.2.3.4-tetracarbonsäure*, F. 224,5—237° (Zers.), aus 150 mg **VII** in wss. KOH durch Zugabe von $KMnO_4$, 1std. Rühren bei n. Temp. u. 2 Std. bei 90°, CH_3OH-Zusatz, Behandeln des Filtrats mit $BaCl_2 \cdot 2H_2O$, 2std. Erwärmen des *Ba-Salzes* [159 mg] auf dem Wasserbad, 12std. Erhitzen mit H_2SO_4 auf 70°, Konz. des Filtrats u. 12std. Stehen bei 5°; 5%. *Tetramethylester*, F. 131—133°. (Tetrahedron [London] **5.** 53—69. Jan. 1959. New Haven, Conn., Yale Univ., Sterling Chem. Labor.) H.-J. KÖTZSCH. 3370

Max Schmidt und **K. Blaettner,** *Tetramerer Thioformaldehyd.* Aus CH_2Cl_2 u. Na_2S wird neben *1.3.5-Trithian* in 6%ig. Ausbeute *tetramerer Thioformaldehyd* (*1.3.5.7-Tetrathiacyclooctan*, F. 42—43°) erhalten, während *trimerer* u. *hochpolymerer Thioformaldehyd* aus CH_2Cl_2 u. Hydrogensulfid entstehen. (Angew. Chem. **71.** 407—08. 21/6. 1959. München, Univ., Inst. für anorgan. Chem.) P. RÖGNER. 3380

O. Szabolcs und **V. Prey,** *Zur Darstellung der 1.2-Isopropyliden-6-jodglucose.* (Kurze Mitt.) *1.2-Isopropyliden-6-jodglucose* konnte aus 1.2-Isopropyliden-6-tosylglucose mit KJ gewonnen werden, wenn der bei längerer Reaktionsdauer gebildete HJ von Ag gebunden wird.

V e r s u c h e: *1.2-Isopropyliden-6-tosylglucose*, F. 108°, durch Zugabe von Tosylchlorid zu in absol. Pyridin u. Chlf. bei 20° gelöster 1.2-Isopropylidenglucose unter Kühlung u. Vibrorühren, 24std. Vibrieren bei 20°, Abdampfen im Vakuum, Aufnehmen in Bzl. u. Zusatz von PAe.; $[\alpha]_D^{20}$ +9,2° (Chlf.); 62% (Ausbeute). — *1.2-Isopropyliden-6-jodglucose*, F. 95—96° (PAe.), durch 24std. Rk. vorst. Verb. mit KJ in Aceton im Ag-Einsatz eines Vibroautoklaven bei 60°, Abdampfen u. Aufnehmen in Chlf./W.; $[\alpha]_D^{20}$ +20,2° (Chlf.); 30% (auch im Schliffkolben in Ggw. von Ag-Flittern). (Mh. Chem. **88.** 1112—15. 1957, herausg. 28/1. 1958. Wien, TH, Inst. für organ. Chem.)
H. ROSSOW. 3400

A. B. Foster, M. Stacey und **S. V. Vardheim,** *Aminozucker und verwandte Verbindungen.* 5. Mitt. *2-Amino-1.6-anhydro-2-desoxy-β-D-altropyranosehydrochlorid.* (4. vgl. J. chem. Soc. [London] **1958.** 2218; 3. vgl. C. **1959.** 13800.) Ausführliche Wiedergabe der C. **1959.** 131 referierten Arbeit.

V e r s u c h e: *Methyl-2.3-anhydro-4.6-O-benzyliden-α-D-allopyranosid*, F. 198°, aus Methyl-4.6-O-benzyliden-2.3-di-O-p-toluolsulfonyl-α-D-glucopyranosid; $[\alpha]_D$ +140,2° (c = 1,0 in Chlf.). — *Methyl-3-acetamido-2-O-acetyl-4.6-O-benzyliden-3-desoxy-α-D-glucopyranosid*, F. 271° (Chlf.–Ae.), durch 3tägiges Erhitzen vorst. Verb. mit fl. NH_3 in absol. CH_3OH bei 140° im Rohr u. Acetylierung; $[\alpha]_D$ +44,1° (c = 1,0 in Chlf.); 4,2% (Ausbeute). — *Methyl-2-acetamido-4.6-O-benzyliden-2-desoxy-α-D-altropyranosid, Hydrat*, $C_{16}H_{21}NO_6 \cdot H_2O$, F. 188° (wss. CH_3OH), a) aus den Mutterlaugen vorst. Verb.; $[\alpha]_D$ +64° (c = 1,0 in Chlf.); 45,7%; b) durch 12std. Rk. des 3-O-Acetylderiv. mit Na in CH_3OH u. Neutralisieren mit CO_2. *3-O-p-Toluolsulfonat*, $C_{23}H_{27}NO_8S$, F. 174° (Zers.; wss. Aceton); $[\alpha]_D$ +62° (c = 1,0 in Aceton); 50%. — *Methyl-2-acetamido-2-desoxy-α-D-altropyranosid*, durch 2std. Kochen vorst. Verb. mit 0,5%ig. methanol. HCl; Sirup; $[\alpha]_D$ +16,3° (c = 1,3 in W.); 92,5%. — *2-Amino-1.6-anhydro-2-desoxy-β-D-altropyranosehydrochlorid*, $C_6H_{11}NO_4 \cdot HCl$, F. 350° (Zers.; 2n HCl–Aceton), a) durch 3½std. Kochen Vorvorst. Verb. in 2n HCl, Extrahieren mit PAe., Neutralisieren mit Methyldi-n-octylamin, Gefriertrocknung u. Verdünnen mit 2n HCl u. Aceton; $[\alpha]_D$ -160^0 (c = 0,5 in W.); 33%; b) aus vorst. Verb. in 3 Std.; 28%. (Acta chem. scand. **12.** 1605—10. 1958. Birmingham, Univ., Chem. Dep.) H. PAGEL. 3400

Hans Helmut Baer und **Hermann O. L. Fischer,** *Ein neuer Weg für die Synthese von 3-Aminozuckern.* Methyl-β-L-arabinopyranosid wurde durch Einw. von 2 Mol $NaJO_4$ in *α-[Formylmethoxy]-methoxyacetaldehyd* gespalten, aus dem mit Nitromethan u. CH_3ONa ein Gemisch aus *3-Nitro-3-desoxypyranosiden* entsteht. Ein Isomeres konnte als krist. *Na-Salz* in 40%ig. Ausbeute erhalten werden. Die freie Nitroverb. ergab durch katalyt. Hydrierung ein *Methyl-3-amino-3-desoxypentosid* {F. 189°; $[\alpha]_D$ $+63{,}5^0$ (W.). *Hydrochlorid,* F. 160°; $[\alpha]_D$ $+119^0$ (W.)} u. durch vollständige Hydrolyse die freie krist. *3-Amino-3-desoxypentose* {$[\alpha]_D$ $+18^0$ (W.)}. — Aus Methyl-α-D-glucosid konnte auf dem gleichen Wege ein *Methyl-3-nitro-3-desoxyhexopyranosid* u. durch seine Hydrierung das krist. *Hydrochlorid* eines *Methyl-3-amino-3-desoxyhexopyranosids* (F. 203—208° (Zers.); $[\alpha]_D$ $+66^0$ (W.)) erhalten werden. (Proc. nat. Acad. Sci. USA **44.** 991—93. Okt. 1958. Berkeley, Calif., Univ. of California, Dep. of Biochem.) H. ROSSOW. 3400

H. Hegedüs, Ch. Tamm und **T. Reichstein,** *Glykoside und Aglykone.* 139. Mitt. *Inertosid, Leptosid, Chryseosid und Flavogenin.* (138. vgl. C. **1590/54.** 4619 S.) Die von Vff. (vgl. C. **1956.** 8907) aus *Strophanthus intermedius* isolierten Glykoside Inertosid (**I**) u. Leptosid (**II**) ergaben durch milde saure Hydrolyse *D-Diginose* (**III**) u. ein als *Inertogenin* (**IV**) bzw. *Leptogenin* (**V**) bezeichnetes Aglykon. **IV** u. **V** zeigen im UV prakt. die gleiche Absorption, enthalten also eine CO-Gruppe. Es wird vermutet, daß diese in **IV** u. **V** als Teil einer 11.12-Ketolgruppierung wie im Sarverogenin (**VI**) vorliegt. Es wurde eine „Farb-Rk. auf die 11.12-Ketolgruppierung" ausgearbeitet, die darauf beruht, daß die 4 möglichen 11.12-Ketolgruppierungen mit CrO_3 oder Cu(II)-Acetat recht glatt in die 11.12-Diketogruppe übergehen, die im Gegensatz zu anderen cycl. o-Diketonen in neutraler u. essigsaurer Lsg. recht stabil ist u. erst beim Erwärmen oder mit Alkali in die Enolform übergeht, sofern am $C_{(9)}$ noch ein H-Atom sitzt. Diese Enolform gibt mit $FeCl_3$ eine starke blaugrüne Färbung; diese Rk. fällt bei Intermediosid (**VII**), **I**, **II**, Sarverosid, Panstrosid, Sarmutosid, Caudosid, Sarmutogenin (**VIII**) u. Caudogenin (**IX**) deutlich positiv aus, bei **IV** **V** u. **VI** ebenfalls, aber schwächer. **I**, **II** u. **VII** liefern durch partielle Dehydrierung mit CrO_3 oder Cu(II)-Acetat ein als *Chryseosid* (**X**) bezeichnetes Glykosid, das auf Grund seines UV-Spektr. u. seiner Eigg. ein *11.12-Diketon* darstellt u. durch Al-Amalgam wieder zu einem papierchromatograph. trennbaren Gemisch aus **I**, **II** u. **VII** red. werden kann. Diese drei Glykoside sind isomer u. enthalten die gleiche Zuckerkomponente **III**. Ihre Aglykone sind daher in der 11.12-Ketolgruppierung isomer. Milde saure Hydrolyse liefert die Aglykone **IV**, **V** u. **VI** in krist. Formen. Aus dem Vgl. der Oxydationsgeschwindigkeiten, den opt. Drehungen u. UV-Spektren dieser Aglykone geht hervor, daß VI die *11α-Hydroxy-12-keto-*, **IV** u. **V**

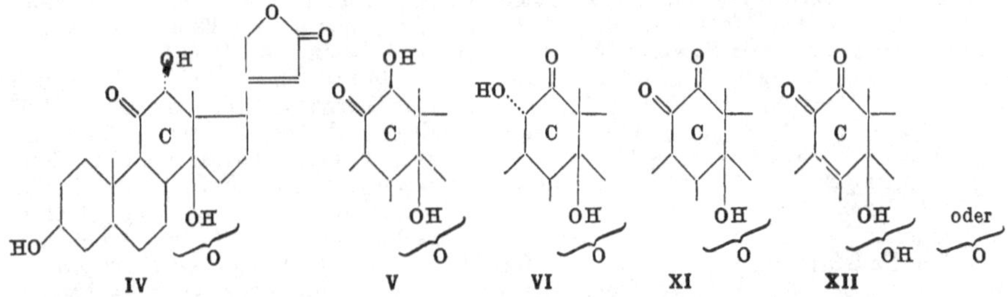

IV V VI XI XII

am wahrscheinlichsten die *11-Keto-12α-hydroxy-* bzw. *11-Keto-12β-hydroxygruppierung* zugesprochen werden kann. Die zwei letzten Genine besitzen ähnliche Struktur wie **IX** u. **VIII**, enthalten aber ein zusätzliches O-Atom, das vermutlich als Oxidogruppe vorliegt. Bei milder saurer Hydrolyse liefert **X** **III** u. ein nicht einheitliches Genin (*Kristallisat Nr. H 25* [K]), das aus dem Aglykon „*Chryseogenin*" (**XI**) u. einem als *Flavogenin* (**XII**) bezeichneten Umlagerungsprod. besteht, das mit „Sarverogenon" bzw. seiner Hauptkomponente ident. sein dürfte. Nahezu reines **XI** (*Präp. H 59*) läßt sich durch Dehydrierung von **VI** mit Cu(II)-Acetat erhalten. Das Monoacetat *Acetylflavogenin* (**XIII**) wird durch Acetylierung von **XI** sowie von K erhalten. **XIII** besitzt wegen seiner Beständigkeit gegen CrO_3 in Eisessig wahrscheinlich keine freie OH-Gruppe u. enthält im Hinblick auf sein Absorptionsspektr. u. den negativen Ausfall der „$FeCl_3$-Rk. nach Enolisierung" vermutlich die Diketogruppierung —CO—CO—C=C—. Das amorphe *Acetylderiv.* von **X** u. auch das *Dehydrocaudogeninacetat* besitzen ein dem **XIII**-UV-Spektr. sehr ähnliches Spektr., während sich die Spektren von **X** selbst u. **XIII** stark unterscheiden. Demnach dürfte die Isomerisierung vom **XI**- zum **XII**-Syst. ohne Beteiligung der 3ständigen OH-Gruppe vor sich gehen, u. zwar quantitativ durch Acetylierung u. partiell durch saure Hydrolyse. Auch die früher (vgl. BUZAS u. Mitarbeiter, C. **1950.** II. 2435) erhaltene „Substanz Nr. 782" gibt bei der Acetylierung **XIII**, ist also reines oder fast reines **XII**. — **X** besitzt bei Fröschen keine oder nur sehr geringe Digitaliswirkung.

Versuche (FF. KOFLER-Block): *D-Diginose* (**III**), $C_7H_{14}O_4$, F. u. Misch-F. 89 bis 91°, Kp.$_{0,01}$ 100° (Badtemp.), durch Hydrolyse (vgl. ROSSELET u. HUNGER, C. **1952.** 3654) von 300 mg **I** bzw. 200 mg **II** u. Dest.; zu Drusen vereinigte Nadeln aus absol. Ae.; $[\alpha]_D^{19}$ $+63,6 \pm 3°$ (c = 0,8344; W.) bzw. $[\alpha]_D^{18}$ $+65\ 2 \pm 3°$ (c = 0,9975; W.); 74 bzw. 42 mg (Ausbeute). — *Inertogenin* (**IV**), $C_{23}H_{30}O_7$, F. 227—232° (Zers.), aus 300 mg **I**; lange Nadeln aus Methanol; $[\alpha]_D^{18}$ $-56,4 \pm 2°$ (c = 1,0466; Methanol); Tetranitromethanprobe negativ; 183 mg. — *Diacetylinertogenin*, $C_{27}H_{34}O_9$, F. 243—245°, aus 50 mg **IV** u. Acetanhydrid/Pyridin in 68 Std. bei 20°; $[\alpha]_D^{20}$ $-5,8 \pm 3°$ (c = 0,8176; Aceton); schief abgeschnittene Prismen aus Aceton/Ae.; 43 mg. — *Leptogenin* (**V**), $C_{23}H_{30}O_7$, F. 244—246° (Zers.), aus 200 mg **II**; Würfel aus Methanol; $[\alpha]_D^{16}$ $+80,7 \pm 2°$ (c = 1,1273; Methanol); 92 mg. — *Diacetylleptogenin*, $C_{27}H_{34}O_9$, F. 215—220°, Nadeln aus Ae. mit wenig Pentan; $[\alpha]_D^{25}$ $+96,1 \pm 3°$ (c = 0,9783; Aceton); 48 mg aus 60 mg **V**. — *„Sarverogenon"*, F. u. Misch-F. (mit K u. Substanz Nr. 782 = Flavogenin) 236—240°, aus 700 mg **VI** in Eisessig u. 2%ig. CrO_3–Eisessig-Lsg. bei 0°; gelbe Würfel aus Aceton/Ae.; $[\alpha]_D^{21}$ $+37,4 \pm 2°$ (c = 0,9742; Methanol); gibt keine $FeCl_3$-Rk. nach Enolisierung; 16 mg. — *Chryseosid* (**X**), $C_{30}H_{40}O_{10} \cdot H_2O$, Doppel-F. 145—147° u. 156—158° a) aus 1,128 g **VII** in Eisessig u. 2%ig. CrO_3–Eisessig-Lsg. bei 20°, dann Zugabe von Methanol, Eindampfen bei 40°, Ausschütteln mit Chlf. u. Eindampfen; hellgelbe Nadeln aus Methanol; $[\alpha]_D^{21}$ $+55,0 \pm 2°$ (c = 1,0367; Chlf.); 336 mg; b) durch 20 Min. langes Kochen von 300 mg **VII** in Methanol mit in W. suspendiertem Cu(II)-Acetat, Aufnehmen des Eindampfrückstandes in Chlf./Ae. (1 : 3) u. Eindampfen; hellgelbe Blättchen aus Methanol/Ae.; 37 mg; c) aus je 113 mg **I** bzw. **II** mit CrO_3; hellgelbe Körner aus Methanol; 52 bzw. 28 mg. Gibt positive KELLER-KILIANI- u. $FeCl_3$-Rk. (letztere nur nach Enolisierung). *Acetylderiv.*, mit Acetanhydrid/Pyridin in 44 Std. bei 20° im Dunkeln; amorph. — *„Kristallisat Nr. 790"*, F. 139—141°, durch Red. von 100 mg **X** in A. mit Al-Amalgam unter 24std. Schütteln bei 20°, Eindampfen des Filtrats im Vakuum u. Aufnehmen in Chlf.; aus Methanol/Ae. zu Drusen vereinigte Nadeln; $[\alpha]_D^{21}$ $-12,7°$ (c = 0,8688; Methanol); ident. mit dem aus *Strophantus intermedius*; 29 mg. — *Intermediosid* (**VII**), F. 200—202°, durch Red. von 250 g **X** wie vorst. u. Verteilungschromatographie an Kieselgur/W. (1 : 1); $[\alpha]_D^{22}$ $+20,1 \pm 3°$ (c = 0,9954; Methanol); 65 mg. — *Inertosid* (**I**), F. 156—158°, neben **VII**; 36 mg. — *Leptosid* (**II**), F. 198—201°, neben **VII** u. **I**; $[\alpha]_D^{22}$ $+43,9 \pm 3°$ (c = 0,9804; Methanol); 42 mg. — *Kristallisat H 25*, $C_{23}H_{28-30}O_7$, F. 238 bis 242°, durch Hydrolyse von 120 mg **X** nach ROSSELET u. HUNGER (l. c.); aus Aceton/Ae. hellgelbe Nadeln; $[\alpha]_D^{22}$ $+40,5 \pm 2°$ (c = 1,1847; Methanol); 68 mg. Ident. mit *„Sarverogenon"* bzw. mit *Substanz Nr. 782.* — *Acetylflavogenin* (**XIII**), $C_{25}H_{30}O_8$, F. 245 bis 246°, a) aus 60 mg K u. Pyridin/Acetanhydrid in 14 Std. im Dunkeln u. Reinigung an Al_2O_3 (Eluieren mit Bzl./Chlf. 2 : 3); kanariengelbe Körner aus Methanol/Ae.; $[\alpha]_D^{22}$ $-12,6 \pm 3°$ (c = 0,7542; Chlf.); 32 mg (roh); b) analog durch Acetylierung von 35 mg **XI** (41 Std. bei 23°); $[\alpha]_D^{22}$ $-10,9 \pm 3°$ (c = 0,9807; Chlf.); 17 mg; c) ebenso aus 15 mg **XII**; $[\alpha]_D^{27}$ $-9,19 \pm 3°$ (c = 0,9127; Chlf.); 9 mg. — *Chryseogenin* (**XI**; *Präp. H 59*), F. 239 bis 241°, durch $^1/_4$std. Kochen von 104 mg **VI** in Methanol mit einer Cu(II)-Acetatsuspension in W., Eindampfen im Vakuum u. Ausschütteln mit Chlf.; aus Aceton/Ae. hellgelbe Nadeln; $[\alpha]_D^{21}$ $+47 \pm 3°$ (c = 0,8928; Methanol); 14 mg. — *Diacetylintermediosid*, durch 2tägige Acetylierung von 1 g **VII** mit Acetanhydrid/Pyridin bei 20° u. Isolierung des in W. unlösl., in Methanol u. in Chlf./Ae. (1 : 3) lösl. Anteils; nicht krist.; 1,35 g. — *11-Monoacetylsarverogenin* (**XIV**), $C_{25}H_{32}O_8$, durch Hydrolyse vorst. Verb. in je 50 ml Methanol u. 0,1n H_2SO_4 u. Reinigung an Al_2O_3 (Eluieren mit Bzl./Chlf. 1 : 4); nicht krist.; $[\alpha]_D^{20}$ $+42,8 \pm 3°$ (c = 0,9335; Aceton); $[\alpha]_D^{27}$ $+35,5 \pm 1°$ (c = 1,9286; Chlf.); 1,021 g (roh). — *Diacetylsarverogenin*, F. u. Misch-F. 254—258° (Methanol/Ae.), aus 35 mg **XIV**; $[\alpha]_D^{24}$ $+24,5 \pm 3°$ (c = 0,9325; Chlf.); 34 mg. — *3-Dehydro-11-monoacetylsarverogenin*, durch Dehydrierung von 200 mg **XIV** in Eisessig mit CrO_3/Eisessig; nicht krist.; 187 mg. — *Verb.* $C_{23}H_{30}O_8$, F. 292—293°, durch Oxydation von 15 mg **VI** in Methanol mit $NaJO_4$ (14 Std. bei 22°), Abdampfen des Methanols, Ansäuern mit H_2SO_4 (p_H 3) u. Ausschütteln mit Chlf.; dünne Prismen aus Methanol; $[\alpha]_D^{29}$ $+13,6 \pm 3°$ (c = 0,7812; Methanol); 32,5 mg. (Helv. chim. Acta **38.** 98—124. 1/2. 1955. Basel, Univ., Organ.-chem. Anst.) W. WILLENBERG. 3450

O. Schindler, *Glykoside und Aglykone.* 140. Mitt. *11-Dehydrodivaricosid und Decosid (C-Dehydrocaudosid).* (139. vgl. vorst. Ref.) Partielle Dehydrierung von Divaricosid (I; vgl. C. **1950/54.** 4613 S) mit CrO_3 gibt krist. *11-Dehydrodivaricosid,* das bei milder saurer Hydrolyse *11-Dehydrosarmentogenin* (**II**) liefert. Bei der partiellen Dehydrierung von *Caudosid* (**IV**) im Aglykonteil entsteht sowohl mit CrO_3 als mit Cu(II)-Acetat ein hellgelbes Glykosid, das als *Decosid* (**V**) bezeichnet wurde. Die milde saure Hydrolyse von **V** liefert *l-Oleandrose* (**III**) u. das krist. hellgelbe 11.12-Diketon *Decogenin* (**VI**), dessen Acetylierung nicht das Acetylderiv. gibt, sondern durch Veränderung des chromophoren Syst. eine krist. gelbe Acetylverb., die den Trivialnamen *Acetylcaulutogenin* erhielt. Die UV-Absorptionsspektren der Verbb. sind angegeben u. werden diskutiert.

V e r s u c h e (FF. korr. auf dem KOFLER-Block): *11-Dehydrodivaricosid,* $C_{30}H_{44}O_8$, F. 221—223°, durch Oxydation von 111 mg **I** mit CrO_3 in Eisessig, Versetzen mit 2 Tropfen $NaHSO_3$-Lsg., Eindampfen im Vakuum, Zusatz von W. u. Ausschütteln mit Chlf./Ae. (1:4); aus Methanol/Ae. Nadelbüschel; $[\alpha]_D^{23}$ —42,56 ± 2° (c = 1,069 in Methanol); 70 mg (Ausbeute). Positive KELLER-KILIANI-Rk. (blau) u. Farb-Rkk. mit H_2SO_4. — *11-Dehydrosarmentogenin* (**II**), F. 225—260° u. 285—295°, durch ½std. Kochen von 47 mg vorst. Verb. mit 5 cm³ 0,1n H_2SO_4 in 5 cm³ Methanol, Versetzen mit W. u. Abdest. des Methanols im Vakuum; die wss. Suspension 30 Min. auf 65° erwärmen u. mit Chlf. extrahieren; aus Methanol/Ae. Prismen; $[\alpha]_D^{25}$ +7,15 ± 3° (c = 0,83924 in Methanol); 27 mg. — *l-Oleandrose* (**III**), durch Neutralisieren der neben **II** erhaltenen, mit Chlf. ausgeschüttelten wss. Lsg. mit $BaCO_3$, Aufnehmen der im Vakuum eingedampften Lsg. in Aceton/Ae. (1:1) u. Dest. des Rückstandes bei 0,01 Torr u. 105° Badtemp.; Sirup; $[\alpha]_D^{24}$ +7,03±4° (c = 0,64003 in W.). — *Decosid* (**V**), $C_{30}H_{42}O_9$, F. 203—213°, durch Oxydation von 110 mg **IV** (F. 246—252°, aus Strophanthus wightianus) in Eisessig mit CrO_3 u. Versetzen mit 2 Tropfen $NaHSO_3$-Lsg.; die übliche Aufarbeitung gab neben 18 mg Säuren 104 mg neutrales Rohprod.; aus Methanol/Ae. farblose Kristalle mit gelben Drusen, die mechan. abgetrennt wurden; aus Aceton/Ae. hellgelbe Nadeln; $[\alpha]_D^{26}$ +7,69 + 2° (c = 1,0148 in Methanol). KELLER-KILIANI-Rk. positiv (blau). Durch Chromatographie der aus den Mutterlaugen noch zusätzlich gewonnenen farblosen Kristalle (insgesamt 50 mg) an Al_2O_3 u. Eluieren mit Bzl./Chlf. (2:8) → 4 mg *Caudogenin,* Eluieren mit Chlf. → 15 mg **IV**; b) durch 10 Min. langes Kochen von 125 mg **IV** u. in W. aufgeschwemmtem Cu(II)-Acetat·H_2O in Methanol, Filtrieren durch Kieselgur, Aufkochen des blaugrünen Filtrats, Eindampfen im Vakuum, Aufnehmen in Chlf./Ae. (1:3) u. Reinigen des neutralen Rohprod.; aus Aceton/Ae. hellgelbe Drusen von Nadeln oder Blättchen; $[\alpha]_D^{26}$ +3,01 ± 2° (c = 1,0976 in Methanol); 43 mg; daneben aus den Säuren 20 mg einer *Verb. vom F. 161 bis 169°* (aus Aceton/Ae. Nadeldrusen). — *Decogenin* (**VI**), $C_{23}H_{30}O_6$, F. 230—235°, durch saure Hydrolyse von 68 mg **V** wie unter **II** beschrieben; aus Aceton/Ae. hellgelbe Drusen von Blättchen; $[\alpha]_D^{23}$ +66,11 ± 2° (c = 1,0315 in Methanol); daneben aus der mit Chlf. ausgeschüttelten wss. Lsg. 7 mg **III**. — *Acetylcaulutogenin,* $C_{25}H_{32}O_7$, F. 209—215°, durch 18std. Stehen von 19 mg **VI** in Pyridin u. Acetanhydrid bei 20°; aus Aceton/Ae. hellgelbe Spieße; 8 mg; $[\alpha]_D^{26}$ +67,73 ± 3° (c = 0,7840 in Methanol). (Helv. chim. Acta **38.** 140—47. 1/2. 1955.) E. FRANCK. 3450

Ch. Tamm, *Glykoside und Aglykone.* 141. Mitt. *Die Konstitution des Ouabagenin-monoacetonids.* (140. vgl. vorst. Ref.) Aus dem *1.19-Monoacetonid* (**I a**) des *Ouabagenins* (**I**) in dem die Stellung der sechsten OH-Gruppe (x) noch offen ist, entsteht durch Oxydation mit CrO_3 in Pyridin das *Keton* $C_{23}H_{28}O_7$ (**II**), dem die Struktur eines *Δ¹-3.x-Diketons* zugeschrieben wird. Durch Behandeln von **II** mit sd. Eisessig tritt Aromatisierung zum *Phenol* $C_{22}H_{24}O_5$ (**III**) ein. Für *β-Ouabagenindiacetat* (**IV**) wird im Gegensatz zu RAFFAUF u. REICHSTEIN (Helv.chim. Acta **31.** [1948.] 2111) die Struktur eines *3.19-Diacetats* von **I** vorgeschlagen. Oxydation von **IV** mit CrO_3 in Eisessig gab das *Keton* $C_{27}H_{34}O_{10}$ (**V**), das eine (*1-Keton*) oder zwei (*1.x-Diketon*) Ketogruppen enthält. Die Behandlung von **IV** mit CrO_3 in Eisessig, dann mit 50%ig. Essigsäure, Nach-

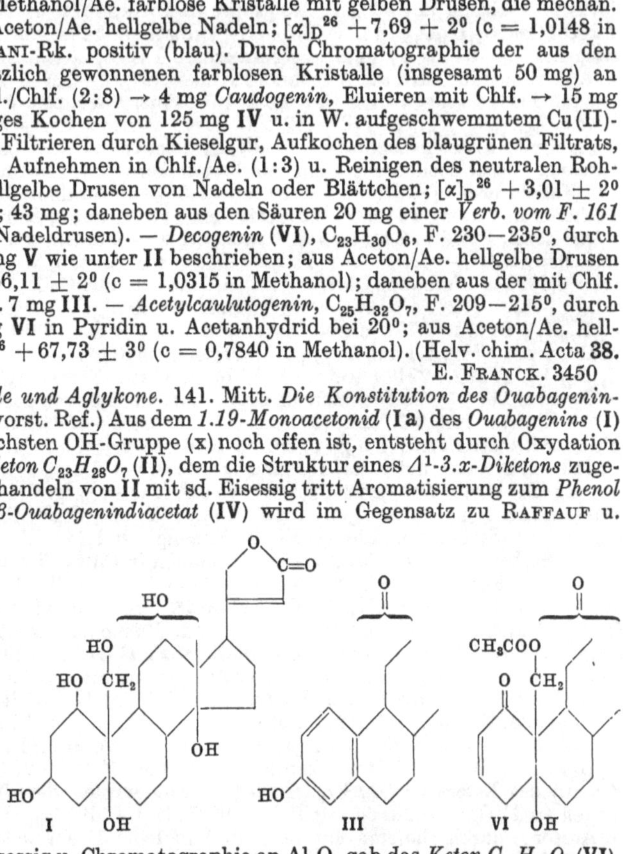

I III VI

oxydation mit CrO_3 in Eisessig u. Chromatographie an Al_2O_3 gab das *Keton* $C_{25}H_{30}O_8$ (**VI**), das eine *Δ²*-ungesätt. 1-Ketogruppierung enthält u. ebenso mit CrO_3 in Pyridin erhalten werden konnte. — Bei der Acetylierung von I wurde neben dem bekannten *3.19.x-Triacetat* (VII) u. *1.3.19. x-Tetraacetat* (VIII) ein neues „*Acetat C*" gewonnen. Aus VII entsteht mit CrO_3 in Eisessig das entsprechende *1-Keton* $C_{29}H_{38}O_{11}$ (IX). — Aus der aus VIII erhältlichen *Tetraacetoxydihydroxyätiansäure* wurde durch alkal. Verseifung u. Verestern der *Hexahydroxyätiansäuremethylester* erhalten, der bei der Acetonierung zwei isomere *Monoacetonide* liefert. Die UV-Absorptionsspektren der Verbb. sind angegeben u. werden diskutiert.

Versuche (FF. korr. auf dem KOFLER-Block): *Ouabagenin-1.19-monoacetonid* (Ia), F. 270—284° (Nitrobenzol), durch Spaltung von Ouabain mit HCl in Aceton nach MANNICH u. SIEWERT (Ber. dtsch. chem. Ges. **75**. [1942.] 737). — *Ouabagenin* (I), F. 250 bis 256°, aus Ia durch Kochen mit 50%ig. wss. A.; aus Nitrobenzol Nadeln. — *Δ^1-3.x-Diketon* $C_{23}H_{28}O_7$ (bzw. $C_{23}H_{30}O_7$) (II), F. 186—189°/194—198°, durch $2^1/_2$std. Stehen von 2,5 g Ia mit CrO_3 in Pyridin, Zugabe von Eiswasser, Ausschütteln mit Chlf., Chromatographie (Chr.) des neutralen Rückstandes an Al_2O_3 u. Eluieren mit Chlf./Methanol (95:5); 923 mg (roh); aus Methanol Prismen; $[\alpha]_D^{22}$ $+167,5 \pm 2^0$ (c = 0,8537 in Pyridin). *19-Acetat*, $C_{25}H_{30}O_8$, F. 175—177°/181—183°, durch 72std. Stehen von 50 mg II mit Acetanhydrid in Pyridin u. Chr.; aus Methanol/Ae. Nadeln; $[\alpha]_D^{24}$ $+26 \pm 3^0$ (c = 0,642 in Methanol); 9,6 mg. *Monoxim*, $C_{23}H_{29}NO_7$, F. 265—268° (Zers.; Methanol/Ae.), durch 2std. Erhitzen von 50 mg II in A. mit Hydroxylaminhydrochlorid u. Na-Acetattrihydrat in W., Verdampfen des A. u. Zugabe von wenig Wasser. — *Phenol* $C_{22}H_{24}O_5$ (III), F. 244—247°, durch Erhitzen von 100 mg II mit 10 cm³ Eisessig im Ölbad auf 125—130°, Eindampfen im Vakuum, Aufnehmen des Rückstandes in Chlf./A. (4:1) u. Chr.; aus Methanol/Ae. Prismen; $[\alpha]_D^{22}$ $+205,8 \pm 2^0$ (c = 0,8764 in Methanol); 35 mg. — *β-Ouabagenindiacetat* (IV), F. 190—198°, durch 3std. Kochen von Ia mit Acetanhydrid in Pyridin, Chr. des Ia-*Diacetats* [F. 270—272° (Aceton/Ae.)] an Al_2O_3, Eluieren mit Bzl./Chlf. (8:2) u. Spaltung mit 50%ig. Essigsäure nach SNEEDEN u. TURNER (C. **1956**. 6124). — *1.x-Diketon* $C_{27}H_{34}O_{10}$ (V), F. 270—274°, durch Zugabe von 1,7 cm³ 2%ig. CrO_3-Eisessig-Lsg. zu 164 mg IV in Eisessig innerhalb 1 Std., 16std. Stehen mit wenig Methanol u. Aufnehmen in Chlf.; aus Methanol Prismen; $[\alpha]_D^{24}$ $+8,1 \pm 3^0$ (c = 0,757 in Methanol/Dioxan 1:1); 40 mg. Durch Chr. noch 1,5 g einer *Verb. vom F. 200—203°* in Nadeln. — *Keton* $C_{25}H_{30}O_8$ (VI), F. 176—182°, a) durch portionsweises Zusetzen von 3 cm³ einer 2%ig. CrO_3-Eisessig-Lsg. innerhalb $2^1/_2$ Std. bei 25° zu einer Lsg. von 304 mg IV in 6 cm³ Eisessig, 16std. Stehen mit 1 cm³ Methanol, Aufnehmen in Chlf. u. Chr.; aus Methanol/Ae. Nadeldrusen; $[\alpha]_D^{18}$ -15 ± 2^0 (c = 0,8876 in Methanol); 48 mg; b) durch 22std. Stehen von 213 mg IV in Pyridin mit dem CrO_3-Pyridin-Komplex aus 500 mg CrO_3 u. 5 cm³ absol. Pyridin, Zugabe von Eiswasser, Ausschütteln mit Chlf. bei 0°, Chr., Eluieren mit Bzl./Chlf. {→ *Keton vom F. 283—285°*, aus Aceton/Ae. Prismen; $[\alpha]_D^{24}$ $+7 \pm 2^0$ (c = 0,8030 in Methanol/Dioxan 1:1)} u. Eluieren mit Chlf.; aus Aceton/Ae. Blättchen; $[\alpha]_D^{24}$ $-15,3 \pm 2^0$ (c = 0,9780 in Methanol); 69 mg. — *Dihydro-β-ouabagenindiacetat*, $C_{27}H_{40}O_{10}$, F. 271—273°, durch Hydrieren von 784 mg IV in Eisessig an PtO_2 u. Aufnehmen mit Chlf./A.; aus 50%ig. A. Prismen; 640 mg. — *Ouabagenintetraacetat* (VIII), $C_{31}H_{42}O_{12}$, F. 292—294° (Aceton/Ae.), durch 15std. Stehen von 6 g I mit Acetanhydrid in Pyridin bei 37°, Aufnehmen in Chlf., Chr. u. Eluieren mit Bzl., Chlf. (4:1); 2,0 g; durch Eluieren mit Bzl./Chlf. (3:1 bis 1:1) → *Ouabagenintriacetat* [VII; $C_{29}H_{40}O_{11}$, F. 244 bis 246° (Aceton/Ae.); 1,6 g] u. durch Eluieren mit Chlf./Methanol (9:1) „*Acetat C*", F. 213—214° (aus Methanol/Ae. Nadeln); $[\alpha]_D^{24}$ $+2,4 \pm 2^0$ (c = 1,368 in Methanol); 327 mg. Bei einem Dehydrierungsvers. von VIII mit 2%ig. CrO_3-Eisessig-Lsg. wurde das Ausgangsmaterial zurückgewonnen. — *1-Keton* $C_{29}H_{38}O_{11}$ (IX), F. 249—250°, durch 3std. Stehen von 100 mg VII in Eisessig mit 1,18 cm³ 2%ig. CrO_3-Eisessig-Lsg., 24std. Stehen mit wenig Methanol, Aufnehmen in Chlf., Chr. u. Eluieren mit Chlf.; aus Aceton/Ae. Rhomben; $[\alpha]_D^{23}$ $+5,5 \pm 2^0$ (c = 1,303 in Chlf.); 80 mg. — *Hexahydroxyätiansäuremethylester*, $C_{21}H_{34}O_8$, F. 231—234°, durch Abbau von VIII mit $KMnO_4$ oder O_3 (vgl. RAFFAUF u. REICHSTEIN, l. c.), 22std. Stehen der erhaltenen *Tetraacetoxydihydroxyätiansäure* [F. 314—318° (Methanol). *Methylester*, F. 249—253° (Aceton/Ae.)] in Methanol mit 500 mg KOH in W. bei 22°, Abdampfen des Methanols im Vakuum, Ansäuern mit HCl (kongo), Ausschütteln mit Chlf./A. (2:1), Verestern in Methanol mit Diazomethan in Ae., Aufnehmen in Chlf./A. (2:1), Chr. u. Eluieren mit Chlf./Methanol (8:2); aus Aceton Nädelchen; $[\alpha]_D^{21}$ $+2,1 \pm 2^0$ (c = 0,814 in Methanol). *Acetonid*, $C_{24}H_{38}O_8$, F. 193—196° [aus Aceton/Ae. Prismen, F. 220—224° (Nadeln)], durch 5std. Kochen des Esters mit $CuSO_4$ in Aceton, Eindampfen des Filtrats, Chr. der Mutterlaugen an Al_2O_3 u. Eluieren mit Bzl./Chlf. (1:1) u. Chlf.; $[\alpha]_D^{22}$ $+54,3 \pm 2^0$ (c = 0,8006 in Aceton); durch Eluieren mit Chlf./Methanol (99:1) ein *isomeres Acetonid*, F. 105 bis 107°, $[\alpha]_D^{21}$ $+65 \pm 2^0$ (c = 0,797 in Aceton); aus Aceton/Ae. Rhomben. (Helv. chim. Acta **38**. 147—65. 1/2. 1955.) E. FRANCK. 3450

H. P. Sigg, Ch. Tamm und **T. Reichstein,** *Glykoside und Aglykone.* **142.** Mitt. *Tanghinigenin und 3-Epitanghinigenin.* (141. vgl. vorst. Ref.) Aus dem Samen von *Tanghinia venenifera* Poir. wurden nach der Fermentierung des entfetteten Samenpulvers die 3 Glykoside *Desacetyltanghinin* (I), *Tanghinin* (II) u. *Monoacetylneriifolin* isoliert, die alle als Zuckerkomponente *L-Thevetose* enthalten. **II** ist mit der früher von HELFENBERGER u. REICHSTEIN (vgl. C. **1955.** 7911) isolierten „Substanz 6" identisch. Bei der Behandlung von **I** mit alkoh. KOH entsteht *Isodesacetyltanghininsäure* (**III**) u. bei der Spaltung mit HCl-Gas in Chlf. das bisher unbekannte *Tanghinigenin* (**IV**). Dehydrierung von **IV** mit CrO_3 lieferte das bekannte *Tanghinigenon* (**V**), das durch Red. mit $NaBH_4$ *3-Epitanghinigenin* (**VI**) gab. **IV** zeigte an der Katze digitalisartige Wrkg., während **VI** sich als unwirksam erwies. — UV-Absorptionsspektren u. zahlreiche Farb.-Rkk. der Verbb. sind angegeben.

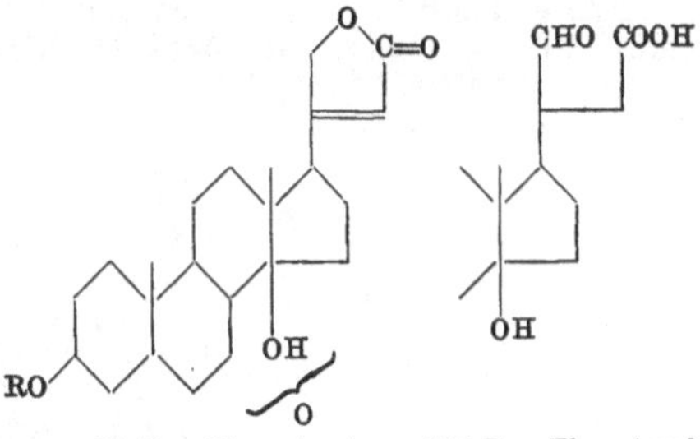

II R = Thevetosyl III R = Thevetosyl
IV R = H

Versuche: (FF. korr. auf dem KOFLER-Block): Aus 45 kg frischen Früchten von *Tanghinia venenifera* Poir. wurden 5,9 kg „weiße", nicht vom Schimmel befallene Samen erhalten, die durch PAe.-Extraktion 39% entfettetes Samenpulver ergaben; nach der Fermentierung wurde dieses mit Ae. (3,4%) u. Chlf. (4,05%) extrahiert u. in folgende 3 Verbb. aufgeteilt: *Desacetyltanghinin* (I), F. 238—241°, aus Methanol/Ae. Prismen; $[\alpha]_D^{20}$ — 58,1 ± 2° (c = 0,5164 in Methanol); 1,55% (Ausbeute). — *Tanghinin* (II), F. 128—131°, aus Methanol/Ae. Blättchen; $[\alpha]_D^{20}$ — 81,5 ± 2° (c = 1,092 in Methanol); 1,36%. — *Monoacetylneriifolin,* F. 209—214°, aus Methanol/Ae. Prismen; 0,021%. — *Acetyltanghinin,* F. 189—191°, aus **I** oder aus **II**; aus Ae./PAe. Blättchen; $[\alpha]_D^{21}$ — 76,7 ± 2° (c = 1,303 in in Chlf.). — *Isodesacetyltanghininsäure* (**III**), $C_{30}H_{46}O_{10}$, F. 138—142°, durch 2std. Kochen von 250 mg **I** in Methanol mit KOH, Verdampfen des Methanols im Vakuum, Versetzen mit HCl bei 0° bis zur kongosauren Rk., Extraktion mit Chlf., Ausschütteln mit 2n Sodalsg., Ansäuern (kongosauer) u. Extrahieren mit Chlf.; aus Methanol/Ae. Prismen; $[\alpha]_D^{18}$ — 64,7 ± 2° (c = 0,8816 in A.); 1,66 mg; nach 3std. Kochen in Chlf. wurde kein Lacton erhalten. *Na-Salz,* $C_{30}H_{45}NaO_{10}$, F. 182—184°, aus Methanol/Ae. Prismen; $[\alpha]_D^{25}$ — 66,3 ± 2° (c = 0,9043 in Methanol). *Methylester* (**VII**), $C_{31}H_{48}O_{10}$, F. 147—150°, durch 20 Min. langes Stehen von 201 mg **III** in Methanol mit äther. Diazomethan; aus Aceton/Ae. Nadeln; $[\alpha]_D^{27}$ — 58,2 ± 2° (c = 1,134 in Methanol); 211 mg. *Methylester* des *Acetylderiv.,* durch 48std. Stehen von 80 mg **VII** mit Acetanhydrid in Pyridin; 85 mg (roh). *Semicarbazon,* Semicarbazidhydrochlorid mit Na-Acetattrihydrat verreiben, in Methanol aufnehmen u. mit 50 mg **VII** in absol. Pyridin 20 Std. bei 20° stehenlassen, Methanol im Vakuum entfernen u. mit Chlf./Ae. (3 : 1) ausschütteln; 51 mg (roh). — *Tanghinigenin* (**IV**), $C_{23}H_{32}O_5$, F. 187—188°, durch 24std. Stehen von 1 g **I** in alkoholfreiem, mit HCl-Gas gesätt. Chlf. bei 25°, Waschen mit W. u. Sodalsg, Eindampfen, Chromatographie (Chr.) an Al_2O_3 u. Eluieren mit Bzl./Chlf. (1 : 1 bis 2 : 3); aus Aceton/PAe. Prismen; $[\alpha]_D^{25}$ + 14,1 ± 2° (c = 1,138 in Chlf.); 344 mg (roh). Die mit Chlf. eluierten Fraktionen gaben aus Methanol 30 mg **I** u. die Mutterlaugen nach Acetylierung 60 mg das **IV**-*Acetylderiv.* (**IX**). — *β-Äthyl-L-thevetosid* (**VIII**), $C_9H_{18}O_5$, F. 108—109°, neben **IV** aus dem Waschwasser durch Versetzen mit Ag_2CO_3 u. H_2S u. Behandeln des Rückstandes mit Aceton; aus Aceton/Ae. Prismen; $[\alpha]_D^{20}$ + 46,1 ± 2° (c = 1,107 in W.); 211 mg (aus 10 g **I**). — *Acetyltanghinigenin* (**IX**), $C_{25}H_{34}O_6$, F. 241—243°, durch 2tägiges Stehen von 188 mg **IV** u. Acetanhydrid in Pyridin bei 25°; aus Aceton/Ae. Prismen; $[\alpha]_D^{24}$ + 14,9 ± 2° (c = 1,075 in Chlf.); 189 mg. Bei einem Dehydrierungsvers. mit 2%ig. CrO_3–Eisessiglsg. (4 Std. bei 20°) wurde **IX** zurückgewonnen. — *Tanghinigenon* (**V**), $C_{23}H_{30}O_5$, F. 181—184°, durch Abbau von 12,4 g **I** mit CrO_3 (vgl. HELFENBERGER u. REICHSTEIN, l. c.) u. Chr. in Aceton/Ae.; Prismen; $[\alpha]_D^{22}$ + 10 ± 3° (c = 0,7971 in Chlf.); 993 mg (roh); b) durch 2std. Stehen von 100 mg **IV** mit 1,6 cm^3 2%ig. CrO_3–Eisessiglsg., Versetzen mit Methanol u. 6std. Stehen; aus Aceton/Ae. Prismen. — *L-Thevetose,* F. 129—130°, durch 3std. Erhitzen von 23 mg **VIII** in n-H_2SO_4 auf 100°, Neutralisieren mit $BaCO_3$, Eindampfen im Vakuum, Aufnehmen des Rückstandes in absol. A. u. Aceton u. Eindampfen; aus Aceton/Ae. Kristalle; $[\alpha]_D^{23}$ — 36,4 ± 3° (c = 0,6588 in W.); 21,5 mg. — *3-Epitanghinigenin* (**VI**), $C_{23}H_{32}O_5$, F. 230—235°, durch Versetzen von 300 mg in Dioxan gelöstem **V** innerhalb 1 Std. mit in 80%ig. Dioxan gelöstem $NaBH_4$ 6 std. Stehen bei 20°, Ansäuern mit H_2SO_4 bis p_H 2, Entfernen des Dioxans unter Zugabe von W. u. Ausschütteln der Lsg. mit Chlf.;

aus Aceton Prismen; $[\alpha]_D^{26}$ + 28,2° (c = 0,4969 in Chlf.); 117 mg. — *Acetyl-3-epitanghinigenin*, $C_{25}H_{34}O_6$, F. 224—226°, durch 48std. Stehen der krist. Mutterlaugen von **VI** (205 mg) mit Acetanhydrid in Pyridin, Chr. des Rohprod. an Al_2O_3 u. Eluieren mit Bzl. u. Bzl./Chlf. (9 : 1); aus Chlf./PAe. Blättchen; $[\alpha]_D^{22}$ + 37,8° (c = 0,8865 in Chlf.); 109 mg. (Helv. chim. Acta **38**. 166—79. 1/2. 1955.) E. FRANCK. 3450

O. Schindler, *Glykoside und Aglykone.* 143. Mitt. *11-Episarmentogenin, Desarosid (11-Dehydrosarnovid) und 11-Episarnovid.* (142. vgl. vorst. Ref.; 144. vgl. C. **1957**. 436.) Aus 11-Dehydrosarmentogenin (**II**) wurde durch $NaBH_4$-Red. *11-Episarmentogenin* (**IV**) erhalten, das über das *Acetat* gereinigt werden konnte. Letzteres ließ sich mit CrO_3 zu *Acetyl-11-dehydrosarmentogenin* dehydrieren. Die partielle Dehydrierung von Sarnovid (**III**) mit CrO_3/Eisessig führte zu *11-Dehydrosarnovid* (**I**; *Desarosid*), das als *Diacetat* u. *Dibenzoat* charakterisiert wurde. Durch $NaBH_4$-Red. von **I** entsteht *11-Episarnovid*, das ein *Dibenzoat* u. *Diacetat* liefert. Letzteres kann mit CrO_3 zu **I**-Diacetat oxydiert werden. Die UV-Absorptionsspektren werden angegeben u. diskutiert. Die Toxizitäten der Verbb. an der Katze werden bestimmt.

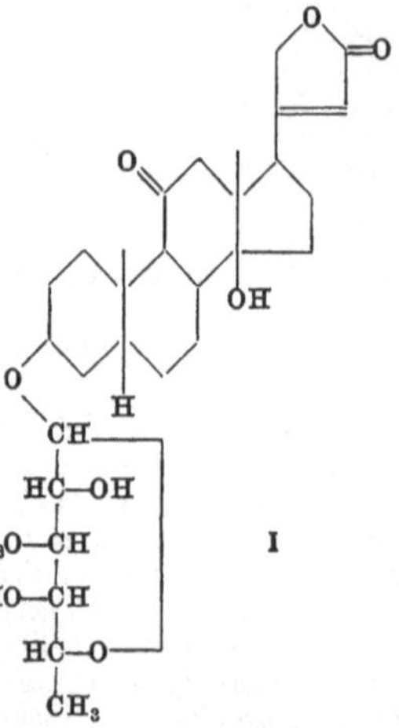

I

Versuche (FF. korr.): *11-Episarmentogenin* (**IV**), $C_{23}H_{34}O_5$, F. 252—258° (CH_3OH-Ae.), durch 17std. Stehen von 150 mg **II** in wss. Dioxan bei 20° im verschlossenen Gefäß, Versetzen mit 2n H_2SO_4 u. W., Einengen, 30 Min. Kochen mit Mannit, 0,1n H_2SO_4 u. CH_3OH, Abdest. von CH_3OH, Ausschütteln mit Chlf. u. Chromatographieren; Prismen; $[\alpha]_D^{25}$ + 29,2 ± 2° (c = 1,0715 in CH_3OH); 28 mg (Ausbeute). *Acetylverb.*, $C_{25}H_{36}O_6$, F. 244—255° (Chlf.-Ae.), Spieße, die bei 235° opak werden; $[\alpha]_D^{24}$ + 24,6 ± 3° (c = 0,74667 in Chlf.). — *Acetyl-11-dehydrosarmentogenin*, F. u. Misch-F. 213—214,5° (Aceton-Ae.), durch 5std. Stehen von 20 mg vorst. Acetats mit CrO_3/Eisessig bei 20° u. 19std. Stehen mit CH_3OH bei 20°; Prismen; $[\alpha]_D^{25}$ + 18,9 ± 2° (c = 1,2977 in Aceton); 15 mg. — *Desarosid* (**I**), $C_{30}H_{44}O_9$, F. 265—268° (CH_3OH-Ae.), durch 2std. Stehen von 268 mg **III** mit einer 2%ig. Lsg. von CrO_3 in Eisessig u. 2std. Stehen mit CH_3OH; feine verfilzte Nadeln; $[\alpha]_D^{27}$ + 6,7 ± 2° (c = 0,9786 in CH_3OH); 163 mg. *Diacetat*, $C_{34}H_{38}O_{11}$, F. 249—252° (CH_3OH-Ae.), zugespitzte Prismen; $[\alpha]_D^{27}$ — 4,8 ± 2° (c = 1,103 in Chlf.). *Dibenzoat*, $C_{44}H_{52}O_{11}$, F. 321—324° (CH_3OH-Ae.), lange, viereckige Blättchen; $[\alpha]_D^{26}$ + 31,5 ± 2° (c = 1,193 in Chlf.). — *11-Episarnovid*, $C_{30}H_{46}O_9$, F. 156—159° (Aceton-Ae.), analog **IV** in 40 Std. bei 20° aus 180 mg **I**; kleine Nadeln oder Blättchen; $[\alpha]_D^{26}$ + 18,8 ± 2° (c = 1,1394 in CH_3OH); 160 mg. *Dibenzoat*, $C_{44}H_{54}O_{11}$, F. 308—312° (CH_3OH-Ae.), dreieckige Blättchen; $[\alpha]_D^{26}$ + 50,9 ± 5° (c = 0,4479 in Chlf.). *Diacetat*, $C_{34}H_{50}O_{11}$, F. 268—290° (Aceton-Ae.), verfilzte Nadeln; $[\alpha]_D^{26}$ + 17,0 ± 2° (c = 0,92436 in Chlf.). CrO_3-Oxydation → **I**-*Diacetat* ($[\alpha]_D^{27}$ — 6,8 ± 4° [c = 0,6369 in Chlf.]). — Die UV-Spektren der meisten Verbb. sind angegeben. (Helv. chim. Acta **38**. 538—49. 15/3. 1955). R. PASEDAG. 3450

D. Pitré, *Neue Synthese des Cytisins.* Kurzer Abriß der Cytisinsynthese von BOHLMANN (vgl. C. **1959**. 11242). — 4 Literaturangaben. (Farmaco [Pavia], Ediz. sci. **11**. 486—88. Mai 1956.) H.-E. TOUSSAINT. 3500

Hans-G. Boit und **Werner Döpke,** *Alkaloide von Haemanthus multiflorus.* 23. Mitt. *über Amaryllidaceenalkaloide.* (20. vgl. C. **1958**. 6591.) Vff. isolierten aus Zwiebeln von *Hämanthus multiflorus* 0,04% Alkaloide, davon 44% *Lycorin*, 7% *Hämanthidin*, 7% *Chlidanthin*, 1% *Hippeastrin* u. 17% bisher unbekanntes Alkaloid „*Hämultin*" (**I**), das auch aus Hämanthamin oder Crinamin durch reduktive Entmethoxylierung erhalten wird. Auf Grund seiner Eigg. u. Rkk. wird für **I** die angegebene Strukturformel vorgeschlagen.

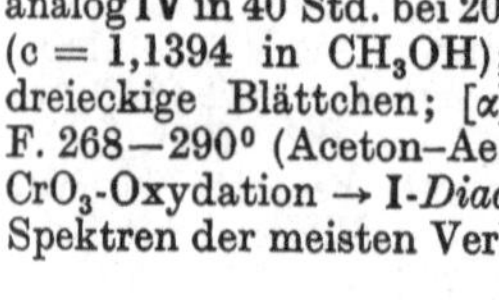

I

Versuche: *Hämultin* (**I**), $C_{16}H_{17}NO_3$, F. 174—175° (Aceton); $[\alpha]_D^{23}$ +147° (c = 0,15 in Chlf.); λ_{max} 2,85μ ($CHCl_3$) a) durch Chromatographie der nichtphenol. Basen aus dem aus 0,7 kg frischen 3jährigen Zwiebeln von Hämanthus multiflorus isolierten Alkaloidgemisch aus Bzl. an Al_2O_3 u. Eluieren mit Bzl.-Essigester (1 : 1); 50 mg (Ausbeute); b) durch Red. von Hämanthamin mit Na in sd. Amylalkohol; daneben *Dihydrohämanthamin*, F. 225° (Aceton); c) aus Crinamin wie unter b); daneben

Dihydrocrinamin, F. 230—231°. *Hydrojodid*, F. 102° (Methanol). *Pikrat*, F. 208—210° (Zers.; W.). *Methojodid*, F. 263—264° (Zers.; W.), Blättchen. *Acetylderiv.*, *Perchlorat*, $C_{18}H_{19}NO_4 \cdot HClO_4$, F. 192° (Zers.; W.), Prismen. — *Dihydrohämultin*, $C_{16}H_{19}NO_3$, F. 218—220° (Aceton); $[\alpha]_D^{23}$ + 100° (c = 0,2 in Chlf.), durch Hydrierung von I in 0,5%ig. HCl über PtO_2. — *Ketonbase* $C_{16}H_{17}NO_3$, *Hydrojodid*, $C_{16}H_{17}NO_3 \cdot HJ$, F. 178° (W.), aus vorst. Verb. in Pyridin mit CrO_3 unter Eiskühlung u. Rk. mit NaJ; Nadeln, λ_{max} 5,71 μ (KBr). (Chem. Ber. **91**. 1965—67. 15/9. 1958. Berlin, Humboldt-Univ., Chem. Inst.) R. ZIEGENSPECK. 3500

A. R. Battersby und **S. Garratt**, *Die absolute Stereochemie von Emetin: Optische Wechselbeziehung mit den Indolalkaloiden.* Zur Feststellung, ob Emetin (I) in der Pflanze durch den gleichen Synthesetyp, der in der Indolreihe wirksam ist, gebildet wird u. das entsprechende Asymmetriezentrum $C_{(10)}$ darin die gleiche absol. Konfiguration besitzt, wird *Corynanthein* bzw. dessen Dihydroverb. nach JANOT u. GOUTAREL (C. **1952**. 2675) in *Dihydrocorynanthealperchlorat*, $[M]_D^{20-25}$ +63° (wss. A.), u. weiter in *Dihydrocorynantheanperchlorat*, $[M]_D^{20}$ — 69°, übergeführt u. letzteres mit Hg-Acetat zu *3-Dehydrodihydrocorynantheanperchlorat*, $[M]_D^{20-25}$ +318°, dehydriert. Bei Durchführung derselben Reaktionsfolge an dem mit I stereochem. gleichen Protoemetinperchlorat (II), $[M]_D^{20-25}$ — 43°, wird das Perchloriat der entsprechenden Desoxoverb. $[M]_D^{20-25}$ —165°, u. dessen Dehydroderiv., $[M]_D^{20-25}$ + 317°, erhalten. Die Molekularrotationsdaten dieser Salze zeigen, daß II, u. damit auch I, dieselbe absol. Konfiguration wie Dihydrocorynantheal hat, die auch in den II-Derivv. erhalten bleibt. Aus diesen u. früheren Ergebnissen folgt für I obenst. Struktur. (Proc. chem. Soc. [London] **1959**. 86—87. März. Bristol, Univ.) ANTJE SCHMIDT. 3500

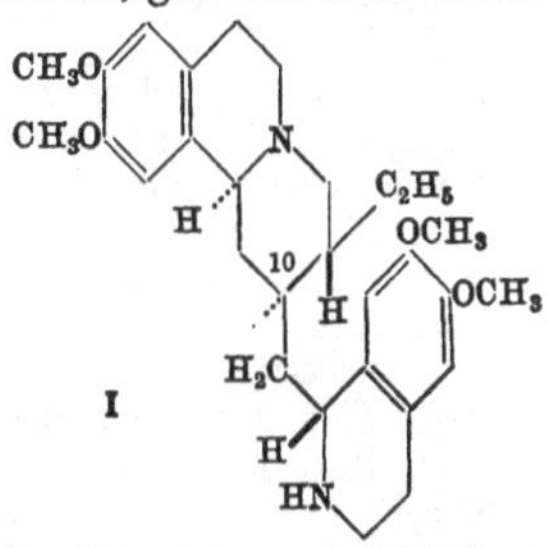

I

Karl Bernauer, F. Berlage, W. von Philipsborn, H. Schmid und **P. Karrer**, *Über die Konstitution der Calebassenalkaloide C-Dihydrotoxiferin und C-Toxiferin-I und des Alkaloids Caracurin-V aus Strychnos toxifera. Synthetische Versuche mit Wieland-Gumlich-Aldehyd als Ausgangsstoff.* 36. Mitt. *über Calebassenalkaloide.* (35. vgl. C. **1959**. 14109; vgl. auch Helv. chim. Acta **41**. [1958.] 1408.) *Nor-C-dihydrotoxiferin* (I) wird durch Hochvakuumdest. von C-Dihydrotoxiferin (VII)-dichlorid erhalten. Beim Erwärmen von I in n-H_2SO_4 entsteht als Hauptprod. eine *farblose, amorphe Verb.* II (l. c. 1408 als Norhemidihydrotoxiferin bezeichnet) mit orangefarbener $Ce(SO_4)_2$-Rk., gelber Zimtaldehyd/HCl-Rk. u. Indolin-UV-Spektrum. Nach dem IR-Spektr. ist II ein Aldehyd. Da II das gleiche UV-Spektr. u. die gleichen Farb-Rkk. wie Caracurin-VII zeigt, letzteres aber mit dem WIELAND-GUMLICH-Aldehyd (IV) ident. ist, wird für II die Struktur eines *18-Desoxy-*WIELAND-GUMLICH-*Aldehyds* angenommen u. bestätigt: $NaBH_4$-Red. von II liefert den entsprechenden *prim. Alkohol* III, der auch aus IV durch $NaBH_4$-Red. zum *Glykol* V, anschließenden selektiven Ersatz der $C_{(18)}$-OH-Gruppe durch Br mit HBr/Eisessig zu VI, Red. mit Zn-Staub/Eisessig zum *O-Acetylderiv. von* III u. Umesterung mit n. methanol. HCl gewonnen wird. Die Säureeinw. auf VII liefert die II entsprechende nichtkrist. $N_{(b)}$-*Methoverb.* (*Hemidihydrotoxiferin*, VIII), welche bei der Papierchromatographie oder beim Erwärmen im Acetatpuffer von p_H 4—5 bei 70° unter Luftabschluß wieder in VII zurückverwandelt wird; ein Gemisch aus II u. VIII liefert unter den gleichen Bedingungen I, VII u. das gemischte Kondensationsprod. $N_{(b)}$-*Monomethonordihydrotoxiferin*. Die Spaltung von 1 Mol I in 2 Mol II ist eine Hydrolyse, bei der pro C_{19}-Gruppe 1 Mol. W. angelagert, eine C–$N_{(a)}$-Bindung gespalten u. eine Aldehydgruppe neu gebildet wird. Demnach hat I, welches nach dem IR-Spektr. keine $N_{(a)}$–H-Gruppierung hat u. O-frei ist, die Summenformel $C_{38}H_{40}N_4$. was mit den Analysenwerten übereinstimmt. Es enthält zusätzlich zu

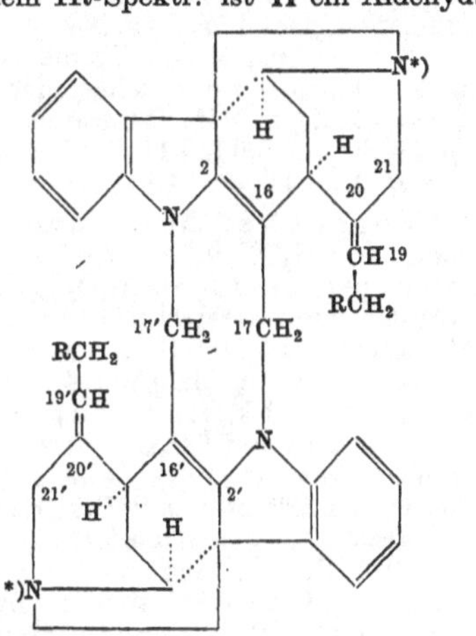

I R = H
VII wie I, beide N*) mit CH_3 quaternisiert
XI R = OH
XII wie XI, beide N*) mit CH_3 quaternisiert

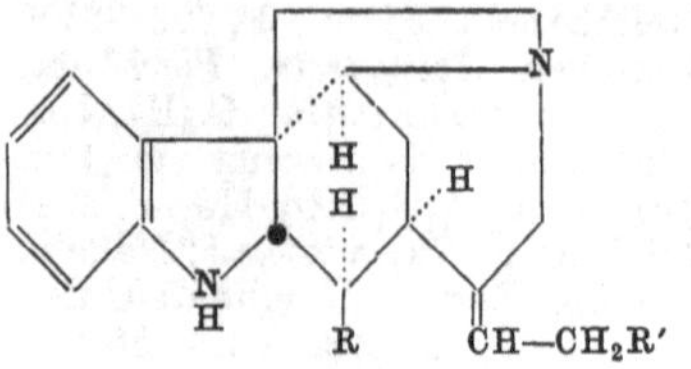

II R = CHO, R' = H
III R = CH_2OH, R' = H
V R = CH_2OH, R' = OH
VI R = CH_2OH, R' = Br

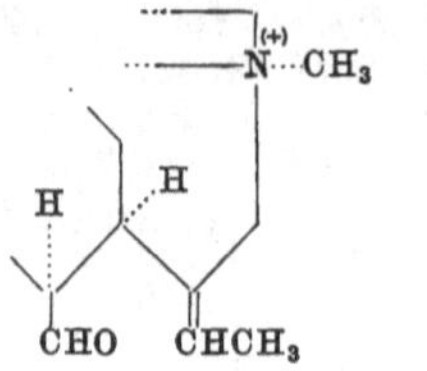

VIII

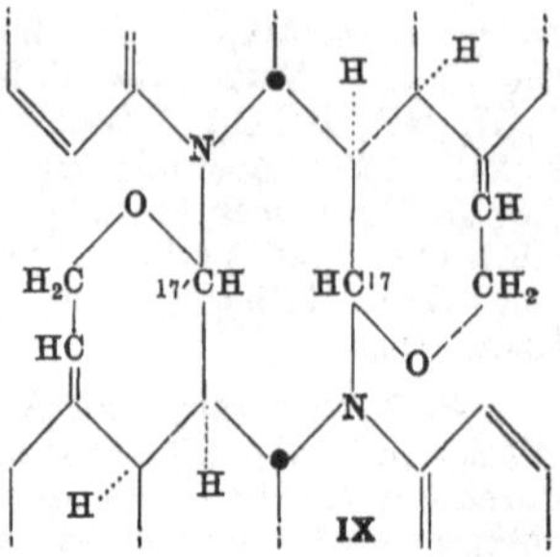

IX

den Äthylidendoppelbindungen zwei weitere als Vinylamingruppen vorhandene Doppelbindungen. Das aus Caracurin-V (**IX**) durch Säureeinw. entstehende *Caracurin-Va* (**XI**) läßt sich in ein *Methochlorid* überführen, welches mit *C-Toxiferin-I* (**XII**)-*dichlorid* ident. ist. Da **IX** in wss. oder methanol. Lsg. ein Indolin-UV-Spektr. besitzt, ferner im IR-Spektr. keine OH-Bande, wohl aber eine starke Absorption im Ätherbereich auftritt, kommt ihm wahrscheinlich die abgebildete Struktur zu. **IV** gibt bei der Einw. von HBr/P/Eisessig in der Hitze u. anschließenden Zn-Staubred. einen unreinen *18-Desoxyaldehyd* **II*** (zur Vermeidung von Doppelnumerierungen werden die synthet. hergestellten Verbb. mit gleicher röm. Ziffer wie die entsprechenden Verbb. der natürlichen Reihe, aber mit Stern versehen), der über sein $N_{(b)}$-*Methojodid* → *Methochlorid* u. dann Erwärmen im Acetatpuffer von p_H 4,6 in ein krist. *Dichlorid* verwandelt wird; letzteres ist in seinen Rkk. u. Verh. mit **VII**-Dichlorid identisch. Die anschließende Thermolyse im Hochvakuum führt zu einer *amorphen tert. Base* **I***, in Spektr. u. Rkk. ident. mit **I**. **VII** u. **VII*** geben verschied. Pikrate. Wahrscheinlich unterscheiden sich **VII** u. **VII*** stereochem. an den 19,20- bzw. 19',20'-Doppelbindungen. **IV** liefert beim Erwärmen in Eisessig/Na-Acetat unter Luftabschluß neben wenig *Nor-C-toxiferin-I* (**XI**) **IX**; **IV**-Methochlorid gibt analog ein Gemisch aus **XII**-*Dichlorid*- u. **IX**-*Dimethochlorid*. Letzteres wird beim Erwärmen in schwachsaurer Pufferlsg. in **XII** übergeführt. **IV** enthält 5 der 6 Asymmetriezentren des Strychnins, wenn das Halbacetal-C-Atom unberücksichtigt bleibt. Da es durch Kondensation mit Malonsäure in Strychnin zurückverwandelt wird, dürfte es den gleichen ster. Bau wie dieses besitzen. Demnach können auch die Stereoformeln für **IX**, **IX**-Dimethochlorid, **XI** u. **XII** abgeleitet werden, ferner aus der ster. Ableitung von **II** u. **IV** die Strukturen von **I** u. **VII**. Es wird angenommen, daß C-Alkaloid H (**X**) ein Mischprod. aus $N_{(b)}$-Metho-18-desoxy-WIELAND-GUMLICH-Aldehyd (**VIII**) u. $N_{(b)}$-Metho-WIELAND-GUMLICH-Aldehyd darstellt. Caracurin-VI ist vermutlich Nor-C-alkaloid H. Es leiten sich somit von **II** u. **IV** 16 von insgesamt ca. 60 Alkaloiden aus Calebassencurare u. südamerikan. Strychnosarten ab, u. zwar von **II** die Alkaloide **VII**, C-Curanin-I, C-Calebassin, C-Alkaloid D, **I** u. C-Fluorocurarin; von **IV** die Alkaloide **XII**, C-Alkaloid E, C-Alkaloid A, Caracurin-Va, **IX** u. Caracurin-II u. von **II** u. **IV** die Alkaloide **X**, C-Alkaloid G, C-Alkaloid F u. Caracurin-VI.

Versuche: *Nor-C-dihydrotoxiferin* (**I**), durch Eindampfen von 128 mg **VII**-Dichlorid in CH_3OH in 20 Kugelrohren unter N_2, Dest. bei 240—300°/0,001 mm u. Chromatographie in Bzl. an Al_2O_3 (mit 12% W.); 106 mg (Ausbeute). — *18-Desoxy*-WIELAND-GUMLICH-*Aldehyd* (**II**), durch 4 Min. langes Erhitzen von 96,4 mg **I** in n-H_2SO_4, Alkalisieren mit NaOH, erschöpfende Extraktion mit Chlf., Eindampfen u. Chromatographie in Bzl. u. Bzl./Ae.; 42,5 mg. — *Alkohol* **III**, $C_{19}H_{24}N_2O$, F. 170—174° (Bzl.), a) durch 1std. Rk. von 28,3 mg **II** u. 11,5 mg $NaBH_4$ in absol. CH_3OH, Verdünnen mit W., Abtreiben des CH_3OH unter N_2, Ausziehen mit Chlf., Eindampfen u. Chromatographie wie vorst.; $[\alpha]_D^{19}$ — 36,4 ± 4° (c = 0,2643; CH_3OH); 25,6 mg; b) durch 48std. Stehen von 230 mg **V** mit HBr/Eisessig, Einengen im Vakuum auf ein Drittel, Zufügen von absol. Ae., Abdekantieren, 4std. Schütteln mit Zn-Staub/Eisessig, 2std. Stehen mit CH_3OH, Eindampfen, Aufnehmen in verd. NH_4OH, Ausziehen mit Chlf., Eindampfen u. Chromatographie in Bzl., Kochen des isolierten **III**-*Acetylderiv.* (130 mg) in n. methanol. HCl u. Chromatographie in Bzl./Ae. an Al_2O_3; 80,7 mg. — WIELAND-GUMLICH-*Aldehyd* (**IV**), durch 4tägiges Stehen von 10 mg **IX**-Dihydrochlorid in 0,05n H_2SO_4, Neutralisieren mit $BaCO_3$, Abzentrifugieren, Eindampfen der Fl., Aufnehmen in absol. CH_3OH, Eindampfen des Filtrats, Überführen mit Amberlite IRA 400 (Cl^--Form) ins Chlorid, Chromatographie an WHATMAN-1-Papier in Lösungsm. C u. Eluieren mit CH_3OH. — *C-Dihydrotoxiferin* (**VII***)-*dichlorid*, durch Versetzen von 100 mg **IV** in konz. HBr/Eisessig mit rotem P, $3^1/_2$std. Kochen, Verdünnen des Filtrats mit Eisessig u. $^1/_2$std. Zufügen von Zn-Staub, Einstellen des Filtrats mit NH_4OH auf p_H 8—9, Ausschütteln in Ae./Methylenchlorid (3 : 1), Eindampfen, Chromatographie des aus 16 solcher Ansätze erhaltenen Rohprod. (ca. 1,5 g) in Bzl./Methylenchlorid (6 : 4) an Al_2O_3, Aufnehmen von 100 mg des erhaltenen *18-Desoxyaldehyds* **II*** (10—14%) in Bzl., Umsetzen mit CH_3J, Überführen des isolierten *Methojodids* (130 mg) an Amberlite IRA 400 (Cl^--Form) in das *Chlorid*, 4std. Erhitzen in Eisessig/Na-Acetat im Rohr im Hochvakuum auf 70°, Verdünnen, Fällen als *Pikrat*, Überführen wie vorst. ins *Chlorid*, Verteilen im Lösungsm. C an Cellulosepulver u. Rekristallisation aus CH_3OH/Ae.; $[\alpha]_D^{20}$ — 599 ± 4° (c = 0,583; 50%ig. A.); 40 mg. *Pikrat*, F. 244—248° (Zers.; nach Vorerhitzen auf 210°); aus verd. Aceton Nadeln. — *Caracurin-V* (**IX**), durch 15std. Erhitzen von 0,5 g **IV** mit Eisessig/Na-Acetat bei 80°/0,001 mm, Eindampfen im Vakuum, Aufnehmen in W., Ausziehen mit Chlf., Eindampfen, Chromatographie in Bzl. an Al_2O_3 u. Eluieren mit Bzl.; 222,8 mg. — (Spektren vgl. Original.) (Helv. chim. Acta **41**. 2293—2308. 1/12. 1958. Zürich, Univ., Chem. Inst.) H. LEHWALD. 3500

L. Carroll King und **Eric W. Stern**, *Reaktionen von Terpenen mit Säure und Thioharnstoff*. 3. Mitt. *Herstellung und Nitrosierung einiger 1(S).8(N)-p-Menthylenisothioharnstoffe*. (2. vgl. C. **1957**. 11885.) Vff. synthetisierten *3-Imino-1.4.5.5-tetramethyl-2-thia-4-azabicyclo-[4.2.2]-decan* (**I**) durch Behandlung von 3-Amino-1.5.5-trimethyl-2-thia-4-azabicyclo-[4.2.2]-decen-(3) (**II**) mit CH_3J u. vergleichen **I** mit *3-Methylamino-* (**III**) u. *3-Anilino-1.5.5-trimethyl-2-thia-4-azabicyclo-[4.2.2]-decen-(3)* (**IV**), hergestellt aus Limonen, N-Methyl- bzw. N-Phenylthioharnstoff u. p-Toluolsulfonsäure. Bei der Rk. mit $NaNO_2$/Eisessig lieferten **II** bzw. **I** *3-Nitrosoimino-1.5.5-trimethyl-* (**V**) bzw. *3-Nitrosoimino-1.4.5.5-tetramethyl-2-thia-4-azabicyclo-[4.2.2]-decan* (**VI**), während aus **III** bzw. **IV** *3-Methylimino-* bzw. *3-Phenylimino-4-nitroso-1.5.5-trimethyl-2-thia-4-azabicyclo-[4.2.2]-decan* entstanden. **V** wurde mit NaOH in das entsprechende *Na-Diazotat* übergeführt. Die IR-Banden aller dargestellten Verbb. werden diskutiert.

V e r s u c h e: *3-Nitrosoimino-1.5.5-trimethyl-2-thia-4-azabicyclo-[4.2.2]-decan* (**V**), $C_{11}H_{19}N_3OS$, Zers. bei 140—150°, aus **II** in Eisessig durch Zusatz von wss. $NaNO_2$ bei 0° u. Stehen über Nacht; gelbe Kristalle aus absol. A.; 83,6 g (Ausbeute); gibt beim Erhitzen mit konz. HCl **II**. — *Na-1.5.5-Trimethyl-2-thia-4-azabicyclo-[4.2.2]-decen-(3)-3-diazotat*, $C_{11}H_{18}N_3NaOS$, Zers. bei 290—291° (W./Na_2SO_4), aus **V** durch Aufkochen in 4n NaOH u. Stehen über Nacht; gibt mit CH_3COOH wieder **V**. — *3-Imino-1.4.5.5-tetramethyl-2-thia-4-azabicyclo-[4.2.2]-decan* (**I**), $C_{12}H_{22}N_2S$, F. 94—95° (Hexan), aus **II** in wenig absol. Ae. durch Zusatz von CH_3J, Erhitzen u. Stehen über Nacht über das *Hydrojodid* ($C_{12}H_{23}JN_2S$, F. 216—217° [absol. A./Ae.]). *Pikrat*, $C_{18}H_{25}N_5O_7S$, F. 166—168° (A.). *Phenylthioharnstoffderiv.*, $C_{19}H_{27}N_3S_2$, F. 182—183° (A.). — *3-Nitrosoimino-1.4.5.5-tetramethyl-2-thia-4-azabicyclo-[4.2.2]-decan* (**VI**), $C_{12}H_{21}N_3OS$, Zers. bei 117—118°, aus **I** in Eisessig mit wss. $NaNO_2$ durch Stehen über Nacht; orangefarbene Platten aus Bzl./Hexan. — *3-Methylamino-1.5.5-trimethyl-2-thia-4-azabicyclo-[4.2.2]-decen-(3)* (**III**), $C_{12}H_{22}\cdot N_2S$, F. 147—148° (Hexan), durch 3tägiges Erhitzen von (+)-Limonen, N-Methylthioharnstoff u. p-Toluolsulfonsäure auf dem Wasserbad u. Erwärmen mit 4n NaOH; 34,6%. *Pikrat*, $C_{18}H_{25}N_5O_7S$, F. 207—208° (A.). *Benzoylderiv.* $C_{19}H_{26}N_2OS$, F. 86—87° (A./W.). — *3-Methylimino-4-nitroso-1.5.5-trimethyl-2-thia-4-azabicyclo-[4.2.2]-decan*, $C_{12}\cdot H_{21}N_3OS$, F. 39—40°, aus **III** u. $NaNO_2$ analog **VI**; aus A.-W. gelbe Kuben. — *3-Anilino-1.5.5-trimethyl-2-thia-4-azabicyclo-[4.2.2]-decen-(3)* (**IV**), $C_{17}H_{24}N_2S$, F. 165—166° (A.), analog **III** aus (+)-Limonen; 20,6%. *Pikrat*, $C_{23}H_{27}N_5O_7S$, F. 237—238° (Methyläthylketon). *Benzoylderiv.*, $C_{24}H_{28}N_2OS$, F. 140—141° (Hexan/Cyclohexan). — *3-Phenylimino-4-nitroso-1.5.5-trimethyl-2-thia-4-azabicyclo-[4.2.2]-decan*, $C_{17}H_{23}N_3OS$, F. 115 bis 116°, aus **IV** u. $NaNO_2$ analog **VI**; aus absol. A. gelbe Kristalle. (J. org. Chemistry **23**. 1928—31. Dez. 1958. Evanston, Ill., Northwestern Univ., Chem. Labor.)

H. J. KÖTZSCH. 3600

W. Wicki, J. Kalvoda und **O. Jeger**, *Zur Kenntnis der Sesquiterpene und Azulene*. 123. Mitt. *Überführung von Elemol in Eudesman*. (122. vgl. C. **1957**. 8750.) Elemol (**I**) bleibt bei längerem Erhitzen auf 190—200° unverändert. Längere Pyrolyse von **I**-p-Nitrobenzoat bzw. **I**-Benzoat bei 190—200° unter u. Druck führt zu einem *Gemisch* (**A**) aus *KW-stoffen* $C_{15}H_{24}$. Auch **I** u. β-Elemen (**II**) liefern in Ggw. von Benzoesäure oder p-Nitrobenzoesäure (**III**) **A**, das in Eisessig über PtO_2 2,1 Mol H_2 unter Bldg. von *Eudesman* aufnimmt. Alle Verbb. wurden IR-spektroskop. (graph. Abb.) charakterisiert.

V e r s u c h e: *KW-stoffgemisch* $C_{15}H_{24}$ (**A**), $Kp._9$ 121—126°, $Kp._{0,03}$ 68—72°, $Kp._{0,02}$ 62—66°, a) durch 4std. Erhitzen von 5,5 g **I**-p-Nitrobenzoat (F. 73—74°) auf 190—200° u. Chromatographie an Al_2O_3 aus PAe.; $D.^{24}$ 0,9131—0,9196, n_D^{24} 1,5059—1,5070, $[\alpha]_D$ + 25° (c = 0,91 in Chlf.); 2,35 g (Ausbeute); b) analog aus 2,74 g **I**-Benzoat; 0,700 g; c) durch 3std. Erhitzen von 259 mg **II** u. 212 mg **III** auf 180—200°; 151 mg; d) aus

806 mg I u. 605 mg III bei 190—200° in 3 Std.; 440 mg. — *Eudesman*, $C_{15}H_{28}$, Kp.$_{0,01}$ 59 bis 62°, durch Hydrieren von 199 mg **A** in Eisessig über PtO_2 u. Chromatographie am Al_2O_3 aus PAe.; D.^{24} 0,8890, n_D^{24} 1,4794, $[\alpha]_D$ +16° (c = 0,91 in Chlf.); 172 mg. (Croat. chem. Acta **29.** 263—68. 30/12. 1957. Zürich, ETH, Organ.-chem. Labor.)

R. PASEDAG. 3600

L. Re und **H. Schinz,** *Zur Kenntnis der Sesquiterpene und Azulene.* 125. Mitt. *Cyclisation von 3.6.10-Trimethyl-3-carbo(hydro)xyundecatrien-(1.5.9).* (124. vgl. C. **1959.** 16265; 123. vgl. vorst. Ref.) Während bei der Kondensation von Geranylchlorid mit α-Methylacetessigsäureäthylester in Ggw. von Na in Bzl.–Dioxan *Geranylmethylacetessigsäureäthylester* nur in unbefriedigender Ausbeute entstand, verlief die Synth. aus der Na-Verb. von Geranylacetessigsäureäthylester (I) u. CH_3J glatt. Die Red. mit $NaBH_4$ in Ae. führte zu *3.6.10-Trimethyl-2-hydroxy-3-carbäthoxyundecadien-(5.9)*, das sich mit PBr_3–Pyridin zu *3.6.10-Trimethyl-3-carbäthoxyundecatrien-(1.5.9)* dehydratisieren ließ. Die *freie Säure* wurde als *Benzylthiuroniumsalz* charakterisiert u. mit $HCOOH-H_2SO_4$ bei 55° zu *1.1.7.10-Tetramethyl-7-carboxydekalol-(6)* cyclisiert, das ster. nicht einheitlich war. Es werden die Cyclisierungsmöglichkeiten von Sesquiterpenketten zu bicycl. Systemen mit gemischten Dimethylgruppen diskutiert.

V e r s u c h e: *Geranylmethylacetessigsäureäthylester*, $C_{17}H_{28}O_3$, Kp.$_{0,2}$ 128°, durch 2std. Kochen von I mit Na in Bzl., Zutropfen von CH_3J, 4std. Kochen u. Lösen des NaJ mit W.; 83% (Ausbeute). — *3.6.10-Trimethyl-2-hydroxy-3-carbäthoxyundecadien-(5.9)*, $C_{17}H_{30}O_3$, Kp.$_{0,2}$ 132°, durch Schütteln vorst. Verb. mit $NaBH_4$ in 95%ig. A. über Nacht bei Raumtemp.; 83%. — *3.6.10-Trimethyl-3-carboxyundecatrien-(1.5.9)*, Kp.$_{0,1}$ 120—122°, durch 3std. Erhitzen von 5,9 g des Esters mit KOH in Äthylenglykolmonomethyläther auf 155° (Badtemp.) am Rückfluß, Einengen, Zugeben von W., Ausäthern, Ansäuern der wss. Schicht mit HCl u. Ausäthern; 4,75 g. *Äthylester*, Kp.$_{0,25}$ 110°, durch Zugeben von vorst. Verb., absol. Pyridin u. PAe. zu PBr_3 in PAe. unter Eiskühlung, 30 Min. Rühren bei Raumtemp. u. $1^1/_2$std. Kochen; 80%. *Benzylthiuroniumsalz*, $C_{23}H_{34}N_2O_2S$, F. 105 bis 106° (Ae.–PAe.). — *1.1.7.10-Tetramethyl-7-carboxydekalol-(6)*, $C_{15}H_{26}O_3$, FF. 104—107° u. 134—135° (Stereoisomerengemisch, außerdem Dimorphie), Kp.$_{0,15}$ 146—156°, durch 30 Min. Stehen von 2,0 g vorst. Säure mit 99%ig. HCOOH–6%ig. H_2SO_4 bei Raumtemp., $1^1/_2$std. Erwärmen auf 55° (Badtemp.), Einengen, Alkalisieren mit Na_2CO_3, Ausäthern, Ansäuern u. Ausäthern; 0,88 g. (Helv. chim. Acta **41.** 1717—22. 15/10. 1958. Zürich, ETH, Organ.-chem. Labor.)

R. PASEDAG. 3600

L. Caglioti, H. Naef, D. Arigoni und **O. Jeger,** *Zur Kenntnis der Sesquiterpene und Azulene.* 126. Mitt. *über die Inhaltsstoffe der Asa foetida.* 1. Mitt. *Farnesiferol A.* (125. vgl. vorst. Ref.) Aus der nicht flüchtigen, neutralen Fraktion der Harzdroge *Asa foedita* wurden 3 isomere Verbb. $C_{24}H_{30}O_4$, *Farniseferol A* (I), *B* u. *C*, isoliert. Für I wird die angegebene Konst. auf Grund nebenst. Unterss. sowie des UV- u. IR-Spektr. sehr wahrscheinlich gemacht. Bei energ. Hydrolyse von I entsteht *Umbelliferon.* I liefert ein *Monoacetat* u. dieses bei der Hydrierung in Eisessig über Pd-Kohle ein *O-Acetyltetrahydroderiv.* (III), u. zwar unter Hydrierung der ungesätt. Lactongruppierung u. der Doppelbindung im Sesquiterpenanteil. Die OPPENAUER-Oxydation von I führt zu einem *Keton* (II), dessen CO-Gruppe sich in einem 6gliedrigen Ring in isolierter Lage befindet u. das bei der Red. I zurückliefert. Mit Benzopersäure (VI)/Chlf. gibt I ein *Epoxyd.* Bei der Se-Dehydrierung von I entsteht *1.2.5.6-Tetramethylnaphthalin*, das neben wenig *1.5.6-Trimethylnaphthol-(2)* auch bei der Dehydrierung von II auftritt. Die Hydrogenolyse von I bzw. III in Eisessig über PtO_2 liefert das *Diol* $C_{15}H_{28}O_2$ (IV). IV wird mit KILIANI-Mischung zur entsprechenden *Ketosäure* (V) oxydiert. V gibt nach WOLFF-KISHNER bzw. CLEMMENSEN die *Desoxosäure*, mit $NaBH_4$ die *Hydroxysäure.* Das *Acetat* der letzteren wird über das *Säurechlorid* mit $(CH_3)_2Cd$ in das *O-Acetylmethylketon* u. dieses mit VI in das *Diacetat* des *Nordiols* VII übergeführt. Das durch Oxydation von VII u. Äquilibrieren mit Base erhaltene *Diketon* $C_{14}H_{22}O_2$ bzw. sein *β-Monosemicarbazon* erwiesen sich auf Grund der IR-Spektren u. Rotationsdispersionen (graph. Abb.) als Antipoden der entsprechenden bereits bekannten Verbindungen. I wird mit CrO_3 zur *Ketosäure* VIII oxydiert, deren Ozonisierung zu *1.1.10-Trimethyl-2.6-dioxo-trans-dekalin* führt. I könnte biogenet. aus Umbelliprenin gebildet werden.

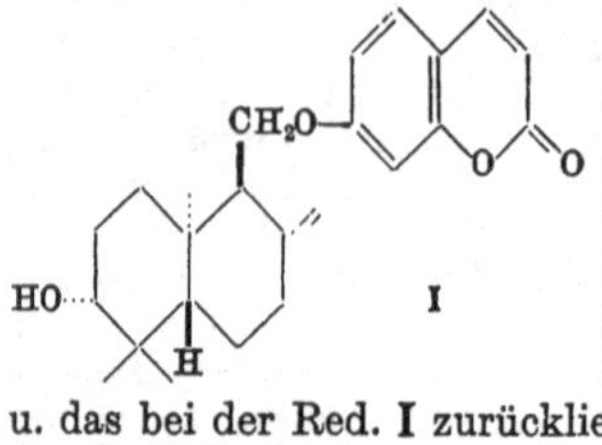

I

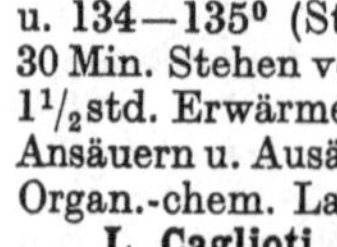

IV

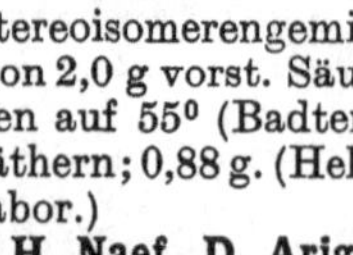

VII

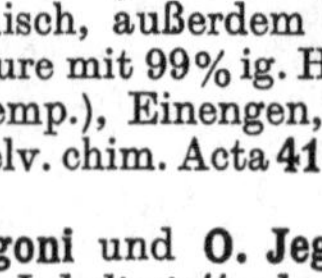

VIII

Versuche: *Farnesiferol C*, $C_{24}H_{30}O_4$, F. 83,5—84,5° (Ae.–Hexan), durch 72std. Stehen von 100 g Asa foetida mit Ae., 12std. Wasserdampfdest. des Neutralteils in Aceton, Chromatographie aus Bzl.-PAe. an Al_2O_3, $^1/_2$std. Kochen der Fraktionen 4—15 mit 3%ig. KOH in CH_3OH-W. (3:1), Ausäthern, Ansäuern der wss. Phase mit 2n H_2SO_4, Ausäthern u. Chromatographie; drüsenförmig angeordnete Nadeln; $[\alpha]_D$ —29,6° (c = 0,78 in Chlf.); 650 mg (Ausbeute). — *Farnesiferol B*, $C_{24}H_{30}O_4$, F. 112,5—113,5° (verd. A.), aus den Fraktionen 19—35; derbe Prismen, $[\alpha]_D$ +10° (c = 1,20 in Chlf.); 6,5 g. — *Farnesiferol A* (I), $C_{24}H_{30}O_4$, F. 155—155,5° (verd. A.), aus den Fraktionen 49—83; prismat. Nadeln, $[\alpha]_D$ —55° (c = 0,71 in Chlf.); 18,3 g. *Acetat*, $C_{26}H_{32}O_5$, F. 142—144° (verd. A.), kurze, derbe Nadeln, $[\alpha]_D$ —55° (c = 1,00 in Chlf.). — *Umbelliferon*, F. 228—230° (sublimiert im Hochvakuum bei 175°), durch 45 Min. Kochen von 1 g I in Eisessig in Ggw. von konz. H_2SO_4, Zugeben von W. u. Extrahieren mit Essigester; 872 mg. — *Keton* $C_{24}H_{28}O_4$ (II), F. 134—135° (CH_2Cl_2-Hexan), a) durch Zutropfen von Al-Isopropylat in Toluol zu 2 g I in Cyclohexanon-absol. Toluol bei 130° in 20 Min. unter Abdest. von Toluol, 4std. Kochen, Wasserdampfdest. in Ggw. von SEIGNETTE-Salz u. Extrahieren des Rückstandes mit Chlf.; Plättchen, $[\alpha]_D$ —43° (c = 0,98 in Chlf.); 1,67 g; b) mit CrO_3 aus 160 mg I nach KILIANI in 4 Min. bei Raumtemp.; 127 mg. 14std. Stehen von 300 mg II in 90%ig. wss. CH_3OH mit $NaBH_4$ → 220 mg I. — *1.2.5.6-Tetramethylnaphthalin*, $C_{14}H_{16}$, F. 112—113° (sublimiert im Vakuum bei 90—100°), a) durch 20std. Erhitzen von I mit grauem Se auf 300°, Extrahieren mit Hexan u. Chromatographie; Plättchen; b) analog aus 600 mg II; 21 mg. *1.3.5-Trinitrobenzolat*, F. 177—178°. — *1.5.6-Trimethylnaphthol-(2)*, F. 147° (sublimiert im Hochvakuum bei 110°), neben vorst. Verb. nach b); 4 mg. — *Epoxyd* $C_{24}H_{30}O_5$, F. 144—147° (CH_3OH), durch 3tägiges Stehen von I mit VI in Chlf.; $[\alpha]_D$ —45° (c = 1,1 in Chlf.). — *O-Acetyltetrahydrofarnesiferol A* (III), $C_{26}H_{36}O_5$, F. 120—121° (Ae.–PAe.), durch 7std. Hydrieren von I-Acetat in Eisessig über Pd-Kohle; $[\alpha]_D$ +14° (c = 0,78 in Chlf.). — *Diol* $C_{15}H_{28}O_2$ (IV), F. 183—185° (Ae.–PAe.; sublimiert im Hochvakuum bei 140°), a) durch 8std. Hydrieren von 300 mg I in Eisessig über PtO_2 u. 20 Min. Kochen mit 3%ig. methanol. KOH; $[\alpha]_D$ +29° (c = 0,82 in Chlf.); 85 mg; b) aus III. *Diacetat*, $C_{19}H_{32}O_4$, F. 117—119° (verd. CH_3OH; sublimiert im Hochvakuum bei 100°), $[\alpha]_D$ +11,6° (c = 1,30 in Chlf.). — *Ketosäure* $C_{15}H_{24}O_3$ (V), F. 94—95° (Ae.–PAe.), aus 52 mg IV mit KILIANI-Lsg. in 10 Min.; $[\alpha]_D$ +11,8° (c = 1,2 in Chlf.); 46 mg. *Methylester*, $C_{16}H_{26}O_3$, F. 80—81° (sublimiert im Hochvakuum), $[\alpha]_D$ +19° (c = 0,9 in Chlf.). — *Desoxosäure* $C_{15}H_{26}O_2$, F. 122—125° (verd. CH_3OH; sublimiert im Hochvakuum bei 100°), a) durch 24std. Kochen von 100 mg V mit amalgamiertem Zn in Toluol-Eisessig u. konz. HCl; $[\alpha]_D$ +42° (c = 1,10 in Chlf.); 103 mg; b) durch 1std. Kochen von 60 mg V in A. mit Diäthylenglykol u. $N_2H_4 \cdot H_2O$, Versetzen mit KOH, Abdest. von A. u. 3std. Erhitzen auf 190°; 41 mg. — *Hydroxysäure* $C_{15}H_{26}O_3$, F. 170—173° (Ae.–Hexan; sublimiert im Hochvakuum bei 150°), durch 2std. Kochen von 70 mg V mit $NaBH_4$ in Dioxan, Verdünnen mit W., Ansäuern mit verd. H_2SO_4 u. Ausäthern; $[\alpha]_D$ +47° (c = 0,83 in Chlf.); 41 mg. *Methylester*, $C_{16}H_{28}O_3$, F. 146—147° (verd. CH_3OH; sublimiert im Hochvakuum bei 100°), $[\alpha]_D$ +53° (c = 1,10 in Chlf.). *Acetat*, $C_{17}H_{28}O_4$, F. 142—143° (verd. CH_3OH), $[\alpha]_D$ +23° (c = 1,41 in Chlf.). — *O-Acetylmethylketon* $C_{18}H_{30}O_3$, F. 154—155° (Ae.–Hexan; sublimiert im Hochvakuum bei 130°), durch 10 Min. langes Kochen von 900 mg vorst. Acetats mit $SOCl_2$, Einengen, Lösen in Bzl., Zugeben zu $(CH_3)_2Cd$ in Bzl., 2std. Kochen u. Versetzen mit Eis; $[\alpha]_D$ —1,1° (c = 0,70 in Chlf.); 850 mg. — *Diol* $C_{14}H_{26}O_2$ (VII), F. 76—77° (Ae.–PAe.), durch 10tägiges Stehen von 100 mg vorst. Verb. mit VI in Chlf. bei 20° in Ggw. von p-Toluolsulfonsäure u. Kochen mit 5%ig. methanol. KOH; $[\alpha]_D$ —11° (c = 0,47 in Chlf.); 33 mg. — *Diketon* $C_{14}H_{22}O_2$, F. 42—43°, durch 5 Min. Stehen von 100 mg VII in Aceton mit KILIANI-Lsg. bei Raumtemp., $1^1/_2$ std. Erwärmen mit 5%ig. methanol.-wss. KOH auf dem Wasserbad u. Dest. im Hochvakuum; $[\alpha]_D$ +64° (c = 1,0 in Chlf.); 85 mg. *β-Monosemicarbazon*, $C_{15}H_{25}N_3O_2$, F. 204 bis 206° (verd. CH_3OH), $[\alpha]_D$ +53° (c = 0,78 in Chlf.). — *Ketosäure* $C_{15}H_{22}O_3$ (VIII), $C_{15}H_{22}O_3$, F. 179—180° (Ae.–Hexan; sublimiert im Hochvakuum bei 100°), durch Zutropfen von CrO_3 in W. zu I in Eisessig bei 50—116° ansteigend, 4std. Rühren bei Raumtemp., Gießen in W. u. Chromatographie des sauren Anteils an Silicagel; $[\alpha]_D$ —60° (c = 1,00 in Chlf.). — *1.1.10-Trimethyl-2.6-dioxo-trans-dekalin*, $C_{13}H_{20}O_2$, F. 119—120° (Ae.–Hexan; sublimiert im Hochvakuum bei 100°), durch Ozonisieren von VIII in CH_2Cl_2 bei —50°, Einengen u. Kochen mit W.; $[\alpha]_D$ +142° (c = 0,42 in Chlf.). — Die IR- u. UV-Maxima der meisten Verbb. sind angegeben. (Helv. chim. Acta **41**. 2278—92. 1/12. 1958.)

R. PASEDAG. 3600

G. Lowe, F. G. Torto und **B. C. L. Weedon**, *Untersuchungen in der Polyenreihe.* 53. Mitt. *Synthese von Pseudocumylanaloga von β-Jonon und Vitamin-A-säure.* (52. vgl. C. **1959**. 4161.) Bromierung von Pseudocumol (I) in konz. H_2SO_4 liefert neben der *Tribromverb.* (II) hauptsächlich *3-Brompseudocumol-5-sulfonsäure*, die glatt zu *3-Brom-*

pseudocumol hydrolysiert wird. Dessen GRIGNARD-*Verb.* gibt mit Orthoameisensäuretriäthylester *2.3.6-Trimethylbenzaldehyd*, der mit Aceton zu dem auch im Harn trächtiger Stuten vorkommenden β-Jononanalogen *4-[2.3.6-Trimethylphenyl]-buten-(3)-on-(2)* (**III**) kondensiert wird. Zum Vgl. wird aus 2.4.5-Trimethylbenzaldehyd das entsprechende III-*Analoge* dargestellt. **III** gibt bei der REFORMATSKI-Rk. mit Bromessigsäureäthylester, anschließender Dehydratisierung u. $LiAlH_4$-Red. des gebildeten *Esters 3-Methyl-4-[2.3.6-trimethylphenyl]-pentadien-(2.4)-ol-(1)*, der durch Oxydation zum entsprechenden *Aldehyd*, Kondensation mit Aceton, erneute REFORMATSKI-Rk. u. Veresterung in das *Pseudocumyl-(3)-analoge von Vitamin-A-säuremethylester* (**IV**) übergeführt wird. **IV** zeigt bei Vitamin-A (**V**)-Mangel im Rattentest mindestens 0,2% der wachstumsfördernden Aktivität von **V**. Der ster. Bau von methylierten Benzaldehyden u. der aus diesen synthetisierten **V**-Analogen sowie der der entsprechenden Zwischenprodd. wird an Hand der UV-Spektren diskutiert.

Versuche (FF. nach KOFLER [K] korr.): *3-Brompseudocumol*, $Kp._5$ 111—114,5°, $Kp._1$ 78—79°, $Kp._{0,8}$ 77—78°, a) aus I in konz. H_2SO_4 mit Br_2 bei 20° u. Wasserdampfdest. der in W. lösl. *3-Brompseudocumol-5-sulfonsäure* aus 80%ig. H_2SO_4 bei 175—180°; n_D^{23} 1,5550; 69% (Ausbeute), daneben 9% *Tribrompseudocumol* (II), F. 232°, aus wss. CH_3OH Nadeln; b) aus Pseudocumolsulfonsäure-(5) (**VII**) mit Br_2 in kalter wss. HCl (1:1); daneben 2% **I** u. *5-Brompseudocumol* (**VI**), F. 72°, aus wss. CH_3OH Tafeln; c) wie unter b), aber in n-HCl; 9%; d) wie unter b), aber in heißer verd. HCl (1:1); daneben 7.7% **I** u. **VI**; d) aus **VII** in A.-konz. HCl mit Br_2 in Chlf.-konz. HCl u. anschließende Hydrolyse; 9%; e) aus **VII** in wss. CH_3COOH mit Br_2 in CH_3COOH; geringe Ausbeute. — *2.4.5-Trimethylbenzaldehyd*, F. 45°, aus 25 g **I** mit HCN u. $AlCl_3$ in Tetrachloräthan unter Einleiten von HCl (15 Min. bei 20° u. 4 Std. bei 80°); 2 g. *2.4-Dinitrophenylhydrazon* (DNPH), $C_{16}H_{16}N_4O_4$, F. 223° (korr), aus CH_3COOH oder Essigester orangefarbene Prismen. *Semicarbazon*, $C_{11}H_{15}N_3O$, F. 244° (CH_3OH–Chlf.). *Oxim*, F. 112° (wss. A.). — *4-[2.4.5-Trimethylphenyl]-buten-(3)-on-(2)*, F. 45° (wss. CH_3OH u. n-Pentan), aus vorst. Aldehyd in wss. Aceton mit NaOH (über Nacht bei 20°); 47%. *Semicarbazon*, F. 222° (Zers.; Chlf.). *DNPH*, $C_{19}H_{20}N_4O_4$, F. 240°, aus A. Nadeln. *Oxim*, $C_{13}H_{17}NO$, F. 140° (Zers.; wss. CH_3OH). — *2.3.6-Trimethylbenzaldehyd*, $Kp._1$ 74°, aus 50 g 3-Brompseudocumol mit Hg u. C_2H_5 Br in Ae. (3 std. Kochen) u. Rk. mit Orthoameisensäuretriäthylester (5 std. Kochen); n_D^{26} 1,5430; 28,5 g. *Semicarbazon*, F. 166—167° (wss. A.). *Oxim*, F. 138° (wss. A.). *DNPH*, $C_{16}H_{16}N_4O_4$, F. 222—223° (korr.), aus wss. CH_3COOH oder Essigester rote Prismen. — *4-[2.3.6-Trimethylphenyl]-buten-(3)-on-(2)* (**III**), $C_{13}H_{16}O$, $Kp._{0,1}$ 97°, aus vorst. Verb. analog vorvorst. Verb.; n_D^{19} 1,5632; 21 g, daneben 1,2 g *1.5-Bis-[2.3.6-trimethylphenyl]-pentadien-(1.4)-on-(3)*, $C_{23}H_{26}O$, F. 152°, aus Essigester gelbe Nadeln. *Semicarbazon*, F. 215° (A.). *Phenylsemicarbazon*, F. 203—205° (A.). *DNPH*, $C_{19}H_{20}N_4O_4$, F. 154°, aus A. Nadeln. *Oxim*, $C_{13}H_{17}NO$, F. 106° (wss. A.). — *2-Methyl-4-[2.3.6-trimethylphenyl]-butadien-(1.3)-carbonsäure-(1)*, $C_{15}H_{18}O_2$, F. 172 bis 174° (K; Bzl.–PAe.), aus 740 mg Ester mit sd. methanol. KOH (3 Std.); 200 mg. *Äthylester*, $C_{17}H_{22}O_2$, $Kp._{10^{-5}}$ 85—95° (Bad), aus 31,2 g **III** u. $BrCH_2COOC_2H_5$ in Bzl. mit Zn-Wolle (½ std. Kochen) u. 5 std. Kochen des Prod. in Bzl. mit p-Toluolsulfonsäure unter azeotrop. Entfernen von W.; n_D^{21} 1,5750; 35,5 g. — *3-Methyl-4-[2.3.6-trimethylphenyl]-pentadien-(2.4)-ol-(1)*, $C_{15}H_{20}O$, $Kp._{10^{-5}}$ 95—115° (Bad), aus 40,8 g vorst. Äthylesters mit $LiAlH_4$ in Ae. bei —60° u. 1½ std. Rk. bei —30°; n_D^{19} 1,5816; 28 g. — *3-Methyl-4-[2.3.6-trimethylphenyl]-pentadien-(2.4)-al-(1)*, $C_{15}H_{18}O$, $Kp._{10^{-5}}$ 100—110° (Bad), aus 0,7 g vorst. Verb. in PAe. mit MnO_2 (96 Std. bei 20°); n_D^{21} 1,6090; 0,2 g (roh). *Semicarbazon*, $C_{16}H_{21}N_3O$, F. 176° (K; A.). — *6-Methyl-8-[2.3.6-trimethylphenyl]-octatrien-(3.5.7)-on-(2)*, aus 21,8 g vorvorst. Alkohol mit Al-tert.-Butylat in sd. Aceton–Bzl. (46 Std.), Zers. mit 2n H_2SO_4, Abtrennung mit GIRARD-Reagens T in A.–CH_3COOH (1 std. Kochen) u. Reinigung über das *Semicarbazon* [$C_{19}H_{25}N_3O$, F. 181—182° (K), aus A. gelbe Nadeln; 16,9 g]; nach Chromatographie an Al_2O_3 unbeständiges, viscoses, gelbes Harz; 4,5 g. — *2.6-Dimethyl-8-[2.3.6-trimethylphenyl]-octatetraen-(1.3.5.7)-carbonsäure-(1)*, $C_{20}H_{24}O_2$, F. 162—163° (K), aus 4,5 g vorst. Verb. u. Bromessigsäuremethylester mit Zn in sd. Bzl. (30 Min.), Zers., Dehydratisierung mit p-Toluolsulfonsäure, Chromatographie aus PAe. an Al_2O_3 u. Hydrolyse mit sd. 10%ig. methanol. KOH (2 Std.); aus CH_3OH gelbe Nadeln. *Methylester* (**IV**), $C_{21}H_{26}O_2$, F. 73—75° (K), nach Chromatographie an Al_2O_3 aus CH_3OH gelbe Nadeln. — Die UV-Absorptionsmaxima aller Verbb. sind angegeben. (J. chem. Soc. [London] **1958**. 1855—61. Mai. London, Imperial Coll. of Sci. and Technol., Dep. of Chem.)

K. LEHMSTEDT. 3800

Shōjirō Yurugi, *Untersuchungen über Thiamin und verwandte Verbindungen.* 80. Mitt. *Thermische Zersetzung von Thiaminderivaten vom Disulfidtyp.* 1. Mitt. *Isolie-*

rung und Bestimmung von Thiochrom, Thiaminthiazolon und Thiothiamin. (79. vgl. C. **1959.** 14737.) Die therm. Zers. von Thiaminderivv. vom Disulfidtyp gibt immer *Thiothiamin* {*2-Thioketo-3-[2-methyl-4-aminopyrimidyl-(5)-methyl]-4-methyl-5-(2-hydroxäthyl)-Δ^4-thiazolin* (I)}. Die Trennung von Thiochrom, Thiaminthiazolon {2-Keto-3-[2-methyl-4-aminopyrimidyl-(5)-methyl]-4-methyl-5-(2-hydroxäthyl)-Δ^4-thiazolin} u. I erfolgt durch Papierteilungschromatographie u. Messung der opt. Dichte des UV-Absorptionsspektrums.

Versuche: *Thiochrom*, durch 20 Min. langes Erhitzen von 0,5 g S-{2-[N-(2-Methyl-4-aminopyrimidyl-(5)-methyl)-formamido]-5-hydroxypenten-(2)-yl-(3)}-allyldisulfid oder von 0,5 g -benzyldisulfid (II) in 3 cm³ Cyclohexanol auf 150°; daneben entsteht bei der Darst. aus II *Thiaminthiazolon.* (J. pharmac. Soc. Japan [Yakugakuzasshi] **77.** 19—22. 25/1. 1957. Takeda Yakuhin-Kōgyō Kabushiki-Kaisha, Kenkyusho. [Orig.: japan.; Auszug: engl.]) F. MOSSNER. 3800

Shōjirō Yurugi, *Untersuchungen über Thiamin und verwandte Verbindungen.* 81. Mitt. *Thermische Zersetzung von Thiaminderivaten vom Disulfidtyp.* 2. Mitt. (80. bzw. 1. vgl. vorst. Ref.) 63,5 mg S-{2-[N-(2-Methyl-4-aminopyrimidyl-(5)-methyl)-formamido]-5-hydroxypenten-(2)-yl-(3)}-propyldisulfid, 58,5 mg -methyldisulfid, 61 mg -äthyldisulfid (III), 63 mg -allyldisulfid, 72 mg -benzyldisulfid, 63,8 mg -[2-hydroxyäthyl]-disulfid (II) u. 50 mg *Bis-{2-[N-(2-methyl-4-aminopyrimidyl-(5)-methyl)-formamido]-5-hydroxypenten-(2)-yl-(3)}-disulfid* (I) werden in 1 ml Isobutanol 2 Std. auf 120° erhitzt u. nach dem Abkühlen mit je 2 cm³ Eisessig u. Isobutanol versetzt; 0,005 cm³ dieser Lsgg. werden mittels Mikropipette auf TŌYŌ-Filterpapier Nr. 51 gebracht u. mit Butanol/Eisessig/W. (4:1:5) entwickelt. Mit Ausnahme von **I**, das bei der therm. Zers. 18% *Thiochrom* (**IV**) u. 38% *Thiaminthiazolon* (**V**, vgl. vorst. Ref.) gibt, u. **II**, das 6% **IV** u. 58% **V** gibt, entsteht bei der therm. Zers. der genannten Verbb. ca. 40% **IV** u. ca. 7% **V**. Durch 6std. Kochen von 0,5 g I in 10 cm³ Isobutanol entsteht eine *Verb. vom F. 132°* (Zers.), R_F 0,7, die bei 323 mμ absorbiert. 2 g **III** geben wie vorst. fluorescierendes *Vitachrom* (*Bis-[4-methyl-5-(2-hydroxyäthyl)-thiazolyl-(2)]*), $C_{12}H_{16}N_2O_2S_2$, F. 184°, das auch durch 4std. Erhitzen (120°) von 1 g Rubeanwasserstoff u. 3,5 g 3-Acetyl-3-chlorpropanol u. Extraktion mit W. (R_F 0,85) mit 0,15 g Ausbeute dargestellt werden kann. (J. pharmac. Soc. Japan [Yakugakuzasshi] **77.** 22—26. 25/1. 1957. [Orig.: japan.; Auszug: engl.]) F. MOSSNER. 3800

Shōjirō Yurugi, *Untersuchungen über Thiamin und verwandte Verbindungen.* 82. Mitt. *Thermische Zersetzung von Thiaminderivaten vom Disulfidtyp.* 3. Mitt. *Die Wirkung des Zusatzes von schwefelhaltigen Verbindungen.* (81. bzw. 2. vgl. vorst. Ref.) Nach Zusatz von Äthylmercaptan, Diäthyldisulfid (**II**), Diäthyltetrasulfid (**III**) oder Bis-[2-hydroxyäthyl]-disulfid (**IV**) zu 50 mg *Bis-{2-[N-(2-methyl-4-aminopyrimidyl-(5)-methyl)-formamido]-5-hydroxypenten-(2)-yl-(3)}-disulfid* (**I**), 63,5 mg *S-{2-[N-(2-Methyl-4-aminopyrimidyl-(5)-methyl)-formamido]-5-hydroxypenten-(2)-yl-(3)}-propyldisulfid* oder 63,8 mg *-[2-hydroxyäthyl]-disulfid* in 1 cm³ Isobutanol wird 2 Std. (bei Zusatz von S 5 Std.) auf 120° erhitzt. Zusatz von C_2H_5SH zu den 3 Verbb. vermindert die Bldg. von *Thiochrom* (**V**) u. *Thiaminthiazolon* (**VI**, vgl. vorvorst. Ref.); die Ausbeute an *Thiothiamin* (**VII**, vgl. vorvorst. Ref.) nimmt geringfügig zu. **II**-Zusatz vermehrt **V** u. **VII** u. vermindert **VI**. **III**-Zusatz vermindert **VI** u. vermehrt **VII**. **IV**-Zusatz vermehrt **VI** u. **VII** u. vermindert **V**. S-Zusatz führte nur zu **VII** (78%). Bei Zusatz von 100 mg Butyldisulfid zu 50 mg I in 1 cm³ Isobutanol beim Erhitzen auf 120° entsteht *S-{2-[N-(2-Methyl-4-aminopyrimidyl-(5)-methyl)-formamido]-5-hydroxypenten-(2)-yl-(3)}-butyldisulfid.* (J. pharmac. Soc. Japan [Yakugakuzasshi] **77.** 26—30. 25/1. 1957. [Orig.: japan.; Auszug: engl.]) F. MOSSNER. 3800

Masatoshi Nagawa, *Zur Darstellung des Chloramphenicols nach der Methode der C. F. Boehringer & Soehne G. m. b. H.* 22. Mitt. *Zusatz von l-threo-1-[p-Nitrophenyl]-2-aminopropandiol-(1.3) und Benzaldehyd bei der Reaktion zwischen der Benzaldehyd-Schiff-Base und Dichloressigsäuremethylester.* (21. vgl. C. **1959.** 141.) Werden *l*-threo-1-[p-Nitrophenyl]-2-aminopropandiol-(1.3) (**I**) u. Benzaldehyd (**II**) bei der Chloramphenicoldarst. zur reagierenden Mischung aus *l*-threo-1-[p-Nitrophenyl]-2-benzalaminopropandiol-(1.3) (**III**) u. Dichloressigsäuremethylester (**IV**) am Anfang der Rk. zugesetzt, so wird nach ¼std. Rk. eine kleinere Menge **III** zurückgewonnen als bei einem Vers., bei dem **I** u. **II** nicht zugesetzt werden. Wenn **III** u. **IV** 10 Min. auf dem sd. Wasserbad erwärmt, dann **I** u. **II** zugegeben werden u. die Mischung noch weitere 5 Min. erwärmt wird, wird mehr **III** zurückgewonnen. Nach ca. 10 Min. existiert also im Reaktionsgemisch vermutlich freies **I**, das mit **II** **III** bilden kann. Am Anfang der Rk. zugesetztes **II** bildet jedoch durch Rk. mit **III** *1-Aza-2.8-diphenyl-4-[p-nitrophenyl]-3.7-dioxabicyclo-*

[3.3.0]-octan. (Annu. Rep. Takamine Lab. **10.** 24–27. Dez. 1958. Tôkyô-Sinagawa, Takamine-Kenkyûzyo. [Orig.: japan.; Auszug: engl.]) E. MAEKAWA. 3900

H. Brockmann und **H. Muxfeldt,** *Die Konstitution des Despeptidoactinomycins.* Vorl. Mitt. zu der C. **1959.** 1145 referierten Arbeit. (Angew. Chem. **67.** 617–18. 7/10. 1955.) I. SPAETH. 3900

W. Keller-Schierlein, M. Lj. Mihailović und **V. Prelog,** *Stoffwechselprodukte von Actinomyceten.* 15. Mitt. *Über die Konstitution von Echinomycin.* (14. vgl. C. **1959.** 11585.) Auf Grund neuer S- u. Mol.-Gew.-Bestimmungen wird die für *Echinomycin* (I) früher angegebene Summenformel (vgl. C. **1958.** 14062 u. 14063) in $C_{50}H_{60}N_{12}O_{12}S_2$ geändert. I ergibt bei saurer Hydrolyse 2 Mol *D-Serin* (II), 2 Mol *D-Alanin* (III), 2 Mol *D-N-Methylvalin* (IV) u. 2 Mol *Methylamin* (V), bei saurer Hydrolyse unter milderen Bedingungen *Chinoxalin-2-carbonsäure* (VI), bei Hydrolyse mit Hydrazin **VI**-*Hydrazid* u. bei saurer Hydrolyse nach vorangegangener Red. mit $LiBH_4$ **II, III** u. *D-N-Methylvalinol,* jedoch kein **IV**. Milde alkal. Hydrolyse von I ergibt in einer Eliminierungs-Rk. die mit I isomere *Echinomycinsäure* (**VII**; $C_{50}H_{60}N_{12}O_{12}S_2$), deren IR-Spektr. in KBr angegeben ist. Saure Hydrolyse von **VII** liefert **III, IV, V,** NH_3 u. *Brenztraubensäure,* jedoch kein **II**. I läßt sich mit RANEY-Ni zu einem Gemisch mehrerer *Desthioechinomycine* (**VIII**) entschwefeln, die alle durch saure Hydrolyse **II, III, IV** u. *D-N-Methylalanin* (**IX**) ergeben. Partialhydrolyse von **VIII** führt zu Peptiden, aus deren Totalhydrolyse, teilweise nach vorheriger Umsetzung mit 2.4-Dinitrofluorbenzol, für **VIII** die Aminosäuresequenz **II–III–IX–IV** abgeleitet werden kann. Aus diesen Befunden wird für **I** die angegebene Struktur eines Cyclopolypeptiddilactons abgeleitet.

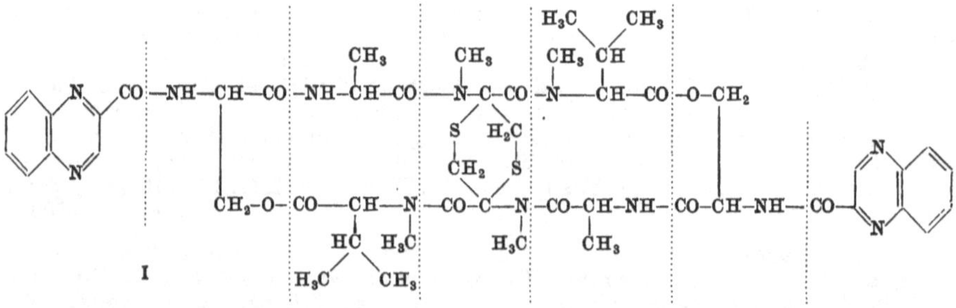

I

Versuche (FF. korr.): *Chinoxalin-2-carbonsäure* (**VI**), durch 4tägiges Stehen von 54 mg I [$C_{50}H_{60}N_{12}O_{12}S_2$] bei 37°; 13,5 mg (Ausbeute). *Methylester,* F. 113°. *Hydrazid* $C_9H_8N_4O$, F. 213,5°, durch 5std. Kochen von 360 mg I mit Hydrazinhydrat in absol. A.; gelbe Nadeln aus Methanol; 42 mg. Hydrolyse von 627 mg I mit 6n HCl (14 Std. bei 105°) gibt *Methylamin* (**V**)-*hydrochlorid* mit Phenylisothiocyanat identifiziert als *N-Methyl-N'-phenylthioharnstoff,* $C_8H_{10}N_2S$, F. 113° (A.)]. Hydrolyse von 315 mg I mit NaOH durch 8std. Kochen gibt 10 mg **V** u. 13,3 mg *Ammoniumchlorid* [identifiziert als *Phenylthioharnstoff,* $C_7H_8N_2S$, F. 154° (wss. A.)]. *L-N-Methylcysteinsäure* (**X**), a) durch 12std. Red. von I mit $LiBH_4$ in Tetrahydrofuran unter N_2 bei Zimmertemp., Oxydation mit Perameisensäure u. Hydrolyse mit 6n HCl; daneben **II, III** u. *D-N-Methylvalinol*; b) durch Red. von I mit Na in fl. NH_3, Perameisensäureoxydation u. Hydrolyse; daneben **II, III** u. **IV**. – *Echinomycinsäure* (**VII**), $C_{50}H_{60}N_{12}O_{12}S_2$, aus 2,17 g I mit 0,04n NaOH in 90%ig. wss. Methanol, 2 Std. bei 38° u. 2 Std. bei 30°, Gegenstromverteilung im Syst. Chlf./Pufferlsg. p_H 7, Ansäuern u. Extraktion mit Chlf.; $[\alpha]_D$ –178° (*Dihydrat,* c = 1,062 in Chlf.); 1,4 g. Quantitative Aminosäurebest. gibt 2,0 Mol **III** u. 1,9 Mol **IV**. Acetylierung mit Acetanhydrid/Pyridin (12 Std. bei 155°) u. Hydrolyse mit 6n HCl (15 Std. bei 110°) liefert nur **III**. 3 Std. Acetylierung u. Hydrolyse gibt neben **III** Spuren von **IV**. Hydrolyse mit 6n HCl (12 Std. bei 110°) liefert *Brenztraubensäure* (identifiziert als *2.4-Dinitrophenylhydrazon*). Hydrolyse mit 6n HCl (14 Std. bei 105°) gibt **V** u. NH_3. – *Desthioechinomycin* (*Gemisch*; **VIII**), aus 2,80 g I durch dreimalige Entschweflung mit RANEY-Ni W-2 in A./W.; 1,44 g. Durch 40std. Partialhydrolyse mit konz. HCl bei 20° entstehen **II, II-III, III, II-III-IX, II-III-IX-IV, IX** u. **IV**; 72std. Partialhydrolyse mit konz. HCl bei 37° liefert **II, II-III, III, III-IX, IX, III-IX-IV** u. **IV**. Gegenstromverteilung von 1,44 g **VIII** im Syst. CCl_4/Chlf./Methanol/W. (3 : 2 : 4 : 1) gibt 66 mg einer *Fraktion vom F. 186,5–190,5°* (Zers.), blaßgelbes Pulver aus Chlf./Ae., λ_{max} 291 mμ (log $E^{1\%}_{1cm}$ 1,85; 1% in A.); 287 mg einer *Fraktion vom F. 193–204°* (Zers.), gelbliches Pulver aus Chlf./Ae., λ_{max} 294 mμ (1,80), 308 (1,82); 264 mg einer *Fraktion vom F. 195–209°* (Zers.), gelbliches Pulver aus Chlf./Ae., λ_{max} 217 mμ (2,72), 307 (1,83) u. 128 mg einer *Fraktion vom F. 167—173°* (Zers.), blaßgelb, λ_{max} 243 mμ (2,32), 2,91 (1,90). Alle Fraktionen ergeben bei saurer Hydrolyse **II**, **III**, **IV** u. **IX**. — *L-N-Methylalanin* (**IX**), $C_4H_9NO_2$, F. 282°, durch 20std. Erhitzen von 2,30 g **VIII** mit 6n HCl auf 110°, Chromatographie an Cellulose u. fraktionierte Elution mit 90%ig. Isopropanol; $[\alpha]_D$ +10° (c = 2,248 in 6n HCl); 260 mg. *2.4-Dinitrophenylderiv.*, $C_{10}H_{11}N_3O_6$, F. 106,5—108,5° (Zers.); gelbe Nadeln aus Ae./Hexan/Spur Methanol, $[\alpha]_D$ +66° (c = 2,134 in Chlf.). Daneben 481 mg *L-N-Methylvalin* (**IV**), $C_6H_{13}NO_2$, F. 285,5°; $[\alpha]_D$ +35° (c = 1,441 in 6n HCl); 350 mg *L-Alanin* (**III**) u. 350 mg *D-Serin* (**II**). — *DL-N-Methylalanin*, $C_4H_9NO_2$, aus α-Brompropionsäure u. 40%ig. wss. **V**. *2.4-Dinitrophenylderiv.*, $C_{10}H_{11}N_3O_6$, F. 156,5 bis 158°, goldgelbe Nadeln aus verd. Methanol oder Äthylacetat/Ae./Hexan. — *DL-N-Methylvalinol*, Kp.$_{12,5}$ 90—92°, aus 1,31 g DL-N-Methylvalin mit $LiAlH_4$ in Tetrahydrofuran; 73%. *Saures Oxalat*, $C_8H_{17}NO_5$, F. 117,5—118,5° (Methanol/Ae.). *2.4-Dinitrophenylderivat*, $C_{12}H_{17}N_3O_5$, F. 94—95° (Methanol), lichtempfindlich. — *L-Thiazolidincarbonsäure-(4)*, F. 196—198°, aus L-Cysteinhydrochlorid u. HCHO; 80%. — *L-N.N'-Dimethylcystin*, $C_8H_{16}N_2O_4S_2$, F. 217—219° (Zers.), aus vorst. Verb. mit Na in fl. NH_3; feine Nädelchen aus 50%ig. A., $[\alpha]_D$ +78° (c = 0,778 in n-HCl); 67%. — *L-N-Methylcysteinsäure* (**X**), *Monohydrat*, $C_4H_9NO_5S \cdot H_2O$, F. 228—229° (Zers.), aus vorst. Verb. mit Br_2 in HCl; Nadeln aus 60%ig. A., $[\alpha]_D$ +4,26° (c = 5,216 in W.); 82%. (Helv. chim. Acta **42**. 305—22. 2/2. 1959. Zürich, ETH, Organ.-chem. Labor.)

G. SCHMIDT-KASTNER. 3900

L. Ettlinger, E. Gäumann, R. Hütter, W. Keller-Schierlein, F. Kradolfer, L. Neipp, V. Prelog und **H. Zähner**, *Stoffwechselprodukte von Actinomyceten.* 17. Mitt. *Holomycin.* (15. vgl. vorst.Ref.) Aus dem Kulturfiltrat des Streptomyces Stamm ETH 17474 wurde ein neues, gelbes, lipophiles, neutrales, *Holomycin* (**I**) genanntes Antibioticum isoliert, das nach UV-Spektr. u. Summenformel ($C_7H_6N_2O_2S_2$) dem Antibioticum Thiolutin (**II**, $C_8H_8N_2O_2S_2$) sehr ähnlich ist. Durch saure Hydrolyse von **I** wird unter Abspaltung von Essigsäure *Holothin* (**III**) erhalten, das dem unter gleichen Reaktionsbedingungen aus **II** gewonnenen Pyrrothin (**IV**) ähnlich ist. Acetylierung von **III** ergibt **I**, entsprechend der bekannten Acetylierung von **IV** zu **II** (vgl. C. **1957**. 11962), Acylierung von **III** mit Propionsäureanhydrid das I-Homologe *Propionylholothin* (**V**), mit Buttersäureanhydrid *Butyrylholothin* (**VI**). Entschweflung von **I** mit RANEY-Ni führt zu *Hexahydrodesthioholomycin* (**VII**), das mit synthet. *3-Acetylamino-5-methylpyrrolidon* ident. ist. Aus vorst. Abbau, aus analyt. u. spektroskop. Daten sowie aus der Analogie zu **II** konnte für **I** die Formel eines *Des-N-methylthiolutins*, für **III** die eines *Des-N-methylpyrrothins* abgeleitet werden. Die Wachstumshemmung einer Reihe von Organismen durch **I** in vitro sind angegeben. **III**-Hydrochlorid, **V** u. **VI** zeigen im Vgl. zu **I** eine verminderte antibiot. Wirkung. Die UV-Spektren von **I**, **II** u. **III**-Hydrochlorid in A. im Bereich 220—440 mμ sowie die IR-Spektren von **I**, **III**-Hydrochlorid, **V**, **VI** u. **VII** in KBr sind angegeben.

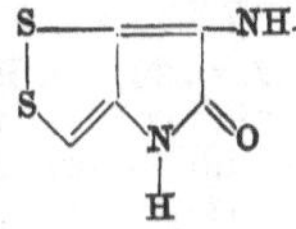

I

V e r s u c h e (FF. korr.): *Holomycin* (**I**), $C_7H_6N_2O_2S_2$, F. 264—271° (Zers.), a) durch Kultivierung des Streptomyces Stamm ETH 17474, 18—24 Std. im Submersfermenter bei 27° auf Nährlsg. der Zus. 0,3% Fleischextrakt, 0,5% Pepton, 1% Rohglucose, 0,5% NaCl, 1% $CaCO_3$, Abtrennung des Mycels, Extraktion des Kulturfiltrates (8500 Liter) mit Essigester, Konzentrierung im Vakuum (380 g dunkelbraunes, zähes Öl), Adsorption des Rückstandes Al_2O_3, Abtrennung inakt. brauner Verunreinigungen durch Waschen mit absol. Chlf. u. mit Chlf./Methanol (99 : 1), Elution mit Chlf./Methanol (97 : 3), Eindampfen im Vakuum (15 g zähes, gelbbraunes Öl), Aufnehmen in Essigester, Stehen bei 0°, Abtrennung des orangegelben, krist. Nd. (2,90 g) u. dreimalige Kristallisation aus Methanol/Essigester; b) aus **III**-Hydrochlorid mit Acetanhydrid; glänzende, orangegelbe, rautenförmige Blättchen. — *Holothin* (**III**), *Hydrochlorid*, $C_5H_5ClN_2OS_2$, aus **I** mit konz. HCl in Dioxan, 45 Min. bei 100°; olivgrüne, metall. schimmernde Blättchen aus 2n HCl; 72% (Ausbeute). — *Propionylholothin* (**V**), $C_8H_8N_2O_2S_2$, F. 250—260° (Zers.), aus **III**-Hydrochlorid mit Propionsäureanhydrid; orangegelbe Blättchen aus Methanol/Essigester. — *Butyrylholothin* (**VI**), $C_9H_{10}N_2O_2S_2$, F. 215—218°, aus **III**-Hydrochlorid mit Buttersäureanhydrid; orangegelbe, rautenförmige Blättchen aus Methanol. — *Hexahydrodesthioholomycin* (**VII**), $C_7H_{12}N_2O_2$, F. 188—189°, a) durch 2std. Kochen von 206 mg **I** mit RANEY-Ni in A. u. Adsorption an Kieselgel; 25 mg; b) aus 1,175 g **VIII** durch Dest. bei 200°/12 Torr in Ansätzen zu je 170 mg; Nadeln aus Aceton; 348 mg. — *α-Acetylaminoacetonylmalonsäure*, F. 124—125°, durch ½std. Kochen von 5,0 g α-Acetylaminoacetonylmalonsäurediäthylester mit 5n-wss. NaOH in A.; 3,5 g. — *α-Acetylaminolävulinsäure*, $C_7H_{11}NO_4$, F. 125—127° (Essigester), aus 8 g vorst. Verb. durch Erhitzen im Ölbad auf ca. 160°; 5,45 g. — *α-Acetylamino-γ-aminovaleriansäure* (**VIII**), $C_7H_{14}N_2O_3$,

F. 223,5—224,5° (W./A./Aceton), aus 2,5 g vorst. Verb. durch 24std. Hydrierung über Pd in A./konz. NH_3; 1,6 g. *2.4-Dinitrophenylderiv.*, $C_{13}H_{16}N_4O_7$, F. 224—226° (Aceton/PAe.), durch 3std. Umsetzung mit 2.4-Dinitrofluorbenzol in A./wss. $NaHSO_3$ bei Zimmertemperatur. (Helv. chim. Acta **42**. 563—69. 16/3. 1959. Basel, Ciba Akt.-Ges., Pharmazeut. Abt.; Zürich, ETH, Inst. für spez. Botanik u. Organ.-chem. Labor.)
G. SCHMIDT-KASTNER. 3900

M. J. Cron, O. B. Fardig, D. L. Johnson, H. Schmitz, D. F. Whitehead, I. R. Hooper und **R. U. Lemieux,** *Kanamycin.* 2. Mitt. *Die Hexosamineinheiten.* (1. vgl. J. Amer. chem. Soc. **80**. [1958.] 752.) Hydrolyse von *Kanamycin* (I) mit sd. 4n HCl (15 Min.) liefert 3 ninhydrinpositive, papierchromatograph. (n-Butanol–Essigsäure–W., 4 : 1 : 5) trennbare Hauptkomponenten. Das eingeengte Hydrolysat gibt bei der A.-Fällung unreines *2-Desoxystreptamin* (II)-*Dihydrochlorid*, R_F 0,02, die konz. Mutterlauge nach Chromatographie an Dowex-50 (0,7n HCl) *6-Desoxy-6-amino-β-D-glucose* (III)-*Hydrochlorid*, $C_6H_{13}\cdot NO_5\cdot HCl$, Zers. bei 161—162°, $[\alpha]_D^{25}$ 23,0° → 50,1° (in 21 Std.; c = 1,0 in W.); III-*Pentaacetat* (IV), $C_{16}H_{23}NO_{10}$, F. 114—120°, $[\alpha]_D^{25}$ 9,9° (c = 0,8 in Chlf.). IV ist nach dem protonenmagnet. Resonanzspektr. eine geradkettige Aldose mit gluco-Konfiguration, Anomerisierung in Acetanhydrid–Essigsäure mit $HClO_4$ gibt das *α-Anomere*, F. 141 bis 142°, $[\alpha]_D^{23}$ 92,6° (c = 0,4 in Chlf.). Die Mutterlauge von III liefert bei weiterem Einengen, Fällen mit Ae.–A. u. Acetylierung das *Pentaacetat* [V, $C_{16}H_{23}NO_{10}$, F. 206—207°, $[\alpha]_D^{25}$ 8,1° (c = 0,8 in Chlf.)] eines weiteren Hexosamins, „*Kanosamin*" (VI). O-Entacetylierung von IV u. V an Amberlite IR 410 (OH^-) gibt *N-Acetyl*-III (VII), F. 196—198° (Zers.), $[\alpha]_D^{25}$ 44,0° → 34,9° (in 22 Std.; c = 1,0 in W.) bzw. *N-Acetyl*-VI, $C_8H_{15}NO_6$, F. 199—202° (Zers.), $[\alpha]_D^{25}$ 43° (c = 1,0 in W.). III u. VII verbrauchen 4 Mol JO_4^- unter Bldg. von 3 Mol HCOOH. Desaminierung von Tetra-O-acetyl-III u. Reacetylierung gibt *α-D-Glucopyranosepentaacetat.* I besteht hiernach aus II, III u. VI. (J. Amer. chem. Soc. **80**. 2342. 5/5. 1958. Syracuse, N. Y., Bristol Labors., Res. Dep.; Ottawa, Univ., Dep. of Chem.)
K. MAIER. 3900

M. J. Cron, O. B. Fardig, D. L. Johnson, D. F. Whitehead, I. R. Hooper und **R. U. Lemieux,** *Kanamycin.* 4. Mitt. *Die Struktur von Kanamycin.* (3. vgl. C. **1959**. 7487; 2. vgl. vorst. Ref.) Das N-Acetylderiv. von *Kanosamin* (I) verbraucht 1 Mol $NaJO_4$ (ungepuffert) unter Bldg. von 1 Mol HCOOH bzw. 6,2 Mol JO_4^- bei p_H 7 unter Bldg. von 2,8 Mol HCOOH u. 0,7 Mol CH_2O. Aus Tetra-N-acetylkanamycin entstehen mit 2 Mol $NaJO_4$ (p_H 2,5) 1 Mol HCOOH u. kein CH_2O, papierchromatograph. werden im hydrolysierten Reaktionsgemisch (mit Butanol–Pyridin–W.–Essigsäure, 6 : 4 : 3 : 1) I, *2-Desoxystreptosamin* (II) u. eine Verb. mit R_F 0,14 identifiziert. Danach ist I eine 3-Desoxy-3-aminoaldohexose. Entaminierung von rohem O-Acetyl-I mit HNO_2 u. Reacetylierung liefert *α-D-Glucopyranosepentaacetat.* Nach Hydrolyse von *Kanamycin* (III)-Base mit sd. 2n HCl (2 Std.) werden papierchromatograph. zwischen unverändertem III u. II 2 Fraktionen erhalten, deren Hydrolyse II u. I bzw. II u. 6-Glucosamin (IV) gaben. Bei p_H 4—5 verbrauchte III-Base 6 Mol $NaJO_4$, das Hydrolysat des Gemisches enthält II, jedoch weder I noch IV. (J. Amer. chem. Soc. **80**. 4115. 5/8. 1958.)
K. MAIER. 3900

M. J. Cron, D. L. Evans, F. M. Palermiti, D. F. Whitehead, I. R. Hooper, Paul Chu und **R. U. Lemieux,** *Kanamycin.* 5. Mitt. *Die Struktur von Kanosamin.* (4. vgl. vorst. Ref.) Das N-Acetylderiv. von *Kanosamin* (I) gibt beim Kochen mit methanol. HCl u. Acetylieren *Methylkanosaminidtetraacetat*, $C_{15}H_{23}\cdot NO_9$, F. 172,5—173° (A.), $[\alpha]_D$ +105,5° (c=0,5 in Chlf.), das mit *Methyl-3-amino-3-desoxy-α-D-glucopyranosidtetraacetat* ident. ist. I ist demnach *3-Amino-3-desoxy-D-glucose* (*3-D-Glucosamin*). I-*Pentaacetat* ist mit *3-β-D-Glucosaminpentaacetat* identisch. Danach u. auf Grund des IR-Spektr. u. der opt. Drehung hat *Kanamycin* (II) die angegebene Konst., wobei die Art der Verknüpfung in 4(6)- u. 6(4)-Stellung mit dem all-trans-2-Desoxystreptamin ungeklärt ist. (J. Amer. chem. Soc. **80**. 4741—42. 5/9. 1958.)

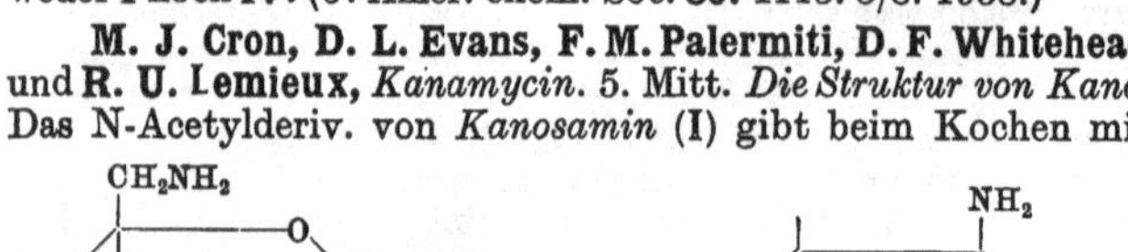

II

K. MAIER. 3900

I. I. Bardyschew, A. G. Ssokolow und **O. I. Tschernjajewa,** *Gewinnung von reiner Dextropimarsäure aus dem Harz der P. silvestris.* Aus dem Harz der *P. silvestris* erhält man ein Gemisch krist. Harzsäuren, indem man das Harz mit Leichtbenzin verreibt u. aus Aceton umkrist. (F. 139,5—143°). Die Säuren werden durch Behandeln mit 1,5%ig. NaOH (2% Überschuß) bei 40° u. fraktionierter Kristallisation aus heißem W. in die *Na-Salze* übergeführt. Die zuerst ausfallenden Fraktionen sind mit *Dextropimarsäure* angereichert, die über das *Bornylamindextropimarat* gereinigt wird: F. 219° (A.); $[\alpha]_D$ +82,5° (1%ig. Lsg. in absol. A.). (Журнал Прикладной Химии [J. angew. Chem.] **31.** 609–13. April 1958.) H. KÜHNE. 3950

I. I. Bardyschew und **Ch. A. Tschertschess,** *Neoabietinsäure — eine Säure aus dem Harz der gewöhnlichen Fichte (Picea excelsa Link). Neoabietinsäure* (I) wird aus dem Harz der Fichte *Picea excelsa Link* auf folgendem Wege isoliert: Das Harz wird zunächst mit 1,5%ig. NaOH bei 40° behandelt, die ätherlösl. Neutralstoffe werden mit Ae. extrahiert u. die Na-Salze mit 1%ig. Essigsäure zersetzt. Zur Entfernung von Lävopimarsäure wird das Harzsäuregemisch mit Maleinsäureanhydrid behandelt. Das verbleibende Säuregemisch wird durch fraktionierte Kristallisation der *Äthanolaminsalze* getrennt. Nach Überführung des I-Äthanolaminsalzes in das I-*Diäthylaminsalz* (F. 142 bis 146°; $[\alpha]_D$ +104°) erhält man durch Zers. des letzteren reine I, $C_{20}H_{30}O_2$, F. 172–175° (A.); $[\alpha]_D$ +174°; λ_{max} 250 mμ. (Журнал Прикладной Химии [J. angew. Chem.] **31.** 1276–77. Aug. 1958.) H. KÜHNE. 3950

P. T. Gilham und **H. G. Khorana,** *Untersuchungen über Polynucleotide.* 1. Mitt. *Eine neue allgemeine Synthese für $C_{(3')}$—$C_{(5')}$-Bindungen zwischen Nucleotiden. Synthese von Desoxyribonucleotiden.* Eine neue Meth. ermöglicht eine spezif. Synth. von *Dinucleotiden* mit der natürlichen $C_{(3')}$—$C_{(5')}$-Bindung zwischen den Nucleosiden. Die Rk. zwischen den speziellen Desoxyribonucleotid (**X**)-Derivv. bzw. den **X**-Derivv. u. Desoxyribonucleosid (**XI**)-Derivv. findet in Ggw. von phosphorsäuremonoesteraktivierendem p-Toluolsulfochlorid oder Dicyclohexylcarbodiimid (DCC) statt. *Dinucleotide* können auf 2 Wegen erhalten werden. Entsprechend substituierte Dinucleotidphosphate werden zu Dinucleotiden mit 5'- oder 3'-Phosphatendgruppe phosphoryliert, je nach dem, welche Hydroxylgruppe der Desoxyriboside vorher blockiert wurde. Aus Mononucleotidderivv., von denen eines eine geschützte Phosphatgruppe trägt, z. B. 5'-O-Dibenzylphosphorylthymidin (**IX**), werden mit 3'-O-Acetylthymidin-5'-phosphat (V) in Ggw. von DCC umgesetzt. *Dinucleosidphosphate* werden aus 3'-O-acetylierten **XI**-5'-Phosphaten u. dem in 5'-Stellung blockierten **XI**, *5'-O-Tritylthymidin* (I) oder *5'-O-Acetylthymidin* (III) in wasserfreiem Pyridin in Ggw. von DCC hergestellt. Die Tritylgruppe wird durch milde Säurehydrolyse (80%ig. Essigsäure, 2 Tage bei Raumtemp.) abgespalten, u. die Reaktionsprodd. werden durch Papierchromatographie getrennt. Die glykosid. Bindung in *Purindesoxyribonucleotiden* ist sehr labil, so daß sie bei der Hydrolyse der Tritylgruppe zerstört wird. Daher wurde N.$O_{(3')}$-Diacetyldesoxyadenosin-(5')-phosphat (IV) in Ggw. von DCC mit **III** umgesetzt u. nach alkal. Hydrolyse *Desoxyadenylyl-(5' → 3')-thymidin* in 50%ig. Ausbeute erhalten. Die synthetisierten Verbb. wurden zur Strukturaufklärung mit rohem Schlangengift von *Crotalus adamenteus,* der gereinigten Diesterasefraktion, Phosphomonoesterase aus Prostata (ohne Diesteraseaktivität) u. Phosphodiesterase aus Kalbsmilz spezif. abgebaut bzw. mit Säure hydrolysiert.

Versuche: *5'-O-Tritylthymidin* (I), F. 158–160°, aus 456 mg Thymidin durch Behandeln mit 536 mg Tritylchlorid in Pyridin nach LEVENE u. TIPSON (J. biol. Chemistry **109.** [1935.] 623), 1wöchiges Stehen bei Raumtemp., Eintropfen in W., Umkristallisieren aus Bzl. u. 7std. Erhitzen des *Komplexes mit 1 Mol Bzl.* ($C_{29}H_{28}N_2O_5 \cdot C_6H_6$, F. ca. 160°, erweicht bei 115–125°; Nadeln) auf 118° im Vakuum; 0,79 g (Ausbeute). — *3'.5'-Di-O-acetylthymidin,* F. 126–127°, aus Thymidin in wasserfreiem Pyridin u. Essigsäureanhydrid durch 24std. Stehen, Eindampfen, Lösen in CH_2Cl_2, Chromatographie an Kieselsäure u. Eluieren mit Chlf.; aus Bzl. Prismen; 33%. — *5'-O-Acetylthymidin* (III), F. 150°, aus vorst. Chromatogramm durch Eluieren mit 2% CH_3OH enthaltendem Chlf.; aus Essigester Nadeln. — *3'-O-Acetylthymidin-5'-phosphat* (V), *N.$O_{(3')}$-Diacetylcytosindesoxyribosid-5'-phosphat* u. *N.$O_{(3')}$-Diacetyldesoxyadenosin-5'-phosphat* (IV), aus den über Ionenaustauscher erhaltenen Pyridiniumsalzen der Mononucleotide (1 mMol) in Pyridin u. 5 ml Essigsäureanhydrid durch 24std. Stehen bei Raumtemperatur. Die O-Acetylgruppen können mit NaOH bei p_H 12–13 in ½ Std. bei Raumtemp. hydrolysiert werden, die N-Acetylgruppen mit konz. NH_4OH in 2 Std. bei Raumtemperatur. — *5'-O-Dibenzylphosphorylthymidin* (**IX**), aus 2 g 3'-O-Acetylthymidin (II) u. Dibenzylphosphorsäurechlorid (aus Dibenzylphosphit u. N-Chlorsuccinimid in Bzl.) in wasserfreiem Pyridin, durch mehrstd. Stehen bei —20°, Versetzen mit $NaHSO_3$ u. W., Eindampfen im Vakuum bei 20°, Lösen des Sirups in Chlf. u. W., Eindampfen im Vakuum, Lösen des entstehenden *3'-O-Acetyl-5'-O-dibenzylphosphorylthymidins* (3,9 g) in Dioxan u. Abspalten der Acetylgruppe mit NaOH durch 40 Min. lange Einw. bei Raumtemp. Öl; 75%. — *3'-O-Acetylthymidin-5'-phosphat* (V), aus 3'-O-Acetyl-5'-O-dibenzylphosphorylthymidin (aus 1,85 g **II** wie vorst.) in Dioxan durch ca. 1 std. Hydrierung in Ggw. von $PdO/BaSO_4$; hygroskop.; 2,5 g. — *Thymidylyl-(5' → 3')-thymidin, NH_4-Salz,* $C_{20}H_{26} \cdot N_4O_{12}P \cdot NH_4$, aus V u. I in Ggw. von DCC in wasserfreiem Pyridin durch 48std. Einw. bei Raumtemp., 10 Min. langes Kochen mit 80%ig. CH_3COOH, ½std. Hydrolyse mit NaOH bei p_H 13 u. absteigende Papierchromatographie im Syst. Isopropylalkohol/konz. NH_4OH/W. (7 : 1 : 2) (Syst. A); R_F 0,45; 66%. *Freie Säure* (**VII**), $C_{20}H_{27}N_4O_{12}P$, aus dem NH_4-Salz u. Dowex-50-Ionenaustauscher. — *Desoxycytidylyl-(5' → 3')-thymidin, NH_4-Salz*, $C_{19}H_{25}N_5O_{11}P \cdot NH_4$, aus **I** u. N.O(3')-Diacetylcytosindesoxyribosid-5'-phosphat in Ggw. von DCC u. Pyridin durch 48std. Einw. bei Raumtemp., 2tägige Hydrolyse mit 80%ig. CH_3COOH, ½std. Einw. von NaOH bei p_H 13 u. Chromatographie im Syst A; R_F 0,39; 65%. — *Desoxyadenylyl-(5' → 3')-thymidin, NH_4-Salz*, $C_{20}H_{25}N_7O_{10}P \cdot NH_4$, aus **III** u. **IV** mit DCC in Pyridin durch 48std. Einw., 1½std. Hydrolyse mit NaOH bei p_H 13 u. Chromatographie in Syst. A; R_F 0,44; 50%. — *3'-O-Acetylthymidylyl-(5' → 3')-thymidin* (**VI**), $C_{22}H_{29}N_4O_{13}P$, aus **I** u. **V** mit DCC in Pyridin, durch 2tägige Einw., 10 Min. langes Kochen, mit 80%ig. CH_3COOH u. fraktionierte Säulenchromatographie an Cellulosepulver in n-Butanol/W. (86 : 14); 50%. — *Thymidylyl-(5' → 3')-5'-O-trityl-thymidin, NH_4-Salz* (**VIII**), $C_{39}H_{40}N_4O_{12}P \cdot NH_4$, aus **I** u. **V** mit DCC in Pyridin durch 2tägige Einw., Lösen des Rückstandes nach Eindampfen in Dioxan/W. (1 : 1), Einstellen mit NaOH auf p_H 13, 5std. Stehen, Darst. des NH_4-Salzes mit Ionenaustauscher u. Chromatographie an Cellulosepulver in n-Butanol/W. (86 : 14); 44%. — *Thymidylyl-(5' → 3')-thymidin-5'-phosphat, Tri-Na-salz*, $C_{20}H_{25}N_4Na_3O_{15}P_2$, aus dem Pyridiniumsalz von **VI** in Pyridin bei —80° u. Dibenzylphosphorsäurechlorid in wenig Bzl. durch 12 Std. Stehen bei —20°, Einstellen der Lsg. in Dioxan/W. (1 : 1) mit NaOH auf p_H 13, ½std. Stehen, Hydrieren des NH_4^+-Salzes in Ggw. von $PdO/BaSO_4$, Hydrolyse der wss. Lsg. mit LiOH bei p_H 12, Papierchromatographie in Butanol/CH_3COOH/W. (5 : 2 : 3) u. Überführung ins Na-Salz; 50%. Gibt mit unfraktioniertem Schlangengift (*Crotalus adamenteus*) im Tris-[hydroxymethyl]-aminomethanpuffer bei p_H 8,8 *Thymidin* u. anorgan. Phosphat; eine gereinigte Phosphodiesterasefraktion gibt *Thymidin-5'-phosphat*; Phosphomonoesterase aus Prostata gibt **VII** u. anorgan. Phosphat; Phosphodiesterase aus Kalbsmilz ist unwirksam; mit 1n HCl wird nach 2 Std. bei 100° *3'.5'-Di-O-phosphorylthymidin, Thymin* u. anorgan. Phosphat erhalten. — *3'-O-Phosphoryl-thymidylyl-(5' → 3')-thymidin*, aus dem Pyridiniumsalz von **VIII** in Pyridin bei —80° u. Dibenzylphosphorsäurechlorid durch 60std. Stehen bei —20°; Hydrolyse; Hydrierung u. Chromatographie wie vorst.; 19%; erweist sich als elektrophoret. (in 0,02mol. Citratpuffer) einheitlich; der enzymat. Abbau bestätigt die Struktur. — *Thymidylyl-(5' → 3')-thymidin-5'-phosphat*, aus **IX** u. **V** in Pyridin mit DCC durch 24std. Einw., alkal. Hydrolyse, Hydrierung u. Chromatographie wie vorst.; 35—40%; ident. mit oben beschriebener auf anderem Weg erhaltener Verbindung. — *Desoxyadenylyl-(5' → 3')-thymidin-5'-phosphat, Di-NH_4-salz*, $C_{20}H_{25}N_7O_{13}P_2 \cdot (NH_4)_2$, aus **IX** u. **IV** in Pyridin mit DCC durch 48std. Einw. bei 0—2°, alkal. Hydrolyse, Hydrierung u. Chromatographie wie vorst.; 40%. (J. Amer. chem. Soc. **80**. 6212—22. 5/12. 1958. Vancouver, B. C., Canada, Brit. Columbia Res. Council, Chem. Div.) L. LASCHET. 3950

G. M. Tener, H. G. Khorana, R. Markham und **E. H. Pol**, *Untersuchungen über Polynucleotide.* 2. Mitt. *Die Synthese und Charakterisierung linearer und cyclischer Thymidinoligonucleotide.* (1. vgl. vorst. Ref.) *Oligonucleotide* (**III**) mit bis zu 11 Mononucleotiden können aus Thymidin-5'-phosphat (**I**) in Ggw. von p-Toluolsulfochlorid (**II**) oder Dicyclohexylcarbodiimid (DCC) in wasserfreiem Pyridin bei Zimmertemp. hergestellt werden. Die polymeren Prodd. können an Diäthylaminoäthyl u. „ECTEOLA"-Cellulose-anionenaustauschern getrennt werden. Die gegen dest. W. dialysierten Polymerisationsprodd. werden als Li- oder Na-Salze in wss. Lsg. auf die Austauschersäule gebracht u. mit W. u. einem linearen Salzgradienten (mit 0,4 Mol LiCl in 0,04 Mol Li-Acetatpuffer, p_H 5 bzw. bei ECTEOLA-Säulen mit steigenden Konzz. von LiCl) eluiert. In den Hauptfraktionen treten teilweise lineare u. cycl. **III** gemeinsam auf. Ihre Trennung gelingt papierchromatograph. im Syst. Isopropanol/NH_3/W. (7 : 1 : 2). Die linearen **III** haben (5' → 3')-Internucleotidbindungen mit jeweils einer 5'- bzw. 3'-Phosphatgruppe an den Enden der Kette. In den cycl. **III** ist die endständige 3'-Hydroxylgruppe der linearen Kette über die 5'-Phosphatgruppe des anderen Endes mit diesem verbunden. Mit steigender Kettenlänge nimmt die Neigung zu intermol. Cyclisierung ab. Cycl. *Pentannucleotide* werden nur noch in geringer Menge gebildet. Die homologen Verbb. unterscheiden sich chromatographisch. Bei der Polymerisation wird *Thymidin-3'.5'-cycl.-phosphat* als Nebenprod. erhalten. Die linearen u. cycl. **III** werden papierchromatograph. in den Systemen Isopropanol/NH_3/W. (7 : 1 : 2), n-Butanol/CH_3COOH/W. (5 : 2 : 3) u. Isopropanol/NH_3/CH_3COOH/W. (4 : 1 : 2 : 2) u. papierelektrophoret. in 0,05mol. CH_3COONH_4-Puffer (p_H 4), 0,05mol. K_3PO_4-Puffer (p_H 7,5) bzw. 0,05mol. Na-Boratpuffer (p_H 9,2) charakterisiert. Die linearen **III** werden mit Schlangengiftdiesterase zu **I** abgebaut; Phosphorsäuremonoesterendgruppen werden papierelektrophoret. durch die Zunahme der Wanderungsgeschwindigkeit bei p_H 7,5 erkannt; die Kettenlänge kann durch Best. des Verhältnisses des durch Phosphomonoesterase (aus Prostata) freigesetzten P zum Gesamt-P ermittelt werden. Die cycl. III haben ein spektrophotometr. bestimmtes Verhältnis von P : Thymidin = 1 u. werden von Schlangengiftdiesterase langsamer als die linearen zu I abgebaut. Phosphorsäuremonoesterendgruppen sind nicht nachweisbar; die elektrophoret. Beweglichkeiten sind im sauren, neutralen u. alkal. Puffer konstant; $^3/_4$std. Säurehydrolyse mit n-HCl bei 100° greift die glykosid. Bindung an u. führt zu linearen Nucleotiden, die papierchromatograph. identifiziert werden.

Versuche: *Cycl.* u. *lineare Oligonucleotide* (III), a) aus 0,5 mMol wasserfreiem Pyridiniumsalz von Thymidin-5'-phosphat (I) in Pyridin (Py) u. 0,79 mMol II durch 18std. Einw. bei 0° u. Entfernung des Py durch Vakuumdest. der wss. Lsg. bei p_H 8,5; b) aus 4 mMol wasserfreiem Pyridiniumsalz von I in Py u. 20,3 mMol DCC durch 5tägige Einw. bei Raumtemp. unter gelegentlichem Schütteln, Versetzen mit W., Extrahieren mit Ae. nach 3 Std., Eindampfen der wss. Schicht im Vakuum bei 30°, Lösen in 50 W., Einstellen mit LiOH auf p_H 8, Eindampfen, Säulenchromatographie in W., Eindampfen der entsprechenden Fraktionen, Lösen in CH_3OH, wobei die Dinucleotide in Lsg. gehen u. Fällen; von III mit Aceton. — *$P^1.P^2$-Dithymidin-5'-pyrophosphat* (IV) wie vorst. aus 0,5 mMol I (Pyridiniumsalz) u. 0,263 mMol II; 100% (Ausbeute). — *Cycl. Thymidindinucleotid* aus Thymidylyl-(5' → 3')-thymidin-5'-phosphat (Pyridiniumsalz) in wasserfreiem Py in Ggw. von DCC durch 4tägige Einw. bei Raumtemp., Zusetzen von W., Extraktion mit Ae., Einengen der wss. Lsg. u. Papierchromatographie; 80%. — *Thymidin-3'.5'-cycl.-phosphat*, a) durch 6std. Zutropfen von 0,25 mMol I in wasserfreier Py zu 0,6 g DCC in Py bei Raumtemp. unter Rühren, Entfernen des Py u. Papierchromatographie in Isopropanol/NH_3/W. (7 : 1 : 2); 45%; b) aus 0,04 mMol I (Pyridiniumsalz); 0,17 mMol Tri-n-butylamin, Py u. 0,52 mMol DCC durch 23std. Einw. bei Raumtemp., u. Erhitzen des sich bildenden IV mit 100 mg DCC auf 100°; 2std. Hydrolyse mit n-NaOH bei 100° gibt 80% *Thymidin-3'-phosphat* u. 20% I; mit ungereinigtem Schlangengift wird *Thymidin-3'-phosphat* u. *Thymidin* (aus I mit 5'-Nucleotidase entstanden) erhalten. (J. Amer. chem. Soc. **80**. 6223—30. 5/12. 1958.) L. Laschet. 3950

D. Makromolekulare Chemie.

Arne Haug, *Lichtstreuung als Methode in der Makromolekülchemie.* Überblick: Theorie der Lichtstreuung, Anisotropie, Polydispersität, Mehrstoffsysteme, geladene Moll., Moll. von der Größenordnung der Wellenlänge des Lichts, prakt. Ausführung u. Anwendung der Messungen. — 17 Literaturhinweise. (Tidsskr. Kjemi, Bergves. Metallurgi **18**. 33—37. 1958. Trondheim, NTH, Norsk inst. for tang- og tareforskn.) R. K. Müller. 4000

J. A. Spiers und **R. Augustin**, *Antigen–Antikörper-Reaktionen bei der Gel-Einzeldiffusion. Theoretische Betrachtungen.* Bei der sogenannten „Einzeldiffusions"-Meth. zur experimentellen Best. der Wechselwrkg. zwischen Antigen (I) u. Antikörper (II) wird ein II enthaltendes Gel mit einer I enthaltenden Lsg. überschichtet; hierbei diffundiert I in die Gelschicht ein u. reagiert dort mit II unter Bldg. einer trüben Zone. Die Theorie des Vorganges wird unter spezieller Berücksichtigung der Diffusionseinfll. (im Gegensatz zu den von Becker, Munoz, Lapresle u. Lebeau, J. Immunology **67**. [1951.] 501, angestellten Betrachtungen) näher entwickelt. Die abgeleiteten Gleichungen erlauben die Best. der Diffusionskoeffizienten von I u. des immunolog. Äquivalentverhältnisses. (Trans. Faraday Soc. **54**. 287—95. Febr. 1958. Oxford, Clarendon Labor.; London, St. Mary's Hosp. Med. School, Wright-Fleming-Inst.) O. Fuchs. 4000

F. T. Wall und **J. J. Erpenbeck**, *Statistische Berechnung des Krümmungsradius und der mittleren Dimensionen von Polymermolekülen.* Auf Grund der C. **1959**. 16021 ausgeführten Rechnungen werden weiter folgende Größen berechnet: mittleres Abstandsquadrat $\overline{R_{ij}^2}$ zwischen den Kettenelementen i u. j u. Quadrat des mittleren Krümmungsradius $\overline{S_n^2}$ für ein aus n Segmenten bestehendes geknäueltes Makromolekül. $\overline{R_{ij}^2}$ ist eine komplizierte Funktion von i/n u. j/n. $\overline{S_n^2}$ ist proportional r_n^2 (r_n = Kettenendenabstand); die Proportionalitätskonstante beträgt 0,145 für ein zweidimensionales u. 0,157 für ein dreidimensionales Mol.-Modell. (J. chem. Physics **30**. 637—40. März 1959. Urbana, Ill., Univ., Noyes Chem. Labor.) O. Fuchs. 4000

Kazuo Nagai, *Molekularkonfigurationen von Vinylpolymeren mit streng regelmäßigen Strukturen und ihre mittleren Dimensionen und elektrischen Momente in verdünnten Lösungen.* Unter Vernachlässigung der Wechselwrkg. zwischen den Segmenten von Makromoll. auf größere Entfernung werden von isotakt. u. syndyotakt. Vinylpolymeren linearer Struktur die mittleren Dimensionen u. elektr. Dipolmomente in verd. Lsg. berechnet. Für den Fall, daß $\overline{R^2}/nb^2$ = 12—13 (R = Kettenendenabstand, b = Länge der C—C-Bindung, n/2 = Polymerisationsgrad) ist, ergibt sich $\overline{\mu^2}/N\mu_0^2$ für isotakt. Polymere zu 1,5—1,7 (N = Polymerisationsgrad). Bei der Auswertung der für syndyotakt. Polymere abgeleiteten Gleichungen treten 2 Unbekannte auf, deren Größe sich durch experimentelle Best. der beiden vorgenannten Ausdrücke berechnen läßt. (J. chem. Physics **30.** 660—72. März 1959. Oyodoku, Osaka, Japan, Osaka Ind. Res. Inst.) O. Fuchs. 4000

Ju. Ss. Sujew, *Zur Frage der Methoden einer beschleunigten Licht (atmosphärischen)-alterung von Hochpolymeren.* Vf. bringt eine Übersicht der vorhandenen Apparate zur Wiedergabe der natürlichen Alterungsbedingungen von Hochpolymeren. Es wird der Einfl. von Belichtungsintensität, Temp. u. Feuchtigkeit sowie die Best. der eingetretenen Änderungen besprochen. — 40 Literaturangaben. (Каучук и Резина [Kautschuk u. Gummi] **18.** Nr. 3. 23—26. März 1959. Wiss. Forsch.-Inst. der Gummiind.) G. Schreiber. 4000

R. C. Rempel, H. E. Weaver, R. H. Sands und **R. L. Miller,** *Untersuchungen zur kernmagnetischen Resonanz von Polyäthylen.* Von 3 *Polyäthylen*-Proben, deren D. bzw. Verzweigungsgrad β (CH_3-Gruppen pro 100 CH_2-Gruppen) u. Kristallisationsgrad α 0,92 bzw. 3,68 bzw. 60% (**Ia**), 0,95 bzw. 0,25 bzw. 80% (**Ib**) u. 0,96 bzw. 0,15 bzw. 93% (**Ic**) betragen, wurde zwischen t = —190 bis 120° die kernmagnet. Resonanz gemessen. Die Resonanzlinie besteht je aus 2 Komponenten, einer engen, die sich auf die amorphen Bereiche bezieht, u. einer breiten der kristallinen Anteile. Während die Breite der engen Komponente mit steigendem t stark abfällt, ist die der breiten Komponente von t fast unabhängig. Ferner folgt aus der t-Abhängigkeit das Vorliegen von einem Bewegungszustand im kristallinen u. von 2 Zuständen im amorphen Bereich; letztere treten bei —100° (für **Ia** bis **Ic**) bzw. bei —30° für **Ia** u. 0° für **Ib** u. **Ic** auf. Die zugehörigen Aktivierungsenergien E betragen für **Ia** bis **Ic**: 3,8, 2,5 bzw. 1,9 kcal/Mol bei —100° u. 13,0, 9,0 bzw. 6,5 bei —30 bzw. 0°. Die letzteren Werte stimmen recht gut mit den aus dem viscosen Fließen von **Ia** bis **Ic** erhaltenen überein. Aus der Diskussion dieser Daten folgt: bei —100° Einsetzen der Rotation von linearen Segmenten der Hauptkette in den amorphen Bereichen; bei —30 bzw. 0° Änderung des Bewegungszustandes im Amorphen; schließlich zwischen 60 u. 100° Beginn der Bewegungen der Kettensegmente in den Kristalliten. Das Intensitätsverhältnis der engen u. breiten Komponente der Resonanzlinie ist kein brauchbares Maß für die Größe von α; es stellt lediglich den relativen Anteil der beweglichen u. unbeweglichen Kerne dar; vgl. hierzu auch Fuschillo u. Mitarbeiter, C. **1958.** 735 u. 11831. (J. appl. Physics **28.** 1082—89. Okt. 1957. Palo Alto, Calif., Varian Assoc., Instrument Div.; Stanford, Calif., Univ., Dep. of Phys.; Springfield, Mass., Monsanto Chem. Comp., Plastics Div.) O. Fuchs. 4010

Fred W. Billmeyer jr., *Gitterenergie von kristallinem Polyäthylen.* Auf Grund von Literaturdaten über die Größe der Schmelz-, Verdünnungs- u. spezif. Wärme von n-Paraffinen (bis C_{43}) im festen, fl. u. gasförmigen Zustand wird die Gitterenergie (= Sublimationswärme) von kristallinem linearem *Polyäthylen* (I) zu 1,84 kcal/Mol CH_2-Gruppe durch Extrapolation berechnet; die Schmelzwärme von I ergibt sich zu 0,922 kcal/Mol CH_2. (J. appl. Physics **28.** 1114—18. Okt. 1957. Wilmington, Del., E. I. du Pont de Nemours Comp., Exp. Stat., Polychem. Dep.) O. Fuchs. 4010

S. Buckser und **L. H. Tung,** *Die Kristallisationsgeschwindigkeit von Niederdruckpolyäthylen.* Von folgenden Niederdruck-*Polyäthylen*-Proben (nach Ziegler hergestellt) wurde nach der von Vff. früher (vgl. C. **1959.** 11590) angegebenen dilatometr. Meth. der zeitliche Verlauf der Kristallisation (bis t = 20000 Min.) bei verschied. Tempp. T (95—122°) verfolgt: unfraktioniert mit M_v = 98000 (**I**); Fraktionen (**II, III** u. **IV**) mit M_v = 2100 bzw. 53000 u. 110000. F·T_m von **I** bis **IV** beträgt 129, 123, 129 u. 130°. v/v_0 (v = spezif. Vol., v_0 = spezif. Vol. oberhalb T_m) fällt mit wachsendem t ab; dabei tritt eine Induktionsperiode auf, die um so stärker ausgeprägt ist, je höher T. Die Ergebnisse zu Beginn der Kristallisation lassen sich darstellen durch $a = \exp(-Kt^n)$, wobei a der zur Zeit t noch vorhandene Bruchteil an amorphem Material. log K ändert sich linear mit $[T_m/(T_m - T)]^2/T$; z. B. beträgt K (in min^{-4}) für $T_m - T = 10°$: $9{,}11 \cdot 10^{-5}$ (I), $3{,}76 \cdot 10^{-4}$ (II), $1{,}76 \cdot 10^{-5}$ (III) u. $2{,}80 \cdot 10^{-6}$ (IV). Die Grenzflächenenergie berechnet sich für **I** bis **III** zu ca. 4 erg/cm^{-2}. Für den weiteren Kristallisationsverlauf gilt $v/v_0 - v_\infty/v_0 = C \cdot \exp(-K't)$, wobei v_∞ = v-Wert im Gleichgewicht ist. K' beträgt z. B. bei 115° für **I** bis **IV**: 1,06 (10^{-4} min^{-1}) bzw. 0,70 bzw. 1,27 bzw. 1,14. (J. physic. Chem. **63.** 763—65. Mai 1959. Midland, Mich., Dow Chem. Comp., Polychem. Res. Dep., High Pressure Labor.) O. Fuchs. 4010

N. Fuschillo und **J. A. Sauer,** *Kernmagnetische Resonanz, Strahlungsschädigung und Festigkeit von verzweigtem Polyäthylen in Abhängigkeit von der Temperatur.* Von unbestrahltem *Polyäthylen* (I, D. 0,914 g/cm³, Kristallisationsgrad 55%, Verzweigungsgrad 3,2 CH_3-Gruppen pro 100 C-Atome der Kette, M_n = 25000) u. von mit Neutronenstrahlen der Intensität J = 0,3–8,0·10¹⁴ nvt bestrahltem I wurden im Temperaturbereich T = 77–295° K die Mol.-Bewegungen u. die Mikrostruktur durch Messen der protonenmagnet. Resonanz, der D. der mechan. Festigkeit, der mechan. Verluste u. des röntgenkristallinen Anteiles bestimmt. Aus der Änderung der Resonanzlinie folgt, daß bereits bei J = $0,3 \cdot 10^{14}$ der kristalline Anteil α vermindert wird. Bei höherem J treten Vernetzungen unter Herabsetzen der Beweglichkeit auf. Durch Kombination der mechan. u. magnet. Messungen folgt: Bei steigendem T setzen zunächst für kleine Segmentlängen (ca. 4 CH_2-Gruppen) Rotationsschwingungen ein (Aktivierungsenergie E ca. 6 kcal/Mol). Oberhalb der Umwandlungstemp. (235° K) treten „neo-BROWNsche" Diffusionsvorgänge auf (E = ca. 12), an denen Segmente von 12 CH_2-Gruppen beteiligt sind. Die Bewegungsvorgänge finden vor allem in den amorphen Bereichen statt; oberhalb T = 290 tritt eine Änderung der Mikrostruktur auf. Auf die Analogie zwischen den magnet. u. den mechan. Meßergebnissen oberhalb T = 290 wird bes. hingewiesen (Abnahme der Festigkeit durch Abnahme von α infolge der Bestrahlung, Verbreiterung der Kurve der T-Abhängigkeit der mechan. Verluste für die Resonanzfrequenz 1140 Hz u. Verschwinden der Resonanzfrequenz 530 Hz durch die Bestrahlung). Über die Meth. zur Messung der protonenmagnet. Resonanz vgl. FUSCHILLO, C. **1957.** 10018; zu den Ergebnissen vgl. auch C. **1958.** 735 u. 11831. (J. appl. Physics **28.** 1073–81. Okt. 1957. University Park, Pa., Pennsylvania State Univ., Dep. of Phys.) O. FUCHS. 4010

Giulio Natta, Mario Pegoraro und **Mario Peraldo,** *Chromatographische Fraktionierung von Stereoblockpolymeren.* Wenn man hochmol., hochkrist. *Polypropylen* (I) in grobkörniger Form als Adsorbens verwendet, kann man ein Stereoblockpolypropylen chromatograph. in Fraktionen zerlegen. Die Fraktion mit D. > 0,88 u. Kristallinität > 20% wird so stark adsorbiert, daß sie erst bei höherer Temp. eluiert werden kann. Noch wirksamer ist I auf amorphem SiO_2 als Träger. Man erhält zuerst Fraktionen mit der Viscosität (η) 110–40 (cm^3/g) u. D. 0,863–0,870, dann solche mit η = 50–70 u. D. ca. 0,88; die Anteile mit D. > 0,882 bleiben an I adsorbiert u. können nur bei höherer Temp. mit wirksameren Lösungsmitteln als Diisopropyläther eluiert werden. Die Kristallinität der Fraktionen nimmt von 2,5 auf 35% zu. Weniger krist. Prodd. werden in Fraktionen mit η = 110–40 zerlegt. (Ricerca sci. **28.** 1473–79. Juli 1958. Milano, Politecn., Ist. di chim. ind.) R. K. MÜLLER. 4010

Ss. Je. Bressler, M. I. Mossewitzki, I. Ja. Poddubni und **N. N. Tschessnokowa,** *Untersuchung des Mechanismus der Isoprenpolymerisation durch komplexe Katalysatoren auf Grund der Analyse der Molekulargewichtsverteilungen der Polymeren. Isopren* (I) wird durch $TiCl_4$ u. *Triisobutyl-Al* ohne Lösungsm. u. in Isopentan bzw. Bzl. bei 32° polymerisiert. Die Konz. des Monomeren beträgt 50 Vol.-%. Das mol. Verhältnis der Katalysatorkomponenten beträgt 1 : 1 u. sie stehen in einem mol. Verhältnis zum Monomeren von 1 : 1500 (ohne Lösungsm.) bzw. 1 : 3000 in Lösung. Die Mol.-Gew.-Verteilung wird durch Sedimentation in der Ultrazentrifuge (4000 U/Min.) in einer 0,2%ig. Octanlsg. ermittelt. Bei Umsätzen zwischen 1–50% findet man nur eine Streuung des Mol.-Gew. zwischen $1,2–1,9 \cdot 10^6$, die unabhängig vom Umsatz ist. Auf Grund dieser Resultate entwickeln Vff. eine Hypothese für den kinet. Mechanismus der heterogenen katalyt. Polymerisation des I. Danach bilden sich stets prakt. gleich große Moll., da ein Kettenabbruch erst nach einer bestimmten Kettenlänge (ca. 7000 Glieder) erfolgen kann. Da z. T. mehrere Maxima bei der Mol.-Gew.-Verteilung gefunden werden, wird angenommen u. experimentell untermauert, daß sich verschied. Katalysatorkomplexe bilden, denen jeweils eine bestimmte Mol.-Größe zugeordnet ist. Eine theoret. Deutung wird entwickelt. (Журнал Технической Физики [J. techn. Physik] **28.** 2487–92. Nov. 1958.) O. KRAMM. 4010

Donald J. Kelley und **Arthur V. Tobolsky,** *Anionische Copolymerisation von Isopren und Styrol.* 1. Mitt. Äquimol. Mengen von *Isopren* (I) u. *Styrol* (II) wurden unter Verwendung von Li bzw. Na bzw. Butyl-Li (**III**) in Ggw. der Lösungsmittel Bzl. (**IV**), Triäthylamin (**V**), A. (**VI**) u. Tetrahydrofuran (**VII**) bei 25° copolymerisiert. Für die in ( ) genannten Lösungsmittel beträgt der **II**-Geh. (in Gew.-%) im *Copolymeren* im Falle Li: 15 (**IV** u. im unverd. **I**-**II**-Gemisch), 59 (**V**), 68 (**VI**) u. 80 (**VII**); entsprechend für **III**: 18 (**IV**), 17 (nur **I** + **II**), 60 (**V**), 69 (**VI**) u. 80 (**VII**); entsprechend für Na: 66, 66, 77, 75 u. 80. Die Ähnlichkeit der für Li u. **III** erhaltenen Ergebnisse wird darauf zurückgeführt, daß das wachsende Polymere je ein Ionenpaar der Art ($Polymer^-Li^+$) darstellt. Der **II**-Geh. ist um so kleiner, je schwächer der Ionencharakter des Komplexes; er ist deshalb mit Li^+ kleiner als mit Na^+ u. ist im unpolaren **IV** kleiner als in den polaren Lösungsmitteln. Die Reaktionsgeschwindigkeit fällt in der Reihenfolge **VII, VI, V, I** + **II, IV** ab. (J. Amer. chem. Soc. **81.** 1597–1600. 5/4. 1959. Princeton, N. J., Univ., Frick Chem. Labor.) O. FUCHS. 4010

I. J. Gruntfest, E. M. Young jr. und **Walter Kooch,** *Mechanisches Verhalten von plastischen Stoffen.* Fäden (Querschnitt ca. 0,0015 cm^2) aus *Polyvinylchlorid* (I, Verwendung von *Geon 101*), die auf 100 g I c = 45 bzw. 50 bzw. 65 g Dioctylphthalat (neben je 5 g Stabilisator) enthielten, wurden mit konstanter Dehnungsgeschwindigkeit R gedehnt (Meßtemp. 70° F). Gemessen wurde die Änderung der relativen Fadenlänge L in Abhängigkeit von der Größe der einwirkenden Kraft F (0,1—100 kg/cm^2) u. von R (0,2 bis 200%/Min.). Die Ergebnisse lassen sich darstellen durch $L - 1 = G F^m t^n$, wobei t = Dauer der einwirkenden Kraft, G, m u. n Materialkonstanten sind (zu dieser Beziehung vgl. Dyson, C. **1952.** 7984). Aus den Messungen wurden log G, m u. n bestimmt zu 2,90, 1,37 bzw. 0,208 für c = 45, 1,95, 1,01 bzw. 0,145 (c = 50) u. 1,65, 0,97 bzw. 0,055 (c = 65); diese Werte hängen etwas vom Alter der Proben ab. An Hand einiger der Literatur entnommener Daten wird gezeigt, daß in komplizierteren Fällen eine Beschreibung des Dehnungsverh. durch eine Superposition der idealen Dehnungskurven möglich ist. (J. appl. Physics **28.** 1106—11. Okt. 1957. Philadelphia, Pa., Rohm & Haas Comp., Res. Dep.) O. Fuchs. 4010

R. D. Andrews und **J. F. Rudd,** *Photoelastische Eigenschaften von Polystyrol im Glaszustand.* 1. Mitt. *Einfluß der molekularen Orientierung.* Von Fäden aus *Polystyrol,* die durch Kaltverstrecken verschieden stark orientiert waren, wurden bei 24° der spannungsopt. Koeff. α mit einem Polarisationsmikroskop u. die Doppelbrechung Δn (als Maß für den Orientierungsgrad) gemessen. α fällt vom Wert +10 brewster für $\Delta n = 0$ auf +4 für $\Delta n = -0,04$ linear ab. Dagegen steigt der Elastizitätsmodul E vom Wert $4,3 \cdot 10^5$ lbs./sq.in. für $\Delta n = 0$ auf $6,1 \cdot 10^5$ für $\Delta n = -0,04$ etwas stärker als linear mit Δn an. Der aus α u. E berechnete dehnungsopt. Koeff. fällt nichtlinear von +0,03 für $\Delta n = 0$ auf +0,017 für $\Delta n = -0,04$ ab. Vff. weisen auf die Bedeutung solcher Messungen zur Aufstellung einer Theorie der Erscheinungen hin. (J. appl. Physics **28.** 1091—95. Okt. 1957. Midland, Mich., Dow Chem. Comp., Phys. Res. Labor.)
O. Fuchs. 4010

J. F. Rudd und **E. F. Gurnee,** *Photoelastische Eigenschaften von Polystyrol im Glaszustand.* 2. Mitt. *Temperatureinfluß.* (1. vgl. vorst. Ref.) Der spannungsopt. Koeff. von nichtorientierten Filmen aus *Polystyrol* fällt vom Wert +17 brewster bei —195° auf +10 bei 24° nichtlinear ab; die Abweichung von der Linearität ist um so stärker, je höher die Temperatur. Der Elastizitätsmodul nimmt linear vom Wert $6,36 \cdot 10^5$ lbs./sq.inch bei —198° auf $4,65 \cdot 10^5$ bei 24° ab. Der daraus berechnete dehnungsopt. Koeff. fällt fast linear vom Wert +0,073 bei —195° auf +0,03 bei 24° ab (oberhalb —50° Abfall etwas stärker als linear). (J. appl. Physics **28.** 1096—1100. Okt. 1957.)
O. Fuchs. 4010

Seizô Okamura, Toshinobu Higashimura und **Yutaka Sakurada,** *Wirkung der Gegenanionen auf den Kettenabbruch und -übergang der kationischen Polymerisation von Styrol.* Eine Meth. zum Berechnen der Konstanten des Kettenabbruchs u. -übergangs der kation. Polymerisation von *Styrol* (I) wird angegeben. Die Polymerisation von I bei 30° in Bzl.-Äthylenchlorid in Ggw. von $SnCl_4$ bzw. $TiCl_4$, $FeCl_3$ oder $BF_3 \cdot O(C_2H_5)_2$ wird kinet. untersucht. Mit steigender Acidität des Katalysators nimmt die Konstante des Kettenübergangs zu u. die des Selbstabbruchs der Polymerisation ab. Gegenanionen, die vermutlich während der Polymerisation in der Nähe der wachsenden Kettenenden vorhanden sind, beeinflussen jede Elementarreaktion. (J. chem. Soc. Japan, ind. Chem. Sect. [Kōgyō Kagaku Zassi] **61.** 1640—44. Dez. 1958. Kyôto, Univ., Techn. Fak. [Orig.: japan.]) E. Maekawa. 4010

J. Durup, *Radiochemischer Abbau von Hochpolymeren in Lösung.* 2. Mitt. *Untersuchung des Abbaus mit γ-Strahlen und der Nacheffekte in dem System Polystyrol–Chloroform–Luft.* 1. Teil. (1. vgl. C. **1954.** 10257.) 1%ig. Lsgg. von *Polystyrol* (I, M = 500000) in Chlf. (II) wurden in Ggw. von Luft bis zu t = 120 Std. mit γ-Strahlen von ^{60}Co der Intensität J = 2—368 r/Min. bestrahlt. Dabei findet ein Abbau von I statt, der viscosimetr. verfolgt wurde. Nach einer anfänglichen Induktionsperiode steigt der Abbaugrad (= Zahl der Spaltungen in den I-Ketten) bei konstantem J linear mit t an. Das Verhältnis v/J (v = Abbaugeschwindigkeit im linearen Teil) ist oberhalb J = 40 unabhängig von J, darunter etwas höher. v wird durch den Zusatz von HCl oder von 1% Eisessig bzw. Aceton zu II nicht beeinflußt, fällt aber auf $^1/_4$ bei Zusatz von 1,1% A.; Isopropylbenzol erniedrigt v nur wenig; in mit W. gesätt. II ist v wesentlich erniedrigt. Aus der quantitativen Auswertung der Verss. folgt, daß der I-Abbau hauptsächlich ein Oxydationsvorgang ist, der durch die infolge der Bestrahlung aus II entstandenen Radikale eingeleitet wird (vgl. hierzu auch nachst. Ref.). Wird die Bestrahlung in Abwesenheit von Luft durchgeführt, so tritt zwar ebenfalls ein Abbau von I auf, aber nun nur bedingt durch die direkte Einw. der Strahlen auf I; v ist daher unter sonst gleichen Bedingungen ca. 250 mal kleiner als in Ggw. von Luft. (J. Chim. physique Physico-chim. biol. **54.** 739—45. Okt. 1957. Paris, Fac. des Sci., Labor. Chim. Phys.) O. FUCHS. 4010

Jean Durup, *Radiochemischer Abbau von Hochpolymeren in Lösung.* 2. Mitt. *Untersuchung des Abbaus mit γ-Strahlen und der Nacheffekte in dem System Polystyrol–Chloroform–Luft.* 2. Teil. (1. Teil vgl. vorst. Ref.) Die bei der Bestrahlung der Lsg. von *Polystyrol* (I) in Chlf. (II) in Ggw. von Luft aus II entstehenden Radikale bilden zunächst mit O_2 Hydroperoxydradikale, die durch Abspaltung von H aus I Radikale von I erzeugen; letztere lagern O_2 an; durch Umsetzung dieser I-Hydroperoxydradikale mit II durch H-Entzug aus II werden so schließlich I-Hydroperoxyde erhalten, die unter Spaltung der Hauptkette von I zerfallen. Da die Zerfallsgeschwindigkeit dieser Hydroperoxyde sehr klein ist, findet auch nach dem Abschalten der γ-Strahlen u. nach Entfernen der Luft längere Zeit ein weiterer Abbau statt („Nacheffekt"), der bis zu 100 Tagen messend verfolgt werden konnte. Für die unter verschied. Bedingungen (Bestrahlung in Ggw. bzw. in Abwesenheit von Luft, rein therm. Nacheffekt u. Bestrahlung in Abwesenheit von Luft nach vorausgegangener Bestrahlung in Ggw. von Luft) auftretenden Abbauvorgänge werden entsprechende Reaktionsmechanismen zur Diskussion gestellt. Die Aktivierungsenergie des I-Hydroperoxydzerfalls wird aus Messungen bei 19 u. 40° zu 20 kcal/Mol abgeschätzt. (J. Chim. physique Physico-chim. biol. **54.** 746—52. Okt. 1957.) O. FUCHS. 4010

Akira Takahashi, Shôichi Shimoyama und **Ikumi Kagawa,** *Darstellung von Polystyrolsulfonsäure und ihre Eigenschaften.* Eine 40%ig. Toluollsg. von *Polystyrol* (I; Mol.-Gew. 239000) wird auf der Glasplatte bei Raumtemp. abdampfen gelassen, der so hergestellte Film (Dicke 40—60) in 95%ig. H_2SO_4 in Ggw. von Ag_2SO_4 unter Rühren sulfoniert, das Prod. auf Eiswasser gegossen u. elektrophoret. gereinigt. I wird bei erhöhter Temp. bzw. in Ggw. größerer Mengen an Katalysator schneller sulfoniert. Der Polymerisationsgrad nimmt während der Rk. erheblich ab. Die Viscosität, die elektr. Leitfähigkeit sowie die Neutralisierungskurve der wss. Lsg. der Prodd. werden gemessen. Das sulfonierte I verhält sich typ. wie stark saure makromol. Elektrolyte. (J. chem. Soc. Japan, ind. Chem. Sect. [Kōgyō Kagaku Zassi] **61.** 1617—19. Dez. 1958. [Orig.: japan.]) E. MAEKAWA. 4010

H. U. Herwig und **E. Jenckel,** *Über das Gleichstromverhalten hochpolymerer Stoffe.* Zur Unters. der Zeitabhängigkeit kleiner Ströme werden Gleichstrommessungen an *Polyvinylacetat* (I) u. *Polymethylmethacrylat* (II) unter Variieren der elektr. Spannung, Temp., elektr. u. therm. Vorgeschichte mitgeteilt u. mit bekannten Messungen der Wechselstromverluste u. der Einfriertemp. in Zusammenhang gebracht. Bei konstanter Temp. u. elektr. Spannung nimmt der Strom mit der Zeit je nach Temp. schneller oder langsamer bis auf einen prakt. konstanten Endwert ab. Der nichtstationäre Stromverlauf beruht auf einem reversiblen Polarisationsvorgang (Dipolorientierung u. Ionenstauung). Der stationäre Verlauf ist durch Ionenleitung bedingt. Aus den Gleichstrommessungen wurden die Werte der Wechselstromverlustgröße ε'' in ihrer Frequenz- u. Temperaturabhängigkeit für den Frequenzbereich $10^0 \text{ sec}^{-1} > \omega > 10^{-5} \text{ sec}^{-1}$ errechnet u. mit Werten aus Wechselstrommessungen bei höheren Frequenzen verglichen. Sie stehen in guter Übereinstimmung. I zeigt ein ausgeprägtes Maximum (α-Maximum) der Leitfähigkeit u. der Verluste in der Nähe der Einfriertemp. T_E. Dieses Maximum fehlt bei II. Dagegen beginnt sich erst 70° tiefer ein neues Maximum (β-Maximum) bei II anzudeuten. Vff. führen das α-Maximum auf eine Bewegung der Seitengruppe bei beweglicher Hauptkette, das β-Maximum auf eine Bewegung der Estergruppe bei festliegender Hauptkette zurück. Das unterschiedliche Verh. von I u. II kann so gedeutet werden, daß die Seitengruppen von I aus ster. Gründen erst polarisiert werden, wenn die Hauptkette beweglich wird, also in der Nähe von T_E. Dagegen kann die Seitengruppe von II bereits bei feststehender Hauptkette, also weit unterhalb T_E, polarisiert werden. Der Übergang in den Glaszustand bei stetiger Abkühlung wird an der verminderten Leitfähigkeit beobachtet. Die für T_E charakterist. Relaxationszeit beträgt 300 sec. (Z. Elektrochem., Ber. Bunsenges. physik. Chem. **63.** 360—73. April 1959. Aachen, TH, Inst. für Theoret. Hüttenkunde u. Physikal. Chem.) D. FORST. 4010

F. Krum, *Hystereseerscheinungen bei Spreitungsmessungen als Fällungsproblem.* Von den monomol. Filmen verschied. Hochpolymerer auf W. wurden die F, A-Kurven aufgenommen (F = Oberflächenschub = $\sigma - \sigma'$, σ = Oberflächenspannung des W., σ' = Oberflächenspannung der filmbedeckten Wasseroberfläche, A = Mol.-Fläche = reziproke Oberflächenkonz.); vgl. hierzu auch MÜLLER, C. **1957.** 7050. Reversible Verformbarkeit der Filme wurde für *Ölsäure, Polyvinylacetat* (I), *Polyvinyläthyläther* u. *Polyacrylsäureäthylester* gefunden; dagegen liegt irreversible Verformbarkeit (Auftreten von Hystereseschleifen im F, A-Diagramm, die eine bestimmte Fläche einschließen) bei *Polystyrol* (II) u. *Polyamid* vor. Beide Erscheinungen treten bei derselben Substanz nacheinander auf bei *Stearinsäure, Polymethylmethacrylat*, einem *Acrylsäure–Styrol-Copolymerisat* u. bei Mischfilmen aus I u. II. Zwischen der Kompression von monomol. Schichten u. dem Ausfällen von Makromoll. aus der homogenen Lsg. durch Zusatz eines Nichtlösers besteht eine gewisse Analogie; in beiden Fällen bilden sich bei hinreichender Anziehungsenergie beständige Aggregate aus den Makromolekülen. (Kolloid-Z. **153**. 47—51. Juli 1957. Marburg/Lahn, Univ., Phys.-chem. Inst., Labor. für Hochpolymere.) O. FUCHS. 4010

Mitsuru Nagasawa, Takashi Matsubara, Hiroshi Fujita und **Ikumi Kagawa,** *Quellung löslicher Polyelektrolyte in Salzlösung.* (Vgl. NAGASAWA u. KAGAWA, Bull. chem. Soc. Japan **30**. [1957.] 961.) Das Gel aus *Na-Polyacrylat* wird in den Lsgg. von niedermol. Salzen stehengelassen, wobei es vor dem Lösen stark quillt. Die lineare Quellung ist der Dauer des Stehens proportional, die Proportionskonstante nimmt mit steigender Salzkonz. der Lsg. ab. Diese Quellung ist der der nichtelektrolyt. Makromoll. oder ihrer Diffusion ähnlich. (J. chem. Soc. Japan, ind. Chem. Sect. [Kōgyō Kagaku Zassi] **61**. 1611—13. Dez. 1958. Nagoya, Univ., Techn. Fak. [Orig.: japan.]) E. MAEKAWA. 4010

C. H. Bamford und **E. F. T. White,** *Die Darstellung von Blockcopolymeren nach der tertiären Basenmethode.* Nach der von Vff. früher (vgl. C. **1957**. 8529) beschriebenen Meth. (Polymerisation von Methylmethacrylat in Ggw. eines tert. Amins, im vorliegenden Falle Verwendung von Triäthylamin) wurde *Polymethylmethacrylat* (**I a**), das an dem einen Kettenende ein Amin enthält, hergestellt; ferner wurde nach BAMFORD u. JENKINS (vgl. C. **1959**. 8177) *Polymethylmethacrylat* (**I b**), das zum Unterschied von **I a** eine Doppelbindung am Kettenende enthält, dargestellt (Zusatz von n-Butylamin bei der Polymerisation des *Methylmethacrylats*). Wird *Acrylonitril* (II) in Ggw. von **I a** in benzol. Lsg. polymerisiert, so werden durch Übertragungs-Rkk. Blockcopolymere (III) aus **I a** u. *Polyacrylonitril* erhalten (näheres vgl. C. **1957**. 8529). Das rohe III wurde in Ae. gefällt u. zur Entfernung von restlichem **I a** mit Aceton extrahiert. In ähnlicher Weise entstehen aus **I b** u. II durch Disproportionierung Pfropfpolymere. Alle Polymerisationsverss. wurden unter Verwendung von Azo-bis-isobutyronitril als Katalysator bei 60° ausgeführt. Der Polymerisationsgrad von **I a** wurde von 80—244 variiert. Bedeuten k_2 bzw. k_3' bzw. k_3'' die Geschwindigkeitskonstanten des Kettenwachstums der Copolymerisation bzw. der Übertragungs-Rk. zwischen II u. **I a** an einer beliebigen Stelle von **I a** (außer der bas. Endgruppe) bzw. der Übertragungs-Rk. zwischen II u. der bas. Endgruppe von **I a**, so folgen aus den Analysendaten von unter verschied. Bedingungen erhaltenen III-Proben die Werte $k_3'/k_2 < 2 \cdot 10^{-5}$ u. $k_3''/k_2 = 0{,}127$. Da sich k_3' auf die Bldg. von Pfropfpolymeren aus **I a** bezieht, folgt aus diesen Daten, daß das erhaltene III ein fast reines Blockcopolymerisat darstellt (enthält nur ca. 4% Pfropfpolymerisat). k_3''/k_2 beträgt im Falle **I b** nur 0,034. Die Geschwindigkeitskonstante der Disproportionierungs-Rk. wird zu $0{,}5 \cdot 10^8$ Mol^{-1} Liter sec^{-1} bei 60° abgeschätzt. (Trans. Faraday Soc. **54**. 268—77. Febr. 1958. Maidenhead, Berks., Courtaulds Ltd., Res. Labor.) O. FUCHS. 4010

C. H. Bamford und **E. F. T. White,** *Verteilung der Größe und der Zusammensetzung in Blockcopolymeren, die nach der tertiären Basenmethode hergestellt wurden.* Für die Molekülgrößenverteilung u. die statist. Zus. von Blockcopolymeren, die in der im vorst. Ref. beschriebenen Weise hergestellt wurden, werden allg. Gleichungen abgeleitet. Die Anwendung auf die l. c. erhaltenen Resultate ergibt, daß die beschriebenen Blockcopolymeren aus *Methylmethacrylat* u. *Acrylonitril* sowohl hinsichtlich der Größenverteilung als auch der Zus. sehr inhomogen sind. (Trans. Faraday Soc. **54**. 278—86. Febr. 1958.) O. FUCHS. 4010

Asoke Mitra und **A. N. Saha,** *Veresterung von Castoröl mit Phthalsäureanhydrid.* 1. Mitt. Beim Erhitzen von 25 g *Castoröl* mit 11 g *Phthalsäureanhydrid* in Aceton auf 245—250° entsteht ein *Alkydharz*, das sich in eine alkohollösl. (62,5%; SZ. 70,41; VZ. 312,6; EZ. 242,1) u. eine alkoholunlösl. Fraktion (37,5%; SZ. 23,6; VZ. 235,3; EZ. 211,7) unterteilen ließ. Die alkohollösl. Fraktion konnte weiterhin in eine wasserlösl. u. eine -unlösl. getrennt werden. (Sci. and Cult. **22**. 510—11. März 1957. Calcutta, Univ., Coll. of Technol., Dep. of Appl. Chem.) E. DEHMLOW. 4010

W. O. Statton und **Grace M. Godard,** *Röntgendiagramme in drei Richtungen von orientierten Filmen bei weiten und engen Winkeln.* Von durch Recken bei 100° u. anschließendes Erhitzen auf 180° orientierten Filmen von *Polyäthylenterephthalat* wurden die Röntgendiagramme für 3 aufeinander senkrecht stehende Strahlrichtungen (senkrecht zur Filmebene u. parallel bzw. senkrecht zur Reckrichtung in der Filmebene) für kleine u. große Beugungswinkel aufgenommen. Die Auswertung der Aufnahmen ergibt: Die Kristallite besitzen eine ebene Orientierung u. sind in der Ebene 45 Å breit. In der Reckrichtung liegt eine Langperiode von 125 Å vor, die sich aus einer Kristallitlänge von 75 Å u. einer Länge des amorphen Materials von 50 Å zusammensetzt. Die Filme sind aus Lamellen von 60 Å Dicke aufgebaut. Die Lamellen sind derart relativ zueinander angeordnet, daß die Kristallite der einen Lamelle den amorphen Bereichen der nächsten Lamelle benachbart sind. Die Ergebnisse der Kleinwinkelstreuung stehen nicht im Einklang mit dem von KELLER (vgl. C. **1955.** 833) u. MORGAN (vgl. C. **1956.** 8102) angenommenen Vorliegen von spiralförmigen Kristallitbändern. (J. appl. Physics **28.** 1111—13. Okt. 1957. Wilmington, Del., E. I. du Pont de Nemours & Co., Pioneering Res. Div., Textile Fibers Dep.) O. FUCHS. 4010

Masayoshi Ôiwa und **Yayoi Ogata,** *Kinetische Untersuchungen über die Vernetzungsreaktion.* 6. Mitt. *Ringbildung bei der Polymerisation von Diallylverbindungen.* (5. vgl. C. **1958.** 12986.) Während der Polymerisation von Diallylverbb. findet Ringbldg. in relativ großem Ausmaß statt. Die Relativzahlen der Allylgruppen, die innerhalb einer Kette sowie zwischen zwei Ketten Ringe bilden, werden auf Grund der Annahme, daß die gebildeten Ringstrukturen keinen Einfl. auf das Gelieren der Prodd. haben, theoret. berechnet. Nach den Ergebnissen betragen die %-Sätze der innerhalb einer Kette ringbildenden Allylgruppen ca. 50—80% bei *Diallylphthalat* u. ca. 10% bei *Diallylterephthalat,* dessen Allylgruppen am leichtesten Ringe zwischen den Ketten bilden. (J. chem. Soc. Japan, pure Chem. Sect. [Nippon Kagaku Zassi] **79.** 1506—13. Dez. 1958. Ôsaka, Siritu-Daigaku. [Orig.: japan.]) E. MAEKAWA. 4010

H. R. Hähnel, H. Steffens und **F. Sauerwald,** *Festigkeit und Dehnung von Perlonfäden in Abhängigkeit von einem Rührvorgang während der Polymerisation.* Mischungen aus 95% *ε-Caprolactam* u. 5% *Adipinsäure-Hexamethylendiaminsalz* wurden einmal ohne Rühren (Fall A) u. einmal mit Rühren (B) polymerisiert. Von dem erhaltenen *Perlon L*(I) wurde die Abhängigkeit des Polymerisationsgrades P (viscosimetr. bestimmt) von der Reaktionsdauer (bis t = 10 Std.) bestimmt. P_A ist stets kleiner als P_B, ferner steigt P_B mit wachsendem t stärker an als P_A. Von den aus I hergestellten Fäden wurden die Zugfestigkeit u. die Bruchdehnung gemessen. Die nach A erhaltenen Fäden zeigen etwas bessere Eigg. als die nach B gewonnenen. (Z. physik. Chem. **211.** 52—62. 1959. Halle-Wittenberg, Martin-Luther-Univ., Inst. für Physikal. Chem., Metall- u. Werkstoff-Labor.) O. FUCHS. 4010

Robert G. Scott, *Struktur von Sphärolithen auf Grund von Elektronenbeugung und Elektronenmikroskopie an ausgewählten Flächen.* Zweidimensionale Sphärolithe in dünnen Filmen aus *6.6-Nylon* (I) wurden durch langsames Verdampfen einer verd. Lsg. in HCOOH hergestellt. Von der Probe wurden Elektronenbeugungsaufnahmen für verschied. Drehwinkel β der Probe um eine Achse senkrecht zum Elektronenstrahl gemacht. Der BRAGGsche Winkel beträgt ca. 2°. Für $\beta = 0$ liegt nur 1 Ring (1 0 0-Ebene) vor; für $\beta = 15, 30, 45$ bzw. 60° spaltet der Ring in 2, 4, 6 bzw. 8 diskrete Bogen am Äquator auf. Die Verss. zeigen, daß die Moll. in Form von Blättchen mit H-Brücken parallel zur Filmebene vorliegen. Dunkelfeldaufnahmen für $\beta = 20$ u. 60° zeigen die Ggw. von diskreten kristallinen Bereichen mit tangentieller Anordnung der Ketten. Die Hellfeldmikroskopie läßt die Oberflächenmorphologie dieser Strukturen erkennen. (J. appl. Physics **28.** 1089—90. Okt. 1957. Wilmington, Del., E. I. du Pont de Nemours & Co., Textile Fibres Dep.) O. FUCHS. 4010

Bruce B. Burnett und **W. F. McDevit,** *Kinetik des Sphärolithwachstums in Hochpolymeren.* Von den Polyamiden *6-Nylon* (I, $M_n = 27400$) u. den beiden *6.6-Nylon*-Proben mit $M_n = 13700$ (**IIa**) u. $M_n = 25500$ (**IIb**) wurde im Temperaturbereich t = 102—108° (I) bzw. 141—244° (**IIa**) bzw. 180—240° (**IIb**) die Geschwindigkeit G des Wachstums des Radius von Sphärolithen durch Mikrofilmaufnahmen gemessen. Der F. (t_m) der Proben beträgt 227° für **I** u. 275° für **IIa** u. **IIb** (t_m = Temp., bei der die opt. Doppelbrechung verschwindet). Bei konstantem t ist G konstant (bes. unabhängig von der Versuchszeit). In allen 3 Fällen ist G bei Raumtemp. unmeßbar klein, steigt mit wachsendem t an u. fällt bei Annäherung an t_m wieder ab. log(G/T (T = t + 273°) fällt linear mit wachsendem $(T_m + 5)/(T_m + 5 - T)$ ab. Bei gleichem Abstand von T von T_m ist G von **IIb** etwas kleiner als von **IIa** u. von **I** kleiner als von **IIb** (trotz fast gleichem M_n). Die Aktivierungsenergie für den Transport eines Polymersegments an die Grenzfläche Fl./Sphärolith ergibt sich für I zu 17,9 kcal/Mol. Aus den Verss. folgt: Das Sphärolithwachstum wird nicht durch einen Diffusionsvorgang bestimmt; vielmehr ist die Keimbldg. an der Sphärolithoberfläche der geschwindigkeitsbestimmende Vorgang. Die unter dieser Annahme berechnete Abhängigkeit von G von T steht in guter Übereinstimmung mit den experimentellen Daten der Vff. u. weiteren der Literatur. (J. appl. Physics **28.** 1101—05. Okt. 1957. Wilmington, Del., E. I. du Pont de Nemours Co., Carothers Res. Labor., Textile Fibres Dep.) O. FUCHS. 4010

W. W. Korschak, P. M. Frunse, D. N. Andrejew und **E. W. Kucharskaja,** *Über die Eigenschaften von Polyamiden mit Siloxangruppierungen.* Aus Dicarbonsäuren, die

Dialkylsiloxanglieder enthalten [$HOOC-(CH_2)_2-Si(R_1R_2)-O-Si(R_1R_2)-(CH_2)_2-COOH$ mit $R_1 = R_2 = CH_3$ oder C_2H_5 oder $R_1 = CH_3$, $R_2 = C_2H_5$] werden durch Polykondensation mit aliphat. u. aromat. Diaminen *Polyamide* (PA) dargestellt; außerdem werden Misch-PA aus Gemischen dieser Säuren unter sich oder mit Adipinsäure u. Hexamethylendiamin erhalten. Diese PA zeigen kautschukähnliche Eigg. u. tieferen F. als die Polymeren aus Azelainsäure, was durch die Ggw. der $-O-Si-O$-Gruppen u. der Seitenketten R_1 u. R_2 erklärt wird. Ersatz von $R = CH_3$ durch C_2H_5 setzt den F. herab. Die Ggw. von R_1 u. R_2 erschwert die Packung der Ketten u. ihre Ordnung. Die PA krist. langsam erst nach langem Stehen unter Zunahme des F. u. der Trübung u. Abnahme der Elastizität. (Журнал Общей Химии [J. allg. Chem.] **28** (**90**). 1997—98. Juli 1958. Akad. der Wiss. der UdSSR, Inst. für metallorgan. Verbb. u. Inst. für Silicatchem.) R. K. Müller. 4010

Ju. Ss. Sujew und **Ss. I. Prawednikowa,** *Zur Arbeit von N. N. Snamenski: Über die Kinetik der Reaktion von Ozon mit Gummi.* Die von Snamenski (vgl. C. **1957.** 10766) vertretene Meinung über die Bestimmbarkeit der Reaktionsgeschwindigkeit der O_3-Einw. auf einen unter konstanter Belastung befindlichen *Gummi* auf Grund seiner Dehnbarkeit (Deformationsgrenze 1—1,5%) wird eingehend kritisiert; die Meth. wird als ungeeignet zurückgewiesen. (Журнал Физической Химии [J. physik. Chem.] **31.** 2586—88. Nov. 1957. Moskau, Inst. für Gummiind.) W. Dawydoff. 4030

Naoji Komatsu und **Hiroshi Sakata,** *Darstellung nichtkristalliner Cellulose und Bestimmung ihres Kristallinitätsgrades.* Aus Viscose (Cellulose 8,5%, Alkali 6,2%), die mit einer 40%ig. wss. Lsg. von Dimethylamin versetzt wurde (Konz. des Amins im Bad 5%), werden wie üblich durch das Müller-Bad Fäden gesponnen, deren Kristallinität nach dem Röntgenstrahlenbeugungsdiagramm ca. 7% beträgt. Sie haben eine D. von 1,492, sind sehr lösl. in Alkalien u. scheinen prakt. amorphe Cellulose zu sein. (J. chem. Soc. Japan, ind. Chem. Sect. [Kōgyō Kagaku Zassi] **61.** 1626—29. Dez. 1958. Kyôtô-Uzi, Nippon-Reyon. [Orig.: japan.]) E. Maekawa. 4050

D. I. Galperin und **L. I. Mossejew,** *Über die Quellungs- und Lösungswärme der Nitrocellulose.* Für die integrale Wärmetönung bei der Rk. von *Nitrocellulose* (I; 12% N) mit *Dibutylphthalat* (II) u. mit *Aceton* (III) finden Vff. bei Unterss. im gesamten Konzentrationsbereich 10,9 cal u. 18 cal/g I. Die gesätt. Solvatationsschicht liegt bei II bei ca. 53% u. bei III bei ca. 34%. Beide Estergruppen des II nehmen an der Blockierung der polaren Gruppen der I teil. Die Unters. des Einfl. der Temp. (0—80°) auf die integralen Reaktionswärmen bei der Rk. von I mit verschied. Lösungsmitteln in ca. 1%ig. Lsg. ergab bei III u. *Butylacetat* einen negativen, bei II einen ganz geringen negativen u. bei *Trikresylphosphat* einen positiven Temperaturkoeffizienten. (Коллоидный Журнал [Kolloid-J.] **19.** 167—71. März/April 1957. Molotow.) M. Ulmann. 4050

M. M. Huque, M. Fishman und **D. A. I. Goring,** *Der Adsorptionseffekt bei Cellulosenitrat bei Capillarviscosimetern.* Fortführung der von Huque, Goring u. Mason (vgl. Canad. J. Chem. **36.** [1958.] 952) beschriebenen Verss. über die Abhängigkeit von η_{sp}/c von *Cellulosetrinitrat* (I) in Aceton (II) bzw. Äthylacetat (III) von der Konz. c von I ($= 0{,}4 \cdot 10^{-3}$ bis $12 \cdot 10^{-3}$ g/cm³) u. vom Geschwindigkeitsgefälle $G = 500$ bis 2000 sec^{-1} bei Verwendung von Capillarviscosimetern. In allen Fällen fällt η_{sp}/c mit abnehmendem c zunächst schwach ab u. steigt unterhalb $c = 2 \cdot 10^{-3}$ stark an; der Anstieg ist um so stärker, je enger der Capillarradius r. G hat nur geringen Einfl. auf den Effekt. Der Anstieg bei kleinem c wird auf die Bldg. einer I-Adsorptionsschicht an der Glaswand zurückgeführt. Die Schichtdicke wird für $r = 0{,}13$ mm bzw. 0,28 mm zu 900 (II) u. 600 (III) bzw. 700 (II) u. 300 Å (III) abgeschätzt. (J. physic. Chem. **63.** 766—68. Mai 1959. Montreal, Canada, Pulp and Paper Res. Inst. of Canada; McGill Univ.) O. Fuchs. 4050

Hannes Sihtola, Berndt Anthoni und **Nils-Erik Virkola,** *Die Bildung von Vernetzungen in Cellulose während der Nitrierung.* Mit Perjodat oder NO_2 *oxydierte Cellulose* ist nach Überführung in *Cellulosenitrat* nicht mehr vollständig in Aceton löslich. Diese Erscheinung wird, wie aus Sedimentations- u. Diffusionsunterss. hervorgeht, auf Vernetzung (Rk. zwischen $-COOH$ bzw. $-CHO$ mit OH-Gruppen anderer Polymerketten) zurückgeführt, die unter den Bedingungen der Nitrierung eintritt. Die Möglichkeit einer solchen Rk. während der Nitrierung wird durch Imprägnierung von Cellulose mit bifunktionellen niedermol. Verbb., *Oxal-*, *Glyoxal-* u. *Sebacinsäure,* geprüft. Mit den beiden ersten Verbb. werden keine eindeutigen Ergebnisse erzielt; die mit Sebacinsäure behandelte Linters ist jedoch nach der Nitrierung in Aceton nur noch teilweise löslich. Mit Sebacinsäure imprägnierte, partialhydrolysierte *Linterscellulose* (DP 240) liefert dagegen vollständig lösl. *Cellulosenitrate*; jedoch weist die Viscositätszunahme mit ansteigendem Sebacinsäuregeh. auf die Bldg. von Vernetzungen hin. — Im NaOH-Extrakt von mit Perjodat oxydierter Cellulose wird qualitativ *Oxalsäure*, *Glykolsäure* u. *Milchsäure* nachgewiesen. (J. Polymer Sci. **30.** 1—4. Juli 1958. Helsinki, Finnish Pulp and Paper Res. Inst.) E. Kuntz. 4050

N. W. Taylor, H. F. Zobel, N. N. Hellman und **F. R. Senti,** *Einflüsse der Struktur und der Kristallinität auf die Wassersorption von Dextranen.* Die Absorptions- u. Desorptionsisothermen von W. an 17 verschied. *Dextranen* (I) wurden durch Konditionieren der einzelnen I in Atmosphären verschied. Wasserdampfpartialdrucks u. Wägung der Proben nach Eintritt der Gewichtskonstanz bei 25° bestimmt. Bis zu 85% relativer Feuchtigkeit verlaufen die Absorptionsisothermen aller I nahezu ident.; bei Gleichgewichtseinstellung in Atmosphären höherer Feuchtigkeit jedoch können drei nach dem Ausmaß der weiteren Wasseraufnahme charakterisierbare Gruppen mit hohem (H), mittlerem (J) u. geringem (L) Absorptionsvermögen unterschieden werden. Die (bis auf eine Ausnahme) ursprünglich amorphen I gehen in den Gruppen J u. bes. L bei Annäherung an das Gebiet maximaler Wasseraufnahme röntgenograph. nachweisbar in den kristallinen Zustand über. Diese Gruppen verfügen gegenüber der Gruppe H über die größere Anzahl 1 → 6-Bindungen u. sind weniger verzweigt. Ein Zusammenhang zwischen Absorptionsvermögen u. dem Geh. an prim. 6-Hydroxylgruppen besteht nicht. (J. physic. Chem. **63.** 599—603. April 1959. Peoria, Ill., Northern Utilization Res. and Developm. Div., Cereal Crops Labor.) E. Moisar. 4050

Ss. N. Danilow und **Je. A. Plissko,** *Untersuchung von Chitin.* 3. Mitt. *Hydroxyäthyl- und Äthyläther des Chitins.* (2. vgl. Журнал Общей Химии [J. allg. Chem.] 24 (**86**). [1954.] 2071.) Bei der Einw. von Äthylenoxyd oder Äthylchlorid (I) auf Chitin (II), das vorher mit NaOH bei Tempp. von 20 bis —70° bzw. bei Zimmertemp. mercerisiert wird, entstehen in Abhängigkeit von den Reaktionsbedingungen *β-Hydroxyäthyl-* (III) bzw. *Äthyläther* (IV) des II von unterschiedlichem Verätherungsgrad u. unterschiedlicher Alkali-, Säure- u. Wasserlöslichkeit. Hochverätherte III werden am besten (nach 1—3maligem Mercerisieren von II mit 43%ig. NaOH bei tiefen Tempp.) durch mehrstd. Erhitzen mit Äthylenoxyd (Mol-Verhältnis 1:16) auf 70° erhalten. Die auf diese Weise dargestellten III, $C_{10,9-14,8}H_{19,4-29}O_{6,5-8,4}$ sind in W., 4—8%ig. NaOH, 3%ig. Essigsäure, Oxalsäure u. 40—50%ig. H_3PO_4, schwach verätherte III dagegen nur in 60%ig. H_2SO_4, 78%ig. H_3PO_4 u. 50%ig. HNO_3 löslich. Die durch Behandeln von II mit konz. NaOH u. Erhitzen mit I erhaltenen IV-Filme sind hygroskop., besitzen nach 5—6tägigem Trocknen bei 60—80° im Vakuum fast die gleiche Zerreißfestigkeit (5,5 bis 7,3 kg/mm²) wie Äthylcellulose, eine etwas geringere Dehnbarkeit als diese u. als Acetylcellulose u. sind mit Wollfarbstoffen gut anfärbbar.

V e r s u c h e: *β-Hydroxyäthyläther des Chitins* (III); durch 3maliges Behandeln (je 20 Min. mit 1std. Unterbrechung) von 6,8 g I (1 mm Durchmesser) mit je 100 ml 43%ig. NaOH bei —70°, Filtrieren u. 2mal 15std. Erhitzen mit je 13,4 ml Äthylenoxyd in 30 ml Aceton auf 70°; gelbe M.; 6,2 g. — *Äthyläther des Chitins* (IV), $C_{9,6}H_{17,53}N_{0,91}O_{4,14}$; durch 20—30 Min. langes Behandeln von II mit 50%ig. NaOH, 24std. Stehen bei Zimmertemp., Zugabe von I in Bzl. u. 10std. Erhitzen im Autoklaven in Ggw. von NaOH (1 Std. auf 60°, 1 Std. 60—80°, 1 Std. 80—130° u. 7 Std. auf 130°; Mol-Verhältnis II:I:NaOH = 1:15:16). (Журнал Общей Химии [J. allg. Chem.] **28** (**90**). 2217—23. Aug. 1958. Inst. für hochmol. Verbb. der Akad. der Wiss. der UdSSR.)
W. Kurtzmann. 4050

Royal A. Sullivan, Margaret M. Fitzpatrick, Elizabeth K. Stanton, Raymond Annino, George Kissel und **Frank Palermiti,** *Der Einfluß von Temperatur und Elektrolyten auf Größe und Form von α- und β-Casein.* Wie durch Viscositätsmessungen in Veronalpuffer (I) u. durch Sedimentationsanalysen in I oder Phosphatpuffer gezeigt werden konnte, hat *β-Casein* die Eig., leicht Aggregate bei Zimmertemp. zu bilden. Durch Sedimentationsmessungen u. Diffusionsanalyse wurde ein Mol.-Gew. von 24100 bei 15° ermittelt, bei Stabform des Moleküls. Das Mol.-Gew. von *α-Casein* (II) wurde nach derselben Meth. in I zu 121800 bestimmt, doch ergab die Diffusionsanalyse Heterogenität als wahrscheinlich. Die Aggregation von II ist mehr von der Ionenstärke als von der Temp. abhängig. (Arch. Biochem. Biophysics **55.** 455—68. April 1955. Long Island, N. Y., Oakdale, Nat. Dairy Res. Labors., Inc.) Wolfgang Albrecht. 4070

T. N. Godnew, R. W. Jefremowa und **L. A. Krawzow,** *Über die Natur des Chlorophyll-Protein-Lipoidkomplexes bei dessen Bildung aus Protochlorophyll.* (Vgl. C. **1959.** 3509.) Durch Zusatz von festem *Protamin* (I) zu dem aus Heraclium gewonnenen *Chlorophyllid a'* (II) wird im Absorptionsspektr. das rote Maximum nach 670 mμ verschoben. Durch Zusatz von 0,16 mg/cm³ I zu der wss. II-Lsg. wird das Maximum der Fluorescenz um 250 cm⁻¹ nach kürzeren Wellen, das rote Absorptionsmaximum um 325 cm⁻¹ nach längeren Wellen verschoben. Hierbei weicht je eine Bande der Absorption u. Emission von der Stokesschen Regel ab. Hieraus ist zu schließen, daß das II-Mol. mit dem

I-Mol. assoziiert. Der I–II-Komplex entspricht in seinen spektralen Eigg. völlig jenem Komplex, der in den lebenden Plastiden aus dem Protochlorophyll in der ersten Stufe der Belichtung entsteht. Der von Krassnowski angenommene monomere Komplex ist demnach nicht aus Chlorophyll, Eiweiß u. Lipoid aufgebaut, sondern aus I u. Eiweiß, in welchen bei weiterer Belichtung zunächst Phytol, sodann Lipoid eingebaut werden. (Доклады Академии Наук СССР [Ber. Akad. Wiss. UdSSR] **113.** 646—49. 21/3. 1957. Inst. für Biol. u. Inst. für Physik der Akad. der Wiss. der BelorussSSR.) O. Lebtag. 4070

E. Biologische Chemie. Physiologie. Medizin.

E_1. Allgemeine Biologie und Biochemie.

A. C. Allison, *Genetische Kontrolle der menschlichen Haptoglobinsynthese.* Die bisherigen Ergebnisse der Unterss. über die hämoglobinbindenden *Haptoglobine* (I) werden zusammengefaßt. Die Hämoglobintypen S u. C als Ausdruck von Allelmodifikationen werden mit den I-Typen verglichen, u. für die Typen 1,2 u. 2,2 wird die Möglichkeit der Polymerenbldg. diskutiert. — 23 Literaturangaben. (Nature [London] **183.** 1312—14. 9/5. 1959. London, Nat. Inst. für Med. Forsch.) K. Ruckpaul. 4130

Heinz Tiedemann und **Hildegard Tiedemann,** *Versuche zur Gewinnung eines mesodermalen Induktionsstoffes aus Hühnerembryonen.* Durch Anwendung verschied. Reinigungsmethoden: Fällung mit Ammonsulfat, Extraktion mit Phenol u. Fraktionierung mit Pyridin, Extraktion des Acetontrockenpulvers mit 95%ig. Essigsäure u. Fraktionierung mit Aceton, Ae. u. Pyridin isolieren Vff. aus Hühnerembryonen ein Protein, das, in Molchlarven implantiert, vorwiegend mesodermale Organe induziert. Bei der Elektrophorese ergibt sich eine Hauptfraktion (Mol.-Gew. ca. 50000) u. zwei in geringen Mengen vorliegende Nebenprodukte. Der Faktor ist nicht an Ribonucleoproteide gebunden u. bleibt bei Fällung der Nucleoproteide mit *Streptomycin-* oder *Protaminsulfat* in Lösung. Die ausgefällten Nucleoproteide induzieren deuterencephal. (Hoppe-Seyler's Z. physiol. Chem. **314.** 156—76. 27/4. 1959. Heiligenberg/Bodensee, Heiligenberger Inst.) U. Baumann. 4130

H. D. Wulff und **Brigitte Hoffmann,** *Calciumoxalatgehalt und Polyploidie bei Rosa und Acorus.* Quantitative Calciumoxalat (I)-Bestimmungen der Blätter von *Rosa hybrida* „Max Graf“ (diploid, n = 7) bzw. deren tetraploiden Abkömmling *R. kordesii* (n = 14) u. einer diploiden (2n = 24) bzw. triploiden (2n = 36) Form von Kalmus (*Acorus calamus* L.) bestätigten die mit mkr.-anatom. Meth. für Autopolyploidie gefundene inverse Korrelation zwischen Chromosomenzahl u. I-Gehalt. Bei *Rosa* erfolgt mit dem Übergang von der Diploidie zur Tetraploidie eine Abnahme des I-Geh. (bezogen auf Frischgewicht) von 3,05 auf 1,24% u. bei *Acorus* von der diploiden zur triploiden Form ein solcher von 0,76 auf 0,66%. — 20 Literaturangaben. (Ber. dtsch. bot. Ges. **70.** 383—87. 30/11. 1957. Kiel, Univ., Bot. Inst.) H. Spohn. 4130

O. Ja. Raschba, *Die derzeitigen Daten zur Rolle der Nucleinsäuren bei der Veränderlichkeit und Vererbung der Mikroorganismen.* Auf Grund einer krit. Sichtung des Literaturmaterials kommt Vf. zu der Schlußfolgerung, daß der Mechanismus der Übertragung der erblichen Eigg. unter Beteiligung der *Desoxyribonucleinsäure* (I) noch ungeklärt ist. Die Wrkg. von I ist von verschied., bisher noch nicht erforschten Bedingungen abhängig. Andererseits kennt man eine Weitergabe der erblichen Eigg. auch ohne Beteiligung von I. Zweifellos spielen bei der Vererbung auch die Mitochondrien u. Mikrosomen eine Rolle. Die einzelnen Stoffe sind nicht fähig, die erblichen Eigg. weiterzugeben. Erforderlich ist die Beteiligung des lebenden Protoplasmas. — 44 Literaturangaben. (Мікробіологічний Журнал (Київ) [Mikrobiol. J. (Kiew)] **21.** Nr. 1. 61—67. 1959.) O. Lebtag. 4130

William Meier, *Über die Anfärbung kristalliner Lipoide.* Die Affinität von Fettfarbstoffen gegenüber Lipoiden hängt von der Neigung der Farbstoffe ab, Kolloidmicellen zu bilden. Zur Anfärbung von *Cholesterin* (I), *Tristearin* u. *Palmitinoleat* bzw. Gemischen dieser Lipoide mit *Triolein* eignet sich bes. eine gesätt. koll. Ceresschwarzlsg. in 70%ig. Methanol (II), welche durch kalte Farbsättigung eines 80%ig. II u. anschließende Verdünnung auf 70%ig. II durch Zutropfen von W., wobei der Farbstoff koll. ausfällt, hergestellt wird. Nach 3std. Anfärbung wird mit II-Essigester eluiert u. bei 590 mμ colorimetriert. Es kommt zu einer Adsorption von Farbstoff an Lipoid; mit Sinken des Lipoidschmelzpunktes u. damit Oberflächenvergrößerung bzw. Zunahme des Durchdringungsvermögens beider Phasen im Bereich der Grenzfläche wird die Färbbarkeit stärker. Auch durch Auftreten von Doppelbindungen, wie sie bei Oxydation von I zu 7-Dehydrocholesterin zustande kommen, kommt es zu Vergrößerungen der

Grenzflächenaktivität des Lipoids u. damit seiner Bereitschaft, Farbstoffmicellen zu adsorbieren. Hitzefixierung bzw. Alterung von Lipoproteiden vor der Anfärbung ist deshalb zu empfehlen. (Z. ges. inn. Med. Grenzgebiete **13.** 875—76. 1/11. 1958. Berlin, Univ., Charité, Pathol. Inst.) U. Tausendfreund. 4150

R. K. Archer, *Feulgen-Naphthoesäurehydrazidreaktion bei Blutausstrichen.* Es wird eine Meth. für Blutausstriche zur Erkennung der Nucleoli in Leukocyten beschrieben, die einfacher ist u. eine kräftigere Farbtönung ergibt als die n. Feulgen-Anfärbung mit dem Schiff-Reagens. Es wird die von Pearse (vgl. J. clin. Pathol. **4.** [1951.] 1) mitgeteilte Färbemeth. mit *Naphthoesäurehydrazid* angewandt. (Nature [London] **183.** 820. 21/3. 1959. Newmarket, Anim. Health Trust, Equine Res. Stat.) H. Struck. 4150

H. Edelhoch, *Die Metachromasie von Na-γ-Polyglutamat und Pepsin. Die Polypeptide γ-Poly-D-glutamat* aus Sporen von *B. anthracis* u. *γ-Poly-DL-glutamat* aus wachsenden Kulturen von *B. subtilis* sowie rekrist. *Pepsin* ergeben mit *Toluidinblau* Metachromasie. Die Bedingungen der Metachromasiebldg. werden geschildert. (Exp. Cell. Res. **15.** 412—14. Okt. 1958. Kansas City, Kans., Univ. of Kansas, Med. School, Dep. of Pathol. and Oncol.) Wolfgang Albrecht. 4150

T. P. Platowa, *Methoden zur Isolierung von Zellkernen und zur Untersuchung der in ihnen ablaufenden Proteinsynthese.* Übersicht an Hand der Literatur. — 69 Literaturangaben. (Успехи Современной Биологии [Fortschr. gegenwärt. Biol.] **47.** Nr. 2. 168—84. März/April 1959.) O. Lebtag. 4150

N. Ss. Gelman, *Über den Zusammenhang der biochemischen Prozesse mit den Strukturelementen der Bakterienzelle.* Übersicht an Hand der Literatur. — 57 Literaturangaben. (Успехи Современной Биологии [Fortschr. gegenwärt. Biol.] **47.** Nr. 2. 152—67. März/April 1959.) O. Lebtag. 4150

S. Levine und **D. Kritchevsky,** *Beobachtungen über den Einbau von ^{32}P in Riesenzellen, die durch Bestrahlung erzeugt wurden.* Riesenzellen wurden durch Röntgenbestrahlung erzeugt u. der Einbau von radioakt. ^{32}P in sie verfolgt. Es zeigte sich, daß in die Riesenzellen weniger ^{32}P eingebaut wird als in n. Zellen. — Die Resultate werden dahingehend gedeutet, daß die Größenzunahme bestrahlter Zellen durch fortdauernde Synth. großer Moll. bei Verlust der Teilungsfähigkeit bedingt ist. Dies stimmt mit der Fähigkeit dieser Zellen überein, die Synth. von Poliomyelitisvirus zu unterstützen. (Exp. Cell Res. **15.** 422—23. Okt. 1958. Pearl River, N. Y., Amer. Cyanamid Co., Res. Div., Viral and Rickettsial Sect.; Philadelphia, Pa., Wistar Inst. of Anatomy and Biol.) Wolfgang Albrecht. 4150

M. R. Grimm, F. C. Kull und **R. L. Mayer,** *Die Wirkung von Reserpinphosphat auf in Teilung befindliche Zwiebelwurzelspitzenzellen. Reserpinphosphat* (I) wirkt in einer Konz. von 4 mg% auf in Teilung begriffene Wurzelspitzenzellen von *Allium cepa* var. Silver Skin toxisch. Bei niedrigeren Konzz. kommt es zu einem Anstieg des mitot. Index, bis bei einer Konz. von 0,5 mg% nach 24std. Einw. von I ein maximales Verhältnis von sich teilenden zu ruhenden Zellen erreicht ist. I ist nicht in der Lage, die Metaphase zu hemmen. Obwohl die durch I hervorgerufenen makroskop. Veränderungen an den Wurzeln denen durch *Colchicin* (II) verursachten ähneln, zeigen sich im mkr. Bild nicht die bei Einw. von II auftretenden Chromosomenveränderungen. Auf Grund dieser Befunde wird angenommen, daß die Rückbldg. von Mäusetumoren unter dem Einfl. einer hohen I-Medikation nicht auf einer eigentlichen Antitumorwrkg. beruht. (Proc. Soc. exp. Biol. Med. **98.** 252—54. Juni 1958. Summit, N. J., Ciba Pharmaceut. Prod., Res. Dep.) U. Wörffel. 4150

Eugene C. Weinbach und **Joel Garbus** (unter techn. Mitarbeit von **C. Elwood Claggett**), *Die oxydative Phosphorylierung in Mitochondrien alter Ratten.* (Vgl. C. **1957.** 7676.) Hirn- u. Lebergewebe alter Ratten (24 Monate u. älter) zeigen z. B. hinsichtlich Farbe u. Festigkeit, im Vgl. zu denen junger Tiere erhebliche Unterschiede. In Lebermitochondrien alter Tiere nimmt die oxydative Phosphorylierung mit β-Hydroxybutyrat als Substrat ab. Entsprechende Abnahmen wurden mit anderen Substraten, wie Succinat u. α-Ketoglutarat bei frischen Präpp. zwar nicht gefunden, wohl aber bestanden nach längerem Aufbewahren der Mitochondrien bei 4° u. anderen Vorbehandlungen (Substratentzug, Pentachlorphenol) altersabhängige Unterschiede. Aus älteren Ratten isolierte Mitochondrien waren gegenüber schädigenden Einfll. (Einfrieren, Auftauen, Präincubation bei 37° ohne Substratzusatz, Ggw. hoher Pentachlorphenolkonzz.), gemessen an Quellung u. Veränderung der oxydativen Phosphorylierung sowie Adenosintriphosphataseaktivität, empfindlicher, u. zwar um so mehr, je stärker die Behandlung war. Messung des anorgan. Phosphat–Adenosintriphosphat-Austauschs ergab zwischen den

Altersgruppen keinen Unterschied, so daß eine Transphosphorylierungs-Rk. als Ursache der beobachteten Abnahme der oxydativen Phosphorylierung entfällt. Die Mitochondrien alter Tiere enthielten weniger Pyridin- u. Adeninnucleotide. (J. biol. Chemistry **234.** 412—17. Febr. 1959. Bethesda, Md., Nat. Inst. of Allergy and Infectious Diseases and Nat. Inst. of Mental Health.) K. MAIER. 4150

S. Gelfant, *Antephase und Desoxyribonucleinsäureverdoppelung.* Die Vermehrung der *Desoxyribonucleinsäure* (DNS) wurde in vitro an Kulturen von Epidermis des Mäuseohrs spektrophotometr. nach FEULGEN-Färbung untersucht. Es wurde festgestellt, daß unter den Versuchsbedingungen im Gegensatz zur Mitoseaktivität die DNS-Dopplung durch die Antephasenenergie nicht beeinflußt wird, so daß geschlossen werden kann, daß die Periode der Antephase in vitro keine Beziehung zur DNS-Synth. hat u. die DNS-Synth. nicht in dieser Periode stattfindet. (Exp. Cell Res. **15.** 423—25. Okt. 1958. Syracuse, N. Y., Syracuse Univ., Dep. of Zool.) WOLFGANG ALBRECHT. 4150

George Brawerman und **Erwin Chargaff,** *Ribonucleinsäuren während der Bildung von Chloroplasten in Euglena gracilis.* Etiolierte Zellen von *Euglena gracilis* bilden im nichtwachsenden Zustand Chloroplasten, ohne gleichzeitig *Protein* (I) oder *Ribonucleinsäure* (II) zu synthetisieren. Es findet eine Umwandlung von zelleigenem I in Chloroplasten-I statt (ca. 17%), wobei vornehmlich Leucin aufgenommen wird. Ferner zeigt sich die Bldg. spezif. II, wobei bes. Adenin eingebaut wird. (Biochim. biophysica Acta [Amsterdam] **31.** 164—71. Jan. 1959. New York, N. Y., Columbia Univ., Coll. of Phys. and Surg., Dep. of Biochem., Cell Chem. Labor.) H. KLUGE. 4150

E. E. Polli und **A. Fasoli,** *Sedimentation von Desoxypentosenucleinsäuren aus normalen und pathologischen menschlichen Milzen.* Die Sedimentationskurven (Schlierenmeth.) von *Desoxyribonucleinsäuren* aus n. u. patholog. veränderter menschlicher Milz in Kakodylatpuffer, p_H 7, zeigten übereinstimmendes Verh. der Sedimentation. (Proc. Soc. exp. Biol. Med. **91.** 633—35. April 1956. Milano, Univ. of Milano, Ist. di Clin. Med. Gener. e Terap. Med.) WOLFGANG ALBRECHT. 4150

F. J. Finamore und **E. Volkin,** *Nucleotid- und Nucleinsäurestoffwechsel bei sich entwickelnden Amphibienembryonen.* 2. Mitt. *Zusammensetzung und Stoffwechselaktivität von Nucleinsäuren aus Eiern des Ovars* (1. vgl. Exp. Cell. Res. **14.** [1958.] 160.) Nach Injektion von *^{32}P-Orthophosphat* war die Nucleotidzus. der Eier von Ovarien bei *Rana catesbeiana* in *Ribonucleinsäure* (RNS) u. *Desoxyribonucleinsäure* (DNS) sehr ähnlich der der Leber, ein signifikanter Altersunterschied der Eier war nicht festzustellen. Die spezif. Aktivität der RNS aus Eiern ist nie größer als die der Leber-RNS, doch ist die spezif. Aktivität der DNS reifer Eier bedeutend höher als die der Leber DNS. — Ferner wurde durch eine Mikroschneidetechnik in Verbindung mit Isotopentechnik die Anwesenheit von DNS im Cytoplasma der Eier nachgewiesen. Die DNS im Cytoplasma enthält etwa das Doppelte der Aktivität der Kern-DNS, während die Radioaktivität der RNS im Cytoplasma etwa ein Drittel der der RNS im Nucleus beträgt. (Exp. Cell Res. **15.** 405—11. Okt. 1958. Oak Ridge, Tenn., Oak Ridge Nat. Labor., Biol. Div.) WOLFGANG ALBRECHT. 4150

I. B. Zbarsky und **G. P. Georgiev,** *Cytologische Charakteristika von Protein- und Nucleoproteinfraktionen der Zellnuclei.* Vff. untersuchten mit chem. u. histochem. Methoden die Verteilung von *Desoxyribonucleinsäure* (DNA), *Histon-* u. *Nichthistonprotein* (extrahierbar mit NaCl), *Ribonucleinsäure* (RNA) u. *saure* Proteinfraktion (extrahierbar mit verd. Alkali) in nichtfixierten Schnitten verschied. tier. Gewebe; die fixierten Schnitte wurden dann zum Nachw. von *Nucleinsäuren* u. Protein angefärbt. Bei Extraktion mit 0,14—0,4 mol. NaCl ging alles Extra-*Chromatinprotein-* u. Nucleinsäurematerial in Lsg.; mit 1—1,5 mol. NaCl wurde alles *DNA-Protein* mit angeschnittenen Zellnuclei extrahiert; aus nichtangeschnittenen Nuclei wird prakt. nichts extrahiert. Die *RNA-Proteine* der Nucleoli u. die an „Restchromosomen" (MIRSKY u. RIS, C. **1951.** II. 3320) erinnernden Strukturen bleiben bei NaCl-Extraktion intakt u. verschwinden erst nach Extraktion mit Alkali. Die Ergebnisse zeigen deutlich eine Korrelation zwischen *Globulinfraktion* u. *Extra-Chromatinprotein* zwischen *DNA-Fraktion* u. *Chromatin* u. zwischen *saurem Protein* u. *Nucleoli* u. *Restchromatin*; die Extrahierbarkeit von *DNA-Protein* ist kein autolyt. Artefakt. Cytoplasmafreie Rattenlebernuclei wurden wie oben extrahiert; aus der viscosen *DNA-Proteinlsg.* wurde mit verd. H_2SO_4 ein *Komplex* aus *DNA* u. *Nichthistonprotein* gefällt. Die Globulinfraktion enthält ca. 20% des Nuclear-N u. 2,6—8% *RNA.* Die *DNA-Protein*-Fraktion enthält ca. 70% des *Nuclear-N* (ca. 18% *DNA*, 34% *Histon-* u. 17% *Nichthistonprotein*). Über 99% des *Gesamtnuclear-DNA* erscheinen im 1,5 mol. NaCl-Extrakt (DNA-Proteinfraktion). Die den Nucleoli u. Restchromosomen entsprechenden sauren Proteine (ca. 6% des Nuclearmaterials) enthalten 14—20% *RNA.* Die Restproteinfraktion, die nach Extraktion mit 0,05 mol. NaOH hinterbleibt, ist frei von Nucleinsäuren oder anderen P-Verbb.; sie besteht wahrscheinlich aus Nuclearmembranprotein. (Biochim. biophysica Acta [Amsterdam] **32.** 301—02. März 1959. Moskau, Akad. der Wiss. der UdSSR, Severtzov-Inst. für Tiermorphologie.) H. GOEBEL. 4150

Hans von Euler und **Hans Hasselquist,** *Peroxydatische Wirkungen von Nucleinsäuren sowie von Purin- und Pyrimidinderivaten. Ribo-, Desoxyribonucleinsäure* u. ebenso *Adenylsäure, Adenosin, Adenin, Guanidin, Cytosin* u. *Uracil* bilden bei p_H 6,8 aus *Pyrogallol* u. *Hydroperoxyd Purpurogallin.* Diese peroxydat. Wrkg. der Stoffe wird quantitativ verglichen u. diskutiert. (Makromolekulare Chem. **25.** 7—12. Dez. 1957. Stockholm, Univ., Inst. für organ.-chem. Forsch.) H. STRUCK. 4150

Elmer M. Wright, und **Henry Z. Sable** (unter techn. Mitarbeit von **Joy L. Bailey**), *Der enzymatische Abbau von Desoxyribosederivaten zur Bestimmung der Isotopenverteilung.* Zur Unters. des Desoxyribose (I)- u. Desoxyribonucleinsäurestoffwechsels mittels Tracer wird eine Meth. zum I-Abbau beschrieben, bei der durch eine Kombination von *E. coli* (I-Aldolase)- u. Muskelextrakt I-5-Phosphat zu Acetaldehyd [u. Triosephosphat (II)] u. Lactat (aus II) u. diese dann chem. zu Fraktionen, die nur die einzelnen *C-Atome* enthalten, abgebaut werden. Es besteht anscheinend keine Verunreinigung mit endogenen Prodd. u. nur eine sehr geringfügige Vermischung der einzelnen I-*C*-Atome untereinander. Ein Vgl. der Werte aus dem enzymat. u. dem partiellen chem. I-Abbau bestätigt die Zuverlässigkeit der enzymat. Bestimmungsmeth. für die Tracerverteilung in I. (Biochim. biophysica Acta [Amsterdam] **32.** 124—32. März 1959. Cleveland, Ohio, Western Reserve Univ., School of Med., Dep. of Biochem.) K. MAIER. 4150

S. Gelfant, *Aminopterin und Stickstofflost als Mitosehemmer der Mäuseohrepidermis in vitro.* In Verss. mit Epidermis des Mäuseohrs in vitro verhielten sich *Aminopterin* (I) u. *Stickstofflost* (II) anders als *Colchicin* u. hemmten die Mitosen nicht in der Metaphase. Bei Anwendung von I war prakt. kein Unterschied zu den Zellen ohne Inhibitorzusatz zu beobachten, II dürfte auf die Prophase einwirken. — Die Ergebnisse werden an Hand der Literatur kurz diskutiert. (Exp. Cell Res. **15.** 451—53. Okt. 1958. Syracuse, N. Y., Univ., Dep. of Zool.) WOLFGANG ALBRECHT. 4150

Y. Ogawa, *Zwei chemische Verbindungen, welche die Zellteilung in den Zellen des Yoshida-Sarkoms fördern. Kinetin* (*6-Furfurylaminopurin,* I) bewirkt bei intraperitonealer Applikation eine Vermehrung der Mitosen des *Yoshida-Sarkoms* der Ratte nach 120 Stunden. Ebenso fördert *Na-Glucuronat* (II) die Mitosehäufigkeit dieses Tumors nach 24 u. 96 Std. bei intraperitonealer u. intramuskulärer Verabreichung. Kombination von I u. II ergibt nach 48 Std. keine zusätzliche Verstärkung der Mitosetätigkeit, die beiden Verbb. wirken unabhängig voneinander. (Exp. Cell. Res. **15.** 415—18. Okt. 1958. Misima, Japan, Nat. Inst. of Genetics.) WOLFGANG ALBRECHT. 4160

V. Mutolo, G. Giudice und **A. di Miceli,** *Autoradiographischer Nachweis der Verteilung von* ^{32}*S-Methionin in Ehrlich-Asciteszellen.* Zellen von EHRLICH-Ascitestumoren wurden auf den Einbau von ^{35}*S-Methionin* (I) autoradiograph. untersucht. I wurde den Mäusen intravenös verabfolgt: nach 15 Min. wurden nur Spuren, nach 30 Min. deutlich vermehrte Mengen von I im Cytoplasma der Tumorzellen gefunden, während nach 180 Min. bis auf vereinzelte Zellen, bei denen im Nucleus vermehrt I nachgewiesen wurde, etwa derselbe Zustand wie nach 30 Min. mit nur geringen I-Spuren im Kern festzustellen war. Es ist nach den Befunden anzunehmen, daß nur eine geringe Zahl von Tumorkernen imstande ist, den Einbau von Aminosäuren wie I in die Kernproteine vorzunehmen. (Exp. Cell Res. **15.** 434—35. Okt. 1958. Palermo, Cancer Res. Center, Biol. Labor.) WOLFGANG ALBRECHT. 4160

O. Braun-Falco, K. Salfeld und **F. Braun-Falco,** *Über das Verhalten der Leucin-Aminopeptidase-Aktivität im Blutserum bei Patienten mit malignen Tumoren im Mund- und Halsbereich.* Die Höhe der *Leucin-Aminopeptidase*-Aktivität im Serum gestattet keine Aussage über Ausdehnung u. Malignitätsgrad maligner epithelialer Tumoren im Mund- u. Halsbereich. (Klin. Wschr. **37.** 231—34. 1/3. 1959. Mainz, Johannes-Gutenberg-Univ., Hautklinik u. Hals-Nasen-Ohren-Klinik.) U. TAUSENDFREUND. 4160

M. Blau, A. C. Johnson und **D. Pressman,** *p-Jodbenzoylgruppen als Doppelindicatoren für in vivo-Untersuchungen der Proteinverteilung: Spezifische Lokalisierung der Anti-Gewebe-Anti-Körper.* Eine Doppelindicatortechnik zur direkten Messung der Menge der Antikörper u. zur Kontrolle der Eiweißverteilung jeder Gewebeprobe dient zur Best. der spezif. Verteilung der Anti-Gewebe-Anti-Körper, bes. zur Best. bei Anti-Tumor-Anti-Körpern. Mit dem einen Radioisotop wird die Globulinfraktion eines Antinierenserums, mit dem zweiten Isotop die Globuline eines Normalserums markiert. Beide werden gleichzeitig dem Versuchstier injiziert. Durch Differentialanalyse der beiden Isotope wird die Verteilung der Proteine im Blut u. in den Organen bestimmt. Es werden ^{131}J u. ^{14}C enthaltende p-Jodbenzoylgruppen, die bes. für längere Beobachtungszeiten geeignet sind, verwendet (vgl. C. **1958**. 8658). Die Doppelindicatorentechnik bezweckt, Versuchsfehler infolge der Affinität von Organgewebe für Fremdeiweiß auszuschalten. (Int. J. appl. Radiat. Isotopes **3**. 217—25. Aug. 1958. Buffalo, N. Y., Roswell Park Memor. Inst., Dep. of Biochem. Res.) E. FISCHOEDER. 4160

T. T. Beresow, *Die Umaminierung der Aminodicarbonsäuren und ihrer Amide in bösartigen Geschwülsten.* Die aeroben Unterss. wurden bei 37° mit Kulturen aus Tumorgeweben, mit Zellaufschwemmungen des EHRLICH-Krebses u. mit zellfreier Ascites-Fl. durchgeführt. Außerdem wurde die Aktivität der Acetonpulver aus diesen Tumoren u. ihrer lyophilisierten Präpp. geprüft. Bei bösartigen Tumoren (Rattensarkom M-1, Mäusekrebs EHRLICH, Magencarcinom des Menschen) fand sich eine hochakt. Glutaminoasparaginaminoferase, außerdem eine hochakt. Glutaminase (I). Die zellfreie Ascites-Fl. war frei. Die Transaminierung des Glutamins mit Oxalessigsäure erfolgt wahrscheinlich nach der Hydrolyse bis zur Glutaminsäure. Die Möglichkeit einer gleichzeitigen Desaminierung u. Transaminierung ist allerdings nicht ausgeschlossen. In Verss. mit der Zellaufschwemmung bildet sich aus dem hinzugefügten Glutamin außer der Glutaminsäure auch Asparaginsäure, deren Entstehungsmechanismus noch nicht geklärt ist. In den Präpp. aus Sarkom M-1 konnte eine schwache Asparaginaseaktivität festgestellt werden. Im EHRLICH-Krebs u. im menschlichen Magencarcinom fehlt diese beinahe vollkommen. Asparagin fördert unbedeutend die Bldg. von Glutaminsäure bei Incubation mit α-Ketoglutarsäure u. Sarkom M-1. Bei anderen Tumorpräpp. trat Asparagin in der Regel nicht in Transaminierung mit α-Ketoglutarsäure. Die reduzierende Aminierung der α-Ketosäuren kommt unter den untersuchten Bedingungen fast nicht vor. (Вопросы Медицинской Химии [Fragen med. Chem.] **5**. 39—46. Jan./Febr. 1959 Moskau, Med. Ssetschenow-Inst., Lehrstuhl für biol. u. organ. Chem.) F. DU MANS. 4160

N. P. Buu-Hoï, *Moderne Richtungen in der Erforschung der chemischen Carcinogenese.* (Vgl. C. **1956**. 9202.) Übersicht. Es werden die Beziehungen zwischen Konst. u. Wrkg. carcinogener KW-stoffe vom Gesichtspunkt der Elektronentheorie krit. besprochen sowie auf die Bedeutung der Fixierung eines Carcinogens an Zellstrukturen u. den möglichen Einfl. dieses Vorganges auf die Carcinogene selbst hingewiesen. (Arzneimittel-Forsch. **6**. 251—56. Mai 1956. Paris, Univ. de Paris, Inst. du Radium.) CARL FREESE. 4160

Anwar A. Hakim, *Fördernder Einfluß eines kristallinen Phospholipoids aus menschlichem Brusttumor auf Neoplasmen bei Tieren.* Aus menschlichem Brusttumor wird ein krist. *Phospholipoid* (I) isoliert u. sein Einfl. auf das Wachstum spontaner Mammatumoren der Maus u. auf das durch Dibenzanthracen erzeugte Rattencarcinom untersucht. Es zeigt sich, daß I das Wachstum der Neoplasmen fördert. Weiter wird an n. Ratten festgestellt, daß I weder tox. noch selbst in der Lage ist, Tumoren zu erzeugen. (Lancet **1959** (I). 611—12. 21/3. Florida, USA, Miami Heart Inst., Biochem. Res. Lab.) H. STRUCK. 4160

John H. Weisburger, Elizabeth K. Weisburger und **Harold P. Morris,** *Die Biosynthese von $^{14}C_{(9)}$-N-[7-Hydroxyfluorenyl-(2)]-acetamid aus $^{14}C_{(9)}$-N-[Fluorenyl-(2)]-acetamid und dessen Umwandlung in der Ratte und im Meerschweinchen.* Aus dem Harn von Meerschweinchen wurde nach oraler Zufuhr von $^{14}C_{(9)}$-*N-[Fluorenyl-(2)]-acetamid* (*2-Acetylaminofluoren*) $^{14}C_{(9)}$-*N-[7-Hydroxyfluorenyl-(2)]-acetamid* (*7-Hydroxy-2-acetylaminofluoren*; I) F. 228—232° (Eisessig–W.), durch Ae.-Extraktion, Verteilungschromatographie an SiO_2 (Cyclohexan–tert.-Butanol–Eisessig–W., 16:4:2:1) u. Trägerkristallisation isoliert. Nach Verfüttern von I an Ratten u. Meerschweinchen war in allen Rattengeweben Radioaktivität nachweisbar. ^{14}C war anscheinend an lösl. (Acetatpuffer, p_H 5) u. unlösl. Rattenleberproteine gebunden, fehlte jedoch vollständig in Meerschweinchenleberproteinen. Nach 1, 2 u. 7 Tagen enthielt Rattenharn 51, 56 u. 58%, Faeces 20, 35 u. 40% der ^{14}C-Dosis. Ca. 50% der Harnmetabolite waren Glucuronsäure-, 14% Schwefelsäurekonjugate, u. zwar vorwiegend I-Paarlinge, ein Teil Konjugate von *7-Aminofluorenol-(2)* u. vielleicht von polyhydroxylierten Derivaten. Frei wurden nur geringe Mengen dieser Verbb. ausgeschieden. Nach 1 Tag enthielten Meerschweinchenharn u. Faeces 53% u. ca. 8% der ^{14}C-Dosis. 97% der Radioaktivität fanden sich im Meerschweinchenharn als Glucuronsäurekonjugate, vorwiegend dasjenige von I. (Arch. Biochem. Biophysics **80**. 187—98. Jan. 1959. Bethesda, Md., Nat. Cancer Inst., Labor. of Biochem.) K. MAIER. 4160

R. W. Baldwin, K. Butler, F. C. Cooper, M. W. Partridge und **A. J. Cunningham,** *Carcinogene Wirkung von Tricyclochinazolin. Tricyclochinazolin* (I) kann außer

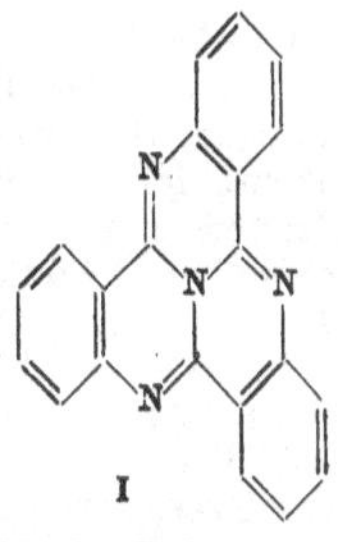

I

nach bekannten Methoden durch Pyrolyse folgender Derivv. der Anthranilsäure (II) gewonnen werden (in Klammern % Ausbeute): *-Methylester* (0,053), *-Ammoniumsalz* (0,083), *-Amid* (0,73), *Anthraniloylanthranilamid* (5), II*-Amid-p-toluolsulfonat* (20—25), II*-Methylester* u. NH_4-Benzolsulfonat (III; 5—16), II, Ammoniumsalz u. III (0,11), II u. III (0,086), II-Amid u. III (12). Beisubcutaner Injektion von insgesamt 40 mg I wurden bei 27% der Versuchstiere (WISTAR-Ratten) nach relativ langer Latenzzeit Tumoren an der Injektionsstelle beobachtet. I wird in vivo nicht verändert oder abgebaut. (Nature [London] **181.** 838—39. 22/3. 1958. Nottingham, Univ.) R. PREUSSMANN. 4160

Seirō Yamazaki, Kazuo Nitta, Tokurō Hikiji, Miyako Nogi, Tomio Takeuchi, Tadashi Yamamoto und **Hamao Umezawa,** *Zylinderplattenmethode zur Testung zellhemmender Effekte. Untersuchungen an durch Actinomyceten erzeugten tumorhemmenden Substanzen.* 12. Mitt. (11. vgl. MAEDA, C. **1959.** 1157.) Nach einer Plattenkulturmeth. mit EHRLICH-Carcinomzellen wurde durch Farb-Rk. mit *2.6-Dichlorphenolindophenol* die tumorhemmende Wrkg. verschied. Verbb. untersucht. Meßbare Hemmzonen wurden erzielt mit *Sarkomycin-Na, Sarkomycin S 1* (TAKEDA PHARMACEUT. IND), *Substanz Nr. 289* (vgl. OSATO u. Mitarbeiter, J. Antibiotics [Tokyo] Ser. A **9** [1956.] 75), *Nitromin* (*Methyl-β-chloroäthylamin-N-oxyd*), *TEM* (*Triäthylenmelamin*), *TSPA* (*N.N'.N''-Triäthylenthiophosphortriamid*), *DL-p-Bis-[β-chloroäthyl]-aminophenylalanin* u. *6-Mercaptopurin.* Dagegen war keine Hemmung nachweisbar mit *Pluramycin, Actinomycin, hydriertem Sarkomycin* u. *8-Azaguanin.* (J. Antibiotics [Tokyo], Ser. A **9.** 135—40. Juli 1956. Tokyo, National Inst. of Health. [Orig.: engl.]) H. DOSSMANN. 4160

E. Myles Glenn, S. C. Lyster, B. J. Bowman und **S. L. Richardson,** *Potenzierung biologisch aktiver Steroide durch carcinogene Kohlenwasserstoffe.* An adrenalektomierten Ratten konnte die glykogenolyt. Aktivität von *Hydrocortison* (I) durch gleichzeitige Applikation von *3-Methylcholantren* (II) signifikant erhöht werden. *Anthracen* u. *Phenanthren* waren dabei wirkungslos. Eine Hemmung des I-Stoffwechsels in isolierten Mikrosomenüberstandsfraktionen aus Rattenlebern war nicht festzustellen. Nach 7 tägiger oraler Vorbehandlung der Tiere mit II war jedoch die Stoffwechselgeschwindigkeit des I deutlich erhöht. Die durch Crotonöl hervorgerufene Entzündung wurde durch I u. II wesentlich besser beeinflußt als durch I allein. An kastrierten männlichen Ratten war weiterhin durch gleichzeitige Applikation von II eine Verstärkung der androgenen Wrkgg. von *17-Methyltestosteron* (III) möglich, gelang aber nicht, wenn nach der mehrtägigen Vorbehandlung mit II bereits mehrere Tage vergangen waren. Die endogen sezernierten Androgene intakter Tiere erfuhren durch II keine Potenzierung, sie fehlte ebenfalls bei kastrierten Ratten unter III-Dosen, die allein bereits maximale biol. Wrkg. zeigten. Auch die androgenen Wrkgg. von *Testosteronpropionat* wurden durch gleichzeitige II-Gaben verstärkt. Ähnliche Wirkungsverstärkungen von III konnten mit *2-Anthramin, Benz-α-pyren, 7-Methylbenzanthracen* erzielt werden, fehlten aber bei den nichtcarcinogenen Verbb. *Anthracen, Phenanthren, Anthron, Anthrachinon* u. auch bei *Desoxycholsäure, Methyldesoxycholsäure* u. *Dehydrocholsäure.* Die beobachteten Wrkgg. der carcinogenen KW-stoffe werden von den Vff. als mögliche Sensibilisierungen oder Umstimmungen der Organe u. Gewebe diskutiert. (Endocrinology **64.** 419—30. März 1959. Kalamazoo, Mich., Upjohn Comp., Dep. of Endocrin.) R. TIMMLER. 4160

Charles Heidelberger, Lois Griesbach, Olivia Cruz, R. J. Schnitzer und **E. Grunberg,** *Fluorierte Pyrimidine.* 6. Mitt. *Die Wirkung von 5-Fluoruridin und 5-Fluor-2'-desoxyuridin auf transplantierte Tumoren.* (5. noch nicht veröffentlicht.) Ein Vgl. der Wirksamkeit von *5-Fluoruridin* (I) u. *5-Fluor-2'-desoxyuridin* (II) mit der von *5-Fluoruracil* (III) gegenüber mehreren transplantierten Tumoren (Maus) zeigte, daß bei Adenocarcinom 755 u. L-1210 Leukämie III wirksamer als jedes der Nucleoside, die deutliche tumorhemmende Aktivität besitzen, ist. Bei Sarkom 180 ist II viel aktiver als III, während I prakt. unwirksam ist. Bei EHRLICH-Ascitescarcinom verlängert I u. II die Lebensdauer stärker als III. Gegenüber einer III-resistenten Linie des letzten erwies sich I ebenso wirksam wie beim Elternstamm. Bei Mäusen ist die Toxizität wiederholter I-Dosen viel größer als die von III, II weniger tox. als III. Bei Ratten ist die Giftigkeit von I weniger ausgeprägt als bei Mäusen. I hemmt sehr wirksam das Wachstum des NOVIKOFF-Hepatoms (Ratte). (Proc. Soc. exp. Biol. Med. **97.** 470—75. Febr. 1958. Madison, Wis., Univ., Med. School, McArdle Mem. Labor.; Nutley, N. J., Hoffmann-La Roche, Inc.)
K. MAIER. 4160

E. Myles Glenn, Sara Lee Richardson, Stanley C. Lyster und **Barbara Bowman,** *Hemmung eines Fibroadenoms der Mamma bei weiblichen Ratten durch Steroide der Andro-*

stanreihe. Bei subcutanen Dosierungen von *Testosteronpropionat* (I), die zur signifikanten Hemmung des Tumorwachstums führen, nimmt bei intakten weiblichen Ratten das Gewicht der Präputialdrüsen u. des Uterus wesentlich zu. Bei gleicher Wrkg. auf den Tumor fehlen dem *9.11-Epoxy-17-methyltestosteron* (II) beide Nebenwrkgg., noch bessere Tumorbeeinflussung bei geringer Zunahme der Präputialdrüsen wurde bei *11α-Hydroxy-17-methyltestosteron* (III) beobachtet. Bei oraler Applikation zeigt **II** gegenüber *17-Methyltestosteron* (IV) bei gleicher Tumorhemmung geringere Zunahme der Präputialdrüsengewichte. Die androgenen (Gewicht der Samenblase) u. myotroph. (Gewicht des Levator ani) Wrkgg. von **II** u. **III** sind am kastrierten männlichen Tier um mehr als 95% geringer als die von **I**, beide Verbb. zeigen am ovarektomierten Tier keine Zunahme des Uterusgewichtes, an tumortragenden Tieren aber signifikante Abnahme des Wachstums von Ovarien u. Nebennieren. *19-Nortestosteron* führt gleichzeitig mit Tumorhemmung zur Zunahme der Präputialdrüsen, diese Nebenwrkgg. fehlen dem *2-Methyl-19-nortestosteron* (V). Am jungen Tier führt **V** zur deutlichen Gewichtsabnahme von Testes u. Samenblasen bzw. Ovarien u. Uterus. **II** zeigt keine dieser Wirkungen. **III** zeigt im Vgl. zu **I** keine Hemmung des Hodenwachstums, jedoch starke Verringerung der Samenblasengewichte. *9α-Fluor-11β-hydroxy-17-methyltestosteron* (VI) zeigt eine maximale Tumorhemmung bei Dosen, die eine geringere Stimulation der Präputialdrüsen bewirken als **IV** oder **I**. **VI** verstärkt jedoch im Gegensatz zu **IV** am intakten Tier das Wachstum des Uterus. (Endocrinology **64**. 390—99. März 1959. Kalamazoo, Mich., Upjohn Comp., Dep. of Endocrin.) R. Timmler. 4160

Michael Potter und **Victor H. Haas**, *Beziehungen zwischen lymphocytischem Choriomeningitisvirus, Amethopterin und einem amethopterinresistenten lymphocytischen Neoplasma bei Mäusen.* Erzeugung von *Amethopterin* (I)-Resistenz durch Passage des I-empfindlichen tetraploiden lymphocyt. Tumors P 288 durch mehrere Generationen I-behandelter, gegen das lymphocyt. Choriomeningitisvirus (LCV) immunisierte bzw. nichtimmunisierte Mäuse. Zur I-Behandlung erhalten die Tiere 3mal wöchentlich 3 mg I/kg Körpergewicht subcutan injiziert. Bei anschließender Passage durch mehrere Generationen unbehandelter Mäuse bleibt die Resistenz erhalten. Der Nachw. von LCV war in allen Fällen negativ. Werden tumortragende nichtimmunisierte I-behandelte oder nichtbehandelte Mäuse mit LVC infiziert, so kann bei weiterer Tumortransplantation in allen Fällen das Virus nachgewiesen werden. Wird der I-resistente LCV infizierte Tumor auf LCV-immune Mäuse transplantiert, so bleiben die Tiere LCV-frei, wenn sie vorher nicht mit I behandelt worden waren. 6 von 8 mit I behandelten Mäusen waren dagegen LCV-positiv. Transplantation des nichtinfizierten I-resistenten Tumors auf 8 verschied. fremde Mäusestämme führte in den meisten Fällen zum Tod der Tiere, wenn diese mit I behandelt worden waren. Nicht mit I behandelte Kontrollen überlebten. (J. nat. Cancer Inst. **22**. 801—09. April 1959. Bethesda, Md., Nat. Cancer Inst. and Nat. Inst. of Allergy and Infect. Diseases.) R. Reiss. 4160

Abraham Goldin, Stewart R. Humphreys, John M. Venditti und **Nathan Mantel**, *Verlängerung der Lebenszeit von Mäusen mit fortgeschrittener Leukämie (L 1210) durch Behandlung mit halogenierten Derivaten von Amethopterin.* Männliche Mäuse erhielten Milzzellen von Mäusen mit lymphoider Leukämie (L 1210) subcutan transplantiert (500000—1 Mill. Zellen pro Maus). Die sich entwickelnden Tumoren haben nach 7 bis 9 Tagen einen Durchmesser von 8—12 mm. Von diesem Zeitpunkt an erhielten die Tiere subcutane Injektionen von Lsgg. verschied. *Amethopterin* (I)-Derivv. in 2%ig. $NaHCO_3$-Lösung. Ohne Behandlung trat der Tod nach 3 Tagen ein, nach I-Behandlung nach 19—21 Tagen. 3'-Bromamethopterin verlängert die Überlebenszeit gegenüber I um 3—11%, 3'-Chloramethopterin um 13—34%. Bei Applikation von 14—200 mg *3'.5'.Dichlor-* u. *3'-Brom-5'-chlorameihopterin*/kg über einen Zeitraum von 90 Tagen lag die Überlebenszeit bei mehr als 3 Monaten bei Regression des Tumors. Einige Tiere waren nach 6 Monaten noch am Leben u. prakt. geheilt. Erneute Tumortransplantation zu diesem Zeitpunkt verlief in 3 von 5 Fällen erfolglos. Durch die gleichzeitige Verabreichung von I bzw. I-Derivv. u. Citrovorum Faktor wird die lebensverlängernde Wrkg. der genannten Verbb. verhindert. (J. nat. Cancer Inst. **22**. 811—23. April 1959. Bethesda, Md., Nat. Cancer Inst., Labor. of Chem. Pharmacol. and Biometry Branch.) R. Reiss. 4160

Gordon F. Townsend, Joseph F. Morgan und **Barbara Hazlett**, *Aktivität von 10-Hydroxydecensäure aus Gelée Royal gegenüber experimenteller Leukämie und Ascites-Tumoren.* Der akt. Faktor aus *Gelée Royal*, welcher bei dessen vorheriger in vitro-Vermischung mit Leukämie-, 6C3HED-Lymphosarkom-, TA 3-Mammacarcinom- u. Ehrlich-Carcinomzellen (3 davon als Ascitestumoren) bei AKR-Mäusen ein Angehen der Tumoren verhütet, ist auch in der *10-Hydroxydecensäure* (I) nachweisbar. 30 mg frisches Gelée Royal oder 1,5 mg I/ml Zellsuspension (welche je ml ca. 10—50 Mill. Tumorzellen aufweist) können gegenüber der Leukämie u. 100 mg Gelée Royal oder 1,0 mg I/ml können gegenüber den anderen Tumorarten einen vollen Schutz ausüben. Die Antitumorwrkg. ist jedoch an Säurewerte unterhalb p_H 6,0 gebunden, was darauf hinweist, daß nur die undissoziierte Fettsäure wirksam ist. (Nature [London] **183.** 1270—71. 2/5. 1959. Guelph, Ontario, Ontario Agric. Coll., Dep. of Agricult.; Ottawa, Dep. of Nat. Health and Welfare, Labor. of Hyg.; Toronto, Univ., Dep. of Therap.) U. TAUSENDFREUND. 4160

Alexander Ferenczi, *Tumorbehandlung mit roten Rüben.* Kasuistik über vorübergehende Besserung bei Geschwulstkrankheiten durch Verabfolgung von roten Rüben. (Z. ges. inn. Med. Grenzgebiete **14.** 408—12. 15/4. 1959. Sándor, Csorna, Ungarn, Bezirks-Krankenhaus, Innere Abt.) H. STRUCK. 4160

Donald R. Korst, Ronald C. Bishop und **Frank H. Bethell,** *Zur Bestimmung des (der) erythropoetischen Faktors (Faktoren) durch die Aufnahme von radioaktivem Eisen aus N-Lost vergifteter Ratten.* Vergiftung von Ratten mit *N-Lost* (I) verringert die ^{59}Fe Aufnahme von Erythrocyten. Injektionen von Kaninchenplasma anäm. Tiere (Entblutung, Phenylhydrazin) steigert die ^{59}Fe-Aufnahme I-vergifteter Tiere. Der erythropoet. Faktor wird durch längeres Kochen zerstört, ist in Ae. unlösl. u. verliert durch längere Aufbewahrung in gefrorenem Plasma an Wirksamkeit. (J. Lab. clin. Med. **52.** 364—74. Sept. 1958. Ann Arbor, Mich., Univ. of Michigan, Radioisotope Serv. Veterans Admin. Hosp.; Thomas Henry Simpson Mem. Inst. for Med. Res.; Dep. of Inst. Med.) L. LACHHEIN. 4160

W. Auerswald and **O. Hoffmann-Ostenhof,** International Congress of Biochemistry, 4th, Vienna, 1958, Vol. 14: Transactions of the plenary sessions. London: Pergamon P. 1959. (XII + 299 S. m. Taf. u. Diagr.) = Symposium series-vol. 16. 75 s.

David Glick, ed., Methods of biochemical analysis: v. 7. New York: Interscience. 1959. (363 S. m. Abb.) 8°. $ 9,50

Edward Gurr, Methods of analytical histology and histochemistry. Baltimore: Williams & Wilkins. 1959. (328 S.) 8°. $ 13,—.

M. L. Wolfrom, ed., International Congress of Biochemistry, 4th, Vienna, 1958. Vol. 1; Carbohydrate chemistry of substances of biological interest. London: Pergamon P. 1959. (XI + 206 S. m. Tab., Taf. u. Diagr.) = Symposium series-vol. 3. 63 s.

E_2. Enzymologie. Gärung.

K. Krisch und **H. J. Staudinger,** *Isolierung von Cytochrom b_5 aus Nebennieren.* Aus nach dem Lipaseverf. von STRITTMATTER u. VELICK (C. **1957.** 11610) aufgeschlossenen Mikrosomen von Nebennieren wurde nach Ausfällung von Verunreinigungen mit $(NH_4)_2SO_4$ u. Ansäuern auf p_H 4,2 spektralreines *Cytochrom* b_5 (I) erhalten. Aus 1500 g Schweinenebennieren wurden 2—4 mg I erhalten; die Ausbeute war geringer als bei Isolierung von I aus Schweinelebern. I aus Nebennieren war mit I aus Lebern weitgehend ident., wich aber von diesem bei der enzymat. Red. mit DPNH durch eine schwierigere Reduzierbarkeit ab. (Biochem. Z. **331.** 37—45. 16/1. 1959. Mannheim, Städt. Krankenanstalten, Zentrallabor.) H. KLUGE. 4210

Youssef Hatefi, *Aktivierung von Cytochromoxydase durch Lipoprotein aus Mitochondrien.* Eine Cytochrom c-Oxydase (I) wurde aus Rinderherz isoliert, deren Aktivität durch ein aus Mitochondrien stammendes Lipoprotein (II) erheblich gsteigert wird. I wurde durch Extraktion mit tert. Amylalkohol u. Aufarbeitung des Rückstandes nach BASFORD gewonnen. Unter optimalen Bedingungen katalysiert 1 mg I in 1 Min. bei 38° die Oxydation von 45 μMol *red. Cytochrom c* (III). Durch Zugabe von II-Präpp. nach BASFORD läßt sich die I-Aktivität erheblich steigern: II bindet III. Der II-III-Komplex ist mit unpolaren Solventien, z. B. Heptan, extrahierbar. Vf. testete die I-Aktivität mit II verschied. Herkunft. Die Aktivierung wurde ausgedrückt in μMol Ferrocytochrom c, oxydiert pro Min./mg II, u. berechnet aus der Absorptionsänderung bei 550 mμ im BECKMANN-Spektrophotometer. (Biochim. biophysica Acta [Amsterdam] **30.** 648—50. Dez. 1958. Madison, Wis., Univ., Inst. for Enzyme Res.) H. BÜTTNER. 4210

T. N. Jewreinowa und **T. I. Larionowa,** *Eiweiß-Kohlenhydrat-Koazervate und Katalase.* Mit Koazervaten aus Gummi arabicum, Gelatine, Protamin u. Gummi arabicum sowie Protamin u. Gelatine wird bei p_H 4,2—9 die Aktivität von *Katalase* aus der Leber (**I a**) u. Micrococcus lysodeicticus untersucht (**I b**). Die Wrkg. wird in Koazervaten, Koazervattropfen, Gleichgewichts-Fl. u. Pufferlsg. untersucht. **I b** ist unter Verwendung von H_2O_2 als Substrat beim p_H 4,27 in sämtlichen untersuchten Systemen prakt. inaktiv. Bei Anstieg des p_H auf 6,3—6,4 gelingt es nur teilweise, **I b** zu reaktivieren. Ohne vorherige Einw. des sauren Mediums ist **I b** beim p_H 6—6,3 hochaktiv. Bei 6,0 ist die Aktivität von **I b** im Koazervat u. im Koazervattropfen prakt. gleich. In der Gleichgewichts-Fl. ist sie dagegen verschwindend gering. **I b** ist also im Koazervattropfen konzentriert. Es behält seine Aktivität auch bei einer sehr starken Verdünnung (bis zu 1:100000 u. 1:1000000). Dauert seine Einw. bis zu 5 Min., so steigt die Menge des zerstörten H_2O_2. Bei noch längerer Dauer der Verss. verschwimmen die Koazervattropfen. Die höchste Aktivität der **I b** wird in Koazervaten bei 43° u. in der Pufferlsg. bei 37° beobachtet. Protamin senkt die Aktivität der **I b**. Die **I a** ist in Koazervaten auch bei p_H 8,8—9,0 aktiv. **I a** ist bei p_H 4,27 prakt. ganz im Koazervattropfen enthalten. Bei p_H 6 befindet sich **I a** hauptsächlich in der Gleichgewichtsflüssigkeit. Bei überschüssiger Konz. des **I a** zerfällt H_2O_2 im Koazervattropfen nur bis zu 60%, in anderen Medien vollkommen. Bei p_H 8,8—9,0 ist **I a** nur in der Pufferlsg. aktiv. Gummi arabicum setzt die Aktivität stärker herab als Gelatine. Die Aktivität von **I a** u. **I b** in wss. Lsgg. ist höher als in Koazervatsystemen. Es wird angenommen, daß innerhalb der Zellvakuolen die fermentativen Prozesse schneller ablaufen als im zähen Plasma. (Доклады Академии Наук СССР [Ber. Akad. Wiss. UdSSR] **115.** 133—36. 1/7. 1957. Moskau, Lomonossow-Univ.) F. DU MANS. 4210

Gerhard Schenk, Helmut Loth und **Frank-Dietmar Feyen,** *Die Einwirkung von Frangulaperoxydase auf Frangulaanthranole.* 9. Mitt. *über die enzymatische und nicht-enzymatische Oxydation von therapeutisch wirksamen Pflanzenstoffen; zugleich* 1. Mitt. *über die Oxydation von Anthranolen mit Peroxydasen* (6. vgl. C. **1959.** 2553.) Bei der im Arzneibuch vorgeschriebenen mindestens einjährigen Lagerung der Rinde von *Rhamnus frangula*, bei der die Reizwrkg. der frischen Rinde durch Oxydation von Frangulaanthranol (I) zum Anthrachinon gemildert wird, soll nach anderen Autoren (z. B. SCHULZ, Pharmaz. **5.** [1950.] 546) keine fermentative Oxydation erfolgen. Vff. fanden jetzt, daß in der Rinde eine Peroxydase (II) vorhanden ist, die optimal bei p_H 5 u. 25° (Bldg. von Purpurogallin aus Pyrogallol + H_2O_2) wirkt. II oxydiert I in Ggw. von H_2O_2, ist aber ohne Wrkg. gegen *Anthranolglykosid* (III). III muß erst durch eine sich ebenfalls in der Rinde findende *Glykosidase* gespalten werden, bevor I fermentativ oxydiert werden kann. — *Cignolin* u. *Chrysarobin* (die sich von I durch Fehlen von OH in der 3-Stellung unterscheiden) werden von II + H_2O_2 nicht oxydiert. (Arch. Pharmaz. Ber. dtsch. pharmaz. Ges. **290/62.** 292—97. Juni 1957. Berlin, FU, Pharm. Inst.) A. HESSE. 4210

R. Gressly, H. Erlenmeyer und **H. Aebi,** *Zur Kinetik der Peroxydspaltung durch Katalase.* Die Katalase (I)-Aktivität in Ggw. verschied. Substrate u. bei verschied. Tempp. wurde bei p_H 7 u. mit 1,5 g krist. Enzym oder 0,5 mg Lebergewebe pro 10 ml bestimmt. Sowohl bei 0° als auch bei 37° werden Na-Perborat (II), Harnstoff–H_2O_2 u. Picolinsäure–H_2O_2 (0,06 mol. Lsgg.) durch I mit etwa gleicher Geschwindigkeit, freies H_2O_2 dagegen etwas rascher gespalten. Bei p_H 7,0 darf die II-Lsg. in ihrer Eig. als I-Substrat prakt. freiem H_2O_2 gleichgesetzt werden. Das Ausmaß der Peroxydspaltung nimmt in Ggw. verschied. Peroxydträger in der Reihenfolge Borat > Harnstoff > Picolinsäure ab. Die in allen Fällen ausgeprägte Reaktionsverzögerung ist nur zum geringsten Teil auf eine Abnahme der Substratkonz. zurückzuführen, zum größeren Teil dagegen auf die unter diesen Bedingungen rasch eintretende Inaktivierung der I infolge Bldg. eines inakt. Komplexes. Die Spaltung von H_2O_2 durch I ist im Bereich von 0—37° so gut wie temperaturunabhängig. Wird Perborat als Substrat verwendet, so ergibt sich eine etwas größere, jedoch immer noch bescheidene Abhängigkeit von der Versuchstemperatur. Vergleicht man den Effekt einer bestimmten Azidkonz. in Ggw. verschied. Peroxydträger, so läßt sich kein gesicherter Unterschied hinsichtlich der Hemmbarkeit der I beobachten, weder bei 37° noch bei 4°. Jedoch ist bei allen Substraten eine deutliche Temperaturabhängigkeit der Hemmwrkg. von Azid festzustellen. So bewirkt z. B. Na-Azid, welches bei 0° als I-Inhibitor ca. 25 mal stärker wirksam ist als bei 37°, eine Erhöhung der Aktivierungsenergie auf 14600 cal/Mol. (Helv. chim. Acta **42.** 204—09. 2/2. 1959. Bern, Univ., Med. Chem. Inst.; Basel, Univ., Anorgan.-Chem. Anstalt.) H. NÜRNBERGER. 4210

John W. Preiss, *Die Wirkung von Elektronen niedriger Energie auf intracelluläre Hefekatalase.* Mit Hilfe partieller Zellbestrahlung wurde untersucht, ob innerhalb der Zelle eine geometr. Trennung von Aktivierungs- u. Inaktivierungsbereichen besteht. Bei partieller Bestrahlung von Backhefezellen mit energiearmen Elektronen gelang eine Aktivierung der intracellularen Katalase, wenn die Elektronen nicht in den enzymenthaltenden Bereich der Zelle eindrangen. Letzter liegt mit der äußeren Grenze mindestens 2000 Å tief in der Zelle, d. h. 1500 Å tiefer als der Invertasebezirk. Eine Aktivitätserhöhung gelang nur mit 2000 V-Elektronen, während 5000 V-Elektronen die Wirksamkeit herabsetzten. Die Aktivitätszunahme durch ionisierende Strahlung beruht auf einer Wrkg. auf eine nahe der Zelloberfläche gelegene, wahrscheinlich innerhalb der Zellwand befindlichen Struktur. (Arch. Biochem. Biophysics **79.** 261—68. Jan. 1959. New Haven, Conn., Yale Univ., Biophysics Dep.) K. MAIER. 4210

H. P. von Hahn, *Die Katalaseaktivität im Schwanzgewebe der Larve von Xenopus laevis DAUD.* Vf. untersuchte die Eigg. der im Xenopus-Larvenschwanz vorkommenden

Katalase (I). Als Substrat diente eine 1,5%ig. Lsg. von Na-Perborat (II), die mit konz. HCl auf p_H 7,0 eingestellt war. Die I des Xenopus-Schwanzes verhält sich in ihrer Rk. auf II sehr ähnlich solchen aus Säugetierorganen. Die Spaltung von H_2O_2 verläuft linear mit der Homogenatkonz., wie dies bei krist. u. Rattenleber-I der Fall ist. Bis zu einer Substratkonz. von ca. 0,06 mol. steigt die Reaktionsgeschwindigkeit fast linear mit der Konz.; innerhalb eines Intervalls von 0,06—0,097 mol. kann ohne Berücksichtigung der Substratkonz. gearbeitet werden. Der optimale p_H-Bereich der Xenopus-I (**Ia**) liegt zwischen p_H 7 u. p_H 8, dies entspricht genau dem n. Aktivitätsbereich der Säuger-I (**Ib**). **Ia** zeigt noch bis p_H 5 u. p_H 9 über die Hälfte der optimalen Aktivität. Im Gegensatz zur **Ib** weist **Ia** jedoch nach Zerstören des Enzyms durch Erhitzen gegenüber II keinerlei Aktivität mehr auf. Die Ähnlichkeit des Verh. der **Ia** mit dem der **Ib** (MICHAELIS-Konstante, p_H-Bereich, Konzentrationsabhängigkeit, zeitlicher Verlauf) ist mit der Ansicht vereinbar, daß die Wrkg. dieses Enzyms zur Hauptsache in seiner prosthet. Gruppe, dem Protohämin, lokalisiert ist. (Helv. chim. Acta **42.** 49—55. 2/2. 1959. Bern, Univ., Zoolog. Inst.) H. NÜRNBERGER. 4210

H. R. Schütte und **H. Nürnberger,** *Untersuchungen über Rinderleberkatalase. 1. Mitt. Zur Kenntnis der Sulfhydryl- und Disulfidgruppen des Proteins. Katalase* (I) der Rinderleber enthält nach SCHNUCHEL (vgl. C. **1957.** 3290) 10 Moll. *Cystin*/1 Mol. I (bezogen auf Mol.-Gew. 225000). Durch Best. der SH-Gruppen (prakt. der Best. von *Cystein* entsprechend) mit p-Chlormercuribenzoat (II) oder durch amperometr. Titration mit $AgNO_3$ wird in krist. I die Zahl der freien wie der maskierten (latente Aktivität) SH-Bindungen zu 6 bzw. 4 ermittelt. Die SH-Gruppen üben keinen wesentlichen Einfl. auf die Aktivität der I aus, wie sich bei Blockierung der I-Wrkg. mittels steigender Mengen II oder $AgNO_3$ zeigt. Bei reduktiver Spaltung der —S—S-Brücken mittels Lithiumthioglykolat erfolgt ein starker Abfall der Wrkg. von I; die —S—S-Bindungen sind also von größerer Bedeutung. — Die UV-Absorptionsspektren der mit II blokkierten u. der red. I unterscheiden sich vom Spektr. der reinen I: Das Maximum bei 270 mμ verschwindet, u. die Extinktion steigt mit abnehmender Wellenlänge fortlaufend an. (Hoppe-Seyler's Z. physiol. Chem. **315.** 13—19. 1959. Halle, Dtsch. Akad. der Wiss., Arbeitsstelle für Biochemie der Pflanzen, u. Univ., Inst. für organ. Chem.) A. HESSE. 4210

Roger J. Romani und **A. L. Tappel,** *Die anaerobe Bestrahlung von Alkoholdehydrogenase, Aldolase und Ribonuclease.* Die Unters. der Inaktivierungsgeschwindigkeiten, SH-Verluste, Wrkg. von SH-Reduktionsmitteln u. Ionenausbeuten bei Bestrahlung (5,6 meV; 0—2·10^5 rad) wss. Lsgg. von A.-Dehydrogenase, Aldolase u. Ribonuclease unter anaeroben Bedingungen (N_2) sprechen dafür, daß die Inaktivierung der Enzyme unter diesen Bedingungen auf einer unspezif. Eiweißdenaturierung beruht. Die vollständige Inaktivierung ist mit dem Auftreten charakterist. unangenehmer Gerüche verbunden. (Arch. Biochem. Biophysics **79.** 323—29. Jan. 1959. Daves, Calif., Univ., Dep. of Food Technol.) K. MAIER. 4210

C. A. Appleby und **R. K. Morton,** *Milchsäuredehydrogenase und Cytochrom b_2 in Bäckerhefe. Reinigung und Kristallisation.* Die *Milchsäuredehydrogenase* (I) der Hefe hat eine Beziehung zum *Cytochrom b_2* (II). Um diese zu klären, reinigen Vff. I, indem sie Trockenhefe durch Butanol von Lipoiden befreien, den Rückstand mit W. unter Lactatzusatz extrahieren u. den wss. Extrakt in der Kälte mit Aceton fraktionieren. Aus dem Prod. der Acetonfraktionierung krist. I u. II bei der nachfolgenden Dialyse aus. Das begleitende Cytochrom c bleibt in Lsg. u. kann so von II abgetrennt werden. Während Kristallisation u. Rekristallisation sind die Bedingungen anaerob, um das Enzym zu schützen. Vff. definieren die Einheit des Enzyms als diejenige Menge, die bei Lactatüberschuß 1 μMol Kaliumferricyanid pro Std. red. u. zur spezif. Aktivität beziehen sie diese Einheit auf 1 mg Protein. Bei der Reinigung steigt die spezif. Aktivität von 46 auf 5820. Das Kristallisationsprod. zeigt im red. Zustand die Absorptionsbanden von II. (Biochem. J. **71.** 492—99. März 1959. Melbourne, Univ., Dep. of Biochem.) L. KIESOW. 4210

M. B. Thorn, *Einfluß von o-Jodosobenzoat auf Bernsteinsäureoxydase des Herzmuskels.* Im Gegensatz zu Annahmen von SLATER (Biochem. J. **45.** [1949.] 14), wonach im Syst. der *Bernsteinsäureoxydase* außer an der *Dehydrogenase* (I) noch an einer zweiten Stelle, vielleicht an dem durch 2.3-Dimercaptopropanol zerstörten „Faktor", die hemmende Wrkg. von *o-Jodosobenzoat* angreift, wird gezeigt, daß nur an I u. nirgendwo anders Hemmung erfolgt. (Biochem. J. **71.** 23P—24P. März 1959. London S. E. 1, St. Thomas's Hosp., Med. School, Dep. of Biochem.) A. HESSE. 4210

M. Nakamura, P. Pichette, S. Broitman, Alyce L. Bezman, N. Zamcheck und **J. J. Vitale,** *Untersuchungen über die hemmende Wirkung der Darmschleimhaut auf*

die Aktivität der Bernsteinsäureoxydase. Nach VITALE u. Mitarbeitern (Amer. J. Physiol. **187.** [1956.] 427) zeigt Darmschleimhaut (Ratte) gegenüber *Bernsteinsäure* eine sehr wechselnde O_2-Aufnahme. Jetzt wird mitgeteilt, daß dies auf Hemmung der *Bernsteinsäureoxydase* (I) beruht. Der Inhibitor konnte aus Darmschleimhaut der Ratte mittels Aceton extrahiert werden; er ist hitzestabil (100°; 5 Min.). Bei Auftrennung des Acetonextraktes an einer Kieselsäuresäule erwiesen sich nur die freien *Fettsäuren* (JZ. 111) hemmend, wogegen Phospholipoide u. Neutralfett ohne Einfl. auf I waren. Ähnliche Inhibitorwrkg. haben *Linolsäure* u. *Ölsäure*; Stearinsäure zeigt viel geringere Hemmwrkg.; verhältnismäßig große Konzz. von Triolein hemmen nur geringfügig. — Während Darmschleimhaut der Ratte 0,16—0,24 mg freie Fettsäuren pro mg N aufweist, hat Darmschleimhaut der Meerschweinchen nur ca. 0,005 mg/mg N. — Diese Inaktivierung der I beruht wahrscheinlich auf einer Lyse der Lipoidkomponente der I durch die Fettsäuren. (J. biol. Chemistry **234.** 206—10. Jan. 1959. Boston City Hosp., Mallory Inst. of Pathol., Gastro-intestinal Res. Labor.; Boston, Mass., Univ., School of Med.)
A. HESSE. 4210

Donald F. Steiner und **Robert H. Williams,** *Atmungshemmung und Hypoglykämie durch Biguanide und Dekamethylendiguanidin.* Die Verss. ergaben eine Bestätigung der Ansicht, daß kondensierte *Diguanidine, Phenäthyl-* u. *Amylbiguanid* (III bzw. IV) Hypoglykämie durch eine prim. Hemmwrkg. auf bestimmte Atmungsenzyme hervorrufen. *Bernsteinsäureoxydase* wird durch die beiden Biguanidverbb. u. durch *Synthalin A* (I) gehemmt. Der *Bernsteinsäuredehydrogenase*-Komplex wird schwach gehemmt durch III u. I, aber nicht durch IV. Die Oxydation von Cytochrom c durch *Cytochromoxydase* (II) wird durch alle 3 Verbb. gehemmt. Die Hemmwrkg. durch I auf die II-Aktivität in vitro ist 4—6mal stärker als die der Biguanide. Die Beziehung der Atmungshemmung zur Entw. der Hypoglykämie wird erörtert. (Biochim. biophysica Acta [Amsterdam] **30.** 329—40. Nov. 1958. Seattle, Wash., Univ. of Washington, Dep. of Med.)
H. AMAN. 4210

Hans - Dieter Horn und **Friedrich H. Bruns,** *DPNH- und TPNH-Glutathionreduktase im Serum des Menschen.* Unter Verwendung von DPNH (I) u. TPNH (II) als H-Donatoren wurde die Glutathionreduktase (III)-Aktivität von menschlichem Serum mit Hilfe eines opt. Testes gemessen. Die Wrkg. der III besteht in der Red. von *Glutathiondisulfid* (IV) zu *Glutathion.* p_H-Optimum mit II: 6,5; $K_{II} = 2{,}5 \cdot 10^{-5}$ Mol/Liter. — p_H-Optimum mit I: 6,2; $K_I = 5 \cdot 10^{-4}$ Mol/Liter. Ab $5 \cdot 10^{-4}$mol. IV ist die Reaktionsgeschwindigkeit mit II wie auch mit I maximal. — III wird durch *Heparin* stark gehemmt, bes. in den I-abhängigen Reaktionen. — Bei gesunden Versuchspersonen wurde pro cm³ Serum u. Std. ein mittlerer Umsatz von 0,76 μMol IV mit II u. 0,42 μMol IV mit I beobachtet. Erhöhter Umsatz wurde u. a. bei unbehandelter perniciöser Anämie, bei einem Anfall von kongenitaler Porphyrie u. bei einem metastasierenden Magencarcinom beobachtet. Der Quotient der Aktivitäten mit II u. mit I war auch bei patholog. Bedingungen nicht sicher geändert. (Biochem. Z. **331.** 58—64. 16/1. 1959. Düsseldorf, Med. Akad., I. Med. Klinik u. Inst. für physiol. Chem.) A. HESSE. 4210

V. Massey, *Über die physiologische Funktion der Diaphorase.* Der gereinigte, fluorescierende, gelbe Enzymkomplex (I), der im Herzmuskel die Oxydation von α-Ketoglutarat (II) bewirkt u. ein ähnliches Absorptionsspektr. wie Diaphorase (III) aufweist, wurde teilweise in eine farblose Fraktion aufgespalten, die nur in Ggw. zugesetzter III akt. war. Ein weiterer Beweis für die Identität des Flavoproteins von II-Dehydrogenase (IV) mit III ergab die vollständige Spaltung von I in eine farblose u. eine gelbe Komponente durch Fraktionierung in Ggw. von 2,5mol. Harnstoff. Die einzelnen Fraktionen katalysieren die II-Oxydation nicht, die Mischung ist dagegen wieder wirksam: II + CoA + DPN $\rightarrow$ Succinyl-CoA + CO_2 + red. DPN. Die gelbe Fraktion ist in den physikal., spektralen u. enzymat. Eigg. mit III identisch. IV enthält etwa äquimol. Mengen Thiaminpyrophosphat (V), Liposäure (VI) u. Flavin (VI-Dehydrogenase). Von diesen eiweißgebundenen Cofaktoren sind V u. VI in der farblosen Fraktion lokalisiert. Die an der II-Oxydation beteiligten Enzyme, von denen eines III darstellt, sind demnach im Enzymkomplex I in stöchiometr. Mengen kombiniert. (Biochem. J. **72.** 7P—8P. Mai 1959. Sheffield, Univ., Dep. of Biochem.) K. MAIER. 4210

Robert L. Ringler und **Thomas P. Singer,** *Löslichmachen und Test der „unlöslichen" α-Glycerophosphatdehydrogenase aus tierischem Gewebe.* Vff. beschreiben eine neue Meth. zur Darst. von lösl. α-Glycerophosphatdehydrogenase (I). Bisher war es schwierig, dieses Enzym in lösl. Form darzustellen. Schweinehirn wird homogenisiert u. zentrifugiert. Die acetongetrocknete Mitochondrienfraktion wird mit Klapperschlangengift behandelt. Durch Einw. der darin enthaltenen *Lecithinase A* wird lösl. I extrahiert, deren Eigg. untersucht wurden: Absolutmaximum 412; 455 mμ; Methylenblau ist bei p_H 7,9 ein guter I-Acceptor. (Biochim. biophysica Acta [Amsterdam] **29.** 661—62. Sept. 1958. Detroit, Mich., Henry Ford Hosp.) H. BÜTTNER. 4210

Ruth T. Gross, Ruth E. Hurwitz und **Paul A. Marks,** *Glucose-6-phosphatdehydrogenasemangel, eine erbliche Enzymmangelkrankheit der Erythrocyten.* Bei 305 gesunden Versuchspersonen wurde in 4,5% der Fälle ein erblicher Mangel der *Glucose-6-phosphatdehydrogenase* (I) beobachtet. Die darunter befindlichen Neger zeigten sogar in 7,2% diese Anomalie. Auch bei Patienten mit hämolyt. Anämien durch Naphthalin u. Genuß von Favabohnen wurde ein I-Mangel festgestellt. Das Vorliegen eines I-Mangels ist durch eine verringerte Stabilität des red. Glutathions mit Acetylphenylhydrazin gekennzeichnet. Lediglich Neugeborene in den ersten Lebensstd. zeigen darin eine Ausnahme. (J. clin. Invest. **37.** 1176—84. Aug. 1958. San Francisco, Calif., Stanford Univ., School of Med., Dep. of Ped.; New York, N. Y., Columbia Univ., Coll of Physicians and Surgeons, Dep. of Med.) L. LACHHEIN. 4210

Spyridon G. A. Alivisatos, *Der Wirkungsmechanismus der Diphosphopyridinnucleotidasen.* 16 E. *Diphosphopyridinnucleotidase* (I) werden in 3,0 ml einer 5% $NaHCO_3$-Lsg. von p_H 8,0 mit 2.4-Dinitrofluorbenzol (II), Methylenblau (mit u. ohne Lichteinw.), Fluoresceinisothiocyanat, diazotierter Sulfanilsäure, Jod (gelöst in 0,1 ml KJ), Jodacetat (III) u. p-Chlormercuribenzoat (IV) 2—16 Std. incubiert, anschließend wird gegen 200 ml einer 5%ig. $NaHCO_3$-Lsg. für 48 Std. bei 4° dialysiert u. danach die Fermentaktivität getestet. Durch **II** wird die Aktivität von **I** aufgehoben, **III** u. **IV** haben keinen Einfl. auf die Aktivität von **I**. Vf. nimmt daher an, daß die Wrkg. von **II** nicht durch einen Angriff an den SH-Gruppen, sondern durch einen Angriff an den Histidylgruppen von I zustande kommt, u. daß die Histidylgruppen für die Wrkg. von I wesentlich sind. (Nature [London] **183.** 1034—37. 11/4. 1959. Chicago, Ill., Med. School, Mount Sinai Med. Res. Found., Dep. of Biochem.) KLAUS BECKER. 4210

E. Mascitelli-Coriandoli, R. Boldrini und **C. Citterio,** *Die Wirkung des Pantethins auf das Coenzym A der Leber und Niere bei experimenteller Nephrose.* Die beim Versuchstier durch Antinierenserum (I) ausgelöste Hyperlipämie ist von einer Abnahme des *Coenzym A* (II)-Geh. von Leber u. Niere begleitet, die durch *Adenosintriphosphat* (III)-Behandlung teilweise rückgängig zu machen ist. Unterss. an weißen, jungen Ratten, die mit Schaf-I behandelt worden waren, ergaben eindeutig, daß *Pantethin* (IV; intramuskulär) bei diesen Tieren den **II**-Geh., wenn auch schwächer als **III**, von Leber u. Nieren erhöhte. **IV** erspart wahrscheinlich dem Organismus die Synth. von **II**-Vorstufen. Das Ansteigen der Serumproteine u. die Verminderung der täglichen Eiweißausscheidung beruht vermutlich auf dem Pantothensäureanteil von **IV**. (Naturwissenschaften **46.** 111—12. 1. Febr.-H. 1959. Mailand, Farmavigor S. p. A., Forsch.-Labor.) K. MAIER. 4210

Michel Privat de Garilhe, Giuliana Fassina, François Pochon und **Jean Pillet,** *Reinigung der Desoxyribonuclease von Micrococcus pyogenes.* Die früher (CUNNINGHAM u. Mitarbeiter, C. **1957.** 2507) beschriebene Reinigung der Desoxyribonuclease (I) aus Micrococcus pyogenes wird fortgesetzt, wobei durch Fällen mit $(NH_4)_2SO_4$, Dialyse, Fällen mit Ä. sowie Chromatographie an Amberlite IRC 50 XE 64 bei p_H 6—7 u. Elution bei großer Ionenstärke zwei Fraktionen erhalten wurden. Es ist noch unentschieden, ob hier zwei verschied. Enzyme vorliegen. (Bull. Soc. Chim. biol. **40.** 1905—10. 15/2. 1959. Paris, Fac. de Sci., Labor. de Chim. Biol.; Garches [Seine-et-Oise], Inst. Pasteur.) A. HESSE. 4210

Bernard J. Krask und **George E. Fulk,** *Die Verwertung von Inosin, Adenosin und Ribose durch Sporen von Bacillus cereus var. terminalis.* Extrakte aus *B. cereus* var. terminalis-Sporen enthalten 1. eine Nucleosidphosphorylase, die die Rk. zwischen Adenosin (I) oder Inosin (II) u. Orthophosphat (III), die zur Bldg. von Ribose (IV)-1-phosphat (V) führt, katalysiert, 2. eine Phosphoribomutase, die **V** in **IV**-5-Phosphat (**VI**) umwandelt, 3. eine Ribokinase, die die **VI**-Bldg. aus **IV** u. Adenosintriphosphat (**VII**) in Ggw. von Mg^{2+} katalysiert. Auf Grund der experimentellen Befunde erfolgt vor der Phosphorolyse eine Entaminierung von **I** zu **II**. Sporenhomogenisate u. Fragmentfraktionen aus Homogenisattrennungen setzen aus **VII**, **I**-Diphosphat, **I**-Monophosphat u. **VI** **IV** u. **III** frei. Nach diesen Befunden findet in Sporen, die zur Keimung Nucleoside benötigen, Kohlenhydratstoffwechsel über einen Pentosephosphatweg statt. (Arch. Biochem. Biophysics **79.** 86—90. Jan. 1959. Fort Detrick, Frederick, Md., US Army, Chem. Corps.) K. MAIER. 4210

Priscilla J. Ortiz und **Severo Ochoa,** *Untersuchungen über die durch Polynucleotidphosphorylase synthetisierten Polynucleotide.* 4. Mitt. *^{32}P-markierte Ribonucleinsäure.* (3. vgl. C. **1958.** 12138.) Durch *Polynucleotidphosphorylase* aus *Azotobacter vinelandii* wurden aus $^{32}P_{(1,2)}$-Adenosin-5'-diphosphat u. den *5'-Diphosphaten* des *Guanosins* (I), *Uridins* (II) u. *Cytidins* (III) sowie nach dem gleichen Verf. aus $^{32}P_{(1)}$-II u. den *5'-Di-*

phosphaten von Adenosin (**IV**), **I** u. **III** 2 *Ribonucleinsäuren* dargestellt. Bei der Hydrolyse mit Schlangengiftphosphodiesterase lieferten beide Nucleinsäuren *Nucleosid-5'-monophosphate*, von denen nur das **IV**- bzw. **II**-5'-monophosphat ^{32}P enthielten, während das bei der Hydrolyse mit Milzphosphodiesterase oder Alkali erhaltene Gemisch der *Nucleosid-3'-monophosphate* eine gleichmäßige Verteilung der Aktivität zeigte. Die Ergebnisse beweisen die unregelmäßige Anordnung der markierten Nucleotide in den Polynucleotidketten. (J. biol. Chemistry **234**. 1208—12. Mai 1959. New York, N. Y., Univ., Coll. of Med., Dep. of Biochem.) F. HELLER. 4210

M. Laskowski und **B. Filipowicz,** *Abtrennung eines neuen Enzyms (Nucleosidpolyphosphatase) aus roher Desoxyribonuclease II der Milz.* Ein *Ca-[bis-(p-nitrophenyl)-phosphat]*$_2$ hydrolysierendes Milzpräp., in dem *Phosphodiesterase* (**I**) angereichert war, das aber nicht frei von *Desoxyribonuclease II* (**II**) war, wurde weiter gereinigt durch Dialyse gegen 0,005 mol. Phosphatpuffer p_H 7,0, Chromatographie an DEAE-Cellulose, Lyophylisieren des nach Testen die Hauptmenge von **I** enthaltenden Anteiles, Dialyse u. Chromatographie an Carboxymethylcellulose, wobei 20fache Reinigung erzielt wurde. Dieses Enzympräp. (**III**) hydrolysiert Nucleosidtriphosphate (*ATP, CTP, UTP*) schneller als die Diphosphate. Für **III** wird die Bezeichnung „Nucleosidpolyphosphatase" vorgeschlagen. — Resistent gegen **III** sind: Desoxyribooligonucleotid-3'- bzw. 5'-phosphat, Ribooligonucleotid mit 3'-Phosphat in Endstellung, Coenzym I, Dithymidinmonophosphat, Ca-Salz von p-Nitrophenylthymidin-5-phosphat sowie anorgan. Pyrophosphat. (Bull. Soc. Chim. biol. **40**. 1865—73. 15/2. 1959. Milwaukee, Wis., Marquette Univ., School of Med., Dep. of Biochem.) A. HESSE. 4210

G. R. Barker, J. B. Lloyd, M. D. Montague und **N. F. Wood,** *Die Wirkung einiger Enzyme auf Purin und dessen Derivate.* Zur Aufklärung des Stoffwechselverh. von Purinribosid (**I**) wurde das Verh. von Purinderivv. gegenüber geeigneten Enzymen untersucht. *9-β-D-Ribofuranosylpurin-5'-phosphat* wurde durch Muskel-*Adenylsäurekinase* in Ggw. von Adenosintriphosphat in Purinribosiddiphosphat (**II**) umgewandelt (Polyphosphatbldg.!). Incubation von isoliertem **II** mit Azotobacter vinelandii-Polynucleotidphosphorylase bewirkte keine Phosphorolyse. **I** ist kein Substrat der Nucleosidphosphorylase aus Kälbermilz. (Biochem. J. **72**. 9P. Mai 1959. Manchester, Univ., Dep. of Chem.) K. MAIER. 4210

E. Reid, *Verteilung von Uridindiphosphatglucosepyrophosphorylase in Rattenleber.* Die *Uridindiphosphatglucosepyrophosphorylase-* [oder *Uridyltransferase-*(**I**)]-Aktivität von Rattenleberhomogenat ist fast vollständig in der überstehenden Fl. lokalisiert, die Nuclearfraktion enthält verhältnismäßig wenig Aktivität. **I** katalysiert die Rk. *Uridintriphosphat* + *Glucose-1-phosphat* ⇌ *Uridindiphosphatglucose* + *Pyrophosphat.* Vgl. der Ergebnisse mit den widersprechenden Ergebnissen von MILLS u. Mitarbeiter (Biochim. biophysica Acta [Amsterdam] **14**. [1954.] 159) u. Diskussion darüber. (Biochim. biophysica Acta [Amsterdam] **32**. 251—53. März 1959. London, Royal Cancer Hosp., Chester Beatty Res. Inst., Inst. of Cancer Res.) H. GOEBEL. 4210

H. Matthies und **L. Lachhein,** *Über eine Ribokinase in kernlosen Erythrocyten.* Während der *Pentosephosphat*-Stoffwechsel in konservierten Erythrocyten weitgehend aufgeklärt ist (vgl. BRUNS u. Mitarbeitern, Biochem. J. **330**. [1958.] 483), bestehen zahlreiche Widersprüche hinsichtlich der Fähigkeit der Erythrocyten zur Verwertung von freier *Ribose* (**I**) als Substrat. Vff. zeigen, daß bei Erythrocyten von Kaninchen, Mensch u. Schwein durch **I** eine Beschleunigung der Bldg. von *Methämoglobin* (**II**) erfolgt, nicht aber bei Ratte u. Rind. Bei Kaninchen, wo die Wrkg. am stärksten ist, nimmt die **II**-Bldg. mit steigender **I**-Konz. zu, erreicht ein Maximum bei $2 \cdot 10^{-3}$ mol. u. nimmt mit höheren **I**-Konzz. beträchtlich ab. Damit verbunden ist eine entsprechende Bldg. von *Brenztraubensäure.* Der Kurvenverlauf deutet auf Eigenhemmung durch **I**, womit die negativen Befunde bei Verwendung von zu hohen **I**-Konzz. verständlich werden; andere negative Ergebnisse der Literatur sind durch Verwendung von ungeeigneten Erythrocytenarten zu erklären. — **II**-freie Erythrocyten haben ebenfalls einen deutlichen **I**-Verbrauch; Xylose u. Arabinose sind in allen Fällen unwirksam. — Verss. mit an *ATP* verarmten Erythrocyten zeigen starke Abhängigkeit der **I**-Wrkg. von der Konz. an ATP, so daß Annahme einer *Ribokinase* berechtigt erscheint. (Naturwissenschaften **46**. 264. 2. April-H. 1959. Magdeburg, Med. Akad., Inst. für Pharmakol.) A. HESSE. 4210

Samoil Banc, Adrian Elefteresco und **Eugénie Popesco,** *Die Phosphomonoesterasewirkung von Mycoplasma agalactiae.* Der zur P.P.L.O.-Gruppe („pleuro-pneumonia like organism") gehörende, Kennzeichen von Bakterien u. Viren aufweisende Mikroorganismus Mycoplasma agalactiae ist der Erreger der übertragbaren Agalaktie bei Schafen u. Ziegen. Er enthält eine isodyname *Phosphomonoesterase* vom Typ IV, die optimal bei

p_H 4—6 auf *Phenolphthaleincolaminphosphat* sowie α- u. *β-Glycerophosphat* unter Aktivierung durch Mg^{2+} wirkt. (Bull. Soc. Chim. biol. **41**. 383—88. 25/4. 1959. Bukarest, Labor. de Contrôle Scient. des Produits Biol. d'Usage Vétérinaire.) A. HESSE. 4210

E. Gladtke und **E. Liss,** *Die Beeinflussung der oxydativen Phosphorylierung von Rattenlebermitochondrien durch verschiedene Nitrophenole.* Untersucht wurde die Beeinflussung der oxydativen Phosphorylierung (gemessen am P/O-Quotienten) in Mitochondrien von Rattenleber durch *2.4-*, *2.5-*, *2.6-* u. *3.5-Dinitrophenol*; *3.5-Dinitro-4-methylphenol*; *3.5-* (I) u. *2.6-Dinitro-4-tertiärbutylphenol* (II); *o-* (III), *m-* u. *p-Nitrophenol*; *p-Nitro-3.5-dimethylphenol* u. *Pikrinsäure* (IV). Die Wrkg. wird gemessen an derjenigen Konz. der Nitrophenole, die den P/O-Quotienten um 50% herabsetzt. III u. IV bewirken bis zu $3 \cdot 10^{-4}$mol. Konz. keine deutliche Hemmung; ferner sind II sowie Trinitrobenzol unwirksam. Dinitrophenole sind um eine Zehnerpotenz wirksamer als Mononitrophenole. Die Einführung von Alkylgruppen in Nitrophenole führt einerseits zur Steigerung der Lipoidlöslichkeit u. damit Penetrationsfähigkeit, andererseits aber in einigen Fällen zu einer ster. Beeinflussung benachbarter Nitrogruppen. Der erstgenannte Effekt verstärkt die Hemmwrkg., bei Überwiegen des zweiten wird die Wrkg. abgeschwächt. (Biochem. Z. **331**. 65—70. 16/1. 1959. Berlin, Dtsch. Akad. der Wiss., Arbeitsbereich Biochemie, Inst. für Med. u. Biol.) A. HESSE. 4210

Manuel René Malinow, Martha A. Fernandez, Alvaro L. Gimeno und **Grato E. Bur,** *Verteilung von alkalischer Phosphatase in den Arterien verschiedener Tierspezies.* Es konnte festgestellt werden, daß der Geh. der arteriellen Gefäßwände an *alkal. Phosphatase* (I) bei verschied. Tierarten unterschiedlich ist, so daß die unterschiedlichen Ergebnisse verschied. Voruntersucher hierin ihre Erklärung finden könnte, u. daß keine Beziehung zu deren Plasma-I-Aktivität besteht; Gehirngefäß wies schließlich stets einen größeren I-Geh. als die übrigen Gefäßwände auf. So ist die Plasma-I-Aktivität bei Hühnern 5—6mal größer als die von Ratten u. Kaninchen, die I-Aktivität in der Rattenaorta übertrifft jedoch diejenige von Hühnern u. Kaninchen um das 4—6fache; in den Hirngefäßen ist die I-Aktivität mehrfach höher als in der Aortenwand, die Rattengefäße übertreffen auch hier die der beiden anderen Arten. Bemerkenswert scheint hierbei der bisher noch nicht geklärte Zusammenhang zur atheromatösen Reaktionsweise auf Cholesterin zu sein: atheromatöse Bildungen scheinen in den stark I-haltigen Hirngefäßen nicht möglich zu sein, wie es auch an der stark I-haltigen Rattenaorta im Gegensatz zum Kaninchen u. Huhn nur schwer zur Atheromentw. kommt. (Nature [London] **183**. 1262—63. 2/5. 1959. Buenos Aires, Univ., Med. School, Inst. of Physiol.)
U. TAUSENDFREUND. 4210

Henry Goldschmiedt, *Die Bedeutung der Enzyme im Meerwasser.* Molluskenschalen u. Fischskelette wurden bisher in größeren Meerestiefen nicht nachgewiesen. Vf. ist auf Grund der in der Medizin bekannten Wrkg. der *Phosphatasen* (I), die imstande sind, Knochengewebe zu zers., der Ansicht, daß I u. andere Enzyme bei der Auflsg. von Ca-Carbonat u. -Phosphat im Meerwasser eine entscheidende Rolle spielen. Tatsächlich wurden auch in ca. 30 m Tiefe — höhere Schichten sind I-frei — 10 bis 26 BODANSKY-Einheiten *alkal.* I gefunden. *Saure* I konnte nicht nachgewiesen werden. (Chemiker-Ztg. **83**. 442—45. 5/7. 1959.) G. BREITIG. 4210

J. Molnar und **L. Lorand,** *Transphosphorylierende Enzyme und die Muskelerschlaffung.* Kaninchenmuskulatur wird in einer 0,15mol. KCl-Lsg., die mit Kaliumacetat oder Veronalkalium auf einen p_H-Wert von 6,8 eingestellt ist, homogenisiert, u. durch Zentrifugieren werden Myofibrillen u. Mikrosomen abgetrennt. Die Myofibrillen werden bei —20° in 50%ig. Glycerinlsg. aufbewahrt u. vor dem Vers. in der KCl-Lsg. gewaschen. Werden die Myofibrillen in einer $4 \cdot 10^{-3}$mol. $MgCl_2$-Lsg. suspendiert u. zentrifugiert, so kann bei Ggw. von Adenosintriphosphat (ATP) in einer Konz. von $4 \cdot 10^{-3}$mol. stroboskop. eine Kontraktion der Myofibrillenschicht beobachtet werden. ATP löst keine Kontraktion aus, wenn sich im Ansatz Mikrosomen, $2{,}6 \cdot 10^{-3}$mol. Phosphoenolbrenztraubensäure u. *Enolbrenztraubensäurekinase* oder Mikrosomen, $4 \cdot 10^{-3}$mol. Phosphokreatin u. *Kreatinkinase* befinden. Bei Hemmung der durch ATP ausgelösten Kontraktion ist gleichzeitig die Hydrolyse des ATP, gemessen an der Zunahme des anorgan. Phosphats, verlangsamt. Fehlen die Mikrosomen oder die Kinasen, so wird eine Kontraktion beobachtet. (Nature [London] **183**. 1032—34. 11/4. 1959. Evanston, Ill., Univ., Dep. of Chem.) KLAUS BECKER. 4210

Th. Müller, T. Rathlev und **Th. Rosenberg,** *Spezielle Fälle von nichtenzymatischer Transphosphorylierung. Aminophosphat* (I; Phosphorsäuremonoamid) hydrolysiert in wss. Lsg. nach einer Rk. 1. Ordnung in NH_3 u. H_3PO_4. Bei 25° u. p_H 7,2 beträgt die Halbwertzeit (HWZ) ca. 13 Std.; Pyridin u. -derivv. katalysieren den Zerfall. Bei 0,1mol. Nicotinsäure beträgt die HWZ von I ca. 1 Stunde. — *Histidin* (II) spaltet I, wobei intermediär Phosphorylierung eines Ring-N unter Bldg. von *Phosphohistidin* (III) erfolgt, welches seine eigene Spaltung, wie auch die von I katalysiert. Bei 25° u. p_H 7,2 ist die Spaltung von I in Ggw. von KCl ca. 6mal rascher als in Wasser. Die Transphosphorylierung findet auch statt, wenn II in einem Protein verankert ist. Insulin läßt sich z. B. nach mehrmaliger Behandlung mit I bis zu einem P-Geh. von ca. 1% phosphorylieren. Das aus I u. II gebildete III wurde als Ca-Salz isoliert. Es enthält II u. Phosphat im mol. Verhältnis 1:1. Die katalyt. Wrkg. von III auf die Hydrolyse von I sowie auf die eigene Hydrolyse konnte mit dem isolierten III bestätigt werden. (Biochim. biophysica Acta [Amsterdam] **19.** 563—64. März 1956. Gentofte, Dänemark, Nord. Insulinlabor.) B. Görlich. 4210

Jack B. Wolfe, Rafael J. Martinez und **Henry I. Nakada,** *Untersuchungen über die Phosphoglucosaminisomerasereaktion von Escherichia coli.* (Vgl. C. **1957.** 8839, 8840.) Die Unters. des Mechanismus der Umwandlung von *Glucosamin-6-phosphat* (I) in Fructose-6-phosphat (II) u. NH_3 mittels eines gereinigten Enzyms (III), Phosphoglucosaminisomerase, aus *E. coli* ergab, daß von verschied. geprüften Verbb. nur N-Acetylglucosamin-6-phosphat (IV) die Rk. aktivierte, während die Reaktionsprodd. II u. NH_3 unwirksam waren, u. Verbb. wie Galaktosamin-6-phosphat, 2-Desoxyglucose-6-phosphat, Pyrophosphat u. Chondrosin hemmten. Auf Grund von Bilanzunterss. erfolgte in Ggw. oder Abwesenheit des Substrats I prakt. keine IV-Abnahme durch das III-System. Verwendung von ^{14}C-I in Ggw. von n. IV, Isolierung u. Aktivitätsbest. von I, II u. IV bei nahezu beendigter Rk. zeigten, daß IV keine Zwischenstufe der I → II-Umwandlung ist. Aktivierung durch IV änderte das p_H-Optimum der Rk. nicht. Die Hemmung der Rk. durch p-Chlormercuribenzoat war durch Präincubation von III mit IV nicht aufhebbar. Die IV-Aktivierung der Rk. erfolgt vermutlich unspezif. an einer Stelle nach der einleitenden enzymat. Stufe u. vor der Ketosebildung. (Arch. Biochem. Biophysics **79.** 330—37. Jan. 1959. La Jolla, Univ., Southern California School of Med., Dep. of Med. Microbiol., Los Angeles County General Hospital and Scrippes Clin. and Res. Foundation.) K. Maier. 4210

Johannes Ullrich, *Eine vereinfachte Bestimmung der β-D-Glucosidase.* Die Best. von *β-D-Glucosidase* (I) beruht auf jodometr. Verfolgung der Spaltung von *Phenyl-D-glucosid* (II) im Bereich eines Substratumsatzes um oder $<10\%$: 2 cm^2 0,075mol. Lsg. von II in 0,5mol. Acetatpuffer, p_H 5,0, bei 30° mit 1 cm^3 I-Lsg. (*Emulsin*) versetzen; nach t Min. 0,5 cm^3 des Ansatzes in 5 cm^3 Carbonatpuffer pipettieren, 10 cm^3 0,02 n-Jodlsg. zufügen; nach 1 Std. (verschlossen; im Dunkeln) mit 5 cm^3 2n H_2SO_4 ansäuern u. mit 0,02n-Thiosulfatlsg. gegen Stärke zurücktitrieren. Aus der Differenz gegen eine Blindprobe ergibt sich der Verbrauch D_t der Spaltprodd., woraus sich die I-Aktivität zu $199{,}3/t \cdot \lg E/(E - D_t)$ ergibt (E = Jodverbrauch nach völliger Spaltung). (Hoppe-Seyler's Z. physiol. Chem. **315.** 28—33. 1959. Bonn, Univ., Chem. Inst.) A. Hesse. 4210

Burckhardt Helferich und **Traute Kleinschmidt,** *Über die Hemmung der β-D-Glucosidase des Süßmandel-Emulsins durch Mistelextrakt.* In Extrakten aus Mistel (Blätter oder Stengel) wurde ein Stoff (I) nachgewiesen, der die Wrkg. der *β-D-Glucosidase* (II; bestimmt nach Ullrich, vgl. vorst. Ref.) des Süßmandel-*Emulsins* hemmt. Da nach Freudenberg II an der Bldg. von Lignin beteiligt ist, wird vielleicht durch I die Verholzung zurückgehalten, so daß die Mistel an die Nährstoffe der Wirtspflanze herankommen kann. (Hoppe-Seyler's Z. physiol. Chem. **315.** 34—37. 1959. Bonn, Univ., Chem. Inst.) A. Hesse. 4210

A. Alfsen und **M. F. Jayle,** *Reinigung und Eigenschaften der β-Glucuronidase von Helix pomatia.* Die von Jarrige u. Henry (C. **1955.** 2452) im Verdauungssaft von Helix pomatia nachgewiesene *β*-Glucuronidase (I) wird gereinigt u. in krist. Form erhalten: Fällung mit 40—50%ig. gesätt. $(NH_4)_2SO_4$-Lsg., Dialyse gegen Phosphatpuffer, Adsorption von Verunreinigungen an Tricalciumphosphatgel bei p_H 5 u. 7,5, fraktionierte Fällung mit A. bei verschied. p_H u. verschied. Ionenstärke. — Die wirksamsten erhaltenen Kristalle mit 106000 I-Einheiten/mg (ca. 750 E/γ Stickstoff) verhalten sich bei Elektrophorese u. in der Ultrazentrifuge homogen; sie enthalten 15% Zucker, sind aber frei von Hexosamin, Sialsäure u. Fett. — Die neuerdings vorgeschlagene Bezeichnungen Glucosiduronat bzw. *β*-Glucosiduronidase lehnen Vff. ab. (Bull. Soc. Chim. biol. **40.** 2143—53. 15/2. 1959. Paris, Fac. de Méd., Labor. de Chim. Biol.) A. Hesse. 4210

Kazuo Yamada, Shinji Ishikawa und **Norio Shimazono,** *Über Mikrosomen- und lösliche Lactonasen.* Unters. der Verteilung der *Lactonase*-Aktivität in Zellfraktionen ergab, daß 2 verschied. Lactonasen vorkommen, u. zwar *Lactonase I* (I) in lösl. u. *Lactonase II* (II) in Mikrosomenfraktionen. Die beiden Enzyme unterscheiden sich in ihrer

Substratspezifität u. ihrer Alkalilabilität. I wurde aus Rinderleberacetontrockenpulver partiell gereinigt; es zeigt Aktivität gegen *L*- (III) u. *D-Gulono-* (IV), *L*- (VI) u. *D-Galaktono-*, *L*- u. *D-Glucono-*, *D-Mannono* (V), *D-Mannurono-*, *D-Glucurono-*, *D-Idono-γ-lacton*, *D-Glucono-δ-lacton* (VII), *D-Glucuronsäureäthylester*, *Triacetin* u. *Glycerophosphat*, während II gegen III, IV, V, VI u. VII unwirksam ist. II kommt bei Rind, Ratte, Kaninchen, Taube, Meerschweinchen, Affe u. beim Menschen vor; I wurde nur in Organen gefunden, in denen aus *L-Gulonsäure* *L-Ascorbinsäure* gebildet werden kann, also nicht in Leber von Mensch u. Affe; bei der Taube wurde I in der Niere, aber nicht in der Leber gefunden. Die Lactonase in Meerschweinchenleber tritt in der lösl. Fraktion auf u. ist von n. I verschieden. Die Ergebnisse zeigen, daß I eine wichtige Rolle bei der Ascorbinsäurebiosynth. spielt. (Biochim. biophysica Acta [Amsterdam] **32.** 253—55. März 1959. Tokyo, Univ., Fac. of Med., Dep. of Biochem.) H. GOEBEL. 4210

C. S. Stringer und **H. M. Tsuchiya,** *Eine kinetische Untersuchung über Dextransaccharase.* Mittels eines aus einem zellfreien Filtrat von *Leuconostoc mesenteroides* NRRL B-512F gewonnenen *Dextransaccharase* (I)-Präp. wurde die Bldg. von Dextran aus Saccharose (II) bei im allg. 15^{0} untersucht. Die Geschwindigkeitsbest. wurde auf Grund von Messungen des Fructosegeh. nach SOMOGYI vorgenommen. Bei den Verss. wurden Methylglykosid (III) u. niedermol. Dextran als Acceptoren verwendet. Die anfängliche Reaktionsgeschwindigkeit verläuft bei 0,15—0,8mol. III wie bei einer Rk. erster Ordnung, bei unter 0,15mol. ist sie zum Teil von einem nicht identifizierten Acceptor abhängig, der jedoch keine Verunreinigung des Enzympräp. darstellt. Für 0,01—0,11mol. II verläuft die Kinetik ebenfalls wie eine Rk. erster Ordnung. Bei höheren II-Konzz. durchläuft die Rk. die nullte Ordnung, u. bei hohen II-Konzz. erfolgt schließlich eine Inhibierung der Dextranbldg., wenn III abwesend ist. III verringert diese Inhibierung. Die Werte für die MICHAELIS-Konstante u. die maximale Reaktionsgeschwindigkeit für II bzw. III sind von der Konz. des jeweils anderen Reaktionspartners abhängig. Für 0,01—0,11mol. II u. 0,15—0,80mol. III wurde die Geschwindigkeitsgleichung $v = [(II)\cdot(III)\cdot 203]/[(III)\cdot(II) + 0{,}0474\ (III) + 0{,}221\ (II) + 0{,}001]$ abgeleitet. —Die Auswrkg. verschieden hoher III-Konzz. auf das Zurückgehen der Bldg. höher mol. Dextrane wurde untersucht. — Die Abhängigkeit der Geschwindigkeit der Dextranbldg. von der I-Konz. ist linear, so daß ein diffusibler Cofaktor in I nicht vorhanden sein dürfte. Weiter zeigten Verss. mit III ohne bzw. mit Zusatz erhitzter I, daß in I kein hitzestabiler diffusibler Aktivator vorhanden ist. — Zusatz von niedermol. Dextran (Mol.-Gew. $1{,}6-1{,}8\cdot 10^{4}$) steigerte auf mol. Konzz. bezogen die Reaktionsgeschwindigkeit 9mal so stark wie III. Die in Abwesenheit eines Aktivators gefundenen Geschwindigkeiten scheinen viel zu hoch zu sein, um durch eine Verunreinigung von I mit Dextran erklärt werden zu können. — Die Unterss. werden dahingehend gedeutet, daß sich ein tern. Komplex durch gleichzeitige Bindung von Donator u. Acceptor bildet, wobei die Affinität von I zu jeder der beiden Substanzen nicht ohne gegenseitigen Einfluß ist. Durch Bindung von III kann bei geringen II-Konzz. Hemmung eintreten. Die Hemmung bei hohen II-Konzz. dürfte eine Substrathemmung sein u. nicht durch Verminderung des Wassergeh. herbeigeführt, da sie durch III vermindert wird. Die Reaktionsgeschwindigkeit hängt offenbar nicht nur von der Konz. von Donator u. Acceptor ab, sondern auch vom Polymerisationsgrad des Acceptors. Es wird vermutet, daß II beim Kettenstart als Donator u. Acceptor zugleich auftreten kann u. daß ähnliche Moll. etwas größeren Mol.-Gew. die Schrittmacher darstellen, durch deren enzymat. Vereinigung sich hochmol. Dextran bildet. — 5 Tabellen, 4 Figuren. (J. Amer. chem. Soc. **80.** 6620—25. 20/12. 1958. Peoria, Ill., Northern Utilization Res. and Developm. Div.)
W. WILLENBERG. 4210

R. Sutra, *Untersuchungen über die Amylasen.* 1. Mitt. *Allgemeine Einführung.* Krit. Literaturübersicht unter Hinweis auf ältere Arbeiten des Vf. (vgl. C. **1957.** 6174). (Bull. Soc. Chim. biol. **41.** 363—81. 25/4. 1959. Paris, Inst. de Biol. phys.-chim.)
A. HESSE. 4210

G. N. Festenstein, *Substratspezifität der cellulolytischen Enzyme des Pansen.* Die hydrolysierende Wrkg. zellfreier Extrakte der Mikroorganismen aus dem Pansen von Schafen auf *Cellophan* (I), *Cellobiose*, *-triose*, *-tetraose* u. *-pentaose* wurde untersucht. Von I wurden nur 25% hydrolysiert. Die Hydrolyseprodd. wurden chromatograph. analysiert, wobei zumeist Glucose gefunden wurde. *D-1.4-Gluconsäurelacton* hemmt die Enzymwrkg. in Abhängigkeit vom Ausgangsmaterial u. der Konzentration. (Biochem. J. **72.** 75—79. Mai 1959. Bucksburn, Aberdeenshire, Rowett Res. Inst.) W. WERGIN. 4210

Ss. I. Kanopkaite-Rosgene, *Zur Frage der Cofermentaktivität einiger Abkömmlinge und Analoga von Thiamin.* Übersicht an Hand der Literatur. Vf. kommt zu dem Ergebnis, daß es eine einheitliche Vorstellung über den Wirkungsmechanismus von

Thiaminpyrophosphat (I) noch nicht gibt. Ungeklärt ist noch die Rolle der einzelnen Gruppen von I bei der einfachen Decarboxylierung der Brenztraubensäure. Die Theorie von ZIMA, wonach die oxydative Decarboxylierung auf der Gleichgewichts-Rk. zwischen den SH- u. S–S-Gruppen des Thiamins beruhen soll, wird abgelehnt. Vf. hält es für erwiesen, daß der Thiaminteil des I-Mol. an der oxydativen Decarboxylierung der α-Ketonsäuren nicht beteiligt ist. — 88 Literaturangaben. (Успехи Современной Биологии [Fortschr. gegenwärt. Biol.] **47.** Nr. 2. 137—51. März/April 1959.) O. LEBTAG. 4210

T. H. Schiebler und **L. Vollrath,** *Über die intracelluläre Verteilung der Carboanhydrase in den Belegzellen menschlicher und tierischer Magen.* Zur Aufklärung der bisher unbekannten intracellulären Verteilung der *Kohlensäureanhydrase* (I) in den Belegzellen des Magens wurden n. menschliche Magenschleimhäute, solche von embryonalen u. ausgewachsenen Ratten (z. T. Hungertiere) sowie von Meerschweinchen, Katzen u. Fröschen nach HÄUSLER (Kryostatschnitte, Bebrütungszeit 5—120 Min.) untersucht. Bei allen Species, Frösche ausgenommen, tritt I in den Belegzellen nach 15—30 Min. Incubation in Form eines die ganze Zelle durchziehenden Netzwerks auf. Manche Zellen, bes. die von Hungertieren, enthalten nur Netzwerkfragmente (Zellen geringerer Aktivität). Die in den Belegzellen reichlich vorhandene I ist anscheinend bevorzugt in dem die intracellulären Capillaren umgebenden Cytoplasma lokalisiert. (Naturwissenschaften **46.** 232—33. 1. April-H. 1959. Kiel, Univ., Anatom. Inst.) K. MAIER. 4210

G. Weber, *Glutaminsäure–Oxalessigsäure-Transaminase in pathologisch veränderter Hornschicht.* Auf Grund der bei Schuppenneubildungen in der Haut erhöht nachweisbaren *Glutaminsäure–Oxalessigsäure-Transaminase* muß angenommen werden, daß diese an der fermentgesteuerten, zur Schuppenbldg. führenden Eiweißsynth. maßgeblich beteiligt ist. (Klin. Wschr. **37.** 234—35. 1/3. 1959. Mainz, Johannes-Gutenberg-Univ., Hautklinik.) U. TAUSENDFREUND. 4210

Yoshihiko Matsuo und **David M. Greenberg,** *Ein kristallisiertes Enzym, das Homoserin und Cystathionin spaltet.* 3. Mitt. *Coenzymablösung, Aktivatoren und Inhibitoren.* (2. vgl. C. **1958.** 12143.) Vff. berichten über die Trennung von *Homoserin-Desaminase-Cystathionase* (I) aus Rattenleber in Co- u. Apoenzym u. deren Rekombination zu akt. Enzym. Als Coenzym fungiert *Pyridoxal-5-phosphat* (II), das Apoenzym ist katalyt. inaktiv. Das Absorptionsspektr. von red. I zeigt bei p_H 7 ein Maximum bei 340 mμ. I wird durch $NaBH_4$ inaktiviert (vermutlich Red. einer Azomethinbindung). Durch Schwermetallionen, SH- u. CO-Reagentien oder chelatbildende Verbb. wird I inaktiviert. Die durch chelatbildende Verbb. bewirkte Hemmung wird durch Zusatz von II teilweise aufgehoben, die Hemmung durch SH-Reagentien ist mit 2.3-Dimercaptoäthanol teilweise reversibel. Die Spaltung des Holoenzyms u. die Rekombination aus Co- u. Apoenzym wurde spektroskop. verfolgt (Kurven). (J. biol. Chemistry **234.** 507—15. März 1959. San Francisco, Calif., Univ., School of Med., Dep. of Biochem.) H. GOEBEL. 4210

Yoshihiko Matsuo und **David M. Greenberg,** *Ein kristallisiertes Enzym, das Homoserin und Cystathionin spaltet.* 4. Mitt. *Wirkungsmechanismus, Reversibilität und Substratspezifität.* (3. vgl. vorst. Ref.) *$^{14}C_{(\alpha)}$-Cystathionin* wurde mit krist. Enzym aus Rattenleber bebrütet, das die Desaminierung von *Homoserin* (II) u. die Spaltung von *Cystathionin* (I) katalysiert u. die Spaltprodd. auf ihren ^{14}C-Geh. untersucht. Es wurde gefunden, daß bei der I-Spaltung durch das Enzym kein freies II im Medium auftritt. Das Enzym katalysiert den Einbau von ^{14}C in I aus *$^{14}C_{(2)}$-DL-Homoserin* in Ggw. von *L-Cystein.* Das Enzym desaminiert *Serin, O-Acetylhomoserin, L-Djenkolsäure* u. *L-* u. *Mesolanthionin* in geringerem Maße als I. (J. biol. Chemistry **234.** 516—19. März 1959. Berkeley, Calif., Univ. of California, School of Med., Dep. of Physiol. Chem.) H. GOEBEL. 4210

Raymond Baret, Marcel Mourgue und **Denyse Amoyel,** *Über die Spezifität der Leberarginase.* Verss. mit einem weitgehend gereinigten Präp. von Rinderleberarginase (I) (Reinheitsgrad = Zahl der I-E. im cm^3/mg Eiweiß-N, 2000) u. L-Arginin (II), Acetyl-L-arginin, Glycyl-L-arginin, L-Arginyl-L-glutaminsäure u. L-Arginyl-L-leucinacetat als Substrat zeigten, daß I nur die Guanidingruppe von II hydrolyt. spaltet. In den II-Derivv. entsprechen offensichtlich die Abstände zwischen Guanidino- u. COOH-Gruppierung nicht mehr dem der Anordnung des akt. Bereiches von I. (C. R. Séances Soc. Biol. Filiales **151.** 341—43. 5/9. 1957. Marseille, Fac. Mixte de Méd. et de Pharm., Labor. de Chim. Biol.) K. MAIER. 4210

Eduardo Scarano und **Rachele Maggio,** *Die enzymatische Desaminierung von 5-Methyldesoxycytidylsäure zu Thymidylsäure.* Bei Incubation (38°, 40 Min., p_H 7,2, Trispuffer) von 5-Methyldesoxycytidylsäure mit Homogenisaten u. Acetonpulverextrakten aus unbefruchteten Eiern u. aus Embryonen von *Paracentrotus lividus* u. *Sphaerechinus granularis* erfolgt hydrolyt. Desaminierung zu Thymidylsäure. (Arch. Biochem. Biophysics **79**. 392—93. Jan. 1959. Naples, Univ., Staz. Zool. and Inst. of Human Physiol.) K. MAIER. 4210

Leopold Weil, Thomas S. Seibles und **Marie Telka,** *Untersuchungen über die Spezifität von Protaminase.* (Vgl. C. **1959**. 6511.) *Protaminase* (**I**) spaltet aus einem trypt. α-Lactalbumin (**II**)-Digestat alle C-endständigen Arginin (**III**)- u. Lysin (**IV**)-Reste ab, während sie gegenüber einem chymotrypt. **II**-Digestat unwirksam ist. *Carboxypeptidase* (**VI**) greift ein trypt. **II**-Digestat nicht an, spaltet aber aus einem chymotrypt. rasch alle C-terminalen Tyrosin- u. Phenylalaninreste sowie andere Aminosäuren (**V**) ab. **I** hydrolysiert Peptide, z. B. Hippuryl-L-**IV**, Hippuryl-L-**IV**-amid, Poly-L-**IV** mit C-endständigem **III**, **IV** u. S-[β-Aminoäthyl]-cystein, wobei die Wrkg. sich auf diese **V** beschränkt. **I** ist ein Exoenzym, das mit Carboxypeptidase-B ident. ist u. die Wrkg. von Trypsin, ähnlich wie **VI** jene von Chymotrypsin, ergänzt. (Arch. Biochem. Biophysics **79**. 44—54. Jan. 1959. Philadelphia, Pa., Eastern Reg. Res. Labor.) K. MAIER. 4210

B. H. J. Hofstee, *Die Kinetik von Chymotrypsin bei einer homologen Reihe normaler Fettsäureester als Substrate.* Die Unters. der Chymotrypsin (**I**)-katalysierten Hydrolyse n. Fettsäureester (**II**) von *o*- u. *m*-*Hydroxybenzoesäure* bei p_H 6,8—8,3, wo diese Verbb. lösl. u. völlig ionisiert sind, ergab, daß als Resultat aufeinanderfolgender Acylierungs- u. Entacylierungs-Rkk. die Hydrolyse durch die Gleichung $E + S \underset{k_{-1}}{\overset{k_1}{\rightleftharpoons}} ES \xrightarrow{k_2} E$ + Prodd. ausgedrückt werden kann, wobei *ES* den „MICHAELIS"-Komplex u. k_2 die für die Gesamt-Rk. geschwindigkeitsbestimmende Konstante der **I**-Acylierung bedeuten. Der p_H-Einfl. auf die Geschwindigkeit spricht für eine unkompetitive Hemmung durch H^+-Ionen (Verbindung der H^+-Ionen mit *ES*, nicht aber mit freiem **I**) u. zeigt, daß pK_H von *ES* erheblich höher als der von freiem **I** ist. Die pK_H-Werte für *o*- u. *m*-**II** wurden aus der Änderung von V_m in Abhängigkeit vom p_H zu 7,55 u. 7,25 ermittelt. Nach $V_m = k_2 E_t/(1 + H/K_H)$ ergeben sich für beide Substrate annähernd die gleichen k_2-Werte. k_2 nimmt mit der Acyl-C-Kettenlänge des Substrats bis C_7 exponentiell zu u. fällt dann scharf ab. Dieses Verh. beruht nur auf der Acylhälfte des Substrats. Die MICHAELIS-Konstanten für C_5–C_9 verhalten sich wie ca. 4 : 4 : 2 : 1 : 1. (Biochim. biophysica Acta [Amsterdam] **32**. 182—88. März 1959. Palo Alto, Calif., Med. Res. Found.) K. MAIER. 4210

A. D. McLaren und **Eva Estermann,** *Adsorption und Reaktionen von Enzymen und Proteinen mit Kaolinit.* 3. Mitt. *Die Isolierung von Enzym–Substrat-Komplexen.* (2. vgl. Proc. Soil Sci. Soc. America **18**. [1954.] 170.) Die Bedeutung der Adsorption eines Enzyms (*Chymotrypsin* u. *Trypsin*) u. eines Substrats (hitzedenaturiertes *Lysozym*) an *Kaolinit* (**I**) für die Kinetik der Enzymwrkg. wurde untersucht. Wenn der Enzym–Substrat–**I**-Komplex bei niedrigem p_H (4,9) dargestellt wird, ist er ziemlich stabil, bei hohem p_H (8,2—9,3) reagiert er. Proteolyse des adsorbierten Komplexes verläuft etwa ebenso wie die Wrkg. von *Chymotrypsin* auf Substrat in Abwesenheit von **I**, was so zu erklären ist, daß das adsorbierte Enzymmol. sich auf der Oberfläche des Adsorbens in derselben Geschwindigkeit bewegen kann wie das in Lsg. befindliche. (Arch. Biochem. Biophysics **61**. 158—73. März 1956. Berkeley, Calif., Univ. of California, Dep. of Soils and Plant Nutrit.) WOLFGANG ALBRECHT. 4210

Pierre Jollès und **Jacqueline Jollès,** *Struktur von Lysozym aus Eiklar von Hühnereiern. Reduktion von Lysozym und Untersuchung der Peptide im tryptischen Hydrolysat des reduzierten Lysozyms.* (Vgl. C. **1959**. 164.) Mittels Thioglykolsäure red. u. mit Jodessigsäure behandeltes Lysozym (**I**) des Handels wird bei p_H 7,8 u. 37° 6 Std. mit *Trypsin* behandelt. Im Hydrolysat wurden chromatograph. diejenigen 13 Peptide untersucht, welche eine über 10% liegende Ausbeute zeigten. Es wird ein Schema für die bisher ermittelte Struktur von **I** gegeben, das 120 Aminosäurereste umfaßt. (Bull. Soc. Chim. biol. **40**. 1933—37. 15/2. 1959. Paris, Fac. des Sci., Labor. de Chim. biol.) A. HESSE. 4210

Eugen Bamann, Johann Georg Haas und **Heinz Trapmann,** „*Peptidatische*" *Wirksamkeit einer Reihe von Metallionen.* Außer *Ce(IV)*-, *Ce(III)*- u. *La*-Ionen vermögen eine Anzahl weiterer Metallionen bei schwach alkal. Rk. die Peptid—C—N-Bindung zu lösen. Als Zwischenprodd. sind komplexe Metallpeptidverbb. anzunehmen. Spaltung von *Glycyl-DL-leucin* erfolgt bei 37° durch Th^{4+}, Zr^{4+}, Er^{3+} innerhalb von 6 Std., durch Ho^{3+}, Yb^{3+} in 24 Std., durch Dy^{3+}, Nd^{3+}, Eu^{3+}, Gd^{3+}, Sm^{3+}, Hf^{4+} in 72 Std., bei 70° in 24 Std. durch Tb^{3+}, Bi^{3+}, Fe^{3+}, Fe^{2+}, Zn^{2+}, Co^{2+}, Cd^{2+}, Y^{3+}, Mn^{2+}, Cu^{2+} u. bei 70° in 48 Std. durch Pb^{2+}, Ni^{2+}, Cr^{3+}, WO_4^{2-}, In^{3+}, Ti^{4+} u. V^{4+}. Keine meßbare Aktivität (70°, 72 Std.) entwickelten außer den Alkalimetallionen Be^{2+}, Mg^{2+}, Ca^{2+},

Sr^{2+}, Ba^{2+}, Al^{3+}, Ga^{3+}, Tl^{+}, Ge^{4+}, Sn^{2+}, Ag^{+}, MoO_4^{2-}, Pd^{2+}, $PtCl_4^{2-}$. Th^{4-} u. Zr^{4-} waren auch bei der Hydrolyse von *Glycylglycin* (I), *Glycyl-L-phenylalanin*, *Glycyl-L-asparaginsäure* u. *L-Valylglycin* stark wirksam. Während bei den Dipeptiden bei p_H 8,6 u. 70° in 72 Std. ohne Katalysator keine meßbare Hydrolyse erfolgt, ist bei *DL-Leucylglycylglycin* bereits bei 37°, p_H 8,6, nach 6 Std. eine gewisse Spaltung zu beobachten, die durch Ce(IV)-, Ce(III)-, Th(IV)- u. Zr(IV)-Ionen beschleunigt wurde. Als Spaltprodd. waren I, Leucylglycin, Glycin u. Leucin nachweisbar. (Naturwissenschaften **46**. 73—74. 2. Jan.-H. 1959. München, Univ., Inst. für Pharm. u. Lebensmittelchem.) K. MAIER. 4210

František Franěk, *Enzymologische Eigenheiten der Sojaurease.* Während bisher die *Ureasen* (I) in den Samen verschied. Pflanzen als einheitliche, einander sehr nahestehende Enzyme betrachtet wurden, zeigt Vf., daß die Spaltung von *Harnstoff* (II) bei Sojabohnen u. möglicherweise auch in den Samen von anderen Pflanzen komplizierter zu sein scheint als bei krist. I. Vermutlich sind zwei oder mehrere I-Proteine vorhanden, die sich im p_H-Optimum etwas unterscheiden. Wird nämlich die I-Wrkg. in Veronal-Acetat-Puffer, in 0,1 mol. Phosphatpuffer u. in 0,6 mol. Phosphatpuffer (bei stets 0,8%ig. II-Konz.) untersucht, so wird bei I des Mehles von Wassermelonen eine Übereinstimmung im p_H-Optimum (= ca. 7,5) gefunden, nicht aber bei I der fettfreien Sojabohnen. Bei Soja-I liegt die p_H-Kurve in Veronalpuffer sehr flach (Optimum 5,5—7,3) u. nähert sich erst bei 0,6 mol. Phosphatpuffer dem Optimum der krist. I. Dies beruht nicht auf der erhöhten Ionenstärke, da ein Zusatz von NaCl zum 0,6 mol. Phosphatpuffer keinen Einfl. zeigt. Auch Reinigen der Präpp. (Fällen mit A. oder Aceton) oder Dialyse beeinflussen die p_H-Aktivitätskurven nicht. Die früheren, mit konz. Phosphatpuffer ausgeführten Verss. bedeuten also eine Verzerrung der tatsächlichen Verhältnisse. Die Wrkg. des Phosphates kann nur als eine p_H-abhängige Hemmung verstanden werden. (Naturwissenschaften **46**. 265. 2. April-H. 1959. Prag, Zentralforschungsinst. für Nahrungsmittelind.) A. HESSE. 4210

D. H. Slocum, R. Kouba und **J. E. Varner,** *Einige durch Urease katalysierte Sauerstoffübertragungsreaktionen.* Bei p_H 7,0 steigert Arsenat (I) stärker als Phosphat (II) die *Urease* (III)-katalysierte NH_3-Bldg. aus Harnstoff (IV). Die Messung der CO_2-Bldg. bei p_H 5,0 ergab ca. 30% Hemmung durch I u. 100% durch II. Mittels ^{18}O-I u. -II wurde eine *O*-Übertragung von I u. II auf CO_2 nachgewiesen. Ferner katalysiert III eine IV-abhängige ^{18}O-Übertragung von W. auf II. Ein III-katalysierter Austausch von ^{32}P-II auf Carbamylphosphat (V) u. eine ^{32}P-V-Bldg. während der III-katalysierten IV-Zers. in Ggw. von ^{32}P-II waren nicht feststellbar. Diese Befunde sprechen für eine Zwischenstufe mit chem. Bindung zwischen Carbamat u. II (oder I) in Form von V, wobei intermediär gebildetes V an Enzym gebunden ist. (Arch. Biochem. Biophysics **80**. 217—18. Jan. 1959. Columbus, Ohio, State Univ., Dep. of Agricult. Biochem.) K. MAIER. 4210

E. L. Becker, D. L. Wilhelm und **A. A. Miles,** *Enzymcharakter des Serumglobulinpermeabilitätsfaktors.* Durch in vitro-Zufügung von 10^{-5} mol. *Diisopropylfluorphosphat* (I) bei 37° für 1 Std. kann der Meerschweinchen-*Serumglobulinpermeabilitätsfaktor* (II) inaktiviert werden. II muß offenbar als Enzym angesprochen werden, welches auch Esterbindungen angreift. 0,01 mol. *p-Toluolsulfonyl-L-argininmethylester* oder *Benzoyl-L-argininmethylester* verhüten die Inaktivierungswrkg. von I. (Nature [London] **183**. 1264—65. 2/5. 1959. Washington, D. C., Walter Reed Army Inst. of Res., Div. of Immunol.; London, Lister Inst. of Prev. Med.) U. TAUSENDFREUND. 4210

Y. Stein und **B. Shapiro,** *Glyceridsynthese durch Mikrosomenfraktionen der Rattenleber.* Es wurde ein Enzymsyst. untersucht, welches die Einlagerung von $^{14}C_{(1)}$-Palmitat in neutrale Glyceride in Ggw. von α-Glycerophosphat (I), Coenzym A (CoA), ATP (Adenosintriphosphorsäure) u. Mg^{2+} katalysiert. Es ist enthalten in der überstehenden Fl. von Rattenleberhomogenaten nach der Sedimentierung der Mitochondrien („Native supernatant", N.s.) u. kann ausgefällt werden durch Zentrifugieren bei hohen Touren oder durch Ansäuern auf p_H 5,5. Die Mikrosomenfraktion läßt sich ohne Aktivitätsverlust lyophylisieren. I kann nicht ersetzt werden durch β-Glycerophosphat u. viele andere Zwischenprodd. der Glykolyse. Glycerin, Monoacetin u. Diacetin dienten als Glycerinspender in einigen Präpp. des N.s., wurden aber fast inakt. in der Säurefällung, welche stark akt. mit I war. Phosphatidsäure hemmt die Einverleibung mit I in dem N.s., aber nicht mit lyophylisierten Mikrosomen, in welchen sie sogar als Ersatz für I dient. Höhere Konzz. von Mg^{2+} (10 μMol/ml), Ca^{2+} u. F^- hemmen die Inkorporation. Die N.s. verwandelt Diglycerid u. ^{14}C-Palmitoyl-CoA in Triglycerid mit viel geringerer Kraft als die Mitochondrien. (Biochim. biophysica Acta [Amsterdam] **30**. 271—77. Nov. 1958. Jerusalem, Hadassah Univ. Hosp., Med. Dep. B; Hebrew Univ., Hadassah Med. School, Dep. of Biochem.) H. AMAN. 4210

Helmuth Hilz und **Margrid Kittler,** *Enzymatische Reduktion von Sulfat zu Sulfid.* (Vgl. C. **1959.** 7829.) Extrakte aus Bäckerhefe nach SCHLOSSMANN, verstärkt durch einige Cofermente (HEF) reduzieren anaerob SO_4^{2-} zu S^{2-}. Vff. ließen HEF auf $Na_2{}^{35}SO_4$-Lsg. (5 μC in 3 ml) 3 Std. bei 30° einwirken, leiteten den gebildeten H_2S im N_2-Strom ab, fällten ihn als CdS aus u. bestimmten dessen Radioaktivität. Die wirksamsten Enzymzusätze sind: 1. ATP + DPN + TPN + Glucose-6-phosphat; 2. ATP + TPN. Zwischenprod. der enzymat. Red. ist Sulfit, jedoch nicht Thiosulfat. Inhibitoren der Rk. sind: WO_4^{2-}, MoO_4^{2-}, Sulfit u. Thiosulfat. (Biochim. biophysica Acta [Amsterdam] **30.** 650—51. Dez. 1958. Hamburg, Univ., Physiol.-chem. Inst.) H. BÜTTNER. 4210

G. Schneider und **S. Schmidt,** *Die Wirkung von Resorcin, Phloroglucin und Orcin auf die enzymatische Oxydation von p-Kresol. Phenoloxydase* (I) der Kartoffel wird in ihrer Oxydationswrkg. gegen *p-Kresol* (II) kompetitiv durch *Resorcin, Phloroglucin* u. *Orcin* gehemmt. Diese Hemmung ist von der Menge II u. der Menge der Polyphenole abhängig; sie ist unabhängig von der I-Menge. Durch Dialyse wird I wieder voll reaktiviert. — Erfolgt die Hemmung in Ggw. von *Ascorbinsäure* (welche in vivo die Verfärbung von Kartoffeln usw. verzögert), so ist die Inaktivierung irreversibel. (Hoppe-Seyler's Z. physiol. Chem. **315.** 20—27. 1959. Greifswald, Univ., Botan. Inst.) A. HESSE. 4210

Nathan Citri und **Nachman Garber,** *Die Wirkung von Harnstoff auf die Aktivität der Penicillinase.* Während die Gesamtaktivität der *Penicillinase* (I) bei Zusatz von Harnstoff (II) in einem großen Konzentrationsbereich von II konstant bleibt, nimmt mit zunehmender II-Konz., Dauer der II-Einw. u. der Temp. die Konz. der α-I ab, die der γ-I zu. Diese Umwandlung war durch Verdünnung mit Gelatinelsg. teilweise reversibel. Ca. $^1/_3$ des Enzyms, das vorher für 30 Min. einer 5mol. II-Konz. ausgesetzt war, ist jedoch nicht in die α-Form zurückführbar. Vff. charakterisieren die Enzymwrkg. steigender II-Konz. folgendermaßen: $\alpha \rightleftharpoons \gamma$ (reversibel) → (irreversibel) → inaktiv. Nach Meinung der Vff. ist aus den bisher bekannten Daten eine Entscheidung über die Frage, ob die γ-I als solche enzymat. akt. ist oder erst durch Kontakt mit dem Substrat in die enzymat. akt. Form übergeht, noch nicht möglich. (Biochim. biophysica Acta [Amsterdam] **30.** 664—65. Dez. 1958. Jerusalem, Hebrew Univ., Dep. of Bact.) R. TIMMLER. 4210

Samuel Gordon, Frank B. Ablondi, Walter Ceklenlak und **B. L. Hutchings,** *Die Wirkung von Streptokinase auf die durch Senföl hervorgerufene Entzündung des Kaninchenauges.* Vff. geben Albinokaninchen eine intramuskuläre Injektion von *Streptokinase* (I, 100—500000 E.) u. 15—30 Min. später 0,5 ml 15%ig. Senföllsg. (in Mineralöl) unter den Lidrand des Auges u. beobachten den Verlauf der Entzündung. Es zeigt sich, daß I die entzündlichen Vorgänge abschwächt. Die Blutunters. ergibt bei mit I behandelten Tieren eine (im Vgl. zu den Kontrolltieren) um das 20—30fache verkürzte Fibrinolysezeit. Aus den Ergebnissen wird geschlossen, daß die antientzündliche Wrkg. von I mit der Bldg. eines akt. fibrinolyt. Syst. im Blut in Beziehung steht. (Amer. J. Physiol. **186.** 219. Aug. 1956. Pearl River, N. Y., Amer. Cyanamid Co., Res. Div., Med. Chem. Res. Sect., Lederle Labors.) P. FAHRNLAENDER. 4210

Karl Decker, Die aktivierte Essigsäure. Das Coenzym A u. seine Acylderivate. im Stoffwechsel der Zelle. Stuttgart: Ferdinand Enke Verlag. 1959. (VIII + 300 S. m. 55 Abb. u. 64 Tab.) DM 74,80.

E₃. Mikrobiologie. Bakteriologie. Immunologie.

W. Merk, Ch. Merk und **J. Leicht,** *Über Erfahrungen bei der Herstellung eines speziellen Nährbodens für cellulosespaltende Pansenbakterien.* Der Nährboden besteht aus anorgan. Salzen, Agar–Agar u. einer Cellulosesuspension (mit konz. HCl aufgeschlossene Watte). Zum heißen, mit CO_2 durchströmten Grundnährboden wird Cystein u. Pansen-Fl. zugegeben. Nach Sterilisieren (1—2std. Kochen unter leichter CO_2-Durchströmung) wird $NaHCO_3$-Lsg. zugegeben u. nochmals mit CO_2 gesätt., wodurch sich ein p_H von ca. 7,0 einstellt. Dieser Nährboden wird bei 50° unter anaeroben Bedingungen mit verd., frisch gewonnenem Pansenmaterial beimpft. (Tierärztl. Umschau **13.** 332—38. 1/10. 1958. Warthausen, Württ., Bakteriol. Inst.) H. REMBOLD. 4310

B. W. Gromow, *Einfluß der Konzentration des Nährbodens auf die Vermehrung einiger Bakterien.* Vf. untersucht den Einfl. von Konz., osmot. Druck u. Pufferung des Nährbodens (Fleisch–Pepton–Agar) auf die Entw. von *Mycobacterium sp., Bacillus mycoides, Bacillus sp.* u. *Pseudomonas sp.* u. stellt fest, daß die von verwitterndem Granit stammenden B. sp. u. Myc. sp. bes. gut auf stark verd. Nährböden (50—200fach verd. Nährbouillon), die gewöhnlichen Bodenbakterien aber schon auf ca. 2—5fach verd. Nährboden gut wachsen. (Вестник Ленинградского Университета, Серия Биологии [Nachr. Leningrader Univ.] **14.** Nr. 9; Ser. Biol. Nr. 2. 16—24. 1959.) F.-K. GRÜTTE. 4310

I. R. Shimi, J. Singh und **T. K. Walker,** *Die konstituierenden Fettsäuren des Fettes von Penicillium spinulosum.* Unter Anknüpfung an frühere eigene Verss. über die Fettbldg. bei Aspergillus- u. Penicilliumarten werden Kulturverss. mit *Pen. spinulosum* in einem definierten Nährsubstrat mit reichlich Glucose unter Belüftung (bei 27°) durchgeführt. Nach 7 Tagen wird das sterilisierte Mycel abgetrennt, getrocknet, vermahlen u. im SOXHLET-App. mit PAe. (Kp. 40—60°) extrahiert; aus 300 g Trockenmycel werden 125 g rötlichgelbes Fett erhalten; Verseifungsäquivalent 294,2; JZ. 81,1; freie Fettsäuren 5,8% (Ölsäure); Unverseifbares 1,4%. Die Gesamtfettsäuren werden mittels Tieftemperaturkristallisation aus Aceton bzw. aus Ae. fraktioniert; die 3 erhaltenen Fraktionen werden als Methylester in üblicher Weise durch fraktionierte Dest. zerlegt u. die Komponenten identifiziert. Die Fettsäuren des Fettes von *Pen. spinulosum* zeigen folgende Zus.: Palmitin- (18,0%), Stearin- (11,9), Arachin- (1,4), Hexadecen- (3,8), Öl- (43,4), Linol- (21,1), Linolen- (0,3), Eikosensäure (0,2). Die Ergebnisse werden mit den Resultaten der früheren Unterss. der Fette von *Pen. lilacinum* u. *Asp. nidulans* sowie mit Palm-, Oliven- u. Erdnußöl unter Hervorhebung von Ähnlichkeit u. von Unterschieden verglichen. (Biochem. J. **72.** 184—87. Mai 1959. Manchester, England, Manchester Coll. of Sci. and Technol.) K. TÄUFEL. 4315

I. R. Kaplan und **H. Silberman,** *Die Spektroskopie durch Papier- und Cellulosesäulenchromatographie getrennter Bakterienchlorophylle.* Es werden Methoden zur schnellen Trennung kleiner Mengen von Bakterienchlorophyll (I; *Chromatium sp.*) u. *Chlorobium thiosulfatophilum* (LARSEN)-Chlorophyll (II) durch Papier- u. Säulen-(Cellulose-)Chromatographie beschrieben. Die Reinigung wird spektroskop. verfolgt. I ist bei —10° ohne wesentliche Veränderung aufbewahrbar. Während der Reinigung müssen zwecks Vermeidung von Zers. H_2S-gesätt. Solventien verwendet werden. II ist von Chlorophyll a chromatograph. sehr verschieden, zeigt aber ähnliche spektroskop. Eigenschaften. Chlorophyll der Purpurschwefelbakterien u. der grünen Schwefelbakterien sind verschied. Farbstoffe. (Arch. Biochem. Biophysics **80.** 114—24. Jan. 1959. Cronulla, New South Wales, CSIRO, Div. of Fisheries and Oceanography; Sydney, Univ., Pharmacol. Dep.) K. MAIER. 4315

Sten Gatenbeck, *Das Vorkommen von Endocrocin in Penicillium islandicum.* Aus Kultur-Fl. einer UV-Mutante von *P. islandicum* wurde *Endocrocin* [*4.5.7-Trihydroxy-2-methylanthrachinoncarbonsäure-(3)*] isoliert; Zers. 290—320°, R_F 0,75 (Chlf.-CH_3OH-4%ig. HCOOH, 10:1:1); Ausbeute ca. 3 mg/Liter; *Acetat,* F. 212°. Anthrachinoncarbonsäuren stellen wahrscheinlich Zwischenstufen bei der Bldg. von Anthrachinonen dar. (Acta chem. scand. **13.** 386—87. 1959. Lund, Univ., Inst. of Biochem.) K. MAIER. 4315

Isamu Suzuki und **C. H. Werkman,** *Chemoautotrophe Bindung von Kohlendioxyd durch Thiobacillus thiooxydans.* (Vgl. C. **1958.** 12426.) Zellen des S oxydierenden Thiobacillus thiooxydans wurden verschieden lang $^{14}CO_2$ ausgesetzt u. die gebildeten markierten Verbb. papierchromatograph. identifiziert. Nach 2 Sek. Fixierung fanden sich 80% der Aktivität in *Phosphoglycerinsäure* (I) u. 8% in *Asparaginsäure* (II). Mit wachsender Expositionsdauer erschien ^{14}C in Glucosephosphaten, Zuckern, organ. Säuren, Aminosäuren u. Peptiden. Unters. der ^{14}C-Verteilung ergab bevorzugte Verteilung auf die COOH-Gruppen von I u. Serin, die β-COOH-Gruppe von II u. die α-COOH-Gruppe von Glutaminsäure. Vff. nehmen an, daß bei T. thiooxydans 2 Carboxylierungssysteme wirksam sind: Carboxylierung von Ribulosediphosphat unter I-Bdg. u. von Phosphoenolpyruvat unter Bldg. von Oxalacetat. (Iowa State Coll. J. Sci. **32.** 475—83. 15/5. 1958. Ames., Io., Iowa State Coll., Dep. of Bacteriol.) K. MAIER. 4320

R. W. Bailey, *Transglucosidaseaktivität von Rumenstämmen von Streptococcus bovis.* 2. Mitt. *Isolierung und Eigenschaften von Dextransaccharase.* (1. vgl. Biochem. J. **71.** [1959.] 23.) *Streptococcus bovis,* Stamm I aus einem Rinderpansen, wurde in einer 2%ig. Glucose- bzw. 4%ig. Saccharose (II)-Lsg. unter Zusatz von Bacto-Casitone-Bacto-Hefeextrakt u. Zufuhr von CO_2 bei 37° gezüchtet. Nach Abfall des p_H auf 5,8—5,2 (ca. 7—9 Std.) wurde auf 0—2° abgekühlt u. durch Zentrifugieren u. Fällung mit $(NH_4)_2SO_4$ *Dextransaccharase* (I) isoliert, durch weiteres Zentrifugieren in Citratpuffer u. Dialyse gereinigt u. gegebenenfalls gefriergetrocknet. Sowohl in II- wie in Glucosemedium wurde I gebildet. Die Aktivität von I wurde analog der Meth. für I aus *Leuconostoc mesenteroides,* jedoch bei 37°, durch Messung der frei gemachten Fructose bestimmt. Der Polysaccharidgeh. der I-Präpp. betrug 70% (Präp. aus II) bzw. 4% (Präp. aus Glucose). Der Verlauf des I-Geh. des Substrats im Laufe eines Fermentationscyclus wurde bestimmt. Die I-Bldg. in hefeextrakthaltigem Medium ging schneller als in synthet. Medium vor sich. Nach einer Incubationszeit von 6 Std. sank die I-Aktivität ab. Die I-Aktivität stieg mit der Saccharosekonz. (bis zu einem Maximalwert) an. I war ohne Wrkg. auf andere Zucker als II. Die Aktivität von I war in Luft u. in CO_2 gleich groß. Maltose, Isomaltose, Isomaltotriose, Glucose, Galaktose, Methyl-α-glucosid, Lactose u. Cellobiose erhöhten die I-Aktivität u. wirkten als wahlweise Glucosylacceptoren zur Bldg. von Oligosacchariden. D-Arabinose u. Melibiose stimulierten I, ohne als Acceptoren zu dienen, Fructose diente als Acceptor, setzte aber die I-Aktivität herab. Das Aktivitätsmaximum von I lag bei p_H 5,0—6,5 u. 37—44°. Bei p_H 4,5 war I sehr instabil. Die I-Präpp. lieferten in guter Ausbeute Dextran mit $[\alpha]_D^{20}$ +190, +191 u. +185° (c = 0,15, n-NaOH). Der dritte Wert wurde an Dextran aus I gemessen, dessen Kultur u. Vorkultur Glucose enthielt. (Biochem. J. **72**. 42—49. Mai 1959. Palmerston North, New Zealand, DSIR, Plant Chem. Div.) W. Willenberg. 4320

R. W. Bailey und **R. T. J. Clarke**, *Eine bakterielle Dextranase.* Drei Stämme von *Lactobacillus bifidus*, von denen zwei aus Kuhpansen u. einer aus Säuglingsstuhl stammten, wurden weitergezüchtet. Kulturen in einem Medium mit 1% Bactotryptose, 0,03% Bactohefeextrakt u. 0,15% Dextran (I) von *Streptococcus bovis* (p_H 7,2) unter einer Atmosphäre von H_2/CO_2 wurden nach 48 Std. bei 37° ultrazentrifugiert. Mittels $(NH_4)_2 \cdot SO_4$ wurde *Dextranase* (II) gefällt u. durch Dialyse in Citratpuffer (p_H 6,0) gereinigt u. gefriergetrocknet. Enthielt die Kultur-Fl. statt I Glucose, trat Wachstum, aber keine II-Bldg. ein. Die Wrkg. von II auf unverzweigtes I aus *S. bovis* u. teilweise verzweigtes aus *Betacoccus arabinosaceus* (*Leuconostoc mesenteroides*, Birmingham-Stamm) bei p_H 5,5 (Citratpuffer) u. 37° wurde durch Abnahme der Opalescenz u. Zunahme der Reduktionskraft bestimmt. Chromatographie der entsalzten Lsgg. (Entw. mit Essigester/W./Pyridin) lieferte bei beiden I *Isomaltotriose* u. ihre höheren Homologen, nicht aber Glucose u. Isomaltose. Das Optimum der II-Wrkg. lag bei p_H 5,4—6,5 u. zwischen 40—50°. II wurde auf Aktivität gegenüber Isomaltodextrinen geprüft, die durch saure Hydrolyse von I (aus *S. bovis*) u. chromatograph. Aufarbeitung erhalten worden waren. Isomaltohexaose wurde in 24 Std. nur wenig gespalten, niedere Homologe überhaupt nicht, Isomaltoheptaose zu ca. 50% u. Isomaltooctaose fast vollständig. Trisaccharide waren die kleinsten Bruchstücke. — Einer der 3 L. bifidus-Stämme wuchs auf einem Gemisch von Isomaltotetraose u. Isomaltopentaose als C-Quelle. — Zwei andere menschliche L. bifidus-Stämme bildeten nicht II. Ebenfalls blieb je ein Stamm von *L. brevis, L. bulgaricus, L. acidophilus* u. *L. plantarum* ohne Einw. auf I. (Biochem. J. **72**. 49—54. Mai 1959. Palmerston North, New Zeeland, DSIR, Plant Chem. Div.) W. Willenberg. 4320

I. W. Domaradski und **W. D. Jegorowa**, *Über den Cysteinumsatz in den Kulturen der Pestbazillen.* Die Verss. wurden an Aufschwemmungen von 48std. Pestkulturen in physiol. NaCl-Lsg. bei 37° durchgeführt. In Ggw. von Cystein (I) wird O_2 von den Peststäbchen bei stark schwankenden p_H-Werten (5,49 in Phosphat- bis 9,02 in Boratpufferlsg) verbraucht. Der Verbrauch geht bei Zusatz von Na_3AsO_3 oder 2.4-Dinitrophenol (II) stark zurück. II hemmt auch die endogene Zellatmung. Die Entschwefelung des I erfolgt in aerobem u. in anaerobem Medium. Die Züchtung des Peststäbchens auf Nährböden mit erhöhtem I-Geh. wird von einer Verstärkung der Fermentaktivität begleitet, welche die Zers. von I katalysiert. Außer H_2S entstehen beim I-Zerfall NH_3 u. Brenztraubensäure. Diese kann nur in den Verss. erfaßt werden, die an mit Toluol abgetöteten Bakterien oder an Acetonpräpp. aus den Peststäbchen durchgeführt werden. Das den I-Zerfall katalysierende Ferment ist der typ. Cysteindesulfohydrase der anderen Bakterien u. der tier. Gewebe ähnlich. Es ist anzunehmen, daß diese gleich den entsprechenden Enzymen aus Colistäbchen, Proteus Morganii u. Str. faecalis ein Prod. des Proteids von Pyridoxalphosphat ist. (Вопросы Медицинской Химии [Fragen med. Chem.] **5**. 60—65. Jan./Febr. 1959. Irkutsk, Sibir. u. Fernöstl. Forschungsinst. für Pestbekämpfung; Saratow, Inst. „Mikrobe".) F. du Mans. 4320

Yvonne M. Freitas und **J. V. Bhat**, *Cellulosezersetzung durch Nocardiaarten.* Im Anschluß an Unterss. von Metcalfe u. Brown (J. gen. appl. Microbiol. [Tokyo] **17**. [1957.] 567) wird auf ähnliche frühere Beobachtungen der Vff. (J. Univ. Bombay [N. S.] **23**. Nr. 3, Sect. B [1954.] 53) verwiesen. (Current Sci. **27**. 171—72. Mai 1958. Bombay, St. Xavier's Coll., Microbiol. Dep.) B. Görlich. 4320

Raoul Kourilsky und **Rémy Richou**, *Untersuchungen über bakterielle Diastasen. Über die hemmenden Eigenschaften von menschlichem und tierischem Blutserum gegenüber der Gelatine-Diastase des Staphylococcus.* Vff. finden, daß die Sera von Menschen, Pferden, Rindern, Kaninchen u. Hunden die lyt. Wrkg. von Staphylokokken auf Gelatine hemmen. Diese Eig. der Sera geht nicht mit ihrem Geh. an Antitoxinen gegenüber Staphylokokken parallel. (C. R. Séances Soc. Biol. Filiales **149**. 1898—99. Nov. 1955. Alfort, Inst. Nat. d'Hygiene et Labor. des Rech.) H. Schimassek. 4320

B. G. Audley, T. W. Goodwin und **D. McEvoy**, *Die Flavinbildung bei Candida flareri; die Funktion von Harnstoff und Purinen.* Nach Zusatz von ^{14}C-Harnstoff (I) zu 18-Std.-Schüttelkulturen von *C. flareri* unmittelbar vor Beginn der Flavinbldg. enthielten nach weiteren 12 Std. aus Kultur-Fl. isoliertes *Riboflavin* (II) u. aus Zellnucleinsäuren gewonnenes *Adenin* (III) u. *Guanin* (IV) kein ^{14}C, d. h. es wird kein I-*C* in diese Verbb. eingebaut. Wurden an Stelle von ^{14}C-I ^{14}C-III oder ^{14}C-IV, erhalten aus der Alge *Anabaena cylindrica* nach Züchtung in Ggw. von $^{14}CO_2$, zugesetzt, so wurden 16 bzw. 68% ^{14}C in II inkorporiert. IV-^{14}C erschien im Nucleinsäure-IV, III-^{14}C in Nucleinsäure-III u. -IV. (Biochem. J. **72.** 8P. Mai 1959. Liverpool, Univ., Biochem. Dep.) K. MAIER. 4320

H. Heath und **D. S. Hoare,** *Die Biosynthese von Porphyrinen aus Porphobilinogen durch Rhodopseudomonas spheroides. Porphobilinogen* (I) wurde durch 3mal gefrorene u. wieder aufgetaute semianaerobe Kulturen von *Rhodopseudomonas spheroides* in *Uroporphyrin I* (II), *Uroporphyrin III* (III) u. *Koproporphyrin I* (IV) u. *Koproporphyrin III* (V) übergeführt, während in n. Kulturen aus I nur Spuren von II u. III, jedoch kein IV gebildet wurde. Die Umwandlung von I in II, III, IV u. V ist proportional der Zellkonz. u. dem p_H-Wert. Eine Synth. von IV u. V aus II oder III oder eine Veränderung von IV konnte in Zellsuspensionen nicht festgestellt werden. Durch wiederholtes Auswaschen der gefrorenen Zellen mit W. u. Fällen des Extraktes mit Aceton wurde ein II-*bildendes Enzym,* durch Trocknen der gewaschenen Zellen mit Aceton ein III-*bildendes Enzym* abgetrennt, während das Acetonpulver aus nichtgefrorenen Zellen ein bei -15^0 stabiles, V-*bildendes Enzym* enthielt. Die Ggw. eines thermostabilen Cofaktors der IV- u. V-Bldg. aus I im Extrakt gefrorener u. wiederaufgetauter Zellen wurde bewiesen. Aus gefrorenen Zellen durch Verreiben mit Al_2O_3 hergestellte zellfreie Extrakte zeigten nur eine geringere Aktivität der Bldg. von IV u. V, jedoch stärkere Bldg. von II u. III als gefrorene Zellsuspensionen, wobei jedoch bei hoher Enzymkonz. eine Umkehrung des II–IV-Verhältnisses eintrat. (Biochem. J. **72.** 14–22. Mai 1959. London, Univ. Coll., Hosp. Med. School, Dep. of Chem. Phathol.) F. HELLER. 4320

Jose Gutierrez, R. E. Davis und **I. L. Lindahl,** *Der Abbau von Alfalfa-Saponinen durch Bakterien im Magen der Wiederkäuer.* Alfalfa-Saponine (I) werden von Bakterien aus Stiermagen unter Bldg. von CO_2, verschied. Säuren u. großer Mengen Schleim abgebaut. 200 mg I geben in einem Hefeextrakt–Pepton-Medium mit einem isolierten Bakterienstamm (in mMol) 1,9 CO_2, 0,23 *Essigsäure,* 0,15 *Buttersäure,* 0,52 *Ameisensäure,* 0,14 *Milchsäure* u. Spuren von A. u. *Propionsäure.* (Science [Washington] **127.** 335. 14/2. 1958. Beltsville, Md., U. S. Dep. of Agric.) S. HUNECK. 4320

A. J. Zwart Voorspuij und **C. A. G. Nass,** *Einige Gesichtspunkte zu den Begriffen Additivität, Synergismus und Antagonismus bei gleichzeitiger Wirksamkeit zweier antibakterieller Wirkstoffe in vitro.* Auf Grund von 3 Faktoren, der antibakteriellen Wirksamkeit, Wirkungszeit u. wirksamer Dosis, wird eine Definition der Begriffe Additivität, Synergismus u. Antagonismus für das Wirkungsvermögen antibakterieller Substanzen (z. B. für PAS u. INH auf Tuberkelbakterien) abgeleitet u. eine graph. Darstellungsmeth. entwickelt, um die gleichzeitige Wirksamkeit zweier verschied. antibakterieller Stoffe zu erfassen. Als Kriterium für den Grad des Synergismus u. Antagonismus wird ein Wirkungsindex definiert, der durch Best. der Wirkungszeit u. des antibakteriellen Effektes ermittelt werden kann. (Arch. int. Pharmacodynam. Thérap. **109.** 211–28. 1/1. 1957. Leyden, Univ. Hosp., Clin. Labor. of the Dep. for int. Diseases, statist. Dep., Inst. for prevent. Med.; Amsterdam, Res. Dep. of N. V. Koninkl. pharm. Fabr. v/H Brocades Stheeman.) P. FAHRNLAENDER. 4330

E. Jeney und **T. Zsolnai,** *Bakteriologische Wirkung der organischen Selenocyanate.* Nachst. Alkylselenocyanoacetate u. Arylselenocyanate hemmten die Vermehrung von Myc. tbc. $H_{37}Rv$ auf KIRCHNER-Nährboden (+ 10% Rinderserum) vollständig: *n-Propylselenocyanoacetat* (I), 1:500000, *n-Hexyl-, Benzylselenocyanat, 2-Nitrobenzyl-, 4-Nitrophenyl-,* 1:250000, *n-Dodecyl-,* 1:25000; *n-Propylthiocyanoacetat, 2.4-Dinitrophenylthiocyanat,* 1:500000, *n-Hexylthiocyanoacetat, 2-Nitrobenzylthiocyanat* (II), *4-Nitrophenyl-* (III), 1:250000, *Benzyl-,* 1:100000, *n-Dodecylthiocyanoacetat,* 1:50000. Die nichtpathogenen säurefesten Mycobakterien, mehrere gramnegative Bakterien (*E. coli communis, S. typhi, Sh. dysenteriae* Sonne, *B. faecalis alcaligenes, Klebsiella ozenae, Proteus vulgaris, Ps. pyocyanea, Ps. fluorescens*) u. *B. subtilis* wurden weit schwächer u. nur in der Verdünnung 1:5000–1:25000 gehemmt. *Staph. aureus* wurde durch I u. II 1:100000 u. III 1:250000 gehemmt. Die organ. Selenocyanate erwiesen sich intraperitoneal (Maus) als sehr tox., so daß eine chemotherapeut. Verwendung nicht in Betracht kommt. (Naturwissenschaften **46.** 231. 1. April-H. 1959. Debrecen, Med. Univ., Hygien. Inst.) K. MAIER. 4330

A.-B. Lindenberg (unter Mitarbeit von **G. Gauchat**), *Unspezifische Toxizität von Alkoholen und Ketonen der Gärung in bezug auf die Hefezelle.* Der Beginn der Exosmose von Bäckerhefezellen wurde unter Einw. von Alkoholen u. Ketonen bestimmt, indem die Ausscheidung von PO_4^{3-}, Cl^-, K^+, *Kreatin, phenol. Aminosäuren, Tyrosin* u. eines gelben Farbstoffes sowie die Volumenänderung der Zellen von gewaschenen Zellsuspensionen gemessen wurden. Die Exosmose beginnt bei folgenden Konzz. (mol.): Methanol 5,6; A. 3,0; n-Propanol 1,0, Isopropanol 2,0; n-Butanol 0,33, Isobutanol 0,425, sek.-Butanol 0,66, tert.-Butanol 1,0; n-Pentanol 0,11, Isopentanol 0,13, tert. Pentanol 0,415; Aceton 1,8; Methyläthylketon 0,67; Methylpropylketon 0,22. In der homologen Reihe verringert sich die cytolyt. Konz. um ca. $^1/_3$ bei jeder Verlängerung der aliphat. Kette um eine CH_2-Gruppe. Daraus wird auf eine unspezif. Wrkg. dieser Verbb. auf die Hefezelle geschlossen. (Ind. aliment. agric. **75**. 751—56. Nov. 1958. Paris, Inst. Nat. Agr., Labor. de Biochim. phys.) F. RADLER. 4330

Karl Raible und **Gisela Busch,** *Untersuchungen an chemischen Konservierungsmitteln.* 1. Mitt. *Über den Einfluß unterschwelliger Konservierungsmittelkonzentrationen auf die Vermehrung von Hefe.* Konservierungsmittel, wie Benzoesäure, Sorbinsäure, Propionsäure, Ameisensäure, Dehydracetsäure, p-Chlorbenzoesäure, p-Hydroxybenzoesäureäthylester u. Borsäure wurden in verschied. Konzz. auf ihre Wirksamkeit bei Zellvermehrung in Würze untersucht. Bis zu wachstumshemmenden Konzz. verläuft die Wachstumskurve proportional der zugegebenen Menge. Dabei findet man übereinstimmende Werte für die aufgeführten Konservierungsmittel. Mit zunehmenden Konzz. steigt die Induktionsphase. (Zbl. Bakteriol., Parasitenkunde, Infektionskrankh. Hyg., II. Abt. **110**. 172—77. 30/3. 1957. München.) U. GERHARDT. 4330

R. J. W. Byrde, D. F. Downing und **D. Woodcock,** *Entgiftung bei Pilzen.* 4. Mitt. *Der Stoffwechsel von 2-Methoxynaphthalin bei Aspergillus niger.* (3. vgl. C. **1958**. 13825.) Bei Kultivierung von *Aspergillus niger* in Ggw. von *2-Methoxynaphthalin* (I) wurde im Testorganismus *4-Methoxysalicylsäure* (II), bei Angebot von *2-Äthoxynaphthalin* (III) *4-Äthoxysalicylsäure* (IV) als Stoffwechselprod. von I bzw. III isoliert. Bei Incubation mit *4-Methoxybenzoesäure, 4-Methoxyphthalsäure, 2-Carboxy-5-methoxyzimtsäure* oder *6-Hydroxy-2-methoxynaphthalin* war II nirgends als Stoffwechselprod. des Pilzes nachzuweisen. Bei p_H 2 war die fungistat. Wrkg. von II geringer als die von I; IV war dagegen aktiver als das entsprechende III.

Versuche: *2-Äthoxynaphthalin* (III), F. 35—36° (A.); durch Rk. von 2-Naphthol mit Diäthylsulfat u. NaOH. — *4-Methoxysalicylsäure* (II), $C_8H_8O_4$, F. 157—158°, lange seidige Nadeln (W.), UV-Spektr.: 214, 254 u. 295 mμ, IR-Spektr.: 2909, 1645, 1465, 1270; aus 2.4-Dihydroxybenzoesäure nach GOMBERG u. JOHNSON. — *4-Äthoxysalicylsäure* (IV), $C_9H_{10}O_4$, F. 152—153°, seidige Nadeln (W.), IR-Spektr.: 2932, 1655, 1465, 1275; wie vorst. Verb., aber unter Verwendung von Diäthylsulfat. — *4-Methoxyphthalsäure*, F. 165—166°, Prismen (Methanol); aus 4-Hydroxyphthalsäure durch Rk. mit Dimethylsulfat u. NaOH. — *5-Amino-2-methoxynaphthalin*, $C_{11}H_{11}NO$, F. 57—58°, Rosetten von Prismen (PAe. oder wss. Methanol); durch Hydrieren von 2-Methoxy-5-nitronaphthalin in Tetrahydrofuran in Ggw. von RANEY-Ni, Filtrieren u. Einengen (Vakuum) der blau fluorescierenden Lsg., Aufnahme des roten Öls in Ae. u. Schütteln mit 10%ig. HCl, alkal. mit NaOH, Ae.-Extrakt, Trocknen u. Einengen; *5-Acetamido-2-methoxynaphthalin*, $C_{13}H_{13}NO_2$, F. 124—125°, Nadeln in Büscheln (W.) oder F. 139—140°, Platten (wss. Methanol). — *5-Hydroxy-2-methoxynaphthalin*, $C_{11}H_{10}O_2$, F. 85°, farblose Platten (PAe.); Lsg. von 5-Amino-2-methoxynaphthalin in Essigsäure verrühren mit H_2SO_4 u. W., abkühlen auf 10°, wss. $NaNO_2$-Lsg. zutropfen, 2 Std. rühren, Gemisch in kochende 5%ig. H_2SO_4 gießen, Filtrat abkühlen, Ae.-Extrakt mit 10%ig. NaOH schütteln, Lsg. mit HCl ansäuern, Ae.-Extrakt trocknen u. einengen. — *8-Nitro-2-methoxynaphthalin*, $C_{11}H_9NO_3$, F. 74—75°, hellgelbe Nadeln (wss. Methanol); durch Methylierung von 8-Nitro-2-naphthol mit Dimethylsulfat u. NaOH. — *8-Amino-2-methoxynaphthalin*, F. 79—80°, prismat. Platten (wss. Methanol); durch Red. von 2-Methoxy-8-nitronaphthalin wie bei 5-Amino-2-methoxynaphthalin beschrieben. — *8-Hydroxy-2-meth-oxynaphthalin*, $C_{11}H_{10}O_2$, F. 100—102°, weiße Platten (PAe.); aus vorst. Verb. wie bei der 5-Hydroxyverb. beschrieben. (Biochem. J. **72**. 344—48. Juni 1959. Bristol, Univ., Long Ashton Res. Stat.) M. EBERT. 4330

W. W. Gaschinski, *Die Eigenschaften von Staphylococcus und Bacterium coli während der Anpassung an Streptomycin.* 1. Mitt. *Morphologisch-kulturelle Eigenschaften.* Mit Hilfe des Elektronen- u. Phasenkontrastmikroskops wird festgestellt, daß die gegenüber *Streptomycin* (I) empfindlichen Stämme von *Staphylococcus* u. *Bac. coli* sich allein durch Teilung vermehren, während bei den gegenüber I resistenten Stämmen neben der Zellteilung Zellen beobachtet werden, die sich nicht mehr teilen, sondern in der Größe stark zunehmen. Außerdem beobachtet man eine Lysis einzelner Zellen. Diese

Ergebnisse sind bei den Unterss. über die empfindlichen u. resistenten Stämme zu berücksichtigen. (Мікробіологічний Журнал (Київ) [Mikrobiol. J. (Kiew)] **21.** Nr. 1. 52—55. 1959. Med. Inst., Lehrstuhl für Mikrobiol.) O. LEBTAG. 4340

L. Ss. Rudenko, *Einfluß des Synthomycins auf die Dysenterietoxine und die experimentelle Dysenterieintoxikation.* Um festzustellen, ob das *Synthomycin* (I) eine direkte neutralisierende Wrkg. auf die Dysenterietoxine (DT) ausübt, wurden die DT in vitro bei verschied. Tempp. verschieden lange der Einw. von I ausgesetzt u. im Mäusevers. erprobt. Es zeigte sich, daß durch die Einw. von I bei Zimmertemp. u. 37° die tox. Wrkg. des DT nicht vermindert wird. Bei der Einw. von I auf die durch Exo-DT (SHIGA) verursachte experimentelle Intoxikation wird bei der Verabreichung von I gegenüber der Kontrolle kein größerer Unterschied in der Überlebensrate beobachtet. Bei der Intoxikation durch das Endotoxin von FLEXNER-SONNE wird durch I die Überlebensrate um 25—40% erhöht. In allen Verss. ist die Lebensdauer der Versuchstiere größer als die der Kontrolltiere. Die Ergebnisse zwingen zu der Annahme, daß die Desintoxikationswrkg. von I nicht auf einer einfachen Neutralisation der DT durch I im Organismus, sondern auf einer noch unbekannten Einw. auf den Makroorganismus selbst beruht. (Мікробіологічний Журнал (Київ) [Mikrobiol. J. (Kiew)] **21.** Nr. 1. 56—60. 1959. Inst. für Epidemiol. u. Mikrobiol. der Akad. der Wiss. der UkrainSSR.) O. LEBTAG. 4340

Heinz Thrum, *Eine neue, von einer Spezies der Streptomyces-reticuli-Gruppe gebildete Antibioticakombination.* Kulturen des zur *S. reticuli*-Gruppe zu rechnenden *Streptomyces*-Stammes *FA 2814* besitzen eine breitspektrale antibiol. Wrkg. gegenüber grampositiven u. -negativen Bakterien, Mycobakterien, Hefen u. Pilzen. In der Kultur-Fl. sind papierchromatograph. 2 Antibiotica, ein ausschließlich fungistat., *2814P* (I) u. ein vorwiegend antibakterielles, *2814A* (II), nachweisbar. I wurde aus Mycel durch Butanolextraktion nach Reinigung als gelbe Verb. erhalten (Lsg. in konz. H_2SO_4 blauviolett, UV-Absorption der Polyenantibiotica, λ_{max} 317, 332—333, 350 mμ), die am besten mit *Eurocidin* vergleichbar ist. II wurde durch Absorption aus Kulturfiltrat an Wofatit E, essigsaurer Elution u. Chromatographie an säurebehandeltem Al_2O_3 als krist. *Hydrochlorid,* F. 170—173°, Nadeln (W.), erhalten; *Sulfat,* F. 228°, schwerlösl.; *Pikrat,* F. 235°; positive EHRLICH- u. SAKAGUCHI-Rk., λ_{max} 236, 296 mμ. II gibt, wie *Netropsin* (III), bei alkal. Hydrolyse ein Abbauprod. mit F. 240° u. ist auf Grund ident. UV-Maxima u. gleichartigen papierchromatograph. Verh. in verschied. Solvenssystemen offensichtlich mit III identisch. Aus I-Mutterlaugen wurde ein weiteres, antibiot. kaum wirksames Stoffwechselprod., *2814K* (IV), F. 154—156°, gelbe, unregelmäßige Platten (Chlf.-Isopropanol), lange gelbgrüne Spieße (W.-Dimethylformamid), $[\alpha]_D^{24}$ +44° (c = 0,75; Chlf.), Lsg. in H_2SO_4 olivgrün → rotbraun, λ_{max} 255, 345 mμ, isoliert. IV ist gegenüber der weißen Maus stark tox. (2 mg subcutan/kg letal) u. darin *Aureothin* ähnlich. (Naturwissenschaften **46.** 87. 2. Jan.-H. 1959. Jena, Inst. für Mikrobiol. u. exp. Therapie.) K. MAIER. 4340

Koppaka V. Rao und **John E. Lynch,** *PA 128, ein neues, gegen Protozoen wirksames Antibioticum.* Aus Kulturfiltrat u. Mycel einer *Streptomyces*-Art (Submerszüchtung in Cerelose–Sojamehl–NZ-Amin-B-Nährlsg.) wurde durch n-Butanolextraktion bei p_H 7—8, CRAIG-Verteilung des Extraktkonzentrats im Syst. Ligroin–80%ig. wss. CH_3OH ein neues Antibioticum, *PA 128* (I), $C_{37-46}H_{61-75}NO_{13-16}$, F. 143—144°, hellgelbe rechteckige Platten (Ae.), λ_{max} 245, 285 mμ (CH_3OH), $[\alpha]_D^{25}$ −2,0 (c = 1; CH_3OH), isoliert, das eine ungewöhnlich selektive Wrkg. gegenüber den Protozoen *T. vaginalis* (untere Hemmkonz. in vitro, 0,03 γ/cm³) u. *E. histolytica* (0,09 γ/cm³) zeigt. I ist in vitro gegen grampositive u. -negative Bakterien inakt. u. für Mäuse u. Ratten (3,12 mg/kg) toxisch. I gibt mit 2.4-Dinitrophenylhydrazin einen Nd., entfärbt Bromwasser u. wss. $KMnO_4$. Bei Hydrierung mit PtO_2 in alkoh. Lsg. werden ca. 6,25 mMol H_2/g aufgenommen. (Antibiotics and Chemotherapy **8.** 437—40. Sept. 1958. Maywood, N. J., Pfizer Therap. Inst.) K. MAIER. 4340

S. W. Schubs, *Untersuchung der biologischen Eigenschaften der Newcastle-Dysenteriemikroben.* 1. Mitt. *Die biochemischen Eigenschaften der Newcastle-Dysenteriemikroben.* Von den untersuchten 345 Stämmen der NEWCASTLE-Dysenteriebakterien erwiesen sich 277 nach ihren Eigg. als typ. NEWCASTLE-Mikroben, 68 als atypisch. In 21,3% der Fälle wurde eine Gasentw. beobachtet. Nach den saccharolyt. Eigg., bes. gegenüber Arabinose (I), Dulcit (II), Sorbit (III) u. Glycerin (IV), zeigen sie eine Variabilität. Von den untersuchten Stämmen zeigen nur 60,3% ein Gärvermögen gegenüber I. 69 von 95 Stämmen fermentieren die Maltose unter Bldg. von Säure. Nur 11,2% vergären die Xylose. 61,6% der untersuchten Stämme spalten IV nach 1—8 Tagen, 25,7% nach

8—15 Tagen. Bei 40% der Stämme beobachtet man eine **III**-Vergärung innerhalb 1 bis 8 Tagen, bei 21,2% innerhalb 8—15 Tagen. Bei 55,2% der Stämme erfolgt eine **II**-Vergärung innerhalb 1—7 Tagen, bei 19,5% innerhalb 8—15 Tagen. Die Vergärung von **II** kann nicht als Unterscheidungsmerkmal der NEWCASTLE-Mikroben gegenüber den FLEXNER-Mikroben angesehen werden. Die NEWCASTLE-Mikroben assimilieren N aus NH_4-Salzen in Ggw. von organ. Verbb., wie Glucose u. Mannit, nicht jedoch in Ggw. von Na-Citrat oder **II**. Die biol. Besonderheit der NEWCASTLE-Mikroben (die S-Form) gegenüber den FLEXNER-Mikroben zeigt sich in der positiven Rk. mit wss. 2%ig. Lsg. von Trypaflavin. Neben der Nicotinsäure benötigen sie noch andere Vitamine (wahrscheinlich Thiamin). Hierin unterscheiden sie sich von den FLEXNER-Mikroben. (Мікробіологічний Журнал (Київ) [Mikrobiol. J. (Kiew)] **21.** Nr. 1. 37—41. 1959. Kiew, Wiss. Forschungsinst. für Epidemiol. u. Mikrobiol.) O. LEBTAG. 4350

M. Steinert, *Morphogenetische Wirkung von Harnstoff auf Trypanosomen.* Zur Transformation von *Trypanosomen mega* ist *Harnstoff* (I) notwendig, wie aus Zusatzverss. mit I zu Serum, welches durch Behandeln mit *Urease* I frei gemacht war, nachgewiesen werden konnte. (Exp. Cell Res. **15.** 431—33. Okt. 1958. Elisabethville, Congo Belge, Centre de Recherche du Katanga, Inst. pour la Recherche Sci. en Afrique Centrale.) WOLFGANG ALBRECHT. 4350

Aloysius Krieg, *Über die Natur von „NR-bodies“ bei Rickettsien-Infektionen von Insekten.* Zur Klärung der Natur der sogenannten „NR-Bodies“, relativ großen Neutralrot-(**I**)-affinen Zelleinschlüssen bei Rickettsien-Infektionen von Insekten, wurden vergleichende Unterss. an rickettsiösen Engerlingen (Hämolymphe, Fettkörpergewebe) von *Melolontha melolontha* L. u. *M. hippocastani* F. durchgeführt. Erkrankte Zellen u. Hämolymphe enthalten reichlich 0,5—15 μ große vacuolenartige Gebilde, diese wiederum Rickettsien. Im Endstadium der *Rickettsiella*-Infektion platzen die nun meist nicht mehr mit I anfärbbaren Vacuolen, u. die Rickettsien treten in das Medium aus. (Naturwissenschaften **46.** 231—32. 1. April-H. 1959. Darmstadt, Biol. Bundesanstalt für Land- u. Forstwirtschaft, Inst. für biol. Schädlingsbekämpfung.) K. MAIER. 4350

John F. Largier, *Reinigung und Prüfung von Tetanusantitoxin.* Aus einem Tetanusserum können durch mehrzellige Elektrodekantierung die *γ-Globuline* (G) u. die T-Komponente (T) rein dargestellt werden. Die elektrophoret. homogenen Fraktionen haben auch nur eine Diffusions- u. Sedimentationskonstante. Für G wurde ein Mol.-Gew. von 127000, für T 135000 errechnet. Nach pept. Verdauung verringert sich das Mol.-Gew. von T auf 84000 u. das von G, das nun aus zwei Komponenten von 5,4 u. 3,5 SVEDBERG-Einheiten (Sedimentationskoeff., bestimmt nach Ultrazentrifugierung) besteht, auf 85000 bzw. 34000. Die antitox. Aktivität von T pro mg N ist größer als die von G, aber G hat eine kürzere Flockungszeit u. größere Avidität als T. (Arch. Biochem. Biophysics **77.** 350—67. Okt. 1958. Cape Town, South Africa, Univ., Dep. of Chem. and Dep. of Pathol.) E. FISCHOEDER. 4370

L. H. Kent und **J. H. R. Slade,** *Immunochemisch aktives, vernetztes Polystyrol.* Das durch Nitrierung (rauchende HNO_3/H_2SO_4) eines prakt. linearen *Styrol* (**I**)-Polymeren (ca. 1 NO_2/I), Red. mit $SnCl_2$-Überschuß zur *Polyaminoverb.* u. Diazotierung in saurer Lsg. erhaltene *Diazoniumsalz* (schwer lösl. infolge der Ggw. einiger Sulfonsäuregruppen, leicht lösl. bei Nitrierung ohne H_2SO_4) wurde in Phosphatpuffer, p_H 8,5, mit Antikörper-reichen *γ-Globulin* (**III**)-Fraktionen gekuppelt, die aus mehreren Immunseren [gegen teilweise gereinigte Eiweißfraktion von *Pasteurella pestis* (Kaninchen), *B. anthracis* (Pferd), Antiovalbuminserum (Kaninchen)] durch Na_2SO_4-Fällung erhalten worden waren. Nichtumgesetzte Diazoniumgruppen wurden durch Kupplung mit Resorcin inaktiviert. Es entstehen vernetzte polymere *Styrolharze* (**II**), die 20—30 bzw. beim Fehlen von SO_3H-Gruppen 60—70% ihres Gewichts an fest gebundenem Protein enthalten. Die **II** besitzen für die betreffenden Antigene etwa das Absorptionsvermögen, wie dem Neutralisationsvermögen der Ausgangsantiseren entspricht. Ein derartiges Herzpräp. aus Antianthraxserum entfernt aus einem Kulturfiltrat quantitativ das Antigen. Ein Präp. aus Antiovalbuminserum entfernt aus Pufferlsg. kein Rinderserumalbumin, jedoch quantitativ Ovalbumin. Die Spezifität von **II** ist z. T. sehr ausgeprägt. Vernetzte Harze wurden auch durch direkte Mercurierung von polymerem **I** u. Vernetzung der Ketten durch die SH-Gruppe des Antikörperproteins erhalten. Die immunochem. Eigg. entsprechen genau denen der „Diazoharze“. An „Antianthraxharz“ adsorbiertes Anthraxantigen verlieh, Kaninchen u. Meerschweinchen injiziert, akt. Immunität, d. h. die Antigene behielten im adsorbierten Zustand die biol. Aktivität bei. (Nature [London] **183.** 325—26. 31/1. 1959. Porton, Salisbury, Wilts., Ministry of Supply, Microbiol. Res. Establ.) K. MAIER. 4370

František Sokol, *Einige physikalische Eigenschaften des durch eine Kombination einer chemischen und einer Sedimentationsmethode gereinigten Tabakmosaikvirus.* Die zunächst chem., dann durch Ultrazentrifugieren konz. wss. Viruslsg. wurde durch Lichtstreuung- u. Lichtabsorptionsmessung u. elektronenmkr. untersucht. Das mittlere Mol.-Gew. M_w beträgt $4-5 \cdot 10^7$, die mittlere Länge der Moll. L_w 308 mμ u. die berechnete Dicke 161 Å. Die Verteilung der Teilchenlägen (L) ist sehr breit. Im neutralen Medium ist das Virus stabil, bei p_H 9,9 (Boratpuffer) spalten zunächst die labilen u. nach 6 Tagen auch die stabilen Virusteilchen, wie die Unterss. der red. Lichtstreuungsintensität u. des Asymmetriefaktors der L-Verteilung zeigen. (Chem. Zvesti **11.** 126—39. Febr. 1957. Bratislava, Českoslov. akad. vied, Virolog. ústav.) F. URBAN. 4374

W. Frisch-Niggemeyer, *Die innere Struktur des Influenzavirus.* Entw. eines Modells der inneren Struktur des Influenzavirus (V) auf Grund physikal., chem. u. serolog. Unterss., das mit dem elektronenmkr. Bild übereinstimmt. Der V- (Typ A)-*Elementarkörper* hat durchschnittlich 100 mμ Durchmesser u. ein Partikelgewicht von $300 \cdot 10^6$. Jedes infektiöse Partikel ist in 2 Gruppen immunolog. verschied. Teilchen zerlegbar. Jedes infektiöse Partikel enthält ca. 70 serolog. typenspezif. Komplementbindende *Antigenpartikel* (CFA), bestehend aus Ribonucleoprotein, die für die Infektiösität verantwortlich sind, ferner die gleiche Menge etwa gleich großer *Hämagglutinin* (HA)-Einheiten, deren immunolog. Rkk. stammspezif. sind. Auf Grund von Bestrahlungsverss. mit Teilchen verschied. Energie ist ein Ribonucleinsäure-haltiger Kern (CFA) von einer Eiweißschicht umgeben, an die sich eine strahlungsresistente Lipidhülle, in deren Oberfläche die HA-Partikel eingebettet sind, anschließt. Die fadenförmigen V-Formen haben eine ähnliche Struktur, jedoch anscheinend keine für die Infektiösität erforderliche CFA-Untereinheiten. (Z. Naturforsch. **14b.** 168—71. März 1959. Berkeley, Calif., Univ. of California, Virus Labor.) K. MAIER. 4374

A. Isaacs, J. Lindenmann und **R. C. Valentine,** *Virusinterferenz.* 2. Mitt. *Einige Eigenschaften von Interferon.* (1. vgl. C. **1959.** 14459.) Zwischen *Interferon* (**I**)-Konz. u. Hämagglutininbldg. Influenza-A-Virus (Stamm MEL)-infizierten Chorionallantoismembranstücken besteht innerhalb eines bestimmten Bereichs eine umgekehrte Proportionalität. **I** ist bei 2° 2 Wochen haltbar. Nach 1 Std. Erwärmen auf 60° wurde meist vollständige, vereinzelt partielle Inaktivierung beobachtet. Bei ½ Std. Zentrifugieren (100000·*g*) erfolgte prakt. keine Sedimentation. Gradocolfilter von 0,6 μ halten **I** zurück. **I** ist nicht dialysabel. **I** erwies sich als wirksam gegen Influenza-A-, Sendai-, NEWCASTLE-sche Krankheit u. Pockenvirus. **I** wurde durch Anti-MEL-Kaninchenserum nicht neutralisiert, durch Humansammelserum, das reich an komplementbindendem Antikörper zu lösl. Influenza-A-Antigen war, nur geringfügig gehemmt. (Proc. Roy. Soc. [London], Ser. B **147.** 268—73. 12/9. 1957. London, Nat. Inst. for Med. Res.) K. MAIER. 4374

Rodolfo Ferrari, Carlo Callerio und **Giuseppe Podio,** *Antiviruswirkung von Lysozymen.* Orientierungsverss. mit Lysozymen lassen in vitro Ausfällung bakteriophager Virusarten u. in vivo an mit Aphthosevirus infizierten Meerschweinchen eine 80%ig. Heilwrkg. erkennen. Auch bei sonstigen Arten von Virusinfektion, z. B. Feigwarzen, Herpes simplex u. zoster, scheinen sich Lysozyme als kurativ zu erweisen. (Nature [London] **183.** 548. 21/1. 1959. Milano, Ist. di Ricerche Terap. „Alexander Fleming".) R. KLOCKMANN. 4374

Windsor Cutting und **Arthur Furst,** *Antiviruschemotherapie: derzeitiger Stand.* Von ca. 2000 seit 1940 von Vff. auf Antiviruswrkg. geprüften Verbb. unterscheiden sich die erfolgversprechenden hinsichtlich chem. Typ u. anzunehmendem Wirkungsmechanismus. Unter den aussichtsreichsten befinden sich ein Chinoxalinderiv., *2-Trifluormethyl-3-phenylchinoxalin,* u. ein *Mn*-Komplex, Mn^{2+}*-Gluconat.* Die Prüfungen erfolgten an Mäusen, die mit Columbia SK- u. Ectromelievirus infiziert worden waren. Lokalisation u. Mechanismus der Viruswrkg. werden diskutiert. (Antibiotics and Chemotherapy **8.** 441—45. Sept. 1958. Stanford, Calif., Stanford Univ., Dep. of Med., Microbiol. and Pharmacol.) K. MAIER. 4374

T. V. Desikachary und **A. A. Aleem,** *Elektronenmikroskopische Untersuchung der Zellwandstruktur der Diatomeen.* 7. Mitt. Die Areolarstruktur der Diatomeen *Podocystis spathulata* u. *P. adriatica* wurde elektronenmkr. untersucht u. damit die Beobachtung von HUSTEDT bekräftigt, wonach die Gattung den Araphideae zuzuordnen ist. (J. sci. ind. Res. [New Delhi], Sect. C **14.** 42—46. Febr. 1955. Sagar, India, Univ.; Alexandria, Univ. [Orig.: engl.]) G. BREITIG. 4380

R. Thomas, *Die Biosynthese von Alternariol.* Durch Zugabe von $^{14}C_{(1)}$*-Essigsäure* (**I**) zu *Alternaria tenuis* in CZAPEK-Dox-Medium erhaltenes ^{14}C-*Alternariol* (**II**) lieferte bei der Oxydation nach KUHN u. ROTH I, bei der Decarboxylierung wurden $^{14}CO_2$ u. *^{14}C(2.4.6.1'.3'.5')-2.4.3'.5'-Tetrahydroxy-6-methyldiphenyl* gebildet, das zu inakt. *Brompikrin* abgebaut wurde. Die aus II mit $KMnO_4$ erhaltene *2-Carboxy-3.5-dimethoxyphenylglyoxylsäure* gab mit HJ $^{14}CO_2$ u. *3.5-Dihydroxyphenylessigsäure*, die zu $^{14}CO_2$ u. *3.5-Dihydroxytoluol* decarboxyliert wurde. Dieses lieferte beim Abbau I. Dadurch wurde die Verteilung der ^{14}C-Atome in 2.4.5.1'.3'.5' u. im CO der Lactongruppe bewiesen u. die Biosynth. von II aus 7 Acetateinheiten u. die Bldg. eines Zwischenprod. mit einem Benzolring gesichert. (Proc. chem. Soc. [London] **1959**. 88. März. London, School of Hygiene and Tropical Med.) F. HELLER. 4380

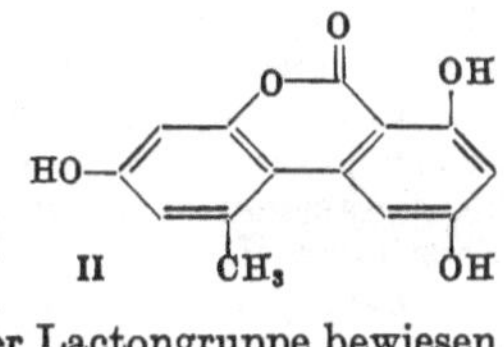
II

Sir Frank Macfarlane Burnet and Wendell Meredith Stanley, The viruses; biochemical, biological and biophysical properties. Vol. 3; Animal viruses. New York, London: Academic P. 1959. (XVII + 428 S. m. Taf., Tab. u. Diagr.) 80 s.

Kenneth M. Smith and Max A. Lauffer, eds., Advances in virus research. Vol. 6. New York, London: Academic P. 1959. (VIII + 382 S. m. Abb., Tab. u. Diagr.) 80 s.

E_4. Pflanzenchemie. Pflanzenphysiologie. Pflanzenpathologie.

S. T. C. Wright, *Eine quantitative Serum–Agar-Technik.* Für die genaue Messung kleiner Proteinmengen bei botan. Arbeiten hat sich eine Modifizierung des Agardiffusionsverf. nach OUCHTERLONY bewährt, die auf einer Feststellung der Grenzwerte für den Antikörper- u. Antigenüberschuß in wechselseitigen Verdünnungsreihen beruht. (Nature [London] **183**. 1282—83. 2/5. 1959. Birmingham, Univ., Med. School, Dep. of exp. Pathol.) E. FISCHOEDER. 4400

B. Sparrman, L. Ehrenberg und **A. Ehrenberg**, *Abfangen freier Radikale und Strahlenschutz durch Stickstoffmonoxyd in Pflanzensamen.* Samen (4,5% Wassergeh.) von *Agrostis stolonifera* wurden mit 150000 r (Röntgenstrahlen 185 kV, 2 mm Al-Filter, 800 r/Min.) bestrahlt. Die Bldg. von freien Radikalen wurde durch Messung der Elektronenspinresonanz verfolgt. Der Geh. an freien Radikalen ist nahezu gleich, wenn die Samen in N_2-Atmosphäre bestrahlt u. in Luft oder N_2 aufbewahrt wurden, bzw. die Bestrahlung u. Lagerung in Luft erfolgte. Wird in N_2-Atmosphäre bestrahlt u. nach der Bestrahlung N_2 durch NO ersetzt, so wurden nach 48 Std. bei 20° die Werte von unbestrahlten, in N_2 gelagerten Samen erzielt. Die Strahlendosis, die das Wachstum der Samen zu 50% hemmt, hängt von deren Wassergeh. u. der Zus. der Gasatmosphäre ab. In N_2 u. Luft wurde ein Empfindlichkeitsminimum bei 12% Wassergeh. gefunden. In NO wurde bei allen Wasserwerten unterhalb 12% W. ein maximaler Schutzeffekt beobachtet, der bei größerem Wassergeh. rasch absinkt. Die Wrkg. von NO als Radikalfänger erklärt den biol. Schutzeffekt. (Acta chem. scand. **13**. 199—200. 1959. Stockholm, Univ., Inst. of Org. Chem. and Biochem.; Nobel Med. Inst., Biochem. Dep.) G. FAUST. 4404

O. G. Koch und **G. A. Dedic**, *Über den Spurenelementgehalt der Konidien von Schimmelpilzen.* Es wird eine Meth. zur Best. der Spurenelemente Cu, Fe, Mn, Zn, Al u. Sn, die in den Konidien von Schimmelpilzen auftreten, beschrieben. Die quantitative Auswertung erfolgt spektralanalytisch. Al u. Sn treten nicht bei allen Arten von Konidien auf. Unterschiede sind auch bei den Konzz. der einzelnen Elemente vorhanden. (Zbl. Bakteriol., Parasitenkunde Infektionskrankh. Hyg., II. Abt. **110**. 178—83. 30/3. 1957. Neunkirchen/Saar.) U. GERHARDT. 4410

U. Heber, *Zur Frage der Lokalisation von löslichen Zuckern in der Pflanzenzelle.* Zuckerbestimmungen in isolierten Chloroplasten (Chl) zweier Weizensorten (Griewener 192 u. Hauters II) in verschied. Entwicklungsstadien haben gezeigt, daß im Vgl. zum durchschnittlichen Zuckergeh. der Gesamtzelle der Zuckergeh. in den Chl wesentlich vom Gesamtzelldurchschnitt abweichen kann. Zu Beginn der Vegetation (3 Wochen) ist der Zuckergeh. der Chl gleich oder etwas geringer als der Zuckerspiegel der Gesamtzelle. Später (12—16 Wochen) erhöht er sich wesentlich über diesen Wert u. sinkt bei Beginn des Schossens (19 Wochen) unter den Durchschnitt des Zellgeh. ab. Rechner. Verss., die Zuckerkonzz. auf die Zelllsg. zu beziehen, ergeben für gewisse Entwicklungsstadien der Chl eine erhebliche Speicherfunktion. Chromatograph. Unterss. ergeben in den Chl neben beträchtlichen niedermol. Zuckermengen größere Anteile an *Oligosacchariden* als im Gesamtzelldurchschnitt, doch reichen die gefundenen Unterschiede nicht aus, um eine Zuckerspeicherung der Chl allein auf Grund eines Filterprinzips zu erklären. Die Vacuole ist daher nicht oder zumindest nicht unbedingt als Ort der Anhäufung der niedermol. Zucker zu betrachten. — 15 Literaturangaben. (Ber. dtsch. bot. Ges. **70**. 371—82. 30/11. 1957. Bonn, Univ., Inst. für Landw. Bot.) H. SPOHN. 4420

Hubert Ziegler und **Tom E. Mittler**, *Über den Zuckergehalt der Siebröhren- beziehungsweise Siebzellensäfte von Heracleum Mantegazzianum und Picea abies (L.) Karst.*

Zur Unters. der chem. Zus. wurde der Siebröhrensaft von *Heracleum Mantegazzianum* u. *Picea abies* nach der neu entwickelten Meth. der Punktierung der Assimilatleitbahnen mit Hilfe der Rüssel phloemsaugender Insekten gewonnen. Als einziger Transportzucker ließ sich *Saccharose* im Siebröhrensaft nachweisen, u. zwar in einer Konz. von ca. 24% bei Heracleum u. ca. 10% bei Picea. (Z. Naturforsch. **14b.** 278—81. April 1959. München, Forstbotan. Inst.) H. BREUER. 4420

Robert W. Dorner, Albert Kahn und **Sam G. Wildman,** *Proteine grüner Blätter.* 8. Mitt. *Die Verteilung des Fraktion-I-Proteins im Pflanzenreich, nachgewiesen durch Präcipitin- und Ultrazentrifugenanalysen.* (7. vgl. C. **1958.** 11571.) Die Fraktion I (**I**; vgl. 7. Mitt.) der Blätter von *Nicotiana debeneyi* wurde durch Differentialzentrifugieren isoliert. Ein Anti-I-Immunserum wurde von Kaninchen erhalten, die gegen I immunisiert wurden. Quantitative Präcipitin-Rkk. mit der γ-Globulinfraktion dieser Antiseren ergaben keine Überschneidung der Bereiche von Antigen- u. Antikörperüberschuß. Die Unterss. der Glieder verschied. Pflanzenfamilien ergaben gute Übereinstimmung zwischen den immunochem. u. den durch Ultrazentrifugieren erhaltenen Ergebnissen. I konnte bei *Chlorella vulgaris, Ulva sp., Lunularia sp., Barbula sp., Selaginella sp., Cycas revoluta* Thunb., *Ginkgo biloba* (junge Blätter), *Pinus lambertina* Dougl. (Kotyledonen), *Bambus tuldoides* Munro, *Cortaderia selloana* Aschers. u. *Graebn. Zea mays* (junge Blätter), *Secale cereale* (junge Blätter), *Allium porrum, Hemerocallis* sp., *Spinacia oleracea, Citrus limon* Burm. f., *Nicotiana tabacum* u. *Xanthium pennsylvanicum* Wallr. nachgewiesen werden. (Biochim. biophysica Acta [Amsterdam] **29.** 240—45. Aug. 1958. Los Angeles, Calif., Univ. of California, Bot. Dep.) E. SCHWERDTFEGER. 4420

G. Seitz, *Über das Vorkommen von Palmatin in Enantia chlorantha Oliv.* Durch Extraktion von 1 kg gepulverter Stammrinde von *Enantia chlorantha* OLIV. mit CH_3OH u. Fällen der in verd. Essigsäure lösl. Anteile des Extraktes mit $NaNO_3$ wurden 58 g *Palmatinnitrat* [F. 239° (A.)] erhalten. Aus der Rinde wurden nach dem gleichen Verf. 18 g isoliert. Die Identifizierung des *Palmatins* erfolgte durch Überführung in das *Chlorid* (F. 206°), die *Acetonverb.* (F. 144°), Red. zum *DL-Tetrahydroderiv.* (F. 150°) sowie Vgl. der IR- u. UV-Spektren. Nebenalkaloide wurden nicht gefunden. (Naturwissenschaften **46.** 263. 2. April-H. 1959. Darmstadt, E. Merck AG., Chem. Hauptlabor.) F. HELLER. 4420

S. A. Patel, S. Bhattacharyya und **M. M. Chakrabarty,** *Untersuchungen an Fettsäuren der Familie der Cucurbitaceae.* 2. Mitt. *Die konstituierenden Fettsäuren von Trichosanthes cucumerina Linn.* (1. vgl. C. **1957.** 10786.) Unter Hinweis auf das Schrifttum u. eigene Unterss., wonach die Samenöle der Familie der Cucurbitaceae reich an konjugiert ungesätt. Fettsäuren sind, werden die Samen von *Trichosanthes cucumerina* mit einem Ölgeh. von 28% eingehend geprüft. Das daraus durch Extraktion mit PAe. (Kp. 40—60°) gewonnene Öl zeigt folgende Kennzahlen: Refraktionsindex (40°) 1,4881; freie Fettsäuren 17% (Ölsäure); Verseifungsäquivalent 300,8; JZ. (WIJS) 134,7 (30 Min.); Unverseifbares 1,2%; gesätt. Fettsäuren (BERTRAM) 11,87%. Die in üblicher Weise dargestellten Gesamtfettsäuren werden durch fraktionierte Kristallisation bei tiefen Tempp. aus Ae./PAe. bzw. aus Aceton in 3 Fraktionen verschied. Sättigungsgrades getrennt, auf ihren Geh. an gesätt. Fettsäuren mittels der BERTRAM-Oxydation der fraktionierten Methylester geprüft u. anschließend spektrophotometr. untersucht; folgende Zus. wird ermittelt: Palmitin- (3,58%), Stearin- (4,49), Arachin- (4,05), Öl- (32,59), Linol- (19,83), konjugierte Triensäure (als α-Elaeostearinsäure) (35,46). Betrachtungen über die Zus. anderer Vertreter der Cucurbitaceae, z. B. Momordica charantia, Trichosanthes anguina, Telfaria occidentalis usw. im Vgl. mit dem untersuchten Samenöl. (J. Indian chem. Soc. **35.** 67—71. Jan. 1958. Calcutta, Univ. Coll. of Sci. and Technol., Dep. of Appl. Chem.) K. TÄUFEL. 4420

Gene Kritchevsky und **Arthur B. Anderson,** *Die Chemie der Gattung Sequoia.* 1. Mitt. *Der Zapfenfarbstoff des Küstenrotholzes (Sequoia sempervirens) und der Riesensequoia (Sequoia gigantea).* Im äther. Extrakt des Zapfenfarbstoffes von *Sequoia sempervirens* u. *S. gigantea* wurden papierchromatograph. (absteigend; WHATMAN Nr. 1) *Gallussäure* [R_F 0,09 (m-Kresol–Essigsäure–W.; 48 : 2 : 50), 0,67 (n-Butanol–Essigsäure–W.; 4 : 1 : 5), 0,22 (Isobuttersäure–W.; 4 : 1)], *Pyrogallol* (R_F 0,39; 0,76; 0,39), *Phloroglucin* (F. 211—212°; R_F 0,16; 0,75; 0,24; *Triacetylderiv.*, F. 105,2—105,8°), *Protocatechusäure* (R_F 0,35; 0,85; 0,49) u. *Brenzcatechin* (R_F 0,73; 0,90; 0,72) nachgewiesen. Die gleichen Verbb. wurden im alkoh. Extrakt, sowie im Hydrolysat des unlösl. Anteils u. nach Alkalischmelze der Phlobaphene, nicht aber im äther. Extrakt aus Sägemehl von S. sempervirens gefunden. Zucker konnten nach Hydrolyse des Zapfenfarbstoffes mit sd. verd. H_2SO_4 weder mit BENEDICTS-Reagens noch chromatograph. nachgewiesen werden. (J. org. Chemistry **20.** 1402—06. Okt. 1955. Richmond, Calif.) F. HELLER. 4420

T. A. Geissman, *Inhaltsstoffe von Melicope sarcococca Laut.* Aus der Rinde von *Melicope sarcococca* Laut. wurden (—)-*4'.5-Dihydroxy-3'.7-dimethoxyflavanon* (I) u. dessen *4'-Prenyläther* (II) isoliert, deren Konst. durch Dehydrierung zu *4'.5-Dihydroxy-3'.7-dimethoxyflavon* u. Methylierung zu *Luteolintetramethyläther*, die Bldg. von *Aceton* bei der CrO_3-Oxydation von II, die Addition von 1 Mol Br_2 an II sowie Farb-Rkk. u. UV-Spektren bewiesen wurde. — UV-Spektren vgl. Original.

Versuche: (—)-*3'.7-Dimethoxy-5-hydroxy-4'-[3-methylbuten-(2)-oxy]-flavanon* (II), $C_{22}H_{24}O_6$, F. 165—166°, durch Extraktion von 570 g getrockneter u. gemahlener Rinde mit PAe.; aus verd. Essigsäure weiche Nadeln; 11,0 g (Ausbeute); $[\alpha]_D^{20}$ —34,1° (c = 3,6; Chlf.); Lsg. in methanol. NaOH gelb → orangefarben beim Stehen oder Erwärmen; $FeCl_3$-Rk. in A. rotbraun, mit Mg u. HCl in A. tiefpurpurrot, mit konz. H_2SO_4 tiefrotorangefarben, mit konz. HNO_3 rötlichblau. *Monoacetylderiv.*, $C_{24}H_{26}O_7$, F. 182—183°, aus II u. Na-Acetat in sd. Acetanhydrid (1 Min.); aus verd. Essigsäure Nadeln. — *Aceton*, aus II u. CrO_3 in Essigsäure bei n. Temp. (3 Tage), Neutralisation mit NaOH u. Destillation. *2.4-Dinitrophenylhydrazon*, F. 125—126°, aus A. orangegelbe Nadeln. — *4'-Acetoxy-5-hydroxy-3'.7-dimethoxyflavanon*, $C_{19}H_{18}O_7$, F. 130—131°, aus II u. wenig H_2SO_4 in Acetanhydrid bei 0° u. Zers. mit Eis; aus Aceton–CH_3OH winzige Prismen; $FeCl_3$-Rk. in A. tiefrotbraun. — (±)-*4'.5-Dihydroxy-3'.7-dimethoxyflavanon*, $C_{17}H_{16}O_6$, F. 147—148°, aus 1 g II u. konz. HCl in Eisessig auf dem Wasserbad (1 Std.); aus W.–CH_3OH glänzende Blättchen; 0,88 g; $[\alpha]_D^{20}$ 0,00° (c = 3,12; Chlf.); mit Mg u. HCl purpurrot, mit konz. HNO_3 tiefrötlichblau. *Diacetylderiv.*, $C_{21}H_{20}O_8$, F. 159—160°, aus CH_3OH Prismen. — *Protocatechusäure*, F. 194—196° (Bzl.), aus II u. KOH bei 190—200° (10 Min.); $FeCl_3$-Rk. tiefgrün. *Diacetylderiv.*, $C_{11}H_{10}O_6$, F. 155—160°. — *Veratrumsäure*, F. 179—180°, aus II, $(CH_3)_2SO_4$ u. K_2CO_3, Hydrolyse mit HCl–Essigsäure u. weitere Methylierung mit $(CH_3)_2SO_4$ u. methanol. Alkali u. Oxydation mit $KMnO_4$ in Aceton; aus W. Nadeln. — (—)-*4'.5-Dihydroxy-3'.7-dimethoxyflavanon* (I), $C_{17}H_{16}O_6$, F. 167 bis 168°, aus der Mutterlauge von II; aus Aceton–CH_3OH winzige Nadeln; 1,4 g; $[\alpha]_D^{20}$ —32,2° (c = 1,8; Chlf.); $FeCl_3$-Rk. in A. braun, mit Mg u. HCl intensiv purpurrot, mit konz. HNO_3 tiefbräunlichrot. *Diacetylderiv.*, $C_{21}H_{20}O_8$, F. 148—149°, a) aus I u. Na-Acetat in Acetanhydrid; b) aus II u. H_2SO_4 in Acetanhydrid; aus Aceton–CH_3OH winzige Prismen. — *4'.5-Dihydroxy-3'.7-dimethoxyflavon, Semihydrat*, $C_{17}H_{14}O_6 \cdot {}^1/_2 H_2O$, F. 223—224°, a) durch Zugeben von J_2 in Eisessig zu 500 mg I u. K-Acetat in sd. Eisessig ($^3/_4$ Std.) u. weiteres $^1/_2$ std. Kochen; 260 mg; b) wie vorst. aus II; aus Äthylacetat–CH_3OH lohfarbene Blättchen; mit Mg u. HCl rotorangefarben. *Diacetylderiv.*, F. 206 bis 207°, aus Aceton–CH_3OH winzige Nadeln. — *Luteolintetramethyläther*, $C_{19}H_{18}O_6$, F. 191—192°, a) aus vorst. Flavon in Äthylacetat u. äther. CH_2N_2, Zugeben von CH_3OH u. Stehen über Nacht; b) aus Diosmetin u. CH_2N_2; aus Äthylacetat–PAe. weiche, rötlichgelbe Nadeln. — *3'.5-Dihydroxy-4'.7-dimethoxyflavanon*, F. 161—162°, aus Hesperetin nach GUPTA, NARASIMHACHARI u. SESHADRI (J. sci. ind. Res. [New Delhi], Sect. B **12.** [1953.] 229). — *3'.5-Dihydroxy-4'.7-dimethoxyflavon*, F. 228—229°, aus Hesperetin nach GUPTA, NARASIMHACHARI u. SESHADRI (l. c.); mit Mg u. HCl hellrotorangefarben. *Diacetylderiv.*, F. 182—183°. (Austral. J. Chem. **2.** 376—82. Aug. 1958. Melbourne, C.S.I.R.O., Div. of Ind. Chem.) F. HELLER. 4420

A. J. Birch und **Patricia Elliott,** *Dehydroangustion.* Inhaltlich mit der C. **1959.** 5193 referierten Arbeit identisch. (Chem. and Ind. **1956.** 124—25. 11/2.) I. SPAETH. 4420

H. R. Snyder, H. F. Strohmayer und **R. A. Mooney,** *Das insekticide Prinzip in Haplophyton cimicidum.* 3. Mitt. *Die Natur der sauren Funktion in Haplophytin.* (2. vgl. C. **1955.** 1280.) *Haplophytin* (I), das mit $Ba(OH)_2$ u. NH_4OH keine Salze bildet, wird durch Chlf. aus einer 0,2n NaOH extrahiert u. läßt sich dann hieraus wieder mit n NaOH isolieren. Die Titration mit 0,1n NaOH mit Phenolphthalein als Indicator ergibt keinen Alkaliverbrauch, obwohl I in 0,1n NaOH lösl. ist. Die saure Funktion in I kann demnach keine COOH-, Lacton- oder Lactamgruppierung sein. I enthält auch keine enolisierbare u. dann saure Ketogruppe, wie aus dem IR-Spektr. des Reduktionsprod. von I erkennbar ist. Außerdem enthält dieses noch die gleiche saure Funktion wie I selbst. I muß daher eine kryptophenol. OH-Gruppe enthalten, wofür die folgenden Beweise angeführt werden: Ein Vgl. der UV-Spektren in A. u. alkoh. n NaOH läßt erkennen, daß das in neutraler Lsg. vorhandene Maximum sich bei alkal. Rk. von 265 mμ nach 306 mμ (charakterist. für Phenolation) verschiebt; durch alkoh. 0,02 n HCl wird es nur geringfügig nach 260 mμ hypsochrom verschoben. Obwohl die phenol. OH-Gruppe in I nicht durch $(CH_3)_2SO_4$/NaOH oder CH_3J/K_2CO_3 methylierbar ist, kann sie durch äther. CH_2N_2 langsam unter Bldg. von *O-Methylhaplophytin* (II) methyliert werden; besser gelingt die Methylierung nach RODIONOW (vgl. Bull. soc. chim. France, Mém. **39.** [1926.] 305) mit Trimethylphenylammo-

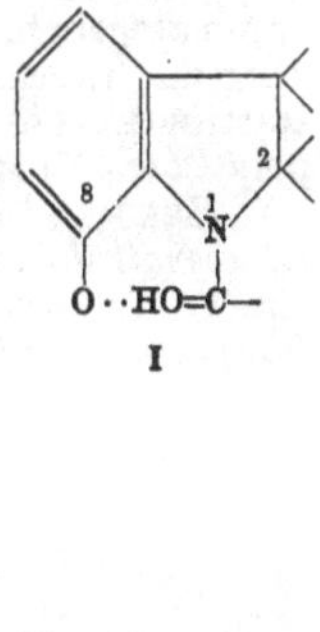

I

niumäthylat. II zeigt keine amphoteren Eigg. mehr u. enthält nur noch ein akt. H-Atom. Das UV-Spektr. ist in neutraler u. alkal. Lsg. fast ident. mit dem von I in neutraler oder saurer Lösung. Auf Grund eines Vgl. mit anderen Verbb. mit ähnlichen Spektren wird für I ein N-Acyldihydroindolchromophor angenommen u. zunächst die vorst. Teilstruktur formuliert. II zeigt einen positiven OTTO-Test. Auftretende Unterschiede in den IR-Spektren von I u. II werden auf eine H-Brückenbindung in I zurückgeführt, die in II nicht mehr vorhanden ist. Die in der Literatur früher beschriebenen Acylierungsprodd. von I sind demnach das *O-Acetyl-*, *O-Benzoyl-* u. *O-Butyrylhaplophytin,* die ebenfalls erwähnten Acetyl- u. Benzoylchloridsalze von I dann also die *Hydrochloride* der vorst. Acylierungsprodukte. Von den fünf in I vorhandenen O-Atomen liegen zwei wahrscheinlich als CH_3O-, eines als OH- u. zwei in einer COOH-Gruppe vor (Spektren vgl. Original).

Versuche: *O-Methylhaplophytin* (II), $C_{28}H_{33}N_3O_5$, F. 288—291° (Zers.; Ae./A.), a) durch 4tägiges Stehen von 300 mg I in Bzl./CH_3OH mit überschüssigem äther. CH_2N_2 bei 0°, Vakuumabdampfen, Aufnehmen in Chlf., Auswaschen mit 2n NaOH, Ausziehen der Chloroformlsg. mit 2n HCl, Neutralisieren der sauren Fraktion, Extrahieren mit Chlf. u. Chromatographieren an Al_2O_3; 60% (Ausbeute); $[\alpha]_D^{24}$ +12° (c = 4,37%; Chlf.); b) durch Zufügen von 400 mg I zu einer filtrierten Lsg. aus 100 mg Na u. 1037 mg Trimethylphenylammoniumbenzolsulfonat in A., 1std. Erhitzen unter N_2 auf 110° unter Abdest. des Lösungsm. u. Aufnehmen in Chlf.; 62%. (J. Amer. chem. Soc. **80.** 3708—10. 20/7. 1958. Urbana, Ill., Univ., Noyes Chem. Labor.) H. LEHWALD. 4420

Finn Sandberg, *Das Saponin von Swartzia madagascariensis Desv.* Verkürzte Wiedergabe der C. **1959.** 7518 referierten Arbeit. (Pharmac. Weekbl. **93.** 5—7. 11/1. 1958. Stockholm, Kungl. farm. Inst., Dep. of Pharmacogn.) W. WESLY. 4420

R. Tschesche, G. Snatzke und **G. Grimmer,** *Über pflanzliche Herzgifte.* 37. Mitt. *Calotropagenin aus Asclepias curassavica L.* (36. vgl. Naturwissenschaften **46.** [1959.] 109.) Das früher aus *Asclepias curassavica L.* isolierte *Asclepogenin* wurde durch Vgl. der R_F-Werte u. IR-Spektren als *Calotropagenin* (I) erkannt. Die Konst. von I als *3β.12ξ.-14β-Trihydroxy-19-oxo-5α-$\Delta^{20(22)}$-cardenolid* wurde durch den Beweis der β-Konfiguration von OH an $C_{(3)}$ u. der trans-Verknüpfung der Ringe A u. B mittels der Halbwertszeit der CrO_3-Oxydation gestützt. Für die 2. OH-Gruppe wurde aus der Oxydationsgeschwindigkeit die äquatoriale Konfiguration u. damit ihre 12β- oder 6α-Stellung bewiesen. Aus mit sd. A. stabilisierten Blättern von A. curassavica wurden vorwiegend *Glucoside,* darunter *Uzarin,* isoliert. (Naturwissenschaften **46.** 263—64. 2. April-H. 1959. Hamburg, Univ., Chem. Staatsinst., Biochem. Abt.) F. HELLER. 4420

O. Gonçalves de Lima, W. Keller-Schierlein und **V. Prelog,** *Über das Biflorin.* Durch Chromatographie u. CRAIG-Verteilung des Acetonextraktes der Wurzeln von *Capraria beflora* L. wurde eine antibiot. wirksame Verb. $C_{20}H_{20}O_3$, *Biflorin* (I), isoliert. I enthält 2 C-Methylgruppen, jedoch weder OH- noch Alkoxygruppen. UV- u. IR-Spektren sowie Red. u. die Rk. mit o-Phenylendiamin beweisen das Vorliegen eines o-chinoiden Syst.; das hohe Dipolmoment macht eine Koppelung des Carbonyls mit einem Äthersauerstoff wahrscheinlich. Eine Verwandtschaft mit Tanshinon II wurde durch dessen abweichendes UV-Spektr. ausgeschlossen. — IR- u. UV-Spektren vgl. Original.

Versuche (FF. korr.): *Biflorin* (I), $C_{20}H_{20}O_3$, F. 159—160°, durch Extraktion der Wurzeln von Capraria biflora L. mit Aceton, Chromatographie des Extraktrückstandes in Bzl. an Kieselgur-Spezial-Filtrol (5:1), Elution mit Aceton u. CRAIG-Verteilung des Acetoneluats (1,55 g) in CH_3OH–W. (58 Stufen); aus Bzl.–PAe. dunkelbraunrotes Kristallpulver; 0,54 g (Ausbeute); polarograph. Halbstufenpotential $E_{1/2}$ = —0,065 (A.–Eisessig–W.; 4:1:5); Dipolmoment 7,19 ± 0,07 D. — *Di-O-acetyldihydrobiflorin,* $C_{24}H_{26}O_5$, F. 104—105°, aus I, Na-Acetat u. Zn-Staub in sd. Acetanhydrid; aus PAe. Nadeln. — *Chinoxalinderiv.*, $C_{26}H_{24}N_2O_4$, F. 151—152°, aus I u. o-Phenylendiamin in Eisessig auf dem Wasserbad (40 Min.); aus Bzl. orangefarbene Nädelchen. (Helv. chim. Acta **41.** 1386—90. 1/8. 1958. Recife, Pernambuco, Brasil, Univ., Inst. de Antibioticos; Zürich, ETH, Organ.-Chem. Labor.) F. HELLER. 4420

Einosuke Wada, Takuro Kisaki und **Kenji Saito,** *Die Autoxydation von Nicotin.* Nach 4 Wochen Belüftung von *Nicotin* (I) bei 30° wurden als Oxydationsprodd. *Nicotinsäure, Oxynicotin, Nicotyrin, Cotinin* u. *Myosmin* isoliert u. CH_3NH_2 u. NH_3 papierchromatograph. nachgewiesen. Für die I-Umwandlung während Alterung u. Fermentierung der Tabakblätter können demnach außer den enzymat. auch nichtenzymat. Rkk. stattfinden. (Arch. Biochem. Biophysics **79.** 124—30. Jan. 1959. Tokyo, Japan Monopoly Corp. Yutaka-machi, Central Res. Inst.) K. MAIER. 4420

Hans-G. Boit und **Werner Döpke,** *Parkamin und Nerundin, zwei neue Amaryllidaceenalkaloide.* Aus den Zwiebeln von *Amaryllis parkeri* Worsley wurde neben *Lycorin* (I), *Caranin* (II), *Urminin, Haemultin* u. *Petonin* als Hauptalkaloid eine neue tert. Base, *Parkamin* [III; $C_{18}H_{21}NO_5$, F. 251—253° (Zers.), $[\alpha]_D$ +66° (c = 0,5; Chlf.); *Per-*

chlorat, F. 245° (Zers.); *Pikrat*, F. 178°; *Methojodid*, F. 298° (Zers.)] isoliert. III besitzt 1 alkoh. OH-, 1 Methylendioxy- u. je 1 aromat. u. alicycl. gebundene OCH_3- Gruppe; seine Konst. als *Dimethoxycaranin* wird durch die Entmethylierung zu II mit Na u. n-Amylalkohol wahrscheinlich gemacht. In den Zwiebeln von Nerine undulata Herb. wurde neben I, *Buphanamin*, *Nerispin*, *Undulatin* u. *Crinidin* eine neue tert. Base, *Nerundin* [$C_{18}H_{21}NO_5 \cdot H_2O$, F. 256° (Zers.), $[\alpha]_D$ −95° (c = 0,2; Chlf.); *Perchlorat*, F. 221° (Zers.); *Pikrat*, F. 168° (Zers.); *Methojodid*, F. 286° (Zers.)] isoliert, welche die gleichen funktionellen Gruppen wie III besitzt. Die in verschied. Narcissushybriden gefundene „*Base M*" ($C_{17}H_{21}NO_4$, F. 254 oder 221°, $[\alpha]_D$ −40°) ist mit Methylpseudolycorin nicht ident., u. es wurde für sie die Bezeichnung *Magnarcin* vorgeschlagen. (Naturwissenschaften **46.** 228. 1. April-H. 1959. Berlin, Humboldt-Univ., Chem. Inst.)

F. HELLER. 4420

Emília Pechnik und **Luiz Ribeiro Guimarães**, *Einige Vertreter des Pflanzenreiches mit hohem Gehalt an Provitamin A.* In einigen brasilian. Pflanzen werden sehr hohe Gehh. an *Carotin* (I) festgestellt. Der I-Geh. (γ/g) beträgt im Fruchtöl aus *Mauritia* sp. Mart. 300000, *Elaeis guineensis* L. 60000—98500, *Astrocaryum vulgare* Mart. 188000, *Caryocar brasiliense* St. Hil. 64200. I-Gehh. unter 10000 liegen vor bei *Guilielme speciosa* Mart., *Lucuma macrophyllum*, *Lucuma rivicoa* Gaertn. u. *Natisia cordata* H.B.K. Die I-reichsten dieser Pflanzen entsprechen in ihrem I-Geh. den besten I-Quellen tier. Ursprungs. (Arquivos brasil. Nutriç. **13.** 9—19. Jan./Juni 1957.)

R. K. MÜLLER. 4425

Philippe Hagène, *Verteilungstypen für Ascorbinsäure in Blättern.* Der Verteilungsgradient für *Ascorbinsäure* (I) zwischen den Blättern u. den anderen oberird. Teilen der Pflanze scheint für jede Pflanze spezif. in einem bestimmtem Stadium der Entw. zu sein. Die einzelnen Typen werden besprochen. Die Richtung des Blattstengels ist für die I-Anreicherung in den Blättern von Bedeutung (Vanilla fragans u. pompona). Der absol. I-Geh. des Organes wird weiterhin durch das Milieu beeinflußt (Spartina Townsendii). (C. R. hebd. Séances Acad. Sci. **245.** 192—95. 8/7. 1957.) W. FELDHEIM. 4425

Arthur R. Spurr, *Bor bei der Morphogenese von Pflanzenzellwänden.* Selleriepflanzen wurden in Nähr-Lsgg. mit B-Gehh. von 0,50 (n.) bis 0,00 p.p.m. gezogen. Bei 0,50 p.p.m. enthielten die Petiolen 36 p.p.m. B gegenüber 13 bei 0,01 p.p.m. B in der Nährlösung. Mit einem modifizierten Einbettungsverf. u. Färbung wurde festgestellt, daß die Collenchymzellwand an den verdickten Stellen bei n. Pflanzen 8—9 μ beträgt, bei B-Mangelpflanzen nur 2—4 μ. Die Parenchymzellwände zeigen ein entgegengesetztes Verhalten. Veränderungen in der Struktur der Zellwände u. weitere Beobachtungen werden beschrieben (Abb.). Die Wrkg. von B auf die Zellwanddifferenzierung beruht möglicherweise auf einer Komplexbldg. mit Zuckern u. Pektinen. (Science [Washington] **126.** 78—80. 12/7. 1957. Davis, Calif., Univ., Dep. of Vegetable Crops.)

J. SCHWAIBOLD. 4450

Juan de Dios Lopes Gonzalez und **Hans Jenny**, *Eintrittsarten von Strontium in Pflanzenwurzeln.* Es wurden Verss. mit Streifen von Amberplex-Kationenaustauschermembranen (7,4 cm/1,4 cm/0,8 mm) durchgeführt, die zu 80% mit $^{89}Sr(OH_2)$ gesätt. waren. Diese tauschten gegen dest. W. oder H-Membrane bei Abstand nur wenig Sr aus, bei Berührung in 48 Std. 42%. Ein ähnliches Verh. wurde bei Luzernekeimlingen festgestellt, wenn die Wurzeln an die Membrane angedrückt wurden. Es werden Hinweise dafür gegeben, daß hierbei erhöhte CO_2-Konzz. keine Rolle spielen, u. daß die Wurzeln keine chelatbildenden Stoffe ausscheiden, die das Sr dem Kationenaustauscher entziehen, sondern daß ein Kontaktaustausch u. dann eine Wanderung von Sr ins Innere entlang negativen Oberflächen von Zellwandbestandteilen erfolgen u. später eine Abgabe in den freien Raum zum Weitertransport. (Science [Washington] **128.** 90—91. 11/7. 1958. Granada, Univ. and Junta de Energia Nuclear; Berkeley, Calif., Univ.)

J. SCHWAIBOLD. 4450

Martin H. Zimmermann, *Translokation organischer Substanzen in Bäumen.* 2. Mitt. *Transportmechanismus im Phloem von Fraxinus americana L.* (1. vgl. C. **1959.** 10625.) Das Siebröhrenexsudat von *Fraxinus americana* L. besitzt in allen Pflanzenteilen die gleichen Inhaltsstoffe: 0,05—0,15 (mol.) *Saccharose*, 0,05—0,10 *Raffinose*, 0,15—0,30 *Stachyose*, Spuren von *Verbascose*, 0,05—0,20 *Mannit*, $<$0,001 Aminosäuren u. Amide (hauptsächlich Glutamin u. Glutaminsäure). Die Bedingungen, die für die Aufrechterhaltung des Transportmechanismus erforderlich sind (Permeabilität der Siebröhrenwände u. -platten, Turgorgradient) werden festgelegt. (Plant Physiol. **32.** 399—404. Sept. 1957. Petersham, Mass., Harvard Univ., Cabot Found.) P. LOCH. 4450

Martin H. Zimmermann, *Translokation organischer Substanzen in Bäumen.* 3. Mitt. *Abwanderung der Zucker aus den Siebröhren in der Weißesche (Fraxinus ameri-*

cana L.) (2. vgl. vorst. Ref.) In erster Linie wurden bei *Fraxinus americana* L. sowohl nach künstlicher Entblätterung im Sommer, als auch nach natürlichem Blattfall im Herbst eine rasche Umwandlung von *Stachyose* (I) in *Saccharose* (II), dann die Abwanderung von **II** selbst aus den Siebröhren beobachtet. Eine *α-D-Galaktosidase* im Cytoplasma der Siebröhrenseitenwände scheint *D*-Galaktoseeinheiten abzuspalten, während Oligosaccharide weitergeleitet werden, indem aus I *Raffinose* u. aus dieser **II** gebildet wird. Die **II**-Abwanderung ist anscheinend reversibel u. durch einen von den Blättern ausgehenden hormonalen Faktor gesteuert (Rückwanderung bei Abwesenheit des Hormons). Sie verläuft nach dem Blattfall sehr schnell (Hormon noch vorhanden), kommt aber nach 5 Tagen zum Stillstand, wobei der **II**-Geh. der Siebröhren wieder ansteigt (Hormon veratmet). Die **I**-Translokation, für die als treibende Kraft die beobachtete Änderung der Turgordruckes der Siebröhrenzellen (während des Sommers in Abwärtsrichtung zunehmend) angesehen wird, betrug 62, 73 u. 54 cm pro Stunde. (Plant Physiol. **33.** 213—17. Mai 1958. Petersham, Mass., Univ., Cabot Found.) M. EBERT. 4450

Artturi I. Virtanen, Aino Aura und **Terttu Ettala,** *Bildung von Benzoxazolinon in Roggenkeimlingen.* In Roggensämlingen, die im Warmhaus in Topfkulturen auf Quarzsand bei 10° im Dunkeln angezogen wurden, konnte mit Beginn des Sproßwachstums *Benzoxazolinon* (I) nach Meth. von HIETALA u. VIRTANEN nachgewiesen werden. Im Samen, auch im gequollenen Zustand ist die Verb. noch nicht enthalten. Erfolgt das Sproßwachstum im Dunkeln, so ist die **I**-Bldg. gering (bis zu 35 γ/Pflanze), bei Belichtung können 10—15 cm hohe Keimlinge 150—200 γ I/Pflanze enthalten. Ein gewisser Grundspiegel von einigen γ/I/Pflanze wird auch bei Wachstum in völliger Dunkelheit erhalten. Der **I**-Geh. der einzelnen Pflanzen innerhalb einer Serie zeigt aber größere Schwankungen, was auf genet. Faktoren der Einzelindividuen zurückgeführt wird. (Suomen Kemistilehti B **25.** 246. 16/11. 1957. Helsinki, Labor. of the Foundation for Chem. Res., Biochem. Inst.) W. ENGEL. 4455

H. v. Witsch und **W. Schükerk,** *Die Bildung von Aminosäuren und Zuckern bei Chlorella und anderen Grünalgen mit erhöhtem Aneuringehalt.* Nach Kultur von *C. pyrenoidosa* in belüfteter Mineralsalzlsg. mit u. ohne *Aneurin* (I)-Zusatz wurde der Geh. der Algenmasse an freien Aminosäuren (**II**) u. Zuckern (**III**) papierchromatograph. in Extrakten aus gefriergetrocknetem Material bestimmt. Es waren bis zu 18 **II**, 10 reduzierende u. 2 nichtreduzierende **III** identifizierbar. Die **I**-Serien ergaben, bes. bei jüngeren Kulturen, für Methionin, Valin, Alanin u. Serin höhere **II**-Werte als die Kontrollen, während bei Glutaminsäure u. Arginin die Unterschiede später, bei Histidin u. Asparaginsäure keine sichtbar wurden. In älteren Kulturen mit beendetem Teilungswachstum glichen sich die Unterschiede vielfach durch Absinken der Werte auf diejenigen der Kontrollen aus. Verss. mit den Algen *Stichococcus bacillaris* u. *Horaridium flaccidum,* in geringerem Umfang auch solche mit *Scenedesmus acuminatus* u. *Ankistrodesmus affinis,* ergaben gleichsinnige Ergebnisse. Bei **III** waren die Unterschiede zwischen **I**-haltigen u. **I**-freien Kulturen, vor allem in älteren Kulturen, noch ausgeprägter. *S. bacillaris* ließ bei an sich sehr kleinem **III**-Geh. meist keine **I**-Wrkg. erkennen. (Naturwissenschaften **46.** 110—11. 1. Febr.-H. 1959. Weihenstephan, TH, Botan. Inst.) K. MAIER. 4460

George Brawerman und **Erwin Chargaff,** *In die Entwicklung von Chloroplasten in Euglena gracilis eingreifende Faktoren.* Die Bldg. von *Chlorophyll* (I) in etiolierten Zellen von *Euglenia gracilis* wird bei Lichtausschluß gestoppt u. beginnt bei erneuter Lichteinw. nur zögernd. Einw. der Bleichtemp. (34—35°; „bleaching temperature") bleibt bei ruhenden Zellen ohne Wrkg. auf die **I**-Bldg., bei wachsenden Zellen tritt mehr oder weniger stark ein Verlust der Fähigkeit zur **I**-Bldg. auf. Letztes wird auf eineBlockierung der Bldg. eines postulierten Katalysators der **I**-Bldg. sowie des Syst. zurückgeführt, das diesen erzeugt. (Biochim. biophysica Acta [Amsterdam] **31.** 178—86. Jan. 1959. New York, N. Y., Columbia Univ., Coll. of Physicians and Surgerons, Dep. of Biochem., Cell Chem. Labor.) H. KLUGE. 4460

George G. Laties, *Die Natur der Atmungszunahme in Chicoreewurzelschnitten.* Die bei Incubation dünner Stücke von Chicoreewurzel (*Cichorium intybus*), einem anatom. u. histolog. heterogenen Organ, eintretende Atmungszunahme ist qualitativ von der Anfangsatmung verschieden. Letztere ist fast völlig Malonat (I)-resistent, erstere völlig **I**-empfindlich. Die Atmung frischen Gewebes ist durch das entkoppelnd wirkende 2.4-Dinitrophenol (**II**) mehrfach erhöhbar, wobei dieser zusätzliche Anteil **I**-empfindlich ist. Die Atmungsgeschwindigkeit incubierten Gewebes wird von **II** nicht beeinflußt. Der **I**-empfindliche Anstieg beim Altern u. die in Frischgewebe durch **II** induzierte **I**-empfindliche Zunahme sind verschied. Natur. **I**-behandeltes, gealtertes Gewebe oxydiert rasch Malat (**III**), wobei die ungehemmte Atmungsgeschwindigkeit wiederhergestellt wird. Jedoch vermag **III** **I**-gehemmtes, **II**-behandeltes Frischgewebe nicht zu beeinflussen. Mitochondrienpräpp. beider Gewebetypen oxydieren **III** in gleicher Weise. Frischgewebe ist für **III** permeabel. Die Unters. der Nucleotidzus. frischen u. incubierten Gewebes ergab in beiden Fällen Adenosintriphosphat als vorherrschende Komponente u. keinen wesentlichen Unterschied. Vf. nimmt an, daß der bei Alterung eintretende Atmungsanstieg durch Ausschaltung einer Beschränkung der phosphorylierenden Gewebeaktivität ausgelöst wird. (Arch. Biochem. Biophysics **79**. 364—77. Jan. 1959. Pasadena, Calif., Inst. of Technol., Biol. Div.) K. MAIER. 4462

George G. Laties, *Entwicklung und Steuerung nebeneinander existierender Atmungssysteme in Chicoreewurzelschnitten.* Der in incubierten dünnen Chicoreewurzelschnitten auftretende Atmungsanstieg ist durch verschied. Milieufaktoren beeinflußbar. Durch Änderung der Li- oder Bicarbonat (I)-Konz. des Incubationsmediums oder der CO_2- oder O_2-Tension in der Gasphase wird die Zunahme verhindert oder verändert. Während normalerweise das bei Incubation auftretende Atmungsinkrement völlig Malonat (II)-empfindlich ist, wird dieses in Lsgg. bestimmter Li- oder I-Konzz., bei großen CO_2- oder niedrigen O_2-Partialdrucken vorwiegend II-resistent. Unter Bedingungen, bei denen eine Atmungszunahme stattfinden kann, steigt die II-resistente Atmung im Verhältnis zu dem Grade an, in dem die Entw. der II-empfindlichen zurückgedrängt wird. Die bei Incubation unter speziellen Bedingungen auftretende II-resistente Atmung unterscheidet sich von der II-resistenten Grundatmung. Wenn ein gewisser Anteil der Gesamtatmung II-empfindlich ist, stellt Malat die Atmungsgeschwindigkeit II-behandelten Gewebes wieder her. (Arch. Biochem. Biophysics **79**. 378—91. Jan. 1959. Pasadena, Calif., Inst. of Technol., Biol. Div.) K. MAIER. 4462

T. F. Neales, *Wirkung von Bordüngung auf die in 80%igem Äthanol löslichen Zucker von Flachssämlingen.* Pflanzen von *Linum usitassimum* wurden in Nähr-Lsgg. unter Zusatz von steigenden Mengen *B* (0,001, 0,01, 0,1 1,0 p.p.m.) herangezogen. Im Verlauf von 4 Wochen zeigten die mit 0,001 p.p.m. herangewachsenen Pflanzen ebenso wie die Kontrollpflanzen ohne B die typ. Mangelsymptome an Stengeln u. Wurzeln. Papierchromat. Unterss. des Gewebeextraktes (80%ig. A.) der Stengelspitzen, des verbleibenden unteren Stengelteiles mit den Blättern u. des Wurzelextrakts von 4 Wochen alten Pflanzen ergaben als Hauptbestandteile *Saccharose* (I), *Glucose* (II) u. *Fructose* (III), wobei jedoch die B-Mangelpflanzen keinen Mangel an Kohlenhydraten aufweisen. Bei B-Mangel ist nur der I-Geh. der Stengelspitzen verringert; die unteren Stengelteile u. die Blätter dieser Pflanzen enthalten größere Mengen an I, II u. III, bezogen auf das Frischgewicht, als n. Pflanzen, während in den Wurzeln der II- u. III-Geh. höher ist. Diese Befunde stehen im Gegensatz zu der Hypothese von GAUCH u. DUGGER (C. **1955**. 383), wonach der geringere Wuchs von B-Mangelpflanzen einem Mangel an Kohlenhydraten zuzuschreiben sei. (Nature [London] **183**. 483. 14/2. 1959. Victoria, Australia, Univ. of Melbourne, Botany School.) G. KLESSE. 4470

T. J. Muzik und **J. M. Lawrence,** *Unterscheidung von spezifischen und nicht spezifischen Wirkungen von Chemikalien auf Pflanzen.* Am Beispiel von *2.4-D* wurde die Frage geprüft, welche Rkk. der Pflanzen auf Behandlung mit Wirkstoffen prim. u. welche sek. Art sind. An 2.4-D-behandelten Bohnenpflanzen u. an gleichaltrigen entwurzelten Pflanzen ohne jede weitere Behandlung wurden die eintretenden Veränderungen verglichen. Der totale *Protein*-Geh., der Geh. an *Aminosäuren* u. *Amino-N* verändern sich gleichartig in den mit 2.4-D behandelten Pflanzen u. in den verwelkenden Pflanzen. Vff. schließen daraus, daß diese Änderungen die Folge des allmählichen Verwelkens sind u. nicht das Resultat der 2.4-D-Behandlung; die Wrkg. von 2.4-D auf den Proteinstoffwechsel der Pflanzen ist demnach von sek. Bedeutung, was zur Beachtung bei einschlägigen Verss. u. deren Deutung empfohlen wird. (Nature [London] **183**. 482. 14/2. 1959. Pullman, Wash., Washington State Coll., Dep. of Agronomy.) G. KLESSE. 4485

D. Gr. Constantinescu, Margareta Constantinescu und **Maria Retezeanu,** *Beiträge zum Studium der Wirkung einiger Cumarinderivate auf die Pflanzen.* Untersucht wurde der Einfl. von *5-Methyl-8-isopropylcumarin* (I), *Cumarinyl-(4)-essigsäure* (II), *Bis-[4'-hydroxycumarinyl-(3')]-essigsäure* (III) u. deren *Äthylester* (IV; *Pelentan, Tromexan*) in verschied. konz. Lsgg. auf die Keimung von Tabaksamen (*Nicotiana rustica* [N. r.]) u. die Weiterentw. von gekeimten Weizen-, Hafer- u. Maiskörnern. I hemmt in gesätt. Lsg. die Keimung von N. r. völlig, in 0,007—0,01%ig. Lsg. teilweise u. ruft bei den gekeimten Getreidekörnern in 0,003—0,01%ig. Lsg. ein Anschwellen der Wurzeln u. der Koleoptilen hervor. Die Größe der Veränderungen hängt von der Konz. u. der Einwirkungsdauer ab. Histolog. wurden ähnliche Veränderungen festgestellt, wie nach Anwendung von *Colchicin* (V); die Wrkg. von I wird jedoch, im Gegensatz zu der von V, durch Adenosintriphosphat nicht gehemmt, so daß I u. V wahrscheinlich auf verschied. Art die in Teilung begriffene Pflanzenzelle angreifen. Durch gesätt. Lsgg. von II, III u. IV wird die Keimung von N. r. ebenfalls völlig gehemmt. In 0,001—0,01 %ig. Lsgg. wirken diese Verbb. dagegen keimfördernd. Trotzdem hemmen sie später die Weiterentw. des Hypokotyls u. der Wurzel. Vff. vermuten, daß durch Einw. der Pflanzencarboxylasen auf **II** bzw. **IV** *4-Methylcumarin* u. *Dicumarol* entstehen, die wegen ihrer blastocholinogenen Eigg. hemmend wirken. In der Tatsache, daß aus dem statmokinet. wirkungslosen Cumarin durch Einführung von Radikalen, die auch von den Pflanzen selbst erzeugt werden, Verbb. mit eindeutig statmokinet. Wrkg. erzielt werden, sehen Vff. eine Erklärung für das spontane Auftreten von polyploiden Formen bzw. von polyploiden Zellen in verletzten Pflanzengeweben. (Naturwissenschaften **46**. 272. 2. April-H. 1959. Bukarest, Inst. für Pharmazeut. Forsch. u. Medikamentkontrolle.) G. KLESSE. 4485

W. H. Fuchs und **Renate Siebert**, *Über die Sauerstoffaufnahme rostinfizierter Pflanzen. Puccinia graminis tritici*-infizierte Weizenpflanzen wurden unter Belichtung mit 7000 bzw. 3000 Lux (täglich 15 Std.) unter möglichst konstanten Bedingungen herangezogen u. die O_2-Aufnahme vom 2. bis 5. Tag nach der Infektion unter Zusatz von 10^{-2} mol. Malonat bzw. $2 \cdot 10^{-3}$ mol. Fluoracetat gemessen. Absol. Größe der Hemmwrkg. auf die O_2-Aufnahme u. ihre Veränderung während des Infektionsprozesses hingen stark von der Belichtung ab. (Naturwissenschaften **46**. 115—16. 1. Febr.-H. 1959. Göttingen, Univ., Inst. für Pflanzenpathol. u. Pflanzenschutz.) K. MAIER. 4490

Ernst Gäumann, *Die Mechanismen der Fusarsäureschädigung.* (Vgl. C. **1959**. 7843.) *Fusarsäure* (I) wird in Tomatenschößlingen im Transpirationsstrom mitgeführt u. im Stengelkern sowie dem Gewebe zwischen den Gefäßbündeln u. gewissen Partien zwischen den Blattgefäßen angereichert. Innerhalb von 48 Std. nach der Aufnahme werden 10% vom Wirt unter Toxizitätszunahme decarboxyliert, weitere 8—24% (je nach der Varietät) unter Toxizitätsminderung methyliert. Steigende I-Konzz. beeinträchtigen die Wasserpermeabilität der Wirtsprotoplasten, wobei die Wrkg. in Konzz. unter 10^{-5} mol. durch den Pyridinring in Konzz. über 10^{-4} mol. durch die aliphat. Seitenkette in β-Stellung bedingt wird. Bei *Rhoeo discolor* (L'HÉR) ist die Empfindlichkeit der Protoplasten gegenüber beiden akt. Gruppen vom *N*-, *P*- u. *K*-Angebot abhängig: Die Semipermeabilität in den Plasmagrenzschichten der Tomate wird durch I in der Weise verändert, daß Metallionen, Aminosäuren u. Peptide aus der Zelle in den Transpirationsstrom übergehen, wodurch der osmot. Druck u. damit der Turgor durch Unterbrechung der Wasserzufuhr vermindert werden u. es zur Welke kommt. Nicht nur das Gesamt-I-Mol., sondern einige seiner Gruppen greifen in die Lebensprozesse des Wirts ein. Bei *Rhoeo*-Protoplasten hemmt der Pyridinring der I die oxydative Phosphorylierung, während die aliphat. Seitenkette in β-Stellung in höheren Konzz. die Cytochromoxydase blockiert. Es ergibt sich also eine pleiotrope Wrkg. der I. Durch Chelatbldg. mit Schwermetallionen werden gewisse Enzymsysteme wirkungslos. Während die Ansatzpunkte für die Schädigung der Semipermeabilität in den Plasmagrenzschichten liegen, greift die Respirationshemmung in den Mitochondrien an. Die Chelatbldg. nimmt mit steigender Konz. zu. Die Hemmung der Wasserpermeabilität wird mit steigenden Konzz. umgekehrt. Da die Verteilung der I in erkrankten Pflanzen sehr unterschiedlich ist u. sich mit Fortschreiten der Erkrankung ständig ändert, resultiert das Krankheitsbild aus einer Vielzahl komplexer Faktoren. — 63 Literaturzitate (Orig. engl.). (Phytopathology **48**. 670—86. Dez. 1958. Zürich, Swiss Fed. Inst. of Technol., Dep. of Spec. Bot.) HANS THIELE. 4490

K. Kratzl and **G. Billek**, eds., International Congress of Biochemistry, 4th, Vienna, 1958, Vol. 2; Biochemistry of wood. London; Pergamon P. 1959. (XI + 285 S. m. Tab., Taf. u. Diagr.) = Symposium series-vol. 4 70 s.

E₅. Tierchemie. Tierphysiologie. Tierpathologie.

J. E. Amoore, **W. Bartley** und **Ruth van Heyningen**, *Verteilung von Natrium und Kalium in Rinderlinsen.* Als mittlere Na-Konz. in Kälber- u. Rinderlinsen konnten 15—21 mMol, als mittlere K-Konz. 119—122 mMol pro Liter festgestellt werden. Es bestehen allerdings starke Unterschiede in den einzelnen Linsenschichten. So beträgt der Na-Geh. des Linsenkerns höchstens 12 mMol, die Kapsel u. das anhängende Gewebe kann jedoch einen Na-Geh. von 80 mMol pro Liter aufweisen. Die höchste K-Konz. ist in den Rindenfasern unterhalb der Kapsel zu finden. Zu Veränderungen des Na-Geh. kann es durch Waschung der Linsen (Na-Verlust der Außenschichten), Lagerung der excidierten Linse bei 4° (gleichmäßigere Na-Verteilung) u. Lagerung des ganzen excidierten Auges bei 18° (Einwanderung von Na in die Linse aus dem Glaskörper u. Auswanderung von K aus der Linse) kommen. (Biochem. J. **72**. 126—33. Mai 1959. Oxford, Univ., Dep. of Biochem., Med. Res. Council Unit for Res. in Cell Metabolism, Nuffield Labor. of Ophthalmol.) U. TAUSENDFREUND. 4510

Wilson da Silva Sasso und **Nylceo Marques de Castro**, *Histochemische Untersuchung der Zahnschmelz- und Dentinbildung.* In der Zahnpulpa, dem Stratum interme-

dium (SI) u. der WEILschen Zone (WZ) wird positive Rk. auf *alkal. Phosphatase* (I) festgestellt. Es wird daher angenommen, daß SI u. WZ bei der Bldg. des für den Mechanismus der Verkalkung von Zahnschmelz u. Dentin notwendigen Enzyms eine wesentliche Rolle spielen u. daß in dieser Phase der Zahnbldg. an der Verb. von Schmelz u. Dentin die Abscheidung von Ca schon begonnen hat. Im Cytoplasma von Adamantoblasten u. Odontoblasten wird keine Rk. auf I beobachtet. (An. Fac. Farmác. Odontol. Univ. São Paulo **14**. 103—10. 1956. São Paulo, Univ., Fac. Farmác. Odontol., Cad. Histol.)
R. K. MÜLLER. 4520

S. A. Barker, A. B. Foster, D. C. Lamb und **N. Hodgson,** *Identifizierung der 10-Hydroxy-Δ^2-decensäure im Weiselfuttersaft.* Vff. berichten über die Identifizierung der schon von BUTENANDT u. REMBOLD (vgl. C. **1958.** 4800) als Hauptbestandteil der Lipoidfraktion des Weiselfuttersaftes der Honigbiene in ihrer Struktur aufgeklärten *10-Hydroxy-Δ^2-decensäure* (I), F. 52°. Katalyt. Hydrierung (Pt/H_2) liefert *10-Hydroxydecansäure,* F. 74°. Diese wurde mit $KMnO_4$ zur Sebacinsäure oxydiert. Behandlung von I mit OsO_4 liefert ein einheitliches Prod., das nach Oxydation mit KJO_4/$KMnO_4$ Oxalsäure, mit HJO_4 Glyoxylsäure (identifiziert als 2.4-Dinitrophenylhydrazon, F. 194—196°) ergibt. Eine eindeutige Zuordnung von I in die cis- oder trans-Konfiguration der Doppelbindung war aus IR-spektroskop. Daten nicht möglich. I ließ sich in freier Form weder im Nektar noch im Honig u. verschied. Pollen nachweisen. Gegenüber Stämmen von *Streptococcus pyogenes* u. *Trichophyton rubrum* besitzt I eine schwache Wirkung. (Nature [London] **183**. 996—97. 4/4. 1959. Birmingham, Univ., Chem. Dep.; Shropshire, Astley Abbotts.) H. REMBOLD. 4520

Juan Claudio Sanahuja und **Delia Seoane Rios,** *Bestimmung der wichtigen Aminosäuren in den Proteinen der eßbaren Organe von Rindern (Eingeweide).* In den eßbaren Organen des Rindes wird der Geh. an *Tryptophan* (I), *Phenylalanin* (II) u. *Methionin* (III) bestimmt (Tabellen). Der Geh. an I (III) ist am kleinsten im Thymus mit 0,80 (2,94) %, am größten in der Leber mit 1,60 (4,77) %. Auch II zeigt den Mindestgeh. im Thymus (2,85%), aber den Höchstgeh. im Gehirn (4,54%). Leber, Nieren u. Gehirn enthalten erheblich mehr dieser Aminosäuren als das Muskelfleisch. Die Werte sind auf Protein mit 16% N bezogen. (An. Farmác. Quím. São Paulo **8**. Nr. 1/2. 5—10. Jan./Febr. 1957. Buenos Aires, Univ. [Orig.: span.]) R. K. MÜLLER. 4520

J. N. Hawthorne und **G. Hübscher,** *Myoinosit-2-phosphat, ein Bestandteil von Lebermonophosphoinositid.* Hydrolyse (0,5n NaOH, 100°, 40 Min.) des Ba-Salzes von reinem, aus Lebermonophosphoinositidhydrolysat isolierten Glycerylphosphorylinosit (I) gab ein Gemisch von Inositmonophosphorsäure (II) u. Glycerophosphorsäure, das an Malcite SAR-Säulen getrennt wurde. 39% des Phosphats von hydrolysiertem I lagen als II, 61% als III vor. Ein solches Verhältnis ist wahrscheinlicher, wenn in I die Inosit-2-phosphorsäure-Struktur an Stelle derjenigen der S-Verb. vorliegt. Der relativ niedere Anteil an II kann durch Annahme einer cycl. Zwischenstufe erklärt werden. (Biochem. J. **72**. 10 P. Mai 1959. Birmingham, Med. School, Dep. of Med. Biochem. and Pharmacol.)
K. MAIER. 4520

B. Maruo und **A. A. Benson,** *Cyclische Glycerophosphatbildung aus Glycerinphosphatiden.* Nachdem Ratten ^{32}P-Phosphat intraperitoneal injiziert erhalten hatten, wurden aus ihren Lebern u. Carcassen die Phosphatide extrahiert. Glycerinphosphatide ergeben bei basisch katalysierter Methanolyse desacylierte Glycerophosphorylester, cycl. Glycerophosphate (I) u. Methylglycerophosphate. Die chem. Synth., Säurehydrolyse u. zweidimensionale Papierchromatographie von I sind beschrieben. Glycerophosphorylester u. Glycerophosphorylcholin sind bei Methanolyse unbeständiger als Diglycerophosphatid u. Glycerophosphorylinositol. Maximale Ausbeute von I ist bei 37°, 20 Std. in methanol. 0,1n KOH gegeben. (J. biol. Chemistry **234**. 254—56. Febr. 1959. University Park, Pa., Pennsylvania State Univ., Dep. of Agric. and Biol. Chem.)
U. GERHARDT. 4520

H. S. Forrest, Dolph Hatfield und **C. Van Baalen,** *Charakterisie ung einer zweiten gelben Verbindung aus Drosophila melanogaster.* Durch Extraktion der sepiafarbenen Mutante von *Drosophila melanogaster* mit wss. Trichloressigsäure, Chromatographie des Extraktes an saurem Florisil u. Elution des gelben Adsorbats mit W.–Aceton isoliertes Rohpigment wurde papierchromatograph. getrennt u. die in geringer Menge vorhandene zweite *gelbe Verb. F 17* (I) in kleinen Nadeln erhalten. I ist ident. mit dem aus *Anacystis nidulans* isolierten gelben Pteridinderiv. (vgl. C. **1958.** 11866) u. besitzt das gleiche UV-Spektr. wie das gelbe Hauptpigment F 15. Es wird angenommen, daß I mit Xanthopterin B_1 u. Bufogelb 2 ident. ist. Die biochem. Beziehungen zwischen den gelben Pigmenten u. den roten Augenpigmenten von Drosophila werden besprochen. — I, R_F 0,78 (n-Propanol-1%ig. NH_4OH; 2 : 1), 0,75 (n-Butanol-Essigsäure-W.; 4 : 1 : 1), 0,21 (n-Butanol-Methyläthylketon-NH_3-W.; 5 : 3 : 1 : 1), 0,32 (sek.-Butanol-HCOOH-W.;

8 : 2 : 5); wird in alkal. Lsg. zu *Xanthopterin* oxydiert; gibt mit Bromwasser eine *blau fluorescierende Verb.* vom R_F (Lösungsm. wie bei I) 0,82; 0,73; 0,23; 0,27. (Nature [London] **183.** 1269—70. 2/5. 1959. Austin, Texas, Univ. of Texas, Dep. of Zoology.)
F. Heller. 4520

Christiane De Vaux Saint-Cyr, *Immunochemische Untersuchungen von perchlorsäurelöslichen Proteinen verschiedener pathologischer Seren.* Die nach der Meth. von Grabar u. Williams (vgl. J. Immunology **74.** [1955.] 158) durchgeführte immunoelektrophoret. Analyse von perchlorsäurelösl. Extrakten verschied. patholog. Seren (Lungen- u. Nierentuberkulose, Leukämie, Purpura) ergab, daß in den Extrakten die normalerweise unlösl. Serumproteine, wie *Albumin* u. *γ-Globuline,* vorlagen. (C. R. hebd. Séances Acad. Sci. **248.** 2818—19. 11/5. 1959.) H. Kockert. 4551

Horst Uebel und **Dietrich Lorenz,** *Die Wirkung von Chlorophyll auf Sensibilisierungsvorgänge.* 2. Mitt. *Prüfung im passiven Anaphylaxieversuch und weitere Untersuchungen zur Aufklärung des Wirkungsmechanismus.* (1. vgl. C. **1958.** 6029.) Die antianaphylakt. Wrkg. des *Chlorophylls* (I) ist nicht durch einen Angriffspunkt am Antikörper bedingt, da im passiven Anaphylaxieversuch beim mit Antirattenbindegewebeserum ausgelöstem Ödem der Rattenpfote ein Effekt vermißt wurde. Eine hemmende Wrkg. von I auf das Antigen oder auf die sek. Phänomene einer Antikörper-Rk. konnte beim Histaminasthma des Meerschweinchens u. beim Pfotenödem der Ratte bei anaphylaktoider Rk. ebenfalls nicht nachgewiesen werden. Für eine Schutzwrkg. am Ganztier dürfte die in vitro nachgewiesene Komplementhemmung durch I verantwortlich sein. In vivo sind allerdings die erforderlichen I-Konzz. am Reaktionsort nur sehr schwer u. nur in bestimmten Versuchsanordnungen zu erzielen. Beim Menschen könnte die intravenöse Zufuhr von I bei anaphylakt. Rkk. eine Bedeutung erlangen, da es eine lange Wirkungsdauer bei geringer Toxizität besitzt u. im Ablauf der Antigen-Antikörper-Rk. selbst gelegene Angriffspunkte hat. (Arzneimittel-Forsch. **8.** 696—700. Nov. 1958. Köln, Biol. Inst. MADAUS.) K. Böhm. 4551

A. Nisonoff und **D. L. Woernley,** *Wirkungen der Papainhydrolyse auf die Bindungsstruktur eines Antikörpers.* Ein aus der *γ*-Globulinfraktion von Kaninchen gewonnener u. gegen *p-Azobenzoat* gerichteter Antikörper wurde mit *Papain* in verschied. Konz. hydrolysiert u. anschließend die Sedimentationsgeschwindigkeit u. die Bindung der Antikörperteilstücke an radioakt. *p-Jodbenzoat* gemessen. Obwohl die papainhydrolysierten Antikörper mit einem Testantigen keine Präcipitation mehr zeigten u. die Antikörperteilstrukturen nur etwa $^1/_3$ der ursprünglichen Größe des Antikörpers aufwiesen, ging die Bindungskapazität für das Halbantigen nur auf 10—25% zurück. (Nature [London] **183.** 1325—26. 9/5. 1959. Buffalo, N. Y., Roswell Park Memor. Inst., Dep. of Biochem. Res.). R. Timmler. 4551

G. T. Stewart, *Liquidkristalle von Lipoid in normalem und atheromatösem Gewebe.* Die in frischem Gewebe nachweisbaren Spherulite (fl. Kristalle, stabil bei Körpertemp., echte Kristallisation bei Abkühlung), welche etwa Chylomikrongröße besitzen, sind an die Anwesenheit von Cholesterin zusammen mit anderen, nichtsudanophilen Lipoiden in ihrer Struktur gebunden. Die hohe Konz. dieser Liquidkristalle in der Intima atherosklerotischer Gefäße läßt an ursächliche Zusammenhänge bei Bldg. u. Unterhaltung atheromatöser Depots denken. (Nature [London] **183.** 873—75. 28/3. 1959.)
U. Tausendfreund. 4552

Edwin F. Hirsch, Richard Nailor und **Frederick C. Bauer jr.,** *Atherosklerose.* 5. Mitt. *Die Serum- und Plaquelipide bei experimenteller Hypercholesterinämie mit einem Vergleich von Plaquestruktur und durch Cholesterinester verursachten Lungengranulomen.* (4. vgl. A. M. A. Arch. Pathol. **61.** [1956.] 469.) In der als Gemisch der hauptsächlichen Neutralfette, Phospholipoide u. des freien sowie veresterten *Cholesterins* (I) vorliegenden Serumlipoidemulsion, welche als Lipoidsyst. mit Lösungsmitteln (z. B. Olein) u. gelösten Stoffen (den bei Körpertemperatur festen Fetten) aufzufassen ist, kommt es bei Kaninchen nach Fütterung mit I zu einer Verschiebung zugunsten des freien u. veresterten I. Der Lipoidgeh. atheromatöser Plaques der Kaninchenaorta spiegelt die Zus. der Blutlipoide wieder, ist jedoch um ein Vielfaches höher als der Blutlipoidgehalt. Die Verschiebung in dem Lipoidsyst. innerhalb der Plaques wird durch Übergang von verestertem I in freies I noch verstärkt, so daß Plaquebildungen durch I-Zufuhr begünstigt werden. In den Leber-, Milz- u. Lungengefäßen gehen Fettdepots, welche sich bei I-Zufuhr bilden mit der Normalisierung des Blutlipoidgeh. wieder zurück, in Körpergefäßen u. bes. der Aorta bleiben die entstandenen Plaques jedoch bestehen. Durch Emboli aus I-Oleat u. I-Stearat können in der Lunge von Kaninchen Granulome entstehen, welche vor allem Lipophagen u. fibrilläres Stroma enthalten. (A. M. A. Arch. Pathol. **64.** 117—28. Aug. 1957. Chicago, Ill., St. Luke's Hosp., Henry Baird Favill Labor.)
U. Tausendfreund. 4552

D. B. Carlisle und **Penelope M. Jenkin,** *Terminologie der Hormone.* Für tier. Hormone (I) wird ein Nomenklaturvorschlag gemacht, der auf der I-Wrkg. basiert. 1. *Stoffwechsel*-I: aktivieren oder hemmen definierte Stoffwechselvorgänge, z. B. Thyroxin (II) u. hydrocortisonähnliche I. 2. *Morphogenet.* I: fördern Wachstum u. Zelldifferenzierung, z. B. II als Aktivator der Amphibienmetamorphose u. Ecdyson (III) aus der Prothoraxdrüse einiger Insekten. 3. *Kinet.* I: steuern die schnellen, sich wiederholenden Wrkgg. von Effektororganen, z. B. Oxytocin, auf Muskeln wirkende I u. Sekretion. 4. *Endokrinokinet.* I: aktivieren die Sekretion anderer I aus endokrinen Drüsen, z. B. Thyreotropin, Adrenocorticotropin, Luteotropin u. das die III-Sekretion stimulierende Hormon von Insektenhirn. (Nature [London] **183.** 336—37. 31/1. 1959. Plymouth, Marine Biol. Ass. Labor.; Bristol, Univ., Dep. of Zool.) K. MAIER. 4558

Richard L. Landau, Delbert M. Bergenstal, Kathleen Lugibihl und **Mary E. Kascht,** *Die Stoffwechselwirkung von Progesteron im Menschen.* Nach intramuskulärer Injektion von 50—100 mg *Progesteron* (I)/Tag bei n. u. ADDISON-Kranken wurde in allen Fällen eine mehr oder weniger starke Steigerung des Stoffwechsel- bes. des Eiweißstoffwechselumsatzes u. eine erhöhte Ausscheidung von Cl^- u. bes. Na^+ beobachtet. Die höhere N-Ausscheidung im Harn rührte vom n. Aminosäureabbau her, die Hauptausscheidungsprodd. waren Harnstoff u. wenig Harnsäure. Die N-Ausscheidung nach I war bei ADDISON-Kranken stärker u. mit einer starken Ausscheidung von anorgan. P verbunden, was bei Gesunden nicht der Fall war. Die Wrkg. auf den N-Umsatz schien unmittelbar von I auszugehen u. nicht mit der Funktion der Schilddrüse oder der Nebenniere zusammenzuhängen. Die erhöhte Salzausscheidung nach I-Gaben wurde dagegen bei gesunden Patienten sofort nach dem Absetzen von I adrenal kompensiert, was auf einen Antagonismus der Nebennieren mit I hindeutet. Bei gesunden Personen schien sofort nach dem Absetzen von I eine verstärkte Ausschüttung von Corticoiden einzusetzen. Während bei ADDISON-Patienten mit I allein zunächst keine Erhöhung des Na^+- u. Cl^--Verlustes eintrat, trat bei gleichzeitiger Verabreichung von *Cortison* u. *Desoxycorticosteron* ein starker Salzverlust ein, woraus auf eine periphere (renale) kompetitive Hemmung der Corticoide durch I geschlossen wurde. Gelegentliche Schwankungen der K^+-, Kreatin-, Kreatinin- u. Eosinophilenausscheidung wären nicht signifikant. (J. clin. Endocrinol. Metabolism **15.** 1194—1215. Okt. 1955. Chicago, Ill., Univ., Dep. of Med.)
H. KLUGE. 4559

G. K. Benson, A. T. Cowie, C. P. Cox und **S. A. Goldzveig,** *Die Wirkungen von Östron und Progesteron auf die Brustdrüsenentwicklung beim Meerschweinchen.* Vff. untersuchten den Einfl. gleichzeitiger Verabreichung von *Östron* (I) u. *Progesteron* (II) auf die Brustdrüsenentw. an ovariektomierten Meerschweinchen innerhalb eines weitgespannten Dosierungsbereiches. Als Maß für das glanduläre Wachstum werden Drüsenvol. u. lobulär-alveoläre Entw. mit Hilfe objektiver u. subjektiver Methoden untersucht. Eine maximale Wrkg. wird mit einer Kombination von 10—50 γ I u. 1000 γ II pro Tag erreicht. II allein bewirkt mit 2400 γ/Tag deutlich nachweisbare lobulär-alveoläre Entwicklung. Vff. diskutieren die Bedeutung des Verhältnisses I/II auf die Brustdrüsenentwicklung. (J. Endocrinology **15.** 126—44. Juni 1957. Shinfield, Reading, Nat. Inst. for Res. in Dairying.) B. RÄSSLER. 4559

K. Walter, *Qualitative Unterschiede in gonadotropen Extrakten aus Harn postklimakterischer Frauen.* Aus Sammelharn von postklimakter. Frauen werden mit Hilfe der Tanninsäuremeth. von LEVIN u. TYNDALE (Endocrinol. **21.** [1937.] 619) u. der Kaolin-Aceton-Meth. von LORAINE u. BROWN (J. clin. Endocrinol. **16.** [1956.] 1180) Gonadotropinextrakte hergestellt, die in 2 verschied. biol. Testverff. auf ihre gonadotrope Aktivität untersucht werden. Der Tanninsäureextrakt hat im Uterusgewichtstest an Mäusen (M.U.-Test), verglichen mit einem Standardpräp., eine Aktivität von 150%, im Prostatagewichtstest an hypophysektomierten Ratten (H.R.P.-Test) eine Aktivität von 38%. Der Aktivitätsunterschied ist bei dem durch Kaolinadsorption bei p_H 6 gewonnenen Extrakt sehr viel größer: 216% im M.U.-Test u. 27,6% im H.R.P.-Test. Gonadotropes Material, das durch Kaolinadsorption bei p_H 3,0, 4,0 u. 5,0 gewonnen wurde, zeigt keine so große Aktivitätsdifferenz. Trotz der qualitativen Unterschiede beider Präpp. verlaufen die Dosis-Wrkg.-Kurven nahezu parallel. Das Ergebnis dieser Unters. unterstützt die Annahme, daß mehr als ein gonadotrop wirksames Prinzip im Harn postklimakter. Frauen enthalten ist. (J. Endocrinology **15.** 119—25. Juni 1957. Edinburgh, Univ., Clin. Endocrinol. Res. Unit [Med. Res. Council]).
B. RÄSSLER. 4559

C. B. Cameron, *Harnausscheidung von Östron, 17β-Östradiol und Östriol bei Patienten mit chronischem Leberschaden.* Bei 9 Männern u. 3 Frauen mit chron. Lebererkrankung wurde die Ausscheidung von *Östron, 17β-Östradiol* u. *Östriol* (I) im Harn mit Hilfe der chem. Meth. von BROWN (C. **1956**. 3123) bestimmt. Eine wenn auch nicht signifikant erhöhte Ausscheidung an Gesamtöstrogenen wurde nur in 2 Fällen, eine Erhöhung der I-Fraktion in 5 Fällen beobachtet. Die normalerweise zu vernachlässigenden Ausscheidungswerte an freien Östrogenen waren unverändert. Zusammenhänge zwischen durch die Lebererkrankung bedingten Veränderungen der sek. Geschlechtsmerkmale (Gynäkomastie) u. Anstieg der Östrogenausscheidung konnten nicht beobachtet werden, allerdings wurde ein gewisser Zusammenhang zwischen Erhöhung der I-Fraktion u. testikulärer Atrophie sowie Alkoholismus festgestellt. Die Abweichung dieser Ergebnisse von den mit Hilfe biol. Best. erhaltenen Resultaten anderer Autoren wird diskutiert. (J. Endocrinology **15**. 199—205. Juni 1957. London, St. George's Hosp. Med. School, Dep. of Chem. Pathol.) B. RÄSSLER. 4559

R. D. Bulbrook, F. C. Greenwood und **P. C. Williams,** *Vergleich biologischer und chemischer Bestimmungen von Harnöstrogenen.* 1. Mitt. *Harn von normalen Männern und Frauen und von einem Eunuchen.* Zur Prüfung der Genauigkeit u. Spezifität der chem. Meth. zur Best. von *Östron, Östradiol* u. *Östriol* von BROWN (C. **1956**. 3123) wird in 11 Harnproben von n. Männern, n. Frauen während des Cyclus, während Schwangerschaft u. im Klimakterium sowie von einem Eunuchen mit Hilfe dieser Meth. der Geh. der drei Östrogene bestimmt u. gleichzeitig die biol. Aktivität der phenol. Harnfraktion im Vaginalabstrichtest geprüft. Das biol. Ergebnis wird mit dem ebenfalls biol. ermittelten Aktivitätswert einer Standardlsg. verglichen, die aus den 3 Östrogenen im gleichen Verhältnis u. in gleicher Menge, wie die chem. Best. ergab, zusammengesetzt wurde. In allen Fällen bis auf einen wird eine gute Übereinstimmung zwischen chem. u. biol. Ergebnis festgestellt. (J. Endocrinology **15**. 206—10. Juni 1957. London, Imperial Cancer Res. Fund.) B. RÄSSLER. 4559

A. Klopper, J. A. Strong und **Linda R. Cook,** *Pregnandiolausscheidung und Nebennierenrindenaktivität.* Mit Hilfe einer neuen empfindlichen u. spezif. chem. Meth. zur Best. von Pregnandiol (I) im Harn (C. **1955**. 9829) wird die mittlere I-Ausscheidung n. Männer (1,11 mg/24 Std.), von Frauen im Klimakterium (0,60 mg/24 Std.) u. von Frauen mit n. Cyclus während der Proliferationsphase (1,00 mg/24 Std.) bestimmt. Zur Klärung des Zusammenhanges zwischen Nebennierenrindenaktivität u. I-Ausscheidung untersuchen Vff. die Wrkg. von chirurg. Eingriffen, Corticotropin (II)-Stimulierung u. Adrenalektomie auf den I-Spiegel im Harn. Gegenüber dem I-Wert vor der Operation kommt es zu einem geringen postoperativen Anstieg der I-Ausscheidung, die sich 2—6 Tage nach dem Eingriff wieder normalisiert. Während durch den operativen Stress die obere Grenze der Normalwerte in mehreren Fällen nicht überschritten wird, ist während u. nach intravenöser II-Applikation (1 I.E./Std.) eine deutliche I-Erhöhung zu beobachten, die bei intramuskulärer II-Verabreichung weniger ausgeprägt ist. Nach bilateraler Adrenalektomie u. Ovariektomie bei Frauen mit metastat. Mammacarcinom wird innerhalb von 8 Tagen nach dem Eingriff ein Rückgang auf sehr niedrige I-Werte beobachtet. II-Verabreichung nach Adrenalektomie hat keinen Einfl. auf die I-Ausscheidung. Den Nachw., daß die Erhöhung der mit der chem. Meth. erfaßten Verb. tatsächlich durch I verursacht wird, erbringen Vff. durch Charakterisierung der aus dem Harn isolierten Fraktion durch F. u. Misch-F. des Diacetats u. der freien Verb., sowie durch das UV-Spektr. in konz. H_2SO_4. Vff. weisen mit dieser Unters. nach, daß I auch als Stoffwechselprod. von Steroiden adrenalen Ursprungs gebildet wird. (J. Endocrinology **15**. 180—89. Juni 1957. Edinburgh, Univ., Clin. Endocrinol. Res. Unit [Med. Res. Council] u. Dep. of Med.) B. RÄSSLER. 4559

D. Dufour und **L. P. Dugal,** *Der Einfluß des somatotropen Hormons auf die Widerstandsfähigkeit von Ratten, welche der Einwirkung von Kälte ausgesetzt wurden.* Das *somatotrope Hormon* verzögert die Anpassung an die Kälte u. macht die Ratte kälteindifferent. Diese Widerstandsfähigkeit bedeutet aber keine Anpassung u. schwindet mit der Zeit. (C. R. Séances Soc. Biol. Filiales **149**. 2056—60. Nov. 1955. Laval, Dép. de Physiol. exp.) E. KOCH. 4560

K. A. Munday, *Die Beziehung zwischen endogenem Melanophoren-expandierendem Hormon und Hyperglykämie bei Xenopus laevis.* Nach 6monatiger Adaption von *Xenopus laevis* gegen einen schwarzen Hintergrund (BB) wird in 2,5 ml Blut melanophorenexpandierende Wrkg. nachgewiesen. Der Geh. an Melanophoren-expandierendem Hormon (I) entspricht im Mittel 0,0017 I.E./ml. Dagegen ist in 4 ml Blut von Tieren, die gegen einen weißen Hintergrund (WB) adaptiert wurden, kein I nachweisbar. Die Blutzucker (II)-Werte sind bei den Tieren der BB-Gruppe nach 6monatigem Fasten signifikant höher als bei den Tieren der WB-Gruppe. Nach anhaltendem Fasten für 14—16 Monate sind die II-Werte nicht mehr signifikant unterschiedlich. Injektionen von dest. W. ruft bei WB-Tieren eine stärkere hyperglykäm. Rk. hervor als bei der BB-Gruppe. Der Anstieg der II-Werte nach Adrenalin (III)-Injektion ist ebenfalls bei den

WB-Tieren um 40% höher als in der BB-Gruppe. Vf. nimmt an, daß I als III-Antagonist für die red. glykäm. Rk. verantwortlich ist u. demzufolge eine Rolle im n. Kohlenhydratstoffwechsel spielt. (J. Endocrinology **15**. 190—98. Juni 1957. Southampton, Univ., Dep. of Physiol. and Biochem.) B. RÄSSLER. 4560

Paul Gordon und **Earl P. Benditt,** *Der Einfluß von Hormonen (Wachstumshormon, ACTH, thyreotropes Hormon, Cortison) auf den Komplementspiegel bei Kaninchen.* Nach Verabreichung kleiner Dosen von Antigen verursacht *Cortison* einen signifikanten Abfall des im Blut zirkulierenden Komplements, während *ACTH* mit oder ohne simultane Antigengaben ohne Wrkg. bleibt. Dagegen bewirkt *Wachstumshormon* mit oder ohne simultane Immunisierung einen deutlichen Anstieg des Komplementspiegels, doch ist diese Wrkg. wahrscheinlich auf Verunreinigung mit *thyreotropem Hormon* zurückzuführen. (Proc. Soc. exp. Biol. Med. **89**. 286—88. Juni 1955.) WOLFGANG ALBRECHT. 4560

José Léonis und **Choh Hao Li,** *Corticotropine (ACTH).* 12. Mitt. *Säure-Base-Gleichgewicht von α-Corticotropin und Rindercorticotropin.* (11. vgl. Science [Washington] **124**. [1956.] 934.) Für *α-Corticotropin* (Schaf) u. *Rindercorticotropin* wurden die Titrationskurven in 0,1 mol. KCl-Lsgg. bei 24,5° ermittelt. Der Ionisationsgrad der phenol. Gruppen wurde spektrophotometr. bestimmt. Aus den erhaltenen Daten werden die tatsächlichen Ionisationskonstanten (pK_i) aller sauren u. bas. Gruppen sowie die Werte für die elektrostat. Parameter (ω) geschätzt. Der Zusammenhang zwischen der Aminosäuresequenz im Corticotropinmolekül u. den geschätzten Werten für pK_i wird diskutiert. (J. Amer. chem. Soc. **81**. 415—19. 20/1. 1959. Berkeley, Calif., Univ., Hormone Res. Labor. and the Dep. of Biochem.) E. SCHRÖDER. 4560

José Léonis, Choh Hao Li und **David Chung,** *Corticotropine (ACTH).* 15. Mitt. *Die Einwirkung von Chymotrypsin auf α-Corticotropin.* (12. vgl. vorst. Ref.; 14. vgl. J. Amer. chem. Soc. **80**. [1958.] 2587.) Durch enzymat. Abbau von *α-Corticotropin* mit Chymotrypsin, Papierchromatographie u. Elektrophorese konnten nachst. Peptidfragmente identifiziert werden: Ser, Tyr; Ser (Tyr, Ser, Met, Glu); His, Phe; Arg, Try; Arg (Try, Gly, Lys, Pro, Val); Gly (Lys, Pro) Val, Gly, Lys; Lys (Arg_2, Pro) Val; Lys (Glu_2, Asp_2, Ala_2, Val, Tyr, Pro, Gly, Ser) Glu-(NH_2), Ala, Phe; Ala (Phe, Pro) Leu; Glu, Phe. Die Sequenz stimmt mit der von Vff. vorgeschlagenen Struktur für α-Corticotropin überein (LI u. Mitarbeiter, Nature [London] **176**. [1955.] 687). Eine der Amidgruppen wurde als Glutamin in der Stellung 33 lokalisiert. Die Spezifität der Chymotrypsineinw. auf die einzelnen Peptidbindungen wird diskutiert. (J. Amer. chem. Soc. **81**. 419—23. 20/1. 1959. Berkeley, Calif., Univ., Hormone Res. Labor. and the Dep. of Biochem.) E. SCHRÖDER. 4560

C. L. Cope und **E. G. Black,** *Das Verhalten von ^{14}C-Cortisol und die Bestimmung der Cortisolproduktionsrate beim Menschen.* (Vgl. C. **1958**. 13281.) Das Verhalten von ^{14}C-Cortisol (I) u. *^{14}C-Cortison (II)-Acetat* wurde nach oraler Verabreichung an 8 Versuchspersonen untersucht. Durchschnittlich 86% I u. 76% II erscheinen in den ersten 24 Std. im Urin in Form von Metaboliten. Nur 1,5% der Dosis erscheint im Urin in chloroformlösl. Form; ca. $^1/_3$ davon ist unverändertes I oder II. 16—20% werden durch Hydrolyse mit β-Glucuronidase chloroformlösl.; diese Fraktion besteht hauptsächlich aus *Tetrahydrocortisol* (III) u. *Tetrahydrocortisonacetat* (IV). III u. IV haben die gleiche spezif. Aktivität; die spezif. Aktivität des ausgeschiedenen I weicht häufig von der des III ab. Die tägliche I-Produktion läßt sich aus der Kenntnis des ^{14}C-Geh. des 24 Std.-Urins u. der spezif. Aktivität von III u. IV in diesem Urin abschätzen. Durch diese Meth. ergab sich die tägliche I-Produktion von Rekonvaleszenten zu 4,2—24 mg, im Durchschnitt zu 11,3 mg. (Clin. Sci. **17**. 147—63. 1/2. 1958. London, Postgraduate Med. School of London, Dep. of Med.) K. F. MÜLLER. 4561

Murry Persky, Joseph Linsk, Marian Isaacs, John P. Jenkins, Milton Rosenbluth und **Herbert S. Kupperman,** *Unmittelbarer Einfluß von intravenösem Hydrocortison auf die Glucose- und Insulintoleranz und auf Gehalt des Serums und des Urins an anorganischem Phosphor.* An gesunde u. diabet. Personen wurden intravenöse Infusionen (4 Std.) von *17-Hydrocorticosteron* (*Hydrocortison*; I; 100 mg), von I u. *Glucose* (II; 100 g oral) u. von I u. *Insulin* (III; 0,1 I.E./kg intravenös) vorgenommen u. festgestellt, daß I allein keinen hyperglykäm. Effekt hervorrief, während im II-Toleranztest eine starke Erniedrigung der II-Toleranz, jedoch ohne Anti-III-Effekt, festgestellt werden konnte. In diesem Test wurde gleichzeitig ein sehr starker Abfall des anorgan. Serum-P (von ca. 3 mg/100 g auf 0,6—0,7 mg/100 g) u. der Eosinophilen festgestellt. Beim III-Toleranztest wurde neben der üblichen hypoglykäm. Wrkg. von III, die auch in Abwesenheit von I auftritt, eine starke Erniedrigung des Serumgeh. an anorgan. P festgestellt. Die Urinwerte für anorgan. P waren in allen Fällen ebenfalls stark erniedrigt. Am auffälligsten war bei allen Versuchspersonen das äußerst starke Zurückgehen oder gänzliche Verschwinden der Eosinophilen während oder nach den I-Infusionen. Der mögliche Wirkungsmechanismus von I wurde diskutiert u. 4 mögliche Ursachen des durch I veränderten II-Stoffwechsels angeführt: a) eine verstärkte II-Neubldg., b) Anstieg des peripheren II-Verbrauchs, c) Anregung der Sekretion eines „peripheren" anti-III-Faktors (hyperglykäm.-glykogenolyt. Faktor) in den α-Zellen des Pankreas (es wird zwischen endo- u. exogenem Insulin unterschieden) u. d) die Hemmung der Ausschüttung von endogenem Insulin durch I während einer künstlich induzierten Hyperglykämie (was zu der beobachteten Erniedrigung der II-Toleranz führen muß). (J. clin. Endocrinol. Metabolism **15**. 1247—56. Okt. 1955. New York, N. Y., New York Univ., Bellevue Med. Center, Dep. of Therapeutics; Third Med. Div. Goldwater Mem. Hosp.) H. KLUGE. 4561

Chun-I Wang, Elaine T. Bossak und **David Adlersberg,** *Prednison und Plasmalipide.* Nach Injektion von *Cortisonacetat, Hydrocortisonacetat* oder *Prednison* (*1-Dehydrocortison*; I) in Dosen von 1,25 mg/kg bei Kaninchen wurde in allen drei Fällen, bes. nach I, eine starke Erhöhung der *Phospholipide,* des *Neutralfetts* u. der *Gesamtlipide,* eine etwas geringere des *Cholesterins* (II), unter gleichzeitiger Verminderung des Anteils an *verestertem* II, eine Abnahme der α- u. *β-Lipoproteide* sowie eine Zunahme der 0-Fraktion der Lipoproteide im Plasma festgestellt. Die Proteinwerte des Plasmas blieben unberührt. Als Ursache der Veränderungen im Lipidgeh. wurde eine erhöhte Fettsäuresynth. u./oder eine Hemmung der Fettsäureveresterung angenommen. (J. clin. Endocrinol. Metabolism **15**. 1308—10. Okt. 1955. New York, N. Y., Mount Sinai Hosp., Deps. of Med. and Chem.) H. KLUGE. 4561

Marvin L. Lewbart und **Vernon R. Mattox,** *Zerstörung von Cortison und verwandten Steroiden durch Spuren von Kupfer während des Reinigungsverfahrens.* Es wird gezeigt, daß *Cortison* u. verwandte *Steroide* durch Spuren von *Cu* aus dest. W. bzw. Glasgeräten auf dem Papierchromatogramm aufgespalten werden. Durch Zusatz von *Äthylendiamintetraacetat* kann das vermieden werden. (Nature [London] **183**. 820—21. 21/3. 1959. Rochester, Minn., Mayo Clin., Section of Biochem.) H. J. STRUCK. 4561

Alfred M. Bongiovanni und **Walter R. Eberlein,** *Bestimmung, Wiederauffinden, Identifizierung und Nierenclearance konjugierter Nebennierencorticoide im peripheren Blut des Menschen.* Freie u. konjugierte *Corticosteroide* wurden nach Extraktion, Chromatographie an *Florosil* u. Behandlung mit *β*-Glucuronidase mit dem Reagens nach PORTER-SILBER spektrophotometr. quantitativ bestimmt. Mit reinem Monoglucuronid von *Tetrahydro-E* (*Pregnan-3α.17α.21-triol-11.20-dionmonoglucuronid,* I) wurde gezeigt, daß innerhalb einer großen Konzentrationsspanne das Wiederauffinden der zugesetzten Verb. zufriedenstellend ist. Orale Verabreichung von I gibt hohe I-Plasmaspiegel bis 3 mg%, außerdem wurde ein wahrscheinlich in $C_{(20)}$ red. Deriv. festgestellt. Ferner wurde die Clearance freier u. konjugierter Steroide bestimmt. (Proc. Soc. exp. Biol. Med. **89**. 281—85. Juni 1955. Philadelphia, Pa., Univ. of Pennsilvania, Childrens Hosp.) WOLFGANG ALBRECHT. 4561

Raymond Rivoire, Jane Rivoire und **Jean Poujol,** *Die Bestimmung von im Urin enthaltenen 17-Trihydroxysteroiden.* Die Best. erstreckte sich auf die als 17-Trihydroxysteroide bezeichneten *17.21-Dihydroxy-20-ketosteroide* u. speziell das *Tetrahydrocortison* (I). Sie beruhte auf der Hydrolyse von Urin. Die im Harn enthaltenen Glucuronide werden mit *β*-Glucuronidase bei p_H 6,2 zerlegt. Der mit konz. HCl auf p_H 1 angesäuerte Urin wurde mit Chlf. extrahiert, der in 2 Hälften, A u. B, geteilte Extrakt wurde vom Lösungsm. befreit, A mit methanol. HCl, B mit methanol. Phenylhydrazin·HCl in HCl versetzt u. in beiden Testproben die opt. Dichte bei 415 mμ im COLEMAN-Spektrophotometer bestimmt. Die Differenz der für A u. B erhaltenen opt. Dichten wurde berechnet u. die entsprechende Konz. von I auf einer für I aufgenommenen Bezugskurve abgelesen. Genauigkeit sowie Reproduzierfähigkeit der Meth. wurde an einer Anzahl Urinproben gesunder u. kranker Personen kontrolliert. Fehlergrenze der Meth. lag unter 10%. Die Rückbest. von I nach Zusätzen zwischen 0—40 γ I ergab befriedigende Resultate. Die ausgeschiedenen Mengen mg I/24 Std. wurden klin. an einer Anzahl Gesunder sowie an ADDISONscher Krankheit oder Panhypopituitarismus Erkrankter bzw. mit ACTH-Therapie, Cortisontherapie, künstlicher Hibernation behandelter Personen bestimmt. Die gefundenen Mittelwerte lagen besonders niedrig bei ADDISON-Kranken mit 1,15 mg I/24 Std. u. nach Hibernationsbehandlung mit 1,22 mg I/24 Std., besonders hoch nach ACTH-Behandlung mit 35,3 mg I/24 Stunden. (J. biol. Chemistry **213**. 1—18. März 1955. Nice, France, Mediterranean Inst. of exp. Med.) CARL FREESE. 4561

Wojciech Nowaczynski und **Jacques Genest,** *Genauigkeit der Bestimmung von Aldosteron, Hydrocortison und Cortison nach Dialyse.* Eine zur quantitativen Isolierung von *Hydrocortison, Cortison* u. *Aldosteron* (I) aus Plasma geeignete Modifikation der

Meth. von ZAFFARONI (Recent Progr. Hormone Res. 8. [1953.] 51) besteht darin, daß die aus dem Plasma mit Chlf. gewonnene Lsg. gegen Methanol–W. dialysiert, die Steroide mit Chlf. ausgeschüttelt, eingeengt, zwischen PAe. u. Methanol–W. verteilt u. aus der wss.-methanol. Phase papierchromatograph. erstens mit Propylenglykol–Toluol u. zweitens mit Toluol–Essigester (9 : 1)-50%ig. wss. Methanol getrennt u. UV-spektrometr. bestimmt werden. Die Best. gelingt auch colorimetr. mit Tetrazolblau. Die Empfindlichkeit betrug im Blindvers. bei Anwendung von 60,2 μg I 98—99,9% u. bei Anwendung von 2,2—100 μg der beiden anderen Steroide 94,2—102,4% der eingesetzten Steroidmenge. (J. clin. Endocrinol. Metabolism **15.** 1310—12. Okt. 1955. Montreal, Canada, Hôtel-Dieu de Montréal.) H. KLUGE. 4561

H. Weller, *Die Bedeutung und Bestimmung des Cholesterins und der 17-Ketosteroide im klinischen Laboratorium.* Zusammenfassende Darst. in vereinfachter Form u. Vorschriften für bereits bekannte analyt. Verfahren. (Röntgen- u. Laboratoriumsprax. **11.** L 145—L 154. Okt. L 161—L 170. Nov. 1958. Berlin, Univ., 1. Med. Klinik.) H.-W. KREYSEL. 4561

G. Weidner, *Über die quantitative Bestimmung des Adrenalons, insbesondere neben Adrenalin. Adrenalon* (I) als Verunreinigung handelsüblicher *Adrenalin*-Lsgg. kann quantitativ sowohl polarograph. als auch spektrophotometr. bestimmt werden. Die Höhe der bei der polarograph. Red. von I auftretenden Stufen ist der I-Konz. proportional. Adrenalin (II) wird nicht reduziert. 1 ml 0,1%ig. II-Lsg., versetzt mit 1 ml Acetatpuffer, p_H 4,0, wurden im Mikropolarograph (Typ HEYROWSKY) polarographiert. Abscheidungsspannung 1,2 V mit Boden-Hg als Anode. Ausmessung der Stufenhöhen durch Anlegen paralleler Geraden an die Wendepunkte u. Fällung der Lote. Zum Vgl. der Stufenhöhen verschied. Kurven ist gleicher Neigungswinkel der Geraden Voraussetzung. Ermittlung der Werte erfolgt mit Eichkurven. 10 γ I können auch neben 1 mg II bestimmt werden. Fehlergrenze $\pm$ 3%. Die spektrophotometr. Best. des I wurde bei 310 mμ durchgeführt. Bei dieser Wellenlänge absorbiert II nicht mehr. Die 0,1%ig. II-Lsgg. wurden im Verhältnis 1 : 4 mit 0,01 n HCl verdünnt. Einer Eichkurve wurde die der Extinktion entsprechende I-Konz. entnommen. Der I-Geh. der II-Lsg. folgt aus: (γ I/ml)·0,5 = mg% I. Zur Ermittlung der Eichkurve wurde eine Stammlsg. von 40 mg I-Base in 1000 ml 0,01 n HCl benutzt. Störungen durch Zersetzungsprodd. des II möglich. Lsg. darf bei 370 mμ nicht mehr absorbieren. In der angegebenen Verdünnung lassen sich 1—20% I (bezogen auf den II-Geh.) mit einer Genauigkeit von $\pm$ 2% erfassen. (Hoppe-Seyler's Z. physiol. Chem. **312.** 202—05. 18/12. 1958. Berlin, Humboldt-Univ., Pharmazeut. Inst.) L. LASCHET. 4561

P. Bois und **H. Selye,** *Steigerung der Nebennieren-stimulierenden Wirkung des somatotropen Hormons durch Thyroxin. Thyroxin* (I) erhöht bei gleichzeitiger Verabreichung mit *somatotropem Hormon* (II) an Ratten die corticotrope Aktivität von II. Innerhalb eines bestimmten Dosierungsbereiches (0—250 γ I) ist die corticotrope Wrkg. von II proportional der I-Dosis. Die durch ACTH verursachte Nebennierenhypertrophie wird durch I nicht beeinflußt. Periphere Anzeichen gesteigerter Glucocorticoidsekretion (Wachstumshemmung, Milzinvolution, Thymusatrophie, Entzündungshemmung), die mit einer Nebennierenhypertrophie durch ACTH einhergehen, werden nicht beobachtet. Dagegen werden diese ACTH-Wrkgg. auf extraadrenale Gewebe durch gleichzeitige I-Verabreichung abgeschwächt. Das Ergebnis dieser Unters. führt Vff. zu dem Schluß, daß beide Hypophysenhormone die Nebenniere durch 2 verschied. Mechanismen stimulieren. (J. Endocrinology **15.** 171—79. Juni 1957. Montreal, Canada, Univ., Inst. de Méd. et de Chirurgie expér.) B. RÄSSLER. 4562

Carl Martius und **Benno Hess,** *Über den Wirkungsmechanismus des Schilddrüsenhormons.* Vff. untersuchen die Wrkg. von *Schilddrüsenhormon* auf die Atmungskettenphosphorylierung von Lebermitochondrien der Ratte u. des Goldhamsters. Nach Injektion von größeren *Thyroxin* (I)-Mengen oder Verfütterung von Schilddrüsenpulver wurden die Tiere getötet, die Lebermitochondrien schonend isoliert u. ihre Veresterungsgeschwindigkeit von $^{32}PO_4^{3-}$ zu Adenosintriphosphat u. ihr P/O-Quotient in der WARBURG-App. bestimmt. Nach DL-I-Injektion bzw. nach Schilddrüsenpulververfütterung sank die oxydative Phosphorylierung u. der P/O-Quotient um 15—99%. Zusätze von DL-I in vitro zu nicht vorbehandelten Mitochondrienpräparaten bewirkten nach Präincubation bei 0° (20—60 Min.) je nach Konz. eine 6—99%ig. Hemmung der oxydativen Phosphorylierung u. eine Steigerung der Atmung bis zu 50%. Eine Präincubation von 5 Min. bei 15° liefert die gleichen Ergebnisse. *Dijodthyronin, Dijodtyrosin, Thyroxamin* u. *N-Acetylthyroxin* sind auch bei weit höheren Konzz. in dieser Beziehung wirkungslos. DL-I-Konzz. unter 10^{-5} mol. erhöhen bei längerer Incubation die Phosphorylierungsgeschwindigkeit optimal um das 3fache. (Biochem. Z. **326.** 191—203. 1955. Tübingen, Würzburg; Univv.; Physiol. chem. Institute.) A. GUDE. 4562

J. R. Tata, *Präalbumin als ein Komplex in der Serum-α-Globulinfraktion des menschlichen Serums.* Die *Thyroxin* (I)-bindenden Eigg. der *α-Globulin*-Fraktion des I-bindenden Proteins müssen offenbar dem in dieser Fraktion vorhandenen *Präalbumin* zugesprochen werden, welches als Komplex unbekannter Zus. vorliegt. (Nature [London] **183.** 877—79. 28/3. 1959. London, Nat. Inst. for Med. Res.) U. TAUSENDFREUND. 4562

A. S. Fairhurst, J. M. Maher und **R. E. Smith,** *Einfluß physiologischer Mengen Thyroxin auf die Phosphorylierung in Rattenlebermitochondrien.* Der Einfl. von *Thyroxin* (I) auf die Phosphorylierung (P/O-Verhältnis) der Leberpräpp. thyreoidektomierter Ratten ist je nach dem Grad der Reinigung dieser Präpp. sehr verschieden: Auf das erste Präp., das noch einen kleinen Anteil an Zellbestandteilen u. Mitochondrien enthält, übt I in physiol. Mengen zunächst keinen Effekt auf die Phosphorylierung aus (P/O-Verhältnis ca. 2,5), während es in Mengen $> 30\,\mu g$ das P/O-Verhältnis auf 1,0 herabsetzt. In den durch starkes Zentrifugieren stärker gereinigten Präpp. übt I auch in Dosen bis $500\,\mu g$/Tag keine Erniedrigung der Phosphorylierung aus (P/O-Verhältnis 3,0). Es wird vermutet, daß die Beeinflussung der Phosphorylierung durch I im ersten Falle von anderen im Präp. als Verunreinigungen enthaltenen Enzymen herrührt, die diese I-Wrkg. übertragen. (Biochim. biophysica Acta [Amsterdam] **31.** 296—97. Jan. 1959. Los Angeles, Calif., Univ. of California, Med. Center, Dep. of Physiol.) H. KLUGE. 4562

John B. Stanbury, A. A. H. Kassenaar, J. W. A. Meijer und **J. Terpstra,** *Das Auftreten von Mono- und Dijodtyrosin im Blut eines Patienten mit angeborenem Kropf.* Es wird ein Fall schwerer Schilddrüsenunterfunktion (Sch.U.), verbunden mit angeborenem Kropf, beschrieben. Nach Injektion von 1 mc $^{131}J^-$ waren, mit einem Maximum bei 4 Std., neben *Thyroxin* u. *Trijodthyronin, Mono* (I)- u. *Dijodtyrosin* (II) papierchromatograph. in Blut u. Serum nachweisbar. Alle genannten Verbb. traten bereits innerhalb 2 Std. nach der Injektion auf. Nach 72 bzw. 90 Std. waren I u. II, nicht aber die beiden anderen Verbb., aus dem Blut verschwunden. Die Schilddrüse enthielt nach der Operation 3,25 mg ^{131}J. Der Zustand der Sch.U. wird auf einen chron. Verlust der Schilddrüse an den Hormonvorläufern I u. II zurückgeführt. (J. clin. Endocrinol. Metabolism **15.** 1216—27. Okt. 1955. Leiden, Netherlands, Academisch Ziekenhuis, Div. of Metabolic and Endocrine Deseases.) H. KLUGE. 4562

Joyce E. Santler, *Das Wachstum der Zellverbände der Schilddrüse bei mit Thiouracil behandelten Ratten.* Nach Verabreichung von *Thiouracil* (0,05%; I) mit dem Trinkwasser über 3 bis 50 Tage an ausgewachsene männliche Albinoratten wird eine zahlenmäßige Zunahme der Follikel- u. Stromazellen im Schilddrüsengewebe beobachtet. Die Stromazellen erfahren gegenüber den Follikelzellen einen relativ größeren Zuwachs. Die Mitosegeschwindigkeit erreicht bei beiden Zelltypen ein Maximum nach 6 tägiger I-Behandlung. In Gewebekulturen von I-stimulierten Drüsen wird eine Zunahme auswandernder Epithelzellen u. Fibroblasten beobachtet. (J. Endocrinology **15.** 151—61. Juni 1957. London, Univ. Coll., Dep. of Anat. and Embryology.) B. RÄSSLER. 4562

A. Dunn, N. Altszuler, R. C. de Bodo, R. Steele, D. T. Armstrong und **J. S. Bishop,** *Wirkungsmechanismus von Insulin.* In Verss. mit *^{14}C-Glucose* (I) u. verschied. Injektionsweisen von *Insulin* (II) in Dosen von 0,1—0,25 E./kg konnte bei Hunden nachgewiesen werden, daß die durch II hervorgerufene Hypoglykämie fast vollständig durch gesteigerte periphere I-Ausnutzung (in der Muskulatur) u. nicht durch Verminderung der I-Produktion zustande kommt. Endogenes II wirkt auf die gleiche Weise. Wiederholte II-Injektionen bzw. II-Infusionen besitzen allerdings eine hemmende Wrkg. auf den Leber-I-Ausstoß, welcher die Hypoglykämie ausgleichen soll, so daß erst nach Beendigung der II-Zufuhr der ausgleichende I-Ausstoß aus der Leber möglich ist. (Nature [London] **183.** 1123—24. 18/4. 1959. New York, N. Y., Univ., Coll. of Med., Dep. of Pharmacol.; Upton, N. Y., Brookhaven Nat. Labor., Biol. Dep.) U. TAUSENDFREUND. 4564

D. Müller und **W. Sandritter,** *Röntgenhistoradiographische Untersuchungen an Inselzellen des Pankreas nach Stimulierung mit dem oralen Antidiabeticum D 860.* Kurz bevor das Pankreas von 8 Wochen alten Kälbern entnommen wurde, erhielten die Tiere 250 mg *D 860* (*N^1-p-Tolylsulfonyl-N^2-n-butylharnstoff*)/kg. Vom entnommenen Gewebe wurden $5\,\mu$ dicke Schnitte röntgenhistoradiograph. untersucht. — Das Trockengewicht des Cytoplasmas von exkretor. Gewebe ist um 67% höher als das der LANGERHANSschen Inseln. Zwischen den Inseln behandelter u. unbehandelter Tiere war kein Unterschied. Der Insulingeh. des Gesamtpankreasextraktes sinkt $1^1/_2$ Std. nach D 860-Behandlung um 75% ab. (Exp. Cell Res. **15.** 441—43. Okt. 1958. Frankfurt/M., Univ., Senkenbergisches Patholog. Inst.) WOLFGANG ALBRECHT. 4564

Ichiro Kuribayashi, *Reaktion von Cholin auf die Schweißreceptoren des Axonreflexes.* (Vgl. COON u. ROTHMAN, C. **1943.** II. 2171.) *Cholin* bewirkt intradermal in der

Minimalkonz. 1 : 10^4 beim Menschen eine lokale Schweißsekretion u. hebt bei 1 : 10^2 bis 1 : 10^3, wahrscheinlich durch kompetitive Blockierung der Receptoren des Axonreflexes (AR), die AR-Schweiß-Rkk. von Nicotin (1 : 10^5) u. Acetylcholin (1 : 10^4) auf, aber nicht die von 4%ig. NaCl-Lsg. selbst in Konzz. bis 1 : 10^2. — 25 Literaturangaben. (Arch. int. Physiol. Biochim. **67**. 43—53. Febr. 1959. Sendai, Japan, Tohoku Univ., School of Med., Physiol. Labor.) W. SCHULENBURG. 4569

Kerstin M. Lindahl, *Über die biologische Methylierung von Histamin.* Mäuseleberextrakt wurde mit *Histamin* (I) u. $^{14}C_{(CH_3)}$-*Methionin* (II) incubiert. Proben des Incubats wurden auf den Geh. an radioakt. *Methylhistamin* (III) nach der Isotopenverdünnungsmeth. von LINDELL u. SCHAYER (C. **1959**. 8948) geprüft. Am Ende der Incubation ergab die Probe konstante Aktivität nach der 2. bis 4. Kristallisation (des Dipikrats). Vf. schließt, daß die Methylgruppe des III vom II stammt, ob unmittelbar oder über Zwischenstufen, bleibt noch ungeklärt. (Acta chem. scand. **12**. 1690—91. 1958. Uppsala, Univ., Inst. of Zoophysiol.) M. METZE. 4569

V. Erspamer und **P. Correale,** *Weitere Beobachtungen über die Wirkung von 5-Hydroxytryptamin auf die Urin- und Chloridausscheidung bei der Ratte.* Die Diurese von Ratten, die mit sehr wasserhaltiger Kost ernährt werden, wird durch die subcutane Injektion von *5-Hydroxytryptamin* (*5-HT*, *Enteraminpikrat*, FARMELITA, I) vermindert. Bei Verabreichung von 20 γ I/kg wird die Urinmenge während 60—90 Min. um 40—75% herabgesetzt. Subcutane I-Dosen bis zu 200 γ/kg beeinflussen den Blutdruck u. andere Funktionen der Organe nicht. I-Dosen von 10—20 γ/kg werden als physiol. angesehen, da diese Mengen viel kleiner sind als die I-Mengen, die im Organismus schon vorhanden sind. Gleichzeitig mit der Verringerung der Urinmenge nimmt auch der absol. Geh. an Chloriden im Urin ab, während der relative Geh. gleichbleibt. Hierdurch unterscheidet sich I von den Hypophysenhinterlappenhormonen, bei denen sowohl der absol. als auch relative Geh. an Chloriden im Urin vermindert wird. (Arch. int. Pharmacodynam. Thérapie **101**. 99—112. 1/2. 1955. Bari, Univ., Inst. of Pharmacol.) G. KIMMERLE. 4569

K. Kuriaki und **T. Inoue,** *Der Mechanismus der Reizwirkung des 5-Hydroxytryptamins auf den Muskel.* Während Acetylcholin u. Decamethonium auf glatte u. gestreifte Muskeln verschied. kontrahierend wirken, wirkt das *5-Hydroxytryptamin* (I) spezif. auf die glatten Muskeln, wobei Unterschiede zwischen den glatten Muskeln verschied. Organe u. verschied. Tiere zu beobachten sind. Die Muskelkontraktion durch I kann schwächer sein als durch Adenosintriphosphorsäure (II). Fibrillen, welche durch I oder II kontrahiert sind, reagieren nochmals, wenn das andere Reizmittel zugesetzt wird. (C. R. Séances Soc. Biol. Filiales **149**. 2053—55. Nov. 1955. Tokio, Labor. de Pharmacol., École de Médecine Nippon.) E. KOCH. 4569

Alfonso Carcasona, Jorge Cervós-Navarro und **Friedrich Unterharnscheidt,** *Untersuchungen zur quantitativen Bestimmung von 5-Hydroxytryptamin und 5-Hydroxyindolylessigsäure mit dem Spektralphotometer.* Für die Routinebest. von *5-Hydroxytryptamin* (I) u. *5-Hydroxyindolylessigsäure* (II) eignet sich die quantitative photometr. Best. des violetten Farbstoffes, welcher bei der Rk. zwischen *α-Nitroso-β-naphthol* (III) mit I bzw. II gebildet wird. Dazu werden zu 1 ml Gewebe- bzw. Urinextrakt 0,5 ml einer 1%ig. alkoh. Lsg. von III u. 0,5 ml einer 0,0139 mol. Lsg. von salpetriger Säure zugesetzt. Nach Extraktion des Überschusses durch Dichloräthylen (bei I-Best.) bzw. 5 ml Äthylacetat (bei II-Best.) wird die jeweilige Absorptionskurve gegen eine blinde Vergleichslsg. gemessen. Diese Rk. ist für 5-Hydroxyindole charakteristisch. (Klin. Wschr. **37**. 253—54. 1/3. 1959. Bonn, Univ., Inst. für Neuropathol. u. Rhein. Hirnforschungsinst.) U. TAUSENDFREUND. 4569

Junichi Ishikawa, *Biochemische Untersuchungen über Kieselsäure.* 2. Mitt. *Über Kieselsäure im Blut.* (1. vgl. C. **1959**. 4263.) Die Durchschnittswerte des *Kieselsäure*-Geh. im Blut von Gesunden (10 ♂, 5 ♀) betrugen 30 Min. vor Nahrungsaufnahme 22,0 $\pm$ 5,26 μg/cm^3 u. gingen 90 Min. nach Nahrungsaufnahme auf 16,33 $\pm$ 5,92 μg/cm^3 herunter. — Bei 20 Personen aus Staubbetrieben (unmittelbar nach Arbeitsschluß, noch keine Mahlzeit) lagen sie bei 23,8 $\pm$ 6,71 μg/cm^3. — Auch bei Tuberkulösen u. Hochdruckkranken (10 Fälle) bestanden keine nennenswerten Abweichungen (20,56 $\pm$ 7,94 μg/cm^3). (Seikagaku [Biochemistry] **30**. 329—32. 25/8. 1958. [Orig.: japan.]) F. MOSSNER. 4572

W. Künzer und **E. Ambs,** *Die Beweglichkeit verschiedener Hämoglobinderivate bei der Hochspannungselektrophorese.* Zur Vermeidung der störenden spontanen *Hämoglobin*-Bldg., welche sich bei Hochspannungselektrophorese als zusätzliche Bande mit deutlich geringerer Beweglichkeit gegenüber *Hydroxy-* u. *CO-Hämoglobin* bzw. *Cyanhämiglobin* (I) zeigt, wird empfohlen, den Blutfarbstoff vor der elektrophoret. Bearbeitung in I umzuwandeln. (Klin. Wschr. **37**. 249—50. 1/3. 1959. Würzburg, Univ., Kinderklinik.) U. TAUSENDFREUND. 4572

A. D. Care, D. C. Macdonald und **B. Nolan,** *Equilibrierung markierten Magnesiums zwischen Schafplasma und -erythrocyten.* Im gemessenen Bereich zwischen p_H 7,26 u. 8,07 kam es bei Incubation von heparinisiertem Schafblut mit einer bekannten Menge ^{28}Mg zu einem kontinuierlichen Übertritt von 3,4% Mg/Std. in die Erythrocyten. (Nature [London] **183.** 1265. 2/5. 1959. Edinburgh, Royal School of Vet. Studies, Dep. of Pharmacol.; Royal Infirmary.) U. TAUSENDFREUND. 4573

Donald R. Korst und **Frank H. Bethell** (unter techn. Mitarbeit von **Elizabeth Ong),** *Die Wirkung von Kobalt auf den Einbau von radioaktivem Eisen in Rattenerythrocyten.* Aus dem ^{59}Fe-Einbau in Hämoglobin von Rattenerythrocyten werden Rückschlüsse auf die Erythropoese gezogen. Injektion von Co^{2+} führt bei n. u. hypophysektomierten Ratten zur verstärkten ^{59}Fe-Aufnahme. Durch Cystein u. Histidin wird die Co^{2+}-Wrkg. nicht verändert. (J. Lab. clin. Med. **52.** 356—63. Sept. 1958. Ann Arbor, Mich., Univ. of Michigan, School of Med., Radioisotope Service, Ann Arbor Veterans Admin. Hosp., Dep. of Med.) L. LACHHEIN. 4573

Philip C. Laris, *Permeabilität und Verbrauch von Glucose in Säugetiererythrocyten.* Vf. bestimmt durch Incubation bei 37° die Permeabilität der Erythrocyten (E) aus dem Glucose (I)-Schwund des Plasmas u. den I-Verbrauch aus der Abnahme des Gesamtblutes. Bei einem I-Zusatz von 500 mg% erfolgt I-Abnahme aus dem Plasma in der Reihenfolge Ratte > Kaninchen > Hund = Meerschweinchen > Schaf > Rind > Schwein. Die Abnahme der I-Konz. des Gesamtblutes vermindert sich in der gleichen Reihenfolge, lediglich Hund > Meerschweinchen. In Rinder- u. Schaf-E läßt sich ohne u. nach I-Zusatz kein intracellulärer I-Geh. feststellen, während bei den anderen Tierarten mit zunehmender I-Konz. des Plasmas auch der intracelluläre Geh. steigt. Hinsichtlich des Ausmaßes der Angleichung der intracellulären I-Konz. an die extracelluläre verhalten sich die einzelnen Tierarten verschieden. Die I-Aufnahme ist durch NaF u. Jodessigsäure hemmbar. Die Möglichkeiten der Permeation von I werden besprochen. (J. cellular comparat. Physiol. **51.** 273—307. April 1958. Princeton, N. J., Univ., Dep. of Biol.) L. LACHHEIN. 4573

S. Birkeland, *Die Bestimmung der Zerstörung roter Blutkörperchen in gesunden Menschen mit ^{51}Cr.* Menschliche Erythrocyten (E) werden mit ^{51}Cr markiert u. gesunden Versuchspersonen injiziert. Aus der E-Aktivität wird die Lebensdauer bestimmt. Die Ergebnisse stimmen gut mit den bekannten Werten überein. (Scand. J. clin. Lab. Invest. **10.** 122—32. 1958. Richmond, Va., Med. Coll. of Virginia, Surgic. Res. Labor.; Oslo, Norway, Univ., Inst. for Exp. Med. Res., Ullevål Hosp.) L. LACHHEIN. 4573

David Rubinstein, Shelby Kashket und **Orville F. Denstedt** (unter techn. Mitarbeit von **Sheila M. Gosselin),** *Untersuchungen über Blutkonservierung.* 6. Mitt. *Der Einfluß von Adenosin und Inosin auf den Stoffwechsel der Erythrocyten.* (5. vgl. C. **1959.** 6201.) Hinsichtlich der Resynth. organ. Phosphatverbb. u. der Verlängerung der Überlebenszeit verhalten sich *Inosin* (I) u. *Adenosin* (II) als Zusätze zu mit Citratdextrose konservierten Erythrocyten gleich. Während die Wrkg. von I vorwiegend auf den Abbau der *Nucleosidribose* (III) zurückzuführen ist, dominiert bei II bis zum 40. Tag der Abbau von Glucose (IV). Erst nach Erschöpfung des IV-Vorrates tritt unter II-Zusatz ein wesentlicher III-Verbrauch auf. Der größere IV-Verbrauch bei II wird auf die Bldg. von NH_3 durch Desaminierung von II zu I zurückgeführt. Das entstandene NH_3 wirkt einem p_H-Abfall durch Lactatbldg. entgegen. Dadurch kommt es im Gegensatz zu I zu keiner Verminderung der Hexokinaseaktivität. Außerdem wird dem NH_3 noch eine direkte, steigernde Wrkg. auf den glykolyt. Abbauweg nachgewiesen. (Canad. J. Biochem. Physiol. **36.** 1269—76. Dez. 1958. Chicago, Ill., Michael Reese Hosp., Dep. of Metabolism; Boston, Mass., Harvard Med. School, Dep. of Bacteriol.) L. LACHHEIN. 4573

Frank W. Putnam, *Anomale menschliche Serumglobuline.* 1. Mitt. *Die Nichtidentität von Makroglobulinen.* (Vgl. C. **1956.** 11482.) *Makroglobuline* (I) bilden eine Klasse hochmol. patholog. Serumglobuline, die beim hämorrhag. Syndrom von WALDENSTRÖM („Makroglobulinämie") auftreten. 8 gereinigte I-Präpp. bestanden in jedem Falle aus mehreren hochmol. Komponenten ($\Delta_{20} \geqq 15\ S$), waren jedoch, mit einer Ausnahme, elektrophoret. einheitlich. Innerhalb eines großen p_H-Bereichs untersuchte I wiesen verschied. Beweglichkeitskurven u. isoelektr. Punkte auf. Einige waren kalt unlösl., andere unterschieden sich hinsichtlich der N-terminalen Aminosäuren. Mercaptoäthanol, nicht aber Temperatur- oder p_H-Änderung, Ultraschalleinw. oder Harnstoffzusatz, bewirken eine I-Aufspaltung zu Untereinheiten von der Größe n. γ-Globulins (II), die jedoch im antigenen Verh. sich von letztem unterschieden. I stellen nach den Unterss. eine Gruppe patholog. Serumproteine mit einheitlichem Sedimentationsverh. u. gewissen antigenen Determinanten dar, unterscheiden sich aber in anderen Eigg. sehr stark. Trotz der Beziehung zu n. **II** sind **I** offensichtlich anomale Proteine, die durch individuell charakterist. Abweichungen der Serumeiweißsynth. entstehen. (Arch. Biochem. Biophysics **79**. 67—85. Jan. 1959. Gainesville, Fla., Univ., Coll. of Med., Dep. of Biochem.) K. MAIER. 4574

Anthony A. Albanese, Louise Orto und **Joan Rossy,** *Die Mikrobestimmung des Albumin-Globulin-Verhältnisses von Plasmaproteinen.* Es wird eine Mikrometh. beschrieben, mit deren Hilfe man mit 0,07 ml Plasma elektrophoret. Trennung der Plasmaeiweißkörper u. quantitative Best. von *Albumin* u. *Globulin* durchführen kann: Papierelektrophorese auf WHATMAN Nr. 1 in MICHAELIS-Puffer p_H 8,6—8,7, Anfärben der Proteine mit *Bromphenolblau,* Auswertung durch densitometr. Bestimmung. — Die mit dieser Meth. erhaltenen Werte von n. Versuchspersonen u. Kranken werden angegeben u. mit den mikrochem. bestimmten verglichen. (Arch. Biochem. Biophysics **54**. 304—11. Febr. 1955. New York, N. Y., St. Luke's Hosp., Nutritional Res. Labor.) WOLFGANG ALBRECHT. 4574

I. M. Kolthoff, Ada Anastasi und **B. H. Tan,** *Reaktivität von Sulfhydryl und Disulfid in Proteinen.* 4. Mitt. *Reaktion zwischen Disulfid und Sulfit in Rinderserumalbumin, das in Guanidinhydrochlorid und Harnstofflösungen denaturiert wurde.* (3. vgl. C. **1959**. 5164.) Nach einer in der 2. Mitt. (C. **1959**. 3164) beschriebenen Meth. wurden die Gleichgewichtswerte der zwischen p_H 2 u. 9 aus Rinderserumalbumin (**I**) geöffneten Disulfidbrücken bestimmt. Es wurden Kurven mit einem Maximum zwischen p_H 4 u. 6 gefunden; in diesem Bereich wurden durch 4mol. Guanidin·HCl (**II**) 14—14,5, durch 8mol. *Harnstoff* (**III**) 16—16,5 von den 17 im Mol. **I** vorhandenen Disulfidbrücken geöffnet. Der für **II** gefundene Wert ist zwischen 0,02 u. 0,2mol. unabhängig von der Sulfitkonzentration. Der p_H-Verlauf der Denaturierungskurven sowie das Verh. der Viscosität u. der opt. Drehung sind für **II** u. **III** ähnlich. Bei p_H 9 ist jedoch die Vernetzung durch Disulfidbrücken in **II** erheblich größer als in **III**. Ein Vgl. der Viscositäten u. der opt. Drehungen mit der Spaltung der Disulfidbindungen bei steigender Konz. an **II** u. **III** zeigt, daß in 2mol. **II** bzw. 4mol. **III** trotz sehr geringer Denaturierung bereits eine erhebliche Anzahl von Disulfidbrücken gespalten sind. (J. Amer. chem. Soc. **81**. 2047—52. 5/5. 1959. Minneapolis, Minn., School of Chem.) W. WALTER. 4574

I. Ss. Priss, *Die Veränderungen des Lipidgehaltes im Blutserum bei Komplikationen der Hypertoniekrankheit.* Beobachtungen an 57 Hypertonikern mit verschied. Komplikationen ergaben, daß es bei hyperton. Krisen, Myocardinfarkten u. Gehirninsulten in leichteren Fällen zu einer Erhöhung u. in schwereren Fällen zu einer Senkung des *Phospholipid* (**I**)-Spiegels des Blutes, des **I**/*Cholesterin*-Koeff. u. der JZ. kommt. Bei Herzinsuffizienz in Kombination mit Hypertonie findet sich eine Abnahme von **I** u. des Esterifikationskoeff. nur bei chron. Verlauf der Erkrankung. (Терапевтический Архив [Therap. Arch.] **31**. Nr. 7. 69—77. Juli 1959. Moskau, 1. Med. Ssetschenow-Inst., San.-Hygien. Fak., Lehrst. für Tropädeutik u. hospit. Therapie.) E. RENTZ. 4574

W. G. Dangerfield und **Elspeth B. Smith,** *Elektrophoretische Untersuchung der Wirkung von Heparin auf Serumlipoprotein.* Durch Injektion von 12000 I.E. *Heparin* (**I**) an Patienten wurde eine elektrophoret. Beschleunigung der α- u. *β-Lipoproteine* des Serums ausgelöst, die 13 Min. nach der **I**-Zufuhr ihr Maximum hatte, nach 45 Min. stark abnahm u. nach 2½ Std. nicht mehr nachweisbar war. Der Effekt tritt auch in vitro auf u. hier auch in ähnlicher Weise nach Zusatz von *Lecithinase, Lecithin, Gallensalzen* u. *Teepol.* (Biochem. J. **59**. VI. Jan. 1955. London, St. Bartholomew's Hosp.) F. KRUSEN. 4574

Monamy Buckell und **Margaret Truscott,** *Salzkonzentration und fibrinolytische Aktivität.* Als vorläufige Mitt. wird über Ergebnisse berichtet, wonach eine Beziehung zwischen *fibrinolyt. Aktivität* u. der jeweiligen Ionenkonz. zu bestehen scheint, da durch Steigerung der NaCl-Konz. von 0—1% verschied. Lysiszeiten im Gerinnungsprozeß erzielbar sind, die für die jeweilige Konz. charakterist. zu sein scheinen. Bei vgl. Unterss. muß also in Zukunft die Ionenkonz. beachtet werden. (Nature [London] **183**. 1268—69. 2/5. 1959. London, Charing Cross Hosp., Clin. Res. Labors.) U. TAUSENDFREUND. 4574

E. Klein, F. H. Franken und **H. Hirsche,** *Der Eisentransport im Blut nach peroraler, intravenöser und intramuskulärer Eisenzufuhr.* Während das gesamte Serum-Fe (**I**) an Transferrin gebunden ist, kann zugeführtes *Fe* je nach chem. Natur oder Anwendungsart in freier Form im Blut kreisen (z. B. nach einmaliger intravenöser Zufuhr von koll. Fe-Oxydsaccharat oder teilweise bei kontinuierlicher intramuskulärer Zufuhr von Fe-Dextran) oder wie n. **I** ebenfalls die latente Fe-Bindungskapazität des Serums in Anspruch nehmen (z. B. bei guter Fe-Resorption nach oraler Fe-Belastung mit

300 mg Ferroeisen oder nach dessen intravenöser Zufuhr). Bei Inanspruchnahme des latenten Fe-Bindungsvermögens des Serums ist die Fe-Zufuhr auf den Hämoglobingeh. des Blutes als erfolgreich anzusehen. (Klin. Wschr. **37.** 244—49. 1/3. 1959. Düsseldorf, Med. Akad., 2. Med. Klinik.) U. TAUSENDFREUND. 4575

W. Fiebig, H. Dorow, J. Krempien und **W. Schwartzkopff,** *Fraktionierte Gewebesaftuntersuchung.* 9. Mitt. *Das Verhalten des Eisens in Serum und Gewebesaft nach intravenösen Belastungen mit Eisenverbindungen unterschiedlicher Molekülgröße.* (8. vgl. Z. ges. exp. Med. **125.** [1955.] 409.) Nach Zufuhr von *Ferritrat* (Eisenhydroxydsol; **I**) war der Fe-Anstieg im Gewebesaft gering. Dies u. die schnelle Eliminierung des **I** aus der Blutbahn weisen darauf hin, daß die Capillaren für Eisenhydroxyd nicht durchlässig sind u. das RES das Hauptspeicherorgan darstellt. Bei *Ferronascin* (**II**) sind die Vorgänge entgegengesetzt. Möglicherweise wird das Fe nach Aufspaltung des **II**-Komplexes in den Gewebesaft übergeführt. Bei *Ce-Ferro* (Ferroascorbat) wurde nach Gaben von 6 mg die Gesamteisenbindungskapazität der Proteine im Serum nicht überschritten. Die Fe-Abwanderung aus der Blutbahn war stark verzögert. Im Gewebesaft war die Zunahme der Fe-Konz. gering. Der Abstrom des ·Fe scheint hier erst nach Bindung an Proteine vor sich zu gehen. (Z. ges. exp. Med. **127.** 30—38. 1956. Berlin-Moabit, Städt. Krankenhaus, I. Med. Klinik u. Poliklinik.) J. SCHWAIBOLD. 4575

H. Weigel und **K. Walton,** *Synthese von mit Kohlenstoff-14 markiertem Dextransulfat und Markierungsversuche an Ratten.* Durch Vergärung von ^{14}C-Saccharose mit *Leuconostoc mesenteroides* wurde *^{14}C-Dextran* hergestellt u. nach partieller Hydrolyse fraktioniert. Aus einer Fraktion geeigneten Mol.-Gew. wurde das *Na-Salz von Dextransulfat* (**I**), $[C_6H_{1,84}O_5(SO_3Na)_{1,84}]_n$ mittels Chlorsulfonsäure/Pyridin hergestellt. Eine Ratte erhielt intravenös 18,3 mg **I**/kg Lebendgewicht. Sie schied in 48 Std. 3,55% der zugeführten Radioaktivität als $^{14}CO_2$ aus. Dann wurde sie getötet u. die Radioaktivität einiger Organe nach Oxydation mit sd. Chromsäure u. Überführung der CO_2 in $BaCO_3$ bestimmt. Von der zugeführten Radioaktivität wurden 8,0% in der Leber, 7,56% in der gesamten Muskulatur, 3,55% in der Niere, 0,44 im gesamten Skelett, 0,22% in der Milz u. 0,18% in den Lungen gefunden. An dem Geh. der Nieren dürfte auch **I**, das im Urin der Nierengänge enthalten war, beteiligt gewesen sein. — Beim Aufbewahren war **I** einer Zers. durch Selbstbestrahlung u. autokatalyt. Weiterzerfall unterworfen. (Nature [London] **183.** 981—82. 4/4. 1959. Birmingham, Univ., Dep. of Chem. u. Dep. of Experimental Pathology.) W. WILLENBERG. 4575

Jörg Rehn, *Die vermehrte posttraumatische Ausscheidung von biologisch aktiven Peptiden im Urin.* Der postoperative Nachw. von Ausscheidungen sogenannter endogener Reizstoffe (Peptidcharakter) im Urin steht offenbar in engem Zusammenhang mit dem Ausmaß des Gewebetraumas bzw. -zerfalls. (Klin. Wschr. **37.** 240—44. 1/3. 1959. Freiburg/Br., Univ., Chirurg. Klinik.) U. TAUSENDFREUND. 4577

David Platt, Ward Pigman und **Howard L. Holley,** *Eine Untersuchung der Synovialflüssigkeit durch Ultrasedimentation.* Die Unters. von 15 menschlichen post mortem-Synovial-Fll. mit einem weiten Viscositätsbereich in der Ultrazentrifuge ergab in allen Fällen Ggw. der 3 Hauptkomponenten *Albumin* (**I**), *Globulin* (**II**) u. *Hyaluronsäure* (**III**), daneben waren in 6 Fll. kleinere Komponenten mit Sedimentationskonstanten von 7,7—13,6 *S* nachweisbar. Analyse von 6 Proben vor u. nach Behandlung mit Hodenhyaluronidase ergab keinen wesentlichen Unterschied hinsichtlich der Sedimentationskonstanten der **I**- u. **III**-Komponenten, wenn auch die Viscosität der Proben hierbei stark herabgesetzt wurde. Die Sedimentation der **II**-Komponente nahm etwas zu. **III**-Zusatz zu Serum u. arthrit. u. post mortem-Synovial-Fll. beeinflußte das Sedimentationsverh. von **I** ebenfalls nicht merklich, während Ggw. von Eiweiß die Sedimentationsgeschwindigkeit von **III** verringerte. **III** bewirkte anscheinend eine Abnahme der Sedimentationskonst. der **II**-Komponente oder eine Störung derselben. Nach diesen Ergebnissen sedimentiert **I** ungehindert durch eine Gelstruktur von **III**, während **II** (oder eine Komponente desselben) anscheinend bis zu einem gewissen Grade mit **III** assoziiert. (Arch. Biochem. Biophysics **79.** 224—32. Jan. 1959. Birmingham, Ala., Univ., Med. Center, Dep. of Biochem. and Med., Arthritis and Rheumatism Res. Labor.) K. MAIER. 4578

Aleksandra Smoczkiewiczowa, *Natrium-, Kalium-, Calcium- und Chloridionengehalt und Proteinfraktionen in den embryonalen Flüssigkeiten beim Huhn.* Während die Konz. von Na^+ u. Cl^- in der Amnion-Fl. von Hühnerembryonen im Laufe der Entw. langsam von 134 u. 131 mÄquivalent (am 11. Tag) bis auf 112 u. 108 mÄquivalent (am 14. Tag) abfallen (auch in der Allantois-Fl. kann ein Abfall der Na^+-Konz. von 115 auf 84 mÄquivalent beobachtet werden), steigt die K^+-Konz. von 7,0 mÄquivalent (am 13. Tag) plötzlich am 14. Tag auf 21,8 mÄquivalent (in der Allontois-Fl. ist ein geringerer Sprung der bereits höheren Ausgangs-K^+-Konz. feststellbar). Gleichzeitig mit der starken Veränderung der K^+-Konz. in der Amnion-Fl. kommt es darin auch zu einem Anstieg des Proteingeh. von vorher höchstens 0,5 g/100 ml auf 9—10 g/100 ml. Elektrophoret. lassen sich mehrere Fraktionen abtrennen, von denen die schnellste ca. 98% des Gesamtproteingeh. enthält. Sowohl die große Menge Protein nach dem 14. Tag wie die vorherige geringe Menge als auch das Resteiweiß bilden ähnlich elektrophoret. Diagramme. Die Veränderungen werden mit der zu diesem Zeitpunkt beginnenden engen Verb. zwischen Serum u. Amnion-Fl. in Zusammenhang gebracht. (Nature [London] **183.** 1260—61. 2/5. 1959. Poznań, Med. Acad., Inst. of Inorgan. and Analyt. Chem.) U. Tausendfreund. 4583

R. S. Young, *Hemmung der Skelettbildung beim Seeigel durch Fluorid.* Die Bldg. des Skeletts der Plutei von Seeigeln (*Lytechinus variegatus* u. *Arbacia*) *punctata* wurde durch *Natriumfluorid* in Seewasser in Konz. von $1{,}5 \cdot 10^{-2}$ mol. bis $2 \cdot 10^{-3}$ mol. gehemmt. Zusatz von frischem Seewasser bewirkte Aufhebung dieser Hemmung, während isoton. *NaCl*-Lsg. sowie Zusatz von *Mg, Ca* u. *Phosphat* unwirksam waren. Die Calcifizierungshemmung erwies sich als p_H-abhängig, Hemmung wurde bei p_H 7,2—8,7 beobachtet. Chelatebildende Substanzen (wie *Alanin, Glycin, Acetylaceton*) zeigten keine Wrkg. auf die Skelettbldg., *Citrat* in fast tox. Dosierung zeigte eine *NaF* entsprechende Wirkung. Ebenfalls wirkungslos waren *Monojodacetat, Dinitrokresol, Chlorpikrin* u. *Jodacetamid* sowie Schwermetallionen (*Ag, Hg, Pb, Be*). Der mögliche Wirkungsmechanismus von *NaF* dürfte über die Bldg. eines Magnesium-Fluorphosphatkomplexes gehen, welcher das zur Skelettbldg. notwendige anorgan. Phosphat an sich reißt. (Exp. Cell Res. **15.** 398—404. Okt. 1958. Tallahassee, Fla., Florida State Univ., Dep. of Zoology.) Wolfgang Albrecht. 4583

J. T. Jackson, P. B. Pearson und **C. A. Denton,** *Der* ^{14}C*-Tryptophanstoffwechsel im sich entwickelnden Hühnerembryo.* Nach Injektion von $^{14}C_{(2\text{ bzw. }3)}$-Tryptophan (I) in das Eiweiß von Hühnereiern am 10. Bebrütungstag wurden 44—47% in der Proteinfraktion des eben geschlüpften Kükens nachgewiesen. Eine merkliche Radioaktivität aus $^{14}C_{(2)}$-I fand sich als Alanin, eine viel kleinere Menge als Glycin. Nach $^{14}C_{(2)}$- u. $^{14}C_{(3)}$-I-Injektion erschienen nur 15,6 u. 11,5% der Aktivität im ausgeatmeten CO_2. Die ^{14}C-Verteilung im Küken nach $^{14}C_{(2)}$- oder $^{14}C_{(3)}$-Injektion wird besprochen. Es wurde nachgewiesen, daß der Hühnerembryo I in Nicotinsäure umwandelt. (Arch. Biochem. Biophysics **79.** 131—35. Jan. 1959. Beltsville, Md., U. S. Dep. of Agric., Animal Husbandry Res. Div.) K. Maier. 4583

Harold Elrick, I. R. Konigsberg und **Y. Arai,** *Die Wirkung von Glukagon auf das Wachstum von Hühnerembryonen.* Hochgereinigtes krist. *Glukagon* wurde in verschied. Dosierung hinsichtlich seiner Wachstumswrkg. bei Hühnerembryonen in 5 Versuchsserien geprüft u. erwies sich als wirkungslos. (Proc. Soc. exp. Biol. Med. **97.** 542—44. März 1958. Denver, Colo., Radioisotope Serv., V. A. Hosp. and Univ. of Colorado School of Medicine, Dep. of Medicine and Pediatrics.) Wolfgang Albrecht. 4583

Edward J. Kuchinskas, *Carbonylverbindungen und Wachstumswiederherstellung L-Penicillamin-behandelter Ratten.* Die Unters., ob noch andere Verbb. außer Vitamin B_6 u. Aminoäthanol die durch *L-Penicillamin* (I) bei weißen Ratten hervorgerufene Wachstumshemmung oral aufzuheben vermögen, ergab, daß die wirksamsten Verbb., ausgenommen Hexamethylentetramin (II), eine CO-Gruppe enthalten. Vollständige Hemmungsumkehr gaben Aceton, Hydroxyaceton, Dihydroxyaceton, Propionaldehyd, Isobutyraldehyd, Glykolaldehyd, Na-Glyoxalathydrat, Na-Pyruvat, K-α-Ketoisovalerat, Oxalessigsäure, α-Ketoglutarsäure, II, partielle Glycin, Sarcosin, Betain, L-Serin, L-Threonin, Thiazolidincarbonsäure-(4), Na-Formiat. Möglicherweise beruht die Wachstumshemmung durch I auf einer in vivo-Kombination mit CO Verbindungen. (Arch. Biochem. Biophysics **80** 150—54. Jan. 1959. Brooklyn, N. Y., State Univ., Downstate Med. Center, Dep. of Biochem.) K. Maier. 4583

G. Matrone, W. W. G. Smart jr., M. W. Carter, V. W. Smart und **H. W. Garren,** *Der Einfluß von Genistin auf das Wachstum und die Entwicklung der männlichen Maus.* *Genistin* (I), zu 9, 18, 36 u. 72 mg/Tag u. Tier gefüttert, verursacht eine dem Logarithmus der Dosis proportionale Wachstumsdepression u. eine Verringerung der Testesgewichte. Spermatozoen lassen sich nach den höheren I-Dosen in den Testes nicht nachweisen. Der I-Effekt unterscheidet sich insofern von dem des *Stilböstrols* (II), als das Wachstum durch ein niedrigeres I-Angebot (9 mg) als das Testesgewicht (18 mg) herabgesetzt wird, während II umgekehrt wirkt. (0,64 μg u. 0,16 μg). Außerdem liegt bei 2 im Körpergewicht vergleichbaren Gruppen (9 mg I u. 0,64 μg II) das Testesgewicht bei den mit I behandelten Mäusen höher; die Nierengewichte hingegen zeigen keinen Unterschied.

Der I-Einfl. ist darum wahrscheinlich nicht östrogener Natur. (J. of Nutrit. **59.** 235—41. 10/6. 1956. Raleigh, Anim. Nutr. Sect. of Dep. of Anim. Ind.; North Carolina Agricult. Exp. Station, Poultry Science Dep.) B. GASSMANN. 4584

C. H. Liu, G. C. Ashton und **D. V. Catron,** *Der Einfluß eines zeitweise unterbrochenen Calciumverbrauchs bei der Ratte.* Zu einer Grundkost mit 0,02% *Ca* u. 0,045% *P* erhielten 38 g schwere Ratten 6 Wochen lang a) 40 mg $CaCO_2$ täglich, b) 40 mg jeden 2. Tag, c) 80 mg jeden 4. Tag u. d) 120 mg jeden 6. Tag. Die Oberschenkelknochen wiesen bei täglicher Ca-Verabfolgung das höchste Trockengewicht, die meiste Asche u. den größten Ca- u. P-Geh. auf. Die Femurasche enthielt innerhalb der Versuchsreihe 35, 33, 32 bzw. 28% Ca. (J. of Nutrit. **59.** 267—71. 10/6. 1956. Ames, Iowa Agricult. Exper. Stat.) B. GASSMANN. 4585

T. Viswanatha und **Irvin E. Liener,** *Fortpflanzung und Lactation von Ratten, die Maisöl oder Butterschmalz in Gegenwart von Sulfathalidin erhalten.* Enthält das Futter von Ratten 2% *Sulfathalidin* (Phthalylsulfathiazol, SHARP u. DOHME, INC., Philadelphia, Pa., 2-[N^4-Phthalylsulfanilamido]-thiazol), so beträgt in den ersten drei Tagen die postnatale Sterblichkeit der Jungen von Muttertieren mit 28% Maisöl in der Kost 9—48%, während bei einer Fütterung von 28% Butterfett alle Jungtiere überleben. Die Würfe der F_1-Tiere mit Maisöl weisen eine Mortalität von 12—42% auf, von den Würfen der F_2-Generation hingegen sterben nur noch wenig Tiere. Bei Butterschmalzfütterung überleben die gesamten Würfe. Im Gegensatz zur Elterngeneration besteht hinsichtlich der Lactationsdauer zwischen Maisöl- u. Butterschmalzfütterung kein Unterschied. (J. of Nutrit. **59.** 197—209. 10/6. 1956. St. Paul, Univ. of Minn., Dep. of Agricult. Biochem.) B. GASSMANN. 4585

G. Frederick Lambert, Jonathan P. Miller, Robert T. Olsen und **Douglas V. Frost,** *Hypercholesterinämie und Atherosklerose bei Kaninchen nach Verfütterung gereinigter, stark fetthaltiger Kostformen ohne Cholesterinzusatz.* Bei Verfütterung von *Cholesterin* u. 20% *hydriertem Fett* bzw. 20% *Saffloweröl* (I) war bei I das Serumcholesterin bei Kaninchen deutlich niedriger, während die Aortenveränderungen bei beiden Gruppen gleich waren. Bei cholesterinfreier Kost verursachte *hydriertes Cocosnußöl* (20%) höhere Serumcholesterinspiegel u. atheromathöse Aortenveränderungen nach 16 Wochen, während bei I-Fütterung (20%) die Serumcholesterinwerte niedriger lagen u. die Aortenveränderungen ganz geringfüg waren. (Proc. Soc. exp. Biol. Med. **97.** 544—49. März 1958. Chicago, Ill., Abbott Labor., Nutrition Res. and Bioassay Dep.) WOLFGANG ALBRECHT. 4585

F. H. Mattson, J. C. Alexander, F. J. Baur und **H. H. Reller,** *Kurzzeitfütterungsstudien über Acetinfette.* Ratten werden 8—12 Wochen mit einer Kost gefüttert, die als Fettanteil (25%) vollständig hydriertes +2% natives Sojabohnenöl, ein teilhydriertes 75/22 Sojabohnenöl–Baumwollsaatöl-Gemisch oder daraus dargestellte Mono- oder Diacetylglyceride enthält. Futterverbrauch u. Gewichtszunahmen zeigen keine Unterschiede, desgleichen die Harnwerte für titrierbare Säure, p_H, Gesamt-N, Ammonium-N, Harnstoff-N, Kreatin(in), Glucose, Albumin u. Aceton sowie die Blutbilder u. die Blutspiegelwerte für Gesamt-N, Harnstoff-N, Nichteiweiß-N u. Plasma-CO_2. Die Diacetylglyceride werden ebenso schnell resorbiert wie die Triglyceride des Ursprungsfettes, der Ausnutzungskoeff. für die Stearinsäure wird hingegen durch die Acetylierung erhöht. (J. of Nutrit. **59.** 277—85. 10/6. 1956. Cincinnati, Ohio, The Procter and Gamble Comp., Res. Div.) B. GASSMANN. 4585

J. S. Finlayson und **C. A. Baumann,** *Die Reaktionen von Ratten auf Harnstoff und verwandte Verbindungen. Die Anwendung einer Technik mit begrenzter Fütterungszeit.* Werden Ratten nach vorheriger Gewöhnung nur 2 Std. täglich gefüttert, so haben bereits 5% *Harnstoff* im Gegensatz zu 30% bei einer ad-libitum-Fütterung einen Wachstumsrückgang zur Folge, der dem Harnstoffgeh. des Futters u. des Blutes proportional ist u. der durch Art u. Menge des Eiweißanteils im Futter nicht beeinflußt wird. Desgleichen wird die Empfindlichkeit gegenüber *L-Leucin, Diammoniumcitrat. Ammoniumcarbonat* u. *2.4-Dinitrotoluol* gesteigert. Die Toxizität von *3'-Methyl-4-dimethylaminoazobenzol* u. *A.* ist hingegen verringert. Die Wachstumsrate wird jedoch nicht beeinflußt, wenn der Kost *Biotin, Vitamin B_{12}* u. *Folsäure* fehlen oder wenn ihr *Glycin* oder *Antibiotica* zugestzt werden. (J. of Nutrit. **59.** 211—21. 10/6. 1956. Madison, Univ. of Wis., Coll. of Agricult., Dep. of Biochem.) B. GASSMANN. 4585

Ottavio Barnabei und **Liesel Wildemann,** *Die Umwandlung des Thiamins in der Leber.* Es wird vermutet, daß im Blut ein Stoff vorhanden ist, welcher die Thiochrom-Rk. hemmt. Es dürfte sich um ein Vitamin B_1-Deriv. handeln, dessen chem. Konst. noch unbekannt ist, dessen papierchromatograph. Eig. aber wie die des Thiaminsulfats sind.

Ferner wurde festgestellt, daß n. Rattenblut kleine Mengen eines Acetylderiv., vermutlich *N-Acetylthiamin*, enthält. (Naturwissenschaften **46.** 229. 1. April-H. 1959. Dortmund, Max-Planck-Inst. für Ernährungsphysiol.) E. KOCH. 4587

Jay Firth und **B. Connor Johnson,** *Quantitative Zusammenhänge von Tryptophan und Nicotinsäure beim Saugferkel.* Mit einer Kost, die 28% Protein (hydrolysiertes Casein) enthält, wird auf Grund des Wachstums gezeigt, daß bei einem Überschuß von *Nicotinsäure* (I) der Bedarf von 2—3 Tage alten Saugferkeln an *DL-Tryptophan* (II) 0,29% u. an *L-Tryptophan* 0,19% des Trockenfutters beträgt. Bei einem Kostanteil von 0,3% II beläuft sich der I-Bedarf auf 20 mg/kg Futter. Ist im Futter keine I vorhanden, so steigt der II-Bedarf auf ca. 0,45% an. (J. of Nutrit. **59.** 223—34. 10/6. 1956. Urbana, Ill., Univ. of Ill., Div. of Animal Nutrit.) B. GASSMANN. 4587

Cs. Hadnagy und **E. Horváth,** *Die Wirkung des Vitamin B_{12} auf den Kohlenhydratstoffwechsel.* (Vgl. C. **1959.** 10648.) Es wird der Einfl. des *Vitamins B_{12}* (I) auf den intermediären Stoffwechsel der Kohlenhydrate untersucht u. Analogien zwischen I u. den *Nebennierenrindenhormonen* an Beispielen aufgezeigt. Histolog. wird eine Aktivierung der *alkal.* u. *sauren Gewebephosphatasen* bei Ratten durch I beobachtet. (Z. ges. inn. Med. Grenzgebiete **14.** 395—98. 15/4. 1959. Tg. Mures-Marosvásárhely, Ungarn, Univ., II. Med. Klinik.) H. STRUCK. 4587

H. Tastaldi, D. M. Nogueira, A. R. Mattos und **Astrid Sarin,** *Ausscheidung von Vitamin B_{12} mit dem Urin nach intravenöser und oraler Zufuhr bei Kaninchen.* In Vers. an Kaninchen wird nach intravenöser Zufuhr von *Vitamin B_{12}* (5, 10, 40 γ) u. oraler Zufuhr (100, 200 γ) der Geh. im Blutplasma u. im Urin verfolgt. Der Geh. im Plasma steigt sofort nach Injektion stark an, proportional der Dosis, hauptsächlich in der freien Fraktion; je kleiner die Dosis, desto rascher die Rückkehr zur Norm. Bei oraler Zufuhr ist der Anstieg im Plasma schwächer; es wird vor allem gebundene Fraktion gefunden. Im Urin wird bei parenteraler Zufuhr ein starker Anstieg, proportional der Dosis, festgestellt, bei oraler Zufuhr erfolgt nur geringe Ausscheidung mit dem Urin ($<3\%$ in 30 Std.). Die Best. erfolgt mikrobiologisch. (An. Fac. Farmác., Odontol. Univ. São Paulo **14.** 65—75. 1956. São Paulo, Univ., Fac. Farmác. Odontol., Cad. Quím. biol.) R. K. MÜLLER. 4587

Harvey Diehl und **Adolf Voigt,** *Fehlender Austausch zwischen Vitamin B_{12r} und radioaktivem Kobaltchlorid.* ^{60}Co-haltiges Vitamin B_{12} (I) ist nicht durch Austausch zwischen I_r (mit PtO_2–H_2 katalyt. hydriertes I) u. $^{60}CoCl_2$ hergestellt worden. Das bei der Rk. u. anschließenden Adsorption an IRC-50 u. Elution mit n H_2SO_4 in geringer Ausbeute erhaltene gefärbte, I ähnliche, radioakt Material war biol. inaktiv. Die gleichzeitige Bldg. einer farblosen ^{60}Co-Verb. mit ähnlichem Lösungsverh. wie I zeigt, daß bei erschöpfender Hydrierung der I-Chromophor zerstört wird. In der neuen Verb. ist Co dann wesentlich lockerer gebunden. (Iowa State Coll. J. Sci. **32.** 471—73. 15/5. 1958. Ames, Iowa State Coll., Dep. of Chem.) K. MAIER. 4587

B. W. Agranoff und **M. R. Spivey Fox,** *Antagonismus zwischen Cholin und Inosit.* Zwischen *Cholin* (I) u. *Inosit* (II) besteht, was das Wachstum von Versuchstieren anbelangt, zwar ein Antagonismus, bzgl. der lipotropen Wrkg. verhalten sich I u. II jedoch synergist. zueinander. Eine Erklärung dafür findet sich bei Beachtung des Triglyceridbildungsschemas aus L-α-Glycerophosphat über L-α-Phosphatidsäure (III) u. D-α.β-Diglycerid (IV); die synergist. Wrkg. kann mit einer Ableitung der Triglyceridvorläufer III oder IV durch II oder I-Einw. zu den entsprechenden Phosphatiden verständlich werden, in deren Form die Fettsäuren löslicher u. wahrscheinlich für den Stoffwechsel wertvoller sind als in der Form von Triglyceriden. Der Antagonismus in Wachstumszeiten beruht hingegen sicher auf der Nichtaustauschbarkeit von I u. II bei der Zurverfügungstellung der spezif. Phosphatide zum Zellwachstum, so daß z. B. die I-Phosphatidbldg. bei I-Mangel durch die reichlichere II-Phosphatidbldg. bei genügendem II-Angebot unterdrückt wird. (Nature [London] **183.** 1259—60. 2/5. 1959. Bethesda, Md., Nat. Inst. of Neurol. Dis. and Blindness; Nat. Inst. of Arthritis and Metab. Dis.) U. TAUSENDFREUND. 4587

A. E. Schaefer, H. L. Sassaman, A. Slocum und **R. D. Greene,** *Die Resorption örtlich applizierter Vitamine.* Die *Vitamine B_1, B_2, B_6, D* u. *Pantothensäure* werden in 20%ig. A., einer *3,75%ig. Lsg. von Vanillin in 25%ig. A.* (I) sowie in 2 Salbengrundlagen [*5% Polyäthylen + 95% Mineralöl + 5% Glycerinmonooleat* (II, Plasibase Hydrophilic, SQUIBB)] u. eine wasserlösl. Mischung von Polyäthylenglykol u. Carboxymethylcellulose (Carbowax CMC-120) 2 Std. auf 2 cm² einer enthaarten Nackenstelle von Ratten aufgetragen. Aus der erhöhten Harnausscheidung, der Gewichtszunahme u. dem therapeut. Effekt bei Mangelzuständen wird gefolgert, daß sich bes. I u. II für die percutane Vitaminresorption eignen. (J. of Nutrit. **59.** 171—79. 10/6. 1956. New Brunswick, N.J., Div. of Olin Mathieson Chem. Corp., Squibb Inst. for Med. Res., E. R. Squibb and Sons.) B. GASSMANN. 4587

Kurt Ofetringer, *Die Vitamine der B-Gruppe und ihre Bedeutung für Physiologie und Pathologie.* Vf. bringt Überblick über Geschichte der Vitamine, weiter über Nomenklatur u. Wirkungsweise des B-Komplexes, eine Systematik seiner Mangelerscheinungen, er beschreibt die Genese von Avitaminosen u. schließt mit Betrachtungen über Korrelationen zwischen Vitaminen, Spurenelementen u. Nährstoffen. (Med. Mschr. **12.** 520—24. Aug. 1958. Freiburg i. Br.) H. TÄNZLER. 4587

Lawrence R. Berg und **Gordon E. Bearse,** *Die Wirkung wasserlöslicher Vitamine und des Energiegehalts des Futters auf die Legetätigkeit junger Hühner.* Bei 2 Hühnerrassen, New Hampshire u. Weiße Leghorn, wird der Einfl. verschied. Energiegehh. des Futters (2531 bzw. 2934 Cal/kg) u. die Wrkg. zusätzlicher Gaben von *Riboflavin, Thiamin·HCl, Calciumpantothenat, Niacin, Pyridoxin·HCl, Folsäure, Vitamin* B_{12} u. *Cholinchlorid* auf die Legetätigkeit geprüft. Der Energiegeh. ist ohne Einfl. auf Legetätigkeit, Sterblichkeit, Bebrütbarkeit der Eier, Wachstum der Nachkommenschaft, Eigewicht u. Qualität der Eierschalen. Der höhere Energiegeh. zeigt eine bessere Ausnutzung des Futters, wenn man die pro Ei erforderliche Futtermenge bestimmt, ebenso führt er zu höherer Gewichtszunahme der Tiere. Zusätzliche Vitamingaben vermindern die Legetätigkeit geringfügig, die Brütbarkeit geht von 87,4 auf 85,1% zurück, Körper- u. Eigewichte nehmen zu. Auf das Wachstum der Nachkommenschaft, Farbe des Eidotters, Qualität des Eiweißes u. der Eierschalen sind die Vitamine ohne Einfluß. (Poultry Sci. **35.** 945—51. Juli 1956. Puyallap, State Coll. of Washington, Western Washington Exper. Station.) K. BOHLE. 4587

Don W. Micks, Charmaine F. Starr und **Mary H. Partridge,** *Der Vitamin-B-Gehalt von Moskitos.* Vff. bestimmten den Vitamin-B-Geh. in *Culex fatigans* (F), *C. pipiens* (P), *C. molestus* (M), *Aedes aegypti* (AE) u. *Anopheles quadrimaculatus* (A) mit mikrobiol. u. chem. Methoden. F u. M (♀) enthalten erheblich mehr *Pantothensäure* (**I**) als die übrigen Arten; der *Niacin-* u. *Riboflavin*-Geh. war bei F u. M annähernd gleich, bei A u. AE beträchtlich niedriger. Gewebe von P hatten den höchsten Geh. an *Biotin* (**II**). Der *Thiamin*-Geh. war bei allen Arten gleich. ♀ enthielten mehr **I** u. **II** als ♂ Tiere. (Ann. entomol. Soc. America **52.** 26—28. Jan. 1959. Galveston, Texas, Univ., Med. Branch, Labor. of Med. Entomol.) H. GOEBEL. 4587

W. T. Smali, *Die Vitaminbildung durch die Bakterien der Rhizosphäre von Weizen.* Aus den Unterss. über die Bldg. von *Vitamin* B_1 (**I**), *Vitamin* B_{12} (**II**), *Biotin* (**III**), *Nicotinsäure* (**IV**) u. *Pantothensäure* (**V**) durch Bakterien der Weizenpflanzenrhizosphäre geht hervor, daß der Geh. der Bakterienzellen an **I, II, III, IV** u. **V** vom Alter der Kultur abhängig ist. Der **III**-Geh. der Bakterienzellen ist nach 5 Tagen höher als nach 10 Tagen; im Nährboden ist der **III**-Geh. in der 10-Tagekultur höher als nach 5 Tagen. Der Geh. der Bakterienzellen an **I** u. **II** ist nach 10 Tagen höher als nach 5 Tagen. **I** u. **II** werden im Nährboden nicht nachgewiesen, während **II, IV** u. **V** auch im Nährboden vorkommen. Die Vitaminbldg. erfolgt vorwiegend durch die Pseudomonasarten. Die Bldg. von **III, IV** u. **V** erfolgt durch Ps. sinuosa, Ps. radiobacter (Stamm 2), Ps. aurantica u. Bacterium glutinosus (Stamm 1). (Мікробіологічний Журнал (Київ) [Mikrobiol. J. (Kiew)] **21.** Nr. 1. 25—31. 1959. Mikrobiol. Inst. der Akad. der Wiss. der UkrainSSR.) O. LEBTAG. 4587

Arthur W. Rowe und **C. Edwin Weill,** *Die Hemmung von β-Amylase durch Ascorbinsäure.* (Vgl. C. **1959.** 8196.) *Ascorbinsäure* inaktiviert *β-Amylase* durch Red. von Cu^{2+} zu Cu^{+} mit folgender Bldg. eines Cu^{+}-Mercaptidkomplexes, d. h. eines inakt. Cu^{+}-Enzyms. Das Ausmaß der Inaktivierung ist proportional der Cu-Konzentration. Dieselbe Inaktivierung tritt auch mit Bisulfit-Cu-Ion-Lsgg. ein, woraus hervorgeht, daß die Inaktivierung spezif. für Cu als Ascorbinsäure ist. Ascorbinsäure allein vermindert lediglich das Maß der Inaktivierung durch Hg-Ionen. In diesem Falle wird der Inaktivator, das Mercuriion zu Mercuroion reduziert. (J. Amer. chem. Soc. **81.** 921—24. 20/2. 1959.) H. HAEVECKER. 4587

Robert C. Haynes jr. und **Harvey L. Sheid,** *Die Unwirksamkeit von Ascorbinsäure auf den Hydrocortisonstoffwechsel im Menschen.* An 5 19—22jährigen, gesunden Männern wurde festgestellt, daß das Gesamtbild der Ausscheidung von *17-Ketosteroiden* u. *17-Hydroxycorticoiden* sowie der Geh. des Plasmas an *Hydrocortison* (**I**), die bei einmaliger oraler Gabe von 50 mg **I** (nach einem Maximum nach 2 Std.) bereits nach 8 Std. wieder auf den Normalwert zurückgehen, nach 2maliger oraler Gabe von je 1 g, einer intravenösen u. einer intramuskulären Injektion von je 2,5 g *l-Ascorbinsäure* (**II**; innerhalb 24 Std. gegeben) sich keineswegs ändern. Damit wurde gezeigt, daß **II** im Menschen (anders als bei Ratten) den Abbau von **I** u. damit seine Wrkg. nicht hinauszögern kann. (J. clin. Endocrinol. Metabolism **15.** 1257—61. Okt. 1955. Denver, Colorado, Fitzsimons Army Hosp., US Army Med. Nutrition Labor.) H. KLUGE. 4587

M. Chieffi und **J. E. Kirk,** *Die Ascorbinsäureausscheidung im Stuhl älterer Personen.* Männer im Alter von 65—90 Jahren schieden nach einer täglichen Nahrungsaufnahme von ca. 33 mg *Ascorbinsäure* (I) 1,2 mg I im Stuhl aus. Bei oraler Belastung mit 200 mg I betrug die I-Ausscheidung im Mittel 1,5 mg. Die niedrigen I-Blutspiegelwerte älterer Personen sind demzufolge nicht auf eine erhöhte faecale Ausscheidung zurückzuführen. (J. of Nutrit. **59.** 273—76. 10/6. 1957. Washington, Univ., School of Med., Div. of Gerontol.; St. Louis, Mo., St. Louis Chronic Hosp.) B. GASSMANN. 4587

László Káplár, *Neuere Methoden der Bestimmung von Vitamin C.* Literaturzusammenfassung der neueren Methoden der Best. von *Vitamin C.* (Magyar Kémikusok Lapja [Z. Ver. ung. Chemiker] **14.** 122—26. Febr./März 1959. Budapest, Müszaki Egyetem Általános Kémia Tanszék.) G. HALMI. 4587

T. S. Danowski, P. Wirth, M. H. Black, E. Barton und **R. M. Bastiani,** *Der Einfluß von Vitamin-A-Zusätzen auf den Spiegel des proteingebundenen Jods im Serum und auf die Ausnutzung exogenen Thyroxins.* Tägliche Anwendung von *Vitamin A* (I) bei Ratten in Dosen von 10000—30000 E. pro Tier (= 50000—100000 E./kg) setzte nach 8—12 Wochen den Geh. des Serums an proteingebundenem Jod (PBJ) leicht herab u. brachte die üblicherweise mit einer geminderten Schilddrüsenaktivität verbundenen Folgeerscheinungen, wie Herabsetzung des O_2-Verbrauchs, mit sich. Kleinere Mengen I (2000 E. täglich) wirkten sich nicht aus. Bei zusätzlicher Verabfolgung von *Thyroxin* (II) trat nur die aktivierende Wrkg. dieses Hormons auf den PBJ-Spiegel in Erscheinung, I zeigte keinen Einfl. mehr. Daraus wurde gefolgert, daß unter dem Einfl. von I ohne äußeren II-Zusatz eine Herabsetzung des gesamten Stoffwechsels auf einen neuen stationären Zustand erfolgt, der durch Veränderungen in der Synth., dem Freiwerden oder dem Transport von II verursacht wird. (J. clin. Endocrinol. Metabolism. **15.** 1262—69. Okt. 1955. Pittsburgh, Pa., Univ. of Pittsburgh, Dep. of Res. Med.; Children's Hosp.) H. KLUGE. 4587

Douglas V. Frost, Henry S. Perdue und **Henry C. Spruth,** *Vitamin-K-Aktivität von Menadion-Natriumbisulfit bei Küken.* Bei Küken mit Vitamin-K-Mangelkost erweist sich ein Komplexpräp. mit 63% *Menadion-Natriumbisulfit* um 3mal wirksamer als *Menadion* [2-Methylnaphthochinon-(1.4)] selbst, bei Zusatz von 0,1% Sulfachinoxalin, das den K-Bedarf enorm steigert, sogar um 6—10mal. Die Verwertbarkeit beider Präpp. wird durch Fettzusatz zur fettarmen Grunddiät nicht gesteigert. (J. of Nutrit. **59.** 181—96. 10/6. 1956. North Chicago, Ill., Abbot Labor.) B. GASSMANN. 4587

Toshio Ito und **Yasuhiro Horie,** *Der Kohlenhydratstoffwechsel des Mitteldarms der Seidenraupe Bombyx mori.* Mitteldarmhomogenisate von Seidenspinnerlarven (5. Instar-Stadium) verwerteten Zwischenstufen des glykolyt. Abbaus in ausreichender Weise, während die lösl. Fraktion allein keine Oxydation katalysierte. Auf Grund der Verwertung von Glucose u. phosphorylierten Intermediärprodd. zu Milchsäurebldg. erfolgt ein glykolyt. Abbau. Bestimmt wurden Phosphorylase, Phosphoglucomutase, Hexokinase, Phosphohexoisomerase, Milchsäuredehydrogenase u. α-Glycerophosphat (I)-Dehydrogenase. Die I-Oxydation findet möglicherweise auf 3 Wegen statt: durch eine DPN-spezif. Dehydrogenase der lösl. Fraktion u. Dehydrogenasen, die an Mitochondrien gebunden sind, eine DPN-spezif., die andere unspezifisch. Auch der Pentosecyclus liegt im Mitteldarm vor. (Arch. Biochem. Biophysics **80.** 174—86. Jan. 1959. Tokyo, Suginami-Ku, Sericult. Exp. Station.) K. MAIER. 4594

J. H. Marshall, V. K. White und **J. Cohen,** *Mikroskopisch festgestellter Calciumstoffwechsel im Knochen.* 1. Mitt. *Dreidimensionale Ablagerung von ^{45}Ca in Hundeosteonen.* Zwei Hunden wurde ^{45}*Ca* (0,06 mc/kg bzw. 0,04 mc/kg Körpergewicht) intravenös injiziert. 14 Tage bzw. 12 Std. nach Injektion wurden die Tiere getötet u. vom Femur bzw. Humerus Mikroschnitte angefertigt. Mit Hilfe von Autoradiogrammen wurden die Stellen der ^{45}Ca-Anreicherung, sogenannte „hotspots", bestimmt. Durch Autoradiographie von aufeinanderfolgenden Präpp. von 50 μ konnten die „hotspots" in ihrer Größe dreidimensional bestimmt werden. Die Länge der ^{45}Ca-hotspots im Hundeosteon schwankt beträchtlich; durchschnittlich beträgt sie 2 mm. Diese Werte stimmen mit der histolog. Best. der Länge von HAVERSschen Kanälchen überein. Die aktivsten hotspots sind meistens 1 mm lang. Die Ablagerung von ^{45}Ca im Hundeosteon kann qualitativ wie eine Knochenneubldg. an solchen Stellen gedeutet werden, die durch die Lokalisierung der HAVERSschen Lamellen bestimmt ist. (Radiation Res. **10.** 197—212. Febr. 1959. Lemont, Ill., Argonne National Lab., Radiolog. Physics Div.; Cambridge, Mass., Massachusetts Inst. of Technology, Radioactivity Center; Boston, Mass., Children's Med. School.) G. FAUST. 4596

J. H. Marshall, R. E. Rowland und **J. Jowsey,** *Mikroskopisch festgestellter Calciumstoffwechsel im Knochen.* 2. Mitt. *Quantitative Autoradiographie.* (1. vgl. vorst. Ref.) Es wurde eine Meth. für quantitative Autoradiographie von β-Strahlern entwickelt, wobei die Aktivität der Strahlungsquelle wenigstens in einer Dimension innerhalb eines Bereiches von 5—10% der maximalen Reichweite des Strahlers nicht variabel sein darf. Die Meth. ist bei allen β-Strahlern u. deren Gemischen anwendbar. Es werden eine eingehende Durchrechnung der Fehlerquellen u. Korrekturfaktoren bei verschied. Dicken der Präpp. angegeben. Prinzipiell wird nach dieser Meth. die dreidimensionale auf die zweidimensionale Autoradiographie zurückgeführt, wenn die erwähnte Einschränkungsbedingung erfüllt ist. Absol. Aktivitätswerte können auch von uneinheitlichen Strahlungsquellen durch Vgl. mit gleichförmigen dicken Strahlern erhalten werden. (Radiation Res. **10**. 213—33. Febr. 1959. Lemont, Ill., Argonne National Lab., Radiolog. Physics Div.) G. FAUST. 4596

R. E. Rowland, J. Jowsey und **J. H. Marshall,** *Mikroskopisch festgestellter Calciumstoffwechsel im Knochen.* 3. Mitt. *Mikroradiographische Messungen der Dichte von Mineralien.* (2. vgl. vorst. Ref.) Die Dichte von Knochenmineralien kann mit Hilfe der quantitativen Mikroradiographie bestimmt werden, indem man einen abgestuften Aluminiumkeil u. einen Knochenschnitt gleicher Röntgenstrahlung unterwirft, dann die Al-Dichte bestimmt, die wie der Knochenschnitt die Strahlung absorbiert u. schließlich die Schnittdicke ermittelt. Es ist keine monochromat. Röntgenstrahlung für die Mikroradiographie erforderlich, wenn das Verhältnis der Massenabsorptionskoeffizienten innerhalb des Strahlungsbereiches konstant ist. Dieses Kriterium ist für Ca, P u. Al bei der Röntgenstrahlung einer Wolframröhre (10 kV u. 1 mm Be-Filter) erfüllt. Es wurden die Dichten von Hunde- u. Menschenknochen in Abhängigkeit vom Alter bestimmt. Während die Dichte kaum vom Alter abhängt, sind beträchtliche Unterschiede bei verschied. Säugern. In der folgenden Reihenfolge nimmt sie zu: Mensch, Rind, Hund, Maus, Kaninchen, Ratte. Ebenso erfolgt beim Hund eine dichtere Knochenneubldg. als beim Menschen. Letzteres sollte bei Betrachtungen über Aufnahme u. Retention radioaktiver Erdalkalien berücksichtigt werden. (Radiation Res. **10**. 234—42. Febr. 1959. Lemont, Ill., Argonne National Labor., Radiolog. Physics Div.) G. FAUST. 4596

J. H. Marshall, J. Jowsey und **R. E. Rowland,** *Mikroskopisch festgestellter Calciumstoffwechsel im Knochen.* 4. Mitt. *^{45}Ca-Ablagerung und Wachstumsgrad in Hundeosteonen.* (3. vgl. vorst. Ref.) Drei Hunden wurde *^{45}Ca* (0,05 mc/kg Körpergewicht) intravenös injiziert u. von den Diaphysen von Femur bzw. Humerus 12 Std. bzw. 2 Wochen nach der Injektion 125-μ-Schnitte zur autoradiograph. Unters. hergestellt. Der ^{45}Ca-Geh. von einzelnen Osteonen wurde in Beziehung zu dem Kanälchendurchmesser gesetzt. Die Aktivität pro Längeneinheit ist etwa dem Quadrat des inneren Kanälchendurchmessers zur Zeit der Injektion proportional. In einem Osteon wurde bis zu 10^{-6} der gesamten injizierten Aktivität gefunden. Aus den Untersuchungsergebnissen werden Beziehungen zwischen der Ablagerungs- u. Resorptionsgeschwindigkeit von ^{45}Ca aus der Blutbahn in Abhängigkeit von der Osteonentw. abgeleitet u. die spezif. Aktivität im Blut bzw. einem Capillargefäß, die Verteilung von „hotspots“ u. deren Wanderung diskutiert. (Radiation Res. **10**. 243—57. Febr. 1959. Lemont, Ill., Argonne National Labor., Radiolog. Physics Div.) G. FAUST. 4596

J. H. Marshall, R. E. Rowland und **J. Jowsey,** *Mikroskopisch festgestellter Calciumstoffwechsel im Knochen.* 5. Mitt. *Das Paradoxon der Aktivität von alten mineralisierten Knochen und die Wanderung von ^{45}Ca innerhalb großer Zeitabstände.* (4. vgl. vorst. Ref.) Mittels quantitativer Autoradiographie u. Mikroradiographie wird die *^{45}Ca*-Aufnahme in solchen Knochenbezirken bestimmt, in denen zur Zeit der Injektion bereits die „Mineralisierung“ abgeschlossen ist. In hochmineralisierten periostealen Hundeknochen (0,60 $\pm$ 0,03 g Ca/cm^3) findet ein Ca-Austausch mit dem Blut in einem Umfang von ca. 10% (im Jahr 0,05—0,20 g je g Knochen-Ca) statt. Die Bedeutung für den Calciumspiegel des Blutes des überraschend hohen Ca-Austausches in hochmineralisierten Knochen, Vorstellungen über mögliche Austauschmechanismen u. Gleichgewichtseinstellung zwischen Aufnahme u. Abgabe sowie deren Abhängigkeit vom Alter werden diskutiert. Ein Vers. mit einem Hund, der 11 Jahre vor der ^{45}Ca-Injektion ^{90}Sr erhalten hatte u. bei dem die ^{45}Ca- u. ^{90}Sr-Aktivität getrennt gemessen wurden, führte zu analogen Ergebnissen. (Radiation Res. **10**. 258—70. Febr. 1959. Lemont, Ill., Argonne National Labor., Radiolog. Physics Div.) G. FAUST. 4596

N. S. MacDonald, P. C. Lorick und **L. I. Petriello,** *Heilende Knochenfrakturen und gleichzeitige Verabreichung von Schwefel-, Calcium- und Yttriumisotopen.* Durch Zufuhr von ^{35}S, ^{45}Ca u. ^{91}Y konnte nachgewiesen werden, daß der Bedarf von Callusgewebe an Plasma-SO_4, -Ca u. -Y nach dem 3. Tag (Maximum 7.—10. Tag) beginnt, daß der Ca-Bedarf über den 18. Tag andauert u. der Y-Bedarf mit der Bldg. der organ. Matrix u. weniger mit der Mineralisation des neuen Gewebes zusammenhängt. (Amer. J. Physiol. **191**. 185—88. Okt. 1957. Los Angeles, Calif., Univ., School of Med., Atomic Energy Project, Div. of Pharmacol. and Toxicol.) U. TAUSENDFREUND. 4596

Alexander C. Field, *Gleichgewichtsversuche mit Magnesium-28 beim Schaf.* Mittels des vergleichenden Gleichgewichtsverf. von HANSARD u. Mitarbeitern (C. **1954.** 8149) wurde gefunden, daß das endogene faecale Mg u. die Verwertbarkeit des Mg von Heu (0,77 g/Tag) 205 mg/Tag bzw. 25,8% betragen. Diese Werte stimmen mit den durch indirekte Methoden von FIELD u. Mitarbeitern (Brit. J. Nutrit. **12.** [1958.] 433) gefundenen überein. (Nature [London] **183.** 983. 4/4. 1959. Gilmerton, Edinburgh, Moredun Inst., Anim. Diseases Res. Assoc.) J. SCHWAIBOLD. 4596

Max Kleiber, Arthur L. Black, Mary A. Brown, Claude F. Baxter, Jack R. Luick und **Floyd H. Stadtman,** *Glucose als Vorstufe von Milchbestandteilen bei der intakten Milchkuh.* (Vgl. C. **1956.** 1077.) Zur Messung des Kohlenstoffeinbaues aus Glucose in Atmungs-CO_2 sowie in Milchzucker, Casein, Milchfett u. Citronensäure wurden zwei lactierenden Milchkühen 1 g $^{14}C_{(6)}$-Glucose mit 3 bzw. 6 μc/kg Lebendgewicht in die Vena jugularis injiziert. 30—40 Min. nach der Injektion war im Atmungs-CO_2 ein Maximum der spez. ^{14}C-Aktivität von 9 μc festzustellen. Die maximale Aktivität des Atmungs-C_2 trat nach Glucoseinjektion langsamer u. später ein als nach Injektion entsprechender Dosen von ^{14}C-Acetat, -Propionat oder -Butyrat. Im Laufe von 10 Std. nach der Injektion traten mehr als 50% der spezif. ^{14}C-Aktivität in den organ. Bestandteilen der Milch auf, allein 80% davon im Milchzucker. 3 Std. nach der Injektion zeigte die spezif. Aktivität der 1. Milchprobe folgende abfallende Reihe: Milchzucker → Citronensäure → Casein → Milchfett. Weniger als 1% des von der Plasmaglucose zum Milchzucker übergehenden C passierte den Plasma-„CO_2-Pool", während vom Milchzucker zum Casein 4—10% über den „CO_2-Pool" gingen. Die spezif. Aktivität der Plasmaglucose nahm nach der Glucoseinjektion schnell ab. (Biochim. biophysica Acta [Amsterdam] **17.** 252—60. Juni 1955. Davis, Calif., Univ. of California, Coll. of Agric., School of Vet. Med.) H. D. BOCK. 4596

Ralpf R. Langner und **Carol M. Volkmann,** *Verbleib von dem menschlichen Körper mit der Nahrung zugeführtem Acetyl-L- und -D-tryptophan.* Wegen verschied. Ergebnisse einzelner Autoren über Verbleib von Acetyltryptophan (**I**) im menschlichen Körper haben Vff. ihm beide opt.-akt. Formen getrennt zugeführt u. den Stoffwechsel des D-Isomeren (**II**) u. des L-Isomeren (**III**) einzeln untersucht. Hierzu wurde rac. **I** über Brucinsalz zu **II** u. **III** aufgespalten. $[\alpha]_D^{25}$ für **II** $-29,0$, $[\alpha]_D^{25}$ für **III** $+29,2$ (beide 1%ig. in W. + NaOH). Zufuhr von **II** bzw. **III** erfolgte in Kristallsuspension mit Milch. In den mit dem Urin ausgeschiedenen Mengen wurde **I** u. Tryptophan colorimetr. mit p-Dimethylaminobenzaldehyd bestimmt. Von 2,46 g zugeführtem **II** wurden nur 0,52 g **II** im Urin chromatograph. nachgewiesen, doch wurde kein D-Tryptophan gefunden. Bei Unters. der Faeces ergab sich für einen Stoffwechselumsatz von **II** kein Anhalt, da ca. 75% **II** unresorbiert wiedergefunden wurden, wogegen von **III** höchstens 5—10% von der Darmwand nicht resorbiert waren. Vff. erklären dies mit einer enzymat. Resorption von **III**. (J. biol. Chemistry **213.** 433—37. März 1955. Houston, Texas, Univ. of Texas Dental Branch, Dep. of Biochemistry.) CARL FREESE. 4596

F. F. Becker und **H. Green,** *Cystin und Lysineinbau von normalen und „cystinurischen" Leukocyten.* Weiße Blutkörperchen n. Versuchspersonen u. Patienten mit Cystinurie wurden hinsichtlich der *^{14}C-DL-Lysin-* u. *^{35}S-L-Cystin-*Aufnahme verglichen. Beide Aminosäuren wurden von den „cystinur." Leucocyten selbst aus Lsgg. mit Konzz., die unter den physiol. lagen, mit n. Geschwindigkeit aufgenommen. Ggw. anderer Aminosäuren (Arginin, Lysin) störte hierbei nicht. — Die Ergebnisse werden hinsichtlich der für das Zustandekommen der Cystinurie maßgebenden Faktoren diskutiert. (Proc. Soc. exp. Biol. Med. **99.** 694—96. Dez. 1958. N. Y., Univ., Bellevue Coll. of Med.; Dept. of Path.) U. GERHARDT. 4596

John T. Sime und **B. Connor Johnson,** *Umwandlung von $^{14}C_{(CH_3)}$-Methionin im Küken.* 2. Mitt. *Verteilung von ^{14}C auf das Harnsäuremolekül des Urins.* Küken erhielten intraperitoneal $^{14}C_{(CH_3)}$-Methionin (**I**). Aus dem anschließend gesammelten Urin wurde die Harnsäure (**II**) isoliert, die sich als radioakt. erwies. **II** wurde zur Best. der relativen Radioaktivität der einzelnen C-Atome nach SONNE, BUCHANAN u. DELLUVA (J. biol. Chemistry **173.** [1948.] 69. 81) abgebaut. Die Radioaktivität verteilte sich in der Harnsäure zu 56% auf $C_{(2)}$, 36% auf $C_{(8)}$ u. 7% auf $C_{(4)}$ u. $C_{(5)}$. — Unter Heranziehung verschied. Veröffentlichungen über die **II**-Synth. aus Formiat, bei denen eine ähnliche Isotopenverteilung gefunden wurde, muß eine Reversibilität der Methylsynth. aus „akt. Einkohlenstoffverbb." angenommen werden. — Dem ^{14}C-Einbau in $C_{(4)}$ u. $C_{(5)}$ geht eine Glykokollsynth. aus „akt. Einkohlenstoff-Fragmenten" voraus. (J. biol. Chemistry **215.** 41—44. Juli 1955. Urbana, Ill., Univ. of Illinois, Dep. of Animal Sci., Div. of Animal Nutrition.) CARL FREESE. 4596

Patriacia J. Keller, Elaine Cohen und **Hans Neurath,** *Die Proteine des Rinderpankreassaftes.* 2. Mitt. *Die Synthesegeschwindigkeiten der kationischen Proteine in vivo.*

(1. vgl. C. **1959**. 11939.) Es wurden die relativen Synthesegeschwindigkeiten von *Trypsinogen* (I), *Chymotrypsinogen A* (II) u. *Ribonuclease* (III) in vivo (vgl. 1. Mitt.) bei Markierung mit einer einzelnen Dosis ^{35}S-Cystin (IV) untersucht. Der Pankreassaft wurde stündlich in einem Zeitraum von 8 Std. nach der Injektion gesammelt u. chromatograph. fraktioniert. Die maximale spezif. Aktivität wurde ca. 3 Std. nach der IV-Injektion beobachtet. Die spezif. Geschwindigkeitskonstante ist bei I u. II prakt. gleich, während sie bei III höher liegt. (J. biol. Chemistry **234**. 311—15. Febr. 1959. Washington, Seattle, Univ. of Wash., Dep. of Biochem.) E. SCHWERDTFEGER. 4596

W. E. Vanstone, D. G. Dale, W. F. Oliver und **R. H. Common,** *Sitz der Bildung von Phosphoprotein und Phospholipid beim östrogenbehandelten Hähnchen.* Als Ort der Bldg. von Plasma-*Phosphoprotein* (I) ist bei östrogenbehandelten Hähnchen die Leber anzusehen, da nach funktioneller Hepatektomie die Inkorporierung von injiziertem ^{32}P-Orthophosphat (II) in I, im Gegensatz zu der weiterhin ungestörten Inkorporierung von II in Plasmaphospholipid, unterbunden ist. (Canad. J. Biochem. Physiol. **35**. 659—65. Aug. 1957. Quebec, McGill Univ., Fac. of Agriculture, Macdonald Coll.) U. TAUSENDFREUND. 4596

O. P. Ssamarina und **L. Ss. Rubetzkoi,** *Gegenüberstellung einiger biochemischer Kennzahlen über den Zustand der Leber und ihre morphologischen Veränderungen.* Das Blut von 320 Kranken mit Mitralherzfehler wurde elektrophoret. geprüft. Bei 41 Verstorbenen wurde die Leber morpholog. untersucht Bei den Patienten ohne nennenswerte Veränderung der Leber betrug die Verminderung der *Albumine* (I) 8—12%, die Vermehrung der *γ-Globuline* (II) bis zu 15—20%. Bei Lebercirrhose waren die I um 20—30% vermindert, bes. bei Ascites. Die II waren um 20—35%, in einzelnen Fällen um 60—70% vermehrt. Der höhere Anstieg der II war in der Regel auch von stärkeren morpholog. Veränderungen der Leber begleitet. Der Grad der Veränderung der Eiweißfraktionen im Serum spiegelt somit den Zustand der Leber wider. Bei der prakt. n. Leber sind auch die Eiweißfraktionen normal. (Вопросы Медицинской Химии [Fragen med. Chem.] **5**. 54—58. Jan./Febr. 1959. Moskau, Wischnewski-Inst. für Chirurgie der Akad. der med. Wiss. der UdSSR.) F. DU MANS. 4597

Harold M. Fullmer, *Differentielle Färbung von Bindegewebefasern aus Bereichen, die unter Zugwirkung stehen.* Bei der Anfärbung von Bindegeweben aus dem Kiefer mit Aldehydfuchsin erscheinen die meisten Fasern purpurn gefärbt. Ein Teil bleibt ungefärbt. Die Dicke dieser Fasern schwankt zwischen 3 u. 0,5 μ, die längsten erreichen eine Länge von 2 mm. Sie zeigen Doppelbrechung, sind z. T. verzweigt u. einseitig mit dem Knochen oder dem Zahnzement verwachsen. Fasern dieser Art wurden auch in Sehnen u. Bändern gefunden, durchweg in Geweben unter Zugwirkungen. Diskussion der histolog. Unters. führt zu dem Schluß, daß es sich dabei um Prokollagene oder gealterte Kollagene handelt. (Science [Washington] **127**. 1240. 23/5. 1958. Bethesda, Md., Nat. Inst. of Health, Nat. Inst. of Dental Res.) W. REUSSE. 4597

Antoinette Pirie, *Riboflavin-Kristalle im Tapetum lucidum bei Lemuren.* Vf. wies mit Hilfe der Fluorescenzprüfung nach, daß das Tapetum lucidum von Lemuren (Galago crassicaudatus) aus *Riboflavin*-Kristallen besteht. (Nature [London] **183**. 985—86. 4/4. 1959. Oxford, Nuffield Lab. of Ophthalmology.) E. KAEMMERER. 4598

Gilbert S. Gordan, 1958—1959 year book of endocrinology. Chicago; Year Bk. Publisher. 1959. (384 S. m. Abb.) 10°. $ 7,50.

E₆. Pharmakologie. Therapie. Toxikologie. Hygiene.

W. Schwenke und **H. Langhof,** *Der Einfluß der Blutzirkulation auf die Röntgentoleranz tierischer Gewebe.* Die Außenflächen von Kaninchenohren wurden mit 10000 r (60 kV, 725 r/Min.) bestrahlt, wobei die Blutzirkulation im linken Ohr durch Abklemmen der Blutgefäße 1 Min. vor u. während der Bestrahlung unterbrochen wurde. Die Empfindlichkeit der Haut gegenüber Röntgenstrahlen wird durch temporäre Unterbrechung der Blutzufuhr herabgesetzt. Verss. an der n. u. anästhesierten Cornea von Kaninchen sprechen dafür, daß die Nervenfunktion die Strahlenempfindlichkeit der Cornea nicht beeinflußt. Die Wrkgg. gleicher Strahlendosen sind an der Cornea weniger als am Kaninchenohr ausgeprägt. (Dtsch. Gesundheitswes. **11**. 1619—22. 22/11. 1956. Greifswald, Univ., Hautklinik.) G. FAUST. 4601

Je. F. Romanzew und **S. I. Shulanowa,** *Die Acetylierung der p-Aminobenzoesäure bei Ratten während der Röntgenbestrahlung.* Ratten wird *p-Aminobenzoesäure* (I) intraperitoneal injiziert (0,75 mg). Die ganze I-Menge wird sowohl bei gesunden wie bei den mit tödlicher Dosis bestrahlten Ratten innerhalb von 24 Std. mit dem Urin ausgeschieden. Am 2. Tage nach der Bestrahlung geht die Menge der ausgeschiedenen I erheblich zurück (552—730 bzw. 230—490 mg). Dieser Zustand hält 5 Tage an. Am 8.—12. Tag nach der Bestrahlung beginnt die Ausscheidung wieder n. zu werden. Der Prozentsatz der acetylierten I zeigt zunächst nur kleine Verschiebungen; er steigt erheblich erst am 5.—8. Tag an (bis um 100%). Die Ausscheidung von I normalisiert sich also in den terminalen Stadien. Bei gesunden Ratten werden höchstens 15% der eingeführten I vom Körper verbraucht. Der Rest wird unverändert ausgeschieden. Bei bestrahlten Tieren ist der Verbrauch an I höher. Die Acetylierungsprozesse spielen keine maßgebende Rolle in der Pathogenese der Strahlenkrankheit. Die Fähigkeit des Coenzyms A, der Panthotensäure u. des β-Mercaptoäthylamins (II), die Tiere vor der Strahlenkrankheit zu schützen, kann nicht durch die Normalisierung der Acetylierungs-Rkk. erklärt werden. Einführung von Ca-Panthotenat bzw. II vor der Bestrahlung war auf die Ausscheidung u. Acetylierung der I ohne Wirkung. (Вопросы Медицинской Химии [Fragen med. Chem.] **5.** 11—15. Jan./Febr. 1959.) F. DU MANS. 4601

Robert P. Beliles, James G. Kerelakes und **Adolph T. Krebs,** *Einfluß von Cystein auf das Darmepithel von mit Röntgenstrahlen bestrahlten Ratten.* 336 SPRAGUE-DAWLEY-Ratten wurden mit Röntgenstrahlen (250 kV, 150 r/Min.), in verschied. Gruppen (100, 300, 1000 u. 3000 r) unterteilt, bestrahlt. Nach Tötung der Ratten zu verschied. Zeiten nach Bestrahlung wurden Jejunum-Präpp. für histolog. Unterss. hergestellt u. die Mitoseaktivität am Epithel der LIEBERKÜHNschen Krypten bestimmt. Die durch Röntgenstrahlen verursachte Mitosehemmung der Epithelzellen bei 100 u. 300 r Ganzkörperbestrahlung wird bei mit *Cystein* (I) behandelten Ratten reduziert. Bei mit 100 r bestrahlten Ratten wurden zwei Minima der Mitoseaktivität nach 1½ u. 4 Std. u. Rückkehr zu n. Werten nach 5 Std., bei denen mit 300 r ein Minimum 1 Std. nach Bestrahlung u. n. Werte nach 6½—8½ Std. beobachtet. Bei mit 1000 u. 3000 r bestrahlten Ratten wurde eine Red. der Mitosehemmung, Verlängerung der Überlebenszeit u. ein teilweiser Schutz der Krypten vor Strahlungszerstörung nach I-Applikation gefunden. (J. nat. Cancer Inst. **22.** 1045—57. Juni 1959. Fort Knox, Ky., U. S. Army Med. Res. Labor., Radiobiology Div.) G. FAUST. 4601

Z. Ježková, M. Svoboda und **M. Dvořáková,** *Über den inhibierenden Einfluß von Röntgenkontrastmitteln.* 3. Mitt. *Joduron B und bakterielle Flora.* (2. vgl. C. **1959.** 11327.) Vff. stellen die antibakterielle Wrkg. von *Joduron B* an grampositiven Bakterien fest, wie Staphylococcus aureus, St. aureus pyogenes, Streptococcus α-haemolyticus, Str. Neisseniae, Pneumococcus, Corynebacterium pseudodiphtheriae, Streptococcus β-haemolyticus, B. coli, B. paracoli, Pseudomonas. (Českoslov. Farmac. **7.** 255—56. Juni 1958.) E. VEVERA. 4601

Robert M. Lowman, Harrison Shapiro, Albert Lin, Leonard Davis, Francis E. Korn und **Harry R. Newman,** *Vorläufige klinische Wertbestimmung von Hypaque bei der Ausscheidungsurographie.* An Patienten wurde *Hypaque* (*Win 8308-3, Natriumsalz der 3.5-Diacetamido-2.4.6-trijodbenzoesäure,* I) als Kontrastmittel für die Ausscheidungsurographie klin. geprüft. I wird rasch wieder ausgeschieden u. ist im Tierexperiment auch in größeren Dosen gut verträglich. In seltenen Fällen (3,7%) wurden Nebenwrkgg. wie Erbrechen u. Schwindelgefühl beobachtet. Die mit I erhaltenen Urogramme sind sehr gut. 20—30 cm^3 einer 50%ig. I-Lsg. werden im Laufe von 2—3 Min. injiziert. (Surgery, Gynecol. Obstetr. **101.** 1—8. Juli 1955. New Haven, Conn.) G. FAUST. 4601

Ralph Adams, Ivor C. Woodward, Milton C. Crane und **John E. Holloway,** *Die gleichzeitige Bestimmung von ^{51}Cr- und ^{131}J-Aktivitäten in doppelt markiertem Blut.* Vff. beschreiben ein Verf. für die gleichzeitige Best. von ^{51}Cr u. ^{131}J in doppelt markiertem Blut. Die Meth. beruht auf der Trennung der 0,32 MeV-Spitze des ^{51}Cr u. der 0,364 MeV-Spitze des ^{131}J mit Hilfe eines Scintillationszählers mit 2 differentiellen Impulshöhenanalysatoren. Die Genauigkeit des Verf. wurde an einer auf gravimetr. Wege hergestellten $^{51}Cr/^{131}J$-Probe geprüft; der Fehler liegt $< 3\%$. Die Meth. kann auch für die Best. von anderen γ-strahlenden Isotopen nebeneinander benutzt werden, wenn die Differenz der beiden γ-Spektren genügend groß ist ($^{42}K/^{131}J$, $^{59}Fe/^{131}J$ u. $^{82}Br/^{131}J$). (J. Lab. clin. Med. **52.** 754—61. Nov. 1958. Los Angeles, Calif., Coll. of Med. Evangelists, Dep. of Radiol. and Dep. of Internal Medicine.) W. KARCHER. 4601

J. Th. R. Boeles, A. J. Philipszoon und **H. Premsela,** *Der Einfluß von Magnesium-, Calcium- und Strontiumionen auf ein Säugetiernervmuskelpräparat.* Durch 5—30 mMol $MgCl_2$/Liter wird eine langsame bis rasche Lähmung eines Nervmuskelpräp. (Rattenzwerchfell in TYRODE-Lsg.) bewirkt, welche durch 2,4—18,7 mMol $CaCl_2$/Liter weitgehend rückgängig gemacht werden kann. Durch Auswaschung in TYRODE-Lsg. kann eine vollständige Wiederherst. erzielt werden. Die durch 8 mMol $MgCl_2$/Liter hervorgerufene Lähmung kann auch durch $SrCl_2$ (ca. 4 mMol/Liter) weitgehend rückgängig

gemacht werden; die durch 30 mMol $MgCl_2$/Liter bewirkte Lähmung reagiert auf $SrCl_2$ nicht. Hohe Konzz. von $SrCl_2$ (48 mMol/Liter) verursachen innerhalb 15 Min. ebenfalls eine vollständige Lähmung des Nervmuskelpräparates. (Arch. int. Pharmacodynam. Thérap. **116**. 65—70. 1/8. 1958. Amsterdam, Univ., Dep. of Physiol.)
U. TAUSENDFREUND. 4606

Walter Troll und **Norton Nelson**, *Untersuchungen über aromatische Amine. 1. Mitt. Vorläufige Beobachtungen über den Benzidinstoffwechsel.* Entw. einer quantitativen Meth. zur Unters. von Harnstoffwechselprodd. aromat. Amine. Dazu werden diese Stoffe durch ihre Derivv. mit 1.2-Naphthochinon-4-sulfonat charakterisiert. Das Verf. wird am Beispiel der Identifizierung der Stoffwechselprodd. des *Benzidins* erläutert. Bei diesen Unterss. des Harns von Hunden u. Kaninchen ergaben sich in der Hauptsache das Sulfat u. das Glucuronid von 3-Hydroxybenzidin, nichtveresterte Hydroxyderivv. wurden nicht gefunden. (Amer. ind. Hyg. Assoc. J. **19**. 499—503. Dez. 1958. New York, N. Y., Univ.-Bellevue Med. Center, Inst. of Ind. Med.) W. WAGNER. 4607

Jean Cheymol, Pierre Chabrier, Raymonde Fialaire und **Christiane Levassort**, *Vom 3.4-Bis-[p-methoxyphenyl]-hexan abgeleitete Aminoalkohole. Chemische und pharmakologische Untersuchung.* Die für folgende 3.4-Bis-[3'-(γ-amino-α-hydroxypropyl)-4'-methoxyphenyl]-hexane an der Maus als Versuchstier ermittelten DL_{50} bei intravenöser Applikation betrugen für *-γ-dimethylamino- (Dihydrochlorid, 276 H.C.*, 31 mg/kg; *Bis-methobromid, 274 H.C.*, 0,225 mg/kg), *-γ-diäthylamino- (Dihydrochlorid, 282 H.C.*, 22 mg/kg; *Bis-methobromid, 281 H.C.*, 0,200 mg/kg), *-γ-morpholino- (Dihydrochlorid, 280 H.C.*, 27 mg/kg, *Bis-methobromid, 279 H.C.*, 0,225 mg/kg), *-γ-{4-methylpiperidino}- (Dihydrochlorid, 278 H.C.*, 15,8 mg/kg, *Bis-methobromid, 277 H.C.*, 0,190 mg/kg). Die genannten Hydrochloride hatten eine geringe, den arteriellen Blutdruck senkende Wirkung. Am Kaninchen zeigten die quartären Ammoniumverbb. curarisierende Eigg. bei folgender Dosierung: *274 H.C.* 1,14 (mg/kg, Headdrop); 2,07 (mg/kg, Atmungsstillstand); 2,68 (mg/kg, Herzstillstand) — *281 H.C.* 0,45; 0,89; 1,15 — *279 H.C.* 1,7; 4,1; 4,9 — *277 H.C.* 0,37; 0,62; 0,77.

Versuche: *3.4-Bis-[3'-(γ-dimethylamino-α-hydroxypropyl)-4'-methoxyphenyl]-hexan, 276 H.C.*, F. 170°, aus der entsprechenden α-Oxopropylverb. durch Hydrieren mit Kaliumborhydrid in wss. Alkohol. — *Bis-methobromid*, 274 H.C., F. 200°, aus vorst. Verb. mit Methylbromid in Aceton. — *3.4-Bis-[3'-(γ-diäthylamino-α-hydroxypropyl)-4'-methoxyphenyl]-hexan, 282 H.C.*, F. 62° u. dessen *Bis-methobromid, 281 H.C.*, F. 185° analog. — *3.4-Bis-[3'-(γ-morpholino)-4'-methoxyphenyl]-hexan, 280 H.C.*, F. 160° u. dessen *Bis-methobromid, 279 H.C.*, F. 262°, analog. — *3.4-Bis-[3'-(γ-{4-methylpiperidino}-α-hydroxyphenyl]-hexan, 278 H.C.*, F. 170° u. dessen *Bis-methobromid*, 277 H.C., F. 283° analog. (C. R. hebd. Séances Acad. Sci. **247**. 609—12. 4/8. 1958.) P. LOCH. 4607

Robert W. Wissler, Laurence F. Frazier, Kathryn H. Soules, Patricia Barker und **Edgar C. Bristow**, *Die akuten Wirkungen von β-Thienyl-(3)-alanin bei der ausgewachsenen männlichen Albinoratte.* Zusatz wechselnder Mengen von *β-Thienyl-(3)-DL-alanin* (I) zu einer mittels Magensonde verabreichten, ein ausreichendes Aminosäuregemisch enthaltenden Diät rief im Verlauf von 7—8 Tagen eine akute Abnahme von Körpergewicht u. N-Bilanz der vorher im guten Ernährungszustand befindlichen Tiere hervor. Gewichtsverlust u. negative N-Bilanz nahmen mit der I-Menge zu. Diese Effekte waren im Gegensatz zu Verss. bei eiweißerschöpften Tieren durch zusätzliches *Phenylalanin* (II) nicht rückgängig zu machen. I bewirkte ferner eine Verminderung der Antikörperbldg. nach einer intravenösen Einzelinjektion eines Antigen (Schaferythrocyten, Typhusvaccine). Erhöhter II-Zusatz zur Diät hob letztere I-Wrkg. auf. Histolog. Unterss. der Milz ergaben während der Periode der Antikörperbldg. eine Verringerung der pyrominophilen Zellproliferation im Milzmark. I-Verfütterung bewirkte bei Ratten mit gut angegangenen JENSEN-Sarkomtransplantaten eine deutliche, durch mehr II zu verhindernde Verlangsamung des Tumorwachstums u. Verminderung von Mitose, Kernveränderungen sowie Zunahme an nekrot. Tumor. (Arch. Pathology **62**. 62—73. Juli 1956. Chicago, Ill., Univ., Dep. of Pathol. and Argonne Cancer Res. Hospital.)
K. MAIER. 4607

Morris B. Jacobs, *Toxizität von Safrol.* Es wurden folgende Tierverss. zur Best. der Toxizität von *Safrol* (I) durchgeführt: 1. in 3 Versuchsreihen wurden Ratten während 90—166 Tagen mit einer Diät, der 1—5‰ I zugesetzt waren, gefüttert. Bei allen Versuchstieren wurden Leberschäden festgestellt. 2. In weiteren Versuchsreihen wurden Ratten mit einer Diät, der 0,05, 0,25 u. 1,0‰ I zugesetzt war, gefüttert. Hierbei traten nur bei der 1,0‰-Zugabe Leberschäden bei den Versuchstieren auf. Nach den vorliegenden Versuchsergebnissen läßt sich der Grenzwert für die beginnende Toxizität von I bei Ratten nicht angeben. Weitere Verss. an Hunden zeigen, daß diese Tierart empfindlicher auf I reagiert als Ratten: bei diesen Verss. konnte kein Fall subakuter Rk. festgestellt werden. (Amer. Perfumer Aromatics **71**. Nr. 1. 57—58. Jan. 1958.) H. SONTAG. 4607

R. D. O'Brien, *Eigenschaften und Stoffwechsel von Malathion und Malaoxon in der Schabe und in der Maus.* Es werden Stabilität, Polarität (Verteilungskoeff., R_F-Wert), Spektr. u. Anticholinesterase (III)-Aktivität von *Malathion, O.O-Dimethyl-S-[1.2-bis-carbäthoxy]-äthyldithiophosphat* (I) u. *Malaoxon, O.O-Dimethyl-S-[1.2-bis-carbäthoxy-äthyl]-thiolphosphat* (II), angegeben. Offensichtlich wird in *Periplaneta americana* L. u. in der Maus aus I II, ein stärkerer III-Inhibitor als I, gebildet. Mäuseleber aktiviert mittels eines DPNH, Mg^{2+} u. Nicotinamid benötigenden Mikrosomenzymsyst. I, wobei wahrscheinlich Oxydation zu II stattfindet. Die Fähigkeit von *Periplaneta*-Darm zur I-Aktivierung geht beim Homogenisieren verloren u. wird durch die genannten Cofaktoren nur geringfügig regeneriert. Im Säugetier erfolgt die I-Oxydation bevorzugt in der Leber, in schwächerem Maße auch im Herzen u. vielleicht auch in den Testes. Bei *Periplaneta* oxydieren Fettkörper u. Mitteldarm I, ersterer hydrolysiert II. Das Hydrolysesyst. der Leber findet sich in der lösl. Fraktion u. wirkt stärker auf I als auf II. Das Verhältnis zwischen oxydativer (aktivierender) u. hydrolyt. (abbauender) Aktivität erklärt die viel größere I-Toxizität für *Periplaneta* als für die Maus. (J. econ. Entomol. **50**. 159—64. April 1957. London, Ontario, Canada, Univ. Sub Post Office, Dep. of Agric.) K. MAIER. 4607

Sheldon D. Murphy und **Kenneth P. DuBois,** *Der Einfluß verschiedener Faktoren auf die enzymatische Umwandlung organischer Thiophosphate in Cholinesterasehemmstoffe.* Mittels WARBURG-Technik untersuchten Vff. die Giftung (Umwandlung der ungiftigen Verbb. in giftige Stoffwechselprodd.) von *Äthyl-p-nitrophenylthionobenzolphosphonat* u. *Dimethoxybenzotriazindithiophosphat* durch Leberhomogenate von Ratten u. ihre Beeinflussung durch verschied. Faktoren. Die Umwandlung war alters- u. geschlechtsabhängig. Nach gleichen Werten in den ersten 30 Lebenstagen war die Giftung bei ♂ > ♀. Diese Befunde ließen sich durch Behandeln der Tiere mit *Testosteronpropionat, Diäthylstilböstrol* u. *Progesteron* näher analysieren. *3-Methylcholanthren, 3.4-Benzpyren* u. *1.2.5.6-Dibenzanthracen* führten zu einer Steigerung der Enzymaktivität, waren aber durch *Äthionin* u. eiweißfreie Kost in ihrer Wrkg. aufzuheben. *Diphenylpropylessigsäure-β-diäthylaminoäthylester* hemmte die Giftung u. setzte die DL_{50} der Phosphorsäureester herauf. (J. Pharmacol. exp. Therapeut. **124**. 194—202. Nov. 1958. Chicago, Ill., Univ., Dep. of Pharmacol.) G. RENTSCH. 4607

Vernon C. Applegate, John H. Howell und **Manning A. Smith,** *Die Verwendung von halogenhaltigen Mononitrophenolen als selektive Vernichtungsmittel für die Larven des See-Neunauges.* Folgende Verbb. erwiesen sich als spezif. Larvicide bei Petromyzon marinus (See-Neunauge; P.m.): *3.4.6-Trichlor-2-nitrophenol* (I), *2-Brom-4-nitrophenol, 3-Brom-4-nitrophenol, 5-Chlor-2-nitrophenol, 2.5-Dichlor-4-nitrophenol* u. *3-Trifluormethyl-4-nitrophenol.* I (als Na-Salz) in H_2O in einer Konz. von $12:10^6$ tötet innerhalb 24 Std. alle Larven u. ist für Fische ungefährlich. Es wird die Verwendung obiger Verb. zur Bekämpfung der Larven von P.m. in Flüssen vorgeschlagen. (Science [Washington] **127**. 336—38. 14/2. 1958. Rogers City, Mich., US Fish and Wildlife Serv.; Lewisburg, Pa., Bucknell Univ., Dep. of Chem.) S. HUNECK. 4607

Paul E. Thompson, K. Weston, A. J. Glazko, R. A. Fisken, T. F. Reutner, A. Bayles und **J. K. Weston,** *Laboratoriumsuntersuchungen über Amopyroquin (Propoquin), eine Antimalariaverbindung. Amopyroquin* (I), *p-[7'-Chlorchinolyl-(4')-amino]-α-pyrrolidino-o-kresoldihydrochlorid,* ergab bei der Prüfung (oral) auf hemmende Wrkg. gegenüber durch Blutinjektion induzierten *Plasmodium lophurae*-Infektionen ein Chininäquivalent von ca. 37. Eine auf Fluorescenzmessung beruhende I-Best. ergab bei Ratten nach oraler Zufuhr schnelle Resorption unter Anreicherung in den Geweben, bes. in Leber, Milz, Lunge u. Nieren u. langsamen Abbau bzw. langsame Ausscheidung. DL_{50} (mg/kg Maus u. Ratte): akut, oral, 580 ± 23 u. 410 ± 28; chron., oral, 33 (2mal täglich, 5 Tage/Woche, 3 Monate). Rhesusaffen vertrugen 5 mg/kg (intravenös). Intramuskuläre Reizungsteste mit 2,5- oder 30%ig. Lsgg. ergaben bei Hunden eine leichte bis erhebliche, bei Affen eine leichte bis mäßige Schädigung. Nach chron. hohen I-Dosen wiesen Ratten in den Dünndarmzotten subepitheliale Vakuolisierung u./oder erhebliche Speicherung von Makrophagen, die vermutlich I enthielten, auf. Ähnliche gefüllte Makrophagenaggregate wurden im Darm- u. mesenterialen Lymphgewebe u. in der Lunge beobachtet. Hunde wiesen neben diesen Veränderungen eine Vakuolisierung der Leberparenchymzellen auf. (Antibiotics and Chemotherapy **8**. 450—60. Sept. 1958. Detroit, Mich., Parke, Davis & Co., Res. Labors.) K. MAIER. 4610

R. Rubin, D. K. McLoughlin, L. C. Costello und **E. E. Wehr,** *Die Wirksamkeit von Nicarbazin als Prophylakticum bei der Caecalcoccidiose der Küken. Nicarbazin* (I), ein Komplex aus *4.4'-Dinitrocarbanilid* u. *2-Hydroxy-4.6-dimethylpyrimidin*, erweist sich bei Küken, die experimentell mit *Eimeria tenella* infiziert sind, als gut wirkendes Prophylakticum gegen Caecalcoccidiose. Wird es in Konzz. von 0,0125 oder 0,00625% dem Futter beigemischt, so erreicht man vollständigen Schutz gegen Infektion. I ist dem *Sulfachinoxalin* (0,0125%) u. *Nitrofurazon* (0,0055%) deutlich überlegen. In einer Konz. von 0,0125% zeigt I keine tox. Wrkgg., Nahrungsaufnahme u. Gewichtszunahme sind gegenüber den Kontrollen etwas erhöht, wobei der Quotient der beiden Größen konstant bleibt. In Konzz. von 0,5—1% ruft I Appetitlosigkeit u. Vergiftungserscheinungen hervor. (Poultry Sci. **35.** 856—60. Juli 1956. Beltsville, Md., Agric. Res. Serv., Anim. Dis. and Paras. Res. Branch.) K. BOHLE. 4610

Lawrence R. Berg, C. M. Hamilton und **Gordon E. Bearse,** *Die Wirkung von Furazolidon und anderen Medikamenten auf das Wachstum von Küken, die auf alter, Coccidia enthaltender Streu aufgezogen werden.* Küken, die vom 1. Lebenstage an auf gebrauchter, mit verschied. Eimeriaarten infizierter Streu aufgezogen werden, entwickeln eine Immunität, so daß auch ohne Verfütterung von coccidiostat. Mitteln kaum Todesfälle auftreten. Zusatz von 0,0055 u. 0,011% *Furazolidon* (I) zum Futter ruft deutliche Wachstumsbeschleunigung hervor. *Nitrophenid* (0,025%) u. *Penicillin* (0,0003%) sind schwächer wirksam, *Nitrofurazon* (0,0055%) u. *Sulfachinoxalin* (0,0175%) sind wirkungslos. Die wachstumsfördernde Wrkg. von I zeigt sich auch an Küken, die in den ersten 4 Lebenswochen durch Aufzucht in Käfigen mit Drahtböden gegen Infektion geschützt waren u. erst dann auf die infizierte Streu übergesiedelt wurden. Die Überlegenheit von I gegenüber anderen Coccidiostaticis beruht wahrscheinlich auf seiner Fähigkeit, auch andere Infektionen unterdrücken zu können. (Poultry Sci. **35.** 876—84. Juli 1956. Payallup, State Coll. of Washington, Western Washington Exp. Stat.) K. BOHLE. 4610

L. C. Costello und **H. M. DeVolt,** *Untersuchungen über die chemoprophylaktische Wirkung von Furoxon gegen die infektiöse Enterohepatitis (Blackhead) der Truthühner.* Truthühner, deren Futter 0,011, 0,0167 oder 0,033% *Furoxon* (I; *Furazolidon, NF-180*; EATON LABORS.) zugesetzt wird, zeigen keine äußeren Symptome von infektiöser Enterohepatitis, u. es treten keine Todesfälle auf. Bei der am Ende der 8—10 Wochen dauernden Verss. vorgenommenen Autopsie zeigen sich allerdings bei einzelnen Tieren leichte Läsionen, die aber, bes. bei den höheren Konzz. an I, weniger schwer u. zahlreich sind als bei unbehandelten Kontrolltieren. Das Wachstum der Tiere wird durch I nicht beeinflußt. (Poultry Sci. **35.** 952—55. Juli 1956. College Park, Md., Univ. of Maryland, Dep. of Anim. Pathol., Live Stock San. Serv. Labor.) K. BOHLE. 4610

Benjamin Prescott, Gladys Kauffmann, Walter D. James und **Herald Stone,** *Erhöhung der Isoniazidtoleranzdosis bei Mäusen durch Verwendung bestimmter organischer Lösungsmittel.* Jedes von 8 organ. Lösungsmitteln, einschließlich 7 geeignet verd. Glykolen [Äthylen-, Triäthylenglykol, Polyäthylenglykol 200, 300, 400, Propylenglykol (I), Butandiol-(1.4), N.N-Dimethylacetamid] steigerte die *Isoniazid* (II)-Toleranz von Mäusen (DBA-Stamm) 2—3fach. Am wirksamsten u. ungiftigsten war I. Bei Verwendung von 0,5 cm^3 25%ig. I als II-Lösungsm. überlebten 19 von 20 Mäusen die letale orale Dosis von 6 mg (300 mg/kg). In 0,5 cm^3 75%ig. I (10 mg II) betrug die Überlebensrate 95% u. sank erst nach 14 wiederholten, halbwöchentlich verabreichten Gaben auf 50% ab. Die Blutplasmaspiegel waren nach dieser Kombination 1 Std. später höher als früher mit dieser II-Dosis u. anderen entgiftenden Agentien beobachtet worden war. Die in vitro tuberkulostat. II-Wrkg. gegenüber einem *M. tuberculosis*-Stamm wurde in Ggw. der gleichen I-Konz. nicht beeinflußt. (Antibiotics and Chemotherapy **8.** 470—75. Sept. 1958. Bethesda, Md., Nat. Inst. of Allergy and Infectious Diseases.) K. MAIER. 4610

M. K. Bukschpan, *Die Behandlung verschiedener Formen der Endocarditis mit Antibioticis und Butadion.* Beobachtungen an 46 Patienten mit verschied. Formen der Endocarditis, welche im Mittel 40 Tage lang mit *Penicillin* (600000—800000 E. täglich) u. *Streptomycin* (500000—600000 E.) in Kombination mit *Butadion* (I; 0,15 g 4mal täglich) behandelt wurden, ließen in der Mehrzahl der Fälle, bes. bei der rheumat. Form der Erkrankung, Besserungen erkennen. Aus den Verss. wird geschlossen, daß es sich bei I um ein gutes Antirheumaticum handelt, obgleich eine Überlegenheit desselben gegenüber Pyramidon oder den Salicylaten nicht feststellbar war. (Терапевтический Архив [Therap. Arch.] **31.** Nr. 7. 22—25. Juli 1959. Odessa, Med. Pirogow-Inst., 1. Therapeut. Klin.) E. RENTZ. 4611

U. A. Asskarow, *Die wichtigsten Formen der Antibioticanebenwirkung in der Klinik.* Die Analyse von 6000 Krankengeschichten ergab, daß die Anwendung von *Penicillin* (I) nur in 1% der Fälle zu hautallerg., u. in 0,15% zu tox. Erscheinungen führt. Von 1200 Patienten, welche *Streptomycin* (II)-Präpp. erhielten, erkrankten 2% an hautallerg. u. 4,16% an tox. Erscheinungen. *Biomycin* (III), *Lävomycetin* (IV) u.

Synthomycin (V; insgesamt 420 Patienten) bewirkten nur in 0,7% der Fälle hautallerg., jedoch in 21,8% (III) bzw. in 9,5% (IV u. V) tox. Erscheinungen. Zu Candidamykosen kam es nur in 3 von 2632 Behandlungen mit Antibioticis. Thromboembol. Komplikationen wurden in 0,4% der Fälle nach I u. II beobachtet, aber in 0,5% auch bei 2000 Kontrollen, welche keine Antibiotica erhielten. Durch gleichzeitige Verwendung antiallerg. Mittel läßt sich das Auftreten allerg. Erscheinungen verhindern. (Терапевтический Архив [Therap. Arch.] **31**. Nr. 7. 32—43. Juli 1959. Moskau, Zentralinst. für Ärztefortbldg., 3. Lehrstuhl für Therapie.) E. RENTZ. 4611

Jean van den Driessche, *Einfluß von Chlorpromazin auf die bedingten Reflexe von Fischen.* Chlorpromazin in einer Konz. von 1:4·10⁶ vermag bedingte Reflexe bei den Fischen *Cottus bubalis* EUPHR. L. u *Crenilabrus melops* C. aufzuheben. (J. de Physiol. **49**. 999—1005. Nov. 1957. Dinard, Labor. de Maritime; Rennes, Univ., Labor. de Physiol.) H. SCHIMASSEK. 4620

Lester C. Mark, J. J. Burns, C. Ines Campomanes, S. H. Ngai, Natalie Trousof, E. M. Papper und **Bernard B. Brodie,** *Der Weg des Thiopental in das Gehirn. Thiopental* (I) wird Hunden in verschied. Konzz. (25 mg/kg) intravenös, innerhalb von 5 Sek. verabreicht. Unterss. an Gehirn u. Plasma werden anschließend zu verschied. Zeiten vorgenommen. Es zeigte sich, daß keine Blut-Hirn-Schranke für I vorhanden ist. Maximale Konzz. von I sind im Gehirn bereits kurz nach Injektion vorhanden. (J. Pharmacol. exp. Therapeut. **119**. 35—38. Jan. 1957. New York, N. Y., New York Univ. Res. Serv., Columbia Med. Center, Dep. of Anesthesiol.; Bethesda, Md., Nat. Inst. of Health, Nat. Heart Inst.) U. GERHARDT. 4627

G. Vourc'h, *Fluothan.* Vf. berichtet über Erfahrungen bei der *Fluothan* (*2-Brom-2-chlor-1.1.1-trifluoräthan*)-Narkose (67 Fälle). — Diskussionsbemerkungen. (Anesthésie et Analgésie **14**. 571—96. Mai/Juli 1957. Paris.) K. MAIER. 4627

J. Delphaut und **H. Grégoire,** *Die Wirkung von intracisternal injiziertem Apomorphin beim Hund in Chloralosenarkose.* Bei Hunden in Chloralosenarkose bewirken intracisternale Injektionen von mindestens 2 γ Apomorphin (I)/kg mit Sicherheit Erbrechen, während bei intravenöser Zufuhr 60—100 γ erforderlich sind. Intracisternale Injektion von mindestens 40 γ *Chlorpromazin*/kg ca. 30—60 Min. vor I verhindert die Wrkg. von 100—200 γ I/kg. Zur Erzielung einer eindeutigen Brechwrkg. bei intralumbaler I-Injektion (zwischen L_3—L_4 oder L_4—L_5) sind ca. 200 γ I erforderlich. (C. R. Séances Soc. Biol. Filiales **151**. 346—48. 5/9. 1957. Marseille, Fac. de Méd. et de Pharmacie.) K. MAIER. 4627

I. Anter, V. Bay, E. Carstensen, K. Horatz und **O. Scheibe,** *Steroide als Narkotica unter Berücksichtigung der Veränderungen im Mineralstoffwechsel.* Vff. berichten über günstige Erfahrungen mit dem *Bernsteinsäureester von 21-Hydroxypregnan-3.20-dion* (I, „*Viadril*" BÖHRINGER, Ingelheim; „*Presuren*", SCHERING) als Narkosemittel bei operativen Eingriffen bei Patienten im Alter von 10—90 Jahren. I wurde als 2,5%ig. Lsg. intravenös injiziert. An 10 Patienten wurde der Einfl. der Steroidnarkotica auf den *Mineralhaushalt* geprüft. Na u. Cl (Best. flammenphotometr. bzw. mercurimetr.) zeigen im Serum nicht die für Mineralcorticoide typ. Retention, sinken sogar ab. Die K-Ausscheidung im Urin ist erhöht, im Serum ist der K-Geh. nicht verändert. Die Wasserbilanz war gegenüber den Vergleichsverss. (Narkose mit Thiobarbituraten) kaum verändert. Insgesamt sprechen die Befunde nicht für eine Steroidwrkg. der Steroidnarkotica auf den Mineralhaushalt. Die Verminderung des Na- u. Cl-Spiegels im Serum resultiert nach Ansicht der Vff. aus einer Eliminierung dieser Elektrolyte infolge postoperativer Diurese. Nach Steroidnarkosen wird Adenosintriphosphorsäure (ATP; Best. nach BÜCHER) nur bis auf 0,735 μMol/ml Blut erhöht, im Gegensatz zur Barbituratnarkose (0,87 μMol/ml Blut), geprüft an je 7 Fällen. Die Gerinnungsverhältnisse des Blutes werden nicht beeinflußt. (Anaesthesist **7**. 169—72. Juni 1958. Hamburg-Eppendorf, Univ., Chirurg. Klin.) W. LAUER. 4627

W. Förster und **M. Simmert,** *Über die anticonvulsive Wirkung von α-Acetoxyphenylacetylharnstoff im Vergleich zu Phenylacetylharnstoff (Phenuron) an Ratten und Mäusen.* Bei ähnlicher anticonvulsiver Wrkg. im Cardiazol- u. Elektroschocktest erwies sich *α-Acetoxyphenylacetylharnstoff* an Ratten u. Mäusen etwas geringer tox. als *Phenylacetylharnstoff* (*Phenuron*). (Acta biol. med. german. [Berlin] **2**. 335—36. 1959. Jena, Friedrich-Schiller-Univ., Pharmakol. Inst.) H. WUNDERLICH. 4628

W. Lammers, *Einige pharmakologische Effekte von Triäthylamin.* Verss. wurden durchgeführt am isolierten Ileum des Meerschweinchens, an männlichen u. weiblichen Katzen u. an der isolierten Aorta des Kaninchens. — *Triäthylaminhydrochlorid* (I) bewirkt in einer Konz. von 1—10 μg/ml Hemmung der durch 1.1-Dimethyl-4-phenylpiperaziniumjodid (DMPP) hervorgerufenen Kontraktion des isolierten Ileums. I ist ca. 10mal weniger wirksam als Hexamethonium (C_6). Intravenöse Injektion von 10 bis 40 mg I/kg bewirkt bei der anästhesierten Katze einen schwachen Abfall des Blutdrucks. Eine durch Injektion von DMPP hervorgerufene Erhöhung des Drucks kann durch I vollständig blockiert werden. Nach Blockierung der Ganglienübertragung durch vorherige Injektion von C_6 bewirkt I ein Ansteigen des Blutdrucks. Dieser Effekt kann ebenso durch vorherige Injektion von I selbst hervorgerufen werden. Weiterhin bewirkt I Kontraktion der Nickhaut der Katze, während bei Einw. auf die isolierte Aorta des Kaninchens sowie auf den gestreckten Muskel der Katze (außer in sehr hohen Dosen) kein Effekt auftritt. (Acta physiol. pharmacol. neerl. **8.** 31—39. März 1959. Utrecht, Nat. Inst. of Public Health.) K. PREUSS. 4628

Clark E. Grosvenor, *Einige Wirkungen von Ergotamintartrat auf die Lactation bei der Ratte.* Vf. gibt Ratten während der Lactationsperiode (9—12 Tage nach dem Wurf) subcutane Injektionen von *Ergotamintartrat* (**I**, 3mal täglich 1 mg/kg) u. bestimmt den *Lactose* (**II**)-Geh. der abgegebenen Milch, das Körpergewicht der adulten u. Jungtiere sowie Futteraufnahme u. Bereitwilligkeit zur Säugung. Die Rk. auf die 1. **I**-Injektion schwankt zwischen Unwirksamkeit, leichter Erregung u. Entkräftung innerhalb von 1½ Stunden. Ungünstige Wrkgg. oder Veränderungen im allg. Befinden treten nach weiteren **I**-Zufuhren nicht mehr auf. Das Körpergewicht der adulten u. Jungtiere sinkt nach **I**-Gaben ab; ebenso verursacht **I** bei den Muttertieren einen Rückgang der Nahrungsaufnahme. Die Bereitschaft zur Säugung ist dagegen im Vgl. zu den Kontrolltieren z. T. leicht erhöht. **II**-Konz. der Milch u. abgegebene Milchmenge werden durch **I** kaum beeinflußt, auch histolog. Veränderungen des Milchdrüsengewebes werden nicht beobachtet. Die Gewichtsabnahme der Muttertiere u. die im Vgl. zu Kontrolltieren geringere Gewichtszunahme der Jungtiere geht einerseits im wesentlichen auf den nach **I**-Zufuhr eintretenden geringeren Futterverbrauch, der durch die hemmende Wrkg. von **I** auf die Magenmuskulatur hervorgerufen wird, zurück, andererseits scheint **I** eine hemmende Wrkg. auf das Milchabgabevermögen der Drüse auszuüben, indem es die n. Wirksamkeit des *Oxytocins* auf die Myoepithelzellen abschwächt. (Amer. J. Physiol. **186.** 211—15. Aug. 1956. Cincinnati, Ohio, Univ., Zool. Labor.)
P. FAHRNLAENDER. 4628

D. Della Bella, *Über ein ganglienlähmendes Sulfoniumderivat: Das Hexamethylen-1.6-bis-dimethylsulfonium. Hexamethylen-1.6-bis-dimethylsulfoniumbromid* (**I**; S_6) zeigt ähnliche pharmakol. Eigg. wie *Hexamethonium* (**II**). **I** lähmt im Tiervers. (Katze, Hund, Ratte) sympath. u. parasympath. Ganglien u. führt zu Blutdrucksenkung. Die ganglienerregende, blutdrucksteigernde Wrkg. von *Tetrakis-[dimethylaminomethyl]-methantetramethylbromid* wird durch **I** verhindert. **I** ist frei von curareartigen u. muscarinartigen Wrkgg., ca. 10mal schwächer wirksam u. 6mal weniger tox. als **II**. (Naunyn-Schmiedebergs Arch. exp. Pathol. Pharmakol. **226.** 335—39. 19/9. 1955. Mailand, Univ., Pharmakol. Inst.) H. WUNDERLICH. 4628

Thomas J. Haley, W. G. McCormick und **A. M. Flesher,** *Hypotensive und andere pharmakologische Eigenschaften von 3 quartären Oxazoliumverbindungen: 2-[Naphthyl-(1)]-, 2-[4-Methoxyphenyl]- und 2-[4-Methylphenyl]-methyl-5-phenyloxazolium-4-toluolsulfonat.* Vff. bestimmen die hypotensiven Eigg. von *2-[Naphthyl-(1)]-* (**I**), *2-[4-Methoxyphenyl]-* (**II**) u. *2-[4-Methylphenyl]-methyl-5-phenyloxazolium-4-toluolsulfonat* (**III**) an Katzen (a) unter Ae.- u. Chloraloseanästhesie (50 mg/kg intravenös) sowie deren anticholinerg. Wirksamkeit nach Stimulierung des Nervus vagus (unter Anästhesie mit Na-Pentobarbital [35 mg/kg]) u. Vorbehandlung mit *Pyrilaminmaleat* (**IV**, 1) in Ggw. von 0,5 bis 30 mg/kg der Oxazoliumverbb. (intravenös), *Epinephrin* (**V**, 3 mcg/kg), *Acetylcholin* (**VI**, 5 mcg/kg), *Atropin* (**VII**, 2 mg/kg). *Histamin* (**VIII**, 0,1 mcg/kg) u. *Ephedrinsulfat* (1 bis 8 mg/kg). Ferner werden die Wrkgg. von **I**, **II** u. **III** auf das isolierte Ileum des Meerschweinchens (b) u. der Ratte (c) unter dem Einfl. von **VI** (1,25 mcg), **VII** (0,5 u. **VIII** (1—100), deren analget. Aktivitäten an Mäusen (d) u. cholinerg. stimulierenden Wirksamkeiten an c unter Verwendung der Chromoachrodynia-Rk. untersucht. Es wird festgestellt, daß die Oxazoliumverbb. eine Hypotension verursachen, die vom Anfangsblutdruck u. der zugeführten Dosis abhängig ist. Die Dosis-Wrkg.-Kurve verläuft über einen Bereich von 0,5—5 mg/kg linear. **IV** oder **VII** beeinflussen die durch die Oxazoliumverbb. hervorgerufene Hypotension nicht; diese bleibt auch nach einer **VII**-Dosis bestehen, die die nicotinähnliche Wrkg. von **VI** in Erscheinung treten läßt. Daraus geht hervor, daß die Hypotension durch eine direkte vasodilator. Wrkg. auf die Receptoren des peripheren vasculären Syst. u. nicht durch eine cholinerg. Stimulierung hervorgerufen wird. **VI** ist ca. 1000- u. **VIII** ca. 5000mal wirksamer als **I**, **II** u. **III**; die ersten Verbb. zeigen jedoch nur eine kurze Wirkungsdauer, während die Oxazoliumverbb. eine solche von 17—30 Min. besitzen; sie wird unter der Einw. von **IV** verdoppelt. **I**, **II** u. **III** beeinflussen weder die Atmung noch das Myocardium bzw. Elektrocardiogramm, erniedrigen jedoch Tonus u.

Kontraktionsamplituden des a-Intestinum in situ, während am isolierten b-Ileum bis zu Dosen von 10 mg keine spasmogenen Effekte hervorgerufen werden. Die Oxazoliumverbb. besitzen nur geringe anticholinerg. u. antihistamin. Potenzen, da sie nur in sehr hohen Dosen (52—1230 μg) die **VI**- u. **VIII**-Wrkgg. hemmen. Adrenerg. u. ganglienblockierende Eigg. fehlen ganz. **I**, **II** u. **III** (8,5 mg/kg) erniedrigen die rectale Körpertemp. um 0,5—2,2⁰. Die hypotherm. Rk. steht mit der nach intravenöser Zufuhr beobachteten peripheren Vasodilatation in Beziehung. Eine direkte Injektion von **I** (5 mcg) in das Gehirn von d verursacht innerhalb von 20 Min. ein Absinken der Körpertemp. um 2⁰; die Oxazoliumverbb. wirken also direkt auf das Thermoregulationszentrum ein. Auch in Ggw. von *Hydergin* (100 mcg/kg) u. *Phenergan* (5 mg/kg) verhält sich **I** stark hypotherm mit einer Wirkungsdauer von ca. 7 Stunden. Die durch *Methacholin* (10 mg/kg) bei c hervorgerufene Chromoachrodynia-Rk. wird durch **I**, **II** u. **III** nicht beeinflußt. Sie erniedrigen die Toxizität von intravenösen **V**-Gaben (14 mg/kg) nach vorangehender Applikation. Auf das Auge des Kaninchens besitzen sie keine Einw. u. sind nur in tox. Dosen analget. wirksam. Aus den Ergebnissen geht hervor, daß die vorst. Oxazoliumverbb. nur 2 pharmakol. Eigg. besitzen, u. zwar hypotensor. u. hypotherm., u. daß sie direkt auf die peripheren Vascularelemente einwirken. (Arch. int. Pharmacodynam. Thérap. **109.** 78—79. 1/1. 1957. Los Angeles, Calif., Univ. of California, School of Med., Atom. Energy Proj., Div. of Pharm. and Tox.) P. FAHRNLAENDER. 4630

E. Muscholl, *Über den Wirkungsmechanismus von Reserpin.* Bericht über die Wrkg. von *Reserpin,* wobei versucht wird, durch getrennte Analyse der einzelnen Wirkungskomponenten zu einem Verständnis des Wirkungsmechanismus zu gelangen. — 48 Literaturangaben. (Klin. Wschr. **37.** 217—20. 1/3. 1959. Mainz, Univ., Pharmakol. Inst.) U. TAUSENDFREUND. 4630

Zdzisław Zakrzewski, *Über die hypotensiven Eigenschaften der Kombinationen einiger aus Rhizoma Veratri albi abgesonderter Alkaloide.* Durch Extraktion von Rhizoma Veratri albi mit ammoniakal. Bzl. wird ein Gemisch von Ester- u. Alkaminalkaloiden erhalten, dessen hypotensive Wrkg. der von Protoveratrin ähnlich ist. Durch Trennung des Gemisches nach FRIED u. WHITE (C. **1951.** II. 527) werden 3 Fraktionen erhalten: A (tert. Alkamine) bewirkt im Tiervers. (2,5 mg/kg) einen schwachen, kurz andauernden, B (5 mg/kg) einen schwachen u. lang dauernden u. C (Esterfraktion) (1 mg/kg) einen starken, lang anhaltenden Blutdruckabfall. C wurde durch Gegenstromverteilung zwischen Bzl. u. NH_4OH in 3 größere Fraktionen aufgeteilt, die einen größeren Bereich zwischen der hypotensiven Wrkg. u. der tox. Dosis zeigen als das Ausgangsgemisch. (Farmacja polska **14.** 372—75. 30/11. 1958. Warszawa, Akad. Med., Zakł. Chem. farmac.) F. URBAN. 4630

F. Hawking und **R. J. Terry,** *Chemotherapeutische Eigenschaften einiger neuer quartärer Ammoniumsalze.* 2. Mitt. *Antifilariawirkung gegenüber Litomosoides carnii.* (1. vgl. C. **1959.** 16313.) Auf ihre Antifilariawrkg. gegenüber Litomosoides carinii, einem Filariaparasiten der Baumwollratte, wurden *Bis-chinolin-*, *Bis-isochinolin-*, *Bis-7-amino-isochinolin*, *Bis-4-aminochinaldin-* u. *Bis-4-aminocinnolin-*Verbb. untersucht. Viele dieser Verbb. töten *L. carinii* ab. Sehr gut wirksam sind *Eikosan-1.20-bis-[isochinolinjodid]* [BIQ 20] u. *Eikosan-1.20-bis-[4-aminocinnolinjodid]* [BAC 20], die einen Index (DL_{50} Maus/DE_M Baumwollratte) von 19 bzw. 39 besitzen. Die Verbb. haben eine direkt filaricide Wrkg. auf den erwachsenen Wurm, die Mikrofilarien werden verhältnismäßig wenig beeinflußt. (J. Pharmacy Pharmacol. **11.** 94—98. Febr. 1959. London, Nat. Inst. for Med. Res., Mill Hill.) K. BÖHM. 4649

J. D. Crawford und **G. C. Kennedy,** *Chlorothiazid bei Diabetes insipidus.* Unter dem Gesichtspunkt der Wirkungsweise von Chlorothiazid (**I**) in distalen Nephronanteilen, welche in einer Verhinderung der Bldg. „freien W.“ u. der Bldg. eines höher konz. Urins nach **I**-Gabe als nach Hg-Diureticis besteht, wurde **I** an Ratten mit experimentellem Diabetes insipidus in Dosen von 80—300 mg 1—2mal/Tag verabreicht. Es kam zur Senkung der Wasseraufnahme u. Anstieg der osmot. Wertigkeit des Urins bei unverändertem p_H-Wert des Urins. Auch in 2 Fällen von menschlichem Diabetes insipidus (1mal Vasopressinmangel, 1mal nephrogen bedingt) konnte mit Dosierungen, wie sie sonst zur Diureseförderung verwendet werden, ein Erfolg erzielt werden. (Nature [London] **183.** 891—92. 28/3. 1959. Cambridge, Dep. of Exp. Med.) U. TAUSENDFREUND. 4670

P. Behrbohm, *Über Gefahren beim Umgang mit chlorierten Phenolen.* Literaturzusammenstellung über 19 Todesfälle bei der Arbeit mit *Pentachlorphenol* u. *Na-Pentachlorphenolat.* Übersicht über Fälle von Chlorakne, tox. u. allerg. Kontaktekzemen u. über Allgemeinvergiftungen durch *Tri-*, *Tetra-* u. *Pentachlorphenol,* die entsprechenden *Na-Salze* u. *Trichlornaphthol-Na.* (Dtsch. Gesundheitswes. **14.** 614—19. 2/4. 1959.) H. ZELLER. 4675

E. M. Cohen und **H. Wiersinga,** *Oxime zur Behandlung von Nervengasvergiftungen.* Die therapeut. Wirksamkeit von *Pyridin-2-aldoximmethojodid* (PAM), *Diacetylmonoxim* (DAM) u. *Isonitrosoaceton* (MINA) wird an mit Sarin oder Tabun vergifteten Ratten untersucht u. mit der von Atropin (I) verglichen. Die Beurteilung der Ergebnisse erfolgte durch Best. der Zunahme des DL_{50}-Wertes der Anticholinesterasebestandteile durch nachfolgende therapeut. Behandlung. Der subcutane DL_{50}-Wert von Sarin bei Ratten entspricht hier 155 μg/kg, bei Mäusen 252 μg/kg u. der von Tabun in Ratten 350 μg/kg. In mit Sarin vergifteten Ratten steigert DAM u. MINA im Vgl. zu I den DL_{50}-Wert auf eine bedeutend höhere Stufe. MINA hemmt schnell die durch Injektion von Sarin hervorgerufenen Symptome. DAM hat nur geringen Einfluß. Bei Mäusen ist die Wrkg. von I u. den Oximen gering. Kombinierte Behandlung mit I u. Oximen hat bei Ratten größere Wrkg. als die mit Oximen allein (Bedeutung besitzt nur die Kombination I + PAM). Die bei Mäusen beobachteten ähnlichen Effekte sind von fraglicher Bedeutung. Bei Behandlung der geschorenen Haut des Bauches von Meerschweinchen mit Sarin (5fache DL_{50}) u. anschließender intraperitonealer Injektion (nach längstens 15 Min. nach Befleckung) von DAM + I konnte ein hoher %-Satz der Tiere am Leben erhalten werden. I + PAM u. I + MINA haben geringe Bedeutung. Bei mit Tabun vergifteten Ratten zeigt Behandlung mit I + PAM größte Wrkg., steigert aber den DL_{50}-Wert von Tabun nur um 2,9mal. (Acta physiol. pharmacol. neerl. **8.** 40—51. März 1959. Rijswijk-ZH Niederlande, Nat. Defence Res. Council TNO, Med. Biol. Labor.) K. Preuss. 4675

Carl Bjorn Braestrup and **Harold Orville Wyckoff,** Radiation protection. Springfield (Illinois); Thomas; Oxford; Blackwell Scientific Publications. 1958. (XIX + 361 S. m. Abb., Tab. u. Diagr.) unpriced.

Sven Moeschlin, Klinik und Therapie der Vergiftungen. 3., neubearb. und erw. Aufl. Stuttgart: Thieme. 1959. (XII + 655 S. m. Abb.) 8°. DM 59,—.

F. Pharmazeutische Chemie. Desinfektion.

W. Wetzel, *Anforderungen an Arzneiflaschen.* Kurze Übersicht über die Anforderungen an „Medizinglas“ u. die Einfll. der Oberflächenveredelung (Hydrophobierung) u. des Lichtschutzes (Färbung); besondere Anforderungen an die Form der Flaschen für Arzneien zur innerlichen u. äußerlichen Anwendung, Tropf- u. Pipettenflaschen, für Fll. zur parenteralen Anwendung u. für sterilisierte Augentropfen. (Dtsch. Apotheker-Ztg. **99.** Nr. 18. Beibl. Krankenhaus-Apotheke **9.** Nr. 2. 14—16. 30/4. 1959. Tübingen, Univ., Apotheke.) F. O. W. Meyer. 4758

H. Stoermer, *Einige Erfahrungen zur Tablettenherstellung.* Um das Kleben der Tablettenmasse beim Pressen zu vermeiden, muß das Granulat nach dem Trocknen zur Entfernung des feinen Pulvers nochmals gesiebt werden. Als Granulier-Fl. hat sich 1%ig. Stärkeschleim als günstig erwiesen. Ca. $^2/_3$ der in der Rezeptur angegebenen Stärkemenge werden erst nach dem Granulieren zugefügt, da dadurch die Zerfallsgeschwindigkeit der Tabletten erhöht wird. Letztere ist aber auch vom Preßdruck abhängig. (Pharmazie **1959.** Nr. 4. Beilage: Pharmaz. Prax. Nr. 4. 53—54. Niederoderwitz, Kreis Zittau.) F. Thomas. 4766

Victor Kwasniewski, *Über die Auffindung eines Saponins im Schöllkraut, Chelidonium majus L.* Aus Schöllkraut wird ein schwach hämolyt. wirkendes Saponin, das kein Cholesterid bildet, isoliert; hämolyt. Index, Schaumzahl u. papierchromatograph. Verh. werden beschrieben: 800 g oberird. Teile Frischkraut werden mit CH_3OH extrahiert, $CaCO_3$-neutraler Trockenrückstand mit Chlf. ausgezogen (bis alkaloidfrei: Mayers Reagens), wss. Mutterlauge mit CH_3OH verd. (Nd. von Ca-Chelidonat), Fällung mit kaltem Ae., Trocknen des ausfallenden Sediments, 3,4 g hygroskop. Rohsaponin. Dieses, mit CH_3OH u. Ae. mehrfach gereinigt, ist in W. neutral lösl., bildet Schaum (30 Std.), färbt sich mit Thymol–H_2SO_4 turmalingrün (+ W. → rot), mit α-Naphthol–H_2SO_4 dunkelgrün → violett → karmin, mit rauchender HNO_3 orangegelb, mit konz. H_2SO_4 braunorange, mit Nesslers Reagens gelb (kalt), beim Kochen entsteht Nd., Fehlingsche Rk. ist nach HCl-Hydrolyse positiv u. die Probe nach Liebermann-Burchard ist negativ. HCl-Hydrolyse führt zu einem hefevergärbaren Zuckeranteil, dessen *Osazon* mit Glucosazon in F. 203° ident. ist. Der hämolyt. Index des Saponins (Standard-Merck-Präp.: 25000) beträgt 118, die Schaumzahl nach Kofler 770. Papierchromatograph. (S×S 2043b Mgl) zeigte das Saponin nach Ortung mit Rindererythrocytensuspension einen R_F 0,24 (Butanol–Eisessig–W., 4 : 1 : 5) bzw. R_F 0,19 (Butanol–Methanol–W., 4 : 1 : 5). (Arch. Pharmaz. Ber. dtsch. pharmaz. Ges. **291/63.** 209—11. April 1958. Königslutter.) Heinz Walter. 4782

Helmut Kala, *Über den Stoffwechsel der Cumarine in Solanaceen.* Durch papierchromatograph. Unterss. wird nachgewiesen, daß in *Solanaceen* nicht *Cumarin* (I) sondern 6-Methoxy-7-hydroxycumarin (*Scopoletin*) (II) der Hauptvertreter der Cumarine ist. II liegt im allg. in nichtglykosid. Bindung vor. Der II-Geh. von Tabakpflanzen nimmt während des Schossens stark ab, zu Beginn der Blüteperiode dagegen wieder zu. Ein N-Mangel der Pflanzen ruft eine Erhöhung des II-Geh. hervor. Die Cumarine werden papierchromatograph. mit NH_3-gesätt. Butanol oder Butanol–Eisessig–W. 4 : 1 : 5 auf SCHLEICHER & SCHÜLL-Papier 2043b getrennt. Zur Sichtbarmachung dient gefiltertes UV-Licht. Um I sichtbar zu machen, werden die Chromatogramme vor der Betrachtung im UV-Licht mit 2n KOH in Methanol besprüht. Außer I u. II werden in Solanaceen noch *Äsculetin* u. *Umbelliferon* aufgefunden. (Planta med. [Stuttgart] **6.** 186—202. Juli 1958. Halle, Univ., Pharmaz. Inst. u. Arbeitsstelle für Biochem. der Pflanzen.) E. LÜCK. 4782

Helena Tumiłowicz, *Untersuchung über den gewöhnlichen Kümmel (Carum carvi L.).* Vgl. der Kümmelqualität verschied. Standorte in Polen. Der Ölgeh. des Samens aus dem Küstengebiet Żuławy, das ein günstiges Klima hat, beträgt 5,2%, die Keimfähigkeit 94% u. das Tausendkorngewicht 2,430 g. (Acta polon. pharmac. **15**. 371—84. 1958. Gdańsk, Akad. Med., Zakł. Botaniki.) F. URBAN. 4782

Lucyna Pijewska, *Isolierung von Protoveratrin aus der in Polen vorkommenden Art Veratrum album.* Der benzol. Extrakt aus gut pulverisierten Veratrumwurzeln wird mit Essigsäure versetzt, die wss. Schicht abgetrennt, mit Bzl. u. 25%ig. NaOH verrührt, die benzol. Schicht abgetrennt, mit W. gewaschen, getrocknet u. eingedampft. Das Rohprod. wird mit absol. Ae. extrahiert, wobei *Protoveratrin* (I) zurückbleibt. Der Rückstand wird über das Acetat gereinigt u. aus Chlf. u. Ae. umkrist. (F. 241—243° [Zers.]; 0,025% Ausbeute). Aus schlechten Rohstoffen wird ein Prod. mit F. > 200° erhalten, das sich durch Verteilung nach CRAIG zwischen 2%ig. Essigsäure u. Chlf. reinigen läßt. Die Verteilung läßt sich auch zur Trennung von I (1,67 g) in die Isomeren A (F. 262—263° [Zers.]; 0,62 g) u. B (F. 265—266° [Zers.]; 0,12 g) verwenden. Daneben werden 0,61 g Germerin, F. 187—189°, erhalten. (Acta polon. pharmac. **15.** 219—21. 1958. Łódź, Akad. Med., Zakł. Chem. organ.) F. URBAN. 4782

C. Pyriki und **R. Müller,** *Das Verhalten einiger flüchtiger Nicotianaalkaloide bei der Destillation und ihre quantitative Erfassung.* Vff. untersuchen die Trennung von *Nicotin* (I), *Anabasin* (II) u. *Nornicotin* (III). I ist in Substanz durch einfache Dest. mit MgO u. NaCl prakt. quantitativ zu erfassen. Beim Vorliegen von Pflanzenmaterial ist die Alkalisierung mit MgO nicht ausreichend. I-Dipikrat ist in seinen Fällungsmitteln prakt. unlöslich. II ist bei einfacher Dest. schwerer flüchtig als I u. nicht quantitativ zu erfassen. II-Dipikrat ist etwas mehr lösl. als I-Dipikrat. III ist nur bei starker Alkalisierung mit NaOH durch Wasserdampfdest. quantitativ überzutreiben. Sein Dipikrat ist in seinen Fällungsmitteln merklich löslich. I u. II lassen sich durch kombinierte Dest. mit MgO ohne Wasserdampf u. dann mit NaOH u. Wasserdampf nicht trennen. I u. III lassen sich auf diese Weise trennen, wenn III in wesentlich niedrigerer Konz. als I vorliegt. Bei größerer III-Konz. ist eine Trennung nur über die potentiometr. Titration mit $HClO_4$ möglich. Die quantitative Best. der Gesamtalkaloide in Pflanzenmaterial hängt nicht nur vom Alkalisierungsmittel, sondern auch vom Vol. im Destillationskolben ab. (Pharmaz. Zentralhalle Deutschland **98.** 7—19. Jan. 1959. Dresden, Inst. für Tabakforschung.) S. ERBE. 4782

C. H. Liberalli und **Clara Aisic Sharovsky,** *Die Alkaloide von Berberis laurina (Billb.) Thunb. (St. Jakobswurzel).* 1. Mitt. *Chromatographische Untersuchungen über den ätherlöslichen Alkaloidkomplex.* Vff. haben mit Ae. Extrakte aus den Wurzeln von *Berberis laurina* hergestellt u. in ein- u. zweidimensionalen Papierchromatogrammen unter Verwendung verschied. Papiersorten u. Fll. außer Berberin noch 5 andere Alkaloide nachgewiesen, nicht aber Hydrastinin im Gegensatz zu den Ergebnissen früher veröffentlichter Untersuchungen. (An. Fac. Farmác. Odontol. Univ. São Paulo **15.** 135—46. 1957/1958. São Paulo, Univ., Cadeira de Farmácia Galenica). HEINRICH HERMANN. 4782

C. H. Liberalli und **Clara Aisic Sharovsky,** *Die Alkaloide von Berberis laurina (Billb.) Thunb. (St. Jakobswurzel).* 2. Mitt. *Variationen des Alkaloidkomplexes je nach dem Ursprung der Droge.* (1. vgl. vorst. Ref.) Vff. haben mit Ae. Extrakte aus Wurzeln von *Berberis laurina* aus verschied. Teilen Brasiliens in ein- u. zweidimensionalen Papierchromatogrammen unter Verwendung verschied. Papiersorten u. Fll. in Pflanzen aus Rio Grande do Sul 8 Alkaloide feststellen können, die nicht mit Berberin oder Hydrastinin ident. sind. In Pflanzen aus Parana fanden sich nur 4 Alkaloide. (An. Fac. Farmác. Odentol. Univ. São Paulo **15.** 147—58. 1957/1958.) HEINRICH HERMANN. 4782

L. A. Schinjanski, L. Ss. Kasarnowski, N. Ja. Karawai und **W. N. Ssolonko,** *Extraktion unter der Einwirkung von Ultraschallwellen.* 1. Mitt. Unter Anwendung von

Ultraschallwellen der Frequenz 480—500 kHz, der Intensität 20 W/cm² u. der Exposition 15 Min. wurden Extrakte von Baldrian, Hagebutte, Belladonna, Brechnuß u. Fingerhut untersucht u. mit den üblichen Extrakten verglichen. Es zeigte sich, daß durch die Ultrabeschallung die Extraktionsdauer stark abgekürzt wird, u. daß die Extrakte den Anforderungen der 8. Sowjet. Pharmakopoe genügen. (Фармацевтичний Журнал (Київ) [Pharmaz. J. (Kiew)] **14.** Nr. 2. 27—28. 1959. Charkow, Pharm. Inst., Lehrstuhl für Physik u. Lehrstuhl für Technol. der Arzneiformen u. galen. Präpp.) O. Lebtag. 4790

H. Chwiałkowski, *Chirurgischer Gips. Eigenschaften und einige qualitative Kontrolluntersuchungen.* Übersicht. (Farmacja polska **14.** 375—78. 30/11. 1958.) F. Urban. 4794

J. R. Gwilt, J. L. Livingstone und **A. Robertson,** *Die in vitro-Bewertung eines Natriumpolyhydroxyaluminiummonocarbonat–Hexit-Komplexes als gastrisches Antacidum.* Zur in vitro-Bewertung der Eigg. eines gastr. Antacidums sollen 2 Methoden herangezogen werden: die 1. Meth. soll die Geschwindigkeit ermitteln, mit der das zu prüfende Präp. neutralisiert wird, während die 2. Meth. die Wirkungsdauer des Präp. bei einem bestimmten p_H-Wert ermitteln soll. Entsprechende Methoden werden beschrieben, u. es wird gezeigt, daß viele Antacida nicht den gestellten Anforderungen entsprechen, während ein neues Präp., ein *Na-Polyhydroxy-Al-monocarbonat–Hexit-Komplex,* sich als bes. geeignet erweist. (J. Pharmacy Pharmacol. **10.** 770—75. Dez. 1958. Newcastle-upon-Tyne, Winthrop Labor. Ltd.) H. P. Fiedler. 4804

Julius G. Shukys und **Arthur H. Neeley,** *Untersuchungen über Bildung und Zerfall von Ätherperoxyden.* Selbst bei Durchströmung eines Soda–Kalk-Absorbers mit reinem CO_2 wird die Entzündungstemp. eines O_2–Ae.-Gemisches nicht erreicht. Längerer Kontakt von Ae. mit Luft bzw. O_2 führt zu einer *Peroxyd* (I)-Konz. von über 0,005%, so daß die Verwendung von Ae. aus locker verschlossenen Flaschen nach einer Woche, aus dem Verdunster eines Narkosegerätes nach 2 Tagen nicht mehr ratsam erscheint. Nach Vff. ist es jedoch unwahrscheinlich, daß durch das Absorptionsgemisch eine verstärkte I-Bldg. hervorgerufen wird oder daß eine zur Entzündung notwendige Temp. bei Zers. des I erreicht werden kann. (Anesthesiology **19.** 671—75. Sept./Okt. 1958. Murray Hill, N. J., Ohio Chem. & Surg. Equipment Co.) R. Timmler. 4806

Sz. Donhoffer, I. Járai, Gy. Mestyán, Gy. Szegvári und **I. Várnai,** *Papierchromatographische Untersuchung von Thyroxin und anderen Jodthyroninen.* Die papierchromatograph. Unters. von *L-Thyroxin, DL-Thyroxin, L-Trijodthyronin, L-Tetrajodthyroessigsäure* u. *L-Trijodthyroessigsäure* verschied. Herkunft beweist, daß selbst erstklassige Präpp. ein Gemisch verschied. jodhaltiger Komponenten sind u. daß ihre physiol. Wrkg. nicht ohne weiteres einer einzigen Verb. zugeschrieben werden kann. (Naturwissenschaften **45.** 264. 1. Juni-H. 1958. Pécs, Univ., Pathophysiol. Inst.) A. Gude. 4808

Joseph Úri, *Neue Antibioticatypen durch Aussalzungspapierchromatogramme.* Zu den bereits von Miyazaki u. Mitarbeitern (C. **1955.** 8415) durch Aussalzungspapierchromatographie aufgestellten 4 Antibioticagruppen fügt Vf. eine weitere hinzu. Sie besteht aus *Oleandomycin, Carbomycin* u. *Erythromycin,* besitzt R_F-Wert 0 in dest. W. u. ansteigende Werte mit ansteigenden NH_4-Konzz. bis auf 5% NH_4Cl. Liegt diese höher als 5%, so sinken die R_F-Werte wieder ab. *Desertomycin* wird vom Vf. in die nächste Gruppe F gesetzt. (Nature [London] **183.** 1188—89. 25/4. 1959. Debrecen, Hungary, Univ., Med. School; Hungarian Acad. of Sci., Inst. for Antibiotic Res., Dep. of Pharmacol.) H. Dölle. 4810

Phillips Hallowell, John T. Murphy und **Anita B. Mangiaracine,** *Sterilisation von Ampullen mit Äthylenoxyd.* Folgende Faktoren sind bei Verwendung von *Äthylenoxyd* (I) als Sterilisations (ST)-Mittel zu berücksichtigen: 1. Zur Ermöglichung eines guten Kontaktes zwischen ST-Gut u. ST-Mittel ist vor Zuführung des I ein Vakuum von weniger als 1 at erforderlich, die eigentliche ST sollte bei einem Überdruck von mindestens 2 at erfolgen. 2. Relative Feuchtigkeit von 25—50% im ST-Raum. 3. Dauer der ST bei Zimmertemp. 16 Std. (über Nacht), bei 100—140° F 3—4 Stunden. 4. Erforderliche I-Konz. ca. 0,5 g/Liter. Testbakterien wurden bei der Methodik der Vff. durch I stets abgetötet. (Anesthesiology **19.** 665—70. Sept./Okt. 1958. Boston, Mass., Harvard Med. School.) R. Timmler. 4832

R. Kress, *Arzneimittelprüfungen auf Schwermetallionen mit Natriumcarbatreagens.* 2. Mitt. *über Natriumdiäthyldithiocarbaminat in der pharmazeutischen Analyse.* (1. vgl. C. **1959.** 1548.) *Na-Diäthyldithiocarbaminat* (I; Natriumcarbat) entspricht im Hinblick auf Eignung als künftiges Arzneibuchreagens den Forderungen nach Haltbarkeit, Erfassen aller Schwermetallionen sowie sofortige u. eindeutige Reaktionsweise. Neben Vorschriften zur Reagensbereitung u. I-Darst. werden an Hand einer Reihe pharmazeut. Präpp. Nachweis-Rkk. für Sb, As(III), Pb, Cd, Hg, Zn, Sn, As(V), Fe(II),

Cu, Fe(III), Cr, Ni, Bi, Ag u. Mn beschrieben. (Dtsch. Apotheker-Ztg. **97.** 793—96. 5/9. 1957. Witten/Ruhr.) HEINZ WALTER. 4880

E. Schratz und **W. Egels,** *Fraktionierte, eindimensionale Papierchromatographie. Eine Methode zur Trennung von Stoffen niedriger* R_F-*Bereiche.* Es wird eine neue papierchromatograph. Technik für die Trennung von Substanzen mit sehr kleinen R_F-Werten beschrieben. Sie beruht darauf, daß Chromatogramme wiederholt angesetzt u. getrocknet werden. Beim 2. bzw. jedem folgenden Ansatz bestimmt der prim. bzw. die sek. R_F-Werte die Startlinie der zu trennenden Stoffe, u. die Gesamtlaufstrecke wird erhöht. Durch die fraktionierte Chromatographie wird für Stoffe mit kleinem R_F-Wert ein Trennungsoptimum erreicht. Durch Verss. mit Alkaloiden (Cotarnin, Chelidonium-, Papaver- u. Berberisalkaloiden) wird die Brauchbarkeit der Meth. dargelegt. (Planta med. [Stuttgart] **6.** 148—85. Juli 1958. Münster, Univ., Inst. für Pharmazeut. Botanik; Joseph-König-Inst., Landwirtschaftl. Unters.- u. Forschungsanst.) E. LÜCK. 4880

Karl Herrmann und **Wolfgang Enge,** *Über Gerbstoffbestimmungsverfahren.* Für techn. Serienmethoden der Gerbstoffbest. empfehlen Vff. die Phosphorwolframatmeth., abgelehnt werden wegen großer Störanfälligkeit die Oxydationsverff. mit $KMnO_4$ u. NaJO. Für wissenschaftliche Unterss. werden spezif. Prüfmethoden für genau definierte Inhaltsstoffe gefordert. — 38 Literaturzitate. (Dtsch. Apotheker-Ztg. **99.** 325—28. 2/4. 1959. Halle/Saale, Univ., Inst. für landwirtschaftl. Technolog. u. Vorratspflege; Leipzig, Pharmazieschule.) S. ERBE. 4880

A. Vanden Bulcke, *Vorschläge für Untersuchungsvorschriften für nichtoffizinelle Heilmittel.* 10. Mitt. *Natriumcamphosulfonat.* (9. vgl. C. **1959.** 4898.) Anwendung, Nachw., Eigg. u. Verff. zur Unters. von Na-Camphosulfonat. (Pharmac. Tijdschr. Belgie **35.** 94—96. Juni 1958.) W. WESLY. 4880

Herbert Schindler, *Die chemische Wertbestimmung von Convallaria und deren Zubereitungen.* Das beschriebene Wertbestimmungsverf. beruht auf der colorimetr. Messung der in Chlf.-A. ausschüttelbaren *Convallaria* (I)-*Glykoside* nach der Umsetzung mit KEDDE-Reagens. 50 g I-Tinktur werden im Vakuum bei maximal 50° eingedampft, der Rückstand mit 100 ml W. aufgenommen u. zur Entfernung störender Ballaststoffe 3mal mit je 150 ml Chlf. ausgeschüttelt. Die die Glykoside enthaltende wss. Phase wird dann 5mal mit je 200 ml Chlf.-A. (absol.) 1 : 1 ausgeschüttelt. Bei allen Ausschüttelungen muß das Verhältnis der 3 Lösungsmittel stets 1 : 1 : 1 betragen. Alle Chlf.-A.-Fraktionen werden im Vakuum zur Trockne eingedampft u. der Rückstand mit Methanol auf 50 ml aufgefüllt. 1 ml dieser Lsg. werden mit 3 ml Methanol verd., je 2 ml 2%ig. methanol. 3.5-Dinitrobenzosäure u. n-KOH zugegeben u. sofort bei 530 mμ photometriert. Die stärkste Farbintensität wird nach ca. 3—4 Min. erreicht. In I-Urtinktur (HAB. 2) fanden sich 23—31 mg% Glykoside, in I-Tinktur (Erg. B 6) 45 mg%, in Succus Convallariae 54 mg% u. in Blattdrogen des Handels 246—380 mg%, bezogen auf Trockensubstanz. Die mit der Meth. gefundenen Werte deckten sich mit den im pharmakol. Vers. ermittelten. Eine Reinigung der I-Extrakte mit Al_2O_3 oder Bleiessig ist unnötig. (Planta med. [Stuttgart] **6.** 140—47. Juli 1958. Karlsruhe, Dr. W. Schwabe & Co.) E. LÜCK. 4880

E. G. C. Clarke, *Mikrochemische Unterscheidung zwischen optischen Isomeren von N-Methylmorphinananalgetica.* Ein Mikrotropfen einer Lsg. von 1 Teil rac. *3-Hydroxy-N-methylmorphinan* (I) in 100—500 Teilen 1%ig. HCl gibt auf Zusatz von 5%ig. Na_2CO_3-Lsg. Kristalle in Form von Büscheln dünner Platten, während das (+)- u. das (—)-Isomere nur amorphe Fällungen ergeben. Durch Zusatz von definiertem (+)-I bzw. (—)-I vor der Fällung wird zwischen (+)- u. (—)-Isomeren unterschieden. Rac. *3-Methoxy-N-methylmorphinan* (II) gibt auf Zusatz von Trinitrobenzoesäure rosettenartige Kristalle, (+)-II bzw. (—)-II geben nur ölig-amorphe Fällungen. Die Unterscheidung zwischen (+)- u. (—)-Isomerem erfolgt wie bei I. Die Empfindlichkeit des Testes beträgt ca. 0,2 μg. (J. Pharmacy Pharmacol. **10.** 642—44. Okt. 1958. London, Royal Vet. Coll., Dep. of Physiol.) H. BREUER. 4880

Lee Kum-Tatt, Russell A. Rockerbie und **Leo Levi,** *Bestimmung von Narcotin und Papaverin durch Infrarotspektroskopie und nichtwässerige Titration.* Vff. beschreiben die IR-spektrophotometr. Best. von *Narcotin* (I) neben *Papaverin* (II) in CCl_4 bzw. Chlf., die auf Grund einer starken Absorption der CO-Gruppe des Lactonringes von I bei 1760 cm^{-1} möglich ist. Durch bekannte nichtwss. Titration erhält man die Summe der beiden Alkaloide u. den II-Geh. durch Differenzbildung. Fehlergrenze ca. 5%. (J. Pharmacy Pharmacol. **10.** 621—24. Okt. 1958. Singapore, Government Chem. Dep.; Regina, Royal Can. Mounted Police, Crime Det. Labor.; Ottawa, Dep. of Nat. Health and Welfare, Food and Drug Labors.) H. BREUER. 4880

A. Holbrook, *Anwendung einer spektrophotometrischen Methode zur Bestimmung von Kalium-, Procain- und Benzathinpenicillin in pharmazeutischen Zubereitungen.* Eine spektrophotometr. Meth., die ursprünglich für die Best. von *K-Penicillin* vorgesehen war, wurde auch auf die Best. von *Procain-* u. *Benzathin–Penicillin* ausgedehnt. Eine Lsg., die ca. 0,1 g Penicillin/Liter enthält, wird unter bestimmten, näher beschriebenen Bedingungen zusammen mit einer Na-Acetat–Essigsäure-Pufferlsg (p_H 4,6), der eine Spur $CuSO_4$ zugesetzt wird, erhitzt. Die anfallende Penicillinsäure wird bei 322 mμ spektrophotometr. bestimmt. Standardfehler der Meth.: 3%; Anwendungsbereich für Konzz. > 0,5 Einheiten/mg. (J. Pharmacy Pharmacol. **10.** 762—69. Dez. 1958. Blackley, Manchester, Imperial Chemical Ind. Ltd., Pharmac. Dep., Pharmac. Div.)
H. P. Fiedler. 4880

Zbigniew Kotula, *Adsorption und Elution von Streptomycin auf Kationenaustauschern verschiedener Herkunft.* Die schwach sauren Kationenaustauscher Wofatit CP (I) u. Amberlit IRC-50 (II) adsorbieren 1,94 bzw. 1,02 Megaeinheiten Streptomycinsulfat/g. Die höchste Ausbeute beim Eluieren mit 1n H_2SO_4 wird an **II** (93,1%) erzielt, an **I** ist sie nur ca. 80%. (Acta polon. pharmac. **15.** 343—46. 1958. Warszawa, Inst. Farmac., Zakł. Antybiot.) F. Urban. 4880

H. Wehle, *Eine Methode zur Messung der Schaumkraft von Zahnpasten und Zahnseifen und Festsetzung einer Schaumkraftzahl.* Einfache Meth., mit deren Hilfe aus dem Schaumvol., das eine *Zahnpasta* oder *Zahnseife* bei einheitlicher Handhabung bildet, die Schaumkraft gemessen u. aus ihr u. dem theoret. günstigsten Wert die Schaumkraftzahl errechnet wird. (Pharmazie **11.** 135—38. Febr. 1956. Leipzig, Univ.- u. Bezirks-Hygiene-Inst.) M. Negwer. 4880

G. Mylius, *Über die Beurteilung von Zahnpflegemitteln mit Hilfe der Schaumkraftzahl.* (Vgl. Wehle, vorst. Ref., u. Meyer, C. **1959.** 12631.) Durch die Ermittlung der Schaumzahl ist eine Qualitätsbest. einer Zahnpasta nicht möglich, da es schäumende u. nichtschäumende Zahnpasten gibt. Schaumqualität u. -menge lassen sich nur durch Bürsten, nicht durch Schütteln feststellen. — Vf. gibt ein einfaches Hilfsmittel zur Prüfung des Bürstenschaumes. (Pharmazie **12.** 366—68. Juni 1957. Dresden.)
W. Barz. 4880

H. Wehle, *Über die Bestimmung der Schaumkraft von Zahnpasten.* Polemik gegen die Arbeiten von Meyer (C. **1959.** 12631) u. Mylius (vgl. vorst. Ref.). (Pharmazie **12.** 756—57. Nov. 1957.) W. Barz. 4880

G. Mylius, *Über die Beurteilung der Zahnpflegemittel mit Hilfe der Schaumkraftzahl.* Erneute Polemik gegen Wehle (vgl. vorst. Ref.). (Pharmazie **13.** 348. Juni 1958.)
W. Barz. 4880

Ciba Akt.-Ges., Basel, Schweiz (Erfinder: **Leon Lachmann,** Summit, und **William Lassell Suydam jr.,** Chatham, N. J., V. St. A.), *Herstellung eines Tablettengranulats,* dad. gek., daß man eine gepulverte Mischung von Hilfs- u. Wirkstoffen über der Dampfphase mit an sich bekannten Benetzungsmitteln (z. B. wss. A.) behandelt u. die befeuchtete Mischung im Vakuum trocknet. Während der Befeuchtung, die auch im Vakuum durchgeführt werden kann, u. während des Trocknens hält man die Mischung in kontinuierlicher Bewegung. — Zeichnung. (**D. A. S. 1 060 093** Kl. 30h vom 25/4. 1958, veröff. 25/6. 1959. Schwz. Prior. 26/4. 1957.) K. Koebke. 4767

Knut Jacobus Sundman, Helsinki, Finnland, *Herstellung von in einer Trägersubstanz gelösten oder dispergierten Arzneimitteln* in dosierter Form nach dem Tropfverf., dad. gek., daß eine koll. wss. Lsg. eines Quellstoffes (Gelatine, Agar–Agar, Gummi acacia, Pektin, Stärke, Traganth, Casein) mit dem gelösten oder dispergierten oder emulgierten Arzneimittel bei erhöhter Temp. in ein Fällbad eingetropft wird, welches eine verhältnismäßig große Ausdehnung in senkrechter Richtung besitzt, wobei die Temp. im oberen Teil des Fällbades etwa der Temp. der eingetropften Lsg. entspricht, während sie nach unten langsam so weit abnimmt, daß die kugelförmigen Tropfen erstarren. (**D. A. S. 1 059 624** Kl. 30h vom 2/11. 1955, veröff. 18/6. 1959. Finn. Prior. 11/11. 1954.)
K. Koebke. 4787

Air Reduction Co., Inc., New York, N. Y., übert. von: **LaVern E. Runkel** und **Richard J. Zielinski,** Madison, Wis., V. St. A., *Aufbewahren von Catgut.* Den üblichen, zum Aufbewahren von Catgut (I) dienenden Fll. aus einem Gemisch von W. u. einem mit W. mischbaren Alkohol, bes. A., werden zur Erhöhung der Flexibilität von **I** weniger als 5 (%), bes. 0,25—1 Propylenglykol zugesetzt; **I** braucht dann vor der Verwendung nicht in einem besonderen Arbeitsgang erweicht zu werden. (**A. P. 2 796 984** vom 28/4. 1955, ausg. 25/6. 1957.) E. Petersen. 4795

Monsanto Chemicals Ltd., London (Erfinder: **Joseph Patrick Brown,** Geufron, Llangollen, Denbighshire, und **John Payne,** Pink Lane, Burnham, Buckinghamshire),

England, *Fungicides Mittel* mit einem Geh. an substituierten Alkylphenylketonen, dad. gek., daß es als Wirkstoff *Methyl-2-hydroxy-4.6-dimethyl-5-chlorphenylketon* u./oder ein Salz hiervon, bes. 1—25 Gew.-%, enthält, als Creme, Salbe, Lsg., Dispersion oder Pulver, auch auf Watte aufgetragen. (**D. A. S. 1 060 096** Kl. 30i vom 16/8. 1957, veröff. 25/6. 1959. E. Priorr. 17/8. 1956 u. 19/7. 1957.) K. KOEBKE. 4807

Martin Halds (Erfinder: **Aldo Riva**), *Herstellen von Benzolsulfonylglykolylaniliden oder entsprechenden aromatischen Aminsalzen.* Man bringt in einem flüchtigen organ. Lösungsm., z. B. Aceton, ein Glykol eines Benzolamins in Rk. mit einem aromat. Chlorsulfonat in Ggw. von Triäthylamin als Kondensationsmittel, entfernt den Nd. von krist. Triäthylaminhydrochlorid u. erhält ein Benzolsulfonylglykolylanilid durch Verdampfen des Lösungsmittels. — Beispiele: *p-Toluolsulfonylglykolylanilid*, F. 111—113°; *p-Toluolsulfonylglykolyl-2.6-dimethylanilid*, F. 122—123°; *Benzolsulfonylglykolyl-2.6-dimethylanilid*, F. 97—99°; *p-Toluolsulfonylglykolyl-p-toluidid*, F. 157—158°; *Benzolsulfonylglykolyl-p-toluidid*, F. 109—110°. — *Lokalanästhetica.* (**Aust. P. 210 987** vom 14/6. 1955, ausg. 21/11. 1957.) K. DEMMLER. 4807

J. R. Geigy Akt.-Ges., Basel, Schweiz, *Herstellung von Amiden der Eugenol- und Isoeugenolglykolsäure* (**II**), dad. gek., daß man die Säuren oder ihre funktionellen Derivv. mit prim. oder sek. Aminen umsetzt. — Zu 220 (Teilen) Eugenolglykolsäure (α-[2-Methoxy-4-allylphenoxy]-essigsäure; **I**) in Bzl. setzt man allmählich bei 40—50° 180 $SOCl_2$ u. kocht 39—40 Min., dampft im Vakuum ab, löst 240 des erhaltenen Säurechlorids in Ae. u. setzt unter Rühren u. Kühlen 180 Diäthylamin zu. Nach 15 Min. Erhitzen auf 40—50° wird filtriert, ausgeäthert u. neutralisiert. Man erhält ca. 180 **I**-*Diäthylamid*, $Kp._{2-3}$ 188 bis 195°. — Analog **I**-*Methyl-*, F. 53—54°, *Äthyl-*, F. 59—60°, *n-Propyl-*, F. 44—45°, *Isopropyl-*, F. 44—45°, *Allyl-*, F. 54—55°, *n-Butyl-*, F. ca. 40°, $Kp._{0,003}$ 143—145°, *Cyclohexyl-*, F. 55—56°, *Cyclohexylmethyl-*, F. 67—68°, *N-Methylcyclohexyl-*, $Kp._{0,01}$ 169 bis 172°, u. *-benzylamid*, F. 51—52°. — *Anilid*, F. 55—56°. — *Piperidid*, $Kp._{0,01}$ 162—164°. — *Morpholid*, $Kp._{0,005}$ 139—141°, F. 62—64°. — *Pyrrolidid*, $Kp._{0,01}$ 129—131°. — *Dimethylamid*, $Kp._{0,001}$ 133—135°. — **II**-*Diäthylamid*, $Kp._{0,005}$ ca. 140°. — **I**-*Äthylamid*, aus **I**-Äthylester. — **I**-*N-[n-Butyl]-anilid*, $Kp._{0,0003}$ 144—147°, aus N-[n-Butyl]-anilin. — **I**-*Di-n-propyl-*, $Kp._{0,005}$ 142—145°, *-Di-n-butyl-*, $Kp._{0,001}$ 128—131°, u. *-N-Methylisopropylamid*, $Kp._{0,001}$ 143—145°. — **I**-*N-Methyl-*, $Kp._{0,008}$ 175—178°. *-N-Äthyl-*, $Kp._{0,002}$ 139—142°, *-N-[n-Propyl]-*, $Kp._{0,006}$ 177—178°, *-N-[n-Amyl]-*, $Kp._{0,0005}$ 125—130°, *-N-[n-Hexyl-]*, $Kp._{0,0008}$ 145—150°, *-N-Allyl-*, $Kp._{0,0005}$ 170—175°, *-N-Methallyl-*, $Kp._{0,0007}$ 165—170°, *-N-Äthyl-3'.4'-dimethyl-*, $Kp._{0,001}$ 175—180°, *-N-Methyl-p-chlor-*, $Kp._{0,0005}$ 168 bis 173°, *-N-Äthyl-p-chlor-*, F. 48—49°, *-N-[n-Propyl]-p-chlor-*, F. 81—82°, *-N-[n-Butyl]-p-chlor-*, F. 74—75°, *-N-Äthyl-3'.4'-dichlor-*, F. 70—71°, *-N-Äthyl-p-bromanilid*, $Kp._{0,0005}$ 175—178°. — **I**-*N-Äthyl-p-anisidid*, $Kp._{0,0005}$ 157—163°. — **I**-*N-Äthyl-o-*, $Kp._{0,001}$ 165 bis 167°, u. *-p-toluidid*, $Kp._{0,001}$ 173—176°. — **I**-*N-[n-Propyl]-p-toluidid*, $Kp._{0,0007}$ 167 bis 172°. — **II**-*N-Äthyl-*, $Kp._{0,0003}$ 148—153°, u. *-n-Butylanilid*, $Kp._{0,001}$ 150—152°. — *Therapeutica.* (**Oe. P. 194 385** vom 13/6. 1956, ausg. 10/1. 1958. Schwz. Priorr. 14/6. 1955 u. 1/3. 1956.) S. BÖTTCHER. 4807

Wellcome Foundation Ltd. (Erfinder: **Leslie Percy Walls**), *Therapeutisch verwendbare Stoffe* bilden Verbb. der allg. Formel $M{=}(CH_2O—$ 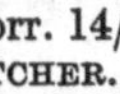 $—NR_1R_2)_2$ oder Salze davon, die *schistosomicide* Eigenschaften haben. Hierbei ist M eine aliphat. Kette mit 2—4 C-Atomen u. einer Doppel- oder Dreifachbindung, bes. eine 2-Buten-, 3-Hexen- oder 3-Heptengruppe, R_1 u. R_2 sind gleich oder verschieden u. stellen H-Atome oder Alkylgruppen mit 1—4 C-Atomen dar. Herst. durch Kondensation von ω-disubstituierten Alkenen oder Alkinen der allg. Formel $M{=}(CH_2X)_2$ mit p-disubstituierten Benzolderivv. der allg. Formel C_6H_4YZ. Hierbei sind X u. Y Gruppen, die bei der Kondensation eine Ätherbrücke bilden können u. Z = NR_1R_2 oder ein anderer, in eine prim., sek. oder tert. NH_2-Gruppe umwandelbarer Rest, Y ist z. B. eine OH-Gruppe u. X ein Cl-Atom oder eine Methansulfonoxygruppe. — Beispiele: *1.4-Bis-(p-aminophenoxy)-buten-(2)*, F. 143°; *1.4-Bis-(p-methylaminophenoxy)-buten-(2)*, weiße Kristallblättchen, F. 117—118°, *1.4-Bis-(p-acetamidophenoxy)-butin-(2)*, F. 220—222°; *1.4-Bis-(p-methylaminophenoxy)-butin-(2)*, blaßgelbe Kristalle, Platten, F. 92—93°; *1.4-Bis-(p-dimethylaminophenoxy)-buten-(2)-jodmethylat*, weiße Prismen, F. 218°; *1.4-Bis-(p-diäthylaminophenoxy)-buten-(2)*, braune Prismen, F. 92,5—94°; *1.6-Bis-(p-acetamidophenoxy)-hexen-(3)*, weiße Prismen, F. 232,5°; *1.6-Bis-(p-methylaminophenoxy)-hexen-(3)·2HCl*, weiße Blättchen, F. 196 bis 199°; *1.6-Bis-(p-dimethylaminophenoxy)-hexen-(3)*, weiße Blättchen, F. 87°; *1.7-Bis-(p-acetamidophenoxy)-hepten-(3)*, weiße Nadeln, F. 160°; *1.7-Bis-(p-methylaminophenoxy)-hepten-(3)·2HCl*, F. unbestimmt; *1.4-Bis-(p-n-propylaminophenoxy)-buten-(2)*, weiße Blättchen, F. 100,5—101,5°; *1.4-Bis-(p-äthylaminophenoxy)-buten-(2)*, weiße Blättchen, F. 118°; *1.6-Bis-(p-n-propylaminophenoxy)-hexen-(3)*, blaßgelbe Blättchen, F. 106°; *1.6-Bis-*

(p-aminophenoxy)-hexin-(3), weiße Kristalle, F. 227°; *1.6-Bis-(p-acetmethylamidophenoxy)-hexin-(3)*, farblose Prismen, F. 109—111°; *1.6-Bis-(p-dimethylaminophenoxy)-hexin-(3)*, weiße Blättchen, F. 88—89,5°; *1.5-(p-acetamidophenoxy)-pentin-(2)*, weiße Nadeln, F. 196,5—197,5°; *1.5-Bis-(p-acetamidophenoxy)-penten-(2)*, weiße Nadeln, F. 181 bis 181,5°, von allen Verbb. wurden auch Hydrochloride hergestellt. (**Aust. P. 206 311** vom 13/12. 1955, ausg. 14/3. 1957. E. Prior. 13/12. 1954.) A. KALIX. 4807

F. Hoffmann-La Roche & Co. Akt.-Ges. (Erfinder: **Balthasar Hegedüs**), Basel, Schweiz, *Derivate des 2.4-Diketochromans* der allg. Formel I (R = Alkyl mit 1—4 C-Atomen; R' = H oder Substituent, der kein C-Atom enthält, wie Halogen oder NO_2; R'' = Halogen, wie Cl, Br) erhält man durch Behandeln von Verbb. der allg. Formel II mit Halogen oder Halogen abgebenden Verbb. (SO_2Cl_2, N-Chlor- oder N-Bromsuccinimid) in einem inerten Lösungsm. (PAe., CCl_4).

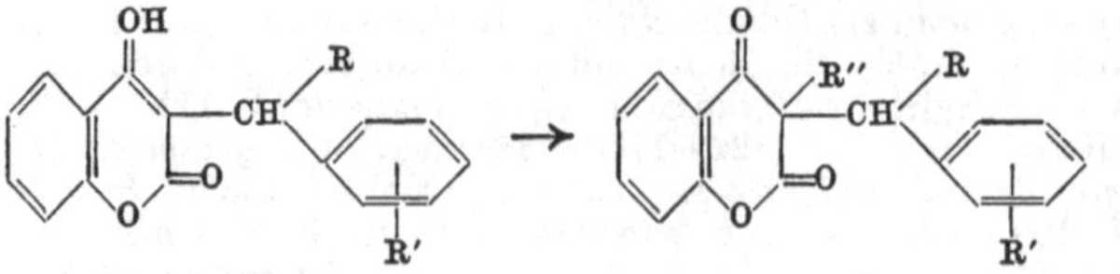

II I

— Aus 28 (Teilen) 3-(1'-Phenylpropyl)-4-hydroxycumarin u. 50 SO_2Cl_2 nach 10 Min. unter Rückfluß → *rac. 3-Chlor-3-(1'-phenylpropyl)-2.4-diketochroman*, aus CCl_4, F. 118 bis 120°. — N-Bromsuccinimid → 2 Racemate des *3-Brom-3-(1'-phenylpropyl)-2.4-diketochromans*, aus CCl_4, F. 146—149° u. 93—95°. — 3-(1'-p-Chlorphenylpropyl)-4-hydroxycumarin + SO_2Cl_2 → *rac. 3-Chlor-3-(1'-p-chlorphenylpropyl)-2.4-diketochroman*, aus wenig CCl_4, F. 151—153°. — 3-(1'-m-Nitrophenylpropyl)-4-hydroxycumarin → *3-Chlor-3-(1'-m-nitrophenylpropyl)-2.4-diketochroman*, aus Toluol, F. 175—178°. — Durch Alkali wird das Halogen in 3-Stellung abgespalten. Die stereoisomeren Verbb. lassen sich infolge ihrer Löslichkeit in verschied. Lösungsmitteln voneinander trennen. Beide Formen wirken *blutgerinungshemmend*. — *Heilmittel.* (**Schw. P. 329 573** vom 25/8. 1954, ausg. 14/6. 1958.) G. KRAUSS. 4807

F. Hoffmann-La Roche & Co. Akt.-Ges., Basel, Schweiz, *Herstellung von Diphenyl-β-piperidylcarbinol* (I) u. seinen *Salzen*, dad. gek., daß man einen Pyridin-3-carbonsäureester bei 20—50° u. 70 at an Edelmetallkatalysatoren oder >150° u. starkem Druck mit RANEY-Ni hydriert u. mit einer metallorgan. Phenylverb. umsetzt oder umgekehrt. — Beschrieben wird die Rk. von Pyridin-3-carbonsäureäthylester (II) mit Phenyl-Li bei —10° in N_2 unter Bldg. von *Diphenyl-β-pyridylcarbinol*, F. 115—116° (*Hydrochlorid*, F. 222—225° [Zers.]), das an PtO_2 zu I, F. 160—161° (*Hydrochlorid*, F. 212 bis 213°) hydriert wird, u. die Hydrierung von II zu *Piperidin-3-carbonsäureäthylester*, $Kp._5$ 83—85°, der mit Phenyl-MgBr zu I umgesetzt wird. — I-*D-Tartrat*, F. 195—197°; $[\alpha]_D^{25}$ +13,6° (c = 1%; W.). *L-Tartrat*, F. 197—198°, $[\alpha]_D^{25}$ —31,45° (c = 1%; W.), u. F. 185—186°, $[\alpha]_D^{25}$ —8,2° (c = 1%; W.). *Nitrat*, F. 185—186°. *Oxalat*, F. 202—204°. *L-Hydroxysuccinat*, F. 174—175°; $[\alpha]_D^{25}$ —1,5° (c = 2%; W.). — *Anregungsmittel.* (**Oe. P. 194 853** vom 26/3. 1956, ausg. 25/1. 1958. A. Prior. 30/3. 1955.) S. BÖTTCHER. 4807

F. Hoffmann-La Roche & Co. Akt.-Ges. (Erfinder: **Herman Herbert Fox**), *Herstellung von Isonicotinsäurederivaten*, die *chemotherapeut.* Eigg. haben u. zur Bekämpfung der Tuberkulose dienen. Isonicotinylhydrazin wird in einem Verdünnungsmittel wie Alkoholen bzw. wss. Alkoholen mit einem Keton (außer Acetophenon) der Formel R_1—CO—R_2 zur Rk. gebracht, wobei R_1 eine substituierte oder nichtsubstituierte isocycl. Gruppe, R_2 eine Alkyl- oder Phenylgruppe bedeuten u. R_1 u. R_2 miteinander durch eine C—C-Bindung unter Bldg. eines Hydrazons verbunden sein können. — Beispiele: (1-Isonicotinyl = I) I-2-[α-(3'.4'-dimethoxyphenyl)-äthyliden]-hydrazin, F. 189,5—190,5°; I-2-(α-phenyl-n-butyliden)-hydrazin, F. 145—147°; I-2-(α-phenyl-n-octyliden)-hydrazin, F. 125,5—126,5°; I-2-[α-(p-tolyl)-n-hexadecyliden]-hydrazin, F. 100—102°; I-2-[α-(β-naphthyl)-äthyliden]-hydrazin, F. 217—218°; I-2-[α-indanyliden-(1)]-hydrazin, F. 202 bis 203°; I-2-(9-fluorenyliden)-hydrazin, F. 213—215°; I-2-(α-cyclopropyläthyliden)-hydrazin, F. 132°; I-2-decalylidenhydrazin, F. 152°; I-2-[α-(p-tolyl)-n-hexadecyl]-hydrazin, F. 64—65°. (**Aust. P. 210 550** vom 15/8. 1955, ausg. 31/10. 1957.) K. DEMMLER. 4807

Carlo Erba S. p. A. (Erfinder: **Willy Logemann**), Mailand, Italien, *Herstellung von Salzen der Isonicotinsäurehydrazidmethansulfonsäure*, F. 187—189° (Zers.), dad. gek., daß man Isonicotinsäurehydrazid (I) mit CH_2O umsetzt, das Kondensationsprod. mit H_2SO_3 behandelt u. die entstandene Methansulfonsäure des I in die entsprechenden Alkali- oder Erdalkalisalze verwandelt. (**D. A. S. 1 012 301** Kl. 12p vom 10/12. 1952, veröff. 18/7. 1957. **Zusatz zu D. A S. 1 008 291; C. 1957. 11103.**) W. HEYER. 4807

Deutsche Gold- & Silberscheideanstalt vormals Roessler, Frankfurt/M., *Herstellung von tertiären Thiophenylpyridylaminen.* Zu D. A. S. 1 001 684; C. **1957.** 5654 ist zu ergänzen: *Thiophenylpyridyl-[aminoäthyl]-trimethylammoniumjodid*, F. 240—243° (unscharf), aus Dimethylaminoäthylthiophenylpyridylamin u. Methyljodid. — *Thiophenylpyridylamino-$N_{(9)}$-essigsäureäthylester*, F. 97—98°. — Weitere Thiophenylpyridylaminhydrochloride: *$N_{(9)}$-Diisopropylaminoäthyl-*, F. 223—227°. — *$N_{(9)}$-Diäthylaminoisopropyl-*, F. 213—215° (Zers.). — *$N_{(9)}$-Di-n-butylaminoäthyl-*, F. 184 bis 185°. — *$N_{(9)}$-Dimethylamino-n-propyl-*, F. 105—108°. — *$N_{(9)}$-Diäthylamino-n-propyl-*, F. 142—144°. — *$N_{(9)}$-Pyrrolidinoäthyl-*, F. 190—195°. — *$N_{(9)}$-Piperidinoäthyl*, F. 229—231°. — *$N_{(9)}$-Piperidino-n-propyl-*, F. 178—180°. — *$N_{(9)}$-Pyrrolidino-n-propyl-*, F. 177—181°. — *$N_{(9)}$-[N-Methylpiperidinyl-(4)-methyl]-thiophenylpyridylamin*, $Kp._3$ 204—206°. *Dipikrat*, F. 187°, *$N_{(9)}$-[Diäthylaminoisopropyl]-thiophenylpyridylaminmethomethylsulfat*, F. 164 bis 166° (Zers.). — *$N_{(9)}$-[Dimethylaminoisopropyl]-thiophenylpyridylaminmethomethylsulfat*, F. 84° (Zers.). — *8-Chlortheophyllinsalz* des *$N_{(9)}$-[Dimethylaminoisopropyl]-thiophenylpyridylamins*, Zers. ab 152°, F. 200° (unscharf). — *Heilmittel*. (**Oe. P. 194 852** vom 1/10. 1955, ausg. 25/1. 1958. D. Prior. 2/10. 1954.) S. Böttcher. 4807

Henri Morren, Brüssel, Belgien, *1.4-Disubstituierte Piperazine* der allg. Formel $R-O-CH_2-CH_2NC_4H_8NCH_2CH_2-O-R'$, in der R einen gegebenenfalls durch Halogen substituierten Benzhydryl-, Alkoxy- oder Alkylrest u. R' = R, C_1-C_6—Alkyl-Hydroxyalkyl-, Phenyl- oder Benzylrest, der durch 1—3 Alkyl- oder Alkoxyreste substituiert sein kann, bedeutet, erhält man durch Rk. von Alkoholaten oder Phenolaten mit Halogenverbb. der allg. Formel $R(R')-O-CH_2-CH_2NC_4H_8NCH_2-CH_2-Hal$. Die Verbb. sind wirksame *Antihistaminica*. — Beispiele (-piperazin = I): 1-(2-p-Chlorbenzhydryloxyäthyl)-4-(2-methoxyäthyl)- I, $Kp._{0,02}$ 199°. 1.4-Bis-(2-p-chlorbenzhydryloxyäthyl)-I, $Kp._{0,05}$ 290°. 1-(2-p-Methoxybenzhydryloxyäthyl)-4-(2-p-tert.-butylbenzyloxyäthyl)-I, $Kp._{0,002}$ 260°. 1-(2-p-n-Hexylbenzhydryloxyäthyl)-4-(2-cyclohexyloxyäthyl)-I, $Kp._{0,005}$ 255°. Ferner folgende Verbb., wobei II = 1-(2-Benzhydryloxyäthyl)-: II-4-(2-tert.-butoxyäthyl)-I, $Kp._{0,07}$ 209°; II-4-(2-n-hexyloxyäthyl)-I, $Kp._{0,05}$ 214°; II-4-(2-cyclohexyloxyäthyl)-I, $Kp._{0,05}$ 245°; II-4-[2-(4'-methoxycyclohexyloxy)-äthyl]-I, $Kp._{0,02}$ 243°. Ferner folgende Verbb., wobei III = 1-(2-p-Chlorbenzhydryloxyäthyl)-: III-4-(2-tert.-butoxyäthyl)-I, $Kp._{0,1}$ 224°; III-4-(2-n-hexyloxyäthyl)-I, $Kp._{0,01}$ 232°; III-4-(2-n-octyloxyäthyl)-I, $Kp._{0,03}$ 245°; III-4-[2-(6'-hydroxy-n-hexyloxy)-äthyl]-I, $Kp._{0,1}$ 280°; III-4-(2-cyclohexyloxyäthyl)-I, $Kp._{0,05}$ 238°; III-4-[2-(4'-methylcyclohexyloxy)-äthyl]-I, $Kp._{0,05}$ 244°; III-4-[2-(4'-methoxycyclohexyloxy)-äthyl]-I, $Kp._{0,04}$ 270°; III-4-(2-m-methylphenoxyäthyl)-I, $Kp._{0,05}$ 235°; III-4-[2-(2'.6'-diisobutyl-4'-methylphenoxy)-äthyl]-I, $Kp._{0,4}$ 248°. (**Belg. P. 530 796** vom 30/7. 1954, ausg. 11/10. 1957.) L. Stadelmann. 4807

Ciba Akt.-Ges., Basel, Schweiz, *Herstellung 4-substituierter Pyridazon-(3)-verbindungen* der allg. Formel I, worin R_1 = H, Phenyl- oder Alkylrest, R_2 = Carboxylgruppe (auch verestert), R_3 u. R_4 = H, Phenyl- oder Alkylgruppe, dad. gek., daß man in Verbb. der allg. Formel II, worin R_5 = Cyan-, Carbamyl-, Methylgruppe oder Halogen, diese Gruppen in eine freie oder veresterte Carboxylgruppe überführt. — 4-Cyan-5.6-dimethylpyridazon-(3) wird in 90%ig. H_2SO_4 12 Std. auf 150° erhitzt. Nach Abkühlen, Zusatz von Eis u. Neutralisieren auf p_H 3 wird aus Chlf. *4-Carboxy-5.6-dimethylpyridazon-(3)* gewonnen, F. 172—175°; Ausbeute 91%. — Weitere Pyridazone-(3): *4-Carboxy-2.5.6-trimethyl-*, F. 107—108°, aus 4-Cyan-2.5.6-trimethyl-. — Analog *4-Carbäthoxy-2.5.6-triphenyl-* (III), F. 184°, u. *-5.6-di-[p-chlorphenyl]-* (IV), F. 235—236°; III läßt sich verseifen u. über das *Na-Salz*, F. 285—286°, in *4-Carboxy-2.5.6-triphenyl-*, F. 248° (Decarboxylierung), überführen; IV läßt sich mit Dimethylsulfat in *2-Methyl-5.6-bis-[p-chlorphenyl]-4-carbäthoxy-* (V), F. 169—170°, u. durch Verseifen in *5.6-Bis-[p-chlorphenyl]-4-carboxy-*, F. 274° (Zers.), überführen; auch V läßt sich zu *2-Methyl-5.6-bis-[p-chlorphenyl]-4-carboxy-*, F. 241—242°, verseifen. — *4-Carboxy-*, F. 199—200°, aus 4-Cyan-. — *2-Methyl-4-carboxy-*, F. 125 bis 126°, aus 2-Methyl-4-cyan-. — *5.6-Dimethyl-4-carbomethoxy-*, F. 168—170°, aus 5.6-Dimethyl-4-carboxy-. — *5.6-Dimethyl-4-carbäthoxy-*, F. 173—175°, aus 5.6-Dimethyl-4-cyan-. — *5-Methyl-4-carboxy-*, F. 193—194°, aus 5-Methyl-4-cyan-. — *Therapeutica*. (**Oe. P. 195 432** vom 14/8. 1954, ausg. 10/2. 1958. Schwz. Priorr. 4/9. 1953, 29/1. u. 25/5. 1954.) S. Böttcher. 4807

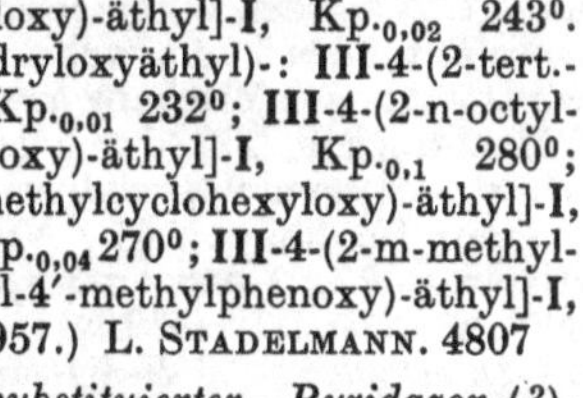

I II

Ciba Akt.-Ges., Basel, Schweiz, *Herstellung 4-substituierter Pyridazon-(3)-verbindungen* der allg. Formel I in vorst. Ref., dad. gek., daß man γ-Oxobutter- oder -crotonsäuren oder ihre funktionellen Derivv. mit Hydrazinen kondensiert. — Pyridazone-(3): *4-Carbäthoxy-5.6-diphenyl-* (III), F. 219—220°, aus β.γ-Diphenyl-α-carbäthoxy-γ-oxocrotonsäure u. Hydrazinhydrat in Bzl. durch 5std. Erhitzen auf 90° u.

Einengen im Vakuum. III läßt sich zu *2-Methyl-4-carbäthoxy-5.6-diphenyl-* (II), F. 146 bis 147°, methylieren u. zu *4-Carboxy-5.6-diphenyl-*, F. 243—244°, verseifen; auch II kann zu *2-Methyl-4-carboxy-5.6-diphenylpyridazon-(3)*, F. 222°, verseift werden. Letzteres dient z. B. für 1-Phenyl-2.3-dimethyl-4-dimethylaminopyrazolon u. andere Pharmaceutica als *Lösungsvermittler*; ferner *Zwischenprodd.* u. selbst *Therapeutica*. (**Oe. P. 195 434** vom 14/8. 1954, ausg. 10/2. 1958. Schwz. Prior. 29/1. 1954.) S. Böttcher. 4807

F. Hoffmann-La Roche & Co. Akt.-Ges. (Erfinder: **André Grüssner** und **Otto Schnider**), Basel, Schweiz, (—)-*3-Hydroxymorphinanester* erhält man durch Verestern eines am N-Atom durch einen gesätt. oder ungesätt., mindestens 3 C-Atome enthaltenden Alkylrest substituiertes (—)-3-Hydroxymorphinan, bes. mit Säureanhydriden oder -halogeniden. — (—)-3-Hydroxy-N-allylmorphinan + Essigsäureanhydrid nach 4 Std. bei 80° → (—)-*3-Acetoxy-N-allylmorphinan*, $Kp._{0,01}$ 156°; *Hydrobromid*, aus Essigsäurebutylester, F. 212—214°; $[\alpha]_D^{20}$ —41,4° (c = 3; A.). — Benzoylchlorid → (—)-*3-Benzoyloxy-N-allylmorphinan*; *Hydrochlorid*, aus Essigsäurebutylester, F. 149—150°; $[\alpha]_D^{20}$ —47,4° (c = 3; A.). — (—)-3-Hydroxy-N-propargylmorphinan, F. 198—200°; Hydrobromid, F. 160—161°, → (—)-*3-Acetoxy-N-propargylmorphinan*, $Kp._{0,002}$ 172°; $[\alpha]_D^{20}$ —84,3° (c = 2,305; A.). — (—)-3-Hydroxy-N-propylmorphinan, F. 165—167°; Hydrobromid, F. 195—196°, → (—)-*3-Acetoxy-N-propylmorphinan*, $Kp._{0,005}$ 170°; *Hydrobromid*, F. 265—267°; $[\alpha]_D^{20}$ —31,6° (c = 2,23; A.). *Acetyl-*, *Propionyl-* u. *Benzoylverbb.* von (—)-*3-Hydroxy-N-methallyl-*, *-crotyl-*, *-isobutylmorphinan*. — *Heilmittel*, die bes. die *atemlähmende* u. *diuresehemmende* Wrkg. des *Morphins* rasch *aufheben*. (**Schwz. P. 329 208** vom 29/1. 1954, ausg. 31/5. 1958.) G. Krauss. 4807

F. Hoffmann-La Roche & Co. Akt.-Ges. (Erfinder: **Otto Isler** und **Rudolf Rüegg**), Basel, Schweiz, *α.β-Ungesättigte Carbonsäureester*. Halogenvinyläther werden mit Alkaliamid umgesetzt, die entstandene Äthinylätheralkalimetallverb. wird ohne Abtrennen mit einem Aldehyd oder Keton kondensiert, im entstandenen Kondensationsprod. durch Hydrolyse das Alkalimetall durch H ersetzt u. das Acetylencarbinol durch Behandeln mit Säure in den entsprechenden α.β-ungesätt. Säureester umgelagert, der zur Säure verseift werden kann, wobei das fl. NH_3 spätestens vor der Säurebehandlung entfernt wird. — In eine Mischung aus 500 cm³ trocknem fl. NH_3, 100 mg $Fe(NO_3)_3$ u. 300 mg Na 1 Min. trockne Luft durchblasen, weiterer Zusatz von 13,8 g Na, dann unter Rühren 37,5 g β-Chlorvinyläthyläther, nach weiteren 10 Min. 31 g 6-Methyl-5-hepten-2-on, 40 Std. Rühren, Zusatz von 45 g NH_4Cl, NH_3 Verdampfen, Zusatz von 800 cm³ PAe. u. Filtrieren → 26 g 1-Äthoxy-3-hydroxy-3.7-dimethyl-6-octen-1-in, $Kp._{0,05}$ ca. 80°; daraus in 300 cm³ Ae. u. 100 cm³ 10%ig. H_2SO_4 bei n. Temp. u. dann nach 16 Std. Zusatz von W. → *3.7-Dimethylocta-2.6-dien-1-säureäthylester*; daraus mit NaOH in wss. Methanol → *3.7-Dimethylocta-2.6-dien-1-säure*, $Kp._{0,03}$ 90°; n_D^{23} 1,4769; 57% (Ausbeute). — β-Chlorvinyläthyläther + 4-(2'.6'.6'-Trimethylcyclo-1'-hexenyl)-2-methyl-2-buten-1-al → *6-(2'.6'.6'-Trimethylcyclo-1'-hexenyl)-4-methylhexa-2.4-diensäureäthylester* → *6-(2'.6'.6'-Trimethylcyclo-1'-hexenyl)-4-methylhexa-2.4-dien-1-säure*, UV-Maximum 255 mμ; 67%; *Methylester*, $Kp._{0,07}$ 116°; n_D^{21} 1,5242; UV-Maximum 268 mμ. Als Ketone sind noch geeignet: Aceton, Methyläthylketon, Diäthylketon, Mesityloxyd, Dimethylheptenon, Pseudojonon, Cyclohexanon; 2.6.6-Trimethylcyclohexan-1-on, Cyclohexenon; 2.6.6-Trimethylcyclo-2-hexen-1-on, Dihydro-β-jonon, β-Jonon, 8-(2'.6'.6'-Trimethylcyclo-1'-hexenyl)-6-methylocta-3.5.7-trien-2-on, Acetophenon, Acetonylaceton, 4-Octen-2.7-dion, Methoxyaceton u. Lävulinsäure, als Aldehyde: Propion-, Butyraldehyd, Methacrolein, β-Methylcrotonaldehyd, Citral, Benzaldehyd, p-Dimethylaminobenzaldehyd, p-Hydroxybenzaldehyd, Androsteron, Östron, Bernsteinsäuredialdehyd, 2.7-Dimethylocta-2.4.6-trien-1.8-dial; 2.7-Dimethylocta-2.6-dien-4-in-1.8-dial. — *Zwischenprodd.*, bes. zur Herst. von Verbb. mit *Carotinstruktur*. (**Schwz. P. 324 187** vom 12/2. 1954, ausg. 31/10. 1957.) G. Krauss. 4809

Badische Anilin- & Soda-Fabrik Akt.-Ges., Ludwigshafen/Rh., *Konjugiert ungesättigte Aldehydcarbonsäureester* erhält man durch Rk. eines Aldehydcarbonsäureesters der allg. Formel $R'OOC-[CH{=}C(R)]_m-[CH(OR')-CH(R)]_n-CHO$ oder von deren Dialkylacetalen mit Vinyläthern der allg. Formel $R-CH{=}CH-OR'$ (m u. n = 0, 1 oder 2; m + n = 1, 2 oder 3; R = H, Alkyl; R' = Alkyl) unter Ausschluß von W. u. Erhitzen der entstandenen Alkoxyaldehydcarbonsäureester oder deren Dialkylacetale mit wenigstens 1 Mol W. in Ggw. einer Säure (HCl, HF, HBr, BF_3, Benzolsulfonsäure, p-Toluolsulfonsäure, $ZnCl_2$), bis kein Alkohol mehr abgespalten wird. — Aus 100 (Teilen) 2-Methyl-2-buten-1-al-4-säureäthylester, $Kp._{11}$ 79—81° (hergestellt durch Oxydation von ω-Hydroxy-β-methylcrotonsäureäthylester oder durch Kondensation von Propionaldehyd mit Glyoxylsäureäthylester), 110 absol. A., 3 NH_4NO_3 u. 180 Orthoameisensäureäthylester nach 15 Std. bei n. Temp. u. 10 Min. bei 70° → 1.1-Diäthoxy-2-methyl-2-buten-4-säureäthylester, $Kp._{0,7}$ 88—91°; Ausbeute 206; daraus mit 0,25 BF_3-Ätherat,

40 Vinyläthyläther bei 40—45° → 130 *1.1.3-Triäthoxy-4-methyl-4-hexen-6-säureäthylester*, $Kp._{0,4}$ 110—113°, aus 20 davon in 600 Bzl., 5 W., 0,2 p-Toluolsulfonsäure bei 80° → *4-Methyl-2.4-hexadien-1-al-6-säureäthylester* (I), aus Cyclohexan, F. 57°. *n-Butylester*, $Kp._{0,01}$ 88—91°. — Propenyläthyläther → 1.1.3.5-Tetraäthoxy-2.6-dimethyl-6-octen-8-säureäthylester, $Kp._{0,05}$ 160—165°, → *2.6-Dimethyl-2.4.6-octatrien-1-al-8-säureäthylester* (II), aus Cyclohexan gelbe Nadeln, F. 78°. — I + Orthoameisensäureäthylester → 1.1-Diäthoxy-4-methyl-2.4-hexadien-6-säureäthylester, $Kp._{0,05}$ 97—98°, + Propenyläthyläther → 1.1.3-Triäthoxy-2.6-dimethyl-4.6-octadien-8-säureäthylester, $Kp._{0,01}$ 126 bis 128°, → II. — *Zwischenprodd.* zur Herst. von *Vitaminen.* (**E. P. 784 628** vom 17/1. 1956, ausg. 9/10. 1957. D. Prior. 25/1. 1955.) G. KRAUSS. 4809

Walter H. Hoffman, Springfield, Mo., V. St. A., *Cholinascorbat*, $C_{11}H_{21}NO_7$, erhält man durch Rk. von Ascorbinsäure mit äquimol. Mengen Cholin oder dieses bildenden Verbb., wie Trimethylamin u. Äthylenoxyd, in Ggw. eines Lösungsm. (W., Alkohole, Aceton, Lactone, Ester); Ausbeute 97%; gibt stabile Lsgg. in Sorbit u. W., auch in Mischung, z. B. mit Vitamin B_{12}, Thiaminhydrochlorid, Riboflavin, Na-Pantothenat u. Niacinamid. p_H einer 2,5%ig. wss. Lsg. = 6. — *Heilmittel.* (**A. P. 2 823 166** vom 17/11. 1954, ausg. 11/2. 1958.) G. KRAUSS. 4809

General Aniline & Film Corp., New York, N. Y., übert. von: **Albert Bloom,** Summit, und **Eldred V. Welch,** North Plainfield, N. J., V. St. A., *Komplexverbindung* (I) aus *α-Brom-p-nitroacetophenon* (II) u. *Hexamethylentetramin* (III), F. 118 bis 120° (Zers.). α-Methylen-4-nitrobenzylmethyläther wird in Bzl., Toluol, Xylol, Chlorbenzol, CCl_4 oder Chlf. gelöst u. mit einer wss. Mineralsäure, z. B. 50%ig. H_2SO_4, hydrolysiert, bes. bei 60—65°. Das entstandene 4-Nitroacetophenon wird mit W. säurefrei gewaschen u. durch azeotropes Abdest. eines Teiles des Lösungsm. getrocknet, dann mit Br_2 bei 15—20° in II übergeführt, die Lsg. mit W. HBr-frei gewaschen u. durch azeotropes Abdest. eines Teiles des Lösungsm. getrocknet. Nach Zusatz von III im gleichen Lösungsm. erhält man reine I. — *Zwischenprod.* zur *Herst.* von *Chloramphenicol.* — Vgl. A. PP. 2 546 762; C. **1952.** 1571 u. 2 619 505; C. **1953.** 6939. (**A. P. 2 798 871** vom 27/6. 1955, ausg. 9/7. 1957.) G. KRAUSS. 4811

Chinoin Gyógyszer és Vegyészeti Termékek Gyára R. T. (Erfinder: **Janos Kollonitsch, Andor Hajos** und **Valeria Gabor**), *Optisch aktive threo-β-(p-Nitrophenyl)-N-acylserine* erhält man durch Behandeln des entsprechenden rac. Serins mit Brucin u. Trennen der diastereoisomeren Brucinsalze durch fraktionierte Kristallisation der alkoh. Lösung. Aus dem Brucinsalz wird dann in bekannter Weise das opt.-akt. Serin gewonnen, wobei auch gleichzeitig durch Hydrolyse die Acylgruppe abgespalten werden kann. — Aus 10 g threo-β-(p-Nitrophenyl)-N-acetylserin u. 14,7 g wasserfreiem Brucin in 225 cm³ Methanol u. Erhitzen auf dem Wasserbad, dann Abkühlen auf n. Temp. → 11,5 g Brucinsalz von D(+)-threo-β-(p-Nitrophenyl)-N-acetylserin, F. 233—234° (Zers.); $[\alpha]_D^{20}$ +8° (c = 1 in 80%ig. Methanol); Ausbeute 94%; daraus mit n-NaOH u. W., Abfiltrieren des Brucins u. Ansäuern mit konz. HCl → *D(+)-threo-β-(p-Nitrophenyl)-N-acetylserin*, F. 191—192° (Zers.); $[\alpha]_D^{20}$ +43° (c = 2 in n/10 NaOH); daraus mit 2n HCl u. Zusatz von Na-Acetat → *D(—)-threo-β-(p-Nitrophenyl)-serin*, F. 203—204° (Zers.); $[\alpha]_D^{20}$ —38° (c = 2 in n-HCl); daraus mit HCl in A. → *D(—)-threo-β-(p-Nitrophenyl)-serinäthylesterhydrochlorid*, F. 174 bis 175° (Zers.); $[\alpha]_D^{20}$ —18° (c = 2 in n-HCl); daraus mit wss. 10%ig. $NaHCO_3$ u. W. → *D(+)-threo-β-(p-Nitrophenyl)-serinäthylester*, F. 142—143° (Zers.); $[\alpha]_D^{20}$ +35° (c = 1 in Dioxan). — D(+)-threo-β-(p-Nitrophenyl)-N-acetylserin + A. + HCl → *D(+)-threo-β-(p-Nitrophenyl)-N-acetylserinäthylester*, aus W., F. 128—130°; $[\alpha]_D^{20}$ +28° (c = 1 in A.). — Aus der ersten Mutterlauge wird nach dem Einengen *L(—)-threo-β-(p-Nitrophenyl)-N-acetylserin* in 98%ig. Ausbeute gewonnen, F. 124—126° (Zers.); $[\alpha]_D^{20}$ +26° (c = 1 in 80%ig. Methanol). — *Zwischenprodd.* zur Herst. von *Chloramphenicol.* (**Aust. P. 207 042** vom 26/11. 1954, ausg. 11/4. 1957.) G. KRAUSS. 4811

Chas. Pfizer & Co., Inc., Brooklyn, N. Y. (Erfinder: **Lloyd Hillyard Conover,** Oakdale, Conn.), V. St. A., *Herstellung von Tetracyclin* (I) u. seinen Salzen, dad. gek., daß man Chlor-I oder seine Salze mit H_2 in einem organ. Lösungsm. (Methanol, A., Propanol, Methyl-, Äthyl- u. Propyläther von Äthylenglykol bzw. Propylenglykol, Tetrahydrofuran, Dioxan, Äthylacetat, Propylacetat, Äthylpropionat u. Butylacetat), vorteilhaft in Ggw. einer in dem Lösungsm. lösl. bas. Verb. (Triäthylamin, Tripropylamin) bei mindestens 35—350 atü hydriert. — Z. B. erhält man aus 67,6 (g) krist. Chlor-I-hydrochlorid, 19 feuchtem 5%ig. Pd auf Aktivkohle (50% W.), 128 cm³ Äthylenglykoläthyläther („Äthylcellosolve"), 128 cm³ Butanol u. 36,1 cm³ Triäthylamin durch katalyt. Hydrierung bei 25° u. 98—112 atü u. übliche Aufarbeitung in 82%ig. Ausbeute I-*Hydrochlorid* von hoher Reinheit. — Vgl. D. B. P. 932 670; C. **1956.** 11512. (**D. A. S. 1 007 775** Kl. 12o vom 12/2. 1955, veröff. 9/5. 1957.) R. LINK. 4811

Chas. Pfizer & Co., Inc., Brooklyn, N. Y., V. St. A., *Herstellung von Tetracyclin* (I)- *und Chlortetracyclin* (II)-*Komplexsalzen*, dad. gek., daß man eine unreine wss. I- oder II-haltige Lsg., z. B. eine Gärlsg., mit wenigstens 2 wasserlösl. Salzen mehrerer Metalle der II. Gruppe des Period. Syst. bei einem p_H-Wert von 7—10,5, bes. 8—9, behandelt u. die ausgefällten Antibioticakomplexsalze aus der Lsg. abtrennt. Zur Fällung werden bes. $BaCl_2 \cdot 2H_2O$ + $MgCl_2 \cdot 6H_2O$ u. $CaCl_2$ + $ZnCl_2$ verwendet. — Die Fällungen sind prakt. quantitativ. — Therapeut., oral zu verabfolgende Mittel u. Wachstumsanregungsmittel für Pflanzen u. Tiere. (**D. A. S. 1 001 984** Kl. 12o vom 23/2. 1955, veröff. 7/2. 1957. **E. P. 787 896** vom 1/2. 1955, ausg. 18/12. 1957. **Zusatz zu E. P. 718 020; C 1955. 11 427.** Beide A. Prior. 25/2. 1954.) R. Link. 4811

Medico Biological Laboratories Ltd., London, England (Erfinder: **Henri Jean Pecou**), *Stabilisieren von Bakteriophagen.* Zunächst werden virulente Bakteriophagenstämme auf bestimmten Bakterienkulturen gezüchtet, wobei das Nährmedium aus Fleischextrakt 5 g NaCl/Liter enthält u. mit K_2CO_3 auf p_H 8 eingestellt ist. Nach der Bakteriolyse wird der Rückstand abfiltriert u. die mit weiteren 50 g NaCl/Liter versetzte sterile Bakteriophagenlsg. bei nicht $>55^0$ konzentriert. (**E. P. 771 653** vom 31/8. 1955, ausg. 3/4. 1957.) H. Schindler. 4813

Franz Tanner, Weiningen, Zürich, Schweiz, *Unschädlichmachen von Erregern der Maul- und Klauenseuche* an nicht lebenden Gegenständen, z. B. Stallwänden. Man löst Schmierseife u. techn. Campher in W. u. getrennt davon Chlorkalk u. HCOOH in W., mischt die beiden Lsgg. in einem druckbeständigen Behälter (I), schließt an I ein zum Versprühen von Fl. geeignetes Rohr u. einen I, der ein Gas unter Druck enthält, an u. besprüht mit der Lsg. die zu desinfizierenden Stellen. (**Schwz. P. 335 406** vom 23/12. 1957, ausg. 14/2. 1959.) E. Petersen. 4815

Dow Chemical Co., Midland, Mich., V. St. A., *Tierarzneimittel.* Zur Therapie parasitärer Erkrankungen des Magen–Darm-Kanals, bes. der Coccidose bei Vögeln, gibt man dem Futter 0,001—0,07% eines Dinitrophenylharnstoffs der allg. Formel I zu, wobei X einen Dinitrophenylrest bedeutet, der in 3.5- oder in 2.4-Stellung NO_2-Gruppen trägt, während R u. R_1 gleich oder ungleich sind u. H u./oder Alkylreste mit 1—4 C-Atomen sein können. Mineralstoffe, Vitamine u. Eiweißstoffe können zusätzlich beigegeben werden. (**E. P. 802 512** vom 2/12. 1955, ausg. 8/10. 1958. A. Priorr. 10/12. 1954 u. 22/8. 1955.) K. Koebke. 4815

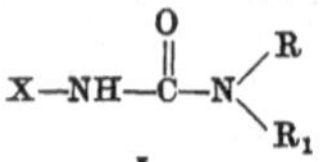

I

G. Analyse. Laboratorium.

Rudolf Voszka, Imre Tarján und **Turchányi György**, *Trockenkammer zur Bearbeitung von hygroskopischen Kristallen.* Beschreibung (Abb.) der Herst. eines App. — Trockenkammer — zur Bearbeitung von hygroskop. Kristallen. (Magyar Fizikai Folyóirat [Ung. Z. Physik] **6.** 375—78. 1958. Budapest, Orvosi Fiz. Intézet.) G. Halmi. 5022

E. J. Gillham, *Ein halbleitendes Antimonbolometer.* Das empfindliche Element des näher beschriebenen Bolometers bestand aus einem ca. 400 Å dicken Film von amorphem oder halbleitendem Sb, der auf einen Polystyrolfilm kathod. aufgestäubt wurde. Auf den Sb-Film wurde Al-Schwarz aufgedampft. Das Instrument enthielt 2 Bolometerelemente, von denen jedes einen Widerstand von ca. 18 MΩ hatte. (J. sci. Instruments **33.** 338—41. Sept. 1956. Teddington, Middlesex, Nat. Phys. Labor.) C. Gottfried. 5063

E. F. Priestley, *Röntgenspektrographen zur schnellen Röntgenstrahlenfluorescenzanalyse mit photographischer Registrierung.* Vf. beschreibt mehrere Spektrographen mit gebogenem Spektrometerkristall für die Röntgenfluorescenzanalyse, die den Bereich von K—U bedecken. Mit den Instrumenten, die die Spektren zwischen 0,5 u. 2,5 Å oder 1,5 u. 3,75 Å registrieren, ist es möglich, Nebenbestandteile oder Verunreinigungen von ca. 0,1% festzustellen. Wird eine größere Empfindlichkeit bis zu 0,001% verlangt, dann muß zusätzlich eine Abtestvorr. für den verlangten Wellenlängenbereich eingebaut werden. Die verschied. Anwendungsmöglichkeiten u. Grenzen werden besprochen. (J. sci. Instruments **35.** 409—13. Nov. 1958. Fort Halstead, Kent, Min. of Supply, Armament Res. and Developm. Establ.) • C. Gottfried. 5063

J. A. Catterall, L. F. Wilson und **J. Trotter**, *Spektroskopie weicher Röntgenstrahlen unter Verwendung eines Elektronenmultipliers.* Vff. beschreiben eine Verbesserung, die sie an dem von Gale u. Trotter (vgl. C. **1958.** 915) konstruierten Spektrographen angebracht haben. Die Verbesserung besteht darin, daß die Registrierung der Spektren nicht mit Hilfe einer photograph. Platte, sondern mit einem Elektronenmultiplier geschieht. Mit dem verbesserten Instrument wurde die *Al*-L_3-Kante bei 170,56 Å u.

die Mg-L_3-Kante bei 250,45 Å registriert. (J. sci. Instruments **35.** 393—95. Nov. 1958. Teddington, Middlesex, Nat. Phys. Labor.) C. GOTTFRIED. 5063

R. M. Dolby, *Einige Methoden zur Analysierung von nicht aufgelösten Proportionalzählerkurven von Röntgenlinienspektren.* Beschreibung von 3 Methoden. 2 Methoden wurden geprüft durch Analysierung verschied. Gemische von *Cu* u. *Ag* u. gaben hierbei absol. Fehler in der Größenordnung von einigen %. (Proc. physic. Soc. **73.** 81—94. 1/1. 1959. Cambridge, Univ., Cavendish Labor.) C. GOTTFRIED. 5063

T. A. Davies, *Der Einfluß von Änderungen in der umgebenden Temperatur auf die optische Zentrierung eines Röntgenstrahlenfluorescenzspektrometers.* Bei Verss. mit einem Röntgenstrahlenfluorescenzspektrometer beobachtete Vf., daß Änderungen in der umgebenden Temp. einen deutlichen Einfl. auf die Dispersion des Instrumentes ausübten. Nähere Unterss. ergaben, daß dies auf Änderungen in dem Netzebenenabstand des Spektrometerkristalls zurückzuführen ist. Theoret. Unterss. über die Größe dieses Einfl. standen in guter Übereinstimmung mit den Beobachtungen. (J. sci. Instruments **35.** 407—09. Nov. 1958. Birmingham, Mond Nickel Co. Ltd.) C. GOTTFRIED. 5063

M. C. Thompson jr., Frank E. Freethey und **Donald M. Waters,** *Herstellungstechniken für keramische X-Band-Hohlraumresonatoren.* Vff. beschreiben die Darst. von Mikrowellenresonanzhohlräumen aus 2 fabrikmäßig hergestellten keram. Werkstoffen — L 53 A u. 581-G —, die sehr niedrige Ausdehnungskoeffizienten besitzen. Mit den dargestellten Resonanzhohlräumen wurden Q-Werte bis 14000 u. Frequenz–Temp.-Koeffizienten von 1 Teil in 100 Millionen pro Grad erhalten. (Rev. sci. Instruments [N. S.] **29.** 865—68. Okt. 1958. Boulder, Colo., Nat. Bur. of Stand., Boulder Labor., Radio Propagat. Engng. Div.) C. GOTTFRIED. 5063

N. N. Ssemenow, *Bogenlampe für die Emissionsspektralanalyse von Pulvern.* Beschreibung einer Gleichstrombogenlampe mit Kohleelektroden, deren obere selbsttätig nachgeschliffen wird. Das zu analysierende Pulver tritt durch den Anodenkanal in den Entladungsraum, einen geschlossenen Raum, in welchem das träge Schutzgas zirkuliert, durch ein Sonderfilter gereinigt u. daher sparsam verbraucht wird. (Журнал Аналитической Химии [J. analyt. Chem.] **13.** 56—62. Jan./Febr. 1958. Moskau, Allunions Wiss. Forschungsinst. für Glas.) A. v. WILPERT. 5063

Zoltán Nagy und **Edit N. Pólyik,** *Beitrag zur Verbesserung der Genauigkeit der Intensitätsmessung mit Logarithmussektorverfahren in der Spektralanalyse.* Beschreibung der Verss. zur Verbesserung der Meßgenauigkeit der Linienlänge durch Verwendung einer fixierten Vergleichslinie, durch Herst. einer scharfen Schnittlinie am Spektr., durch Verwendung eines Gitters (Raster) vor der Spalte, durch Schwächung des Plattenschleiers. (Magyar Kémikusok Lapja [Z. Ver. ung. Chemiker] **14.** 119—21. Febr./März 1959. Debreceni Orvostudományi Egyetem Orvosi Vegytani Intézete.) G. HALMI. 5063

D. O. Thompson und **F. M. Glass,** *Spektrometer zur Messung der elastischen Konstante und der inneren Reibung.* Vff. beschreiben ein von THOMPSON u. HOLMES (vgl. C. **1958.** 14252) entwickeltes Spektrometer zur Messung der Änderungen des YOUNGschen Moduls u. der inneren Reibung. (Rev. sci. Instruments [N. S.] **29.** 1034—40. Nov. 1958. Oak Ridge, Tenn., Oak Ridge Nat. Labor., Solid State Div. and Instrumentat. and Controls Div.) C. GOTTFRIED. 5063

Maria Artom und **Claudia Centile,** *Spektrophotometer mit Interferenzfiltern.* Beschreibung der Wirkungsweise eines Spektrophotometers mit Interferenzfiltern u. Vgl. mit einem Prismenspektrophotometer. (Atti Accad. naz. Lincei, Rend., Cl. Sci. fisiche, mat. natur. [8] **25.** 709—12. Juni 1958. Torino, Ist. Elettrotecn. Naz. G. Ferraris, Labor. di Fotometr.) C. GOTTFRIED. 5063

J. U. White, Seymour Weiner, N. L. Alpert und **W. W. Ward,** *Mikroproben für kleine Infrarotspektrophotometer.* Beschreibung des App., mit dem geringste Mengen untersucht werden können. (Analytic. Chem. **30.** 1694—98. Okt. 1958. Stamford, Conn., White Developm. Corp.; Fullerton, Calif., Beckman Instruments.) C. GOTTFRIED. 5063

Norbert Segard und **Etienne Deffontaines,** *Konstruktion eines registrierenden Mikrophotometers. Stabilisierung der Hilfslichtquelle.* Die elektr. Stabilisierung von Photomultiplier u. Hilfslichtquelle in einem registrierenden Mikrophotometer werden beschrieben. (Ann. Soc. sci. Bruxelles, Sér. I **72.** 170—78. 1958. Lille, Fac. Libre des Sci., Inst. Sup. d'Electron. du Nord.) H. C. WOLF. 5064

Věnceslav Patrovský, *Anwendung von Brenzcatechin in der photometrischen Analyse.* Beschreibung der Farb-Rkk. von Brenzcatechin mit *Fe, Ti, V, Mo, Nb* u. *Ta* bei verschied. Bedingungen zur Verwendung in der photometr. Analyse. Billiges Brenzcatechin kann in vielen Fällen teuere Reagentien, wie z. B. Tiron, bei der Serienanalyse ersetzen. (Chemie [Praha] **10.** 93—96. Febr. 1958. Praha, Ústřed. ústav geolog.)
H. TŮMA. 5064

L. Zanotti, *Histophotocolorimeter zur trichromatischen objektiven Mikrocolorimetrie in durchfallendem und reflektiertem Licht.* Vf. beschreibt ein neues Colorimeter zur objektiven Best. der chromat. Werte von mkr. durchsichtigen u. undurchsichtigen Präpp. mit Flächen bis zu 8 μ^2. Das Gerät, in dem das Prinzip der Trichromie angewandt wird, kann auch als n. Histophotometer in Durchlicht oder reflektiertem Licht u. auch für Fluorescenz verwendet werden. (Mikroskopie [Wien] **13.** 99—110. Sept. 1958. Pavia, Univ., Ist. di Anatom. Comparata.) C. GOTTFRIED. 5065

S. Lewin, *Titriergefäße für Arbeiten bei konstanter Temperatur.* Vf. beschreibt ein Titriergefäß, das mit einem Mantel umgeben ist, der an einen Durchflußthermostaten angeschlossen werden kann. Über ein Gaseinleitungsrohr in Verbindung mit einem Dreiweghahn am unteren Ende des Gefäßes wird die Durchmischung des Gefäßinhalts durch Einblasen eines Gasstromes bewirkt. (Lab. Pract. **7.** 290. Mai 1958. London, South-West Essex Techn. Coll., Phys. Chem. Labor.) K. PAVEL. 5066

Balwant Singh und **Surjit Singh,** *Bis-(äthylendiamin)-cer(IV)-sulfat als volumetrisches Reagens.* 1. Mitt. *Jodmonochloridmethode.* Vff. beschreiben die Herst. des $[Ce(NH_2CH_2CH_2NH_2)_2](SO_4)_2 \cdot 2H_2SO_4 \cdot 7H_2O$ (I) u. seine Verwendung zur Titration von *KJ*, $Fe(NH_4)_2(SO_4)_2$, $SnCl_2$, $N_2H_4H_2SO_4$, As_2O_3, *TlCl*, $[Fe(CN)_6]^{4-}$ u. *Hydrochinon* in Ggw. von JCl. Herst. von I: äquimol. Lsgg. von $Ce(SO_4)_2$ u. Äthylendiaminhydrat werden in 2- bzw. 4n H_2SO_4 gelöst, eingeengt, bis sich dunkelorange Kristalle beim Stehen über Nacht bilden, abfiltriert, mit absol. A. gewaschen u. bei 60° getrocknet. I zers. sich nicht an der Laboratoriumsluft oder beim Kochen in Wasser. — Zur Titration wird die zu bestimmende Substanz mit 25 ml W. u. 50 ml konz. HCl, 5 ml 0,01 mol. JCl-Lsg. u. 5 ml $CHCl_3$ versetzt. Die Lsg. wird auf Raumtemp. gekühlt u. gegen eingestellte I-Lsg. titriert, bis nach Durchschütteln die $CHCl_3$-Schicht von Violett nach Gelb durch Bldg. von JCl umschlägt. (Analytica chim. Acta [Amsterdam] **14.** 109—11. 1956. Hoshiarpur, India, Panjab Univ. Coll.) H.-G. MOSLÉ. 5072

Balwant Singh und **Surjit Singh,** *Bis-(äthylendiamin)-cer(IV)-sulfat als volumetrisches Reagens.* 2. Mitt. *Jodmonochloridmethode. Indirekte Bestimmungen.* (1. vgl. vorst. Ref.) Nach der indirekten Meth. können folgende Verbb. titrimetr. bestimmt werden: KJO_3, KJO_4, $K_2Cr_2O_7$, $KBrO_3$, $Ce(SO_4)_2$, H_2O_2, PbO_2, *Chloramin B*, indem die Lsgg. dieser Verbb. mit 5 ml $CHCl_3$, einem Überschuß KJ-Lsg. u. HCl (bis die Lsg. 4—6n ist) versetzt u. der KJ-Überschuß mit *Cer(IV)-bis-[äthylendiamin]-tetrasulfat* zurücktitriert wird wie in der 1. Mitt. beschrieben. (Analytica chim. Acta [Amsterdam] **14.** 405—08. 1956.) H.-G. MOSLÉ. 5072

Balwant Singh, Surjit Singh und **Harbans Singh,** *Bis-(äthylendiamin)-cer(IV)-sulfat als volumetrisches Reagens.* 3. Mitt. *Bis-(äthylendiammonium)-eisen(II)sulfat.* (2. vgl. vorst. Ref.) *Na-Oxalat*, H_2O_2, *KSCN*, $Fe(NH_4)_2(SO_4)_2$, *CuCl*, *Hydrochinon* wurden indirekt mit Cer(IV)-di-(äthylendiamin)-sulfat (I) als Oxydationsmittel bestimmt. Die im Überschuß zugegebene I-Lsg. wird mit eingestellter $FeSO_4(-CH_2NH_3)_2SO_4 \cdot 4H_2O$ (II)-Lsg. zurücktitriert. Eine bekannte Menge der zu bestimmenden Verb. wird mit einem Überschuß (ca. 25—30 ml) von 0,02n I-Lsg. u. so viel H_2SO_4 versetzt, daß die Lsg. 1—2n an H_2SO_4 wird. Lsgg., die Oxalat oder SCN^- oder CuCl enthalten, werden erwärmt u. nach Ende der Rk. abgekühlt. Bei CuCl werden 10 ml 3n HCl hinzugefügt. Der Überschuß an I wird in jedem Fall bei 20° gegen eine 0,02n II-Lsg. zurücktitriert. Endpunktserkennung 1. potentiometr. unter kräftigem Rühren: ein breiter Pt-Streifen wird als Redoxelektrode verwendet, ein starker Potentialsprung tritt am Äquivalenzpunkt zwischen ca. 0,90 u. 0,55 V gegen gesätt. Hg_2Cl_2-Elektrode auf. 2. Volumetr. mit Indicator: Bei der Best. wird wie oben mit *Ferroin* als Indicator zurücktitriert. (Analytica chim. Acta [Amsterdam] **15.** 320—21. Okt. 1956.) H.-G. MOSLÉ. 5072

J. P. Riley, *Gleichzeitige Bestimmung von Wasser und CO_2 in Gesteinen und Mineralien.* Die feingepulverte Probe wird in einem Tonrohr elektr. im N_2-Strom auf 1100—1200° erhitzt, etwa entstandenes SO_2 u. Stickoxyde in einem nachgeschalteten, mit Cu-Draht u. Ag-Bimsstein beschickten, auf 1000° erhitzten Quarzrohr zurückgehalten, H_2O mit wasserfreiem $Mg(ClO_4)_2$, CO_2 durch Sodaasbest u. $Mg(ClO_4)_2$ in anschließenden Absorptionsrohren aufgefangen u. ausgewogen. Für Proben mit $>0,5\%$ S wird zwischen die beiden Absorptionsrohre noch eine Waschflasche mit einer gesätt. CrO_3-Lsg. in 85%ig. H_3PO_4 zur Entfernung der letzten SO_2-Reste geschaltet. (Analyst **83.** 42—49. Jan. 1958. Liverpool, Univ., Dep. of Oceanograph.) H. ECKSTEIN. 5074

N. H. Farlow, *Eine Methode zur Messung des Wassergehaltes von in der Luft schwebenden Seesalzteilchen.* Beschreibung der Methode. Grundlage der Meth. ist der vom Vf. (vgl. C. **1958.** 6050) entwickelte Chloridreagensfilm. (J. Meteorol. **15.** 228—30. April 1958. US Naval Radiol. Defense Labor.) W. WAGNER. 5088

D. P. Ssenderichina, *Bestimmung der Aerosole von Paraffin und Ceresin in der Luft von Industriebetrieben.* Die quantitative Best. der Dämpfe von synthet. Paraffin beruht auf der guten Löslichkeit in warmem A. u. der schlechten in Wasser. Luft wird durch ein Absorptionsgefäß mit einem porösen Filter gesaugt (2 Liter/Min.), danach das Filter in einer Porzellanschale mit Ae. behandelt u. der Rückstand nach Verdampfen des Ae. in 5—10 ml 50—60° warmem A. gelöst. 2 ml der Lsg. werden mit 2 ml dest. W. versetzt u. die gebildete Trübung (Paraffinemulsion) mit einer Eichskala verglichen. Die quantitative Best. der Dämpfe von Erdölparaffin beruht auf seiner guten Löslichkeit in Ae. u. der schlechten in Alkohol. Die beim Durchsaugen der Luft durch das Filter absorbierten Dämpfe werden in Ae. gelöst, die Lsg. mit A. versetzt, das Gemisch auf 0° abgekühlt u. der Paraffingeh. nach der Intensität der Trübung durch Vgl. mit einer Eichskala bestimmt. Synthet. Ceresin, das in Ae. u. A. bei Zimmertemp. unlösl. ist, wird wie oben mit Luft durch ein Glasfilter gesaugt, danach wird das Filter mit warmem Bzn. behandelt, das Bzn. verdampft u. der Rückstand gewogen. Mit Hilfe dieser im Betrieb erprobten Methoden werden bis zu 90% der untersuchten Stoffe erfaßt u. bestimmt. (Гигиена и Санитария [Hyg. u. Sanitätswes.] **23.** Nr. 8. 77—78. Aug. 1958. Moskau, Erisman-Wiss. Forschungsinst. für Sanitätswesen u. Hyg. des Gesundheitsminist. der RSFSR.) OTTO MAIER. 5088

a) Elemente und anorganische Verbindungen.

Th. Sjöborg und **O. Tjälldin,** *Vorrichtung zur kontinuierlichen Bestimmung von Salpetersäurekonzentrationen.* Zur Messung wird ein Paar Pt-Elektroden benutzt, deren eine, umgeben von einer bekannten HNO_3-Lsg., als Bezugselektrode dient. Bis zu 100° können HNO_3-Konzz. von 0,1—8 mol. genauer als $\pm 0,1$ mol./Liter gemessen werden. (Physical Methods for Chemical Analysis Paper No. PM VIIIa **1956.** 1—2. Stockholm, AB Atomenergi.) W. LUCHSINGER. G 243

Isadore Zipkin, Wallace D. Armstrong und **Leon Singer,** *Chromatographische Trennung von Fluoriden und Phosphaten.* 25 γ Fluoride wurden quantitativ von 12,5 mg P als KH_2PO_4 vorliegend an *Dowex-1* (OH^-) mit 0,5n NaOH getrennt. Qualitativ können Fluoride u. Phosphate leicht durch papierchromatograph. Trennung auf WHATMAN Nr. 3 MM-Streifen u. ammoniakal. Methanol als Lösungsm. getrennt werden. Beide Ionen werden mit Zr-Alizarinsprühreagens identifiziert. Meth.: Die Chloridform von *Dowex-1-X 10,* 100—200 mesh, in einer Säule mit 10 cm Höhe u. 1,0 cm Durchmesser wird 3mal abwechselnd mit 100 ml NaOH u. 3n HCl gewaschen u. am Ende in der OH^--Form belassen. Nun werden 25 γ Fluoride in 0,5 ml als NaF, 12,5 mg P in 0,5 ml als KH_2PO_4 u. 1,0 ml ^{32}P als Spurenindicator gemischt u. in die Säule gegeben. Anschließend wird mit 0,5n NaOH eluiert. Bei Fraktionen von 120 Tropfen (8—9 Tropfen pro Min.) erscheint 99,2% des Fluorids in den Fraktionen 7—9 (10,0, 12,3 u. 2,5), während der Beginn der Radioaktivität bei Fraktion 29 gemessen wird. Papierchromatograph. Trennung: 10 γ Fluoride als NaF in 0,01 ml wurden von 20,0 γ Phosphat als K_3PO_4 in 0,01 ml auf WHATMAN Nr. 3 MM-Papier, präpariert nach ARMSTRONG u. CARR mit dem Lösungsm. von BURROWS, GRYLLS u. HARRISON (70 Vol.-% absol. Methanol u. 30 Vol.-% 2n NH_4OH) getrennt. Für Fluorid ist dabei der R_F-Wert 0,65, für Phosphat 0,34. Beide können mit Zr-Alizarinsprühreagens nachgewiesen werden. Der gelbe Phosphatfleck erscheint jedoch 1—2 Std. vor der vollen Entw. der gelben Farbe. (Analytic. Chem. **29.** 310—11. Febr. 1957. Minneapolis, Minn., Univ. of Minnesota, Dep. of Phys. Chem.) E. SAJAK. G 264

Keihei Ueno, *Schnellbestimmung von Halogenen, von Phosphor und Schwefel nach Schöniger.* Übersicht. — 7 Literaturangaben. (Kagaku-no-Ryôiki [J. Jap. Chem.] **12.** 942—47. Dez. 1958. Kumamoto, Dojin Pharmac. Labor. [Orig.: japan.]) E. MAEKAWA. G 264

E. Bakács-Polgár und **L. Szekeres,** *Schnelle Fällungsmethode zur Bestimmung der Phosphat- und Sulfationen nebeneinander.* Durch die Kombination zweier fällungstitrimetr. Verff. ist eine rasche Best. von PO_4^{3-} u. SO_4^{2-} nebeneinander in wss. Lsg. möglich. Die Best. von PO_4^{3-} erfolgt durch Fällung mit $MgCl_2$ in NH_4OH-haltiger Lsg. in Ggw. von *Eriochromschwarz T* (I) als Indicator. SO_4^{2-} wird nachfolgend mit $BaCl_2$ gefällt. In Lsgg., die beide Anionen nebeneinander enthalten, wird zunächst PO_4^{3-} in wss.-alkoh. Lsg. in Ggw. von NH_4OH–NH_4Cl-Pufferlsg. (p_H 10) mit 0,1 mol. $MgCl_2$-Lsg. bis zum Farbumschlag von I von Grünlichblau nach Rotviolett titriert. Nach der Titration wird die blaue Farbe der Lsg. durch Zugabe einiger Tropfen 0,1 mol. *Äthylendiamintetraacetat*-Lsg. wiederhergestellt u. SO_4^{2-} mit 0,1 mol. $BaCl_2$-Lsg. bis zum neuerlichen Farbumschlag des Indicators nach Rotviolett titriert. Im Äquivalenzpunkt befreien die Ba-Ionen Mg^{2+} aus dem Mg-Komplexonat, was der Indicator mit rötlichvioletter Farbe anzeigt. (Z. analyt. Chem. **166.** 406—10. 1959. Budapest, Tierärztl. Hochsch., Inst. für Chem.; Landwirtschaftl. Univ., Inst. für Chem.) HERBERT MÜLLER. G 264

Erich Ruf, *Photometrische Bestimmung von Phosphor- und Kieselsäure aus einer Lösung.* 2. Mitt. (1. vgl. C. **1957.** 5662.) Die geeigneten p_H-Bereiche zur Best. von H_3PO_4 (**I**) u. SiO_2 (**II**) aus gemeinsamer Lsg. nach der l. c. beschriebenen NH_4-Molybdat (**III**)-Meth. sind nach 35 Min. langem Stehen bei Zimmertemp. in salzsaurer Lsg. für **I** 0,8—1,6, für **II** 1,8—2,5, nach kurzem Aufsieden für **II** 1,4—2,5. In schwefelsaurer Lsg. ist das p_H für **I** 1—1,4, für **II** 2,0, in salpetersaurer Lsg. für **I** 0,4—1,2, für **II** 2,0. Die Fehler liegen für je 100 μg P u. Si nicht über 3%. SiO_2 muß depolymerisiert werden, wozu die zu untersuchende Lsg. mit 2n NaOH oder 2n Na_2CO_3-Lsg. auf über p_H 12 gebracht u. 5 Min. gekocht wird. Die Best. wird durch Fe, Zr, Cr(VI) u. Ti gestört; >10 mg F erfordern Zusatz von Al. Die Verwendung von Na_2MoO_4 (**IV**) statt **III** ist vorteilhaft, da der p_H-Bereich der Best. dann größer ist, die Best. wird in stärker saurem Medium vorgenommen. Die Störung durch Fremdelemente ist geringer. **I** kann mit **IV** in Ggw. von **II** ohne vorherige Extraktion des Si–Mo-Komplexes bestimmt werden. Einige Bestimmungen von **I** u. **II** in techn. Prodd. nach dem **IV**-Verf. werden beschrieben. (Z. analyt. Chem. **161.** 1—16. 1958. Essen, Th. Goldschmidt AG.) Ph. Fresenius. G 264

Roy May, *Bestimmung von 5- und 3wertigem und organisch gebundenem Phosphor in der Atmosphäre und in wässerigen Lösungen.* Die Meth. beruht auf der verschieden leichten Oxydierbarkeit von 3wertigem u. organ. gebundenem P. 3wertiger P wird bereits durch salzsaure $(NH_4)_2S_2O_8$-Lsg. oxydiert, während der organ. gebundene P nur durch alkal. $(NH_4)_2S_2O_8$-Lsg. oxydiert wird. Die Menge der drei Typen von P-Verbb. in einer Probe kann daher ausgerechnet werden aus der Differenz des gefundenen 5wertigen P in drei einzelnen Proben: 1. ohne Oxydation, 2. nach Oxydation mit HCl-saurer $(NH_4)_2S_2O_8$-Lsg., 3. nach Oxydation im alkal. Medium. (Analytic. Chem. **31.** 308—10. Febr. 1959. Tennessee Valley Authority.) D. Apel. G 264

Amiya Kanti Ghosh und **Asim Bikash Ray,** *Fluoroberyllate in der chemischen Analyse.* Vff. untersuchen Fluoroberyllate u. Sulfate auf ihre Verwendbarkeit in analyt. Rkk. u. fanden, daß bei p_H 6—7 Ba als $Ba[BeF_4]$ mittels NH_4-Fluoroberyllat in Ggw. von Äthylendiamintetraessigsäure ausgefällt werden kann, während Pb dabei in Lsg. bleibt u. auf diese Weise eine gute Pb–Ba-Trennung erreicht wird. Arbeitsmeth. u. verwendete Chemikalien werden angegeben. (Analytica chim. Acta [Amsterdam] **14.** 112—14. 1956. Calcutta, Presidency Coll., Chem. Labor.) E.-M. Krebs. G 285

Lajos Vecsernyés und **Györgyi Pozsgay,** *Spektrochemische Untersuchung der oberflächlichen Bindungsfilme von Schichten von mikrokristallinem Zinksulfid.* Spektrograph. Analyse von *K, Si, Ca, Sr, Ba* als Bestandteil der oberflächlichen Bindungsfilme auf mikrokrist. ZnS–Ag u. ZnS–CdS–Ag in der Fabrikation der Leuchtschirme der Bildröhre der Fernsehapparate. (Magyar Kémikusok Lapja [Z. Ver. ung. Chemiker] **13.** 444—46. Dez. 1958. Veszprém, A Magyar Ásványolaj és Földgáz Kísérleti Intézet.) G. Halmi. G 288

I. R. Kljatschko und **A. D. Winogradowa,** *Bestimmung des Zinkgehaltes in Nickelelektrolyten.* Die empfindliche Methylviolett-Rk. wird zur Best. des ungefähren Zn-Geh. in Nickelelektrolyt-Lsgg. verwendet: zu 25 (Tropfen) W. gibt man 5 gesätt. Weinsäurelsg., 2 HCl (D. 1,2), 4 20%ig. NH_4CNS-Lsg. u. 6 0,06%ig. Methylviolettlsg., verteilt diese Reagenslsg. auf drei Reagensgläser u. versetzt sie mit je 2 Tropfen der Probelösung. Aus der Violettfärbung (bei $\geqq$0,005% Zn) bzw. Blaufärbung (noch bei 0,0005% Zn) ermittelt man den Zn-Gehalt. (Заводская Лаборатория [Betriebs-Lab.] **24.** 540—41. 1958. Moskau, Polygraph. Inst.) A. v. Wilpert. G 288

A. Mendelowitz, *Der Gebrauch von Oxin zur Analyse von technischem Aluminiumsulfat. — Ein statistischer Abriß.* Vf. beschreibt eine Al- u. Fe-Best. im techn. Al-Sulfat durch Fällung mit Oxin. Verschied. Verff. werden besprochen u. Verss. angestellt, um die Bedingungen, unter denen genaue Ergebnisse erzielt werden können, zu ermitteln. Es wurde festgestellt, daß die Oxin-Meth. wesentlich genauere Ergebnisse gibt als die anderen Verff., wenn die Fällungsbedingungen richtig eingehalten werden. (Analytica chim. Acta [Amsterdam] **14.** 235—41. 1956. P. O. Northrand, Transvaal, South Africa, African Explosives and chem. Ind. Ltd., Res. Dep.) E.-M. Krebs. G 294

H. Plaetschke, *Schnellbestimmung von SO_3 in Aluminiumsulfat.* Zur SO_4^{2-}-Best. werden zu 15 ml W. einige Tropfen einer wss. Lsg. des Dinatriumsalzes von Tetrahydroxychinon (20 mg + 20 mg KCl + 1,6 g $NaNO_2$ in 15 ml W.) gegeben, worauf 5,00 ml 2n $BaCl_2$-Lsg. zugesetzt werden. Die rote Lsg. wird anschließend mit einem Unterschuß der Al-Sulfatprobelsg. versetzt u. mit 1n K_2SO_4 bis zum beginnenden Umschlag nach Orangeweiß titriert. Nach ½—1 Min. langem Stehen geht die Färbung ohne weiteren Reagenszusatz in Orangeweiß über. (Z. analyt. Chem. **168.** 264—66. 1959. Ludwigshafen/Rh., Gebr. Guilini GmbH., Labor.) E. Dehmlow. G 294

István Somosi, *Daten zur Bestimmung des Si-Gehaltes von Al-Si-Legierungen.* Vf. unterzog die Verff. von Regelsberger, Fuchshuber-Ginsberg, Sajo u. die Spekanalyse einer krit. Prüfung. Als genaueste Meth. wurde die FUCHSHUBER-GINSBERGsche befunden, als Schnellmeth. im Betrieb ist die Spektralanalyse geeignet, doch sind wegen der Inhomogenität der Legierungen bei einer Kapazität von 9000 cm, ohne Selbstinduktion, 1—1½ Min. Vorfunken u. mehrfache Aufnahmen nötig. Der relative Fehler beträgt 3—4% gegenüber der genauen gravimetr. Methode. (Kohászati Lapok **13** (**91**). 390—92. Aug. 1958. Ajka, Tonerdefabrik.) J. PLANK. G 294

Anna Schneer und **Hilda Hartmann**, *Maßanalytische Bestimmung von Zirkonium.* 1. Mitt. *Titration mit $KMnO_4$ in alkalischer Lösung.* Es wurde die titrimetr. Best. von *Mandelsäure* (I) bzw. *p-Brommandelsäure* mittels $KMnO_4$ in alkal. Lsg. ausgearbeitet. Die Meth. wurde zur Best. von Zr angewandt. Das gefällte Zirkoniumtetramandelat wurde in Na_2CO_3 gelöst u. an Zr gebundene I zu Benzoesäure oxydiert. Der Verbrauch an $KMnO_4$ ist der Menge des Zr proportional. Nach Angaben der Vff. entspricht 1 ml 0,1n $KMnO_4$-Lsg. 0,5136 mg Zr (empir. festgestellt). Die Meth. eignet sich zur Best. von 2—20 mg Zr mit einer Genauigkeit von $\pm 1\%$. (Magyar Kémiai Folyóirat [Ung. Z. Chem.] **65.** 31—36. Jan. 1959. Budapest, Eötvös Loránd Tudomßanyegyetem, Altalános és Szervetlen Kém., Intézet.) G. HALMI. G 322

G. W. C. Milner und **G. A. Barnett**, *Die Bestimmung von Zirkonium in fluoridhaltigen Lösungen.* Zur Best. von mg-Mengen Zr in Legierungen löst man 1 g in 20 ml warmer HNO_3 (1 + 1) u. einigen Tropfen HF u. dampft auf 2 ml ein. U-haltige Proben dampft man mit wenig $HClO_4$ zur Zerstörung von UF_4 ein. Man überführt die Lsg. in ein Zentrifugierröhrchen, ohne ein Vol. von 20 ml zu überschreiten, versetzt mit 10 ml 5%ig. $Ba(NO_3)_2$-Lsg. u. 2 ml 40%ig. HF, zentrifugiert das gebildete $Ba[ZrF_6]$ nach 5 bis 10 Min., versetzt mit 2 Tropfen HF, saugt die überstehende Fl. ab, spült das zum Schutz des Nd. vorgelegte Filterpapier mit W., versetzt mit 10 ml Wasch-Fl. (1%ig. an $Ba(NO_3)_2$, 2%ig. an HF, 10%ig. an HNO_3 u. gesätt. an $Ba[ZrF_6]$), rührt mit einem Polyäthylenstab, zentrifugiert erneut, saugt die Fl. ab u. löst den Nd. in 2—3 ml gesätt. H_3BO_3-Lsg. u. 10 ml heißer 20%ig. HNO_3. Man fällt erneut $Ba[ZrF_6]$ durch Zugabe von 10 ml 5%ig. $Ba(NO_3)_2$-Lsg. u. 2—3 ml 40%ig. HF, um mitgefällte Metallionen zu entfernen, zentrifugiert, saugt ab, löst in 2—3 ml gesätt. H_3BO_3 u. 10 ml heißer 20%ig. HNO_3, verd. auf 30 ml u. fällt $Zr(OH)_4$ mit NH_3. Man zentrifugiert, dekantiert, wäscht den Nd. mit 10—15 ml heißer 2%ig. NH_4Cl-Lsg., zentrifugiert, saugt die Fl. ab, löst den Nd. in 10 ml heißer HCl (1 + 1), überführt in ein Becherglas u. dampft mit 20 ml $HClO_4$ zur Nebelbildung ein. Nach 5—10 Min. kühlt man, wäscht die Glaswände mit W. u. dampft bis auf 2—3 ml ein (Entfernung von F^-). Man verd. auf 25—50 ml, versetzt mit einem geringen Überschuß an EDTA-Lsg., um Zr komplex zu binden, verd. auf 300 ml mit W., stellt p_H 2,3 ein, fügt 1 ml 2%ig. Benzhydroxamatlsg. hinzu u. titriert das überschüssige EDTA mit 0,1 mol. Fe(III)-Lsg. mit ILFORD 605-Filter u. graph. Auswertung zurück. Während der Titration muß p_H 2,3 mit Hilfe einer Glaselektrode nachgestellt werden. 1 ml 0,1 mol. EDTA-Lsg. entspricht 9,122 mg Zr. Als Lösungsm. für die Legierung kann auch $\leq$3 mol. HCl dienen. U, Ti, Nb, Ta, Mo, W, Pb, Fe, Cu u. Sn stören nicht. (Analytica chim. Acta [Amsterdam] **14.** 414—22. 1956. Harwell, Didcot, R., Analyt. Chem. Group.) H. PLUSKAL. G 322

Richard B. Hahn und **Eugene S. Baginski**, *Die direkte Wägung von mandelsaurem Zirkonium.* Beim Fällen von Zr mit Mandelsäure im neutralen u. schwach sauren Bereich wird zwar alles Zr ausgeschieden, der Nd. hat aber ein geringeres Gewicht, als es dem von mandelsaurem Zr entspricht. Vff. erklären das mit der Bldg. von bas. Salzen, $ZrO(C_8H_7O_3)_2$ u. $Zr(OH)(C_8H_7O_3)_3$. Nimmt man die Fällung im stark salzsauren (mindestens 5 mol.) Medium in einer heißen (85—90°), gerührten Lsg. vor u. setzt die Mandelsäure tropfenweise zu, so kann man nach Kühlen, Filtrieren u. Waschen mit 95%ig. A. u. schließlich mit Ae. den getrockneten Nd. als tetramandelsaures Zr direkt wiegen u. den Zr-Geh. ohne Korrekturfaktor berechnen. (Analytica chim. Acta [Amsterdam] **14.** 45—47. 1956. Detroit, Mich., Wayne Univ., Chem. Dep.) R. JUNGE. G 322

Hobart H. Willard, Arthur W. Mosen und **Ross D. Gardner**, *Volumetrische Bestimmung von Thorium in Uranlegierungen.* Zur Best. von *Th* in U–Th-, U–W–Th- u. U–Ti–Th-Legierungen wird in HCl/H_2O_2 gelöst, mit $La(NO_3)_3$-Lsg. versetzt (diese dient als Träger), mit NH_4OH auf p_H 2,0—3,0 gebracht, mit 48%ig. HF u. 10%ig. NH_4F versetzt (Operation in einem Polyäthylengefäß) u. nach 2 Std. oder mehr filtriert. Anschließend wird in einem Pt-Tiegel bei 800° geglüht u. in HNO_3 gelöst, unter Zusatz von wenig $HClO_4$ abgeraucht, in W. gelöst, auf p_H 2,0—2,5 gebracht u. unter Zusatz von Eriochromcyanin RC mit EDTA titriert. Durchschnittlich wurden 99,4% des zugesetzten Th (relativer Fehler 0,56% bei Einzelbestimmungen) gefunden. (Analytic. Chem. **30.** 1614—16. Okt. 1958. Los Alamos, Calif., Univ. of California, Los Alamos Sci. Labor.) E. DEHMLOW. G 324

S. Subrahmanyan und **A. P. Madhavan Nair,** *Germanium in Süd-Arcot-Lignit.* Polarograph. u. gravimetr. Bestimmungen von *Ge* in veraschtem *Lignit* wurden durchgeführt. Hierbei wurde festgestellt, daß bei Veraschungstempp. oberhalb 400° merkliche Ge-Verluste auftraten. (J. sci. ind. Res. [New Delhi], Sect. B **14.** 606. Nov. 1955. Madras, Univ., A. C. Coll. of Technol., Chem. Technol. Labor.) E. MOISAR. G 326

Siegfried Meyer und **Othmar G. Koch,** *Schnellverfahren zur Bestimmung von Blei in Automatenstahl.* Beschrieben werden drei Verff. zur Best. von Pb im Stahl, bei denen Pb als Sulfat abgeschieden u. gewichtsanalyt. als Molybdat oder Chromat sowie potentiometr. als Chromat bestimmt wird. Das erstgenannte Verf. kann in 2—2½ Std. durchgeführt werden; der mittlere Fehler beträgt bei Gehh. von 0,2 ± 0,001% Pb. Die Verff. werden mit den im „Handbuch für das Eisenhüttenlaboratorium" beschriebenen Verff. verglichen. Als schnelleres Schnellverf. hat sich die potentiometr. Best. bewährt. Pb wird unmittelbar in der Probelsg. als Pb bestimmt. Eine Einzelbest. kann in 45 Min. durchgeführt werden, die Standardabweichung beträgt bei Gehh. von ca. 0,2% Pb durchschnittlich 0,003% Pb. (Arch. Eisenhüttenwes. **29.** 677—82. Nov. 1958. Neunkirchen/Saar, Neunkirchener Eisenwerk A.-G.) H. HOCHSTEIN. G 328

Je. Ss. Kudelja, *Die Bestimmung von Zinn und Vanadin in Titanlegierungen auf spektralanalytischem Wege.* Durchgeführt wird eine spektralanalyt. Best. von *Sn* u. *V* in Ti-Legierungen mit einem Spektrographen mittlerer Dispersion. Die Erregung der Spektren wird durch Hochfrequenzentladung bewirkt. Es werden Angaben über die elektr. Ausstattung u. die Arbeitsweise des Spektrographen gemacht. Mit dem Verf. können Sn-Gehh. in den Grenzen von 1,8—13% u. V-Gehh. in den Grenzen von 1,2—8% spektralanalyt. bestimmt werden. Der Genauigkeitsgrad beträgt bei Sn ± 3,5% u. bei V ± 2,5%. Sn u. V werden zusammen mit Al, Fe, Si, Cr u. C bestimmt. (Автоматическая Сварка [Automat. Schweissen] **11.** Nr. 12. 82—83. Dez. 1958. Paton-Elektroschweißinst. der Akad. der Wiss. der UkrainSSR.) H. HOCHSTEIN. G 330

L. Erdey und **F. Szabadváry,** *Photometrisches Verfahren zur Vanadin- und Chrombestimmung mit Variaminblau.* Nach einer Besprechung der mit Variaminblau möglichen colorimetr. Verff. wird die Best. des Cr u. V ausführlich beschrieben. V(V) kann in einer Konz. zwischen 0,5 u. 12 μg/ml, Cr(VI) zwischen 0,4 u. 4 μg/ml in Lsgg. von p_H 1—4 bestimmt werden. Gearbeitet wird mit einer Lsg. von 0,5 g Variaminblau B Base in 4—5 ml n-HCl u. einer Pufferlsg., enthaltend 925 ml 0,1 n Essigsäure u. 75 ml 0,1 n Na-Acetatlsg., Filter S 57 PULFRICH-Photometer. Weiter ist ein Verf. zur Best. von Fe, V u. Cr nebeneinander beschrieben. (Acta chim. Acad. Sci. hung. **13.** 335—45. 1958. Budapest, Techn. Univ., Inst. für allg. Chem.) E. MIESSGANG. G 335

Max Ziegler und **Walter Rittner,** *Die Trennung des Molybdäns von Vanadin durch Anionenaustauscher als Thioglykolatkomplex und die photometrische Bestimmung des Vanadins mit Thioglykolsäure.* Schwach angesäuerte Alkalivanadatlsgg. werden durch Thioglykolsäure (I) zu VO^{2+} red., das weiterhin mit der in der Lsg. enthaltenen I einen bzw. mehrere Komplexe liefert, die durch die Anionenaustauscher Dowex-I oder -II im p_H-Bereich 2—6 sorbiert werden. Bei p_H-Werten unter 2 wird V nicht sorbiert, sondern findet sich quantitativ im Durchlauf. Der Komplex von I mit Mo wird dagegen im p_H-Bereich 1—6 vollständig sorbiert. Bei p_H-Werten <2 ist demnach eine einfache Trennung von Mo u. V möglich. Die Best. des Mo kann nach der Elution mit verd. NH_4OH (konz. NH_4OH:W. = 1:7) unter Zusatz von 3% $(NH_4)_2S_2O_8$ mit o-[Hydroxychinolin erfolgen, nachdem das $S_2O_8^{2-}$ durch Verkochen zerstört wurde. V wird im Durchlauf der Mo-Sorption durch weitere Zugabe von I als blaugefärbter I-Komplex bei 620 mμ photometr. bestimmt. (Z. analyt. Chem. **164.** 310—13. 11/6. 1958. Göttingen, Univ., Anorgan.-Chem. Inst.) HERBERT MÜLLER. G 336

Z. Valtr, J. Toušek und **A. Toušková,** *Zur Chemie der Ferrate.* 1. Mitt. *Beitrag zur Analyse der Ferrate.* Außer nach der bekannten Chromitmeth. kann man den Geh. einer Lsg. an K_2FeO_4 auch durch Umsetzung mit ca. 0,2 n Na_3AsO_3 u. Rücktitration mit 0,1 n $KMnO_4$ bestimmen: % K_2FeO_4 = [(10·N·f AsO_3^{3-} — ml $KMnO_4$·N·f)·K_2FeO_4·100]/(3000·Einwaage; N = Normalität). Eine gasometr. Meth. beruht auf der Zers. von K_2FeO_4 mit H_2SO_4 (1:5) u. Best. der entwickelten O_2-Menge (V_0, umgerechnet auf Normalbedingungen); % K_2FeO_4 = 1,1788·V_0/Einwaage. Die Na_3AsO_3-Meth. ist nur anwendbar, wenn keine anderen oxydierenden Stoffe zugegen sind, für die gasanalyt. Meth. gilt dies nicht. (Chem. Zvesti **11.** 30—34. 1957. Bratislava, Slov. vys. škola techn., Kat. anorg. chem.) R. K. MÜLLER. G 354

Walter Koch, Siegfried Eckhard und **Friedrich Stricker,** *Die spektrometrische Schnellanalyse von Gasen in Stählen.* Beschrieben wird ein unmittelbar messendes spektrometr. Verf. zur Best. von *CO*, N_2 u. H_2. Die Gase werden dazu in einer Vorr. mit einem Hochfrequenzfeld angeregt; während des Absaugens der Gase werden die Intensitäten der Emission verschied. Banden verfolgt. Die Intensitäten durchlaufen beim Absaugen der Gase ein Maximum. Das beobachtete Intensitätsmaximum ist ein Bild der Anregungsfunktion; bei Gasgemischen — ähnliche Anregungsbedingungen vorausgesetzt — besteht eine Proportionalität der im Maximum gemessenen Intensität mit der Konz. der Gase im Gemisch. Daraus wurde ein Meßverf. entwickelt, das bei Gasen, die mit unterschiedlichem Druck anfallen, nur fordert, daß der Druck vor dem Messen einen Mindestwert, z. B. 0,2 Torr, überschreitet. Das Verf. wurde zum Messen von Gasgemischen — H_2, N_2 u. CO — eingesetzt, die aus Metallen extrahiert wurden. Die Messungen fanden im Spektralgebiet von 3650—6500 Å statt. Der Vorteil des Verf. liegt in der hohen Empfindlichkeit u. schnellen Durchführbarkeit. Eine einzelne Gasanalyse dauert nur 20 Sek., die Best. der drei Gase in Stählen u. Metallen ca. 2½—4 Minuten. (Arch. Eisenhüttenwes. **30.** 137—44. März 1959. Düsseldorf, MPI für Eisenforsch.) H. HOCHSTEIN. G 354

C. W. Short, R. S. Roberts und **G. Croall,** *Die Chlor-Methode zur Bestimmung von nichtmetallischen Einschlüssen im Stahl.* Erörtert wird ein Beitrag zur Best. nichtmetall. Einschlüsse im Stahl nach ihrer Trennung durch eine Chlorbehandlung. Es werden zwei Ausführungsmethoden beschrieben, die beide Ergebnisse liefern, welche mit denen der Vakuumschmelzbestimmungen über einen weiten Bereich von Stahlsorten gut übereinstimmen. Es wurden Angaben über Probenvorbereitung, Bestimmungsvorr., Chlorierungsdurchführung, Behandlung des Rückstandes u. Anwendungsmöglichkeiten der Chlorierungsmeth. gemacht. (J. Iron Steel Inst. **186.** 85—89. Mai 1957.) H. HOCHSTEIN. G 354

K. Ter Haar und **J. Bazen,** *Die Titration von Nickel mit EDTA bei* p_H *2,8.* Ni bildet bei p_H 2,8 mit EDTA einen blau gefärbten Komplex mit der Dissoziationskonstanten $K_1 = 10^{-18,45}$. Zur Best. von 30—120 mg Ni versetzt man die Lsg. mit einem geringen Überschuß an 0,05mol. EDTA-Lsg., verd. auf 100 ml, neutralisiert mit NH_3 gegen Kongorot, versetzt mit 5 ml 2mol. $CH_2ClCOOH$ u. 5 ml 1mol. CH_3COONa-Lsg., stellt notfalls p_H 2,7—2,9 mit NH_3 oder 2n HCl nach, fügt 1,5 ml 0,1%ig. Alizarin-S-Indicatorlsg. hinzu u. titriert den Überschuß an EDTA sofort danach mit 0,05mol. $Th(NO_3)_4$-Lsg. zurück. Der Farbumschlag von Grün nach Braun ist sehr scharf. 10 bis 20 mg Co neben 100 mg Ni stören nicht; nur ist der Endpunkt etwas zögernder. Es wird empfohlen, das Vol. auf 175—200 ml zu vergrößern u. 2,5 ml Indicatorlsg. zu verwenden. $\leqq$ 40 mg Ca, Sr, Ba u. Mg u. $\leqq$10 mg Mn stören nicht. Pb stört beträchtlich. Es wird eine Best. der Th-EDTA-Komplexbildungskonstanten, $K = 10^{-19,8\pm0,13}$, beschrieben, die auf der Verminderung der Extinktion einer Ni-EDTA-Lsg. beruht, zu der Th(IV) zugefügt wird. (Analytica chim. Acta [Amsterdam] **14.** 409—13. 1956. Eindhoven, N. V. Philips' Gloeilampenfabr., Light Group, Analyt. Labor.) H. PLUSKAL. G 356

J. P. Riley und **P. Sinhaseni,** *Kupferbestimmung in Meerwasser, Silicatgesteinen und biologischem Material. Cu* kommt als Spurenelement im Meerwasser u. etwas angereichert in organ. (biol.) Ablagerungen der Tiefsee, ferner in Graniten u. Diabasen vor. — Zu seiner Best. verwenden Vff. eine Lsg. von 30 mg *2.2'-Dichinolyl* (I) in 100 ml über NaOH redest. *n-Hexanol.* — 1. Best. im Meerwasser: 900 ml der durch Sinterglasfilter gereinigten Wasserprobe werden im 1-Liter-Scheidetrichter mit 5 ml 25%ig. *Hydroxylaminhydrochlorid*-Lsg. u. 10 ml n. Acetatpufferlsg. (136 g Na-Acetat-Trihydrat/Liter) versetzt u. mit 8 ml I ausgeschüttelt. Der Vorgang wird mit der wss. Phase noch zweimal mit je 3 ml I wiederholt. Die vereinigten Extrakte versetzt man in einem Meßkolben mit 0,5 ml 1%ig. alkoh. *Hydrochinon*-Lsg. u. füllt mit Hexanol auf 10 ml auf. Die Best. erfolgt spektrophotometr. bei 540 mμ in einer 4 cm-Zelle. Blindvers. u. Eichkurve mit 10 u. 20 μg Cu in 900 ml W. sind erforderlich. Das Verf. eignet sich zur Cu-Best. im Meerwasser bis herab zu 19 μg Cu/Liter mit einer Genauigkeit von $\pm$2,5%. — Silicatgesteine werden mit HNO_3 u. HF abgedampft, der Rückstand mit $KHSO_4$ aufgeschlossen u. die salzsaure Lsg. in analoger Weise behandelt. Die Eichkurven sind für 0, 5, 10, 25 u. 50 μg Cu/100 ml herzustellen. — Carbonatgesteine werden 2mal mit 4n HNO_3 in einem Quarzgefäß abgeraucht; Weiterbehandlung wie oben. — Von biol. Material mit 1—40 μg Cu werden 0,5—3 g im Quarzkolben 2mal mit konz. HNO_3 aufgeschlossen u. anschließend mit 2 ml 60%ig. $HClO_4$ abgeraucht, den Rückstand löst man in W., filtriert u. bestimmt Cu wie unter den Silicatgesteinen beschrieben. — 26 Literaturhinweise. (Analyst **83.** 299—304. Mai 1958. Liverpool, Univ., Dep. of Oceanogr.) H. ECKSTEIN. G 358

Gunnar Gran, *Die Verwendung von Oxalyldihydrazid in einer neuen Reaktion für die spektrophotometrische Mikrobestimmung von Kupfer.* Vf. beschreibt eine spektrophotometr. Mikrobest. von Cu, bei der die Analysenlsg. stark ammoniakal. gemacht u. mit einer gesätt. Lsg. von Oxalyldihydrazid u. Formaldehyd oder besser Acetaldehyd

versetzt wird. Die auftretende intensiv blauviolette bis violette Färbung ist sehr stabil u. einige Std. beständig. Ihr Absorptionsmaximum liegt bei ca. 542 mμ u. der Absorptionskoeff. hat einen Wert von ca. 29500 (log $\varepsilon = 4{,}47$). Die Ggw. von HCl, HNO_3, $HClO_4$ oder Na_2SO_4 hat keinen Einfl. auf die Absorption. Kleine Mengen Verunreinigungen der Aldehydlsgg. haben keinen Einfl. auf die Haltbarkeit der Färbung, jedoch muß die Lsg. unbedingt zuletzt zugesetzt werden. (Analytica chim. Acta [Amsterdam] **14.** 150—52. 1956. Stockholm, Swedish Forest Prod. Res. Labor., Analyt. Labor.)
E.-M. KREBS. G 358

Anil K. Mukherji und **Bharat S. Sant,** *Hochfrequenztitrationen von Silber und Thallium(I)- mit Natriumtetraphenylborat.* Ag^+ u. Tl^+ bilden mit Tetraphenylborat Ndd., deren Bldg. bes. in verd. Lsgg. (10^{-3} bis 10^{-4}mol.) hochfrequenztitrimetr. verfolgt werden kann. Die Bestimmungsmeth. hat einen Fehler von ca. $\pm 1\%$. (Analytic. Chem. **31.** 608—10. April 1959. Baton Rouge, La., Louisiana State Univ., Coates Chem. Labor.)
E. DEHMLOW. G 359

b) Organische Verbindungen.

Gerald Kainz und **Leopold Heinberger, S. I.,** *Automatisierung der Stickstoffbestimmung nach Pregl.* Die N-Best. nach PREGL, bei der die Probe individuell vergast werden muß, wird automatisiert, indem die Vergasung der Probe durch einen modifizierten Strömungsmesser über ein Relais gesteuert wird. Zur Festlegung der Arbeitsbedingungen der Automatik wird die Verbrennung von CH_4 untersucht, das vielfach bei der Verbrennung organ. Verbb. auftritt u. als resistentestes Bruchstück gilt. Als maßgebliche Faktoren erweisen sich die Strömungsgeschwindigkeit innerhalb der Verbrennungszone sowie die Temp. der Rohrfüllung. Die Automatik leitet die Vergasung, so daß die vorgewählte Strömungsgeschwindigkeit in der Verbrennungszone stets konstant bleibt. Dadurch ist es möglich, auch Einwaagen von 0,1 g zur Best. von N-Spuren in Erdöl nach der PREGL-Meth. exakt zu verbrennen. (Z. analyt. Chem. **169.** 27—34. 1959. Wien, Univ., II. Chem. Inst.)
E. KLEVER. 5352

J. Estevan und **J. Serra,** *Halbmikrobestimmung von Chlor in perchlorierten Verbindungen.* Die Cl-Minderwerte, die sich bei der n. Verbrennung perchlorierter, organ. Verbb. ergeben, werden durch geeignete Temperaturregelung vermieden. Verbrennungsapp. u. Verf. werden eingehend beschrieben. Die wichtigsten Bedingungen für die Verbrennung sind: im Anfangsteil des von gereinigtem O_2 durchströmten (lineare Strömungsgeschwindigkeit 6 ml/Min.) Quarzrohres, das das Pt-Schiffchen mit Substanz, die zur Regelung der Verbrennung mit Glucose gemischt ist, enthält, wird die Temp. mit einem beweglichen Ofen auf 750° gebracht, im unbeweglichen Mittelteil auf 980—1000°. In diesen Teilen der Verbrennungszone liegen Pt-Drahtnetzrollen als Katalysator. Dem Mittelteil folgt ein zusätzlicher, $BaCO_3$ enthaltender Teil, dessen Temp. auf 650° reguliert wird, um das Cl zu absorbieren. Dauer der Verbrennung 20 Min., des Ausspülens der Gase 10 Minuten. Danach wird das $BaCO_3$ in möglichst wenig dest. W. gebracht (ca. 10 ml), auf 80° erwärmt; dazu kommen 10 Tropfen alkoh. 0,01%ig. Dichlorfluoresceinlsg., mit HNO_3 wird neutralisiert u. gegen 0,025n $AgNO_3$-Lsg. titriert. Die Fehler liegen zwischen $-0{,}24$ u. $+0{,}26\%$. (Inform. Quím. analít. **12.** 137—39. Sept./Okt. 1958. Barcelona, Univ., Dep. Quím. orgán.; Inst. „Alonso Barba".)
W. METZENER. 5352

A. P. Terentjew, P. N. Fedossejew und **N. P. Iwaschewa,** *Neue Methoden zur quantitativen Bestimmung von Stickstoff, Schwefel und Halogenen in einer Einwaage der organischen Substanz.* 4. Mitt. *Anwendung von Calcium zur Zersetzung der Substanz.* (3. bzw. 4. vgl. C. **1959.** 7580.) Das Prinzip dieser Meth. besteht darin, daß man die Einwaage der zu analysierenden organ. Substanz, die N, S u. Halogene enthält, auf 700 bis 750° in einer Ae.- oder H_2-Atmosphäre mit pulverförmigem Ca erhitzt. Hierbei entstehen Calciumnitrid, -sulfid u. -halogenide, in denen N, S u. die Halogenide quantitativ bestimmt werden. Diese Meth. ermöglicht die quantitative Best. der genannten Elemente einzeln, zu zweien oder zu dritt aus einer einzigen Einwaage der organ. Substanz. Die Anwendung von Ca beschleunigt u. vereinfacht die Analyse. Sie verhindert auch die Bldg. explosiver Substanzen. (Журнал Аналитической Химии [J. analyt. Chem.] **13.** 344—48. Mai/Juni 1958. Nikolajew, Schiffsbauinst.; Moskau, Lomonossow-Univ.)
E. STEINBERG. 5352

G. Baluja Marcos, *Schnellverfahren zur Bestimmung von Quecksilber und Phosphor in quecksilberorganischen Verbindungen.* Das Verf. von RAUSCHER [1938] der Hg-Best. in anorgan. u. organ. Verbb. durch Red. mit Äthanolamin oder $SnCl_2$ zum Metall, ohne daß die organ. Verbb. zers. werden müssen, versagt bei der Analyse P-haltiger Hg-organ. Verbindungen. Diese müssen daher zerstört werden, ehe man Hg^{2+} mit KCNS u. P nach hinreichender Abstumpfung der Säure nach dem Verf. von BRIGGS [1924] colorimetr. bestimmen kann. Ausführung: Man läßt Röhrchen mit 20—25 mg Probe in einen KJELDAHL-Kolben gleiten, gibt 30 Tropfen H_2SO_4 auf den Boden, erwärmt vorsichtig bis zur Karamelfärbung (meist nach 30 Min. oder mehr) u. fügt nach geringer Abkühlung 1 Tropfen 40%ig. H_2O_2 zu, erwärmt wieder u. gibt, wenn die Entfärbung ausbleibt, einen weiteren Tropfen H_2O_2 zu, gegebenenfalls einen dritten. Ein während des Erwärmens gebildeter, in konz. H_2SO_4 unlösl., farbloser Nd. wird durch Verdünnen auf 20—30 ml gelöst. Dazu tropft man 5%ig. *$KMnO_4$* (I)-Lsg. bis zu bleibender schwach Rosafarbe u. gibt dann 20 Vol.-%ig. H_2O_2-Lsg. gerade bis zur Zerstörung des I-Überschusses zu. Ist dann die Lsg. klar u. durchsichtig, fügt man 3—4 Tropfen Lsg. zu, die an $FeNH_4(SO_4)_2$ u. an HNO_3 0,5mol. ist, um dann gegen 0,02mol. KCNS-Lsg. bei gutem Tageslicht zu titrieren. Die austitrierte Lsg. wird gegen 30%ig. NaOH mit Phenolphthalein neutralisiert. Dabei fällt das dem Indicator entstammende $Fe(OH)_3$ aus u. wird in der gerade genügenden Menge konz. HCl gelöst. Dann wird zur Lsg. 5%ig. I-Lsg. bis zur bleibenden Rotfärbung zugetropft. Überschüssiges I u. möglicherweise ausgefallener Nd. werden durch 2—3 Tropfen 20 Vol.-%ig. H_2O_2, aber nicht mehr als gerade nötig, beseitig. Diese Lsg. wird nach dem erwarteten P-Geh. entsprechender Verdünnung gemäß dem Verf. von BRIGGS colorimetriert. Die Fehler liegen für Hg innerhalb $\pm 1\%$, für P bei $\pm 3\%$. Angegriffene KJELDAHL-Kolben müssen umgetauscht werden. (An. Real Soc. españ. Física Quím., Ser. B **54**. 291—96. April 1958.) W. METZENER. 5352

P. O. Bethge und **O. T. Carlson,** *Über die Halbmikrobestimmung von Methoxyl.* Vff. untersuchen verschied. Arbeitsgänge der Halbmikrobest. von Methoxyl. Die Zus. der Jodwasserstoffsäure- u. Wasch-Lsgg. verschied. Autoren werden besprochen u. tabellar. verglichen. Eine verbesserte App., die es ermöglicht, mehrere Analysen hintereinander zu machen, wird beschrieben. (Analytica chim. Acta [Amsterdam] **15**. 279—83. Sept. 1956. Stockholm, Swedish Forest Prod. Res. Labor., Analyt. Labor.) E.-M. KREBS. 5360

A. P. Terentjew und **N. B. Kupletskaja,** *Sulfurierung und Sulfonsäuren acidophober Verbindungen.* 25. Mitt. *Anwendung von Dioxansulfotrioxyd zur Bestimmung von Mono- und Polyhydroxyverbindungen.* (24. vgl. C. **1955**. 9064.) Vff. beschreiben eine Meth. zur titrimetr. Best. von Hydroxylgruppen mit Hilfe von Dioxansulfotrioxyd (I): Der Best. liegt folgende nicht umkehrbare Rk. zugrunde: $ROH + O(CH_2CH_2)_2O \cdot SO_3 \rightarrow ROSO_3H + O(CH_2CH_2)_2O$. Man erhält befriedigende Resultate für ein- u. mehrwertige Alkohole, Zucker u. Ketoxime. Phenole u. Aldoxime können nach dieser Meth. nicht bestimmt werden. Nitril-, Äther-, Amid- u. Nitrogruppen beeinträchtigen den Titer des I dabei nicht. — Als Reaktionslsg. dient eine 1,5—2n Lsg. von SO_3 in Dioxan. Der Überschuß an I wird mit W. hydrolysiert u. mit Soda gegen Methylorange, Kongorot oder Bromphenolblau zurücktitriert. Die mittlere Fehlergrenze beträgt ± 2—3%. — (Журнал Общей Химии [J. allg. Chem.] **26** (**88**). 451—54. Febr. 1956. Moskau, Univ.) J. MENZ. 5364

George Kyryacos, Henry R. Menapace und **Cecil E. Boord,** *Chromatographische Gas-Flüssigkeit-Analyse einiger Oxydationsprodukte bei der Verbrennung in der kalten Flamme.* Die Gasabsorption u. die Gas–Fl.-Verteilungschromatographie werden zur Analyse der *Verbrennungsprodd. reiner KW-stoffe* in der kalten Flamme benutzt. Der Strukturbeweis wird durch Isolierung der Fraktionen u. Studium ihrer IR-Spektren geführt. Als Brenngas dient n-Hexan mit einer stöchiometr. Luftmenge. Die Abzugsgase der Flamme werden durch eine Trockeneisfalle geleitet, in der sich die interessierenden Verbb. kondensieren. Die nichthomogene Fl. wird in die Chromatographiersäule gebracht u. die getrennten Fraktionen durch Schwefelkohlenstoff bei Trockeneistemp. geleitet. Die CS_2-Lsgg. werden zur IR-Analyse verwendet. Verschied. Säulen dienen zur Eliminierung der einzelnen Verbindungsklassen. Folgende Verbb. wurden isoliert u. identifiziert: *Äthylenoxyd, Acetaldehyd, Propylenoxyd, Propionaldehyd, Aceton, Acrolein, cis-* u. *trans-2.5-Dimethyltetrahydrofuran, n-Butyraldehyd, Methyläthylketon, Methylvinylketon, 2-Äthyltetrahydrofuran, Methanol* u. *Crotonaldehyd.* (Analytic. Chem. **31**. 222—25. Febr. 1959. Columbus, Ohio, Ohio State Univ., Dep. of Chem.) G. SCHULZE. G 500

Herbert F. Launer und **Yoshio Tomimatsu,** *Stöchiometrie von Chlorit–Aldehyd-Reaktionen. Analytische Verfahren.* Bei der Rk. zwischen *$NaClO_2$* u. *Aldehyden* (Aldosen, Benzaldehyd u. Dextrandialdehyd) wurde kein festes stöchiometr. Verhältnis R (Mol ClO_2^-/Mol Aldehyd) beobachtet. Zwar wurden die Aldehyde nicht weiter als bis zu den Carbonsäuren oxydiert, jedoch reagierten anscheinend die prim. gebildeten unstabilen Cl-Verbb. in wechselndem Maße mit ClO_2^- weiter. R variierte mit der Art des Aldehyds, Art u. Konz. des Puffers, Reaktionsgeschwindigkeit u. anderen Faktoren. In 0,5mol. Phosphatpuffer lag R zwischen 2,63 u. 3,77. Die Best. der Aldehyde durch Best. des unverbrauchten ClO_2^- ist hier höchstens bei bekannten Verbb. oder solchen, die ähnlich schnell wie bekannte oxydiert werden, möglich. In 3 mol. Phosphatpuffer (R 2,56—2,79) könnte man mit einem mittleren R-Wert bei der Best. von unbekannten Aldehyden (einschließlich Polysacchariden) arbeiten. Dabei wäre mit einer Ungewißheit von ca. ±2,6% bei 0,06 mMol Aldehyd zu rechnen. (Analytic. Chem. **31.** 1385—90. Aug. 1959. Albany, Calif., Western Reg. Res. Labor.) E. DEHMLOW. G 660

M. Ja. Feldman, *Verfahren zur Bestimmung von freiem Formaldehyd in Gegenwart von Aminosäure–Formaldehyd- und Eiweiß–Formaldehyd-Verbindungen.* Ausführliche Beschreibung eines Verf. zur quantitativen Best. von freiem *Formaldehyd* (I) in wss. Lsg. in Ggw. von umkehrbar an Eiweiß u. Aminosäuren gebundenem **I**, das darauf beruht, daß das Gas aus einem großen Vol. der zu untersuchenden Lsg. in der Außenkammer in eine kleine Innenkammer diffundiert, wo es von einem geringen Vol. W. oder Pufferlsg. bis zum Eintritt eines Gleichgewichts absorbiert wird. (Биохимия [Biochemie] **23.** 917—23. Nov./Dez. 1598. Moskau, Wiss. Forschungsinst. für Präpp. gegen Polyomyelitis, Biochem. Labor.) O. LEBTAG. G 670

A. R. Ronzio, *Analyse von Formaldehyd und Glyoxylsäure.* Für die analyt. Kontrolle der Kondensation von Formaldehyd (I) u. von Glyoxylsäure (II) mit *4-Hydroxycumarin* (III) zu Di-[4-hydroxycumarinyl-(3)]-methan bzw. Di-[4-hydroxycumarinyl-(3)]-essigsäure angestellte Verss. ergaben: **I** wird von überschüssigem **III** (nicht aber **III** von **I**) quantitativ gefällt u. ist mit einer Lsg. von AgO in Triäthylamin (nicht aber in ammoniakal. Lsg. wegen Bldg. von Urotropin) in sonst bekannter Weise sowie durch Oxydieren mit H_2O_2 in alkal. Lsg. u. Titrieren der entstandenen Ameisensäure befriedigend genau bestimmbar. Fällen von **I** mit Dimedon gibt zu niedrige Werte. — **II** kann mit ammoniakal. Ag_2O-Lsg. einwandfrei bestimmt u. mit einem Überschuß von **III** in saurer Lsg. (Löslichkeitskorr.) quantitativ gefällt werden (nicht aber umgekehrt **III** mit **II**). (Microchem. J. **1.** 59—66. 1957. Los Alamos, Univ. of California, Sci. Labors.) K. BLUMRICH. G 860

Eberhard G. Trams, *Bestimmung von Bis-[β-chloräthyl]-aminen und verwandten Verbindungen mit 8-Hydroxychinolin.* Bis-[β-halogenalkyl]-verbb. u. 8-Hydroxychinolin geben eine Orangefarb-Rk., welche die Grundlage einer spektrophotometr. Best. von sehr geringen Mengen vieler bifunktioneller β-Halogenäthylverbb. ist. Folgende Verbb. gaben eine positive Farb-Rk.: *Methyl-bis-[β-chloräthyl]-amin·HCl* (λ_{max}) 4680 Å; *n-Propyl-bis-[β-chloräthyl]-amin* 4850 Å; *n-Butyl-bis-[β-chloräthyl]-amin* 4700 Å; *n-Hexyl-bis-[β-chloräthyl]-amin*; *γ-Chlor-n-propyl-bis-[β-chloräthyl]-amin* 4770 Å; *γ-Phenylpropyl-bis-[β-chloräthyl]-amin*; *β-Phenyläthyl-bis-[β-chloräthyl]-amin*; *o-Chlorbenzyl-bis-[β-chloräthyl]-amin*; *N.N.N'.N'-Tetrakis-[β-chloräthyl]-trimethylendiamin* 4770 Å; *Methyl-bis-[β-bromäthyl]-amin·HBr* 4800 Å; *Bis-[β-chloräthyl]-sulfid* 4700 Å; *Bis-[β-chloräthyl]-sulfoxyd* 4700 Å. — Ausführung: 2,5 ml wss. Probelsg. (Erfassungsgrenze: 0,2 μMol/ml) + 2,5 ml 95%ig. A. + einige Tropfen 5%ig. Essigsäure werden mit 0,5 ml 5%ig. alkoh. 8-Hydroxychinolinlsg. versetzt. Dann gibt man 0,5 ml 10%ig. Sodalsg. hinzu, schüttelt 30 Sek., läßt 90 Min. bei Raumtemp. stehen u. mißt dann die Extinktion bei 468 mμ. Monofunktionelle β-Halogenäthyl- u. Äthyleniminoderivv. geben die Farb-Rk. nicht. (Analytic. Chem. **30.** 256—59. Febr. 1958. Washington, D. C., George Washington Univ., School of Med., Dep. of Pharmacol.) K. F. MÜLLER. G 910

Klaus Röwe, Ernst Ferber und **Herbert Fischer,** *Quantitative Bestimmung von Aminosäuren aus hochspannungs-elektrophoretisch getrennten Gemischen durch automatische Extinktionsschreibung (zugleich ein Beitrag zur Zusammensetzung von Thymus-Histon).* Es wurde eine Meth. zur schnellen u. zuverlässigen Erfassung von Unterschieden in der Aminosäurezus. von Hydrolysaten von Histonpräpp. entwickelt, die auch auf andere Proteinhydrolysate anwendbar ist. Hierbei wurden die Aminosäuren durch Hochspannungspapierelektrophorese bei p_H 2 bzw. 6 fraktioniert u. die mit Ninhydrin-Cu bzw. Isatin angefärbten Pherogramme durch einen automat. Extinktionsschreiber ausgewertet. Nach dieser Meth. lassen sich Arginin, Histidin, Lysin, Glycin, Alanin, Prolin, Glutaminsäure, Asparaginsäure, Phenylalanin u. Tyrosin bestimmen, während die restlichen Aminosäuren als Summe erfaßt werden. Vgll. dieser Meth. mit der säulenchromatograph. ergaben bei Thymushiston gute Übereinstimmung. (Hoppe-Seyler's Z. physiol. Chem. **313.** 174—83. 9/12. 1958. Frankfurt/M., Univ., I. Med. Klin.) E. SCHWERDTFEGER. G 950

J. Bardet, *Qualitative Trennung von Glykokoll und Glutaminsäure durch Papierchromatographie.* Bei der papierchromatograph. Trennung von *Glykokoll* (I) u. *Glutaminsäure* erhält man, ausgehend von einer wss. Lsg. des sie enthaltenden Präp. u. von wss. Lsgg. von **I** u. **II**, mit einem Gemisch von n-Butanol, Methanol, Essigsäure, dest. W. (125, 50, 50, 100 cm³) u. Entw. mit einer 0,2%ig. Lsg. von Ninhydrin in n-Butanol nach 15 Std. für **I** u. **II** die R_F-Werte 0,44 u. 0,48. (Bull. Trav. Soc. Pharmac. Bordeaux **97.** 49—50. 1958. Bordeaux, Soc. de Pharm.) W. SCHULENBURG. G 950

Ss. I. Obtemperanskaja, A. P. Terentjew und **M. M. Buslanowa,** *Quantitative Bestimmung von Thioalkoholen und Thiophenolen.* Thiophenole u. Thioalkohole werden in Dioxan ohne Katalysator in Ggw. eines 3fachen Überschusses Acrylonitril quantitativ S-β-cyanäthyliert. Die quantitative Best. beruht auf der Rücktitration des überschüssigen Acrylonitrils nach der Sulfitmethode. Die Rk. verläuft bei den Thiophenolen u. niederen Thioalkoholen in 1 Min., bei den höheren Thioalkoholen in ca. 1 Stunde. Die Meth. hat eine Fehlergrenze von 0,2—0,3% u. wurde an folgenden Verbb. erprobt: *Thiophenol, p-Thiokresol, β-Thionaphthol, Benzylmercaptan, n-Decylmercaptan, Thiomilchsäure, α.β-Dimercaptopropionsäure.* — Versuchsmeth.: Man füllt 1,1—1,3 g Acrylonitril mit Dioxan auf 50 ml auf, gibt 0,05—0,1 g Thiophenol oder Thioalkohol in einen Schliff-ERLENMEYER u. versetzt mit 5 ml der Acrylonitrillsg.; man gibt nach 1—5 Min. Schütteln 20 ml Sulfitlsg. (240 g $Na_2SO_3 \cdot 7\,H_2O$ + 1 Liter W.) zu u. titriert die entstandene Base mit 0,1n HCl gegen 10 Tropfen Thymolphthalein (0,1 g + 100 ml A.) u. 2 Tropfen Alizaringelb (0,1 g + 100 ml W.) bis zum Umschlag nach Gelb. (Вестник Московского Университета, Серия Математики, Механики Астрономии, Физики, Химии [Nachr. Moskauer Univ., Ser. Math., Mechan., Astronom., Physik, Chem.] **12.** 145—47. 1957. Lehrstuhl für org. Chem.) HELMUT SCHÄFER. G 1090

A. P. Terentjew, N. B. Kupletskaja und **E. W. Andrejewa,** *Sulfurierung und Sulfonsäuren acidophober Verbindungen.* 26. Mitt. *Anwendung von Dioxansulfotrioxyd zur Bestimmung aromatischer Amine und Aldehyde.* (25. vgl. C. **1959.** 16435.) Amine reagieren mit Dioxansulfotrioxyd (I) unter Bldg. der entsprechenden *Sulfaminsäuren*: $RNH_2 + O(CH_2CH_2)_2O \cdot SO_3 \rightarrow RNHSO_3H + O(CH_2CH_2)_2O$. Die für Hydroxylgruppen ausgearbeitete Meth. (l. c.) läßt sich somit auch für aromat. Amine anwenden. Bei der Best. von Anilin, o-, p-, m-Toluidin, Xylidin, p-Anisidin, Benzidin, Methyl- u. Äthylanilin wurden gute Werte erhalten. Bei der Best. von α- u. β-Naphthylamin muß zur Vermeidung einer Kernsulfonierung gekühlt werden. Amine mit stark negativen Substituenten lassen sich nach dieser Meth. nicht bestimmen. Indirekt lassen sich mit Hilfe von I auch aromat. Aldehyde bestimmen: Der Aldehyd wird mit einem Überschuß an Anilin behandelt u. das nach Bldg. des entsprechenden Anils überschüssige Anilin wird mit Hilfe von I bestimmt. So wurden Benzaldehyd, p-Methoxy-, p-Chlor-, p-Dimethylamino-, p-, o- u. m-Nitrobenzaldehyd, Zimtaldehyd, Piperonal u. Cuminaldehyd mit einer Genauigkeit von ± 3—5% bestimmt: Die Aldehyd + Anilin-Einwaage wird in einem Gläschen in einen Kolben gebracht, nach 20 Min. wird in das Gläschen die berechnete I-Menge u. nach weiteren 3—5 Min. 10 ml W. zugegeben u. mit Sodalsg. titriert. Die Rk. mit Ketonen ist dagegen unvollständig. (Журнал Общей Химии [J. allg. Chem.] **26 (88).** 881—84. März 1956.) O. POLLAK v. EMHOFEN. G 1300

Sidney Roston, *Fluorometrische Bestimmung von Adrenalin und Noradrenalin in wässeriger Lösung.* Die Meth. zur Best. von *Adrenalin* (I) u. *Noradrenalin* (II) in wss. Lsg. beruht auf der unterschiedlichen Umwandlung von Adrenochrom u. Noradrenochrom zu den entsprechenden fluorescierenden Verbindungen. Die empfindliche u. spezif. Meth. ergibt Werte für I, die vom anwesenden II unabhängiger sind als bei anderen Methoden, u. umgekehrt. (Analytic. Chem. **30.** 1363—66. Aug. 1958. Fort Knox, Ky., US Army Med. Res. Labor., Dep. of Biochem.) K. F. MÜLLER. G 1320

Shraga Pinchas, Joseph Shabtai und **Emanuel Gil-Av,** *Quantitative Bestimmung von Methylencyclohexan und den isomeren Methylcyclohexenen in ihren Gemischen durch Infrarotspektroskopie.* Im Gemisch von *1-* (I), *3-* (II) u. *4-Methylcyclohexen* (III) gelingt die quantitative Best. bei den Banden 918 cm^{-1} (I), 700 (II) u. 885 (III) in CS_2 (1%ig. Lsgg.). Ist auch *Methylencyclohexan* (IV) vorhanden, so wird III bei 1045 cm^{-1} u. IV bei 889 bestimmt. Die Extinktionen von I—IV an den 4 Banden werden angegeben, jedoch wird die Berechnung (1—2% Genauigkeit) unter der Annahme durchgeführt, daß IV u. I bei 889 bzw. 918 cm^{-1} allein absorbieren, während sich die Absorption bei 700 u. 1045 cm^{-1} addieren. (Analytic. Chem. **30.** 1863—65. Nov. 1958. Rehovoth, Israel, Weizmann Inst. of Sci.) E. DEHMLOW. G 1810

Michael G. Kolor und **Henry R. Roberts,** *Ein neues Reagens zum Nachweis von Hydroxyprolin auf Papierchromatogrammen.* Ein aus 270 mg Ninhydrin, 130 mg Isatin, 2 cm^3 $(C_2H_5)_3N$ u. wassergesätt. n-Butanol (ad 100 cm^3) bestehendes Gemisch ist ein empfindliches Reagens zum spezif. Nachw. von *Hydroxyprolin* (I; rotviolett) u. *Prolin* (gelborange $\xrightarrow{\text{langsam}}$ rot) auf Papierchromatogrammen (Entw. 15 Min. bei 60°; Nachweisgrenze 0,0075 γ I). Das Reagens kann ferner zum Nachw. weiterer 18 Aminosäuren dienen: blau *Asparaginsäure*; blauviolett *Serin, Threonin*; violett *Glutaminsäure, Alanin, Glycin, Valin, Methionin, Isoleucin, Leucin, Lysin, Arginin, Norleucin*; grau Tyrosin, *Cystin*; graublau *Tryptophan*; violettgrau *Phenylalanin, Histidin.* Es ist auch bei Verwendung gepufferter Papiere u. Lösungsmittel geeignet. Zur Neutralisierung bas.

Lösungsmittel u. Papiere zugesetzte Essigsäure stört die Farb-Rk. nicht. (Arch. Biochem. Biophysics **70.** 620—22. Aug. 1957. Oakdale, Long Island, N. Y., Nat. Dairy Prod. Corp., Res. Labors. Div.) K. Maier. G 3081

László Mester und **Ádám Major,** *Identifizierung von Aldosen als Formazane.* Die Zuckerformazane sind wegen ihrer charakterist. FF. u. Kristallformen zur Identifizierung von Aldosen geeignet, u. — da Ketosephenylhydrazone die zur Formazanbldg. nötige Metingruppe nicht enthalten — ist diese Rk. auch zur Unterscheidung der Aldosen u. Ketosen geeignet. Die Formazanbldg. ist spezifischer als die Osazonprobe u. kann vereinfacht so ausgeführt werden, daß die Zuckerphenylhydrazone aus dem Zucker-Phenylhydrazin-Reaktionsgemisch nicht abgetrennt werden, sondern unmittelbar durch Zugabe von Pyridin in Formazane umgestaltet werden. Die Bindefähigkeit der Zuckerphenylhydrazone geht nach längerem Stehen stark zurück, weil bei der Formazanbldg. zwei entgegengesetzte Rkk. verlaufen: Bldg. des Phenylhydrazons u. Umgestaltung dessen in eine zur Bindung nicht geeignete Form. Um die vereinfachte Ausführung zur Identifizierung von Aldosen gebrauchen zu können, wurde der zeitliche Verlauf der Formazanbldg. untersucht u. festgestellt, daß allg. die größte Formazanausbeute nach 24—48 Std. erreicht wird. (Magyar tudományos Akad., kémiai Tudományok Osztályának Közleményei [Ung. Akad. Wiss., Ber. Abt. chem. Wiss.] **7.** 345—50. 1956. Budapest, TU, Inst. für organ. Chem.) J. Plank. G 3400

P. Luis und **A. Corazza,** *Die Hydrostrychninreaktion im Mikrobereich. Strychnin* (I) gibt nach Red. durch nascierenden H in Ggw. von $HgCl_2$ mit $NaNO_2$ eine Rosafärbung. Vff. haben diese Rk. von Malaquin u. Denigès zum qualitativen Mikronachw. für I ausgearbeitet. $8-10\cdot10^{-6}$ Liter Probe wird mit dem gleichen Vol. einer 10%ig. $HgCl_2$-Lsg. in konz. HCl u. 1—2 Zn-Granula 15 Min. in einer an einem Ende verschlossenen Glascapillare auf dem Wasserbad erwärmt. Danach wird $1-3\cdot10^{-6}$ Liter einer 0,05%ig. $NaNO_2$-Lsg. zugegeben, oder es wird der Rückstand eines Tropfens der $NaNO_2$-Lsg. auf dem Wasserbad mit dem Inhalt der Glascapillare erwärmt. Die Probe ist noch bei $0,02\cdot10^{-6}$ g in $10\cdot10^{-6}$ Liter positiv u. ist geeignet, um I in Pulver aus *Nux vomica,* in pharmazeut. Präpp. oder in nach Stas u. Otto hergestellten Organauszügen nachzuweisen. (Mikrochim. Acta [Wien] **1957.** 736—43. Buenos Aires, Fac. de Cienc. Med., Cat. de Quim. Analit. Cualit.) Klaus Becker. G 3500

R. Ss. Neslin, *Der Einfluß verschiedener Bedingungen auf die chemische Fixierung von Eiweißstoffen an Papier.* Nach der von Gurwitsch (vgl. C. **1958.** 8089) beschriebenen Meth. wurden die Bedingungen der chem. Fixierung verschied. Proteine an mit m-Nitrobenzyloxymethylpyridiniumchlorid (I) behandeltem Papier untersucht. Es zeigte sich, daß möglichst konz. Eiweiß-Lsgg. angewandt u. das Papier mit einer 10%ig. I-Lsg. behandelt werden muß. Die Art des Eiweißes ist fast ohne Einfl. auf die Bindungsfähigkeit an die Diazoverb. aus I. (Биохимия [Biochemie] **24.** 301—06. März/April 1959. Moskau, Inst. für biol. u. med. Chem. der Akad. der med. Wiss. der UdSSR, Labor. für physiol. Chem.; Inst. für Viruskunde der Akad. der med. Wiss. der UdSSR, Labor. für Biochem. der Viren.) O. Lebtag. G 4070

W. Heinzel und **V. Neuhoff,** *Ein neues Verfahren zur photometrischen Bestimmung kleiner Eiweißmengen.* Zur Best. von 0,01—0,5% Eiweiß in Lsgg. wird die Probe auf einen mit Ölsäure imprägnierten Rhovylträger (PVC der Fa. Schleicher & Schüll, Dassel) gebracht, getrocknet u. mit Amidoschwarz gefärbt. Danach wird in einer flachen Glasküvette mit wenig Nitrobenzol versetzt, so daß das Trägermaterial unter beginnender Lsg. gelartig wird. Dadurch ist der Träger opt. gleichmäßig durchstrahlbar, während die gefärbte Probe ihre Lage beibehält u. durch schrittweisen Transport durch einen Meßstrahl bei 610 mμ photometriert werden kann. Die Erfassungsgrenze beträgt 0,02 γ/μl Eiweiß, u. der Variationskoeff. ist bei Gehh. <1 γ/μl 0,02—0,04, darüber 0,04—0,07. (Naturwissenschaften **46.** 146. 2. Febr.-H. 1959. Tübingen, Univ., Patholog. Inst.) E. Dehmlow. G 4070

d) Medizinische und toxikologische Analyse.

Pál Tolnay, *Anwendung der Mikrodiffusionstechnik in der biochemischen Analyse.* Literaturzusammenfassung über die Anwendung der Mikrodiffusionstechnik in der biochem. Analyse: Best. der NH_3-Gruppe (NH_3, organ. gefundenes N, Carbamid, Adenosinverbb., NO_3^-, NO_2^-, Cephalin, Carbonsäureamide) der Halogengruppe (Cl^-, Br^-, I^-), der CO_2-Gruppe (CO_3^{2-}, HCO_3^-), Best. der Aktivität der Kohlensäureanhydrase, Aminosäuren) u. der CO-Gruppe (Aceton, Glykokoll, Best. von flüchtigen Fettsäuren, von A., Methanol, $CHCl_3$, CO, CN^-). (Magyar Kémikusok Lapja [Z. Ver. ung. Chemiker] **13.** 435—39. Dez. 1958. Veszprém, A Magyar Asványolaj és Földgáz Kísérleti Intézet.) G. Halmi. 5725

Sydney M. Friedman, James D. Jamieson, J. A. M. Hinke und **Constance F. Friedman,** *Anwendung der Glaselektrode zur Natriumbestimmung in biologischen Systemen.* Es wird der Aufbau einer Natriumglas/Silber-Elektrode für biol. Systeme beschrieben. Die Anwendung erfolgt zur Best. geringer Mengen Na in stat. u. dynam. biol. Systemen. (Proc. Soc. exp. Biol. Med. **99.** 727—30. Dez. 1958. Vancouver, Canada, Univ. of Brit. Columbia, Dep. of Anatomy.) U. Gerhardt. 5725

A. Holasek, H. Lieb und **I. Schaar,** *Die Bestimmung des freien und Estercholesterins nach Trennung durch Papierchromatographie.* Es wird eine Meth. zur Best. des freien u. veresterten *Cholesterin* (I) in biol. Material mitgeteilt. I wird mit Aceton/A. extrahiert, zur Trockne gebracht, mit Toluol aufgenommen u. papierchromatograph. getrennt (Laufmittel: bewegliche Phase: Isopropanol/Methanol/W. (9:5:6), stationäre Phase: Paraffin/PAe. (1:9), R_F: freies Cholesterin 0,2 Cholesterinester am Startpunkt). Nach beendeter Chromatographie wird mit Bzl. eluiert u. die Best. nach Liebermann-Burchard durchgeführt. (Klin. Wschr. **36.** 942—44. 15/10. 1958. Graz, Univ., Med.-Chem. Inst., Pregl Labor.) H. Struck. 5728

M. Lubran und **D. W. Moss,** *Die Bestimmung der Serumalbuminkonzentration mit ^{131}J-Albumin.* Vff. beschreiben eine Isotopenverdünnungsmeth. zur Best. der Serumalbuminkonz. unter Verwendung von *^{131}J-Albumin.* Ausführung: Na-Sulfitlsg.: 57,4 g $Na_2SO_3 \cdot 7\,H_2O$ in 100 cm³ dest. W.; Biuretreagens: 6 g K–Na-Tartrat u. 1 g KJ lösen in 50 cm³ dest. W., Zugabe von 50 cm³ 6 Gew.-%ig. $CuSO_4 \cdot 5\,H_2O$-Lsg. u. Auffüllen auf 1 Liter mit 10%ig. KOH. ^{131}J-Albumin: Zu 1—2 cm³ NaJ, enthaltend 1 mC ^{131}J, Zugeben von 1 cm³ 0,1%ig. KJ-Lsg., 0,5 cm³ 0,2%ig. KJO_3-Lsg. u. 0,2 cm³ 2n H_2SO_4. Zugeben dieser Lsg. zu 0,7—0,8 g Albumin (I), gelöst in 5 cm³ physiol. NaCl-Lsg. u. 1 cm³ n-NH_4OH. 10 Min. Stehenlassen, dann Zugabe von 0,2 cm³ 20%ig. KJ-Lsg. u. Stehenlassen für weitere 20 Min., Entfernen von überschüssigem Jodid durch Amberlite IRA-400 (Cl-Form). Die erhaltene I-Lsg. ist ca. 5%ig. u. enthält ca. 30% der zugesetzten Radioaktivität. — Best.: Kontroll-Lsg. 0,2 cm³ Serum u. 0,1 cm³ markierte I-Lsg.; Vergleichslsg. 0,3 cm³ markierte I-Lösung. Zu jeder Lsg. Zugabe von 5,7 cm³ Na_2SO_3-Lsg. u. 1 cm³ Ae., 20 Sek. Schütteln, danach 10 Min. Zentrifugieren. Zu 4 cm³ der unteren Schicht 2 cm³ Biuretreagens. Nach 10 Min. Best. der opt. Dichte bei 520 mμ u. Radioaktivität. Man ermittelt den Quotienten (Impulse pro Min./opt. Dichte) für Testserum u. Kontrollserum. Bezeichnet man diese Quotienten mit T bzw. C, den Albumingeh. der Kontroll-Lsg. mit A (g%), dann ist Serumalbumin = $[C/T-1]A/2$. (Clin. chim. Acta [Amsterdam] **2.** 246—51. Juni 1957. Isleworth, Middlesex, West Middlesex Hosp.) G. Bratfisch. 5728

K. Kropp und **P. Thiele,** *Über eine polarometrische Mikromethode zur Bestimmung der Chlorionenkonzentration im Serum, Liquor und Harn.* Eine für den klin. Routinebetrieb geeignete quantitative polarimetr. Bestimmungsmeth. für Cl′-Ionen in Serum, Liquor u. Harn, u. eine App., bestehend aus einem Analysengefäß u. einer Hg–H_2SO_4–K_2SO_4-Vergleichselektrode, die durch eine Agar–K_2SO_4-Brücke verbunden sind, werden beschrieben. Die benötigte Flüssigkeitsmenge beträgt 2 ml, die Genauigkeit ±0,6%. Störend wirken Br′-, J′-, S_2O_4''- u. SCN′-Ionen. Die App. stellt eine Verbesserung der von Zimmermann u. Layton (J. biol. Chemistry **181.** [1949.] 141) angegebenen dar. (Z. ges. inn. Med. Grenzgebiete **10.** Nr. 9. 445—49. 1/5. 1955. Bonn, Univ., Kinderklin.) H. Kluge. 5732

A. S. Curry, *Identifizierung von Barbituraten.* Zur Best. von 5.5-disubstituierten *Barbituraten* im Blut bei Schlafmittelvergiftungen findet allg. die UV-Spektrophotometrie Anwendung, womit man aber nur die Gesamtkonz. der Barbiturate bestimmen kann. Es wird eine Meth. angegeben, die eine Identifizierung u. damit eine Zuordnung zu den länger oder kürzer wirkenden Barbituraten gestattet, was gerichtsmedizin. von Bedeutung ist. Durch eine Behandlung mit konz. H_2SO_4 bei 100° während 1 Std. findet eine teilweise Dealkylierung statt. Eine nach der Aufbereitung vorgenommene spektrophotometr. Unters. gestattet eine Differenzierung der Barbiturate Veronal u. Amytal von Phanodorm u. Seconal. Die Verbindung dieser Technik mit der Papierchromatographie ermöglicht die Identifizierung aller Barbiturate. (Nature [London] **183.** 1052. 11/4. 1959. Rutland Drive, Home Off. forensic Sci. Labor.) F. Thomas. 5762

J. Cholak, *Der Nachweis von Berylliumspuren.* Die Methoden, die zum Nachw. von *Beryllium* in biol. Material dienen, müssen so empfindlich sein, daß mit Sicherheit I-Mengen von 0,1 γ bzw. weniger nachgewiesen werden können. Die bisher verwendeten Methoden (colorimetr., fluorimetr. u. spektrograph.) werden tabellar. gegenübergestellt unter Angabe der Empfindlichkeit der einzelnen Methoden. (A. M. A. Arch. ind. Health **19.** 123—28. Febr. 1959. Cincinnati, Ohio, Univ. of Cincinnati, Coll. of Med., Kettering Labor., Dep. of Preventive Med. and Ind. Health.) H. Zeller. 5764

Milan Bier, ed., Electrophoresis: theory, methods, and applications. New York, London: Academic P. 1959. (XX + 563 S. m. Abb., Tab. u. Diagr.) 7 s. 6 d.

H. J. M. Bowen and **P. A. Cawse**, The determination of inorganic elements in biological tissue. London: H. M. S. O. 1959. (36 S. m. Taf. u. Tab.) = A. E. R. E. reports-no. R 2925. 6 s.

G. J. van Meurs, Beginselen der scheikunde. Dl. 1: Anorganische scheikunde. 19e, geheel herz. dr. 's-Gravenhage: Nijgh Van Ditmar. 1959. (388 S. m. Abb.) hfl. 7,25.

A. N. Beloserski und **N. I. Proskurjakow**, *Praktikum der Biochemie der Pflanzen.* (Unter Mitarbeit von **A. I. Oparin.** Deutsche Ausgabe mit Zusatzkapiteln von **H. Borries.**) Berlin: VEB Deutscher Verlag der Wissenschaften. 1956. (440 S. m. 43 Abb.) DM 23,60.

Das vielseitige Werk der sowjet. Autoren, das 1951 erschien, ist der zweite Band der von **H. Borries** u. **M. Gorsch** herausgegebenen Hochschulbücher für Biologie. Es enthält neben einfachen Methoden zum qualitativen Nachw. der wichtigsten Pflanzenstoffe komplizierte quantitative Bestimmungsmethoden u. präparative Verff., die hohe Anforderungen an die Geschicklichkeit der Praktikanten stellen u. Erfahrungen im chem. Arbeiten erfordern. Da man bei Biologen solche Erfahrungen nur begrenzt voraussetzen kann, sind die Anweisungen meist recht ausführlich gehalten, u. es werden auch solche Arbeitsmaßnahmen beschrieben, die Geübteren selbstverständlich erscheinen. — Die Ergänzungen des Übersetzers betreffen Prinzip u. Anwendung manometr. Methoden (8. Abschnitt), Verff. der pflanzlichen Wuchsstoff-Forschung (9. Abschnitt) u. deutsche bzw. fremdsprachige Literaturangaben bis 1955. Das übersetzte Werk füllt eine Lücke im deutschsprachigen Schrifttum aus. W. BARZ

Heinrich Moritz, *Spektrochemische Betriebsanalyse.* 2., verb. Auflage. (Die chemische Analyse, Band 43.) Stuttgart: Ferdinand Enke Verlag. 1956. (XV + 240 S. m. 65 Abb. u. 19 Taf.) DM 55,—.

Die vorliegende zweite Auflage, die der ersten Auflage nach 12 Jahren folgt, erscheint als 43. Band der von **Gerhart Jander** herausgegebenen Monographiensammlung „Die chemische Analyse". Die Neuauflage berücksichtigt vor allem die apparative u. verfahrensmäßige Weiterentw. der spektrochem. Analyse im Ausland während des letzten Jahrzehnts, darunter auch die beachtlichen Fortschritte der Sowjetunion auf dem Gebiete der prakt. Methodik u. Typisierung. Neu bearbeitet bzw. neu aufgenommen wurden die Abschnitte über die Übersichtsanalyse, über die Geräte zur direkten Übersichtsanalyse u. zur qualitativen Analyse ohne Platten (Direktanalyse). Gekürzt wurde der Abschnitt über die Auswertung quantitativer Spektren. Die Auswahl der Arbeitsvorschriften für quantitative Analysen wurde beschränkt auf je ein Beispiel für die Analyse fester Proben von Al u. Al-Legierungen, für Proben von Al-Legierungen in gelöster Form u. für feste Proben für Eisen u. Stahl. Ein gegenüber der ersten Auflage erweitertes Literaturverzeichnis (weit über 300 Angaben), das die Literatur bis 1954 berücksichtigt, schließt das Werk ab. Auch das Sachverzeichnis erfuhr eine Erweiterung. W. BARZ

H. Angewandte Chemie.

I. Allgemeine chemische Technologie.

Chan-Hui Chou, *Die Methode der kleinsten Quadrate.* Vf. zeigt an Beispielen die Grenzen der Anwendung der Meth. der kleinsten Quadrate für chem. Berechnungen u. die Vorteile der statist. Methoden. In allen Fällen, in denen die Wahl der Gleichungsform zunächst nicht möglich ist, empfiehlt Vf. die Meth. der kleinsten Quadrate nur zusammen mit statist. Methoden anzuwenden. — 13 Literaturangaben. (Ind. Engng. Chem. **50.** 799—802. Mai 1958. Troy, N. Y., Rensselaer Polytechn. Inst., Dep. Chem. Engng.) M. GEHLEN-KELLER. 5800

J. B. Opfell und **B. H. Sage,** *Anwendungen der Methode der kleinsten Quadrate.* Kurze Einführung u. Anwendung auf die Berechnung von Dampfdrücken u. Koeffizienten der Zustandsgleichungen. — 21 Literaturangaben. (Ind. Engng. Chem. **50.** 803—06. Mai 1958. Pasadena, Calif. California Inst. of Technol.) M. GEHLEN-KELLER. 5800

Alan Beerbower, E. O. Forster, J. J. Kolfenbach und **H. G. Vesterdal,** *Ermittlung der Mischungswirksamkeit von technischen Apparaturen.* Vff. beschreiben an Hand von Beispielen aus Labor., halbtechn. u. techn. Anlagen eine Meth. zur Beurteilung der Wirksamkeit von Mischverfahren. Hierbei wird ^{132}J ($T^1/_2 = 2,33$ Std.) als tracer verwendet. Das ^{132}J wird erst unmittelbar vor der Verwendung aus ^{132}Te ($T^1/_2 = 77$ Std.) isoliert, in dem es als Tochtersubstanz stets in Gleichgewichtskonzentration enthalten ist. Beim Zerfall geht ^{132}J in das stabile ^{132}X über. (Ind. Engng. Chem. **49.** 1075—78. Juli 1957. Baltimore, Md., Esso Standard Oil Co.; Linden, N. J., Esso Res. and Engng. Co.) GERHARD GÜNTHER. 5822

Feliks Polak und **Edgar Bortel,** *Phenol–Formaldehyd-Austauscher.* 2. Mitt. *Der Einfluß des Verhältnisses Phenol:Formaldehyd auf die Eigenschaften des im sauren Medium kondensierten Phenolsulfonsäurekationits.* (1. vgl. C. **1958.** 10749.) Die Kondensation von p-Phenolsulfonsäure (I) mit CH_2O läßt sich in saurem Medium lenken. Mit steigendem CH_2O-Geh. der Mischung u. bei höherer Reaktionstemp. wird stärkere Vernetzung erzielt. Gleichzeitig werden Sulfongruppen durch CH_2O abgespalten, so daß die Austauschkapazität u. die Quellfähigkeit des Harzes abnehmen. W. u. CH_2O in größeren Mengen verzögern auch das Gelieren. Die p_H-Titrationskurve der Harzlsg. gleicht der Kurve von I. (Przemysł chem. **37.** 651—57. Okt. 1958.) F. Urban. 5826

Walter Buddeberg, *Probleme der Trenntechnik und ihre Lösungen unter besonderer Berücksichtigung von Zentrifugen.* Es wird ein Überblick über die gebräuchlichsten Zentrifugentypen gegeben. An Hand von Beispielen werden Kombinationsmöglichkeiten aufgezeigt, die es gestatten, bestimmte Trennprobleme zu lösen. (Chem. Techn. **10.** 341—45. Juni 1958. München.) Gerhard Günther. 5828

G. W. Minard und **M. D. Winning,** *Überreißerscheinungen bei der Gasabsorption in Füllkörpersäulen.* Vff. teilen Ergebnisse von Verss. zur Ermittlung des Zusammenhangs von Druckverlust u. Flutungserscheinungen mit, die in einer 6zölligen Gasabsorptionskolonne mit Raschig-Ring- bzw. Faserglasfüllung durchgeführt wurden. Es wurden 8 Kombinationen Gas–Fl. untersucht. Die verwendete App. wird beschrieben. Eine für die Darst. der Verhältnisse entwickelte Gleichung wird mitgeteilt. (Canad. J. chem. Engng. **35.** 39—46. Juni 1957. Toronto, Ontario, Canada, Univ., Dep. of Chem. Engng.) Gerhard Günther. 5848

Leslie Silverman, *Reinigen heißer Gase.* Kurze Charakterisierung der in die Praxis eingeführten Filter zur Reinigung neutraler u. saurer Gase. (Ind. Engng. Chem. **49.** Nr. 7. 67A—68A. Juli 1957. Harvard Univ., School of Public Health.) F. Rosendahl. 5850

René Santt, *Die Diffusion und ihre Anwendung bei der Konstruktion chemisch-biologischer und thermischer Austauscher.* Vf. erörtert eingehend das Wesen der Diffusion u. erläutert die Grundgesetze, auf denen die Diffusion beruht. Die vom Vf. angestellten Verss. haben ergeben, daß bei bestimmten Voraussetzungen Vorzugszonen für die Diffusion festzustellen sind, welche Tatsache bei der Konstruktion von Austauschern der chem. u. der biol. Industrie verwertet werden kann. (Génie chim. **81.** 97—108. April 1959.) F. Rosendahl. 5862

Tibor Blickle, Béla Ceglédi und **Éva Kiss,** *Trocknung körniger Stoffe in Wirbelschicht.* Beschreibung der Trocknungsverss., durchgeführt an 8 körnigen Stoffen in Wirbelschicht. (Magyar Kémikusok Lapja [Z. Ver. ung. Chemiker] **13.** 413—17. Dez. 1958. Veszpém, A. Magyar Asványolaj és Földgáz Kísérleti Intézet.) G. Halmi. 5874

J. S. Smith, *Emulgierung und Dispersion durch Ultraschall.* Fortschrittsbericht über die Anwendung von Ultraschallapparaturen unter Verwendung von Flüssigkeitspfeifen mit Schwingfedern zur Herst. von Emulsionen u. Dispersionen. (Chem. Process Engng. **40.** 54—57. Febr. 1959.) Gerhard Günther. 5878

Allen Strickler und **William S. Gallaway,** *Eine neue Methode zur integrierenden Registrierung.* Eine Vorr. zum Integrieren von Meßgröße-Zeit-Kurven, wie sie z. B. bei der Registrierung von Gaschromatogrammen anfallen, wird beschrieben. Sie besteht aus einem Servoschreiber, der als Ordinate die Meßgröße y registriert, während der Papiervorschub x als Abszisse gemäß $dx/dt = ky$ proportional zum jeweiligen y-Wert erfolgt. Man erhält so bei gaschromatograph. Registrierungen statt der „peaks" durch konvexe Kurven begrenzte Flächen, deren Basisbreite dem Flächeninhalt der „peaks" entspricht. Durch eine zusätzliche Vorr. läßt sich eine Zeitschreibung in das Integramm einfügen, die zur qualitativen Festlegung der Kurven (Retentionszeit) dient. (Nature [London] **183.** 1110—12. 18/4. 1959. Fullerton, Calif., Beckman Inst., Inc., Res. and Engng. Dep.) E. Moisar. 5888

Drackett Co., Cincinnati, übert. von: **George Walton,** Sharonville, Ohio, V. St. A., *Mit Wasser Wärme entwickelndes Gemisch in trockener und zerteilter Form,* bestehend aus ca. 2—8 Gew.-% Al, Alkalyhydroxyd in wenigstens der doppelten, für die Bindung des Al erforderlichen Menge, wasserlösl. anorgan. Nitrat in zur Oxydation des bei der Rk. entwickelten H_2 erforderlicher Menge, u. aus Cu bes. mit dem Al legiert, in Mengen von 0,4—4,0 Gew.-% des Al. (**A. P. 2 816 012** vom 4/4. 1955, ausg. 10/12. 1957.) K. Demmler. 5817

Metallgesellschaft Akt.-Ges. (Erfinder: **Kurt Meyer**), Frankfurt/M., *Granulieren von körnigen und pulverigen Stoffen* in geeigneten Apparaten, wie Eyrich-Mischern, Schnecken, Trommeln oder Schrägtellern, bes. als Vorbereitung für die therm. Behandlung auf Sinterbändern oder in ruhenden Öfen unter Aufmahlung der Rohstoffe auf unter 0,08 mm, dad. gek., daß nur 30—45% der Rohstoffe fein aufgemahlen u. der Rest in unveränderter Korngröße zugegeben wird. Durch die genannte Aufmahlung wird die Feuerbeständigkeit der Granalien beträchtlich gesteigert. Die Beispiele behandeln die Granulierung von *Waschbergen.* (**D. A. S. 1 039 235** Kl. 40a vom 4/11. 1953, veröff. 18/9. 1958.) M. Neckermann. 5821

Badische Anilin- & Soda-Fabrik Akt.-Ges. (Erfinder: **Curt Schuster, Robert Gehm, Ernst Abrahamczik** und **Georg Schwarte**), Ludwigshafen/Rh., *Herstellung von* *vernetzten, basischen Polymerisaten.* Man polymerisiert N.N'-Divinyldiimidazolyl- bzw. N.N'-Divinyldibenzimidazolylverbb., bei denen die N-Atome von verschied. Ringen Träger der Vinylgruppen sind, oder deren Mono- u./oder Diquaternierungsprodd. u. quaternisiert die erhaltenen Polymerisate oder Mischpolymerisate. Diese Polymerisation kann im Block, in Suspension oder in wss. oder in saurer Lsg., sowie in organ. Lösungsmitteln oder in Emulsion vorgenommen werden. Man verwendet dabei als Polymerisationsbeschleuniger Persulfate, Peroxyde u./oder Azoverbb., wie Azodiisobuttersäurenitril in Mengen von 0,1—5%, bezogen auf die zu polymerisierenden, monomeren Verbindungen. — Man erhält die Ausgangsverbb. durch Vinylierung der entsprechenden Diimidazolyl- bzw. Dibenzimidazolverbb. bei 70—190, bes. 150—180°, in Ggw. von bas. Katalysatoren, wie Pyrrolidonkalium. — Beispiele für diese Ausgangsverbb.: *1.4-Di-[methylbenzimidazolyl-(2)]-butan,* F. 235°; *N.N'-Divinyl-1.4-di-[methylbenzimidazolyl-(2)]-butan,* F. 172°; *N.N'-Divinyl-1.6-di-[benzimidazolyl-(2)]-hexan,* F. 115°; *N.N'-Divinyldiimidazolyl-(2.2'),* F. 119°, u. *N-Monovinyldi-[benzimidazolyl-(2)]-butan,* F. 53°. — Die mit diesen Ausgangsstoffen anfallenden Polymerisate ergeben bes. Prodd., die die Eigg. von *Anionenaustauschern* besitzen. (**D. A. S. 1 028 338** Kl. 39c vom 29/1. 1957, veröff. 17/4. 1958.) H. NEBELSIEK. 5827

Georg Fischer Akt.-Ges. (Erfinder: **Heinrich Fichtinger**), Schaffhausen, Schweiz, *Entgasung von flüssigen Schmelzen,* bei welchen mindestens 2 Räume verwendet werden, die durch eine Wand voneinander getrennt sind, wobei die Wand einen Teil aufweist, der gasdurchlässig, aber für die Schmelze undurchlässig ist, dad. gek., daß in dem einen Raum die Schmelze eingebracht u. im anderen Raum ein Vakuum bzw. eine auf die Schmelze entgasend wirkende Atmosphäre aufrechterhalten wird, so daß die Gase aus der Schmelze durch die Wand heraustreten. Das Verf. eignet sich für *Metall-* u. *Glas-*Schmelzen. Die gasdurchlässige Wand kann aus verschied. Stoffen bestehen, die verschied. Gasdurchlässigkeit aufweisen. Sie kann auch aus nur einem einzigen Material bestehen, z. B. aus Metall, wie *Stahl,* der schon bei 400° H_2 gut durchläßt. — Abbildungen. (**D. A. S. 1 032 553** Kl. 40a vom 30/7. 1956, veröff. 19/6. 1958. Schwz. Prior. 9/8. 1955.) M. NECKERMANN. 5839

Rensselaer Polytechnic Institute (Erfinder: **Paul Harteck** und **Seymour Dondes**), Troy, N. Y., V. St. A., *Spalt- oder Brütstoffelement für Kernreaktoren* besteht aus einem spalt- oder brütstoffhaltigen Fasermaterial, z. B. einem Faserglas, das ^{233}U, ^{235}U oder ^{239}Pu bzw. ^{232}Th oder ^{238}U als Oxyde enthält. (**D. A. S. 1 057 701** Kl. 21g vom 13/8. 1957, veröff. 21/5. 1959. A. Prior. 26/10. 1956.) H. KESSEL. 5895

Imperial Chemical Industries Ltd. (Erfinder: **Charles Westgarth**), *Verhinderung des Zusammenbackens von Salzen* in pulverisierter Form. Um das Zusammenbacken bei der Lagerung oder dem Transport der Salze zu verhindern, erhitzt man die Behälter- oder Silowände, u. zwar bes. an den Entnahmestellen des Salzes. Bei Behältern, die ganz aus Metall bestehen, erhitzt man den gesamten Behälter, z. B. durch Anlegung von elektr. Strom mittels Heizschlangen oder einem heizbaren Mantel. (**Aust. P. 206 171** vom 12/1. 1956, ausg. 14/3. 1957. E. Prior. 12/1. 1955.) H. NEBELSIEK. 5897

Farbenfabriken Bayer Akt.-Ges. (Erfinder: **Julius Wehn** und **Richard Schlee**), Leverkusen, *Granulieren von Pulvern zu Granulaten gewünschter Korngröße* ohne Zugabe von Bindemitteln, wobei die Angranulierung auf Sieben u. die Fertiggranulierung im Fließbett erfolgt, dad. gek., daß die Fertiggranulierung in einem Fließbett, das von unten nach oben erweitert ist, vorgenommen wird. Bessere Anlagerung des abgeriebenen Feinstaubs an die Granulate u. damit geringerer Geh. an Feinkorn, geringeres Ausblasen von Staub aus dem Fließbett u. geringerer Luftverbrauch. — Zeichnung. (**D. A. S. 1 051 816** Kl. 12g vom 30/4. 1957, veröff. 5/3. 1959. **Zusatz zu D. A. S. 1 041 472; C. 1959. 4977.**) W. MATTHAES. 5905

III. Elektrotechnik.

Siemens-Schuckertwerke Akt.-Ges., Berlin und Erlangen (Erfinder: **Reimer Emeis,** Pretzfeld), *Halbleiterelement* mit mindestens 2 flächenhaften Bereichen von gleichmäßiger Dicke u. verschied. Leitungstyp, von denen mindestens einer durch Einlegieren einer auf den Halbleiterkörper aufgebrachten Au-Folie erzeugt wird. Bei der Herst. wird vor dem Legierungsvorgang zwischen der Au-Folie u. dem Halbleiterkörper eine dünne Zwischenschicht aus einer Au-Legierung angebracht, deren E. in der Nähe, bes. dicht unterhalb des E., des Halbleiter-Au-Eutektikums liegt. (**D. A. S. 1 064 641** Kl. 21g vom 3/7. 1956, veröff. 3/9. 1959.) H. KESSEL. 5953

Siemens & Halske Akt.-Ges., Berlin und München (Erfinder: **Walter Heywang,** Karlsruhe, und **Heinrich Kniepkamp,** München), *Körniger Halbleiterkörper,* dessen Körner aus einer von mehreren Elementen gebildeten Grundsubstanz bestehen, bes. aus

Chalkogeniden oder Carbiden, für Varistoren oder Heißleiter. Bei der Herst. wird an der Oberfläche der Körner, mindestens an den Kontaktflächen, ein Leitfähigkeitstyp erzeugt, der dem im Innern entgegengesetzt ist. Die Körner werden mindestens bei der Herst. durch ein Bindemittel zusammengehalten, das eine Dotierungssubstanz zur Erzeugung der Oberflächenschicht enthält. Prakt. wird auf die Oberfläche der Körner eine Dotierungssubstanz aus der Gasphase niedergeschlagen, z. B. aufgedampft, oder aus einer Lsg., z. B. elektrolyt., aufgebracht. (**D. A. S. 1 049 477** Kl. 21 c vom 9/3. 1954, veröff. 29/1. 1959.) H. KESSEL. 5953

Westinghouse Electric International Co., New York, N. Y., V. St. A., *Elektrische Vorrichtungen des Halbleitertyps,* bes. Transistoren u. Gleichrichter, bestehend aus einem Körper aus Halbleitermaterial mit einem Leitfähigkeitstyp u. einer auf der einen Seite aufgebrachten geschmolzenen Legierung, dad. gek., daß der geschmolzene Legierungsteil 2 Substanzen enthält, die beim Erhitzen in den Körper eindiffundieren u. darin entgegengesetzte Leitfähigkeitstypen hervorrufen, von denen die eine Substanz schneller in den Halbleiterkörper eindringt als die andere. Unmittelbar unter der geschmolzenen Legierungsschicht ist eine weitere Schicht angeordnet, die beide Substanzen in solcher Menge enthält, daß die langsamer diffundierende vorherrscht u. den Leitfähigkeitstyp der Zwischenschicht bestimmt. Bei einer besonderen Ausbildungsform besteht der Körper aus einem Halbleitermaterial des p-Typs u. der geschmolzene Legierungsteil aus einem langsam diffundierenden Material vom p-Typ, wie In, u. einem schnell diffundierenden Stoff vom n-Typ, wie As. — Zeichnungen. (**E. P. 754 404** vom 27/8. 1954, ausg. 8/8. 1956. A. Prior. 4/9. 1953.) G. APEL. 5953

Siemens & Halske Akt.-Ges., Berlin und München (Erfinder: **Walter Heywang,** München), *Körniger, besonders gesinterter Halbleiterwiderstand* (bes. auf der Basis von SiC), dessen Körner aus einer von mehreren Elementen gebildeten Grundsubstanz bestehen, bes. für *Varistoren* oder *Heißleiter,* mit einer auf den einzelnen Körnern mindestens an ihren gegenseitigen Kontaktstellen angeordneten Zwischenschicht. Bei der Herst. durch Behandlung mit einem die chem. Körner angreifenden Mittel werden durch dieses Bestandteile der Grundsubstanz herausgelöst oder Komponenten der Grundsubstanz umgewandelt u. so auf den Körnern eine Oberflächenschicht erzeugt, deren Leitungstyp dem der Grundsubstanz entgegengesetzt ist. (**D. A. S. 1 056 243** Kl. 21c vom 21/4. 1954, veröff. 30/4. 1959.) H. KESSEL. 5955

Siemens & Halske Akt.-Ges., Berlin und München (Erfinder: **Bruno Thiede** und **Julius Schneider,** Berlin, **Erich Fenner,** Karlsruhe), *Halbleiterwiderstand* aus körnigem SiC, das prakt. durch ein Bindemittel oder durch Sintern zusammengehalten ist. Das SiC ist von einheitlicher Korngröße. Die elektr. Eigg. werden durch Zus. aus verschied. in sich einheitlichen SiC-Sorten eingestellt. (**D. A. S. 1 048 986** Kl. 21 c vom 14/4. 1954, veröff. 22/1. 1959.) H. KESSEL. 5955

Siemens & Halske Akt.-Ges., Berlin und München (Erfinder: **Carl Zapf,** Heidenheim), *Widerstandsschicht.* Bei der Herst. durch therm. Zers. C-haltiger Gase dienen als Abdeckschichten bei der Bekohlungstemp. beständige Metallschichten, z. B. aus aufgedampftem oder galvan. aufgebrachtem Cu, oder aus Ni, das aus seinem Carbonyl gewonnen wird. Zur Herst. der Abdeckschichten dienen Hilfsabdeckschichten, bes. aus Siliconkautschuk. Nach dem Aufbringen der Widerstandsschicht werden die Abdeck- u. Hilfsabdeckschichten abgeätzt. (**D. A. S. 1 043 471** Kl. 21 c vom 17/12. 1954, veröff. 13/11. 1958.) H. KESSEL. 5955

Pirelli-General Cable Works Ltd., London, England, *Isolieren von elektrischen Kabeln.* Man umwickelt mit einem Papier, das poliert u. auf einer oder beiden Seiten mit einem festen, ölfreien Paraffin-KW-stoff (I) imprägniert ist. Zum Imprägnieren führt man das Papier über die glatte Oberfläche des festen I. (**It. PP. 495 379** u. **495 380** vom 20/12. 1952.) K. KOEBKE. 5957

United States of America, Secretary of the Navy, übert. von: **Edmond Adams,** Silver Spring, **William M. Hubbard,** Hyattsville, und **Albert M. Syeles,** Silver Spring, Md., V. St. A., *Herstellung eines Dauermagnets* ist dad. gek., daß eine M. gebildet wird, die im wesentlichen nur aus Bi u. Teilchen der Verb. BiMn besteht, daß diese M. gemahlen u. dann in einem gerichteten Magnetfeld auf eine Temp. oberhalb des F. von Bi u. unterhalb des CURIE-Punktes von BiMn erhitzt wird, wodurch die BiMn-Teilchen in einem fl., im wesentlichen nur aus Bi bestehenden Mittel zur Erleichterung der Influenzwrkg. des magnet. Richtfeldes auf die BiMn-Teilchen suspendiert werden, worauf diese M. unter Erstarrung des Bi in Form eines Agglomerats abgekühlt wird, in dem nur das erstarrte Bi das Bindemittel für die BiMn-Teilchen bildet. Anschließend wird dieses Agglomerat dem Magnetfeld ausgesetzt. — Abbildungen. (**A. P. 2 825 670** vom 21/8. 1952, ausg. 4/3. 1958.) H. HOCHSTEIN. 5959

Gebr. Böhler & Co. Akt.-Ges., Wien, Österreich, *Stahllegierung für Permanentmagneten,* enthaltend 0,7—1,5 (%) C, 2—8 Cr, 0,05—2 V. Die Legierungen können ferner bis 15 Co u. bis zu einem Gesamtgeh. von 6 enthalten: 0,5—2 Si, 0,1—2 Al, 0,1—2 Wo, 0,1—3 Mo, 0—2 Sn, 0,5—2 Mn, 0,2—3 Ni, 0,1—2 Cu, einzeln oder im Gemisch. (**It. P. 495 401** vom 22/12. 1949. D. Prior. 12/7. 1939.) K. Koebke. 5959

Radio-Industries Patent-Forening, Charlottenlund, Dänemark, *Herstellung von magnetischen, kubischen Ferriten.* Das Material wird nach dem Sintern einer 2stufigen Abkühlung unterworfen, in der ersten Stufe erfolgt die Abkühlung 12—20°/Min. bis auf 650—900°, bes. 800°, während in der zweiten Stufe die Abkühlung langsamer vor sich geht (<4°/Min.). (**Dän. P. 80 564** vom 9/9. 1952, ausg. 20/2. 1956.) K. H. Kähler. 5959

Vacuumschmelze Akt.-Ges. (Erfinder: **Hans Thomas**), Hanau, *Durch unmittelbaren Stromdurchgang beheizbares Thermobimetall,* dad. gek., daß mindestens eine Seite mit einer metall. Schicht, z. B. elektrolyt. oder durch Aufdampfen überzogen ist, die besitzt eine höhere Korrosionsbeständigkeit als mindestens einer der Bimetallkomponenten u. deren spezif. elektr. Widerstand dem des Bimetalls gleich ist, z. B. mit einer *Ni–Cu*-Legierung mit 45—55 (%) Ni oder einer Fe-freien flächenzentrierten *Cr–Ni*-Legierung oder einer Legierung aus 16—20 *Cr*, 7—10 *Ni*, Rest *Fe*. (**Schwz. P. 332 502** vom 16/2. 1955, ausg. 31/10. 1958. D. Prior. 1/3. 1954. F. Vier. 5971

Standard Elektrik Lorenz Akt.-Ges., Stuttgart (Erfinder: **Kurt Lehovec,** Weißenburg, Bayern), *Selentrockengleichrichter.* Zur Herst. wird eine krist. oder prakt. krist. Se-Schicht vor dem Aufbringen der Gegenelektrode in eine Fl. getaucht oder mit einer Fl. bestäubt, in der Tl oder eine Tl-Verb. gelöst ist. (**D. B. P. 971 095** Kl. 21g vom 28/6. 1944, ausg. 11/12. 1958. Anmeldung bekanntgemacht 24/12. 1952. **Zusatz zu D. B. P. 970 900; C. 1959. 7588.**) H. Kessel. 5977

Houdaille-Hershey Corp., übert. von: **Walter L. Pinner,** Detroit, und **Orville D. Hoxie,** Farmington, Mich., V. St. A., *Zusammengesetzte Nickelanoden für Elektrolysezellen.* Bleche aus elektrolyt. Ni werden wie üblich, jedoch unter Verwendung elektrolyt. Ni als Schweißmaterial, miteinander zur Anode verschweißt u. die Anode dann bei 1400—2100° F einer die Kristallstruktur beeinflussenden Wärmebehandlung unterworfen, wodurch die Korrosionsanfälligkeit der Anodenbleche u. der Schweißstelle ausgeglichen werden. (**A. P. 2 729 580** vom 16/11. 1950, ausg. 3/1. 1956.) K. Wolk. 5993

IV. Wasser. Abwasser.

R. Girard, *Kritische Darlegung des aktuellen Standes der Theorien über agressive Wässer.* Die Methoden zur Best. der Aggressivität weicher, salzfreier Wässer nach Tillmanns, nach Franquin u. Marecaux, u. nach Schmitt werden krit. an Hand der jeweiligen Diagramme abgehandelt u. Möglichkeiten für die Best. der Aggressivität in salzhaltigen Wässern aufgezeigt. (Bull. Centre belge Étude Doc. Eaux **1958/IV.** 258—64.) W. Schönborn. 6010

R. Massart und **L. Missa,** *Behandlung von Kesselwasser mit Sulfit oder Hydrazin.* Zur Entfernung restlichen O_2 wurde dem Dampf-Speisewasser-Kreislauf Na_2SO_3 (I) zugegeben. Der Verbrauch an I wurde durch Messung des elektr. Widerstands vor u. hinter einem zwischengeschalteten Kationenaustauscher bestimmt. Nachteile der I-Anwendung waren die Vermehrung der Sulfatkonz. im Kessel u. der niedrige p_H-Wert (6,75) des Dampfes. Kontinuierlicher Zusatz von Hydrazin an Stelle von I brachte ein günstigeres p_H von 9, vermehrte nicht den Salzgeh. u. war wirtschaftlicher; die gebildete NH_3-Menge war kleiner als 0,2 p.p.m. u. daher noch indifferent gegen Cu, der Geh. an Cu u. Fe war noch geringer als mit I. Gaschromatograph. wurde der O_2-, N_2- u. H_2-Geh., letzterer als Maß für auftretende Korrosionen, im gesätt., niedrig- u. hochgespannten Dampf bestimmt. Es wurde gezeigt, daß die Korrosionen in der Anfahrzeit der Kessel bes. hoch u. um so größer waren, je weiter die Kessel abgekühlt u. je länger sie außer Betrieb waren u. je höher der calor. Gradient war. (Bull. Centre belge Étude Doc. Eaux **1958/IV.** 276—87. Centrale des Awirs-V.C.E. Linalux.) W. Schönborn. 6030

W. Lojander, *Abwässer in hygienischer Sicht.* Übersicht. (Suomen Lääkärilehti [Finlands Läkartidning] **14.** 711—19. 20/5. 1959.) S. Beckmann. 6036

F. Wild, *Abwasserprobleme.* Nach kurzer Besprechung gesetzlicher Bestimmungen in England betreffs Einleitung tox. Abwässer in die Vorfluter werden die chem. Verff. zur Aufbereitung der Wässer zwecks Verwendung in der Plattierungsindustrie erörtert: Beseitigung schädlicher Metalle u. Säuren aus gewerblichen u. häuslichen Abwässern, von Chromaten, Cyaniden, Seifen u. Ölen. — Planung, Errichtung u. Kosten der dafür erforderlichen Bauten u. Meßinstrumente in Abhängigkeit von der Art u. Menge der Verschmutzung u. der aufzubereitenden Wassermenge. (Metal Ind. [London] **92**. 69—71. 24/1. 111—13. 7/2. 153—55. 21/2. 1958. Birmingham, R. Canickshank Ltd.) H. ECKSTEIN. 6036

Croswell Henderson, *Biologische Kontrollen chemischer Abwässer können ernsthaftes Fischsterben verhindern.* Biol. Kontrollen werden durch Vermischung der Abwässer verschied. Konzz. mit Verdünnungswässern, Eingabe eines Testfisches u. Beobachtung der tox. Rkk. in einer bestimmten Zeit durchgeführt. Für Abwässer von unbekannter Giftigkeit sind Vorverss. mit 2 Jungfischen in je 2 Liter Probewässern mit je 100, 10, 1 u. 0,1% Abwasser erforderlich. Die Fischsterblichkeit wird nach 24, 48 u. 96 Std. beobachtet. Die Einfll. des p_H, der Alkalität u. Härte auf die Giftigkeit der Metalle, Cyanide u. des NH_3 im Abwasser werden erörtert. — 4 Abbildungen. (Wastes Engng. **29**. 482—84. Sept. 1958. Cincinnati, Ohio, Rob. H. Taft Sanitary Engng. Center, U.S.P.H.S.) H. ECKSTEIN. 6038

A. Pasveer, *Eine einfache Methode zur Behandlung kleiner Mengen von Abwässern.* Beschreibung des als Oxydationsgraben bekannten einfachen Verf. zur gleichzeitig mechan. u. biol. Reinigung kleinerer Mengen häuslicher oder auch gewerblicher Abwässer, soweit diese biol. abbaubar sind, mittels Belüftung durch eine KESSENER-Walze bei ca. 2—3tägiger Aufenthaltszeit des Abwassers in einem einfachen umlaufenden Erdgrabensyst. bei einem Kraftbedarf von ca. 18 kwh pro Einwohner u. Jahr. (Techn. sanit. munic. **53**. 245—56. Nov. 1958. Pays-Bas, La Haye, Inst. T.N.O. pour la recherche en matière d'hygiène techn.) W. NIEMITZ. 6040

Edmund J. Laubusch, *Abwasserchlorung.* Nach der Erörterung der Anwendungsmöglichkeiten des Cl bei der Trinkwasseraufbereitung vermittelt Vf. einen Überblick über die Anwendung des Cl zur Abwasserreinigung u. -aufbereitung. Als wichtigste Anwendungsgebiete sind bei häuslichen Abwässern Desinfektion u. Geruchskontrolle, bei industriellen Entgiftung durch Oxydation zu nennen. Beeinflußt wird die Chlorung durch die Abwasserbestandteile, wie Alkalinität, Geh. an organ. Substanzen u. gelösten Gasen, Sauerstoffbedarf, Bakterien u. andere Organismen. Diese bestimmen sowohl den Chlorbedarf als auch die Reaktionsgeschwindigkeit. Zur Anwendung kommen kontinuierliche oder chargenweise, ein- oder mehrmalige Chlorung innerhalb der Aufbereitung der gewünschten Wasserbeschaffenheit im Abfluß der Kläranlage. Cl dient u. a. als Flockungshilfsmittel zur Verbesserung der Absetzfähigkeit der Abwässer, zur Entlastung der Filter, zur Geruchsverminderung bes. bei der Schlammfaulung, zur Entfärbung, zur BSB-Verminderung u. als Desinfiziens. Die Chlorbehandlung erst hat die Wiederverwendung von häuslichen u. industriellen Abwässern ermöglicht. — 6 Abb., 1 Tabelle. (Water Sewage Works **105**. 509—15. Dez. 1958. New York, N. Y., Chlorine Inst., Inc.) M. GREMMINGER. 6042

F. Meinck und **G. Thomaschk**, *Untersuchungen über den anaeroben Abbau von Viscoseschlamm.* Der in Abwässern der Viscoseindustrie anfallende Viscoseschlamm ist trotz seines Cellulose- u. Hemicellulosegeh. wegen der hohen Acidität, des Geh. an Zn-Salzen u. an koll. S durch Methanbakterien nicht ohne weiteres abzubauen. Fe^{2+} in Mengen bis zu 3% wirkt stimulierend, in Mengen ab 7,5% jedoch infolge Aciditätsanstiegs (Hydrolyse) schwer schädigend. S in Konzz. unter 1% ist auch in feinster koll. Verteilung ohne Einfluß. Zn^{2+} als Sulfat wirkt bis zu einer Konz. von 0,3% kaum tox., höhere Zn^{2+}-Konzz. (1%) wurden unter den Versuchsbedingungen infolge Fällung als Hydroxyd bzw. als Sulfid unwirksam. 1,7% Zn^{2+} bringen die Faulung zum Stillstand. Zn als unlösl. ZnS beeinträchtigt die Faulung selbst in Konzz. bis zu 8,1% kaum. Sand wirkt als Ballaststoff (Herabsetzung der Gasausbeute). Die organ. Stoffe des Viscoseschlamms werden gut vergoren. Jedoch ist die Zugabe von N, P u. K zur Aufrechterhaltung des „C-N-P-K-Gleichgewichts" erforderlich. Durch Zugabe des Dimethyläthers des Dioxydiäthylstilbens (Follikelhormon) zu nichtaufbereitetem Viscoseschlamm läßt sich die Giftwrkg. z. T. kompensieren. Die Cellulose des Viscoseschlamms kann durch Methanbakterien kontinuierlich abgebaut werden, wenn der Geh. an lösl. Salzen durch gutes Auswaschen vermindert wird u. durch Zugabe von Kalkwasser oder NaOH die erforderliche Neutralisation u. Überführung von Zn^{2+} in $Zn(OH)_2$ gewährleistet ist. Täglich dürfen dann nur 1,5—2,0% der vorhandenen Schlammenge an Frischschlamm zugesetzt werden. Für die Praxis ist also zu gewährleisten: Abtrennung der Hauptmenge des $ZnSO_4$ sowie u. a. des $FeSO_4$ u. Na_2SO_4 durch Filtration, Beseitigung der verbleibenden lösl. Zn-Salze durch Schlammwäsche u. Alkalisierung, Zugabe von $(NH_4)_2SO_4$ u. KH_2PO_4, vorsichtige Einarbeitung der Faulräume bei allmählicher Steigerung des Viscoseschlammzusatzes. (Schriftenreihe Ver. Wasser-, Boden- Lufthyg. Berlin-Dahlem **1955**. 1—31. Berlin-Dahlem, Verein. für Wasser-, Boden- u. Lufthygiene.) HANS THIELE. 6044

C. D. Hull, *Verwendung von Abwässern der Erdölraffinerien.* Aufbereitung der Raffinerieabwässer durch biol. Oxydation bzw. Belebtschlammverf. im Kreislauf. Die näher beschriebenen Verff. gestatten im günstigsten Fall die Entfernung von a) Sulfiden um 99%, b) von Phenolen um 95% u. c) von NH_3 um 63% bei einer p_H-Abnahme von 9,4 auf 8,4. Bei zusätzlicher Verwendung tiefer Absetzbecken (lagoons) kann der BSB wesentlich herabgesetzt werden, wobei der Geh. an gelöstem O_2 von 0 auf 2,0 ansteigt u. der p_H von 8,4 auf 7,4 absinkt. — 5 Abbildungen. (Wld. Petroleum **29.** Nr. 8. 84—89. 15/7. 1958. Ponca City, Okla., Contin. Oil Co.) H. ECKSTEIN. 6048

W. G. Rjadow, *Verwendung von bakterieiden Lampen für die Entkeimung von Wasser unter Feldbedingungen.* Es wurden Verss. mit einer bakterieiden Lampe unter Verwendung der Wellenlänge 253,7 mμ durchgeführt, wobei verschied. Grund- u. Flußwässer (Newa u. andere) mit Anthracoidsporen, Darm- u. Milzbrandbakterien in Dosen von 1000—100000/Liter (nach Abklärung trüber bzw. farbiger Wässer) infiziert u. danach entkeimt wurden. Dabei ergab sich, daß für Bakterien eine Belichtungsdosis von 2500—2700 μW/sec/cm², für Sporen hingegen eine 3—4mal größere (7000—8100 μW/sec/cm²) zu ihrer völligen Abtötung erforderlich ist. Bei einem Coliindex von 1000 kann die App. 300 Liter W./Std. entkeimen, bei sporenbildenden Bakterien bzw. Steigerung der Bakterienzahl auf 100000/Liter sinkt die Leistungsfähigkeit auf 100 Liter/Stunde. Bei Einhaltung dieser Strahlungsdosierungen erhält man 500 Liter absol. keimfreies Wasser. (Водоснабжение и Санитарная Техника [Wasserversorg. sanit. Techn.] **1958.** Nr. 4. 9—14. April. Leningrad.) A. v. WILPERT. 6050

J. K. Johannesson, *Die Bestimmung von Monobromamin und Monochloramin im Wasser.* Die Chlorung von Br^- u. NH_4^+ enthaltenden Wässern führt zur Bldg. von *Monochloramin* (I) u./oder *Monobromamin* (II), die auf amperometr. Wege folgendermaßen bestimmt werden: Nach Einstellung des amperometr. Titrationsapp. auf 0 werden 200 ml der Wasserprobe zusammen mit 0,2 g $NaHCO_3$ eingefüllt, die Stromänderung beobachtet u. 1 ml n. $(NH_4)_2SO_4$-Lsg. hinzugesetzt. Ein starker Stromabfall deutet auf die Ggw. von freiem Br oder Cl, keine Änderung zeigt an, daß sie in gebundener Form vorliegen. Dann titriert man mit *Phenylarsinoxyd*-Lsg. (III) (0,4 g **III**, gelöst in wenig verd. Alkalilsg., auf 1 Liter verd., mit HCl auf p_H 6—7 gebracht u. gegen J eingestellt), bis keine Stromänderung mehr eintritt. Die Titration zeigt Br oder II an, je nachdem, ob freies oder gebundenes Br vorlag. Nach Zusatz von 1 ml 1%ig. KJ-Lsg. wird die Titration wiederholt, womit Cl oder I erfaßt wird. — Die ml der III entsprechen der gleichen Zahl mg Cl/Liter. — 10 Literaturhinweise. (Analyst **83.** 155—59. März 1958. Wellington, New Zealand, Wellington City Council Labor.) H. ECKSTEIN. 6060

Arnold E. Greenberg und **Remo Navone,** *Die Anwendung einer Kontrolltabelle bei der Ermittlung des Anionen–Kationen-Gleichgewichts in Wasser.* Vff. werteten die in 3 Jahren erhaltenen Ergebnisse von 971 Analysen aus 2 Laborr. statist. aus. Wenn man die Differenz zwischen der Summe der Anionen u. der der Kationen in Milliäquivalenten/Liter als Funktion der Summe der Anionen ausdrückt, so lassen sich die Grenzen der zulässigen Abweichung von der theoret. Differenz 0 festlegen. Mit Hilfe von Kontrolltabellen kann man sodann Analysenergebnisse sowie die Arbeitsgenauigkeit einzelner Mitarbeiter sehr schnell überprüfen bzw. miteinander vergleichen. Natürlich müssen die Anforderungen an die Genauigkeit mit der Notwendigkeit bei großer Genauigkeit eine größere Anzahl von Analysen zu wiederholen, bei der Aufstellung solcher Kontrolltabellen miteinander in Einklang gebracht werden. Jedoch dürfte im allg. der von Vff. gefundene Wert von Σ Anionen — Σ-Kationen $= \pm(0{,}1065 + 0{,}0155\ \Sigma$ Anionen) in erster Annäherung anwendbar sein. Schreibt man Σ Anionen — Σ Kationen/0,1065 + 0,0155 Σ Anionen, so sind Werte innerhalb eines Bereichs von ± 1 als hinreichend genau anzusehen. (J. Amer. Water Works Assoc. **50.** 1365—70. Okt. 1958. Berkeley, Calif.; Sanitat. Labor.; Los Angeles, Calif., Branch Publ. Health Labor. and State Dep. of Public Health, California Div. of Labors.) HANS THIELE. 6060

V. Anorganische Industrie.

Je. W. Wagin und **Ss. Ss. Petuchow,** *Über die technischen Daten von Krypton.* Es wird vorgeschlagen, die techn. Abnahmebedingungen für techn. Kr dahin abzuändern, daß die Best. des CO_2-Geh. entfällt, daß aber der Geh. an Xe bestimmt wird. Der vorgeschlagene Analysengang wird beschrieben. (Кислород [Sauerstoff] **11.** Nr. 4. 26—28. 1958.) H. HUBER-EMDEN. H 234

J. Remond, *Die Anwendung der Chloride der Übergangsmetalle in der chemischen Industrie.* Nach längeren Ausführungen über das Period. Syst. der Elemente u. dessen Zusammenhang mit der atomaren Struktur der Elemente befaßt sich Vf. mit den Elementen der 4. bis 6. Nebengruppe u. bes. mit deren Chloriden. Die Eigg. dieser Chloride werden besprochen u. als Anwendungsgebiete derselben werden u. a. diskutiert: die Verwendung als Lösungsmittel für spezielle Fälle, als Katalysatoren u. als Zwischen- u. Hilfsprodd. der chem. u. anderer Industrien. (Rev. Produits chim. **61.** 433—39. 31/10. 1958.) Gerhard Günther. H 337

A. Reisser, *Der Bergbau in Belgisch-Kongo.* Übersicht. Behandelt werden *Sn, Au, Diamanten, Kohle.* — 25 Literaturangaben. (Bergbau-Rdsch. **8.** 637—41. Dez. 1956. **9.** 10—21. Jan. 1957. Nürnberg.) M. Gehlen-Keller. 6148

Lonza Elektrizitätswerke und Chemische Fabriken Akt.-Ges., Basel, Schweiz (Erfinder: **Ewald A. Zdansky,** Vaduz, Liechtenstein), *Elektrolytische Zersetzung von Wasser* in Druckelektrolyseuren. Die die Zellenrahmen voneinander trennenden Dichtungsringe sind von Kernkörpern aus druckfest gebundenen Asbestfasern gebildet u. mit einem Band aus Fluoräthylenfolie umwickelt. — Zeichnung. (**Schwz. P. 333904** vom 1/4. 1955, ausg. 31/12. 1958.) K. Demmler. H 239

Texas Co., New York, übert. von: **Thomas H. Whaley,** Mount Vernon, N. Y., V. St. A., *Ammoniaksynthesegas.* Ein C-haltiger Brennstoff (Kohle, Koks, CH_4) wird unter Druck bei 2200—3000° F mit Luft zu CO u. gegebenenfalls H_2 umgesetzt; nach der Konvertierung u. der Entfernung von CO_2 liegt ein H_2-N_2-Rohgemisch (I) vor, in welchem der N_2-Anteil $>{}^1/_3$ des H_2-Anteils ist. Durch Gegenstromwäsche mit fl. N_2 wird I gereinigt u. der überschüssige N_2 herausgenommen. — Zeichnung. (**A. P. 2 795 559** vom 1/4. 1954, ausg. 11/6. 1957.) H. Kobs. H 243

Imperial Chemical Industries Ltd., London (Erfinder: **Harry Rowland Leech** und **William Harold Wilson,** Widnes, Lancashire), England, *Entfernen von Fluorwasserstoff aus elektrolytisch hergestelltem Fluor,* dad. gek., daß man das verunreinigte F in innige Berührung mit $HFSO_3$ bringt, den absorbierten HF von der $HFSO_3$ abtrennt u. die als Absorptionsmittel dienende $HFSO_3$ zur Absorptionszone zurückführt, in welcher die Temp. zwischen —25 u. +40° gehalten wird. Der HF kann bis zu 0,1 Vol.-% aus dem F entfernt werden. (**D. A. S. 1 060 366** Kl. 12i vom 30/5. 1958, veröff. 2/7. 1959. E. Prior. 31/5. 1957.) K. Demmler. H 246

Aluminium Laboratories Ltd., übert. von: **James P. McGeer, Vladimir V. Mirkovich** und **Norman W. F. Phillips,** Quebec, Canada, *Wiedergewinnung von wertvollen Fluorverbindungen in Form von Kryolith oder Natriumfluorid aus dem Ofenfutter der Aluminiumelektrolysezellen.* Das Futter wird unter Unterdruck, z. B. bei 0,0001 ata, auf 1000—1500° erhitzt u. die verflüchtigten Fluoride kondensiert. (**A. P. 2858198** vom 19/10. 1954, ausg. 28/10. 1958.) K. Demmler. H 246

Farbwerke Hoechst Akt.-Ges.. vormals Meister Lucius & Brüning (Erfinder: **Heinz Schmidt, Paul Reinshagen, Waldemar Ziemer** und **Franz Holzinger**), Frankfurt/M., *Verflüssigen von Chlorgas.* Die Variation der Menge des kondensierenden Cl_2 bei gleichbleibendem Verflüssigungsdruck u. Verflüssigungstemp. wird durch ein Inertgaspolster bewirkt, das durch Zuführung oder Abführung von Inertgas hergestellt wird. (**D. A. S. 1 056 156** Kl. 17g vom 14/9. 1957, veröff. 30/4. 1959.) H. Jass. H 247

Kimberley-Clark Corp., Del., übert. von: **James J. Shipman,** Neenah, und **John Wallace de Vos,** Appleton, Wis., V. St. A., *Herstellung von SO_2 durch Verbrennen von Schwefel mit Luft.* In einer glattwandigen Verbrennungskammer werden die Reaktionspartner bei Reynolds-Zahlen von >5000 u. einer Massengeschwindigkeit in der Kammer von 2000 pound/sq. ft./Std. umgesetzt. Das Gewichtsverhältnis von Luft:S liegt zwischen 4,3 u. 13; die Verbrennung erfolgt bei turbulenter Strömung, der S wird prakt. vollständig zu SO_2 umgesetzt. — Zeichnungen der Anlage u. der Brennkammer. (**A. P. 2 822 245** vom 26/11. 1954, ausg. 4/2. 1958.) E. Miessgang. H 253

Olin Mathieson Chemical Corp., Baltimore, Md. (Erfinder: **James Richard Jones,** Tonawanda, N. Y.), V. St. A., *Stabilisieren von SO_3.* Dem fl. SO_3 werden 0,1—2 Gew.-% eines Diarylnitrosamins der allg. Formel I, in der R für H, Halogen, einen KW-stoffrest oder einen Sulfonsäurerest u. x u. y ganze Zahlen <4 stehen, einverleibt u. erhaltene Mischung zwischen 40 u. 80° bis zu 10 Std. erhitzt. (**D. A. S. 1 048 559** Kl. 12 i vom 21/11. 1956, veröff. 15/1. 1959. A. Prior. 1/12. 1955.) E. Miessgang. H 253

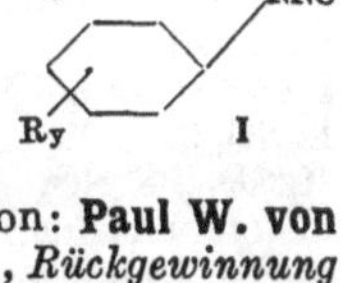

I

American Smelting & Refining Co., New York, N. Y., übert. von: **Paul W. von Stein,** Woodbridge, und **Yurii E. Lebedeff,** Metuchen, N. J., V. St. A., *Rückgewinnung von Selen.* Die Selen auf Al-Basis enthaltenden Gleichrichterelemente werden in Alkalihydroxydschmelzen (Temp. nicht über 900° F) eingebracht. Hierbei wird bei einer Be-

handlungsdauer von ca. $^1/_2$—2 Min. das elementare Se gelöst, während das Basismetall nicht angegriffen wird. Die Werkstücke werden herausgenommen u. aus dem Alkalihydroxyd das Se gewonnen. (**A. P. 2 816 008** vom 6/12. 1955, ausg. 10/12. 1957.)
E. MIESSGANG. H 254

Horizons, Inc., übert. von: **John M. Finn jr.,** Cleveland, Ohio, V. St. A., *Herstellung von elementarem Bor* durch Red. von Bortrihalogeniden außer BF_3 erfolgt dadurch, daß Zn-Dampf mit dem Dampf der Trihalogenide, bes. BCl_3, zur Rk. gebracht wird, wobei bes. bei red. Druck gearbeitet wird. (**A. P. 2 850 494** vom 1/9. 1955, ausg. 2/9. 1958.)
K. WOLK. H 258

National Distillers & Chemical Corp., Va., übert. von: **Jonas Kamlet,** Easton, Conn., V. St. A., *Herstellung von Bornitrid.* 2—5 (Mol) B_2O_3 werden mit 2 Alkalicyanid (NaCN, KCN) zwischen 800 u. 1500° zur Rk. gebracht, bis das gesamte sich entwickelnde CO entfernt ist, anschließend wird gekühlt, das in W. unlösl. BN von dem in W. lösl. Alkaliboraten getrennt u. das BN durch Aufheizen auf 1900—2200° stabilisiert (N_2- oder CO_2-Atmosphäre bei der Stabilisierung). (**A. P. 2 839 366** vom 18/6. 1953, ausg. 17/6. 1958.)
E. MIESSGANG. H 258

Esso Research and Engineering Co., übert. von: **Robert W. Krebs,** Baton Rouge, La., V. St. A., *Herstellung von Wasserstoff und Ruß* durch Spalten von KW-stoffen. Man führt ein schweres Rückstandsöl u. einen gasförmigen KW-stoff im Verhältnis 1:5 bis 10:1 in eine 1700—2500° F heiße Wirbelschicht aus Koksteilchen ein; man gewinnt so Rußpartikel von relativ großem Durchmesser (200—500 μ). — Zeichnung. (**A. P. 2 805 177** vom 2/6. 1954, ausg. 3/9. 1957.)
H. KOBS. H 260

General Electric Co. Ltd., London (Erfinder: **Cyril Simon Brown, Robert Christopher Kell** und **Leslie Arthur Albert Thomas,** Wembley), England, *Herstellung von Quarzkristallen* aus einer wss. Na_2CO_3-Lsg. u. Quarzteilchen, wobei wenigstens 1 Kristall aus natürlichem oder synthet. Quarz, der prakt. keine elektr. oder opt. Zwillingsbldg. zeigt, als Impfkristall verwendet wird u. wobei bestimmte Vol.- u. Temperaturverhältnisse eingehalten werden, dad. gek., daß die Hauptflächen der oder des Impfkristalls Z-Flächen sind u. daß die Kristalle so aufgehängt werden, daß die Normale zu diesen Hauptflächen mit der Horizontalen einen Winkel bildet, der nicht größer als 30° (bes. $<10°$) ist. Das anfängliche Gewicht des Ausgangsstoffes wird gleich 0,05 g/cm^3 des Lösungsm. gemacht, zuzüglich des 1,1fachen der gewünschten Gewichtszunahme der fertigen Kristalle. Die Größenverteilung der Teilchen des Ausgangsstoffes wird so vorgenommen, daß das gesamte projizierte Gebiet A des eingesetzten Ausgangsstoffes $\geq$ als das 1- u. $\leq$ als das 7fache des kubierten cm-Durchmessers des Behälters ausmacht. Die Temp. wird während des Kristallwachstums auf 340—370° gehalten. — Zeichnungen. (**D. A. S. 1 052 377** Kl. 12i vom 23/6. 1955, veröff. 12/3. 1959. A. Prior. 23/6. 1954.)
A. GRADL. H 261

Fa. Prat-Daniel, Paris, Frankreich (Erfinder: **Wolf Muhlrad,** Chatou), *Gegenseitige Einwirkung von Gasen auf Flüssigkeiten,* wobei der Gasstrom den schwebfähig abwärts geführten Fll. von unten entgegengeführt wird, dad. gek., daß das Gas, das in den Unterteil eines leeren, aufrechten, bes. kegelig erweiterten Behälters eingeführt wird, im Behälter gebildete Tropfen im Gleichstrom in dessen Oberteil mitnimmt, wo sich durch einen Geschwindigkeitsdruck der Gase, der etwas höher ist als die Fallgeschwindigkeit der Tropfen, ein Wirbelbett aus schwebenden Tropfen ausbildet. Die aus dem Behälter abfließende Fl. kann ganz oder teilweise in den Behälter zurückgeführt u. dort vertropft werden. Zur Regelung der Gasbewegung kann ein Rost im Gebiet des Tropfenbettes angeordnet sein. Mit dem Trägergas u. den Flüssigkeitstropfen kann ein dritter Stoff, z. B. ein Katalysator, in das Tropfenbett eingeführt werden u. die Gase u. Fll. können einer Bestrahlung oder Beschallung unterworfen werden. — Z. B. geeignet zur *Herst. von* H_3PO_4 durch Verbrennung von fl. P, wobei mittels der Verbrennungsgase ein Wirbelbett aus Wassertropfen erzeugt wird. — Zeichnung. (**D. A. S. 1 052 957** Kl. 12g vom 4/1. 1957, veröff. 19/3. 1959.)
W. MATTHAES. H 264

Duval Sulphur & Potash Co., Houston, Texas, übert. von: **George E. Atwood** und **Douglas J. Bourne,** Carlsbad, N. Mex., V. St. A., *Aufarbeitung von mineralischem Langbeinit.* Durch Waschen des mineral. Langbeinits mit W. wird zunächst ein reiner Langbeinit (**I**) u. eine $MgSO_4$, K_2SO_4, KCl u. NaCl enthaltende Mutterlauge (**II**) erhalten. I wird dann bei 55° mit einer aus einer späteren Verfahrensstufe herrührenden $MgSO_4$ u. K_2SO_4 enthaltenden Mutterlauge (**III**) behandelt u. der sich ausscheidende Leonit von der $MgSO_4$-, K_2SO_4- u. NaCl-haltigen Mutterlauge (**IV**) abfiltriert, bei 22° mit W. in Schönit übergeführt, der Schönit abfiltriert u. getrocknet, wobei eine Kalimagnesia mit 36,4% K_2O u. 10,9% MgO anfällt. Beim Abtrennen des Schönits fällt **III** an. **II** u. **IV** werden auf Na_2SO_4 aufgearbeitet, wobei eine Lauge anfällt, die auf Kieserit u. Carnallit aufgearbeitet wird. Gemäß einer anderen Verfahrensvariante wird I über Leonit in K_2SO_4 übergeführt. —

6 Diagramme mit Zus. der Ausgangs-, Zwischen- u. Endprodukte. (**A. P. 2 849 287** vom 18/2. 1955, ausg. 26/8. 1958.) K. WOLK. H 282

United International Research, Inc., übert. von: **Alfred R. Globus,** Forest Hills, N. Y., V. St. A., *Gewinnung von Titantetrachlorid* durch Behandeln von metall. Ti-Spänen (I) mit gasförmigen Cl_2 (II), wobei I zur Einleitung der exothermen Rk. zwischen I u. II zunächst mit geringen Mengen $TiCl_2$ oder $TiCl_3$ u. dann erst mit Cl_2 behandelt wird. Durch die Vorbehandlung braucht I nicht auf die sonst für den Ablauf der Rk. erforderliche Temp. erhitzt zu werden. — Zeichnung. (**A. P. 2 858 189** vom 23/2. 1956, ausg. 28/10. 1958.) K. WOLK. H 321

American Cyanamid Co., New York, N. Y., übert. von: **Myron L. Myers,** Lynchburg, und **Seldon P. Todd,** Amherst, Va., und **Edward W. Galloway,** Atlanta, Ga., V. St. A., *Behandeln von Titankonzentraten mit konzentrierter Schwefelsäure.* Die durch reduzierendes Schmelzen eines Titanminerals mit Kohle u. bas. Zuschlagstoffen erhaltenen Schlacken werden um den Geh. der durch Behandeln mit konz. H_2SO_4 bei Temp. $>150^0$ gewonnenen Aufschlußmasse an $Ti(SO_4)_2$ zu vergrößern mit H_2SO_4 in Ggw. von C enthaltenden Stoffen, die die Oxydation der Schwefelsäure katalyt. fördern, behandelt. Als katalyt. wirksame Stoffe werden C, Koks, Aktivkohle, KW-stoffe, z. B. Stärke, Zucker, die entweder der Aufschluß-H_2SO_4 oder aber der zu behandelnden Schlacke in Mengen von 0,01—2% zugesetzt werden, verwendet. (**A. P. 2 850 357** vom 11/5. 1953, ausg. 2/9. 1958.) K. WOLK. H 321

Armour Research Foundation of Illinois Institute of Technology, Chicago, übert. von: **Fredric V. Schossberger,** Hinsdale, Ill., V. St. A., *Trockene Alkalichlorotitanate.* Titanhaltiges Material wird mit H_2SO_4 oder H_2SO_4–HCl-Gemischen unter Bldg. einer Ti-Lsg. u. eines Rückstandes behandelt. Aus der Lsg. wird dann mit HCl-Gas u. einem Alkalichlorid Alkalichlorotitanat ausgefällt, das von der Lsg. abgetrennt u. durch Hindurchleiten von HCl–Gas bei 20—300⁰ bis auf eine Restfeuchte von $<0{,}03\%$ getrocknet wird. (**A. P. 2 857 243** vom 8/2. 1957, ausg. 21/10. 1958.) K. WOLK. H 321

Allegheny Ludlum Steel Corp., Brackenridge, Pa., übert. von: **William H. Bleekker,** Huntington Woods, Mich., V. St. A., *Titancarbid oder neben Titancarbid noch andere Schwermetallcarbide enthaltende Mischcarbide* werden dadurch erhalten, daß metall. Ti in einer H_2-Atmosphäre bei 325—350⁰ in Titanhydrid (I) überführt u. I durch Absieben auf eine Korngröße <100 Maschen gebracht wird, worauf I mit feinteiligem C (II) innig vermischt u. die Mischung, bes. nach Vorerhitzen in einer H_2-Atmosphäre auf 850—1300⁰, bei 1800—2000⁰ im Vakuum in TiC umgewandelt wird. Bei Herst. der Mischcarbide werden den I–II-Gemischen Carbide von W, V, Ta u. Nb zugesetzt u. das Gemisch erhitzt. (**A. P. 2 849 275** vom 21/1. 1954, ausg. 26/8. 1958.) K. WOLK. H 321

United States Atomic Energy Commission, übert. von: **Willard F. Libby,** Leonia, N. J., V. St. A., *Abtrennen von Uranhexafluorid* aus organ. F-Verbindungen. Man erhitzt das Gemisch aus UF_6 u. den Perfluorverbb. (C_7F_{16}) unter Druck auf ca. 600⁰, bes. in Ggw. von Inertgasen, wie N_2 oder He. Die bei der Pyrolyse entweichenden Gase werden auf —70⁰ abgekühlt u. das in reiner Form abgeschiedene UF_6 von den anderen Bestandteilen getrennt. (**A. P. 2 855 271** vom 1/6. 1945, ausg. 7/10. 1958.) H. NEBELSIEK. H 339

United States Atomic Energy Commission, übert. von: **Raymond W. Stoughton** und **Frank L. Steahly,** Oak Ridge, Tenn., V. St. A., *Extraktion von Uranylnitrat* aus einer daneben noch Pa-Verbb. enthaltenden Lösung. Aus einer aus dem Neutronenbeschuß von ^{232}Th stammenden Lsg. der Spaltprodd. wird durch MnO_2 ein Nd. ausgefällt, wobei ^{233}Pa mitgefällt wird. Den Nd. löst man in HNO_3, dabei geht nach einer gewissen Zeit ^{233}Pa in ^{233}U über. Durch Zusatz von $Mn(NO_3)_2$ führt man U in $UO_2(NO_3)_2$ über u. schüttelt mit einem organ. Lösungsm., bes. Ae., aus. Aus der organ. Phase erhält man $UO_2 \cdot (NO_3)_2$. (**A. P. 2 849 283** vom 9/1. 1945, ausg. 26/8. 1958.) H. NEBELSIEK. H 339

A/B Atomenergi, Stockholm (Erfinder: **Axel Ragnar Gelin,** Enskade), Schweden, *Extraktion von Uranverbindungen* aus wss. Lsgg. über eine organ. Zwischenphase, indem die U-Verb. aus der organ. Phase mittels einer wss. Phase rückextrahiert wird. Dabei wird die Rückextraktion mit einer wss. Lsg. durchgeführt, die ein aliphat. Amid, wie Acetamid oder Harnstoff, enthält. — Beispiel der Rückextraktion einer $UO_2(NO_3)_2$ enthaltenden Zwischenphase, die aus einer Lsg. von Tributylphosphat in einer KW-stofffraktion besteht. (**D. A. S. 1 056 108** Kl. 12n vom 20/9. 1957, veröff. 30/4. 1959. Schwed. Prior. 26/9. 1956.) H. NEBELSIEK. H 339

United States Atomic Energy Commission, übert. von: **Harrison S. Brown,** Oak Ridge, Tenn., und **Orville F. Hill,** Richland, Wash., V. St. A., *Trennen von Plutonium- und Uranverbindungen.* Zu einer Pu-haltigen Lsg. fügt man ein wasserlösl. U-Salz

u. stellt das p_H auf ca. 5 ein, indem man NH_4OH zusetzt. Mit den U(IV)- oder U(VI)-oxydhydraten fällt das gesamte Pu als Nd. aus, den man in verd. Mineralsäure löst, so daß die wss. Lsg. nach dem Abstumpfen mit $NaHCO_3$ ein p_H von ca. 2,5 besitzt. Dabei bleiben die U-Oxydhydrate im Nd., während Pu in Lsg. geht, aus der man es nach dem Abfiltrieren in üblicher Weise als Jodat oder Peroxyd fällt. (**A. P. 2 851 333** vom 9/3. 1945, ausg. 9/9. 1958.) H. Nebelsiek. H 343

VEB Farbenfabrik Wolfen (Erfinder: **Friedrich Wolf,** Leipzig), Wolfen, Kr. Bitterfeld, *Herstellung von Braunstein* aus Mn-Salzen durch Oxydation. Dabei vermischt man die Mn-Salze vorher mit geringen Mengen Naturbraunstein. Man erhält dabei einen Braunstein mit hohem Geh. an β-MnO_2. (**D. A. S. 1 059 895** Kl. 12n vom 31/1. 1958, veröff. 25/6. 1959.) H. Nebelsiek. H 350

VI. Silicatchemie. Baustoffe.

N. W. Kerbitzkaja, M. P. Orlowa, W. N. Ssessorowa, Je. I. Smirnow und **I. B. Schlain,** *Technischer Versuch des Austausches von Natriumsulfat gegen Astrakanit bei der Glasschmelze.* Die großen Vorräte von *Astrakanit* (I; $Na_2SO_4 + MgSO_4 \cdot 4 H_2O$), die wechselnde Mengen von Mirabilit u. Thenardit enthalten, wodurch der Mg-Geh. starken Schwankungen unterworfen ist, können nach einem von Vff. ausgearbeiteten Verf. als Ersatz für Na_2SO_4 in der Glasschmelze verwendet werden. Die Schwankungen des Mg-Geh. werden um 50% verringert. Durch den Mg-Geh. des I können die Zusätze von Dolomit teilweise oder ganz fortfallen. Das bei den Verss. gewonnene Glas enthält 71,6 (%) SiO_2, 1,72 Al_2O_3, 0,24 Fe_2O_3, 7,04 CaO, 3,91 MgO, 0,4 SO_3 u. 15,13 Na_2O. Hierbei wurden durch I 1,64% MgO eingeführt. Die Temp. der Schmelze war 1465 bis 1470°. Da der F. des I um 70° niedriger liegt als beim Eutektikum der Glasschmelze ohne I, kann die Silicatbldg. mit I früher beginnen. Das gewonnene Glas unterscheidet sich nur wenig von dem ohne I. (Стекло и Керамика [Glas u. Keram.] **15.** Nr. 8. 3—5. Aug. 1958.) J. v. Schroeder. 6174

A. Butchart, *Verwendung von Siliconen in der Glasindustrie.* Zur Zeit werden zum Schmieren von Glasformen im wesentlichen Mineralöle verwendet, die jedoch unerwünschte Dampf- u. Raucherscheinungen bewirken. Vf. berichtet von Verss., die Öle durch eine 0,5—1,0%ig. Lsg. von Siliconen in W. zu ersetzen. Es hat sich dabei als wirksam erwiesen, die Fl. stoßweise kurz vor dem Eintragen des Glaspostens in die Form einzusprühen. Trotz des höheren Preises der Silicone gegenüber den Ölen ergibt die Verwendung in außerordentlich geringer Konz. etwa die gleichen wirtschaftlichen Bedingungen. Die bei dieser Anwendung der Silicone noch auftretenden Schwierigkeiten erfordern jedoch noch weitere Entwicklungsarbeit. (J. Soc. Glass Technol. **42.** Trans. 189—94. Aug. 1958.) L. Kühnert. 6180

A. W. Karawtschuk, R. I. Jefimowa und **H. Ch. Marjasch,** *Die Schmelze von matten Gläsern im Wannenofen.* Matte Gläser werden jetzt aus 100 (kg) Sand, 37,7 Soda, 5,3 Kalkstein, 28,6 Kaolin u. 24,1 Na_2SiF_6 hergestellt. Die Schmelztemp. von 1370 bis 1380° muß genau eingehalten werden; dem Wannenofen dürfen täglich nicht mehr u. nicht weniger als 650—700 kg Schmelze entnommen werden. Gläser mit violettrötlichem Ton werden durch Zusatz von 4 kg MnO_2 erzielt. (Стекло и Керамика [Glas u. Keram.] **15.** Nr. 8. 39—41. Aug. 1958.) J. v. Schroeder. 6200

M. W. Ochotin und **A. W. Uschanowa,** *Der Einfluß von Fluoriden auf die Kristallisation und die Zähigkeit alkalifreier tonerdereicher Gläser.* Es wird F in Form von Flußspat zugesetzt u. seine Wrkg. auf ein Dreistoffglas mit 62% SiO_2, 14,7% Al_2O_3, 23,3% CaO u. auf ein Vierstoffglas mit 61,9% SiO_2, 18,5% Al_2O_3, 15,4% CaO, 4,2% MgO untersucht u. dabei festgestellt, daß 3% F die Temp. des Kristallisationsbeginnes u. die maximale Kristallisationsgeschwindigkeit am stärksten herabsetzen. Ein Glas ohne F-Zusatz hat bei 1310° dieselbe Viscosität wie Glas mit 4% F bei 1230°, so daß die Bearbeitungstemp. durch Zusatz von F um ca. 80° herabgesetzt werden kann. (Стекло и Керамика [Glas u. Keram.] **16.** Nr. 2. 15—16. Febr. 1959.) D. Rost. 6200

B. E. Moody, *Bewertung der Außenbedeckung von Verpackungsglas mit Siliconen.* Vf. behandelt das Problem von dem Gesichtspunkt aus, daß Flaschen mit einmaliger Verwendung (etwa Medizinflaschen) ganz anderen Bedingungen genügen müssen als solche mit mehrmaliger Verwendung (Bier-, Milch- u. ähnlichen Flaschen). Er untersucht die Auswrkg. der Außenbedeckung mit Siliconen im Hinblick auf Bruch, Angriffsfestigkeit gegen Reinigungsmittel usw., Abriebfestigkeit, allg. Widerstandsfähigkeit gegen chem. u. klimat. Einfll., äußeres Aussehen u. Inhalt. Schließlich verweist er noch auf die Probleme der Kennzeichnung (Etikettierung bzw. Aufdrucke). Es ergibt sich, daß bei einmalig gebrauchten Flaschen die Siliconisierung vorteilhaft sein kann, während bei mehrfach gebrauchten Flaschen die derzeit zur Verfügung stehenden Silicone noch keinen Vorteil bieten. (J. Soc. Glass Technol. **42**. Trans. 177—88. Aug. 1958.) L. KÜHNERT. 6200

D. T. Bumpsteed, *Das Aufbringen von Siliconfilmen auf Hohlglas und eine vergleichende Untersuchung über den Einfluß auf die mechanische Festigkeit.* Vf. berichtet über Verss., bei denen er mit Hilfe einer beschriebenen Vorr. Silicone an verschied. Stellen in den Durchlaufkühlöfen einsprüht u. dadurch die für den Vers. verwendeten Marmeladengläser mit einer Siliconschicht versieht. Bei einer Stoßprüfung (Schüttelhöhe 5 cm, 175 Stöße/Min.) erschien die Bruchquote derart abhängig von der Temp. bei der Siliconbehandlung, daß die bei höherer Temp. behandelten Gläser den geringsten Bruchanteil aufwiesen. Vf. schließt daraus, daß der Siliconfilm die Gläser 100%ig. vor Kratzern an der Oberfläche schützt, da solche Kratzer für mindestens 50% des mechan. Ausfalles verantwortlich sind. Davon entfallen allein 25% auf den Ausfall durch das Sortieren. Allerdings ist es ein einschränkender Umstand, daß der Siliconfilm durch seine wasserabweisenden Eigg. beim Etikettieren hinderlich ist. (J. Soc. Glass Technol. **42**. Trans. 204—10. Aug. 1958.) L. KÜHNERT. 6200

G. H. Bryant, *Auswirkung der Siliconisierung auf die Chemikalienbeständigkeit von Verpackungsgläsern.* Unbehandelte, mit SO_2 u. mit einer 2%ig. Lsg. von Silicon in CCl_4 behandelte Flaschen wurden vom Vf. einer Kochprobe im Autoklaven mit CO_2-freiem W. unterworfen u. der Angriff durch Titration der Extraktionsergebnisse mit Säure festgelegt. Dabei zeigte sich, daß der Siliconfilm die Wanderung von Alkali weniger verhindert als die Behandlung mit SO_2, nur bei längerer Lagerzeit mit Füllung bes. mit leicht alkal. Lsgg. konnte ein Vorteil festgestellt werden. (J. Soc. Glass Technol. **42**. Trans. 211—14. Aug. 1958.) L. KÜHNERT. 6200

D. A. Hughes, *Erfahrungen beim Gebrauch von siliconbehandelten Gläsern.* Vf. berichtet über frühere Verss. mit siliconbehandelten Flaschen, bei denen es darauf ankam, die beste Art des Aufbringens der Siliconschicht, die Bewertung der Schutzwrkg. gegen verschied. Einfll., u. a. auch der Verpackung u. Etikettierung festzustellen, aber auch den Einfl. auf den Flascheninhalt zu untersuchen. Dabei stellt sich heraus, daß bestimmte Fehlerquellen (Kratzen, Absplittern, mechan. Bruch allg.), die beim Verpacken oder in Reinigungsvorrichtungen auftreten, teilweise wesentlich günstig beeinflußt werden. Als unangenehme Begleiterscheinung der Siliconisierung der Innenoberflächen der Flaschen wird festgestellt, daß Tropfenbldg. durch Kondensation auftritt, wenn sich in der Flasche wss. Lsgg. befinden, was bei medizin. Präpp. zu Unzuträglichkeiten führen kann. (J. Soc. Glass Technol. **42**. Trans. 214—25. Aug. 1958.) L. KÜHNERT. 6200

Stephan P. Mitoff, *Grundlagen der Glas-Metall-Verschmelzung.* 2. Mitt. *Reaktion von Tantal mit Natriumsilicatglas.* (1. vgl. C. **1954**. 1569.) Wenn Glas im Kontakt mit metall. Ta im Vakuum auf 1000° erhitzt u. dann abgekühlt wird, zeigen sich in den Zwischenschichten starke Verfärbungen, u. es ergibt sich eine geringe Haftfestigkeit Glas/Metall. Spektroskop. Unterss. ergeben für die Zwischenschicht eindeutig Na-Metatantalat ($Na_2Ta_2O_6$). Vf. stellt thermodynam. Überlegungen über die Vorgänge bei dieser Rk. an u. beschreibt die Versuchsanordnung, mit der er diesen eine experimentelle Untermauerung gibt. Zur Identifizierung stellt er $Na_2Ta_2O_6$ durch eine Schmelze aus Na_2CO_3, Ta_2O_5 u. NaF her u. zeigt an den Versuchsergebnissen die abgelaufenen Rkk. auf. (J. Amer. ceram. Soc. **40**. 118—20. 1/4. 1957.) L. KÜHNERT. 6200

Richard M. Fulrath, Stephan P. Mitoff und **Joseph A. Pask,** *Grundlagen der Glas-Metall-Verschmelzung.* 3. Mitt. *Die Abhängigkeit der Benetzbarkeit von Metall durch Glas von Temperatur und Druck.* (2. vgl. vorst. Ref.) Vff. berichten über die Weiterführung von früheren Verss. u. beschreiben die dafür vorgenommene Neukonstruktion der Versuchseinrichtung, die gestattet, im Vakuum von 10^{-5} mm Hg bei Tempp. bis 1400° Beobachtungen anzustellen. Die in den früheren Mitt. angegebenen Gläser werden auf ihren Kontaktwinkel (YOUNGs Gleichung) bei der Berührung mit Au, Pt, Ti, Zr, Mo, W u. Ta untersucht. Die Diskussion der Ergebnisse läßt erkennen, daß O_2, u. wahrscheinlich auch andere an der Oberfläche des Metalls adsorbierte Gase, in erster Linie für die Benetzungseigg. bestimmt sind, auch wenn außerdem Oxydschichten vorhanden sind. Die Gase beeinflussen die Oberflächenenergie des Metalls u. auch die Zwischenschichtenergie an den Berührungsflächen. Bei niedrigen Drücken bleibt die Oberflächenenergie des Metalls zunächst groß, wenn sie aber bei weiterer Druckverringerung ebenfalls geringer wird, bleibt doch die Zwischenschichtenergie erhalten. Erst bei sehr geringen Drücken nimmt die Berührungstheorie gegenüber der Oberflächenenergie so ab, daß schließlich vollständige Benetzung erfolgt. Dies gilt jedoch nur, wenn sich in der Zwischenschicht keine Verbb. bilden. (J. Amer. ceram. Soc. **40**. 269—74. Aug. 1957.) L. KÜHNERT. 6200

Harumichi Kawasaki und **Aizō Yanamoto,** *Beseitigung von Eisen aus Töpferton durch Flotation mit Seife.* Mit *Al-Acetat* u. *Na-Oleat* werden Flotationsverss. an einem *Kaolinton* ausgeführt. Das beste Ergebnis zeigt eine Verminderung des Fe_2O_3 von 1,2% auf 0,20—0,25%, mit 75—80% Ausbeute an Ton. (J. chem. Soc. Japan, ind. Chem. Sect. [Kōgyō Kagaku Zassi] **58.** 910—12. Nov. 1955. Nagasaki, Univ. [Orig.: japan.]) L. SCHULER. 6208

A. M. Achjan, *Gründe der Deformation und des Springens von Porzellangegenständen.* Für das Springen u. die Deformation werden hauptsächlich 2 Faktoren verantwortlich gemacht: Ungleichmäßigkeiten im Gefüge des keram. Scherbens (Texturen), die in der Strangpresse entstanden sind, u. mechan. Wrkgg. auf die keram. M., wenn sie plast. verformt wird. So entstehen innere Spannungen, die sich beim Trocknen oder Brennen infolge der Schwindung entsprechend auswirken. (Стекло и Керамика [Glas u. Keram.] **16.** Nr. 1. 24—26. Jan. 1959. Leningrad, Lomonossow-Porzellanfabrik.) D. ROST. 6214

Anthony Sedenka, *Untersuchung des Einflusses der Erhitzungstemperatur auf das Anhaften von Silber auf Keramiken.* Verschied. Mischungen von leitendem Ag wurden auf Titanate, Steatite, hochprozentiges Al u. Quarz aufgetragen u. bei Tempp. von 430 bis 870° gebrannt. Blei wurde durch Tauchlöten aufgelegt, die elektr. Eigg. wurden gemessen u. das betreffende Anhaften durch Messung der Kraft bestimmt, die erforderlich ist, um Fehler durch Zug auf das Pb, das sich senkrecht zur Oberfläche befindet, hervorzurufen. Die Ergebnisse zeigen, daß das Festhalten nicht notwendigerweise eine Funktion der Temp. ist, sondern abhängig ist von der chem. Zus. des Glasflusses im Silber u. dem keram. Körper. (Amer. ceram. Soc. Bull. **38.** 139—41. 15/4. 1959.) R. WALCKER. 6216

A. N. Chochel, *Einfluß der Bedingungen des Wärmeaustausches auf das Treiben des Tons.* Die Art des Wärmeaustausches spielt eine große Rolle beim Treiben des Tons. Je schneller Erhitzen u. Abkühlen des Tons vor sich gehen, um so besser sind die Bedingungen für die Zurückhaltung des Gases im Innern der Masse. Diesen Bedingungen entspricht am besten das Agglomerationsbrennen. Nach diesem Verf. können poröse Materialien auch aus Lehmsorten für Ziegel oder anderen Lehmen hergestellt werden, die im Flammofen keine poröse M. liefern. (Стекло и Керамика [Glas u. Keram.] **15.** Nr. 8. 31—32. Aug. 1958.) J. v. SCHROEDER. 6216

Ss. M. Subakow (unter Mitarbeit von **B. N. Karlyschew** und **L. G. Jegorowa),** *Erprobung der niedrigsortigen Chromiterze der Lagerstätte Kimpersai für die Herstellung von normalen Chrommagnesiterzeugnissen.* Die niedrigsortigen dichten bzw. lockeren Chromiterze von Kimpersai [FeO + Fe_2O_3 10,8 (%) bzw. 25,4; Cr_2O_3 39,9 bzw. 48,8; SiO_2 14,8 bzw. 2,1; CaO 3,6 bzw. 0,6; Al_2O_3 2,9 bzw. 8,3] werden, am besten unter Zusatz von 20% Magnesitpulver, bei 1500 oder 1650° zu Klinker gebrannt, der hinsichtlich seiner Porosität u. Druckfestigkeit befriedigende Eigg. besitzt. Aus 70% gemahlenem Chrommagnesitklinker (0—1 mm) u. 30% Magnesitpulver (0—0,088 mm) erhält man durch 4std. Brennen bei 1650° Chrommagnesitformstücke folgender Eigg.: Volumengewicht 3,38—3,52; scheinbare Porosität 2,9—15,7; Druckfestigkeit 1360—1590 kg/cm²; Temp. der beginnenden Deformation unter Belastung 1500—1540°. Die Beständigkeit gegen Einw. von Fe-Oxyden ist gut. (Огнеупоры [Feuerfeste Mater.] **23.** 66—71. 1958. Inst. für Bau u. Baumater. der Akad. der Wiss. der KasachSSR.) H. HUBER-EMDEN. 6218

Al. Braniski, *Feuerfeste Eigenschaften des Systems Serpentin–Dolomit.* (Vgl. C. **1958.** 3138.) In Tabellen u. Diagrammen werden die F.-Werte der Gemische von Serpentin u. Dolomit dargestellt. Es ergibt sich eine Klassifizierung in feuerfeste u. nicht feuerfeste Gemische. (Ind. céram. **1957.** 319—29. Nov.) R. K. MÜLLER. 6218

Zoltán Juhász, *Versuche über die Aufbereitung des Schamottekaolins aus Szegilong.* Der im Tokajergebirge (Ungarn) unweit der Ortschaft Szegilong vorkommende Schamottekaolin, kann wegen der geringen Druckfestigkeit u. hohen Porosität nicht unmittelbar zur Herst. von feuerfesten Steinen verwendet werden. Als Ursache dieser unerwünschten Eigg. stellte Vf. fest, daß die Körper infolge Bldg. von γ-Al_2O_3 bei 900° eine innere Schwindung erleiden u. daher Risse entstehen. Der Ausgleich der inneren Spannungen kann durch gitterbildenden Zusatz erreicht werden, wozu sich Illit aus Füzérradvány geeignet erwies. Durch gemeinsames Mahlen des Schamottekaolins mit 20% Illit wird die Festigkeit der bereiteten Steine nicht wesentlich vermindert u. die Porosität bzw. Rissebldg. vermieden. (Épitöanyag [Baumaterial] **11.** 17—27. Jan./Febr. 1959.) J. PLANK. 6218

W. A. Bron und **M. W. Medjakowa,** *Untersuchung der Dolomite des Vorkommens Suchoretschensk als Rohstoff für die Herstellung von metallurgischem Dolomit.* Der in

3 Modifikationen (dunkelgrau— grobkrist., grau — mittelkrist., hellgrau — feinkrist.) vorkommende Dolomit von Suchoretschensk der mittleren Zus. 31,1 (%) CaO, 20,2 MgO, 0,68 SiO_2 sintert erst bei höheren Temperaturen. Durch Zusatz von Sulfitalkoholschlempe u. 2—5% Fe_2O_3 läßt sich die Sinterungstemp. für stückförmigen bzw. für in Stahlkugelmühlen feucht gemahlenen Dolomit auf 1500—1600° bzw. 1500° senken u. die Lagerfähigkeit des gebrannten Materials erhöhen. Dieses besitzt für metallurg. Zwecke hohe Qualität. (Огнеупоры [Feuerfeste Mater.] **23.** 72—78. 1958. Uraler Abt. des Leningrader Inst. für feuerfeste Materialien.) H. HUBER-EMDEN. 6218

Kinji Shimada und **Takashi Komaki,** *Geyserit als Zumischung zu Portlandzement.* (Kurze Mitt.) Nach Zugabe von 5—20% von 2 Arten von *Geyserit* (I) zu Portlandzement wird die Druckfestigkeit in zeitlichen Abständen bis zu 6 Monaten bestimmt. Die Festigkeit nimmt sehr allmählich zu u. übertrifft nach ca. 3 Monaten jene ohne I-Zusatz, bes. im Falle von 5% **I.** (J. chem. Soc. Japan, ind. Chem. Sect. [Kōgyō Kagaku Zassi] **58.** 230—31. März 1955. Kagoshima, Präfect. Univ. [Orig.: japan.]) L. SCHULER. 6222

Je. Kitajew, *Die Adsorption von Calciumhydroxyd durch Asbest und deren Bedeutung für die Technologie der Asbestzementherstellung.* Es wird die Adsorption von $Ca(OH)_2$ (I) durch die in der Zementaufschlemmung befindlichen Asbestfasern einer mathemat. Betrachtung unterzogen u. festgestellt, daß das im Zement durch die Einw. des Asbestes in Freiheit gesetzte I von diesem chem. adsorbiert wird, wobei die Peptisation von I eine wesentliche Rolle bei der Verfestigung der M. spielt. Von den **4** wichtigsten Verbb. des Zements C_3S, C_2S, Ca_3A u. C_4AF reagiert nur C_3S mit W. unter Bldg. von freiem **I;** es bildet somit die Grundlage zur Erzeugung bester Asbestzemente. (Строительные Материалы [Baumaterialien] **4.** Nr. 12. 31—34. Dez. 1958.) E. v. PEZOLD. 6222

O. P. Mtschedlow-Petrossian, A. G. Bunakow, A. A. Goworow, F. A. Latischew, N. A. Lewtschuk und **I. S. Sstrelkowa,** *Über die Anwendung der Thermographie bei der Untersuchung von Mineralbindemitteln.* Die vorliegende Arbeit zeigt den Wert der thermograph. Meth. bei der Unters. von Mineralbindemitteln, einem Gebiet, auf das thermograph. Methoden bisher nur selten angewandt wurden. Für die Gipsregeneration zeigen die Unterss., daß mit steigender Anzahl der durchlaufenen Hydratationscyclen eine Abnahme der Anfangstemp. der Dehydratation u. der Temp. des Endes der Umwandlung in Halbhydrat zu beobachten ist. Im Gegensatz dazu verschiebt sich das Existenzgebiet des entwässerten Halbhydrats zu immer höheren Temperaturen. Das bedeutet, daß das entwässerte Halbhydrat in einer zunehmend stabilen Form entsteht u. somit die thermodynam. Stabilitätsgrenze verschoben wird. Durch wiederholten Brand u. Bewässerung wird der Kristallbau regelmäßiger u. der kristallchem. akt. Zustand geht verloren. Unterss. der Gipsmodifikationen in Zementen zeigen, daß im Labor. gemahlene Zemente Dihydrat u. die in der Werkmühle gemahlenen Halbhydrat enthalten. Ferner wird gezeigt, daß bei n. Prozeß Dihydrat u. bei anderen Verhältnissen (Klinker, Temp., Niederdruck, Überfüllung) Halbhydrat u. Anhydrit entstehen. Die thermograph. Verfolgung des Hydratationsprozesses von Zementen ergibt zunächst die Bldg. von Sulfoaluminat mit einem endothermen Effekt bei 160°. Bei weiterer Hydratisierung erscheinen bei 220 u. später bei 280° neue endotherme Effekte, die wahrscheinlich dem hexagonalen Calciumhydroaluminat C_4AH_{12} u. dem Hydroaluminat C_2AH_7 zuzuordnen sind. Abschließend wird der Einfl. der spezif. Oberfläche der Zemente (bei Trocken-Nachfeinen) auf die Erhärtung der Zementmörtel untersucht. Die zunehmende Kornfeinheit zeigt ebenso wie die Mehrfrequenzvibration keinen merklichen Einfluß. Weitere Unters. der Vibrationsbearbeitung zeigt, daß nur ca. 3 Gew.-% des Mörtels (Gips u. Aluminate) erfaßt werden, u. daß die Wrkg. in der Ausbldg. einer dichteren Packung besteht. — 40 Literaturstellen. (Silikattechnik **9.** 556—60. Dez. 1958.) H.-O. MULFINGER. 6222

Ss. A. Mironow und **W. F. Chworosstjanski,** *Die Wirksamkeit des Durchdämpfens von Beton aus verschiedenen Zementen.* Die Ergebnisse von Laborunterss. zeigen, daß die Festigkeit von Probekörpern aus Portlandzement, die bei 100° kurzfristig (2—3 Std.) erwärmt werden, größer ist als die Festigkeit der Erzeugnisse, die bei 80° erwärmt werden. Wenn Puzzolan- oder Schlackenportlandzemente bei 100° erwärmt werden, liegen die Festigkeitswerte des Betons noch höher. Das Durchdämpfen bei 100° ist bes. dann zweckmäßig, wenn die Technologie das übliche, langwierige Ansteigen u. Absinken der Temp. nicht zuläßt. (Бетон и Железобетон [Beton u. Eisenbeton] **1959.** Nr. 2. 76—80. Febr.) D. ROST. 6224

G. Ja. Poljakow, *Die Herstellung von nicht im Autoklaven behandeltem, wärmeisolierendem Gasbeton.* Als Gaserzeuger bei der Herst. von Gasbeton wird 30%ig. techn. H_2O_2 u. als Abbindebeschleuniger $CaSO_4 \cdot {}^1/_2\, H_2O$ verwendet. Für die Herst. von 1 m^3 abgebundenem Gasbeton wird folgende Zus. des Mörtels empfohlen: 360—400 kg Zement, 40—60 kg $CaSO_4 \cdot {}^1/_2\, H_2O$, 13—16 Liter Perhydrol u. 190—230 Liter Wasser. —

schemat. Skizzen erläutern die ausführlich beschriebene Technologie der Herst. von Gasbeton ohne Autoklavenbehandlung. (Бетон и Железобетон [Beton u. Eisenbeton] **1959.** Nr. 2. 58—62. Febr.) D. ROST. 6224

Ju. Butt und **L. Raschkowitsch,** *Über den Charakter der bei der Autoklavenhärtung von Kalk-Sand-Materialien verlaufenden Prozesse.* Es wird festgestellt, daß die an diesen Vorgängen beteiligten Komponenten $Ca(OH)_2$, $Mg(OH)_2$ u. SiO_2 im gelösten Zustand miteinander reagieren, wobei die Rkk. in fester Phase nur eine ganz untergeordnete Rolle spielen. Die Behandlung der Erzeugnisse mit Heißwasser ist zweckmäßiger als mit Dampf, da hierdurch ein leichterer Eintritt des W. in die Proben ermöglicht wird. (Строительные Материалы [Baumaterialien] **4.** Nr. 12. 22—25. Dez. 1958.) E. v. PEZOLD. 6226

M. Babuschkina, *Das Wärmeisoliermaterial Trepisol und seine Anwendung.* In der Moldau findet ein billiges kieselgurartiges Gestein als Rohstoff für Bindemittel u. Wärmeisoliermaterial weiteste Verbreitung. Seine Zus. ist (in %) folgende: SiO_2 81,6 Al_2O_3 4,93, Fe_2O_3 3,36, CaO 5,49, MgO 1,27, SO_3 0,34 u. Glühverlust 3,45. Das Volumengewicht beträgt 0,58—0,6; D. 2—2,28. Unter Verwendung von Wasserglas wird ein Bindemittel für Bauzwecke hergestellt. Aus diesem wird nach Zusatz von Wasserglas, Chlorkalk u. Sägemehl Trepisol erzeugt, indem die mineral. Komponenten 1—2 Min. gemischt werden u. nach Zugabe von Sägemehl das Mischen noch 3 Min. lang fortgesetzt wird, bis eine gleichförmige M. entsteht, deren Feuchtigkeit 45—60% u. deren Volumengewicht 600—1200 kg/m^3 beträgt. (Строительные Материалы [Baumaterialien] **4.** Nr. 12. 30. Dez. 1958.) E. v. PEZOLD. 6228

P. E. Fairbairn und **Robert H. S. Robertson,** *Verflüssigungsgrenze und Farbaufnahme.* Bei Ton ist die Kationenaustauschkapazität (KK), bestimmt mit Methylenblau, ein nützlicher Test bei der Best. von Verflüssigungsgrenzen (VG). Für Serienanalysen ähnlicher Rohstoffe ist es ausreichend genau u. ökonom., viele KK-Tests u. nur einige VG-Tests auszuführen. Bei sehr unterschiedlichen Rohstoffen wird das Verf. nicht empfohlen. (Clay Minerals Bull. **3.** 129—36. Aug. 1957. Glasgow; London.) G. PRETZSCHNER. 6248

Hans-Joachim Bautsch, *Normativer und modaler Mineralbestand von Chrommagnesitsteinen.* Um die bei der Integration von Dünnschliffen auftretenden Fehler (HOLMES-Effekt usw.) zu vermeiden, wird zur mkr. Ermittlung des Mineralbestandes u. zur Beobachtung des Gefüges, der Wachstumsverhältnisse, der Korngrößen, Kornform u. Kornbindung der Anschliff verwandt. Die einzelnen Minerale werden durch Best. der Ätzbarkeit, Schleifhärte u. des Reflexionsvermögens unterschieden. Methoden für die Best. von Schleifhärte u. Reflexionsvermögen werden angegeben u. Schleifhärten u. Reflexionsvermögen von Mineralien in Chrommagnesitsteinen verglichen. Für die Berechnung der normativen Zus. aus der chem. Analyse werden zwei Verff. angegeben sowie ein Weg aufgezeigt, um die Mengenanteile der festen Phasen gleich in Vol.-% zu erhalten. Zur Best. des modalen Mineralbestandes wurden die Verff. der planimetr. Vermessung von Dünn- u. Anschliffen u. das Punktzählverf. angewandt. An Hand der normativen u. modalen Zus., Kornform, Korngrößen u. Kornbindung werden einige Unterschiede von 4 Chrommagnesitsteintypen aus Aken u. von Radex beschrieben. (Silikattechnik **9.** 552—55. Dez. 1958. Berlin, Humboldt-Univ., Mineralog.-Petrograph. Inst.) H.-O. MULFINGER. 6256

Eutectic Welding Alloys Corp., Flushing, übert. von: **Theodore J. Leston,** New York, N. Y., V. St. A., *Schutzemaille für Metallschmelzen bei Temperaturen über 1700° F*, die bei n. Temp. auf dem Metall haftet, beim Schmelzen eine gegen Oxydation u. Verzundern schützende Schicht bildet u. beim schnellen Abkühlen splittert u. leicht entfernt werden kann. Zus.: 1—20 (Gewichtsteile) Metallsilicate wie Alkali-, Al-, Mg-Silicate; 5—50 Erdalkalifluoride; 3—20 Alkalifluoride u. 0,5—25 Chlorid eines Metalles, das mit dem zu schützenden verträglich ist. Anwendung beim Schmelzen von hochschm. *Legierungen* aus Cr, Ni u./oder Co. — Beispiel: 7,5 NaF; 2,5 Na_2SiO_3; 20 CaF_2; 10 Al-Na-Fluorid; 5 Al-Silicat; 5 Metallchlorid; 50 Fe-Pulver. (**A. P. 2806801** vom 15/8. 1952, ausg. 17/9. 1957.) G. FRIKELL. 6213

Metallgesellschaft Akt.-Ges., Frankfurt/M. (Erfinder: **Kurt Meyer, Oswald Jenne,** Frankfurt/M., und **Hans Rausch,** Oberursel), *Herstellung eines Zuschlagstoffes für Leichtbaustoffe* durch Sintern von aus Flugasche ohne Lehmzusatz hergestellten Granalien einheitlichen Durchmessers mit ca. 10(%) Brennstoffgehalt. Sollte der zwischen 2 u. 12 liegende Brennstoffgeh. der Flugasche nicht ausreichen, wird zusätzlicher Brennstoff durch Nachrollen auf die Außenhaut der Granalien aufgebracht. Granalien von 1—6 mm ergeben einen zusammenhängenden Sinterkuchen u. getrennte Kugeln von 7—12 mm. — Zeichnung. (**Oe. P. 202504** vom 22/5. 1956, ausg. 10/3. 1959. D. Prior. 8/7. 1955.) O. KAYSER. 6229

Else Sauer und **Willi Sauer,** Stuttgart, *Gewinnung abrieb-, öl-, säure- und wasserfester Bauteile,* bes. aus Zement oder Magnesit. Eine tiefgreifende Wrkg. in relativ kurzer Zeit wird erreicht durch drei unmittelbar bzw. kurzfristig aufeinanderfolgende Verfahrensschritte. Erstens werden die Bauteile mit Fluaten oder sauer eingestellten Kunststoff- oder Wachsdispersionen getränkt, abgebürstet, zweitens auf den noch nassen Film eine n. wss. Kunststoff- oder Wachsdispersion aufgebracht u. drittens nach oberflächlichem Abtrocknen eine hochdisperse, sehr wasserfeste Wachs- bzw. Wachs–Harz-Emulsion aufgetragen. — Beispiele: 1. 16 (Gewichtsteile) wss. PVA.-Dispersion 50%ig; 1,0 HCl (36%ig); 1,5 Mg-Fluat, krist.; 81,5 W.; 2. 24,0 PVA.-Dispersion, kolloiddispers, ca. 50%ig; 76,0 W.; 3. 10,5 Esterwachs, hochschm.; 2,5 wachsverträgliches Harz; 0,5 Diäthanolamin; 0,6 Olein; 0,3 Borax; 85,6 Wasser. (**D. A. S. 1 057 007** Kl. 80b vom 14/12. 1957, veröff. 6/5. 1959.) G. FRIKELL. 6229

Farbwerke Hoechst Akt.-Ges., vormals Meister Lucius & Brüning, Frankfurt/M. (Erfinder: **Waldemar Kaufmann** und **Ernst Kolbe**), *Imprägnieren von Formkörpern aus Graphit oder Kohle.* Zur Ausfüllung der Poren mit härtbaren Kunstharzen, wie Phenol–Formaldehydharz, getränkte Körper werden vor der Wärmehärtung einer katalyt. Härtung unterworfen, um das Ausschwitzen des Kunstharzes beim Erwärmen durch Bldg. einer in den Poren befindlichen dünnen erhärteten Schicht zu verhindern. Hierdurch wird die Oberfläche frei von Harz gehalten u. die gute Wärmeleitfähigkeit des Graphits kann sich ohne Zwischenschicht auswirken. Als Katalysatoren dienen in W. oder A. gelöste Säuren, wie H_2SO_4, HCl, Phosphorsäuren, Naphthalinsulfosäuren oder gasförmige Substanzen unter Anwendung von Netzmitteln wie Alkali- oder Aminosalze von Fettsäuren. (**E. P. 783 481** vom 28/10. 1955, ausg. 25/9. 1957.) G. FRIKELL. 6229

Soc. An. Lavoriazione Tessuti, Busto Arsizio-Borsano, Varese, Italien, *Herstellung von Isoliermaterial* für wärmetechn. u. elektrotechn. Zwecke. Man imprägniert feinteiliges Material von geringer D. wie Reisstroh, Korkmehl oder gemahlene Fruchtschalen mit einer Lsg. eines vorkondensierten Kunstharzes, z. B. einer Lsg. von Phenolharz in A. oder W. bei Ggw. eines Polymerisationskatalysators, trocknet u. verformt unter Erwärmen u. Pressen (2—5 at für leichtere, 5—10 at für dichtere Materialien). Geeignet auch zur Herst. von *Filtern, Verkleidungsplatten, Bedachungsmaterial.* (**It. P. 493 084** vom 21/2. 1952.) K. KOEBKE. 6229

Wolfgang Leidenfrost, Aachen, *Herstellen von Wärmedämmkörpern.* Evakuierbare Hohlgefäße aus elast. Massen, wie Gummi, werden mit feinkörnigen Pulvern gefüllt. Beim Evakuieren werden durch den Atmosphärendruck die Pulver verdichtet, wobei die freie Weglänge der Füllgasmoll. größer wird als die Abstände zwischen den Pulverkörnern. (**D. A. S. 1 046 525** Kl. 80b vom 26/3. 1953, veröff. 11/12. 1958.) G. FRIKELL. 6229

Phillips Petroleum Co., übert. von: **Paul G. Carpenter,** Bartlesville, Okla., V. St. A., *Bodenverfestigung.* Man führt eine wss. Lsg. in den Boden ein, die ein wasserlösl. Salz eines wasserunlösl. „Harzes" (I), einer oxydierbaren organ. Substanz (II) u. ein Oxydationsmittel (III) enthält. Als I sind Harzsäuren, Abietinsäure, Polyacrylsäure, Naphthensäuren, Phthalsäure, Benzoesäure genannt; als II dienen CH_2O, Acrolein, Glycerinaldehyd, Acetaldehyd oder Glucose, die durch III (bes. $K_2S_2O_8$) zu den entsprechenden Säuren oxydiert werden, die ihrerseits durch Hydrolyse die I freisetzen, wodurch die Verfestigung eintritt. Die I können im Bedarfsfalle durch Alkalilsgg. aus dem Boden wieder entfernt werden. (**A. P. 2 735 269** vom 25/10. 1949, ausg. 21/2. 1956.) H. KOBS. 6233

E. I. du Pont de Nemours & Co., Wilmington, Del., übert. von: **Geoffrey W. Meadows,** Kennett Square, Pa., V. St. A., *Bodenverfestigung.* Der Boden (I), z. B. Sandboden, wird mit dem Xanthogenat eines Polysaccharids aus der Gruppe der Pentosane oder Hexosane (z. B. Cellulose oder Stärke), trocken oder in Lsg., vermischt. Der so behandelte I zeigt geringere Volumenänderungen bei Änderungen seines Wassergeh. als nach früheren Verff. behandelter I. Außerdem zeigt er geringere Rißbldg. beim Frieren u. Tauen. (**A. P. 2 801 933** vom 21/6. 1954, ausg. 6/8. 1957.) H. KOBS. 6233

MABRAS, Manifattura Abrasivi S. p. A., Mailand, Italien, *Herstellung von Schleifmitteln,* wie Schmirgelpapier oder -leinwand, dad. gek., daß man als Bindemittel modifizierte Phenolharze in Kombination mit trocknenden Ölen u./oder Alkydharze mit oder ohne trocknende Öle verwendet. (**It. P. 495 153** vom 21/6. 1952.) H. KOEBKE. 6239

Wheel Trueing Tool Co., Detroit, Mich., V. St. A., *Herstellung von Diamantschneidern.* Man bringt Diamantsplitter in die für sie bestimmten Vertiefungen einer aus Kohlenstoff bestehenden Form, breitet eine Schicht von einem Gemisch aus Wolframmetall-Pulver (I) u. Wolframcarbid-Pulver (II) u. weiter eine Schicht von I darüber, preßt in der Kälte mit ca. 400—600, gibt als Bindemittel eine

Legierung aus 19—44% Zn, 16—22% Ni, Rest Cu zu, erhitzt ca. 1 Std. auf 1700—2100° F, dann 20 Min. auf 2100—2300° F, nimmt aus dem Ofen u. preßt vor dem Abkühlen noch einmal wie oben. — Zeichnung. (**It. P. 483 795** vom 12/1. 1952.) K. KOEBKE. 6239

VII. Agrikulturchemie. Schädlingsbekämpfung.

Je. Je. Susser, *Über die Veränderungen der in Superphosphaten enthaltenen löslichen Orthophosphate beim Trocknungsprozeß.* Bei *Superphosphat* (I) mit 2% lösl. P_2O_5 darf der Wassergeh. beim Trocknen bei 115° 2,45% nicht übersteigen, wenn ein Ausfallen von $CaHPO_4$ vermieden werden soll. Der Geh. an lösl. Pyrophosphaten, der schon bei Trocknungstemp. 105° merklich ist, nimmt dann bei höherer Temp. zu u. erreicht bei 150—175° ein Maximum. Beim Trocknen von granuliertem I kann durch Überhitzung Bldg. dehydratisierter Phosphate erfolgen, die teils in W., teils in Citratlsg. nach PETERMANN lösl. sind. Zur zuverlässigen Best. des wasserlösl. u. assimilierbaren P_2O_5 muß der Extrakt 30 Min. mit 20%ig. HCl gekocht werden. Der Geh. an assimilierbarem P_2O_5 (in Form von Ortho- u. dehydratisierter Phosphorsäure) ändert sich bei Trocknungstempp. > 80° prakt. nicht. (Химическая Промышленность [Chem. Ind.] **1959.** 177—80. März. Ssamoilow-Inst. für Düngemittel u. Insektofungicide.)
R. K. MÜLLER. 6282

Je. D. Fainberg und **O. Je. Edelstein,** *Über Wege der Verwertung fluorhaltiger Abgase der Phosphordüngermittelindustrie.* Unter techn. u. wirtschaftlichen Gesichtspunkten werden die Möglichkeiten der Verwertung F-haltiger Abgase aus der Verarbeitung F-haltiger Phosphate erörtert: Darst. von Mg-, Zn- u. NH_4-Silicofluoriden, AlF_3 u. Kryolith (NH_3-, Carbonisier-, UNICHIM-Verf., Darst. über K_2SiF_6 oder CaF_2); Gewinnung von NaF (Dissoziations-, soda-therm., Suspensions-, mechan. Anreicherungs-, Entschlammungs-, Hydrocyclon-, Eindampf- u. Aussalzungs-, NH_3-, K_2CO_3-Verf.); Anwendung von SiO_2-Gel. (Химическая Промышленность [Chem. Ind.] **1959.** 116—23. März.) R. K. MÜLLER. 6282

Imre Prettenhoffer, *Die Melioration von Salzböden im Trans-Theißgebiet.* Erfahrungsbericht. (Int. Z. Landwirtsch. [Sofia/Berlin] **1959.** Nr. 2. 50—65. Szeged, Landw. Inst.) M. WINIKER. 6304

W. Bublitz, *Über organische Hemmstoffe und ihre Wirkung auf den Rohhumus. Ein Beitrag zum Problem der Bodenmüdigkeit unter Nadelholz.* An Hand der Literatur (29 Hinweise) sowie der Ergebnisse eigener Unterss. behandelt Vf. den Einfl. organ. Hemmstoffe auf die Entw. der Fichte, den Einfl. von Hemmstoffen auf die Entw. der Bodenbewohner u. die Bldg. von Rohhumus sowie die Bedeutung von Handelsdüngern u. Meliorationsverff. als Aktivatoren bodenbiol. Prozesse. (Forstarchiv **30.** 105—10. 15/6. 1959.) M. WINIKER. 6304

János Peczník, Béla Fekete, Károly Kovács und **Béla Balla,** *Düngungsversuche mit kaliumreichem Trachit.* In Feld- u. Laboratoriumsverss. wurde die Verwendbarkeit von feingemahlenem Trachit [Zus. (in %): 9,90 K_2O, 0,32 Na_2O, 63,10 SiO_2, 1,26 CaO, 1,02 MgO, 0,13 P_2O_5, 0,05 MnO, 14,22 Al_2O_3 + TiO_2, 6,74 Fe_2O_3, 1,54 Glühverlust] als Kalidünger untersucht. In 16 von 21 Fällen wurde Ertragssteigerung erzielt, wenn diese auch nicht diejenige von 40%ig. Kalisalz erreichte. Für die Aufnahmefähigkeit der Pflanzen für das K aus dem Trachit scheint ein vorheriger biol. Aufschluß nötig zu sein. (Agrártudományi Egyetem Agronóm. Kar Kiadványai [Ber. Fak. Agronom. Univ. Agrarwiss.] **3.** Nr. 1. 1—32. 1956. Veszprém, Nehézvagyipari Kut. Int.)
N. SEILER. 6304

J. Drew Smith, *Cadmiumchloridharnstoff zur Bekämpfung von Sclerotinia homoeocarpa (Bennett). Mit einer Bemerkung über die Wirkung von Cadmiumchlorid bei Ammoniumsulfatanwendungen auf Regenwurmnester.* Die durch Sclerotinia homoeocarpa, bes. auf Festuca rubra L. hervorgerufenen Symptome ließen sich durch handelsübliche anorgan. u. Organo-Hg-Fungicide nicht sicher unterdrücken. Sehr wirksam waren dagegen Spritzungen mit wss. *$CdCl_2$*-Lsgg., die zur Verminderung des Verbrennens des Rasens *Harnstoff* enthielten. Die Stammlsg. enthielt in 100 ml 5 g Cd als $CdCl_2$, 10 g Harnstoff u. 1 g Lissapol NBD. Empfohlen wird eine monatliche (Mai—September) Anwendung von 8 g Cd (je 1000 sq.ft.) für starken Befall bzw. 4 g Cd für leichte Fälle u. zur Vorbeugung. Spritzvol. 100 gall./acre. Der Pilz selbst war auch mit diesem Mittel nicht auszurotten. — Bei diesen Verss. sowie bei Düngungsverss. mit *$(NH_4)_2SO_4$* wurde festgestellt, daß die Anzahl der Regenwurmnester unter dem Rasen bei Anwendung des Cd-Fungicids (8,3 g/1000 sq.ft.) erheblich zurückging, unabhängig von der gleichartigen Wrkg. des $(NH_4)_2SO_4$. Das Boden-p_H wurde durch die $CdCl_2$-Gabe nicht verändert. (J. Sports Turf Res. Inst. **9.** 355—59. 1957.) EBERHARD MÜLLER. 6312

J. Drew Smith, *Ein neues Fungicidrezept zur Bekämpfung der Fusariumfleckenkrankheit.* Die bewährte Stäubemischung von *HgCl* u. $HgCl_2$ wurde in eine für Sprühsuspensionen geeignete Form gebracht, derart, daß die n. Bewegung der Sprühgeräte genügt, um die schweren HgCl- u. Tonteilchen in wss. Suspension zu halten. 15 (Gewichtsteile) $HgCl_2$, 30 *HgCl* (mikrofein), 5 *Malachitgrün ANS* (Oxalat, feingemahlen), 1 eines nichtion. Netzmittels u. 49 *Porzellanton* wurden zusammen gemahlen (*Fungicid 12*). Hiervon wurden gegen Fusarium nivale alle 4 Wochen 1—2 g/25 sq.ft.= 2,5 oz. (in 2 gall. W.) je 100 sq.yd. (ca. 100 gall./acre) angewandt. Zur Unterdrückung von Sclerotinia homoeocarpa mußte die monatliche Gabe auf 3,3 g/25 sq.ft. erhöht werden. Besser wirkt hierbei das $CdCl_2$-*Harnstoff*-Präp. (vgl. vorst. Referat). Das Auftreten von Corticium fuciforme wurde durch monatlich 3,5 g/25 sq.ft. verhütet. (J. Sports Turf Res. Inst. **9.** 364—66. 1957.) EBERHARD MÜLLER. 6312

H. Hahn, *Bekämpfung des Roten Brenners durch Entseuchung des Bodens.* Bericht über erfolgreiche Verss. mit $CaCN_2$. (Vitis, Ber. Rebenforsch. **1.** 286—87, Sept. 1958. Geilweilerhof, Bundesforschungsanst. für Rebenzüchtung.) M. WINIKER. 6312

H. Tashiro, *Methylbromidbegasung gegen den Europakäfer in Baumschulen.* Die verschied. Stadien von Amphimallon majalis Raz. wurden in Erdballen von 25 cm Durchmesser $2^1/_2$ Std. mit *Methylbromid* (I) begast. Das am längsten auftretende 3. Larvenstadium wurde vollkommen abgetötet mit 112, 80, 64, 32 u. 32 g I/m³ bei den zugehörigen Tempp. von 4, 7, 10, 16 u. 21° C. Das 1. Larvenstadium u. Vollkerfe wurden bei 21—23° C mit 16 g I/m³, Eier u. Puppen mit 48 g I/m³ abgetötet. (J. econ. Entomol. **51.** 869—71. Dez. 1958.) FRITZ MÜLLER/Ludwigshafen. 6312

José María del Rivero, *Der Befall mit Prodenia litura F.* 2. Mitt. *Bekämpfungsmittel und Normen für die Bekämpfung.* Für die Bekämpfung des Reis- u. Baumwollschädlings Prodenia litura F. kommen züchter., mechan., biol. u. chem. Maßnahmen in Frage. Von den chem. Mitteln werden besprochen: Na_2SiF_6, $BaSiF_6$, *Kryolith, HCH* u. *Toxaphen,* alle in Mengen von 1—8 kg auf 100 kg Kleie oder Johannisbrot u. 70 Liter W., ferner *DDT*, *Lindan* oder Kombinationen dieser Mittel in Ködern oder im Fallraum einer Locklampe. Normen für die Bekämpfung u. Hinweise auf zu vermeidende Fehler werden gegeben. (Agricultura [Madrid] **27.** 546—50. Okt. 1958.) R. K. MÜLLER. 6312

C. R. Parencia jr., C. R. Cowan jr. und **J. W. Davis,** *Freilandversuche mit den systemischen Insekticiden Thimet und Bayer 19639 als Baumwollsaatgutbehandlung 1957.* Die Anwendung von 1,12 kg/ha *Thimet* (I) u. 1,12, 1,68 oder 2,23 kg/ha *Bayer 19639* (II) zu entkernten Baumwollsamen verringerte den Stand der Baumwolle deutlich gegenüber unbehandelt. Bei säure- oder flammenenthaarten Samen hatte I keine ungünstige Wirkung. Die Saatgutbehandlung verringerte das Auftreten von Thrips 4 Wochen lang nach dem Aufgehen u. hielt den Erdflohbefall unter der schädigenden Grenze bei geschältem, nicht aber bei säureenthaartem Saatgut. II war gegen diesen Schädling etwas weniger wirksam. (J. econ. Entomol. **51.** 872—75. Dez. 1958.)
FRITZ MÜLLER/Ludwigshafen. 6312

R. L. Walker, A. R. Hopkins und **R. E. Fye,** *Wirksamkeit verschiedener Insekticide gegen den Kapselkäfer, Kapselwurm und Baumwollblattwurm.* In 8 kleinen Feldverss. gegen Anthonomus grandis Boh. wirkten *Guthion* (I) + *DDT* (II), *Thiodan* (III), *Methylparathion* (IV) + II, *EPN* (V) + II u. *Endrin* (VI) gleich gut, ebenfalls gleich wirksam waren Sprühungen u. Stäubungen mit I, VI u. *Dipterex* (VII). I + II wirkte besser als *Toxaphen* (VIII) u. *Heptachlor* (IX) + II. I + II, IV + II, V + II u. VI waren gleich, ebenso Stäubungen mit *Sevin* (X), *Malathion* (XI), I + II u. VI, ebenso Sprühungen u. Stäubungen mit I, XI u. VI. Gesprüht war XI in höherer Gabe wirkungsvoller, XI + VI war besser als VI allein. Gleichermaßen wirkten gesprüht X, III, VI, VIII mit oder ohne IV u. IV allein. Gegen Heliothis zea Boddie war XI-Staub wirkungslos. Gegen Alabama argillacea Hbn. bewährten sich IV, XI u. I besser als *BHC* (XII), VI u. VIII. In Freilandkäfigverss. gegen Anthonomus grandis wirkten nach 24 Std. XI u. IV gut, VI u. VII waren mit XI zusammen wirkungsvoller als allein, I war besser als VII u. XII, III wirkte weniger als VI, X wirkte noch nach 48 Stunden. *Monsanto CP-7769* u. *Chipman R-6169* waren wirkungslos. Die Rückstandswrkg. von XI war besser als die von VI, IV oder III. (J. econ. Entomol. **51.** 783—86. Dez. 1958.)
FRITZ MÜLLER/Ludwigshafen. 6312

Hansgeorg Pag, *Hyponomeutaarten als Schädlinge im Obstbau. Ein Beitrag zur Biologie, Ökologie und Bekämpfung, unter besonderer Berücksichtigung des Arten- und Rassenproblems.* Zusammenfassender Überblick. Als Winterspritzmittel eignen sich am besten *Gelbspritzmittel.* Zur Bekämpfung der Raupen im Sommer wurden *Dipterex* u. *Malathion* empfohlen. — 114 Literaturhinweise. (Z. angew. Zool. **46.** 129—89. 1959. Berlin-Dahlem, Biol. Bundesanst.) M. WINIKER. 6312

Roy W. Rings, *Weitere Untersuchungen von Schäden durch Blatt- und Stinkwanzen an Pfirsichen.* Bei der Bekämpfung von Neolygus-Arten bewährte sich am besten *Parathion* in der Konz. 2 lb. 15%ig. netzbares Pulver in 100 gall. W. bei mehrmaliger Anwendung. (Proc. annu. Meeting Ohio State horticult. Soc. **110.** 54—65. 6.—8/2. 1957. Wooster, Ohio, Ohio Agricult. Exp. Station.) EBERHARD MÜLLER. 6312

L. R. Jeppson, L. M. Elliott und **F. A. Gunther,** *Dauerhaftigkeit von Neotranrückständen auf und in reifen Citronen und Orangen.* In den Schalen mit *Neotran* (I) besprühter Citronen fanden sich nach 2 Tagen 15,6 (p.p.m.) I, nach 37 Tagen 9,5, in Orangeschalen nach 1 Tag 14,8, nach 33 Tagen 8,4. Die Halbwertzeit des I auf Citronen wurde zu 30, auf Orangen zu 39 Tagen bestimmt. Im Fruchtfleisch wurden keine, vereinzelt unbedeutende Rückstände gefunden. (J. econ. Entomol. **51.** 914. Dez. 1958. Riverside, Calif., Univ. of Calif., Citrus Exp. Stat.) FRITZ MÜLLER/Ludwigshafen. 6312

G. C. Sengupta und **N. Panda,** *Bekämpfung von Epilachna vigintioctopunctata (F) mit Insekticiden.* Bei der Bekämpfung von Epilachnalarven an Eierpflanzen bewährte sich am besten 20% *Endrin* (1,7 kg/ha), gefolgt von 25% *Malathion* (2,8) u. 50% *DDT* (1,4), wogegen 50% *BHC* (1,4) abfiel. (J. econ. Entomol. **51.** 749. Dez. 1958. Bhubaneswar, Indien, State Agric. Res. Stat.) FRITZ MÜLLER/Ludwigshafen. 6312

W. G. Eden, *Maisährenwurmbekämpfung an Süßmais.* Tägliche Sprühungen gegen Heliothis zea Boddie mit *DDT* (I; 2,24 kg/ha) hatten 99% wurmfreie Ähren im Gefolge, der Beginn des Seidenstadiums ist die kritische Anwendungszeit. *Phosdrin* (0,28 kg/ha) u. *Chlorthion* (1,12) waren unwirksam. *Thiodan* (2,24) wirkte ähnlich wie I. *Toxaphen* (2,28), *Endrin* (0,28), *Hercules AC-528* (5,6), *Heptachlor* (0,56), *Malathion* (0,56) u. *Parathion* (0,28) waren I (1,12) unterlegen. *Sevin* (2,24) wirkte ebenso gut wie I, war aber pflanzenschädigend. (J. econ. Entomol. **51.** 822—23. Dez. 1958. Auburn, Ala., Dep. of Zoology-Entomology, Alabama Polytechnic Inst.)
FRITZ MÜLLER/Ludwigshafen. 6312

F. B. Foley und **M. W. Stone,** *Bekämpfung der Maiskornmade an Rettichen.* In vor der Saat mit Emulsionen besprühtem Boden wirkten gegen den Befall der Rettiche mit Hylemya cilicrura Rond. befriedigend *Heptachlor*, gefolgt von *Dieldrin* u. *Endrin*, während *Toxaphen* u. *DDT* weniger wirksam waren. (J. econ. Entomol. **51.** 919. Dez. 1958.) FRITZ MÜLLER/Ludwigshafen. 6312

Charles H. Brett und **T. G. Bowery,** *Insekticidrückstände auf Gemüse.* Bohnen (**a**), Tomaten (**b**) u. Grünkohl (**c**) wurden mit 33,6 kg/ha Staub behandelt, der 5% *DDT* (I), 10% *Methoxychlor* (II), 20% *Toxaphen* (III), 4% *Malathion* (IV), 2% *Endrin* (V) oder 1% *Lindan* (VI) enthielt. Bei **a** wurden Rückstände festgestellt von I, II u. III 12 Tage lang, von IV u. V 3, von VI 4 Tage lang nach der Behandlung. Die Ergebnisse lauten bei **b**: I u. II 12, III 9, IV u. V 2, VI 3 Tage lang, bei **c**: I, II u. III 12, IV u. V 3, VI 13 Tage lang. Regen verringerte die Rückstände in der ersten Zeit nach der Behandlung schneller als später. Die vorgeschriebenen Toleranzen wurden nur im Anfang in einigen Fällen überschritten. — 23 Literaturangaben. (J. econ. Entomol. **51.** 818—21. Dez. 1958. Raleigh, N.C., North Carolina Agric. Exp. Stat.)
FRITZ MÜLLER/Ludwigshafen. 6312

L. K. Curkomp, A. G. Peterson und **Preston E. Hunter,** *Widerstandsfähigkeit des Kartoffelkäfers gegen DDT.* In Freilandverss. 1955 gegen Leptinotarsa decemlineata Say wirkte *DDT* (I)-Staub vollkommen ungenügend, hingegen waren *Toxaphen, Heptachlor* u. *Dieldrin* gut wirksam. Im Labor. wurde mit örtlicher Anwendung bei einem gegen I resistenten Stamm eine DL_{50} von über 3000 μg je g Körpergewicht bestimmt. Zusatz von *Dimite* zu I verstärkte die Wrkg. nicht. Ein Stamm aus einer Gegend, in der bisher noch nie I angewandt worden war, zeigte die zwar wesentlich geringere, aber immer noch auffallend hohe DL_{50} von 322 μg bei männlichen u. 435 μg bei weiblichen Vollkerfen. — 16 Literaturangaben. (J. econ. Entomol. **51.** 828—31. Dez. 1958. St. Paul, Minn., Univ. of Minnesota, Dep. of Entomol. and Econ. Zool.)
FRITZ MÜLLER/Ludwigshafen. 6312

Tibor Jermy, *Die Kartoffelkäferbekämpfung in Ungarn.* Bericht über die z. Z. in Ungarn üblichen Methoden der Kartoffelkäferbekämpfung. Meist kommt *DDT* zur Anwendung. (Int. Z. Landwirtsch. [Sofia/Berlin] **1959.** Nr. 2. 70—76. Budapest, Wissenschaftl. Forschungsinst. für Pflanzenschutz.) M. WINIKER. 6312

R. G. Strong und **W. A. Rawlins,** *Prüfung von 4 verschiedenen Insekticiden als Bekämpfungsmittel gegen den sechsgefleckten Blattfloh an Salat.* Mittels eines kombinierten Laboratoriums- u. Freilandverf. wurde die Abtötung von Macrosteles fascifrons Stål. auf Grund der von ihm übertragenen Vergilbungskrankheit des Salates bestimmt. Bei gleichwertigen Gaben je ha wirkten gleichermaßen vollständig *Malathion* nach 6, *Parathion* nach 12, *Demeton* nach 24 u. *DDT* nach 48 Stunden. 3 Tage nach der Anwendung waren alle Mittel unwirksam. (J. econ. Entomol. **51.** 903—05. Dez. 1958. Ithaca, N. Y., Cornell Univ.) FRITZ MÜLLER/Ludwigshafen. 6312

Mechthild Stüben, *Die Argentinische Ameise.* Überblick über die Lebensweise des Schädlings u. die derzeitigen Möglichkeiten seiner biol. u. chem. Bekämpfung. — 18 Literaturhinweise. (Nachrichtenbl. dtsch. Pflanzenschutzdienstes [Braunschweig] **11.** 81—85. Juni 1959. Berlin-Dahlem, Biol. Bundesanst., Inst. für Zoologie.) M. WINIKER. 6312

Thomas Merton, *Über eine Barriere gegen Schadinsekten.* Vertikale Oberflächen, die mit einer Dispersion von *Polytetrafluoräthylen* behandelt wurden, bilden ein Hindernis für Ameisen u. einige andere Insekten, die solche Flächen nicht begehen können. (Proc. Roy. Soc. [London], Ser. A **234.** 218—20. 7/2. 1956.) F. KRUSEN. 6312

A. F. Al-Azawi und **J. E. Casida,** *Wirksamkeit systemischer Insekticide bei der Bekämpfung des kleinen europäischen Ulmensplintkäfers.* Nach dem Bohrlochverf. zu reifen Ulmen angewandtes *Demeton, Dimefox, Thimet* u. *Chipman R-6199* (I) wanderte vollkommen in das Laub für einige Wochen. Jedoch nur I (8 g je Baum) hatte eine gute Wrkg. gegen Scolytus multistriatus Marsh., obwohl es in Laboratoriumsverss. gegenüber den anderen organ. P-Insekticiden die geringste Wrkg. zeigte. Diese alle waren aber in der Abtötungswrkg. u. Fraßverhinderung einer Sprühung mit *DDT* unterlegen. (J. econ. Entomol. **51.** 789—90. Dez. 1958. Madison, Wis., Univ. of Wisconsin., Dep. of Entomol.) FRITZ MÜLLER/Ludwigshafen. 6312

H. H. Shorey, W. G. Evans, R. H. Burrage und **George G. Gyrisco,** *Rückstandswirkung von Insekticiden auf Wiesen- und Weidenrasen zur Bekämpfung des Europakäfers.* Gegen Larven von Amphimallon majalis Raz. wirkte eine einmalige Gabe von *Chlordan* (9 kg/ha) 7, von *BHC* (9) 6, *Parathion* (9) 3 Jahre lang. *Strobane* u. *Toxaphen* versagten. *Aldrin, Dieldrin, Endrin, Isodrin* u. *Heptachlor* (0,56—2,24) zeigten eine gewisse wechselnde Rückstandswrkg. 1,5 bis 3,5 Jahre. (J. econ. Entomol. **51.** 765—67. Dez. 1958. Ithaca, N. Y., Cornell Univ.) FRITZ MÜLLER/Ludwigshafen. 6312

A. W. Cressman, *Wirksamkeit verschiedener Zubereitungsarten von Insekticiden gegen die californische rote Schildlaus.* Gegen Aconidiella aurantii Mask. wirkte *Trithion* am besten in Kerosinlsg., weniger als Emulsion u. am wenigsten als Netzpulver. *Guthion, Parathion* (I) u. *Hercules AC-528* (II) waren als Kerosinlsg. wirksamer als Netzpulver, II wirkte aber schwächer als I. (J. econ. Entomol. **51.** 911—12. Dez. 1958.) FRITZ MÜLLER/Ludwigshafen. 6312

E. L. Atkins jr., *Die westliche Büschelmotte, Hemerocampa vetusta Bdv an Citrus in Südcalifornien.* Gegen diesen Schädling war ausgezeichnet wirksam: *Parathion, TDE, DDT, Dilan, Guthion, Sevin, Methylparathion* u. *Phosdrin.* Ungenügend wirkten: *Hercules AC-528, Diazinon, Dicapthon, Dipterex, Malathion, Chlorthion, Kryolith* u. *Toxaphen.* (J. econ. Entomol. **51.** 762—65. Dez. 1958. Riverside, Calif., Univ. of California, Citrus Exp. Stat.) FRITZ MÜLLER/Ludwigshafen. 6312

G. C. LaBrecque, H. G. Wilson und **J. B. Gahan,** *Köder von verstärktem Pyrethrin und Allethrin zur Bekämpfung widerstandsfähiger Stubenfliegen.* Mit *Piperonylbutoxyd* verstärktes *Pyrethrin* (I) u. *Allethrin* (II) in Zuckerköder waren in Laboratoriumsverss. gegen n. Musca domestica dem *Dipterex* (III) unterlegen, aber bei einem gegen organ. P-Insekticide resistentem Stamm gleich wirksam u. besser als III. In Freilandverss. waren nach 10 Min. 0,1% I besser als 0,1% II u. dieses wieder besser als 1% III, nach 24 Std. war die Wrkg.: I $>$ II $=$ III. — 2 Literaturangaben. (J. econ. Entomol. **51.** 798—800. Dez. 1958.) FRITZ MÜLLER/Ludwigshafen. 6312

Roy J. Barker und **Leland N. Edmunds jr.,** *Giftigkeit von DDT in Öl und in Aceton gegen erwachsene DDT-resistente Stubenfliegen.* Bei einem 6 Generationen nicht mit *DDT* (I) behandelten u. infolgedessen nur leicht resistenten Fliegenstamm war bei örtlicher Anwendung für die DL_{50} eine geringere I-Gabe in Aceton nötig als in Öl, für die DL_{95} war das Verhältnis umgekehrt. Das Öl hatte also bei höheren I-Gaben eine pseudosynergist. Wirkung. (J. econ. Entomol. **51.** 914—15. Dez. 1958.) FRITZ MÜLLER/Ludwigshafen. 6312

L. T. Hargett und **E. C. Turner jr.,** *Stechfliegenbekämpfung durch Anwendung insekticider Stäube in selbsttätigen Vorrichtungen.* Zur Bekämpfung von Siphona irritans L. mittels selbsttätiger Rückenreiber angewandter 10%ig. *Toxaphen*-Staub wirkte mehrere Wochen lang gut, länger noch 5%ig. *Chlordan*-Staub, 1- u. 2%ig. BAYER *21/199* (I)-Staub etwas kürzer. Mit einem modifizierten Rückenreiber angewandter 25- u. 10%ig. *Methoxychlor*-Staub u. 1%ig. I-Staub waren mehrere Wochen wirksam. Die Stäube wirkten gleich gut wie Öllösungen. (J. econ. Entomol. **51.** 795—98. Dez. 1958. Blacksburg, Va., Virginia Agric. Exp. Stat.) FRITZ MÜLLER/Ludwigshafen. 6312

W. W. Neel, *Freilandversuche mit systemischen Insekticiden zur Bekämpfung von Dassellarven.* Gegen Hypoderma lineatum De Vill. als Bolus angewandtes *Dow ET-57*

(*Trolen*, 110 mg/kg) u. *Bayer 21/199* (*Co-Ral*) gesprüht wirkten gleich gut u. besser als *Am. Cyanamid 12880* (*Dimethoat*) als Bolus oder intramuskulär 10 mg/kg, das aber gegenüber unbehandelt auch noch gute Wrkg. zeigte. Gewichtszunahmen des Viehes infolge der Behandlung wurden nicht beobachtet, wohl aber bei gleichzeitig mit der Insekticidbehandlung als Antihelminticum gegebenem *Phenothiazin*. (J. econ. Entomol. **51**. 793—95. Dez. 1958. State College, Mo., Mississippi Agric. Exp. Stat.)
FRITZ MÜLLER/Ludwigshafen. 6312

L. L. Wade und **R. W. Colby,** *Behandlungszeitpunkt für die Dassellarvenbekämpfung mit Dow ET-57.* Bei der Bekämpfung von Hypodermalarven durch orale Gaben waren 75 oder 100 mg/kg *Dow ET-57* (I) oder 75 mg I + 100 mg *Phenothiazin* bei Rindern von gleich guter Wirkung. Der Zeitpunkt der Behandlung war ohne Einfl. auf das Bekämpfungsergebnis. (J. econ. Entomol. **51**. 808—09. Dez. 1958. Lake Jackson, Texas, Agric. Res. Dep., Texas Div. Dow Chem. Co.) FRITZ MÜLLER/Ludwigshafen. 6312

J. L. Rodriguez jr. und **L. A. Riehl,** *Vergleich von Diazinon, Dicapthon, Chlorbenzilate und Kelthane zur Bekämpfung der Hühnermilbe in Hühnerställen.* Gegen Dermanyssus gallinae De G. wirkten Besprühungen der Ställe mit *Diazinon* oder *Dicapthon* bis 84 Tage ausgezeichnet, *Chlorbenzilate* u. *Kelthane* waren vollkommen unwirksam. (J. econ. Entomol. **51**. 911. Dez. 1958. Riverside, Calif., Univ. of California, Citrus Exp. Stat.) FRITZ MÜLLER/Ludwigshafen. 6312

Darrell W. Anthony und **Dale J. Richey,** *Einfluß der Kriebelmückenbekämpfung auf das Auftreten der Leukocytose bei Truthähnen in Südkarolina.* Zur Bekämpfung der Simulium spp., der Überträger von Leukocytozoon smithi, die in fließendem W. brüten, wurde ein großes Gelände vom Flugzeug aus mit einer 5%ig. *DDT*-Öllsg. (0,037 kg/ha) besprüht, womit ein guter Bekämpfungserfolg gegen Larven u. Puppen erzielt wurde. (J. econ. Entomol. **51**. 845—47. Dez. 1958. Clemson, S. C., South Carolina, Agric. Exp. Stat.) FRITZ MÜLLER/Ludwigshafen. 6312

Sigbert Mehl, *Die Abhängigkeit der Wirkung von Flächenspritzmitteln gegen die Schermaus (Arvicola terrestris L.) und den Maulwurf (Talpa europaea L.) von der landwirtschaftlichen Betriebsweise, den Bodenverhältnissen und der Witterung mit besonderer Berücksichtigung versuchsweiser Anwendungen.* Die für eine erfolgreiche Anwendung von Flächenspritzmitteln (bes. *Endrin*-Präpp.) zur Bekämpfung von Schermaus u. Maulwurf werden eingehend behandelt. (Nachrichtenbl. dtsch. Pflanzenschutzdienstes [Braunschweig] **11**. 86—89. Juni 1959. München, Bayer. Landesamt für Pflanzenbau u. Pflanzenschutz.) M. WINIKER. 6312

Wesley P. Judkins, *Mäusebekämpfung in Obstgärten.* Die Sprühanwendung von *Endrin* (2 lbs./acre) in Form eines emulgierbaren Präp. auf 11 ft. breite Streifen beiderseits jeder Baumreihe erwies sich der Ködermeth. weit überlegen. (Proc. annu. Meeting Ohio State horticult. Soc. **110**. 81—85. 6.—8/2. 1957. Blacksburg, Va., Virginia Polytechn. Inst.) EBERHARD MÜLLER. 6312

Allied Chemical & Dye Corp., New York, N. Y., übert. von: **George R. Gilliam,** Prince Georg County, Va., V. St. A., *Eindampfen von ammonisierten Nitrophosphatschlämmen.* Die durch Aufschluß von Rohphosphaten mit HNO_3 oder HNO_3-H_2SO_4- bzw. HNO_3-H_3PO_4-Gemischen gewonnenen ammonisierten, schlammartigen Gemische werden mit Wassergehh. von ca. 12—50 (%) in vertikalen Filmevaporatoren, die aus dampfbeheizten Rohren bestehen, im freien Fall bei 100—120° bis auf Wassergehh. von ca. 6—7 entwässert. Das Konzentrat wird mit feinem Rückgut mit ca. 1 Wassergeh. vermischt u. in direkt beheizten Trockentrommeln bis auf Wassergehh. von ca. 2 getrocknet. Schnelle Trocknung der M. ohne Zersetzungserscheinungen. — Vorrichtung. (**A. P. 2 817 156** vom 27/4. 1955, ausg. 24/12. 1957.) H. KARST. 6283

American Cyanamid Co., New York, N. Y., übert. von: **Wilfred Carlton Dresser,** East Orange, und **Robert Dale Jacobson,** Hillsdale, N. J., V. St. A., *Herstellung von Kompost.* Organ. Abfallstoffe tier. u. pflanzlicher Herkunft, z. B. Stallmist, Fäkalien, Müll, Abwasserklärschlamm, Kaffeesatz, Sägemehl, Mycel der Antibioticafermentation u. dgl., werden in Zellen einer Kompostierung unterworfen, bis der O-Bedarf der M. auf < 10000 E. gefallen ist. Die M. wird dann in 2 Teile geteilt, von denen der eine Teil mit frischem Kompostierungsmaterial vermischt in die 1. Zelle gefüllt u. kompostiert wird, während der 2. Teil nach Einfüllung in die nächste Zelle weiter kompostiert wird. Das Verf. wird in Anlagen von ca. 6 Zellen so lange von Zelle zu Zelle fortgesetzt, bis der O-Bedarf der M. in der letzten Zelle auf ca. 3000—7000 E. gesunken ist. Durch den Zusatz der bereits teilweise kompostierten M. mit hohem Bakteriengeh. zu der frischen M. wird eine schnelle Kompostierung erreicht. Geringe Mengen $(NH_4)_2SO_4$, Rohphosphat u. KCl können den Abfallstoffen beigemischt werden. (**A. P. 2 820 703** vom 19/5. 1954, ausg. 21/1. 1958.) H. KARST. 6295

Imperial Chemical Industries Ltd., London (Erfinder: **Percy Wragg Brian, Margaret Edith Radley, Philip John Curtis** und **George Wynne Elson**, Welwyn, Hertfordshire), England, *Herstellung von Gibberellinsäure und ihrer Derivate.* In wss. Nähr-Lsgg., die 0,2—0,3 (%) NH_4NO_3 oder ein anderes NH_4-Salz als N-Quelle, 0,05 $MgSO_4$, 0,05 bis 0,5 KH_2PO_4, Spuren der Metallsalze des Cu, Zn, Mn u. Mo sowie 10—30 Glucosemonohydrat, Sucrose oder Glycerin enthalten, werden bei ca. 25—33° u. p_H ca. 4,5 nach Sterilisation akt. Stämme des *Gibberella fujikuroi*, die aus Reis isoliert worden sind („Sawada"- u. „Miyake"-Stämme), unter Rühren u. Belüftung in Oberflächen- oder Submerskulturen zur Entw. gebracht. Nachdem das akt. Wachstum aufgehört hat, wird die Kultur fortgesetzt, worauf die M. filtriert u. das Filtrat mit Adsorptionsmitteln, bes. akt. Kohle, extrahiert wird. Aus der Gibberellinsäure werden *Acetyl-*, *Butyryl-* oder *Benzoylgibberellinsäure*, ihre *Alkylester* oder ihre *Alkali-* u. *Erdalkalisalze* hergestellt. Die Verbb. sind bes. als *Mittel zur Förderung des Pflanzenwachstums* geeignet u. erhöhen vor allem den Ernteertrag an Trockensubstanz. Bei Verwendung als Nährlsg. beträgt die Konz. ca. 5 p.p.m. In der Landwirtschaft werden die Verbb. im Gemisch mit inerten Stoffen, z. B. Kalk, Tonerde, Kieselgur u. Fullererde, oder mit Düngemitteln oder Mischdüngern oder als Spritzmittel in wss. Dispersion in Mengen von ca. 28—113 g/4050 m^2 verwendet. (**E. P. 783 611** vom 30/6. 1954, ausg. 25/9. 1957.) H. Karst. 6297

Eastman Kodak Co., Rochester, N. Y., übert. von: **Newton H. Shearer jr.**, Kingsport, Tenn., V. St. A., *Mittel zur Verbesserung von Kulturböden.* Schweren, zusammenbackenden Böden, bes. Tonböden, werden zur Verbesserung der physikal. Struktur u. hydraul. Stabilität ca. 0,001—2,0% eines Alkali- oder Erdalkalisalzes, z. B. Na-, K-, NH_4- oder Ca-Salzes, eines Mischpolymeren aus 90 (%) N-Isopropylacrylamid u. ca. 10 Acryl- oder Maleinsäure unter innigem Vermischen zugesetzt. Die Verbb. können mit inerten Füllstoffen, z. B. $CaCO_3$, Na_2CO_3, Zementstaub u. dgl., vermischt werden. Die Krümelbldg. der Böden wird erhöht u. Erosionsgefahren werden vermindert. Erhöhung der Keimfähigkeit des Saatgutes u. Steigerung der Ernteerträge. (**A. P. 2 816 083** vom 29/4. 1954, ausg. 10/12. 1957.) H. Karst. 6303

William E. Weesner, Dayton, Ohio, und **Philip C. Hamm**, Webster Groves, Mo., V. St. A., *Unkrautbekämpfungsmittel*, bestehend aus Öl-in-W.-Emulsionen von Formaldehyd-2.4-Dinitrophenylhydrazon, wobei letzteres in Mengen von 0,1—2 Gew.-% der Gesamtemulsion beträgt. Das Mittel ist gut geeignet für Vorbehandlung des Bodens zur Bekämpfung von Wildhafer, Raygras, Baumwolle u. dergleichen. (**A. P. 2 857 259** vom 9/12. 1955, ausg. 21/10. 1958.) H. Nebelsiek. 6313

Mario Annunciato Marano, *Spritzmittel zum Vernichten von gelbem Nußgras* (*Cyperus esculentus*), bestehend aus einem Gemisch von Dichlorphenoxyessigsäure, deren Salz oder Ester (I) u. Terpentin (II) unter Zusatz eines Netzmittels. Man verwendet ca. 1,8 kg **I** auf 4½ Liter **II**. (**Aust. P. 206 596** vom 3/3. 1955, ausg. 28/3. 1957.) H. Nebelsiek. 6313

Bergwerksverband G. m. b. H., Essen (Erfinder: **Otto Grosskinsky**, Dortmund, und **Helmut Umbach**, Gelsenkirchen), *Herstellung von Schwefelkalkbrühe für die Schädlingsbekämpfung.* Man leitet in eine wss. Aufschlämmung von $Ca(OH)_2$ bis zu dessen restloser Auflsg. H_2S ein u. gibt zu der dadurch gebildeten CaS-Lsg., bes. unter Erwärmen u. Rühren, so viel elementaren S, wie sie unter Bldg. von Polysulfid aufzulösen vermag. (**D. A. S. 1 059 708** Kl. 45 l vom 6/9. 1956, veröff. 18/6. 1959.) H. Nebelsiek. 6313

Duisburger Kupferhütte (Erfinder: **Helmut Junghanß**), Duisburg, *Herstellung eines Schädlingsbekämpfungsmittels* in feinteiliger Form auf der Grundlage von bas. Cu-Salzen. Das bas. Cu-Salz wird unter kontinuierlicher oder portionsweiser Eintragung mit 5—100 (%), bes. 10—20, bezogen auf das in der Cu-Verb. vorhandene Cu, hochbas., in W. koll. lösl. Tonerdegel naß vermahlen u. getrocknet. Die so hergestellten Cu-Präpp. besitzen eine hohe Schwebefähigkeit u. Haftfestigkeit. (**D. A. S. 1 061 122** Kl. 45 l vom 28/4. 1958, veröff. 9/7. 1959.) H. Nebelsiek. 6313

E. I. du Pont de Nemours & Co., übert. von: **Henry J. Gerjovich**, Wilmington, Del., V. St. A., *Hydroxy(Mercapto)-phenylalkylharnstoffe* der allg. Formel **II**, worin X für O oder S; M für H, ein Alkali- oder Erdalkalimetall, NH_4^+, $NH_3CH_3^+$, $NH_2(CH_3)_2^+$, $NH(CH_3)_3^+$, $NH(C_2H_5)_3^+$, oder einen Pyridiniumrest; Y für $-CH_3$ oder $-NO_2$; mindestens ein R, R', R'' für einen Allyl-, Methallyl- oder Alkylrest (C_1—C_4) u. die übrigen für H einen Allyl-, Methallyl- oder Alkylrest (C_1—C_4) stehen u. n = 1, 2 oder 3 ist, sind als Wirkstoffe in Kompositionen mit *fungicider, protozoicider* u. *algaecider Wirksamkeit* enthalten, die z. B. folgende Zus. haben können: 3-(2-Hydroxy-5-nitrophenyl)-1-methyl-**I** (80%) (**I** = -harnstoff), Na-Alkylnaphthalinsulfonat (1,5%), Methylcellulose (0,25%), Fuller-

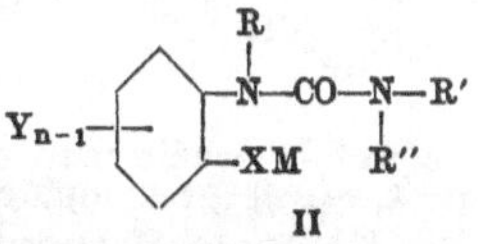

II

erde (18,25%). — Die Herst. erfolgt nach den für die Synth. von I-Derivv. üblichen Verff., z. B. durch Rk. eines entsprechend substituierten Anilins mit einem Isocyanat oder Rk. eines Phenylcarbamylchlorids oder Öffnung eines Benzoxazolringes mit prim. oder sek. Amin u. Rk. des gewonnenen I-Deriv. mit Basen unter Salzbildung. *1-(2-Mercaptophenyl)-3-methyl*-I, F. 104—106°; *3-(2-Hydroxy-5-nitrophenyl)-1-methyl*-I, F. 232 bis 234°; *3-(2-Hydroxyphenyl)-1.1-dimethyl*-I, F. 135—136,5°; *1-(2-Mercaptophenyl)-3-äthyl*-I; *1-(2-Hydroxyphenyl)-1-methyl*-I; *3-(2-Hydroxy-5-nitrophenyl)-1.1-dimethyl*-I; *3-(o-Hydroxyphenyl)-1-methyl*-I; *3-(2-Mercapto-5-nitrophenyl)-1-methyl*-I; *3-(2-Hydroxy-5-methylphenyl)-1-methyl*-I; *1-Butyl-3-(o-hydroxyphenyl)*-I; *3-(2-Hydroxy-3.5-dinitrophenyl)-1-äthyl*-I; *3-(o-Mercaptophenyl)-3-methyl*-I; *3-(2-Mercapto-5-nitrophenyl)-3-methyl*-I; *3-(2-Hydroxyphenyl)-3 butyl*-I; *3-(2-Hydroxyphenyl)-1.3-dimethyl*-I; *3-(2-Hydroxyphenyl)-3.1.1-triäthyl*-I; *3-(2-Mercaptophenyl)-3.1.1-trimethyl*-I; *3-(2-Mercapto-5-nitrophenyl)-3-methyl-1.1-diallyl*-I; *1-Allyl-3-(o-mercaptophenyl)*-I; *1.1-Dimethyl-3-(o-mercaptophenyl)*-I; *1.1-Diallyl-3-(o-mercaptophenyl)*-I; *1-Butyl-3-(o-hydroxyphenyl)-1-methyl*-I; *1.1-Dimethyl-3-(2-hydroxy-5-methylphenyl)*-I; *1.1-Dibutyl-3-(o-hydroxyphenyl)*-I; *3-(2-Mercapto-5-methylphenyl)-3.1.1-trimethyl*-I; *3-(2-Hydroxy-4-methylphenyl)-3-methallyl-1.1-diäthyl*-I; *3-(2)-Mercaptophenyl-3-propyl-1-butyl-1-methyl*-I; *3-(2-Hydroxy-3.5-dinitrophenyl)-3-äthyl-1.1-dimethyl*-I; *3-(2-Hydroxy-5-nitrophenyl)-3.1.1-trimethyl*-I; *3-(o-Mercaptophenyl)-3.1.1-trimethyl*)-I; *1-(o-Hydroxyphenyl)-1.3-dipropyl*-I; *3-Butyl-1-methyl-1-(2-mercapto-4-nitrophenyl*-I. Es wird außerdem die Herst. von Salzen beschrieben. (**A. P. 2 795 610** vom 31/3. 1955, ausg. 11/6. 1957.) F. Kreis. 6313

General Aniline & Film Corp., New York, N. Y. (Erfinder: **William Morgan Perry**, Bethlehem, Pa.), V. St. A., *Herstellung von löslichen Additionsprodukten aus Jod und Polymerisaten*, dad. gek., daß man ein Mischpolymerisat aus 60—90 (Gew.-%) eines Vinylpyrolidons (I) u. 40—10 einer polymerisierbaren stickstofffreien Vinylverb. mit >8 C-Atomen mit J_2 oder JCl bzw. JBr vermischt. Als I werden nach den Beispielen N-Vinyl-2-, 3-Methyl-N-vinyl-2-, 3-Phenyl-3-β-diäthylaminoäthyl-N-vinyl-2-, 5-Hydroxymethyl-N-vinyl-2- oder 3.3-Dimethyl-N-vinyl-2-pyrrolidon verwendet. Die Rk. erfolgt schon bei n. Temp., u. die Endprodd. können 0,1—25% J enthalten. Sie eignen sich in wss. Lsg. als *Mittel gegen Fungi u. Insekten*, als Bodenreinigungsmittel, zur Herst. von Sterilisationspräpp. u. Antiseptica, als Lichtpolisariationsmittel auf oder zwischen Glas, Kosmetika sowie Klebemittel für Glas, Papier, Metall, Holz usw. (**D. A. S. 1 061 075** Kl. 39c vom 17/9. 1956, veröff. 9/7. 1959. **E. P. 799 622** vom 19/7. 1956, ausg. 13/8. 1958. Beide A. Prior. 19/9. 1955.) H. Schindler. 6313

State of Israel und **Moshe Neeman**, Jerusalem, Israel, *Insekticide Mittel*, bestehend aus DDT u. einer oder mehreren Verbb. der allg. Formel I als Synergist, in welcher R einen n-Alkylrest mit 2—7 C-Atomen bedeutet. — Man erhält I z. B. durch Rk. eines 4-Chlorbenzolsulfohalogenids mit einem geeigneten N.N-Di-n-alkylamin. Auf 10 Teile DDT verwendet man 1—20 I. Man löst z. B. in Kerosin u. wendet das Mittel bes. gegen DDT-resistente Hausfliegen an. Beispiele für I: N.N-Diäthyl-; N.N-Di-n-propyl-; N.N-Di-n-butyl-; N.N-Di-n-amyl-, N.N-Di-n-hexyl-p-chlorbenzolsulfonamid. (**E. P. 800 490** vom 4/2. 1957, ausg. 27/8. 1958. Israel. Priorr. 12/2. u. 3/6. 1956.) H. Nebelsiek. 6313

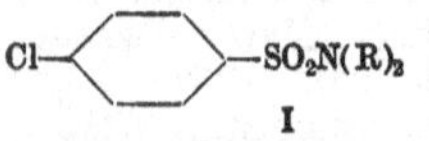

I

Ralph Rodriguez-Torrent, Winter Park, und **Robert M. Fitzwater**, Orlando, Fla., V. St. A., *Lagerfähiges, DDT-haltiges Schädlingsbekämpfungsmittel*, bestehend aus 20 bis 30 (%) DDT, 60—70 eines alkylierten Naphthalins, 3—10 eines Emulgiermittels u. 0,1—2 $Na_2S_2O_3$. — Der Zusatz an $Na_2S_2O_3$ verhindert die Korrosion in Metallbehältern, Tanks u. Leitungen. (**A. P. 2 844 507** vom 17/3. 1953, ausg. 22/7. 1958.) H. Nebelsiek. 6313

Farbenfabriken Bayer Akt.-Ges., Leverkusen (Erfinder: **Walter Lorenz**, Wuppertal), *Insekticid wirksame Thiophosphorsäureester* erhält man durch Rk. von O.O-dialkylthiolphosphorsauren Salzen mit N-Halogenmethyl-4-chinazolonen (I) oder durch Rk. von O.O-dialkylthionothiolphosphorsauren Salzen mit I. — Aus diäthylthiolphosphorsaurem Ammonium u. N-Chlormethyl-4-chinazolon (II) erhält man einen Ester der Formel III vom F. 74°. Durch Rk. von diäthylthionothiolphosphorsaurem Na mit II erhält man einen Ester vom F. 71°. (**D. A. S. 1 064 072** Kl. 12p vom 26/3. 1958, veröff. 27/8. 1959.) A. Brösamle. 6313

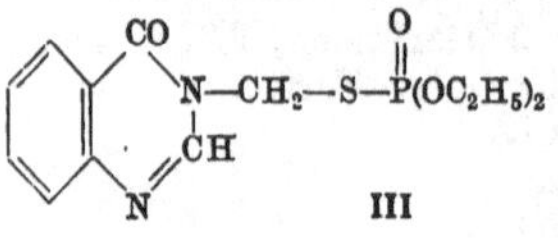

III

Monsanto Chemical Co., St. Louis, Mo., übert. von: **Gail H. Birum**, Dayton, Ohio, V. St. A., *Organophosphorverbindungen* der Formel $(RX)_2P(:X)CH_2SSCH_2 \cdot P(:X)(XR)_2$, worin R (Alkyl- oder Chloralkylreste mit 1—18 C-Atomen u. X O oder S bedeuten, erhält man durch Kondensation eines Bis-(halogenmethyl)-disulfids mit einem

Ester der Formel $P(XR)_2(XR')$, worin R u. X die obige Bedeutung haben u. R' = R oder ein Alkalimetall ist. — Durch Rk. von Bis-(chlormethyl)-disulfid mit Triäthylphosphit bei 150—166° erhält man nach C_2H_5Cl-Abspaltung bei der Dest. → *Tetraäthyl-(dithiomethylen)-diphosphonat* als Rückstand. — *Insekticide*. (**A. P. 2 857 304** vom 23/11. 1954, ausg. 21/10. 1958.) J. MÜHLEISEN. 6313

J. R. Geigy Akt.-Ges. (Erfinder: **Hans Gysin,** Basel, **Jakob Bindler, Enrico Knüsli,** Riehen, und **I. A. Rumpf,** Binningen), Schweiz, *Insektenabwehrmittel*, gek. durch einen Geh. an Verbb. der allg. Formel I bzw. ihrer Salze mit Mineralsäuren oder organ. Carbon- oder Sulfonsäuren, worin R einen organ. Rest, bes. einen Alkyl-, einen gegebenenfalls mit Halogen u./oder der OH-Gruppe substituierten Aralkyl-, Cycloalkyl oder Hydroxyalkylrest, R' H oder einen organ. Rest, der gleich R oder von diesem verschieden sein kann, bes. einen Alkyl-, einen gegebenenfalls halogensubstituierten Aryl-, Aralkyl-, einen Hydroxyalkyl- oder einen Cycloalkylrest u. A einen 2wertigen gesätt. KW-stoffrest, wie einen 1.2-Äthylen-, Trimethylen- oder 1.2-Cyclohexylenrest, bedeuten, in feinverteilbar oder gelöster Form, gegebenenfalls in Kombination mit Trägerstoffen u./oder Verteilungsmitteln. — Zur Herst. von I läßt man Chlor- oder Bromcyan auf Diaminoverbb. der allg. Formel R'—NH—A—NH—R (**II**) oder deren Salze einwirken, in der A, R u. R' die obengenannte Bedeutung haben. — Beispiele für **II**: N-Methyl-1.2-diaminoäthan; N-Octyl-1.2-diaminocyclohexan; N.N'-Dibutyl-1.3-diaminopropan, für **I**: 1-Dodecyl-; 1-Isobutyl-; 1-Stearyl-, 1-Benzyl-; 1.3-Diäthyl-; 1.3-Dibenzyl-; 1-Cyclohexyl-2-iminoimidazolidin; 1-Hydroxyäthyl-2-imino-3-octylimidazolidin; 1-Butyl-2-iminohexahydropyrimidin; 1-Benzyl-2-imino-3-dodecylhexahydropyrimidin; 1-Dodecyl-2-imino-3-methylimidazolidinhydrochlorid, F. 144—145°; 1-Dodecyl-2-imino-3-benzylimidazolidinhydrobromid, F. 116—117°. (**D. A. S. 1 056 869** Kl. 451 vom 3/4. 1958, veröff. 6/5. 1959. Schwz. Prior. 8/4. 1957.) H. NEBELSIEK. 6313

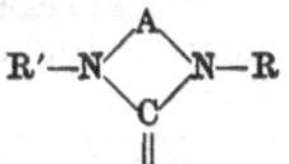

I

E. Merck Akt.-Ges. (Erfinder: **Ernst Jacobi, Siegmund Lust, Walter Wirtz** und **Hans Bremer**), Darmstadt, *Insektenabwehrmittel* für techn. oder kosmet. Zwecke, gek. durch einen Geh. an α-Äthylhexansäurediäthylamid (I), $Kp._{12}$ 124—126°, neben den üblichen Zusatz- u./oder Trägerstoffen. — Man erhält I durch Rk. von α-Äthylhexansäurechlorid mit Diäthylamin. I zeigt eine wesentlich bessere Repellentwrkg. als bekannte Säureamide, wie Acylessig-, Croton-, Undecylen-, Lävulin-, Butter- u. Propionsäureamid. (**D. A. S. 1 062 058** Kl. 45 l vom 5/4. 1958, veröff. 23/7. 1959.) H. NEBELSIEK. 6313

C. A. Bower, Chemical amendments for improving sodium soils. Washington; Govt. Pr. Off.; Supt. of Doc. 1959. (9 S. m. Abb.) 8° = U. S. Dept. of Agri.: agri. info. bull. no 195. $ 0,10.

James Ronald Busvine, A critical review of the techniques for testing insecticides. London; Commonwealth Institute of Entomology. 1957. (IX + 208 S.) = Commonwealth Institute of Entomology, London. Publications. 30 s.

Erich Mühle, Phytopathologisches Praktikum für Landwirte, Gärtner und Biologen, Teil 2: Zur Symptomatik u. Diagnostik der Krankheitserscheinungen u. Beschädigungen der Kulturpflanzen. Leipzig; Hirzel. 1959. (109 S. m. 72 Abb.) 8°. DM 5,30.

Paul Müller, ed; DDT. The insecticide dichlorodiphenyltrichloroethane and its significance. Das Insektizid Dichlordiphenyltrichloräthan und seine Bedeutung. Vol. 2; Human and veterinary Medicine. Ed. by **Samuel William Simmons.** Basel und Stuttgart; Birkhäuser. 1959. (570 S. m. Abb.) 8° = Lehrbücher und Monographien aus dem Gebiete der exakten Wissenschaften. Chemische Reihe, Bd. 10. DM 66,—.

VIII. Metallurgie. Korrosion.

Yasuo Itaya, Hajime Shimada und **Jumpei Ando,** *Untersuchungen über Nickelmatte durch Röntgenstrahlenbeugung*. 1. Mitt. *Über die Mineralzusammensetzung von Rohnickelmatte*. Unterss. (Röntgenstrahlenspektrometer, GEIGER-Zähler) von Mineralien der Systeme Ni–S, Fe–S u. Fe–Ni–S zeigen: Im Ni–S-Syst. werden Ni_3S_2 u. *NiS*, im Fe–S-Syst. wird *FeS* gebildet. Im Fe–Ni–S-Syst. entsteht 4,5 Fe·4,5 Ni·8 S bis *5 Fe·4 Ni·8 S*. Wenn das Prod. mehr Fe enthält, entstehen FeS, *Pentlandit* (I) u. feste Ni–Fe-Lösung. Wenn jedoch mehr Ni anwesend ist, bilden sich Ni_3S_2, I u. eine Ni-reiche, feste Ni–Fe-Lösung. Rohe Ni-Matte mit 58 (%) Fe, 22 Ni u. 18 S enthält FeS, Ni-reiche feste Ni–Fe-Lsg. u. etwas I. Die Matte enthält 62 Fe, 21 Ni, 15 S u. besteht aus FeS u. fester Ni–Fe-Lösung. (J. Mining metallurg. Inst. Japan **74.** 927—33. Nov. 1958.) W. WESLY. 6360

Jaroslav Dobrý, *Einige neue Erkenntnisse über die Kohlenstoffstampfmasse im Hinblick auf die Betriebs- und Laboratoriumsergebnisse*. Aussehen u. Zustand des Herdes u. Bodens eines mit Kohlenstoffstampfmasse ausgeführten Hochofens nach 5jähriger Laufzeit. Laboratoriumsverss. lassen sich mit Praxisergebnissen nicht vergleichen. (Hutnické Listy **11.** 307—13. Mai 1956. Kladno, SONP.) E. ROTTER. 6370

Josef Hykel und **Jan Čechura,** *Keramische Kerne.* Zur Herst. von speziellen Stahlgußstücken mit kleinen Toleranzen werden keram. Formenkerne empfohlen. 100 cm³ kondensiertes Äthylsilicat (Mol.-Gew. 745,02) wird mit 27 cm³ 8%ig. HCl in einer Flasche vorhydrolysiert, zu 350 g gemahlenem Quarz gegeben u. die Hydrolyse mit 3 cm³ 36%ig. HCl beendet. Die M. erstarrt in 20—40 Min., wird zur Beendung der Rk. mit techn. A. übergossen u. angezündet; vor dem Abbrennen wird mit Asbeststoff die Flamme gelöscht. Getrocknet wird langsam bei 200 u. bei 950°/2 Std. geglüht. — An Hand von komplizierten Gußstücken für Zentrifugalpumpen aus nichtrostendem Stahl wird die prakt. Verwendung u. Vorteile der Meth. gezeigt. (Slévárenství **6.** 314 bis 318. Okt. 1958. Plzeň, Závody V. I. Lenina) H. TŮMA. 6382

M. R. Hinchcliffe, *Das Gießen von Schalenformengußstücken.* Übersicht über Kennzeichen der Schalenformen, Gießköpfe, Eingüsse u. Zubringer. (Metal Ind. [London] **88.** 63—65. 27/1. 1956.) W. WESLY. 6382

Karl F. Smith, *Die Metallurgie des Kernreaktors EBWR.* Beschreibung von Bau u. Arbeitsweise eines Kernreaktors (^{235}U) der zur Erzeugung von Dampf u. elektr. Energie dient u. der dabei entstandenen metallurg. Probleme. (Metal Progr. **72.** Nr. 5. 79—83. Nov. 1957. Lemont, Ill., Argonne National Labor.) W. WESLY. 6388

W. W. Lapin, A. Kunajew und **N. Kurzewa,** *Zur Frage der mineralogischen Zusammensetzung von Konverterschlacken mit einem erhöhten Gehalt an Mangan und Vanadium.* Aus petrograph., chem. u. Röntgenanalysen von 2 Schlacken (viel Mn u. wenig V bzw. viel V u. wenig Mn) schließen Vff., daß MnO u. Silicat die Hauptphasen der Schlacken sind. Nach den opt. Daten besteht das Silicat aus festen Lsgg. von *Tephroit* u. *Fayalit.* In den polierten Schliffen wurden geringe Mengen an oktaedr. *Spinell* u. *Metall*-Splitter festgestellt. In den Immersionspräpp. fanden sich Körner, die möglicherweise als *Ca-Ferrite* anzusehen sind. Demnach befindet sich V hauptsächlich im Spinellgitter, am ehesten in 3wertiger Form. Eine Überschlagsrechnung aus der chem. Analyse der Schlacken bzgl. der Gew.-% der einzelnen Phasen bestätigte, daß als Grundphasen *MnO* u. feste Lsgg. von Fayalit u. Tephroit anzusehen sind, die zusammen 91,19% betragen, während Mn–V-Spinell zu 7,04% in den Schlacken enthalten ist. V ist in den Spinellen $MnO \cdot V_2O_3$ oder $(Mn, Fe)O \cdot V_2O_3$ enthalten. Die überschüssigen Oxyde der 2wertigen Elemente bilden die RO-Phase. MgO kann sowohl in der RO-Phase enthalten sein als auch im Periklas. (Вестник Академии Наук Казахской ССР [Nachr. Akad. Wiss. KasachSSR] **15.** Nr. 4. 73—77. April 1959.) N. HVIID. 6390

J. N. Hornak und **E. J. Whittenberger,** *Die Entschwefelung von geschmolzenem Eisen.* (Proc. Conf., nat. Open Hearth Committee Iron Steel Divis., Amer. Inst. Mining metallurg. Engr. **39.** 189—201. 1956. — C. **1957.** 10863.) H. HOCHSTEIN. 6400

Daniel E. Watkins und **J. R. McFarland,** *Entschwefelung von Roheisen in Hochöfen durch Einführung von Calciumcarbid.* (Proc. Conf., nat. Open Hearth Committee Iron Steel Divis., Amer. Inst. Mining metallurg. Engr. **39.** 202—11. 1956. — C. **1959.** 10048.) H. HOCHSTEIN. 6400

G. G. Hatch, G. E. Wagner und **M. Trottier,** *Entschwefelung mit Calciumcyanamid in der Roheisenpfanne.* (Proc. Conf., nat. Open Hearth Committee Iron Steel Divis., Amer. Inst. Mining metallurg. Engr. **39.** 184—88. 1956. — C. **1959.** 9371.) H. HOCHSTEIN. 6400

John F. Elliott, *Anwendung theoretischer Grundsätze auf die Entschwefelung von Eisen und Stahl.* Inhaltlich ident. mit der C. **1959.** 8299 referierten Arbeit. (Proc. Conf., nat. Open Hearth Committee Iron Steel Divis., Amer. Inst. Mining metallurg. Engr. **39.** 173—83. 1956.) H. HOCHSTEIN. 6408

J. E. Hood, *Kohlenstoffentfernung mittels der Sauerstofflanze durch das Gewölbe von Siemens-Martin-Öfen.* (Proc. Conf., nat. Open Hearth Committee Iron Steel Divis., Amer. Inst. Mining metallurg. Engr. **39.** 33—36. 1956. — C. **1957.** 9497.) H. HOCHSTEIN. 6408

G. Ss. Sselkin, K. M. Trubetzkow, Je. A. Grekow, N. P. Sadalja, A. O. Woitow und **A. A. Mitrofanow,** *Direkte Oxydation von Chargen der Martin-Öfen mit einem Sauerstoff–Wasser-Gemisch.* Bei der industriellen Herst. von C-armen Stahl unter Durchblasen des MARTIN-Ofens mit einer O_2–W.-Mischung während des Schmelzens steigt die Produktivität des Ofens um 7—7,52%. Der Verbrauch des Heizmaterials dagegen fällt um 7% im Vgl. zum Blasen mit O_2 während der Endschmelze. Der O_2-Verbrauch wird dabei prakt. nicht erhöht. Wenn während des Haupt- u. Endschmelzens ein O_2–W.-Gemisch angewendet wird, so fällt die Menge des fl. Stahls im Vgl. mit den Schmelzen mit direkter Oxydation des Ofens mit O_2 während der Endschmelze. Der beste Zeitpunkt für den Anfang des Blasens mit O_2–W.-Mischung ist 80 Min. nach dem Einguß des Gußeisens. Die Produktivität bei der Herst. von Stahl mit mittlerem C-Geh. bei

Anwendung eines O_2-W.-Gemisches steigt um 5—6%, während der Heizmaterialverbrauch um 2—3% fällt. Der Geh. an H im unberuhigten Stahl beim Durchblasen des Ofens mit einer O_2-W.-Mischung übersteigt die zulässigen Werte nicht u. erhöht sich nicht im Vgl. zu den Schmelzen ohne Blasen. Die Qualität des fertigen Metalls vermindert sich hierbei nicht. Die Anwendung der O_2-W.-Mischung ist ein wirksames Mittel, um den Schmelzstaub herabzusetzen. Das Blasen mit dieser Mischung kann während des Haupt- u. Endschmelzens bei der Herst. von unberuhigtem Stahl aller Sorten erfolgen. (Кислород [Sauerstoff] **11.** Nr. 6. 3—7. 1958.) E. STEINBERG. 6408

Franz Weber und **Theo Kootz** (unter Mitarbeit von **Karl-Heinz Obst**), *Die Endgehalte von Bad und Schlacke beim Thomasverfahren.* Die Entphosphorung wird durch Einhalten niedriger Tempp. u. hoher *CaO*-Gehh. der Schlacke begünstigt, bes. stark bei niedrigen *Fe*-Gehh. in der Schlacke. Bei hohen Fe-Gehh. in der Schlacke wird der Einfl. der Temp. gering, wenn der CaO-Geh. der Schlacke hoch ist; es vermindert sich der Einfl. des CaO-Geh., wenn die Temp. tief liegt. Die unter CaO-Schlacken niedrigst erreichbaren *P*-Gehh. im Stahl werden bei um so tieferen Fe-Gehh. der Schlacke erreicht, je tiefer die Temp. u. je höher der CaO-Geh. der Schlacke ist, u. nähern sich den Gleichgewichtswerten bes. bei sehr tiefen Temperaturen. Beim Überblasen tritt, nach Erreichen eines niedrigsten P-Geh., eine leichte Rückphosphorung ein. Die in den THOMAS-Schlacken enthaltenen SiO_2- u. *MgO*-Gehh. beeinflussen die Entphosphorung nicht, solange der CaO-Geh. der Schlacke u. die Schmelzentemp. in den üblichen Grenzen liegen. Eine O_2-Anreicherung des Gebläsewindes verschlechtert die Entphosphorung nicht. Die *O*-Gehh. im Stahl werden durch den CaO-Geh. der Schlacke stark, durch den Fe-Geh. der Schlacke im Bereich von ca. 10—20% Fe nur geringfügig beeinflußt. Die Schmelzentemp. u. der SiO_2-Geh. der Schlacke üben ebenso wie eine O_2-Anreicherung des Blaswindes keinen Einfl. aus. Zwischen P- u. O-Geh. im Fe besteht eine Beziehung. Für die *Mn*-Verteilung gelten fast die gleichen Gesetzmäßigkeiten wie für reine Oxydulschlacken. CaO-reiche Schlacken kommen den Gleichgewichtswerten am nächsten. Der Temperatureinfl. ist deutlich. Während die Temp. keinen Einfl. auf die Entschwefelung im Konverter ausübt, wirken der CaO-Geh. u. der Fe-Geh. der Schlacke sehr deutlich auf die Entschwefelung ein. Bei Verwendung feinstückigen Kalkes erreichen die P-Gehh. u. bes. die O-Gehh. im Fe tiefere Werte. Bes. werden die Streuungen geringer. Die Treffsicherheit der vorgeschriebenen Analysenwerte wird dadurch sehr verbessert u. die Stahlgüte gleichmäßiger. Entschwefelung u. Mn-Verschlackung werden durch die Kalkstückigkeit nicht beeinflußt. Der feinstückige CaO löst sich rascher u. führt zu höheren CaO-Gehh. der Schlacke als normalstückiger CaO. Durch seine geringere Kühlwrkg. gestattet der feinstückige, klassierte CaO einen zusätzlichen Einsatz von Kühlmitteln. Der betrieblich günstigste CaO-Satz liegt bei ca. 130 kg/t Roheisen. (Stahl u. Eisen **78.** 1734—45. 27/11. 1958. Duisburg-Hamborn u. Düsseldorf.) H. HOCHSTEIN. 6408

L. L. Pinchussowitsch, T. Ss. Marjanowskaja und **S. G. Fridman,** *Ermüdungsfestigkeit wärmebehandelter Schienen aus arsenhaltigen Stählen.* Das Härten von Schienenköpfen in W. oder Öl erhöht bei genauer Einhaltung der günstigsten Härtebedingungen stark deren Ermüdungsfestigkeit, wobei ein As-Geh. bis zu 0,23% im Stahl keinen nachteiligen Einfl. auf das Verf. u. auf die Höhe der erreichbaren Dauerfestigkeit ausübt. Eine stärkere Erhöhung der Ermüdungsfestigkeit wird bei den in W. abgeschreckten Stahlschienen im Vgl. zu den in Öl abgeschreckten festgestellt. (Сталь [Stahl] **19.** 360—63. April 1959. Inst. für Metallurgie der Akad. der Wiss. der UdSSR.)
H. HOCHSTEIN. 6408

Alexander Schepers und **Werner Bartholome,** *Einsatzhärtung von Automatenstählen.* An unlegierten, *S*- u./oder *Pb*-haltigen Automatenstählen, von denen 5 THOMAS-, der Rest SIEMENS-MARTIN-Stähle waren, wurde das Aufkohlungs- u. Härtungsverh. untersucht. Ermittelt wurde die Oberflächenhärte sowie die Änderung der Härte u. des C-Geh. mit dem Abstand von der Oberfläche nach 5- oder 10std. Aufkohlen bei 900° in mild oder schärfer wirkenden Mitteln u. darauffolgender Einfachhärtung von 900 oder 770° oder nach Doppelhärtung von 900 u. 770°, jeweils mit Abkühlung in Salzwasser. Zusätzlich wurde die Randentkohlung beim Glühen zum Härten in verschieden wirkenden Gasen oder im Salzbad ermittelt. In bezug auf das Aufkohlungsverh. waren die THOMAS-Stähle gegenüber den SIEMENS-MARTIN-Stählen zumindest als gleichwertig anzusprechen. Bes. bewährten sich die Stähle infolge ihres homogenen Gefüges mit höherem *Mn*-Geh. sowie ein mit *Al* beruhigter S- u. Pb-legierter THOMAS-Automatenstahl. Eine Erhöhung des Mn-Geh. brachte eine leichte Minderung der Aufkohlungseigenschaften. Bei den SIEMENS-MARTIN-Stählen erniedrigte ein Pb-Zusatz das Aufkohlungsvermögen etwas. Ein Einfl. der Beruhigung mit *Al* oder *Si* war bei diesen Stählen nicht festzustellen. Die untersuchten Stähle neigen bei der Erwärmung vor dem Härten bes. von 900° u. bei der Doppelhärtung von 900 u. 770° zu einer Randentkohlung, die die Oberflächenhärte u. die Härtetiefe nachteilig beeinflußt. Es empfiehlt sich daher, die Dauer des Erwärmens u. Haltens vor der Härtung auf das erforderliche Mindestmaß zu beschränken oder die Teile in einem inerten Glühsalz zu behandeln. Die Härtung muß in Medien mit erhöhtem Abkühlvermögen, z. B. W. mit 10% NaCl erfolgen. (Stahl u. Eisen **78.** 1745—48. 27/11. 1958. Neunkirchen/Saar, Neunkircher Eisenwerke AG., Versuchsanst.) H. HOCHSTEIN. 6410

Hans Brugger, *Zur Frage der Stahlqualität für die Direktabhärtung aus der Aufkohlungshitze bei Stählen hoher Härtbarkeit und Einsatzhärtetiefen von mehr als 1 mm.* Unterss. über die Eignung einer Reihe von Einsatzstählen (Feinkornstähle der Größenskala 6—8 nach ASTM) mit Rand-C-Gehh. von 0,8—0,9% für die Direktabhärtung aus der Aufkohlungshitze zeigen, daß Stähle guter Härtbarkeit eine starke Austenitbldg. in der Randzone aufweisen, wovon 2 Chargen aus *20 $MnCr_4$ 5*, die durch ein Sonderschmelzverf. gewonnen worden sind, eine Ausnahme machen. Diese Schmelzen brachten hohe Härtbarkeit, genügende Zähigkeit, gute Randhärteeigg. u. Gefügebeschaffenheit. Die Cr–Mo-Stähle mit großen Einsatzhärtetiefen u. guten Randhärteeigg. befriedigen in ihrer Zähigkeit nicht. (Industrieblatt **56.** Nr. 2. Härterei-Techn. u. Wärmebehandlg. 2. HT 9—12. 25/2. 1956.) W. WESLY. 6410

G. I. Ljudogowski und **M. W. Ibragimowa,** *Qualitative Charakterisierung einiger Schlacken der Ferrochromindustrie.* Beim Anstechen eines Ferroschmelzofens haben *Ferrochrom* (I) u. seine Schlacken verschied. Tempp., je nach der Beschickung. Dies zeigt einen instabilen Gang des Ferroschmelzofens bei Verwendung von pulverförmigen Aktjubinskerzen an. Die Schlacken von C-haltigem bzw. C-freiem I haben ein F. von 1400—1510 bzw. 1460—1520°. Die Überhitzung der Schlacken übersteigt 200° bzw. beträgt 140—280°. Bei 1750 bzw. 1700° u. höher haben die I-Schlacken eine niedrige Viscosität (3—6 Poise). Die bisherigen Werte für Cr_2O_3 in den Schlacken der I-Herst. entsprechen nicht den wirklichen Werten. Die in den Schlacken vorkommenden I-Körner enthalten viel weniger C als die Grundmasse von I. Diese Tatsache u. die Analysenergebnisse rechtfertigen die Annahme, daß die Schmelztropfen beim Passieren der Schlacke mit dieser reagieren u. einer Entkohlung unterliegen. Die Schlacken haben eine hohe Schmelztemperatur. Beim Schmelzen von stückigem Chromiterz kann man bei solchen Schlacken einen hohen Grad der Chromausbringung u. eine gute Erhitzung des I während des Anstichs erzielen. (Вестник Академии Наук Казахской ССР [Nachr. Akad. Wiss. KasachSSR] **13.** Nr. 5. 52—60. Mai 1957.) E. STEINBERG. 6418

W. Ss. Seldin und **L. G. Iljuschina,** *Vervollkommnung der Gewinnung von metallischem Mangan.* Die Verbesserung der Technologie der Herst. von metall. Mn, die in der Verwendung von Kippöfen unter Benutzung fl. Schlacken, der direkten Herst. von *Silicomangan,* der Erhöhung der Betriebsspannung sowie in einer Rationalisierung der CaO-Zuführung besteht, führt zu einer erheblichen Steigerung der Ofenleistung. Das auf direktem Wege hergestellte Silicomangan enthält 66—69 (%) Mn, 28—30 Si, 0,05—0,08 C u. 0,030—0,035 P. Aus einer aus 6 t fl. Schlacke mit 48 Mn, 4,4 t CaO u. 1,7 t zerkleinerten Silicomangan bestehenden Charge wird ein metall. Mn. mit 97,10 Mn, 0,64 Si, 0,08 C, 1,39 Fe, 0,052 P, 0,34 Al, 0,10 Ca u. 0,36 Mg gewonnen. Die hierbei anfallende Schlacke besteht aus 22,19 MnO, 43,30 CaO, 28,44 SiO_2, 0,46 FeO, 2,13 Al_2O_3, 2,27 MgO u. 0,02 P_2O_5. (Сталь [Stahl] **19.** 333—35. April 1959. Saporoshje, Werk für Ferrolegierungen u. Volkswirtschaftsrat.) H. HOCHSTEIN. 6436

H. Kessler, *Kornfeinung in Leichtmetallegierungen.* Engl. Fassung der C. **1957.** 11140 referierten Arbeit. (Metal Ind. [London] **93.** 489—90. 12/12. 1958.) M. GEHLEN-KELLER. 6442

A. G. Arkadjew, W. A. Pjankow, Ch. L. Streletz und **G. W. Forsblom,** *Ausarbeitung eines Schemas zur automatischen Regulierung der magnesiumthermischen Reduktion von Titan.* Eingehende Beschreibung eines Regelsyst. (mit Schaltschema) zur automat. Regulierung der Ti-Herst. durch $TiCl_4$-Red. mittels Mg im Stahlautoklaven bei 0,25 atü u. 850—900°. — Das aus Thermoelementen u. Relais bestehende Regelsyst. reguliert die Heizung des Reaktors (3 regulierte geheizte Teile), dessen Kühlung u. die Zufuhr von $TiCl_4$ in Abhängigkeit von der Innentemp., da die Rk. exotherm. verläuft u. ein Überhitzen vermieden werden muß, weiter die Mg-Zufuhr u. die $MgCl_2$-Wegführung. — Durch die Einführung des Regelsyst. konnte die Qualität des Ti verbessert werden. (Цветные Металлы [Nichteisenmetalle] **32.** Nr. 1. 53—62. Jan. 1959.) H. TŮMA. 6448

G. A. Lenning, J. W. Spretnak und **R. I. Jaffee,** *Einfluß von Wasserstoff auf α-Titanlegierungen.* Der Einfl. von bis 0,2% *H* auf das Feingefüge u. die mechan. Eigg. von sehr reinem, *O, N, Sn* u. *Al* enthaltendem Ti wurde untersucht. Ein zunehmender H-Geh. bewirkt eine Ausscheidung einer *Hydridphase* u. erniedrigt die Kerbschlag-

Biegefestigkeit der O-, N- u. Sn-haltigen Legierungen in ähnlicher Weise, wie dies bei der H-Versprödung von unlegiertem, sehr reinem Ti auftritt. Keine Hydridausscheidung oder keine wesentliche Versprödung einer *Ti–5 Al*-Legierung wurde bei H-Gehh. bis zu 0,18% gefunden. (J. Metals **8.** Nr. 10. Sect. 2. Trans. AIME **206.** 1235—40. Okt. 1956. Columbus, Ohio, Battelle Mem. Inst.) H. HOCHSTEIN. 6448

F. C. Holden, H. R. Ogden und **R. I. Jaffee,** *Wärmebehandlung und mechanische Eigenschaften von Ti–Mo-Legierungen.* Die Festigkeitseigg. von Ti-Mo-Legierungen mit 0,5—25,0 (%) *Mo* u. 0,010—0,015 *N*, Rest *Ti* werden durch die Menge u. Zus. der im Mikrogefüge vorhandenen β-Phase bestimmt. Ausgedehnte α–β-Glühbehandlungen sind zur Erzielung eines Gleichgewichtszustandes bei den niedrigeren Glühtempp. notwendig. Die weiche, verformbare β-Phase kann bei der Abschreckung gebildet werden, obgleich hohe Härtewerte bei der Ausalterung bei 400° erhalten werden. Die Bldg. von spannungsinduziertem Martensit in der restlichen β-Phase über einen Bereich von 8—16% Mo ergibt niedrige Streckgrenzenverhältnisse, eine hohe gleichmäßige Dehnung sowie eine hohe Schlagfestigkeit. (J. Metals **8.** Nr. 10. Sect. 2. Trans. AIME **206.** 1388—93. Okt. 1956. Columbus, Ohio, Batelle Mem. Inst.) H. HOCHSTEIN. 6448

Joseph B. McAndrew und **H. D. Kessler,** *Titanlegierung mit 36% Aluminium als Grundlage für Hochtemperaturlegierungen.* Eine experimentelle Best. der Oxydationsbeständigeit, Zerreißfestigkeit u. der Schlagfestigkeit einer Ti-Legierung mit 36% Al wird bei erhöhter Temp. durchgeführt. Auch die Festigkeitseigg. dieser Legierung bei Raumtemp. werden gemessen. Einige tern. Legierungen auf der Grundlage der Ti-Legierung mit 36% Al mit Zusatz von *Nb* oder *Ta* werden auf ihre Hitzebeständigkeit u. Warmfestigkeit hin untersucht. Hierbei zeigt sich u. a., daß für höhere Tempp. bis zu ca. 1200° sowohl die Hitzebeständigkeit als auch Warmfestigkeit durch einen Nb-Zusatz günstig beeinflußt wird. Die Gußlegierung läßt sich mit carbid. Werkzeugen spanabhebend bearbeiten. Eine Warmverformung wird zweckmäßig durch ein Pressen bei hoher Temp. durchgeführt. Auch durch Gesenkschmieden u. Kaltpressen ist eine geringe Verformung möglich, doch ist der Umfang einer solchen Verarbeitung ziemlich stark durch die hohe Verfestigungsgeschwindigkeit der Legierung u. durch das Fehlen einer Dehnung bei Raumtemp. begrenzt. Auch besitzt diese Legierung eine nur geringe Schlagfestigkeit. (J. Metals **8.** Nr. 10. Sect. 2. Trans. AIME **206.** 1348—53. Okt. 1956. Henderson, Nev., Titanium Metals Corp. of America.) H. HOCHSTEIN. 6448

R. M. Treco, *Rekristallisation und Kornwachstum in nach dem Jodidverfahren hergestelltem Zirkonium.* Durchgeführt wird eine systemat. Unters. über die plast. Verformung, Rekristallisation u. das Kornwachstum von kalt auf 0,31 in. Durchmesser angespitzten Zr-Stangen. Es wurde beobachtet, daß Zr ohne Schwierigkeit kaltverformt u. für Fabrikationszwecke geglüht werden kann, doch daß starke Abnahmen eine gut ausgeprägte Fasertextur erzeugen, welche durch Rekristallisation nicht entfernt wird. Verformung u. Wachstumsvorgänge, welche das Feingefüge beeinflussen, werden im einzelnen erörtert. Die Aktivierungsenergie für die Rekristallisation schwankt mit dem Verformungsgrad, während eine einheitliche Aktivierungsenergie für das Kornwachstum nicht erhalten wurde. Eine anomale Kornvergröberung wurde nach dem Glühen von stark verarbeitetem Material bei 750° festgestellt. (J. Metals **8.** Nr. 10. Sect. 2. Trans. AIME **206.** 1304—11. Okt. 1956. Diskussion: **9.** Nr. 4. Sect. 2. Trans. AIME **209.** 528. April 1957. Bridgeport, Conn., Bridgeport Brass Co.) H. HOCHSTEIN. 6448

D. P. Hamilton, *Die Gewinnung von Uran im Vereinigten Königreich.* Die SPRINGFIELDS WORKS, die den Bedarf der U. K. ATOMIC ENERGY AUTHORITHY an Brennstoffelementen aus natürlichem U decken, gewinnen das Metall durch Auslaugen der Erzkonzentrate mit HNO_3, Gegenstromextraktion des $UO_2(NO_3)_2$ mit Tributylphosphat, Fällen als $(NH_4)_2U_2O_7$, Verglühen zu UO_3, Red. durch H_2 zu UO_2, Rk. mit HF-Gas zu UF_4 u. Red. mit Mg zu *U*-Metall. Die metallurg. Herst. der Brennstoffelemente wird beschrieben. (Nature [London] **183.** 786—87. 21/3. 1959. Springfields Works, U. K. Atom. Energy Authority.) A. BLASCHETTE. 6448

K. E. G. Meredith und **M. B. Waldron,** *Einschlüsse in metallischem Uran.* Berichtet wird über das Auftreten u. die Identifizierung von Verunreinigungen im metall. U, die auf die Ggw. von *C, O, N, H, Fe, Si* u. *Al* zurückzuführen sind. Aus den Beobachtungen kann geschlossen werden, daß es absolut reines *UO*, *UN* oder *UC* im metall. U nicht gibt, da diese Verbb. isomorph sind u. als Komplex *U(O.C.N.)* auftreten, in dem je nach der Zus. u. der therm. Vorbehandlung O, N oder C vorherrschend auftreten können. Auch Ausscheidungen, die auf *U–Fe-*, *U–Si-* oder *U–Al*-Verbb. zurückzuführen sind, können nicht sehr genau identifiziert werden, wohl aber *U-Hydride* u. *CaF*e oder MgF_2, wenn sie in genügender Menge vorliegen. — 35 Literaturangaben. (J. Inst. Metals **87.** 311—17. Mai 1959. Harwell, Berks., Atomic Energy Res. Establ.) F. VIER. 6448

H. C. Theuerer, *Entfernung von Bor aus Silicium durch eine Wasserstoff–Wasserdampf-Behandlung.* B kann aus fl. Si durch eine Behandlung mit H-haltigem Wasserdampf entfernt werden. Die Anwendung dieser Meth. zusammen mit einem Zonenschmelzen ermöglicht die Herst. von reinerem Si als es sonst möglich ist. (J. Metals **8.** Nr. 10. Sect. 2. Trans. AIME **206.** 1316—19. Okt. 1956. Murray Hill, N. J., Bell Telephone Labor., Inc.) H. Hochstein. 6448

L. A. Ishwanow und **N. P. Werschinin,** *Die Gewinnung von metallischem Yttrium.* Zur Herst. von reinem, metall. Y wird die Red. von YF_3, das aus Y_2O_3 gewonnen wurde, in Tiegeln aus Ta-Blech mit einer Wandstärke von 0,16—0,2 mm) mittels metall. Ca empfohlen. Das Gemisch von YF_3 u. Ca wird mit 10 kg/cm³ in den Tiegel gepreßt u. im Vakuum von $1-5 \cdot 10^{-2}$ mm Hg auf 850—900° erhitzt u. das restliche durch Erhitzen auf 1500—1550° vertrieben. Das Metall besteht aus 98,85 (%) *Y*, 0,39 *Tb* u. 0,26 *Dy*, während der Geh. an anderen Metallen 0,1 für jedes Metall nicht übersteigt. (Цветные Металлы [Nichteisenmetalle] **32.** Nr. 1. 44—47. Jan. 1959.) H. Tůma. 6448

F. V. Lenel, *Pulvermetallurgie.* Überblick. 32 Literaturangaben. (Proc. Amer. Soc. Testing Mater. **55.** 655—88. 1955.) M. Gehlen-Keller. 6474

L. A. Yerkovich und **G. J. Guarnieri,** *Bei Kompression auftretende Kriecheigenschaften verschiedener metallischer und metallkeramischer Werkstoffe bei hohen Temperaturen.* Die Kompressionsverss. wurden mehrere 100 Std. lang u. bis zu Tempp. von 1800°F durchgeführt. Folgende Werkstoffe wurden untersucht: *S-816* u. *Nimonic 90* bei 1350 u. 1600°F, *Mo* bei 1600°F, *Haynes Stellite 21* bei 1600°F u. die Cermets *K 162-B* bei 1800°F u. *Metamic LT-1* bei 1600°F. Geschmiedetes stangenförmiges Material zeigt auf Grund seiner Vorbehandlung im Kompressionsvers. geringere Kriechfestigkeit als im Zugversuch. Bei gegossenen Metallen wird dagegen in beiden Fällen prakt. kein Unterschied im Kriechverh. beobachtet. Die metallkeram. Werkstoffe zeigen bei Kompression wesentlich bessere Kriecheigg. als bei Zugbeanspruchung. — 12 Literaturangaben. Diskussion. (Proc. Amer. Soc. Testing Mater. **55.** 732—56. 1955. Buffalo, N. Y., Cornell Aeronautical Labor.) G. Bauer. 6480

G. W. Powell, E. R. Marshall und **W. A. Backofen,** *Querschnittmeßgerät und Dynamometer für Zugspannungsversuche bei konstanter Dehngeschwindigkeit.* Beschreibung der App. u. Darst. der Versuchsergebnisse an Hand von Spannungs–Dehnungs-Kurven am Beispiel des austenit. *rostfreien Stahls* vom Typ 301 bei verschied. Dehngeschwindigkeit u. bei Tempp. von +20° u. —196°. (Proc. Amer. Soc. Testing Mater. **55.** 797—809. 1955. Cambridge, Mass., Massachusetts Inst. of Technol.) G. Bauer. 6480

H. C. Chang und **Nicholas J. Grant,** *Einige Beobachtungen über die Struktur von Korngrenzen-Bruchoberflächen.* Eine interkristallin gebrochene Al-Legierung mit 20% *Zn* wird bei 500°F auf ihr Kriechverh. u. bei Raumtemp. auf ihre Zugfestigkeitseigg. hin untersucht. Die Bruchoberflächen werden mkr. u. röntgenograph. geprüft. Die interkristallinen Bruchoberflächen sind nicht glatt, sondern zeigen eine Zellenstruktur. Diese Bruchstrukturen hängen von der Orientierung der Korngrenze in bezug auf die Zugachse ab u. werden auch durch die Nähe der Korngrenzen beeinflußt. Sowohl eine kaltverformte als auch rekristallisierte Materialschicht ist unveränderlich im Bereich unmittelbar an der Bruchoberfläche erzeugt worden. Ein Mechanismus für das Auftreten dieser Oberflächenstrukturen wird vorgeschlagen. (J. Metals **8.** Nr. 10. Sect. 2. Trans. AIME **206.** 1241—47. Okt. 1956. Cambridge, Mass., Massachusetts Inst. of Technol.) H. Hochstein. 6480

E. Glenny, J. E. Northwood, S. W. K. Shaw und **T. A. Taylor,** *Technik für Wärmestoß- und Wärmeermüdungsprüfungen unter Verwendung eines Fließbettes fester Teilchen.* Zur Prüfung von Gasturbinenschaufeln, die schnell wechselnden Wärmebelastungen ausgesetzt sind, wird eine Vorr. vorgeschlagen, in der zum Aufheizen u. Kühlen ein Fließbett fester Teilchen in einem Luftstrom Verwendung findet. In diesem Fließbett läßt sich ein sehr schnelles Aufheizen u. Abkühlen der Turbinenschaufeln erreichen. Über die bei der Unters. von *Nimonic* gefundenen Ergebnisse wird berichtet. (J. Inst. Metals **87.** 294—302. Mai 1959. Farnborough, Hants., National Gas Turbine Establ.) F. Vier. 6480

G. A. Bobrownikow, *Metallographische Untersuchung der Umwandlung von Austenit in Martensit bei tiefen Temperaturen.* Die zu untersuchende Metallprobe wird, unter Fernhaltung von Feuchtigkeit mit P_2O_5, bei 0°, —78° u. —196° unter einer Säule von fl. N_2 metallograph. untersucht u. die Bldg. der Martensitphase in einzelnen Kristallen u. im Gesamtmikrorelief aufgenommen. Als Beispiel werden Aufnahmen von *Bronze* mit 24,7% *Sn* (bei 700° in W. gehärtet) u. von stark aufgekohltem Stahl (bei 1100° gehärtet) gezeigt. (Заводская Лаборатория [Betriebs-Lab.] **23.** 56—60. 1957. Kiew, Technol. Inst.) R. K. Müller. 6482

R. J. Wilcox und **P. W. Whitton,** *Kaltstrangpressen von Metallen unter Schmierung bei geringen Geschwindigkeiten.* Hochreines Al wird in einer für die Versuchszwecke bes. entwickelten Vorr. unter Schmierung kalt gepreßt. Aus den für die verschied. Strangpreßverhältnisse erforderlichen gemessenen Drucken wird empir. eine Gleichung abgeleitet, die den für die jeweiligen Verhältnisse erforderlichen Druck vorauszusagen gestattet. (J. Inst. Metals **87.** 289—93. Mai 1959. Birmingham, Imperial Chemical Ind. Ltd., Res. Div.) F. VIER. 6490

Jack Fairlie, *Anwendung von Sprengstoffen zum Formpressen und Schweißen in der Industrie.* Übersicht über Grundzüge, Ausführung, Zubehör u. Anwendung des Verf. zum Formpressen u Schweißen unter Einsatz von Sprengstoffen. (Welding Engr. **44.** Nr. 4. 61. 62. 64. April 1959.) W. WESLY. 6490

V. Šolaja und **H. L. Hughes,** *Einige beim Metallschneiden auftretende elektrische Vorgänge.* Wiedergabe (Diagramme) der Abhängigkeit der beim Feindrehen auftretenden EMK. von den Schneidbedingungen u. Erörterung der Wrkgg. natürlich erzeugter oder zusätzlich eingeführter Ströme. — 16 Literaturangaben. (Wear [Amsterdam] **2.** 311—14. Mai 1959. Wolverhampton, Wolverhampton and Staffordshire Coll. of Technology.) W. WESLY. 6490

Mayumi Someno, *Untersuchung über das Blankglühen von rostfestem Stahl.* (2. Mitt. (1. vgl. C. **1959.** 12370.) Zum Blankglühen von rostfreiem Stahl eignet sich H_2- u. N_2 mit Zusatz von $TiCl_4$- oder $SiCl_4$-Dampf. Die durch diese Behandlung verursachten Einww. wie Gewichtsänderung, Gefüge, mechan. Eigg. u. Korrosion werden wiedergegeben (Diagramme). (Nippon Kinzoku Gakkai-Si [J. Japan Inst. Metals] **21.** 153—57. März 1957. [Orig.: japan.; Auszug: engl.]) W. WESLY. 6492

Je. Ss. Towpenetz, N. I. Gontscharenko, A. Ss. Babi und **G. S. Schtscherbina,** *Verbesserung der mechanischen Eigenschaften von Bewehrungseisen durch Wärmebehandlung.* Die Festigkeitseigg. von Bewehrungseisen aus dem niedriglegierten Stahl *St 5* werden durch Abschrecken aus der Walzhitze mit nachfolgendem Anlassen auf hohe Tempp. wesentlich verbessert. Hierbei werden nicht nur die Zerreißfestigkeit u. die Streckgrenze, sondern auch die Schlagfestigkeit, bes. bei niedrigen Tempp., erhöht. Der Einfl. des Schweißens auf die Festigkeitseigg. eines wärmebehandelten Profils ist ungleichmäßig u. hängt von der Schweißmeth. ab. Die techn.-wirtschaftliche Wirksamkeit einer Härtung aus der Walzhitze heraus ist etwas geringer als die bei einer Härtung mit einer bes. Erhitzung des Bewehrungseisens auf Härtetemperatur. (Сталь [Stahl] **19.** 364—67. April 1959. Donez-Ind.-Inst.; Jenakijewo, Metallurg. Werk.) H. HOCHSTEIN. 6492

L. W. Belorutschew und **A. K. Schwatschkin,** *Schutzgasatmosphäre aus technischem Stickstoff für die Wärmebehandlung von Stahl.* Als Schutzgas für die Wärmebehandlung von Stahl wird zweckmäßig der in O_2-Gewinnungsanlagen anfallende techn. N_2 verwendet. Um eine Oxydation u. Entkohlung von hochgekohltem Stahl zu vermeiden, wird der techn. N_2 mit dissoziiertem NH_3 behandelt, der N_2 vollständig von O_2 reinigt u. eine die Blankglühwrkg. unterstützende Menge an H hinterläßt. Ein anderes Reinigungsverf. beruht auf der Durchleitung von techn. N_2 durch ein auf 950—1000° erwärmtes Holzkohlenbett. Die Reinigungsanlagen werden im einzelnen beschrieben. (Сталь [Stahl] **19.** 354—60. April 1959.) H. HOCHSTEIN. 6492

N. F. Spooner, J. M. Thomas und **L. Thomassen,** *Methode zur Bestimmung des Carburierungswiderstandes von Legierungen.* Beschreibung der Versuchsanordnung u. Mitt. der Ergebnisse von Kurz- u. Langzeitverss. bei 2150°F an 2 verschied. Legierungen. (Proc. Amer. Soc. Testing Mater. **55.** 793—96. 1955. Detroit, Mich., Metallurg. Res., Hoskins Mfg. Co. bzw. Ann Arbor, Mich., Univ. of Mich.) G. BAUER. 6492

S. Mrowec und **T. Werber,** *Über die Schwefelung von Nickel bei höheren Temperaturen.* Zunderungsverss. mit Ni in S-Dampf (1 mm Hg) wurden bei 580° u. 630° durchgeführt. Die Zunderschicht bestand ausschließlich aus *NiS*. Die Ni-Oberflächen waren durch Pt-Drähte (Durchmesser = $7 \cdot 10^{-3}$ cm) markiert. Die Marke befindet sich im Zunder an der Grenze zweier Schichten. Die grobkristalline äußere Schicht entsteht durch die nach außen gerichtete Diffusion des Ni u. ist doppelt so dick wie die poröse innere feinkristalline, durch Diffusion des S nach innen gebildete Schicht. Aus dem Verhältnis der Schichtdicken wird geschlossen, daß das nach außen wandernde Metall die überwiegende Rolle spielt. Die langsamste Teil-Rk. scheint die Chemisorption des S zu sein. Diskussion der Ergebnisse. (Naturwissenschaften **46.** 73. 2. Jan.-H. 1959. Krakau, Akad.) H. K. HOFMEISTER. 6492

G. Becker und **R. Rieger,** *Schweißkalorimetrie* (Teil 1). Beschreibung von Geräten zur Erfassung der beim (Lichtbogen-)schweißen auftretenden Wärme. In Abhängigkeit vom Elektrodentyp u. zur Best. von Teilwärmemengen, die von Gasphase,

Schlacke, Spritzern u. Schweißgut aufgenommen werden. (Schweisstechnik **6.** 12—14. Jan. 1956. Finsterwalde, ZIS.) W. WESLY. 6506

W. I. Steinkamp und **W. L. Wyman,** *Elektronenstrahlschweißung, eine neue Entwicklung der Industrie.* Grundzüge u. Ausführung des Verf. der Schmelzschweißung durch Beschickung mit energiereichen Elektronenstrahlen. (Welding Engr. **44.** Nr. 4. 38—40. April 1959. General Electric. Co.) W. WESLY. 6506

M. B. Kasen, George Allen und **F. R. Baysinger,** *Daten über die Anwendung der neuen Metall-Schutzgas-Schweißverfahren von Kaiser.* Grundzüge, Ausführung, Zubehör u. Anwendung der 3 neuen *Mig*-Verff. der KAISER ALUMINUM AND CHEM. CORP.: *Qualiweld, Chlorecon* u. *Econoweld* u. die Eigg. der erzeugten Schweißen. (Welding Engr. **44.** Nr. 4. 44—47. April 1959.) W. WESLY. 6506

R. P. Newman, *Der Einfluß von Schweißfehlern auf die Ermüdungsfestigkeit unter Berücksichtigung von Stumpfschweißen in Rohrleitungen.* Unterss. über den Einfl. von Schweißfehlern bes. an Stumpfschweißen von Rohrleitungen aus Stählen mit 0,145 bis 0,150 (%) *C*, 0,550—0,555 *Mn*, 0,190—0,200 *Si*, 0,003 *S*, 0,030 *P*, 0,005—0,007 *Al*, 0,014—0,016 Al_2O_3 auf die Ermüdungsbiegefestigkeit zeigen, daß die Wurzelzone der Schweißen einen beherrschenden Einfl. ausübt. Die Schweißfehler (Porosität, Schlackeneinschlüsse, Schmelzmängel, Mangel an Eindringtiefe) haben außer dem Mangel an Eindringtiefe keinen nennenswerten Einfl. auf die Ermüdungsfestigkeit. (Trans. Inst. Marine Engr. **68.** 153—72. Juni 1956. Brit. Welding Res. Assoc.) W. WESLY. 6506

A. T. Galaktionow und **A. A. Fofanow,** *Stumpfschweißung von hochgekohltem und legiertem Draht.* Zwecks Vermeidung eines häufigen Auftretens von Rissen stumpfgeschweißter Drähte mit 1,5—6 mm Durchmesser aus hoch C-haltigem u. legiertem Stahl der genormten Marken *U 9 A, U 10 A, 65 G, 1 Ch, 18 N 9 T* sowie aus den Legierungen *Ch 15 N 60* u. *Ch 20 N 80* wird zweckmäßig ein kombinierter Stumpfschweißautomat zum Schweißen durch Schmelzen mit gleichzeitiger Entfernung des heißen Grates unmittelbar nach dem Schweißen im warmplast. Zustand u. mit Wärmebehandlung der geschweißten Stoßstelle innerhalb eines vorbestimmten Bereichs durch Halten bei 500 bis 600° („Gebiet der geringsten Austenitbeständigkeit") während der Abkühlung zwecks Umwandlung des Austenits in ein ferrit.-carbid. Gemisch konstruiert. (Сталь [Stahl] **19.** 374—77. April 1959. Uraler Polytechn. Inst.) H. HOCHSTEIN. 6506

J. Chamberlain und **W. L. Roe,** *Schweißen von Dampf- und Speisewasserleitungen von Seeschiffen.* Arbeitsbedingungen des Schweißens von Speisewasser- u. Dampfleitungen für Tempp. bis über 1076°F u. für verschied. Werkstoffe. — Aussprache. (Trans. Inst. Marine Engr. **68.** 173—92. Juni 1956. Derby, Aiton and Co. Ltd.) W. WESLY. 6506

D. M. Rabkin und **W. F. Grabin,** *Mikrostruktur des Metalls der Schweißnaht bei der Schweißung von Aluminium.* Eine metallograph. Unters. der Schweißnähte von Al mit unterschiedlichem Geh. an Beimengungen aus *Fe* u. *Si* bestätigt die Ggw. folgender Phasen im Gefüge: $FeAl_3$, eine tern. Verb., offenbar vom Typ α (*Fe–Si–Al*) sowie *Si*. Diese Phasen sind in der Art eines Eutektikums im Al verteilt. (Автоматическая Сварка [Automat. Schweissen] **12.** Nr. 2. 49—53. Febr. 1959. Paton-Inst. für Elektroschweißen der Akad. der Wiss. der UkrainSSR.) H. HOCHSTEIN. 6506

H. E. Soisson, *Ersatz von Helium durch Argon bei Schweißarbeiten an Zircaloy-2.* Die mit Ar als Schutzgas ausgeführten Schweißen an *Zircaloy-2* zeigen die gleichen physikal. Eigg. wie die unter Verwendung von He ausgeführten Verbindungen. Mit Ar erzeugte Schweißen erzeugen mehr Wärme u. brauchen mehr Zeit zum Abkühlen als mit He ausgeführte Vergleichsproben. (Welding Engr. **44.** Nr. 4. 59. April 1959. General Electric Co., Knolls Atomic Power Labor.) W. WESLY. 6506

N. W. Bogojawlenskaja und **Ja. N. Lipkin,** *Ein neues Verfahren für das Beizen von Rohren aus hochlegierten Stählen.* Die übliche Technologie des Beizens von Rohren hochlegierter Stähle wird zweckmäßig durch eine Säurebeizung ersetzt. Diese gestattet nämlich eine verhältnismäßig schnelle Erzielung einer hellgrauen glatten Rohroberfläche ohne Überbeizung, Lokalkorrosionsbldg. u. durch Korrosion bedingte Rissigkeit der Oberfläche bei geringsten Metallverlusten. Zweckmäßig wird die Beizung in einer wss. Lsg. von *HF* u. HNO_3 (1,5—2,0 (%) HF u. 8,0—8,5 HNO_3) durchgeführt. (Сталь [Stahl] **19.** 347—51. April 1959.) H. HOCHSTEIN. 6512

G. Hoeck, *Das Beizen von Blechen unter Berücksichtigung von Beizfehlern.* Ursachen u. Erscheinungsformen häufig auftretender Beizfehler u. Maßnahmen zur Abhilfe. (Industrie-Anz. **78.** 490—93. 27/4. 1956. Düsseldorf-Oberkassel.) W. WESLY. 6512

G. Resch, *Kupferzementation während einer Kesselbeizung.* In der Zunderschicht von Kesselrohren kann *CuO* enthalten sein, das sich beim Beizen mit heißer, verd. HCl löst u. beim Abkühlen auf der Stahloberfläche als Cu abscheidet. Um diese Abscheidung zu verhüten, darf die Temp. der Beiz-Fl. nicht unter 60° sinken. (Mitt. Vereinig. Großkesselbesitzer **1959**. 219—20. Juni. Dortmund.) W. WESLY. 6512

Rudolf Uebigau, *Galvanisches Metallisieren von Kunststoffartikeln.* Vortrag, der einen Überblick über die derzeit wichtigsten Verff. zum Aufbringen eines Metallüberzugs auf Kunststoff vermittelt. (Kunststoffe **49**. 45—47. Jan. 1959. Garmisch-Partenkirchen.) M. WINIKER. 6516

Robert J. Bachman, *Die Elektroformung von Telefoneinführungsdrahtleitern.* Beschreibung der Elektroformung von Telephonstahldraht, der einen Überzug aus *Cu*, *Pb* u. *Messing* u. einen wasserdichten Mantel (mit *Wolle* umwickelter *Kautschuk-* u. *Neopron*-Verkleidung) erhält. (Metal Progr. **72**. Nr. 5. 88—92. Nov. 1957. Baltimore, Md., Western Electric Co., Inc., Point Breeze Works.) W. WESLY. 6516

Josef Teindl und **L. Bezecný,** *Beitrag zur Metallographie der Bleiüberzüge auf Stahl und zu einigen Fehlererscheinungen.* Überblick über die Verbleiungsmethoden für Blech; Prüfung der Oberfläche auf verschied. Fehler, deren Ursache u. Vermeidung durch galvan. Verbleien mit geeigneten Elektrolyten u. durch Passivierung des Überzuges. (Hutnické Listy **11**. 18—21. Jan. 1956. Ostrava, VŠB.) E. ROTTER. 6516

M. G. Charlton und **G. L. Davis,** *Herstellung von Wolframüberzügen durch einen Oxydations-Reduktions-Cyclus.* Zur Herst. von W-Überzügen wird W in H_2 + Wasserdampf unter Atmosphärendruck auf ca. 2000° erhitzt. Der zu überziehende Körper wird auf über 700° erwärmt, in der Nähe von W angeordnet. Die Überzüge sind festhaftend. Die Bldg. der W-Überzüge wird auf die Red. von W-Oxyden durch atomaren H u. die zunehmende Leichtigkeit der Red. der W-Oxyde bei abnehmender Temp. im Gaszustand zurückgeführt. — 28 Literaturangaben. (Trans. Inst. Metal Finishing **34**. 28—39. 1956/57. Mitcham, Surrey, Mullard Ltd.) F. VIER. 6516

R. A. F. Hammond, *Elektrolytische Herstellung von Chromüberzügen auf Geschützrohren.* Für das elektrolyt. Innenverchromen großer Geschützrohre werden Verfahrensvorschriften gegeben u. Vorr. beschrieben. (Trans. Inst. Metal Finishing **34**. 83—110. 1956/57. Fort Halstead, Armament Res. and Developm. Establ.) F. VIER. 6518

J. J. Dale und **H. K. Lutwak,** *Wirkung von Silicium in niedriglegierten Stählen auf die Haftfestigkeit von schweren Nickelschichten.* Das Abblättern von dicken, elektrolyt. aufgebrachten Ni-Überzügen auf Si-haltigen Legierungsstählen wurde damit erklärt, daß solche Stähle bei anod. Ätzen in H_2SO_4 durch Oxydation von Si Filme aus SiO_2 ausbilden, die das Festhaften der Ni-Schichten verhindern. Diese Vermutung konnte bestätigt werden. Werden derartig anod. behandelte Stähle vor der Herst. der Ni-Schichten mit NaOH-Lsg. behandelt, so haften die Ni-Schichten fest auf der Unterlage. (Trans. Inst. Metal Finishing **34**. 133—38. 1956/57. Melbourne, Austr., Defence Standards Labor.) F. VIER. 6520

R. Mills, *Einfluß einiger veränderlicher Verfahrensbedingungen auf die Reflexion und das Oberflächenaussehen von elektrolytisch abgeschiedenen Zinnschichten.* Bei dünn abgeschiedenen Sn-Schichten ist die Oberflächenbehandlung der Stahlunterlage entscheidend, zugleich muß eine leichte Beizbehandlung vorgenommen werden. Mit steigender Temp. des Elektrolyten u. der Relativgeschwindigkeit des Katholyten kann die Stromdichte heraufgesetzt werden, bei der noch brauchbare Ndd. erhalten werden können. (Trans. Inst. Metal Finishing **34**. 8—17. 1956/1957. Greenford, Middlesex, Tin Res. Inst.) F. VIER. 6524

H. M. Heiling, *Ein neuer galvanischer Schutzüberzug, das Stanno-Zink-Verfahren.* Beschreibung des Verf., das unter Verwendung einer Legierung aus 75(%) *Sn* u. 25 *Zn* arbeitet. Zus. des Elektrolyten (Na-Stannat u. Na-Zn-Cyanid), Badwertung, Arbeitsbedingungen u. Anwendung als Ersatz für Zn-, Cd- oder Sn-Überzüge. (Industrie-Anz. **78**. 488—89. 27/4. 1956. Düsseldorf.) W. WESLY. 6524

V. R. Ramanathan, *Härte von elektrolytisch auf Messing abgeschiedener Zinn-Nickel-Legierung.* Die Härte einer elektrolyt., auf Messing niedergeschlagenen Sn-Ni-Legierung mit 65% *Sn* wurde durch die Mikrometh. nach COOKE, TROUGHTON u. SIMMS unter verschied. Belastung bestimmt. Es wurde festgestellt, daß die gemessene Härte dann charakterist. für den Nd. war, wenn seine Dicke 16 mal größer als die Eindringtiefe war, u. daß sie dann von dem Grundmetall u. von der Belastung unabhängig war. Für die Legierung wurde ein DPH-Wert von 710 festgestellt. (Trans. Inst. Metal Finishing **34**. 1—7. 1956/1957. Karaidudi, Indien, Central Electrochem. Res. Inst.) F. VIER. 6524

Vladimír Čihal und **Rudolf Pospíšil,** *Untersuchung des Titaneinflusses auf die interkristalline Korrosionsfestigkeit von nichtrostendem Stahl auf 18% Cr und 9% Ni.*

Wird nichtrostender, mit Ti stabilisierter 18/8-Stahl auf 550—700° erhitzt, zeigt sich interkristalline Korrosion. Hauptursache für diese Korrosion ist die Auflsg. des TiC u. die Ausscheidung der Cr-Carbide ($Cr_{23}C_6$) bei 650° aus der übersätt. festen Lsg. an den Korngrenzen (Mikrophotographien). Bei überstöchiometr. Ti-Geh. wächst in 18/9-Stählen die Menge des Ferrits, der unterhalb 800° in spröde σ-Phase zerfällt. Die Rückausscheidung von thermochem. stabilem TiC wird durch die geringere Diffusionsgeschwindigkeit des Ti gegenüber Cr beschränkt. Je größer das Ti:C-Verhältnis im Stahl u. je niedriger die Überhitzungstemp. ist, desto weniger TiC löst sich, so daß bei Ausscheidung nur ein unzusammenhängendes Carbidnetz an den Korngrenzen entsteht. Durch stabilisierendes Glühen bei 850—950° läßt sich der Einfl. hoher Homogenisierungstempp. beseitigen. (Hutnické Listy **11**. 284—90. Mai 1956. Praha, Výzk. úst. ochrany materiálu; Kladno, SONP.) E. ROTTER. 6538

Robert Bakish und **William D. Robertson**, *Strukturabhängige chemische Aktivität von vielkristallinem Cu_3Au. Untersuchungen über den Mechanismus der Spannungskorrosion. Das Reißen von homogenen Mischkristallen.* Die Oxydation von Cu durch $FeCl_3$ an Strukturpunkten in vielkristallinem Cu_3Au wurde zusammen mit dem Mechanismus der Spannungsrißkorrosion homogener Mischkristalle untersucht. Cu wird selektiv aus der Legierung an den Korngrenzen, inkohärenten Zwillingsgrenzen, u. an den Verformungsstreifen ohne Berücksichtigung des Ordnungszustandes entfernt. Es wird angenommen, daß der Mechanismus der Strukturfehlstelle von der Erzeugung einer Inhomogenität der Zus. durch die selektive Cu-Entfernung abhängt, welche die treibende Kraft für die fortgesetzte Rk. in die durch strukturelle Diskontinuitäten bestimmten Richtungen bildet. (J. Metals **8**. Nr. 10. Sect. 2. Trans. AIME **206**. 1277—82. Okt. 1956; Diskussion: **9**. Nr. 4. Sect. 2. Trans. AIME **518**. April 1957. New Haven, Conn., Yale Univ.) H. HOCHSTEIN. 6538

H. Papazian und **Robert A. Lad**, *Über die Ordnungseinflüsse bei der Korrosion von Cu_3Au durch wässeriges Ferrichlorid.* Durch Verss. wird die Reaktionsfähigkeit von geordnetem u. ungeordnetem vielkristallinem Cu_3Au in einer 0,5 Mol-Lsg. von $FeCl_3$ festgestellt. Hierbei zeigt sich, daß die Reaktionsfähigkeit von Cu_3Au im ungeordneten Zustand größer ist als die der geordneten Legierung. Jedoch erlauben die Schwierigkeiten mit der Filmbldg. keine genaue Best., welche die Ausdehnung der Ergebnisse auf teilweise geordnete Legierungssysteme rechtfertigen. (J. Metals **81**. Nr. 10. Sect. 2; Trans. AIME **206**. 1340. Okt. 1956. Cleveland, Nat. Advisory Committee for Aeronautics.) H. HOCHSTEIN. 6538

Rintaro Takahashi und **Tomoya Minegishi**, *Über die elektrolytische Korrosion von Hartlegierungen des Systems WC–Co.* Unterss. über die elektrolyt. Korrosion der Hartlegierungen des Syst. WC–Co zeigen: Die anod. Korrosion wird durch den Co-Geh. beeinflußt; der Umschlagspunkt liegt bei ca. 5% Co. Die anod. Passivität liegt bei höherer Badspannung als die von Co. Die Legierung wird weniger als fast alle anderen Metallelektroden in Cl^- enthaltenden Lsgg. angegriffen. Die Rückgewinnung von WC ist durch Gleichstromelektrolyse unter Anwendung von Wechselstrom mit gleicher Spannung möglich. (J. Mining metallurg. Inst. Japan **74**. 934—40. Nov. 1958. [Orig.: japan.; Auszug: engl.]) W. WESLY. 6538

G. N. Flint, *Korrosionsbeständigkeit von geschweißten Nickel–Molybdän-Legierungen.* Geschweißte Ni–Mo–Fe-Legierungen handelsüblicher Reinheit neigen zu interkrist. Korrosion in den dem Schweißmetall benachbarten Zonen im Kontakt mit im Betrieb vorhandenen Medien. Diese Neigung nimmt zu in Ggw. von Carbiden, die beim Abkühlen nach dem Schweißen ausgeschieden sind. Die Löslichkeit von C in diesen Legierungen ist so niedrig, daß es nicht empfehlenswert ist, Einphasenlegierungen mit niedrigem C-Geh. zu verwenden, auch ist es nicht möglich, stabilere Carbide zu bilden. Dagegen sind Zusätze von *V* u. *Nb* günstig. Durch Kombination eines V-Zusatzes mit verhältnismäßig hohen *Mo*- u. *Si*-Gehh. u. niedrigem *Fe*-Geh. gelingt es, die interkrist. Korrosion zu unterdrücken. (J. Inst. Metals **87**. 303—10. Mai 1959. Birmingham, Mond Nickel Co. Ltd.) F. VIER. 6538

E. L. Streatfield, *Die Rolle der Korrosionsinhibitoren bei der Wasseraufbereitung.* Vf. berichtet allg. über Korrosionsmechanismen an Eisen u. behandelt die Wrkg. von Inhibitoren, die in anod. wirkende, kathod. wirkende u. organ. Inhibitoren unterteilt werden. Beispiele aus der Technik. — 12 Literaturangaben; Diskussion.(Métaux **33**. 420—30. Okt. 1958. Houseman & Thompson Ltd.) WOLFGANG SIMON. 6538

Thurston E. Larson und **R. V. Skold**, *Korrosion und Blasenbildung bei Gußeisen.* (Vgl. C. **1959**. 12993.) Es wird der Einfl. bes. von *Ca*, *Chlorid* u. p_H verschied.

Wasserproben aus dem Michigansee auf die Korrosion u. die als Nebenerscheinung auftretende Blasenbldg. an der Innenwand gußeiserner Rohre bei verschied. Durchflußgeschwindigkeiten untersucht. *Ca* ist im alkal. Milieu, unabhängig von dem p_H-Wert u. Härtegrad, ein wirksamer Korrosionsinhibitor, verhindert aber bei ungenügender Konz. die Blasenbldg. nicht, was vermutlich damit zusammenhängt, daß die feste $CaCO_3$-Schutzschicht sich nicht genügend ausbilden konnte. (J. Amer. Water Works Assoc. **49.** 1294—1302. Okt. 1957. Urbana, Ill., Illinois State Water Survey.) H. ECKSTEIN. 6538

W. Blömer, *Korrosionsschäden an Brüdenfiltern.* Beschreibung von Korrosionen am Gehäuse von Brüdenfiltern u. der Gegenmaßnahmen: Ersatz der Probenbleche u. aufgesetzten Kragen zur Befestigung der Filterschläuche durch rostfreien (V2A) Werkstoff. (Mitt. Vereinig. Großkesselbesitzer **1959.** 236—38. Juni. Oberhausen.)

W. WESLY. 6538

Gerhard Derge und **Gilbert Peter Monet,** Aspinwall, Pa., V. St. A., *Herstellung von Metallen hohen Reinheitsgrades* durch Zers. von Metallverbb. in der Dampfphase. Die Verbb., z. B. UJ_4, werden in einer Reaktionskammer aus feuerfestem Material (Stahl, Porzellan) zers., die mit einer Schicht von *Ca-Beryllat* überzogen ist. — Zeichnung. (**E. P. 797 509** vom 10/5. 1946, ausg. 2/7. 1958. A. Prior. 28/5. 1945.)

W. MATTHAES. 6381

Mo och Domsjö Aktiebolag, Ornsköldsvik, Schweden (Erfinder: **Rolf Erhard Moren**), *Formsandbinder* im wesentlichen bestehend aus einem wasserlösl. *Cellulosederivat*-Pulver u. einem Anteil an natürlichem u./oder künstlichem *Harz* erhält einen mengenmäßig geringeren Zusatz von *Ruß.* (**E. P. 777 329** vom 26/6. 1953, ausg. 19/6. 1957. **Zusatz zu E. P. 754 823; C. 1959. 8410.**) W. SCHWARZMAIER. 6383

George Berthold Edward Schueler, *Herstellung von Sandgußformen.* Ein Gemisch aus Sand u. einem Harz, wie Phenol-, Harnstoff-, Melamin- oder Kresol-CH_2O-Harz, wird aus einem geschlossenen Behälter durch unter Druck zugeführtes Gas in die erhitzten Modellformen gepreßt. — Beispiel einer Gemischzus.: 6000 (g) Sand, 1944 50%ig. Harzlsg., 100 Hexamethylentetramin u. 108 Ca-Stearat. (**Aust. P. 205 523** vom 28/7. 1955, ausg. 14/2. 1957.) K. DEMMLER. 6383

Osakeyhtiö Vuoksenniska Aktiebolag, Imatrankoski, Finnland, *Schmelzen von feinkörnigen Eisenerzen,* die bei ihrer Umwandlung zu Blöcken oder Luppen innig mit schlackenbildenden Stoffen vermischt werden, dad. gek., daß die Zus. u. der Zusatz dieser schlackenbildenden Stoffe derart geregelt werden, daß das mit den Erzen entstehende Reaktionsprod. bzgl. seiner CaO-, Al_2O_3- u. SiO_2-Gehh. in einem Bereich des tern. Zustandsdiagrammes liegt, welcher durch die %-Gehaltslinien des Schaubildes von 18—46% CaO, 5—25% Al_2O_3 u. 40—66% SiO_2 begrenzt ist. — Vgl. E. P. 757 388; C. **1957.** 5407. (**Belg. P. 519 607** vom 30/4. 1953, ausg. 29/4. 1955. A. Prior. 10/3. 1953.)

H. HOCHSTEIN. 6391

Osakeyhtiö Vuoksenniska Aktiebolag, Imatrankoski, Finnland, *Schmelzen von Eisenerzen.* Die metallurg. Behandlung von feinkörnigen Eisenerzen, die vor ihrer Stückigmachung mit Schlackenbildnern, z. B. Flußmitteln, vermischt werden, ist dad. gek., daß die Zus. u. Menge der Schlackenbildner so berechnet werden, daß sich beim Schmelzen ein Reaktionsprod. zwischen ihnen u. dem Erz in bezug auf die CaO-, Al_2O_3- u. SiO_2-Gehh. bildet, dessen Zus. in dem durch 18—46(%) CaO, 5—25 Al_2O_3 u. 40—66 SiO_2 gek. Bereich des CaO-Al_2O_3-SiO_2-Zustandsschaubildes liegt. Zweckmäßig wird dem Feinerz vor dem Stückigmachen pulverförmige Silicate, z. B. granulierte Hochofenschlacke, zugesetzt. Neben CaO, Al_2O_3 u. SiO_2 können die zuzusetzenden Schlackenbildner auch noch MgO, TiO_2 u. Alkalimetalle in für Hochofenschlacken n. Mengen enthalten. — Vgl. E. P. 757 388; C. **1957.** 5407. (**Belg. P. 527 092** vom 9/3. 1954, ausg. 28/9. 1956. A. Prior. 10/3. 1953. **Zusatz zu Belg. P. 519 607; s. vorst. Ref.**)

H. HOCHSTEIN. 6391

Ford Motor Co. Ltd., London, England, *Auflösung von Stickstoff in Eisenschmelzbädern* ist dad. gek., in einem aus einer Stahllegierung bestehenden Schmelzbad ein elektr. Lichtbogen zwischen der Kohlenelektrode u. dem Schmelzbad gezogen u. ein N_2-Strom schnell durch den Lichtbogen geleitet u. darauf mit dem fl. Metall in Berührung gebracht wird, wodurch wenigstens ein Teil des mol. N_2 im Lichtbogen in nascierenden N zerlegt u. ein Teil desselben in der geschmolzenen Stahllegierung gelöst wird. (**E. P. 797 339** vom 12/3. 1957, ausg. 2/7. 1958. A. Prior. 2/4. 1956.) H. HOCHSTEIN. 6411

L'Air Liquide, Soc. An. pour l'Étude et l'Exploitation des Procédés Georges Claude, Paris, Frankreich, *Herstellung von Blei* aus $PbSO_4$, bes. zur Regeneration von Akkumulatorplatten, dad. gek., daß man bei einem p_H-Wert >7, bes. in verd. Lsg. von Na_2CO_3, elektrolyt. reduziert. (**It. P. 494 454** vom 5/11. 1952. F. Prior. 5/11. 1951.) K. KOEBKE. 6431

Reinhard Straumann, Waldenburg, Schweiz, *Werkstoff für Bestandteile für Uhren und Apparate* besteht aus 26—40(%) *Ni*, 25—40 *Mn*, 1—8 *Co*, Rest 25—40 *Cu*. (**D. B. P. 960 768** Kl. 40b vom 24/7. 1952, ausg. 28/3. 1957. Anmeldung bekanntgemacht 13/9. 1956.) C. GÖTZE. 6435

United States Steel Corp., New Jersey, übert. von: **Charles J. Owen,** Pittsburgh, Pa., V. St. A., *Galvanisches, schmelzflüssiges Aluminiumbad,* das bei mindestens 400° F in geschmolzenem Zustand vorliegt, bestehend aus 60—90(%) $AlCl_3$, 9,5—39,5 *Alkalimetallchlorid* u. 0,5—7 *Alkalimetallfluorid*. — Beispiel: 80(%) $AlCl_3$, 18,5 NaCl u. 1,5 NaF. Eine Temp. von 550° F u. eine Stromdichte von 250 A/sq.ft. wird angewendet. (**A. P. 2 762 764** vom 29/7. 1955, ausg. 11/9. 1956. **E. P. 792 635** vom 28/3. 1956, ausg. 2/4. 1958. A. Prior. 29/7. 1955.) H. HÄNLE. 6449

Richard John Fletcher, *Darstellung von Titan, Zirkonium oder Tantal aus ihren Halogeniden.* In einem Vakuumgefäß mit 0,01—5 mm Hg-Druck wird ein kleines Stück Ti, Zr oder Ta einem Strom des entsprechenden Tetrahalogenids (ausgenommen das Fluorid) bei einer Temp. ausgesetzt, die über der Dissoziationstemp. des betreffenden Halogenids liegt, u. das dabei abgespaltene Halogen laufend abgesaugt. (**Aust. P. 206 320** vom 6/9. 1954, ausg. 21/3. 1957. E. Prior. 4/9. 1953.) A. KALIX. 6449

American Chemical Paint Co. (Erfinder: **Nelson J. Newhard**), V. St. A., *Oberflächenbehandlung von Aluminium* u. Legierungen. Zur Massenbehandlung von Blechen mit *dekorativer* u. *korrosionsschützender* Wrkg. dienen stark saure *Cr(VI)*-, *F*-, *Phosphat*- u. *Arseniat*-Ionen enthaltende Lsgg., deren Zus. während des Gebrauches ständig regeneriert wird. Die Lsgg. enthalten 3—60 (g/Liter) CrO_3, 0,6—12,5 F, 2—285 (PO_4 + AsO_4) u. weisen p_H-Werte von 1,5—2 auf. Z. B. sind in 1 Liter Fl. enthalten: 12 g CrO_3, 3 g $NaHF_2$, 22,2 H_3PO_4 (75%) u. H_2O. In der 38° warmen Lsg. erhält Rein-Al nach ca. 15 Min. eine mattgrüne Oberfläche. (**F. P. 1 157 610** vom 24/9. 1956, ausg. 2/6. 1958. A. Prior. 23/5. 1956.) G. FRIKELL. 6513

Western Electric Co., Inc., New York, N. Y. (Erfinder: **John Herrick Eigler,** Plainfield, und **Miles Vincent Sullivan,** Summit, N. J.), V. St. A., *Elektrolytisches Ätzen* eines begrenzten Teils der Oberfläche eines festen Körpers mit einer dauernd sich erneuernden Ätz-Fl., dad. gek., daß ein Strom einer Ätz-Fl. längs zweier in einem Abstand nebeneinander angeordneter Führungsglieder, an welchen die Ätz-Fl. haftet u. an denen sie infolge ihrer Oberflächenspannung eine strahlartige Gestalt annimmt, geschaffen wird, u. der Körper derart in bezug auf die Führungsglieder angeordnet wird, daß nur ein begrenzter, seitens der Ätz-Fl. zu behandelnder Teil seiner Oberfläche vom Flüssigkeitsstrom berührt wird. — Abbildung. (**Schwz. P. 331 227** vom 29/10. 1954, ausg. 30/8. 1958. **E. P. 790 922** vom 23/2. 1955, ausg. 19/2. 1958. **F. P. 1 112 209** vom 23/9. 1954, ausg. 9/3. 1956. Alle Prior. 23/2. 1954.) H. HÄNLE. 6515

Chem-Metals, Inc., übert. von: **John E. Logan** und **Alexander Vujaklia,** Pittsburgh, Pa., V. St. A., *Mittel zum Glätten von Metalloberflächen.* Zum Beseitigen von Rauhigkeiten werden Werkstücke aus Fe, Cu u. ihren Legierungen während 1—10 Min. bei 155—215° F in 50—78%ig. H_2SO_4, die 0,1—2,5 Unzen NO_2 je Gallone der genannten Säure in Form eines lösl. Nitrils enthält, getaucht. Zusatz bis zu 5 Vol.-% u. Schaltung des Werkstückes als Kathode bei <75 A/ft^2 verbessern die Wirkung. — Beispiel: 2 (Volumenteile) H_2SO_4 (93%), 1 W. u. 3 Unzen $NaNO_2$ je 1 Gallone der Lsg. werden bei 180° F während 3 Min. zur Wrkg. gebracht u. anschließend gespült. (**A. P. 2 820 003** vom 19/4. 1955, ausg. 14/1. 1958.) G. FRIKELL. 6515

Continental Oil Co., übert. von: **Robert L. McGlasson** und **Frederick J. Radd,** Ponca City, Okla., V. St. A., *Schutzüberzüge für Eisen,* bestehend aus Fe_2O_3, das als Korrosionsschutz u. als Träger für Farbüberzüge dient, werden hergestellt durch Erhitzen oder Oxydation von Ferro- u. Ferrihydroxyden, die elektrolyt. erzeugt werden. Hierzu wird der Gegenstand zunächst als Kathode, dann als Anode bei 1—10 V u. einer Stromdichte von ca. 0,5 A/in^2 in einer Elektrolyt-Fl., mit einem p_H-Wert zwischen 4 u. 12 bestehend aus einem Sulfat, Dichromat, Nitrat oder Hydroxyd, behandelt. (**A. P. 2 827 425** vom 30/6. 1954, ausg. 18/3. 1958.) G. FRIKELL. 6517

Hanson-Van Winkle-Munning Co., Matawan, N. J., V. St. A., *Galvanische Glanz-Cadmium-Bäder* mit einem Geh. von 50—150 (g/Liter) Alkalicyanid u. 10—50 Cd werden in ihrer Wrkg. verbessert unter gleichzeitiger Erweiterung der elektr. Bedingungen durch Zusatz von 0,001—0,75 eines in W. lösl. *Cellulosederiv.*, wie Hydroxyäthylcellulose, Carboxymethylcellulose oder Hydroxyäthylcarboxymethylcellulose, u. 0,25—30 eines Glykols der allg. Formel $ROCH(X)[C(X)HOCH_2]_nCH_2OR$, worin R für

H oder einen Alkylrest mit 1—6 C-Atomen steht, X = H, einen Methyl- oder Äthylrest bedeutet u. n = 0 oder eine ganze Zahl zwischen 1—500. (**E. P. 796 214** vom 15/10. 1956, ausg. 4/6. 1958. A. Prior. 8/11. 1955.) G. FRIKELL. 6517

E. I. du Pont de Nemours & Co., Wilmington, Del., übert. von: **Christian I. Wernlund**, Niagara Falls, N. Y., V. St. A., *Glanzkupferbad.* Bes. guter Glanz wird erzielt in Cu-Bädern, die neben 0,612—6,12 (g/Liter) *Se*-Verbb. wie SeO_2, H_2SeO_3, H_2SeO_4 oder deren Alkalisalzen noch 0,007—7 einer lösl. *Cd*-Verb. oder 0,002—0,05 *Bi* oder 0,008 bis 1,62 *Ag* in Form einer lösl. Verb. enthält. — Z. B. 14 (Unzen/Gallone) $Cu(CN)_2$; 2,0 NaCN; 6,0 KOH; 1,5 Na_2CO_3; 1,0 AgCN; 2,0 H_2SeO_3 u. 5 C-Betain. (**A. P. 2 825 684** vom 9/10. 1956, ausg. 4/3. 1958.) G. FRIKELL. 6517

Soc. Continentale Parker, Frankreich, übert. von: **Donald Seijas Andrade** und **Ernest P. Bell**, *Schutzüberzug für Metalle aus organischen Chrom(VI)-Verbindungen,* der fest haftet u. gegen *Korrosion* schützt u. für Fe, Zn oder Al geeignet ist. Auf der Metalloberfläche wird die Lsg. einer *Cr(VI)*-Verb., wie CrO_3, $H_2Cr_2O_7$, Al-, Cd-, Mn- oder Si-Bichromat, in einem organ. Lösungsm., wie tert.-Butylalkohol, zusammen mit einer Lsg. einer organ. Verb., wie *Polyvinyl-* oder *Polyacrylharz,* erhitzt u. eingetrocknet. (**F. P. 1 154 580** vom 29/6. 1956, ausg. 11/4. 1958. A. Prior. 1/7. 1955.) G. FRIKELL. 6519

Metallgesellschaft Akt.-Ges., Frankfurt/M., *Herstellung von Überzügen auf Metalloberflächen* ohne chem. erzeugte Zwischenschicht, die dicht, haftfest u. lagerbeständig sind. Hierzu wird eine wss. Lsg. einer *Cr(VI)*-Verb., wie CrO_3, *Chromate* u. *Bichromate* von NH_4, *Cd, Mn, Sr, Al, Mg, Alkali-* u. *Erdalkalimetallen,* u. eines organ. Stoffes in schon polymerer Form, wie *Polyvinylalkohol, Polyacrylsäure, Polyvinylacetate, Dimethylhydantoin-Formaldehyd*-Polymere, auf der Metalloberfläche aufgetrocknet. Dabei wird der polymere Stoff in nichtlösl. Form übergeführt. Die optimale Relation von CrO_3 zu Harz liegt zwischen 8:1—1:1. (**Oe. P. 197 164** vom 28/6. 1956, ausg. 10/4. 1958. A. Prior. 1/7. 1955.) G. FRIKELL. 6529

Yawata Iron and Steel Co. Ltd., Tokio, Japan, *Isolierüberzug für Siliciumstahl* als Schutz gegen Korrosion u. Zerkratzen. Auf die Oberfläche des Metalls wird ein dünner, gleichmäßiger Film von $ZnCr_2O_7$, hergestellt nach $ZnO + 2CrO_3 = ZnCr_2O_7$ in 10- bis 60 gew.-%ig. Lsg., gegebenenfalls mit Zusatz von 2—5 (Gew.-%) u./oder 1—5 *Glycerin,* aufgetragen. Durch Erhitzen auf 500—700° während 10—40 Sek. wird daraus ein aus Komplexverbb. von CrO_3, Fe, Zn u. gegebenenfalls Silicaten gebildet. Dieser Überzug haftet äußerst fest, wird von Transformatorenöl nicht angegriffen, ist korrosionsbeständig u. bietet mechan. Schutz. (**E. P. 796 807** vom 31/10. 1956, ausg. 18/6. 1958. Jap. Priorr. 2/11. u. 29/12. 1955.) G. FRIKELL. 6529

Soc. Continentale Parker, Frankreich, *Verhinderung des unerwünschten Verschweißens von Metallblechen* bei hohen Temperaturen. Auf der Oberfläche der Bleche wird eine feinverteilte inerte Substanz, wie *Glimmer,* in einer Trägerlsg., wie *Phosphat, Oxalat*-Lsg. u./oder die freien Säuren, getrocknet oder erhitzt. — Z. B. werden 200 g $NH_4H_2PO_4$ unter Zusatz von 20—40 g extrem feingemahlenem Glimmer (Durchmesser $< 10\ \mu$) in 1 Liter W. gelöst u. 0,05% *Na-Dodecylbenzolsulfonat* als Netzmittel beigefügt. Diese M. wird als 20 μ dicke Schicht auf ein Blech aufgebracht u. auf 500° erhitzt. Die Dicke der erzeugten Trennschicht ist 4—5 μ. (**F. P. 1 154 596** vom 30/6. 1956, ausg. 11/4. 1958. D. Priorr. 19/7. u. 27/7. 1955.) G. FRIKELL. 6529

Dow Chemical Co., V. St. A. (Erfinder: **Fred K. Quigley jr.** und **Harold A. Walters**), *Überzugsmaterial für Behälterwände* gegen den Angriff wss. starker Alkalihydroxyde. Die Innenwände solcher Vorratsgefäße werden mit einem wss. Latex eines Copolymeren von 55—70 (Gew.-%) *Styrol* u. 45—30 *Butadien*-Gemisch, der auf 100 (Gewichtsteile) 1—50 Pigment in Form eines Gemisches von TiO_2 u. *Ruß* enthält, überzogen u. bei 49—149° getrocknet. Ein Zusatz von *S* dient der Vulkanisation. — Beispiel: 208 (Gewichtsteile) Latex, 60 TiO_2, 15 ZnO, 2,74 Vulkanisator, 7,28 Antioxydans, 9 Beschleuniger u. 8 Verdichter. (**F. P. 1 159 280** vom 26/9. 1956, ausg. 25/6. 1958. A. Prior. 29/9. 1955.) G. FRIKELL. 6529

Vratislav Halen, Tschechoslowakei, *Aufbringen von nichtmetallischen Schutzschichten auf Metall.* Zum Aufbringen von Email oder plast. Stoffen auf dicke Platten aus Stahl oder anderen Metallen auf örtlich eng begrenzten Stellen wird die zum Haften notwendige Erhitzung mittels elektr. Stroms erzeugt. Dabei dient die Metallplatte als Kathode, während die Überzugs-Fl. aus einer als Anode geschalteten Vorr. von unten gegen das Werkstück sprudelt. Die Kathode gibt ihre Wärme dabei zum größten Teil an die Schutzmasse ab. Durch die schnelle u. eng lokalisierte Erhitzung wird eine unerwünschte Verformung des Werkstückes vermieden. (**F. P. 1 160 332** vom 16/11. 1956, ausg. 11/7. 1958. Tschech. Prior. 16/11. 1955.) G. FRIKELL. 6529

Soc. Continentale Parker, Frankreich, *Phosphatüberzüge auf Metallflächen,* die krist. u. fest haftend sind. Es wird eine wss. Lsg. eines prim. *Alkali-* oder NH_4-Salzes (oder des Salzes einer organ. Base) der H_3PO_4 in W. mit weniger als 0,02 g/Liter *Ca* (p_H 4,5) zur Wrkg. gebracht. — Z. B. werden 11,5 g $NH_4H_2PO_4$, 2 g $(NH_4)_2SiF_6$ u. 0,2 bis 6 g Nitroguanidin in 1 Liter W. gelöst u. ergeben bei 70° in 10 Min. auf gereinigten Stahlplatten sehr gute Überzüge. (**F. P. 1 155 705** vom 9/8. 1956, ausg. 7/5. 1958. E. Prior. 9/8. 1955.) G. FRIKELL. 6533

Montecatini Soc. Gen. per l'Industria Mineraria e Chimica (Erfinder: **Paolo de Cerma**), Mailand, Italien, *Ergänzung von Kaltphosphatierungsbädern für Metalle,* die lange gebrauchsfähig bleiben. Es werden dafür Ergänzungs-Lsgg. anderer Zuss. als die des Bades stufenweise u. kontinuierlich zugesetzt. In dem Gemisch von *Zn-Phosphat* u. *-Nitrat* u./oder *Alkalinitrat* verhält sich $P_2O_5 : NO_3$ wie 1 : 1 bis 1 : 0,5. Die Wrkg. der Bäder wird durch Zusätze unter $^1/_{10}$ des zugesetzten NO_3 vom Oxydationsmittel, wie $NaNO_2$, aufrechterhalten. Zusätzlich können noch andere Beschleuniger, wie *Cu-Salze,* beigefügt werden. — Z. B. wird ein zur Phosphatisierung von 1 m^2 Blech gebrauchtes Bad aus 20 g Zn, 20 g P_2O_5 u. 40 g NO_3 mit 170 g/Liter Zn, 240 g/Liter P_2O_5, 170 g/Liter NO_3 u. 0,1 g/Liter Cu regeneriert. (**Oe. P. 196 199** vom 18/4. 1956, ausg. 25/2. 1958. It. Prior. 20/4. 1955.) G. FRIKELL. 6533

J. J. Chain, *Kalte Phosphatierung von Eisenerzeugnissen* durch Eintauchen in eine Schwermetallphosphatlsg. (von 100—300 g/Liter) für die Dauer von 10—12 Min. in der Kälte oder bei 50—80° zur Ausbildung eines Phosphatfilms gegen *Korrosion.* (**UdSSR. P. 112 491** vom 4/6. 1957, gedruckt 18/4. 1958.) B. PANKOW. 6533

VEB Zeiss Ikon Dresden, Dresden, *Verfahren zum Feinstbedrucken von Gegenständen aus harten, unnachgiebigen Werkstoffen* mit Hilfe von Druckfarbe, welche die bedruckten Stellen bei einer nachfolgenden Oberflächenbehandlung vor dem Angriff der Behandlungsmittel schützt u. nach ihrer Entfernung die bedruckten Stellen als freigelegte Teile der ursprünglich vorhandenen Werkstoffoberfläche sichtbar werden läßt, dad. gek., daß die Druckfarbe in pastenförmigem Zustand in die Vertiefungen eines ca. 0,020—0,050 mm tief geätzten, vorzugsweise gehärteten, geschliffenen u. geläppten Klischees eingedrückt, mit Hilfe eines elast. Übertragungsmittels, z. B. einer Walze, abgenommen u. mit dieser auf die zu bedruckende Werkstoffoberfläche unmittelbar übertragen wird. (**D. A. S. 1 029 395** Kl. 15k vom 27/8. 1955, veröff. 8/5. 1958.) A. SEELIG. 6535

Farbwerke Hoechst Akt.-Ges., vormals Meister Lucius & Brüning, Frankfurt/M., *Oberflächenbehandlung von Eisen und Stahl.* Festhaftende Überzüge, die gegen *Korrosion* schützen u. als Gleitmittel beim Kaltbearbeiten wirken, werden erzeugt durch ca. 5—20 Min. lange Einw. von wss. Lsgg., die *Oxalsäure, Chlorat, Na-* u./oder *NH_4-Acetat* u. gegebenenfalls *Oxalate* enthalten. — Beispiel für eine Lsg.: 2,5 g $(COOH)_2$, 0,3 g CH_3COONa, 8 g $NaClO_3$, p_H 1,9. (**F. P. 1 157 513** vom 30/8. 1956, ausg. 30/5. 1958. D. Prior. 31/8. 1955.) G. FRIKELL. 6539

Universal Oil Products Co., Des Plaines, übert. von: **George L. Hervert,** Downers Grove, Ill., V. St. A., *Korrosionsschutzmittel für Aluminium* u. Al-Legierungen gegen Angriff von organ. Verbb., wie Aminen, Aminoalkoholen. Die Korrosion wird stark zurückgedrängt durch Zusatz von organ. *Alkali-, Erdalkalisulfonaten* oder *Mg-Hydrocarbonsulfonaten,* wie Na-Dodecylbenzensulfonat (I) oder Na-Lignosulfonat. — Beispiel: Zu 50 g NH_2-C_2H_4-OH in 450 g dest. W. werden 5,68 g eines Gemisches aus 88% I u. 12% Na_2SO_4 gegeben. (**A. P. 2 829 114** vom 4/5. 1955, ausg. 1/4. 1958.) G. FRIKELL. 6539

Continental Oil Co., übert. von: **Olen L. Riggs jr.** und **D'Arcy A. Shock,** Ponca City, Okla., V. St. A., *Korrosionsverzögerer* zum Schutz der eisernen Armaturen bei Ölbohrungen gegen in W. gelöste Sulfide, H_2S u. CO_2. Das Mittel, dessen D. größer ist als diejenige der zu pumpenden Fl., um in dieser herabzusinken, besteht aus 20—70% eines an sich bekannten Inhibitors für Eisen mit einer SZ. von 94—116, einer JZ. von 44—50 u. einem Mol.-Gew. von ca. 750, wie *Alkylpyrimidine,* 5—25 eines in Öl nicht lösl., nicht ionogen oberflächenakt. Prod., wie *Polyoxyäthylen-Sorbit-Monooleat* oder *-Monostearat,* u. 5—75% eines gemeinsamen Lösungsm. mit D. $>$1,1. (**A. P. 2 822 330** vom 14/3. 1955, ausg. 4/2. 1958.) G. FRIKELL. 6539

Pure Oil Co., Chicago, übert. von: **Glenn A. Marsh,** Crystal Lake, Ill., V. St. A., *Verhinderung der Korrosionswirkung in Ölquellen.* Die Metallteile der App. werden als Kathode einer Schutzanode aus unedlerem Metall, wie Mg, geschaltet. (**A. P. 2 829 099** vom 29/12. 1954, ausg. 1/4. 1958.) G. FRIKELL. 6539

N. A. Doronin, Die Metallurgie des Calciums. Moskau; Atomisdat. 1959. 4 Rbl. [russ.]

—, Werkstoffnormen. Nichteisenmetalle. Herausgegeben vom Deutschen Normenausschuß (DNA). Berlin, Köln, Frankfurt/M.; Beuth-Vertrieb GmbH. 1959. (232 S.) = DIN-Taschenbuch Band 4 B, 19. geänderte u. erweiterte Auflage. DM 18,60.

IX. Organische Industrie.

I. L. Kotljarewski, *Über ungesättigte Kohlenwasserstoffe. 1. Mitt. Herstellung von ungesättigten gasförmigen Kohlenwasserstoffen durch Dehydratisierung von Alkoholen unter Druck.* Das Verf. zur Herst. von komprimierten ungesätt. KW-stoffen beruht darauf, daß man in einen geschlossenen Katalyseraum Alkohol einspritzt, der bei der Dehydratation ein Olefin bildet, das im Reaktionsraum einen erhöhten Druck erzeugt. Mit Hilfe der eingehend beschriebenen App. wurden so hergestellt: Aus A. bei 33 at Äthylen der Reinheit 99% bei einer Ausbeute von 94,7%; aus Isopropylalkohol bei 11,5 at Propylen mit 99,5 bzw. 96,5%; aus Isobutylalkohol bei 3 at Isobutylen mit 99,5 bzw. 95,8%; aus n-Butanol bei 4 at Butylen mit 99 bzw. 96%. (Журнал Прикладной Химии [J. angew. Chem.] **29.** 1605—06. Okt. 1956. Ostsibir. Zweigstelle der Akad. der Wiss. der UdSSR, Labor. für organ. Synth.) O. LEBTAG. H 520

John Grindrod, *Herstellung von Fluoracetamid.* Beschreibung einer techn. Anlage zur Herst. von Fluoracetamid (I) durch Umsetzung von KF u. Chloracetamid (Gewinnung aus Äthylchloracetat u. konz. NH_3-W. bei niedriger Temp.) am Rückflußkühler in einem hochsd. inerten Lösungsm. (chlorierte KW-stoffe), Dest. (Blase aus rostfreiem Stahl) zur Trennung von Fluoramid, Kühlung, Filtration u. Trocknung des I (F. 110°) u. Rückführung des Filtrats. (Fertiliser, Feeding Stuffs J. **49.** 598. 610. 31/12. 1958.) W. WESLY. H 810

Jan Jurkiewicz, Józef Janczur und **Halina Laskowska,** *Methode zur Herstellung von reinem Acenaphthen.* Techn. 95%ig. Acenaphthen wird durch Dest. mit überhitztem Wasserdampf bei 300° gereinigt u. aus 95%ig. Methanol umkristallisiert. Das Prod. ist nach seinem UV-Spektr. als rein zu bezeichnen. (Koks-Smoła-Gaz **3.** 42—47. März/April 1958.) F. URBAN. H 2750

W. R. Grace & Co., New York, N. Y. (Erfinder: **Frederick Troop Fitch,** Baltimore, Md.), V. St. A., *Herstellung eines Pt-Katalysators auf Trägermaterial.* Tonerdegranula werden mit einer wss. Lsg. von Pt-Chlorwasserstoffsäure u. Halogenwasserstoff (0,1—1,0n) gemischt, die imprägnierten Granula zwischen 93 u. 204° getrocknet u. anschließend das Pt zur metall. Form reduziert. Das Endprod. soll. ca. 0,01—2,0 Gew.-% Pt enthalten. — Verwendung zum *Hydrieren* cycl. u. ungesätt. KW-stoffe. (**F. P. 1 127 033** vom 30/3. 1955, ausg. 6/12. 1956. **E. P. 790 431** vom 11/3. 1955, ausg. 12/2. 1958. **D. A. S. 1 013 022** Kl. 23b vom 31/3. 1955, veröff. 1/8. 1957. Alle A. Prior. 2/4. 1954.) W. WITTHOLZ. 6585

Steinkohlenbergwerk Rheinpreussen, Homberg, *Katalytische Hydrierung von Kohlenoxyd.* Zum Verf. des It. P. 484 254 ist nachzutragen, daß die als Katalysatoren dienenden Metalle zu einem wesentlichen Teil als Nitride vorliegen können. (**It. P. 492 858** vom 18/7. 1952. D. Prior. 21/7. 1951. **Zusatz zu It. P. 484 254; C. 1958. 14536.**) K. KOEBKE. H 500

Union Carbide & Carbon Corp., New York, N. Y., V. St. A., *Herstellung von Kohlenwasserstoffen* aus CO u. H_2 bei erhöhter Temp. u. erhöhtem Druck mit Fe-Katalysator, dad. gek., daß man, um den Geh. an Olefinen mit 2—4 C-Atomen zu erhöhen, den Katalysator während der Rk. kontinuierlich oder in Abständen mit Cl_2, Br_2 oder J_2, oder mit HCl, HBr oder HJ in Kontakt bringt, oder mit solchen Verbb., die beim Kontakt mit dem Katalysator die genannten Stoffe freisetzen, z. B. mit Äthylendichlorid. Man läßt bei 200—450° u. 4,2—42 at reagieren. (**It. P. 492 425** vom 19/6. 1952.) K. KOEBKE. H 500

Ruhrchemie Akt.-Ges., Oberhausen, *Katalytische Methanisierung von Gasgemischen,* die mindestens 15 (Vol.-%), bes. 18—22, CO_2 u. <3, bes. <1, CO, höchstens 2 N_2 u. CH_4, sowie etwa stöchiometr. Mengen H_2 enthalten. Man arbeitet in 2 Stufen jeweils bei 180—250° bei n. oder erhöhtem Druck u. mit einer Gasbelastung von 300 bis 3000 Voll. Gas pro Vol. Katalysator u. pro Stunde. In der 1. Stufe findet eine 75—86%ig., in der 2. eine >80%ig. Umsetzung statt. Zwischen beiden Stufen wird zweckmäßig das gebildete W. durch Kühlung abgeschieden. (**Holl. P. 89 305** vom 12/12. 1955, ausg. 15/10. 1958.) F. BÖHM. H 510

Diamond Alkali Co., Cleveland (Erfinder: **Joseph R. Baldridge,** Painesville), Ohio, V. St. A., *Stabilisierung der Chlorierungsprodukte niedriger aliphatischer Kohlenwasserstoffe,* bes. des *Tetrachloräthylens* u. der darin gegebenenfalls enthaltenen niedrigeren Chlorierungsprodd., gegen Zers. durch Luft, Wärme, Feuchtigkeit u. Metalloberflächen. Verwendet werden halogenierte, bes. chlorierte, Acetylen-KW-stoffe, deren Kp. möglichst nicht >20° nach oben oder unten vom Kp. des zu stabilisierenden KW-stoffs abweicht. — Beispiele: 3-Jodpropin-(1), 4-Brombutin-(1), 1.4-Dichlorbutin-(1), 1-Chlorhexin-(1), 4-Phenyl-1-chlorbutin-(1) oder 4-Chlor-3-methylbutin-(1). Es genügen schon Zusätze von 0,01—1,0%. Als Lichtstabilisator kann noch bes. Isoeugenol (0,01%) zugesetzt werden. (**D. A. S. 1 053 496** Kl. 12o vom 8/8. 1955, veröff. 26/3. 1959. A. Prior. 9/8. 1954.) W. Gräger. H 510

Esso Research and Engineering Co., Elizabeth, N. J., übert. von: **Wilson D. Seyfried**, Baytown, Texas, V. St. A., *Entfernen von konjugierten acyclischen Diolefinen* (Isopren, Piperylene, Hexa-1.3-dien) *aus Kohlenwasserstofffraktionen*, wie Gasolin, mit

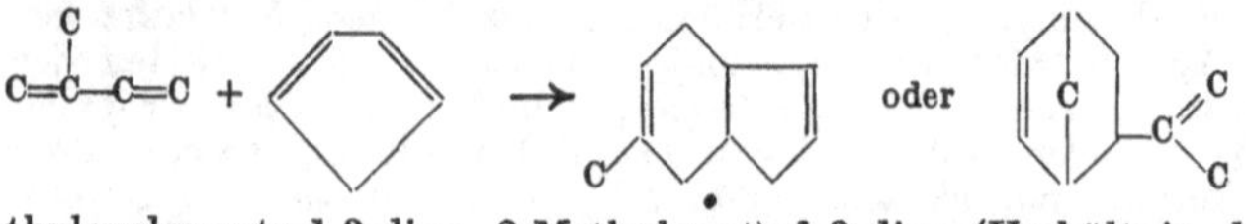

Kp. 80—320° F. Man erhitzt die Fraktion mit einem cycl. Diolefin mit 5 C-Atomen im Ring (Cyclopentadien, 5-Methylcyclopenta-1.3-dien, 2-Methylpenta-1.3-dien (Verhältnis des cycl. zum acycl. Diolefin = 0,1 : 1 bis 1 : 1) auf 350—450° F u. dest. dann den KW-stoff von dem entstandenen Diolefinmischpolymeren ab. — Aus den Diolefinen entstehen z. B. obenst. Verbindungen. — Fließschema, Zeichnung. (**A. P. 2 752 406** vom 11/4. 1952, ausg. 26/6. 1956.) G. Krauss. H 520

Columbia-Southern Chemical Corp., Pittsburgh, Pa. (Erfinder: **William Richard Dial**, Akron, und **Charles Lloyd Cormany**, Wadsworth, Ohio), V. St. A., *Stabilisiertes, einen halogenierten aliphatischen Kohlenwasserstoff mit bis zu 3 Kohlenstoffatomen enthaltendes Lösungsmittel*, wie CCl_4, Chlf., Äthylendichlorid, Perchloräthylen u. bes. *Trichloräthylen*, dad. gek., daß es mit mindestens 0,02 (Gew.-%) einer Mischung aus Propargylalkohol (0,005—0,5), einem Phenol (0,001—0,05; Thymol, Brenzcatechin, p-Kresol, Guajacol, Methylsalicylat), einem bei 80—100° sd. sek. oder tert. Amin (0,001—0,1; Diisopropylamin) u. einem sek. oder tert. Amin mit mindestens einer am N befindlichen Kette von mindestens 4 C-Atomen (0,001—0,1; Di-sek.-butylamin) stabilisiert worden ist. (**D. A. S. 1 057 099** Kl. 12o vom 15/6. 1956, veröff. 14/5. 1959. A. Prior. 16/6. 1955.) W. Gräger. H 520

Columbia-Southern Chemical Corp., V. St. A. (Erfinder: **Douglas Henry Eisenlohr** und **Robert Duke Shelton**), *Herstellung von Trichloräthylen*, dad. gek., daß man aus symm.-Tetrachloräthan in Ggw. eines mit $BaCl_2$ imprägnierten Kohlekatalysators bei 177—232° HCl abspaltet u. die Temp. auf 357—385° erhöht, bis 75—78% umgewandelt sind. (**F. P. 1 165 926** vom 20/11. 1956, ausg. 30/10. 1958. A. Prior. 21/11. 1955.) S. Böttcher. H 520

Fluor Corp. Ltd., Los Angeles, übert. von: **Arthur L. Kohl**, Burbank, und **Fred C. Riesenfeld**, Hollywood, Calif., V. St. A., *Abtrennen von Acetylen, Methylacetylen oder anderen höhermolekularen Acetylenverbindungen* aus ihren Mischungen erfolgt durch selektive Absorption in einem Diäthylenglykolalkyläther mit 1—4 C-Atomen im Alkyl u. Kp. >175° (Diäthylenglykolmonomethyl-, -monoäthyläther, -monobutyläther, Diäthylenglykoldiäthyläther). Aus der Lsg. wird zuerst selektiv das Acetylen u. dann Methylacetylen entfernt, wobei vor der Fraktionierung die weniger lösl. Verunreinigungen abgetrennt werden können. Löslichkeit der Acetylene in den vorst. genannten Äthern vgl. Tabelle. — Vorr., Zeichnungen. (**A. P. 2 773 560** vom 18/5. 1953, ausg. 11/12. 1956.) G. Krauss. H 530

E. I. du Pont de Nemours & Co., Wilmington, Del. (Erfinder: **Ray Anderson Crancer**, Whitehall, Mich., **John Richard Goertz**, Clarksville, Ind., und **James Warren Graham**, Muskegon, Mich.), V. St. A., *Kontinuierliche Herstellung von Monovinylacetylen aus Acetylen*, indem man dieses in Blasenform durch eine wss. CuCl-Lsg. als Katalysator leitet, in der 1,5—20% eines Diäthylenglykolmonoalkyläthers (**I**) mit 1—8 C-Atomen im Alkyl dispergiert sind. Ein Teil der Katalysatorlsg. wird fortlaufend abgezogen u. nach Trennung der beiden Schichten die Katalysatorlsg. in den Kreislauf zurückgegeben. Durch den Zusatz von **I** sollen die entstandenen teerartigen Stoffe in Lsg. gehalten werden. Wenn deren Geh. ca. 5—10% beträgt, wird ein Teil der Katalysatorlsg. abgezogen u. aus der **I**-Schicht durch Zusatz von W. der Teer ausgefällt, die wss. Lsg. dest. u. **I** in den Kreislauf zurückgegeben; Ausbeute an Monovinylacetylen 90,5%. Als **I** ist bes. Diäthylenglykolmonobutyläther geeignet. — Vorr., Zeichnung. (**D. A. S. 1 054 989** Kl. 12o vom 14/8. 1957, veröff. 16/4. 1959. A. Priorr. 16/8. 1956 u. 28/6. 1957.) G. Krauss. H 530

Standard Oil Co., Chicago, Ill., übert. von: **Russell H. Brown**, Hammond, Ind., V. St. A., *Abtrennung von primären Mercaptanen* aus ihren Mischungen mit sek. u. tert. Mercaptanen erfolgt mit einer Mischung aus W., einer lösl. Pb-Verb. u. mindestens

2 Mol Triäthanolamin je Mol lösl. Pb in Abwesenheit von freiem O_2. Das entstandene prim. Pb-Mercaptid wird abgetrennt. Das Triäthanolamin verhindert die Rk. zwischen dem Pb u. den sek. u. tert. Mercaptanen. — Es können abgetrennt werden: n-Propyl-, n-Butyl-, n-Dodecyl-, n-Hexadecyl-, Allyl- u. Isobutylmercaptan (= 2-Methylpropanthiol). (**A. P. 2 773 905** vom 7/2. 1955, ausg. 11/12. 1956.) G. KRAUSZ. H 600

Farbwerke Hoechst Akt.-Ges., vormals Meister Lucius & Brüning, Frankfurt/M. (Erfinder: **Josef Kaupp, Helmut Klug** und **Karl-Heinz Mittelberger,** Augsburg), *Herstellung von Halogenfettsäurechloriden* durch Oxydation von halogensubstituierten Olefin-KW-stoffen mit O_2 oder einem O_2-haltigen Gas, dad. gek., daß man 1.1-Dichloralkene-(1), die mindestens 3 Ketten-C-Atome enthalten u. noch weitere Halogenatome als Substituenten tragen können, in Abwesenheit von Katalysatoren unter gelegentlichem Bestrahlen mit photochem. wirksamem Licht bei $<150^0$, bes. bei 90—110°, u. einem O_2-Überdruck von 0,2—20 at, wobei man bes. wenig mehr als die stöchiometr. erforderliche O_2-Menge verwendet, oxydiert. — Beispiele: 1.1.3-Trichlorpropen-(1) → *α.β-Dichlorpropionsäurechlorid,* $Kp._{720}$ 140—144°; n_D^{20} 1,4769. Verseifung mit Na_2CO_3 → 70—75% *α.β-Dichlorpropionsäure,* $Kp._1$ 72—76°, F. 50—51° (Bzn.). Hexachlorpropen-(1) → *Pentachlorpropionsäurechlorid,* $Kp._{15}$ 153—158°, F. 40—41°. Verseifung → $^1/_3 CCl_3 \cdot COOH$ u. $^2/_3$ *Pentachlorpropionsäure,* F. 220° (Zers.). 1.1.5-Trichlorpenten-(1) → *α.ω-Dichlorvaleriansäure,* $Kp._{12}$ 80—110°. 1.1.7-Trichlorhepten-(1) → 50% *α.ω-Dichlorönanthsäurechlorid,* $Kp._9$ 120—126°; n_D^{20} 1,4806; *Säure,* $Kp._1$ 116—119°; n_D^{20} 1,4791. 1.1-Dichlor-5-brompenten-(1) → *α-Chlor-ω-bromvaleroylchlorid,* $Kp._{20}$ 120—122°; n_D^{20} 1,5160; *Säure,* $Kp._{14}$ 158—159°. 1.1-Dichlorpropen-(1) → *α-Chlorpropionylchlorid,* Kp. 109—111°. (**D. A. S. 1 054 983** Kl. 12o vom 15/6. 1956, veröff. 16/4. 1959.)
O. MÜLLER-MEININGEN. H 810

Escambia Chemical Corp., Pace, Fla., übert. von: **James H. Gardner,** Wayland, und **Thomas R. Steadman,** Waban, Mass., V. St. A., *α-Nitrato- und α-Hydroxyisobuttersäure* bzw. deren Gemisch erhält man durch Rk. von Isobutylen bei $<40^0$ mit fl. N_2O_4, wobei man N-haltige Zwischenprodd. bei $>15^0$ u. $<150^0$ mit einem wss. Gemisch aus HNO_3 u. N-Oxyden innerhalb 30 Min. zerlegt. — Zwischenprodd. bes. zur Herst. von Methacrylsäure. (**A. P. 2 847 453** vom 6/1. 1958, ausg. 12/8. 1958.)
O. MÜLLER-MEININGEN. H 850

Monsanto Chemical Co., St. Louis, Mo., übert. von: **William H. Selcer,** Texas City, Texas, V. St. A., *Thiodinitrile* der allg. Formel $NC(C_nH_{2n})-S-(C_nH_{2n})-CN$ (n = 1—7) erhält man durch Rk. eines aliphat. Monohalogennitrils mit 1—8 C-Atomen mit einem Alkalihydrosulfid in einem nichtwss. Lösungsm. unter rückfließendem Erhitzen. — Aus 25 g *β*-Chlorpropionsäurenitril in 158 cm³ absol. A. u. 23,5 g NaHS in 150 cm³ A. unter Rückfluß → *β.β'-Thiodipropionitril,* F. 14—18°; daraus mit konz. HCl → *β.β'-Thiodipropionsäure,* F. 126—129°. — Bromacetonitril + NaHS → *Thiodiacetonitril.* — α-Chlorisobutyronitril + NaHS → *α.α'-Thiodiisobutyronitril.* Die Ausgangsstoffe werden z. B. nach A. PP. 2 283 237, 2 331 681, 2 426 901, 2 524 011 u. 2 524 020 (letztere zwei C. **1951.** II. 746) hergestellt. — *Zusatzmittel* zu *Kunststoffen, synthet. Kautschuk, Fetten* u. *Speiseölen; Zwischenprodd.* zur Herst. von *selektiv wirkenden Lösungsmitteln, Weichmachern, Netzmitteln, Gefrierschutzmitteln* u. *Insekticiden.* (**A. P. 2 762 836** vom 8/12. 1952, ausg. 11/9. 1956.) G. KRAUSS. H 850

Deutsche Gold- & Silberscheideanstalt vormals Roessler, Frankfurt/M. (Erfinder: **Rudolf Wendlandt,** Langelsheim/Harz, und **Gerhard Hoffmann,** Waldshut/Baden), *Entfernung von Blausäure* aus HCN-armen, NH_3 u. noch andere Bestandteile enthaltenden Gasgemischen durch Überleiten der höchstens 5 (%), bes. nur 2 u. weniger HCN enthaltenden Gasgemische bei 200—400° über trocknes K_2CO_3. (**D. B. P. 972 009** Kl. 12k vom 13/10. 1943, ausg. 6/5. 1959. Anmeldung bekanntgemacht 4/9. 1952.)
H. NEBELSIEK. H 890

E. I. du Pont de Nemours & Co., V. St. A. (Erfinder: **William Rudolph Schmitz**), *Herstellung von Lysin,* dad. gek., daß man 5-[4-Chlor- oder -Brombutyl]-hydantoin bei 100—175° mit 1—20 (Mol) fl. NH_3 u. 0,1—4 $(NH_4)_2CO_3$ umsetzt u. das entstehende Hydantoingemisch hydrolysiert. Man kann auch ein Gemisch aus 5-[4-Aminobutyl]-hydantoin u. **I** hydrolysieren, worin R eine NH_2- oder OH-Gruppe bedeutet. (**F. P. 1 165 029** vom 24/4. 1956, ausg. 16/10. 1958. A. Prior. 26/5. 1955.)

I

S. BÖTTCHER. H 950

Dautreville et Lebas, Frankreich, *Reinigung von Methionin,* dad. gek., daß man der sd. wss. Lsg. einen Aldehyd (HCHO, Vanillin) zusetzt, in der Wärme über Kohle filtriert u. kristallisieren läßt. (**F. P. 1 163 371** vom 23/12. 1955, ausg. 25/9. 1958.)
S. BÖTTCHER. H 950

Kali-Chemie Akt.-Ges. (Erfinder: **Herbert Jenkner** und **Hans Werner Schmidt**), Hannover, *Herstellung von Alkylchlorverbindungen*, dad. gek., daß BF_3 oder Komplexfluoride (I) von B mit Al-Alkylfluoriden, zweckmäßig bei erhöhter Temp., umgesetzt werden. I sind z. B. KBF_4 u. $NaBF_4$. — 31 (Gewichtsteile) $(C_2H_5)_2AlF$ werden mit 12,5 KBF_4 bei ca. 220° umgesetzt; bei der Dest. des Prod. erhält man $(C_2H_5)_3B$. Ausbeute >75%. (**D. A. S. 1 014 541** Kl. 12o vom 4/11. 1954, veröff. 29/8. 1957.)
J. MÜHLEISEN. H 980

Badische Anilin- & Soda-Fabrik Akt.-Ges., Ludwigshafen/Rh. (Erfinder: **Walter Hieber** und **Gerhard Wagner**, München), *Herstellung von Alkylmanganpentacarbonylen*, dad. gek., daß man Manganpentacarbonylwasserstoff (I) mit Alkylierungsmitteln, zweckmäßig in Ggw. inerter Lösungsmittel, behandelt. I [aus $Mn(CO)_5$ in Tetrahydrofuran mit Na] wird in Ae. gelöst u. mit einer Lsg. von Diazomethan in Ae. bei —20° behandelt. Nach Abdest. von Ae. erhält man einen hellbraunen krist. Rückstand, aus dem $CH_3Mn(CO)_5$ durch Sublimation isoliert wird. — Katalysatoren u. Antiklopfmittel. (**D. A. S. 1 053 504** Kl. 12o vom 27/12. 1957, veröff. 26/3. 1959.)
J. MÜHLEISEN. H 980

Badische Anilin- & Soda-Fabrik Akt.-Ges., Ludwigshafen/Rh. (Erfinder: **Walter Hieber** und **Gerhard Wagner**, München), *Herstellung von Manganpentacarbonylwasserstoff* durch Rk. von $Mn(CO)_5$ mit H_2 in Ggw. von CO bei erhöhter Temp. u. unter erhöhtem Druck. (**D. A. S. 1 058 488** Kl. 12n vom 13/3. 1958, veröff. 4/6. 1959.)
H. NEBELSIEK. H 980

Standard Oil Co., Chicago, Ill., übert. von: **Melvern C. Hoff**, Highland, und **Donald E. Burney**, Griffith, Ind., V. St. A., *Gewinnung von o- und p-Xylol* aus Gemischen von isomeren Xylolen. Das Gemisch von Xylolen, Äthylbenzol u. Paraffinen, welche im Xylolsiedebereich sd., wird gerade über den Kristallisationspunkt der 1. gesätt. Komponente des Gemisches abgekühlt u. dabei auch p-Xylol u. o-Xylol zur Kristallisation gebracht. Die Xylolkristalle werden von der Mutterlauge abgetrennt. Durch Umkristallisieren wird reines *p-Xylol* aus dem Kristallgemisch erhalten. Die Mutterlauge der Umkristallisierung wird dest. u. ein an p-Xylol reiches Destillat erhalten, während das prakt. reine *o-Xylol* als Bodenprod. zurückbleibt. Das an p-Xylol reiche Destillat wird zur Umkristallisierung zurückgeleitet. — Zeichnung. (**A. P. 2 795 634** vom 1/5. 1953, ausg. 11/6. 1957.)
E. KAHLES. H 1010

Badische Anilin- & Soda-Fabrik Akt.-Ges. (Erfinder: **Martin Luther**, Mannheim, **Georg Schwarte** und **Karl Scherf**), Ludwigshafen/Rh., *Reinigen von einkernigen aromatischen Carbonsäuren*, die N-haltige Verunreinigungen enthalten, durch Erhitzen mit W. oder wss. Fll. bei erhöhtem Druck u. >220°, Abkühlen u. Abtrennen der anfallenden Säuren bei Normaldruck. (**D. A. S. 1 052 393** Kl. 12o vom 5/6. 1954, veröff. 12/3. 1959.)
L. STADELMANN. H 1210

Lonza Usines Électriques et Chimiques Soc. An., Schweiz, *Herstellung von Dicarbonsäuredivinylestern*, z. B. *Isophthalsäure-*, $Kp._{0,1}$ 120—125°, F. 59—60°, *Terephthalsäure-*, $Kp._{0,05}$ 110—120°, F. 83—84°, u. *Adipinsäuredivinylester*, $Kp._{2-3}$ 110—118°, dad. gek., daß man die Säuren bei 230—270° in Ggw. von Essigsäureanhydrid u. ZnO- oder CdO-Katalysatoren in Xylol unter Druck mit C_2H_2 umsetzt. (**F. P. 1 161 698** vom 27/11. 1956, ausg. 3/9. 1958. Schwz. Prior. 9/12. 1955.) S. BÖTTCHER. H 1220

Chemische Werke Hüls Akt.-Ges., Marl, *Herstellen von Benzoldicarbonsäuren*. Dialkylbenzol, bes. Diäthyl- oder Diisopropylbenzol wird mit O_2 bei erhöhter Temp. in Ggw. von Katalysatoren oxydiert, bis die O_2-Aufnahme beendet ist, u. das rohe Oxydationsprod. in NaOH-alkal. Medium mit O_2 von >20 at bei <200° in Ggw. eines Emulgators (Alkylarylsulfonat) bis zur beendeten O_2-Aufnahme weiteroxydiert. Ausbeute: 90—95% Benzoldicarbonsäuren, bezogen auf das eingesetzte Dialkylbenzol. (**E. P. 801 562** vom 17/2. 1955, ausg. 17/9. 1958.) L. STADELMANN. H 1220

Bergwerksverband G. m. b. H., Essen (Erfinder: **Anton Benning**, **Otto Grosskinsky**, Dortmund, und **Arthur W. Krause**, Herne), *Herstellen von Terephthalsäuredimethylester* durch Verestern von Terephthalsäure (I) mit Methanol, dad. gek., daß man die Veresterung oberhalb 215° durchführt u. 1 Mol I mit höchstens 20 Mol, bes. <10 Mol, Alkohol umsetzt. Umsatz: 98% der Theorie. (**D. A. S. 1 057 090** Kl. 12o vom 15/4. 1957, veröff. 14/5. 1959.) L. STADELMANN. H 1220

N. V. Organon (Erfinder: **Willem Jacob van der Burg**), Oss, Holland, *Herstellung von Aldehyden*. Man oxydiert prim. Alkohole mit „aromat. Charakter", deren OH-Gruppe sich an einem C-Atom befindet, das unmittelbar mit einem aromat. Ring oder mit einem C-Atom mit aromat. Charakter eines heterocycl. Ringes verbunden ist, durch Erwärmen mit MnO_2 in einem nichtwss. Lösungsm., wie aromat., alicycl. oder aliphat. KW-stoffen, halogenierten KW-stoffen, Äthern, Estern oder Ketonen. — Z. B. kocht man eine Mischung aus 5 (g) Benzylalkohol, 25 MnO_2 u. 100 cm^3 Chlf. 5 Std. unter N_2

u. erhält 4,45 Benzaldehyd. Bei Verwendung von Bzl. als Lösungsm. beträgt die Reaktionsdauer nur 4 Stunden. — Es wird ferner die Oxydation von 4-Hydroxy-3-methoxy-u. p-Chlorbenzylalkohol, β-Naphthylcarbinol, Salicyl-, Anis- u. Furfurylalkohol beschrieben. (**Holl. P. 87 141** vom 26/3. 1954, ausg. 15/1. 1958.) F. BÖHM. H 1510

Esso Research and Engineering Co., V. St. A., *Herstellung von Cyclopenten*, dad. gek., daß man monomeres Cyclopentadien (I) an einem Katalysator aus 91 (Mol-%) Ni u. 9 ZnO bei 300° mit 1 Mol H_2 hydriert oder daß man dimeres I bei 25—150° u. 3,5—14 kg/cm² an PtO_2 oder bei 35—105 kg/cm² an RANEY-Ni bis zur Dihydroverb. selektiv hydriert oder ein Gemisch aus Dihydrodicyclopentadien u. Isooctan bei 550° crackt. Das daneben entstehende monomere I wird der vorst. beschriebenen Hydrierung unterworfen. (**F. P. 1 164 965** vom 22/1. 1957, ausg. 16/10. 1958.) S. BÖTTCHER. H 1810

Food Machinery & Chemical Corp., V. St. A., übert. von: **Frank Philip Greenspan** und **Rupert Edwin Light jr.,** *Epoxydation von Polycyclopentadien*, das man durch Erhitzen von Cyclopentadien oder dessen Dimerem auf 145—220° u. Entfernen des Ausgangsmaterials erhält, u. das im wesentlichen aus *trimerem* u. *tetramerem* Cyclopentadien besteht. Man epoxydiert bes. mit organ. Persäuren in einem indifferenten organ. Lösungsmittel. — 100 g Polycyclopentadien (Br-Z. 132) werden in 100 g Bzl. bei 25° mit 188 g 40%ig. Peressigsäure, die 8,2 g CH_3COONa u. 0,5 Dipicolinsäure enthält, langsam versetzt, 1 Std. bei 35° gehalten, dann bei 20° mit gesätt. NaCl-Lsg. u. danach NaCl-KOH-Lsg. zur Neutralisation gewaschen. — *Zwischenprodukt.* (**F. P. 1 143 144** vom 19/11. 1955, ausg. 26/9. 1957. A. Prior. 19/11. 1954.) M. PANKOW. H 1810

Alfred Viola, College Park, **Gilbert Forrest Woods,** Silver Spring, Md., und **Nicholas Charles Bolgiano,** Pittsburgh, Pa., V. St. A., *Herstellung von Cyclohexadienen* durch Cyclisierung von Dialkylhexendiol, z. B. Dimethylhexendiol, bei >300° in der Dampfphase in Ggw. eines anorgan. Katalysators. — Beispiele: *1.4-Dimethylcyclohexadien*, Kp. 123—128°; n_D^{30} 1,471; *Dekahydrophenanthren*, $Kp._{0,2}$ 100—110°. (**A. P. 2 836 631** vom 10/3. 1955, ausg. 27/5. 1958.) H. NEBELSIEK. H 1810

Farbwerke Hoechst Akt.-Ges., vormals Meister Lucius & Brüning, Frankfurt/M. (Erfinder: **Martin Rieber,** Schönberg/Taunus), *Cycloaliphatische Ketoxime* erhält man durch Red. von wss. Nitrocycloalkan-Lsgg. mit Thiosulfaten u./oder Polythionaten <50°, bes. bei —10 bis +10°, u. Zugabe einer starken anorgan. Säure, wie HCl, so daß eine neutrale bis saure Lsg. entsteht. Zweckmäßig fügt man der Lsg. vor oder nach der Säurezugabe kleine Mengen NH_2OH bzw. eines seiner Salze oder NH_2OH abgebende Verbb. zu. — Eine auf 0° gekühlte Lsg. von 300 (Teilen) $Na_2S_2O_3$ in 250 W. wird mit einer auf 0° gekühlten Lsg. von 130 Nitrocyclohexan in 605 Voll. 2,5n NaOH versetzt, das Gemisch 1 Std. bei 0° gerührt, 700 Voll. 4n auf —10° gekühlte HCl rasch zugesetzt, nach 2—5 Min. eine gesätt. wss. Lsg. von 2 Hydroxylaminhydrochlorid zugefügt, die Mischung nochmals 1 Std. bei 0° gerührt, der p_H-Wert auf 6—7 eingestellt, der Nd. abgesaugt, das Filtrat ausgeäthert, der Ae. verdampft u. der Rückstand im Vakuum dest.; man erhält 100 *Cyclohexanonoxim* (92%ig. Ausbeute). — Vgl. D. B. P. 938 786; C. **1956.** 12130. (**Schwz. P. 326 528** vom 21/10. 1953, ausg. 15/2. 1958. **E. P. 784 608** vom 23/10. 1953, ausg. 9/10. 1957. Beide D. Prior. 23/10. 1952.) R. LINK. H 1960

Chemische Werke Hüls Akt.-Ges. (Erfinder: **Gunthard Hoffmann** und **Franz Broich**), Marl/Recklinghausen, *Entfernen von störenden Verunreinigungen aus durch katalytische Oxydation von Cyclohexan in flüssiger Phase hergestellten Cyclohexanol-Cyclohexanon-Gemischen* mit wss. Alkalien, dad. gek., daß man eine Lsg. des esterhaltigen Ausgangsgemisches in einem organ. Lösungsm., bes. Cyclohexan, bei 50—140° mit verd. wss. Alkalien, die je kg nicht mehr als 2 Mol Alkali enthalten, behandelt, u. sie nach der Abtrennung der wss. Schicht fraktioniert destilliert. — Behandelt man z. B. 100 (g) eines Prod., das aus 90% Cyclohexan, 5,8% Cyclohexanon, 3,7% Cyclohexanol, 0,45% Cyclohexylestern u. 0,05% Rückstand besteht, bei 70—75° mit 12 2%ig. NaOH, so erhält man nach der Dest. ein Prod., das aus 57,9% Cyclohexanon, 41,2% Cyclohexanol, 0,3% Cyclohexylestern u. 0,6% Rückstand besteht, wobei die noch verbliebenen Ester hohe Kpp. besitzen u. daher leicht durch Dest. abgetrennt werden können. — Als Endprod. gewinnt man ein *Cyclohexanon* mit >99,5%ig. Reinheit. (**D. B. P. 969 501** Kl. 12o vom 13/12. 1951, ausg. 12/6. 1958. Anmeldung bekanntgemacht 22/1. 1953.) R. LINK. H 1960

Eugen Müller, Tübingen (Miterfinder: **Horst Metzger,** Ludwigshafen/Rh., und **Dorla Fries,** Tübingen), *Cyclohexanonoxim* (I), F. 88—89°, erhält man in Ausbeuten bis zu 86%, wenn man das nach dem Verf. des D. B. P. 958 840 durch Chlorieren von Cyclohexan mit überschüssigem NO u. Cl_2 als Nebenprod. erhaltene 1-Chlor-1-nitrosocyclohexan (II) in Ggw. von PtO_2 katalyt. hydriert, anstatt es zu erwärmen oder zu belichten. — Z. B. löst man 10,14 g reines **II** in 30 g Essigester u. hydriert die Lsg. 45 Min. in Ggw. von

70 mg PtO_2. Das ausgefallene I-*Hydrochlorid*, F. 94°, wird abfiltriert, das Filtrat eingedampft, Rückstand u. abfiltrierte Kristalle in verd. HCl gelöst, die Katalysatorreste werden nochmals entfernt u. I aus dem Filtrat mit 2n NaOH in Freiheit gesetzt. (**D. B. P. 962 333** Kl. 12o vom 29/7. 1954, ausg. 18/4. 1957. Anmeldung bekanntgemacht 25/10. 1956. **Zusatz zu D. B. P. 958 840; C. 1958. 6969. E. P. 789 731** vom 28/3. 1955, ausg. 29/1. 1958. D. Priorr. 30/3. u. 28/7. 1954 u. 4/1. 1955.) R. LINK. H 1960

Farbenfabriken Bayer Akt.-Ges., Leverkusen (Erfinder: **Gustav von Schuckmann,** Krefeld), *Cyclohexylhydroxylamin* (I) erhält man durch katalyt. Hydrierung von Nitrocyclohexan (II) bei 100—170° u. 50—300 at in Ggw. von Ag-Katalysatoren, die zweckmäßig noch Oxyde des Cr, Zn, Al u. Mg enthalten, wobei die Katalysatoren vor der ersten Verwendung in einem Äther oder KW-stoff suspendiert, mit H_2 bei den Hydrierungstempp. u. -drucken aktiviert werden u. dann das Nitrocyclohexan in das den Katalysator enthaltende u. unter H_2-Druck stehende Lösungsm., dem zuvor noch eine geringe Menge eines Alkalihydroxyds zugesetzt worden ist, nach Maßgabe der Hydriergeschwindigkeit eingepumpt wird. — Z. B. füllt man in einen 2-Liter-Edelstahlautoklaven 400 (g) trocknen Ae., 1 NaOH u. 20 eines Katalysators, der aus 14,5% Ag, 36,3% Zn, 20,5% Cr, 1,6% Al u. 0,5% Mg in Form der Oxyde besteht, bringt das Gemisch unter einen H_2-Druck von 200 at, heizt ihn unter Rühren auf 125° auf, pumpt dann innerhalb von 20 Min. 400 II ein, kühlt das Reaktionsgemisch ab u. arbeitet es durch Dest. auf. Man erhält 263 I, 19,5 Cyclohexanonoxim, 18 Cyclohexylamin u. 20 nicht umgesetztes II. — Der Katalysator wird vor seiner Wiederverwendung zweckmäßig mit Methanol, das 1% Essigsäure enthält, ausgewaschen. (**D. B. P. 960 199** Kl. 12o vom 31/8. 1954, ausg. 21/3. 1957. Anmeldung bekanntgemacht 27/9. 1956.) R. LINK. H 2110

Kali-Chemie Akt.-Ges. (Erfinder: **Herbert Jenkner**), Hannover, *Herstellung von bororganischen Verbindungen*, dad. gek., daß Borhalogenide mit Alkalihydriden u. Olefinen in Ggw. von organ. Aminen u. von Alkalihydrid aktivierenden Verbb. (I) umgesetzt werden. Als I dienen organ. Verbb. von B, Al oder Ga. — 25 (Gewichtsteile) NaH, suspendiert in 18 Cyclohexen, werden bei 75° mit 18 $B(C_2H_5)_3$ u. 35 Triäthylamin versetzt, worauf 39,5 BCl_3 eingeleitet werden. Nach Abdest. der flüchtigen Stoffe erhält man 40 *Bortricyclohexyl*. — Katalysatoren, Treibstoffe u. Zusätze dazu, Schädlingsbekämpfungsmittel. (**D. A. S. 1 052 986** Kl. 12o vom 13/3. 1957, veröff. 19/3. 1959.) J. MÜHLEISEN. H 2180

American Cyanamid Co., New York, N. Y., übert. von: **William A. Barber,** Stamford, Conn., V. St. A., *Dicyclopentadienylmagnesium*, große, weiße, wohlausgebildete Kristalle, F. 176°, erhält man z. B. in 36%ig. Ausbeute durch Erhitzen von metall. Mg oder einer Mg-Legierung u. Cyclopentadien oder Dicyclopentadien oder einer Cyclopentadien liefernden Verb. (n-Butan, Pentan, Heptan) bei $>450°$, bes. 500—1000°, vorzugsweise in Ggw. eines Inertgases (He). — Zwischenprod. u. Antioxydationsmittel. (**A. P. 2 788 377** vom 27/12. 1955, ausg. 9/4. 1957.) R. LINK. H 2180

A/B Ferrosan, Malmö, Schweden (Erfinder: **E. Frank** und **L. A. Hahn**), *Herstellung von Thiosemicarbazonen* aus aromat. Aldehyden nach Schwed. P. 141 506; C. **1956.** 571, dad. gek., daß die Hydrazinverb. u. der Aldehyd mit *Kaliumrhodanid* umgesetzt werden. (**Schwed. P. 150 158** vom 15/11. 1950, ausg. 31/5. 1955.) K. H. KÄHLER. H 2450

Chemische Fabrik Griesheim, Frankfurt/M., *Reduktion von Nitrobenzol* in Ggw. von Fe u. Alkalilauge (I), dad. gek., daß die Konz. der I während der ganzen Rk. konstant gehalten wird. Die Konz. der I soll ca. 40%, bezogen auf das im Gemisch vorhandene W., betragen, es soll ein Lösungsm. für *Hydrazobenzol* zugegeben werden. (**It. P. 491 790** vom 2/8. 1952. D. Prior. 31/8. 1951.) K. KOEBKE. H 2510

Farbenfabriken Bayer Akt.-Ges., Leverkusen (Erfinder: **Kurt Bauer,** Holzminden, und **Herbert Simonis,** Krefeld), *trans-9-Dekahydronaphthylhydroperoxyd*, F. 95—96°, erhält man durch Oxydation von Dekahydronaphthalin mit vorzugsweise hohem Anteil an cis-Isomerem mittels O_2 oder O_2-haltigen Gasen in Ggw. von Oxydationskatalysatoren, wie Schwermetallsalzen (Mischkatalysator aus je 25% ölsaurem Co, Mn, Zn u. Ce), $>150°$, bes. bei 170—200°, u. erhöhtem Druck, z. B. 2,5—3 at, u. einer Verweilzeit von höchstens 15 Min., Neutralisieren der sauren Bestandteile mit verd. Alkalihydroxyd, Extraktion mit Methanol, Dest. des Methanolextraktes u. Verdünnen des Rückstandes mit PAe. unter gleichzeitiger starker Abkühlung. — Als Nebenprodd. erhält man *cis-α-* u. *cis-β-Dekahydronaphthol* bzw. *cis-α-* u. *cis-β-Dekahydronaphthalin-Keton*. — Zwischenprodukt. (**D. B. P. 956 949** Kl. 12o vom 19/8. 1954, ausg. 24/1. 1957. Anmeldung bekanntgemacht 2/8. 1956.) R. LINK. H 2700

Hercules Powder Co., übert. von: **Joshua B. Conner jr.,** Wilmington, Del., V. St. A., *β-Isopropylnaphthalinhydroperoxyd* erhält man durch Oxydation einer

Mischung aus 75—90% β-Isopropylnaphthalin u. α-Isopropylnaphthalin mit O_2. Stimmt mit D. A. S. 1 015 431; C. **1959.** 8385 u. F. P. 1 112 404; C. **1958.** 4934 bis auf die Zus. des Ausgangsgemisches überein. (**A. P. 2 771 491** vom 21/9. 1953, ausg. 20/11. 1956.)
G. Krauss. H 2700

American Cyanamid Co., New York, übert. von: **Samuel W. Tribit,** Hawthorne, N. Y., **James Kenneth Dixon,** Riverside, und **Wesley O. Fugate,** Stamford, Conn., V. St. A., *1.4-Naphthochinon* erhält man durch Oxydation einer 0,5—2 Mol.-%ig. Naphthalin–Luft-Mischung in Ggw. eines Fließbettkatalysators aus SiO_2-Gel u. V_2O_5, der mit Alkalisalzen stabilisiert u. mit Al-, Zr- oder Th-Oxyd aktiviert ist, bei 250—425° u. einer Berührungszeit von 8—50 Sekunden. Die Ausbeute an Naphthochinon beträgt je nach Katalysator, Temp. u. Berührungszeit 19—34%; Tabelle. (**A. P. 2 765 323** vom 28/8. 1953, ausg. 2/10. 1956.)
G. Krauss. H 2700

Ruhrchemie Akt.-Ges., Deutschland, *Herstellung von $C_{22}H_{30}O_5$-Dicarbonsäureäther,* dad. gek., daß man Dicyclopentadien mit W. umsetzt zu *8-Hydroxytricyclo-[5.2.1.0^{2.6}]-decen;* den bei der Dest. als Nebenprod. anfallenden *Bis-tricyclo-[5.2.1.0^{2.6}]-decen-(4)-yl-(8)-äther* (I), $Kp._{0,7}$ 165—170°, unterwirft man einer Oxo-Rk. unter Bldg.

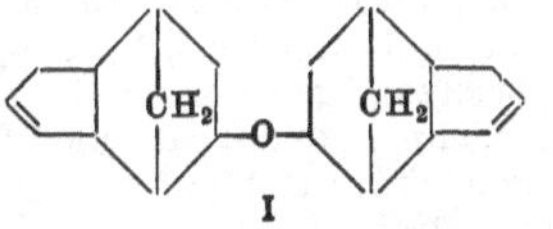

I

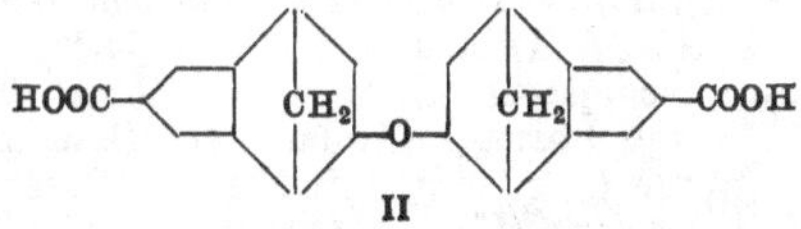

II

von *Bis-tricyclo-[5.2.1.0^{2.6}]-decyl-(8)-äther-4.4'-dimethylal,* das man entweder über das *Dimethylol* oder direkt in *Bis-tricyclo-[5.2.1.0^{2.6}]-decyl-(8)-äther-4.4'-dicarbonsäure* (II) überführt. (**F. P. 1 155 677** vom 28/7. 1956, ausg. 7/5. 1958. D. Prior. 18/8. 1955.)
S. Böttcher. H 2950

Karl Ziegler, Mülheim/Ruhr, und **Klaus Hafner,** Marburg/Lahn, *Herstellung von in 4- und/oder 8-Stellung alkylierten, arylierten oder aralkylierten Azulenen,* dad. gek., daß man ein in 4- u./oder 8-Stellung unsubsituiertes Azulen (I) mit einem Metallalkyl, -aryl oder -aralkyl umsetzt u. entweder das erhaltene Anlagerungsprod. mit einer ein saures H-Atom enthaltenden Verb. in das entsprechende Dihydro-I überführt u. dieses dann in Ggw. eines Dehydrierungsmittels, wie Chloranil, dehydriert oder aber das Anlagerungsprod. therm. zers. oder mit Wasserdampf dest. u. gegebenenfalls den 2. Substituenten in gleicher Weise einführt. — Z. B. versetzt man 10 (g) I mit 133 cm^3 einer 0,59mol. Suspension von C_6H_5Na in absol. Bzl., rührt das sich stark erwärmende Gemisch einige Std. bei n. Temp., kühlt das Gemisch auf —70° ab, versetzt es mit absol. Methanol u. überschüssigem Chloranil, erwärmt es auf n. Temp., verd. mit Hexan, wäscht die Hexanlsg. mit 4%ig. KOH, bis die wss. Schicht farblos geworden ist, wäscht die Hexanschicht mit W. neutral, dest. das Lösungsm. nach dem Trocknen ab u. erhält *4-Phenyl-*I, blaues Öl; *Trinitrobenzolat,* F. 86—87°; 52% (Ausbeute). — Analog: *4-Methyl-*I, blaues Öl; *Trinitrobenzolat,* F. 177—178°; Absorptionsmaxima bei 567, 617 u. 579 mμ; 68%. — *4-Butyl-*I, blaues Öl; *Trinitrobenzolat,* F. 93°; Absorptionsmaxima bei 680, 618 u. 570 mμ. — *4-Phenylisopropyl-*I, hochviscoses, blaues Öl. — *4.8-Diphenyl-*I, blaue Kristalle, F. 91°; 45%. — *4.8-Dimethyl-*I, violette Kristalle, F. 69°; *Trinitrobenzolat,* F. 178—179°; 52%. — *4-Phenyl-8-methyl-*I, blaues Öl; 62%. — *4-Äthyl-*I, blaues Öl; *Trinitrobenzolat,* F. 147—148°; 45%. — *4-p-Dimethylaminophenyl-*I, dunkelgrüne Nadeln, F. 121—122°; *Trinitrobenzolat,* F. 157°; 65%. — *4.8-Di-(p-dimethylaminophenyl)-*I, kleine dunkelgraue Kristalle, F. 252—253°; 47%. — *1.4-Dimethyl-*I, blaues Öl; *Trinitrobenzolat,* F. 178°; 39%. (**D. A. S. 1 002 755** Kl. 12o vom 7/3. 1955, veröff. 21/2. 1957. **A. P. 2 804 485** vom 6/3. 1956, ausg. 27/8. 1957. D. Prior. 7/3. 1955.) R. Link. H 2950

Montecatini Soc. Gen. per l'Industria Mineraria e Chimica, Italien (Erfinder: **Harry Hendler**), *Herstellung von Äthylenoxyd,* dad. gek., daß man nach der Rk. von C_2H_2 u. Luft in Ggw. von auf 250° erhitzten Ag-Katalysatoren bei 10—15 at die durch Waschen vom Äthylenoxyd befreiten Gase mit $^1/_{10}$ ihrer Menge an frischem C_2H_2 u. Luft vermischt erneut der Rk. zuführt. (**F. P. 68 772** vom 22/11. 1955, ausg. 10/6. 1958. It. Prior. 3/12. 1954. **Zusatz zu F. P. 1 110 846; C. 1958. 4627.**) S. Böttcher. H 3030

Centre National de la Recherche Scientifique, Frankreich (Erfinder: **Noël Hamaide**), *Herstellung O-haltiger heterocyclischer Verbindungen,* dad. gek., daß man Halogenalkoxyalkane in Ggw. von $FeCl_3$ bei ca. 150° cyclisiert. — *Hexamethylenoxyd,* $Kp._{760}$ 116°, n_D^{20} 1,04355, $D.^{20}_4$ 0,8954, aus Brommethoxyhexan. — *Tetrahydropyran,* aus Brommethoxypentan. — *Tetrahydrofuran,* aus Brommethoxybutan. — *2.5-Dimethyltetrahydrofuran,* aus 1.4-Dimethyl-1-brom-4-methoxybutan. (**F. P. 1 165 673** vom 24/1. 1957, ausg. 28/10. 1958.) S. Böttcher. H 3061

Simon L. Ruskin und **Robert C. Hockett,** New York, N. Y., V. St. A., *Herstellung von 2.4-Monofurfurylidensorbit* (I), F. 191—192°. Man setzt Sorbit mit Furfurol in Ggw. von H_2SO_4 um, läßt I in der Mutterlauge kristallisieren, trennt die Kristalle ab u. wäscht sie mit Aceton, Ae., Isopropanol oder Pyridin u. dann mit NH_4OH. — Zwischenprod. für die Synth. von Ascorbinsäure. (**A. P. 2 853 495** vom 4/6. 1954, ausg. 23/9. 1958.) K. Fabel. H 3061

Heyden Newport Chemical Corp., New York, N. Y., übert. von: **Reid H. Leonard,** Pensacola, Fla., V St. A., *α-Angelicalacton* (I) erhält man durch Vakuumdest. von Lävulinsäure (II) bei 140 bis 200, bes. 150—175°, u. 10 bis 150, bes. 17—50 mm, Hg in Abwesenheit eines Katalysators, wobei das abgespaltene W. entfernt wird; Ausbeute 90%. Es entstehen nur < 5% der β-Form. (**A. P. 2 809 203** vom 14/5. 1953, ausg. 8/10. 1957.) G. Krauss. H 3061

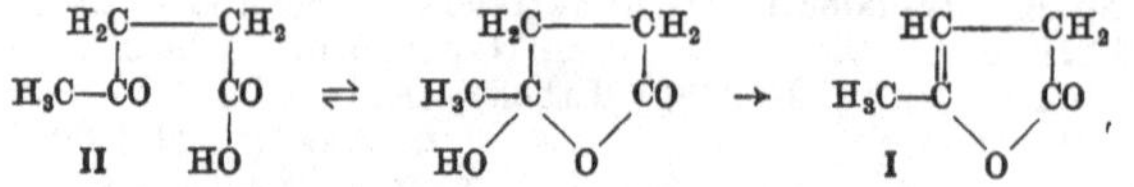

Deutsche Akademie der Wissenschaften zu Berlin (Erfinder: **Alfred Rieche** und **Manfred Schulz),** Berlin, *Herstellung von Hydroperoxyden von Phthalanen.* Man behandelt Phthalan (I) oder seine Substitutionsprodd., die in 1- u./oder 3-Stellung noch wenigstens ein austauschfähiges H-Atom besitzen, gegebenenfalls in Ggw. von Lösungsmitteln, unter Bestrahlen mit Licht u. Schütteln oder Rühren mit O_2 oder O_2 enthaltenden Gasen. — Beispiele für die Herst. von I-*Hydroperoxyd* (II); *1.1-Dimethyl*-II, F. 63—64°; *1.3-Diphenyl*-II, F. 128°; Gemisch von *1-Methyl-1-hydroperoxy*-I u. *1-Methyl-3-hydroperoxy*-I. — Die Verbb. gehen unter dem Einfl. von H^+-Ionen in dimere Peroxyde u. H_2O_2 über. Verwendung daher als langsam H_2O_2-abspaltende Stoffe u. als Aktivatoren für die Auslösung von Ketten-Rkk., z. B. bei der Polymerisation von Vinylverbindungen. (**D. A. S. 1 057 606** Kl. 12q vom 23/7. 1958, veröff. 21/5. 1959.) K. Fabel. H 3061

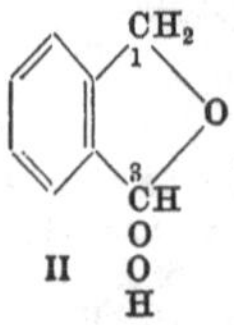

II

General Aniline & Film Corp., New York, N. Y., übert. von: **Lester J. Lohr,** Woodstown, N. J., V. St. A., *Reinigen von rohem 2-Pyrrolidon.* Man kühlt das bei der Herst. des 2-Pyrrolidons (I) aus Butyrolacton u. NH_3 anfallende Reaktionsprod. auf 0° ab, trennt das auskrist. I-Hydrat ab, dest. das mit W. azeotrop sd. I u. reinigt es durch Dest. im Vakuum. (**A. P. 2 802 777** vom 10/5. 1956, ausg. 13/8. 1957.) C. Lüttgen. H 3081

Gesellschaft für Teerverwertung m. b. H. (Erfinder: **Rudolf Oberkobusch),** Duisburg, *Gewinnung von γ-Picolin aus γ-Picolin und andere Teerbasen enthaltenden Gemischen,* bes. einem bei 143—146° sd. β-Picolin, γ-Picolin u. 2.6-Lutidin enthaltenden Teerbasengemisch, durch Rk. eines derartigen Gemisches mit krist., wasserhaltiger Oxalsäure, Abtrennen des krist. γ-Picolinoxalats, Zerlegung desselben u. Entwässerung des erhaltenen γ-Picolins, dad. gek., daß die Umsetzung in Abwesenheit eines Lösungsm. durchgeführt wird. (**D. A. S. 1 012 603** Kl. 12p vom 22/3. 1952, veröff. 25/7. 1957.) W. Heyer. H 3231

X. Färberei. Organische Farbstoffe.

Heinrich Zollinger, *Färbevorgänge und Molekülgestalt.* Bei Benzylcyanin 6B u. G wird festgestellt, daß durch Substitution mit an sich nicht bes. reaktionsfähigen CH_3-Gruppen die räumliche (ster.) Ordnung eines Farbstoffes u. damit neben der Nuanceänderung auch die Echtheiten verändert werden. Weitere Verss. ergaben, daß man zur Substantivität eines Farbstoffes nicht unbedingt die H-Brücken der Cellulose in Anspruch nehmen muß. Durch Zugabe von Alkali beim Färben mit Reaktivfarbstoffen werden mehr OH-Gruppen der Cellulose ionisiert u. reagieren dadurch stärker mit dem reaktiven Teil der Farbstoffe als mit den OH-Gruppen des Wassers. Eine Arbeitsweise zum Beweis dieser Hypothese wird beschrieben. (Textil-Rdsch. [St. Gallen] **14.** 113—25. März 1959. Basel, Univ., Inst. für Farbenchem.) W. Bernard. 7002

—, *Neue Farbstoffe und Hilfsmittel.* Ciba Akt.-Ges., Basel: *Cibacronbraun 3GR* färbt Cellulosefasern in einem einheitlichen Braun. Der Farbstoff eignet sich für die Kunstharzausrüstung, ist gut lösl. u. weist selbst bei hellen Tönen hohe Lichtechtheit auf. — Sandoz Akt.-Ges., Basel: „*Ultradisperse Artisilfarbstoffe auf Orlon 42-Stapelfaser*" heißt die Musterkarte Nr. 1347/59, die das Färben heller u. mittlerer Töne bei Kochtemp., tieferer bei Hochtemp. unter Druck behandelt. — *Artisilbrillantgelb 6GFL ultradispers/Foronbrillantgelb 6GFL ultradispers* dient zum Färben u. Bedrucken von Acetat-, Triacetat-, Polyester-, Polyacrylnitril- u. synthet. Polyamidfasern. Das Gelb mit der brillanten grünstichigen Nuance weist gute Allgemeinechtheiten auf. Zirk. Nr. 1382, Musterkarte Nr. 1298. — *Foronfarbstoffe ultradispers* werden in der Musterkarte Nr. 1298/59 ausführlich besprochen. — Meypro Akt.-Ges., Kreuzlingen: *Meypro Gum CRX* ist eine Spezialverdickung für nachkupferbare Farbstoffe. Auf Grund sehr leichter Auswaschbarkeit eignet sich das Prod. bes. für den Rouleaux- u. Filmdruck beim Bedrucken von Dekorationsartikeln. — Imperial Chemical Industries Ltd., Manchester: *Soloxanschwarz SN 150* ist ein neues Oxydationsschwarz für den Textildruck mit sehr guten Echtheits- u. Druckeigenschaften. — *„Färbeeigenschaften von Direktfarbstoffen auf Viscose"* bringt das Techn. Zirkular Nr. 39. — Farbenfabriken Bayer, Leverkusen: *Astrazonrot 5 BL, Astrazonbordeaux BL* färben Dralon u. andere Acrylfasern in weinroten bzw. violettstichigen Bordeauxfärbungen mit sehr guter Licht- u. Naßechtheit. — *Siriuslichtviolett FBBL* ergibt eine klare blaustichige Violettfärbung von vorzüglicher Lichtechtheit, die kaum durch Knitterfreiausrüstungen beeinträchtigt wird. — *Cotolanechtgrün FGL* eignet sich bes. auf Grund des guten Egalisiervermögens, der guten Löslichkeit u. Härtebeständigkeit für die Apparatefärberei. Bes. Damenbekleidung aus Wirk- u. Strickgarnen. (Textil-Rdsch. [St. Gallen] **14.** 220—21. April 1959.) P. Eckert. 7018

M. P. Ulrich, *Neuere Erkenntnisse über die Verwendung von Reaktivfarbstoffen.* Vf. gibt einen Überblick über die Entw. u. chem. Konst. der verschied. Reaktivfarbstoffe (RF). Er geht auf die Vorgänge ein, die sich beim Färben mit RF abspielen. Als Beweis für das Vorhandensein einer tatsächlichen chem., d. h. homöpolaren, Bindung führt er an, daß die Färbungen der Einw. von Dimethylformamid widerstehen, daß sie nach der Red. von neuem diazotiert u. gekoppelt werden können, u. daß es gelungen ist, sie nach den klass. Methoden der organ. Chemie, ausgehend von ihren Aufbaustoffen, zu synthetisieren. Anschließend wird ihr Verh. gegenüber Wolle untersucht. Hier ist die Frage der chem. Bindung noch nicht vollkommen geklärt. (Teintex **24.** 237—43. 15/4. 1959.) L. Jentgen. 7020

Georg Thomas, Hermann Franßen und **Norbert Franßen,** *Filterphotometrische Arbeiten für eine Textilfärberei.* Der Farbstoffverbrauch bzw. die zu einer weiteren gleichen Färbung benötigte Farbstoffmenge lassen sich durch Absolutcolorimetrie der Färbebäder ermitteln, wozu wenige, in den Extinktionskurven genügend verschied. Farbstoffe verwendet werden. Gearbeitet wurde mit den Folienfilterphotometern Elko II u. Elrepho der Firma Zeiss. (Farbe **6.** 93—106. Okt. 1957. Krefeld.)

M. Reiher. 7086

Farbwerke Hoechst Akt.-Ges., vormals Meister Lucius & Brüning, Frankfurt/M., *Rasch dispergierbare trockene Farbstoffpräparate.* Farbstoffteige, bes. von Küpenfarbstoffen oder Leukoküpenfarbstoffestern, die zweckmäßig Dispergiermittel enthalten, werden einer Gefriertrocknung unterworfen. Der hierbei verbleibende Feuchtigkeitsgeh. kann dann bei Tempp. $> 0^0$ u. red. Druck entfernt werden. (**E. P. 807 089** vom 17/1. 1955, ausg. 7/1. 1959. D. Prior. 16/1. 1954.) F. Böhm. 7021

Soc. de Produits Chimiques Industriels S.P.C.I. (Erfinder: **Joachim Reuter**), La Plaine-Saint-Denis, Seine, Frankreich, *Färben von Gebilden aus Polyacrylnitril* oder Mischpolymerisaten des Acrylnitrils. Man färbt sd. bei n. Druck in einem Bad, das mit einer Säure, die schwächer als H_2SO_4 ist, angesäuert wurde, u. das einen Azo- oder Anthrachinonfarbstoff mit mindestens einer SO_3H-Gruppe im Mol., 50—125 (% bezogen auf Farbstoff) eines Salzes des 2wertigen Cu, bes. $CuSO_4$, u. 25—150 eines Alkali- oder Ammoniumsalzes einer niedrigmol. aliphat. $\alpha.\beta$-Dioxyalkan-$\alpha.\beta$-disulfonsäure, bes. der *1.2-Dioxyäthan-1.2-disulfonsäure,* enthält. Zum Ansäuern des Bades verwendet man bes. Essigsäure (10—20%, bezogen auf Färbegut). (**D. A. S. 1 051 787** Kl. 8m vom 20/9. 1956, veröff. 5/3. 1959. F. Priorr. 15/10. 1955 u. 27/7. 1956.) F. Böhm. 7021

Ciba Akt.-Ges., Basel (Erfinder: **Otto Albrecht,** Neue Welt), Schweiz, *Herstellung von Aldehydkondensationsprodukten* nach D. B. P. 912 019, dad. gek., daß man die in der 1. Stufe erhaltenen Prodd. in einer 2. Stufe mit Aldehyden (I) u. wasserlösl. anorgan. Ammoniumsalzen oder wasserlösl. Salzen von aliphat. Aminen, die mindestens 2 prim. oder sek. NH_2-Gruppen aufweisen, in Ggw. von W. weiterkondensiert. Nach einem Beispiel wurden 1 (Mol) Äthylendiamindihydrochlorid mit 2 Dicyandiamid auf 180—260° erhitzt u. dann bei 110—150° mit mindestens 0,5 Paraformaldehyd in Ggw. von Eisessig u. 0,7 H_3BO_3 kondensiert u. das Kondensationsprod. in der 2. Stufe zuerst mit 1,5 wss. CH_2O u. anschließend mit 5 NH_4Cl u. 5 CH_2O umgesetzt. Verbesserung der Wasser- u. Waschechtheiten von Halbwollfärbungen. (**D. A. S. 1 026 957** Kl. 39c vom 4/8. 1955, veröff. 27/3. 1958. Schwz. Prior. 9/8. 1954. **Zusatz zu D. B. P. 912 019; C. 1955. 221. Schwz. P. 326 167** vom 9/8. 1954, ausg. 31/1. 1958.) H. Schindler. 7029

General Aniline & Film Corp., New York, N. Y., übert. von: **Earl Lincoln Youse**, Port Huron, Mich., V. St. A., *Küpenfarbstoffpräparat in Pastenform* enthält eine wss. Dispersion von 3.3'-Dichlor-N.N'-dihydro-1.2.1'.2'-anthrachinonazin u. als viscositätserniedrigendes Mittel 0,5—5% Caprylsäure, Ölsäure, Octylphenol, Dibutylphthalat, Epichlorhydrin oder Amylacetat. (**A. P. 2 852 331** vom 1/6. 1955, ausg. 16/9. 1958.) F. BÖHM. 7069

Cassella Farbwerke Mainkur Akt.-Ges. Erfinder: **Werner Zerweck, Heinrich Ritter** und **Eberhard Stier**), Frankfurt/M., *Graue Schwefelfarbstoffe der Phthalocyaninreihe* von großer Farbstärke, guter Wasch- u. Lichtechtheit u. großem Ziehvermögen erhält man dann, wenn man bei der Herst. durch Einw. von Hydroxylamin (I) bzw. I liefernden Substanzen u. $ClSO_3H$ in Ggw. von Verbb. der Elemente der V. u. VI. Gruppe des Period. Syst. auf Phthalocyanine (**II**) oder deren Komplexsalze bei 100—150° u. Behandlung der erhaltenen Prodd. mit Reduktionsmitteln nach D. B. P. 947 409 im Anschluß an die Rk. mit I vor der Behandlung mit Reduktionsmitteln das Reaktionsgemisches mit mindestens 5 Mol Chlorschwefel (**III**), bezogen auf die **II**, behandelt. — 23 (Teile) Cu-Phthalocyanin, 15,6 95%ig. I-Sulfat u. 0,11 NH_4-Molybdat rührt man 2 Std. bei 125° in 345 $ClSO_3H$, läßt bei gleicher Temp. in 10—20 Min. 54 **III** eintropfen u. rührt 1—2 Std. bei 125°. Man trägt dann in ein Gemisch von 690 Eis, 500 roher konz. HCl u. 54 Fe-Pulver ein u. rührt mehrere Std. bei 50°. Der Farbstoff färbt aus violettstichigschwarzgrauer Na_2S-Lsg. grünstichigolivgrau. Verringert man die Menge des **III** auf 40,5 bzw. 27 oder vergrößert man die Menge des I-Sulfates von 15,6 auf 17,5, so erhält man Farbstoffe von nur geringen Unterschieden. (**D. A. S. 1 059 133** Kl. 22d vom 2/5. 1957, veröff. 11/6. 1959. **Zusatz zu D. B. P. 947 409; C. 1957. 3959.**) O. ROICK. 7073

XIa. Farben. Anstriche. Lacke. Naturharze.

J. Arthur Weed, *Anstreichen durch Tauch- und Fließverfahren.* Überblick. (Metal Finishing **57.** Nr. 1. 61. 73. Jan. 1959. Kirklyn, Pa.) F. VIER. 7090

Tseng Yung Yang, *Der Schutz von Schiffstanks mit Überzügen auf Basis von Epoxyharzen.* Besprechung der Zus. u. des Aufbringens der Überzüge zum Schutz gegen Korrosion. (Corrosion Prevent. and Control **5.** Nr. 12. 59—61. Dez. 1958. Formosa, Chinese Petroleum Corp., Kaohsiung Refinery.) F. VIER. 7090

W. Carr und **J. H. Astbury,** *Pigmentdispersion.* Vff. berichten über Probleme hinsichtlich der Pigmentierung wss. Anstrichsysteme, Emulsionen u. nichtwss. Systeme. (J. Oil Colour Chemists' Assoc. **41.** 629—43. Sept. 1958. Manchester, Geigy Co. Ltd.) L. KEMPF. 7092

J. Poswick und **C. Dramais,** *Polyurethanharze auf Basis von deepoxydierten Epoxydharzen.* Vff. behandeln ausführlich die Kombination: Epoxyd/Polyisocyanat mit Angabe der Reaktionsmechanismen u. charakterist. Eigenschaften. (Off. Digest Federat. Paint Varnish Product. Clubs **30.** 1431—49. Dez. 1958.) L. KEMPF. 7096

K. Krenkler, *Die neuere Entwicklung auf dem Gebiet der Rostschutzanstriche.* Überblick über alle mit dem Rostschutzanstrich im Zusammenhang stehenden Fragen. (Werkstoffe u. Korrosion **10.** 1—14. Jan. 1959. Stuttgart.) F. VIER. 7106

J. F. H. Eijnsbergen, *Auswahl und Anwendung von chemikalienbeständigen Anstrichen.* Unter Berücksichtigung von Form u. Zugänglichkeit des Anstrichobjektes, Oberflächenbeschaffenheit u. Aggressivitätsfaktoren beim gestrichenen Objekt werden als chemikalienbeständige Lacke herangezogen: Chlorkautschuk-, Cyclokautschuk-, Polychloropren (Neoprene)-, Epoxyharz-, Vinylharzlacke sowie Holzöl–Alkylphenolharz-Lacke u. bituminöse Anstriche. (Chem. Rdsch. [Solothurn] **12.** 31—34. 15/1. 1959. Rijswijk-Z.H./Holland.) B. SCHEIFELE. 7106

A. D. Hibberd, *Farbige Emulsionsanstrichmittel für den Außengebrauch.* (Paint Technol. **23.** 45—50. Febr. 1959. Brit. Titan Products Co. Ltd. — C. **1958.** 1150.) W. WESLY. 7106

K. P. Asarow und **W. Je. Gorbatenko,** *Über die Emaillierung von Aluminium.* Nach Literaturangaben wurde eine Reihe von Emaillen für Al auf Phosphatbasis überprüft u. zwei davon als gut bezeichnet. Deren Zus. ist: Li-Acetat 8,41 (%), krist. Borax 19,33, $NaNO_3$ 15,38, NaF 4,78, $(NH_4)_2HPO_4$ 37,52, Al_2O_3 12,33 u. CuO 2,55; Li-Oxalat 5,75, HBO_2 7,53, Na_2CO_3 11,62, NaF 4,62, $(NH_4)_2HPO_4$ 54,44, Al_2O_3 11,67 u. CuO 4,37. Die Rohstoffe werden bei 1050—1100° erschmolzen, in W. granuliert, trocken gemahlen u. im Gemisch von 100 (Teilen) Grundemaille, 1,5 Krimbentonit, 0,3 $NaNO_2$ u. 38 W. durch Eintauchen von Al-Proben aufgetragen. Nach Trocknen bei 70° wird bei 580—600° 5 Min. eingebrannt. (Цветные Металлы [Nichteisenmetalle] **32.** Nr. 1. 79—82. Jan. 1959. Nowotscherkassk, Polytechn. Inst.) H. TŮMA. 7106

Jean-Louis Rabate, *Tieftemperaturbeständige Anstriche und Lacke.* Bei Tempp. von ca. -15^0 können an Anstrichstoffen als Alterungserscheinung Haarrißbldg. u. Abblättern auftreten. Bei Haarrissen wird unterschieden zwischen Oberflächen- u. tiefgehenden Rissen; sie treten bes. bei nicht plastifizierten Kunstharzlacken u. Lacken auf Bitumenbasis auf. Zum Abblättern führt Feuchtigkeit u. Temperaturwechsel. Als Anstrichstoffe haben sich Leinöl mit Zn-Weiß u. Zn-Pulver bes. auf verzinktem Untergrund bewährt. (Rev. prat. Froid **12.** Nr. 151. 20—22. Okt. 1958.) H. G. MOSLÉ. 7106

S. G. Anderson, *Prüfung und Aufbringen von Flugzeuglacken.* Vf. beschreibt für Großbritannien gültige Prüfmethoden für Flugzeuglacke. Möglichkeiten des Aufbringens. — Diskussion. (J. Electrodepositors' techn. Soc. **32.** 72—82. 1954/55.) R. ZEISBERGER. 7106

W. R. Blevin, *Die Deckkraft von Anstrichfarben.* Vf. behandelt die Anwendung der KUBELKA-MUNK-Theorie auf photometr. Probleme, die bei der Meth. zur Best. der Deckkraft mit besonderen Prüfplatten (hiding power boards) beachtet werden müssen, u. gibt eine Grundlage zur Ausarbeitung von Vorschriften für solche Prüfplatten. (J. Oil Colour Chemists' Assoc. **41.** 850—61. Dez. 1958. Sydney, Australien, C.S.I.R.O., Nat. Stand. Labor.) L. KEMPF. 7158

Monsanto Chemical Co., St. Louis, Mo., übert. von: **Raymond H. Reinhard,** Galveston, Texas, V. St. A., *Herstellung von Polycanhydrinen* durch Rk. von Blausäure mit einem Styrol-Methacrolein-Mischpolymerisat in einem organ. Lösungsm. bei 0—100° in Ggw. eines organ. Aminkatalysators, bes. Triäthylamin. — Mengenbeispiele für Herst. des Mischpolymerisats u. des Endproduktes. Harte, alkali- u. lösungsmittelbeständige *Überzüge,* bes. nach Zusatz geringer Mengen anderer Harze. (**A. P. 2 833 743** vom 13/12. 1955, ausg. 6/5. 1958.) H. SCHINDLER. 7097

Wilhelm Glander, Wuppertal, *Herstellung von Spachtelmassen* für Fußböden, Wände usw. auf der Basis gefüllter Kunststoffdispersionen, dad. gek., daß feinpulverige Kunststoffe, bes. Mischpolymerisate des Vinylchlorids mit Vinylacetat, Styrol u./oder Methacrylsäureestern oder auch Polystyrol allein, mittels organ., niedrigsd. Lösungsmittelgemische im Verhältnis von ca. 1 : 3,5 von Harz zu Lösungsm. durch Rühren in feine koll. Dispersionen überführt u. anschließend Füllstoffgemische, bes. aus billigen Gesteinsmehlen, in einem Anteil von zweckmäßig mindestens 50% eingearbeitet werden. (**D. A. S. 1 055 728** Kl. 22h vom 26/4. 1957, veröff. 23/4. 1959.) M. BÖTTCHER. 7097

Ajem Laboratories, Inc., Livonia, übert. von: **Orlan M. Arnold,** Grosse Pointe Park, Mich., V. St. A., *Farbenvernichtungsmittel,* das in Farbenspritzkabinen dem in diesen verwendeten Rieselwasser zugesetzt wird, bestehend aus 50—75 (Gewichtsteilen) Na-Tripolyphosphat, 2,5—5 eines anion. u. 25—35 eines nichtionogenen oberflächenakt. Mittels, wobei als anion Mittel $Na_3R_5(P_3O_{10})_2$, in welcher Formel R 2-Äthylhexyl bedeutet, u. als nichtionogenes Mittel ein Leicht-KW-stofföl geeignet ist. (**A. P. 2 739 903** vom 21/10. 1952, ausg. 27/3. 1956.) W. GRÄGER. 7101

Minnesota Mining & Mfg. Co., St. Paul, Minn., V. St. A., *Freifließende Pigmentmasse und flüssiges reflektierendes Anstrichmittel,* dad. gek., daß die Pigmentmasse bzw. das Anstrichmittel Pigmentteilchen aus durchsichtigen Glasmikrosphäroiden enthalten, welche zur Hälfte verspiegelt sind u. erhöht rückstrahlend wirken (Brechungsindex des Glases mindestens 1,8, Durchmesser der Sphäroide ca. 10—50 μ). (**Oe. P. 200 040** vom 25/4. 1956, ausg. 10/10. 1958. A. Prior. 25/4. 1955.) T. OPPERMANN. 7107

Farbenfabriken Bayer Akt.-Ges., Leverkusen (Erfinder: **Günther Nischk, Erwin Müller,** Leverkusen, und **Gerhard Mennicken,** Opladen), *Lösungsmittelfreie, lufttrocknende Lacke* auf der Grundlage von ungesätt., gegebenenfalls isocyanatmodifizierten Polyestern (I) u. monomeren mischpolymerisationsfähigen Vinyl- u./oder Allylverbb. unter Zusatz üblicher Peroxyde u. Beschleuniger, dad. gek., daß sie als I solche enthalten, die durch Veresterung von mehrwertigen aliphat. Alkoholen, die 2—7 Äthersauerstoffatome im Mol. enthalten mit $\alpha.\beta$-ungesätt. Dicarbonsäuren bzw. deren Anhydriden gewonnen sind, wobei mindestens 50 Mol.-% der eingesetzten Dicarbonsäuren eine Transstellung der COOH-Gruppen aufweisen. (**D. A. S. 1 054 620** Kl. 22h vom 17/10. 1956, veröff. 9/4. 1959.) M. BÖTTCHER. 7107

Sterling Drug, Inc., New York, N. Y., übert. von: **Raymond E. Werner** und **Theodore A. Langstroth,** Cincinnati, Ohio, V. St. A., *Azopigmente enthaltende Lackfarben* werden gegen die Verfärbung durch Fe in Ggw. geringer Mengen von W. durch Zusatz von 0,0005—0,2 Gew.-% Benzotriazol geschützt. Als Azopigmente sind genannt: „Para Red", „Toluidine Red R", „Permatone Orange", „Fire Red", „Red Toner", „Hansa Yellows G, GR, 3 G, 5 G u. 10 G", „Permanent Red F3R u. F4R" sowie „Permanent Bordeaux FRR u. F3R". (**A. P. 2 838 412** vom 29/7. 1957, ausg. 10/6. 1958.) R. KRUG. 7107

Union Carbide & Carbon Corp., V. St. A. (Erfinder: **Ernst Otto Fischer** und **Walter Hafner**), *Herstellung metallorganischer Verbindungen*, dad. gek., daß man eine aromat. Verb. in Ggw. von $AlCl_3$ mit dem Halogenid eines Elementes der IV., V. u. VI. Neben- u. der VIII. Hauptgruppe des Period. Syst. umsetzt, das Reaktionsgemisch hydrolysiert u. reduziert. — Beispiel: 5 (g) wasserfreies $CrCl_3$, 0,7 Al-Pulver, 3 $AlCl_3$ u. 18 Bzl. werden bei —20° eingeschmolzen. Man erwärmt unter Schütteln 15 Std. auf 150°, kühlt ab u. zers. den gebildeten Komplex $[(C_6H_6)_2Cr]^+[AlCl_4]^-$ mit 30 Methanol in der Kälte. Nach Zusatz von W. gewinnt man aus der wss. Phase *Dibenzolchromchlorid*, das man mit Bzl. u. einer gesätt. Lsg. von $NaHSO_3$ versetzt. Nach 2std. Rühren mit NaOH erhält man *Dibenzolchrom*, F. 284—285° (Zers.). — Beschrieben wird ferner die Herst. von *Mo-Dibenzol, Bis-[tetrahydronaphthalin]-Cr-Acetat, -Pikrat* u. *-Jodid*; $[Fe(C_{10}H_{12})_2]\cdot[B(C_6H_5)_4]$; *Bis-[diphenyl]-Cr-Acetat* u. *-Pikrat*; *Cyclopentadienyl-Cr-Dibenzol-Cr-Tricarbonyl.* — $[(C_6H_3(CH_3)_3)_2Fe]\cdot[B(C_6H_5)_4]_2$, aus Mesitylen, $AlCl_3$, $FeBr_2$ u. B-Tetraphenyl. — *Cr-Ditoluol*; *Bis-[diphenyl]-Ru-Bis-[tetraphenyl]-B*; *Bis-[diphenyl]-Cr-Jodid*, F. 157°, u. *Bis-[diphenyl]-Cr*, F. 112° (Subl.); *Cr-Dimesitylen*, F. 117—118°, seinem *Jodid*, *Pikrat* u. *B-Tetraphenylkomplex*; *Cr-Bis-[hexamethylbenzol]*, *Cr-Bis-[o-xylol]-perchlorat*, *-benzoat*, *-phenylat* u. *-B-Tetraphenylat*; ebenso den *m-* u. *p-Verbb.*; *Cr-Dibenzol-*$AlCl_4$ u. *W-Bis-[benzol]*. — Die Verbb. können als korrosionhemmende, verschönernde u. widerstandsfähige *Überzüge* auf Metallen, Gläsern, Kunstharzen u. Isolierstoffen verwendet werden. (**F. P. 1 157 748** vom 4/10. 1956, ausg. 3/6. 1958. D. Prior. 5/10. 1955.) S. BÖTTCHER. 7107

Coltrate Ltd., London (Erfinder: **Robert Pitcher Bell** und **Leslie Arnold Burges**), England, *Anstrichmittel zur Verhinderung des Anhaftens der Schlacke an den Innenwänden von Heizräumen.* Es wird eine wss. Bitumenemulsion verwendet, die Asbest (bes. 5 bis 7 Gew.-%) sowie gegebenenfalls ein Emulgiermittel (Bentonit), Pigment u. Pineöl enthält. Das Mittel wird zweckmäßig in einer Schichtdicke von $^1/_{25}$—$^1/_{40}$″ aufgetragen. (**E. P. 802 322** vom 19/1. 1955, ausg. 1/10. 1958.) P. KRUG. 7107

Imperial Chemical Industries Ltd., London (Erfinder: **William Elliot Frew Gates**), England, *Gegenstände, zum Beispiel Folien und Überzüge, aus Polyäthylentherephthalat* werden verbessert, indem die Oberflächen zunächst vorbehandelt werden [a) durch Ozoneinw. bei 150° oder darüber, b) durch elektr. Strom hoher Spannung, z. B. Coronaentladung, c) durch direkte Einw. einer Flamme] u. dann mit einem Überzug aus einem organ. thermoplast. Material (bes. N-Alkoxymethylpolyamid, Gelatine, Polyvinylalkohol, Polyvinylbutyral, Mischpolymerisat aus Methylmethacrylat u. Methacrylsäure oder Butadien u. Acrylnitril, oder ein Mischpolyester aus Terephthalsäure u. einer anderen Dicarbonsäure mit Äthylenglykol) versehen werden. (**E. P. 802 975** vom 17/8. 1955, ausg. 15/10. 1958.) P. KRUG. 7107

Chas. D. Briddell, Inc., übert. von: **Leonard L. Howard** und **Charles Maxwell Tyler**, Crisfield, Md., V. St. A., *Herstellung von Verzierungen auf plastischen Massen.* Auf die Oberfläche des Grate u. Vertiefungen aufweisenden Gegenstands wird ein metallhaltiges Überzugsmittel aufgebracht u. so elektr. leitend gemacht. Nach dem Trocknen wird der Überzug von den Graten entfernt. Dann wird der Gegenstand durch Tauchen in ein Bad elektroplattiert. Der Metallüberzug u. die Plastik werden glattgeschliffen u. schließlich noch mit einem Schutzüberzug versehen. (**A. P. 2 847 370** vom 18/9. 1956, ausg. 12/8. 1958.) P. KRUG. 7107

XIb. Plaste (Kunstharze. Plastische Massen).

P. Drapier, *Induktionsheizung für die Verformung von Kunststoffen.* Die Bedeutung der Induktionsheizung bei den verschied. Verarbeitungsverff. für Kunststoffe u. ein Vgl. mit anderen Heizmethoden werden erörtert. (Ind. Plast. mod. **10.** Nr. 8. 30—32. Sept./Okt. 1958. C.E.M.P.) R. SCHÄFF. 7170

E. Ferraris, *Copolymere, Block- und Pfropf-Copolymere, ω-Copolymere.* Umfassender Überblick mit Beispielen über die verschied. Arten von *Copolymeren* (**I**) u. deren Herst., wie lineare **I** (Strukturen: geordnet ABABABAB, ungeordnet ABBAAAB·ABB oder Blockbildungen AAAAABBBB), verzweigte oder vernetzte **I**, Pfropf-**I** u. ω-**I** („pop-corn"-Polymere). — 60 Literaturangaben. (Materie plast. **23.** 707—14. Sept. 1957. Milano, Ist. Ric. Soc. A.C.N.A.) G. PIEKARSKI. 7170

K. H. Krause, *Borane für die Kunststoffindustrie.* Übersicht über chem. u. physikal. Eigg. folgender, z. Z. verfügbaren Borane unter besonderer Berücksichtigung ihrer Einsatzmöglichkeiten im Kunststoffsektor: Nonylboronsäure, Dodecylboronsäure, Dimethylamin-Boran, Trimethylamin-Boran, Pyridin-Boran, Diboran B_2H_6, Dekaboran $B_{10}H_{14}$, Trimethylborat, Trimethylborat-Ammoniak, KBH_4, $NaBH_4$, Na-Tetramethoxyborat $NaB(OCH_3)_4$, Triäthylboran, Tri-n-butylboran u. Trimethoxyboroxin $(CH_3O)_3B_3O_3$. (Kunststoff-Rdsch. **6.** 10—13. Jan. 1959. Kopavogur.) H. SONTAG. 7170

Robert Doyle, *Strangpressen und Formen von Blasschläuchen aus linearem Polyäthylen.* Ausrüstung u. Verf. zur Herst. von Filmen aus linearem Polyäthylen (französ. Handelsname *Manolène*) nach der Schlauchblasmeth. u. Anwendungen (vor allem auf dem Verpackungssektor) werden besprochen. (Ind. Plast. mod. **10.** Nr. 8. 27—29. Sept./Okt. 1958. Phillips Petrol. Co., Labor. Applicat.) R. SCHÄFF. 7172

W. J. Kaufman und **J. O. Markward,** *Gelierung von Vinylkunststoffen auf Papierträgern.* Übersicht über Vorteile der Verwendung von nach besonderem Verf. hergestellten Trägerbahnen zur Folienerzeugung aus Vinylkunststoffen (I). Nach der Gelierung werden die fertigen Folien vom Träger abgezogen; dieser kann weitere 6—8mal verwendet werden (Folienabziehverf.). Bei gleichzeitigem Zusatz von Stoffbahnen können diese mit festhaftenden Überzügen aus I bis zu 0,0254 mm Dicke herab versehen werden (Folienübertragverf.). Je nach gewünschtem Endprod. werden die I als Plastisole oder Organosole eingesetzt; Einfl. von Weichmachern werden diskutiert. (Materie plast. **23.** 292—96. April 1957.) G. PIEKARSKI. 7172

Walter Bauer, *Beitrag zur Entwicklung auf dem Methacrylgebiet.* (Vortrag.) Übersicht über Geschichte, Herst., Eigg. u. Anwendung der Methacrylverbb.; Herst. von organ. Glasscheiben u. Perlpolymerisaten u. Verwendung als Ölzusatz. (Prakt. Chem. [Wien] **10.** 18—25. Jan. 1959. Darmstadt.) W. WESLY. 7172

Kurt Weigl und **Heinz Gehring,** *Der Einfluß verschiedener anorganischer Bodennährstoffe auf die ungesättigte Polyesterbeschichtung.* Vff. berichten über ihre Verss. mit den bes. für die holzverarbeitende Industrie wichtigen ungesätt. Polyesterlacken, denen mineral. Stoffe, die im Holz vorhanden sein können, zugesetzt wurden, um deren Einfl. auf die Lackierung an Hand der Schaukelhärte zu studieren. (Prakt. Chem. [Wien] **9.** 368—72. Okt. 1958. St. Margrethen/Schweiz; Lage/Lippe.) L. KEMPF. 7176

Dwight E. Peerman, Wesley Tolberg und **Don E. Floyd,** *Reaktion von Polyamidharzen mit Epoxyharzen.* Durch IR-Unterss. von mit Polyamidharz ausgehärteten Epoxyharzen konnte bewiesen werden, daß der Oxiransauerstoff erst nach 10 Min. Härten bei 150° verschwindet u. dann erst die optimale Warmfestigkeit des Prod. erreicht wird. (Ind. Engng. Chem. **49.** 1091—94. Juli 1957. Minneapolis, Minn., Gen. Mills Res. Labors.) H. BECKER. 7176

F. I. McCosh, *Vortrocknung von Kunststoffpreßpulvern.* (Materie plast. **24.** 84—87. Jan. 1958. — C. **1958.** 5813.) G. PIEKARSKI. 7204

M. R. Lardera, *Bestimmung der Feuchtigkeit in Polymerprodukten.* Jedes Polymerprod. erfordert spezielle Methoden zur Feuchtigkeitsbestimmung. Im *Suspensions-PVC* werden bis zu 0,125% *Vinylchlorid* (I) gefunden, daher gibt nur die volumetr. Wasserbest. nach FISCHER genaue Werte. Beim *Emulsions-PVC* genügt einfache Trocknung (3 Std. bei 110°), da I nicht nachweisbar. Für *Copolymere* aus I u. *Vinylacetat* wird die volumetr. Meth. empfohlen. *Polyacrylnitril* ist hygroskop. u. nimmt rasch Feuchtigkeit bis zu 0,7% auf, daher hat die Vorbereitung der Probe zur volumetr. Best. möglichst unter Feuchtigkeitsausschluß zu erfolgen; nur dann stimmen die Werte mit solchen aus der Gewichtsverlustmeth. (2 Std. bei 110°) überein. Für *Polyäthylenterephthalat* wird azeotrope Dest. des W. mit CH_3OH u. gegen Ende mit Nitrobenzol (II) aus einer heißen II-Lsg. des Polymeren u. anschließende volumetr. Wasserbest. vorgeschlagen. (Materie plast. **23.** 247—50. April 1957.) G. PIEKARSKI. 7210

American Oil Co., übert. von: **Leon B. Gordon,** Texas City, Texas, V. St. A., *Herstellung von Kohlenwasserstoffharzen.* Als Ausgangsstoff wird ein als „*Dripolen*" (I) bezeichnetes fl., zum größten Teil ungesätt. KW-stoffe enthaltendes Crackprod. gasförmiger KW-stoffe mit Kp. 90—200° verwendet. Die therm. Crackung erfolgt bei 650 bis 980°. I wird bei 200—260° 5—50 Std. therm. polymerisiert u. dann das Prod. in einem nicht polymerisierbaren Lösungsm., z. B. Xylol, in Ggw. von BF_3 in Abwesenheit von W. u. O_2 bei 150—320° nachbehandelt. Nach Beseitigung von niedrigsd. u. fl. Bestandteilen wird ein helles Harz mit hoher Zähigkeit u. Kerbfestigkeit erhalten. — Anstrich- u. Überzugsmittel, Straßenbelagstoffe, Vliese. — Beispiel, Tabellen. (**A. P. 2 836 581** vom 1/3. 1955, ausg. 27/5. 1958.) H. SCHINDLER. 7173

Badische Anilin- & Soda-Fabrik Akt.-Ges., Deutschland, *Herstellung von Polymerisationsprodukten aus Kohlenwasserstoffen mit einer olefinischen Doppelbindung* mit einem Katalysator aus einem Alkalihydrid, dem Halogenid eines Metalles der IV., V. u. VII. Nebengruppe des Period. Syst. u. einem KW-stoff (Anthracen, Triphenylmethan, Acridin, Fluoren, Inden), der mit dem Alkalihydrid eine Organometallverb. zu bilden vermag. — Man suspendiert in 400 (Gewichtsteilen) Cyclohexan, 2 Na- u. Li-Hydrid (Gewichtsverhältnis 1 : 10) u. 6 Anthracen, heizt 1 Std. auf 225°, setzt nach Abkühlen

1,2 $TiCl_4$ zu u. leitet bei 60° Äthylen unter 70 at Druck ein. Nach 6 Std. Druckabfall auf 28 at. (**F. P. 1 165 436** vom 18/10. 1956, ausg. 24/10. 1958. D. Prior. 20/10. 1955.)
M. PANKOW. 7173

Phillips Petroleum Co., übert. von: **Gene Nowlin**, Glen Burnie, Md., und **Harold D. Lyons**, Bartlesville, Okla., V. St. A., *Katalysatorgemisch zur Polymerisation von Olefinen*, bes. Äthylen, bestehend aus Ti-, Zr-, Hf- oder Ge-Halogeniden u. metallorgan. Verbb. des Al, Ga, In oder Be oder organ. Halogenverbb. zusammen mit einem Metall der 1.—3. Haupt- oder Nebengruppe des Period. Syst. oder komplexen Hydriden wie $LiAlH_2$. Setzt man diesen Gemischen noch Trialkyl- oder Triarylphosphine, wie Trimethyl- oder Triphenylphosphin zu, so bekommt man Endprodd. mit hohem Mol.-Gew. trotz Anwendung niederer Tempp. u. Drücke, z. B. 50—80° in inertem Verdünnungsmittel. Folgende Katalysatormischungen sind genannt: $TiCl_4$, Triphenylphosphin (I), Äthyl-$AlCl_2$ u. Diäthyl-AlCl; $TiCl_3$, I, Äthyl-$AlCl_2$ u. Diäthyl-AlCl; $TiCl_4$, Tributylphosphin u. $LiAlH_2$; $ZrCl_4$, I, Äthyl-$AlCl_2$ u. Diäthyl-AlCl; $ZrCl_4$, Tributylphosphin, Äthyl-$AlCl_3$ u. Diäthyl-AlCl, Mengenbeispiele. — Tabellen der physikal. Eigg. der Endprodukte. (**A. P. 2 832 759** vom 16/12. 1955, ausg. 29/4. 1958.) H. SCHINDLER. 7173

Badische Anilin- & Soda-Fabrik Akt.-Ges. (Erfinder: **Hellmut Scholz** und **Fritz Kieferle**), Ludwigshafen/Rh., *Polymerisation von Äthylenderivaten in wässeriger Suspension oder Emulsion.* Man führt die Polymerisation in Ggw. von Dispergiermitteln der allg. Formel $R-SO_2-N(Me)-SO_2-R'$ durch, wobei R u. R' aliphat. Reste mit mindestens 6 C-Atomen u. Me ein Alkalimetall bedeuten. — Man erhält diese Dispergiermittel durch Sulfochlorierung einer entsprechenden KW-stofffraktion nach dem FISCHER-TROPSCH-Verf., Rk. von 2 (Mol) des entstandenen Sulfochlorids mit 1 NH_4OH u. Neutralisierung des sauren, an N gebundenen H. — Beispiel: Na-Salz des Bis-alkyldisulfonimids (Alkyl = C_9-C_{12} bzw. $C_{12}-C_{15}$ bzw. $C_{16}-C_{18}$). Man verwendet ca. 0,01—3%, bezogen auf das Monomere. (**D. A. S. 1 029 153** Kl. 39c vom 15/11. 1956, veröff. 30/4. 1958.)
H. NEBELSIEK. 7173

Wacker-Chemie G. m. b. H. (Erfinder: **Johann Sixt**), München, *Herstellung von Polymerisaten* durch Polymerisation von Vinylestern u. Maleinsäure in Ggw. von Hg-Verbb. sowie von geringen Mengen konz. H_2SO_4 oder einer anderen konz. Säure oder eines anderen bekannten, stark wirkenden Kondensationsmittels, dad. gek., daß die Polymerisation unter Zusatz von polymerisierbaren Olefinverbb., bes. Styrol, vorgenommen wird. Das Prod. ist in W. prakt. unlösl., aber gut lösl. in NH_4OH, Aminen oder Alkali. —Verwendung für Preßmassen oder lacktechn. Zwecke. (**D. A. S. 1 029 566** Kl. 39c vom 7/1. 1957, veröff. 8/5. 1958. **Zusatz zu D. A. S. 1 004 809; C. 1957. 13435.**)
H. NEBELSIEK. 7173

Eastman Kodak Co., Rochester, N. Y., übert. von: **Harry W. Coover**, Kingsport, Tenn., V. St. A., *Mischpolymerisate von 3-Alkylidenphthalimidinen* der allg. Formel I,

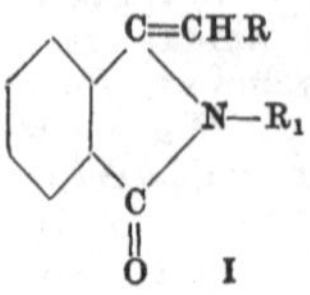

I

in der R = H oder Methyl u. R_1 = H oder Alkyl (C_{1-4}), mit ungesätt. polymerisierbaren Verbb., bes. Vinylestern, Vinylchlorid, Vinylidenchlorid, (Meth-)Acrylsäure sowie deren Estern, Amiden, Alkylamiden oder Nitrilen, Styrolen, Vinylalkylurethanen, -succinimiden oder -phthalimiden. Als Phthalimidine sind in den Beispielen 3-Methylen-, N-Methyl-3-methylen-, 3-Äthylidenphthalimidin genannt. Alle bekannten Polymerisationsverff. sind anwendbar, als Katalysatoren Peroxyde, Redoxsysteme oder nur Erwärmen auf weniger als 100° oder Einw. von aktin. Licht. Die Endprodd. haben hohe FF., sind gut anfärbbar u. geeignet zur Herst. von Fasern, Formprodd. u. (photograph.) Filmen. (**A. P. 2 828 292** vom 28/7. 1953, ausg. 25/3. 1958.) H. SCHINDLER. 7173

Farbwerke Hoechst Akt.-Ges., vormals Meister Lucius & Brüning, Frankfurt/M. (Erfinder: **Erich Feld**, Frankfurt/M., und **Hajo Eilers**, Hofheim), *Geruchfreimachen von Polyvinylacetatdispersionen.* Man unterwirft die Dispersionen einer Wasserdampf- u./oder Heißluftbehandlung in der Weise, daß die Dispersionen u. der Dampf fortlaufend miteinander vermischt werden u. kurz danach wieder die dampfförmige von der fl. Phase getrennt wird. Nach dieser Behandlung bleibt die Dispersion knötchenfrei u. behält ihre guten, filmtechn. Eigenschaften. — Vorr., Zeichnung. (**D. A. S. 1 029 155** Kl. 39c vom 13/9. 1956, veröff. 30/4. 1958.) H. NEBELSIEK. 7173

Farbwerke Hoechst Akt.-Ges., vormals Meister Lucius & Brüning, Frankfrrt/M. (Erfinder: **Hans Krämer, Walter Denk**, Frankfurt/M., und **Günter Meßwarb**, Kelkheim), *Herstellung modifizierter, phosphorhaltiger Polymerisate.* Polymerisate oder Mischpolymerisate der *Vinylphosphonsäurehalogenide* (I) u./oder die Homo- oder Mischpolymerisate der Derivv. der I werden mit gegenüber Säurehalogeniden reaktionsfähigen Verbb., wie W., Alkohole, Alkoholate, Phenole, Mercaptane, Enole, Silanole, aromat. KW-stoffe, Ammoniak, Amine, Imine, Amide, Hydrazine, Hydrazide, heterocycl. N-Verbb. u. andere, umgesetzt. Die Rk. wird bei —50 bis +200°, bes. bei —20 bis +100°, in Ggw. oder Abwesenheit von Lösungsmitteln u. gegebenenfalls in Ggw. von Katalysatoren, wie Metallhydroxyden, durchgeführt. — Die modifizierten Polymerisate können als Kunststoffe, Flammschutz- u. Textilhilfsmittel sowie als Emulgatoren verwendet werden. (**D. A. S. 1 029 156** Kl. 39c vom 26/9. 1956, veröff. 30/4. 1958.) H. NEBELSIEK. 7173

Dow Chemical Co., Midland, Mich., V. St. A., *Entfernen flüchtiger Bestandteile aus thermoplastischen Polymeren* von Styrol, Vinyltoluol oder Äthylen, die noch Monomerenreste oder z. B. Aldehyde enthalten, gelingt durch kontinuierliches Erhitzen auf höchstens 270°, gegebenenfalls unter vermindertem Druck. Hierbei müssen alle Gefäßteile aus Al oder einer mindestens 70% Al enthaltenden Legierung bestehen, da nur auf diese Weise Verfärbungen des Endprod. vermieden werden. Vergleichstabellen mit anderen Metallen oder Legierungen, die zu mehr oder weniger stark gefärbten Prodd. führen. (**E. P. 795 999** vom 5/7. 1956, ausg. 4/6. 1958. A. Prior. 7/7. 1955.) H. SCHINDLER. 7173

Eastman Kodak Co., Rochester, N. Y., übert. von: **Roger M. Schulken jr.** und **Ralph E. Boy jr.**, Kingsport, Tenn., V. St. A., *Hitzestabilisierte Formmassen* aus Polyacrylnitril, Polymethacrylnitril, Acrylnitril–α-Methylstyrol-Mischpolymerisaten oder Methacrylnitril–Äthylacrylat-Mischpolymerisaten, gek. durch den Geh. an 0,2—1,5% *Pyridinphosphat* oder *β-Naphthylaminsulfat* bzw. *-phosphat*. Diese Formmassen liefern beim Verformen bei 150—250° klare u. nicht verfärbte Formkörper. (**A. P. 2 835 647** vom 9/7. 1953, ausg. 20/5. 1958.) O. SCHÖN. 7173

Rohm & Haas Co., übert. von: **Peter L. de Benneville** und **Homer J. Sims**, Philadelphia, Pa., V. St. A., *Acryl- und Methacrylsäure-N-tert.-alkylaminoalkylester* der allg. Formel $R-C(R_1)(R_2)-NH-C_nH_{2n}OOC-C(R_3)=CH_2$ (R, R_1 u. R_2 = Alkyl mit höchstens zusammen 23 C-Atomen; R_3 = H, Methyl; n = 2 oder 3) erhält man durch Umesterung eines niedermol. Acryl- oder Methacrylsäurealkylesters (Alkyl mit höchstens 4 C-Atomen) mit einem Aminoalkohol der allg. Formel $R-C(R_1)(R_2)-NH-C_nH_{2n}OH$ in Ggw. von bes. 0,1—0,3% eines Alkalimetalls, Alkalialkoholats, Al-Alkoholats oder Tetraalkyltitanats u. eines Polymerisationsverzögerers. Der Aminoalkohol wird durch Rk. eines entsprechenden Amins mit Äthylen- oder Propylenoxyd erhalten. — Aus 258 (Teilen) 2-Amino-2.4.4-trimethylpentan in 30 W. u. Äthylenoxyd bei 75° → 160 *N-tert.-Octylaminoäthanol*, $C_8H_{17}NHCH_2CH_2OH$, Kp.$_{10}$ 110°; aus 150 davon u. 150 Acrylsäuremethylester in Ggw. von 5 Di-β-naphthol u. 5 Na-Methylat bei 66—78° unter azeotrop. Entfernung des Methanols → *Acrylsäure-tert.-octylaminoäthylester*, Kp.$_{15}$ 130—137°. — N-tert.-Nonylaminoäthanol → *Acrylsäure-N-tert.-nonylaminoäthylester*. — tert.-Butylaminoäthylalkohol + Acrylsäuremethylester + Al-Isopropylat → *Acrylsäure-tert.-butylaminoäthylester*, Kp.$_{13}$ 90—100°. — *Methacrylsäure-N-tert.-butylaminoäthylester*, Kp.$_{15}$ 104—109°. — *Methacrylsäure-β-(2.4.4-trimethyl-2-pentylamino)-äthylester*, Kp.$_9$ 125 bis 132°. — *Methacrylsäure-tert.-dodecylaminoäthylester*, Kp.$_{15}$ 140—210°. — *Methacrylsäure-tert.-octylaminopropylester*, Kp.$_{25}$ 138—155°. — *Acrylsäure-tert.-octylaminopropylester*, Kp.$_{20-22}$ 110—125°. — Die Verbb. lassen sich in Ggw. von Azodiisobutyronitril oder Azodiisobutyramid oder von freie Radikale liefernden Verbb. polymerisieren oder mit Acrylsäureestern, Acryl- oder Methacrylsäurenitril, Acrylsäureamiden, Itaconsäureestern, Malein- u. Fumarsäureestern, Styrol, Vinyltoluol, p-Chlorstyrol, Vinylpyridin, Vinylpyrrolidon, Vinylestern, Allylestern mischpolymerisieren. Die Monomeren u. Polymeren geben mit HCl, H_2SO_4 oder H_3PO_4 die entsprechenden Salze. — Nach dem andern Verf. wird Acrylsäure- u. *Methacrylsäure-7-amino-3.7-dimethyloctylester* aus den entsprechenden niedermol. Acryl- u. Methacrylsäureestern durch Umesterung mit 7-Amino-3.7-dimethyloctanol erhalten, $CH_2=C(CH_3)COOCH_2CH_2CH(CH_3)CH_2CH_2 \cdot CHC(CH_3)_2-NH_2$, Kp.$_{0,9}$ 120—146°. — *Acrylsäure-7-amino-3.7-dimethyloctylester*, Kp.$_1$ 115—135°; beide lassen sich wie vorst. polymerisieren u. mischpolymerisieren. (**A. PP. 2 744 884** u. **2 744 885** vom 20/7. 1954, ausg. 8/5. 1956.) G. KRAUSS. 7173

Eastman Kodak Co., Rochester, N. Y., übert. von: **Roger M. Schulken jr.** und **J. W. Tamblyn**, Kingsport, Tenn., V. St. A., *Stabilisierungsmittel für lineare Polyester* (aus 1.5 Pentandiol u. p.p'-Dicarboxydiphenylsulfon) sind 0,1—3% Na-Salz von Polyacrylsäure, Poly-N-alkylacrylamid u. Mischpolymerisat der N-Alkylacrylamide mit unter 50% liegenden Mengen an Acrylnitril, Acrylsäure, Maleinsäureanhydrid u. 2-Methyl-5-vinylpyridin, welche die Polymeren gegen Lichteinw. schützen. (**A. P. 2 848 432** vom 13/2. 1956, ausg. 19/8. 1958.) G. TEWES. 7177

Harry H. McAdam, Springfield, Ohio, V. St. A., *Füllmittel in härtbaren Epoxyharzmassen* sind zerkleinerte ausvulkanisierte Butadien–Acrylnitril-Mischpolymerisate (I; *Hycar*). Die M. besteht aus 50—60 (Teilen) eines Glycidylpolyäthers (*Epon 828*), 20 bis 30 I, 10—15 Polythioäther aus Na-Polysulfid u. Dichloräthylformal–Trichlorpropangemisch (*Thiokol LP 3*) u. 5,25—6,3 eines Amins (Diäthylentriamin, Piperidin oder Dicyanamid) als Härtungsmittel. Sie dient bes. als *Isolier-* u. *Einbettungsmittel* in der Elektrotechnik, z. B. für Ankerwicklungen, u. wird bei erhöhter Temp. (100°) gehärtet. (**A. P. 2 858 291** vom 23/1. 1956, ausg. 28/10. 1958.) G. TEWES. 7177

Beck & Co. G. m. b. H. (Erfinder: **Hans-Joachim Beck** und **Hildegard Eckmans**), Hamburg, *Weichmacher in gießfähigen Epoxyharzmassen* sind langkettige, eine endständige Epoxydgruppe enthaltende Äther (I), welche aus Alkoholen mit ca. 16 bis 18 C-Atomen hergestellt sind, z. B. durch Rk. von 350 (Teilen) eines einwertigen C_{18}-Alkohols mit 119 Epichlorhydrin in Ggw. von BF_3 unter Kühlen nach Erreichen einer Temp. von 100°, Neutralisieren mit NaOH, Abfiltrieren des NaCl u. Waschen mit Wasser. — 100 Epoxyharz (Mol.-Gew. 380) u. 20 des wie zuvor hergestellten I werden durch Zusatz von Diäthylentriamin oder Diäthylaminopropylamin bei n. Temp. ausgehärtet. — *Gießharze, Isolier-* u. *Einbettmittel.* (**D. A. S. 1 047 423** Kl. 39b vom 30/1. 1957, veröff. 24/12. 1958.) G. TEWES. 7177

Semtex Ltd., London, England, *Herstellung eines sirupartigen Furanharzvorpolymerisats* durch Polymerisation von Furfurylalkohol allein oder im Gemisch mit Aldehyden, wie CH_2O u. Furfurol, in Ggw. von weniger HCl, als den ebenfalls zugesetzten 0,1—1,5 (%) Harnstoff, Thioharnstoff oder 0,25—1,5 von deren symm. Dialkylderivv. äquivalent ist. Das Prod. wird im Gemisch mit Füllstoffen u. Härtern zur Herst. von *Formkörpern* u. *Fußbodenbelägen* verwendet. — Z. B. werden 9000 (Teile) Furfurylalkohol mit 91 Harnstoff, 24 10%ig. HCl u. 60 W. gemischt, bis zur exothermen Rk. erhitzt, gekühlt u. nach Beendigung der Rk. 30 Min. erwärmt, mit ca. 10 Ammoniak neutralisiert u. unter Vakuum vom W. befreit. Im Gemisch mit Quarz, Baryt, Sand u. p-Toluolsulfonsäure wird das Prod. als *Bodenbelag* aufgetragen, der nach 30—40 Min. aushärtet. (**E. P. 721 889** vom 15/1. 1952, ausg. 12/1. 1955.) O. KAYSER. 7177

Alfred Schäffler, Leuna, Kr. Merseburg, und **Erhard Fritzsche**, Premnitz, *Herstellung von klaren, durchsichtigen Polyamidspritzgußmassen.* Bei der Polyamidkondensation werden mehrere verschied. Lactame oder andere polyamidbildende Ausgangsstoffe, von denen mindestens eine Komponente ein C-alkyliertes Lactam ist, miteinander kondensiert. — 10,8 (Teile) ε-Caprolactam, 2,7 ε-Methyl-ε-caprolactam, 1,35 W. u. 0,15 10%ig. H_3PO_4 werden 4 Std. bei 240° u. 15 atü u. 5 Std. ohne Druck erhitzt. Herst. von *Scheiben* für Armaturen u. *Standgläser* für Öle u. organ. Lösungsmittel. (**D. P. [DDR] 16 242** Kl. 39c vom 30/9. 1954, ausg. 28/1. 1959 [Wirtschaftspatent].) M. PANKOW. 7181

Badische Anilin- & Soda-Fabrik Akt.-Ges., Ludwigshafen/Rh., *Herstellung härtbarer Kondensationsprodukte.* Die nach dem Hauptpatent (vgl. D. B. P. 852 450; C. **1953.** 3322) erhältlichen Prodd. können mit anderen Harzen oder kondensierbaren Stoffen modifiziert werden, z. B. mit CH_2O–Harnstoff (I), wobei der I auch durch Melamin oder Dicyandiamid ersetzt werden kann. (**It. P. 492 109** vom 14/2. 1951. E. Prior. 26/7. 1950. **Zusatz zu It. P. 474 319; C. 1959. 8428.**) K. KOEBKE. 7181

Monsanto Chemical Co., St. Louis, Mo., V. St. A., *Herstellung von Harnstoffkondensationspolymeren* durch Rk. eines organ. Polyiso-(thio-)cyanats u. einer organ. Polyhydroxy- oder Polymercaptoverb. in Ggw. eines nicht reagierenden organ. Stoffs mit Kp. >200, der im Reaktionsprod. lösl. ist. Als solche sind in den Beispielen chloriertes (42% Cl) Diphenyl, isomeres Terphenyl u. Naphthalin genannt. Als Reaktionskomponenten dienen Triäthanolamin u. m-Toluylendiisocyanat; Diäthanolamin; Reaktionsprodd. von Propylen- oder Äthylenoxyd mit Glycerin; p.p'-Diisocyanatodiphenylmethan. — Zur Herst. von Harzschaum wird Ricinusöl mit chloriertem (54% Cl) Diphenyl u. m-Toluylendiisocyanat sowie N-Methylmorpholin (I) zur Rk. gebracht. Dann wird nochmals I u. Benzyltrimethylammoniumhydroxyd zugegeben u. der gebildete Schaum nach Zusatz eines Härtungsmittels 15 Min. auf 100° erhitzt. Die Endprodd. dienen allg. als Kleb- u. Imprägnierungsmittel, als Schutzüberzüge u. elektr. Isolierungen. — Mengenbeispiele. — Tabellen der physikal. Eigenschaften. (**E. P. 793 780** vom 6/8. 1954, ausg. 23/4. 1958. A. Prior. 7/8. 1953.) H. SCHINDLER. 7181

B. F. Goodrich Co., New York, N. Y. (Erfinder: **Charles Sundy Schollenberger**, Cuyahoga Falls, und **Jacob Eden Jansen**, Akron, Ohio), V. St. A., *Herstellung von Polyurethanelastomeren oder Schaumkörpern.* Im fl. Zustand mit Kationenaustauschharzen (I) vorbehandelte endständige OH-Gruppen aufweisende Polyester, Polyesteramide oder Polyäther werden in an sich bekannter Weise mit Polyisocyanaten (II), gegebenenfalls in Ggw. von W. oder anderen polyfunktionellen Vernetzungsmitteln, umgesetzt. Die I sind bes. vernetzte Polymere aus Maleinsäureanhydrid bzw. Acrylsäure, Styrol u. Divinylbenzol. Durch die Behandlung mit den I wird die Reaktionsfähigkeit der Polyhydroxylverbb. mit den II herabgesetzt, so daß die M. länger gießbar bleibt. — 250 (g) verflüssigte, bei n. Temp. wachsartiges trockenes Polyäthylenglykoladipat (Mol.-Gew. 1500) werden bei einem Druck von ca. 5 mm in 4 Std. durch eine mit 10 I beschickte, 34 cm lange Säule geschickt. — Verwendung zur Herst. von Elastomere bildenden Formmassen, Schaumstoffen, Vergußmassen, Imprägniermitteln, Schutz- u. Schmucküberzügen, Schuhsohlen u. Reifen. (**D. A. S. 1 049 090** Kl. 39b vom 29/2. 1956, veröff. 22/1. 1959. A. Prior. 1/3. 1955.) G. TEWES. 7181

Siemens-Schuckertwerke Akt.-Ges., Berlin und Erlangen (Erfinder: **Fritz Weigel**, Schwabach), *Durch Siliciumverbindungen modifizierte Epoxyharze* werden durch Aushärten von OH-Gruppen aufweisenden Epoxyharzen (I) mit darin lösl. organ. OH-gruppenfreien Si-Verbb. (II) mit mindestens 2 Aryloxyresten am Si-Atom unter Formgebung erhalten, wobei die Menge an I u. II so zu wählen ist, daß die bei der Umesterung entstehenden aromat. Oxyverbb. von den vorhandenen Epoxydgruppen gebunden werden. Katalysatoren (Amine) können zugegen sein. II sind z.B. Orthokieselsäureester (-dimethyldiphenylester), Monosilane (Dimethyldiphenoxysilan) oder davon abgeleitete, mit OH-Gruppen reagierende Polysiloxane u. deren Gemische. — 515 (g) I (aus Dioxydiphenylpropan; Mol.-Gew. 1035) werden bei 120° mit 152 Orthokieselsäuretetrakresylester verschmolzen u. das *Gießharz* 8 Std. bei 200° gehärtet. Die fl. M. dient ferner als *Lack, Imprägniermittel*, bes. für elektr. Geräte, sowie zur Herst. von Gehäusen, Spulenkörpern u. Schalthebeln. (**D. A. S. 1 050 051** Kl. 39b vom 27/11. 1956, veröff. 5/2. 1959.) G. TEWES. 7189

LICENTIA Patent-Verwaltungs-G. m. b. H., Hamburg (Erfinder: **Paul Nowak** und **Franz Josef Bollig**, Kassel), *Herstellung von modifizierten Organopolysiloxanharzen*, dad. gek., daß freie OH-Gruppen tragende harzartige Organopolysiloxane mit Aldehyden oder in der Hitze depolymerisierbaren polymeren Aldehyden bei erhöhter Temp. unter Acetalbldg. umgesetzt werden. Die Rk. kann vorteilhaft in Ggw. von Härtungsbeschleunigern, wie Metallverbb., u. zusätzlich in Ggw. von flüchtigen anorgan. u. organ. Säuren erfolgen. Weiter kann die Rk. in Ggw. von freie OH-Gruppen enthaltenden Verbb. (Polyvinylalkohole, Cellulose, Polyester, Epoxyde oder Polyadditionsverbb.) erfolgen. — Ein fl., viscoses Organopolysiloxan wird mit 20 Gew.-% Acetaldehyd oder Paraldehyd 2—3 Std. in Ggw. von 0,1% Phthalsäure bei 50° erhitzt. Man erhält ein hochviscoses Prod., das nach dem Einbrennen elast. ist u. als elektr. Isoliermittel dienen kann. (**D.A.S. 1 050 549** Kl. 39c vom 15/12. 1954, veröff. 12/2. 1959.) J. MÜHLEISEN. 7189

General Electric Co., New York (Erfinder: **Richard Miner Savage**, Latham, N.Y.), V. St. A., *Flammhemmende Mittel in Organopolysiloxanelastomeren* (I) sind 0,25—20% Cu u. Cu-haltige Stoffe (II), wie Cu-Oxyde u. -Halogenide, gegebenenfalls im Gemisch mit feinteiliger Kieselsäure (Aerogel). Die I werden durch übliches Aushärten von Methyl-, Aryl- u. Halogenarylgruppen aufweisende Organopolysiloxane (1,98—2,05 organ. Reste je Si-Atom) u. II neben Füllstoffen enthaltender M. gebildet. Sie dienen als Isolierung elektr. Leiter u. von Heizleitungen, Dichtungsring, zur Herst. von Klebebändern, Überzügen u. Kamineinfassungen in Zelten. Die härtbare M. kann auch als Dispersion vorliegen. (**D. A. S. 1 051 001** Kl. 39b vom 5/2. 1957, veröff. 19/2. 1959. A. Prior. 7/2. 1956.) G. TEWES. 7189

Luigi Capaccioni, Scandicci, Florenz, Italien, *Färben von Knöpfen* aus Galalith, Galakerith, Zoolith u. ähnlichen Materialien. Man mischt NaCl mit 7 (%) H_2SO_4 von 66° Bé u. 10 Anilin, gibt 1 g des Gemischs auf 4—6 g Knöpfe (I) in ein Gefäß mit so viel W., daß es gerade zur Bedeckung der I reicht, erwärmt auf 40—50° u. taucht die I 20—30 Sek. ein. Erhitzt man auf 80—90° u. taucht man ca. 1 Min., so erhält man stärkere Färbungen. — Weitere Beispiele. (**It. P. 493 011** vom 18/11. 1950.) K. KOEBKE. 7199

XII. Kautschuk.

A. Charlesby, *Atombestrahlung und Polymerwissenschaft.* Überblick über die Effekte energiereicher Strahlung auf dem Hochmol.-Gebiet u. Erörterung der radikal. u. ion. Polymerisation, der durch Strahlung ausgelösten Propf-Rk., der Vernetzung u. des Abbaus u. des Effekts der Füllstoffe u. Beimischungen auf die mechan. Eigenschaften. — Diskussionsbemerkungen. (Trans. Proc. Instn. Rubber Ind., Trans. **34.** T175 bis T199. Aug. 1958. Shrivenham, Swindon, Wilts., Royal Mil. Coll. of Sci.) R. SCHÄFF. 7220

A. Ss. Kusminski, *Die wissenschaftliche Arbeit zur Physik und Chemie des Kautschuks und Gummis seit 40 Jahren.* Übersicht über die wichtigsten Arbeiten sowjet. Forscher u. kurze Besprechung auf folgenden Gebieten: Herst. von Synthesekautschuk, Latexprobleme, Mastikation, Mischung, Vulkanisation, mechan. u. physikal. Eigg. des Gummis u. Kautschuks sowie die Alterungserscheinungen (Wärme, Licht, Ozon, Salpetersäure). — Umfangreiche Literaturangaben. (Каучук и Резина [Kautschuk u. Gummi] **16.** Nr. 10. 32—44. Okt. 1957.) O. KRAMM. 7220

D. S. Fensom, *Ein Vergleich des Flusses von Hochpolymeren im Hohlraum eines Mooney-Plastometers.* Es werden im MOONEY-Plastometer experimentell ermittelte Fließ- u. Scherkurven für *Butylkautschuk, GRS, cold rubber, Polyisobutylen, Polybutadien, Polystyrol* u. *Naturgummi* aufgezeigt u. die Resultate diskutiert. (Canad. J. Technol. **33.** 194—203. Mai 1955.) H. STRAUCH. 7220

W. F. Watson, *Die durch Polymerisatdeformation eingeleiteten chemischen Reaktionen.* Die mechan.-chem. Mechanismen für den Abbau von Kautschuk beim Kaltmastizieren werden erörtert. Die prakt. industrielle Bedeutung u. die Zugabe von Füllstoffen u. Vulkanisationsmitteln während des Mastizierens werden behandelt. Es wird gezeigt, daß ein Abbau durch mechan. Behandlung bei zahlreichen Polymeren, die bei n. Tempp. nicht kautschukelast. sind, eintritt. Die durch den Mechanismus vorausgesagte Bldg. von Blockpolymeren beim gemeinsamen Verwalzen von Polymeren oder von einem monomerhaltigen Polymerisat wurde bestätigt. — Diskussionsbemerkungen. (Trans. Proc. Instn. Rubber Ind., Trans. **34.** T237—T327. Okt. 1958. Welwyn Garden City, Herts., Brit. Rubber Prod. Res. Assoc.) R. SCHÄFF. 7222

Giulio Natta. *Italienische Untersuchungen über neue synthetische Elastomere.* (Chim. e Ind. [Milano] **39.** 653—62. Aug. 1957. — C. **1958.** 5230.) E. DEHN. 7224

J. C. Montermoso, C. B. Griffis, Angus Wilson und **J. F. Oesterling,** *Fluorkohlenstoffkautschuke für Hochtemperatureinsatz.* Die Eigg. von *Kel-F-Elastomer 5500* [Vinylidenfluorid (I)/Trifluorchloräthylen (II)-50:50-Mischpolymerisat], *Kel-F-Elastomer 3700* (I/II-70:30-Mischpolymerisat), *Fluorocarbon-Elastomer 214* (III, I/Perfluorpropylen-70:30-Mischpolymerisat) werden geschildert. Im Vgl. zu anderen treibstoff- u. chem. beständigen Kautschuktypen steht III an der Spitze. III ist auch noch bei 260° über längere Zeiten (u. bei 316° entsprechend kürzere Zeiten) anwendbar. (Trans. Proc. Instn. Rubber Ind., Proc. **5.** P 97—P 104. Aug. 1958. Natick, Mass., Quartermaster Res. & Engng. Center.) R. SCHÄFF. 7224

J. R. Dunn und **J. Scanlan,** *Alterung von Naturkautschukvulkanisaten in Gegenwart von Dithiocarbamaten.* Die therm. u. photochem. Alterung von extrahierten Dicumylperoxyd (I)-, Tetramethylthiuramdisulfid (II)- (schwefelfrei) u. Santocure (III, N-Cyclohexyl-2-benzothiazolsulfenamid)-Naturkautschukvulkanisaten in Ggw. zahlreicher Metall- u. Alkylammoniumdithiocarbamate wurde durch Messungen der Spannungsrelaxation ermittelt. Bei I- u. II-Vulkanisattypen zeigen Dithiocarbamate eine deutliche Alterungsschutzwrkg.; sie beschleunigen aber bei III-Vulkanisaten den Spannungsabfall. Die Befunde werden erörtert u. es wird gefolgert, daß das ausgezeichnete Alterungsverh. von nichtextrahierten II-Vulkanisaten mit der Ggw. von Zn-Dimethyldithiocarbamat, das sich während der Vulkanisation bildet, zusammenhängt. (Trans. Proc. Instn. Rubber Ind., Trans. **34.** T 228—T 236. Okt. 1958. Rubber Chem. Technol. **32.** 739—47. Juli/Sept. 1959. Welwyn Garden City, Herts., Brit. Rubber Prod. Res. Assoc.) R. SCHÄFF. 7230

Jen-Yuan Chien, Ching Wen und **Yung-Shih Cheng,** *Die Beziehung zwischen der charakteristischen Viscosität und dem Molekulargewicht von Kautschuk Buna S.* Vff. untersuchen das osmot. Verh. von 9 Fraktionen aus warmpolymerisiertem *Buna S* u. errechnen daraus das Mol.-Gewicht. Sie finden dabei für die spezif. Viscosität $[\eta] = 1{,}65 \cdot 10^{-4}\, M^{0{,}78}$. Der höhere Wert von α (0,78) in der Gleichung $[\eta] = KM^{\alpha}$ ist darauf zurückzuführen, daß bisher die Verzweigungen der Mol.-Ketten nicht berücksichtigt wurden. Die Abhängigkeit c-π/c (c = Konz., π = osmot. Druck) ist nicht linear, während sie für c-$(\pi/c)^{1/2}$ linear verläuft (gemessen in Toluollsg. bei 25°). Für die Messungen wird eine Meth. beschrieben, bei der eine mit NaOH aufgequollene Cellophanfolie verwandt wird. Die Kinetik u. das Quellverh. der Membran in 5—30%ig. NaOH werden genau beschrieben. Diese osmot. Meth. kann für die Best. von Mol.-Geww. über 30000 eingesetzt werden. Es gilt: $[\eta] = 1{,}65 \cdot 10^{-4} \cdot M^{0{,}78}$. (Acta chim. sinica **22.** 249—58. 1956. [Orig.: chines.; Auszug: engl.]; Коллоидный Журнал [Kolloid-J.] **19.** 515—21. Juli/Aug. 1957. Tschantschun, Inst. für angew. Chem. der Chin. Akad. der Wiss.)
O. KRAMM. 7230

K. Koyama, *Über eine charakteristische Kautschukeigenschaft bei Öldichtungen.* Veränderungen der dichtenden Eigg. von Öldichtungen aus Kautschuk wurden unter stat. Bedingungen gegenüber Ölen u. Hitze geprüft. Das Dichtungsverh. hängt ab von der Quellung u. den Fließeigg. am Rande der Öldichtungen. (J. Soc. Rubber Ind. Japan **31.** 886—92. 1958. Nippon Oil Seal Ind. Co., Ltd. [Orig.: japan.; Auszug: engl. S. 954.])
H. STRAUCH. 7230

James T. Hill und **Fred Leonard,** *Bestimmung der Verfärbung von kautschukähnlichen Filmen mittels Reflexspektrometrie.* Durch Auswertung spektraler Reflexkurven im Bereich von 400—700 mμ konnte die prozentuale Fleckenresistenz (resistance to staining) u. die prozentuale Verfärbung von kautschukähnlichen Filmen (weichgemachtes

Polyvinylchlorid Geon 121) infolge oxydativen Abbaus ermittelt werden. (Rubber Age [New York] **84**. 268—74. Nov. 1958. Washington, D. C., Walter Reed Army Med. Center, U. S. Army Prothetics Res. Labor.) R. SCHÄFF. 7248

Stephan Zöldy, Ismaning, Obb., und **Erhard A. Kletzl,** München, *Stabilisieren von Kautschukmilch,* dad. gek., daß ein Dimethylpolysiloxan der Viscosität 0,65 cSt bei 25° u. dem Flammpunkt —1° verwendet wird. (**D. A. S. 1 052 675** Kl. 39b vom 15/6. 1955, veröff. 12/3. 1959.) W. OVERBECK. 7223

Phillips Petroleum Co., Del., übert. von: **Carl A. Uraneck,** Phillips, **James N. Short** und **Alvin C. Rothlisberger,** Borger, Texas, V. St. A., *Polymerisate aus Butenylderivaten und Dienen.* Verbb. der Formel $CH_2{=}C(R){-}CH(A){-}CH(B){-}O{-}X$, wobei R = Aryl, A u. B = H, CH_3, C_2H_5, X = H, R', C(O)R', wobei R' ein gesätt. aliphat. Rest oder R'', C(O)—R'', $(CH_2 \cdot CH_2 \cdot O)_nH$, $(CH_2 \cdot CH_2 \cdot NH)_nH$, wobei R'' ein aliphat. ungesätt. Rest u. n = 1—16, werden mit konjugierten Dienen nach bekannten Verff. in Emulsion polymerisiert. Die Polymerisate sind bes. für Reifenmischungen geeignet. (**A. P. 2 834 747** vom 23/11. 1953, ausg. 13/5. 1958.) L. STADELMANN. 7225

Esso Research and Engineering Co., übert. von: **Glen P. Hamner,** Baton Rouge, La., V. St. A., *Abtrennen von acyclischen und cyclischen Diolefinen* mit 5—6 C-Atomen, z. B. aus gecrackten KW-stofffraktionen, die nach A. PP. 2 348 659 u. 2 363 903, letzteres C. **1945**. II. 601, erhalten wurden, *als Dimere.* Die KW-stofffraktion wird 4 bis 12 Std. auf 180—240 °F erhitzt, bis die cycl. Diolefine dimerisiert sind. Die nicht dimerisierten acycl. Diolefine werden fraktioniert abdest. u. dann durch 12—24 std. Erhitzen auf 250—400 °F dimerisiert u. aus dem entstandenen Reaktionsprod. die nicht umgesetzten Monomeren bei 300—340 °F u. die Dimeren durch Dest. des Bodenprod. bei 300—400 °F von den Trimeren u. Polymeren abgetrennt. — Hergestellt werden die *Dimeren* von *Isopren, Piperylen, Hexadienen, Methylcyclopentadien* u. *Cyclopentadien.* — Die nichtcycl. Diolefindimeren dienen als *Ersatz* für *Dipenten* u. *Terpene;* sie lassen sich durch Cracken in die Monomeren überführen; die dabei entstehenden *Polymeren* mit Kp. 90% bei 194—435 °F, 10% bei 302—365 °F u. 10% bei 365—435 °F; JZ. 257; D. 0,9458 dienen als *Weichmacher* u. *Quellmittel* für *natürlichen* u. *synthet. Kautschuk.* (**A. P. 2 773 106** vom 19/3. 1952, ausg. 4/12. 1956.) G. KRAUSS. 7227

American Cyanamid Co., New York, N. Y., übert. von: **Mario Scalera,** Somerville, **Frederic H. Adams** und **William B. Hardy,** Bound Brook, N. J., V. St. A., *Herstellung von Hydrazinsulfonaten* einer Formel $NH_2{-}NH{-}SO_2{-}O{-}M{-}O{-}SO_2{-}NHNH_2$, wobei M = Zn, Mg, Cd ist. Das durch Rk. von Hydrazinhydrat mit Triäthylsulfaminsäure u. $Ba(OH)_2$ gebildete Ba-Hydrazinsulfonat wird in wss. Lsg. mit $ZnSO_4$, $CdSO_4$ oder $MgSO_4$ umgesetzt, wobei sich die entsprechenden Metallverbb. bilden. Diese werden als *Treibmittel* zur *Schaumgummiherst.* verwendet, wobei sich kleine u. gleichmäßige Hohlräume bilden. (**A. P. 2 830 028** vom 28/4. 1955, ausg. 8/4. 1958.) E. MIESSGANG. 7227

Willie Eugene Hummel, Philadelphia, Pa., V. St. A., *Aufbringen eines Weißwandüberzuges auf Autoreifen.* Auf die aufgerauhte Seitenwand des Autoreifens wird mittels einer Spritzpistole eine auf 250—330° erwärmte, weiß pigmentierte Kautschuklsg. in einer Stärke von ca. 0,4 mm aufgespritzt u. 5 Min. an der Luft getrocknet. Dann wird eine 2. Schicht in gleicher Weise aufgebracht u. der ganze Überzug endgültig getrocknet. (**A. P. 2 821 487** vom 16/9. 1955, ausg. 28/1. 1958.) H. NATHER. 7231

XIII. Ätherische Öle. Parfümerie. Kosmetik.

Hans Kübler, *Ideale Aerosolabfüllungen, ideale Aerosoltreibgase.* Vorteile u. speziell geeignete Einsatzgebiete der Aerosolverpackung werden zusammengestellt. Vf. geht ausführlich auf die Eigg. von Vinylchlorid ein, das neben den fluorierten Methanen u. Äthanen u. Propan-Butan als ideales Treibgas für Aerosole bezeichnet wird. (Parfümerie u. Kosmet. **39**. 684—88. Okt. 1958.) H. SONTAG. 7260

R. M. Classen, *Lilial, eine vergleichende Betrachtung.* Eigg., Verh. in einzelnen Anwendungsformen u. Kombinationsmöglichkeiten mit bekannten Riechstoffen des neuen chem. Riechstoffs *Lilial* werden beschrieben. Einsatzmöglichkeiten dieses Aldehyds werden aufgezeigt u. an Hand von Rahmenrezepturen für 4 Geruchskompositionen näher erläutert. (Parfümerie u. Kosmet. **39**. 558—59. Sept. 1958.) H. SONTAG. 7276

Horst Schmidt, *Dermaphile Riechstoffe.* Vf. geht auf die Beziehung zwischen chem. Konst. u. Hautverträglichkeit (kosmet. Inaktivität) von Riechstoffen ein. Folgende Verbindungstypen werden auf Grund ihres strukturellen Aufbaus als für die Herst. dermaphiler Riechstoffe geeignet näher besprochen, wobei unter Angabe präparativer Hinweise auf weitere Variationsmöglichkeiten in der Zusammenstellung der Substituenten verwiesen wird. Acetale (Einbau aliphat. u. aromat. Reste an die Aldehydgruppe eines aliphat. oder aromat. Aldehyds), cycl. Acetale u. Ketale, die aus der Rk. einer Aldehyd- bzw. Ketogruppe mit einem Glykol oder mehrwertigen Phenol entstehen, doppelte oder gemischte Ester der Kohlensäure u. Äther aromat. Alkohole (Phenyläthylalkohol, Anisalkohol, Hydrozimtalkohol). (Parfümerie u. Kosmet. **39.** 578—80. Sept. 1958.) H. SONTAG. 7276

Helmut Hoffmann, *Fettsäurealkylolamide und ihre Bedeutung für Parfümerie und Kosmetik.* Nach einer Übersicht über Herst. u. Eigg. der techn. bedeutsamen Fettsäurealkylolamidtypen (sulfatierte u. alkoxylierte Monoalkylolamide, Polydiäthanolamide u. reine Diäthanolamide) geht Vf. unter Angabe von Rahmenrezepten auf deren Einsatz in folgenden kosmet. Zubereitungen ein: Shampoos, Dauerwellpräpp., vollsynthet. Stückseife, Hautcremes (Vanishing, Fett- u. desinfizierende Creme) u. Lippenstifte. Die Vorteile der Verwendung dieser Verbb. werden aufgezeigt u. auf weitere Entwicklungsmöglichkeiten hingewiesen. (Parfümerie u. Kosmet. **39.** 856—62. Dez. 1958. Steinau, Rewo Chem. Fabrik GmbH. u. London, Dutton & Reinisch Ltd.) H. SONTAG. 7284

Paolo Rovesti, *Histophile Hautwirkung des Citamins; hautfreundliche Ester der essentiellen Aminosäuren.* Die Äthylester der Aminosäuren *Histidin, Valin, Leucin* u. *Lysin* wie auch die *Cholesterinester* der entsprechenden Aminosäuren sollen auf die Hautregeneration u. den allg. Hautzustand einen günstigen Einfl. ausüben. (Riv. ital. Essenze, Profumi, Piante officin., Olii veget., Saponi **40.** 508—10. 15/11. 1958. Milano, Ist. di ricerche sui deriv. vegetali.) H. P. FIEDLER. 7284

Angela Massera und **Adrian Fayaud,** *Wirkung von phytohormonhaltigen Fruchtsäften auf die Erneuerung der Haut. Schutz und Entwässerung der Haut.* Es wird über die Wrkg. von phytohormonhaltigen Säften u. von konz. Aprikosen-, Bananen- u. Citronensäften berichtet. (Perfum. essent. Oil Rec. **49.** 812—13. Dez. 1958. Milan, Italy, Cosmet. Res. Labor.) E. BOYE. 7284

Herbert Janowitz, *Vernix caseosa.* Zus. von *Vernix caseosa* (smegma embryonicum) u. ihre Wrkg. auf die menschliche Haut werden aufgezeigt. Die künstl. Herst. einer Hautcreme mit einer *Vernix caseosa* entsprechenden Zus. wird vorgeschlagen, da eine solche „Idealcreme" sowohl durch Ausgleich des osmot. Drucks zwischen inner- u. außercellulärer Fl. die Flüssigkeitsaufnahme der Hautzellen verbessern als auch infolge des Geh. an Placentaextrakt die hormonale Tätigkeit der Haut anregen würde. (Seifen-Öle-Fette-Wachse **83.** 187. 10/4. 1957. Tel Aviv.) H. SONTAG. 7284

Domenico Cecchetto, *Die Brillantine in der Kosmetik.* Unter Verwendung der erst in den letzten Jahren entwickelten kosmet. Rohstoffe lassen sich Brillantinen bzw. Frisiercremes herstellen, die die kosmet. Eigg. des Haares deutlich verbessern, ohne gleichzeitig Haar u. Haut nachteilig zu beeinflussen. (Riv. ital. Essenze, Profumi, Piante officin., Olii veget., Saponi **40.** 542—43. 15/12. 1958. Venezia.) H. P. FIEDLER. 7284

Romuald Buliński, *Untersuchung ätherischer Öle auf der Grundlage ihrer abweichenden Löslichkeit in Aceton-Methanol-Mischungen.* Die Unterscheidung u. Beurteilung äther. Öle erfolgt durch Titration einer Lsg. von 2 ml Öl in 10 ml absol. Aceton u. 10 ml absol. Methanol mit W. bei 20° bis zum Auftreten der ersten Trübung. Terpenhaltige Öle lösen sich leichter in W. als Verbb. mit aromat. Charakter. Verharzte, gealterte Öle sind ebenfalls leichter lösl. als frische u. verbrauchen bei der Titration weniger Wasser. (Roczniki państwowego Zakładu Hig. **9.** 521—24. 1958. Lublin, Akad. Med., Zakł. Nauki o Środkach spoż.) F. URBAN. 7286

Rolf Blanke, *Möglichkeiten objektiver Farbbeurteilungen bei kosmetischen Zubereitungen.* Vf. gibt einen Überblick über die Möglichkeiten der objektiven Farbbeurteilung mit Hilfe elektr. Meßmethoden u. zeigt die bes. Schwierigkeiten bei der objektiven Farbbeurteilung von Entwicklungsfarben. Es wird eine neue Meßanordnung beschrieben, die es gestattet, mit Hilfe monochromat. Lichtes u. einer Photozelle Färbungen von Entwicklungsfarbstoffen auf Kunststoffolien objektiv zu messen. Sie eignet sich bes. zur Farbbeurteilung von Oxydationsfarbstoffen in ihrem Einsatz in Haarfärbemitteln u. ermöglicht die Aufnahme von Transmissions- bzw. Adsorptionskurven im Bereich von 400—700 mμ bei einer für vergleichende Betriebskontrollen (Herst. u. Überwachung von Haarfärbemitteln) genügenden Genauigkeit von $\pm$ 0,3%. (Parfümerie u. Kosmet. **39.** 867—69. Dez. 1958.) H. SONTAG. 7294

Colgate-Palmolive Co., New York, N. Y., V. St. A. (Erfinder: **Lojo Habicht,** Aumühle), *Aerosolrasierkrem,* bestehend aus einer wss. Seifenlsg. mit einem Gesamtseifengeh. von <4 (%), bes. 1—3, an Alkali-, Ammonium- oder Alkylammoniumseifen sowie Seifen prim. oder sek. Alkanolamine u. gegebenenfalls 0,5—10, bes. 1—5, hydrophilen organ. Kolloiden, bes. wasserlösl. polymeren Derivv. der Acrylsäure. (**D. A. S. 1 045 028** Kl. 23e vom 28/11. 1956, veröff. 27/11. 1958.) C. LÜTTGEN. 7285

VEB Farbenfabrik Wolfen, Wolfen Kr. Bitterfeld, (Erfinder: **Gerhard Müller,** Bitterfeld, und **Curt Wohlfarth,** Wolfen), *Haarbehandlungsmittel.* Um bei Kaltwellung oder anderen Verff. eine chem. Schädigung der Haare zu verhindern, werden diese mit einer durch organ. Säuren auf p_H 3—5 eingestellten Lsg. eines Kondensationsprod. aus mehrkernigen, aromat. Hydroxyverbb., Aldehyden u. Salzen der schwefligen Säure behandelt. — 11 (%) Fettalkohole C_{14}—C_{18} mit Emulgatoren, 0,5 polymeres Äthylenoxyd, 3 hochmol. Ester, 1 Parfümkomposition, 69,5 dest. W. u. 15 einer 60%ig. wss. Lsg. eines Kondensationsprod. aus Dihydroxydiphenylmethan, Formaldehyd u. Bisulfit. — Weitere Beispiele. (**D. P.** [**DDR**] **16 717** Kl. 30h vom 1/9. 1956, ausg. 23/3. 1959 [Wirtschaftspatent].) G. WELTZIEN. 7285

Pierre Glorieux, Frankreich, *Lockenfixativ.* Trockne, entfettete Haare werden bei 15—25° in kleinen Strähnen mit nachst. Fl. angefeuchtet, 20—30 Min. auf Lockenwickler gewickelt u. nach Entfernung derselben gut gebürstet. Man erhält eine ausgezeichnete Dauerwelle. — 75—85 (%) W., 25—15 Carboxymethylcellulose, 3—1 (‰) reines Glycerin u. 0,06—0,03 Propylhydroxybenzoat. (**F. P. 1 174 539** vom 6/5. 1957, ausg. 12/3. 1959.) G. WELTZIEN. 7285

XIV. Zucker. Kohlenhydrate. Stärke.

Konstantin Vukov und **Barna Pataky,** *Automatisierung der Zuckerfabriken in der Sowjetunion.* Vff. beschreiben in großen Zügen die Prinzipien der automatisierten Zuckerfabriken in der Sowjetunion, angeschlossen Aufbau u. Wirkungsweise der Saftreinigungsanlage in Lohvica. [Élemezési Ipar [Verpflegungs-Ind.] **12.** 358—62. Nov./Dez. 1958.) J. PLANK. 7400

Jiří Macura, *Bakterisierung der Zuckerrübe durch Azotobacter.* Vf. stellt fest, daß Azotobacterbakterien einen günstigen Einfl. auf das Keimen u. Wachsen des Samens haben. — 25 Literaturangaben. (Sborník českoslov. Akad. zemědelských Věd, rostl. Výroba **28.** 266—68. April 1955. Praha-Ruzyně, ČSAZV, Výzk. úst. rostl. výr. mikrobiol. odd.) E. VEVERA. 7406

G. A. Chomtschuk und **L. Ss. Twerdochlebow,** *Die Abhängigkeit der Zuckerverluste von der Zuckerspaltung und Caramelisierung beim Erhitzen.* Zur Verringerung der Zuckerverluste durch therm. Zers., die allein auf der Verdampferstation bis zu 0,8% des Rübengewichtes erreichen können, wird folgendes vorgeschlagen: die Verdampfung muß so geregelt werden, daß die Dauer minimal ist; die Heizoberfläche der Verdampferstation soll höchstens 240—250 m²/1000 dz Zuckerrüben betragen; die Temp. des Heizdampfes darf 135° nicht übersteigen; nach der Eindickung des Sirups soll in allen Prodd. das p_H-Minimum 7,0—7,3 erhalten werden; der Grad der Zuckerzersetzung, der Geh. an reduzierenden Stoffen u. die Färbung des Sirups müssen laufend bestimmt werden. (Сахарная Промышленность [Zucker-Ind.] **32.** Nr. 11. 19—21. Nov. 1958. Stalino, Gruppenlabor.) OTTO MAIER. 7414

D. H. Parish und **S. M. Feillafé,** *Chemische Düngung.* Bericht über den Stand der chem. Düngung auf Mauritius. (Mauritius Sugar Ind. Res. Inst., annu. Rep. **1957.** 45—48.) M. REIHER. 7440

Stanley A. Watson, Yoshiro Hirata und **Carl B. Williams,** *Eine Untersuchung der Milchsäuregärung bei der handelsüblichen Maisquellung.* In frischem Maisnetzwasser wird bei 48° in Ggw. überschüssiger Dextrose *Milchsäure* gebildet, je nach Befall des Maises mit Milchsäurebakterien. Vff. leiten hieraus Maßnahmen für die Herst. von Maisstärke ab, der eine feuchte Maisbehandlung von 40—50 Std. vorangeht. (Cereal Chem. **32.** 382—94. Sept. 1955. Argo, Ill., Corn Products Refining Co., George M. Moffet Res. Labor.) H. HAEVECKER. 7448

S. Zelenka, *Über die Verwertung der Abfälle aus den Kartoffelstärkefabriken.* Eingehende Unters. des in Kartoffelstärkefabriken anfallenden *Fruchtwassers* (I), wobei der Geh. an Zuckern u. Aminosäuren papierchromatograph. bestimmt wurde, u. ein Vgl. desselben mit Maisquellwasser führte Vf. zur Ausarbeitung eines Verf. zur Isolierung von hochwertigem Material für die Antibioticagewinnung durch Fermentation. Das unverd., n. geschwefelte I aus geriebenen Kartoffeln wird auf 48—50° erhitzt, mit Milchsäurebakterien beimpft u. nach beendeter Fermentation eingeengt u. zu einem pulverigen Prod. verarbeitet. Hieraus lassen sich erhalten im Vgl. zu Maisquellwasser (100%) an *Penicillin* 145%, an *Streptomycin* 100% u. an *Chlortetracyclin* 105%. Aus der Kartoffelpülpe läßt sich *Pektin* gewinnen. Das Verf. ist jedoch kostspielig u. die Gallertergiebigkeit nur gering, nach TARR-BAKER ca. 40°. (Stärke **10.** 254—62. 1958. Prag, Chem.-Technol. Hochsch.) M. ULMANN. 7448

A. Lemaitre, *Bestimmung geringer Zuckermengen in wässerigen Lösungen. (Anwendung in Rücknahmewässern der Zuckerfabrik).* Vf. berichtet über eine Meth. zur

Best. von Zuckerspuren in W., z. B. Rücknahmewasser der Fabriken. Er benutzt die Orangefärbung, die 80%ig. Phenollsg. u. H_2SO_4 (konz.) mit Zuckerlsg. ergeben. Die erhaltenen Färbungen gehorchen dem BEERschen Gesetz. Die Best. geschieht mittels photoelektr. Komparator. Zum Vgl. dienen Zuckerlsgg. von bekanntem Gehalt. (Succerie franç. **99**. 250—51. Sept./Okt. 1958.) G. HOFER. 7470

XV. Gärungsindustrie.

I. A. Melzer und **Ju. N. Kuramschin,** *Wässerige Emulsionen der Oleinsäure als Antischaummittel.* Zur Bereitung einer wss. Emulsion mit 5 u. 10% Oleinsäure (I) wird I in einem Mischapp. (60—100 U/Min.) mit Wasserdampf auf 80° erwärmt; danach wird, ohne das Mischen zu unterbrechen, allmählich eine kalte 20%ig. kaust. Sodalsg. (14,3 kg je 100 kg I) zugefügt u. weitere 30 Min. gemischt. Hierauf wird warmes W. (65°) mit 0,5 oder 1,0% (vom Vol. des W.) obiger Emulgatorpaste versetzt, 5—10 Min. gemischt, danach 5 oder 10% I zugefügt u. 75 Min. gemischt, wobei alle 5 Min. das Mischen für 3 Min. unterbrochen wird. Vergleichende Hefezüchtungen ergaben bei Anwendung von I als Entschäumer: Verbrauch 0,621%, Kennzahlen der gezüchteten Hefen: Feuchtigkeit 71,94%, N-Geh. 2,06%; Beständigkeit 66,14 Std., Acidität 119 mg; bei Anwendung der wss. Emulsion mit 10% I 0,216; 71,35; 1,83; 55,0; 113; bei Anwendung der wss. Emulsion mit 5% I 0,148; 71,30; 2,07; 62,0; 109. Bei Anwendung der wss. Emulsion ist der I-Verbrauch 5mal geringer als bei Anwendung von natürlicher I. (Хлебопекарная и Кондитерская Промышленность [Brot- u. Konditorei-Ind.] **2**. Nr. 11. 10—12. Nov. 1958. Allunions Wiss. Forsch.-Inst. der Brot-Ind.) OTTO MAIER. 7506

H. Klaushofer und **Ch. Kundrat,** *Der Vitamingehalt österreichischer Biere.* 1. Mitt. *Freies und gebundenes Biotin im Bier.* In 10 österreich. Bieren, wovon 3 Spezialbiere waren, wurde mikrobiol. das freie, d. h. für den Testorganismus (Lactobacillus arabinosus 17-5) verwertbare *Biotin* (I) sowie die Summe von freiem u. gebundenem I bestimmt. Es zeigte sich, daß bei den Normalbieren nur $^1/_5$—$^1/_2$ des Gesamt-I in freier Form vorlag. Bei den Spezialbieren hingegen betrug der Anteil an freiem I bis zu 65%. Ein Zusammenhang zwischen Geh. an Gesamt-I bzw. an freiem I u. der Bierzus. scheint nicht zu bestehen. Die Befunde werden diskutiert u. mit den in der Literatur für Biere nichtösterreich. Provenienz mitgeteilten verglichen. — 15 Literaturhinweise. (Mitt. Versuchsstat. Gärungsgewerbe [Wien] **10**. 73—75. Mai/Juni 1956.) M. WINIKER. 7550

Josef Wittmann, *Die Verwendung von Kunststoffrohren in Weinkellereien.* Für Weinleitungen in Kellereien sind Kunststoffrohre aus Hartpolyvinylchlorid u. Polyäthylen gut geeignet. (Dtsch. Wein-Ztg. **94**. 652—53. 21/11. 1958. Wiesbaden-Biebrich.) F. RADLER. 7554

Jean Michod, *Zur Frage der künstlichen Entsäuerung des Weins.* Es wurde der Verlauf des Geh. an Gesamtsäure, Weinsäure, K^+ u. des p_H-Wertes in Weinen verfolgt, die vor oder nach der Gärung mit $CaCO_3$ entsäuert wurden. Die Zus. des fertigen Weines erwies sich als vom Zeitpunkt der Entsäuerung unabhängig. Eine Förderung des biol. Säureabbaus (Decarboxylierung der Äpfelsäure) wurde durch $CaCO_3$-Zusatz vor der Gärung nicht beobachtet. (Landwirtsch. Jb. Schweiz **72**. ([N. F.] 7). 491—502. 1958. Lausanne, Stat. féd. d'essais agricoles.) F. RADLER. 7554

Dezső Törley, *Die Phosphorsäureester des Myoinosits; chemische Eigenschaften und technologische Anwendung.* Kurze Übersicht der chem. Eigg. der Inositphosphate (I) u. ihre Anwendung zur Enteisenung von Wein, Essig, Fruchtsaft u. Branntwein. Vf. ist der Meinung, daß die Anwendbarkeit u. Wrkg. der I noch ausführliche Unterss. erfordert. (Élelmezési Ipar [Lebensmittelind.] **13**. 7—9. Jan. 1959.) J. PLANK. 7554

E. Kielhöfer und **G. Würdig,** *Die Bindung des Sauerstoffs durch schweflige Säure und durch Ascorbinsäure. SO_2* wird in wss. Lsg. nur in Ggw. von Fe oxydiert. *Ascorbinsäure* (I) ist dagegen autoxydabel, sie vermag O_2 mit wesentlich größerer Geschwindigkeit aufzunehmen. An weinähnlichen Modell-Lsgg. wird gezeigt, daß bei der Oxydation von I entgegen der bisherigen Auffassung nicht ein, sondern zwei O-Atome aufgenommen werden, so daß wahrscheinlich neben Dehydroascorbinsäure nicht H_2O sondern H_2O_2 entsteht, das vor allem in Ggw. von Licht u. Fe *Weinsäure* (II) zu oxydieren vermag. Als Oxydationsprodd. der II wurden durch die Bindung von SO_2 Verbb. mit Aldehyd- oder Keto-Funktionen nachgewiesen. II wird in Ggw. von Fe^{2+} u. Tageslicht auch durch Luftsauerstoff oxydiert; durch SO_2 wird diese Oxydation gehemmt, durch I nicht. Oxydationsprodd. von II z. B. Dihydroxymaleinsäure sollen bei der Alterung des Weines geschmacklich wirksam sein. Die mögliche, prakt. Bedeutung dieser Untersuchungsergebnisse wird diskutiert. (Weinberg u. Keller **5**. 644—56. Dez. 1958. Trier/Mosel, Weinforschungsinst.) F. RADLER. 7554

E. Kielhöfer und **G. Würdig**, *Die gegenseitige Beeinflussung von schwefliger Säure und Ascorbinsäure in Modellösungen und im Wein.* (Vgl. vorst. Ref.) *SO_2* wird durch Luftsauerstoff in Ggw. von *Ascorbinsäure* (I) ca. 10mal schneller oxydiert, als in Abwesenheit von I. Für die Autoxydation von I wird die Bldg. von H_2O_2 angenommen, das die Oxydation von SO_2 bewirkt. SO_2 wird bevorzugt oxydiert, so daß keine anderen Verbb. im Wein in Ggw. von O_2 u. I oxydiert werden, solange freie SO_2 vorhanden ist. — Durch Zusatz von I u. Belüftung soll in bes. einfacher Weise ein zu hoher Geh. an SO_2 im Wein vermindert werden können. (Weinberg u. Keller **6.** 21—31. Jan. 1959. Trier/Mosel, Weinforschungsinst.) F. RADLER. 7554

László Burghardt, *Fertigungsverfahren für Essigsäure aus der Holzdestillation.* Es wird eine Übersicht über die Verff. zur Abtrennung u. Anreicherung der Essigsäure aus dem Holzdestillat gegeben. Besprochen werden die Isolierung über Graukalk, die Extraktionsverff. (Äthylacetat- u. SUIDA-Verf.) sowie das CLAMECY-Verfahren. — 3 Abbildungen. (Faipar [Holzind.] **7.** 78—82. Juni 1957.) N. SEILER. 7564

Stanisław Zagrodzki und **Stanisław Wysocki**, *Untersuchungen über die Beseitigung von Acetaldehyd und Äthanol aus Lösungen als Beitrag zur Herstellung von Gärungsglycerin.* Bei der Glyceringärung entstehender Acetaldehyd (I) kann zusammen mit A. durch einen Luftstrom bei 30° quantitativ abgetrieben werden. Ebenso einfach ist das Abdestillieren von I bei 30°/30 Torr oder 99,5°/n. Druck. Das Abdestillieren von I aus der Bisulfitverb. verläuft bei n. Druck um so unvollständiger, je größer der Bisulfitgeh. der Lsg. ist. Die Vakuumdest. bringt noch schlechtere Ergebnisse. (Zeszyty naukowe Politechn. Łódżkiej, Chem. spożywzca **1955.** Nr. 1. 25—36.) F. URBAN. 7578

XVI. Nahrungs-, Genuß- und Futtermittel.

T. Truelsen, *Lebensmittelkonservierung durch Bestrahlung.* Allg. Übersicht. (Nord. Mejeri-Tidsskr. **25.** 36—39. 1959. Risø.) S. BECKMANN. 7634

P. Chovin, *Die Anwendung ionisierender Strahlen in der Lebensmittelindustrie.* (Ann. Falsificat. Fraudes **49.** 203—06. Mai 1956. — C. **1957.** 11454.) F. KRUSEN. 7634

J. L. Secrist und **C. R. Stumbo**, *Einige Faktoren, welche die mit dem Thermoresistometer erhaltenen Werte für die thermische Resistenz beeinflussen.* (Vgl. C. **1958.** 8496.) Werte für die therm. Resistenz von Sporen von P.A. 3679, die in durch ein Sieb geschlagenen Erbsen bzw. dest. W. suspendiert sind, sind zusammengestellt für Tempp. von 240—290° F. Die daraus konstruierten Abtötungskurven werden diskutiert, sie verlaufen geradlinig. Das dürfte auch für extrem kurze Erhitzungszeiten der Fall sein. Verwendet man Phosphatpufferlsg. statt dest. W. als Suspendier-Fl., so steigt die therm. Resistenz mit steigender Phosphatkonzentration. Erfolgt die Erhöhung der Pufferkonz. in der Vorkammer des Thermoresistometers, kann es zu falschen Ergebnissen kommen. (Food Res. **23.** 51—60. Jan./Febr. 1958.) PH. FRESENIUS. 7634

M. Sovová und **V. Sova**, *Über die Bestimmung von Farbstoffverunreinigungen in den synthetischen Nahrungsmittelfarbstoffen.* Lebensmittelfarbstoffe der Firma CHEMA (CSR) u. GEIGY (Schweiz) wurden papierchromatograph. auf ihren Geh. an Verunreinigungen untersucht. Bei Metanilgelb O, Tartrazin, Echtlichtorange G, Gelborange S wurden keine, bei Echtrot E, Brillantschwarz BN Spuren u. bei Midlonrot 3B, Nerol B, Amaranth, Echtlichtgelb G, Echtsäurerot G u. Blauschwarz NB Verunreinigungen in Mengen von 0,001—0,2% gefunden. Als Fließmittel diente n-Butanol–11%ig. NH_4OH–4%ig. NaCl-Lsg. 3:3:4, 80%ig. A.–n-Butanol–NH_4OH–2n-Essigsäure 70:20:10:10 oder 11%ig. NH_4OH–4%ig. NaCl-Lsg. 1:1. Als Verunreinigungen traten o-Toluidin, Diphenylamin, α-Naphthylamin, Phenylmethylpyrazolonsulfonsäure, 2-Hydroxynaphthalin-3.6-disulfonsäure, 1-Amino-8-hydroxynaphthalin-3.6-disulfonsäure, 4-Aminodiphenylamin-2-sulfonsäure u. 1-Aminonaphthalin-4-sulfonsäure, jedoch kein Anilin, p-Nitranilin u. keine 2-Hydroxynaphthalin-6.8-disulfonsäure auf. (Pharmazie **13.** 93—95. Febr. 1958. Prag, Forschungsanstalt für Lebensmitteltechnologie.) E. LÜCK. 7638

Kurt Schreier, *Industrielle Behandlung der Lebensmittel in ärztlicher Sicht.* Vortrag mit krit. Betrachtungen über die verschied. in der Lebensmittelindustrie benutzten Zusatzstoffe. Mit besonderen Ausführungen über eigene Unterss. an Polyphosphaten, die erst nach enzymat. Spaltung in Form von Orthophosphat im Magen–Darm-Kanal resorbiert werden. In Tierverss. (Ratten) wirkten die Verbb. nicht toxisch. Weiterhin kurze Hinweise auf die Anwendung von Glucosamin als Nahrungsmittelzusatz u. auf die Verwendung der Antibiotica in der Tiermast. — Zahlreiche Literaturangaben. (Mschr. Kinderheilkunde **106.** 130—35. März 1958. Heidelberg.) K. ZOPFF. 7642

Peter Marquardt, *Fremdstoffe in Lebensmitteln und ihre möglichen Gefahren.* Übersicht. — 63 Literaturangaben. (Münchener med. Wschr. **100.** 579—83. 11/4. 636—40. 18/4. 1958. Freiburg/Br., Univ., Med. Fak., Abt. für Exp. Therap.)
F. KRUSEN. 7642

F. A. Gunther, D. L. Lindgren und **R. C. Blinn,** *Biologische Wirksamkeit und Dauerhaftigkeit von Malathion und Lindan als Schutzmittel für gelagerten Weizen.* Wechselnde Konzz. von *Malathion* (I) u. *Lindan* (II) an Weizenkörnern wurden im Biovers. u. chem geprüft. I verlor seine Wrkg. mit der Zeit u. hatte eine Halbwertzeit von 5,6 Monaten, während sich II als vollkommen beständig erwies u. keinerlei Wirkungsabfall zeigte. (J. econ. Entomol. **51.** 843—44. Dez. 1958. Riverside, Calif., Univ. of California Citrus Exp. Stat.) FRITZ MÜLLER/Ludwigshafen. 7664

W. Keith Whitney, Orlo K. Jantz und **Carl S. Bulger,** *Einwirkung der Methylbromidbegasung auf die Lebensfähigkeit der Samen von Gerste, Mais, Hirse, Hafer und Weizen.* Beim *Methylbromid* hängt die Spanne zwischen seiner Wrkg. gegen Insekten u. der Samenschädigung ab von 1. der Höhe der Gabe, 2. dem Feuchtigkeitsgeh. der Samen, 3. der Länge der Einwirkungszeit, 4. der Samenart, 5. den Lagerbedingungen nach der Begasung, 6. der Temp., 7. der Vorgeschichte des Gutes, 8. dem Verhältnis des Begasungsgutvol. zu dem des Begasungsraumes u. 9. der Dichtigkeit des Raumes. — Wenige oder gar keine Keimschäden treten auf bei einem Feuchtigkeitsgeh. unter 12%, einer Gasgabe von weniger als 32 g/m^3, einer Einwirkungszeit unter 24 Std. u. Tempp. unter 27^0. Die Empfindlichkeit der Getreidearten steigt in folgender Reihe an: Hafer $<$ Gerste $<$ Hirse $<$ Mais $<$ Weizen. (J. econ. Entomol. **51.** 847—61. Dez. 1958. Manhattan, Kans., Stored Product Insects Stat.) FRITZ MÜLLER/Ludwigshafen. 7664

Walton B. Sinclair und **David L. Lindgren,** *Faktoren, die die Begasung von Nahrungsmitteln zur Insektenbekämpfung beeinflussen.* Aus den Versuchsergebnissen der Begasung verschied. Lebensmittel (Obst, Getreide, Nüsse usw.) mit *Blausäure, Acrylnitril, Äthylendibromid, Äthylenchlorbromid* u. *Methylbromid* werden folgende, an ein Begasungsmittel zu stellende Anforderungen abgeleitet: 1. Gasform oder leicht vergasend, 2. niedriger Kp., 3. geringes Mol.-Gew., 4. Wasserunlöslichkeit, 5. keine Rückstände auf der Ware, 6. keine äußeren Schäden an der Ware, 7. keine inneren Beeinflussungen, 8. keine Beeinflussung des Reifens, 9. keine Geschmacksbeeinflussung, 10. keine Beeinflussung der Lagerfähigkeit der Ware. — 6 Literaturangaben. (J. econ. Entomol. **51.** 891—900. Dez. 1958. Riverside, Calif., Univ. of California, Citrus Exp. Stat.)
FRITZ MÜLLER/Ludwigshafen. 7664

D. L. Lindgren, L. E. Vincent und **R. G. Strong,** *Untersuchungen über Phosphorwasserstoff als Begasungsmittel.* Aus Al-Phosphid entwickelter PH_3 (*Phostoxin*) tötete die einzelnen Stadien verschied. Getreideschadinsekten vollkommen ab, bei einigen waren die Puppen etwas widerstandsfähig. Er durchdringt lose u. gesackt gelagerten Weizen u. Mehl vollkommen, hat keinerlei Einfl. auf die Keimfähigkeit, die Backfähigkeit oder den Geschmack der daraus hergestellten Backwaren. (J. econ. Entomol. **51.** 900—03. Dez. 1958. Riverside, Calif., Univ. of California, Citrus Exp. Stat.)
FRITZ MÜLLER/Ludwigshafen. 7664

W. Schäfer, *Die spezifische Wärme des Weizens.* Die Best. der integralen spezif. Wärme des Weizens erfolgte nach dem Mischungsverf., u. zwar im Temperaturgebiet zwischen 40 u. 70^0. Als Untersuchungsmaterial diente das ganze Korn, das Mehl u. die Kleie von zwei Weizensorten. Die erhaltenen Werte werden eingehend diskutiert. (Mühle **92.** 249—50. 19/5. 269—70. 26/5. 286—87. 2/6. 1955. Detmold, Bundesforschungsanstalt für Getreideverarbeitung.) G. HOFER. 7664

H. A. Becker und **H. R. Sallans,** *Eine Untersuchung der Desorptionsisothermen von Weizen bei 25 und 50^0.* Es werden die Desorptionsisothermen von Weizen bei 25 u. 50^0 ermittelt u. daraus die Desorptionswärme berechnet. Die erhaltenen Werte werden im Hinblick auf die Praxis der Weizentrocknung eingehend diskutiert. (Cereal Chem. **33.** 79—91. März 1956. Saskatoon, Canada, Saskatchewan, Nat. Res. Council.)
M. WINIKER. 7664

William F. Sollars, *Ein neues Verfahren zur Fraktionierung von Weizenmehl.* (Vgl. C. **1959.** 3323.) Es wird ein Verf. zur Fraktionierung von Weizenmehl beschrieben, dessen Prinzip darin besteht, zunächst durch Extraktion mit W. die wasserlösl. Bestandteile abzutrennen u. alsdann den Rückstand mittels verd. Essigsäure (p_H 3,0) in weitere 3 Fraktionen, nämlich Kleber, Primastärke u. Rohstärkerückstand zu zerlegen. (Cereal Chem. **33.** 111—20. März 1956. Pullman, Wash., Agric. Exp. Stat., Dep. of Agric. Chem.) M. WINIKER. 7670

William F. Sollars, *Bewertung der Mehlfraktionen hinsichtlich ihrer Bedeutung für die Qualität von Keksen.* In Backverss. wurde der Einfl. der verschied. nach dem Essigsäureverf. (vgl. vorst. Ref.) erhaltenen Mehlfraktionen auf Eigg. u. Qualität von Keksen untersucht. Die hierbei erzielten Ergebnisse lassen darauf schließen, daß hinsichtlich der Qualität dem Rohstärkerückstand besondere Bedeutung zukommt. (Cereal Chem. **33**. 121—28. März 1956.) M. WINIKER. 7670

D. J. Cosgrove, *Die Absorption von Sauerstoff aus der Luft durch Mehlteige. Änderungen in der aufgenommenen Menge in Abhängigkeit von der Alterung des Mehles.* Weizenmehl wurde bei 25° in Phosphatpuffer (p_H 6,5) der Einw. von durchperlendem Luft-O_2 ausgesetzt u. die O_2-Aufnahme gemessen. Die aufgenommene O_2-Menge war um so größer, je länger das Mehl nach dem Mahlen gelagert hatte. Extraktion des Mehles mit PAe. verringerte die Aufnahmefähigkeit des Mehles für O_2 stark. Wahrscheinlich hängt die O_2-Aufnahmefähigkeit des Mehles mit dem Geh. an Lipoxydase zusammen. (J. Sci. Food Agric. **7**. 668—72. Okt. 1956. St. Albans, Herts., Res. Assoc. of British Flour-Millers, Cereals Res. Stat.) E. LÜCK. 7670

I. M. Roiter und **A. Ja. Kowalenko,** *Veränderungen des spezifischen Volumens des Teiges zu verschiedenen Zeiten des technologischen Prozesses.* Durch Verss. mit verschied. Brotsorten wurden das Raumgewicht u. das spezif. Vol. in den verschied. Stadien der Teigzubereitung bis zum gebackenen Brot ermittelt. Es wurde festgestellt: Das Vol. des Teiges vergrößert sich während der Gärung um 30—41%. Während des Backens wird das Vol. des Erzeugnisses 1,55—1,65 mal größer. Das vor dem Zerteilen des Teiges bei der Gärung sich bildende CO_2-Gas beträgt 40—75% des Gasvol. im Teig beim Einbringen in den Ofen. Um ein gutes, lockeres Brot zu erhalten, ist eine bestimmte Gasmenge notwendig. Die sogenannte fl. Phase der Teigbereitung, bei der sich die Entw. der Mikroflora u. der geschmacklichen u. aromat. Eig. vollzieht, ist einzuhalten. (Хлебопекарная и Кондитерская Промышленность [Brot- u. Konditorei-Ind.] **3**. Nr. 3. 10—13. März 1959. Kiew, Technol. Inst. für die Nahrungsmittelind.)
H. TREUMANN. 7674

K. Siebert, *Versuche zur Eiweißgewinnung aus Kartoffelfruchtwasser mit Hilfe von Ionenaustauschern.* Eingehende laboratoriumsmäßige Unterss. der Möglichkeit, mit Hilfe von Kationenaustauschern das *Eiweiß* (I) des Kartoffelfruchtwassers zu gewinnen, ergab, daß für die Praxis ein I-Gewinnungsverf. mit Hilfe von Wofatiten nicht in Betracht kommt. Von 4 miteinander verglichenen Wofatiten zeigten die Marken S u. KPS 200 die höchste Aktivität. Es ist zweckmäßig die Beladung des Austauschers u. die Eluierung des I durch W. unter ständigem Rühren vorzunehmen. Nach Durchlauf der 4 fachen Menge an unverd. Fruchtwasser ist der Austauscher schon gesättigt. Die adsorbierte Menge I ist von der angewandten Wofatitmenge linear abhängig. Ein großer Nachteil ist auch, daß die Wofatite nach 3 maliger Regeneration erschöpft sind u. erneuert werden müssen. (Ernährungsforschung **4**. 253—68. 1959. Potsdam-Rehbrücke, Inst. für Ernährung.) M. ULMANN. 7678

Robert R. Mickus, *Reis (Oryza sativa).* Zusammenfassender Überblick über Anbau, Technologie u. Bedeutung als Nahrungsmittel. (Cereal Sci. today **4**. 138—41. 144—149. Mai 1959. Sacramento, Calif., Rice Growers Ass.) M. WINIKER. 7686

T. H. Coaker, *Behandlung von Mais mit Insekticiden nach dem Einsacken als Schutz gegen Vorratsschädlinge in Uganda.* Auf 12% Wassergeh. getrockneter Mais wird entweder in Mengen von 150 lb. in einer offenen handbetriebenen Drehtrommel mit 1—4 p.p.m. 1,5%ig. γ-BHC-Staub gemischt oder nach Abfüllen in Säcke durch Einspritzen des Staubs an 6 verschied. Stellen des Sacks mit dem Insekticid behandelt. Die Lagerung erfolgt dann entweder in offenen hölzernen Behältern von 2 t Inhalt oder die Säcke werden gestapelt. Aus dem Verh. von 7 Vorratsschädlingen ergibt sich, daß das Trommelverf. wegen der erreichten besseren Durchmischung vorzuziehen ist. Bei der Lagerung in Säcken muß die Außenseite der Säcke ebenfalls mit dem Insekticid behandelt werden. (East African agric. J. Kenya, Tanganyika, Uganda, Zanzibar **24**. 244—50. April 1959. Namulonge, Uganda, Empire Cotton Growing Corp.)
PH. FRESENIUS. 7686

P. B. Mathur und **H. Subramanyam,** *Der Einfluß eines fungiciden Wachsüberzugs auf das Lagerverhalten von Mangofrüchten.* Badami-Mangos wurden in 1,7- bis 2,7%ig. wss. Emulsionen von Wachs [mikrokrist. Montanwachs 40 (Teile), thermoplast. Terpenharz 31, Ölsäure 7, Triäthanolamin 17], das 5% o-Phenylphenol enthielt, getaucht, nach der Behandlung bei 15—30° u. 55—87% relativer Luftfeuchtigkeit gelagert. Der Wachsüberzug schränkte die Verdunstungsverluste stark ein. Der Vitamin-C-Rückgang war um so geringer, je dicker der Wachsüberzug war. Die durch Schimmelbefall verursachten Verluste betrugen bei unbehandelten Früchten nach 20 tägiger Lagerung 36%, bei Behandlung mit einer 1,7%ig. Wachsemulsion 29%, mit einer 2,2%ig. Wachsemulsion 25% u. bei Behandlung mit 2,7%ig. Wachsemulsion 11%. (J. Sci. Food Agric. **7**. 673—76. Okt. 1956. Mysore, India, Centr. Food Technolog. Res. Inst.)
E. LÜCK. 7688

Hassan Ashmawi, Hussein Aref und **Abd El Aziz Hussein,** *Änderungen in der Zusammensetzung von Zagloul-Datteln während der verschiedenen Reifestadien.* Es wurde der Geh. von grünen (unreifen), reifenden, vollreifen u. überreifen Datteln an Trockensubstanz, Zucker, Stärke, ätherextrahierbarer Substanz, Eiweiß u. Asche untersucht. Der Geh. an Trockensubstanz stieg mit zunehmender Reife stark an (von 14,82 auf 44,57%). Der Geh. an Gesamtzucker stieg mit zunehmender Reife ebenfalls stark an (von 42,67 auf 86,9%, bezogen auf Trockensubstanz) u. nahm bei der Überreife schnell wieder auf 59,33% ab. Der Geh. an reduzierenden Zuckern nahm anfangs schnell zu, blieb aber vom Stadium der Frühreife bis zur Überreife prakt. konstant (ca. 55%). Der Saccharosegeh. stieg mit zunehmender Reife gleichfalls an, während der Stärke- u. Proteingeh. dauernd abnahm (von 11,11 auf 3,02% bzw. von 7,8 auf 3%). Der Aschegeh. zeigte einen zwar kleinen aber dauernden Rückgang. Das Verhältnis von reduzierenden u. nichtreduzierenden Zuckern zeigte während der verschied. Reifestadien starke Schwankungen. (J. Sci. Food Agric. **7.** 625—28. Okt. 1956. Giza, Egypt, Cairo Univ., Faculty of Agricult., Dep. of Agricult. Industries.) E. LÜCK. 7688

Harold G. Wager, *Die Bräunungsreaktion bei getrockneten Möhren und Kartoffeln: Ihre Einleitung und die Abtrennung sowie teilweise Charakterisierung eines Zwischenprodukts aus getrockneten Möhren.* Die die Bräunungs-Rk. bei getrockneten Möhren einleitenden Substanzen sind in W. oder 60%ig. A. löslich. Extrakte getrockneter Möhren u. Kartoffeln mit 70%ig. A. werden durch Behandlung mit Ionenaustauschern in bas., saure u. neutrale Fraktionen aufgetrennt, die für sich u. zusammen bei 52° u. 30% relativer Feuchtigkeit erwärmt werden. Eine beträchtliche Bräunung trat nur auf, wenn die bas. u. die neutralen Fraktionen gleichzeitig vorhanden waren. Daraus wird geschlossen, daß eine Art MAILLARD-Rk. wohl die erste in der Kette der Bräunungs-Rkk. ist. Beim Erhitzen der bas. Fraktion aus Möhren für sich trat eine geringe Bräunung ein, die von einem farblosen Zwischenprod. ausgeht, das isoliert wurde u. bei dem es sich vermutlich um ein Isoglycosylamin handelt. Das Mol.-Gew. wurde zu ca. 235 gefunden. (J. Sci. Food Agric. **6.** 57—64. Jan. 1955. Cambridge, Univ., Low Temp. Stat. for Res. in Biochem. and Biophysic., Dep. of Sci. and Ind. Res.) PH. FRESENIUS. 7690

V. S. Troy und **A. M. Schenck,** *Mikrobiologische und hygienische Fragen bei der Herstellung von Citrusprodukten.* Allg. Betrachtungen zur Gewinnung von Citrussäften. — 29 Literaturhinweise. (Citrus Ind. **40.** Nr. 6. 14—15. 17. Juni 1959. Chicago, Ill., Continental Can Co., Inc., Metal Div. Res. and Developm. Dep.) M. WINIKER. 7706

H. Amarell, *Über die Trocknung des Tabaks.* Allg. Ausführungen u. kurze Beschreibung der zur Zeit in der DDR angewendeten Trocknungsmethoden. (Dtsch. Agrartechn. **9.** 221—23. Mai 1959. Dresden, Inst. für Tabakforschung.) M. WINIKER. 7734

B. S. Suri, *Beeinflussung der Zartheit von Fleisch.* Bei Rindfleisch konnte durch Injektion von *NaCl*-Lsg. die Zartheit erhöht werden. Veränderungen des Bindegewebeanteils der behandelten Proben (M. biceps brachii) wurden nicht beobachtet. (Fleischwirtschaft **11.** 453—54. Juni 1959. São Paulo, Brasilien.) M. WINIKER. 7750

F. P. Niinivaara, M. S. Pohja und **W. Kreuzer,** *Der Einfluß der Brühtemperatur auf die Bakterienflora der Brühwurst.* 1. Mitt. Vff. untersuchten den Einfl. von gewerbeüblichen Brühtempp. u. -zeiten auf die Bakterienflora von Brühwurst. Es zeigte sich, daß die gramnegative u. ein großer Teil der grampositiven Bakterienflora abgetötet wird, nicht aber die Keime der Micrococcaceae u. Bacillaceae. — 54 Literaturhinweise. (Fleischwirtschaft **11.** 457—58. 461—63. Juni 1959. Hämcenlinna, Finnland, Forschungsanst. der Genossenschaftl. Schlachthöfe.) M. WINIKER. 7750

K. P. Andersen, *Das Vorkommen von radioaktiven Stoffen in der Milch.* Allg. Übersicht. (Nord. Mejeri-Tidsskr. **25.** 48—50. 1959. Hillerød.) S. BECKMANN. 7756

W. E. Glenn und **H. C. Olson,** *Coliforme (Bakterien) in pasteurisierter Milch.* Übersicht über die Möglichkeiten der Infektion von pasteurisierter Milch mit Colibakterien (a). Die Hauptinfektionsquellen sind Fülleinrichtungen, Milchleitungen, Homogenisatoren, Kühleinrichtungen u. Milchflaschen. Die meisten a werden bei 62° abgetötet; 2 Stämme hielten diese Temp. jedoch 30 Min. lang aus. Bei 7° zeigte ein Drittel der untersuchten Proben kein Wachstum, während bei 13° alle Stämme innerhalb 24 Std. rasch wuchsen. (Milk Dealer **48.** Nr. 6. 54. 86. 88. 90. 92. März 1959. Univ. of Kentucky.) E. LÜCK. 7756

H. D. Cremer, *Industrielle Behandlung der Lebensmittel als Problem des Ernährungsphysiologen.* Vortrag über bei der industriellen Verarbeitung von Lebensmitteln beobachtete Wertminderungen. Mit besonderen Hinweisen auf den Verlust von essentiellen Aminosäuren u. Fermenten in der Milch durch hohes Erhitzen. — 20 Literaturangaben. (Mschr. Kinderheilkunde **106.** 123—30. März 1958. Gießen.) K. ZOPFF. 7756

E. Knoop und **E. Samhammer**, *Untersuchungen zur kristallinen Struktur von Fettkügelchen und Butter mit Hilfe von polarisiertem Licht und Röntgenlicht.* Vff. demonstrieren an einigen Beispielen die Bedeutung von polarisationsmkr. Unterss. sowie von Röntgenfeinstrukturanalysen (unter Verwendung eines Zählrohrgoniometers) für die Erforschung der Struktur von *Butterfett.* (Dtsch. Molkerei-Ztg. **80.** 1031—34. 18/6. 1959. Kiel, Bundesforschungsanst. für Milchwirtschaft, Physikal. Inst.) M. WINIKER. 7758

W. Mohr und **Hubert Dittmann**, *Die Herstellung ungesalzener Butter mit einem Wassergehalt unter 16%.* In Laboratoriumsverss. konnte gezeigt werden, daß es möglich ist, auch im Sommer bei Weichfütterung (weiches Butterfett) eine ungesalzene Sauerrahmbutter nach dem Butterfertigerverf. mit einem Wassergeh. $<16\%$ herzustellen, wenn nicht auf zu feines Butterkorn gebuttert wird, nicht zu hohe Waschtempp. benutzt werden u. die Temp. beim Kneten nicht zu hoch steigt. (Molkerei- u. Käserei-Ztg. **10.** 1096—98. 30/7. 1959. Hannover.) M. WINIKER. 7758

Aage H. Pedersen, *Versuche über Bestrahlungskonservierung von Molkereierzeugnissen.* Durch Bestrahlung von Milch, Butter u. Käse mit β- u. γ-Strahlen in Dosierungen von 5000—100000 rad (Käse bis 400000 rad) wird die Bakterienzahl beträchtlich herabgesetzt. Gleichzeitig werden chem. Prozesse ausgelöst, die den Geruch u. Geschmack ungünstig beeinflussen. Im Geh. an Vitaminen treten Verluste ein, die bei Vitamin C u. E am höchsten sind; Carotin, Vitamin A, B_1 u. B_6 sind etwas weniger empfindlich, am wenigstens empfindlich sind Riboflavin u. Pantothensäure. (Nord. Mejeri-Tidsskr. **25.** 40—42. 47. 1959. Hillerød.) S. BECKMANN. 7760

Giulio Cesare Emaldi, *Italienische Weich- und Schnittkäse.* Kurze Charakterisierung der wichtigsten Arten. (Dtsch. Molkerei-Ztg. **80.** 1110—12. 25/6. 1959.) M. WINIKER. 7760

K. Scharrer und **K. O. Räker**, *Der Einfluß der Silierung auf den Aminosäuregehalt der Luzerne.* Bei Verss. mit *Kofasalz, Amasil* u. *AIV-Lsg.* konnten Vff. keine Beeinflussung der Aminosäureverluste bzw. der Alaninzunahme in der silierten Luzerne durch diese Sicherungsmittel feststellen. (Z. Tierernähr. Futtermittelkunde **13.** 65—73. 1958. Gießen, Justus-Liebig-Univ., Agrikulturchem. Inst.) M. WINIKER. 7782

Hans Dibbern, *Über die Herstellung von dicksaurer Molkereimagermilch.* Allg. Ausführungen zur Herst. dicksaurer Molkereimagermilch sowie Hinweis auf mit derselben in der Tierfütterung gemachten (günstige) Erfahrungen. (Molkerei-Ztg. **13.** 913—15. 3/7. 1959. Krefeld, Milchw. Lehr- u. Untersuchungsanst.) M. WINIKER. 7786

K. H. Ach, *Feuchtigkeitsbestimmung von Getreide. Vakuumtrocknung und Trocknung unter Atmosphärendruck.* Sorptiv von der Getreidetrockensubstanz aufgenommenes W. wird bei Anwendung der Vakuumtrocknung (100°, 20 Torr, 180 Min.) innerhalb einer Toleranz von $\pm 0{,}05\%$ (Feuchtigkeitsgeh.) wieder entfernt, während bei der Trocknung unter Atmosphärendruck (130°, 90 Min.) ein Restwassergeh. von ca. 0,2% im Getreide verbleibt. (Müllerei **12.** 329—30. 13/6. 1959.) M. WINIKER. 7796

O. Brunner und **C. Lentner**, *Eine amperometrische Methode zur Bestimmung des Amylosegehaltes von Stärke verschiedener Getreidearten und -sorten.* Zur Best. von *Amylose* (I) in Getreide wird die gemahlene, mit Aceton entfettete u. durch 80%ig. A. von Zucker befreite Probe bei 0° mit ca. 5n $HClO_4$ 24 Std. behandelt, wodurch die gesamte Stärke in Lsg. geht. Nach Zugabe von KJ wird der verd. Perchlorsäureextrakt mit 0,005n KJO_3-Lsg. amperometr. titriert. Hierzu werden die in die Lsg. tauchende rotierende Pt-Elektrode u. die Bezugskalomelelektrode ohne äußere Spannungsquelle über ein Galvanometer kurzgeschlossen. Im Titrationsendpunkt steigt der zunächst fast konstante, sehr kleine Reststrom steil an. Die Meth. wurde zur Best. des I-Geh. in verschied. Weizen-, Roggen-, Gerste- u. Hafersorten verwendet. (Mh. Chem. **88.** 1024—30. 1957, herausgeg. 28/1. 1958. Wien, Hochschule für Bodenkultur, Inst. für Chemie.) E. MOISAR. 7796

Giovanni Ghezzi, *Die Feuchtigkeit von Tabak und eine neue, praktische und rasche Methode der Trocknung mittels Infrarotstrahlen zu ihrer Bestimmung.* Nach krit. Betrachtung der üblichen Methoden zur Best. des Feuchtigkeitsgeh. von Tabak stellt Vf. die Vorteile einer Best. mittels IR-Strahlen dar u. beschreibt eingehend hierfür entwickelte Geräte u. ihre Arbeitsweise. (Tabacco **59.** 76—121. Febr./März 1955.) C. GRIMME. 7836

F. Kelch und **K. Coretti**, *Zum Nachweis von Aureomycin in Fleisch- und Organproben von Schlachttieren.* (Vorl. Mitt.) Folgende Methodik hat sich zum Nachw. von *Aureomycin* in Fleisch- u. Organproben von Schlachttieren als brauchbar erwiesen: Runde, sterile Papierblättchen (SCHLEICHER & SCHÜLL Nr. 2247) mit einem Durchmesser von 12 mm werden in Einschnitte gelegt, welche mit der Schere waagerecht in Muskel- u. Organproben gesetzt wurden. Nach 5 Min. währender Aufsaugzeit werden die Blättchen auf 0,1% Dextrose–Agar-Platten (p_H 6,3), die vorher mit Bac. cereus

(ATCC 9634) beimpft wurden, platt aufgelegt. Die Beimpfung erfolgt mit einer stets annähernd gleich dichten Abschwemmung einer 18 Std. alten Agarkultur in steriler physiol. NaCl-Lösung. (Fleischwirtschaft **11.** 358—59. Mai 1959. Kulmbach, Bundesforschungsanst. für Fleischwirtschaft, Inst. für Bakteriologie u. Histologie.) M. WINIKER. 7850

R. Grau und **O. Fleischmann,** *Analyse und Beurteilung von Fleischsalat.* Um verwertbare Resultate bzgl. der tatsächlichen Zus. eines Fleischsalats zu erhalten, sind mindestens 4 Proben von jeweils mindestens 125 g erforderlich. Ein Stoffaustausch zwischen den Einzelbestandteilen findet nur in geringem Maße statt. Derselbe ist nicht imstande, das Untersuchungsergebnis wesentlich zu beeinflussen. Die übliche Auszählmeth. kann zu großen Irrtümern führen. Wichtig ist die Innehaltung einer bestimmten Temp. des zum Waschen der festen Bestandteile dienenden Wassers. Es wird eine Temp. von 30—35° vorgeschlagen. Dauer u. Druck sind beim Abtrocknen der Festbestandteile mit Fließpapier von großem Einfluß. Es wird empfohlen, rasch u. ohne Druck zu arbeiten. (Fleischwirtschaft **11.** **444.** 447—48. 451—53. Juni 1959. Kulmbach, Bundesforschungsanst. für Fleischwirtschaft.) M. WINIKER. 7850

Hinrich Mrozek, *Zur Genauigkeitssteigerung und Standardisierung des Mojonnier-Verfahrens.* Auf Grund der Ergebnisse eigener Unterss. vertritt Vf. die Auffassung, daß die Meth. von RÖSE-GOTTLIEB in der Form des MOJONNIER-Verf. zumindest ebenso gut standardisierbar ist wie das WEIBULL-STOLDT-Verf., u. macht diesbezügliche Vorschläge. (Dtsch. Molkerei-Ztg. **80.** 895—97. 21/5. 1959.) M. WINIKER. 7856

Richard Schober und **Walter Christ,** *Ein Entwurf zum Käseeiweißbild.* Vff. demonstrieren an einigen Beispielen die Leistungsfähigkeit der Papierchromatographie, der Säulenchromatographie, der Gasphasenchromatographie u. der Papierelektrophorese bzgl. der Unters. der Reifungsvorgänge im Käse, soweit sie den Eiweißabbau betreffen. (Dtsch. Molkerei-Ztg. **80.** 1087—89. 25/6. 1959. Wangen im Allgäu, Staatl. Milchwirtschaftl. Lehr- u. Forschungsanst.) M. WINIKER. 7860

Marion R. Dean, N. J. Berridge und **L. A. Mabbitt,** *Mikroskopische Beobachtungen von Cheddarkäse und Quark.* Vff. berichten über ein Verf. zur mkr. Betrachtung der Struktur von Käse u. Quark. 16 Mikrophotographien zeigen den Einfl. des Fixierens mit Formalinlsg., die Veränderung der Struktur während des Reifens sowie die Verteilung der Mikroorganismen. (J. Dairy Res. **26.** 77—82. Febr. 1959. Shinfield, Reading, Nat. Inst. for Res. in Dairying.) E. WIEHR. 7860

E. Puglisi, *Bericht über Nitrofurazon in Futtermitteln.* Die Nachprüfung des früher (C. **1959.** 7896) empfohlenen Verf. zur Best. von *Furazolidon* (**I**), *Nitrofurazon* (**II**) oder *Bifuran* (Mischung von **I** u. **II**) ergab befriedigende Werte. (J. Assoc. off. agric. Chemists **41.** 332—33. Mai 1958.) W. WESLY. 7868

C. R. Szalkowski, *Bericht über Nicarbazin in Futtermitteln.* Eine Nachprüfung des früher (C. **1958.** 5245) empfohlenen Verf. zur Best. von *Nicarbazin* in Futtermitteln ergab zufriedenstellende Werte. (J. Assoc. off. agric. Chemists **41.** 326—29. Mai 1958.) W. WESLY. 7868

Harold H. Hoffman, *Bericht über organische Arsenverbindungen in Futtermitteln.* Eine Nachprüfung des früher (C. **1958.** 5245) empfohlenen Verf. zur Best. organ. *As*-Verbb. in Futtermitteln u. einer Abwandlung (Extraktion mit warmer 5%ig. $KHCO_3$-Lsg. u. Zers. einer aliquoten Menge der überstehenden Lsg. mit HNO_3 u. H_2SO_4) ergab bei Ausführung in verschied. Laboratorien keine gute Übereinstimmung der Resultate. (J. Assoc. off. agric. Chemists **41.** 320—23. Mai 1958.) W. WESLY. 7868

J. W. Cavett und **J. P. Heotis,** *Bericht über Piperazin in Futtermitteln.* Das von FOUCRY (J. Pharmac. Chim. **20.** [1934.] 116) empfohlene, qualitative Verf. (Farb-Rk. mit einer alkoh. Lsg. von p-Benzochinon) wird zur quantitativen Best. von Piperazin angewandt u. gibt gute Werte. (J. Assoc. off. agric. Chemists **41.** 323—25. Mai 1958. Charles City, Iowa, Salsbury's Labors., Res. Div.) W. WESLY. 7868

Columbia-Southern Chemical Corp., Allegheny County, übert. von: **Frank Waldo,** Pittsburgh, Pa., V. St. A. *Nichtzusammenbackendes Kochsalz* wird dadurch erhalten, daß das Salz mit geringen Mengen, bes. 1%, feinstverteiltem (Teilchengröße $<0,1\ \mu$) Natriumaluminiumsilicat, dessen Oberfläche 10—200 m^2/g ist, versetzt wird. (**A. P. 2 854 341** vom 16/10. 1956, ausg. 30/9. 1958.) K. WOLK. 7715

Heinrich Borgwaldt (Erfinder: **Georg Friedrich Grunwald**), Hamburg, *Rauchfilter für Tabakwaren,* Zigarettenspitzen usw., bestehend aus mit Baumwolle beschichteter Regeneratcellulose. (**D. A. S. 1 061 246** Kl. 79c vom 21/3. 1958, veröff. 9/7. 1959.) K. KOEBKE. 7735

Oehme & Baier, Hamburg, *Färben von Fischwaren,* bes. Seelachs, dad. gek., daß natürliche Farbstoffe der Gruppe $C_{25}H_{30}O_4$ (Bixin) bzw. $C_{22}H_{20}O_{13}$ (Karminsäure) in alkal. Lsg. dem sauren Färbebad zugegeben werden. (**D. A. S. 1 057 429** Kl. 53c vom 25/2. 1958, veröff. 14/5. 1959.) H. MAASS. 7753

Minute Maid Corp., New York, N. Y., übert. von: **James M. Bonnell,** Dunedin, Fla., V. St. A., *Verarbeitung von Citruspulpen zu Futtermitteln.* Getrocknete Citruspulpen werden bei n. Druck mit einem Überschuß an fl. NH_3 vermischt u. annähernd beim Kp. des fl. NH_3 extrahiert, worauf der die Glucoside, bes. Hesperidin, u. einen Teil des Zuckergeh. enthaltende Extrakt abgetrennt, nach Verdampfung des NH_3 in W. gelöst u. zur Kristallisation gebracht wird. Die auskrist. Glucoside werden abgetrennt u. die ammonisierte Zuckerlsg. konzentriert. Aus dem Pulpenrückstand wird das NH_3 verdampft u. die M. nach Zusatz der konz. Zuckerlsg. mit verd. Säure-Lsgg. versetzt. Das Prod. ist nach Vermischung mit Citrusmelasse bes. als Futtermittel für Milchvieh geeignet. — Vorrichtung. (**A. P. 2 810 649** vom 24/4. 1953, ausg. 22/10. 1957.) H. KARST. 7787

Sugar Research Foundation, Inc., und **Southwestern Sugar & Molasses Co.,** New York, N. Y., V. St. A., übert. von: **Leslie Frederick Wiggins,** Saint Augustine, Trinidad, Brit. Westindien, *Futtermittel für Wiederkäuer.* Zuckerhaltige Stoffe, z. B. Blackstrapmelassen, Zuckerrüben-, Holzzucker-, Citrusmelassen, Hydrolysesirup u. dgl., die gegebenenfalls invertiert oder hydrolysiert worden sind, werden bei ca. 50—120° mit anhydr. NH_3 behandelt. Nach Kühlung auf ca. 50° wird die M. (p_H ca. 8—9) mit organ. oder anorgan. Säuren, z. B. Citronen-, Essig-, Milch-, Lävulin-, Fettsäuren, H_3PO_4, HCl oder H_2SO_4, bis zum p_H von ca. 3—6 versetzt oder mit organ., mit W. nichtmischbaren Lösungsmitteln, z. B. Äthylacetat, Butylacetat, Butyl- oder Amylalkohol, Ketonen, Chlf., Tetrachloräthan, Bzl. u. dgl., extrahiert. Der Extrakt wird verdampft u. der Rückstand auf N-haltige heterocycl. Verbb., bes. *Methylpyrazine* u. *-imidazole* verarbeitet. Der Extraktionsrückstand wird mit Säuren auf p_H-Werte von 3—6 gebracht. Die ca. 3—6% N enthaltenden Futtermittel sind für Wiederkäuer nicht tox. u. leicht verdaulich. (**A. P. 2 853 385** vom 12/4. 1956, ausg. 23/9. 1958. E. Prior. 21/4. 1955.) H. KARST. 7787

Stahl- und Walzwerke Rasselstein-Andernach Akt.-Ges., Neuwied/Rh., *Bloßlegen der Schutzlackschicht von Konservendosen,* dad., daß man die Metallschicht (Al, Fe) als Elektrode in einer Lsg. von HCl oder H_2SO_4 schaltet. Das Verf. dient zu Dichtigkeitsprüfungen u. dazu, um bei durchsichtigen Lacken für Reklamezwecke ein Fenster in die Wand der Dose zu bringen, durch welches man den Inhalt betrachten kann. (**It. P. 496 882** vom 30/1. 1953. D. Prior. 8/2. 1952.) K. KOEBKE. 7791

XVII. Fette. Seifen. Wasch- u. Reinigungsmittel. Wachse. Bohnermassen usw.

O. Verona, *Die Mikroflora der Oliven und ihre Aktivität bei der Ölbildung.* Zusammenfassende Darst.: Geh. an Mikroorganismen (MO) in Fetten, bes. in Olivenöl; antimikrobielle Wrkg. der Fette; Verh. der MO bei der Verarbeitung von Oliven, ihr Geh. im Roholivenöl u. im Vegetationswasser; Geh. an MO in den Ölkuchen u. Probleme ihrer Konservierung; MO-Flora der Oliven in Salzlake. (Agric. ital. **58** ([N. S.] **13**). 302—14. Okt. 1958. Pisa, Univ., Ist. di Microbiol. agrar.) R. K. MÜLLER. 7894

Zbigniew Jedliński und **Stanisław Szpakowski,** *Fraktionstrennung von Fettsäuren des Dorschtranes über Harnstoffaddukte.* Die optimalen Bedingungen der Trennung der gesätt. von den ungesätt. Fettsäuren über Harnstoffaddukte sind: Mol-Verhältnis Harnstoff : Fettsäuren 20 : 1 u. Methanol als Lösungsm. für Fettsäuren u. Harnstoff. Bzl. oder PAe. trennen nicht so selektiv. (Przemysł chem. **37.** 648—50. Okt. 1958.) F. URBAN. 7898

Johannes Böhm, *Seifenkühlung in Formen.* Überblick über Entw. der Seifenkühlmaschinen u. Gegenüberstellung von Vor- u. Nachteilen der beiden Verfahren. Beschreibung des Verf. der Formkühlung. (Seifen-Öle-Fette-Wachse **84.** 146. 19/3. 1958. Belleville Cape, Südafrika.) G. MEINHARDT. 7910

Jirō Mikumo, *Anwendung oberflächenaktiver Mittel.* Übersicht. — 18 Literaturangaben. (J. chem. Soc. Japan, ind. Chem. Sect. [Kōgyō Kagaku Zassi] **58.** 842—45. Nov. 1955. Nagoya Univ. [Orig.: japan.]) L. SCHULER. 7912

Tarō Tachibana und **Michi Tsuzuki,** *Über die Schmutzzurückhaltung beim Waschvorgang — ein Modellversuch.* In einer zylindr. Glaszelle mit planparallelen Abschlußscheiben aus Cellophan werden Suspensionen von Teilchen ($>20\ \mu$) von *SiC, $CaCO_3$* bzw. *Glas* unter Zusatz verschied. Detergentien dispergiert u. das Verhältnis der Teilchenzahl (im Mikroskop) auf der Cellophanoberfläche zu der Zahl der von der Oberfläche abgefallenen, nach Umstürzen der Zelle bestimmt u. als Maß für die Gesamtadhäsion zwischen Oberfläche u. Teilchen genommen. Das Verhältnis zeigt meist in einem bestimmten Konzentrationsbereich des zugesetzten Detergens ein flaches Maximum. Die Wirksamkeit in Beeinflussung des Abfallens der Teilchen nimmt ab in der Reihe *Na-Dodecylsulfat* > *Polyoxyäthylenglykoldodecyläther* > *Dodecylpyridiniumbromid.* Dasselbe zeigt sich bei Zusatz verschied. Hochmolekularer. Die Wirksamkeit beim Maximalbereich fällt in der Reihe *Polyoxyäthylenglykol* > *Polyvinylalkohol* > *Na-Carboxymethylcellulose* (I) > *Methylcellulose* > *Na-Alginat.* Zusatz solcher Hochpolymerer zu Na-Laurylsulfat schwächte die Wrkg. des letzteren, nur I stärkte die „Waschwirkung". Erörterung des Waschvorganges von Wäsche (Kleidung) auf Grund dieser Beobachtungen. (J. chem. Soc. Japan, ind. Chem. Sect. [Kōgyō Kagaku Zassi] **58.** 895—99. Nov. 1955. Tokyo, Ochanomizu Frauen-Univ. [Orig.: japan.]) L. SCHULER. 7912

F. N. Reckless, *Glycerin in Haushaltsprodukten.* Übersicht über die Verwendungsmöglichkeiten von Glycerin in der Herst. von Haushaltsprodd. mit Rezeptbeispielen für Polituren u. Reinigungsmittel. (Soap, Perfum. Cosmet. **30.** 1053—55. Okt. 1957.) E. LÜCK. 7916

St. Anastasiu, Eugenia Jelescu und **A. Weisberg,** *Reinigungsmittel vom Typ der Alkylarylsulfonate aus von Gasöl der thermischen Crackung.* Durch Alkylierung eines aus Rohöl durch therm. Cracken erhaltenen Gasöls mit D. 0,96; n_D 1,4924; JZ. (HANUS) u. Kp. 180—315° wird durch Alkylierung seines aromat. Anteils in Ggw. von $AlCl_3$ oder H_2SO_4 als Katalysator mit höheren Olefinen (10—15 C-Atome), Sulfonieren mit 20%ig. Oleum u. Neutralisation mit 25%ig. NaOH in Na-Alkylarylsulfonate übergeführt, die für sich oder im Gemisch mit sulfonierten Glycerinäthern als Reinigungsmittel dem Na-Dodecylbenzolsulfonat gleichwertig sind. (Rev. Chim. [Bucureşti] **7.** 283—90. Mai 1956.) R. K. MÜLLER. 7916

Georg Kselik, *Einfluß verschiedener Alkanolamine auf das äußere Aussehen ionogener Selbstglanzwachsdispersionen.* Durch Variation der Amine bei gleichbleibender Wachszus. lassen sich verschied. Farben bei der Emulsion erzielen. Bei Verwendung von Carnauba fettgrau liegen die Farbtöne zwischen Weiß u. Grau, bei Carnauba prima gelb u. ähnlichen zwischen Weiß u. Honiggelb. (Seifen-Öle-Fette-Wachse **84.** 159. 19/3. 1958. Solingen-Wald, Grünol-Chem.) G. MEINHARDT. 7924

XVIIIa. Holz. Cellulose. Zellstoff. Papier. Papierdruck. Celluloid. Linoleum.

Georg Jayme und **Eberhard Koburg,** *Über den elektronenoptisch bestimmten Durchmesser der Mikrofibrillen von Laubholzzellelementen.* Die Unters. beschäftigt sich mit der elektronenopt. Best. der Breite der Mikrofibrillen (MFB) in den Zellen verschied. Laubholzarten in Form von Zellstoffen. Die verwandte Präparationstechnik — Hochvakuumdirektabdruck — war so schonend, daß eine nachträgliche Spaltung der MFB kaum eintreten konnte. Die Vermessung bes. scharfer Elektronenaufnahmen, von denen als Beispiele 12 gezeigt werden, ergab, daß die MFB der untersuchten Laubhölzer mit 90—230 Å deutlich unter der von Fichtenholz mit 210—290 Å lag. Hierbei zeigten die Laubhölzer Buche, Kastanie, Pappel, Birke u. Eucalyptus ähnliche MFB u. auch eine ähnliche Streuung der MFB, während Schirmbaumholz deutlich in das niedrigste Gebiet der MFB, 90—180 Å, zu liegen kam. Vielleicht sind die ziemlich großen Streuungen der MFB innerhalb derselben Holzart auf verschied. Wachstumsbedingungen zurückzuführen. MFB können in einer Länge von 1—2 μ verfolgt werden, ohne daß es gelang, ein Ende zu finden. (Holzforschung **13.** 37—43. Juni 1959. Darmstadt, TH, Inst. für Cellulosechem. mit Holzforschungsstelle.) P. ECKERT. 7952

Erich Plath und **Lore Plath,** *Färbemethoden für Mikrotomschnitte aus verleimten und oberflächenbehandelten Holzwerkstoffen.* Die Herst. von Mikrotomschnitten aus dem harten Material ist schwierig. Bei geeigneten Färbemethoden für Holz, Leime u. Lacke, die von Vff. besprochen werden, können mkr. Unterss. derartiger Schnitte wertvolle Einblicke in Fertigungsverf. geben oder Verarbeitungsfehler aufzeigen, wie an 9 Beispielen mit farbigen Abb. gezeigt wird. (Holz Roh- u. Werkstoff **17.** 245—49. Juni 1959. Karlsruhe, Forschungsinst. für Holzwerkstoffe u. Holzleime.) W. WERGIN. 7952

A. Parisot und **G. Champetier,** *Fehlstellen in der Molekülkette von natürlichen Cellulosefasern.* Vortrag. Vff. diskutieren in der Einleitung die Ergebnisse (Unterss. der Polymolekularität, der Hydrolysekinetik, u. von Beziehungen zwischen Polymerisationsgrad u. mechan. Eigg.) anderer Autoren, die zur Aufstellung der heute noch umstrittenen Hypothese der „Fehlstellen" (points sensibles) innerhalb von Celluloseketten geführt haben. Danach soll das Cellulosemakromol. aus homogenen Bruchstücken von Poly-β-glucopyranose (DP ca. 500—700) aufgebaut sein, die selbst über einen oder mehrere von Glucose verschied. Bausteine miteinander verbunden sind. Zu diesem Problem liefern Vff. einen Beitrag. Sie untersuchen die mechan. Eigg. (Berstfestigkeit) von natürlichen Cellulosefasern im trocknen u. feuchten Zustand in Abhängigkeit vom Polymerisationsgrad (P). Daneben wird das Wasserrückhaltevermögen in Abhängigkeit vom P bei verschieden relativer Feuchtigkeit festgestellt. Aus den Verss. wird gefolgert, daß die „Fehlstellen", sofern sie vorhanden sind, eine größere Empfindlichkeit der Celluloseketten gegenüber W. u. anderen chem. Agentien verursachen, während die mechan. Eigg. verbessert werden. Papyrograph. Unterss. von Cellulosehydrolysaten bei verschied. Hydrolysegraden gestatten keine eindeutigen Aussagen über die Natur dieser „Fehlstellen"; doch scheinen diese Nahtstellen der Poly-β-glucopyranosefragmente aus anderen Zuckermoll. (vielleicht Arabinose oder Xylose) zu bestehen. (Chim. et Ind. **77.** 1317—24. Juni 1957. Inst. Text. de France, Labor. de Chim.) E. KUNTZ. 7954

L. M. Marraccini und **T. N. Kleinert,** *Ultraviolettabsorption von Säurehydrolysaten von ungebleichtem Zellstoff.* Die UV-Absorption der Hydrolysate von ungebleichten Zellstoffen niederen Ligningeh. in 72%ig. H_2SO_4 wurde in einem Bereich von 200 bis 340 mμ untersucht. Die Hydrolysate wurden mit Eiswasser zu einer H_2SO_4-Konz. von 3% verd., u. es wurde die UV-Absorption der verd. Lsgg. ohne vorheriges Erhitzen gemessen. Im besonderen wurde die Absorption bei Wellenlängen von 205 u. 280 mμ gemessen u. mit dem Cl- u. Permanganatverbrauch der Ausgangszellstoffmaterialien verglichen. Im Bereich niederer Ligningehh. (ROE-Zahl unter 2), in welchem in der Hydrolyse keine merkbaren Ndd. gebildet werden, besteht eine geradlinige Beziehung zwischen der 205-mμ-Absorption der Hydrolysate u. dem Cl-Verbrauch der Ausgangszellstoffe, welche darauf hinweist, daß die 205-mμ-Absorption ein Maß für die säurelösl. Ligninanteile ist. Die Ndd., welche in den Hydrolysaten höheren Ligningeh. gebildet werden, stören die UV-Messung. — 21 Literaturnachweise. (Holzforschung **13.** 43—48. Juni 1959. Montreal Pulp and Paper Res. Inst. of Canada.) P. ECKERT. 7956

V. Prey und **A. Kabil,** *Quantitative Untersuchungen über das Verhalten von Milchsäure in Schwarzlaugen in Abhängigkeit von Alkalikonzentrationen und Temperatur.* In den Schwarzlaugen von Sulfatkochungen des Holzes können bis zu 0,5% Milchsäure neben anderen Hydroxysäuren nachgewiesen werden. Durch 1 std. Behandlung der Schwarzlaugen bei 300° kann der Milchsäuregeh. bis auf 0,8% gesteigert werden, ohne daß es gelingt, die anderen sauren Bestandteile vollständig zum Verschwinden zu bringen. (Holzforschung **13.** 33—37. Juni 1959. Wien, TH, Inst. für organ. Chem.) P. ECKERT. 7960

Hans W. Giertz, *Starke Sulfitzellstoffe in hoher Ausbeute.* Zwischen p_H 2,5 u. 6,0 liegt das interessanteste p_H-Gebiet der Sulfitkochung. Bei gleichem Ligningeh. werden bei p_H 5 (20°) Zellstoffe in höherer Ausbeute erhalten als beim gewöhnlichen sauren Sulfitaufschluß. Sie lassen sich bei einer Ausbeute von 60—62% defibrieren u. zeigen eine sehr helle Färbung (68—70% GE). Diese Sulfitzellstoffe entwickeln ihre Reißlänge sehr schnell beim Erhitzen u. entwässern rasch. Die Fortreißfestigkeiten sind denen der Sulfatzellstoffe vergleichbar. (Papier **13.** 185—90. 5/5. 1959. Trondheim, Norweg. TH.) A. SEUFFERT. 7962

T. S. A. Padmanabhan, S. K. Ranganathan, T. N. Rawal und **L. R. Sud,** *Untersuchungen in der Cellulosechemie.* 1. Mitt. *Einige Beobachtungen zur Bildung von Cellulosenitrat aus Cellulose.* Es wird die Nitrierung von *Baumwollcellulose* verschied. Herkunft untersucht u. der Einfl. des Wassergeh. des Säuregemisches (HNO_3, H_3PO_4) auf den Nitrierungsgrad u. die Löslichkeit des Cellulosenitrats festgestellt. Bei einer Zus. des Nitriergemisches von 45,6% HNO_3, 47,3% H_3PO_4, 7,1% W. übersteigt der N-Geh. des Cellulosenitrats niemals 12%. Durch erhöhten Zusatz von P_2O_5 wird der Wassergeh. herabgesetzt u. es werden Cellulosenitrate mit bis zu 13,6% N erhalten. Zur Herst. von in Aceton lösl. Prodd. ist die Ggw. von mindestens 5% H_3PO_4 erforderlich. Es wird weiterhin versucht, das Ausmaß des im Verlauf der Nitrierung erfolgenden Abbaus der Cellulose festzustellen. Die Ergebnisse lassen jedoch keine eindeutigen Folgerungen zu. (J. sci. ind. Res. [New Delhi], Sect. B **16.** 414—17. Sept. 1957. Kanpur, Techn. Developm. Establ. Labor.) E. KUNTZ. 7970

Kakuji Katsuura und **Shigeo Nonaka,** *Untersuchungen über Cellulosephosphat.* 1. Mitt. *Herstellung von Cellulosephosphat nach der Harnstoff-Phosphorsäure-Methode.* Vff. benutzten zur Herst. von Cellulosephosphat die von COPPICK angegebene Harnstoff-Phosphorsäure-Methode. Der Einfl. des mol. Verhältnisses Harnstoff : Phosphorsäure, von Druck, Temp. u. Dauer der Vortrocknung auf die Phosphorylierung der Cellulose wurde untersucht. Bei konstanten mol. Verhältnissen Harnstoff : Phosphorsäure zeigten die bei höherer Temp., aber kürzer vorbehandelten Proben weniger Abbau u. höhere Reaktionsfähigkeit. Insgesamt trat nur eine sehr geringe Rk. ein u. nach 3 maliger Phosphorylierung betrug der P-Geh. im Höchstfall 9,03%. Alle Proben waren in W. u. verd. NaOH-Lsgg. unlösl. u. hatten Faserstruktur. Aus Ergebnissen der Hochfrequenztitration kann geschlossen werden, daß alle P-Reste als zweibas. Ester gebunden sind. Das Auftreten von Brückenbindungen konnte in keinem Falle festgestellt werden

(J. Soc. Textile Cellulose Ind., Japan [Sen-i Gakkaishi] **13.** 24—28. Jan. 1957. [Orig.: japan.; Auszug: engl.]) FR. LANG. 7970

Kakuji Katsuura, *Untersuchungen über Cellulosephosphat.* 2. Mitt. *Thermische Stabilität des Cellulosephosphats.* Die Erscheinung des Flammfestmachens durch Einfl. der P-Reste des Cellulosephosphats wurde mit Hilfe therm. Gleichgewichtsunterss. überprüft u. folgendes festgestellt: Verglichen mit Linters beginnt bei Cellulosephosphat (aus Linters hergestellt) der Gewichtsverlust bereits bei niedrigeren Tempp., bei höheren Tempp. erfolgt der Abbau aber dann sehr viel langsamer als bei unbehandelten Linters. Ein Verkohlen konnte nicht verhindert werden, bei Anwesenheit von P-Resten hörte der Abbau aber bei Entfernung der Flamme sofort auf. Je höher der Veresterungsgrad, desto höher die therm. Stabilität. Höherer DP bewirkt höhere Stabilität, die bei kürzerer Veresterungszeit erreicht wird. Bei Unterss. der Na- u. NH_4-Salze der Cellulosephosphate erwiesen sich letztere als therm. stabiler. (J. Soc. Textile Cellulose Ind., Japan [Sen-i Gakkaishi] **13.** 28—30. Jan. 1957. [Orig.: japan.; Auszug: engl.]) F. LANG. 7970

M. K. Sen und **M. Ramaswamy,** *Kinetik der Acetylierung von Baumwoll- und Jutefasern.* Die Reaktionsgeschwindigkeit der Acetylierung von Baumwolle u. Jute wurde bei verschied. Konzz., Tempp. u. Anfangsfeuchtigkeitsgehh. der Fasern ermittelt. Diskussion der möglichen Reaktionsmechanismen, offensichtlich ist die chem. Rk. so schnell, daß die Diffusion der allein geschwindigkeitsbestimmende Faktor ist. (J. Textile Inst. Trans. **48.** T75—T80. März 1957.) F. LANG. 7970

L. Codolini, *Kunstharze speziell untersucht, um dem Papier neue Verwendungsmöglichkeiten zu geben.* Vf. gibt eine allg. Übersicht über die durch Anwendung von synthet. Harzen [Harnstoff-, Melamin-, Phenolharze u. bes. neue Harze (Handelsname „Dynarè“), die in alkal. Medien gehärtet werden können] bei der Papierherst. erhaltbare Verbesserung der Eigenschaften. In allen Fällen ist eine Verbesserung der mechan. Eigg., bes. in feuchtem Zustand, erreicht worden. Man kann z. B. durch Zugabe von 3% Harz aus Altpapier ein Papier herstellen, das in seinen Eigg. einem Papier aus frischem Material entspricht. (Papier, Carton Cellulose **8.** 90—91. März/April 1959.) F. LANG. 7978

W. R. Willets und **F. R. Marchetti,** *Der Einfluß der Pigmentvolumenkonzentration auf die Eigenschaften von Streichfarben.* Unter der Pigmentvolumenkonz. (I) wird in der Unters. das Verhältnis von Pigmentvol. zum Gesamtfeststoffvol. u. unter der krit. I diejenige Bindemittelmenge verstanden, die gerade ausreicht, um die Lücken zwischen den einzelnen Pigmentteilchen auszufüllen. Typ. Streichfarben liegen über der krit. I. In Kurvenblättern ist die Abhängigkeit der Haftfestigkeit, des Weißgeh. u. Glanzes der Streichfarben im Zusammenhang mit den verschied. Pigmenten u. Bindemitteln zusammengestellt. Die Haftfestigkeit, der Weißgeh. u. der Glanz von Strichen ist der I direkt proportional. Bei lackierten, unkalandrierten Papieren nimmt der Glanz bei steigendem I stärker ab als beim Lackieren der vorher kalandrierten Papiere. Die mit Rutil als Pigment gestrichenen Papiere haben im unlackierten Zustand einen besseren Glanz als die mit Ton gestrichenen Papiere. Nach dem Lackieren haben die mit Ton gestrichenen Papiere einen besseren Glanz. Auch noch andere Faktoren beeinflussen die Eigg. von Streichfarben u. Strichen. (Tappi **41.** 743—49. Dez. 1958. New York, N. Y., Titanium Pigment Corp.) H. MEYER. 7980

Krishan K. Talwar, *Eine Untersuchung von Papier verbesserter Festigkeit aus niedrig substituierten Carboxymethylcellulosestoffen.* Nach WALECKA (C. **1957.** 2624) wurde niedrig carboxymethylierter Stoff hergestellt u. untersucht. Die gut dispergierten Na–CMC-Stoffe flocken in Ggw. von anderen Ionen in W. erheblich aus. Aus den schwach alkal. Extrakten nichtaufgeschlagener Na–CMC-Stoffe scheiden sich größere Mengen koll. dispergierten Materials ab, dessen Substitutionsgrad 4—5mal höher ist als derjenige des Stoffes, u. das durch Säure- oder Alaun (I)-Zusatz niedergeschlagen werden konnte. Durch Ansäuern erhöhte sich die SCHOPPER-RIEGLER (S.-R.)-Durchlässigkeit des niedrig substituierten Stoffes. Diese Zunahme war noch stärker, wenn die S.-R.-Durchlässigkeit in Ggw. von I bestimmt wurde. Bei Anwendung von sehr kleinen Konzz. an I nimmt allerdings die S.-R.-Durchlässigkeit des Stoffes zu. Vermutlich wirkt I bei sehr niedriger Konz. auf das koll. Syst. stabilisierend, bei hoher Konz. dagegen koagulierend. Es erweist sich deutlich, daß die Zunahme der Festigkeit von Hadernstoff durch die Carboxymethylierung nur dann zu verzeichnen ist, wenn die niedrig substituierten CMC-Stoffe in Form ihrer Na-Salze vorliegen. Nach entsprechender Veränderung solcher Stoffe durch Einw. von verd. Mineralsäure (p_H 3,5) oder verd. I-Lsg. sind die Festigkeitseigg. kaum von denen des unbehandelten Hadernstoffes zu unterscheiden, das gilt auch für das Aussehen u. den Griff der daraus hergestellten Papierblätter. Vermutlich ist dieses Verh. auf die Bldg. eines Nd. der koll. dispergierten Na-Carboxymethylcellulose auf die Faseroberfläche zurückzuführen, da die saure Form u. das Al-Salz von CMC in W. unlösl. sind. Außerdem flocken Na–CMC-Stoffe in Ggw. von Säure oder I stark aus. Durch Zugabe von Säure oder I schlägt sich auch das relativ höher substituierte (aus niedrig substituiertem Na–CMC-Stoffe extrahierte) Material sofort nieder. Da in Ggw. von Säure oder I die Stoffe ausflocken, war eine Blattbldg. direkt nicht möglich. Sie konnte jedoch durch eine Flüssigkeitsverdrängungsmeth. (analog der Blattbldg. mit Butanol) ermöglicht werden. Die Erhöhung der Festigkeitseigg. des Papiers wird auf eine größere Zahl an Bindungen u. eine erhöhte Bindungsfestigkeit in der Na-Salzform der niedrig substituierten CMC-Stoffe zurückgeführt, nicht aber auf eine erhöhte Festigkeit der Einzelfasern. (Tappi **41.** 207—15. Mai 1958. Appleton, Wis., Inst. of Paper Chem.) B. GNAUCK. 7982

J. E. Wilber, *Eigenschaften und Prüfung von Streichmassen auf Stärkebasis und von stärkegestrichenen Papieren.* Allg. Überblick über Eigg. von Stärkestrichen (Viscosität, rheolog. Eigg., Wasserretention) u. über die Unters. der gestrichenen Papiere, wie Bindungsvermögen u. Abriebfestigkeit des Striches (mit Angaben der möglichen Ursachen für Fehler im Strich, bzgl. der Haftfestigkeit u. im Papier selbst), Empfindlichkeit gegenüber Wassereinw., Aufnahmefähigkeit für Druckpaste u. Widerstandsfähigkeit gegen Eindringen von Öl, Glanz u. Reinheit. Einige untersuchte Beispiele sind mit Daten angegeben. — 14 Literaturhinweise. (Tappi Monogr. Ser. **1957.** Nr. 17. 143—50. Deferiet, N. Y., St. Regis Paper Co.) B. GNAUCK. 7982

Zellstoffabrik Waldhof, Mannheim-Waldhof (Erfinder: **Helmut Drysch,** Ludwigshafen/Rh., **Ulrich Ströle,** Mannheim-Waldhof, und **Hans Wattendorf,** Bürstadt), *Herstellung von Chromatographiepapier und faserförmigen Ionenaustauschern aus Cellulose* (I) unter Zusatz von Celluloseäthern mit sauren u./oder bas. funktionellen Gruppen, dad. gek., daß man unlösl. Celluloseäther verwendet, die je Glucoseeinheit 0,01—0,2 Mol des Substituenten enthalten, u. dadurch gewonnen werden, daß I mit einer solchen Menge einer wss. Lsg. von Natronlauge u. einem Verätherungsmittel mit sauren u./oder bas. funktionellen Gruppen umgesetzt wird, daß weniger als 0,9 Mol des Verätherungsmittels je Mol Glucoseeinheit im Reaktionsgemisch vorliegen u. der Geh. des Reaktionsgemisches an I mindestens gleich dem Wassergeh. des Gemisches ist. (**D. A. S. 1 044 592** Kl. 55f vom 26/6. 1956, veröff. 20/11. 1958.) P. MAYER. 7985

Mosinee Paper Mills Co., Mosinee (Erfinder: **Henry C. Crandall,** Mosinee), Wis., V. St. A., *Biegsames, glattes Papier mit Verstärkungseinlage* im Papiergefüge aus sich rechtwinklig kreuzenden Glasfasersträngen, dad. gek., daß die unverwebt sich kreuzenden Glasfaserstränge in der einen Richtung aus nackten, in der anderen Richtung aus mit thermoplast. Klebstoff überzogenen Glasfasersträngen bestehen u. daß der Klebstoffüberzug letztere nicht nur mit dem Papiergefüge, sondern auch mit den querverlaufenden nackten Strängen verbindet. (**D. A. S. 1 049 223** Kl. 55f vom 20/10. 1954, veröff. 22/1. 1959.) P. MAYER. 7985

Minnesota Mining & Mfg. Co., Saint Paul, Minn. (Erfinder: **Lawrence J. Hessburg,** Saint Paul, und **Gayle L. Rengel,** Minneapolis, Minn.), V. St. A., *Behandeln von porösem Papier,* das auf einer Seite mit einem geschmolzenen Aufstrich einer wasserunlösl. thermoplast. M. versehen wird, dad. gek., daß zuerst eine Papierseite mit einer Lsg. einer oleophoben Fluorkohlenstoffverb. geleimt wird, in einer Menge, daß nur die geleimte Seite gegen Glycerin abstoßend u. die Porosität des Papiers nicht merkbar geändert wird, u. daß anschließend auf der anderen Seite des Papiers der wasserunlösl. thermoplast. Aufstrich aufgetragen wird. (**D. A. S. 1 047 606** Kl. 55f vom 12/1. 1957, veröff. 24/12. 1958. A. Prior. 13/1. 1956.) P. MAYER. 7987

Anthony L. Ensink, Chicago, Ill., V. St. A., *Flachdruckfolie* aus Papierunterlage, auf der eine hydrophile Schicht eines unlösl. mehrwertigen Metallsalzes der Alginsäure aufgebracht ist, die 5—8 (Teile) eines inerten Füllstoffes auf 1 Alginat enthält. (**A. P. 2 806 424** vom 27/3. 1947, ausg. 17/9. 1957.) K. KITTLER. 7989

Oxford Paper Co., New York, N. Y. (Erfinder: **Glenn Harold Perkins,** Mexico, Mexico), V. St. A., *Flachdruckfolie mit Papierunterlage und Überzugsschicht,* dad. gek., 1. daß die Überzugsschicht ein vernetztes, methyliertes Polyacrylamid u. einen Füllstoff enthält; 2. daß die Unterlage mit einer wss., methylolliertes Polyacrylamid, ein Vernetzungsmittel u. Füllstoff enthaltenden M. bestrichen u. diese durch Erhitzen vernetzt wird. (**D. A. S. 1 051 294** Kl. 15l vom 13/12. 1957, veröff. 26/2. 1959. A. Prior. 19/12. 1956.) K. KITTLER. 7989

Harris-Intertype Corp. (Erfinder: **William Henry Martin** und **William Henry Wood**), Cleveland, Ohio, V. St. A., *Lichtempfindliche Überzugsmasse* zur Vorbereitung von Platten für das *lithograph. Druckverfahren* oder ähnliche Anwendungszwecke, dad.

gek., daß sie 1. ein wasserlösl., lineares Mischpolymerisat eines Alkylvinyläthers u. einer Maleinsäureanhydridverb. sowie eine Verb. enthält, die in Lsg. 6wertiges Cr liefert; 2. daß der Alkylvinyläther Methyl- oder Äthylvinyläther ist; 3. daß die Maleinsäureanhydridkomponente (I) des Mischpolymerisats teilweise oder vollständig mit NH_3, einem Alkalihydroxyd, einem Alkohol oder einem wasserlösl. Amin umgesetzt ist; 4. daß die I in Form des Halbamids vorliegt; 5. daß der das 6wertige Cr liefernde Bestandteil $(NH_4)_2Cr_2O_7$ ist; 6. daß die M. auf eine für den Flachdruck geeignete Platte aufgetragen ist. (**D. A. S. 1 056 931** Kl. 57d vom 18/7. 1957, veröff. 6/5. 1959. A. Prior. 21/8. 1956.) K. KITTLER. 7989

Siegfried Rühle, Radebeul, *Herstellung von thermisch verschweißbaren Druckfarben für den Sieb- und Hochdruck.* Man reibt anorgan. u. organ. Farbstoffe mit einer Hitzebständigkeit von 160—170° u. mit Verschnittmitteln u. mit Lsgg. von Kunstharzen in Lösungsmitteln, wie Benzylalkohol u. Cyclohexanon, an. — 20 (Teile) blaues Phthalocyaninpigment u. 30 $BaSO_4$ werden mit 170 Bindemittel angeteigt u. verrieben. Das Bindemittel besteht aus einer Lsg. von 15 Vinylchlorid-Vinylacetat-Mischpolymerisat, 20 Cyclohexanon u. 65 Benzylalkohol. (**D. P. [DDR] 12963** Kl. 15 l vom 13/3. 1955, ausg. 25/3. 1957 [Wirtschaftspatent].) M. PANKOW. 7991

Henkel & Cie. G. m. b. H. (Erfinder: **Max Alsfeld** und **Wolfgang Dierichs**), Düsseldorf, *Herstellung von Verpackungsmaterial aus Papier* oder papierähnlichen Stoffen, dad. gek., daß das Papier oder papierähnliche Material einerseits mit einer Alkalisilicatschicht u. andererseits mit einer von dieser durch das Papier oder papierähnliche Material getrennten Schicht eines Materials, welches nicht oder nicht wesentlich für W. bzw. Wasserdampf durchlässig ist (Bitumen, Polyäthylen), versehen wird. — *Verpackungsmaterial für klebende Massen* (Bitumina, Harze, Wachse, Kitte). (**D. A. S. 1 046 472** Kl. 55f vom 31/8. 1956, veröff. 11/12. 1958.) P. MAYER. 7993

Armstrong Cork Co., übert. von: **James E. Hazeltine jr.,** Lancaster, Pa., V. St. A., *Fußbodenbelagsmasse* auf der Grundlage einer mit Asphalt getränkten Trägerschicht. Diese wird überzogen mit einem Überzug, dessen Bindemittel zu ca. 30 (Gew.-%) eines Polymerisats aus Butadien u. Styrol (mehr als 50%) u. 70 eines trocknenden Öllackes besteht. Ein verzierender Decklack wird noch aufgetragen. (**A. P. 2 784 113** vom 27/12. 1950, ausg. 5/3. 1957.) M. BÖTTCHER. 7999

XVIIIb. Textilfasern.

A. C. Nuessle, *Ein kurzer Blick auf die Bügelfestausrüstung.* Der derzeitige Stand der techn. Entw. auf diesem Gebiet der Textilveredlung wird umrissen. Vf. zeigt den Einfl. von Typ u. Vorbehandlung des Gewebes u. erörtert Wirksamkeit u. Eigg. folgender, in der Praxis zur Bügelfestausrüstung von Textilien eingesetzten Kunstharze: Harnstoff-Formaldehyde, Melamin-Formaldehyde, Äthylenharnstoff-Formaldehyde u. Triazon-Formaldehyde als Vertreter N-haltiger Kunstharze sowie Formaldehyd, Diepoxyde u. Acetale aus Formaldehyd u. Polyalkoholen als Vertreter N-freier Kunstharze. Günstige u. nachteilige Wrkgg. der Harzausrüstung auf das Textilgewebe werden einander gegenübergestellt. Der Zusatz weiterer, zur Bügelfestausrüstung verwendeter Hilfsmittel wird besprochen. (Amer. Dyestuff Reporter **47.** P885—P887. 15/12. 1958. Philadelphia, Pa., Rohm & Haas, Textile Applications Labor.) H. SONTAG. 8032

Noel H. Wood und **Anton F. Wolf,** *Feuchtigkeitsgehalt der Baumwolle und Fasereigenschaften.* In den letzten Jahren ist es üblich geworden, der Baumwolle beim Entkörnen gewisse Feuchtigkeit zuzusetzen, um sie u. a. beim Packen gefügiger zu machen, den beim Trocknen erlittenen Feuchtigkeitsverlust zu ergänzen u. die Stapellänge zu vergrößern. Die beschriebenen Verss. haben erwiesen, daß die Fasereigg., wie Reißfestigkeit, Feinheit, Faserlänge, derselben Baumwolle bei verschied. Feuchtigkeitsgeh. deutliche Unterschiede zeigen, d. h., daß die Muster mit einem höheren Feuchtigkeitsgeh. länger u. fester waren. Jedoch konnten keine Unterschiede mehr festgestellt werden, nachdem sie auf denselben Feuchtigkeitsgeh. gebracht worden waren. Der Zusatz von Feuchtigkeit hat also nur einen vorübergehenden Einfl. auf die Fasereigg., d. h., daß die Auswrkg. der Befeuchtung bis zum Zeitpunkt der Klassierung vollkommen nachgelassen hat, u. bedeutet folglich in bezug auf die Faserlänge keinen Vorteil für den Erzeuger. — 11 Tabellen. (Z. ges. Textilind. **61.** 244—48. 1. April-H. 1959.) L. JENTGEN. 8044

J. T. Marsh, *Knitterechte Baumwolle.* Es wird erwähnt, daß bei der Hochveredlung die verminderte Reißfestigkeit nicht auf eine Schädigung der Faser zurückzuführen ist, sondern auf die Versprödung der Cellulosefaser, da durch Entfernung der Kunstharze die ursprünglichen Reißfestigkeitswerte wieder zurückkehren. Es werden Diagramme aufgestellt, welche die Beziehungen zwischen Harzgeh. u. Reißfestigkeit zeigen u. je nach Faserart einen unterschiedlichen Verlauf aufweisen. Dabei wird auf die ebenfalls wichtige Gewebekonstruktion bei den gefundenen Werten verwiesen. (Textil-Rdsch. [St. Gallen] **14.** 130—32. März 1959.) W. BERNARD. 8044

Ichiro Sakurada und **Yasuyoshi Sakaguchi,** *Acetylierung von Baumwolle mit Essigsäureanhydriddämpfen.* 1. Mitt. *Acetylierung mit Schwefelsäure oder Perchlorsäure als Katalysator.* Gebleichte Baumwolle wurde in wss. Lsg. von H_2SO_4 bzw. $HClO_4$ getränkt, die überschüssige Lsg. abgepreßt u. das Fasermaterial dann mit Essigsäureanhydriddämpfen bei 30—60° acetyliert. Bei Baumwolle können im Gegensatz zu Reyon verschied. organ. Fll. (niedere Alkohole u. Ester) an Stelle von W. bei der Vorbehandlung benutzt werden. Die Acetylierung erfolgt glatt, auch wenn der Wassergeh. der Faser nur ca. 10% ist. Diese Beobachtungen sind ein Hinweis dafür, daß Fll. in Baumwolle leichter eindringen als in Reyon. Dagegen wird unter solchen Versuchsbedingungen, bei denen eine Acetylierung von Baumwolle u. Reyon gleich gut erfolgt, das Reyon in stärkerem Umfange acetyliert. (J. Soc. Textile Cellulose Ind., Japan [Sen-i Gakkaishi] **13.** 13—16. Jan. 1957. [Orig.: japan.; Auszug: engl.]) F. LANG. 8044

Olga Cséffalvay und **Ödönné Szatala,** *Biologische und physikalisch-chemische Untersuchungen des Ablaufs der Hanfrotte.* Beschreibung der Unterss. des Ablaufs der Hanfrotte mit Hilfe von polarograph. Trübungs- u. Brechungsindexmessungen u. durch biol. Untersuchungen. (Magyar Textiltechn. [Ung. Textiltechn.] **10.** 381—84. Dez. 1958. Budapest, Textilipari Kutató Intézet.) G. HALMI. 8050

H. Zahn und **J. Meienhofer,** *Wollgelatine.* 1. Mitt. *Isolierung von sauren Peptiden aus Kaltwasserextrakten.* Inhaltlich ident. mit der in C. **1956.** 8785 referierten Arbeit. (Proc. int. Wool Textile Res. Conf., Australia Vol. C. **1955.** C 62—C 64. 1955; herausgeg. 1956.) E. SCHWERDTFEGER. 8060

C. Eugene Coke, *Bedeutsame Veränderungen bei Viscoseprodukten.* Es wird eine Übersicht über die großen Verbesserungen an Viscosematerialien innerhalb der letzten 50 Jahre gegeben. (Canad. Textile J. **76.** Nr. 6. 41—50. 20/3. 1959. Canada, Courtaulds Ltd., Sales Developm.) A. SEUFFERT. 8074

Saburō Hatakeyama, *Untersuchung über die Strömung von Viscose durch die Gießmaschine der Cellophanvorrichtung.* 2. Mitt. *Über die Strömungsgleichung der Viscose durch die Gießvorrichtung.* (1. vgl. C. **1958.** 7923.) Aus der früher abgeleiteten Grundgleichung für die Strömung der *Viscose* wird die Beziehung zwischen Gesamtausfluß u. Druckdifferenz abgeleitet, wobei Daten aus den Strömungsverss. durch Röhren benutzt werden. Die Strömung der Viscose durch die Gießvorr. der Maschine wird als gleich angesehen mit dem Fall der Strömung zwischen parallelen Platten. — 3 Skizzen. (Chem. High Polymers [Tokyo] **13.** 237—42. 1956. Tokyo, Cellophan A.-G. [Orig.: japan.]) L. SCHULER. 8074

Shigeru Hayama, *Untersuchung heterogener Reaktionen von Cellulose.* 1. Mitt. *Mechanismus der Oberflächennitrierung von Reyon. Bembergseide* bzw. *Viscosereyon* wird mit Nitriergemischen verschied. Mol-Verhältnisse an *HNO_3*, *Acetanhydrid* (I) u. CCl_4 bei 20° verschieden lange behandelt u. der Grad der Nitrierung, beurteilt nach dem Grad der Veresterung, erörtert. Je nach dem Mol-Verhältnis HNO_3/I verläuft die Nitrierung unterschiedlich: Bei einem Mol-Verhältnis <1 ist eine verzögernde Wrkg. des I bemerkbar; >1 verläuft die Rk. von der Oberfläche aus nach innen. Bei >2 ist die Rk. rasch u. innerhalb der Fasern homogen. (J. chem. Soc. Japan, ind. Chem. Sect. [Kōgyō Kagaku Zassi] **58.** 777—79. Okt. 1955. Yonesawa, Yamagata Univ. [Orig.: japan.]) L. SCHULER. 8074

Yoshio Iwakura und **Ichiro Kanda,** *Die Acetylierung von Viscosereyonfasern mit Keten.* 3. Mitt. *Der Ablauf der Reaktion.* Wenn Viscosereyon, das sich in einer wss. Lsg. anorgan. Salze befindet, mit Keten behandelt wird, so wird das W. bes. zu Essigsäure umgesetzt u. die Cellulose acetyliert. Es wurden nun Fasern mit Keten behandelt, die bereits mit Essigsäureanhydrid u. anorgan. Salzen vorgequollen waren. Es wurde bei verschied. Tempp. gearbeitet u. der Reaktionsablauf untersucht. Vff. stellten fest, daß die Reaktionsgeschwindigkeit durch die mkr. Faserstruktur beeinflußt wird u. daß die Rk. nur im Anfangsstadium nach der 1. Ordnung erfolgt. Gleiche Tendenzen wurden beobachtet, wenn das Syst. von der Vorbehandlung noch überschüssige Anhydriddämpfe enthielt. Erhöhung der Temp. bewirkte, daß die Rk. über einen größeren Bereich nach der 1. Ordnung ablief. (J. Soc. Textile Cellulose Ind., Japan [Sen-i Gakkaishi] **13.** 17—20. Jan. 1957. [Orig.: japan.; Auszug: engl.]) F. LANG. 8074

Yoshio Iwakura, Masahiko Takikawa und **Ichiro Kanda,** *Die Acetylierung von Viscosereyonfasern mit Keten.* 4. Mitt. *Die Eigenschaften der acetylierten Fasern.* Die physikal. Eigg. der mit Keten acetylierten Reyonfasern wurden festgestellt. Bes. Fadenstärke, Polymerisationsgrad, Festigkeit u. Dehnung. Wenn das Verhältnis Zunahme der Fadenstärke zur Zunahme des Acetylierungsgrades verglichen wird, kann festgestellt werden, daß Schrumpfung der Fasern eingetreten ist. Der Polymerisationsgrad fiel im Anfangsstadium der Rk. etwas ab, bes. bis der Essigsäuregeh. ca. 20% beträgt. Dann erfolgt prakt. kein Abbau mehr bis zum Cellulosediacetat. Vff. stellten fest, daß Festigkeit u. Dehnung bei Essigsäuregehh. von ca. 25% für prakt. Faserverwendungen völlig unzureichend sind. (J. Soc. Textile Cellulose Ind., Japan [Sen-i Gakkaishi] **13.** 20—23. Jan. 1957. [Orig.: japan.; Auszug: engl.]) F. LANG. 8074

H. de Vries, *Die Beziehung zwischen Doppelbrechung und Zugverhältnis synthetischer Fasern.* Eine allg. empir. Beziehung, die angegeben wird, lautet in differentieller Form: $d(\Delta n)\, d/(\ln \lambda) = m + p\, \Delta n$ (Δn = spezif. Doppelbrechung der Faser, ln = natürlicher Logarithmus des Zugverhältnisses, d. h. des während der Herst. erzeugten permanenten Dehnungsverhältnisses, m u. p sind Konstanten). Die Konstante m kann je nach dem Vorzeichen der Doppelbrechung der Faser positive oder negative Werte annehmen. Die für p gefundenen Werte scheinen ebenfalls für die Faser charakterist. zu sein. (J. Polymer Sci. **34.** 761—78. Jan. 1959. Arnheim, Niederlande, A.K.U. and Affiliat. Co., N. V. Onderzoekingsinst. Res., Central. Labor.) A. SEUFFERT. 8080

L. C. Spark, G. Darnbrough und **R. D. Preston,** *Struktur und mechanische Eigenschaften von Pflanzenfasern. 2. Mitt. Ein Mikro-Zugfestigkeitsprüfgerät für die automatische Aufzeichnung von Kraft–Dehnungs-Kurven für Einzelfaserzellen.* (1. vgl. BALASKOV, C. **1958.** 10534.) Zur Aufnahme einer Kraft–Dehnungs-Kennlinie wurde von Vff. ein Mikro-Zugfestigkeitsprüfgerät für einzelne Fasern von 1 mm Länge u. ca. 20 μ Breite entwickelt, das ausführlich beschrieben wird. Faserzellen aus Sisalblättern wurden durch Maceration isoliert u. geprüft. Im Abstand von 4 cm von der Blattbasis zeigten die Fasern röntgenograph. einen Fibrillenverlauf von 42° zur Längsachse u. eine Dehnung von 25% bei 12 kg/mm², während die Fasern bei 25 cm Abstand von der Blattbasis einen steileren Fibrillenverlauf (10°) u. eine nur geringe Dehnung von 2,2% bei 17 kg/mm² aufwiesen. Die Ergebnisse beweisen die starke Abhängigkeit der mechan. Eigg. von der Mol-Struktur der Faserwand. (J. Textile Inst., Trans. **49.** T309—T316. Juli 1958. Leeds Univ., Bot, Dep.) W. WERGIN. 8096

Frau Szentpály und **János Kovács,** *Bestimmung des Entschlichtungsgrades mit Hilfe des Photometers.* Beschreibung der Meth. zur Best. des Entschlichtungsgrades durch photometr. Farbmessungen mit Jodstärke. (Magyar Textiltechn. [Ung. Textiltechn.] **10.** 404—05. Dez. 1958. Budapest Textil Ipari Kutató Intézet.) G. HALMI. 8098

J. R. Geigy Akt.-Ges. (Erfinder: **Willy Frick**), Basel, Schweiz, *Insekticides Mittel* bes. zur Bekämpfung von *Textilschädlingen*, gek. durch einen Geh. an Sulfamiden der allg. Formel $A_1-N(R_1)-SO_2-N(R_2)-A_2$, worin R_1 u. R_2 für H oder niedere Alkylreste u. A_1 u. A_2 gegebenenfalls für nichtionogen substituierte Benzolreste stehen, welche zusammen mindestens 4 Halogenatome enthalten. — Man erhält diese Verbb. z. B. durch Kondensation von geeignet substituierten Aminen mit Sulfurylchlorid, bes. in Ggw. von HCl bindenden Mitteln. — Beispiele: *N.N'-Bis-(3-trifluormethyl-4-chlorphenyl)-sulfamid*, F. 117—118,5°; *N.N'-Bis-(2.4.5-trichlorphenyl)-sulfamid*, F. 158 bis 160°; *N.N'-Bis-(2.3.4-trichlorphenyl)-sulfamid*, F. 146—148°; *N.N'-Dimethyl-N.N'-bis-(2.4.5-trichlorphenyl)-sulfamid*, F. 153—154°. Das Mittel wirkt bes. gegen keratinfressende Insekten, z. B. Motten-, Pelzkäfer- u. Teppichkäferlarven. (**D. A. S. 1 048 736** Kl. 45 l vom 17/5. 1957, veröff. 15/1. 1959. Schwz. Priorr. 18/5. 1956 u. 24/4. 1957.) H. NEBELSIEK. 8063

Arnold, Hoffman & Co., Inc., übert. von: **John P. Conbere** und **Firmin P. Reed,** Providence, R. I., V. St. A., *Quaternäre Ammoniumsalze von Aminoäthern der Acrylsäurepolyglykolester* der allg. Formel $[CH_2{=}C(R)-COO(CH_2CH_2O)_n(CH_2)_z-N(R')(R'')-R''']^+X^-$ (R = H, Methyl; R' u. R'' = Alkyl mit 1—4 C-Atomen, die beide mit dem N auch einen heterocycl. Ring bilden können, der noch O enthalten kann; R''' = Methyl, Äthyl; n = 1—5; z = 2—4; X = Anion) erhält man durch Rk. von Acrylsäureestern oder Acrylsäurehalogeniden mit den entsprechenden Alkylenglykolaminoäthern, die nach J. Amer. Chem. Soc. **55.** [1933.] 1066—68 gewonnen werden. Der entstandene tert.-Aminoäther wird mit Alkylierungsmitteln oder Alkyl- oder Arylsulfonsäuren quaternisiert. Die quaternären Verbb. lassen sich mit freie Radikale liefernden Verbb. (Peroxyde, Azoverbb.) *polymerisieren* u. *mischpolymerisieren.* — Aus 161 g Äthylenglykol-β-diäthylaminoäthyläther, 400 cm³ Methacrylsäuremethylester, 30 g Phenyl-β-naphthylamin u. 20 g Al-Isopropylat unter Rückfluß u. N_2 u. Entfernen des Methanols → *Methacrylsäureäthylenglykolester-β-diäthylaminoäthyläther*, $C_{12}H_{23}NO_3$, Kp.$_4$ 121—125°; n_D^{25} 1,4470; daraus mit Dimethylsulfat in Ggw. von 1% Topanol A (2.4-Dimethyl-6-tert.-butylphenol) bei 50—55° → *N-Methylmethylsulfat*, $C_{14}H_{29}NO_7S$, klare viscose Fl.; daraus in W. mit NH_4-Persulfat bei 90—98° → *dicker Sirup. N-Methyl-p-toluolsulfonat*, $C_{20}H_{33}$·NO_6S. *N-Äthylsulfat. N-Äthylbromid.* — *Methacrylsäurediäthylenglykolester-β-diäthyl-*

aminoäthyläther, $C_{14}H_{27}NO_4$, Kp.$_5$ 135°; n_D^{25} 1,4522, → *N-Methylmethylsulfat*, klare viscose, in W. lösl. Fl., → *Polymeres*. — *Methacrylsäuretriäthylenglykolester-β-diäthylaminoäthyläther*, $C_{16}H_{31}NO_5$, Kp.$_{0,1}$ 114—130°; n_D^{25} 1,4589, → *N-Methylmethylsulfat*. — *Methacrylsäuretetraäthylenglykolester-β-diäthylaminoäthyläther* → *N-Methylmethylsulfat*. — *Methacrylsäurepentaäthylenglykolester-β-diäthylaminoäthyläther* → *N-Methylmethylsulfat*. — *Acrylsäureäthylenglykolester-β-diäthylaminoäthyläther*, Kp.$_5$ 112—114°; polymerisiert leicht, → *N-Methylmethylsulfat*. — *Methacrylsäureäthylenglykolester-β-dimethylaminoäthyläther*, Kp.$_4$ 105—108°, → *N-Methylmethylsulfat*, viscose, in W. lösl. Flüssigkeit. — *Methacrylsäureäthylenglykolester-β-dibutylaminoäthyläther* → *N-Methylsulfat*. — *Methacrylsäureäthylenglykolester-β-piperidinoäthyläther*, viscose Fl., → *N-Methylmethylsulfat*. — *Methacrylsäurediäthylenglykolester-γ-dimethylaminopropyläther-N-methylmethylsulfat*. Alle quaternären Verbb. sind wasserlöslich. — *Verwendung* als *antistat. Mittel* für *Textilien*, bes. aus *Celluloseacetat*, *Celluloseestern*, *Polyacrylnitril*, *Polyäthylenterephthalat*, *Polyvinylidenchlorid*, *Polyamiden*, *Polycaprolactamen* u. *Superpolyamiden*. (**A. P. 2 824 861** vom 19/5. 1955, ausg. 25/2. 1958.) G. KRAUSS. 8071

Vereinigte Glanzstoff-Fabriken Akt.-Ges., Wuppertal (Erfinder: **Richard Bartunek**, Randerath), *Herstellung von Viscose* (**I**) durch Lösen von Cellulosexanthogenat (bes. aus einer Alkalicellulose mit DP <300, bes. <250) zu einer **I**, deren Gesamtalkaligeh. 8—9% beträgt oder dieser Konz. möglichst nahekommt, u. Verdünnen nach einer Verweilzeit von wenigstens 8, bes. 12—24, Std., mit W., wss. Lsgg. oder Dispersionen um mindestens ein $^1/_7$ des Vol. der **I**. (**D. B. P. 971 782** Kl. 12o vom 9/12. 1955, ausg. 26/3. 1959. Anmeldung bekanntgemacht 13/9. 1956.) K. FABEL. 8075

Celanese Corp. of America, New York, N. Y., übert. von: **Alden W. Hay**, Madison, N. J., V. St. A., *Pigmentierte Fäden*, z. B. aus Celluloseacetat. Um tiefschwarze Fäden zu erhalten, setzt man der Spinnmasse außer Ruß (**I**) noch geringe Mengen eines Weißpigments, bes. TiO_2 (**II**), zu. Auf diese Weise kann sogar **I** eingespart werden. Bevorzugte Mengen: 0,001—0,03 **II** u. 2—3,5 **I**. (**A. P. 2 839 420** vom 7/7. 1955, ausg. 17/6. 1958.) F. BÖHM. 8077

Kurashiki Rayon Co. Ltd. (Erfinder: **Yasuji Ono, Teruo Suda, Tetsuro Osugi** und **Kenichi Tanabe**), Kurashiki City, Japan, *Herstellung von Fäden oder Fasern aus Polymeren von Vinylverbindungen*. Gut anfärbbare u. gegen heißes W. beständige Fäden werden erhalten, wenn man die wss. Lsg. eines Polymerisationsgemisches, das zu wenigstens 30 (Gew.-%) aus Polyvinylalkohol u. zum Rest aus einem Polyvinylaminoacetal (**I**) besteht, nach Trocken- oder Naßspinnverff. verspinnt, die erhaltenen Fäden im Verhältnis 2:1—12:1 verstreckt, mit einem inerten Gas oder einer inerten Fl. bei 200 bis 260° oder mit Wasserdampf bei 140—230° behandelt u. dann mit einem aminogruppenfreien Monoaldehyd mit 1—19 C-Atomen bis zur Acetalisierung von 5—60% der OH-Gruppen der Fäden behandelt, wonach dieselben sich in W. von 150° nicht mehr lösen. — Das im Polymerisationsgemisch vorhandene **I** soll teils unveränderte, teils aminoacetalisierte Vinylalkoholgruppen der Formel **II** enthalten [R(N) = Rest mit 1—3 bas. N-Atomen u. 1—20 C-Atomen, z. B. $-R_3-N(R_1, R_2)$; R_1, R_2 = H oder Alkylreste mit 1—5 C-Atomen; R_3 = aliphat. Rest mit 1—4 C-Atomen]. Das Verhältnis der aminoacetalisierten zu den gesamten Vinylalkoholgruppen des Polymerisatgemisches soll 1:499—1:9 betragen. Bei der Naßverspinnung werden konz. Salzlsgg., z. B. von Na_2SO_4, als Fällbad verwendet. Die Acetalisierung der Fäden mit Aldehyden, wie CH_2O oder Acetaldehyd, erfolgt zweckmäßig mit wss. Lsgg. derselben in Ggw. katalyt. wirkender Säuren, wie H_2SO_4, HCl oder H_3PO_4. (**D. A. S. 1 047 373** Kl. 29b vom 31/12. 1955, veröff. 24/12. 1958.) F. BÖHM. 8081

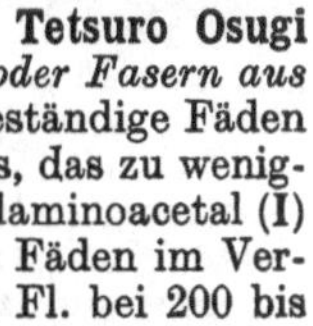

II

Imperial Chemical Industries Ltd., London, England, *Herstellung von Polyäthylenpolyterephthalat*. Man läßt Äthylenoxyd mit p-Toluylsäure (**I**) oder Äthylenglykol mit einem Ester von **I** reagieren u. leitet in das hierbei erhaltene Äthylendi-p-toluat bei mindestens 160° O_2 ein. Das hierbei neben Glykolmono-p-toluatmonoterephthalat gebildete Glyko-bis-terephthalat wird durch Kochen mit Äthylenglykol in Di-(β-hydroxyäthyl)-terephthalat umgesetzt u. letzteres auf über 200° erhitzt, wobei *verspinnbares* Polyäthylenpolyterephthalat entsteht. (**Holl. P. 89 914** vom 26/3. 1954, ausg. 15/1. 1959. E. Prior. 22/3. 1954.) F. BÖHM. 8081

Arthur D. Little, Inc., Cambridge, übert. von: **Laurence R. B. Hervey**, West Concord, und **Derek E. Till**, Concord, Mass., V. St. A., *Abriebfeste Glasfasern* erhält man durch deren Imprägnierung mit der Lsg. eines *Aminfluorsilicats* mit einer C-Kette von ≧4 u. anschließendem Trocknen. Die verwendeten Verbb. erhält man z. B. nach: $2\ CH_3NH_2 + H_2SiF_6 \rightarrow (CH_3NH_3)_2SiF_6$. Analoge Salze kann man erhalten u. a. aus *Diäthylhexylamin*, *Dibutylamin*, *Morpholin*, *Dodecylamin*, *Dicyclo-*

cyclohexylamin, Talgaminen usw. — Man verwendet 2—10%ig. Lsg. in z. B. einem Alkohol; niedrigmol. Aminfluorsilicate sind in W. lösl., die in W. nichtlösl. können auch mit üblichen Emulgatoren in W. dispergiert werden. (**A. P. 2 854 356** vom 28/8. 1956, ausg. 30/9. 1958.) H. MÖLLERING. 8083

XIX. Brennstoffe. Erdöl. Mineralöle.

B. K. Mazumdar, S. K. Chakrabartty und **A. Lahiri,** *Die Einwirkung von wässerigem Alkali auf Braunkohlen.* Verschied. Braunkohlen wurden bei Zimmertemp. 20 Min. lang mit 5% NaOH-Lsg. behandelt, filtriert u. sowohl der Rückstand als auch die Lsg. unter Zusatz von HCl verd. aufbereitet. Die hierbei erhaltene Huminsäure als auch der Rückstand zeigten einen deutlich geringeren C-Geh. als die Ausgangskohlen. Dieser Befund mit der hydrolyt. Spaltung der in den Braunkohlen anwesenden Flavon-, Lacton- oder ähnlichen Strukturen in Ggw. wss. Alkalilsgg. werden in Zusammenhang gebracht. (J. sci. ind. Res. [New Delhi], Sect. B **16.** 519—20. Nov. 1957. Jealgora, Bihar, Central Fuel Res. Inst.) H. G. FRÖHLICH. 8124

H.-G. Könnecke, R. List und **E. Leibnitz,** *Über die chemische Veränderung der Inhaltsstoffe von Braunkohlen bei der Druckinkohlungsreaktion.* Vff. haben zwecks Feststellung chem. Veränderung der Inhaltsstoffe einer ostelb. Braunkohle bei der Druckinkohlungs-Rk. die Extrakte der Braunkohle ohne u. unter Druck, vor u. nach Inkohlung bei Tempp. von 200, 250, 300 u. 500° untersucht. Die Verss. erstreckten sich auf die Elementaranalyse des Extraktprod., des Bitumens u. die Best. seiner SZ., VZ., EZ. Extraktionsmittel waren Bzl.-Alkohol-Gemisch (I) u. Dekalin (II). Die extrahierende Wrkg. des I war größer als die des II. Dementsprechend fielen die Analysenergebnisse sowohl in bezug auf Elementarzus. als auch SZ., VZ. u. EZ. aus. Diese Zahlen erwiesen sich in starkem Maße charakterist. für Feststellung der Inhaltsänderung bei der Inkohlung. Der Verlauf der Inkohlungs-Rk. zeigte nämlich, daß die Säurebestandteile ansteigen u. deren Bldg. der Zers. von Huminsäuren zuzuschreiben wäre. (Brennstoff-Chem. **39.** 271—73. 24/9. 1958. Leipzig, Inst. für org. Grundstoffchem.) K. WEKUA. 8124

Miti Ionescu und **Valeriu Anghel,** *Anwendungen des Wirbelschichtverfahrens auf dem Gebiet der Kohlenverwertung.* Vff. erörtern die techn. Grundlagen der Verarbeitung von Kohlen im Wirbelschichtverfahren u. die Anwendung des Verf. bei der Vergasung, Trocknung, Schwelung, Entgasung u. Verbrennung von Kohlen, Entschwefelung von Gasen, Herst. von akt. Kohlen, Dest. von bituminösen Schiefern u. Sanden u. Gewinnung von Bzl. durch Absorption mit Aktivkohle. (Rev. Minelor **7.** 242—48. Mai 1956.) R. K. MÜLLER. 8126

C. C. Miesse, *Verbrennung von zerstäubten flüssigen Brennstoffen.* Vorbereitende Verff., Zerstäubung, Verdampfung u. Ballistik. Verbrennungsverss. (einzelne Tröpfchen u. zerstäubte Brennstoffe) mit mehreren Bildern. Graph. Darstellungen über Anwendungen (theoret. Analyse u. verzögerte Zündung, Kohlenstoffbldg. u. Stabilitätsgrenzen). — 85 Literaturangaben. (Advances Chem. Ser. Nr. **20.** 243—62. Febr. 1958. Azusa, Calif., Aerojet-General Corp.) G. CHALLIER. 8128

Richard J. McCafferty und **Robert R. Hibbard,** *Verbrennung in Gasturbinentriebwerken bei Flugzeugen.* Verbrennungsgrenzen u. Wirkungsgrad. Wrkg. von Konstruktionsunterschieden u. von Eigg. von Erdölbrennstoffen (ihre Flüchtigkeit u. chem. Zus.). Rauchbldg. u. Koksablagerung (Bewertung von Brennstoffeigg. mit Koksablagerung). Dauerhaftigkeit der Verbrennungsvorrichtungen. Temp. der Auspuffgase, Zündung. Druckverlust der Verbrennungsvorrichtung. Künftige Forderungen. — 216 Literaturangaben. (Advances Chem. Ser. Nr. **20.** 263—79. Febr. 1958. Cleveland, Ohio, Nat. Advisory Committee for Aeronautics, Lewis Flight Propulsion Labor.) G. CHALLIER. 8128

Martin A. Elliott, *Verbrennung von Dieselkraftstoff.* Verbrennung im Dieselmotor. Verzögerte Zündung (Gemischbldg:, Selbstzündung, Temp., Druck, Brennstoffkonz., Mol.-Struktur usw.), Verbrennung. Prodd. bei unvollständiger Verbrennung. Verbrennungskammern u. gleichzeitige Verbrennung gasförmiger u. fl. Brennstoffe in Dieselmotoren. — 144 Literaturangaben. (Advances Chem. Ser. Nr. **20.** 280—93. Febr. 1958. Chicago, Ill., Inst. of Gas Technol.) G. CHALLIER. 8128

W. D. Jarvis, *Auswahl und Verwendung von Additiven für ölgeheizte Kessel.* C. **1959.** 7002 referiert. (Combustion [New York] **30.** Nr. 11. Mai 1959. 38—48.) F. ROSENDAHL. 8128

K. P. Medwedew und **W. M. Petropolskaja,** *Theoretische und experimentelle Grundlagen der Anwendung von Radioisotopen bei der Untersuchung der thermischen Zersetzung und des Backens von Steinkohlen.* Durch Zusatz geringer Mengen (0,2—0,4%) mit ^{35}S markierter Metallsulfide zu gemahlener Kohle vor der Verkokung bei 900 bis

950° oder von $^{35}CaSO_4$ gelingt es, Aufschluß über den Geh. an organ. S u. über das Reduktionsvermögen der Kohle gegenüber Metallsulfaten zu gewinnen. Die Unterss. zeigen, daß die Bldg. von CaS ein Maximum, der Geh. an organ. S in der Kohle ein Minimum bei der Bldg. von 32—36% flüchtigen Prodd. erreicht; es wird angenommen, daß dieser Erscheinung die Zers. von fl. Prodd. zugrunde liegt, die auch die Ursache des Backens dieser Kohlen ist. (Кокс и Химия [Koks u. Chem.] **1958.** Nr. 3. 25—29. Ukrain. Wiss. Forschungsinst. für Kohlechem.) R. K. MÜLLER. 8142

G. F. Iwlew, *Laboratoriumsmethode zur Zusammenstellung von Chargen für die Verkokung.* Die Backfähigkeit von Kohlen wird durch die Komponenten der Vitritgruppe der Fett-, Gas- u. Kokskohlen bestimmt. Für einen guten Hüttenkoks ist ein Blähindex 40 zweckmäßig. Bei höherem Wert muß die Kohle durch Zusätze magerer, bei niedrigerem Wert fetter gemacht werden. Es wird vorgeschlagen, unter diesem Gesichtspunkt die Chargen für Koksöfen zusammenzustellen. Dabei sind aber auch die Verkokungsbedingungen zu berücksichtigen. (Кокс и Химия [Koks u. Chem.] **1957.** Nr. 10. 9—10. Sibir. Metallurg. Inst.) R. K. MÜLLER. 8142

R. E. Morgan, J. W. Eckerd, J. Ratway und **A. F. Baker,** *Versuche am Lurgi-Vergaser mit Anthrazit aus Pennsylvanien.* Es wurden zwei verschied. Anthrazite aus Pennsylvanien, einer mit 27% u. einer mit 19% Asche, in der LURGI-Anlage in Dorsten durchgesetzt. Die erzielten Ergebnisse haben bewiesen, daß mit den Anthraziten in der Anlage die gleichen Ergebnisse erzielt werden konnten (in der Erzeugung von Synthesegas) wie im Wirbelbett- oder Schwebebettverfahren. Die Ergebnisse sind in ausführlichen Tabellen wiedergegeben. — 17 Schrifttumsangaben. (U. S. Dep. Interior, Bur. Mines, Rep. Invest. **1958.** Nr. 5420. 1—22.) F. ROSENDAHL. 8148

W. G. May, R. H. Mueller und **S. B. Sweetser,** *Kinetik der Reaktion von Kohlenstoff mit Dampf aus den Ergebnissen einer Versuchsanlage.* Die Verss. dienten der Klärung folgender Fragen für die Vergasung in einem dichten Fließbett: Möglichkeit, die notwendigen Vergasungstemppp. im Fließbett mechan. bewältigen zu können; Einfl. der Verfahrensvarianten; Vgl. der Reaktionsfähigkeit von Kohle u. Koks aus verschied. Quellen; Vgl. Fließbett mit Festbett; Beziehungen für die Planung von Fließbettsystemen. Zusammenstellung der Versuchsergebnisse. — 11 Literaturzitate. (Ind. Engng. Chem. **50.** Nr. 9. [Part I] 1289—96. Sept. 1958. Belvidere, N. J.) F. SCHUSTER. 8148

W. J. Boone jr., *Heliumhaltige Naturgase in den Vereinigten Staaten. Analysen und analytische Methoden.* Die Ergebnisse von 1579 Bestimmungen werden tabellar. zusammengestellt. Die angewendeten Analysenmethoden werden beschrieben. (U. S. Dep. Interior, Bur. Mines, Bull. **1958.** Nr. 576. 1—117.) F. ROSENDAHL. 8186

André Blanchard, *Das Gas von Lacq — seine Probleme und seine Möglichkeiten.* Vortrag. Angaben über die Zus. des Gases. Gewinnung des H_2S u. seine Überführung in S, Herst. von Acetylen aus CH_4 durch partielle Oxydation u. von Äthylen durch Pyrolyse des Äthans. Gewinnung eines Bzn. aus dem Gas mit einer OZ. von 84, das durch Bleien auf eine OZ. von 96 gebracht werden kann. (Ind. nationale **1959.** Nr. 1. 3—12. Jan./März. Soc. Nat. des Pétroles d'Aquitaine.) F. ROSENDAHL. 8186

Ervin Kerényi, *Wissenschaftliche Untersuchung ungarischer Erdöle.* Charakterisierung der ungar. Erdöle mit Hilfe von differentialen, kumulativen u. integralen Kurven, die den Zusammenhang zwischen den physikal.-chem. bzw. physikal.-techn. Eigg. u. Ausbeuten angeben. (Magyar Kémikusok Lapja [Z. Ver. ung. Chemiker] **13.** 359—63. Dez. 1958. Veszprém, A Magyar Ásványolaj és Földgáz Kísérleti Intézet.) G. HALMI. 8188

A. A. Karamjan, Ss. T. Ownatanow und **G. P. Tamrasjan,** *Über einige Besonderheiten von Erdöl, Gas und Wasser der Kalinsker Folge des Goussaner Vorkommens.* Das Erdöl verschied. Bohrungen weist folgende Eigg. auf: D. 0,86—0,88, Benzin- u. Ligroingeh. 6—12 u. 3—9%, Harzgeh. 18—29%, Viscosität nach ENGLER (bei 45°) ca. 1,58 bis 2,07°. Gas: D. 0,603—0,630, CH_4-Geh. 91—94, Äthan, Propan u. Butan ca. 4—7, höhere Homologen 0,6—1,5 u. CO_2 0—0,7%. Der Benzingeh. des Gases beträgt 24 bis 67 g/m³. Das W. ist schwach mineralisiert (Ca^{2+}, Mg^{2+}, Fe^{3+}, Cl^-, SO_4^{2-}, $HCO_3^- + CO_3^{2-}$). Die Gesteine enthalten neben diesen Bestandteilen noch FeS_2, 0,005—0,03 diffuses, öliges Bitumen, 0,02—0,13 Huminstoffe u. 0,1—1% organ. C. (Азербайджанское Нефтяное Хозяйство [Erdöl-Wirtsch. Aserbaidshan] **37.** Nr. 6. 7—10. Juni 1958.) E. v. PEZOLD. 8188

F. I. Ssamedow und **L. A. Burjakowski,** *Charakterisierung des Erdöls der produktiven Schicht des südöstlichen Teils des Apscheron-Archipels.* Man bestimmte die D. des entgasten Erdöls, den Geh. an Paraffinen, Öl, Bzn., Ligroin, die Zus. der beiden letzteren u. die Zähigkeit, um die Eigg. der Öle in Abhängigkeit von den Horizonten der produktiven Schichten festzulegen. Die D. des Erdöls nimmt in einigen Lagerstätten des südöstlichen Teils des Apscheron-Archipels mit der stratigraph. Tiefe zu, während sie in nordwestlicher Richtung abnimmt. (Азербайджанское Нефтяное Хозяйство [Erdöl-Wirtsch. Aserbaidshan] **37.** Nr. 8. 6—10. Aug. 1958.) A. HELMS. 8188

A. G. Harrison und **H. G. Thode,** *Häufigkeit von Schwefelisotopen in Kohlenwasserstoffen und Muttergesteinen des Uinta-Beckens, Utah.* Die freien Asphalte u. der anorgan. gebundene S sind um so reicher an ^{34}S, je jünger die Schichten u. je geringer die Tiefe der Lagerstätte ist. Die jüngsten Sedimente zeigen eine Anreicherung auf 31°/$_{00}$ gegenüber 20°/$_{00}$ für Seewassersulfate. In Inlandseen u. Teichen findet eine Anreicherung von ^{34}S statt. Freier Asphalt u. aus dem Nebengestein extrahierter Asphalt haben bei dem Vork. als Wurtzilit u. Albertit stets das gleiche Isotopenverhältnis. Im Falle des Vork. als Ozokerit ist das Verhältnis ^{34}S/^{32}S im freien Asphalt verschieden von dem extrahierten Asphalt. (Bull. Amer. Assoc. Petroleum Geologists **42.** 2642—49. Nov. 1958. Ottawa u. Hamilton, Ontario, Canada.) F. ENSSLIN. 8188

H. G. Thode, Jan Monster und **H. B. Dunford,** *Häufigkeit von Schwefelisotopen in Erdöl und mitvorkommenden Materialien.* Das Verhältnis ^{34}S/^{32}S in Erdöl schwankt um 4,5%, verglichen mit der Schwankung von 9% bei terrestr. S. Das Isotopenverhältnis in einem Ölfeld ist stets gleich, auch wenn innerhalb des Feldes der absol. S-Geh. um das 10fache schwankt. Dies bedeutet, daß bei der Entstehung des Erdöls der S keiner Isotopenfraktionierung unterworfen war. Der H_2S eines Öls hat dasselbe Verhältnis ^{34}S/^{32}S wie das Öl selbst. Der sehr hohe ^{34}S-Geh. des Öls aus dem Uinta-Becken, Utah, läßt auf nichtmarine Bldg. des Öls schließen. Der ^{34}S-Geh. nimmt mit dem Alter des Öls u. mit der Tiefe der Ölschichten ab. (Bull. Amer. Assoc. Petroleum Geologists **42.** 2619—41. Nov. 1958. Hamilton, Ontario; Edmonton, Alberta, Canada.) F. ENSSLIN. 8188

Al. Costa-Foru, *Radioaktive Kernbohrung.* Überblick über die Verff. der radioakt. Erdölbohrung auf Grund amerikan. u. sowjet. Erfahrungen. — 17 Literaturhinweise. (Petrol şi Gaze **6.** 588—97. Dez. 1955.) R. K. MÜLLER. 8190

L. Gelpi und **P. Imbert,** *Verwendung von Gerbstoffen in Bohrschlamm.* Übersicht über die Aufgaben von Bohrschlamm, die Zus. der dazu dienenden Tone (Montmorillonit) u. die Anwendung von Gerbstoffen zur Verminderung der Thixotropie u. Viscosität des Bohrschlammes. Unterss. über die Eignung von Quebracho- u. Kastaniengerbstoff ergeben, daß „Drex", ein aus Kastanien gewonnener Gerbstoff, die Viscosität des Bohrschlammes am stärksten herabsetzt. (Chim. et Ind. **79.** 11—14. Jan. 1958. Soc. Progil, Serv. Boues de Forage.) W. WESLY. 8190

D. M. Beeson und **G. D. Ortloff,** *Laboratoriumsuntersuchungen über das Wasser-Kohlendioxydverfahren zur Gewinnung von Öl.* Die mit W. vorgetriebenen CO_2-Mengen, die in ein Bohrloch gepumpt wurden, erbringen eine höhere Ausbeute an höher- u. niederviscosen Ölen, als wenn man nur mit Wasserflutung arbeitet. Die erhöhte Ölausbeute findet ihre Erklärung in dem Aufschäumen des Öls durch Eintreten des Gases u. damit verbunden eine Erniedrigung der Viscosität. Zusätzliche Ölmengen wurden gewonnen am Ende der CO_2-Flutung, wenn das unter Druck stehende Syst. entlastet wurde. (J. Petroleum Technol. **11.** Nr. 4. 63—66. April 1959. Tulsa, Okla., Jersey Prod. Res. Co.) F. ROSENDAHL. 8190

G. A. Rădulescu, *Fortschritte und Richtungen der Gewinnung von Mineralölen.* Überblick über neuere Methoden der Aufarbeitung u. Unters. von Erdölen. (Petrol şi Gaze **8.** 525—27. Sept./Okt. 1957.) R. K. MÜLLER. 8192

N. Vasilache, *Entsalzung des Rohöls durch Waschen mit Salzwasser.* Das im Rohöl enthaltene W. mit einem Salzgeh. von z. B. 4% kann zum Waschen des Rohöls zwecks Entsalzung verwendet werden, da es sich um eine ungesätt. Salzlsg. handelt. Der Vorteil der Maßnahme, die noch durch Zusatz von Süßwasser ergänzt werden kann, liegt vor allem in der Ersparnis an Entemulgiermitteln u. in ihrer Einfachheit. (Petrol şi Gaze **7.** 267—70. Mai 1956. Inst. Proect. Schele.) R. K. MÜLLER. 8192

József Báthory, *Bildung kristalliner Harnstoffaddukte in der Mineralölindustrie.* Zusammenfassung der Verss. zur Bldg. von krist. Harnstoffaddukten. Die Verss. ergaben, daß die Adduktbldg. gut durchführbar ist bei wss. Benetzung, bei Verwendung eines krist. Carbamids mit einem Wassergeh. unter 10%. Der Einfl. des Impfadduktes auf die Adduktbldg. wurde bestätigt; mit Erhöhung der Impfadduktmenge wird die Induktionsperiode verringert. (Magyar Kémikusok Lapja [Z. Ver. ung. Chemiker] **13.** 380—83. Dez. 1958. Veszprém, A Magyar Ásványolaj és Földgáz Kísérleti Intézet.) G. HALMI. 8194

Yoshihito Akai und **Naoki Yata,** *Vorteilhafte Verwendung von flüssigem Ammoniak bei der Behandlung von Mineralölfraktionen mit Harnstoff.* Die Verwendung von *fl.* NH_3 statt wss. Lösungsmittel gibt gröbere, leichter filtrierbare Kristalle der *Harnstoffaddukte,*

z. B. erhält man bei Vermischen von getrocknetem Harnstoff, einer Leichtölfraktion u. Bzl. mit fl. NH_3 in einem verschlossenen Glasgefäß (Apparatskizze) nach Abdunsten des NH_3 farblose Kristalle des Paraffin-Harnstoff-Adduktes. In Ggw. von $>0,5\%$ einer dunklen Substanz im Mineralöl wird die Bldg. des krist. Adduktes verhindert. — 6 Diagramme. (J. chem. Soc. Japan, ind. Chem. Sect. [Kōgyō Kagaku Zassi] **58.** 366—69. Mai 1955. [Orig.: japan.]) L. Schuler. 8194

S. Olchenițchi-Șapiro, *Kontinuierliche Methode der Extraktion von Kohlenwasserstoffen durch eine bewegliche Kohleschicht.* Bei der Extraktion der an akt. Kohle adsorbierten gasförmigen KW-stoffe wird ein kontinuierliches Verf. empfohlen, bei dem die Kohle von oben nach unten durch eine Kolonne geführt u. im Gegenstrom von überhitzem Wasserdampf durchströmt wird. (Petrol și Gaze **6.** 611—14. Dez. 1955.) R. K. Müller. 8194

B. W. Neumaier und **C. M. Schillmoller,** *Verhinderung des Ziehens von Wasserstoffblasen in einer katalytischen Fließbettcrackanlage.* Nach einer Beschreibung der verschied. Formen der Schädigung der Baustoffe von katalyt. Crackanlagen durch das Ziehen von H_2-Blasen u. der Diskussion des Mechanismus dieses Vorganges sowie der Betriebsbedingungen, unter denen er abläuft, wird gezeigt, daß es weder notwendig ist, korrosionsbeständigere Werkstoffe als weiche C-Stähle zu verwenden. Außerdem ist es erforderlich, diese mit einem korrosionsbeständigen Überzug zu versehen. Maßnahmen zur Verhinderung der Bldg. von H_2-Blasen sind die Entfernung von H_2S, die Trocknung des Produktstromes, die Einstellung seines p_H-Wertes auf 7,5, die Verringerung der Konz. organ. Säuren u. die Umwandlung der Cyanide in Thiocyanate. Da H_2-Blasen erst aufgetreten sind, seitdem schwerere Rohölfraktionen u. Rohöle mit höherem Asphaltgeh. zum Cracken eingesetzt werden, wird der letztgenannten Maßnahme besondere Bedeutung eingeräumt. Die Unters. des H_2-Durchtritts im frühen Stadium des Angriffs mit Sonden u. die analyt. Beobachtung der den Angriff durch H_2 fördernden Bedingungen wird ausführlich beschrieben. Durch die angegebenen Maßnahmen wurde erreicht, daß in der katalyt. Crackanlage nach einjährigem Betrieb noch keine Werkstoffschäden feststellbar waren. (Petroleum [London] **19.** 155—60. Mai 1956. Wilmington, Calif., Richfield Oil Corp.) L. Wiesner. 8196

Traian Filotti, *Aromatisierung einiger Benzinfraktionen zur Gewinnung von Toluol.* An rumän. Benzinfraktionen werden Aromatisierungsverss. bei gewöhnlichem Druck mit Cr_2O_3-Katalysatoren u. bei 10—20 at mit MoO_3-Katalysatoren (Al_2O_3 + MoO_3 9 : 1 u. a.) durchgeführt. Bei einer Aromatenausbeute von 48—50% beträgt die C-Abscheidung auf dem Katalysator ca. 0,6%. Aus den erhaltenen Prodd. wird Toluol durch azeotrope Dest. mit Methyläthylketon abgetrennt, seine Menge beträgt das 3—10fache der im Ausgangsbenzin enthaltenen. (Petrol și Gaze **6.** 597—608. Dez. 1955. Inst. de cerc. petrolif.) R. K. Müller. 8200

Ch. M. Minatschew, N. I. Schuikin, M. A. Rjaschenzewa, N. F. Kononow und **I. N. Kurdjumowa,** *Untersuchung der Eigenschaften von Oxyd–Metall-Katalysatoren für das Reformieren von Benzinen.* 3. Mitt. *Umwandlung der Fraktion Kp. 89,5—126° des Benzins aus Erdölen des „Zweiten Baku" an Palladiumkatalysatoren.* (2. vgl. C. **1959.** 2661.) Zur Herst. des Pd/Al_2O_3-Katalysators wird 1 mol. $Al(NO_3)_3$-Lsg. mit 12%ig. NH_4OH gefällt, das Gel NO_3^--frei gewaschen, filtriert, 6—8 Std. bei 130—140° getrocknet, direkt (**A**) oder nach Waschen mit HF (**B**) bei 500° geglüht, in Tablettenform mit H_2 [$PdCl_4$] auf 0,5% Pd getränkt u. bei 110—120° getrocknet. Bei der Umsetzung der untersuchten Benzine bei 470—480°, 20 at u. 12,5fachem H_2-Überschuß werden an **A** u. **B** Sechsringcycloalkane dehydriert, Fünfring- in Sechsringcycloalkane umgewandelt, diese dehydriert u. S beseitigt. Bei **B** werden mehr Sechsringcycloalkane in Paraffin-KW-stoffe u. Fünfringcycloalkane umgewandelt als bei **A.** Die erhaltenen Paraffin-KW-stoffe enthalten mehr verzweigte Anteile. Toluol wird zu 10,7% aus Methylcyclohexan, zu 2,4% aus Heptan, zu 1,2% aus Äthylcyclopentan gebildet. Die erhaltenen Prodd. werden in Gruppen u. individuellen KW-stoffen tabellar. mitgeteilt. (Известия Академии Наук СССР, Отделение Химических Наук [Nachr. Akad. Wiss. UdSSR, Abt. chem. Wiss.] **1958.** 428—36. April. Zelinsky-Inst. für organ. Chem. der Akad. der Wiss. der UdSSR.) R. K. Müller. 8200

Ch. M. Minatschew, N. I. Schuikin, M. A. Rjaschenzewa und **N. F. Kononow,** *Untersuchung der Eigenschaften von Oxyd–Metall-Katalysatoren für das Reformieren von Benzinen.* 4. Mitt. *Reformieren der Benzinfraktion Kp. 89,5—126° aus Erdölen der Wolga–Ural-Gruppe an einem mit Schwefelwasserstoff behandelten Palladiumkatalysator.* (3. vgl. vorst. Ref.) 0,5% Pd/Al_2O_3-Katalysatoren des Typs **B** des vorst. Ref. werden im fertigen Zustand bei 110° 6 Std. mit strömendem H_2S bis zur völligen Verdrängung des W. behandelt. Bei Verwendung dieses Katalysators im Reformingverf. von Bzn. mit 0,017% S bei 470—480°, 20 at u. 12,6fachem H_2-Überschuß werden im Vgl. mit

B-Katalysator etwas weniger Sechsringaromaten (durch Dehydrierung von Sechsringcycloalkanen) u. etwas mehr Fünfringcycloalkane (durch Isomerisierung), unter den Alkanen weniger KW-stoffe mit tert. u. mehr mit quaternärem C-Atom erhalten; der Katalysator ist weniger empfindlich gegenüber organ. S-Verbb.; die erhaltenen KW-stoffe werden gruppenweise u. im einzelnen tabellar. mitgeteilt. (Известия Академии Наук СССР, Отделение Химических Наук [Nachr. Akad. Wiss. UdSSR, Abt. chem. Wiss.] **1958.** 719–25. Juni.) R. K. Müller. 8200

B. A. Jones, B. H. Weil und **M. H. Graham,** *Wirkung von Zusätzen bei der Verbrennung von Brennstoffen auf Erdölbasis.* Gasolinzusätze (Antiklopfmittel). Dieselkraftstoffzusätze zur Verbesserung der Zündung. Zusätze für Düsen- u. Gasturbinenbrennstoffe u. für Brennöle. Übersicht über US-Patente für Brennstoffzusätze. Folgerungen. — 55 Literaturangaben. (Advances Chem. Ser. **1958.** Nr. 20. 235–42. Febr. Detroit, Mich., Ethyl Corp.) G. Challier. 8204

A. J. Pahnke, *Untersuchungen der Reaktionen des Vorklopfstadiums an Maschinen.* Natur des Klopfvorganges, experimentelle Technik, Unterss. über Wärmeausstrahlung u. Zündung sowie photograph. u. spektrometr. Unterss.; graph. Darst. über Thermalbeziehungen u. Wärmestrahlung. Chemie des Stadiums der Vorflammen-Rk. (n. Paraffine, Olefine u. aromat. KW-stoffe). Verbrennung von H_2 u. CO. Rolle der Antiklopfmittel. — 138 Literaturangaben. (Advances Chem. Ser. **1958.** Nr. 20. 202–16. Febr. Wilmington, Del., E. I. du Pont de Nemours & Co.) G. Challier. 8206

Wendell P. Hawthorne und **Eric J. Y. Scott,** *Die Struktur, ein bestimmender Faktor auf die Klopfeigenschaften reiner Kohlenwasserstoffe.* Beobachtete Verwandtschaft zwischen Struktur u. Klopfen. Ausführungen über Regel u. Verallgemeinerung; angeführt werden Paraffine, Olefine, Cyclopentane u. Cyclohexane sowie aromat. KW-stoffe. Klopfcharakteristik u. mol. Dimension. Abhängigkeit des Klopfens von physikal. u. chem. Eigenschaften. Klopfen als eine Rk. freier Radikale. Kinet. u. thermodynam. Eigg. der KW-stoffe. Geschwindigkeit u. Art des Reaktionsbeginns. Hydroperoxydkette. Stabilität mol. Zwischenprodukte. Rkk., die zur zweiten Zündungsstufe (T_2-Periode) führen. — 235 Literaturangaben. (Advances Chem. Ser. **1958.** Nr. 20. 187–201. Febr. Paulsboro, N. J., Socony Mobil Labor., Div. of Soconi Mobil Oil Co., Res. and Developm. Dep.) G. Challier. 8206

Ernst G. Nottes und **Otto v. Schickh,** *Zur Chemie und Anwendung von Gasöladditiven.* Vff. behandeln das Problem der Verkürzung des Zündvorganges, Erhöhung der Cetanzahl des Kraftstoffes, insbes. des Dieselöls. Sie führen eine erhebliche Anzahl der zu diesem Zweck erfundenen Zusatzstoffe, Gasöladditive, an, von denen in der Praxis aber nur einige Verwendung gefunden haben. Das Problem ist um so schwerer, als an solche Additive nicht nur die Anforderung der Erhöhung der Zündbereitwilligkeit des Kraftstoffes, sondern auch Löslichkeit im Kraftstoff, Unlöslichkeit in W., Säure- u. Wasserbeständigkeit, Lagerbeständigkeit, Sicherheit in der Handhabung, gutes Korrosionsverh. gestellt werden; sie dürfen auch die üblichen Kennzahlen des Kraftstoffes, wie Flammpunkt, D., Farbe usw. nicht wesentlich verändern. Darüber hinaus dürfen die Motorenauspuffgase keine Bestandteile enthalten, die schädliche, korrosivere oder übelriechendere wären, als die des n. Auspuffgases. Von mehr als 300 vorgeschlagenen solcher Gasöladditive fallen die cycl. Salpetersäureester in engere Wahl. Von solchen Estern haben sich als die besten Kerotrisol MHE u. LK 2000 der BASF erwiesen, die in ihrer Wrkg. das bislang für das beste Gasöladditiv gehaltene Amylnitrat übertreffen. (Erdöl u. Kohle **11.** 709–14. Okt. 1958.) K. Wekua. 8212

Mihály Freund, Dezsó Haag, István Pallay und **Péter Bencze,** *Untersuchung und Qualitätsverbesserung von Motorölen.* Beschreibung der vergleichenden Verss. zur Unters. der Auswirkung von verschied. Zusatzstoffen (Detergentien) auf Motorschmieröle verschied. Herkunft. (Magyar Kémikusok Lapja [Z. Ver. ung. Chemiker] **13.** 373–75. Dez. 1958. Veszprém, A Magyar Ásványolaj és Földgáz Kísérleti Intézet.) G. Halmi. 8220

Herbert Pietsch, *Die quantitative Bestimmung von Gasen mit Hilfe der Chromatographie.* Wenn auch die Massen- u. UR-Spektroskopie für die quantitative Gasbest. noch immer unentbehrlich ist, wird neuerdings wegen Einfachheit der Ausführung u. Billigkeit auch die Gaschromatographie für diesen Zweck viel angewandt. Von der großen Anzahl der auf dem Markt befindlichen Chromatographen bediente sich der Vf. des Chromatographen nach Janák u. des Fraktometers 154 des Perkin-Elmer-Bodenseewerkes. Die Auftrennung der einzelnen Komponenten erfolgte durch Verteilungschromatographen, die Induzierung durch eine Wärmeleitzelle in einem Spannung–Zeit-Diagramm. Die quantitative Analyse kann auf verschied. Weise erfolgen; durch Eichung der Höhe der für verschied. Komponenten charakterist. Adsorptionsmaxima oder durch Abmessung der unter der Wärmeleitkurve liegenden Fläche. Es wird ein Beispiel für die Eichung nach Höhe u. Fläche wie auch Wärmeleitzahlen verschied. Gase u. Temperaturabhängigkeit angeführt. Es gibt keinen schematischen, für alle Gase gültigen Chromatographen. Der Vf. arbeitet unter Berücksichtigung der Bedingungen bei der Gaszerlegungsanalyse. Die durchgeführten Verss. zeigten, daß die quantitative Best. an KW-stoffen am günstigsten verteilungschromatograph. auf Grund von Höhen u. Flächeneichungen oder durch Zuhilfenahme von Wärmeleitzahlenkorrekturen u. anschließende Gesamtflächenauswertung erfolgen kann. (Erdöl u. Kohle **11.** 702—05. Okt. 1958.) K. WEKUA. 8250

F. K. Wolynetz, *Die Bestimmung der Verdampfbarkeit von Ölen und Schmiermitteln.* Aus den Unterss. über die Reproduzierbarkeit der Werte für die Verdampfbarkeit von Schmierölen unter Anwendung einer Quarzmikrowaage geht hervor, daß der N_2-Strom ca. 1,02 Liter/Min. betragen soll. Aus der Verdampfung von Amylnaphthalin geht hervor, daß bis zur Verdampfung bei 40—50° der Prozeß unabhängig davon ist, ob als Unterlage Filterpapier oder ein Messingnetz verwendet wird. (Журнал Прикладной Химии [J. angew. Chem.] **31.** 863—68. Juni 1958.) E. v. PEZOLD. 8258

Hans-J. Eichhoff und **Georg Titschack,** *Die Kennzeichnung von Kohlenwasserstoffwachsen durch Fluorescenzspektroskopie.* In der Arbeit handelt es sich um Feststellung, ob in festem Paraffin gewisse krebserzeugende aromat. polycycl. KW-stoffe enthalten sind, da festes Paraffin zur Herst. von Verpackungsmaterial für Lebensmittel gebraucht wird. Zu diesem Zweck wird das feste Paraffin von der Reinheit nach dem DAB 6 genommen. Die Nachweisbarkeit der aromat. u. polycycl. Verbb. in festen Paraffinen liegt bei 1—2%. Auch IR-Spektroskopie erreicht keine größere Empfindlichkeit. Die genannten Verbb. lassen sich mit Erfolg durch UV-Adsorption bis zu 10^{-4}% nachweisen. Vff. probierten hierfür die Anwendbarkeit der Fluorescenzmeth. aus. Die Versuchsanordnung war die folgende: Die Fluorescenz wurde unter Verwendung der gefilterten UV-Strahlung einer Xenonhöchstdrucklampe (OSRAM 250) angeregt; die Fluorescenzstrahlung wurde in einem Dreiprismenphotographen (STEINHEIL-G.H.-Kollimator/Kammerbrennweite 650/640 mm) zerlegt. An Stelle der Plattenkassetten war in diesem Spektrographen ein Registrieradapter eingesetzt, bei welchem ein Austrittspalt, hinter dem ein Photomultiplier sitzt, mit Hilfe einer Präzisionsspindel u. eines Synchronmotors durch die Fokalebene des Spektrographen geführt wird. Die spektralzerlegte Lichtintensität wurde mit einem Kompensationsschreiber aufgezeichnet. Die spektrale Bandbreite des Spektrums betrug 5 bzw. 25 Å (bei $\lambda = 4000$ bzw. 5800 Å). Für die vorgenommene Arbeit fanden die Vff. eine Korrektur der Meßwerte mit dem spektralen Empfindlichkeitsverteiler (RSA 1 P 21) nicht für erforderlich. Die Vff. beschreiben die Vorbereitungen von Versuchsproben aus dem festen Paraffin vor der Reinheit des DAB 6. Sie führten die Verss. mit Zusätzen von 3.4-Benzpyren (I), Anthracen (II), Dibenzanthracen (III) u. Methylchloranthren (IV) aus. Es hat sich ergeben, daß I 10^{-5}%, II 10^{-2}%, III 10^{-2}% u. IV 10^{-4}% nachweisbar sind. Darauf haben die Vff. die Anwendbarkeit der Fluorescenzmeth. zur Kennzeichnung der techn. Aufbereitung von KW-stoffen untersucht u. stellten fest: Bei einer absichtlich zugesetzten hohen Menge polycycl. Aromaten sammeln sich im Verlauf der Verarbeitung zum großen Teil schon im Öl bzw. dem Schwitzablauf diese u. werden aus dem Rohparaffin bei der folgenden Raffination mit H_2SO_4 u. Bleichmitteln restlos entfernt, so daß in Erdölprodd. die polycycl. Aromaten, wenn überhaupt, in kaum nennenswerte Mengen vorhanden sein können, u. auch derartige Spuren bei der Raffination mit Sicherheit entfernt werden. (Erdöl u. Kohle **11.** 705—08. Okt. 1958.) K. WEKUA. 8262

Eugenio Bolsi, Mailand, Italien, *Verbrennung von Kohlenwasserstoffen,* bes. in metallurg. Öfen, dad. gek., daß man das Brennstoffgemisch ohne Vorheizung vor der Entzündung allmählich mit Luft vermischt, indem man in einer ersten Phase Primärluft u. in einer zweiten Phase Sekundärluft zumischt. Die Zufuhr von Luft soll regulierbar sein, die Luft kann auch vorgewärmt werden. — Vorr., Zeichnung. (**It. P. 493368** vom 22/8. 1952.) K. KOEBKE. 8129

M. W. Kellogg Co., Jersey City, übert. von: **Sidney M. Frank,** West Orange, N. J., V. St. A., *Entfernung von Ruß aus Synthesegas.* Durch Einsprühen von heißem W. in das heiße, durch Druckvergasung erhaltene Synthesegas wird der Ruß als wss. Schlamm (I) ausgewaschen. I wird in einer Zone niedrigeren Drucks (II) durch Verdampfung von W. eingeengt, durch indirekten Wärmeaustausch gekühlt u. filtriert. Das Filtrat wird mit dem Wasserdampf aus II vereinigt u. das erhaltene heiße W. in den Skrubber zurückgeführt. — Zeichnung. (**A. P. 2793938** vom 15/12. 1954, ausg. 28/5. 1957.) H. KOBS. 8153

Metallgesellschaft Akt.-Ges., Frankfurt/M., *Zersetzung von Schwefel- und/oder Stickstoff- und organischen Sauerstoffverbindungen und deren Entfernung* aus normalerweise fl. Prodd. (Kp. <400°) der trockenen Dest. festen kohlehaltigen Materials oder der therm. oder katalyt. Spaltung fl. KW-stoffe durch Hydrofinieren derselben unter Druck bei höheren Tempp. in Ggw. von Hydrofiningkatalysatoren (Oxyde u./oder Sulfide von W, Mo, Cr, Ni, Co, Fe u. anderen Metallen der 6. u. 8. Nebengruppe des Period. Syst. oder Gemischen dieser Substanzen) u. in Ggw. von CO- u. H_2-haltigen Gasen aus der Verkokung, Tieftemperaturverkokung, aus Generatoren, Hydrierungs- oder Spaltanlagen oder von Naturgas. Man arbeitet unter solchen Bedingungen, daß sich ein Gas von höherem Heizwert bildet, mischt das Gas aus der Hydrofiningstufe, das von den gereinigten Prodd. abgetrennt wurde, mit einem anderen Gas geringeren Heizwertes, das CO enthält, u. verwendet die Mischung als Heizmittel, z. B. als Stadtgas oder Ferngas. (**E. P. 798 395** vom 24/11. 1954, ausg. 23/7. 1958. D. Prior. 25/11. 1953.) P. UNGER. 8157

Humphreys & Glasgow Ltd. (Erfinder: **Jack Malcolm Hawes**), London, England, *Erzeugung von karburiertem Wassergas* mit Verbrennung der C-Rückstände auf dem wärmespeichernden Gitter- oder Haufwerk im Karburator mittels Luft, die nicht mit Blasegas verd. ist. Das Blasen erfolgt in 2 zeitlich aufeinanderfolgenden Stufen. In der 1. Stufe wird Luft gleichzeitig in den Gaserzeuger u. durch den Karburator geleitet. Das heiße Blasegas aus dem Gaserzeuger wird mit der im Karburator erhitzten, die Verbrennungsprodd. der C-Rückstände enthaltenden Luft gemischt. Dieses Gemisch wird teils durch einen Luft- und Dampfvorwärmer, teils durch einen Gasvorwärmer zur Erhitzung dieser Apparate geleitet. In der 2. Stufe wird Luft durch den Luft- u. Dampfvorwärmer geführt. Die aus den letzteren austretende erhitzte Luft wird teils in den Gaserzeuger geleitet, teils mit dem Blasegas aus dem Gaserzeuger gemischt. Dieses Gemisch wird teils durch den Karburator, teils durch den Gasvorwärmer zur Erhitzung bzw. Weitererhitzung dieser Apparate geleitet. Der Luft- u. Dampfvorwärmer dient während der nachfolgenden Gaserzeugung zur Vorwärmung des Gasedampfes u. der Gasvorwärmer zur weiteren Erhitzung des zu karburierenden Gases. — Vorr. u. Zeichnung. (**D. A. S. 1 057 277** Kl. 24e vom 6/2. 1957, veröff. 14/5. 1959.) W. HAUSWALD. 8159

Soc. Finanziaria Siderurgica Finsider per Azioni, Istituto Siderurgico, Genua, Italien, *Herstellung von Synthesegas.* Man spaltet CH_4 in einer Kammer in H_2 u. C, das sich an den Wänden abscheidet u. verbrennt in einer zweiten Reaktionsphase dieses C zu CO. Man verwendet eine Zweikammervorr. mit wechselnder Folge der beiden Phasen. — Vorr., Zeichnung. (**It. P. 496 136** vom 11/9. 1952.) K. KOEBKE. 8163

Gaz de France (Service National), Paris, Frankreich, *Zerlegung Phenol- und Naphthalin enthaltender Steinkohlenteeröle durch azeotrope Destillation.* Zu F. P. 1 109 140; C. **1957.** 582, ist nachzutragen: Als Zusatzmittel dient außer W. ausschließlich *Äthandiol-(1.2)-monoäthyläther.* (**D. A. S. 1 057 607** Kl. 12r vom 4/7. 1955, veröff. 21/5. 1959. F. Prior. 13/7. 1954.) E. LINDEMANN. 8177

Fernando Mario Mora, Buenos Aires, Argentinien, *Verkoken von Holz.* Um eine *Ca-Acetat*-haltige Lsg. zu erhalten, die für die Herst. von *Aceton* verwendet werden soll, wird der unlösl. Teer vom Gas getrennt u. das Gas anschließend gekühlt, wobei der lösl. Teer u. Holzessig kondensieren. Das Kondensat wird mit H_2SO_4 behandelt u. dann der Holzessig durch Neutralisation in das Ca-Acetat übergeführt. — Zeichnungen. (**A. P. 2 840 515** vom 12/8. 1952, ausg. 24/6. 1958.) E. KAHLES. 8179

N. V. de Bataafsche Petroleum Mij. (Erfinder: **Peter van't Spijker**), Den Haag, Holland, *Abtrennen von Kohlenwasserstofftröpfchen aus Kohlenwasserstoffgasen* mittels eines Zyklons unter Bedingungen, bei denen die Gefahr einer Zers. besteht. Die abgetrennten KW-stofftröpfchen werden im Zyklon durch Einspritzen einer Kühl-Fl. unterhalb einer in kurzer Entfernung vom unteren Abfluß im Zyklon angeordneten, zwischen ihrem Rand u. der Wand des Zyklonwirbelraumes einen Ringspalt freilassenden Platte abgekühlt. Als Kühl-Fl. verwendet man KW-stoffe, die schon vorher abgetrennt worden sind. — Zeichnung. (**D. A. S. 1 060 533** Kl. 23b vom 29/9. 1955, veröff. 2/7. 1959. Holl. Prior. 1/10. 1954.) P. UNGER. 8193

Texas Co., New York, übert. von: **Robert E. Manley,** Yonkers, N. Y., V. St. A., *Lösungsmittelextraktion* von im gleichen Bereich sd. Aromaten, deren wirkliche Kpp. im Bereiche des Kp. des Lösungsm. u. darunter liegen, aus einem Behandlungsöl mit einem selektiven Lösungsm., z. B. Furfurol in einer Extraktionszone (I), wobei sich Extrakt- u. Raffinatphasen bilden, die getrennt aus der I abgezogen u. dest. werden. Man gewinnt ein Destillat von Lösungsmitteldampf, der die im gleichen Bereich sd. Ölbestandteile enthält, während fl. Ölrückstände in der Hauptsache frei an Lösungsmitteln sind. Man kondensiert das Destillat u. läßt es absitzen, wobei sich eine lösungsmittelreiche Phase bildet, die man in einer Extraktionsstufe (fl.–fl.) mit einem verhältnismäßig hochsd. u.

hochmol. Paraffinöl (ASTM-Anfangs-Kp. nicht kleiner als 580° F) in Kontakt bringt, welches aus der lösungsmittelreichen Phase die im gleichen Bereich sd. Aromaten selektiv herauslösen kann, deren Kp. in der Nähe dessen des Lösungsm. liegt oder darunter. Man erhält eine lösungsmittelreiche Fl., deren Geh. an den im gleichen Bereich sd., darin gelösten Bestandteilen abgenommen hat, zieht die lösungsmittelreiche Fl. ab u. leitet sie in die Extraktionszone des Behandlungsöles zurück. — Zeichnung. (**A. P. 2 745 790** vom 11/10. 1951, ausg. 15/5. 1956.) P. UNGER. 8193

Metallgesellschaft Akt.-Ges., Frankfurt/M. (Erfinder: **Wilhelm Herbert, Heinz Eisenlohr, Hans Werner Groß,** Frankfurt/M., **Oskar Dorschner** und **Carl Bratzler,** Bad Homburg), *Entfernen von organischen Schwefel- und Stickstoffverbindungen und von Harzbildnern aus Kohlenwasserstoffen* u. dgl., welche bei Raumtemp. fl. oder fest sind, durch katalyt. hydrierende Raffination bei höherer Temp. u. höherem Druck in der Gas- u./oder Flüssigkeitsphase, wobei in die katalyt. hydrierende Raffination H_2 eingeleitet wird, welches in Form von Leucht-, Kokerei-, Schwel-, Erdgas u. dgl. angewendet wird u. durch Abtrennung des bei der Raffination gebildeten H_2S u. NH_3 aus den die Raffination verlassenden Stoffen. Hierbei werden O_2 u. oxydierend wirkende Verbb. aus dem frisch in das Verf. eingeführten H_2 enthaltenden Gas dad. entfernt, daß diese Gase vor oder während der Raffination durch hydrierend wirkende Katalysatoren geschickt werden, ehe sie Gelegenheit haben, die in den KW-stoffen enthaltenden Harzbildner in Krusten bildende Stoffe umzuwandeln. Das Verf. ist dad. gek., daß für die Behandlung der Gase S-feste Katalysatoren auf Basis der Metalle der 6. u./oder 8. Nebengruppe des Period. Syst. verwendet werden, z. B. solche, welche für die nachfolgende Raffination der KW-stoffe benutzt werden oder benutzt worden sind, u. die vorzugsweise auf W-, Co-, Cr-, Ni- oder Fe-Basis aufgebaut sind. Die Gase werden durch die hydrierend wirkenden Katalysatoren bei ca. 50—500°, bes. 150—450°, geschickt. — 3 Zeichnungen. (**Oe. P. 200 241** vom 26/3. 1956, ausg. 25/10. 1958. D. Priorr. 26/3. u. 7/4. 1955.) T. OPPERMANN. 8195

N. V. de Bataafsche Petroleum Mij., Den Haag (Erfinder: **Adolf Christiaan van Beest** und **Jacobus Wilhelmus le Nobel,** Amsterdam), Holland, *Befreiung von Kohlenwasserstoffölen von Mercaptanen und anderen S-Verbindungen.* Man behandelt zuerst mit einer Hypochloritlsg. (**I**) u. dann mit Alkalimercaptiden. Bes. gute Resultate werden erhalten, wenn der p_H-Wert der I <9 bes. 8,2—8,5, ist u. man zwischen diese beiden Stufen eine Behandlung mit Alkalihydroxydlsg. einschaltet. (**Holl. P. 89 994** vom 10/8. 1955, ausg. 15/1. 1959.) F. BÖHM. 8195

Esso Research and Engineering Co., übert. von: **Charles E. Jahnig,** Red Bank, N. J., V. St. A., *Verkoken von Kohlenwasserstoffen.* Um das Abscheiden des Kokses auf den Oberflächen der Reaktionsräume zu vermeiden, werden die hocherhitzten dampfförmigen Verkokungsprodd. durch eine durch Beheizung über dem Taupunkt der KW-stoffdämpfe gehaltene Leitung geführt u. in eine Kühlzone eingeleitet. In diese Kühlzone werden gleichzeitig fl. Waschmittel zum Kühlen eingesprüht. Um die 1. Zuführungsleitung der Verkokungsprodd. von der Verkokungszone zur Kühlzone ist eine 2. Leitung angeordnet, durch die ein auf unterhalb 780° F gehaltenes Gas gleichfalls in die Kühlzone geführt wird. Durch die eingesprühten Flüssigkeitströpfchen werden die KW-stoffdämpfe auf eine Temp. unterhalb 780° F abgekühlt u. die gekühlten Dämpfe aus der Kühlzone abgezogen. — Zeichnungen. (**A. P. 2 791 549** vom 30/12. 1953, ausg. 7/5. 1957.) E. KAHLES. 8197

Badische Anilin- & Soda-Fabrik Akt.-Ges., Deutschland, *Umwandlung von Kohlenwasserstoffen* unter Bldg. von Olefinen, bes. Äthylen, in Kokswirbelschichten bei 630—850° unter Einblasen des gasförmigen oder fl. Mineralöls, Kp. $<350°$, überhitzten Wasserdampfes u. O_2. — Abbildung. (**F. P. 1 163 763** vom 4/1. 1957, ausg. 30/9. 1958. D. Prior. 7/1. 1956.) S. BÖTTCHER. 8197

Socony Mobil Oil Co., Inc., New York, N. Y., V. St. A. (Erfinder: **Charles Joseph Plank, Sigmund Jan Luksiewicz** und **Leonard Chapman Drake**), *Katalytisches Cracken von Kohlenwasserstoffen.* Es wird ein Kieselsäure–Tonerde-Katalysator verwendet, der zur Vergrößerung des Porenvol. 15 Min. bis 6 Std. bei 400—900° F u. 100—3000 lbs/sq. in. mit W. behandelt wurde. (**E. P. 799 482** vom 24/8. 1954, ausg. 6/8. 1958.) E. KAHLES. 8197

Gottfried Bischoff Bau kompletter Gasreinigungs- und Wasserrückkühlanlagen K.G. (Erfinder: **Eberhard Dovermann**), Essen, *Benzolgewinnung aus für Fernleitungszwecke bestimmten Gasen,* dad. gek., daß durch Einstellung der Temp. der Kühlstufe, in oder hinter der die Auswaschung der leichteren Fraktionen mit vorausgeschalteten Stufen kondensativ abgezogenen schweren Fraktionen erfolgt, der Restbenzolgeh. im Ferngas eingestellt wird. (**D. A. S. 1 053 135** Kl. 26a vom 7/3. 1958, veröff. 19/3. 1959, **Zusatz zu D. A. S. 1046 242; C. 1959. 7679.**) E. KAHLES. 8203

Esso Research and Engineering Co., V. St. A. (Erfinder: **Daniel S. Maisel**), *Reingewinnung von Benzol* aus Gemischen mit gesätt. oder ungesätt. Crack-KW-stoffen vom Kp. 85—96°, dad. gek., daß man nach Fraktionierung am Kopf der Kolonne erneut die genannten KW-stoffe aufgibt u. die Benzolfraktion einer destillierenden Extraktion unterwirft. — Schema der Anlage. (**F. P. 1 165 604** vom 8/12. 1956, ausg. 28/10. 1958. A. Prior. 8/12. 1955.) S. BÖTTCHER. 8203

Socony-Vacuum Oil Co., Inc., V. St. A. (Erfinder: **Jerry Rusk Hudnall jr.**), *Kraftstoffe für Explosionsmotoren.* Man verwendet als Kraftstoffe Benzine, welche bis zu 0,8 cm^3 je Liter Pb $(C_2H_5)_4$, ein Äthylendihalogenid u. eine in Bzn. lösl. P-Verb. (z. B. Tri-o-kresyl-, Diphenylmono-o-kresylorthophosphat, Tri-[chlorpropyl]-thionophosphat) enthalten. — Diagramm. (**F. P. 1 123 123** vom 27/4. 1955, ausg. 18/9 1956. A. Prior. 26/7. 1954.) T. OPPERMANN. 8205

Ethyl Corp., New York, N. Y. (Erfinder: **Raymond George Lyben**, Detroit, Mich.), V. St. A., *Flüssiges Antiklopfmittelgemisch* aus bleiorgan. Verbb. u. Halogenspülmitteln, dad. gek., daß wenigstens 1 Mol.-% Halogen in den Spülmitteln in Form von aliphat. offenkettigen Halogenhydrinverbb. mit 2—20 C-Atomen, 1—4 Hydroxygruppen u. 1—6 Halogenen anwesend ist, wobei das Halogen in dem Halogenhydrin Chlor oder Brom ist u. sich in jedem Halogenhydrinmol. mindestens ein Halogenatom an einem C-Atom befindet, das nicht mehr als 2 C-Atome von einem eine OH-Gruppe tragenden C-Atom entfernt ist. — Beispiele: 1-Brom-2-propanol, 2-Bromäthanol, Gemisch aus 0,1 (theoret. Einheiten) Br als 1 Brom-2-hexanol, 0,4 Br als Äthylendibromid, 1 Cl als Äthylendichlorid. (**D. A. S. 1 058 785** Kl. 46a vom 1/6. 1956, veröff. 4/6. 1959. A. Prior. 31/5. 1955. **A. P. 2 849 304** vom 31/5. 1955, ausg. 26/8. 1958.) E. DREWS. 8209

Ethyl Corp., V. St. A. (Erfinder: **Melvin Leo Larson** und **Francis Xavier Markley**), *Herstellung von Bis-[β-chlorpropyl]-β-chlorpropanphosphonat* (I) *und seinen Isomeren.* Man erhitzt Tris-[β-chlorpropyl]-phosphit (II) bzw. seine Isomere 6—20 Std. auf 70—160, bes. 140—160°. — Z. B. gibt man zu 137,5 (Teile) PCl_3 bei 35° in 30 Min. 191,4 Propylenoxyd (III). Nach Abdest. des überschüssigen III erhält man in sehr guter Ausbeute sehr reines II, welches sofort 8 Std. auf 150—160° erhitzt wird. Das Reaktionsprod. besteht im wesentlichen aus *Bis-[β-chlorisopropyl]-β-chlorpropanphosphonat* u. enthält geringe Mengen I, *Bis-[β-chlor-n-propyl]-β-chlorisopropan-*, *Bis-[β-chlorisopropyl]-β-chlorisopropan-* u. *[β-Chlorpropyl]-[β-chlorisopropyl]-β-chlorisopropanphosphonat.* Falls gewünscht, kann man I, $D.^{20}$ 1,2520 n_D^{20} 1,47205 durch Fraktionieren im Vakuum oder durch chromatograph. Adsorption von seinen Isomeren abtrennen. — *Antiklopfmittel.* (**F. P. 1 121 607** vom 24/1. 1955, ausg. 22/8. 1956. **Belg. P. 535 126** vom 25/1. 1955, ausg. 5/12. 1958. Beide A. Prior. 25/1. 1954.) T. OPPERMANN. 8209

Ethyl Corp., New York, N. Y., V. St. A., *Antiklopfmittel*, dad. gek., daß sie im wesentlichen aus einem bleiorgan. Material als wichtigstem, die Klopffestigkeit bewirkenden Bestandteil, einem organ. halogenhaltigen Entbleiungs- oder Motorspülmittel, welches 15—20% mehr als 2 Cl-Atome u. 1 Br-Atom je Pb-Atom oder 15—20% mehr als 2 Br-Atome je Pb-Atom liefert, u. einer P-haltigen, das Versagen der Zündkerze verhindernden Verb. besteht, wobei das Atomverhältnis von P zu Pb in der Zus. ca. 0,02:2 bis ca. 0,7:3 beträgt (z. B. *Trikresyl-*, *Tris-[β-chlorpropyl]-thionophosphat.* (**Oe. P. 202 251** vom 25/3. 1957, ausg. 25/2. 1959. A. Prior. 28/3. 1956.) T. OPPERMANN. 8209

Esso Research and Engineering Co., Elizabeth, N. J., V. St. A., *Zusätze zu Schmier- und Heizölen*, bestehend aus Tripolymerisaten aus einem ungesätt. Nitril, einer ungesätt. olefin. Verb., die eine geradkettige C_8- bis C_{18}-Gruppe enthält, u. entweder einem ungesätt. Ester mit weniger als 6 C-Atomen oder einer aromat. Vinylverbindung. — Beispiel: Tripolymerisat aus 75,2 (g) Fumarsäureestergemisch von Palmkernalkoholen, 18,8 Vinylacetat, 4 Acrylsäurenitril. (**D. A. S. 1 055 159** Kl. 23c vom 24/11. 1955, veröff. 16/4. 1959. E. Prior. 25/11. 1954.) E. DREWS. 8221

XX. Schieß- und Sprengstoffe. Zündmittel.

Michizō Sendō, *Derzeitige Lage der Sprengstoffindustrie Japans.* Übersicht. Ausfuhr. (J. chem. Soc. Japan, ind. Chem. Sect. [Kōgyō Kagaku Zassi] **58.** 721—24. Okt. 1955. Nippon Karit A.G. [Orig.: japan.]) L. SCHULER. 8290

Walter Roth und **Milton D. Scheer**, *Grenzerscheinungen der Explosion und ihre Anwendung bei der Erläuterung der Reaktionsvorgänge.* Theorie, Kurven u. Beispiele über Thermalexplosionen. Durch Druck u. Zus. bedingte Explosionsgrenzen bei konstanter Temp. Kettenexplosionen u. Induktionsperioden. Erfahrungstechnik. — 75 Literaturangaben. (Advances Chem. Ser. **1958.** Nr. 20. 85—103. Febr. Schenectady, N. Y., General Electric Co., Research Labor; Cincinnati, Ohio, General Electric Co., Flight Propulsion Labor. Dep.) G. CHALLIER. 8292

Masayuki Yamada und **Junji Yonezawa**, *Untersuchung über den Entzündungsvorgang bei Verzögerungszündsätzen.* Bei Verzögerungszündsätzen auf der Basis von PbO_2, Pb_3O_4, PbO, BaO_2, $PbCrO_4$ u. CuO als Oxydationsmittel u. Fe–Si u. Si als Reduktionsmittel ist die Zündtemp. von der Zersetzungstemp. der gewählten Oxyde abhängig, ebenso auch von der Zündgeschwindigkeit. BaO_2, $PbCrO_4$ u. CuO müssen schnell erhitzt werden. Die genannten Reduktionsmittel werden bei ca. 500° kaum oxydiert, zünden jedoch leicht in Ggw. von PbO · PbO · x SiO_2 wird auf der Oberfläche von Si gebildet, wenn dieses mit Pb_3O_4 gemischt ist. (J. ind. Explosives Soc., Japan **19.** 118—21. 30/7. 1958. [Orig.: japan.; Auszug: engl.]) W. Holzamer. 8292

Richard B. Morrison, Thomas C. Adamson jr. und **Alexander Weir jr.**, *Verbrennung (Detonation und Verpuffung).* Kurven u. Tabellen über eindimensionale Schwingungen, Hugoniot- u. Φ(M)-Beziehungen. Theorie der begrenzten Reaktionszone, Detonation u. Verpuffung. Druck-, Dichte-, Schnelligkeits- u. Temperaturveränderungen. — 47 Literaturangaben. (Advances Chem. Ser. Nr. **20.** 69—84. Febr. 1958. Ann Arbor, Mich., Univ.) G. Challier. 8294

Keiho Namba und **Tadataka Yamashita**, *Untersuchungen über Nitroazidobenzole.* 1. Mitt. *Synthese der Nitroazidobenzole aus Nitrochlorbenzolen mit Natriumazid.* Die Umsetzung von $C_6H_{6-m-n}(NO_2)_nCl_m$ mit N_3Na wird bes. vorteilhaft mit 80—90%ig. wss. Methanol-Lsgg. durchgeführt, in denen beide Reaktionskomponenten lösl. sind. Bei Mononitroverbb. wird ein stöchiometr. Verhältnis angewandt. Bei Dinitroverbb. liegen die optimalen Bedingungen bei 45—50° u. 30—60 Minuten. — Trinitroverbb. lassen sich leichter bei niedrigen Tempp. umsetzen. (J. ind. Explosives Soc., Japan **19.** 86—89. 30/7. 1958. [Orig.: japan.; Auszug: engl.]) W. Holzamer. 8304

Keiho Namba und **Tadataka Yamashita**, *Untersuchungen über Nitroazidobenzole.* 2. Mitt. *Kinetik der Reaktionen von Nitroazidobenzolen mit Natriumazid.* (1. vgl. vorst. Ref.) Die Umsetzungsgeschwindigkeit von Nitrochlorbenzolen mit N_3Na in 90%ig. Methanol wird durch jodometr. Best. des Azidions nach Schwemer u. Frost bestimmt. Monochlor-o- u. -p-nitrobenzol reagieren auch bei Siedetempp. nicht. Bei Dichlor-2.4-dinitrobenzol sind die Umsetzungsgeschwindigkeiten bei 25° $3{,}6 \cdot 10^{-4}$, bei 33° $8{,}6 \cdot 10^{-4}$ u. bei 44,2° $2{,}06 \cdot 10^{-3}$ (Mol/Liter · Sek. u. $\Delta E = 16{,}7$ kcal/Mol). Picrylchlorid reagiert so schnell, daß die Messungen schwierig sind. Bei 4.6-Dinitro-1.3-dichlorbenzol wurde bei 41,1° k_1: $1{,}3 \cdot 10^{-2}$, bei 31° $8{,}0 \cdot 10^{-3}$ u. bei 41,1° k_2: $3{,}3 \cdot 10^{-3}$ $mol^{-1} \cdot l\ sec^{-1}$, bei 2.4.6-Trinitro-1.3-dichlorbenzol bei 0,5° k_1: 0,15, bei 13,5° 0,51 u. bei 25° 0,8. k_2: bei 0,5° 0,09, bei 13,5° 0,12 u. bei 25° 0,23 erhalten. (J. ind. Explosives Soc., Japan **19.** 90—94. 30/7. 1958. [Orig.: japan.; Auszug: engl.]) W. Holzamer. 8304

T. Sakurai, *Empfindlichkeit des Dynamits gegen Gewehrbeschuß.* Die Empfindlichkeit von Dynamit (I) beim Beschuß mit Schrotkörnern aus einer Flinte wurde mittels 2,6 mm Körnern, die eine Geschwindigkeit von 280—300 m/Sek. hatten, geprüft. Das Gesamtgewicht der Ladung betrug 32 g bei 300 Körnern. Eine Zielscheibe aus 20 g I mit 45 mm Durchmesser, die an einem Faden aufgehängt war, wurde von 24—30 Schrotkörnern getroffen. Die Empfindlichkeit von I wächst, je weniger Nitrocellulose darin enthalten ist. Reines Nitroglyceringel (II) wurde nicht verwendet. In Mischung mit pulverförmigem NH_4- oder K-Nitrat oder NaCl steigt die Empfindlichkeit von II bis zu einem Maximalgeh. an Zusatzstoffen an u. fällt dann wieder ab. Ist die Zielscheibe mit W. oder Öl bedeckt, tritt ein stärkerer Abfall der Empfindlichkeit ein. W. ruft diesen Effekt auf beiden Seiten der Zielscheibe, Öl nur an der Vorderseite hervor. Aus photograph. Schlierenaufnahmen kann geschlossen werden, daß die Zündung der Zielscheibe an der Vorderseite durch Reibung u. an der Rückseite im wesentlichen durch Schlag erfolgt. (J. ind. Explosives Soc., Japan **19.** 127—35. 30/7. 1958. [Orig.: japan.; Auszug: engl.]) W. Holzamer. 8304

Shobachiro Ohkubo, Kazuo Shino und **Senzo Oinuma**, *Untersuchungen über Kupferazidsprengkapseln.* 1. Mitt. *Über das Herstellungsverfahren von Kupferazid und die Schlagempfindlichkeitsprüfung.* Die hohe Empfindlichkeit des $Cu(N_3)_2$ (I) wird durch einen Überzug der I-Kristalle mit Polyvinylalkohol (II) oder Gelatine (III) herabgesetzt. Zur Herst. von I werden Lsgg. von NaN_3 u. $CuSO_4$ gemischt, der Nd. abfiltriert u. auf dem Papierfilter gründlich mit W. gewaschen. Zum nassen Nd. wird eine Lsg. von II gegeben, gut gemischt, A. zugefügt u. die Feuchtigkeit entfernt. Im feuchten Zustand ist I sehr sicher, u. es kann ein Korn geeigneter Größe hergestellt werden; im trockenen Zustand stellt das so hergestellte I kein leicht fließendes Pulver dar. Die scheinbare D. beträgt 1,24, die wahre D. 2,49; der Zündpunkt nach der Krupp-Meth. ist 235°. Die Fallhammerverss. (5 kg) ergeben mit 4,1% II bei 5 cm Höhe 10% Explosion bei 20 Verss. u. bei 35 cm: 100%; mit 12,5 I bei 20 cm 5%; bei 70 cm 100%. Mit 4,1% III, bei 10 cm 10%, bei 50 cm 100%; mit 12,5% III bei 30 cm 5% u. bei 75 cm 80%, während $Pb(N_3)_2$

ohne Zusatz bei 75 cm Höhe 5% Explosion zeigt. (Rep. Government chem. ind. Res. Inst., Tokyo **52.** 311–14. Sept. 1957. [Orig.: japan.; Auszug: engl. S. XXXVI–XXXVII]. H. FREIWALD. 8308

Shohachiro Ohkubo, Kazuo Shino und **Senzo Oinuma,** *Untersuchungen über Kupferazidsprengkapseln.* 2. Mitt. *Über die Zersetzungseigenschaften von Kupferazid.* (1. vgl. vorst. Ref.) Wird $Cu(N_3)_2$ (**I**) mit Zusatz von Polyvinylalkohol (**II**) in Cu-Kapseln gepreßt, so wird im Falle der Zers. von **I** HN_3 (**III**) frei, die mit dem Hülsenmaterial schlagempfindliches **I** bilden kann. Vff. untersuchen deshalb die Zers. von **I**, indem sie feuchte oder trockene Luft bei verschied. Tempp. durch ein **I**-enthaltendes Glasrohr strömen lassen u. die bei der **I**-Zers. gebildete **III** in 0,1 n NaOH absorbieren, der Fe^{3+} zugesetzt ist. Die Rotfärbung wird colorimetr. bestimmt u. ist ein Maß für die Zers. von **I**. Nach 4 Std. beträgt die **III**-Menge/1 g **I** bei 30–50° $<$1 mg, bei 70° u. trockener Luft ca. 0,8 mg, während mit feuchter Luft bei 70° die Zers. ca. 4mal stärker ist (3,3 mg **III**/1 g **I**). Ferner wird die unter verschied. Bedingungen auf einer polierten Cu-Platte gebildete Menge **I** bestimmt. Nach 30 Tagen wird in einer mit: feucht, Winter (Wi.) charakterisierten Bedingung aus **I** gebildet: 7,6 mg **I**/1 g Azid; bei: feucht, Wi., **I** mit Gelatinezusatz 9,1 mg; bei: feucht, Wi., $Pb(N_3)_2$, 0,7 mg **I**/1 g Azid; feucht, Sommer (So.) 12,8; feucht, So., **I** mit Gelatinezusatz 17,0; trocken, Wi. 1,5; trocken, So. 1,9. (Rep. Government chem. ind. Res. Inst., Tokyo **52.** 315–20. Sept. 1957. [Orig.: japan.; Auszug: engl. S. XXXVII–XXXVIII.]) H. FREIWALD. 8308

M. L. Pinns, W. T. Olson, H. C. Barnett und **R. Breitwieser,** *NACA-Forschungen über schlammige Brennstoffe.* Vff. befassen sich mit der Anwendung von fl. KW-stoffen, in denen B u. Mg aufgeschlämmt ist, als Raketentreibstoffe. — Die mit B angeteigten Treibstoffe führen zu keinen guten Ergebnissen wegen des geringen Verbrennungseffekts des B. Mit Mg angeteigte Treibstoffe ergaben einen größeren Treibdruck als die üblichen Brennstoffe. Die Verbrennungseigg. des Mg erfordern einige konstruktive Änderungen in den Verbrennungsräumen. Die Anwendung von nichtkohlenwasserstoffhaltigen Brennstoffen unter Zumischung von Mg ergab einen besseren Treibdruck u. ist vorteilhafter als die Anwendung von KW-stoffen. (Nat. Advisory Committee Aeronaut., Rep. **1958.** Nr. 1388. 1–24. Cleveland, Ohio, Lewis Flight Propuls. Labor.) F. ROSENDAHL. 8310

Joseph R. Hradel, Mount Pleasant, Mich., V. St. A., *Sprengverfahren,* bes. in klüftigem Gestein, dad. gek., daß ein schlammartiges Gemenge eines unempfindlichen festen Sprengstoffes (z. B. NH_4NO_3) u. einer nichtlösenden Fl. (z. B. Petroleum) in das Bohrloch eingebracht u. unter Druck gesetzt wird, wodurch die Feststoffe als Filterrückstand in den Rissen verbleiben, u. daß die Sprengung durch mindestens eine Hohlladung eingeleitet wird. — Zeichnungen. (**A. P. 2 867 172** vom 19/7. 1954, ausg. 6/1. 1959.) A. GRADL. 8299

Dynamit Akt.-Ges. vormals Alfred Nobel & Co., Troisdorf (Bez. Köln) (Erfinder: **Walter Meskat,** Dormagen), *Verfahren zum Nitrieren von Toluol* (**I**) in einem Arbeitsgang zu Di- oder Trinitrotoluol mit einem HNO_3–H_2SO_4-Gemisch, dad. gek., daß **I** in Dampfform kontinuierlich in das Nitriersäuregemisch eingeleitet wird. Zweckmäßig wird **I** mit Hilfe eines inerten Trägergases eingeleitet. — Vorrichtung. (**D. B. P. 971 577** Kl. 12o vom 23/5. 1942, ausg. 19/2. 1959. Anmeldung bekanntgemacht 16/4. 1953.) J. MÜHLEISEN. 8305

Wasag-Chemie Akt.-Ges., Essen (Erfinder: **Georg Knöffler,** Reinsdorf, und **Arnim Rost,** Wittenberg), *Herstellung von gießbaren Spreng- und Treibmitteln,* gek. durch die Verwendung von Hexamethylendiamindinitrat (**I**) als Grundschmelze, oder — im Falle von anorgan. Nitraten — als Flußmittel. Beispiele: 20 (%) Hexogen, 55 $NH_4 \cdot NO_3$, 10 $Ca(NO_3)_2$, 5 $NaNO_3$, 10 **I**; oder: 70 (**I**), 5 $NaNO_3$, 25 Hexogen. (**D. A. S. 1 059 333** Kl. 78c vom 5/8. 1944, veröff. 11/6. 1959.) A. GRADL. 8305

Wasag-Chemie Akt.-Ges., Essen (Erfinder: **Walter Sauermilch,** Wittenberg), *Herstellung verpreßbarer Schieß- und Sprengstoffmassen,* dad. gek., daß man die Explosivstoffe oder Explosivstoffgemische vor dem Verpressen zusammen mit hochmol. Stoffen in geeigneten Lösungsmitteln auflöst u. alle Stoffe gemeinsam wieder ausfällt. — Beispiele: 40 (Teile) Trinitrotoluol (TNT), 40 Pentaerythrittetranitrat (PETN), 20 Nitrocellulose (N.C.) werden in Aceton gelöst u. durch Eingießen in W. wieder ausgefällt. 30 TNT, 35 PETN, 20 N.C., 15 Al-Pyroschliff werden in Aceton gelöst bzw. suspendiert u. wie vorher ausgefällt. (**D. A. S. 1 052 881** Kl. 78c vom 25/7. 1944, veröff. 12/3. 1959.) A. GRADL. 8305

Poudreries Réunies de Belgique Soc. An., Brüssel (Erfinder: **Albert Diels,** Uccle), Belgien, *Zündsatz für elektrische Zünder,* bestehend aus aromat. Pb-Nitro-Verbb. mit Zusätzen von oxydierbaren Metallen u. O_2-Trägern, dad. gek., daß der frei zur Verfügung stehende O_2 nur $^1/_4$ bis $^1/_5$ der Menge ausmacht, die sich stöchiometr. zur vollständigen Oxydation erforderlich errechnet. — Beispiel: 92 (%) eines Gemisches aus 85 Teilen einbas. Pb-Dinitroresorcinat u. 15 Teilen eines Gemisches aus 60% Mg–Ce u. 40% PbO_2. 8 Pulvergraphit. (**D. A. S. 1 052 882** Kl. 78e vom 22/6. 1956, veröff. 12/3. 1959.) A. GRADL. 8309

Olin Mathieson Chemical Corp., übert. von: **Thomas J. Mulqueeny**, Godfrey, und **Frederick R. Seavey**, Alton, Ill., V. St. A., *Initialzündmischung*, bes. für elektr. Zünder, bestehend aus einem Gemisch von Hg-Fulminat u. rauchlosem Pulver im Verhältnis 1:1—2:3. (**A. P. 2 825 639** vom 6/8. 1951, ausg. 4/3. 1958.) A. GRADL. 8309

Imperial Chemical Industries Ltd., London (Erfinder: **William Dick**), England, *Knallzündschnur*, dad. gek., daß der brisante Kern neben der Sprengstoffkomponente eine kaltwasserbindende, quellfähige, organ. Substanz enthält. Als solche kommen in Betracht: Makromol. Polysaccharide u. deren Äther, Na-Carboxymethylcellulose. Die innig beigemengte Menge an quellfähiger Substanz beträgt 1—10%. (**E. P. 800 136** vom 29/3. 1956, ausg. 20/8. 1958.) A. GRADL. 8309

XXIV. Photographie.

R. Clark Jones, *Über die Punkt- und Linienstreufunktion photographischer Bilder.* Vf. definiert die drei Grundfunktionen, derer man sich bedient, um die Bildwiedergabe durch photograph. Materialien zu beschreiben. Es sind die Linienstreufunktion, die Punktstreufunktion u. die Überführungsfunktion. Nur eine dieser Funktionen ist unabhängig, so daß drei Paare zugeordneter Beziehungen zwischen ihnen bestehen. Es werden die sich daraus ergebenden sechs Gleichungen explizit angegeben. Durch Ableiten der Punkt- u. Linienstreufunktion werden diese Beziehungen am Beispiel des Super XX-, des Kodachrom- u. des Microfilefilmes ausgehend von den Messungen der Überführungsfunktion nach SCHADE erläutert. Die Werte für die vier charakterist. Längen sind für die genannten Filme in einer Tabelle zusammengestellt. (J. opt. Soc. America **48.** 934—37. Dez. 1958. Cambridge (Mass.), Polaroid Corporation, Research Labor.) W. GÜNTHER. 8590

H. J. Zweig, G. C. Higgins und **D. L. MacAdam,** *Über die Fähigkeit photographischer Emulsionen zum Nachweis von Informationen.* Vff. diskutieren die theoret. Grundlagen des Zusammenhanges zwischen Quantenwirksamkeit u. der Nachweiskapazität (detecting capacity) photograph. Emulsionen unter Berücksichtigung ihrer Körnigkeit, Streufunktion u. charakterist. Kurve. Es wird ein Maß für die „Informationsempfindlichkeit" eingeführt unter Ableitung entsprechender Formeln, die Auskunft geben über die Leistungsfähigkeit einer Emulsion, wenn man sie in ihren optimalen Eigg. vergleicht. An einem Beispiel wird gezeigt, daß zwei Emulsionen, z. B. Kodak Tri-X-Film u. Kodak Panatomic-X-Film sich in ihrer sensitometr. Empfindlichkeit unterscheiden können, während sie ganz ähnliche Informationsempfindlichkeiten aufweisen. (J. opt. Soc. America **48.** 926—33. Dez. 1958. Rochester, N. Y., Eastman Kodak Company, Research Laborr.) W. GÜNTHER. 8600

James A. Eyer, *Der Raumfrequenzgang gewisser photographischer Emulsionen.* Der Frequenzgang eines linearen Syst. ist eindeutig, während der eines nichtlinearen Syst. von der Wellenform, bei der die Messung durchgeführt wird, abhängt. Es hat also nur dann Sinn, die Filtereigg. einer photograph. Emulsion durch eine Raumfrequenzgangkurve festzulegen, wenn das Syst. linear ist. Es wird gezeigt, daß gewisse gebräuchliche Systeme: Emulsion–Entwickler zufriedenstellend durch lineare Methoden behandelt werden können; an einem Beispiel wird gezeigt, wo die Meth. unzulänglich ist. Vf. führt ein einfaches Oscillationsmodell ein, mit dessen Hilfe man den Frequenzgang der untersuchten photograph. Systeme beschreiben kann. Es werden die aus diesem Modell sich ergebenden Dämpfungskonstanten für einige Emulsion–Entwickler-Kombinationen, aufgestellt u. die Grenzen dieses Modells diskutiert. — 8 Literaturhinweise. (J. opt. Soc. America **48.** 938—44. Dez. 1958. Rochester, N. Y., Univ., Inst. of Optics.) W. GÜNTHER. 8600

S. W. Shidkowa und **Ju. M. Ssuss,** *Untersuchung des Einflusses des Dispersitätsgrades und der Natur des Adsorbens auf die spektrale Absorptionskurve sensibilisierender Farbstoffe in adsorbiertem Zustande.* Es werden spektrale Absorptionskurven von *N.N'-Diäthyl-2.2'-cyaninjodid* (**I**) u. *N.N'-Dimethyl-9-äthyl-4.5.4'.5'-dibenzothiacarbocyaninchlorid* (**II**) in wss. u. alkoh. Lsg. u. in adsorbiertem Zustand aufgenommen. Als Adsorbentien werden Al_2O_3, $Al(OH)_3$, Silicagel, Diatomit, Glaspulver (BK-2 u. TF-5) u. Quarz verwendet. Die spektrale Kurve der diffusen Reflexion log R (λ) zeigt bei **I** gegenüber dem Spektr. der Lsgg. ein neues Maximum 570—580 mμ bei grober Körnung des Adsorbens, bei **II** Zunahme des Maximums bei 670 mμ, weniger bei 530—540 mμ. Die Natur des Adsorbens hat wenig Einfl. auf die Lage der Absorptionsmaxima, nur in der Intensität der

Maxima werden Unterschiede festgestellt. (Журнал Научной и Прикладной Фотографии и Кинематографии [J. wiss. angew. Photogr. Kinematogr.] **3.** 25—33. 1 Tafel. Jan./Febr. 1958. Opt. Wawilow-Inst.) R. K. Müller. 8604

Ju. Sch. Moschkowski, *Über den Einfluß der Reduktionsmittelsensibilisierung auf die Abweichungen vom Austauschbarkeitsgesetz bei geringen Beleuchtungsintensitäten.* Bei der Reifung einer AgBr–AgJ-Emulsion in 1%ig. Gelatine bei p_H 8,5 bewirkt ein Zusatz von 1%ig. Hydrazinsulfatlsg. (2—6 ml/Liter) eine mit der Reifungsdauer zunehmende Erhöhung der Lichtempfindlichkeit. Während bei einer mit Zusatz von $Na_2S_2O_3$-Lsg. gereiften Emulsion die charakterist. Kurven bei 0,05, 10, 90 u. 750 Sek. Belichtungsdauer (BD) parallel verlaufen, zeigen sie hier einen mit der BD zunehmenden Anstieg. Die maximale Lichtempfindlichkeit wird meist bei BD 10 Sek. erreicht. Es wird angenommen, daß sich bei der Sensibilisierung mit Reduktionsmitteln Subzentren bilden, die durch Belichtungen niedriger Intensität in die Zentren des latenten Bildes übergehen, was zu Abweichungen vom Austauschbarkeitsgesetz führt. (Журнал Научной и Прикладной Фотографии и Кинематографии [J. wiss. angew. Photogr. Kinematogr.] **3.** 51—52. Jan./Febr. 1958. Allunions wiss. Kino-Photo-Forsch.-Inst.) R. K. Müller. 8604

John R. Turner und **Einar W. Jensen,** *Einige Grundsätze zum Sprühverfahren.* Die Anwendung des Sprühprinzipes bei der Entw. photograph. Materialien verlangt bei der Empfindlichkeit der Entwickler-Lsgg. gegen Oxydationsvorgänge, daß in einer inerten Gasatmosphäre gearbeitet wird. Es werden die entsprechenden Methoden u. Vorrichtungen für das Sprühverf. beschrieben. Als inertes Gas hat sich N_2 bewährt. (J. SMPTE [Soc. Motion Picture Television Engr.] **65.** 92—96. Febr. 1956. Rochester, N. Y., Eastman Kodak Co., Color Technology Div.) W. Günther. 8618

Maurice Roulleau, *Untersuchungen über sensitometrische Lichtquellen zur Beurteilung von photographischen Emulsionen für das Tageslicht.* Vf. hatte früher eine Meth. zur Berechnung von verschied. Normallichtquellen zum Gebrauch für sensitometr. Zwecke angegeben. Diese Meth. stützte sich auf die Messung der mittleren spektralen diffusen Reflexion einer großen Anzahl von Objekten. Kritik an der Verwendung einer Lichtquelle mit der Farbtemp. von 2360° K u. an der Verwendung des Filters nach Davis u. Gibson. Für unsere Breiten ist die mittlere Sonne von Washington nicht zutreffend. Es wird der Vorschlag zur Diskussion gestellt, für die Sensitometrie von Negativemulsionen, die bei Tageslicht Verwendung finden, als Normallichtquelle den schwarzen Körper von 3500° K zu benutzen, der sich durch eine Lampe von 2848° K in Kombination mit einem Flüssigkeitsfilter darstellen läßt. (Sci. Ind. photogr. [2] **30.** 94—96. März 1959.) W. Günther. 8660

Azoplate Corp., Summit, N. J., V. St. A., übert. von: **Georg Werner,** Wiesbaden, *Flachdruckplatten mit lichtempfindlicher Schicht* von langer Lagerfähigkeit. Al-Platten werden mit einer Lsg. von 5-Alkylthiodiarylaminsulfoniumperchlorat in Äthylenglykolmonoäthyläther überzogen. Das Entwickeln erfolgt je nach der Verb. alkal. oder sauer, z. B. in sek. oder tert. Alkaliphosphaten bzw. verd. Essig-, Phosphor- oder Schwefelsäure mit Zusatz von Puffersalz in 5—10%ig. Lösung. (**A. P. 2 859 111** vom 10/3. 1955, ausg. 4/11. 1958. D. Prior. 12/3. 1954.) K. Kittler. 8645

Redaktionsschluss: 9. Oktober 1959.

Herausgeber: Prof. Dr. Heinrich Bertsch, Berlin u. Prof. Dr. Dr. h. c. Wilhelm Klemm, Münster. Chefredakteure und verantwortlich für den Inhalt: Dr. Eugen Klever, Berlin SW 61, Dessauer Straße 28—31, Fernsprecher: 665421 u. Dr. Heinz Walter, Berlin N 4, Schiffbauerdamm 19, Fernsprecher: 425571.

©

Verlag: Akademie-Verlag GmbH, Berlin W 1, Leipziger Str. 3-4 (Fernsprecher: 220441, Postscheckkonto Berlin 35021), und Verlag Chemie, GmbH, Weinheim/Bergstr. (Fernsprecher: Weinheim 3635 [Sammelnummer]; Fernschreiber: 0465516 chemieverl wnh; Postscheckkonten: Frankfurt/M. 145314 u. Berlin [West] 7430). Bestellnummer: 1007/130. Das Chemische Zentralblatt erscheint wöchentlich. Preis des Jahrganges einschl. Autoren-, Patent-, Sach- u. Formelregister: DM 960,—; einseitig bedruckte Ausgabe: DM 1050,—. Abgabe der Zeitschrift nur mit sämtlichen Registern. Abbestellungen nur bis spätestens 6 Wochen vor Ablauf des Kalenderjahres.
Alle Rechte, auch die der Übersetzung sowie der photomechanischen Wiedergabe, sind vorbehalten. — All rights reserved (including those of translations into foreign languages). No part of this issue may be reproduced in any form, by photoprint, microfilm or any other means, without written permission from the publishers.
Die Wiedergabe von Gebrauchsnamen, Handelsnamen, Warenbezeichnungen usw. in diesem Heft berechtigt auch ohne besondere Kennzeichnung nicht zu der Annahme, daß solche Namen im Sinne der Warenzeichen- und Markenschutz-Gesetzgebung als frei zu betrachten wären und daher von jedermann benutzt werden dürften.
Satz u. Druck: VEB Leipziger Druckhaus, Leipzig, III/18/203. XII. 59.
Veröffentlicht unter der Lizenznummer ZLN 5002 des Ministeriums für Kultur, Hauptverwaltung Verlagswesen.
Printed in Germany.
Die Aufgabe von Anzeigen kann sowohl beim Akademie-Verlag, Berlin, als auch beim Verlag Chemie GmbH, Weinheim/Bergstr., erfolgen

FSC
www.fsc.org
MIX
Papier | Fördert gute Waldnutzung
FSC® C083411

Kolibri 360 GmbH
Ferdinand-Jühlke-Straße 7
99095 Erfurt, Deutschland
produktsicherheit@kolibri360.de